精细化工配方常用原料手册

侯滨滨 ■ 主编

杜晓雪 张 浩 ■ 副主编

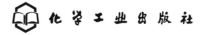

化学工业出版社

·北京·

本书列举了精细化工配方中常用的原料 954 余种，主要涉及无机、有机、高分子、有机溶剂、工业填料、化学助剂等种类。用其可以混配出数以千计的各种精细化学品。书中每个品种以表格形式总结其物化性质、安全性、应用性能、生产方法及质量指标。可供精细化工及应用领域如食品、化妆品、洗涤剂、皮革、造纸、金属加工、石油加工、环保卫生等从业人员参考。

图书在版编目（CIP）数据

精细化工配方常用原料手册/侯滨滨主编. —北京：
化学工业出版社，2014.9（2023.7重印）
ISBN 978-7-122-21132-3

Ⅰ.①精…　Ⅱ.①侯…　Ⅲ.①精细化工-化工产品-
配方-技术手册　Ⅳ.①TQ072-62

中国版本图书馆 CIP 数据核字（2014）第 142567 号

责任编辑：李晓红　徐　蔓　　　文字编辑：向　东
责任校对：宋　玮　王　静　　　装帧设计：关　飞

出版发行：化学工业出版社（北京市东城区青年湖南街 13 号　邮政编码 100011）
印　　装：大厂聚鑫印刷有限责任公司
880mm×1230mm　1/32　印张 22½　字数 676 千字
2023 年 7 月北京第 1 版第 10 次印刷

购书咨询：010-64518888　　　　售后服务：010-64518899
网　　址：http://www.cip.com.cn
凡购买本书，如有缺损质量问题，本社销售中心负责调换。

定　　价：98.00 元

前　言

　　精细化工是当今化学工业中最具活力的新兴领域之一，是新材料研发、生产的重要组成部分。精细化工产品种类多、附加值高、用途广、产业关联度大，直接服务于国民经济的诸多行业和高新技术产业的各个领域。大力发展精细化工已成为我国调整化学工业结构、提升化学工业产业能级和扩大经济效益的战略重点。

　　本书收集食品、个人清洁护理品、化妆品、皮革、造纸、纺织、农药、橡塑生产、油品生产、文教办公品、公共环卫、消防灭火、金属加工处理等领域的精细化工产品实用性配方，并对配方进行原料分析和归纳，归纳总结出的原料品种立足于国内。书中除介绍原料的基本性质、用途外，还叙述该原料的安全性及生产状况。第1章主要为非功能性材料，主要在产品中起到赋形、填充、结构作用，特点是量大、品种集中，形态、含量变化较多，质量标准细，用途广。第2章为各种精细化工产品经常使用的功能性原料，特点是品种多、用途广、原料功能多样。第3章主要选取行业特点明显的精细化工产品原料，此类原料在某些专属领域中使用，功能也较多，但局限性强，在其他精细化工产品配方中不用或使用较少。

　　本书由侯滨滨主编，并负责编写第2章颜料与着色剂、漂白剂、软化剂、光稳定剂，第3章橡塑助剂专用配方原料、纺织助剂专用配方原料、化妆品专用配方原料、其他精细化工产品专用配方原料。其他参编人员有：杜晓雪，负责编写第1章中的液体填充剂，第2章中的乳化剂、催化剂、增强剂、增韧剂、阻燃剂、固化剂、偶联剂，第3章中的造纸工业专用配方原料、皮革专用配方原料；张浩，负责编写第1章中的固体填充剂，第2章中的引发剂、阻聚剂、抗氧化剂、防腐剂、交联剂，第3章中的水处理剂专用配方原料；郑永丽，负责编写第1章中的气体填充剂，第2章中的抗菌杀菌剂、增稠剂、增溶剂、pH调节剂、凝固剂，第3章中的涂料专用配方原料、脱漆剂专用配方原料、胶黏剂专用配方原料、油品专用配方原料；邓玉美，负责编写第2章中的分散剂、增塑剂、防老剂、香料、发泡剂、抗静电剂，第3章中的洗涤剂专用配方原料；孙娜，负责编写第3章中的食品添加剂专用配方原料。

注：本书表中密度未做特殊说明的皆是指在20℃下测定的。

本书在编写过程中得到化学工业出版社的大力支持，在此表示诚挚的感谢。

张天胜为本书的编写修订提供了宝贵意见和帮助，在此致以谢意。

因为精细化工产品数量很多，其原料开发、应用更是日新月异，由于笔者水平有限，书中难免存在疏漏和不足之处，敬请各位读者批评、指正。

编　者

目　录

1　常用填充原料　/1

2　通用功能性配方原料　/39

3 专用配方原料 / 418

1 常用填充原料

1.1 固体填充剂

固体填充剂，又称填料或填充物，是加入物料中改善性能或降低成本的固体物质。通常不含水，中性，不与物料组分起不良作用的有机化合物、无机化合物、金属或非金属粉末均可用作填充剂。橡胶工业中常称补强剂，如用炭黑、白炭黑、陶土、沉淀碳酸钙等，主要用于提高拉伸强度、硬度、耐磨耗和耐挠曲等性能（见橡胶补强剂）。塑料工业中常用木粉、棉纤维、纸、布、石棉、陶土等，以提高其力学性能等；用云母、石墨等，以提高其电气性能等。涂料工业中常用陶土、碳酸钙、滑石粉、硫酸钡等，以改进涂膜的物理的、化学的或光学的性能。染料工业中常用食盐、硫酸钠、尿素等，以配成一定标准的溶液。造纸工业中常用白土、滑石粉、白垩、钛白粉、硫酸钡、沉淀碳酸钙等，以提高其不透明性、光滑性和吸墨性等。制革工业中常用硫酸镁、石膏、硫酸钠、硫酸铵、葡萄糖等，以使皮革充满、有弹性和颜色稍微浅些。农药工业中，在将药剂加工成粉剂、可湿性粉剂和颗粒剂时，常用滑石粉、黏土、陶土、硅藻土等惰性粉末作为辅助剂。

某种物质是否能作为填充剂来使用，要考虑以下一些基本性质要求：①本身化学性质稳定，相对纯度高，杂质含量低。②颜色尽量为白色或浅色，不含铁等加热易变黄的杂质。③不对塑料制品的理化性能指标产生严重损害。④容易分散和混合，粒度适当。⑤吸油值相对较低，对加工性无大影响。⑥有合适的晶型结构。⑦有较低的莫氏硬度。⑧与树脂相比有相对便宜的价格。

填充剂一般来说可以有以下几种分类方法：①根据其来源通常分为矿物性填料、植物性填料和工业性填充剂。后者可分为合成型和废渣型。②根据其形状分为粉末状、球状、片状、柱状、针状及纤维状填充剂。③根据其效能分为增量型、补强型及功能型填充剂。④根据其化学组成分为无机填充剂和有机填充剂。

● 高耐磨炉黑

化学名	高耐磨炉黑	平均粒径	26～35nm
英文名	high abrasion furnace black	比表面积	75～105m²/g
分子式	C	pH	7～9
相对分子质量	12.011	吸油值	0.9～1.2mL/g
质量标准	外观:黑色粉末。平均粒径:27～34nm。吸碘值:80～110mg/g		
应用性能	用于天然橡胶和多个合成橡胶,加工性能良好。较易分散于橡胶中,胶料压出表面光滑。掺有本品的硫化橡胶的耐磨性优于槽黑。拉伸强度和断裂伸长率较高。本品使用广泛,常用于要求耐磨性好的制品,如轮胎胎面胶、高强力运输带、自行车外胎、胶管、电缆包皮等		
安全性	本品无毒,存放于通风良好、干燥的仓库		
生产方法	以液态烃为原料,在一定的压力下喷入特制的炉中,通入一定量的空气,使充分混合燃烧裂解,并经急冷制得		

● 中超耐磨炉黑

化学名	标准结构中超耐磨炉黑	英文名	intermediate super abrasion furnace black
分子式	C	平均粒径	22～26nm
相对分子质量	12.011	比表面积	100～130m²/g
pH	7～10	吸油值	0.9～1.2mL/g
质量标准	外观:黑色粉状物。平均粒径:22～26nm。吸碘值:110～140mg/g		
应用性能	本品用于天然胶、异戊胶、顺丁胶、丁苯胶及其并用胶的补强剂和填充剂。其粒径略大于超耐磨炉黑。含标准结构品种炉黑的硫化胶在耐磨性、拉伸强度、撕裂强度均优于高耐磨炉黑,但其生热较高。本品多用于高级橡胶制品,其反应性仅次于高耐磨炉黑。主要用于轮胎胎面胶,并在载重轮胎胎面中常用高耐磨炉黑并用,也可用于大型运输带等		
安全性	本品无毒,存放于通风良好、干燥的仓库		
生产方法	中超耐磨炉黑的生产过程及工艺都与高耐磨炉黑相同。以防腐油或蒽油为原料,在一定的压力下喷入特制的炉中,通入一定量的空气,使充分混合燃烧裂解,并经急冷制得		

● N234 (N239, N351)

化学名	改进炭黑	英文名	new technology carbon black
分子式	C	粒径范围	20～30nm
相对分子质量	12.011		
质量标准	外观:黑色粉状物。吸碘值:118mg/g;吸油值:1.25mL/g		

应用性能	比同类普通工艺炭黑粒子细,表面光滑。适用于天然胶、合成胶制品,主要用做轮胎胎面的补强剂和填充剂。本品胶料良好的加工性能和压出性能,显著地提高轮胎胎面的耐磨性能。本品性能显著优于同类普通工艺炭黑
安全性	本品无毒,存放于通风良好、干燥的仓库
生产方法	生产工艺与高耐磨炉黑大致相同,原料油为石油系高芳烃油,与空气的配比同中超耐磨炉黑的生产相近。生产新工艺炭黑的新型反应炉由燃烧室、反应室、喷烃室组成。原料油经脱水,再预热至400℃,空气预热至700℃。原料呈气体喷入炉中,压力适当,以冲入喷烃室横截面积15%~50%为宜,使原料气体不致接触炉壁而结焦。燃烧室为1650℃。在距反应室750mm的预急冷喷嘴,喷入适量的水,使烟气冷却至1000℃左右。在经一系列换热器,冷却至450℃,送入旋风分离器和袋滤器,使炭黑和燃余气分离。收集的炭黑,经风筛机除去杂质,送入造粒机造粒后,包装称量

● 白炭黑

化学名	白炭黑	粒径	10~40nm
英文名	white carbon	熔点	1750℃
分子式	$SiO_2 \cdot nH_2O$	真密度	2~2.6g/mL
溶解性	能溶于苛性碱和氢氟酸,不溶于水、溶剂和酸(氢氟酸除外)		
质量标准	外观:白色无定形微细粉末;水分含量≤6.4%;SiO_2含量≥90.0%		
应用性能	①橡胶制品 白炭黑用在彩色橡胶制品中以替代炭黑进行补强,满足白色或半透明产品的需要。白炭黑同时具有超强的黏附力、抗撕裂及耐热抗老化性能,所以在黑色橡胶制品中亦可替代部分炭黑,以获得高质量的橡胶制品,如越野轮胎、工程轮胎、子午轮胎等 ②农业化学制品 在农业化学制品中,如农药、高效喷施肥料等,使用白炭黑作载体或稀释剂,能保持持久效力,因为它具有高吸附力,易于悬浮,有良好的亲和性及化学稳定性,即使在雨水、冲洗和炎热条件下,仍能长期保持不变 ③日用化工制品 用白炭黑作填料和磨蚀剂的透明彩色及不透明牙膏,具有良好的柔韧性、分散性;膏体光滑、柔软,磨蚀性好,不磨蚀牙膏管体;它能使药物牙膏保持药性的稳定。特别是与氟化物具有良好的配伍性,可避免钙盐作磨料产生难溶盐的弊端 ④胶结剂 用天然橡胶或合成橡胶制成的胶黏剂中,提供了触变性和补强性,同时由于其伸展性还可以提高黏着力,质高价廉 ⑤抗结块剂 白炭黑可用在一些产品中来提高自由流动性,如草地肥料、杀真菌剂、磨轮研磨剂、洗衣漂白剂、酚醛注塑乌洛托品、酚和尿素的塑料制品、制造橡胶硫黄及抗结块混合物 ⑥造纸填料 用白炭黑做纸张填料可提高纸张抗油墨透过性能及机械强度,增加白度,减少单位重量,能有效实现纸张轻量化、降低生产成本、提高纸张使用性能 此外,还可用在消防剂、饲料、化妆品、消光剂、颜料、油漆等许多行业
安全性	本品无毒

生产方法	(1)气相法　主要为化学气相沉积(CAV)法,又称热解法、干法或燃烧法。其原料一般为四氯化硅、氧气(或空气)和氢气,高温下反应而成。反应式为: $$SiCl_4 + 2H_2 + O_2 \longrightarrow SiO_2 + 4HCl$$ 空气和氢气分别经过加压、分离、冷却脱水、硅胶干燥、除尘过滤后送入合成水解炉。将四氯化硅原料送至精馏塔精馏后,在蒸发器中加热蒸发,并以干燥、过滤后的空气为载体,送至合成水解炉。四氯化硅在高温下汽化(火焰温度1000~1800℃)后,与一定量的氢和氧(或空气)在1800℃左右的高温下进行气相水解;此时生成的气相二氧化硅颗粒极细,与气体形成气溶胶,不易捕集,故使其先在聚集器中聚集成较大颗粒,然后经旋风分离器收集,再送入脱酸炉。用含氮空气吹洗气相二氧化硅至pH值为4~6即为成品 (2)沉淀法　沉淀法又叫硅酸钠酸化法,采用水玻璃溶液与酸反应,经沉淀、过滤、洗涤、干燥和煅烧而得到白炭黑。反应式为:$Na_2SiO_3 + 2H^+ \longrightarrow SiO_2 + 2Na^+ + H_2O$。国内大部分生产企业采用沉淀法 (3)以高岭土或硬质高岭土为原料　先将高岭土或硬质高岭土粉碎至50~60目,然后在500~600℃高温下焙烧2h,再将焙烧土与浓度30%的工业盐酸按1:2.5(质量比)配料,在90℃左右酸浸7h,经中和、过滤、洗涤、干燥得到白炭黑,产品质量符合HG/T 3061—2009标准;同时得到高效净水剂聚合氯化铝 (4)以煤矸石或粉煤灰为原料　先将煤矸石或粉煤灰粉碎至粒度小于120目,然后分两步 第一步,生产硅酸钠:将粉碎的煤矸石或粉煤灰与纯碱按质量比1:50混合均匀,经高温熔融(1400~1500℃,1h)、水萃浸溶(100℃以上,4~5h)、过滤去杂质、浓缩滤液至45~46°Bé(波美度)即得到硅酸钠 第二步,生产白炭黑:先将硅酸钠配成水玻璃溶液(模数为2.4~3.6,SiO_2含量为4%~10%),然后在5%~20%的硫酸中酸浸(28~32℃,8~16h),再升温至80℃,搅拌,调节pH值为5~7,熟化20min,再经过滤洗涤、干燥、分选,得到白炭黑。该白炭黑为活性,纯度高

● 轻质碳酸钙

化学名	碳酸钙	英文名	calcium carbonate,light
分子式	$CaCO_3$	相对分子质量	100.09
结构式	O‖—O⁻ O—Ca²⁺	熔点	1339℃,825~896℃分解
密度	2.6~2.7g/mL	粒径范围	1.0~16μm
溶解性	不溶于水和乙醇		
质量标准	外观:白色轻质粉末。水分:≤0.3%。含量:≥98.2%		
应用性能	①橡胶行业　碳酸钙是橡胶工业中使用最早、量最大的填充剂之一。碳酸钙大量填充在橡胶之中,一是可以增加制品的容积,达到降低成本的目的;二是能获得比纯橡胶硫化物更高的拉伸强度、耐磨性和撕裂强度,并在天然橡胶和合成橡胶中有显著的补强作用,同时可以调整稠度		

应用性能	②塑料行业　碳酸钙在塑料制品中能起到一种骨架作用,对塑料制品尺寸的稳定性有很大作用,能提高制品的硬度,还可以提高制品的表面光泽和表面平整性。在一般塑料制品中添加碳酸钙耐热性可以提高,由于碳酸钙白度在90%以上,还可以取代昂贵的白色颜料起到一定的增白作用 ③油漆行业　碳酸钙在油漆行业中的用量较大,是不可缺少的骨架,在稠漆中用量为30%以上,酚醛磁漆4%～7%,里酚醛细花纹皱纹漆39%以上 ④水性涂料行业　在水性涂料行业的应用,用途更为广泛,能使涂料不沉降、易分散,光泽好等特性,在水性涂料用量为20%～60% ⑤另外,碳酸钙在造纸工业起重要作用能保证纸的强度、白度,成本较低;在电缆行业能起一定的绝缘作用;还能作为牙膏的摩擦剂 注:用量一般为20份左右
安全性	本品无毒,无味,无刺激,不燃,不爆
生产方法	轻质碳酸钙的生产方法有多种,但在国内的工业生产的主要是碳化法 (1)碳化法　将石灰石等原料煅烧生成石灰(主要成分为氧化钙)和二氧化碳,再加水消化石灰生成石灰乳(主要成分为氢氧化钙),然后再通入二氧化碳碳化石灰乳生成碳酸钙沉淀,最后碳酸钙沉淀经脱水、干燥和粉碎制得 (2)氯化钙法　在纯碱水溶液中加入氯化钙,即可生成碳酸钙沉淀 (3)苛化碱法　在生产烧碱(NaOH)过程中,可得到副产品轻质碳酸钙。在纯碱水溶液中加入消石灰即可生成碳酸钙沉淀,并同时得到烧碱水溶液,最后碳酸钙沉淀经脱水、干燥和粉碎制得 (4)联钙法　用盐酸处理消石灰得到氯化钙溶液,氯化钙溶液在吸入氨气后用二氧化碳进行碳化得到 (5)苏尔维(Solvay)法　在生产纯碱过程中,可得到副产品轻质碳酸钙。饱和食盐水在吸入氨气后用二氧化碳进行碳化,便得到重碱(碳酸氢钠)沉淀和氯化铵溶液。在氯化铵溶液中加入石灰乳便得到氯化钙氨水溶液,然后用二氧化碳对其进行碳化便得到

● 轻质碳酸镁

化学名	碳酸镁	英文名	magnesium carbonate,light
分子式	$x\mathrm{MgCO_3} \cdot y\mathrm{Mg(OH)_2} \cdot z\mathrm{H_2O}$ $(x=1\sim4,y=0\sim1,z=0\sim8)$	结构式	O ‖ O—C—O⁻ Mg²⁺
密度	2.16g/mL		
溶解性	轻质碳酸镁微溶于水,能使水呈弱碱性,15℃时在水中溶解度为0.02g/100g、25℃时为0.025g/100g,100℃时为0.5g/100g		
质量标准	外观:白色单斜晶系或无定形粉末。水分含量:≤2.5%。氧化镁含量:41%～45%		

应用性能	用作医药中间体、解酸剂、干燥剂、护色剂、载体、抗结块剂;在食品中作添加剂、镁元素补偿剂;在精细化工上用于生产化学试剂;在橡胶中作补强剂、填充剂;可作绝热、耐高温的防火保温材料;制造高级玻璃制品;对搪瓷陶瓷起表面光亮作用;制作镁盐、颜料、油漆、日用化妆品、造船、锅炉制造。涂料工业用作配件颜料、油漆、油墨的填充料,可增加白度和遮盖力
安全性	无毒,无味,在空气中稳定
生产方法	(1)利用生石灰和湿法冶金过程产出的硫酸镁溶液生产轻质碳酸镁,制备工艺包括以下步骤:消化生石灰以便得到石灰乳;用石灰乳沉镁以便沉淀出结晶形式的硫酸钙和凝胶状的氢氧化镁;将硫酸钙与氢氧化镁分离以便得到硫酸钙和氢氧化镁浆料;向氢氧化镁浆料内通入二氧化碳以便得到碳酸氢镁溶液;加热碳酸氢镁溶液从而使碳酸镁分解生成碱式碳酸镁并放出二氧化碳;将碱式碳酸镁滤出并进行洗涤和干燥从而得到轻质碳酸镁 (2)一定粒度的白云石与一定比例的白煤经立窑顶部加入窑内,进行白云石煅烧反应。从立窑下部卸出白云灰,经筛选进入双搅槽式化灰机,由热水槽加水进行消化,消化好的灰乳经振动筛除渣后进入粗灰乳中间槽,再经三级旋液分离器精制后进入精浆槽,加水调整浓度后待碳化用。三级旋液分离器分离出的渣液流入渣槽,经渣液分离器回收其中的钙、镁后,浆液流入粗灰乳中间槽,废渣液排出。立窑顶部抽出窑气经二级除尘降温脱硫后,经罗茨鼓风机,进入活塞压缩机加压后,送入碳化塔,进行碳酸化反应。由热解器分解出来的二氧化碳气体经冷却塔、气液分离器后进入缓冲罐与二氧化碳气混合,一并进入活塞压缩机升压。精浆液从一级碳化塔上部进入喷嘴,雾化的浆液自上而下与二氧化碳气逆流接触,进行碳化反应,进入下一级碳化塔,直至达到碳化终点,经钙高压聚丙烯隔膜压滤机得到含镁碳酸钙滤饼和重镁液,滤液从预热解器顶部进入。滤饼经皮带运输机,送入带式钙干燥机经干燥分离得到超细含镁碳酸钙产品。滤液经连续管式热解器热解,重镁液分解得到轻质碳酸镁悬浊液,经镁压滤机压滤得到的滤饼,送入镁干燥机干燥,一部分送去粉碎得到轻质碳酸镁产品;另一部分进入旋流动态煅烧窑煅烧,轻质碳酸镁分解,制取活性氧化镁,经分级包装得到活性氧化镁产品。滤液回收用于消化、一次压滤的滤饼水化等

● 活性白炭黑

化学名	活性二氧化硅	熔点	1750℃
英文名	white carbon,activated	比表面积	$250m^2/g$
分子式	$SiO_2 \cdot nH_2O$	密度	$1.95 \sim 2.00 g/cm^3$
质量标准	外观:无定形白色疏松粉末混粒状。粒径:$22\mu m$。二氧化硅含量:92%		
应用性能	本品外观呈球状颗粒,易混炼不飞扬。其硫化胶制品的拉伸强度、硬度、撕裂、磨耗、热老化等方面表现出优良的特性,远超出普通白炭黑。在透明和彩色制品中是不可缺少的材料,主要用于彩色电缆、跑道胶、橡胶透明鞋底等橡胶制品,还用于乳胶、塑料薄膜、皮革涂料等		
安全性	本品无毒,存放处应通风良好、干燥,严禁露天存放		

生产方法	将工业硅酸钠配制成水溶液,加入到事前配制的盐酸溶液中,控制投料速度,待溶液中的二氧化硅含量达到 6.5%~8.5%,便得到溶胶。将该溶胶微微加热并缓慢加入到较稀的工业硅酸钠水溶液中,同时加入氯化钠溶液。在加料过程中,控制反应温度在 70℃ 左右。注意用碱性调节液保持 pH 为 7.8~8.2。直到反应结束。然后加入浓盐酸,使反应系统呈微酸性,保温陈化 0.5h。将反应物与溶液分离,沉淀物用自来水漂洗。直到氯化钠含量小于 1.5%,再去离子水洗涤。漂洗好的沉淀物在 150℃ 下干燥,最后控制其含水量小于 6%

● 活性碳酸钙

化学名	碳酸钙	相对分子质量	100.09
英文名	calcium carbonate,activated	外观	白色细腻、轻质粉末
分子式	$CaCO_3$	比表面积	$25\sim85m^2/g$
结构式	参见"轻质碳酸钙"	折射率	1.49
溶解性	不溶于水和醇,遇酸分解	密度	$2.65g/cm^3$
质量标准	外观:白色粉末。细度:100 目。含量:≥93%		
应用性能	广泛用于橡胶、塑料填充剂。使用本品的橡胶,色泽光艳、伸展度大、抗张力高、耐磨性好,常用于轮胎缓冲层、自行车内胎和外胎、传动带覆盖胶等中。作为塑料填充剂,可提高制品的耐冲击性能,赋予制品以高度光泽及光滑的表面。由于表面处理剂的作用改善了填料与树脂的湿润性和相容性,能减轻制品在弯曲时的白化现象。还用于人造革、涂料、造纸的工业中。较粗粒径的活性碳酸钙在聚酯和环氧树脂中用作黏度调节剂		
用量	填充量一般为 30%~100%,有的制品甚至 100 份以上		
安全性	本品无毒,无味,无刺激,不燃,不爆		
生产方法	活性碳酸钙的生产工艺与生产轻质碳酸钙大致相同,但在碳化这一工序中应严格控制条件,使生成微细的碳酸钙颗粒,再用活化剂进行表面处理。即将石灰石与煤混合,其配比 7.5 左右,于 900~1000℃ 温度下在石灰窑中煅烧,二氧化碳经洗气除尘后送碳化塔,生石灰送消化槽,用 80~90℃ 的热水充分消化,制成浓度约 9% 的乳液,进入碳化塔,通二氧化碳进行碳化,当碳化时悬浮液的 pH 值等于 7 时为反应终点,此时可引入活化剂,对生成的碳酸钙进行表面处理 表面处理有干法和湿法两种,通常采用湿法表面处理工艺,因该法可制得活化度高、分散性能好、透明性高的活性碳酸钙。目前添加活化剂一般有酞酸酯偶联剂、硬脂酸、木质素等,用量 1%~5%。完成了前面的化学处理后,对料液脱水分离、干燥制得白度高的成品 生产一般轻质碳酸钙的工厂,只需对某些设备和工艺加以改进,如改进反应塔、增加温度控制、气体流量及表面改性等,即可生产合格的活性碳酸钙产品,提高产品的附加值		

● 重质碳酸钙

化学名	碳酸钙	英文名	calcium carbonate,heavy
分子式	$CaCO_3$	相对分子质量	100.09
结构式	参见"轻质碳酸钙"	相对密度	2.710～2.930
溶解性	几乎不溶于水,在含有铵盐及三氧化二铁的水中微分解		
质量标准	外观:白色粉末,无色、无味。熔点:1339℃。含量:≥95%		
应用性能	广泛应用于造纸、塑料、塑料薄膜、化纤、橡胶、胶黏剂、密封剂、日用化工、建材、涂料、油漆、油墨、油灰、封蜡、腻子、毡层包装、医药、食品(如口香糖、巧克力)、饲料中。其作用有:增加产品体积,降低成本,改善加工性能(如调节黏度、流变性能、硫化性能),提高尺寸稳定性,补强或半补强,提高印刷性能,提高物理性能(如耐热性、消光性、耐磨性、阻燃性、白度、光泽度)等		
安全性	本品无毒,无味,无刺激,不燃,不爆		
生产方法	①干法生产工艺流程　首先选从采石场运来的方解石、石灰石、白垩、贝壳等,以除去脉石;然后用破碎机对石灰石进行粗破碎,再用雷蒙(摆式)磨粉碎得到细石灰石粉,最后分级机对磨粉进行分级,符合粒度要求的粉末作为产品包装入库,否则返回磨粉机再次磨粉 ②湿法生产工艺流程　先将干法细粉制成悬浮液置于磨机内进一步粉碎,经脱水、干燥后便制得超细重质碳酸钙		

● 钛白粉

化学名	二氧化钛	相对分子质量	79.87
英文名	titanium oxide	粒径范围	0.3～0.5μm
分子式	TiO_2	沸点	1560～1580℃
结构式	O＝Ti＝O	密度	4.26g/cm^3(R型),3.84g/cm^3(A型)
溶解性	不溶于水、有机酸、稀无机酸、有机溶剂和油;微溶于碱		
质量标准	外观:白色粉末,无毒无臭无味。消色力:180(欧洲单位)。二氧化钛含量:≥92.5%		
应用性能	钛白粉(二氧化钛)化学性质稳定,在一般情况下与大部分物质不发生反应。二氧化钛在自然界中有三种结晶:板钛型、锐钛型(A型)和金红石型(R型)。板钛型不稳定,无工业利用价值;A型和R型具有稳定的晶格,是重要的白色颜料和瓷器釉料,相比其他白色颜料有优越的白度、着色力、遮盖力、耐候性、耐热性和化学稳定性,特别是没有毒性 钛白粉被认为是目前世界上性能最好的一种白色颜料,广泛应用于涂料、塑料、橡胶、造纸、印刷油墨、化纤、陶瓷、医药、食品、化妆品等工业 ①涂料行业　钛白粉的最大应用领域,特别是R型钛白粉,大部分被涂料工业所消耗。用钛白粉制造的涂料,色彩鲜艳、遮盖力高、着色力强、用量省、品种多,对介质的稳定性可起到保护作用,并能增强漆膜的机械强度和附着力,防止裂纹,防止紫外线和水分透过,延长漆膜寿命 ②塑料行业　钛白粉第二大应用领域,在塑料中加入钛白粉,可以提高塑料制品的耐热性、耐光性、耐候性,使塑料制品的物理化学性能得到改善,增强制品的机械强度,延长使用寿命		

应用性能	③造纸行业　钛白粉第三大应用领域,作为纸张填料,主要用于高级纸张和薄型纸张中。在纸张中加入钛白粉,可使纸张具有较好的白度,光泽好、强度高、薄而光滑,印刷时不穿透,质量轻。造纸用钛白粉一般使用未经表面处理的锐钛型钛白粉,可以起到荧光增白剂的作用,增加纸张的白度。但层压纸要求使用经过表面处理的金红石型钛白粉,以满足耐光、耐热的要求 ④油墨　钛白粉还是高级油墨中不可缺少的白色颜料。含有钛白粉的油墨耐久不变色,表面润湿性好,易于分散 ⑤纺织和化学纤维行业　化纤用钛白粉主要作为消光剂,一般使用锐钛型,不需表面处理,但某些特殊品种为了降低二氧化钛的光化学作用,避免纤维在二氧化钛光催化的作用下降解,需进行表面处理 ⑥搪瓷行业　搪瓷级钛白粉具有纯度高、白度好、颜色鲜、粒径均匀、很强的折射率和较高消色力,具有很强的乳浊度和不透明性,使涂搪后涂层薄、光滑和耐酸性强,在搪瓷制造工艺中能与其他材料混合均匀、不结块、易于熔制等优点 ⑦陶瓷行业　陶瓷级钛白粉具有纯度高、粒度均匀、折射率高,有优良的耐高温性,在 1200℃ 高温条件下保持 1h 不变灰的特性。不透明度高、涂层薄、质量轻,广泛应用于陶瓷、建筑、装饰等材料
安全性	贮存于阴凉、通风仓库内。包装密封。不可与酸类物品共贮、混运
生产方法	钛白粉制造方法有两种:硫酸法(sulphate process)和氯化法(chloride process)。其中 56% 为氯化法产品,这种产品的 70% 以上又产自美国杜邦等钛白粉大厂,其他国家包括中国的钛白粉工厂仍以硫酸法为主 (1)硫酸法　将钛铁粉与浓硫酸进行酸解反应生产硫酸钛,经水解生成偏钛酸,再经煅烧、粉碎即得到钛白粉产品。此法可生产锐钛型和金红石型钛白粉。优点是能以价低易得的钛铁矿与硫酸为原料,技术较成熟,设备简单,防腐蚀材料易解决。缺点是流程长,只能以间歇操作为主,硫酸、水消耗高,废物及副产物多,对环境污染大 (2)氯化法　将金红石或高钛渣粉料与焦炭混合后进行高温氯化生产四氯化钛,经高温氧化,再经过滤、水洗、干燥、粉碎得到钛白粉产品。该法只能生产金红石型产品,优点是流程短,生产能力易扩大,连续自动化程度高,能耗相对低,"三废"少,能得到优质产品。缺点是投资大,设备结构复杂,对材料要求高,要耐高温、耐腐蚀,装置难以维修,研究开发难度大

● 陶土

化学名	水合硅酸铝,高岭土	相对分子质量	240
英文名	kaoline	折射率	1.56～1.62
分子式	$Al_2O_3 \cdot 2SiO_2 \cdot H_2O$	密度	2.58～2.63g/cm³
溶解性	常温下微溶于盐酸和醋酸,遇氟硅酸立即分解		
质量标准	外观:浅灰色至浅黄色粉末。三氧化二铝含量:30%～40%;二氧化硅含量:40%～50%		

应用性能	本品是橡胶、塑料工业中用量最大填料之一。在橡胶工业中,配合本品的胶料加工容易,胶料表面光滑。和炭黑并用时,有利于炭黑在胶料中的分散。培养本品的硫化橡胶拉伸强度、定伸强度较高,耐磨性好,但撕裂强度较差。广泛用于胶管、胶带、电线绝缘外皮。在塑料工业中,主要应用于热固性增强塑料,较细粒径的陶土对于提高玻璃化温度的热塑性塑料的拉伸强度和模量特别有效,同时又不显著降低其拉伸和冲击强度		
用量	10～60 份	安全性	本品无毒
生产方法	①空气浮悬法　此法所得产品是由干燥的矿石通过具有内部空气分级装置的辊磨以除去粗粒杂质并将其按粒度的自然状态加以分层。可以产生两种品级的产品,一种是颗粒细和表面积大,另一种是较粗糙、结晶度较高 ②水沥滤法　将高岭土原矿粉碎,配制成水悬浮液并用脱色剂进行处理,然后离心分离到特定的粒度分布,最后经真空抽滤以除去可溶性杂质。将滤饼干燥就得到粗品级的产物,如将滤饼先配成水悬浮液后,再于 200℃ 喷雾干燥则得到较细品种的产品 ③煅烧法　通常用水沥法高岭土作为原料制取煅烧类高岭土。为获得卓越的电性能在 450℃ 进行低温煅烧,而要求特殊的白度时则用高温煅烧,温度超过 600℃。所用原料都应经过研磨,以减少煅烧时的强烈结团现象		

● 石棉

化学名	石棉	硬度	2.0～2.5
英文名	asbestos	密度	2.49～2.53g/cm^3
质量标准	外观:白色或灰色,半透明。松散棉含量:>50%		
应用性能	①世界上所用的石棉 95% 为温石棉,其纤维可以分裂成极细的元纤维,具有优良的纺丝性能。青石棉和铁石棉占石棉总消耗量的 5% 以下,主要用于造船。直闪石石棉是类似滑石的一种石棉,常用作"工业滑石" ②石棉纤维可以织成纱、线、绳、布、盘根等,作为传动、保温、隔热、绝缘等部件的材料或衬料,在建筑上主要用来制成石棉板,石棉纸防火板,保温管和窑垫以及保温、防热、绝缘、隔音等材料 ③石棉纤维可与水泥混合制成石棉水泥瓦、板、屋顶板、石棉管等石棉水泥制品。石棉和沥青掺和可以制成石棉沥青制品,如石棉沥青板、布(油毡)、纸、砖以及液态的石棉漆、嵌填水泥路面及膨胀裂缝用的油灰等,作为高级建筑物的防水、保温、绝缘、耐酸碱的材料和交通工程的材料 ④国防上石棉与酚醛、聚丙烯等塑料黏合,可以制成火箭抗烧蚀材料、飞机机翼、油箱、火箭尾部喷嘴管以及鱼雷高速发射器、船舶、汽车以及飞机、坦克、舰艇中的隔声、隔热材料,石棉与各种橡胶混合压模后,还可做成液体火箭发动机连接件的密封材料。石棉与酚醛树脂压板,可做导弹头部的防热材料。石棉还可用于防化学、防原子辐射的衬板、隔板或者过滤器及耐酸盘根、橡胶板等 ⑤石棉保温板锅炉外壁和导管上常用石棉制作保温层,能提高锅炉的热效率,降低热能损耗		

安全性	其纤维可以分裂成极细的元纤维,工业上每消耗 1t 石棉约有 10g 石棉纤维释放到环境中。1kg 石棉约含 100 万根元纤维。元纤维的直径一般为 $0.5\mu m$,长度在 $5\mu m$ 以下,在大气和水中能悬浮数周、数月之久,持续地造成污染。研究表明,与石棉相关的疾病在多种工业职业中是普遍存在的。如石棉开采、加工和使用石棉或含石棉材料的各行各业中(建筑、船只和汽车修理、冶金、纺织、机械和电力工程、化学、农业等);许多国家选择了全面禁止石棉的使用;各国均无室内空气石棉浓度的质量标准,一般可以参考最高容许浓度
生产方法	①矿石准备　包括:破碎、筛分、干燥及预先富集等部分。其任务是为选别车间提供符合入选粒度和湿度的矿石。一般采用两段破碎,用旋回式或颚式破碎机进行粗碎,用圆锥式或反击式破碎机进行中碎,矿石破碎至＜35mm 或＜55mm 进入干燥机烘干,使水分＜2％,一般用卧式圆筒干燥机或立式干燥炉。矿石预先富集一般用筛分,除去低品位粒级,有时也利用磁性差异通过磁选除去废石 ②选别流程　包括:破碎揭棉、回收石棉粗精矿、粗精矿除尘、除砂及纤维分级等作业。为了保护纤维长度,一般采用多段破碎揭棉、多段分选。采用的设备是具有冲击作用的反击式、立轴锤式、笼式破碎机,也可采用轮碾机,每段破碎揭棉后,采用筛分洗选,反流筛分选或空气通过式分选机分选来回收粗精棉。粗精棉的除尘、除砂作业,视纤维性质不同其段数也不同,纵纤维石棉一般需要 6～8 段,横纤维石棉需要 4～6 段;采用设备有平面摇动筛、振动空气分选机、锥筒除尘筛、高方筛、小平筛等

● 硅藻土

化学名	硅藻土	英文名	diatomite
分子式	$SiO_2 \cdot nH_2O$	熔点	1650～1750℃
相对分子质量	—	密度	$0.3\sim0.5g/cm^3$
主要成分	由古代硅藻遗体组成,其化学成分主要是 SiO_2,含有少量 Al_2O_3、Fe_2O_3、CaO、MgO、K_2O、Na_2O、P_2O_5 和有机质		
溶解性	溶于氢氟酸,不溶于任何其他强酸;能溶于强碱溶液		
质量标准	外观:白色至浅灰褐色。含水量:10％～15％。SiO_2 含量:80％～84％		
应用性能	产品具有孔隙度大、吸收性强、化学性质稳定、耐磨、耐热等特点,能为涂料提供优异的表面性能,增容,增稠以及提高附着力。该产品被认为是一种具有良好性价比的高效涂料用消光粉产品,已被国际上众多的大型涂料生产商作为指定用品,广泛应用于乳胶漆、内外墙涂料、醇酸树脂漆和聚酯漆等多种涂料体系中,尤其适用于建筑涂料的生产。应用于涂料、油漆中,能够均衡地控制涂膜表面光泽,增加涂膜的耐磨性和抗划痕性,去湿、除臭、而且还能净化空气,隔音、防水和隔热、通透性好的特点 硅藻土应用范围如下: (1)农药业　可湿性粉剂、旱地除草剂、水田除草剂以及各种生物农药。优点:pH 值中性、无毒,悬浮性能好,吸附性能强,密度小,吸油率 115％,细度在 325～500 目,混合均匀性好,使用时不会堵塞农机管路,在土壤中能起到保湿、		

应用性能	疏松土质、延长药效肥效时间,助长农作物生长效果 (2)复合肥料业 果木、蔬菜、花草等各种农作物的复合肥。优点:吸附性能强、密度小、细度均匀,pH值中性无毒,混合均匀性好。硅藻土可成为高效肥料,促使农作物生长、改良土壤等方面作用 (3)橡胶业 车辆轮胎、橡胶管、三角皮带、橡胶滚动、输送带、汽车脚垫等各种橡胶制品中的填料。优点:能明显增强产品的刚性和强度,沉降体积达95%,并可提高产品的耐热、耐磨、保温、抗老化等性能 (4)建筑保温业 屋顶隔热层、保温砖、硅酸钙保温材料、多孔性煤饼炉、隔音保温防火装饰板等保温、隔热、隔音建筑材料、墙体隔音装饰板、地砖、陶瓷制品等。优点:硅藻土应在水泥中作添加剂,在生产水泥中加5%硅藻土,可提高搞强度ZMP,水泥中SiO_2变活性,可作为抢险水泥作用 (5)塑料业 生活塑料制品、建筑塑料制品、农用塑料、窗门塑料、各种塑料管道、其他轻重工业塑料中制品。优点:有优良的延伸性,有较高的冲击强度、拉伸强度、撕裂强度、质轻软耐磨性好,压缩强度好等方面优点作用 (6)造纸业 办公用纸、工业用纸等各种纸张。优点:体质轻软,细度在120~1200目范围内,硅藻土加入能使纸张平滑、质量轻、强度好,减少因湿度变化而引起伸缩,在卷烟纸中可调节燃烧率,无任何毒性副作用,在滤纸中可提高滤液澄清度,并使滤速加快 (7)油漆涂料业 家具、办公用油漆、建筑涂料、机械、家电油漆、油印墨、沥青、汽车油漆等各种油漆涂料填料。优点:pH值中性、无毒,细度120~1200,体质轻软,属油漆中的优质填料 (8)饲料业 猪、鸡、鸭、鹅、鱼类、鸟类、水产等各种饲料的添加剂。优点:pH值中性、无毒,拌入饲料中能均匀分散,并与饲料颗粒黏结混合,不易分离析出,畜禽食后促使消化;水产类投放在鱼塘池内水质变清,透气性好,提高水产成活率 (9)抛光摩擦业 车辆中的刹车片抛光、机械钢板、木材家具、玻璃等。优点:润滑性能强 (10)皮革人造革业 人造革制品等各种皮革。优点:防晒性强、体质软轻、能消除皮革污染
安全性	常温常压下稳定。存放在密封容器内,并放在阴凉、干燥处。贮存的地方必须远离氧化剂
生产方法	均为露天开采,多数矿山用土法,少数矿山达到半机械化程度。选矿方法一般采用重力选矿

1.2　液体填充剂

液体填充剂即溶剂,旧称溶媒,是能够溶解其他物质(一般指固体、液体或气体）而形成均匀溶液的化合物。液体填充剂主要是降低固体、液体分子间力，使其分散为分子或离子成为均一体系。液体填充剂不可以对溶质产生化学反应，它们必须为惰性。通常液体填充剂拥有比较低的沸点和容易挥发，可以由蒸馏来去除，从而留下被溶物，或可从混合物萃取可溶化合物。按化学组成分为有机液体填充剂和无机液体填充剂两大类。

（1）无机液体填充剂　水是最普通、应用最广泛的无机液体填充剂，它能溶解糖、改性淀粉、水性树脂、多种离子型金属盐、多种液体和气体等。它无毒害、不燃烧、不污染、价廉易得、安全环保，是较好的环保型液体填充剂。

（2）有机液体填充剂　即包含碳原子的有机化合物溶剂。它用途广泛，种类繁多，包括烃类、醇类、脂类、酮类、醚类、酚类、酸和酸酐类、苯类、卤代烃等，能够溶解树脂、橡胶、脂肪、蜡质、油类等多种物质。有机液体填充剂的种类按其化学结构可分为 10 大类。①芳香烃类：苯、甲苯、二甲苯等。②脂肪烃类：戊烷、己烷、辛烷等。③脂环烃类：环己烷、环己酮、甲苯环己酮等。④卤化烃类：氯苯、二氯苯、二氯甲烷等。⑤醇类：甲醇、乙醇、异丙醇等。⑥醚类：乙醚、环氧丙烷等。⑦酯类：醋酸甲酯、醋酸乙酯、醋酸丙酯等。⑧酮类：丙酮、甲基丁酮、甲基异丁酮等。⑨二醇衍生物：乙二醇单甲醚、乙二醇单乙醚、乙二醇单丁醚等。⑩其他：乙腈、吡啶、苯酚等。有机液体填充剂主要用于涂料、黏合剂、漆、清洁剂、化妆品、日用品等。

液体填充剂也可以根据极性分为极性液体填充剂和非极性液体填充剂；根据沸点高低分为高、中、低沸点液体填充剂。选择合适的液体填充剂非常重要，要综合考虑多方面的因素，如溶解能力、挥发速率、安全性、经济性、来源性和贮存稳定性等。一种好的液体填充剂必须要有良好的溶解性能，这可由溶解度参数和氢键指数判断。大部分有机液体填充剂都有一定的毒性，危害人体健康，污染生态环境，大力发展和使用环保型液体填充剂进行替代是非常必要的。

1.2.1　无机液体填充剂

像水、乙醇等物质是应用较广的液体填充剂，可用于医药、化妆品、涂料、食品、日用品等生活与生产的化合物。

● 蒸馏水

通用名	蒸馏水
英文名	distilled water
分子式	H_2O
结构式	H—O—H
相对分子质量	18
外观	无色、无味的透明液体
沸点	100℃
质量标准	
灼烧渣含量,w	≤0.01%
锰(Mn)含量,w	≤0.00001%
铁(Fe)含量,w	≤0.0004%
氯(Cl)	≤0.0005%
还原高锰酸钾物质含量,w	≤0.0002%
透明度	无色透明
电阻率(25℃)	≥$10 \times 10^4 \Omega \cdot cm$
硝酸及亚硝酸盐(以 N 计),w	≤0.0003%
铵(NH_4^+)含量,w	≤0.0008%
碱土金属氧化物(CaO 计)	≤0.005%
应用性能	无机溶剂,广泛应用于医药、化妆品、涂料、食品、日用品行业
用量	按生产需要适量使用
安全性	无毒
生产方法	用蒸馏方法制备的纯水,可分一次和多次蒸馏水。水经过一次蒸馏,不挥发的组分残留在容器中被除去,挥发的组分进入蒸馏水的初始馏分中,通常只收集馏分的中间部分,约占60%。要得到更纯的水,可在一次蒸馏水中加入碱性高锰酸钾溶液,除去有机物和二氧化碳。加入非挥发性的酸,使氨成为不挥发的铵盐

● 去离子水、超纯水、18MΩ 水

通用名	去离子水、超纯水、18MΩ 水
英文名	deionized water
分子式	H_2O
结构式	H—O—H
相对分子质量	18
外观	无色、无味的透明液体
沸点	100℃

	质量标准			
指标名称	EW-Ⅰ	EW-Ⅱ	EW-Ⅲ	EW-Ⅳ
电阻率(25℃)/Ω·cm	18以上 (95%时) 不低于17	15(95%时) 不低于13	12.0	0.5
全硅,最大值/(μg/L)	2	10	50	1000
1μm微粒数,最大值/(个/mL)	0.1	5	10	500
细菌个数,最大值/(个/mL)	0.01	0.1	10	100
铜,最大值/(μg/L)	0.2	1	2	500
锌,最大值/(μg/L)	0.2	1	5	500
镍,最大值/(μg/L)	0.1	1	2	500
钠,最大值/(μg/L)	0.5	2	5	1000
钾,最大值/(μg/L)	0.5	2	5	500
氯,最大值/(μg/L)	1	1	10	1000
硝酸根,最大值/(μg/L)	1	1	5	500
磷酸根,最大值/(μg/L)	1	1	5	500
硫酸根,最大值/(μg/L)	1	1	5	500
总有机碳,最大值/(μg/L)	20	100	200	1000
应用性能	无机溶剂,广泛应用于医药、化妆品、涂料、食品、日用品行业			
用量	按生产需要适量使用			
安全性	无毒			
生产方法	自来水先通过石英砂过滤颗粒较粗的杂质;然后高压通过反渗透膜;最后一般还要经过一步紫外线杀菌以去除水中的微生物;如此时电阻率还没有达到要求的话,可以再进行一次离子交换过程,最高电阻率可达到18MΩ·cm			

1.2.2　通用有机溶剂

● 甲醇

别名	木醇、木粗、木精	外观	无色、透明、易燃、易挥发的有毒液体
英文名	methyl alcohol	熔点	−98℃
分子式	CH_3OH	沸点	65.4℃
结构式	$CH_3—OH$	密度	0.791g/mL(25℃)
相对分子质量	32.04		
溶解性	能与水、乙醇、乙醚、苯、酮、卤代烃和许多其他有机溶剂相混溶		

质量标准			
指标名称	优等品	一等品	合格品
色度（铂-钴色号）/Hazen 单位	≤5		≤10
密度/（g/cm³）	0.791～0.792		0.791～0.793
沸程（101.3kPa，64.0～65.5）/℃	≤0.8	≤1.0	≤1.5
高锰酸钾试验/min	≥50	≥30	≥20
水的质量分数，w/%	≤0.10	≤0.15	—
酸的质量分数（以甲酸计），w/%	≤0.0015	≤0.0030	≤0.0050
碱的质量分数（以NH₃计），w/%	≤0.0002	≤0.0008	≤0.0015
羰基化合物的质量分数（以HCHO计），w/%	≤0.002	≤0.005	≤0.010
蒸发残渣的质量分数，w/%	0.001	0.003	0.005
硫酸洗涤试验（铂-钴色号）/Hazen 单位	50		—
应用性能	是基础的有机化工原料和优质燃料。主要应用于精细化工、塑料等领域用作溶剂，用来制造甲醛、醋酸、氯甲烷、甲胺、硫酸二甲酯等多种有机产品，也是农药、医药的重要原料之一。甲醇在深加工后可作为一种新型清洁燃料，也加入汽油掺烧		
用量	按生产需要适量使用		
安全性	有毒，可致盲；LD₅₀：5628mg/kg（大鼠，经口）		
生产方法	一氧化碳加压催化加氢：工艺过程包括造气、合成净化、甲醇合成和粗甲醇精馏等工序。粗甲醇的净化过程包括精馏和化学处理。化学处理主要用碱破坏在精馏过程中难以分离的杂质，并调节 pH 值；精馏主要是脱除易挥发组分如二甲醚，以及难挥发组分乙醇、高碳醇和水		

● 乙醇

别名	酒精	相对分子质量	46.07
英文名	ethanol	熔点	−114℃
分子式	C₂H₅OH	沸点	78℃
结构式	＼／OH	密度	0.79g/cm³

外观	无色、透明,具有特殊香味的液体(易挥发)				
溶解性	与水混溶,可混溶于醚、氯仿、甘油等多数有机溶剂				

质量标准					
指标名称	优等品	一等品	指标名称	优等品	一等品
色度(铂-钴色号)/Hazen 单位	≤5	≤10	乙醇含量/%	≥96.0	
高锰酸钾试验/min	≥20	≥15	醛含量(以乙醛计)/%	≤0.0020	
酸的质量分数(以乙酸计),w/%	≤0.0020	≤0.0025	甲醇含量/%	≤0.02	
蒸发残渣的质量分数,w/%	≤0.0025	≤0.0030	杂醇油含量/%	≤0.0080	
应用性能	是重要的基础化工原料之一,广泛用于有机合成、医药、农药等行业,也是一种重要的有机溶剂、燃料				
用量	按生产需要适量使用				
安全性	易燃液体,经口-大鼠 LD_{50}:7060mg/kg,经口-小鼠 LD_{50}:3450mg/kg				
生产方法	(1)发酵法 将富含淀粉的农产品如谷类、薯类等或野生植物果实经水洗、粉碎后,进行加压蒸煮,使淀粉糊化,再加入适量的水,冷却到 60℃ 左右加入淀粉酶,使淀粉依次水解为麦芽糖和葡萄糖。然后加入酵母菌进行发酵制得乙醇 (2)间接水合法 也称硫酸酯法,先把 95%～98% 的硫酸和 50%～60% 的乙烯按 2:1(质量比)在塔式反应器吸收反应,60～80℃、0.78～1.96MPa 条件下生成硫酸酯;将硫酸酯在水解塔中,于 80～100℃、0.2～0.29MPa 压力下水解而得乙醇,同时生成副产物乙醚。烯直接与水反应生成乙醇 (3)直接水合法 即一步法,由乙烯和水在磷酸催化剂存在下高温加压水合制得 无论用发酵法或乙烯水合法,制得的乙醇通常都是乙醇和水的共沸物,即浓度为 95% 的工业乙醇。为获得无水乙醇,可用下列方法进一步脱水。①用生石灰处理工业乙醇,使水转变成氢氧化钙,然后蒸出乙醇,再用金属钠干燥。②共沸精馏脱水法。③用离子交换剂或分子筛脱水,然后再精馏				

● 正己烷、苯

通用名	正己烷	苯
别名	己烷	安息油、苯查儿
英文名	hexane	benzene
分子式	C_6H_{14}	C_6H_6
结构式		

相对分子质量	86.18	78.11		
外观	无色具汽油味,有挥发性的液体	无色至淡黄色易挥发、非极性液体		
熔点	$-95℃$	5.5℃		
沸点	68.95℃	80℃		
密度	0.692g/cm³	0.874g/cm³(25℃)		
溶解性	几乎不溶于水,易溶于氯仿、乙醚、乙醇	与乙醇、乙醚、丙酮、四氯化碳、二硫化碳和醋酸混溶,微溶于水		

质量标准

指标名称	—	优级品	一级品	合格品
外观	无色透明液体	透明液体,无不溶于水及机械杂质		
含量/%	82.6	—	—	—
蒸馏试验(66~70℃间馏出量)/%	95			
密度/(g/cm³)	0.673±0.01		878~881	876~881
反应试验	中性			
溴值	<1.0			
含水量/10⁻⁶	<100			
颜色(铂-钴色号)/Hazen单位	—		20	
馏程/℃	—		—	79.6~80.5
应用性能	有机溶剂,有良好的黏性,常用于橡胶食品、制药、香水、制鞋、胶带、制球、研磨(grinding)、皮革、纺织、家具、油漆工业、或为稀释、或为清洁溶剂、或为黏胶。也用于大豆、米糠、棉籽等各种食用油脂和香辛料中油脂等的抽提;还是高辛烷值燃料	最重要的基本有机化工原料之一。苯通过取代反应、加成反应和苯环断裂反应,可衍生出很多重要的化学中间体,是生产合成树脂、塑料、合成纤维、橡胶、洗涤剂、染料、医药、农药、炸药等的重要基础原料。还广泛用作溶剂,在炼油工业中用作提高汽油辛烷值的掺和剂		
用量	按生产需要适量使用	按生产需要适量使用		
安全性	易燃液体,低毒,经口-大鼠 LD_{50}:28710mg/kg,吸入-小鼠 LC_{L0}:120000mg/m³	易燃液体,有毒,经口-大鼠 LD_{50}:930mg/kg,经口-小鼠 LD_{50}:4700mg/kg(溶剂苯)		
生产方法	从铂重整装置的抽余油(含烷11%~13%)中分离。将抽余油精馏分离,除去轻组分和重组,得含正己烷60%~80%的馏分。采用双塔连续精馏,再经0501型催化剂加氢,除去苯等不饱和烃,得合格正己烷	①炼焦副产回收苯高温炼焦副产的高温焦油中,含有一部分苯。首先经初馏塔初馏,塔顶得轻苯,塔底得重苯(重苯用作制取古马隆树脂的原料)。轻苯先经初馏塔分离,塔底混合馏分经酸碱洗涤除去杂质,然后进吹苯塔蒸吹,再经精馏塔精馏得纯苯		

生产方法	②铂重整法:用常压蒸馏得到的轻汽油(初馏点约 138℃),截取大于 65℃馏分,先经含钼催化剂、催化加氢脱出有害杂质,再经铂催化剂进行重整,用二乙二醇醚溶剂萃取,然后再逐塔精馏,得到苯、甲苯、二甲苯等产物

● 1,2-二甲苯、2-氯甲苯

通用名	1,2-二甲苯	2-氯甲苯
别名	邻二甲苯	邻氯甲苯
英文名	1,2-dimethylbenzene	2-chlorotoluene
分子式	C_8H_{10}	C_7H_7Cl
结构式		Cl
相对分子质量	106.17	126.58
外观	无色透明液体,有芳香气味	无色液体
熔点	−26~23℃	−36℃
沸点	143~145℃	157~159℃
密度	0.879g/mL(20℃)	1.083g/mL(25℃)
溶解性	可与乙醇、乙醚、丙酮和苯混溶,不溶于水	微溶于水,易溶于醇、醚、苯及氯仿

质量标准			
指标名称	—	一级品	合格品
外观	无色透明液体	—	—
含量,w/%	≥96	≥96.0	≥94.0
C_9,w/%	≤1	—	—
沸程初馏点/℃	144~144.37	—	—
沸程终馏点/℃	145.16~145.5	—	—
水分/%	—	0.10	0.20
应用性能	主要用作化工原料和溶剂。可用于生产苯酐、染料、杀虫剂和药物,如维生素等;亦可用作航空汽油添加剂	用于有机合成,用于制备邻氯苯腈、邻氯苯胺、邻氯苯甲酰氯、邻氯苯甲醛等;也用作溶剂和染料中间体	
用量	按生产需要适量使用	按生产需要适量使用	
安全性	易燃液体,有毒,经口-大鼠 LD$_{50}$:1364mg/kg	有毒,经口-大鼠 LD$_{50}$:>1600mg/kg	

生产方法	采用超精馏的方法:首先从混合二甲苯中分出邻二甲苯和乙苯,要采用100~150块塔板的精馏塔,然后再将邻二甲苯和乙苯分离,得到纯的邻二甲苯	由邻甲苯胺经重氮化、置换而得:将邻甲苯胺、盐酸、水加入反应锅,搅拌加热至50℃,保持0.5h,冷却至0~5℃,滴加亚硝酸钠溶液,至碘化钾淀粉试纸变蓝,得重氮盐溶液。另将水、硫酸铜、氯化钠搅拌均匀,加热至80℃溶解,冷至40℃,滴加亚硫酸钠溶液,搅拌0.5h,冷却、静置。分出上层废水。用盐酸溶解沉淀的氯化亚铜,将上述重氮盐溶液慢慢加入,温度不超过25℃,搅拌0.5h,静置分层,弃去水层,粗制邻氯甲苯用酸碱洗涤,常压蒸馏,收集157~160℃馏分即得成品

1.2.3 农药、农肥溶剂

● 二甲基亚砜

别名	甲基亚砜;亚硫酰基双甲烷;DMSO		
英文名	dimethyl sulfoxide	外观	无色,几乎无臭,稍带苦味
分子式	C_2H_6OS	熔点	18.4℃
结构式		沸点	189℃
相对分子质量	78.12	密度	1.100g/mL(20℃)
溶解性	溶于水,溶于很多有机溶剂的非质子极性溶剂		
质量标准			
含量(DMSO),w	≥99.9%(GC)	水分/%	<0.001
结晶点	≥18.35℃	蒸发残渣/$\times10^{-6}$	≤5
酸值(以KOH计)	≤0.001mg/g	重金属/%	≤10
折射率(20℃)	1.478~1.479		
应用性能	广泛用作溶剂和反应试剂,具有很高的选择抽提能力。是农药、农肥的溶剂、渗透剂和增效剂。在医药工业中二甲基亚砜还有直接用作某些药物的原料及载体。二甲基亚砜本身有消炎止痛、利尿、镇静等作用。丙烯腈聚合反应中作加工溶剂和抽丝溶剂,作聚氨酯合成及抽丝溶剂,作聚酰胺、聚酰亚胺和聚砜树脂的合成溶剂,以及芳烃、丁二烯抽提溶剂和合成氯氟苯胺的溶剂等。还可用乙炔、芳烃、二氧化硫及其他气体的溶剂以及腈纶纤维纺丝溶剂		
用量	按生产需要适量使用		
安全性	属微毒类,大鼠经口LD_{50}为18g/kg,但对人体皮肤有渗透性,对眼有刺激作用		

生产方法	①甲醇二硫化碳法 甲醇和二硫化碳为原料，以 γ-氧化铝作催化剂，先合成二甲基硫醚，再与二氧化氮(或硝酸)氧化得二甲基亚砜 ②双氧水法 以丙酮作缓冲介质，使二甲硫醚与双氧水反应 ③二氧化氮法 以甲醇和硫化氢在 γ-氧化铝作用下生成二甲基硫醚；硫酸与亚硝酸钠反应生成二氧化氮；二甲基硫醚再与二氧化氮在 60～80℃ 进行气液相氧化反应生成粗二甲基亚砜，也有直接用氧气进行氧化，同样生成粗二甲基亚砜，然后经减压蒸馏，精制得二甲基亚砜成品 ④硫酸二甲酯法 用硫酸二甲酯与硫化钠反应，制得二甲基硫醚；硫酸与亚硝酸钠反应生成二氧化氮；二甲基硫醚与二氧化氮氧化得粗二甲基亚砜，再经中和处理，蒸馏后得精二甲基亚砜

1.2.4 橡胶、树脂、纤维溶剂

● 环己醇

别名	脱氢催化剂 1101 型、六氢苯酚、安醇、六氢化酚		
英文名	cyclohexanol	熔点	23℃
分子式	$C_6H_{12}O$	沸点	161℃
结构式	HO—	密度	$0.96g/cm^3$
相对分子质量	100.16	外观	无色油状可燃液体，低于凝固点时呈白色结晶。有类似樟脑的气味，具有吸湿性
溶解性	可与乙醇、醋酸乙酯、亚麻仁油、芳烃、乙醚、丙酮、氯仿等有机溶剂混溶，微溶于水		
质量标准	QJ/HJ 02.27—2001。含量：≥90.0%。环己酮：≤7.0%		
应用性能	重要的化工原料，主要用于生产己二酸、己二胺、环己酮、己内酰胺，也可用作肥皂的稳定剂，制造消毒药皂和去垢乳剂，用作橡胶、树脂、硝基纤维、金属皂、油类、酯类、醚类的溶剂，涂料的掺合剂，皮革的脱脂剂、脱膜剂、干洗剂、擦亮剂。环己醇也是纤维整理剂、杀虫剂、增塑剂的原料，环己醇与光气反应得到氯甲酸环己酯，是引发剂过氧化二碳酸二环己酯的中间体		
用量	按生产需要适量使用		
安全性	易燃液体，有毒，经口-大鼠 LD_{50}：2060mg/kg，腹注-小鼠 LD_{50}：1352mg/kg		
生产方法	(1)苯酚加氢法 苯酚蒸气和氢气在镍催化剂存在下，在 110～185℃，压力 1.078～1.471MPa，在管式反应器中进行加氢反应制得环己醇蒸气产品，经换热、冷凝、分离除氢后再精馏得成品 (2)环己烷催化法 苯蒸气在镍催化剂存在下，于 120～180℃ 进行加氢反应得环己烷，环己烷氧化制造环己醇根据不同催化剂分为以下三种方法。①钴盐催化法：以环烷酸钴、硬脂酸钴或辛酸钴为催化剂。②硼酸催化法：以硼酸或偏硼酸为催化剂，在空气氧化过程中，硼酸与环己基过氧化氢生成过硼酸		

生产方法	环己醇酯,然后再变成硼酸环己醇酯,或者与生成的环己醇结合生成硼酸环己醇酯和偏硼酸环己醇酯。然后水解,油相经提纯即得成品。③无催化剂氧化法:以环己烷为原料,在 1.47～1.96MPa,170～200℃ 下,用氧含量为 10%～15% 的空气氧化得环己基过氧化氢,再经浓缩后,于 70～160℃ 催化分解,即得环己醇和环己酮

● 环己烷

别名	六氢代苯、六氢苯	外观	有汽油气味的无色流动性液体
英文名	cyclohexane	熔点	4～7℃(lit.)
分子式	C_6H_{12}	相对分子质量	84.16
结构式		沸点	80.7℃(lit.)
		密度	0.779g/mL(25℃)
溶解性	不溶于水,可与乙醇、乙醚、丙酮、苯等多种有机溶剂混溶,在甲醇中的溶解度为 100 份甲醇可溶解 57 份环己烷(25℃)		

质量标准			
含量,w	≥99.6%	溴含量	≤0.05g/100g
环己酮	—	100℃时残渣	≤0.01g/100mL
密度	≤0.779g/cm³	结晶点	≤5.3℃
苯含量,w	≤0.1%	折射率(20℃)	1.426～1.428

应用性能	用于制造己二酸、己内酰胺及己二胺(占总消费量98%),用作纤维醚类、脂肪类、油类、蜡、沥青、树脂及橡胶的溶剂;有机和重结晶介质;涂料和清漆的去除剂等;尼龙 6 和尼龙 66 的原料;聚合反应稀释剂、油漆脱膜剂、清净剂、己二酸萃取剂和黏结剂等
用量	按生产需要适量使用
安全性	易燃液体,有毒,经口-大鼠 LD_{50}:12705mg/kg,经口-小鼠 LD_{50}:813mg/kg
生产方法	①由苯催化氢化而得;②由粗石油分离而得

● 2-丁酮、4-甲基-2-戊酮

通用名	2-丁酮	4-甲基-2-戊酮
别名	甲乙酮,甲基丙酮,甲基乙基酮	甲基异丁基(甲)酮,六碳酮,异己酮
英文名	2-butanone	4-methyl-2-pentanone
分子式	C_4H_8O	$C_6H_{12}O$
结构式		
相对分子质量	72.11	100.16
外观	无色易燃液体,有丙酮的气味	具有樟脑气味的无色透明液体
熔点	−87℃	−84℃
沸点	80℃(lit.)	117～118℃
密度	0.806g/mL	0.801g/mL(25℃)

溶解性	溶于水、乙醇和乙醚,可与油混溶	几乎不溶于水;但可与水形成共沸物,其沸点为 87.9℃,含水 24.3%,含酮 75.7%;能与酚、醛、醚、苯等有机溶剂混溶	
质量标准			
指标名称	—	一级品	二级品
密度	$0.805\sim0.809g/cm^3$	$0.800\sim0.804g/cm^3$	—
含量,w	≥95%	—	—
含水量,w	≤5%	—	—
水、油、苯、醇总量,w	≤5%	—	—
色泽(APHA)	—	10 号	50 号
沸程(馏出 95% 体积)	—	114～117℃	
酸度(以乙酸计)	—	≤0.01%	≤0.02%
应用性能	主要用作溶剂,如用于润滑油脱蜡、涂料工业及多种树脂溶剂、植物油的萃取过程及精制过程的共沸精馏,其优点是溶解性强,挥发性比丙酮低,属中沸点酮类溶剂。丁酮还是制备医药、染料、洗涤剂、香料、抗氧化剂以及某些催化剂的是中间体,合成抗脱皮剂甲基乙基酮肟、聚合催化剂甲基乙基酮过氧化物、阻蚀剂甲基戊炔醇等,在电子工业中用作集成电路光刻后的显影剂	优良的中沸点溶剂。用作选矿剂、油品脱蜡用溶剂、彩色影片的成色剂,也用作四环素和除虫菊酯类和 DDT 的溶剂、黏合剂、橡胶胶水、飞机和模型的蒙布漆。对一些无机盐也是有效的分离剂,可从铀中分出钒,从钽分出铌,从铪分出锆。它的过氧化物是聚酯类树脂聚合反应中非常重要的引发剂。也用于有机合成工业。还可用作乙烯型树脂的抗凝剂和稀释剂	
用量	按生产需要适量使用	按生产需要适量使用	
安全性	易燃液体,有毒,经口:大鼠 LD_{50}:2737mg/kg,小鼠 LD_{50}:3000mg/kg	易燃液体,有毒,经口:大鼠 LD_{50}:2080mg/kg,小鼠 LD_{50}:2671mg/kg	
生产方法	硫酸间接水合法:含丁醇的混合 C_4 馏分与硫酸接触生成酸式硫酸酯和中式硫酸酯,然后用水稀释,水解生成仲丁醇水溶液,再经脱水、提浓得仲丁醇。纯仲丁醇经镍或氧化锌催化脱氢后,得产品	(1)异丙醇法 以异丙醇为原料,在常压、温度 180～220℃ 通过铝铜催化剂,使异丙醇脱氢成丙酮,再与异丙醇缩合脱水而得产品 (2)丙酮法 将丙酮加热,蒸气通过氢氧化钠催化剂,在常压下反应得到双丙醇酮。双丙醇酮在磷酸催化剂存在下进行脱水反应得异亚丙基丙酮,将异亚丙基丙酮在铜催化剂存在下催化加氢,温度 170～200℃,得产品	

● 乙酸丁酯

通用名	乙酸丁酯	相对分子质量	116.16
别名	醋酸正丁酯	熔点	$-78℃$
英文名	butyl acetate	沸点	$124\sim126℃$
分子式	$C_6H_{12}O_2$	密度	0.88g/mL(25℃)
结构式		外观	具有愉快水果香味的无色、易燃液体
溶解性	与醇、酮、醚等有机溶剂混溶,与低级同系物相比,较难溶于水		

质量标准					
指标名称	优等品	一等品	合格品	酸(以甲酸计),w	$\leqslant0.010\%$
乙酸丁酯,w	$\geqslant99.5\%$	$\geqslant99.2\%$	$\geqslant99.0\%$	色度(铂-钴色号)/Hazen 单位	$\leqslant10$
正丁醇,w	$\leqslant0.2\%$	$\leqslant0.5\%$	—	密度(ρ_{25})	$0.878\sim0.883g/cm^3$
水,w	$\leqslant0.05\%$	$\leqslant0.10\%$	—	蒸发残渣,w	$\leqslant0.005\%$
气味	符合特征气味,无异味;无残留气味				
应用性能	优良的有机溶剂,对醋酸丁酸纤维素、乙基纤维素、氯化橡胶、聚苯乙烯、甲基丙烯酸树脂以及许多天然树脂如栲胶、马尼拉胶、达玛树脂等均有良好的溶解性能。广泛应用于硝化纤维清漆中,在人造革、织物及塑料加工过程中用作溶剂,在各种石油加工和制药过程中用作萃取剂,也用于香料复配及杏、香蕉、梨、菠萝等各种香味剂的成分				
用量	按生产需要适量使用				
安全性	易燃液体,低毒,经口:大鼠 LD_{50}:10768mg/kg,小鼠 LD_{50}:7076mg/kg				
生产方法	由乙酸与正丁醇在硫酸存在下酯化而得。将丁醇、乙酸和硫酸按比例投入酯化釜,在 120℃进行酯化,经回流脱水,控制酯化时的酸值在 0.5mg KOH/g以下,所得粗酯经中和后进入蒸馏釜,经蒸馏、冷凝、分离进行回流脱水,回收醇酯,最后在 126℃以下蒸馏而得产品				

1.2.5 日用化妆品溶剂

溶剂是膏、浆、液状化妆品如牙膏、香脂、雪花膏、发乳、发水、香水、花露水、指甲油等配方中不可或缺的成分,也是固体化妆品在生产过程中通常需要的物质,在化妆品中除了利用溶剂的溶解性外,还运用它的挥发、润湿、增塑、保香、防冻、收敛等性能。化妆品中常用的溶剂为醇类,主要分低碳醇、高碳醇和多元醇。

● 异丙醇

别名	2-丙醇	相对分子质量	60.1
英文名	isopropanol	熔点	$-88.5℃$
分子式	C_3H_8O	沸点	82.5℃

结构式	⋎OH	密度	0.7863g/cm³
外观	无色有强烈气味的可燃液体,有似乙醇和丙酮混合物的气味,其气味不大		
溶解性	溶于水、醇、醚、苯、氯仿等多数有机溶剂,能与水、醇、醚相混溶,与水能形共沸物		

质量标准			
异丙醇,w	≥99.7%	酸(以乙酸计),w	≤0.002%
色度(铂-钴色号)	≤10Hazen 单位	蒸发残渣,w	≤0.002%
密度	0.784～0.786g/cm³	羰基(以丙酮计),w	≤0.02%
水混溶性试验	通过试验	硫化物(以 S 计),w	≤2mg/kg
水,w	≤0.20%		

应用性能	在许多情况下可代替乙醇作为溶剂,是一种良好溶剂和化工原料,用于涂料、医药、农药、化妆品等工业,也用于生产丙酮、异丙酯、异丙胺(莠去津的原料)、二异丙醚、乙酸异丙酯和麝香草酚等
用量	按生产需要适量使用
安全性	易燃液体,有毒,经口-大鼠 LD_{50}:5045mg/kg,经口-小鼠 LD_{50}:3600mg/kg
生产方法	以丙烯为原料,以磷酸硅藻土为催化剂,在加压下直接水合成异丙醇。其工艺是将丙烯和水分别加压到 2.03 MPa,并预热至200℃,混合后进入反应器,进行水合反应,反应器内装有磷酸硅藻土催化剂,反应温度为95℃,压力为2.03 MPa,水与丙烯的摩尔比为 0.7：1,丙烯转化率为 5.2%,选择性为99%,反应气体经中和和换热后送到高压冷却器和高压分离器,气相中的异丙醇在回收塔中用无盐水喷淋回收,未反应的气体经循环压缩机循环使用,液相为低浓度异丙醇(15%～17%),经粗蒸塔得 85%～87%异丙醇水溶液,再用精馏塔精馏到95%,然后用苯萃取到99%以上
生产单位	宁波市兴业化工有限公司、阿拉丁试剂(上海)有限公司、滁州德威化学技术有限公司

● 环戊醇

别名	羟基环戊烷	相对分子质量	86.13
英文名	cyclopentanol	外观	无色、芳香、黏稠液体
分子式	$C_5H_{10}O$	熔点	−19℃
结构式	HO―	溶解性	溶于乙醇,微溶于水
质量标准	密度(ρ_{20})=0.9488g/cm³;沸点 139～141℃;折射率(20℃)1.453		
应用性能	有机合成中间体,用于医药、染料和香料的生产,也是药物和香料的溶剂		
用量	按生产需要适量使用		
生产方法	由己二酸在氢氧化钠作用下,经干馏得环戊酮,环戊酮与四氢锂铝在乙醚中室温加氢而得。或由环戊酮在铬铜催化剂存在下,于150℃、150atm(1atm=101325Pa)下加氢或在铂催化剂存在下,于 0.2～0.3MPa 下加氢,得到粗品后,再粗馏即得成品		

1.2.6 工业用溶剂

● 异丁醇、叔丁醇

通用名	异丁醇	叔丁醇
别名	2-甲基-1-丙醇、异丙基甲醇、1-羟基-3-甲基丙烷	第三丁醇、特丁醇、2-甲基-2-丙醇、三甲基甲醇、t-丁醇
英文名	2-methyl-1-propanol	tert-butanol
分子式	$C_4H_{10}O$	$C_4H_{10}O$
结构式	HO⌷	⌷OH
相对分子质量	74.12	74.12
外观	具酒精味的无色、可燃液体	无色结晶,易过冷,在少量水存在时则为液体。有类似樟脑的气味,有吸湿性
熔点	$-108℃$	$23\sim26℃$
沸点	108℃	83℃
密度(25℃)	0.803g/mL	0.81g/mL
溶解性	能与醇、醚混溶,微溶于水	能与水、醇、酯、醚、脂肪烃、芳香烃等多种有机溶剂混溶
质量标准	含量99.0%;色度(Pt-Co)≤10号;水分≤0.15%;酸度(以HCl计)≤0.005%	无色透明液体;含量≥87%;水分≤13%
应用性能	用作有机合成的原料,也用作高级溶剂,分析试剂、色谱分析试剂及萃取剂	用作有机溶剂,常代替正丁醇作为涂料和医药的溶剂。用作内燃机燃料添加剂(防止化油器结冰)及抗爆剂。作为有机合成的中间体及生产叔丁基化合物的烷基化原料,可生产甲基丙烯酸甲酯、叔丁基苯酚、叔丁胺等,用于合成药物、香料
用量	按生产需要适量使用	按生产需要适量使用
安全性	易燃液体,有毒,经口-大鼠 LD_{50}:2460mg/kg,腹腔-小鼠 LD_{50}:1801mg/kg	易燃液体,有毒,经口-大鼠 LD_{50}:3500mg/kg,静脉-小鼠 LD_{50}=1538mg/kg
生产方法	(1)羰基合成法(丙烯制丁醇时的副产品) 以丙烯与合成气为原料,经羰基合成制得正、异丁醛,脱催化剂后,加氢成正、异丁醇,经脱水分离,分别得成品正、异丁醇 (2)异丁醛加氢法 异丁醛在镍的催化下,进行液相加氢反应,制得异丁醇 (3)从生产甲醇厂副产的异丁基油中回收 合成甲醇精馏的副产物——异丁基油,经脱甲醇、盐析脱水,再经共沸精馏,得异丁醇	(1)硫酸水合法 由异丁烯与硫酸水合,一般是由抽提丁二烯后的混合 C_4 馏分为原料,在0.7MPa、15℃条件下,用60%~70%的硫酸酯化,99%的异丁烯被吸收生成叔丁基硫酸酯,然后水解生成叔丁醇,经水蒸气解吸,分去水分,精制提纯而得成品 (2)离子交换树脂水合法 混合 C_4 馏分与软水在阳离子交换树脂存在下水合生成叔丁醇,经分层、提浓,得85%叔丁醇

● 异丙醚

别名	二异丙(基)醚	外观	具有醚类特殊气味的液体
英文名	isopropyl ether	熔点	$-85.5℃$
分子式	$C_6H_{14}O$	沸点	$68\sim69℃$
结构式		密度	$0.725g/mL(25℃)$
相对分子质量	102.17	溶解性	能与水、异丙醇、丙酮、乙腈、乙醇组成共沸物

质量标准

外观	水白色	酸度	$<0.01\%$
密度(ρ_{25})	$0.7244\sim0.7266g/cm^3$	过氧化物,w	$<0.05\%$
沸程	$63\sim69℃$	不挥发物	$<0.005g/100mL$
应用性能	异丙醚是动物、植物及矿物性油脂的良好溶剂,可用于从烟草中抽提尼古丁;也是石蜡及树脂的良好溶剂,工业上常将二异丙醚和其他溶剂混合应用于石蜡基油品的脱蜡工艺。作为溶剂也应用于制药、无烟火药、涂料及油漆清洗等方面,异丙醚具有高辛烷值及抗冻性能,可用为汽油掺合剂。本品易形成过氧化物,在振摇时产生爆炸,常加入对苄基氨基苯酚作稳定剂			
用量	按生产需要适量使用			
安全性	易燃液体,低毒,经口-大鼠 LD_{50} 8470mg/kg,经口-小鼠 LC_{50}:131g/m^3			
生产方法	丙烯与硫酸反应生成异丙基氢硫酸酯,然后水解为异丙醇。反应过程中,异丙基氢硫酸酯与丙烯继续反应亦生成二异丙基硫酸酯,后者与异丙醇反应生成异丙基氢硫酸酯和异丙醚。当硫酸水合反应后的物料在解吸塔用蒸汽汽提,使异丙醇与异丙醚从酸液中释出后,通过蒸馏,从塔顶首先获得异丙醚			

● 醋酸乙酯

别名	变性酒精、变性乙醇、乙酸乙酯	外观	无色透明液体,有水果香,易挥发
英文名	ethyl acetate	熔点	$-84℃$
分子式	$C_4H_8O_2$	沸点	$76.5\sim77.5℃$
相对分子质量	88.11	密度	$0.902g/mL(25℃)$
结构式		溶解性	微溶于水,溶于醇、酮、醚、氯仿等多数有机溶剂

质量标准

指标名称	优等品	一等品	合格品
密度(ρ_{25})/(g/cm^3)	$0.897\sim0.902$	$0.897\sim0.902$	$0.896\sim0.902$
色度(铂-钴色号)/号	$\leqslant10$	$\leqslant10$	$\leqslant20$
乙酸乙酯,$w/\%$	$\geqslant99.0$	$\geqslant98.5$	$\geqslant97.0$
水分,$w/\%$	$\leqslant0.10$	$\leqslant0.20$	$\leqslant0.40$
酸度(以 CH_3COOH 计),$w/\%$	$\leqslant0.004$	$\leqslant0.005$	$\leqslant0.010$
蒸发残渣,$w/\%$	$\leqslant0.001$	$\leqslant0.005$	$\leqslant0.010$

应用性能	用途广泛的精细化工产品,具有优异的溶解性、快干性;也是极好的工业溶剂,用于涂料、黏合剂、乙基纤维素、人造革、油毡着色剂、人造纤维等产品中;作为黏合剂,用于印刷油墨、人造珍珠的生产;作为提取剂,用于医药、有机酸等产品的生产;作为香料原料,用于菠萝、香蕉、草莓等水果香精和威士忌、奶油等香料的主要原料
用量	按生产需要适量使用
安全性	易燃液体,有毒,经口-大鼠 LD_{50}:5620mg/kg,经口-小鼠 LD_{50}:4100mg/kg
生产方法	(1)间歇工艺 将乙酸、乙醇和少量的硫酸加入反应釜,加热回流5~6h。然后蒸出乙酸乙酯,并用5%的食盐水洗涤,氢氧化钠和氯化钠混合溶液中和至 pH=8。再用氧化钙溶液洗涤,加无水碳酸钾干燥。最后蒸馏,收集 76~77℃的馏分,即得产品。 (2)连续工艺 1:1.15(质量比)的乙醇和乙酸连续进入酯化塔釜,在硫酸的催化下于105~110℃下进行酯化反应。生成的乙酸乙酯和水以共沸物的形式从塔顶馏出,经冷凝分层后,上层酯部分回流,其余进入粗品槽,下层水经回收乙酸乙酯后放弃。粗酯经脱低沸物塔脱去少量的水后再入精制塔,塔顶可得产品

● 间氯甲苯、苯甲醇

通用名	间氯甲苯	苯甲醇
别名	3-氯甲苯	苄醇、α-羟基甲苯
英文名	3-chlorotoluene	benzyl alcohol
分子式	C_7H_7Cl	C_7H_8O
结构式		
相对分子质量	126.58	108.14
外观	无色液体	无色透明液体,稍有芳香气味
熔点	-48℃	-15℃
沸点	160~162℃	205℃
密度	1.072g/mL(25℃)	1.045g/mL(25℃)
溶解性	不溶于水,易溶于苯、乙醇、乙醚和氯仿中	稍溶于水,能与乙醇、乙醚、氯仿等混溶
质量标准		
外观	中性、无色透明液体	无色透明液体,微弱茉莉香气
含量/%	≥99.0	—
凝固点/℃	-48	—
密度/(g/cm³)	1.07	1.042~1.047(ρ_{25})
折射率(20℃)	—	1.5380~1.5410
沸程(203~206℃)/%	—	最小 95

醇含量,$w/\%$	—	最小 98
醛含量,$w/\%$	—	最大 0.2
含氯试验(铜网法)	—	副反应
砷含量,$w/\%$	—	最大 0.0003
重金属（以铅计）,$w/\%$	—	最大 0.001
应用性能	用作医药中间体、有机合成、溶剂	用作香料的原料和定香剂,医药原料和麻醉剂、防腐剂、染色助剂,涂料和油墨的溶剂,并用于制圆珠笔油
用量	按生产需要适量使用	按生产需要适量使用
安全性	—	易燃液体,有毒,经口-大鼠 LD_{50}:1230mg/kg;经口-小鼠 LD_{50}:1360mg/kg
生产方法	由间氨基甲苯经重氮化、置换而得;将间氨基甲苯加入水中,慢慢加入浓盐酸,在 0~5℃滴加亚硝酸钠溶液。然后将重氮液加入氯化亚铜中进行置换反应。生成的粗品经蒸馏而得成品	(1)氯化苄与碳酸钾或碳酸钠长时间加热水解而得 (2)苯甲醛的甲醇溶液与氢氧化钠液在 65~75℃下反应而得
生产单位	上海德默医药科技有限公司、阿法埃莎(天津)化学有限公司	湖北新银河化工有限公司、上海迈瑞尔化学技术有限公司

● 乙二醇乙醚醋酸酯

别名	2-乙二氧基乙酸乙酯、醋酸二醇乙醚、乙二醇单乙醚醋酸酯、乙酸 2-乙氧基乙酯、乙酸乙基溶纤剂		
英文名	ethylene glycol monoethyl ether acetate	相对分子质量	132.16
分子式	$C_6H_{12}O_3$	外观	无色液体,有令人愉快的酯类香
结构式		熔点	−61℃
		沸点	156℃
		密度	0.975g/mL(25℃)
溶解性	能与一般有机溶剂混溶,溶于水		
质量标准	含量≥99.5%；色度≤20 号(Pt-Co)；酸度(以 HAc 计)≤0.03%；水分≤0.1%		
应用性能	用作树脂、皮革、油墨等的溶剂		
用量	按生产需要适量使用		
安全性	易燃液体,有毒,经口-大鼠 LD_{50}:2700mg/kg;经口-小鼠 LD_{50}:1910mg/kg		

生产方法	(1)由乙二醇单乙醚与乙酐反应而得　将乙酐和浓硫酸混合,加热到130℃后,慢慢滴加乙二醇单乙醚,反应温度维持在130～135℃,加完再加流1～2h,回流温度为140℃。冷却后用碳酸钠中和至 pH=7～8,再以工业无水碳酸钾干燥。滤出干燥剂进行粗分馏,收集150～160℃间的馏出物。再分馏,收集155.5～156.5℃的馏分即为成品 (2)由乙二醇单乙醚与乙酸以浓硫酸催化,在苯中回流反应而得　乙二醇单乙醚在阳离子树脂催化下与乙酸反应,不断去掉生成的水,然后蒸馏得成品,此法乙酸转化率为94.5%,产品的选择性为98.5%

● 丙二醇甲醚

别名	1,2-丙二醇-1-单甲醚、1-甲氧基-2-丙醇、2-羟丙基甲基醚		
英文名	1-methoxy-2-propanol	外观	无色液体
分子式	$C_4H_{10}O_2$	熔点	−97℃
结构式	HO （结构式图）	沸点	118～119℃
		密度	0.922g/mL(25℃)
相对分子质量	90.12	溶解性	不溶于水、溶于醚、氯仿等有机溶剂
质量标准	无色透明液体,无机械杂质;含量≥95%;酸度(以 HAc 计)≤0.02%;沸程116～136℃;相对密度(20℃)0.920～0.930		
应用性能	作为溶剂、分散剂或稀释剂用于涂料、油墨、印染、农药、纤维素、丙烯酸酯等工业。也可用作燃料抗冻剂、清洗剂、萃取剂、有色金属选矿剂等。还可用作有机合成原料		
用量	按生产需要适量使用		
安全性	易燃液体,有毒,经口-大鼠 LD_{50}:3739mg/kg;经口-小鼠 LD_{50}:11700mg/kg		
生产方法	由1,2-环氧丙烷与甲醇在催化剂存在下反应,反应温度155～160℃,再将反应物粗馏、精馏而制得		

1.3　气体填充剂

气雾剂系指含药、乳液或混悬液与适宜的抛射剂共同装封于具有特制阀门系统的耐压容器中,使用时借助抛射剂的压力将内容物呈雾状物喷出,用于肺部吸入或直接喷至腔道黏膜、皮肤及空间消毒的制剂。气雾剂由药物、附加剂、抛射剂、耐压容器和阀门系统组成。

抛射剂是气雾剂重要的组成部分,是直接提供气雾剂动力的物质,有时可兼作药物的溶剂或稀释剂,在耐压容器中主要负责产生压力。抛射剂是一类低沸点物质，所以当阀门打开时，压力骤然降低，抛射剂急剧汽化，克服了液体分子间的引力，将药物分散成微粒喷射出来。抛射剂同时也作为气雾剂的溶剂和稀释剂。

用作抛射剂的气体填充剂主要是一些液化气体。作为抛射剂必须具备沸点低、常温下蒸气压大于大气压两个基本条件，同时具有对机体无毒、无致敏和刺激性、性质稳定、不燃性和不易爆炸性、来源广和价廉等。

目前常用于抛射剂的气体填充剂有以下几类。

1.3.1 氟氯烷烃类

氟氯烷烃又称氟里昂（Freon），其特点是沸点低，常温下其蒸气压略高于大气压，易控制，性质稳定，不易燃烧，液化后密度大，无味，基本无臭，毒性较小，不溶于水，可作脂溶性药物的溶剂。常用昂里昂有 F11（CCl_3F），F12（CCl_2F_2）和 F114（$CClF_2$—$CClF_2$），将这些不同性质的氟里昂，按不同比例混合可得到不同性质的抛射剂，以满足制备气雾剂的需要。氟里昂是优秀的抛射剂，但由于其对大气臭氧层的破坏，国际有关组织已经要求停用。我国国家食品药品监督管理总局（SFDA）已宣布在 2010 年全面禁用氟里昂作为抛射剂用于药用吸入气雾剂中。

药物工作者正在寻找氟里昂的代用品。1994 年 FDA 注册的四氟乙烷（HFA134a）、七氟丙烷（HFA227）及二甲醚（DME）作为新型抛射剂，其性状及沸点与低沸点氟里昂类似，但其化学稳定性较差，极性更小。

● 三氯一氟甲烷、二氯二氟甲烷

通用名	三氯一氟甲烷	二氯二氟甲烷
别名	1,1,1-三氯-1-氟甲烷；R11；三氯氟甲烷；氟里昂-11	1,1-二氯-1,1-二氟甲烷；氟里昂-12
英文名	trichlorofluoromethane；Freon-11	dichlorodifluoromethane；Freon-12
分子式	$CFCl_3$	CCl_2F_2；Cl_2CF_2
结构式		
相对分子质量	137.37	120.92
外观	低于 23.7℃时为液体，呈无色，易挥发，微有醚的臭味	不溶于水，溶于醇、醚

熔点	−111℃	−158℃
沸点	23.7℃	−29.8℃
密度	1.48g/mL	1.46g/mL(−30℃)
溶解性	几乎不溶于水,溶于乙醇、乙醚和其他有机溶剂中	不溶于水,溶于醇、醚
质量标准	纯度≥99.5%;水分≤0.002%;酸度(以 HCl 计)≤0.0001%;蒸发残留物≤0.01%	含量≥99.8%
应用性能	用作中央空调(离心式冷水机组)制冷剂、飞机推进剂、气溶杀虫药发射剂、灭火剂、聚氨酯泡沫塑料发泡剂、抽提剂、溶剂、干洗剂	用作工业制冷剂、农药喷雾剂、发泡剂及溶剂等。该品是稳定的致冷剂,能得到−60℃的低温。也用作灭火剂、杀虫剂和烟雾剂。也是氟树脂的原料。广泛用于香料、医药、喷漆等工业
用量	溶液型气雾剂用量 6%~10%;混悬型气雾剂用量 30%~45%(腔道给药)、99%(吸入给药);乳剂型气雾剂用量 8%~10%(质量分数)	
安全性	对臭氧层有损耗作用,对臭氧的破坏比大多数的制冷剂都要严重,臭氧破坏潜势(ODP)定义为 1.0。美国已在 1995 年停用一氟三氯甲烷	对大气臭氧层有极强的破坏力,还应注意对地表水、土壤、大气和饮用水的污染;该物质是一种对心脏毒作用强烈而又迅速的物质,能引起动物心律不齐、室性心动过速、心动过缓、房室传导阻滞、急性心力衰竭、血压降低等心血管系统的改变
生产方法	(1)液相接触法 以五氯化锑为催化剂,四氯化碳和无水氟化氢反应生成三氯一氟甲烷和二氯二氟甲烷,副产盐酸。反应物除去氟化氢,经洗涤、脱水、脱气,分馏而得成品 (2)甲烷氟氯化法 由甲烷、氯气和氟化氢在 370~470℃,0.39~0.59MPa 下,接触反应 4~10s,得到三氯一氟甲烷和二氯二氟甲烷。三氯一氟甲烷和二氯二氟甲烷混合物(两个组分各占 50%),以甲烷计收率为 99%以上,分离后的产品纯度都在 99.95%以上	(1)四氯化碳与氟化氢在五氯化锑催化剂存在下进行制得。当控制回流冷凝温度为−5℃时,主要得到本品 (2)直接法 由甲烷与氯、无水氟化氢在流化床反应器中直接合成

● 二氯四氟乙烷

别名	1,1,1-三氯-1-氟甲烷;R114;四氟二氯乙烷	熔点	−94℃
英文名	dichlorotetrafluoroethane;tetrafluorodichloroethane	沸点	3.8℃

分子式	C₂Cl₂F₄;ClF₂CCF₂Cl	密度	1.53g/mL
结构式	$\begin{array}{c}Cl\ F\\ \mid\ \mid\\ F-C-C-F\\ \mid\ \mid\\ F\ Cl\end{array}$	外观	无色气体,带有类似氯仿气味的非易燃物质
相对分子质量	171.0	溶解性	不溶于水,溶于多数有机溶剂
质量标准	纯度≥99.5%		
应用性能	用作中央空调(离心式冷水机组)制冷剂、飞机推进剂、气溶杀虫药发射剂、灭火剂、聚氨酯泡沫塑料发泡剂、抽提剂、溶剂、干洗剂		
用量	溶液型气雾剂用量 6%～10%;混悬型气雾剂用量 30%～45%(腔道给药)、99%(吸入给药);乳剂型气雾剂用量 8%～10%(质量分数)		
安全性	可引起快速窒息。接触后可引起麻醉作用。在有明火存在时,即使浓度只有1%,也引致剧烈黏膜刺激,暴露 15min 可致死亡。可引起皮肤冻伤		
生产方法	六氯乙烷与氟化氢在催化剂五氧化锑存在下进行反应,反应产物经碱洗、水洗、分馏、提纯,得到主产品 1,1,2-三氟-1,2,2-三氯乙烷(氟里昂-113),同时副产该品		

● 四氟乙烷

别名	1,1,1,2-四氟乙烷;R134a 制冷剂;诺氟烷;氢氟碳 134a;HFC134a 氢氟烃(HFC)		
英文名	1,1,1,2-tetrafluoroethane	外观	无色透明液体,无浑浊,无异臭
分子式	C₂H₂F₄	熔点	−101℃
结构式	$\begin{array}{c}F\ F\\ \mid\ \mid\\ F-C-C-F\\ \mid\\ \ \end{array}$	沸点	−26.5℃
相对分子质量	102.03	密度	1.21g/mL
质量标准			
纯度	≥99.9%	蒸发残留物	≤0.01×10⁻⁶
水分	≤0.0010×10⁻⁶	外观	无色,不浑浊
酸度	≤0.00001×10⁻⁶	气味	无异臭
应用性能	R134a 是目前国际公认的替代 CFC12 的主要制冷工质之一,常用于车用空调,商业和工业用制冷系统,以及作为发泡剂用于硬塑料保温材料生产,也可以用来配制其他混合致冷剂,如 R404a 和 R407c 等 用于冰箱和制冷机及汽车空调系统的制冷剂,还可用作医药、化妆品的气雾喷射剂 动物用抗菌药,质量稳定,不易产生耐药性和交叉耐药性,在动物体内抗菌活性高,主要用于畜禽大肠菌病、霍乱、白痢、慢性呼吸道感染等疾病		
安全性	R134a 制冷剂钢瓶为带压容器,贮存时应远离火种、热源、避免阳光直接曝晒,通常贮放于阴凉、干燥和通风的仓库内;搬运时应轻装、轻卸,防止钢瓶以及阀门等附件破损		

生产方法	在反应器(1)中,由三氯乙烯与氟化氢反应生成 HCFC133a 后,工艺介质进入反应器(2)得到 HFC134a。精馏塔顶馏出组 A 为 HFC134a,侧馏分 B 主要含HCFC133a、HFC134a 及少量 HF,再循环回到反应器(2)中重新利用,精馏塔釜液 C 主要是三氯乙烯和氢氟酸,直接循环到反应器(1)中重新利用
	CHCl＝CCl₂ → 反应器(1) → HF → 反应器(2) → 精馏塔 → A、B、C

● 二甲醚

别名	氧代二甲烷;氧二甲醚;甲醚;氧二甲;氧代双甲烷;二甲[基]醚		
英文名	dimethyl ether	分子式	C₂H₆O
结构式	＼O／	熔点	−138.5℃
相对分子质量	46.07	沸点	−24.9℃
外观	无色易液化气体,燃烧时火焰略带光亮	密度	液体密度(20℃)0.67kg/m³;蒸气密度 1.61kg/m³
溶解性	溶于水、汽油、四氯化碳、苯、氯苯、丙酮及乙酸甲酯		

质量标准			
产品等级	优级	一级	二级
感官	无色、无异味、常温下为压缩液体		
二甲醚,w	≥99.9%	≥99.5%	≥99.0%
水分,w	≤100×10⁻⁶	≤200×10⁻⁶	≤300×10⁻⁶
甲醇,w	≤50×10⁻⁶	≤100×10⁻⁶	≤200×10⁻⁶
应用性能	二甲醚主要作为甲基化剂用于生产硫酸二甲酯,还可合成 N,N-二甲基苯胺、醋酸甲酯、醋酐、亚乙基二甲醚和乙烯等;也可用作冷冻剂、发泡剂、溶剂、浸出剂、萃取剂、麻醉药、燃料、民用复合乙醇及氟里昂气溶胶的代用品。用于护发、护肤、药品和涂料中,作为各类气雾推进剂。在国外推广的燃料添加剂在制药、染料、农药工业中有许多独特的用途		
安全性	中毒,易燃气体。与空气混合能形成爆炸性混合物。接触热、火星、火焰或氧化剂易燃烧爆炸。接触空气或在光照条件下可生成具有潜在爆炸危险性的过氧化物。气体比空气重,能在较低处扩散到相当远的地方,遇火源会着火回燃。若遇高热,容器内压增大,有开裂和爆炸的危险		
生产方法	液相法是将甲醇和硫酸的混合物加热得到二甲醚。气相法是将甲醇蒸气通过氧化铝或结晶硅酸铝(也可用 ZSM-5 型分子筛)固体催化剂,气相脱水生成二甲醚。实验室中可由原甲酸三甲酯以三氯化铁为催化剂分解得(收率95%)。高纯度甲醇可由碘甲烷与甲醇钠通过威廉逊合成法制得		

1.3.2 碳氢化合物

作抛射剂的主要品种有丙烷、异丁烷、正丁烷以及压缩惰性气体（N_2、CO_2 等），此类抛射剂虽然稳定，毒性小，密度低，沸点较低，但易燃、易爆，不宜单独应用，常与氟氯烷烃类抛射剂合用。

● 异丁烷、正丁烷

通用名	异丁烷	正丁烷
别名	2-甲基丙烷；三甲基甲烷	甲基乙基甲烷；丁烷
英文名	*iso*-butane	*n*-butane
分子式	C_4H_{10}	C_4H_{10}
结构式	⋏	⋏⋎
相对分子质量	58.12	58.12
外观	无色无臭易燃易爆气体	无色无臭易燃易爆气体
熔点	$-160℃$	$-138℃$
沸点	$-12℃$	$-0.5℃$
相对密度	2.064（空气＝1）	0.579（水＝1）
溶解性	微溶于水，可溶于乙醇、乙醚等	不溶于水，易溶于乙醇、乙醚、氯仿及其他烃类
质量标准		
外观	无色透明液体，不浑浊、无异臭	无色透明液体，不浑浊、无异臭
纯度，w	$\geqslant 95.0\%$	$\geqslant 95.0\%$
乙烷，w	$\leqslant 0.1\%$	$\leqslant 0.1\%$
丙烷，w	$\leqslant 2.5\%$	$\leqslant 1.0\%$
其他丁烷，w	$\leqslant 2.5\%$	$\leqslant 4.0\%$
总不饱和烃，w	$\leqslant 0.01\%$	$\leqslant 0.01\%$
水，w	$\leqslant 0.005\%$	$\leqslant 0.005\%$
硫含量	$3\mu g/mL$	$3\mu g/mL$
残留物	0.05mL/100mL	0.05mL/100mL
蒸气压	$0.21\sim 0.23MPa$	$0.11\sim 0.13MPa$
应用性能	主要用于与异丁烯经烃化生产异辛烷，用作汽油辛烷值改进剂。经裂解可制异丁烯与丙烯。与异丁烯、丙烯进行烷基化可制烷基化汽油。可制备甲基丙烯酸、丙酮和甲醇等。还可作冷冻剂	主要用作石化企业分析检测仪器的标准气；可以脱氢制丁二烯，氧化制乙酸、顺丁烯二酸酐，也可与硫发生气相反应生成噻吩等
安全性	具有弱刺激和麻醉作用。易燃气体。与空气混合能形成爆炸性混合物，爆炸极限为1.9%～8.4%（体积分数）。遇热源和明火有燃烧爆炸的危险。与氧化剂接触猛烈反应。其蒸气比空气重，能在较低处扩散到相当远的地方，遇火源会着火回燃	

| 生产方法 | (1)存在于石油气、天然气和裂化气中。由石油气化过程中产生的 C_4 馏分,经分离而得
(2)以工业异丁烷为原料(含量为 $82\%\sim91\%$),采用三级吸附工艺。一级吸附器脱除 C_2、C_3、正丁烷和 1-丁烯等杂质,二级吸附器除去异丁烯,在三级吸附器中进一步除去 C_2、C_3 烃类杂质,产品纯度大于 99.99% | (1)从油田气和湿天然气分离 将其加压冷凝分离,可得含丙烷、丁烷的液化石油气,再用蒸馏法分离得到丁烷
(2)从石油裂解的 C_4 馏分分离 由炼厂常温减压蒸馏所得气体,经重整、催化裂化、焦化、热裂化、加氢裂化所得液体气都可得到大量 C_4 馏分,由重整、加氢裂化和常减压蒸馏所得 C_4 馏分主要为丁烷(正丁烷和异丁烷)。乙烯装置副产的 C_4 馏分中也含丁烷,例如石脑油中等深度裂解产物中丁烷的收率为 0.19%(质量分数),占 C_4 馏分的 6.5%。由催化裂化装置来的尾气,经分馏,分离出 C_3 馏分、异丁烯和 C_5 馏分以后,从塔底送入前乙腈萃取蒸馏塔,由塔顶得到 90% 以上的正丁烷 |

1.3.3 压缩气体

用作抛射剂的压缩气体主要有二氧化碳、氮气和一氧化氮等。其化学性质稳定,不与药物发生反应,不燃烧。但液化后的沸点均较上述两类低得多,常温时蒸气压过高,对容器耐压性能的要求高(需小钢球包装)。若在常温下充入它们非液化气体,则压力容易迅速降低,达不到持久的喷射效果,在气雾剂中基本不用,用于喷雾剂。

抛射剂的用量直接影响喷雾粒子的大小和干湿及泡沫状态。一般抛射剂的用量大,蒸气压高,喷雾时抛射剂迅速蒸发与膨胀,雾滴细小,相反抛射剂使用量少,产生低压的雾滴,雾滴大。

● 氮气、一氧化氮

通用名	氮气	一氧化氮
别名	氮,液氮,氮(高纯),纯氮	氮氧化物,氧化氮
英文名	nitrogen	nitric oxide
分子式	N_2	NO
结构式	$N{\equiv}N$	—
相对分子质量	28.01	30.01

外观	无色、无味、无臭的气体	无色、无臭气体。其液体为蓝色
熔点	$-210℃$	$-163.6℃$
沸点	$-196℃$	$-151.7℃$
密度	$1.2506g/cm^3$	$1.05g/cm^3$
溶解性	溶于水,微溶于醇	它在水中溶解度甚微,但在硝酸水溶液中比在纯水中溶解度大很多倍,且随硝酸浓度增大而增加。可溶于硫酸、乙醇、硫酸亚铁和二硫化碳等

质量标准		
色泽	无色	—
状态	气体	—
氮(N_2)含量,φ	$\geqslant99.9\%$	—
氧,φ	$\leqslant0.1\%$	—
二氧化碳,φ	$\leqslant0.003\%$	—
一氧化碳,φ	$\leqslant0.001\%$	—
水分(24000mL气体),φ	$\leqslant0.005\%$	—
应用性能	化学工业用于合成氨、硝酸、氰氨化钙、氰化物、过氧化氢等生产。纯氮气用作防止氧化、挥发、易燃物质的保护气体、灯泡填充气。液氮主要用作冷源,用于仪器或机件的深度冷冻处理及食品速冻。也用于低温微粉碎用及电子工业等	用作麻醉剂、防腐剂,也可用于原子吸收及助燃 用于半导体生产中的氧化、化学气相沉积工艺,并用作大气监测标准混合气。也用于制造硝酸和硅酮氧化膜及碳基亚硝酰。也可用作人造丝的漂白剂及丙烯和二甲醚的安定剂
安全性	氮气本身是无毒的。仅在氧气压力明显低时,才表现出氮气的毒性。在大气压力为3.923×10^6Pa(即在氮气的压力为3.138×10^6Pa下),对视、听和嗅觉刺激迟钝。生产液体氮时,要戴防护手套和眼镜,车间要通风,保证安全运输	该品助燃,有毒,具刺激性 该品不稳定,在空气中很快转变为二氧化氮产生刺激作用。氮氧化物主要损害呼吸道
生产方法	空分法采用全低压流程,首先清除空气中灰尘和机械杂质,然后在压缩机中压缩,清除压缩空气中二氧化碳,干燥压缩空气,经液化、精馏、分离得氧和氮气。氮气贮藏在氮气柜;液氮送入贮槽,压缩的氮气充填氮气瓶中	催化氧化法氨与空气在催化剂存在条件下,燃烧生成一氧化氮气体,经精制、压缩等工序后,制得一氧化氮产品 热解法加热分解亚硝酸或亚硝酸盐,获得气体经精制、压缩等工序,即制得一氧化氮产品 酸解法亚硝酸钠与稀硫酸反应制取粗NO,再经碱洗、分离、精制、压缩可制得99.5%的纯NO

● 二氧化碳

别名	碳酐,碳酸酐,碳酐,碳酸气,干冰(固态)	外观	常温下是一种无色无味气体
英文名	carbon dioxide	熔点	$-78.5℃$(升华)
分子式	CO_2	沸点	$-56.6(0.52MPa)$
结构式	$O=C=O$	密度	$1.977g/cm^3(0℃)$
相对分子质量	44.0095	溶解性	能溶于水,与水反应生成碳酸

质量标准			
二氧化碳,$\varphi/\%$	$\geqslant 99.9$	乙醛,$\varphi/10^{-6}$	$\leqslant 0.2$
水分,$\varphi/10^{-6}$	$\leqslant 20$	其他含氧有机物,$\varphi/10^{-6}$	$\leqslant 1.0$
一氧化氮,$\varphi/10^{-6}$	$\leqslant 2.5$	氯乙烯,$\varphi/10^{-6}$	$\leqslant 0.3$
二氧化氮,$\varphi/10^{-6}$	$\leqslant 2.5$	油脂,$w/10^{-6}$	$\leqslant 5$
二氧化硫,$\varphi/10^{-6}$	$\leqslant 1.0$	蒸发残渣,$w/10^{-6}$	$\leqslant 10$
总硫,φ(除二氧化硫外,以硫计)$/10^{-6}$	$\leqslant 0.1$	氧气,$\varphi/10^{-6}$	$\leqslant 30$
碳氢化合物总量,φ(以甲烷计)$/10^{-6}$	$\leqslant 50$(其中非甲烷烃不超过20)	一氧化碳,$\varphi/10^{-6}$	$\leqslant 10$
苯,$\varphi/10^{-6}$	$\leqslant 0.02$	氨,$\varphi/10^{-6}$	$\leqslant 2.5$
甲醇,$\varphi/10^{-6}$	$\leqslant 10$	磷化氢,$\varphi/10^{-6}$	$\leqslant 0.3$
乙醇,$\varphi/10^{-6}$	$\leqslant 10$	氰化氢,$\varphi/10^{-6}$	$\leqslant 0.5$

应用性能	气体二氧化碳主要用作制纯碱、化肥(碳酸氢铵、尿素)及合成甲醇和无机盐工业的原料,亦用于钢铸件淬火和铅白制造,还用于制造干冰等。液体二氧化碳用于焊接、发酵工业、冷却和清凉饮料、制糖工业、医用局部麻醉,还用作大型铸钢防泡剂、植物成长促进剂、防氧化剂及灭火剂等。固体二氧化碳用于青霉素生产,鱼类、奶油、冰淇淋等食品贮存及低温运输等方面
用量	—
安全性	低毒,不燃;可能烫伤;大量吸入窒息
生产方法	(1)工业方法　二氧化碳是煅烧石灰石制取石灰或发酵过程的副产品,也是生产氨、汽油和其他化工产品的烃类-蒸气转化炉的副产物,从烟道气(主要由氮气和二氧化碳组成)中可回收得到二氧化碳,还可直接从富含二氧化碳的天然气气井中获得 (2)发酵气回收法　生产乙醇发酵过程中产生的二氧化碳气体,经水洗、除杂、压缩,制得二氧化碳 (3)副产气体回收　氨、氢气、合成氨生产过程中往往有脱碳(即脱除气体混合物中二氧化碳)过程,使混合气体中二氧化碳经加压吸收、减压加热解吸可获得高纯度的二氧化碳气

2 通用功能性配方原料

2.1 乳 化 剂

乳化剂是能促使两种或两种以上互不相溶的液体形成稳定乳浊液的物质，是一类具有亲水和亲油基的表面活性剂。加入少量即可显著地改变液-液、气-液、液-固等界面性质，引起表面张力降低，具有乳化、湿润、增溶、渗透、分散、洗涤、发泡等表面活性功能。乳化剂属于表面活性剂，按亲水基团的性质可分为离子型乳化剂和非离子型乳化剂两大类。

(1) 离子型乳化剂　离子型乳化剂又分为阴离子型乳化剂、阳离子型乳化剂和两性离子型乳化剂三类。

阴离子乳化剂水解时生成亲水阴离子基团，在碱性介质中使用有效；主要有羧酸盐类（硬脂酸盐、油酸盐、蓖麻酸盐）、硫酸盐类（烷基硫酸盐、硫酸化油、脂肪族酰胺硫酸盐、烃基聚乙二醇硫酸酯盐）、磺酸盐类（脂肪磺酸盐、脂肪酰胺磺酸盐、烷基苯磺酸盐）、磷酸酯盐类（PA100）、磺基琥珀酸酯（A-102、MS-1）类。

阳离子乳化剂水解时生成亲水阳离子基团，在酸性介质中使用有效；主要有有机酸铵盐类（伯胺盐、仲胺盐、叔胺盐、酰胺结构铵盐等）、季铵盐类（烷基季铵盐、醚结构季铵盐、杂环结构季铵盐等）、吡啶盐或咪唑盐。

两性离子型乳化剂是分子中同时含有碱性亲水基团和酸性亲水基团，在碱性介质中起阴离子型乳化剂作用，在酸性介质中起阳离子型乳化剂作用，适用于任何 pH 值。主要有羧酸类（氨基酸）、硫酸酯类、磺酸盐类、磷酸酯盐类、甜菜碱类（烷基甜菜碱、酰胺类甜菜碱）、咪唑啉类。

(2) 非离子型乳化剂　非离子乳化剂在水溶液中不会离解成离子，使用效果不受 pH 值影响。主要有醚类（聚氧乙烯烷基醚、聚氧乙烯烷芳基醚、多元醇环醚、聚醚、脂肪酸聚烷氧化物酯、蓖麻油聚氧乙烯醚)、酯类(多元醇烷基酯、聚氧化乙烯烷基酯、聚氧化乙烯多元醇烷基酯、脂肪酸烷酯、山梨醇酯)、胺类(椰油基二甲基叔胺、1-羟乙基-2-油基咪唑啉)、酰胺类(烷基醇酰胺、聚氧化乙烯烷基酰胺)、烷基糖苷类(烷基多苷、甲基葡萄糖苷聚氧乙烯醚)、烷基吡咯烷酮类(N-辛基吡咯烷酮、N-十二烷基吡咯烷酮)。非离子乳化剂是种类最多的一类乳化剂,在乳液聚合中常与阴离子乳化剂并用,以改善聚合速率和乳液稳定性。

乳化剂还有反应型乳化剂、高分子乳化剂、阴阳离子乳化剂等。乳化剂是乳液聚合体系重要的助剂,直接影响引发速率、聚合物相对分子质量大小及分布、乳液体系稳定性、生产过程是否能正常进行、贮存和使用能否安全可靠等,选择适当的乳化剂是相当重要的。选择的乳化剂应有较好的聚合稳定性和乳液贮存稳定性,不应干扰聚合反应;残留的乳化剂不损害产品的性能;不宜选用在生产条件下容易起泡沫的乳化剂;最好选用来源广泛、价格低廉的无毒害、无污染、环保型的乳化剂。

2.1.1 常用乳化剂

●十二烷基硫酸钠

其他名称	发泡粉。十二醇硫酸钠;十二烷基硫酸酯钠盐;月桂醇硫酸钠;月桂基硫酸钠;SDS;十二烷基硫酸氢钠;月桂醇硫酸酯钠		
英文名	sodium dodecyl sulfate	外观	白至微黄色粉末,微有特殊气味
分子式	$C_{12}H_{25}SO_4Na$	熔点	204～207℃
结构式	$CH_3(CH_2)_{10}CH_2O\overset{\overset{O}{\parallel}}{\underset{\underset{O}{\parallel}}{S}}ONa$	密度	1.03g/mL
相对分子质量	288.38	溶解性	微溶于醇,不溶于氯仿、醚,易溶于水
质量标准			
外观	粉状优级品	活性物含量,w/%	≥94
pH 值	7.5～9.5	石油醚可溶物,w/%	≤1.0
白度(WG)	≥80	无机盐含量(以硫酸钠和氯化钠计),w/%	≤2.0
水分,w/%	3.0	重金属(以铅计),w/×10⁻⁶	20.0
砷,w/×10⁻⁶	3.0		

应用性能	具有优异的去污、乳化和发泡力,可用作洗涤剂和纺织助剂,也用作阴离子型表面活化剂、牙膏发泡剂、矿井灭火剂、灭火器的发泡剂、乳液聚合乳化剂,医药用乳化分散剂,洗发剂等化妆制品,羊毛净洗剂,丝毛类精品织物的洗涤剂。金属选矿的浮选剂
用量	使用限量:干蛋白 1000mg/kg;冷冻蛋白 125mg/kg;液体蛋白 125mg/kg;棉花糖(marshmallow)发泡剂,所用明胶量的 0.5%;作为表面活性剂,用于由富马酸酸化的固体饮料和富马酸酸化的果汁饮料,25mg/kg;作为油脂的增湿剂,10mg/kg(油脂量)
安全性	毒性 LD_{50} 为 1300mg/kg,无毒;对黏膜和上呼吸道有刺激作用,对眼和皮肤有刺激作用,可引起呼吸系统过敏性反应
生产方法	(1)将十二醇和氯磺酸(摩尔比 1∶1.03)在 30~35℃进行磺化反应,生成的磺酸酯用 30%氢氧化钠中和,生成十二醇硫酸钠,经双氧水漂白、喷雾干燥即得成品 (2)由十二醇和氯磺酸在 40~50℃下经硫酸化生成月桂基硫酸酯,加氢氧化钠中和后,经漂白、沉降、喷雾干燥而成 (3)三氧化硫法 反应装置为立式反应器。在 32℃下将氮气通过气体喷口进入反应器。氮气流量为 85.9L/min。在 82.7kPa 下通入月桂醇,流量 58g/min。将液体三氧化硫在 124.1kPa 下通入闪蒸器,闪蒸温度维持在 100℃,三氧化硫流量控制在 0.9072kg/h。然后将硫酸化产物迅速骤冷至 50℃,打入老化器,放置 10~20min。最后打入中釜用碱中和。中和温度控制在 50℃,当 pH 值在 7~8.5 时出料,即得液体成品。喷雾干燥得固体成品 (4)间歇法 将月桂醇投入反应釜中,预热至 30℃。然后在高速搅拌下将比理论量过量 0.03mol 的氯磺酸以雾状喷入醇中。反应温度控制在 30~35℃。硫酸化反应结束后,将其打入中和釜用 30%的碱液中和至 pH 值 7~8.5,最后用 0.4%(质量分数)的双氧水漂白,喷雾干燥得固体 (5)连续法 反应装置为管式反应器。首先用氯化氢把月桂醇进行饱和。然后在 21.4℃下将月桂醇的氯化氢溶液通入反应器与氯磺酸反应。反应物经气液分离后,硫酸化产物从分离器底部流入中和釜。在 50℃下用 30%的氢氧化钠中和得液体产品,喷雾干燥得固体产品

● 聚乙烯醇

英文名	polyvinylalcohol	分子式	$(C_2H_4O)_n$
其他名称	聚乙烯醇浆糊;聚乙烯醇薄膜;维尼纶;聚乙烯醇纤维		
相对分子质量	—	熔点	200℃
结构式	OH	密度	1.19~1.31g/cm³
外观	白色粉末状、片状或絮状固体,无味		
溶解性	溶于水,不溶于汽油、煤油、植物油、苯、甲苯、二氯乙烷、四氯化碳、丙酮、醋酸乙酯、甲醇、乙二醇等,微溶于二甲基亚砜		

质量标准			
外观	白色固体粉末	酸值/%	≤3.0
黏度/Pa·s	3~70	醇解度	85~89
干燥失重,w/%	≤5.0	pH 值	4.5~6.5
炽灼残渣,w/%	≤0.5	重金属(以铅计)/×10⁻⁶	≤10
应用性能	是重要的化工原料,用于制造聚乙烯醇缩醛、耐汽油管道和维尼纶合成纤维、织物处理剂、乳化剂、纸张涂层、涂料、黏着剂(例如透明胶水)、稳定剂、分散剂、增厚剂、感光剂和填充材料等		
用量	按生产需要适量使用		
安全性	无毒,对皮肤无刺激作用,不会引起皮肤过敏,但粉尘对眼部有刺激作用。吸入、摄入或经皮肤吸收后对身体有害		
生产方法	通过聚醋酸乙烯酯部分或全部水解制取。具体过程为聚醋酸乙烯酯在碱作用下与甲醇反应制得		

2.1.2 食品用乳化剂

乳化剂用于食品加工过程中,使食品中互不相溶的油和水组分能很好地混合,形成均匀的分散体系,从而改变食品的内部结构,改善食品的风味和品质。

食品中使用乳化剂的突出特点:①乳化剂对淀粉和蛋白质有络合作用,与淀粉和蛋白质相互作用,改善其结构,增强其韧性和抗拉力。②防黏及防溶化,在糖的晶体外形成一层保护膜,提高制品的防潮性,同时降低体系的黏度,防止糖果溶化。③提高乳浊体的稳定性。④具有发泡、消泡、润湿和抗菌保鲜等作用。

乳化剂广泛用于面制品、冰淇淋、烘烤食品、巧克力、人造奶油、糖果等,因此对于食品乳化剂的物种、用量安全要求非常严格,使其朝着更加安全、趋向自然、功能综合化发展,以满足不断发展的食品工业需求。

● 单硬脂酸甘油酯、蔗糖脂肪酸酯

通用名	单硬脂酸甘油酯	蔗糖脂肪酸酯
其他名称	甘油单硬脂酸酯;十八碳酸甘油酯;十八碳酸 1,2,3-丙三醇单酯;硬脂甘油酯;一硬脂酸甘油酯	脂肪酸蔗糖酯;蔗糖酯
英文名	glyceryl monostearate	sucrose esters of fatty acids
组分	—	蔗糖一脂肪酸酯、二酯与三酯等

化学式	$C_{21}H_{42}O_4$	—
结构式		
相对分子质量	358.57	608.76
外观	白色蜡状薄片或珠粒固体,有好闻的脂肪气味	白色至黄色的粉末,或无色至微黄色的黏稠液体或软固体,无臭或稍有特殊的气味
熔点	78~81℃	熔点 52~88℃,加热至 145℃ 分解,120℃ 以下稳定。在酸性或碱性下加热则被皂化
HLB 值	3.8	3~16
溶解性	不溶于水,能溶于热醇、苯、丙酮、石油和烃。与热水经强烈振荡混合可分散于水中,为油包水型乳化剂	易溶于乙醇、丙酮。单酯可溶于热水,但二酯或三酯难溶于水。单酯含量高,亲水性强;二酯和三酯含量越多,亲油性越强

质量标准		
质量指标	GB 15612—1995(蒸馏单硬脂酸甘油酯)	GB 10617—2005(丙二醇法)
含量(单硬脂酸甘油酯),w	≥90.0%	—
碘值(以 I_2 计)	≤4.0mg/g	—
凝固点	60~70℃	—
砷(以 As 计),w	≤0.0001%	≤2mg/kg
重金属(以 Pb 计),w	≤0.0005%	≤0.0020%
游离酸(以硬脂酸计),w	≤2.5%	—
酸值(以 KOH 计)	—	≤6.0mg/g
干燥失重,w	—	≤4.0%
游离蔗糖,w	—	≤5.0%
灰分,w	—	≤2.0%

应用性能	该品为乳化剂。在作食品添加剂的应用方面，以面包、饼干、糕点等的使用量最大，其次是人造奶油、黄油、冰淇淋。在医药制品中作为赋形剂，用于中性药膏的配制；在日用化学品中，用于配制雪花膏、冰霜、蛤蜊油等。还用作油类和蜡类的溶剂，吸湿性粉末保护剂和不透明遮光剂	具有优良的乳化、分散、润湿、去污、稳泡、增溶等性能。主要用作香波类、膏霜类、乳液类及唇膏等化妆品的水包油型乳化剂。也可用于食品、乳化天然色素，用于肉制品、乳化香精、糖果、面包和冰淇淋等。由于具有抑制细菌生长的作用，能保护皮肤，安全无毒，因此应用广泛
用量	可在各类食品中按生产需要适量使用。糖果参考用量 0.2%～0.5%	用于肉制品、香肠、乳化香精、水果及鸡蛋保鲜、冰淇淋、糖果、面包、八宝粥、饮料，最大使用量为 1.5g/kg；用于乳化天然色素，最大使用量 10.0g/kg；糖果（包括巧克力及巧克力制品），10.0g/kg
安全性	ADI 无需规定（FAO/WHO，1994）	无毒，无刺激性，可生物降解
生产方法	(1)由甘糖与硬脂酸酯化而得 将硬脂酸、甘油和氢氧化钠加入反应锅内，加热熔融后开动搅拌，通入氮气。加热，在 185℃反应 7h，反应结束时 pH 应小于 5。降温出料，得单硬脂酸甘油酯 (2)直接酯化法 硬脂酸和甘油按 1:(1.2～1.3)的摩尔比，在 0.2%的酸性催化剂作用下，在 180～250℃反应 2～4h；反应物速冷至 100℃，加碱中和催化剂，用水洗涤后得含单酯 40%～60%的产品 (3)酯交换法 硬脂酸甘油酯与甘油在 0.06%～0.1%的 Cu(OH)₂存在下，在 170～240℃反应 1～2h，反应过程中通入氮气进行保护，反应物经减压脱臭、酸中和、精制后得到含单酯 40%～60%的产品 (4)缩水甘油皂化法 缩水甘油与硬脂酸在四乙基碘化铵的催化下，在 100～130℃反应 30～70min，反应物精制后可得含单酯 80%～90%的产品	(1)酯化法 以蔗糖和脂肪酸甲酯或乙酯为原料，以二甲基酰胺为溶剂，在碳酸钾催化剂存在下，进行酯化反应而得 (2)无溶剂法 将硬脂酸乙酯或甲酯和表面活性剂的水溶液加热至 100℃，搅拌，并加入 1:1～1.5 左右（摩尔比）的糖粉，待全部的水被真空蒸发完后，加入催化剂碳酸钾粉末，在 90～160℃下减压反应，生成的乙醇或甲醇被蒸出；用 15%的食盐水溶解粗蔗糖酯中的蔗糖和催化剂，过滤，再用乙醇除去未反应的硬脂酸乙酯或甲酯即得产品 (3)微乳化法 将蔗糖溶于丙二醇得蔗糖溶液，加入乳化剂硬脂酸钠和催化剂无水碳酸钾，在 100～140℃和 14.5～21.1kPa 时，与硬脂酸乙酯反应 6～8h，投料比为蔗糖:硬脂酸乙酯:无水碳酸钾:硬脂酸钠:丙二醇＝1:0.6:0.01:0.5:900(mL)反应过程中不断蒸出乙醇和丙二醇，边反应边脱溶剂，溶剂脱完后继续反应一段时间即得蔗糖酯粗品；用丙酮溶解粗产品，过滤，滤液用酸酯化后冷却至 5～10℃，析晶后真空干燥得纯净品

| 生产方法 | (5)环氧氯丙烷相转移催化法
环氧氯丙烷与硬脂酸钠(摩尔比 2∶1)在甲苯中,在相转移催化剂四丁基溴化铵的催化下,于 90～110℃反应 2h;反应物用氯化钠溶液洗涤,分取有机相,蒸馏除去甲苯和未反应的环氧氯丙烷得硬脂酸缩水甘油酯,将其用 0.1mol/L 的 NaOH 溶液水解,经分离、干燥,用正己烷重结晶得产品,单酯含量在 90% 以上。含量 40%～60% 的单酯产品经分子蒸馏可得到 90% 以上的高浓度产品 | |

● 丙二醇脂肪酸酯、改性大豆磷脂

通用名	丙二醇脂肪酸酯	改性大豆磷脂
其他名称	丙二醇酯;丙二醇单双酯;脂肪酸丙二醇酯	羟化卵磷脂;羟化磷脂
英文名	propylene glycol esters of fatty acids	modified soybean phospholipid
结构式	$\begin{array}{l}CH_3\\\|\\CHOOCR^1\\\|\\CH_2OOCR^2\end{array}$	—
外观	随结构中的脂肪酸的种类不同而异,可得白色至黄色的固体或黏稠液体,有香味。丙二醇的硬脂酸和软脂酸酯多数为白色固体。以油酸、亚油酸等不饱和酸制得的产品为淡黄色液体。此外还有粉状、粒状和蜡状	黄色或黄棕色粉粒,无臭,有特殊的"漂白"味
HLB 值	丙二醇单硬脂酸酯的 HLB 值为 2～3	
溶解性	亲油性乳化剂,不溶于水,可溶于乙醇、乙酸乙酯、氯仿等。在热水中搅拌可分散成乳浊液	极易吸潮,易溶于动植物油、乙醚、石油醚、氯仿,部分溶于乙醇,不溶于水,在水中分散膨润成胶体溶液
质量标准		
标准	FCC,1981	LS/T 3225—1990
酸值	≤4mg/g	≤38mg/g
游离丙二醇,w	≤1.5%	—

灼烧残渣，w	≤0.5%	—
砷（以 As 计），w	≤0.0003%	≤0.0003
重金属（以 Pb 计），w	≤0.001%	≤0.001
羟值、碘值、皂化值	合格	碘值（以 I_2 计）60~80mg/g
脂肪酸盐（按硬脂酸钾计），w	≤7%	—
丙酮不溶物，w	—	≥95%
苯不溶物，w	—	≤1.0%
水分，w	—	≤1.5%
过氧化值	—	≤50meq/kg
应用性能	具有优异的发泡性能，良好的油溶性乳化剂。用于起酥油，能防止面包、西点等老化，改善其加工性能；用于冰淇淋，提高膨胀率和保形性。用于人造奶油，提高打发性，防止油水分离；还可用于糕点、油炸小食品、复合调味料	良好的天然食品乳化剂，可广泛用于饼干、糕点、人造奶油食品、糖果和冰淇淋。添加磷脂制备小牛和仔猪等人工乳时，可使脂肪分散达到最佳效果；对于幼虾，可弥补其因缺乏胆汁而造成的脂肪消化能力低下，预防幼虾高死亡率，提高成虾成活率；有助于动物对油脂和脂溶性维生素的消化吸收，从而改善肉、蛋、奶的品质，提高商品价值。同时作为表面活性剂、抗氧化剂、营养助剂、能量增补剂和饲料加工助剂，应用于饲料中效果是多方面的
用量	可用于糕点、油炸薯片，最大用量为 2.0g/kg。用于复合调味料，最大用量 20g/kg	用于油脂、人造黄油用量为0.1%~0.35%；在巧克力中添加0.2%~0.3%；糖果中添加0.5%；焙烤食物中添加为面粉质量的0.2%~0.3%
安全性	大鼠经口 LD_{50} 大于 10g/kg。ADI 0~25g/kg（FAO/WHO，1994）	ADI 无限制性规定（FAO/WHO，1994）
生产方法	(1)直接酯化法 将丙二醇、脂肪酸、生石灰、碳酸钾和催化剂一起进行酯化，降温后经中和、除去未反应物，再冷却固化、粉碎即得产品 (2)酯交换法 丙二醇与油脂进行酯交换而得产品	以天然大豆磷脂为原料，经过氧化氢、乙酸和氢氧化钠适度乙酰化、羟基化，再用丙酮脱脂即得产品

● 硬脂酰乳酸钙、硬脂酰乳酸钠

通用名	硬脂酰乳酸钙	硬脂酰乳酸钠
其他名称	十八烷基乳酸钙；硬脂酰-2-乳酸钙	硬脂酰-2-乳酸钠
英文名	calcium stearoyl lactylate	sodium stearyl lactate
化学式	$C_{48}H_{86}CaO_{12}$	$C_{24}H_{43}NaO_6$
结构式	$(C_{17}H_{35}COOCH\underset{\underset{CH_3}{\vert}}{}—COO—CH\underset{\underset{CH_3}{\vert}}{}—COO)_2Ca$	$C_nH_{35}COO—CH\underset{\underset{CH_3}{\vert}}{}—COOH—CH\underset{\underset{CH_3}{\vert}}{}—COONa$
相对分子质量	895.30	450.6
外观	乳白色粉末或片状固体,具有宜人的焦糖气味	白色至浅黄色脆性固体或粉末,略有焦糖气味
熔点	44~51℃	—
HLB 值	5.1	8.3
溶解性	难溶于冷水,能很好地分散于热水中,可溶于乙醇及热的油脂,属阴离子型乳化剂	溶于动植物油及乙醇、丙酮、乙醚和氯仿等有机溶剂,难溶于水,稍具有吸湿性,在水中激烈搅拌可完全分散

质量标准

质量指标	FAO/WHO,1995	FAO/WHO,1995
酸值(以 KOH 计)	50~130mg/g	60~130mg/g
砷(以 As 计),w	≤0.0003%	≤0.0003%
重金属(以 Pb 计),w	≤0.001%	≤0.001%
酯值	125~190mg/g	90~190mg/g
总乳酸量,w	15%~40%	15%~40%
钙,w	1.0%~5.2%	—
钠,w	—	2.5%~5.0%
应用性能	具有良好的乳化、防老化、增筋、保鲜作用。主要应用于麻辣膨化食品、面包、馒头、面条、方便面、饺子;还用于牛奶、植脂末、人造奶油、鲜奶油、肉制品、动植物油乳化食品中	用作阴离子表面活性剂;食品乳化剂,可与小麦粉中的面筋结合,增加面筋的稳定性和弹性,使面团蓬松柔软,且不易老化;化妆品乳化剂及增稠剂
用量	用于面包、糕点用量为 2.0g/kg	用于面包、糕点用量为 2.0g/kg
安全性	LD_{50}大鼠经口大于 27g/kg。ADI 0~20mg/kg(FAO/WHO,1994)	LD_{50}大鼠经口大于 27.76g/kg。ADI 0~20mg/kg(FAO/WHO,1994)

| 生产方法 | 食用乳酸在减压加热(100～110℃)脱水后与硬脂酸、碳酸钙或氢氧化钙在 190～200℃ 和惰性气体的保护下进行酯化反应;反应物经脱色得黄色黏稠液,经冷却、粉碎得到产品 | (1)一步法 乳酸和硬脂酸按摩尔比 2∶1 投入反应釜,加入硬脂酸质量 1.5%的浓硫酸,在 105℃ 下反应 4h,至无水分蒸发为止;反应结束后降温,缓缓加入氢氧化钠溶液中和,可配制成固体含量 10%的乳剂产品
(2)二步法 将乳酸在减压下加热至 100～110℃,浓缩,浓缩后的乳酸在惰性气体二氧化碳的气氛中,加热至 190～200℃与硬脂酸、碳酸钠进行反应,反应完成后冷却而得
(3)三步法 先分别制成硬酯酰氯和乳酰乳酸,然后再将二物酰化、中和而成 |

● 酪蛋白酸钠

别名	酪朊酸钠、干酪素钠	相对分子质量	75000～375000
英文名	casein sodium	组分	多肽类高分子化合物
外观	白色至浅黄色片状体、颗粒或粉末,无臭,无味或微有特异香气和口味	溶解性	易溶于水。水溶液呈中性,其中加酸产生酪蛋白沉淀

质量标准(GB 10797—1989)

砷(以 As 计),w	≤0.0002%	乳糖,w	≤1.0%
重金属(以 Pb 计),w	≤0.002%	灰分,w	≤6.0%
蛋白质(以干基计),w	≥90.0%	水分,w	≤6.0%
脂肪,w	≤2.0%	pH 值	6.0～7.5
应用性能	具有良好的乳化作用和稳定作用,它还能起增黏、黏结、发泡、稳泡等作用,也常用于蛋白质强化。因其为水溶性乳化剂,应用广泛,可用于肉类及水产肉糜制品、冰激凌、饼干、面包、面条等谷物制品		
用量	在面包、饼干、面类中用量为 0.2%～0.5%;在西式糕点、炸面圈、巧克力中用量为 0.59%～5.0%;在奶油乳饮料中用量为 0.2%～0.39%		
安全性	无毒性。LD_{50} 400～500g/kg		
生产方法	用凝乳酶或酸沉淀法(如盐酸、硫酸)制取生酪蛋白,然后将其在水中分散、膨润,再添加氢氧化钠、碳酸钠或碳酸氢钠的水溶液,经蒸发或喷雾干燥或冷冻干燥后即得		

松香甘油酯

其他名称	甘油松香酯、酯胶	组分	甘油三枞酸酯
英文名	ester gum	分子式	$C_{63}H_{92}O_6$
相对分子质量	945.41	密度	1.095g/mL
结构式	$\begin{array}{l}CH_2OOCC_{19}H_{29}\\ \mid\\ CHOOCC_{19}H_{29}\\ \mid\\ CH_2OOCC_{19}H_{29}\end{array}$	外观	透明液体、片状或浅黄色粒状固体,颜色愈浅质量愈好
溶解性	溶于芳香族和脂肪族烃类溶剂(石油汽油、苯、乙酸乙酯、丙酮)、酯、酮和氯代烃;不溶于水和低分子量醇		

质量标准(GB 10287—2012)

砷(以 As 计),w	≤0.0002%	色泽(铁钴法)	≤8
重金属(以 Pb 计),w	≤0.002%	酸值(以 KOH 计)	3.0~9.0mg/g
灰分,w	≤0.1%	软化点(环球法)	80~90℃
溶解度(与苯1:1)	清	密度	1.08~1.09g/mL
应用性能	做 W/O 型食品乳化剂。也可用作 SBS 喷胶/万能胶、EVA 热熔胶、SBS/SIS 热熔胶和热熔压敏胶等的增黏树脂;还可用在黄胶中改善初期粘接性及热熔压敏胶、油溶压敏胶、不干胶、复膜胶、EVA 热熔胶、聚酰胺热熔胶、密封胶、清漆漆料、装订胶、管道胶、复膜胶、装饰胶、标签胶、胶带胶		
用量	作乳化香精,最大用量 100g/kg;相当于碳酸饮料中 0.1g/kg;在口香糖基础剂中最大用为 1.0g/kg		
安全性	小白鼠经口 LD_{50} 大于 20g/kg ADI 未作规定(FAO/WHO,1994)		
生产方法	松香甘油酯系由松香与甘油酯化而成,两者在催化剂氧化锌或氧化钙存在和氮气的保护下酯化,通过真空处理后制成不规则透明块状、片状或粒状固体。与 NR、CR、EVA、SIS、SBS 等高聚物在大比例范围形成透明体系		

山梨糖醇酐单月桂酸酯、山梨醇酐单棕榈酸酯

通用名	山梨糖醇酐单月桂酸酯	山梨醇酐单棕榈酸酯
其他名称	司盘 20;Span-20	司盘 40;单十六酸脱水山梨醇酯;脱水山梨醇单棕榈酸酯;清凉茶醇棕榈酸酯
英文名	sorbitan mono-laurate	sorbitan monopalmitate
化学式	—	$C_{22}H_{42}O_6$
组分(结构式)	1,4-山梨糖醇酐月桂酸酯、1,5-山梨糖醇酐酯、1,4,3,6-山梨糖醇酐酯	

外观	琥珀色黏稠液体,浅黄色或棕黄色小珠状或片状蜡样固体,有特殊气味,味柔和	浅奶油色至棕黄色珠状、片状或蜡状固体。有异臭味,味柔和
熔点	14～16℃	45～47℃
密度	1.00～1.06g/mL	—
HLB 值	8.6	6.7
溶解性	温度高于熔点时溶于甲醇、乙醇、甲苯、乙醚、乙酸乙酯、苯胺、石油醚、四氯化碳等有机溶剂,不溶于冷水,可分散于热水中。是油包水型乳化剂	不溶于冷水,能分散于热水中,成乳状溶液。能溶于热油类及多种有机溶剂中,成乳状溶液
质量标准		
质量指标	GB 25551—2010	GB 25552—2010
酸值(以 KOH 计)	≤7.0mg/g	≤7mg/g
砷(以 As 计),w	≤3mg/g	≤3mg/g
重金属(以 Pb 计),w	≤2mg/g	≤2mg/g
皂化值(以 KOH 计)	155～170mg/g	140～155mg/g
羟值(以 KOH 计)	330～360mg/g	270～305mg/g
水分,w	≤1.5%	≤1.5%
硫酸盐灰分,w	≤0.5%	—
脂肪酸,w	56%～68%	63%～71%
多元醇,w	36%～49%	33%～38%
灼烧残渣,w	0.5%	0.5%
应用性能	作非离子型食品乳化剂,单独使用或与吐温 60、吐温 65、吐温 80 混合使用	作非离子型食品乳化剂,单独使用或与吐温 60、吐温 65、吐温 80 混合使用。也可用作印刷油墨的分散剂、各种油品乳化的分散剂、乳液聚合时作乳化稳定剂、纺织品耐水复合物的有效添加剂、油田用的乳化剂、近井地带处理剂
用量	可用于果味型饮料,最大使用量 0.5g/kg;月饼,1.5g/kg;植物蛋白饮料,2.0g/kg;雪糕巧克力层用量 2.2g/kg	用于饮料混浊剂,最大用量 0.05g/kg(以最终产品计);果汁(味)型饮料,0.5g/kg;月饼,1.5g/kg;雪糕巧克力层,2.2g/kg;植物蛋白饮料,6.0g/kg
安全性	大鼠经口 LD$_{50}$ 10g/kg。ADI 0～25mg/kg(FAO/WHO,1994)	大鼠经口 LD$_{50}$ 大于 10g/kg。ADI 0～25mg/kg(FAO/WHO,1994)

| 生产方法 | 由山梨糖醇与月桂酸加热进行酯化、脱水制得 | 将山梨糖醇投入反应釜中,开真空在75～80℃下脱水,至釜内翻起小泡为止。将棕榈酸熔化后压入脱水山梨醇酐中,在搅拌下加入50%碱液,在减压条件下逐渐升温至190～200℃,在190～200℃下保温4 h,抽样分析酸值,当酸值在7～8mg/g左右酯化反应完毕。静置冷却过夜,除去底层焦物,在搅拌下加入适量的双氧水脱色,最后升温至80～90℃,趁热搅拌成型,冷却包装得成品 |

● 山梨醇酐单硬脂酸酯、山梨醇酐三硬脂酸酯

通用名	山梨醇酐单硬脂酸酯	山梨醇酐三硬脂酸酯
其他名称	司盘60;Span-60	司盘65;Span-65
英文名	sorbitan monostearate	sorbitan tristearate
结构式	山梨醇酐单硬脂酸酯 山梨醇酐三硬脂酸酯	
外观	奶白色至棕黄色的硬质蜡状固体,呈片状或块状,无异味,稍带脂肪气味	奶油色至棕黄色片状或蜡状固体,有脂肪气味
HLB 值	4.7	2.1

溶解性	溶于热的乙醇、乙醚、甲醇及四氯化碳,分散于温水及苯中,不溶于冷水和丙酮	能分散于石油醚、矿物油、植物油、丙酮及二噁烷中,难溶于甲苯、乙醚、四氯化碳及乙酸乙酯,不溶于水、甲醇及乙醇
熔点	51℃	50～56℃
密度	0.98～1.0g/mL	
质量标准		
质量指标	GB 13481—2011	浙 Q/SH 15—1986(浙江企业标准)
多元醇(按山梨糖醇及其单双酐计)	29.5%～33.5%	—
酸值(以 KOH 计)	≤10mg/g	≤14mg/g
砷(以 As 计)	≤0.0003%	≤0.0002%
重金属(以 Pb 计)	≤0.001%	≤0.001%
皂化值(以 KOH 计)	147～157mg/g	170～190mg/g
羟值(以 KOH 计)	235～260mg/g	55～85mg/g
水分	≤1.5%	≤1.5%
脂肪酸	71%～75%	—
灰分	—	≤0.5%
应用性能	作 W/O 型食品乳化剂,单独使用或与吐温 60、吐温 65、吐温 80 混合使用	作 W/O 型食品乳化剂,单独使用或与吐温 60、吐温 65、吐温 80 混合使用。还可作消泡剂、混浊剂等,可用于椰子汁、果汁、牛乳、奶糖、冰激凌、面包、糕点、麦乳精、人造奶油、巧克力等
用量	用于干酪,最大使用量为 10.0g/kg;用于面包,量为面粉的 0.35%～0.5%;冰激凌用量 0.2%～0.3%;巧克力用量 0.1%～0.3%;可用于植物蛋白饮料、果汁型饮料、牛乳、奶糖、冰激凌、面包、糕点、固体饮料、巧克力,最大使用量为 3.0g/kg;奶油、速溶咖啡、干酵母、氢化植物油,10.0g/kg	用作饮料混浊剂,最大使用量为 0.05g/kg;用于奶油、氢化植物油、速溶咖啡、干酵母,最大用量 10.0g/kg
安全性	大鼠经口 LD_{50} 大于 10.0g/kg。ADI 0～25mg/kg(FAO/WHO,1994)	大鼠经口 LD_{50} 大于 10g/kg。ADI 0～25mg/kg(FAO/WHO,1994)
生产方法	(1)一步法 将等物质的量的脂肪酸、山梨糖醇及适量的催化剂氢氧化钠加入反应釜中,在氮气流保护下,加热至 190℃ 便开始脱水、酯化反应;继续加热至 230～250℃ 时一	将适量山梨糖醇投入反应釜中,抽真空升温脱水,脱水完毕后压入熔化的硬脂酸,氢氧化钠催化剂。在减压条件下缓慢升温,2h 内升至 180℃,然后每 1h 升 10℃,3h 升

| 生产方法 | 边酯化,一边分子内脱水成酐,反应时间5~7h;反应结束后冷却至85~95℃,加适量的过氧化氢脱色30min即得产品

(2)先成酐后酯化 将50%山梨糖醇置于脱水锅,加入适量的磷酸,在100~150℃下减压脱水生成山梨醇酐;另在酯化锅内投入硬脂酸,加热熔化,搅拌,并加入山梨糖醇酐和适量的50%氢氧化钠溶液,在170~210℃反应4h,反应液的酸值小于 5 时,结束反应;冷却至110℃,加入30%的过氧化氢脱色,最后趁热放料于冷却盘中结片,粉碎即得粉状产品

(3)先酯化后成酐 在200~260℃时等物质的量的硬脂酸、山梨糖醇及适量的碱性催化剂氢氧化钠进行酯化反应,当酸值小于10mg/g时,加入酸性催化剂磷酸,再在180~240℃脱水成酐即得产品 | 温至210℃,在210℃下保温5h,再升至220℃,反应1h,取样测酸值,当酸值到13~15mg KOH/g 为合格,停止酯化。静置,冷却过夜,除去下层焦化物,上层用适量的双氧水脱色,最后升温至100℃,热压成型,冷却包装即为成品 |

● 山梨醇酐单油酸酯、聚氧乙烯山梨醇酐单月桂酸酯

通用名	山梨醇酐单油酸酯	聚氧乙烯山梨醇酐单月桂酸酯
其他名称	司盘 80、Span-80、失水山梨醇油酸酯	吐温 20
英文名	food additive-sorbitan monooleate	Tween-20
结构式		—
外观	琥珀色或棕色油状液体,有脂肪气味	黄色至琥珀色油状液体或膏状物,有轻微特殊臭味,味微苦
熔点	10~12℃	—
相对密度	1.0~1.05	1.08~1.13
HLB 值	4.3	16.9
溶解性	可分散于热水中,溶于热油及一般有机溶剂。不溶于冷水,不溶于异丙醇、四氯乙烯、二甲苯、棉籽油、矿物油等	溶于水、乙醇、乙酸乙酯、甲醇,不溶于矿物油及溶剂油。为 O/W 乳化物型

质量标准

质量指标	GB 13482—2011	FAO/WHO,1978
酸值(以 KOH 计)	≤8mg/g	≤2mg/g
砷(以 As 计),w	≤3mg/kg	≤0.0003%
重金属(以 Pb 计),w	≤2mg/kg	≤0.001%
皂化值(以 KOH 计)	145～160mg/g	40～45mg/g
羟值(以 KOH 计)	193～210mg/g	96～108mg/g
水分,w	≤2.0%	≤3%
脂肪酸,w	73%～77%	—
多元醇,w	28%～32%	—
氧乙烯含量(以 C_2H_4O 计),w	—	70%～74%
硫酸盐灰分,w	—	≤0.25%
应用性能	作 W/O 型食品乳化剂,单独使用或与吐温 60、吐温 65、吐温 80 混合使用。还可用于蔬菜和水果的保鲜;也可在乳化炸药、纺织油剂中作分散剂;石油产品中作防锈剂和助溶剂;钛白粉生产中作稳定剂;聚合物的抗静电剂和防雾滴剂等	作 O/W 型食品乳化剂,单独使用或与司盘 60、司盘 65、司盘 80 混合使用。还用作膏霜类、乳液类等化妆品的水包油型乳化剂、柔软剂、增稠剂、增溶剂、分散剂、稳定剂、润滑剂、抗静电剂
用量	在果汁型饮料中最大使用量为 0.05g/kg;用于植物蛋白饮料、牛乳、氢化植物油、面包、糕点和奶糖最大使用量为 1.5g/kg	可用于月饼,最大用量为 0.5g/kg;果汁饮料,0.75g/kg;雪糕,1.5g/kg;植物蛋白饮料,2.0g/kg
安全性	大鼠经口 LD_{50} 大于 10.0g/kg。ADI 0～25mg/kg(FAO/WHO,1994)	大鼠经口 LD_{50} 37g/kg。ADI 0～25mg/kg(FAO/WHO,1994)
生产方法	将 70% 的山梨醇加入不锈钢反应釜中,加入 0.6% 质量的失水催化剂磷酸或对甲苯磺酸,醇:酸=1:(1.5～1.7)(摩尔比),升温至 150℃ 以下,失水 3h,然后将预热至 90℃ 的油酸和 0.3% 质量的酯化催化剂氢氧化钾或氢氧化钠加入失水山梨醇中,在充氮情况下升温至 210℃ 反应 4～5h;当酸值小于 8 mg/g 时,反应结束;经静置、冷却、过滤后即得产品	①在甲醇钠或乙醇钠的催化下,在 130～170℃ 时,在司盘 20 中通入一定量的环氧乙烷发生加成反应即得产品 ②由山梨糖醇与月桂酸酯化后产物,再与摩尔比为 1:20 的环氧乙烷缩合而得

● 聚氧乙烯山梨醇酐单棕榈酸酯、聚氧乙烯山梨醇酐单硬脂酸酯

通用名	聚氧乙烯山梨醇酐单棕榈酸酯	聚氧乙烯山梨醇酐单硬脂酸酯
其他名称	吐温 40	吐温 60；Tween-60
英文名	polyoxyethylene(20) sorbitan mon-opalmitate	polyoxyethylene(20) sorbitan monos-tearate
外观	琥珀色油状液体，略有异臭，微苦	黄色至琥珀色油状液体或膏状物，略有苦味
相对密度	1.05～1.10	1.05～1.15
HLB 值	15.6	14.9
溶解性	溶于水、乙醇、甲醇、乙酸乙酯和丙酮，不溶于植物油、矿物油和石油醚	溶于水、苯胺、乙酸乙酯和甲苯，不溶于矿物油和植物油

<table>
<tr><th colspan="3" align="center">质量标准</th></tr>
<tr><td>质量指标</td><td>FAO/WHO,1978</td><td>GB 25553—2010</td></tr>
<tr><td>酸值(以 KOH 计)</td><td>≤2mg/g</td><td>≤2mg/g</td></tr>
<tr><td>砷(以 As 计),w</td><td>≤0.0003%</td><td>≤3mg/kg</td></tr>
<tr><td>重金属(以 Pb 计),w</td><td>≤0.001%</td><td>≤2mg/kg</td></tr>
<tr><td>皂化值(以 KOH 计)</td><td>41～52mg/g</td><td>45～55mg/g</td></tr>
<tr><td>羟值(以 KOH 计)</td><td>90～107mg/g</td><td>81～96mg/g</td></tr>
<tr><td>水分,w</td><td>≤3%</td><td>≤3%</td></tr>
<tr><td>氧乙烯含量(以 C_2H_4O 计),w</td><td>66%～70.5%</td><td>65%～69.5%</td></tr>
<tr><td>硫酸盐灰分,w</td><td>≤0.25%</td><td>≤0.25%</td></tr>
<tr><td>应用性能</td><td>作 O/W 型食品乳化剂，单独使用或与司盘 60、司盘 65、司盘 80 混合使用。还可用作增溶剂、稳定剂、纤维润滑剂、分散剂(尤其是香料)、消泡剂；粉状加工制品增湿剂</td><td>作 O/W 型食品乳化剂，单独使用或与司盘 60、司盘 65、司盘 80 混合使用。还可作为稳定剂和消泡剂</td></tr>
<tr><td>用量</td><td>可用于果味型饮料，最大使用量 0.5g/kg；月饼，1.5g/kg；植物蛋白饮料，2.0g/kg。雪糕巧克力层用量 2.2g/kg</td><td>可用于乳化香精，最大用量为 1.5g/kg；用于面包，2.5g/kg</td></tr>
<tr><td>安全性</td><td>大鼠经口 LD$_{50}$10g/kg。ADI 0～25mg/kg(FAO/WHO,1994)</td><td>大鼠经口 LD$_{50}$ 大于 10g/kg。ADI 0～25mg/kg(FAO/WHO,1994)</td></tr>
<tr><td>生产方法</td><td>(1)由山梨醇酐与食用棕榈酸酯化产物，再以摩尔比为 1：20 与环氧乙烷缩合制得
(2)在甲醇钠或乙醇钠的催化下，在 130～170℃ 时，在司盘 40 中通入一定量的环氧乙烷发生加成</td><td>(1)由山梨醇和山梨醇酐与硬脂酸和棕榈酸部分酯化的混合物，以每摩尔山梨醇和它的单、双酐，与约 20mol 环氧乙烷进行缩合制得
(2)在甲醇钠或乙醇钠的催化下，在 130～170℃ 时，在司盘 60 中通入一</td></tr>
</table>

生产方法	反应即得产品 (3)将司盘 40 投入反应釜中,加热熔化后,开搅拌加入 50%的氢氧化钠作催化剂,抽真空,减压脱水,脱水完毕后用氮气置换釜中的空气,将空气驱净后通入环氧乙烷进行酯化反应,酯化温度维持在 160~180℃,压力 0.2~0.3MPa。通完环氧乙烷后,冷却至 90℃ 左右,用冰醋酸调整酸值,酸值到 1.5~2mg/g 中和结束,最后用双氧水脱色,冷却放料包装即为成品	定量的环氧乙烷发生加成反应即得产品

● 聚氧乙烯山梨醇酐单油酸酯

其他名称	吐温 80、聚山梨酸酯 80	外观	琥珀色油状液体
英文名	polyoxyethylene(20) monooleate	相对密度	1.08
结构式	—	HLB 值	14.6
溶解性	极易溶于水,溶于乙醇、醋酸乙酯、苯胺及甲苯、丙酮、四氯化碳等有机溶剂;不溶于矿物油和石油醚		

质量标准			
质量指标	GB 25553—2010	羟值(以 KOH 计)	65~80mg/g
酸值(以 KOH 计)	≤2mg/g	水分,w	≤3%
砷(以 As 计),w	≤3mg/kg	氧乙烯含量(以 C_2H_4O 计),w	65%~69.5%
重金属(以 Pb 计),w	≤2mg/kg	硫酸盐灰分,w	≤0.25%
皂化值(以 KOH 计)	45~55mg/g		

应用性能	作 O/W 型食品乳化剂,单独使用或与司盘 60、司盘 65、司盘 80 混合使用。在食品工业中,用作冰激凌、面包、糕点、糖果等的乳化剂、分散剂,以及清凉饮料的浑浊剂。用量为 0.1%~0.5%,以防止奶油食品飞溅、食品老化,并改善品质、增加光泽、改进口感、提高柔软性。尤其是对奶油巧克力太妃糖有明显的防起霜效果。它可单独使用,亦可与甘油酯、蔗糖酯等食品乳化剂共同使用,发挥协同效应。还广泛用于高级化妆品、轻纺、医药工业作增溶剂,亦广泛用于纺织、油漆、乳化炸药、农药、印刷、石油等行业作乳化剂、稳定剂、润滑剂、柔软剂、抗静电剂
用量	可用于乳化天然色素,最大使用量为 1.0g/kg;在牛乳中最大使用量为 1.5g/kg;在雪糕和冰激凌中最大使用量为 1.0g/kg
安全性	LD_{50} 25g/kg(小鼠,经口)。ADI 0~25mg/kg(FAO/WFO,2001)

生产方法	(1)将司盘 80 预热后投入反应釜中,在搅拌下升温并加入催化剂量的碱液。抽真空脱水,脱水完毕后用氮气置换釜中空气,升温至 140℃开始通环氧乙烷,逐渐升温至 180～200℃。通完环氧乙烷后继续反应 1 h,然后冷却,将料液打入中和釜用醋酸中和至酸值 2～2.2mg/g 为终点。再用适量的双氧水脱色,在 110～120℃下脱水 5h,测定水分含量低于 3% 为终点。冷却出料即为成品 (2)将山梨醇加热减压蒸馏,收集 60～85℃(8.0kPa)蒸出水分达到计算量,趁热出料,得失水山梨醇。将其与油酸酯化,得司盘 80。然后,将司盘 80 与环氧乙烷在碱催化下缩聚,得到吐温 80

2.1.3 化妆品乳化剂

乳状化妆品是化妆品中最广的一种剂型,产品从稀薄的流体到黏稠的膏霜。因此,乳状化妆品中乳化剂的选用对于化妆品中研究与生产以及保存和使用都有着极其重要的意义。

化妆品因对油、水相成分的诸多变化性(如赋予不同功效诉求),形成乳状液类型的多样性和特殊性(如透明啫喱型、白色乳霜型,油包水型或水包油型等),因此要选择相对最优良的乳化剂,主要选择原则如下。

① 乳化剂要具有良好的表面活性和降低表面张力的能力。

② 乳化剂分子与其他添加物在界面上能形成紧密排列的凝聚膜,在这种膜中分子有强烈的定向吸附性。

③ 乳化剂的乳化能力与其和油相或水相的亲和能力有关。亲油性越强的乳化剂越易得到 W/O 型乳状液,亲水性越强的乳化剂越易得到 O/W 型乳状液。亲油性强的乳化剂和亲水性强的乳化剂混合使用时可以达到更佳的乳化效果。与此相应,油相极性越大,要求乳化剂的亲水性越大;油相极性越小,要求乳化剂的疏水性越强。

④ 适当的外相黏度以减小液滴的聚集速率。

● **硬脂酸钠**

其他名称	十八碳酸钠盐	相对分子质量	306.46
分子式	$C_{18}H_{35}O_2Na$	外观	本品为白色粉末,具有脂肪气味
英文名	sodium stearate	熔点	250～270℃

结构式		相对密度	1.08
溶解性	易溶于热水和热乙醇		

质量标准			
外观	白色或类白色粉末	重金属	≤0.0005%
硬脂酸	≥40.0%	酸值(以 KOH 计)	196～211mg/g
硬脂酸和棕榈酸相对含量,w	≥90.0%	脂肪酸的碘值	≤4.0%
酸度(硬脂酸计),w	0.28%～1.2%	干燥失重,w	≤5.0%(105℃)(1.5h)
应用性能	用于制造皂类洗涤剂,在化妆品中作乳化剂,用作金属热处理及塑料稳定剂,用于牙膏的制造,也用作防水剂、塑料稳定剂		
用量	按生产需要适量使用	安全性	无毒
生产方法	将硬脂酸加入反应釜中,加热至熔融,再在搅拌下加入 NaOH 水溶液,在 65℃加热 2h,pH 值控制在 8.0～8.5。喷雾干燥得产品		

● 一乙醇胺

其他名称	2-氨基乙醇、2-羟基乙胺、单乙醇胺	分子式	C_2H_7NO
英文名	monoethanolamine	结构式	
相对分子质量	61.08	熔点	10.5℃
外观	在室温下为无色透明的黏稠液体,有吸湿性和氨臭	密度	1.0180g/cm³
溶解性	能与水、乙醇和丙酮等混溶,微溶于乙醚和四氯化碳		

质量标准			
质量指标	HG/T 2915—1997	水分	≤1.0%
外观	淡黄色黏性液体,无悬浮物	相对密度	1.014～1.019
总胺量(以一乙醇胺计)	≥99.0%	色度(Pt-Co)	35
沸程	168～174℃[≥95%(体积分数)]		
应用性能	用作合成洗涤剂、化妆品的乳化剂等的原料。也作为合成树脂和橡胶的增塑剂、硫化剂、促进剂和发泡剂。以及农药、医药和染料的中间体。还是纺织工业作为印染增白剂、抗静电剂、防蛀剂、清净剂。也可用作二氧化碳吸收剂、油墨助剂、石油添加剂。广泛用作从各种气体(如天然气)中提取酸性组分的净化液		
用量	按生产需要适量使用		
安全性	易燃液体,有毒		
生产方法	环氧乙烷、氨水溶液和循环氨一起进入不锈钢制成的反应器,内设冷却装置,反应温度 30～40℃,反应压力 0.7～3MPa。反应产物进入脱氨塔,脱除的氨返回氨吸收器制得氨水溶液,塔底产物经蒸发浓缩和干燥脱水即得粗乙醇胺。采用减压蒸馏将一乙醇胺、二乙醇胺和三乙醇胺分别蒸出,纯度可达到 98%～99%		

● 聚氧乙烯山梨糖醇酐三硬脂酸酯、聚氧乙烯山梨糖醇酐三油酸酯

通用名	聚氧乙烯山梨糖醇酐三硬脂酸酯	聚氧乙烯山梨糖醇酐三油酸酯
其他名称	吐温 65、T-65 乳化剂、Tween-65	吐温 85、Tween-85
英文名	polyoxyethylene-sorbitan tristearate T65	polyoxyethylene sorbitan oleate
结构式	—	$n=a+b+c+d$
外观	琥珀色油状黏稠液体或黄色蜡状固体	琥珀色油状黏稠液体
熔点	27～31℃	—
相对密度	1.05	1.00～1.05
HLB 值	10.5	11.0
溶解性	溶解于异丙醇、乙醇、矿物油和菜籽油等	溶于菜籽油、溶纤素、甲醇、乙醇等低碳醇、芳烃溶剂、醋酸乙酯、大部分矿物油、石油醚、丙酮、二氧六环、四氯化碳、乙二醇、丙二醇等,在水中分散
质量标准	以 KOH 计,酸值≤2mg/g;皂化值88～98mg/g;羟值44～60mg/g	以 KOH 计,酸值≤2mg/g;皂化值 83～98mg/g;羟值 40～60mg/g。碘值 35～50mg/100g
应用性能	主要用作膏霜类和乳液类化妆品的水包油型乳化剂,也可作增稠剂;油田用作润湿剂、防蜡剂,还可用作稳定剂、增溶剂、扩散剂、纺织品抗静电剂、纤维润滑剂等	广泛用于石油开采和输送、医药、化妆品、油漆颜料、纺织品、食品、农药、洗涤剂生产和金属表面缓蚀剂和清洗剂的生产中,作乳化剂、柔软剂、整理剂、降黏剂等
用量	按生产需要适量使用	按生产需要适量使用
安全性	有一定危害	—

生产方法	由山梨糖醇酐三硬脂酸酯与氧化乙烯缩合而得	将司盘 80 预热后投入反应釜,在搅拌下加入催化剂量的氢氧化钠水溶液,开搅拌,抽真空脱水。用氮气置换釜中空气后,升温至 140℃开始通环氧乙烷,反应温度维持在 180～190℃,通完环氧乙烷后,停止抽真空。冷却将料液打入中和釜用醋酸中和至酸值 2mg/g 左右,再用适量双氧水脱色,最后脱水至含水量 3%,冷却出料包装即得成品

2.1.4 农业用乳化剂

● 1-甲基萘、2-甲基萘

通用名	1-甲基萘		2-甲基萘
其他名称	α-甲基萘		β-甲基萘
英文名	1-methyl naphthalene		2-methyl naphthalene
分子式	$C_{11}H_{10}$		$C_{11}H_{10}$
结构式			
相对分子质量	142.20		142.20
外观	无色油状液体,有类似萘的气味		白色或浅黄色单斜晶体或熔融状结晶体
熔点	$-30.6℃$		$34.6℃$
相对密度	1.02		1.03
溶解性	不溶于水,溶于乙醇、乙醚等多数有机溶剂		不溶于水,溶于乙醇、乙醚等多数有机溶剂
质量标准			
指标	一级	二级	—
甲基萘含量(α-甲基萘与β-甲基萘之和),w/%	≥70	≥60	—
萘含量,w/%	≤12	≤15	—
水分,w/%	≤2.0	≤2.0	—
外观	—	—	白色或微黄色结晶
熔点/℃	—	—	≥30
应用性能	六六六的乳化剂,也可用于聚氯乙烯纤维和涤纶的印染载体,还可作溶剂、表面活性剂、硫黄的提取剂		农业上合成植物生产抑制剂,DDT 的乳化剂;经磺化后能作去垢剂,还可以用作纤维助染剂和润湿剂的原料
用量	按生产需要适量使用		按生产需要适量使用
安全性	易燃。空气中最大容许浓度为 20mg/m³。LD_{50}:1840mg/kg(大鼠经口)		易燃。空气中最大容许浓度为 20mg/m³。LD_{50}:1630 mg/kg(大鼠经口)

| 生产方法 | 在高温焦油中含 0.8%～1.2%,将 230～300℃ 的洗油馏分脱酚,脱吡啶碱后,精馏切取 240～245℃ 甲基萘馏分,冷冻至 -20℃,不结晶的馏分经磺化、水解后可得工业纯品 | 在高温焦油中含 1.0%～1.8%,以煤焦油中的洗油为原料,经脱酚,脱吡啶碱后,精馏切取 240～245℃ 甲基萘馏分,冷冻至 -20℃,结晶的馏分经磺化,水解后可得工业纯品 2-甲基萘呈结晶析出,用发汗结晶法或甲醇,乙醇重结晶进行精制即得产品 |

● 乳化剂 ABSCa、SDBS

通用名	乳化剂 ABSCa	SDBS
其他名称	十二烷基苯磺酸钙	十二烷基苯磺酸钠、LAS
英文名	calcium dodecylbenzenesulfonate	sodium dodecylbenzenesulphonate
分子式	$(C_{12}H_{25}C_6H_4SO_3)_2Ca$	$C_{18}H_{29}NaO_3S$
结构式		
相对分子质量	691.05	348.48
外观	淡黄色液体、黄色或白色固体,无显著气味	白色或淡黄色粉状或片状固体;溶于水而成半透明溶液
溶解性	不溶于水,稍溶于苯、二甲苯;易溶于甲醇、乙醇、异丙醇、乙醚等有机溶剂	易溶于水,易吸潮结块
质量标准	水分≤0.5%;pH=5.0～7.0	活性物含量≥35%;无机盐≤7%;pH=7～8
应用性能	用于农药的乳化剂,主要用于配制有机磷、有机氮农药乳化剂;也可用于染料、油漆、纺织、印染等行业	用作农药浓缩乳化剂,石油破乳剂,油井空气钻井起泡剂,纺织用抗静电涂布剂,纺织印染助剂,丝绸印花、渗透及脱胶精炼助剂,涤纶基材、片基的优良抗静电剂等
用量	按生产需要适量使用	按生产需要适量使用

安全性	有毒,对皮肤有刺激作用	具有微毒性,LD_{50} 为 1260mg/kg(大鼠经口)
生产方法	(1)可由四聚丙烯与苯进行烷基化反应成十二烷基苯后,再经磺化和用石灰中和而得 (2)由分子筛脱蜡油与氯气反应生成氯代烷,再与苯缩合为十二烷基苯,烷基苯用发烟硫酸磺化得到十二烷基苯磺酸后再与石灰中和可得	由直链烷基苯(LAB)用三氧化硫或发烟硫酸磺化生成烷基磺酸,再中和制成

2.1.5 工业用乳化剂

● 甲基三氯(甲)硅烷、皂素

通用名	甲基三氯(甲)硅烷	皂素	
其他名称	三氯甲基硅烷;甲基三氯硅;甲基硅仿-一甲基三氯硅烷	皂苷;皂角苷;皂草苷	
英文名	methyl trichlorosilane	diosgenin	
分子式	CH_3SiCl_3	$C_{27}H_{42}O_3$	
结构式			
外观	无色液体,具有刺鼻恶臭,易潮解	白色无定形粉末,有刺激气味	
熔点	$-90°C$	—	
相对密度	1.27	—	
溶解性	溶于苯、醚	可溶于水、不溶于苯、氯仿和醚	
质量标准			
产品等级	—	优级品	合格品
外观	无色或淡黄色液体	白色针状结晶性粉末	
含量,w/%	≥92	—	—
氯含量,w/%	>69.5	—	—
沸点/℃	66.1±0.1	—	—
熔点/℃	—	≥198	≥195
水分/%	—	≤0.5	≤2
臭味	—	无油腻味	
纯度	—	不超过微浊	
醇不溶物,w/%	—	≤0.15	≤0.25

应用性能	用于制取乳化剂、脱膜剂、消泡剂、防水剂、特种合成树脂、合成橡胶和特种涂料	用于制取乳化剂、洗涤剂、发泡剂、防腐剂等。也可用作医药原料
用量	按生产需要适量使用	按生产需要适量使用
安全性	可燃,有毒。与空气混合可爆	无毒
生产方法	氯甲烷与硅粉在氯化亚铜催化剂存在下一步直接合成,生成甲基氯硅烷混合物,经精馏提纯得产品	将川地龙、黄姜等原料经水浸泡后,其中薯蓣皂苷即溶出,将浸液在硫酸存在下进行加压水解,经中和、洗涤、干燥。用120号汽油抽提,再经结晶、离心过滤、干燥即得产品

● 山梨醇酐三油酸酯

其他名称	山梨坦三油酸酯、司盘85、Span-85	英文名	sorbitan trioleate
结构式		外观	淡黄色至黄色油状液体,有异臭
		熔点	10℃
		相对密度	0.92～0.98
		溶解性	水中不溶,少量溶于乙醇、异丙醇、四氯乙烯、二甲苯、棉籽油、矿物油等
质量标准	以KOH计,酸值≤17mg/g;皂化值=169～183mg/g;羟值=50～75mg/g。过氧化值≤10meq/kg;碘值=77～85mg/100g		
应用性能	用作乳化剂、润滑剂、润湿剂、分散剂、增稠剂,主要用于医药、化妆品、纺织、涂料、石油产品、采油等		
用量	适量食用		
安全性	对皮肤和眼睛有刺激性		
生产方法	先将山梨醇在150～152℃下脱水,在碳酸氢钠催化下,与三分子油酸酯化而制得;或者由α-山梨醇与三分子油酸在180～280℃下直接酯化而制得		

2.2 分 散 剂

能使固体絮凝团分散为细小颗粒而悬浮于液体中的物质。

一般固体粉末在液体中,是一次粒子相碰而形成的具有很多间隙的聚合体，该聚合体可以按照粒子间的结合力区别。如果用很弱的机械力以及固体与溶剂的界面上作用的物理力就可以分裂成单个粒子，但外力消除后又恢复至原来的粒子集合状态，这种聚合体称为絮凝；需要很强的机械力分裂后难于恢复至原来状态的集合体称为聚集。将二次粒子分裂成各个一次粒子并加以保持的过程叫做分散。

凡是能促进向一次粒子分裂，并具有防止絮凝作用的物质称为分散剂。

一般地，分散过程大体上分为絮凝体-各个粒子和各个粒子的稳定化两个过程。第一个过程对无机颜料来说就是研磨，分散剂的作用主要是第二个过程，即对已经分散的粒子防止再絮凝。

分散剂主要分为表面活性剂、无机分散剂和高分子分散剂三大类，主要用于染料、涂料、造纸、化妆品、农药、石油等工业。

（1）表面活性剂型分散剂

① 阴离子分散剂　主要有烷基硫酸酯盐、烷基苯磺酸钠、石油磺酸钠等，很多阴离子型分散剂又是乳化剂。

② 阳离子分散剂　广泛用于矿物浮选捕集剂，较少作为水溶液中的分散剂使用，常用作油中的分散剂和刷涂剂使用。

③ 非离子分散剂　主要用于有机物质的分散，有些品种比阴离子分散剂的分散能力强，主要有脂肪醇聚氧乙烯醚、山梨糖醇酐脂肪酸聚氧乙烯醚等。

（2）无机分散剂　常见的有硅酸盐、缩合磷酸盐等电解质，主要用于无机颜料的分散。

（3）高分子分散剂　淀粉、明胶、卵磷脂等天然产物以及羧甲基纤维素、羟乙基纤维素、海藻酸钠、木质素磺酸盐等天然产物的衍生物都是高分子分散剂。

聚乙烯醇、β-萘磺酸甲醛缩合物、烷基苯酚甲醛缩合物等都是良好的高分子合成分散剂。

● 分散剂 S、分散剂 BZS

通用名	分散剂 S	分散剂 BZS
英文名	dispersant S	dispersant BZS
分子式	—	$C_{31}H_{66}N_2Na_2O_6S_2$

结构式		
相对分子质量	—	640
外观	棕色粉末	红色粉末
溶解性	溶于水	溶于水
质量标准	钙镁铁离子＜0.1％；水不溶物＜0.3％；pH＝7～9	红色粉末
应用性能	本品用作染料砂磨与拼混助剂,可缩短研磨时间,提高染料的分散性和上色力,泡沫少因而染色物色力和色光均好。可与其他阴离子和非离子表面活性剂同时使用	本品作染料分散剂、匀染剂、洗涤剂。亦可用于配制羊毛、黏胶纤维的柔软剂,针织用润滑剂和树脂整理用的柔软剂
生产方法	以甲酚为原料制备对羟基苄基磺酸,以萘酚为原料制备萘酚磺酸。分别将对羟基苄基磺酸和萘酚磺酸加入缩合釜中在196kPa下缩合。反应完毕加碱调pH值至8.0～10,冷却结晶,过滤,下燥即得成品	将等物质的量的邻苯二胺和硬脂酰氯依次加入缩合釜中,在0～5℃下搅拌进行酰基化反应,反应在pH值8～9之间进行。反应完毕加入带水剂甲苯,升温,在回流下不断蒸出水和甲苯的共沸液。反应数小时后,检查邻苯二胺的残留量,以该胺完全转化为终点,将生成物压入第二个缩合釜中,滴加苄氯进行烷基化反应。最后加发烟硫酸进行磺化中和反应,冷却、结晶、烘干,得成品

● 分散剂 NNO、分散剂 MF

通用名	分散剂 NNO	分散剂 MF
化学名	二萘基甲烷二磺酸钠	甲基萘磺酸钠甲醛缩合物
英文名	dispersant NNO	dispersant MF
分子式	$C_{21}H_{14}O_6S_2Na_2$	$C_{23}H_{18}Na_2O_6S$
结构式		
相对分子质量	472.44	500.49
外观	浅黄色粉末	棕色或深棕色粉末

相对密度	0.65～0.75	—
溶解性	易溶于水、耐酸、碱、盐和硬水，扩散性能良好	易溶于任何硬度的水中

质量标准		
外观	浅黄色粉末	棕色或深棕色粉末
钙镁铁离子，w	<0.4%	<0.4%
水不溶物，w	<0.05%	<0.05%
pH	7～9	7～9
应用性能	主要用于分散染料、还原染料、活性染料、酸性染料及皮革染料中作分散剂，磨效、增溶性、分散性优良，还可用于纺织印染、可湿性农药作分散剂、造纸用分散剂、电镀添加剂、乳胶、橡胶、建筑、水溶性涂料、颜料分散剂、石油钻井、水处理剂、炭黑分散剂等	本品要用作还原染料和分散染料的分散剂和填充剂，具有磨效好、分散性、耐热性、高温分散稳定性好的优点。还可用作混凝土的早强减水剂；可以用作还原染料研磨时的分散剂和还原染料悬浮体染色法染色时的分散剂；以及橡胶工业乳胶的稳定剂、制革工业的助鞣剂
安全性	无毒，不易燃、不易爆	有毒
生产方法	将精制萘加入反应釜中，升温至50℃，反应4h后，降温通入水蒸气，水解副产物得到1-萘磺酸。水解完成后，将物料打入缩聚釜式反应器，加入甲醛水溶液，在196kPa压力下反应，完成后加碱中和调节pH值为8～10，冷却结晶，滤出粗产品干燥即得成品	以煤焦油中沸程235～250℃的馏分（含2-甲萘为主要成分）为原料，经磺化得到甲基萘磺酸，再与甲醛缩合而制得

● 分散剂 CNF、分散剂 WA

通用名	分散剂 CNF	分散剂 WA
化学名	苄基萘磺酸甲醛缩合物	脂肪醇聚氧乙烯醚甲基硅烷
英文名	dispersant CNF	dispersant WA
分子式	$(C_{36}H_{26}O_6S_2Na_2)_n$	$[RO(CH_2CH_2O)_{3n}]_3SiCH_3$
结构式		—
外观	淡棕色至褐棕色粉状物	棕黄色透明液体
浊点	—	80～90℃
相对密度	0.65～0.75	—
溶解性	易溶于水、耐酸、碱、盐和硬水，热稳定性好	溶于水

质量标准	淡棕色至褐棕色粉状物；钙镁铁离子<0.4%；水不溶物<0.05%；pH=7~9	棕黄色透明液体；pH=7~8
应用性能	本品可与其他阴离子型、非离子型产品混合用，扩散性能良好。由于结构上增加了苄基，相对分子质量增大，具有良好的耐热稳定性和分散性，可作为高品质染料的分散剂，能提高染料的提升率，还可用于农药行业中作分散剂和杀菌剂，橡胶行业、乳胶行业、造纸行业中作分散剂	本品用于毛纺工业的毛/腈混纺绒线一浴法染色中，作为酸性染料和阳离子染料防沉淀剂。用于丝绸工业，作为真丝预处理和精练助剂
用量	—	深色：2.5%，浅色：5%，用于真丝预处理用量为0.2%，精练用量为0.1%~0.3%
生产方法	萘与氯化苄缩合制成苄基萘，再与甲醛缩合，最后经磺化而制得	由脂肪醇聚氧乙烯醚与甲基三氯硅烷在25~30℃反应1h缩合而成。作分散剂使用一般将其稀释成25%的水溶液

2.3　抗菌杀菌剂

　　概述　抗菌方法可分为物理方法和化学方法两类。物理方法是通过温度、压力以及使用环境的电磁波、电子射线等物理手段杀菌；化学方法则是通过调节 pH 值进行气体交换、失水隔离营养源等手段灭菌。而目前在材料领域使用的方法主要是通过添加抗菌剂的办法来达到抗菌的效果，这种方法均有适用面广、效率高、有效期长的特点。

　　抗菌剂是一类具有抑菌和杀菌性能的新型助剂，能够在一定时间内使某些微生物（细菌、真菌、酵母菌、藻类及病毒等）的生长或繁殖保持在必要水平以下的化学物质。专用于杀灭细菌的称杀细菌剂；只对病原菌的生长起抑制作用的有时特称抑菌剂；防止农产品、食品变腐和轻工业品发霉的分别称为防腐剂和防霉剂。

　　抗菌剂应具有以下特点：①抗菌能力和广谱抗菌性；②特效性，易耐洗涤、耐磨损、寿命长；③耐候性，易耐热、耐日照，不易分解失效；④与基材的相容性或可加工性好，即易添加到基材中、不变色、不降低产品使用价值或美感；⑤安全性好，对健康无害，不造成对环境的污染；⑥细胞不易产生耐药性。

2.3.1 天然抗菌剂

天然抗菌剂主要来自天然植物的提取，如甲壳素、芥末、蓖麻油、山葵等，使用简便，但抗菌作用有限，耐热性较差，杀菌率低，不能广谱长效使用且数量很少。

天然抗菌剂主要来自天然物质的提取物，大致可分为动物类、植物类、矿物类三大类。

（1）动物类抗菌剂　天然抗菌剂中属动物类的主要有甲壳质、壳聚糖和昆虫抗菌性蛋白质等。

（2）植物类抗菌剂　天然抗菌剂中属植物类的有桧柏、艾蒿、芦荟等。

（3）矿物类抗菌剂　天然抗菌剂中属矿物质中提取的抗菌剂，如胆矾、雄黄等。

源于微生物的抗菌剂通常称为生物抗菌剂，可分为两类：一类是直接用微生物生物如噬菌体、病毒、细菌及真菌等来抗菌防腐；另一类为利用微生物的代谢产物即抗生素进行抗菌防腐，井冈霉素、多抗霉素、春雷霉素、农用链霉素、抗霉菌素120等。

● 甲壳质、壳聚糖

通用名	甲壳质	壳聚糖
别名	β-(1→4)-2-乙酰胺基-2-脱氧-D-葡萄糖；几丁质；甲壳素；聚乙酰氨基葡萄糖；壳蛋白；壳多糖；壳素	2-氨基-β-1,4-葡聚糖；胺聚糖；甲壳胺；聚 D-葡糖胺；1,4-二氨基-脱氧-β-D-葡聚糖；β-(1→4)-2-氨基-2-脱氧-D-葡萄糖；β-1,4-聚葡萄糖胺；壳糖葡糖胺
英文名	chitin	chitosan
分子式	$(C_8H_{13}NO_5)_n$	$(C_6H_{11}NO_4)_n$
结构式		
相对分子质量	$(203.19)_n$	$(161.28)_n$
外观	外观为类白色无定形物质，无臭、无味	白色或灰白色半透明的片状或粉状固体，无味、无臭，纯壳聚糖略带珍珠光泽
熔点	>300℃	—

溶解性	能溶于含 8% 氯化锂的二甲基乙酰胺或浓酸；不溶于水、稀酸、碱、乙醇或其他有机溶剂			

质量标准

产品等级	工业级	食品级	工业级	食品级
色泽	白色或微黄色	白色	白色或微黄色	白色或微黄色，有光泽（片状壳聚糖）
性状	片状或粉末状			
气味			允许有少量固有气味	
水分,w/%	≤12.0	≤10.0	≤12.0	≤10.0
灰分,w/%	≤3.0	≤1.0	≤2.0	≤0.5
酸不溶物,w/%	—	—	—	≤1.0
pH	6.5～8.5			
应用性能	甲壳质有一定协助溶菌作用。还能作为血液抗凝剂，创伤愈合剂等。用甲壳质制作手术缝合线、制人造皮肤和伤口敷料、制止血海绵、制接触眼镜、制备药物载体，使用效果良好。其他方面的用途，包括用于黏合剂、卷烟纸的填充剂、皮革整理剂、絮凝剂等等。另外，甲壳质用于酶固定化、调料和饮料、日化用品引起了广泛的注意		壳聚糖具有提高免疫、活化细胞、预防癌症、降血脂、降血压、抗衰老、调节机体环境等作用，可用于医药、保健、食品领域。在环保领域可用于污水处理、蛋白回收、水净化等。功能材料领域可用于膜材料、载体、吸附剂、纤维、医用材料等。轻纺领域可用于织物整理、保健内衣、造纸助剂等。农业领域可应用于饲料添加、种子处理、土壤改良、水果保鲜等。在烟草领域，壳聚糖是性能良好的烟草薄片胶，而且具有改善口感，燃烧无毒无异味等特点	
用量	GB 2760—2011（g/kg）：氢化植物油 2.0；其他油脂或油脂制品（仅限植脂末）2.0；冷冻饮品（食用冰除外）2.0；果酱 5.0；坚果与籽类的泥（酱）包括花生酱等 2.0；醋 1.0；蛋黄酱、沙拉酱 2.0；乳酸菌饮料 2.5；啤酒和麦芽饮料 0.4		GB 2760—2011（g/kg）：大米 0.1；西式火腿（熏烤、烟熏、蒸煮火腿）类 6.0；肉灌肠类 6.0	
安全性	无毒		无毒	
生产方法	将虾、蟹壳中的肉质剔去，洗净后将其浸泡在 4%～6% 的盐酸中 3～4d，无机盐溶解而除去；水洗后用 10% 的氢氧化钠浸泡 1～2h，洗去蛋白质，水洗后用 1% 的 KMnO₄ 漂白氧化除去杂质；水洗后用 1% 亚硫酸氢钠溶液洗脱残留的高锰酸钾，最后再充分水洗、干燥即得成品甲壳素		将 20g 甲壳素加入 300mL 50% 的 NaOH 溶液中，完全浸润后在 95℃下加热保温 1.5h，滤去碱液，水洗至中性，低温干燥得无色透明片状产品 15.6g	

● 胆矾

别名	五水(合)硫酸铜;硫酸铜五水合物;胆矾;蓝砂岩;硬黏土		
英文名	copper sulfate pentahydrate	熔点	110℃
分子式	$CuSO_4 \cdot 5H_2O$	沸点	330℃
相对分子质量	249.68	密度	2.284g/cm³
外观	亮蓝色不对称三斜晶系结晶或粉末	溶解性	易溶于水(0℃时,31.6g/100mL 水,100℃时 203.3g/100mL 水),微溶于甲醇,不溶于无水乙醇

质量标准			
硫酸铜含量,w	≥98.5%(以 $CuSO_4 \cdot 5H_2O$ 计);25%(以 Cu^{2+} 计)	铅(以 Pb 计),w	≤0.001%
细度	30～80μm	砷(以 As 计),w	≤0.0005%

应用性能	化学工业中用于制造其他铜盐如氰化亚铜、氯化亚铜、氧化亚铜等产品。染料工业用作生产含铜单偶氮染料如活性艳蓝、活性紫、酞菁蓝等铜配合剂。也是有机合成、香料和染料中间体的催化剂。医药工业常直接或间接地用作收敛剂和生产异烟肼、乙胺嘧啶的辅助原料。涂料工业用于油酸铜作为船底防污漆的毒害剂。电镀工业用于硫酸盐镀铜和宽温度全光亮酸性镀铜离子添加剂。食品级用作抗微生物剂,营养增补剂。农业上用作杀虫剂及含铜农药
用量	配制波尔多液,硫酸铜和生石灰(最好是块状新鲜石灰)比例一般是 1:1 或 1:2 不等,水的用量亦由不同作物、不同病害以及季节气温等因素来决定
安全性	铜及其盐均有毒。对皮肤有刺激作用,粉尘刺激眼睛。不可燃烧;火场产生有毒含铜、硫氧化物烟雾
生产方法	(1)硫酸法　将铜粉在 600～700℃下进行焙烧,使其氧化制成氧化铜,再经硫酸分解、澄清除去不溶杂质,经冷却结晶、过滤、干燥,制得硫酸铜成品 (2)电解液回收废电解液(含 Cu 50～60g/L,H₂SO₄ 180～200g/L)与经焙烧处理的铜泥制成细铜粉(其组成为 Cu 65%～70%,CuO 20%～30%,并含少量 Cu₂O 等)进行反应,反应液经分离沉降、清液经冷却结晶、分离、干燥制得硫酸铜 (3)采用低品位氧化铜矿(CuO 3%左右)经粉碎至一定粒度,加入硫酸浸渍,添加溶铜沉铁剂(由锰、钒、铜化合物组成)直接酸浸获得铜铁比大于 100 的硫酸铜浸液,然后加入化学浓缩剂(由钙、硫化合物组成)进行化学浓缩,排走 70%～90%的水分,稍加蒸发,经冷却结晶、离心分离、风干,制得硫酸铜成品。

● 雄黄

别名	二硫化二砷;石黄;鸡冠石;黄金石	熔点	307℃
英文名	realgar	密度	3.56g/cm³
分子式	As_2S_2	溶解性	不溶于水和盐酸,可溶于硝酸
外观	质软、性脆;通常为粒状、紧密状块或者粉末;橘红色、条痕浅橘红色;晶为金刚光泽、断口树脂光泽。透明至半透明		

应用性能	砷矿物主要用于提炼元素砷、制造砷酸和砷的化合物,如砷酸钙、砷酸钠、砷酸铅等。在冶金工业中用于炼制砷合金;砷铅合金在军事工业中用以制造子弹头、军用毒药和烟火;砷铜合金和砷铅合金等用于制造雷达零件和汽车;在轻工业中用以制造乳白色玻璃、玻璃脱色、浸洗羊毛、制革药剂以及用于木材防腐;在农业上用作杀虫剂、除草剂、灭鼠药等含砷农药;在医药工业上可作药物及强刺激剂,高品位的雄黄和雌黄矿石可直接作中药,砷华制品的药物名称叫砒霜。雄黄精矿粉可用于制造鞭炮、烟花和蚊香等
安全性	有毒
生产方法	采用地下开采,竖井和斜井联合开拓。采矿方法采用空场采矿法。选矿方法为浮选法。湖南雄黄矿为了充分利用贫矿资源,作了浮选法试验,选矿流程为一段磨矿(−200 目达 65%)、一次粗选、一次扫选,精矿品位达 93.83%以上

● 井冈霉素

别名	有效霉素;百里达斯;稻纹散		
英文名	validamycin	分子式	$C_{20}H_{35}O_{13}N$
结构式		相对分子质量	497.49
		外观	纯品为白色无定形粉末
		熔点	无一定熔点,130～135℃分解
溶解性	溶于水、二甲基甲酰胺,微溶于乙醇,不溶于丙酮、苯、乙酸乙酯、等有机溶剂,吸湿性强,在室温 pH3～9 水溶液中稳定		
质量标准	效价/U	$3×10^4$	$5×10^4$
	井冈霉素 A/(μg/mL)	30000^{+10000}_{-500}	50000^{+1000}_{-500}
	pH 值	2.5～3.5	2.5～3.5
	沉淀物(体积分数)/%	≤2	≤2
应用性能	为内吸性杀菌剂。主治水稻、三麦纹枯病、玉米大斑病、蔬菜立枯病、白粉病、人参立枯病		
用量	在水稻纹枯病盛发初期,每隔 10d(或半月)喷雾 1 次,用量 5% 水剂 15～22.5mL/100m² ,共喷 2～3 次		
安全性	属低毒杀菌剂。燃烧产生有毒氮氧化物气体		

● 多抗霉素 B

别名	多氧霉素;多效霉素;多氧清;保亮;宝丽安;保利霉素		
英文名	polyoxin B	相对分子质量	507.41
分子式	$C_{17}H_{25}N_5O_{13}$	外观	无色针状结晶,工业品外观为浅棕黄色粉末或灰褐色粉末

结构式		熔点	180℃
		溶解性	多抗霉素易溶于水,不溶于甲醇、丙酮等有机溶剂,对紫外线及在酸性和中性溶液中稳定,在碱性溶液中不稳定,常温下贮存稳定
质量标准	有效成分(1.5±0.15)%;矿物细粉等≥93.35%;水分≤5%;细度(200目)≥90%		
应用性能	广谱性抗菌素类杀菌剂,具有内吸传导作用。主要用于防治小麦白粉病、人参黑斑病、烟草赤星病、黄瓜霜霉病、瓜类枯萎病、水稻纹枯病、苹果斑点落叶病、草莓及葡萄灰霉病、林木枯鞘病等多种真菌病害		
用量	如用宝丽安10%可湿性粉剂1000~2000倍液可防治小麦白粉病和水稻纹枯病,若用量15~22.5g/100m² 在花开期开始喷药,可防治番茄、草莓等作物的灰霉病,以后隔7d喷1次,共3~4次。对苹果斑点落叶病,在苹果春梢生长期、发病盛期,用50~100mg/L多抗霉素溶液喷雾		
安全性	对高等动物低毒,对鱼、蜜蜂低毒		
生产方法	砂土管菌种→斜面菌种(10~14d,26℃)→摇瓶种子(36~48h,28℃)→种子罐种子(24h,28℃)→发酵(90~120h,28℃)放罐,发酵液酸化(pH值为3~4)→浓缩→干燥→包装即得 菌种为金色产色链霉菌		

2.3.2 无机抗菌杀菌剂

（1）金属抗菌杀菌剂 利用银、铜、锌等金属的抗菌能力，通过物理吸附离子交换等方法，将银、铜、锌等金属（或其离子）固定在氟石、硅胶等多孔材料的表面制成抗菌剂，然后将其加入到相应的制品中即获得具有抗菌能力的材料。水银、镉、铅等金属也具有抗菌能力，但对人体有害；铜、镍、钴等离子带有颜色，将影响产品的美观；锌有一定的抗菌性，但其抗菌强度仅为银离子的1/1000。因此，银离子抗菌剂在无机抗菌剂中占有主导地位，银离子类抗菌剂是最常用的抗菌剂，呈白色细粉末状，耐热温度可达270℃以上。银离子类抗菌剂的载体有沸石、陶瓷、活性炭等。有时为了提高协同作用，再添加一些铜离子、锌离子。

此外还有氧化锌、氧化铜、氧化亚铜、磷酸二氢铵、碳酸锂、硫黄粉、石硫合剂、硫酸铜、升汞、石灰波尔多液、氢氧化铜等无机抗菌剂。

● 氧化铜、氧化亚铜

通用名	氧化铜	氧化亚铜
别名	C. I. 颜料黑15;氧化铜;丝状氧化铜;线状氧化铜;纳米氧化铜;电镀级氧化铜;氧化铜(Ⅱ)	一氧化二铜;红色氧化铜;氧化亚铜(Ⅰ)
英文名	copper(Ⅱ) oxide	copper(Ⅰ) oxide
分子式	CuO	Cu$_2$O
相对分子质量	79.55	143.09
外观	黑色至棕黑色无定形或结晶性粉末。商品尚有粒状、线状等。稍有吸湿性	深红色或深棕色结晶性粉末
熔点	1026℃	1232℃
沸点	—	1800℃
密度	6.315g/cm^3	6.0g/cm^3
溶解性	不溶于水和醇,溶于稀酸、氯化铵、碳酸铵和氰化钾,缓慢溶于氨生成配合物	在潮湿空气中易氧化,溶于酸和浓氨水,不溶于水

质量标准						
产品等级	Cu0990	Cu0985	Cu0980	优等品	一级品	合格品
外观	黑色粉末,纯净无凝块,无肉眼可见杂质			橙红色至暗红色粉末		
氧化铜(CuO),w/%	≥99.0	≥98.5	≥98.0	—	—	
盐酸不溶物,w/%	≤0.05	≤0.10	≤0.15	—	—	
氯化物(Cl),w/%	≤0.005	≤0.010	≤0.015	≤0.5	≤0.5	
硫化合物(以 SO$_4^{2-}$ 计),w/%	≤0.01	≤0.05	≤0.1	≤0.5	≤0.5	
铁(Fe),w/%	≤0.01	≤0.04	≤0.1			
总氮量(N),w/%	≤0.005	—	—			
水溶物,w/%	≤0.01	≤0.05	≤0.1			
总还原率(以 Cu$_2$O 计),w/%	—	—	—	≥98.0	≥97.0	
金属铜(Cu)含量,w/%	—	—	—	≤1.0	≤2.0	≤3.0
氧化亚铜(Cu$_2$O 计)含量,w/%	—	—	—	≥97.0	≥96.0	≥95.0
总铜(Cu)含量,w/%	—	—	—	≥87.0	≥86.0	
水分,w/%				≤0.5	≤0.5	≤0.5
丙酮溶解物含量,w/%				≤0.5	—	
稳定性试验后还原率减少量,w/%				≤2.0	≤2.0	

				≤0.3	≤0.5	≤1.0
筛余物(45μm),w/%	—	—	—	≤0.3	≤0.5	≤1.0
75μm 筛上硝酸不溶物,w/%	—	—	—	≤0.1	—	—
非铜金属含量,w/%	—	—	—	≤0.5	—	—
应用性能	用作玻璃、搪瓷、陶瓷工业的着色剂,油漆的防邹剂,光学玻璃的磨光剂。用于制造染料、有机催化剂载体以及铜化合物。还用于人造丝制造工业、杀虫剂及作为油脂的脱硫剂。用作其他铜盐的制造原料,也是制人造宝石的原料			氧化亚铜用于制船底防污漆(杀死低级海生动物)。用作杀菌剂(86.2%铜大师 WP、WG)陶瓷和搪瓷的着色剂、红色玻璃染色剂,还用于制造各种铜盐、分析试剂及用于电器工业中的整流电镀、农作物的杀菌剂和整流器的材料等		
安全性	高毒,不可燃烧;火场产生有毒含铜化物烟雾			高毒,对皮肤有刺激作用,粉尘刺激眼睛,并引起角膜溃疡。不可燃烧;火场产生有毒含铜化物烟雾		
生产方法	以铜灰、铜渣为原料经焙烧,用煤气加热进行初步氧化,以除去原料中的水分和有机杂质。生成的初级氧化物自然冷却,粉碎后,进行二次氧化,得到粗品氧化铜。粗品氧化铜加入预先装好1∶1硫酸的反应器中,在加热搅拌下反应至液体相对密度为原来的一倍,pH 值为 2~3 时即为反应终点,生成硫酸铜溶液,静置澄清后,在加热及搅拌的条件下,加入铁刨花,置换出铜,然后用热水洗涤无硫酸根和铁质。经离心分离、干燥,在 450℃ 下氧化焙烧8h,冷却后,粉碎于 100 目,再在氧化炉中氧化,制得氧化铜粉末			(1)铜粉经除杂质后与氧化铜混合,送入煅烧炉内加热到 800~900℃ 煅烧成氧化亚铜。取出后,用磁铁吸去机械杂质,再粉碎至325 目,制得氧化亚铜成品。如果采用硫酸铜为原料,则先用铁将硫酸铜中的铜还原出来,以后的反应步骤与以铜粉为原料法相同 (2)电解法 在铁制壳体内衬聚氯乙烯的电解槽中,以浇铸铜板作阳极、紫铜板作阴极,用铬酸钾作添加剂,食盐溶液作电解液,其中含氯化钠为 290~310 g/L、铬酸钾为0.3~0.5 g/L、温度 70~90℃、pH8~12、电流密度 1500 A/m² 的条件下进行电解,生成氧化亚铜,经沉淀分离、漂洗、过滤、干燥制得氧化亚铜		

● **碳酸锂**

英文名	lithium carbonate		外观	无色单斜晶体或白色粉末	
分子式	Li_2CO_3		熔点	720℃	沸点	1342℃
相对分子质量	73.89		密度	2.11g/cm³	
溶解性	在水中的溶解度很小,溶解度随温度的升高而降低。在冷水中的溶解度较热水为大。溶于稀酸,不溶于乙醇和丙酮				

质量标准			
产品等级	Li_2CO_3-0	Li_2CO_3-1	Li_2CO_3-2
外观	白色粉末,具有流动性,无肉眼可见夹杂物		
Li_2CO_3主含量, $w/\%$	$\geqslant99.2$	$\geqslant99.0$	$\geqslant98.5$
Na_2O, $w/\%$	$\leqslant0.15$	$\leqslant0.20$	$\leqslant0.25$
Fe_2O_3, $w/\%$	$\leqslant0.003$	$\leqslant0.008$	$\leqslant0.015$
CaO, $w/\%$	$\leqslant0.035$	$\leqslant0.050$	$\leqslant0.10$
SO_4^{2-}, $w/\%$	$\leqslant0.20$	$\leqslant0.35$	$\leqslant0.50$
Cl, $w/\%$	$\leqslant0.005$	$\leqslant0.005$	$\leqslant0.002$
H_2O, $w/\%$	$\leqslant0.5$	$\leqslant0.6$	$\leqslant0.8$
盐酸不溶物/%	$\leqslant0.005$	$\leqslant0.015$	$\leqslant0.050$
应用性能	用于制造其他锂盐,如氯化锂和溴化锂等。它还在搪瓷、玻璃、陶瓷和瓷釉中作为氧化锂的原料,也被加到电解制铝的电解槽中,用以增加电流效率和降低电解槽的内阻和槽温。在医药上主要用于治疗躁狂症,对精神分裂症能改善其情感障碍		
安全性	具有明显的刺激作用,对胃肠道、肾脏和中枢神经系统有损害		
生产方法	(1)沉淀法　以精制一水氢氧化锂为原料,加入盛有无离子水的反应器中,在搅拌下缓慢加入碳酸钠进行反应生成碳酸锂沉淀,用无离子水漂洗,再经离心分离,干燥得高纯碳酸锂 (2)卤水综合利用法　卤水经提取氯化钡后的含锂料液加入纯碱以除去料液内钙、镁离子,加入盐酸酸化,蒸发去除氯化钠,再经除铁,然后加入过量纯碱使碳酸锂沉淀,经水洗、离心分离、干燥,制得碳酸锂成品 (3)石灰烧结法　锂辉石精矿(一般含氧化锂 6%)和石灰石按 1:(2.5～3)质量比配料。混合磨细,在 1150～1250℃下烧结生成铝酸锂和硅酸钙,经湿磨粉碎,用洗液浸出氢氧化锂,经沉降过滤,滤渣返回或洗涤除渣,浸出液经蒸发浓缩,然后加入碳酸钠生成碳酸锂,再经离心分离、干燥,制得碳酸锂成品		

● 硫黄

别名	硫;胶体硫;硫黄石;升华硫;沉降硫		
英文名	sulfur	熔点	114℃
分子式	S_8	沸点	445℃
相对分子质量	256.52	密度	2.36g/cm³
结构式	S-S S　　S S　　S S-S	溶解性	一般不溶于水,微溶于酒精,易溶于二硫化碳
外观	有好几种同素异形体,有正交硫、单斜硫、弹性硫、紫硫、液体硫、气体硫、无定形硫等。通常得到的固体硫有斜方硫,单斜硫和弹性硫。它们的色泽稍有不同,有特殊臭味		

质量标准			
外观	淡黄色或黄色结晶粉末		
硫(S),w	$\geqslant 99.5\%$	有机物,w	$\leqslant 0.03\%$
水分,w	$\leqslant 0.5\%$	砷(As),w	$\leqslant 0.0001\%$
灰分,w	$\leqslant 0.03\%$	铁(Fe),w	$\leqslant 0.003\%$
酸度(以 H_2SO_4 计)	$\leqslant 0.003\%$	筛余物(0.002mm),w	$\leqslant 1\%$
应用性能	用于制造硫酸、液体二氧化硫、亚硫酸钠、二硫化碳、氯化亚砜、氧化铬绿等。染料工业用于生产硫化染料。也用于制造农药、爆竹。硫黄粉用作橡胶的硫化剂,也用于配制火柴药头。造纸工业用于蒸煮纸浆。还用于冶金、选矿、硬质合金的冶炼、制造炸药、化学纤维和制糖的漂白、铁路枕木的处理等		
用量	常用 50% 粉剂喷粉,用量为 $1\sim3g/m^2$,或用于熏蒸,用量 $1g/m^2$,可防治白粉病		
安全性	低毒、易燃,燃烧时产生有强烈刺激性和窒息性的气体。与大多数氧化剂如氯酸盐、硝酸盐、高氯酸盐、高锰酸盐等能形成爆炸性的混合物 硫黄中所含铅、砷、硒、铊等可在熏蒸时成为铅蒸气、氧化砷、硒酸、亚硒酸、氧化铊等可挥发有毒物,故应严格控制质量,并慎用		
生产方法	(1)土法 将硫铁矿和煤块加入炼硫炉经高温焙烧,使硫黄升华,经冷却得到粗硫黄,再经熔化、沉淀、铸模成型,制得硫黄块成品。硫黄渣浸泡加热得到土硫酸铵和粗硫黄 (2)沸腾焙烧法 硫铁矿用沸腾焙烧产生的二氧化硫气体,经除尘后与鼓风进行混合,在还原炉中加入无烟煤或通入半水煤气进行还原,再经转化器、冷凝器、泡罩塔后放空。液态硫黄由冷凝器、泡罩塔放出,经过滤即得硫黄成品 (3)天然气法 将酸性气体和空气通入燃烧炉、废热锅炉,炉气经一级冷凝器、一级捕集器去一级转化器,再经二级冷凝器、二级捕集器去二级转化器,最后经三级冷凝器、三级捕集器后放空。进入再热炉的酸性气体、空气亦分别进入相应的转化器。各捕集器捕集的硫黄流入硫黄液封槽,制得硫黄成品		

● 氯化汞

化学名	升汞;二氯化汞;氯化高汞;氯化汞触媒;腐蚀性升汞;氯化汞催化剂;猛汞		
英文名	mercury chloride	外观	白色结晶、白色颗粒或粉末
分子式	$HgCl_2$	熔点	277℃	沸点	302℃
相对分子质量	271.50	密度	5.44g/cm³		
溶解性	溶于热水;也溶于乙醇、乙醚、醋酸、吡啶等有机溶剂;微溶于冷水;难溶于二硫化碳		

质量标准		
外观	无色结晶或白色结晶、粉末，溶于水，易溶于乙醇及醚中，剧毒	
	分析纯	化学纯
氯化汞($HgCl_2$),w	≥99.5%	≥99.0%
澄清度试验	合格	合格
水不溶物,w	≤0.01%	≤0.03%
灼烧残渣,w	≤0.02%	≤0.04%
铁(Fe),w	≤0.0003%	≤0.001%
应用性能	制造氯化亚汞和其他汞盐的原料。用作干电池去极剂，制造聚氯乙烯的催化剂。医药工业用作防腐剂。木材的防腐剂。还用于农药、涂料、制版、冶金和染色的媒染剂。	
安全性	剧毒，经口可发生急性腐蚀性胃肠炎，严重者昏迷、休克，甚至发生坏死性肾病致急性肾功能衰竭。对眼有刺激性。可致皮炎。不可燃物质；遇热放出有毒含汞蒸气；与碱金属能发生剧烈反应	
生产方法	氯化法　将汞用硝酸酸洗、过滤后，加入反应器，与经过干燥的氯气进行反应。通入氯气必须预热，同时比理论量超过70%～80%。反应生成的氯化汞气体，经过陶瓷冷却塔形成晶体，沉降到塔底，由出料口放出，制得氯化汞成品	

（2）光催化系　目前的光催化型抗菌剂主要是 TiO_2，在光作用下能使各种微生物发生有机分解，因而具有抗菌性能。

2.3.3　有机抗菌剂

有机抗菌剂初始杀菌力强、杀菌即效和抗菌广谱性好，无论是粉状或液态，都能比较容易地分散使用。加上已开发几十年，技术成熟，价格也相对便宜。有机抗菌剂的主要品种有香草醛或乙基香草醛类化合物，常用于聚乙烯类食品包装膜中，起抗菌作用。另外还有酰基苯胺类、咪唑类、噻唑类、异噻唑酮衍生物、季铵盐类、双胍类、酚类等。目前有机抗菌剂的安全性尚在研究中。一般来说有机抗菌剂耐热性差些，容易水解、有效期短。

常用有机抗氧剂如下：

类别	主要产品
醇系	异丙醇、乙醇等
酚系	3-甲基-4-异丙基苯酚、甲酚等
醛系	甲醛
有机酸系	丙酸、山梨酸钾

类别	主要产品
酯系	对羟基苯甲酸酯(尼泊金甲酯)类——对羟基苯甲酸甲酯、正十二烷基对羟基苯甲酸酯
醚系	2,4,4-三氯-2'-羟基二苯醚(三氯新)
过氧化物 环氧化物系	过氧乙酸、环氧乙烷
卤素系	N-(氟二氯甲基硫)钛酰亚胺
咪唑系	2-(4-噻唑基)苯并咪唑(TBZ)(噻苯咪唑)
噻唑系	4,5-二氯-2-正辛基-3-异噻唑啉酮
季铵盐系	苄基二甲基十二烷基氯化铵(新洁尔灭)
有机金属系	8-羟基喹啉铜
双胍类	1,1-六亚甲基双[5-(4-氯苯基)双胍]二葡萄糖酸酯
其他	环状氢化合物、盐酰基苯胺化合物、氧代双苯氧基砷等

● 3-甲基-4-异丙基苯酚、二氯苯氧氯酚

通用名	3-甲基-4-异丙基苯酚	二氯苯氧氯酚
别名	1-羟基-3-甲基-4-异丙基苯;3-甲基-4-异丙基酚;4-异丙基-3-甲基苯酚;4-异丙基-3-甲基酚;O-伞花烃-5-醇;3-甲基-4-异丙苯酚	2,4,4'-三氯-2'-羟基二苯醚;三氯生;三氯新
英文名	3-methyl-4-isopropylphenol	triclosan
分子式	$C_{10}H_{14}O$	$C_{12}H_7Cl_3O_2$
结构式		
相对分子质量	150.22	289.5
外观	白色针状结晶	常态为白色或灰白色晶状粉末,稍有酚臭味
熔点	111～114℃	56～60℃
沸点	246℃	—
溶解性	不溶于水,可溶于有机溶剂,在有机溶剂中的溶解度为乙醇 36%、甲醇65%、异丙醇 50%、正丁醇 32%、丙酮 65%	不溶于水,易溶于碱液和有机溶剂
质量标准	无臭无味,针状、柱状或粒状的白色或无色结晶;含量≥99.0%	微具芳香的高纯度白色结晶性粉末;含量 99.0%～100.0%(HPLC);熔点(57±1)℃;干燥失重≤0.1%;灰分≤0.1%;重金属(以 Pb 计)≤$10×10^{-6}$

应用性能	用作膏霜类化妆品的防腐、杀菌剂。广谱杀菌性,对各种细菌、真菌、病毒等均有作用。紫外吸收及抗氧化性,可以吸收特定波长的紫外线,并具有抑制氧化的能力	目前已经被广泛应用于高效药皂(卫生香皂、卫生洗液)、除腋臭(脚气雾剂)、消毒洗手液、伤口消毒喷雾剂、医疗器械消毒剂、卫生洗面奶(膏)、空气清新剂及冰箱除臭剂等日用化学品中,也用于卫生织物的整理和塑料的防腐处理,高纯度的可用于治疗牙龈炎、牙周炎及口腔溃疡等的疗效牙膏和漱口水中
用量	—	国家规定含量不得超过0.3%
安全性	无皮肤刺激性,2%的浓度无皮肤过敏反应。稳定性好,便于长时间保存。安全性高。不含卤素、重金属、激素等有害物质	化学性质稳定、耐温、耐酸碱水解,不发生任何毒性表征和环境污染,是国际上公认的特效杀菌剂品种
生产方法	将间甲酚和氯代异丙烷溶于三氯乙烯中,以无水三氯化铝为催化剂,在10~15℃反应,然后水解,蒸馏分离得到3-甲基-4-异丙基酚。另外间甲酚在100~120℃与异丙醇反应,以硫酸或磷酸为催化剂也可制得成品	(1)以2,4-二氯苯酚为原料 2,4二氯苯酚与氢氧化钾反应生成二氯酚钾。再与2,5-二氯硝基苯在铜粉催化下,反应得到2,4,4'-三氯-2'-硝基二苯醚。再用铁粉还原生成2,4,4'-三氯-2'-氨基二苯醚,再重氮化水解得到产品 (2)以邻甲氧基苯酚为原料 氢氧化钾粉末和邻甲氧基苯酚(愈创木酚),反应制得邻甲氧基苯酚钾盐。与溴苯反应甲氧基二苯醚,通入氯气氯化,制得2,4,4'-三氯-2'-甲氧基二苯醚。以 AlCl₃ 为催化剂水解生成2,4,4'-三氯-2'-羟基二苯醚

● 过氧乙酸

别名	过醋酸,过氧化醋酸,过氧化乙酸,过乙酸,乙酰过氧化氢,过氧醋酸		
英文名	peroxyacetic acid	熔点	−44℃
分子式	$C_2H_4O_3$	沸点	105℃
结构式		密度	1.15g/cm³
相对分子质量	76.05	溶解性	易溶于水和有机溶剂
外观	无色透明液体,有弱酸性,有强烈的刺激性醋酸气味。易挥发		

质量标准			
过氧乙酸(以 $C_2H_4O_3$ 计),w	≥18%	重金属(以 Pb 计),w	≤5×10^{-6}
硫酸盐(SO_4^{2-}),w	≤3%	砷,w	≤3×10^{-6}
灼烧残渣,w	≤0.1%		
应用性能	该品用作纺织品、纸张、油脂、石蜡和淀粉的漂白剂,在有机合成中作为氧化剂和环氧化剂,如用于环氧丙烷、甘油、己内酰胺、甘油、环氧增塑剂的合成。过氧乙酸对细菌繁殖体、芽孢真菌、酵母菌和病菌等具有高效、快速杀菌作用,可作为杀菌剂用于传染病消毒、饮用水消毒和食品消毒等。也用作杀虫剂		
用量	消毒剂一般用量:车间消毒 0.2g/m³;工具容器用 0.2%~0.5%溶液浸泡;水果、蔬菜用 0.2%溶液浸泡(抑制霉菌);鲜蛋用 0.1%溶液浸泡;用 0.5%溶液消毒食品级水 20s		
安全性	中毒、氧化剂、受热、遇还原剂、金属离子可爆;受热、明火可燃;燃烧产生刺激烟雾		
生产方法	①由乙醛氧化而成。②过氧化氢在硫酸催化下与冰醋酸(或醋酐)合成而得		

● 环氧乙烷

别名	氧化乙烯;噁烷;一氧三环;EO	外观	在常温下为无色易燃气体,在低于 10.7℃时是无色易流动的液体,有乙醚的气味
英文名	epoxyethane;ethylene oxide	熔点	−112.2℃
分子式	C_2H_4O	沸点	10.7℃
结构式		密度	0.882g/cm³
相对分子质量	44.05	溶解性	与水、乙醇、酒精、乙醚相互混溶

质量标准			
环氧乙烷,w	≥99.95%	酸(以乙酸计),w	≤0.002%
总醛(以乙醛计),w	≤0.01%	二氧化碳,w	≤0.001%
水,w	≤0.01%	色度	≤5Hazen 单位(铂-钴色号)
应用性能	环氧乙烷有杀菌作用,对金属不腐蚀,无残留气味,因此可用材料的气体杀菌剂。环氧乙烷用熏蒸剂常用于粮食、食物的保藏。被广泛地应用于洗涤、制药、印染等行业。在化工相关产业可作为清洁剂的起始剂		
用量	通常采用环氧乙烷-二氧化碳(两者之比为 90∶10)或环氧乙烷-二氯二氟甲烷的混合物,主要用于医院和精密仪器的消毒		
安全性	环氧乙烷是一种高毒性物质,其蒸气对眼和鼻黏膜有刺激性,空气中允许量为 100×10^{-6},吸入环氧乙烷能引起麻醉中毒;能与许多化合物起加成反应与空气形成爆炸性混合物,爆炸极限为 3%~100%(体积分数)		

生产方法	(1)氯醇法 以乙烯为原料,先经次氯酸化制得氯乙醇,然后用碱环化而得。具体工艺是:将乙烯和氯气通入水中生成氯乙醇,该反应在耐腐蚀的反应器中进行,氯气、水和乙烯并流通入反应器,在 20～50℃和 0.2～0.3MPa 下反应,生成 2-氯乙醇水溶液,含量一般为 6%～7%。然后用碱(通常为石灰乳)与氯乙醇反应,进行环合。反应温度控制在 100℃左右,生成的环氧乙烷尽快离开反应区,从反应器上部的冷凝口流出,然后气液分离,蒸馏可得成品 (2)氧化法 由乙烯与空气或氧气通过银催化剂于 200～300℃和 1～3MPa 压力下在气相直接氧化制得

● 噻菌灵

别名	噻苯咪唑,噻苯哒唑;2-(4-噻唑基)苯并咪唑(TBZ);2-(4-噻唑基)-1H-苯并咪唑;噻唑并咪唑;2-(1,3-噻唑-4-基)苯并咪唑		
英文名	thiabendazole	相对分子质量	201.25
分子式	$C_{10}H_7N_3S$	外观	白色粉状结晶,无味,无臭
结构式	 	熔点	304～305℃,290℃升华
溶解性	难溶于水(30mg/L 水)。在 pH 等于 2.2 时,对水的溶解度为 3.84%,对其他溶剂的溶解度为甲醇 0.93%、乙醇 0.68%、乙二醇 0.77%、丙酮 0.28%、丁酮 1.25%、苯 0.23%		

质量标准			
含量,w	98.0%～101.0%	熔点	296～303℃(分解)
重金属(以 Pb 计),w	≤0.002%	干燥失重,w	≤0.5%
灼烧残渣,w	≤0.2%		
应用性能	噻菌灵是一种高效、广谱、国际上通用的杀菌剂。广泛用于水果、蔬菜的防腐保鲜,纸张、皮革、油漆等的防腐防霉,人、畜肠道的驱虫剂等		
用量	①我国《食品添加剂使用卫生标准》(GB 2760—2011)规定:可用于水果保鲜,最大使用量为 0.02mg/kg。具体应用可制成胶悬剂,液剂等供浸果,也可制成果酱和烟熏剂,用于柑橘、香蕉等贮藏期防腐 ②WHO/FAO 规定:在水果中的最高残留限量(MRL):苹果,10mg/kg;香蕉(全果)3mg/kg;香蕉、果肉,0.4mg/kg;柑橘,1mg/kg ③日本食品卫生法规(1985)规定:噻苯咪唑残留量:柑橘类,10mg/kg;香蕉(全果),3mg/kg;香蕉(果肉),0.4mg/kg		
安全性	低毒性杀菌剂。燃烧产生有毒氮氧化物和硫氧化物气体		

生产方法	(1)以酒石酸为原料,经裂解得丙酮酸,再通过酯化、溴化后,与硫代甲酰胺环合制得 4-乙氧甲酰噻唑然后将 4-乙氧甲酰噻唑、邻苯二胺、多磷酸的混合物搅拌加热至 125℃,然后在 175℃加热 2h,将混合物注入冰水中,用氢氧化钠溶液中和至 pH 值 6,析出结晶,过滤,用热丙酮萃取,萃取物用活性炭脱色后,浓缩,真空干燥,制得噻菌灵 (2)噻唑-4-羟酰溴和邻苯二胺混合,加入多磷酸,搅拌下加热至 240℃,保温 3h。将热反应液注入冰水中,过滤,滤液用 30%氢氧化钠溶液洗涤,pH 值约为 6 时析出 2-(4-噻唑基)-苯并咪唑沉淀,过滤,水洗,干燥,得噻菌灵,用沸乙醇重结晶

●4,5-二氯-2-正辛基-3-异噻唑啉酮

别名	4,5-二氯-N-辛基-4-异噻唑啉-3-酮;4,5-二氯-2-辛基-3(2H)-异噻唑酮;DCOIT;4,5-二氯-2-正辛基异噻唑啉酮		
英文名	4,5-dichloro-2-octyl-isothiazolone	分子式	$C_{11}H_{17}Cl_2NOS$
结构式		相对分子质量	282.23
		外观	白色至淡黄色粉末
质量标准	含量≥97.00%		
应用性能	是一种广谱杀菌剂。可广泛应用在油漆、涂料、聚乙烯、聚氨酯等塑料行业、皮革、油漆、涂料、污水、造纸、木材、胶黏剂、油墨等领域。可取代剧毒的有机砷等化合物		

2.4 增 稠 剂

目前市场上可选用的增稠剂品种很多,主要有无机增稠剂、纤维素类、聚丙烯酸酯和缔合型聚氨酯增稠剂四类。纤维素类增稠剂的使用历史较长、品种很多,有甲基纤维素、羧甲基纤维素、羟乙基纤维素、羟丙基甲基纤维素等,曾是增稠剂的主流,其中最常用的是羟乙基纤维素。聚丙烯酸酯增稠剂基本上可分为两种:一种是水溶性的聚丙烯酸盐;另一种是丙烯酸、甲基丙烯酸的均聚物或共聚物乳液增稠剂,这种增稠剂本身是酸性的,须用碱或氨水中和至 pH 值 8~9 才能达到增稠效果,也称为丙烯酸碱溶胀增稠剂。聚氨酯类增稠剂是近年来新开发的缔合型增稠剂。无机增稠剂是一类吸水膨胀而形成触变性的凝胶矿物。主要有膨润土、凹凸棒土、硅酸铝等,其中膨润土最为常用。

实际使用的增稠剂按作用机理可分为水相增稠剂和油相增稠剂两大类，前者品种很多，后者相当少。

增稠剂有如下一些类别：

① 无机增稠剂（气相法白炭黑、钠基膨润土、有机膨润土、硅藻土、凹凸棒石土、分子筛、硅凝胶）。

② 纤维素醚（甲基纤维素、羟丙基甲基纤维素、羧甲基纤维素钠、羟乙基纤维素）。

③ 天然高分子及其衍生物（淀粉、明胶、海藻酸钠、干酪素、瓜尔胶、甲壳胺、阿拉伯树胶、黄原胶、大豆蛋白胶、天然橡胶、羊毛脂、琼脂）。

④ 合成高分子（聚丙烯酰胺、聚乙烯醇、聚乙烯吡咯烷酮、聚氧化乙烯、卡波树脂、聚丙烯酸、聚丙烯酸钠、聚丙烯酸酯共聚乳液、顺丁橡胶、丁苯橡胶、聚氨酯、改性聚脲、低分子聚乙烯蜡）。

⑤ 络合型有机金属化合物（氨基醇络合型钛酸酯）。

⑥ 印花增稠剂（主要包括分散增稠剂、涂料增稠剂和活性增稠剂）。

● 钠基膨润土、有机膨润土

通用名	钠基膨润土			有机膨润土
别名	斑脱岩;皂土;胶膨润土			有机蒙脱土;有机陶土;OMMT
英文名	bentonite			organic bentonite
分子式	$Al_2O_3 \cdot 4(SiO_2) \cdot H_2O$			—
相对分子质量	360.31			—
外观	一般为白色、淡黄色,因含铁量变化又呈浅灰、浅绿、粉红、褐红、砖红、灰黑色等			白色或灰白色粉末
沸点	381.8℃			—
密度	$2\sim3g/cm^3$			$1.7\sim1.8g/cm^3$
溶解性	—			易溶于烃类溶剂,加少量极性溶剂如甲醇、乙醇、丙酮等
质量标准				
产品等级	一级品	二级品	三级品	—
吸水率/%	≥400	≥300	≥200	—
吸蓝量/(g/100g)	≥30	≥26	≥22	—
膨胀系数/(mL/2g)	≥15			—
过筛率(75μm,干筛),w/%	≥98	≥95	≥95	—
水分,w/%	9~13			—

应用性能	膨润土可作为黏结剂、吸附剂、填充剂、触变剂、絮凝剂、洗涤剂、稳定剂、增稠剂等,用作化肥、杀菌剂和农药的载体,橡胶和塑料的填料,合成树脂和油墨的防沉降助剂,颜料和原浆涂料的触变和增稠,日用化工品的添加剂,医药的吸着剂和黏结剂等,还广泛用于石油、冶金、铸造、机械、陶瓷、建筑、轻工、造纸、纺织和食品等部门	有机膨润土在各类有机溶剂、油类、液体树脂中能形成凝胶,具有良好的增稠性、触变性、悬浮稳定性、高温稳定性、润滑性、成膜性、耐水性及化学稳定性,在涂料工业中有重要的应用价值。在油漆油墨、航空、冶金、化纤、石油等工业中也有广泛的应用
用量	不作限制性规定,以 GMP 为限,最后食品中不残存	参考用量 5～10 份。直接加入有机膨润土,搅拌 1h 后加入少量(2%～3%)极性溶剂(甲醇或乙醇等)
安全性	高毒,不燃;注射它可造成血液凝固	无毒
生产方法	采矿、破碎、磨粉、干燥而成	—

● 硅藻土

英文名	diatomite	熔点	1400～1650℃
分子式	$SiO_2 \cdot nH_2O$	密度	$0.47g/cm^3$
外观	颜色呈白色、灰白、黄色、灰色、绿色或灰黑色	溶解性	易溶于碱,不溶于除氢氟酸外的任何酸

质量标准			
含量,w	≥70%	灼烧失重,w	≤2.0%
pH 值	5～11	铅,w	≤4.0mg/kg
水可溶物,w	≤0.5%	砷,w	≤5.0mg/kg
盐酸可溶物,w	≤3.0%		

应用性能	硅藻土用作合成树脂、化学纤维、染料、涂料、溶剂、酸类、电解液、甘油等的过滤剂,化肥和农药的载体,塑料、橡胶、杀虫剂的理想填料,回收硫氰酸钠的助滤剂,去除尼龙溶液中脱色用的活性炭,硝酸铵球粒的防结块剂等。还广泛用于轻工、食品、医药、建材、石油、造纸、环保等部门。硅藻土有广阔的开发前景
安全性	无毒
生产方法	①原料入料、烘干粉碎、提纯、助熔剂添加:将原料硅藻土引入干燥粉碎机中进行烘干粉碎,粉碎后的物料进行风力负压提升和分离提纯,提纯后的物料添加助溶剂、搅拌 ②助熔剂溶解、再次提纯:添加助溶剂后的物料进行加热负压风力提升,提升过程中引入热气流使助溶剂溶解,提升后的物料进行再次分离提纯

生产方法	③回转窑煅烧:再次分离提纯后的物料进入回转窑煅烧,温度为800~1200℃,时间为40~60min ④降温粉碎:煅烧后的物料引入冷却输送器和冷却粉碎机,在输送和粉碎过程中冷却 ⑤产品分级:冷却粉碎后的物料进入产品分级设备,进行分级和包装

● 聚乙烯吡咯烷酮

别名	1-乙烯基-2-吡咯烷酮均聚物;聚乙烯基吡咯烷酮;皮维碘;聚维酮;PVP		
英文名	polyvinylpyrrolidone	结构式	
分子式	$(C_6H_9NO)_n$		
性状	易流动白色或近乎白色的粉末。有微臭		
溶解性	不溶于水和乙醇、乙醚等所有常用的溶剂		

质量标准

外观	白色至乳白色自由流动粉末	乙烯基吡咯烷酮,w	$\leqslant 1 \times 10^{-6}$
水,w	$\leqslant 3.4\%$	pH 值(10%水溶液)	3.6
固,w	$\geqslant 96.8\%$	灰分,w	$\leqslant 0.02\%$

应用性能	化妆品工业:PVPK 系列在化妆品工业方向可用作成膜剂、增稠剂、润滑剂及黏合剂,用于喷发剂、摩丝、定发凝胶、定发液;在护肤用品及染发剂、修饰剂、香波、唇膏、除臭剂、防晒剂、牙膏等方面,用作辅助剂 医药工业:PVPK 30 是优良的药用合成新辅料之一,主要用作片剂、丸剂、颗粒的黏结剂、注射剂的助溶剂、胶囊剂的助流剂、液体制剂及着色剂的分散剂、酶及热敏药物的稳定剂、难溶药物的共沉淀剂、眼药的去毒剂及润滑剂等;采用 PVP 产品作辅料的药物已有上百种
用量	用于啤酒的澄清和质量稳定(参考用量 8~20g/100L,维持 24h 后过滤除去),亦可与酶类(蛋白酶)及蛋白吸附剂合并使用。亦用于葡萄酒的澄清和防止变色的稳定剂(参考用量 24~72g/100L)
安全性	无毒
生产方法	①由 N-乙烯基-2-吡咯烷酮在碱性催化剂或 N,N'-二乙烯咪唑存在下进行聚合、交联得粗品,再用水、5%醋酸和 50%乙醇回流至萃取物 $\leqslant 50mg/kg$ 为止 ②由纯化的 1-乙烯基-2-吡咯烷酮的 30%~60%水溶液,在氨或胺等存在下,以过氧化氢为催化剂,在 50℃温度下进行交链均聚后提纯而得

● 白炭黑

别名	气相白炭黑;造粒白炭黑	外观	白色、无定形、絮状、半透明固体胶状纳米粒子
英文名	white carbon black	熔点	1610℃

分子式	$SiO_2 \cdot xH_2O$	沸点	>100℃	密度	2.6g/mL（25℃）
溶解性	能溶于苛性碱和氢氟酸,不溶于水、溶剂和酸(氢氟酸除外)				

质量标准			
比表面积	$(200\pm25)m^2/g$	二氧化硅,w	≥99.8%
原生粒子粒径	12nm	三氧化二铝,w	≤0.05%
灼烧损失,w	≤1.0%	三氧化二铁,w	≤0.003%
筛余物,w	≤0.05%	二氧化锑,w	≤0.03%
pH 值	3.6～4.3	氯化氢,w	≤0.025%

(特级品)

色泽	白色或淡黄色,均匀一致		
颗粒	最大颗粒不超过 2mm	脂肪	≤1.5%
纯度	不允许有杂质存在	灰分	≤2.5%
水分	≤12%	酸度	≤80°T

应用性能	用在天然橡胶或合成橡胶制成的胶黏剂中,提供了触变性和补强性,同时由于其伸展性还可以提高黏着力,质高价廉。白炭黑用在彩色橡胶制品中以替代炭黑进行补强,满足白色或半透明产品的需要。白炭黑同时具有超强的黏附力、抗撕裂及耐热抗老化性能,所以在黑色橡胶制品中亦可替代部分炭黑,以获得高质量的橡胶制品,如越野轮胎、工程轮胎、子午胎等
安全性	无毒
生产方法	气相法　空气和氢气分别经过加压、分离、冷却脱水、硅胶干燥、除尘过滤后送入合成水解炉。将四氯化硅原料送至精馏塔精馏后,在蒸发器中加热蒸发,并以干燥、过滤后的空气为载体,送至合成水解炉。四氯化硅在高温下汽化(火焰温度 1000～1800℃)后,与一定量的氢和氧(或空气)在 1800℃ 左右的高温下进行气相水解;此时生成的气相二氧化硅颗粒极细,与气体形成气溶胶,不易捕集,故使其先在聚集器中聚集成较大颗粒,然后经旋风分离器收集,再送入脱酸炉,用含氮空气吹洗气相二氧化硅至 pH 值为 4～6 即为成品

● 干酪素

别名	酪胶;酪朊;酪素;奶酪素;乳酪素;酪蛋白;酪朊酸		
英文名	casein	相对分子质量	57000～375000
外观	无臭、无味、白色或淡黄色的无定形粉末	溶解性	微溶于水,溶于碱液及酸液中
密度	1.25～1.31g/mL(25℃)		

质量标准		
级别	一级	二级
色泽	浅黄色到黄色,允许存在 5%以下的深黄色颗粒	浅黄色到黄色,允许存在 10%以下的深黄色颗粒
颗粒	最大颗粒不超过 3mm	最大颗粒不超过 3mm
纯度	不允许有杂质存在	允许有少量杂质存在
水分,w	≤12%	≤12%

脂肪, w	≤2.5%	≤3.5%
灰分, w	≤3%	≤4%
酸度	≤100°T	≤150°T
应用性能	主要用于食品添加剂、酪素胶、化妆品、皮革化工、油漆、塑料、铝箔、安全火柴、颜料、铜版纸、夹板工业、上光工业、福林法测蛋白酶活性时需用2%的酪蛋白溶液	
安全性	避免与皮肤和眼睛接触	
生产方法	新鲜牛奶脱脂,加酸(乳酸、乙酸、盐酸或硫酸),将pH调至4.6,使干酪素微胶粒失去电荷而凝固沉淀。用这种方法得到的干酪素称为酸酪蛋白	

● 羧甲基纤维素钠

别名	CMC;羧甲基纤维素钠盐;羧甲基纤维素			
英文名	cellulose sodium;sodium salt of caboxy methyl cellulose,carboxymethyl			
分子式	$C_8H_{16}NaO_8$	相对分子质量	263.1976	熔点	274℃

结构式		外观	白色或乳白色纤维状粉末或颗粒,几乎无臭、无味,具吸湿性
		密度	1.6g/cm³
溶解性	易溶于水,溶液透明;不溶于乙醇等有机溶剂。在碱性溶液中很稳定,遇酸则易水解,pH值为2～3时会出现沉淀,遇多价金属盐也会反应出现沉淀		

质量标准

外观	食品添加剂羧甲基纤维素钠呈白色或微黄色纤维状粉末		
黏度(质量分数为2%水溶液)		≥25mPa·s	
取代度	0.20～1.50	砷(As), w	0.0002%
pH值(10g/L水溶液)	6.0～8.5	铅(Pb), w	≤0.0005%
干燥减重, w	≤10.0%	重金属(以Pb计), w	≤0.0015%
氯化物(以Cl计), w	≤1.2%	铁(Fe), w	≤0.02%
应用性能	食品工业中用作增稠剂,医药工业中用作药物载体,日用化学工业中用作黏结剂、抗再沉凝剂。羧甲基纤维素钠与强酸溶液,可溶性铁盐,以及一些其他金属盐如铝、汞和锌等有配伍禁忌,pH<2时,以及与95%的乙醇混合时,会产生沉淀		
用量	GB 2760—2011(g/kg):方便面5;非固体饮料1.2;冰棍、雪糕、冰淇淋、糕点、饼干、果冻、膨化食品,均GMP FAO/WHO(1984,g/kg):沙丁鱼、鲭鱼罐头20;即食肉汤、羹4000mg/kg;融化干酪8,增香蛋黄酱5000mg/kg		

安全性	低毒,可燃,火场排出含氧化钠辛辣刺激烟雾
生产方法	(1)将脱脂漂白的棉线按比例浸入 35%的浓碱液中,浸泡约 30 min 取出。液碱可循环使用。浸泡后的棉短线称至平板压榨机上,以 14 MPa 的压力,压出碱液,得碱化棉。将碱化棉投入醚化釜内,加乙醇 15 份在搅拌下缓缓加入氯醋酸乙醇溶液,于 30℃下 2h 完成,加完后在 40℃下搅拌 3h 得醚化棉。加乙醇(70%)120 份于醚化棉中,搅拌 0.5h,用盐酸调 pH 值至 7。用乙醇洗两次,滤出乙醇,在 80℃下鼓风干燥,粉碎得成品。根据配料比不同可生产出低取代度(<0.4)、中取代度(0.4～1.2)产品 (2)传统水媒法 用 18%～19%的碱液喷入捏合机中,在 30～35℃下使精制棉碱化生成碱纤维素,然后用固体氯乙酸钠进行捏合醚化。前 1～2h 温度控制在 35℃以下;后 1h 温度控制在 45～55℃。再经一段时间熟化(使醚化完全)后干燥、粉碎得成品 (3)溶剂法 精制棉于捏合机中,碱液按一定的流量喷入捏合机中,使纤维素充分膨化,同时加入适量的乙醇,碱化温度控制在 30～40℃,时间 15～25min。碱化完后喷入氯乙酸乙醇溶液,在 50～60℃下醚化 2h。再用盐酸乙醇溶液中和、洗涤以除去氯化钠,用离心机脱醇去水,最后经干燥和粉碎得成品

● 羟丙基甲基纤维素

别名	羟丙基纤维素甲醚;羟丙甲;HPMC		
英文名	hydroxypropyl methyl cellulose		
结构式		外观	白色至类白纤维状粉末或颗粒,无臭
		熔点	280℃
		相对密度	1.39
溶解性	溶于水及大多数极性和适当比例的乙醇/水、丙醇/水、二氯乙烷等,在乙醚、丙酮、无水乙醇中不溶,在冷水中溶胀成澄清或微浊的胶体溶液		

质量标准			
外观	白色至类白纤维状粉末或颗粒	羟丙氧基	4.0%～12.0%
甲氧基含量	19.0%～30.0%	干燥减重,w	≤5.0%
铅(Pb),w	≤3mg/kg		
灼烧残渣,w	黏度≤100cP(1cP= 10^{-3} Pa·s,余同)的产品 ... 1.5%	黏度	黏度≤100cP 的产品 ... 标示值的 80.0%～120.0%
	黏度>100cP 的产品 ... 3.0%		黏度>100cP 的产品 ... 标示值的 75.0%～140.0%

应用性能	用作增稠剂、稳定剂、乳化剂、胶凝剂、悬混剂。用作合成树脂分散剂、涂料成模剂，还可用作增稠剂。本品在纺织工业中用作增稠剂、分散剂、黏结剂，乳化剂及稳定剂。还广泛用于合成树脂、石油化工、陶瓷、造纸、皮革、医药、食品、化妆品等行业
用量	冷饮 10g/kg(按最终产品计，单用或与其他乳化剂、稳定剂和增稠剂合用量)
安全性	无毒
生产方法	将精制棉纤维素用碱液在 35～40℃处理 0.5h，压榨，将纤维素粉碎，于 35℃ 适当进行老化，使所得的碱纤平均聚合度在所需的范围内。将碱纤维投入醚化釜，依次加入环氧丙烷和氯甲烷，在 50～80℃ 醚化 5h，最高压力约 1.8MPa。然后在 90℃ 的热水中加入适量盐酸及草酸洗涤物料，使体积膨大。用离心机脱水。洗涤至中性，当物料中含水量低于 60% 时，以 130℃ 的热空气流干燥至含 5% 以下，最后粉碎过 20 目筛得成品

◉ 聚丙烯酸钠

化学名	2-丙烯酸钠均聚物	熔点	12.5℃
英文名	sodium polyacrylate	沸点	141℃
分子式	$-\!\!\left(CH_2CHCOONa\right)_{\overline{n}}$	密度	1.32g/mL(25℃)
结构式		外观	无色或淡黄色液体、黏稠液体、凝胶、树脂或固体粉末
溶解性	易溶于水。因中和程度不同，水溶液的 pH 一般为 6～9。能电离，有或无腐蚀性。易溶于氢氧化钠水溶液，但在氢氧化钙、氢氧化镁等水溶液中随碱土金属离子数量增加，先溶解后沉淀		

质量标准			
外观	白色粉末	干燥失重，w	≤10%
固含量，w	≥96%	灼烧残渣，w	≤76%
相对分子质量	>3000×10⁴	重金属(以 Pb 计)，w	≤0.002%
残余单体，w	≤0.5%	砷(以 As_2O_3 计)，w	≤0.0002%
硫酸盐(以 SO_4^{2-} 计)，w	≤0.5%	低聚合物	≤5%

应用性能	增稠剂。在食品中有如下功效：①增强原料面粉中的蛋白质黏结力；②使淀粉粒子相互结合，分散渗透至蛋白质的网状结构中；③形成质地致密的面团，表面光滑而具有光泽；④形成稳定的面团胶体，防止可溶性淀粉渗出；⑤保水性强，使水分均匀保持于面团中，防止干燥；⑥提高面团的延展性；⑦使原料中的油脂成分稳定地分散到面团中
用量	用于各类食品，最大使用量 2.0g/kg。按日本规定的最大用量为 0.2% (1993)

安全性	无毒
生产方法	将去离子水和34kg链转移剂异丙醇依次加入反应釜中,加热至80～82℃。滴加14kg过硫酸铵和170kg单体丙烯酸的水溶液(去离子水)。滴毕后,反应3h。冷至40℃,加入30%的NaOH水溶液,中和至pH值为8.0～9.0时蒸出异丙醇和水得液体产品。喷雾干燥得固体产品丙烯酸或丙烯酸酯与氢氧化钠反应得丙烯酸钠单体,除去副生的醇类,经浓缩、调节pH值,以过硫酸铵为催化剂聚合而得由丙烯酸和氢氧化钠反应制得丙烯酸钠单体,再在过硫酸铵催化下,聚合成聚丙烯酸钠将相对分子质量1000～3000的聚丙烯酸钠加入反应釜中,配成30%的水溶液即可

● 乙酰化二淀粉磷酸酯

化学名	乙酰化磷酸双淀粉	外观	白色粉末,无臭、无味
英文名	acetylated distarch phosphate(ADSP)	溶解性	易溶于水,不溶于有机溶剂

质量标准			
乙酰基,w	≤2.5%	砷(以As计)	≤3mg/kg
磷酸盐(以磷计,小麦淀粉),w	≤0.14%	重金属(以Pb计)	≤40mg/kg
醋酸乙烯	≤0.1mg/kg	铅	≤2mg/kg
二氧化硫(谷物淀粉)	≤50mg/kg		

应用性能	增稠剂;乳化剂。用于午餐肉、火腿肠可提高保水性,增加肉的嫩度,改善口感,不受高低温度的影响
用量	用于午餐肉,最大使用量为0.5g/kg;用于果酱,1.0g/kg。FAO/WHO规定:用于蛋黄酱、罐装棕榈油(食用),5g/kg(单独使用或与经酸、碱处理或脱色的淀粉、磷酸单淀粉、磷酸双淀粉、乙酰化甘油、乙酰化己二酸双淀粉结合使用);含奶油或其他脂肪和油罐装蘑菇、芦笋、青豆、胡萝卜,10g/kg;罐装沙丁鱼或沙丁鱼类产品,20g/kg(仅用于填充料);代乳粉,25g/kg(单用或与磷酸化的磷酸双淀粉结合使用于水解氨基酸为基础的产品);罐装鲐鱼和竹荚鱼,60g/kg(仅用于填充料);罐装婴儿食品(大豆型产品),5g/kg;肉汤和清肉汤、速冻鱼条和鱼块(仅指用面包粉和面包拖料包裹的),25g/kg(单用或与其他淀粉合用于以氨基酸或水解蛋白质为基础的产品中)
安全性	安全、无毒
生产方法	玉米淀粉经多偏磷酸钠交联或三氯氧磷交联后,再经醋酐酯化制得。或由三偏磷酸钠与醋酸酐(≤10%)或醋酸乙烯(≤7.5%)和淀粉经过综合反应而制得

● 结冷胶

别名	凯可胶	英文名	gellan gum
相对分子质量	$4×10^5～6×10^5$		
外观	白色至米黄色粉末,无臭无味		

溶解性		不溶于非极性有机溶剂,也不溶于冷水,但略加搅拌即分散于水中,加热即溶解成透明的溶液,冷却后,形成透明且坚实的凝胶。溶于热的去离子水或整合剂存在的低离子强度溶液,水溶液呈中性	
感官要求	色泽	类白色	
	组织形态	粉末	
理化指标	结冷胶,w	$85.0\% \sim 108.0\%$	铅(Pb)	$\leqslant 2mg/kg$
	干燥减重,w	$\leqslant 15.0\%$	异丙醇	$\leqslant 750mg/kg$
微生物指标	菌落总数	$\leqslant 10000CFU/g$	沙门氏菌	$0/25g$
	大肠菌群	$\leqslant 30MPN/100g$	霉菌和酵母	$\leqslant 400CFU/g$
应用性能		由于结冷胶优越的凝胶性能,目前已逐步取代琼脂、卡拉胶的使用。结冷胶广泛地应用在食品中,如布丁、果冻、白糖、饮料、奶制品、果酱制品、面包填料、表面光滑剂、糖果、糖衣、调味料等。也用在非食品产业中,如微生物培养基,药物的缓慢释放,牙膏等	
用量		0.05%即可形成凝胶(通常用量为$0.1\% \sim 0.3\%$)。与黄原胶、槐豆胶以$2:2:1$复配后所得凝胶其脆度为$20\% \sim 40\%$,可用于各类食品中	
安全性		安全、无毒	
生产方法		伊东藻假单胞菌经茄瓶菌种接入锥形瓶培养基中,28℃下摇床培养18h,然后接入300L种子罐培养集中,于$28 \sim 30℃$下培养$18 \sim 20h$,再压送至3000L发酵罐中,相同温度下培养72h,最后送入50t发酵罐相同温度下维持72h。再经脱乙酰、过滤、混合、乙醇絮凝沉淀、分离洗涤稀乙醇、乙醇回收塔、回收乙醇贮藏半成品、真空干燥、粉碎,最后得到成品	

2.5 增 溶 剂

　　增溶是指某些难溶性药物在表面活性剂的作用下,在溶剂中溶解度增大并形成澄清溶液的过程。具有增溶能力的表面活性剂称增溶剂,被增溶的物质称为增溶质。对于以水为溶剂的药物,增溶剂的最适 HLB 值为 $15 \sim 18$。增溶剂已广泛用于难溶性药物的增溶,如"甲酚皂溶液"。其他如油溶性维生素、激素、抗生素、生物碱、挥发油等许多有机化合物,经增溶可制得适合治疗需要的较高浓度的澄清或澄明溶液,可供外用、内服、肌肉或皮下注射等。在所有增溶剂中,以聚山梨酯类应用最普遍,它对非极性化合物,和含极性基团的化合物均能增溶。

　　常用的增溶剂有氯烃类溶剂、醇类溶剂、氯氟烃类溶剂、酮类溶剂、醚类溶剂、酯类溶剂等。如:吐温 80、聚氧乙烯氢化蓖麻油、聚氧乙烯硬化蓖麻油、聚氧乙烯蓖麻油、脂肪醇聚氧乙烯醚、脂肪醇聚氧乙烯-聚氧丙烯醚、聚氧乙烯失水山梨醇脂肪酸酯、聚甘油脂肪酸酯等。

（1）增溶剂选用原则　以 HLB 值在 15～18 之间、增溶量大、无毒无刺激的增溶剂为最佳。就表面活性剂的毒性及刺激性大小而言，非离子型＜阴离子型＜阳离子型。由于阳离子型表面活性剂的毒性和刺激性均较大，故一般不用作增溶剂，阴离子型表面活性剂仅用于外用制剂，而非离子型表面活性剂应用较广，在经口、外用制剂甚至在注射剂中均有应用。

（2）增溶剂的影响因素

① 增溶剂的种类：增溶剂的种类不同，其增溶效果不同。对于强极性或非极性药物，非离子型增溶剂的 HLB 值越大则增溶效果越好，但对于极性低的药物结果则正好相反。同系物增溶剂的相对分子质量不同，其增溶效果也不同。同系物的碳链越长，其增溶量越大，碳原子个数相同，则含直链的比含支链的增溶量更大。

② 增溶质的性质：增溶剂的种类和浓度一定时，药物的相对分子质量越大，体积越大，胶团所能容纳的量越少，即增溶量越小。

③ 增溶剂的加入顺序。

④ 增溶剂的用量。

● 泊洛沙姆 188

别名	泊洛沙姆；聚醚多元醇；聚氧丙烯聚氧乙烯共聚物		
英文名	polyethylene-polypropylene glycol	相对分子质量	7680～9510
分子式	$HO(C_2H_4O)_a(C_3H_6O)_b(C_2H_4O)_cH$，其中 $a=80, b=27, c=80$		
外观	白色、蜡状、可自由流动的球状颗粒或浇注固体，基本无臭、无味		
熔点	52～57℃	密度	1.06g/cm³
溶解性	易溶于水、甲苯、95%乙醇，不溶于丙二醇		
质量标准			
含量	平均分子量 1000～7000 的应为标示量的 90%～110%；平均分子量为 7000 以上的应为标示量的 80%～120%		
不饱和度	0.065±0.035		
聚氧乙烯,w	81.8%±1.9%	pH 值	5.0～7.5
重金属,w	不得大于 $20×10^{-6}$	砷盐,w	不得大于 0.0002%
应用性能	在药物制剂中主要用作乳化剂和增溶剂。《中华人民共和国药典》标准的泊洛沙姆 188 只能作为经口用辅料，要作为注射用辅料，必须对其进行进一步精制		
安全性	泊洛沙姆具有很高的安全性，其毒性低、无刺激过敏性、无抗原性、生物相容性好、化学性质稳定、不易引起溶血		
生产方法	由甘油与环氧丙烷在氢氧化钾催化及 90～95℃、0.4～0.5MPa 压力下聚合后，加环氧乙烷在 90～95℃ 和压力小于 0.3MPa 下聚合而成		

● HD-CO40 增溶剂

组成	是由蓖麻油与聚氧乙烯醚等反应而成
质量标准	无色透明液体;羟值(以 KOH 计)＝50～60mg/g;水分＜1％;酸值(以 KOH 计)＜2mg/g;pH(1％)＝5～7
应用性能	是一种油脂的助溶剂,也是一种 O/W 非离子乳化剂,是水溶香精的增溶剂。广泛应用于透明香波、透明沐浴露、香水、啫喱水等产品的香精增溶
用量	建议用量为 HD-CO40 增溶剂的用量是香精用量的 3～4 倍

● 失水山梨醇脂肪酸酯

别名	司盘 80;乳化剂 S-80;山梨醇酐单油酸酯;失水山梨醇油酸酯;(Z)-单-9-十八烯酸脱水山梨醇酯;乳化剂 S80;山梨糖醇酐单油酸酯		
英文名	Span-80	分子式	$C_{24}H_{44}O_6$
相对分子质量	428.6	外观	琥珀色至棕色油状液体,有脂肪气味
结构式		熔点	10～12℃
		密度	0.994g/mL
溶解性	不溶于水,溶于热油及有机溶剂。不得溶于异丙醇、四氯乙烯、二甲苯、棉籽油、矿物油等,属高级亲油型乳化剂		

质量标准					
色泽	琥珀色至棕色	性状		黏稠油状液体	
脂肪酸,w	73％～77％	多元醇,w		28％～32％	
酸值(以 KOH 计)	≤8mg/g	皂化值(以 KOH 计)		145～160mg/g	
羟值(以 KOH 计)	193～210mg/g	水分,w		≤2.0％	
砷(As),w	≤3mg/kg	铅(Pb),w		≤2mg/kg	
应用性能	用于 W/O 型乳胶炸药,锦纶和黏胶帘子线油剂,对纤维具有良好的平滑作用。用于机械、涂料、化工、炸药的乳化。在石油钻井加重泥浆中作乳化剂;食品和化妆品生产中作乳化剂;油漆、涂料工业中作分散剂;钛白粉生产中作稳定剂;农药生产中作杀虫剂、润湿剂、乳化剂;石油制品中作助溶剂;亦可作防锈油的防锈剂。用于纺织和皮革的润滑剂和柔软剂				

用量	在 PVC 中用量 1%～1.5%,聚烯烃中的用量为 0.5%～0.7% 作 W/O 型食品乳化剂,单独使用或与吐温 60、吐温 80、吐温 65 混合使用。 我国规定可用于植物蛋白饮料、牛乳、氢化植物油、面包、糕点和奶糖,最大使 用量为 1.5g/kg;在果汁(味)型饮料中最大使用量为 0.05g/kg。此外,还可 用于蔬菜和水果的保鲜(涂膜),按生产需要适量使用
生产方法	(1)将 70%的山梨醇加入不锈钢反应釜中,加入 0.6%质量的失水催化剂(磷 酸或对甲苯磺酸),醇:酸=1:(1.5～1.7)(摩尔比),升温至 150℃ 以下,失 水 3h;然后将预热至 90%的油酸和 0.3%(质量分数)的酯化催化剂(KOH 或 NaOH)加入失水山梨醇中,在充氮情况下升温至 210℃ 反应 4～5h;当酸值小 于 8mg KOH/g 时,反应结束;经静置、冷却、过滤后得产品 (2)将 88kg 山梨糖醇投入反应釜中,减压脱水,脱水完毕后,压入精制好的油 酸 130kg,氢氧化钠适量(作催化剂)。开搅拌、抽真空、缓慢升温,在 200～ 210℃ 下反应 6h。取样测酸值,当酸值为 6～7mg/g 时,酯化反应完毕。冷却 降温,静置 24h,静置后分上下两层,下层为黑色胶状物,分离弃之。将上层澄 清液压入脱色釜内,加热至 65℃ 左右用活性炭脱色,在 80～85℃ 脱色 1h。过 滤,滤液在真空下脱水 5h 得成品

● 二甲苯磺酸钠

别名	二甲苯磺酸钠盐;二甲基苯磺酸钠;二四苯磺酸钠;3,5-二甲基苯磺酸钠		
英文名	xylenesulfonic acid sodium salt	熔点	27℃
分子式	$C_8H_9NaO_3S$	沸点	157℃
结构式		密度	1.17g/mL
		相对分子质量	208.21
		溶解性	≥10g/100mL

质量标准		
产品等级	固体一级	液体一级
外观	白色粉末状结晶	无色透明液体
纯度	≥93.00%	≥40.00%
无机盐(硫酸盐),w	≤3.00%	≤1.5%
水分,w	≤4.00%	—
应用性能	本品广泛用于日用洗涤用品的制造,是一种新型高效的低毒性洗涤用品增溶调理剂,使用该产品的洗涤用品与使用传统增溶剂的产品相比,其不同点是使用二甲苯磺酸钠的产品具有手感好、刺激性低、产品品质纯度高的特点	

● 脂肪醇聚氧乙烯醚

英文名	primary alcohol ethoxylate		
分子式	$R-O-(CH_2CH_2O)_n H$	熔点	41～45℃

结构式	$R\!-\!O\!-\!\!\left(\!\!\overbrace{}\!\!O\!\right)_{\!\!n}\!\!H$	沸点	100℃

质量标准				
产品	AEO3(MOA3)	AEO9	产品	AEO3(MOA3)	AEO9

产品	AEO3(MOA3)	AEO9	产品	AEO3(MOA3)	AEO9
外观	无色透明液体,白色膏状(25℃)				
色号	≤50	≤50	pH 值	5.5～8.0	5.5～7.0
水分	≤1.0%	≤1.0%	平均分子量	300～330	575～605
应用性能	①洗涤行业:作为非离子表面活性剂,起乳化,发泡,去污作用。是洗手液、洗衣液、沐浴露、洗衣粉、洗洁精、金属清洗剂的主要活性成分 ②纺织印染行业:作为纺织印染助剂,起乳化作用如乳化硅油、渗透剂、匀染剂、丙纶油剂 ③造纸行业:作为脱墨剂,毛毡净洗剂,脱树脂剂 ④其他如农药乳化剂,原油破乳化剂,润滑油乳化剂等				
安全性	无严重危害,在温度高于着火点时易燃				
生产方法	将葡萄糖和脂肪醇醚在酸催化剂存在及真空条件下进行糖苷化反应,加入NaOH中和至 pH 值为 8～9,过滤或沉降除去未反应糖,得到糖苷化改性醇醚;将一部分糖苷化改性醇醚与氯乙酸按摩尔比为(1～2):1配成氯乙酸改性醇醚溶液,在搅拌条件下将氢氧化钠的水溶液加入到剩余的糖苷化改性醇醚中,在真空条件下升温至 100～110℃脱水 1～2h,反应液降温后滴加入氯乙酸改性醇醚溶液,保持反应温度在 40～90℃,滴加完毕后反应 2～4h 得到羧甲基化的改性脂肪醇聚氧乙烯醚				

● 聚甘油脂肪酸酯

别名	聚甘油酯;PGFE	外观	从淡黄色油状液体至蜡状固体
英文名	polyglyceryl fatty ester	溶解性	可溶于水和乙醇
结构式	$R'O\!-\!CH_2\!-\!CH\!-\!\!\left[\!CH_2\!-\!O\!-\!CH_2\!-\!CH\!\right]_{\!\!n}\!\!CH_2\!-\!OR'$ 　　　　　　$\vert$　　　　　　　　　$\vert$ 　　　　　　OR'　　　　　　　　OR $R'=$H 或脂肪酰基 $n=0,1,2,\cdots$		

质量标准			
外观(以 KOH 计)	浅黄色蜡状固体,有轻微油脂味,带蜡味		
酸值(以 KOH 计)	≤5.0mg/g	砷,w	≤0.0003%
皂化值(以 KOH 计)	120～135mg/g	重金属,w	≤0.001%
碘值(以 I_2 计)	≤3.0mg/g	熔点	53～58℃
硫酸盐灰分,w	≤1.0%	HLB 值	7.0
应用性能	广泛应用于食品、日化、石油、纺织、涂料、塑料、农药、橡胶、医药等领域 以 PGFE 为主的复合乳化稳定剂(各种植物蛋白饮料、乳制品、人造奶油、植物奶油、花生酱、芝麻酱、冰激凌、果饮、肉制品、咖啡奶、可可奶、豆奶等)		

用量	0.1%~0.5%
生产方法	用直接酯化反应制造,根据各种聚甘油的聚合度、脂肪酸的种类、酯化度的不同组合,可得到从亲水性到亲油性的多种酯,可按要求调节酯的 HLB 值。酯化反应可在无催化剂或在碱催化剂存在下,在 200℃ 以上的温度进行

● 吐温 80

别名	聚氧乙烯脱水山梨醇单油酸酯;聚山梨酯 80	英文名	Tween-80
分子式	$C_{64}H_{124}O_{26}$	相对分子质量	428.60
结构式	$w+x+y+z=20$		
外观	淡黄色至琥珀色油状黏稠液体。有特臭,味微苦		
沸点	>100℃	密度	1.08g/mL
溶解性	溶于矿物油、玉米油、二氧六环、溶纤素、甲醇、乙醇、醋酸乙酯、苯胺及甲苯、石油醚、棉籽油、丙酮、四氯化碳。还溶于 5% 硫酸、氢氧化钠、硫酸钠和氯化铝中,在水、乙醚、乙二醇中呈分散状		
质量标准	密度(20℃)=1.05~1.10g/mL;pH(50g/L)=5.0~7.0;乙醇溶解试验合格;灼烧残渣(以硫酸钙计)≤0.3%;皂化值(以 KOH 计)=50~65mg/g		
应用性能	本品具有优良的乳化、分散、润湿等性能。在食品工业中,用作冰激凌、面包、糕点、糖果等乳化剂、分散剂和清凉饮料的浑浊剂。用量为 0.1%~0.5%,以防止奶油食品飞溅、食品老化,并改善品质、增加光泽、改进口感、提高柔软性。尤其是对奶油巧克力太妃糖有明显的防起霜效果。它可单独使用,亦可与甘油酯、蔗糖酯等食品乳化剂共同使用,发挥协同效应。还广泛用于高级化妆品、轻纺、医药工业作增溶剂,亦广泛用于纺织、油漆、乳化炸药、农药、印刷、石油等行业作乳化剂、稳定剂、润滑剂、柔软剂、抗静电剂		
用量	FDA,§172.840(2000,mg/kg):冰激凌、冷冻甜食,0.1%;酵母消泡 4;腌渍制品分散剂 500;食盐表面处理剂 10;起酥油 1%;顶端料 0.4%;发泡剂 0.0175%;明胶甜食分散剂 0.082%;干酪生产中消泡剂 0.008%。FAO/WHO(1984):酸黄瓜 500mg/kg;冷饮 10g/kg(以最终产品计,单用或与其他乳化剂、稳定剂和增稠剂合用量)		
安全性	吐温 80 中亲脂成分包括不饱和脂肪酸,这些不饱和脂肪酸十分容易氧化降解而产生更多的有毒成分,由此而产生的毒副反应将会超过产品本身带来的益处。注射剂、绿色食品禁用		

生产方法	将 1mol 司盘 80 预热后投入反应釜中,在搅拌下升温并加入催化剂量的碱液。抽真空脱水,脱水完毕后用氮气置换釜中空气,升温至 140℃开始通环氧乙烷 20mol,逐渐升温至 180~200℃。通完环氧乙烷后继续反应 1h,然后冷却,将料液打入中和釜中醋酸中和至酸值 2~2.2mg/g 为终点。再用适量的双氧水脱色,在 110~120℃下脱水 5h,测定水分含量低于 3% 为终点。冷却出料即为成品

● 聚氧乙烯氢化蓖麻油

别名	乙氧基化氢化蓖麻油;PEG-2 氢化蓖麻油;PEG-5 氢化蓖麻油;PEG-6 氢化蓖麻油		
英文名	ethoxylated hydrogenated castor oil	熔点	约 30℃
外观	水溶液无色,微臭	溶解性	能溶于水、乙醇、丙醇、甲苯等有机溶剂
质量标准	活性物含量≥98%;pH 值(25℃,1% 水溶液)=5.0~8.0		
应用性能	可作乳化剂、分散剂、增溶剂、洗涤剂、抗静电剂。可用作浴用和皮肤用品、香波、家用洗涤剂、除草剂、调味品、金属加工、聚合物合成、纺织品洗涤、药物、纺织、制革等 作增溶剂使用时,本品须与被增溶的活性成分混合均匀,然后将水慢慢地在搅拌的同时加入到此混合物中以防止出现乳光色。加入少量的聚乙二醇、丙二醇和甘油可以增强增溶作用,并减小本品的用量		
安全性	中毒,热分解辛辣刺激烟雾;对皮肤、眼睛有刺激性		

2.6 pH 调节剂

pH 调节剂亦称 pH 值调节剂、酸度调节剂或 pH 值控制剂等,用来调整或保持 pH(酸或碱)的一种添加剂。像柠檬酸等 pH 调节剂在"食品添加剂专用配方原料"章节已有讲述,在本节内容着重描写其他行业中的 pH 调节剂。

2.6.1 选矿用 pH 调节剂

选矿用 pH 调节剂有:石灰、碳酸钠、硫酸、二氧化硫、氢氧化钠等。碳酸钠水溶液显弱碱性,pH 8~10 之间。在选硫化铅锌矿时采用优先浮选,选方铅矿抑制闪锌矿、黄铁矿,矿浆 pH 调整为 8~10 之间。用碳酸钠而不用石灰,不仅是维持矿浆 pH 稳定,还避免 Ca^{2+} 对铅矿物的抑制作用。

石灰是最便宜的矿浆 pH 调整剂，在多金属硫化矿床中，采用优先浮选时，常用石灰提高矿浆 pH，使黄铁矿受到抑制。石灰是黄铁矿很典型的抑制剂，一般来说有的黄铁矿可以在弱酸性矿浆中浮选，有的也可以在中性或碱性矿浆中浮选。黄铁矿表面氧化后，当 pH 大于 7 时就浮不好。加入石灰黄铁矿便受到抑制。石灰抑制黄铁矿原因是在矿物表面生成 $Fe(OH)_2$ 和 $Fe(OH)_3$ 的亲水薄膜。被石灰抑制的黄铁矿，可以用碳酸钠和硫酸铜，或者加入硫酸将矿浆 pH 调至 6～7，黄铁矿就可以再浮选。

浮选作业业上使用的硫酸呈褐色，硫酸是浮选作业中最常用酸性调整剂，浓硫酸可以与水任意混溶。常见的浓硫酸含 H_2SO_4 96%～98%，稀硫酸 63%～65%。

● 石灰

别名	生石灰	熔点	2580℃
英文名	quicklime，calcium oxide	沸点	2850℃
分子式	CaO	密度	3.25～3.38g/cm³
相对分子质量	56.08	溶解性	溶于酸水，不溶于醇
外观	白色无定形粉末，含有杂质时呈灰色或淡黄色		
质量标准	含量≥95%		
应用性能	用于钢铁、农药、医药、非铁金属、肥料、制革、制氢氧化钙，实验室氨气的干燥和醇脱水等		
安全性	强腐蚀性		
生产方法	煅烧石灰石(碳酸钙)，溶于水，生成氢氧化钙，放出热量		

● 液体二氧化硫

别名	亚硫酸酐	外观	无色透明液体，有刺激性臭味
英文名	sulfur dioxide	熔点	−73℃
分子式	SO_2	沸点	−10℃
结构式	O＝S＝O	密度	1.25g/cm³
相对分子质量	64.06	溶解性	溶于水、乙醇和乙醚
质量标准	二氧化硫≥99.9%；硒≤0.002%；水分≤0.05%；铅≤5%；不挥发残渣≤0.05%		
应用性能	在工业上是多种化合物的良好溶剂。可用作冷冻剂、防腐剂、漂白剂及其他有机产品的原料。也用于制造保险粉和亚硫酸盐等。还用于农药、医药、人造纤维、染料等工业部门		
用量	根据实际需要		

安全性	对呼吸道有刺激作用,可引起支气管痉挛,并可导致呼吸道阻力增加。能刺激眼睛,对人的皮肤较薄及多汗的部位有刺激和烧灼感;受热、日晒钢瓶可爆;泄漏放出剧毒气体
生产方法	(1)压缩法　用硫酸分解亚硫酸铵-亚硫酸氢铵母液,分解产生的二氧化硫气体,经冷凝、干燥、过滤,再经压缩液化,制得液体二氧化硫成品 (2)冷冻法　用硫酸分解亚硫酸铵-亚硫酸氢铵母液,分解产生的二氧化硫气体经干燥后送至低温冷凝器,在常压下进行冷凝,用氨冷冻维持温度在液化点－10℃以下。制得液体二氧化硫成品

● 硫酸

别名	硫酸	外观	无色透明油状液体,无臭
英文名	sulfuric acid	熔点	10℃
分子式	H_2SO_4	相对分子质量	98.08
结构式	$$\underset{\underset{O}{\parallel}}{\overset{\overset{O}{\parallel}}{HO-S-OH}}$$	沸点	290℃
		密度	1.840g/cm³

质量标准

产品等级	浓硫酸			稀硫酸		
	优等品	一等品	合格品	优等品	一等品	合格品
硫酸,$w/\%$	≥92.5 或≥98.0			—	—	—
游离二氧化硫,$w/\%$	—	—	—	≤20.0 或≤25.0		
灰分,$w/\%$	≤0.02	≤0.03	≤0.10	≤0.02	≤0.03	≤0.10
铁,$w/\%$	≤0.005	≤0.010	—	≤0.005	≤0.010	≤0.030
砷,$w/\%$	≤0.0001	≤0.0005	—	≤0.0001	≤0.0001	—
汞,$w/\%$	≤0.001	≤0.01	—	—	—	—
铅,$w/\%$	≤0.005	≤0.02	—	≤0.005	—	—
透明度/mm	≥80	≥50	—	—	—	—
色度/mL	≤2.0	≤2.0	—	—	—	—
应用性能	主要用于生产磷酸、磷肥、各种硫酸盐、二氧化钛、洗涤剂、染料、药物等,也可用作酸洗剂、磺化剂、脱水剂等					
安全性	高毒,腐蚀物品;遇水发热可爆;遇可燃物助燃;与金属反应成易燃烧爆炸氢气					
生产方法	(1)精馏法　以工业硫酸为原料,经精馏、冷凝、分离、超净过滤除去杂质,得无色透明的 BV-1 级硫酸 (2)蒸馏法　以工业硫酸为原料,通过蒸馏法纯化原料,冷凝分离除去杂质,并经微孔滤膜过滤除去尘埃颗粒,制得无色透明的 MOS 级和低尘高纯级硫酸					

● 碳酸钠

别名	食用纯碱;苏打;苏打水;碱粉		相对分子质量	105.99
英文名	sodium carbonate		外观	白色粉末
分子式	Na_2CO_3		熔点	851℃
结构式	Na^+	Na^+	沸点	1600℃
			密度	2.532g/cm³
溶解性	碳酸钠易溶于水、甘油,20℃时100g水能溶20g碳酸钠,微溶于无水乙醇,不溶于丙醇			

质量标准			
总碱量,w/%	≥99	≥98	≥96
氯化物,w/%	≤0.5	≤0.9	≤1.2
水不溶物,w/%	≤0.04	≤0.1	≤0.15
铁,w/%	≤0.004	≤0.006	≤0.010
硫酸盐,w/%	≤0.03	≤0.08	—
烧失量,w/%	≤0.8	≤1.0	≤1.3
应用性能	在工业用纯碱中,主要是轻工、建材、化学工业,约占2/3;其次是冶金、纺织、石油、国防、医药及其他工业。玻璃工业是纯碱的最大消费行业,每吨玻璃消耗纯碱0.2t。化学工业用于制水玻璃、重铬酸钠、硝酸钠、氟化钠、小苏打、硼砂、磷酸三钠等。冶金工业用作冶炼助熔剂、选矿用浮选剂、炼钢和炼锑用作脱硫剂。印染工业用作软水剂。制革工业用于原料皮的脱脂、中和铬鞣革和提高铬鞣液碱度。还用于生产合成洗涤剂添加剂三聚磷酸钠和其他磷酸钠盐等		
安全性	水溶液呈强碱性、有刺激性。中毒,纯碱粉尘对皮肤、呼吸道和眼睛有刺激作用。长时间接触纯碱溶液可出现湿疹、皮炎等。其浓溶液可引起烧伤、坏死,以至角膜浑浊。空气中纯碱粉尘最高容许浓度为2mg/m³		
生产方法	(1)氨碱法 原盐(食盐)溶于水,加入适量的石灰乳以除镁,通入CO_2以除钙。经净化的食盐水通入氨气进行吸氨,吸氨母液中再通入CO_2进行碳化,析出碳酸氢钠,经过滤、煅烧得碳酸钠。母液中加入石灰乳,并将氨气蒸出供吸氨用 (2)联碱法 将氨气通入盐析结晶的母液进行吸氨,吸氨母液再通入CO_2进行碳化,析出碳酸氢钠结晶,经过滤、煅烧得纯碱。母液再进行吸氨,析出氯化铵结晶,过滤后再加入食盐,进一步析出氯化铵结晶。过滤后母液重新去吸氨,如此不断地循环。反应式与氨碱法相同		

2.6.2 水处理用 pH 调节剂

● 复合碱

别名	代用碱(水处理专用)		
外观	细润的灰白色油泥状,其澄清的水溶液是无色无嗅的碱性液体,pH=12.4		
熔点	5220℃	密度	2.24g/cm³

溶解性	易溶于水,能溶于酸、甘油、糖或氯化铵的溶液中。溶于酸时释放大量的热
主要成分	氧化钙螯合物、$Ca(OH)_2$、活性白泥、硅藻土、活性炭、饱和碱溶液
质量标准	白色或微灰白色粉末;有效含量≥92%;酸不溶物≤8.0%
应用性能	可作为中和剂使用于酸性废水处理、污水处理、污泥处理、锅炉烟气脱硫等。复合碱在处理污水方面的效率完全能代替氢氧化钠(烧碱),甚至比烧碱效果更好,而且用料更省。比如说处理1L的污水,复合碱的用量只是烧碱的1/2多点
用量	浓度一般为50～100g/L,具体配制浓度由工厂现场效果来定,该药剂配制过程应先水后药的顺序,药剂配制搅拌模式以机械搅拌为佳
安全性	具有腐蚀性
生产方法	以天然矿物质为主要原料,经物化加工、激化活化改性、应用高新技术强化改型后与其他无机碱充分复合消化后分级粉碎、过筛而成的具有稳定结构和性能的新型碱性絮凝沉降剂

● 片碱

别名	氢氧化钠;火碱;烧碱;苛性碱;固碱;哥士的		
英文名	caustic soda	外观	白色、半透明片状固体
主要成分	NaOH	熔点	681℃
相对分子质量	40	密度	1.515g/cm³
溶解性	易溶于水,同时强烈放热。并溶于乙醇和甘油;不溶于丙酮、乙醚。露放在空气中,最后会完全溶解成溶液	主要成分	NaOH

质量标准			
产品等级	优等品	一级品	合格品
氢氧化钠,w	≥99.0%	≥98.5%	≥98.0%
碳酸钠	≤0.5%	≤0.8%	≤1.0%
氯化钠	≤0.03%	≤0.05%	≤0.08%
三氧化二铁	≤0.005%	≤0.008%	≤0.01%
应用性能	基本化工原料,广泛用于造纸、合成洗涤及肥皂、黏胶纤维、人造丝及棉织品等轻纺工业方面,农药、染料、橡胶和化学工业方面、石油钻探、精炼石油油脂和提炼焦油的石油工业,以及国防工业、机械工业、木材加工、冶金工业、医药工业及城市建设等方面。还用于制造化学品、纸张、肥皂和洗涤剂、人造丝和玻璃纸、加工铝矾土制氧化铝,还用于纺织品的丝光处,水处理等		
用量	由工厂现场效果来定		
安全性	具有极强腐蚀性,其溶液或粉尘溅到皮肤上,尤其是溅到黏膜,可产生软痂,并能渗入深层组织。灼伤后留有疤痕 片碱一般采用25kg三层塑编袋,内层和外层为塑料编织袋,中间一层为塑料内膜袋		

生产方法	(1)纯碱苛化法　将纯碱、石灰分别经化碱制成纯碱溶液、化灰制成石灰乳,于99~101℃进行苛化反应,苛化液经澄清、蒸发浓缩至40%以上,制得液体烧碱。将浓缩液进一步熬浓固化,制得固体烧碱成品 (2)天然碱苛化法　天然碱经粉碎、溶解(或者碱卤),澄清后加入石灰乳在95~100℃进行苛化,苛化液经澄清、蒸发浓缩至NaOH浓度46%左右、清液冷却、析盐后进一步熬浓,制得固体烧碱成品。 (3)隔膜电船法　将原盐化盐后加入纯碱、烧碱、氯化钡精制剂除去钙、镁、硫酸根离子等杂质,再于澄清槽中加入聚丙烯酸钠或苛化麸皮以加速沉淀,砂滤后加入盐酸中和,盐水经预热后送去电解,电解液经预热、蒸发、分盐、冷却,制得液体烧碱,进一步熬浓即得固体烧碱成品

● HY-710 反渗透 pH 调节剂、YZ-复合式 pH 调节剂

通用名	HY-710 反渗透 pH 调节剂	YZ-复合式 pH 调节剂
质量标准	无色液体;pH=11.5;相对密度=1.11;强碱性	灰白色粉末;pH>12.0
应用性能	使用本药剂可将水的pH值从低往高调。经验表明,在一级反渗透出水,二级反渗透进水前适量投加本药剂,可以提高二级反渗透系统的脱盐率,提高二级反渗透的产品水水质	YZ-复合式pH调节剂主要用于调控水质pH值。同时可利用其强碱特性及预膜剂成分在化学酸清时作中和酸液及钝化预膜功能使用
用量	加药点:二级反渗透进水前。加药量:所需要的加药需根据调节前与调节后的pH来确定。一般的投加量为$(2\sim10)\times10^{-6}$ 本药剂为标准液,通常将本药剂稀释10倍后使用,即每10L本药剂加入除盐水90L	所需要的加药量需根据调节前与调节后的pH来确定
安全性	本药品有刺激性和腐蚀性,容器建议采用PE、UPVC等材质。本药品在溶解过程中会产生热,建议严格控制水温再加入系统。贮存时注意防潮、防水	YZ-复合式pH调节剂水溶液为强碱性,具有腐蚀危害,操作时注意劳动保护,应避免与皮肤接触,如接触后用大量清水冲洗。切勿溅入眼睛及吸食

2.6.3 其他 pH 调节剂

● 磷酸氢二铵

通用名	磷酸氢二铵		相对分子质量	132.06
别名	磷酸二铵;二盐基磷酸铵;磷酸铵;磷酸氢铵		外观	无色透明单斜晶体或白色粉末
英文名	ammonium phosphate		熔点	155℃
分子式	$(NH_4)_2HPO_4$			
结构式	(结构式图)		密度	1.619g/cm³
			溶解性	易溶于水,不溶于醇、丙酮、氨

质量标准

产品等级	工业级	食品级	产品等级	工业级	食品级
主含量,w/%	≥98.0	≥98.0	水分,w/%	≤0.5	≤0.5
P_2O_5,w/%	≥53.0	≥53.0	砷,w/%	—	≤0.0003
氮(N),w/%	≥21.0	≥21.0	氟化物,w/%	—	≤0.005
pH(1%水溶液)	8.0~8.2	8.0~8.2	重金属,w/%	—	≤0.001
水不溶物,w/%	≤0.10	≤0.10			

应用性能	肥料级主要用作高浓度氮磷复合肥料。工业级用于浸渍木材及织物以增加其耐久性;可作干粉灭火剂,荧光灯用的磷素;还用于印刷制版、电子管、陶瓷、搪瓷等的制造;废水生化处理;军工用作火箭发动机隔热材料的阻燃剂
安全性	中毒,受热产生有毒氮氧化物,磷氧化物和氨烟雾
生产方法	(1)热法磷酸中和液氨法 将磷酸用蒸馏水稀释(1.3∶1)成稀磷酸,用输酸泵送入第一段管式反应器中与氨气进行中和反应,把反应液用泵送入第二段管式反应器中与氨气进一步反应,使反应液 pH 值达 8.0 左右,加入除砷剂和除重金属剂进行溶液净化,过滤,除去砷和重金属等杂质,滤液送入精调罐中调节 pH 值至 7.8~8.0,送入蒸发器蒸发浓缩至相对密度 1.3,送入冷却结晶器,经冷却结晶,离心分离出母液后,干燥,制得食用磷酸氢二铵成品。 (2)湿法磷酸法 将含 20%~30%P₂O₅,1.2%~2%F 的萃取磷酸,经气体净化系统送入反应装置中,经过三段氨化使杂质形成易过滤的沉淀物,除杂后滤液通氨饱和,再冷却结晶生成磷酸三铵,沉降出的结晶离心脱水后放入沸腾炉热解为磷酸氢二铵,经干燥,制得饲料用磷酸氢二铵成品

● 苹果酸

别名	2-羟基丁二酸,马来酸,外消旋体苹果酸,DL-苹果酸,DL-羟基丁二酸		
英文名	malic acid	外观	三斜晶系白色晶体
分子式	$C_4H_6O_5$	熔点	101℃
相对分子质量	134.09	密度	1.601g/cm³

结构式		溶解性	易溶于甲醇、乙醇、丙酮和其他许多极性溶剂

质量标准			
主含量,w/%	≥99.0		
砷,w/%	≤0.0002	硫酸盐,w/%	≤0.03
重金属,w/%	≤0.002	氯化物,w/%	≤0.005
比旋光度/(°)	−1.6～2.6	炽灼残渣,w/%	≤0.10
应用性能	果酸是国际公认的一种安全的食品添加剂,作酸味剂、保鲜剂及 pH 值调节剂用,其酸味柔和且持久性长,酸味比柠檬酸强 20%。也用于制药、生化试剂及实验试剂		
用量	根据需要	安全性	无毒

●二甲基乙醇胺、三乙醇胺

通用名	二甲基乙醇胺	三乙醇胺
别名	2-(二甲氨基)乙醇;2-二甲氨基乙醇;2-甲基乙醇胺;N,N-二甲基-2-羟基乙胺;地亚诺;二甲氨基乙醇;二甲基-2-羟基乙胺	2,2′,2″-次氨基三乙醇;2,2′,2″-三羟基三乙胺;氨基三乙醇;三羟乙基胺
英文名	N,N-dimethylethanolamine	triethanolamine
分子式	$C_4H_{11}NO$	$C_6H_{15}NO_3$
结构式		
相对分子质量	89.14	149.19
外观	具有氨臭的无色或微黄色液体	无色油状液体,有氨的气味,易吸水,露置空气中及在光线下变成棕色。低温时成为无色或浅黄色立方晶系晶体
熔点	−70℃	21.2℃
沸点	134～136℃	335.4℃
密度	0.886g/cm³	1.1242g/cm³
溶解性	能与水、乙醇、苯、乙醚和丙酮等混溶	能与水、甲醇、丙酮混溶;溶于苯、醚;微溶于四氯化碳、正庚烷

质量标准

产品等级	优级纯	化学纯	优级纯	分析纯	化学纯
相对密度	0.8860~0.8900			1.123~1.113	1.120~1.130
折射率	1.4270~1.4320	1.429~1.431	1.484~1.486	1.482~1.489	
水分,w	<0.1%	≤0.3%	—	—	—
外观	无色透明至淡黄色液体		—	—	—
纯度	>99.0%（GC）	≥98.0%	—	—	—
沸程	—	132.0~136.0℃	—	—	—
灼烧残渣,w	—	≤0.1%	≤0.01%	≤0.05%	≤0.1%
水溶解试验	合格	合格			

应用性能	用于离子交换树脂、聚氨酯催化剂、医药（局部麻醉剂盐酸丁卡因、抗组胺剂、镇静剂和抗高血压药物等）、乳化剂、纺织助剂、阻蚀剂、防垢剂、染料及油漆溶剂、合成763树脂及其固化剂等；还用于燃料油添加剂，作为丙烯酸衍生物而用作城市净水厂的絮凝剂。在日本，该品的50%用于离子交换树脂，13.8%用于聚氨酯催化剂，涂料方面的消费占11.2%	用作脱除气体中二氧化碳或硫化氢的清净液。三乙醇胺和高级脂肪酸形成的酯广泛用作洗涤剂、乳化剂、湿润剂和润滑剂，也用于配制化妆用香脂。三乙醇胺还用作防腐剂和防水剂，分析试剂和溶剂等。在丁腈橡胶聚合中作为活化剂，也可在酸性条件下作油类、蜡类的乳化剂、稳定剂，纺织物的软化剂。是涤纶等合成纤维纺丝油剂的组分之一
安全性	中毒，遇明火、高温、氧化剂较易燃；高热产生有毒氧化氮气体	低毒，遇明火、高温、强氧化剂可燃；燃烧排放有毒氮氧化物烟雾
生产方法	(1)环氧乙烷法 由二甲胺与环氧乙烷进行氨化，经蒸馏、精馏、脱水而得 (2)氯乙醇法 由氯乙醇与碱进行皂化生成环氧乙烷，再与二甲胺合成得到二甲氨基乙醇。工业品二甲氨基乙醇，纯度≥95%。原料消耗定额：氯乙醇(32%)5500kg/t、二甲胺(40%)2200kg/t。生产时，也可以将氯乙醇直接滴加到二甲胺中，收率为85%	将环氧乙烷、氨水送入反应器中，在反应温度30~40℃，反应压力70.9~304kPa下，进行缩合反应生成一乙醇胺、二乙醇胺、三乙醇胺混合液，在90~120℃下经脱水浓缩后，送入三个减压精馏塔进行减压蒸馏，按不同沸点截取馏分，则可得纯度达99%的一乙醇胺、二乙醇胺和三乙醇胺成品。在反应过程中，如加大环氧乙烷比例，则二乙醇胺、三乙醇胺生成比例增大，可提高二乙醇胺、三乙醇胺的收率

2.7 催 化 剂

催化剂是一种改变反应速率但不改变反应总标准吉布斯自由能的物质；旧称触媒，即凡能够改变化学反应速率而本身的组成和性质在反应前后保持不变的元素或化合物。催化剂不能改变热力学平衡，只能影响反应过程达到平衡的速率。催化剂可以极大加快或减慢化学反应速率，使之在需要的时间达到所预期的反应程度。加快反应速率的称正催化剂，减慢速率的称负催化剂。

催化剂的种类繁多，按反应体系的相态分为均相催化剂、多相催化剂和酶催化剂三大类。

（1）均相催化剂 催化剂和反应物处于同一相态中，没有相界存在而进行的反应，称为均相催化作用，能起均相催化作用的催化剂为均相催化剂。均相催化剂包括酸、碱、可溶性过渡金属化合物和过氧化物催化剂等。均相催化剂均为气相或液相，以分子或离子独立起作用，活性中心均一，具有高活性和高选择性，无传质问题。

（2）多相催化剂 多相催化剂（非均相催化剂）呈现在不同相的反应中，即反应物和催化剂处于不同相态中，即为气固、液固、气液固和气液，存在传质问题。多相催化剂有固体酸催化剂、有机碱催化剂、金属催化剂、金属氧化物催化剂、络合物催化剂、稀土催化剂、分子筛催化剂、生物催化剂、纳米催化剂等。

（3）酶催化剂 酶催化剂（生物催化剂）是植物、动物和微生物产生的具有催化能力的有机物（绝大多数为蛋白质，少量 RNA 也具有生物催化功能），也称酵素；它同时具有均相和非均相反应的性质，活性、选择性极其高。酶在生理学、医学、农业、工业等方面都有重大意义。

催化剂也可以按状态分为液体催化剂和固体催化剂；按照反应类型分为聚合、缩聚、酯化、缩醛化、加氢、脱氢、氧化、还原、烷基化、异构化等；按照作用大小分为主催化剂和助催化剂。催化剂可以是单一化合物、配位化合物或混合物。催化剂有选择性，不同的反应所用的催化剂有所不同，同一反应也有不同效果的催化剂；虽然用量较少，但一定要合理选择，优先使用高效、低腐蚀、纳米化、环保的催化剂。对工业催化剂要选择高活性，良好的流体力传质、传热性，高稳定的催化剂。

2.7.1 食品用催化剂

● 甲醇钠、乙醇钠

通用名	甲醇钠	乙醇钠
别名	甲氧基钠	乙氧基钠
英文名	sodium methanolate	sodium ethoxide
分子式	CH_3NaO	C_2H_5NaO
结构式	Na^+O^- 丨	Na^+ ⌃O$^-$
相对分子质量	54.02	68.05
外观	白色无定形易流动粉末,无臭	白色或微黄色吸湿性粉末
熔点	$-98℃$	$260℃$
沸点	$65℃$	$91℃$
密度	0.97g/mL	0.868g/mL(25℃)
溶解性	对空气与湿气敏感。遇水分解。溶于乙醇和甲醇,遇水分解成甲醇和氢氧化钠,在126.6℃以上的空气中分解	在空气中易分解,贮存中易变黑。溶于无水乙醇而不分解
质量标准	含量27.5%~31.0%;水分≤0.35%	淡黄色或浅棕色液体;碱量16.5%~18%;苯量≤3%;游离碱≤0.10%
应用性能	用作处理食用脂肪和食用油(特别是处理猪油)的催化剂;用作有机合成中的碱性缩合剂及催化剂,用于香料、染料等的合成,是维生素B₁、维生素A及磺胺嘧啶的原料;医药、农药的原料,也用于染料及化纤业;脂肪酯交换催化剂	主要用于医药工业,用作强碱性催化剂、乙氧基化剂以及作为凝聚剂和还原剂用于有机合成;少量用于农药生产;还可用作分析试剂
安全性	具有腐蚀性、可自燃性	无毒,是强有机碱
生产方法	(1)甲醇钠生产方法 ①碱法甲醇钠是由甲醇与氢氧化钠作用而得:将固体氢氧化钠破碎,按比例加入盛有甲醇(99.8%)的溶碱锅中,开动液碱循环泵,控制温度在70℃以下,使氢氧化钠溶解,当含量达20%~23%,冷却降温至40℃,打入沉淀罐,静置12h,得甲醇碱液备用;向汽化锅及反应塔夹层通水蒸气加热,控制温度在85~100℃,以180L/h的流量加无水甲醇到汽化锅中,同时以25kg/h的流量,将甲醇碱液由反应塔顶加入,反应所产生的含2%水分的甲醇气体,从反应塔顶蒸出,进入提纯蒸馏塔分去水分,使成为无水甲醇循环使用。反应塔底(即汽化锅)温度控制在65~70℃,检查塔底物料含甲醇钠为27%~31%,游离碱为1%以下,即得制品,收率86%(以氢氧化钠计) ②以金属钠和甲醇为原料,采用间歇生产工艺进行化学反应,生产甲醇钠甲醇溶液:加料工序,将工业甲醇用泵输送到甲醇计量罐,将120kg金属钠投入

| 生产方法 | 反应釜中;氮气置换工序,关闭加料和放空阀门,通入氮气至反应釜内,使压力表指数达到0.1MPa,打开放空阀卸压,重复三次后回流,放空阀保持打开状态继续通入氮气,反应工序,将冷凝器通入冷却水,立即通过甲醇计量罐加入甲醇(注意:甲醇的加入速度),进行反应,反应5~10min后停止通入氮气。继续加入甲醇,在2~3h内将820kg甲醇计量加入后关闭甲醇加料阀,继续反应2~3h至反应液无气泡产生;调和工序,将产品加入调和贮罐,取样分析,并调和至所需浓度,装桶
(2)乙醇钠生产方法
①苯、乙醇、水三元共沸法:将固体氢氧化钠溶于乙醇和纯苯溶液中(或环己烷和乙醇溶液中),加热回流,通过塔式反应器连续反应脱水,使总碱量和游离碱达到标准为止。塔顶蒸出苯、乙醇和水的三元共沸混合物,塔底得到乙醇钠的乙醇溶液
②金属钠法:由金属钠与无水乙醇作用而得 |

2.7.2 医药用催化剂

● N-甲基吗啉

别名	1,4-氧氮杂环庚烷、N-乙基四氢吡咯甲胺	外观	无色透明液体,具有特征的臭味
英文名	4-methylmorpholine	熔点	−66℃(lit.)
分子式	$C_5H_{11}NO$	沸点	115~116℃(750mmHg,1mmHg=133.322Pa)(lit.)
结构式	—N◯O	密度	0.92g/mL(25℃)(lit.)
相对分子质量	101.15	溶解性	溶于有机溶剂,能与水、乙醇混溶
质量标准	无色透明液体;含量≥99%		
应用性能	医药品和化学合成的媒介,有机合成原料,分析试剂,萃取溶剂,氯烃类的稳定剂,阻蚀剂,催化剂,药物生产等		
用量	按生产需要适量使用		
安全性	易燃液体,有毒,经口-大鼠 LD_{50}:1960mg/kg,经口-小鼠 LD_{50}:1970mg/kg		
生产方法	由吗啉与甲醛、甲酸反应而得。将甲醛慢慢加入吗啉中,在搅拌下滴加甲酸,反应自动回流并放出二氧化碳。加完甲酸后,加热回流4~5h;冷却后加入氢氧化钠立即蒸馏,收集小于99℃的全部馏分,加入氢氧化钠至饱和,冷却分出油层,干燥,分馏,收集114.5~117℃馏分即为成品		

2.7.3　塑料、胶黏剂、树脂用催化剂

● 硫酸（参见 99 页）

外观	纯品无色透明油状液体,无臭。工业硫酸为无色至微黄色,甚至棕色
溶解性	高沸点难挥发的强酸,易溶于水,能以任意比与水混溶;浓硫酸溶解时放出大量的热

质量标准			
产品等级	优等品	一等品	合格品
含量,$w/\%$	≥92.5 或≥98.0	≥92.5 或≥98.0	≥92.5 或≥98.0
灰分,$w/\%$	≤0.02	≤0.03	≤0.10
铁,$w/\%$	≤0.005	≤0.010	—
砷,$w/\%$	≤0.0001	≤0.0005	—
铅,$w/\%$	≤0.005	≤0.02	—
透明度/mm	≥80	≥50	—
色度/mL	≤2.0	≤2.0	—
应用性能	用作酚醛树脂合成的催化剂,用于苯酚-淀粉可生物降解树脂制备的催化剂;用于染料中间体、医药、农药、塑料、化纤、制革、洗浆和颜料;还可用作脱水剂,气体干燥剂		
安全性	腐蚀物品,高毒,经口-大鼠 LD_{50}:2140mg/kg,吸入-小鼠 LC_{50}:320mg/m³(2h)		

● 磷酸

别名	正磷酸	英文名	phosphorous acid
分子式	H_3PO_4	相对分子质量	98
结构式	$$\begin{array}{c} O \quad OH \\ \backslash \; \diagup \\ P \\ \diagup \; \backslash \\ HO \quad OH \end{array}$$	外观	纯品为无色透明黏稠状液体或斜方晶体,无臭,味很酸。85%磷酸是无色透明或略带浅色,稠状液体
熔点	40℃	密度	1.685g/mL(25℃)
沸点	158℃	溶解性	易溶于水,溶于乙醇

质量标准			
产品等级	优等品	一等品	合格品
外观	无色透明或略带浅色稠状液体		
含量,$w/\%$	≥85.0	≥85.0	≥85.0
铁,$w/\%$	≤0.002	≤0.002	≤0.005
砷,$w/\%$	≤0.0001	≤0.005	≤0.01
氯化物(以 Cl^- 计),$w/\%$	≤0.0005	≤0.0005	≤0.001
硫酸盐(以 SO_4^{2-} 计),$w/\%$	≤0.003	≤0.005	≤0.01
重金属(以 Pb 计),$w/\%$	≤0.001	≤0.001	≤0.05
色度(铂-钴色号)/Hazen 单位	20	30	40

应用性能	用于酚醛树脂缩合的催化剂;金属表面钢管磷化处理,配制电解抛光液和化学抛光液;铝制品的抛光;制造各种磷酸盐、饲料级磷酸氢钙、酸式磷酸锰、焦磷酸钾;医药工业用于制造甘油磷酸钠、磷酸铁,制造青霉素时调节酸碱度;用于制磷酸锌作为牙科补牙时黏结剂;染料及中间体生产用的干燥剂;印刷用于配制揩去胶印彩印版上污点的清洗剂;橡胶用于浆料的凝固剂及生产无机黏结剂的原料;涂料用于金属防锈漆;食品工业用作酸性调味剂
用量	按生产需要适量使用
安全性	ADI 0~70mg/kg(以磷计的总磷酸盐量,FAO/WHO,2001),LD$_{50}$:1530mg/kg(大鼠,经口)
生产方法	(1)浓硫酸跟磷酸钙反应制取磷酸,滤去微溶于水的硫酸钙沉淀,所得滤液就是磷酸溶液 (2)湿法(硫酸法)二水物流程 将磷矿石粉碎至80~100目后,加入萃取槽,再加入淡磷酸和返酸以维持料浆的液固比为(2.5~3.5):1(质量比),并调节磷酸浓度。把硫酸按理论量的102%~104%加入萃取槽,与磷矿粉于75~85℃进行萃取反应4~8h。反应后的料浆经过滤,滤液即为磷酸,浓度一般在20%~25%P$_2$O$_5$,其中一部分返回萃取槽调节液固比,另一部分送去蒸发浓缩,制得磷酸成品

●氢氧化钡、氢氧化铵

通用名	氢氧化钡	氢氧化铵
别名	—	氨水
英文名	barium hydroxide	ammonia water
分子式	Ba(OH)$_2$•8H$_2$O	NH$_3$•H$_2$O
相对分子质量	315.47	35.05
外观	无色单斜晶体	无色或微带黄色液体,有强烈氨的刺激性气味
熔点	78℃	−77℃
沸点	780℃	36℃
密度	4.50(水=1)	0.91g/mL
溶解性	溶于水,难溶于乙醇、乙醚和丙酮	能溶于水、乙醇、乙醚,与酸中和反应产生热

质量标准					
产品等级	优等品	一等品	合格品	优等品	一等品
外观	—	—	—	无色透明液体或微带黄色液体	
含量,w/%	≥98.0	≥96.0	≥95.0	≥25	≥20
碳酸钡,w/%	≤1.0	≤1.5	≤2.0	—	—
氯化物(以Cl$^-$计),w/%	≥0.05	≥0.20	≥0.30	—	—
铁,w/%	≤0.003	≤0.010	≤0.010	—	—

产品等级	优等品	一等品	合格品	优等品	一等品
盐酸不溶物, w /%	≤0.05	—	—	—	—
硫酸不沉淀物, w/%	≤0.5	—	—	—	—
碘还原物(以 S 计), w/%	≤0.1	—	—	—	—
色度/号	—	—	—	≤80	≤80
残渣含量/(g/L)	—	—	—	≤0.3	≤0.3
应用性能	用作合成酚醛树脂的催化剂,水溶性尿素改性苯酚-甲醛胶黏剂的催化剂;用于石油工业的添加剂和动植物油的精制,也用于钡盐的制造,合成橡胶的硬化剂、排除锅炉水垢、玻璃成分、水的软化以及医药、塑料、玻璃、搪瓷等工业;还可用作定量分析的标准碱,测定二氧化碳的含量等			用作合成酚醛树脂的催化剂,丙烯酸酯乳液聚合的中和剂;用作分析试剂,铝盐合成和弱碱性溶剂	
用量	苯酚的 0.5%～3.0%			苯酚的 0.5%～3.0%	
安全性	有毒,腹腔-小鼠 LD_{50}:255mg/kg			有毒,经口-大鼠 LD_{50}:350mg/kg	
生产方法	由氯化钡与氢氧化钠作用制得			把氨溶于水或者分离煤焦油可以得到粗氨水	

● 辛酸亚锡、二月桂酸二丁基锡

通用名	辛酸亚锡	二月桂酸二丁基锡
别名	2-乙基己酸亚锡;TECH	DBTDL
英文名	stannous octoate	dibutyltin dilaurate
分子式	$C_{16}H_{30}O_4Sn$	$C_{32}H_{64}O_4Sn$
结构式	Sn^{2+} $\left[{}^-O-\overset{\displaystyle O}{\overset{\|}{C}}-CH_2(CH_2)_2CH_3 \right.$ $\left. \underset{CH_3}{} \right]_2$	
相对分子质量	405.12	631.56

外观	白色或淡黄棕色膏状物	浅黄色透明液体
熔点	<－20℃	22～24℃
沸点	＞200℃	＞204℃(12mmHg,1mmHg＝133.322Pa)
密度(25℃)	1.251g/mL	1.066g/mL
溶解性	溶于石油醚,不溶于水	能溶于苯、甲苯、四氯化碳、乙酸乙酯、氯仿、丙酮、石油醚等有机溶剂和所有工业增塑剂,不溶于水
质量标准	白色或淡黄棕色软固体;亚锡含量22%;总锡23%	浅黄色透明液体;色度(碘比色)<35;锡含量17%～19%;密度(ρ_{24})1.025～1.065g/cm³;水分≤0.4%
应用性能	是生产聚氨酯泡沫塑料的基本催化剂,主要用于聚醚-聚氨酯发泡时的胶化反应;用作聚氨酯工业助剂,并作为高效催化剂、防老剂等	用作聚氯乙烯的热稳定剂、硅橡胶的熟化剂、聚氨酯泡沫塑料的催化剂等
安全性	可燃,有毒,对眼睛、皮肤、黏膜和上呼吸道有刺激作用	有毒,大白鼠经口 LD_{50}:175mg/kg
生产方法	以 2-乙基己酸钠与氯化亚锡进行反应制得产品	由氧化二丁基锡和月桂酸在 60℃左右缩合而成,缩合后,减压脱水,冷却,压滤即得成品

● 三乙烯二胺、N-甲基二乙醇胺

通用名	三乙烯二胺	N-甲基二乙醇胺
别名	1,4-二氮杂二环［2.2.2］辛烷;TEDA	N,N-二（β-羟乙基）甲胺;N,N-双(2-羟乙基)甲胺;MDEA
英文名	triethylenediamine	N-methyldiethanolamine
分子式	$C_6H_{12}N_2$	$C_5H_{13}NO_2$
结构式		HO～N～OH
相对分子质量	112.17	119.16
外观	无水物为可燃性白色结晶体,极易潮解	无色或深黄色油状液体
熔点	156～159℃	－21℃
沸点	174℃	247.2℃
密度	1.02g/mL	1.038g/mL(25℃)
溶解性	能溶于水、乙醇、丙酮和苯	能与水、醇混溶,微溶于醚
质量标准	白色六角形晶体;含量≥99.5%;水分≤0.50%;密度(ρ_{28})1.14g/cm³;碱度（含 0.1mol 的水溶液）pK_{a1}＝2.95,pK_{a2}＝8.60	无色或微黄色黏性液体;含量≥99.0%;水分≤0.5%;色度(铂-钴色号)≤50;黏度(20℃)≤100mPa·s

应用性能	用于制取聚氨酯类泡沫塑料的催化剂和石油添加剂	主要用作乳化剂和酸性气体吸收剂、酸碱控制剂、聚氨酯泡沫催化剂;也用作抗肿瘤药物盐酸氮芥等的中间体
安全性	易燃,有毒	—
生产方法	将1,2-二氯乙烷和氨水送入管式反应器中,于150～250℃、392kPa压力下进行热压氨化反应;反应液以碱中和得到混合游离胺,经浓缩除去氯化钠,然后将粗品减压蒸馏,收集不同馏分进行分离;在获得该品的同时,并联产乙二胺、二亚乙基三胺、三亚乙基四胺、四亚乙基五胺和多亚乙基多胺;从生产六水哌嗪的母液中经分馏可得该品	(1)由甲醛与二乙醇胺反应而得　将甲酸加入反应锅内加热至沸,在搅拌下滴加甲醛和二乙醇胺的混合液,约1h滴完,温度维持在90～98℃,继续回流4h;然后进行减压蒸馏,收集120～130℃(0.53kPa)馏分,即得N-甲基二乙醇胺,收率为85% (2)由甲胺与环氧乙烷反应而得　温度保持在30℃以下,将环氧乙烷气体通入20%的甲胺溶液中进行加成反应,通至反应液的相对密度达到1.025为止;搅拌15min,相对密度不变即为终点;常压回收甲胺至103℃,减压蒸水后,收集119～170℃(4.67kPa)馏分,即为成品

● 对甲苯磺酸、氨基磺酸

通用名	对甲苯磺酸	氨基磺酸
别名	4-甲基苯磺酸	磺酸氨;胺磺酸;ASA
英文名	*p*-toluenesulfonic acid	sulfamic acid
分子式	$C_7H_8O_3S$	H_3NO_3S
结构式		
相对分子质量	172.2	97.09
外观	白色叶状或柱状结晶	白色斜方晶体;无味无臭,不挥发,不吸湿
熔点	106～107℃	215～225℃(分解)
沸点	140℃(2.67kPa)	—
密度	1.07(相对)	$2.12g/cm^3$
溶解性	易溶于水,溶于醇和醚,难溶于苯和甲苯,不溶于戊烷、己烷、庚烷等烷烃	溶于水,在水溶液中能电离,呈中等酸性;微溶或不溶于有机溶剂,难溶于醚,可溶于液态氮、乙醇、甲酰胺、丙酮

质量标准

指标名称	—	优等品	一等品	合格品
外观	白色或灰白色结晶	无色或白色结晶	无色或白色结晶	白色粉末
含量,w/%	≥99.0	≥99.8	≥99.0	≥95.0
熔点/℃	103～105	—	—	—
灼烧残渣,w/%	≤0.2			
硫酸盐,w/%	≤0.01	≤0.4	≤1.0	
水不溶物,w/%		≤0.02		
铁含量,w/%		≤0.01	≤0.01	
干燥失重,w/%		≤0.2		
应用性能	广泛用于合成医药、农药、聚合反应的稳定剂及有机合成(酯类等)的催化剂、涂料的中间体和树脂固化剂,用作丙烯酸酯乳液交联的催化剂	用作除草剂、防火剂、纸张和纺织品的软化剂,纤维的防缩、漂白、柔软剂,金属和陶瓷的清洁剂,合成尿醛树脂的催化剂;在分析化学中可作为酸碱滴定的基准试剂;还用于染料的重氮化和电镀金属的酸洗		
用量	按生产需要适量使用	按生产需要适量使用		
安全性	可燃,火中放出有毒氧化硫气体。腐蚀物品,低毒,经口-大鼠 LD_{50}:2480mg/kg	腐蚀物品,低毒,经口-大鼠 LD_{50}:3160mg/kg;经口-小鼠 LD_{50}:1312mg/kg		
生产方法	(1)由对甲苯磺酰氯水解而得 (2)采用甲苯为原料,经硫酸磺化而得	将过量的发烟硫酸加入反应釜中,搅拌降温至 20～40℃,开始加入按比例混合好的硫酸和尿素;加料结束后,在 20℃左右搅拌 8 h;再逐渐升温至 70～90℃,蒸出三氧化硫,冷却析晶;固液分离后得粗氨基磺酸,用水重结晶,脱水干燥得高纯度精品氨基磺酸		

2.7.4 工业催化剂

● 钛酸四异丙酯

别名	2-丙醇钛盐;四异丙氧基钛;钛酸四异丙酮;四异丙醇钛;钛酸异丙酯		
英文名	tetra isopropyl titanate	外观	无色或淡黄色液体,在潮湿空气中发烟
分子式	$C_{12}H_{28}O_4Ti$	熔点	14～17℃
结构式		密度	0.96g/mL

相对分子质量	284.2	溶解性	溶于多种有机溶剂

质量标准

外观	无色至浅黄色透明均匀液体	密度(ρ_{20})	0.940～0.960g/cm³
钛含量,w	≥16.0%	凝固点	11～13℃
异丙氧基含量,w	≥78.80%	pH	约6
折射率(20℃)	1.4625～1.4645	闪点(开杯)	≤28℃
应用性能	用于酯化反应、丙烯酸等酯类的转酯基反应的催化剂;在环氧树脂、酚醛塑料、硅树脂、聚丁二烯、等聚合反应中作为齐格勒(Ziegler Natta)催化剂,具有较高的立体选择性;在油漆中使多种聚合物或树脂起交联作用,提高涂层的防腐能力等,亦促进涂层与表面的粘接;可直接作为物料表面改性剂、胶黏促进剂;用作金属与塑料、金属与橡胶的黏结剂、偶联剂或涂料添加剂		
用量	按生产需要适量使用		
安全性	易燃液体,对眼睛、皮肤有刺激;LD₅₀:7460mg/kg(大鼠经口)		
生产方法	(1)将750mL苯和同量异丙醇依次置于反应器中,冷却降温至10℃以下,搅拌,滴加入1.34mol四氯化钛,体系放热,待反应液温度上升至50℃时,分批加入126g金属钠,此时体系温度大约可达75℃,保持微沸回流状态3h;然后离心分离出上部澄清液体,用蒸馏法回收苯和残留的异丙醇,再减压蒸馏,收集110～120℃区间的馏分,即得产品 (2)按质量1:4将四氯化钛溶解于己烷溶剂中,通入氨气,制成 TiCl₄·6NH₃(黄色结晶)悬浮液,然后加入过量异丙醇在沸腾条件下连续反应3～5h,减压蒸馏,得无色至浅黄色透明液体,即为产品 (3)将200mL四氯化碳和190mL异丙醇混合后,降温至10℃以下,搅拌,缓慢加入110mL四氯化碳,使体系在微沸状态下反应30min,然后再加入330mL异丙醇,通氨气继续反应1h;滤除氯化铵,将滤液减压蒸馏,收集110～120℃区间的馏分,即得产品		
生产单位	嘉兴天晨化工有限公司、阿拉丁试剂(上海)有限公司、赛默飞世尔科技(中国)有限公司、浙江沸点化工有限公司、百灵威科技有限公司		

● 叔丁醇铝

别名	第三丁基氧化铝;叔丁基氧化铝;三叔丁氧基铝;叔丁氧基铝		
英文名	aluminum tri-tert-butoxide	相对分子质量	246.32
分子式	C₁₂H₂₇AlO₃	外观	白色或淡黄色块状物
结构式		熔点	241℃
		密度	1.0251g/cm³
		溶解性	具有强吸湿性,遇水分解成氢氧化铝和叔丁醇
质量标准	白色块状固体;氧化铝含量21%～23%;铁含量0.005%;重金属含量(以 Pb 计)0.005%;碱金属及碱土金属含量0.25%(质量分数)		
应用性能	用于橡胶、塑料工业;也可用于有机合成催化剂		

| 生产方法 | 将 2.37mol 铝箔、2.7mol 干燥的叔丁醇、5～10g 异丙醇铝依次加入到反应釜中，在无水操作条件下，搅拌加热至微沸回流态，再加入 0.4g 氯化汞，剧烈振荡，当反应混合物的颜色逐渐由澄清透明变成黑色时，停止加热，继续搅拌 1h，再加入 3.2mol 干燥的叔丁醇和 200mL 无水苯，缓慢加热，反应再次发生，然后继续搅拌 12h；蒸馏回收过量叔丁醇和溶剂苯，减压脱除低沸物，剩余产物为叔丁醇铝粗产品。将粗品与 1000mL 无水乙醚混合，回流溶解；冷却后，加入 35mL 未经干燥的乙醚，振荡，室温静置 2h，用离心机离心分离出未反应的铝、副产物氢氧化铝和汞，然后用蒸汽浴加热回收乙醚溶剂，再在 3.0～4.0kPa 条件下减压脱残留溶剂，将所得固体产物研碎，即得产品 |

●二氯化乙基铝

别名	二氯烷基铝；二氯乙基铝	外观	黄色透明液体，有刺激性
英文名	dichloroethyl aluminium	熔点	32℃
分子式	$C_2H_5AlCl_2$	沸点	68～70℃

结构式	Cl
	  ＼
	  Al——
	  ／
	Cl
		密度	0.927g/mL（25℃）

相对分子质量	126.95	溶解性	溶于苯、乙醚、戊烷
质量标准	无色或微黄色结晶；凝固点 28～30℃；Cl/Al 1.99～2.03；含 Al 20.3%～21.5%；含 Cl 55.2%～56.3%		
应用性能	用作烯烃聚合和芳烃加氢的催化剂		
用量	按生产需要适量使用		
安全性	自燃物品，有毒，吸入-大鼠 LC_{50}:11000mg/m³		
生产方法	倍半乙基氯化铝和无水三氯化铝按配比加入到反应器内，在搅拌下加热到反应温度，然后在氮气气氛下冷却，进行减压蒸馏，即得成品。工艺条件：反应温度为 125～150℃，时间 1～2h		

●三乙基铝

别名	TEA	外观	无色透明液体，具有强烈的霉烂气味
英文名	triethylaluminum	熔点	－50℃
分子式	$C_6H_{15}Al$	沸点	128～130℃（50 mmHg）

结构式	＼／＼Al／＼
	      ｜
	     ／
		密度	0.85g/mL（20℃）

相对分子质量	114.16	溶解性	能与苯、二甲苯、汽油混溶

质量标准			
三乙基铝,w	≥95.00%	三正丁基铝,w	≤5.00%
铝,w	≥22.70%	三异丁基铝,w	≤0.10%
三正丙基铝,w	≤0.10%	氢(以氢化铝计),w	≤0.10%
应用性能	可用于制备叔醇、仲醇和聚烯烃催化剂,也可作其他有机化合物的原料、镀铝等		
安全性	自燃物品,有毒,吸入-大鼠 LC_{50}:10000mg/(m^3·15min)		
生产方法	由铝粉氢化制备二乙基氢化铝,然后由二乙基氢化铝与乙烯进行乙基化得到产品		

● 三异丁基铝、十二氢二苯胺

通用名	三异丁基铝	十二氢二苯胺
别名	三(2-甲基丙基)铝	N-环己基环己胺;二环己胺(DCHA);联环己胺;十二氢联苯胺;全氢化二苯基胺
英文名	triisobutylaluminium	dicyclohexylamine
分子式	$C_{12}H_{27}Al$	$C_{12}H_{23}N$
结构式		
相对分子质量	198.32	181.32
外观	无色透明液体	无色透明油状液体,有刺激性氨味
熔点	4～6℃	-2℃
沸点	68～69℃	256℃
密度	0.848g/mL(25℃)	0.912g/mL(20℃)
溶解性	遇水强烈分解,放出易燃的烷烃气体	微溶于水,与有机溶剂混溶
质量标准	无色透明液体,无悬浮铝;活性铝含量≥85%;$AlHR_2$含量≤15%	无色透明油状液体;含量≥92%
应用性能	用作顺丁橡胶聚合催化剂,也是其他定向聚合橡胶、合成树脂和合成纤维常用聚合催化剂	广泛用作有机合成中间体,可用于制取染料中间体、橡胶促进剂、硝化纤维漆、杀虫剂、催化剂、防腐剂、气相缓蚀剂及燃料抗氧化添加剂等;也用作萃取剂。二环己胺的脂肪酸盐和硫酸盐具有肥皂的去污性能,用于印染和纺织工业。其金属络合物用作油墨、油漆的催化剂
用量	按生产需要适量使用	按生产需要适量使用

安全性	自燃物品,遇空气、氯气、氧化剂、高温、水能自燃,燃烧产生有毒铝氧化物烟雾;有毒,参考值 吸入-大鼠 LC_{50}:10000mg/($m^3 \cdot 15min$)	腐蚀物品,高毒,经口-大鼠 LD_{50}:373mg/kg;腹腔-小鼠 LD_{50}:500mg/kg
生产方法	铝粉经球磨活化、异丁烯经干燥,两者与氢一起在三异丁基铝引发下一步直接合成	以苯胺为原料,在催化剂存在下,高温高压加氢,制得二环己胺

● 2-氨基蒽醌

别名	β-氨基蒽醌	英文名	2-aminoanthraquinone
分子式	$C_{14}H_9NO_2$	相对分子质量	223.23
结构式		溶解性	溶于乙醇、氯仿、苯和丙酮,不溶于水;能升华
外观	红色或橙棕色针晶	熔点	292～295℃(dec.)(lit.)
质量标准	外观 红褐色结晶	细度(通过60目筛)	≥95%
	含量 86%～92%	单锅合格率	≥75%
	水分 ≤1%		
应用性能	在造纸工业中可用作催化剂,用于制蒽醌染料等		
用量	按生产需要适量使用		
安全性	可燃,燃烧产生有毒氮氧化物烟雾;有毒,腹腔-小鼠 LD_{50}:1500mg/kg		
生产方法	(1)由蒽醌-2-磺酸铵盐氨化制得 将蒽醌-2-磺酸铵盐240kg、间硝基苯磺酸钠(防染盐S)70kg及25%氨水(含100%氨174kg)打浆,压入高压釜;加热至184～188℃,压力为3.73～3.92MPa(表压),保温压反应10h,反应毕,边冷却、边放氨。冷至80℃,将物料压入脱氨锅在80℃脱氨2h。升温至100℃,吸滤,用100℃热水3000L洗涤。将滤饼烘干,得2-氨基蒽醌,收率70% (2)由2-氯蒽醌制得 2-氯蒽醌和氨水在催化剂硫酸铜的悬浮物中经高温压反应,制得2-氨基蒽醌;先将2-氯蒽醌、硫酸铜、氨水打浆,充分混合压入氨化高压锅中,升温至213～215℃,于5.1～5.39MPa压力下反应5h,放压回收余氨;将反应产物压入过滤器,经过滤、水洗、干燥而得成品		

2.8 引 发 剂

引发剂,又称自由基引发剂,指一类容易受热分解成自由基(即初级自由基)的化合物,可用于引发烯类、双烯类单体的自由基聚合和共聚合反应,也可用于不饱和聚酯的交联固化和高分子交联反应。

引发剂一般是带有弱键、易分解成活性种的化合物，其中共价键有均裂和异裂两种形式。引发剂又称启动剂，是能使正常细胞转变为显性肿瘤细胞的化学致癌物。引发剂具有下述特点：本身有致癌性，必须在促长剂之前给予，单次接触或染毒即可产生作用，其作用可累加，而不可逆，不存在阈量；可产生亲电子物质与细胞大分子（DNA）共价结合，绝大多数为致突变物。例如，反-4-乙酰氨基芪为引发剂。

引发剂能引发单体进行聚合反应的物质。不饱和单体聚合活性中心有自由基型、阴离子型、阳离子型和配位化合物等，目前在胶黏剂工业中应用最多的是自由基型，它表现出独特的化学活性，在热或光的作用下发生共价键均裂而生成两个自由基，能够引发聚合反应。

引发剂在胶黏剂和密封剂的研究和生产中作用很大，丙烯酸酯溶剂聚合制备压敏胶，醋酸乙烯溶剂聚合制造建筑胶和建筑密封胶，合成苯丙乳液、乙丙乳液、VAE乳液、丁苯胶乳、氯丁胶乳、白乳胶等，接枝氯丁胶黏剂，SBS接枝胶黏剂，不饱和聚酯树脂交联固化，厌氧胶固化，快固丙烯酸酯结构胶黏剂固化等，都必须使用引发剂。引发剂可以直接影响聚合反应过程能否顺利进行，也会影响聚合反应速率，还会影响产品的贮存期。

引发剂种类很多，在胶黏剂中常用的是自由基型引发剂，包括过氧化合物引发剂和偶氮类引发剂，过氧化物引发剂又分为有机过氧化物引发剂和无机过氧化物引发剂。

（1）有机过氧化物引发剂　结构通式为 R—O—O—H 或 R—O—O—R，R 为烷基、酰基、碳酸酯基等。

有机过氧化物分为如下 6 类：①酰类过氧化物（过氧化苯甲酰、过氧化月桂酰）；②氢过氧化物（异丙苯过氧化氢、叔丁基过氧化氢）；③二烷基过氧化物（过氧化二叔丁基、过氧化二异丙苯）；④酯类过氧化物（过氧化苯甲酸叔丁酯、过氧化叔戊酸叔丁酯）；⑤酮类过氧化物（过氧化甲乙酮、过氧化环己酮）；⑥二碳酸酯过氧化物（过氧化二碳酸二异丙酯、过氧化二碳酸二环己酯）。

有机过氧化物的活性次序为：二碳酸酯过氧化物＞酰类过氧化物＞酯类过氧化物＞二烷基过氧化物＞氢过氧化物。

（2）无机过氧化物引发剂　无机过氧化合物因溶于水，多用于乳液和水溶液聚合反应，主要为过硫酸盐类，如过硫酸钾、过硫酸钠、过硫酸铵，其中最为常用的是过硫酸铵和过硫酸钾。

（3）偶氮类引发剂　偶氮类引发剂有偶氮二异丁腈、偶氮二异庚腈，属低活性引发剂。常用的为偶氮二异丁腈，使用温度范围 $50\sim65℃$，分解均匀，只形成一种自由基，无其他副反应。比较稳定、纯粹状态可安全贮存，但在 $80\sim90℃$ 也急剧分解。其缺点是分解速率较低，形成的异了腈自由基缺乏脱氢能力，故不能用作接枝聚合的引发剂。

偶氮二异庚腈活性较大，引发效率高，可以取代偶氮二异丁腈。而偶氮二异丁酸二甲酯（AIBME）引发活性适中，聚合反应易控，聚合过程无残渣，产品转化率高，分解产物无害，是偶氮二异丁腈（AIBN）的最佳替代品。

不同的聚合方法，不同的工艺条件，不同的产品用途，应当选择不同的引发剂。

① 溶液聚合应选择适当溶解性的有机过氧化物或偶氮类引发剂；水溶液或水乳液聚合则选用无机过氧化物或水溶性氧化还原体系引发剂及水溶性偶氮引发剂等。

② 根据聚合反应温度选择活化能和半衰期适当的引发剂，例如高温（>100℃），活化能 $138\sim183kJ/mol$ 的引发剂有异丙苯过氧化氢、叔丁基过氧化氢、过氧化二叔丁基；中温（30～100℃），活化能 $110\sim138kJ/mol$ 的引发剂有过氧化苯甲酰、过氧化月桂酰、偶氮二异丁腈、过硫酸盐；低温（－10～30℃），活化能 $63\sim110kJ/mol$ 的引发剂有异丙苯过氧化氢/氯化亚铁、过氧化苯甲酰/N,N-二甲基苯胺。一般应选择半衰期与聚合时间同数量级或相当的引发剂。

③ 尽量采用氧化还原引发剂。

④ 所选用的引发剂不应对聚合物的质量和性能有不良影响。

⑤ 引发剂的用量要适宜，不可过多过少，多则反应速率太快，难以控制；少则不易引发，反应不能正常进行，影响聚合物性能。用量一般为单体量的 $0.12\%\sim0.7\%$，采用两种以上的引发剂复配，可以调整半衰期，效果更好。

⑥ 贮存稳定，安全可靠。

⑦ 无毒，不危害健康，不对环境产生负面影响。

⑧ 来源确保，价格适宜。

引发剂的发展趋势是氧化还原引发剂、活性自由基引发剂、大分子引发剂和双官能度及多官能度引发剂。其中氧化还原引发剂又在发展复合型氧化还原引发剂，意指氧化剂、还原剂再分别由一个以上的化合物复合而成。例如厌氧胶所用的过氧化物-叔胺-糖精体系（胺体系）和过氧化物-取代肼-糖精体系（肼体系），能使厌氧胶获得固化性能和贮存稳定性较佳的兼顾。

氧化还原引发剂的发展趋势是过氧化物和胺组成的氧化还原引发体系及铈（Ⅳ）离子氧化还原引发体系。含胺氧化还原引发体系包括以下3种。一是由有机过氧化物和芳叔胺组成的有机氧化还原体系，以过氧化二苯甲酰（BPO)-N,N-二甲苯胺（DMA）和 BPO-N,N-二甲基对甲苯胺（DMT）为代表，主要用于医用高分子的齿科自凝胶树脂与骨水泥。二是由有机过氧化氢（如，异丙苯过氧化氢）与 DMT 组成的有机氧化还原体系，主要用于厌氧胶。三是由水溶性的过硫酸盐与脂肪胺组成的体系，主要用于水溶性聚合、乳液聚合。过氧化二苯甲酰（BPO）和 N,N-二甲基苯胺（DMA）所组成的氧化还原体系引入到甲基丙烯酸甲酯和丙烯酸丁酯的复合超浓乳液共聚合中，以十二烷基硫酸钠（SDS）和十六烷醇（HD）作为复合乳化剂，制得了分散相占 83% 以上的稳定性很好的超浓乳液，实现了超浓乳液的低温引发聚合。

近些年来，开发出水溶性偶氮类引发剂，这种水溶性引发剂普遍适用于高分子合成的水溶液聚合与乳液聚合中。与一般类型的偶氮引发剂相比，水溶性偶氮引发剂引发效率高，产品的相对分子质量相对比较高、水溶性好、且残留体少。若带有端基的水溶性引发剂，还可以用于制备遥爪聚合物。水溶性偶氮引发剂是将原来的油溶性的有机引发剂（如偶氮二异丁腈）转变成为水溶性的，扩大了使用范围，若带有端基的水溶性引发剂，还可以用于制备遥爪聚合物。将水溶性偶氮引发剂引发丙烯酰胺聚合，聚合温度在 35～90℃，一般温度在 40℃ 左右就可以，聚合时间平均在 4h，得到的聚丙烯酰胺的相对分子质量为 (1400～1800)×10⁴ 之间，产品的溶解性好。在阳离子乳液及功能高分子的制备中也有不俗的表现。

这种水溶性引发剂普遍适用于高分子合成的水溶液聚合与乳液聚合中与无机过硫酸盐和其他水溶性引发剂相比较，AIBA 能进行平滑、稳定、可控制的分解反应，产生高线性和高相对分子质量的聚合物。尤其在含有 Cl 的溶液里，当溶液 pH<7 时，S_2O_8 等强氧化性的基团与氯离子在 pH<7 时能产生 Cl_2，而 Cl 原子则能充当链终止剂，从而使相

对分子质量下降。基于这一点，使用不能氧化 Cl 的水溶性偶氮类引发剂会得到更高相对分子质量的聚合物。

与偶氮腈类产品不同，因其不含腈基，分解产物无毒，同时比其他引发剂分解平稳，转化率高，聚合过程不出现残渣和结块；在低温、低浓度下能够高效引发聚合，生成高线性和高相对分子质量聚合物，因此被广泛应用于高分子合成的水溶液聚合和乳液聚合中。

2.8.1 有机过氧化物引发剂

● 引发剂 IPP

化学名	过氧化二碳酸二异丙酯	外观	低温下为白色结晶性粉末，室温下为无色液体
英文名	diisopropyl peroxydicarbonate	熔点	8~10℃
分子式	$C_8H_{14}O_6$	折射率	1.4034
相对分子质量	206.18	密度	1.08g/mL
结构式		溶解性	溶于脂肪烃、芳香烃、酯、醚及氯化烃，20℃在水中溶解度为0.16%。受热（14~18℃）即发生分解，自燃点45~50℃
质量标准	无色液体，低温时为无色结晶性粉末；熔点 8~10℃；含量 55%~56%		
应用性能	本品为自由基型引发剂，用于氯乙烯及其他单体的聚合和共聚 本品对温度、撞击及酸、碱等化学药品特别敏感，极易分解，引起爆炸。对眼睛和黏膜有强烈刺激性		
用量	0.02%~0.03%		
安全性	易燃、强氧化剂。在正常环境温度下会爆炸。对热、振动、撞击和摩擦相当敏感，极易分解发生爆炸。与易燃物、有机物、还原剂、促进剂、酸类接触发生强烈反应而引起燃烧或爆炸 密闭操作，加强通风。操作人员必须经过专门培训，严格遵守操作规程。建议操作人员佩戴自吸过滤式防毒面具（全面罩），穿连衣式胶布防毒衣，戴橡胶手套。远离火种、热源，工作场所严禁吸烟。使用防爆型的通风系统和设备。防止蒸气泄漏到工作场所空气中。避免与酸类、碱类接触。搬运时要轻装轻卸，防止包装及容器损坏。配备相应品种和数量的消防器材及泄漏应急处理设备。倒空的容器可能残留有害物		
生产方法	由氯代甲酸异丙酯与过氧化钠反应而得：先将氢氧化钠溶液加入搪瓷玻璃反应锅中，滴加双氧水，温度保持在10℃；左右，得到过氧化钠溶液。将此溶液缓缓滴入氯代甲酸异丙酯中，温度严格控制在(10±2)℃，以防爆炸。加完后，继续搅拌至反应结束。静置分层，上层为乳白色的IPP，下层为含碱杂质的母液。将下层放出，锅内物料用12℃的冷水搅拌洗涤，静置分层，水在上层，IPP在下层。放出IPP，加二甲苯稀释至含量55%~60%，于−4℃冷藏备用		

● 引发剂 DCPD

化学名	过氧化二碳酸二环己酯	分子式	$C_{14}H_{22}O_6$
英文名	dicyclohexyl peroxydicarbonate	相对分子质量	286.14
结构式		外观	白色固体粉末
熔点	44~46℃	分解温度	42℃
溶解性	不溶于水,微溶于乙醇和脂肪烃,溶于酮、酯,易溶于芳烃、氯烃		
质量标准	室温下为白色颗粒固体;pH7~8;含量85%~90%		
应用性能	①本品用作聚合的引发剂。还用作不饱和聚酯和硅橡胶的交联剂。还可用作柴油的添加剂,变压器油的防凝剂 ②本品是一种高效引发剂,可用于氯化烯、乙烯、丙烯酸酯、甲基丙烯酸酯、环氧树脂、氯乙烯-醋酸乙烯共聚的聚合反应		
用量	其用量一般在0.03%~0.055%		
安全性	本品贮存于阴凉、低温、通风良好的不燃材料结构仓库。远离热源和明火。防止日光直射。与还原剂、促进剂、有机物、可燃物及强酸隔离贮运 本品对眼睛、皮肤有刺激和灼伤。生产过程要严格防止光气泄漏,加强设备密闭		
生产方法	环己醇与光气生成氯甲酸环己酯,再与过氧化钠反应而得:将环己醇加入反应锅,在8~10℃通入光气。光气化结束后搅拌1~2h,然后自然升温至20℃后,通入压缩空气赶除溶解在产物中的氯化氢和过量的光气,直至用光气试纸检验尾气无光气,并用pH试纸测定其接近中性时为止 在装有氢氧化钠水溶液的反应锅中,滴加30%过氧化氢,反应温度不得超过5℃。此时,过氧化氢反应成过氧化钠,将上述光气化产物(氯甲酸环己酯)滴入过氧化钠溶液中,滴加速度以控制反应温度在(20±1)℃为限。滴加完毕,立即补加少量过氧化氢,在(20±1)℃下继续反应1h。然后过滤,滤饼用冰水洗至中性。最后在37℃左右的红外灯下烘2h至干,即得成品		

● 引发剂 EHP

化学名	过氧化二碳酸二辛酯	分子式	$C_{18}H_{34}O_6$
英文名	di-(2-ethylhexyl)peroxydicarbonate	相对分子质量	346.24
结构式			
外观	纯品为无色透明液体	分解温度	42℃
熔点	-50℃以下	密度	0.964g/mL
溶解性	受热见光易分解。不溶于水,溶于乙醇、直链烃和甲苯、二甲苯等芳烃等		
质量标准	无色透明液体;相对密度0.889;含量>65%		

应用性能	为自由基型引发剂,也是烯类单体聚合的高效引发剂。可用作氯乙烯本体或悬浮聚合引发剂。也用作乙烯、丙烯酸酯、丙烯酸及丙烯腈、偏氯乙烯等聚合的引发剂
用量	0.03%～0.06%
安全性	本品在室温下自动分解,放出腐蚀性的可燃物质,加热时会引起爆炸,对眼睛和黏膜有强烈的刺激性。对温度、撞击及酸碱等化学药品非常敏感,极易分解,引起爆炸。因此,必须在有二甲苯等稀释剂共存下于−10℃冰箱中贮存或运输。采用玻璃瓶包装,并标有危险品的标签
生产方法	①将 2-乙基己醇在 10℃ 以下通入光气,先制成氯甲酸-2-乙基己酯,再将其与20%H$_2$O$_2$ 和 30%NaOH 反应,反应温度为 15℃左右,反应时间为 1h,然后分层、洗涤,用无水硫酸钠干燥,加甲苯或二甲苯稀释即得成品 ②氯甲酸-2-乙基己酯与过氧化钠溶液反应,经分层、洗涤,用无水硫酸钠干燥,再加甲苯或二甲苯稀释至所要求的浓度,即得成品

● 过氧化环己酮

英文名	cyclohexanone peroxide	外观	淡黄色针状结晶或粉末
分子式	C$_{12}$H$_{22}$O$_5$	熔点	76～78℃
相对分子质量	246.30	分解温度	174℃
结构式		溶解性	不溶于水,溶于乙醇、乙酸、丙酮、苯和石油醚
质量标准	外观:白色糊状物。活性氧含量:12.99%。含量:50%		
应用性能	橡胶和塑料合成的交联剂和引发剂,不饱和聚酯的交联剂		
用量	0.02%～0.07%		
安全性	有强氧化性,遇高温、阳光曝晒、撞击(干粉)、还原剂及燃烧的磷、硫等物质会引起燃烧和爆炸。金属粉末能促进其分解。纯净的过氧化环己酮很不稳定,为确保贮运和使用安全,实际使用的是 50%的邻苯二甲酸二丁酯或邻苯二甲酸二辛酯溶液		
生产方法	将 196.3g 环己酮和 220mL 30%双氧水分别冷却至 10℃ 以下,搅拌下将双氧水加入环己酮中,控制料液温度≤15℃。于 15℃ 加入 24mL 2mol/L 盐酸,控制温度不超过 30℃,物料逐渐固化,要不断搅拌,以免结块。加入 400mL 蒸馏水,洗涤后吸滤,滤饼用蒸馏水洗涤 2～3 次后,用蒸馏水 400mL 调成糊状,加 10%NaOH 调 pH 至 8,吸滤,水洗,压干,在空气中晾干,得到过氧化环己酮		

● 引发剂 TBCP

化学名	过氧化二碳酸双(4-叔丁基环己基)酯	分子式	C$_{22}$H$_{38}$O$_6$
英文名	bis(4-t-butyl cyclohexyl)peroxy dicarbonate	相对分子质量	398.53

结构式			
外观	白色固体粉末	分解温度	56℃
熔点	39.5℃	密度	1.06g/mL
溶解性	不溶于水,微溶于酒精和脂肪烃,溶于酮类、酯类,易溶于芳香烃和氯代烃等有机溶剂		
质量标准	外观:白色固体粉末。理论活性氧含量:4.02%。含量:94.0%~97.0%		
应用性能	本品是一种新型高效稳定的引发剂,可用于氯乙烯、乙烯、丙烯酸酯等单体的聚合,氯乙烯与醋酸乙烯或偏氯乙烯的共聚,也可用作不饱和聚酯的交联剂		
用量	0.04%~0.06%		
安全性	若与稳定剂、催化剂、干燥剂及铁、铜等金属化合物接触时,均能加速其分解。其毒性和一般过氧化物相似,能引起眼睛和皮肤的烧伤。避免与还原剂(如胺类)、酸、碱及重金属化合物(如促进剂、金属皂等)接触。宜贮存于干燥、通风、避光的环境。应注意设备的密闭性,要远离火源、热源。最高贮存温度25℃		
生产方法	①氯甲酸对叔丁基环己酯的合成　将对叔丁基环己醇的甲苯溶液滴入装有光气甲苯溶液的反应器中,反应温度控制在5℃左右,滴加完后,继续搅拌2h。然后升温至60℃,以除去过剩的光气和副产物硫化氢,直到排出的气体中无光气,并用试纸测定反应液接近中性为止。最后在减压下蒸出甲苯,制得氯甲酸对叔丁基环己酯 ②TBCP的合成　将水、氢氧化钠、双氧水及乳化剂十二烷基硫酸钠加入反应器,搅拌下于10℃左右进行反应,制得过氧化钠。然后再滴加上述制得的氯甲酸对叔丁基环己酯,反应温度控制在40℃左右。加完酯后,再补加少量双氧水,继续反应1h。产物经过滤、冰水洗涤至中性,烘干后即得成品		

● 引发剂 B

化学名	过氧化月桂酰	分子式	$C_{24}H_{46}O_4$
英文名	lauroyl peroxide	相对分子质量	398.62
结构式			
外观	白色粗粒状粉末	分解温度	70~80℃
熔点	53~55℃	密度	0.91g/mL
溶解性	不溶于水,易溶于丙酮、氯仿等有机溶剂及矿物油类		
质量标准	外观:白色粒状结晶。熔点:54~55℃。含量:≥96%		

应用性能	用作聚氯乙烯、高压聚乙烯的高效引发剂,常与引发剂A(过氧化二叔丁基)并用。还可用作不饱和聚酯的交联剂、食品工业和油脂生产的漂白剂
用量	0.02%～0.08%
安全性	避免与金属粉末接触。常温下不稳定。本品加热时可能发生爆炸。与还原剂、促进剂、有机物、可燃物等接触会发生剧烈反应,有燃烧爆炸的危险。贮存于阴凉、通风的库房。远离火种、热源。避光保存。配备相应品种和数量的消防器材。贮区应备有泄漏应急处理设备和合适的收容材料。禁止振动、撞击和摩擦
生产方法	①将氯化亚砜加到月桂酸中,加热至75℃,搅拌反应2h,再升温至90℃,回流2h。然后将反应混合物进行分馏,先减压蒸除过量的氯化亚砜,再收集146～150℃(2.1～2.3kPa)馏分,即制得月桂酰氯。收率约80% ②先将月桂酸投入釜内,控制温度45℃左右,在搅拌下滴加三氯化磷,滴加时间控制在2h左右。滴加过程中,温度自动上升至55℃。滴加完后,在55～60℃继续反应一段时间,回收过量的三氯化磷,即可得无色的月桂酰氯液体。将月桂酰氯1份(体积)加入反应釜内,投入23.7%的氢氧化钠溶液0.8份,控制温度40℃左右,在搅拌下滴加6%的双氧水3份。滴加完后再反应2～3min。冷却,加适量硫酸酸化,再用氢氧化钾中和至中性。静置沉淀,分出液层,水洗产品,再过滤后低温干燥,即得引发剂B成品

2.8.2 无机过氧化物引发剂

● 过硫酸铵

英文名	ammonium peroxodisulfate	熔点	120℃(分解)
分子式	$H_8N_2O_8S_2$	密度	1.982g/mL
结构式	NH_4^+ 〇—S—〇—〇—S—〇 NH_4^+	溶解性	易溶于水
外观	无色单斜晶体,有时略带浅绿色,有潮解性		
质量标准	外观:无色单斜晶体;含量:≥98%		
应用性能	①化学工业用作制造过硫酸盐和双氧水的原料,有机高分子聚合时的助聚剂、氯乙烯单体聚合时的引发剂 ②用作氧化剂、漂白剂、照相材料、分析试剂等 ③用作油井压裂液的破胶剂 ④用作醋酸乙烯、丙烯酸酯等烯类单体乳液聚合的引发剂,尤多用于乳液聚合及悬浮聚合。也是某些水溶性单体如丙烯酸及其酯、丙烯酰胺、醋酸乙烯酯等聚合或共聚的引发剂 ⑤食品级过硫酸铵可用于啤酒酵母防霉剂、小麦粉改质剂,最高用量<0.3g/kg		

用量	$0.02\% \sim 0.1\%$
安全性	对皮肤黏膜有刺激性和腐蚀性。吸入后引起鼻炎、喉炎、气短和咳嗽等。眼、皮肤接触可引起强烈刺激、疼痛甚至灼伤。口服引起腹痛、恶心和呕吐。长期皮肤接触可引起变应性皮炎 燃爆危险：本品助燃，具腐蚀性、刺激性，可致人体灼伤 危险特性：无机氧化剂。受高热或撞击时即爆炸。与还原剂、有机物、易燃物，如硫、磷或金属粉末等混合可形成爆炸性混合物 泄漏：隔离泄漏污染区，限制出入。建议应急处理人员戴自给式呼吸器，穿防毒服。不要直接接触泄漏物。勿使泄漏物与还原剂、有机物、易燃物或金属粉末接触。少量泄漏可用砂土、干燥石灰或苏打灰混合，收集于干燥、洁净、有盖的容器内。也可用大量水冲洗，洗涤水稀释后放入废水系统。大量泄漏时收集回收或运至废物处理场所处置
生产方法	电解法：由硫酸铵和硫酸配制成电解液，经除杂质后进行电解，HSO_4^- 在阳极放电而生成过二硫酸，再与硫酸铵反应生成过硫酸铵，当阳极液中过硫酸铵含量达到一定浓度，经过滤、结晶、离心分离、干燥制得过硫酸铵成品

2.8.3 偶氮类引发剂

● 偶氮二异庚腈

化学名	$2,2'$-偶氮双($2,4$-二甲基戊腈)	外观	无色或白色菱形片状结晶
英文名	$2,2'$-azobis($2,4$-dimethylvaleronitrile)	熔点	$56 \sim 57℃$
分子式	$C_{14}H_{24}N_4$	相对分子质量	248.37
结构式		溶解性	不溶于水，溶于醇、醚和二甲基甲酰胺等有机溶剂
质量标准	外观：白色片状结晶。熔点：$47 \sim 56℃$。挥发成分：1%		
应用性能	本品可用作聚氯乙烯、聚乙烯醇、聚甲基丙烯酸甲酯等高分子化合物的聚合引发剂，也可用作塑料和橡胶的发泡剂。ABVN 是在偶氮二异丁腈（AIBN）基础上发展起来的高活性引发剂		
用量	用量在 $0.02\% \sim 0.08\%$		
安全性	常温常压下稳定，受热易分解并放出氮气，有时产生含氰自由基。易燃、易爆产品 遇热和光分解放出氮气，同时产生含氰自由基。结晶体活性氧含量相当 6.35% 本品易燃有毒，在室温下会缓慢分解，在 $30℃$ 下贮存数月显著变质。本品应密封于 $4℃$ 保存。防止撞击和摩擦。$20℃$ 时 60 天中活性氧含量几乎无变化，故贮存和运输温度宜限于 $15℃$。宜贮存于干燥、通风、避光和低温（$10℃$ 以下）的环境。要远离火源、热源。按易燃有毒物品贮运		

生产方法	方法一　①己酮连氮的合成　甲基异丁基酮和水合肼加入反应釜,搅拌下加热在回流温度90～95℃下,反应4～6h,反应结束后,静置分去水,再经蒸馏而得己酮连氮,收率90%～95%。②二异庚腈肼的合成　己酮连氮与氰化氢(过量15%)在30～40℃下,连续搅拌5～7d,反应生成二异庚腈肼。氰化氢由25%～30%的氰化钠水溶液通过没入液面的加料管加入到70%的硫酸中而制得。③偶氮二异庚腈的合成　二异庚腈肼用过量10%的氯气在10℃以下进行氯化,得到偶氮二异庚腈粗品。粗品偶氮二异庚腈溶解在30～35℃乙醇中,然后冷却到0℃以下结晶,即得成品 方法二　甲基异丁基酮和水合肼在回流温度下进行反应,反应结束后,静置,再经蒸馏得己酮连氮。将己酮连氮与氰化氢(由氰化钠水溶液与70%的硫酸反应制得)在30～40℃下进行反应生成二异庚腈肼。二异庚腈肼再与氯气在10℃以下进行氯化反应,得到偶氮二异庚腈粗品。粗品偶氮二异庚腈溶解在乙醇中,然后冷却到0℃以下结晶,即得成品

● 偶氮二异丁脒盐酸盐

化学名	2,2′-偶氮双(2-甲基丙脒)二盐酸盐	熔点	160～169℃
英文名	2,2′-azobis(2-methylpropionamidine)dihydrochloride		
分子式	$C_8H_{20}Cl_2N_6$	密度	0.42g/mL
结构式	（结构式图）·2HCl	相对分子质量	271.19
		溶解性	溶于丙酮、甲醇、乙醇、二甲基甲酰胺和水等,不溶于甲苯,不溶于有机溶剂
质量标准	外观:白色或类白色结晶粉末。熔点:170～175℃(分解)。含量:≥98%(HPLC)		
应用性能	生化研究。合成医药、染料等化学品的中间体。用作高分子阳离子聚合物的引发剂,如丙烯酰胺的聚合,丙烯酸及其衍生物的聚合等;丙烯酸、乙烯基、烯丙基单体聚合引发剂		
用量	如果是聚丙烯酰胺,用量是0.1%。一般在0.01%～1%		
安全性	密闭于0～6℃阴凉、干燥环境中,可燃;燃烧产生有毒氮氧化物和氯化氢烟雾		
生产方法	将由NaCl和硫酸制备的氯化氢气体通入无水乙醇中,反应容器外加水浴,保持体系反应温度在20℃左右。当酸含量达到43%～47%时停止通氯化氢气体,一次性加入偶氮二异丁腈,搅拌,恒温反应。待反应完成后,将反应物放入冰水浴中陈化。然后过滤,将加成所得的固体亚胺脒盐酸盐真空干燥。再向亚胺脒盐酸盐中加入乙醇,再通入氨气,之后将反应置于冰水浴中陈化,过滤,干燥得到偶氮二异丁脒盐酸盐粗品,收率为80%		

偶氮二异丁腈

英文名	2,2′-azobis(isobutyronitrile)	外观	白色透明结晶
分子式	$C_8H_{12}N_4$	熔点	102～104℃
相对分子质量	164.21	沸点	—
结构式		密度	1.1g/mL
溶解性	不溶于水,溶于乙醇、乙醚、甲苯、甲醇等多种有机溶剂及乙烯基单体		
质量标准	外观:白色针状结晶。熔点:100～103℃。含量:≥99.0%		
应用性能	用作氯乙烯、丙烯腈、乙酸乙烯酯、甲基丙烯酸甲酯及离子交换树脂的等高分子聚合的引发剂。也用作合成橡胶、天然橡胶、环氧树脂及聚乙烯等橡胶或合成树脂的发泡剂,具有分解温度低、发热量小、可制得白色产品的特点,但分解时产生的气体有毒,不宜用于食物及衣物用品的发泡。此外,还用作有机合成及农药的中间体。还可用作硫化剂、农药和有机合成的中间体		
用量	作为引发剂使用时用量为 0.08%～0.14%		
安全性	①远离火种、热源。分解温度98～110℃,放出氮气,发气量为130～155L/kg,并放出有机氰化物。分解过程中放出大量热量,会引起着火爆炸 ②当加热至100℃熔融时急剧分解,放出氮及数种有机氰化物,对人体毒害较大。在生产过程中使用剧毒的氰化钠。因此生产过程中更应注意设备的密闭性,防止泄漏,保持操作现场的良好通风,操作人员应穿戴防护用具 贮存注意事项:贮存于阴凉、通风的库房。远离火种、热源。库温不宜超过35℃。包装密封。应与氧化剂分开存放,切忌混贮。采用防爆型照明、通风设施。禁止使用易产生火花的机械设备和工具。贮区应备有合适的材料收容泄漏物		
生产方法	(1)方法一 ①将水合肼1份、丙酮3.6份投入反应釜内,搅拌下加热至回流温度,继续加热保温回流4～6h,然后降温到60℃。缩合反应生成嗪(丙酮连氮) ②将70%的硫酸溶液投入发生反应器中,然后搅拌下加入25%～30%的氰化钠水溶液,即产生氰化氢气 ③产生的氰化氢气体导入制成的嗪(丙酮连氮)中,控制氰化温度为55～60℃,密封下,反应5h。之后冷却降温至25～30℃,反应2h。然后静置分层,分出废水,获二异丁腈肼 ④将二异丁腈肼冷却降温至10℃以下,边搅拌,边从釜底通入氯气,温度会略有升高,需控制在20℃以下。尾气用水、碱吸收。氧化反应完毕后,静置沉降,过滤,滤液回收利用,滤饼用水洗涤,分去水后,获粗品偶氮二异丁腈 ⑤产品精制采用重结晶的方法。用乙醇将偶氮二异丁腈粗品溶解,过滤。滤液经低温结晶,吸滤,滤液乙醇可循环使用,滤饼低温干燥,即得成品 (2)方法二 由水合肼与丙酮于回流温度下进行缩合反应生成嗪(丙酮连氮)。由70%的硫酸与25%～30%的氰化钠反应,制得氰化氢气。然后将得到的氰化氢与嗪(丙酮连氮)于55～60℃下反应,之后冷却降温继续反应得到二异丁腈肼。二异丁腈肼与氯气在20℃以下反应,然后静置沉降、过滤,滤液回收利用,滤饼用水洗涤,分去水后,获精品偶氮二异丁腈。用乙醇将偶氮二异丁腈粗品溶解、过滤,滤液经低温结晶,吸滤,低温干燥即得		

2.9 阻 聚 剂

　　自由基聚合的单体在贮存或加工提纯的过程中，往往因光、热等因素的作用而聚合，加入少量的阻聚剂可以避免这种破坏性的反应。在聚合过程中，有些单体聚合到一定转化率后需要停止或有爆聚倾向时，只要及时加入阻聚剂，就可能很快结束或停止反应。阻聚剂是能使初级自由基或链自由基转化成稳定分子或形成活性很低不足以使聚合反应继续进行的稳定自由基的一类物质。另外，在离子聚合过程中有时为了终止反应或使反应预聚物稳定存在，有时加入一些酸性或碱性化合物作阻聚剂，通常称为稳定剂，由于种类和性能简单，一般不予讨论。

　　在聚合过程单体在贮存、运输中常加入阻聚剂聚合中产生诱导期（即聚合速率为零的一段时间），诱导期的长短与阻聚剂含量成正比，阻聚剂消耗完后，诱导期结束，即按无阻聚剂存在时的正常速度进行。因此单体在使用前要将阻聚剂除去。一般，阻聚剂为固体物质，挥发性小，在蒸馏单体时即可将它除去。常用的阻聚剂对苯二酚能与氢氧化钠反应生成可溶于水的钠盐，所以可用 $5\% \sim 10\%$ 的氢氧化钠溶液洗涤除去。氯化亚铜和三氯化铁等无机阻聚剂也可用酸洗除去。

　　常用阻聚剂的分类及机理如下。

　　（1）多元酚类阻聚剂　　多元酚及取代酚是一类应用广泛、效果较好的阻聚剂，但必须在单体中溶解有氧时才显示阻聚效果。其阻聚机理是酚类被氧化成相应的醌与链的自由基结合而起阻聚作用。在酚类阻聚剂存在下，使过氧化自由基很快终止，确保在单体中有足够量氧，可以延长阻聚期。大量的实验结果证明酚类的阻聚作用实际上是抗氧化作用，其阻聚活性与其分子结构和性质有关，因此易氧化为醌式结构的酚如对苯二酚与过氧自由基的反应活性大，阻聚活性高。苯环上带有吸电子基团时与过氧自由基的反应活性低，阻聚活性也低；反之，带推电子基团则使与过氧自由基的反应活性高，阻聚活性也强。常用的品种有对苯二酚，对叔丁基邻苯二酚，2,6-二叔丁基对甲基苯酚，4,4'-二羟基联苯和双酚 A 等。

　　（2）醌类阻聚剂　　醌类阻聚剂是常用的分子型阻聚剂，用量 $0.01\% \sim 0.1\%$ 便能达到预期的阻聚效果，但对不同的单体阻聚效果有异。对苯醌是苯乙烯、醋酸乙烯有效的阻聚剂，但对丙烯酸甲酯和甲基丙烯酸甲酯仅起缓聚作用。醌类的阻聚机理尚不完全清楚，可能是醌与自由基进行加成或歧化反应，生成醌型或半醌型自由基，再与活性自由基结合得到没有活性的产物，起到阻聚作用。醌类的阻聚能力同时与醌类结构和单体性质有关。醌核具有亲电特性，醌环上取代基对亲电性有影响，加上位阻效应，就造成酮类阻聚效率的差别。每一分子对苯醌能终止的自由基数大于 1，甚至达到 2。将四氯苯醌、1,4-萘醌等加入到含苯乙烯的不饱和聚酯树脂中能起到良好的阻聚作用，提高贮存稳定性。四氯苯醌是醋酸乙烯的有效阻聚剂，但对丙烯腈无阻聚效果。

（3）芳胺类阻聚剂　芳胺类阻聚剂既是烯类单体的阻聚剂，又是聚合物材料的抗氧老化剂。芳胺化合物的阻聚效果不如酚类，只适用于醋酸乙烯、异戊二烯、丁二烯、苯乙烯，但对丙烯酸酯和甲基丙烯酸酯类没有阻聚作用。硝基苯通过与自由基生成稳定的氮氧自由基而起阻聚作用。芳胺类和酚类阻聚机理相似，对于某些单体，将两者以一定的比例复合使用，阻聚效果将比单一使用好。例如，对苯二酚和二苯胺混用，或对叔丁基邻苯二酚和吩噻嗪混用时，阻聚效果比其中任一种单独使用时的效果要提高 300 倍。芳胺类阻聚剂的阻聚活性与其分子中取代基的性质有关，苯胺对位带有推电子基团时，将增强其阻聚活性。当氨基中的氢被甲基取代时，阻聚活性就显著降低。对苯胺来说，氨基在 1 位比在 2 位的活性高，氨基增多，活性也增大，萘环带有吸电子基团，则活性显著降低。对苯二胺氨基上的氢被烷基、芳基所取代的衍生物，阻聚活性都较高。常用的芳胺类阻聚剂有对甲苯胺、二苯胺、联苯胺、对苯二胺、N-亚硝基二苯胺等。

（4）自由基型阻聚剂　1,1-二苯基-2-三硝基苯肼是典型的自由基型阻聚剂，由于强烈的共轭稳定化作用和庞大的空间位阻，这个化合物能以自由基形式存在，其本身不能二聚，不能引发单体，但能捕获活性自由基，是一个理想的阻聚剂。自由基型阻聚剂的阻聚效果虽然极好，但制备困难，价格昂贵，单体精制、贮运、终止聚合等均较少用此阻聚剂，仅限于用来测定引发速率。

（5）无机化合物阻聚剂　无机盐是通过电荷转移而起阻聚作用，氯化铁阻聚效率高，并能按化学剂量 1：1 消灭自由基。硫酸钠、硫化钠、硫氰酸铵能用作水相阻聚剂。硫化钠、二硫代氨基甲酸钠以及亚甲基蓝等含氮、硫化合物在有些单体中也具有有效的阻聚作用。具有可变价的过渡金属盐类对一些单体具有阻聚作用，因为这些物质可以通过电子传递的方式来猝灭活性链，从而终止聚合反应。其他化合物如氧化亚铜、甲基丙烯酸钴等均有良好的阻聚效果。

选择阻聚剂主要是要求有较高阻聚效率，还应考虑它在单体中的溶解度，与单体的适应性，能够容易用蒸馏或化学方法将阻聚剂从单体中除去。最好是选择能在室温下起阻聚作用，而在反应温度时又能迅速分解的阻聚剂，这样可以不必从单体中脱除，减少麻烦，又可保证聚合反应顺利进行。

① 与单体和树脂混溶性好，只有混溶方能起到阻聚作用。

② 能有效地阻止聚合反应的发生，使单体、树脂、乳液或胶黏剂有足够的贮存期。

③ 单体中的阻聚剂容易除去或不影响聚合活性。最好选择室温下是有效的阻聚剂，而在适当高的温度失去阻聚作用，这样就可在使用前不必脱除阻聚剂。例如叔丁基邻苯二酚、对苯酚单丁醚便是此种类型阻聚剂。

④ 不影响胶黏剂和密封剂固化物的物理力学性能。阻聚剂在制备胶黏剂过程中能因高温氧化变色而影响产品外观。

⑤ 几种阻聚剂配合使用，可以明显提高阻聚效果。例如不饱和聚酯树脂之中加入对苯二酚、叔丁基邻苯二酚和环烷酸铜 3 种阻聚剂，对苯二酚活性最强，在与苯乙烯和聚酯混溶时可耐高温 130℃ 左右，在 1min 内不起共聚作用，可以安全混合稀释。叔丁基邻苯二酚在高温下阻聚效果很差，但在稍低温度（例如 60℃ 时），其阻聚效果比对苯二酚高 25 倍，可有较长的贮存期。环烷酸铜在室温下起阻聚作用，而高温时又有促进作用；又如，在氧存在下。对叔丁基邻苯二酚和吩噻嗪、对苯二酚和二苯胺混合使用，其阻聚效果比任一种单独使用高约 300 倍。

⑥ 阻聚剂用量适当为宜，多则有害无益，例如碘用量为 10^{-4} mol/L 时，是有效的阻聚剂，但超过此量却会引发聚合反应。碘一般不单独使用，需加入少量碘化钾，增加溶解度，提高阻聚效率。

⑦ 无毒，无害，无环境污染。

⑧ 性能稳定，价廉易得。

2.9.1　多元酚类阻聚剂

● 对苯二酚

英文名	hydroquinone	熔点	170～171℃
分子式	$C_6H_6O_2$	沸点	285～287℃
相对分子质量	110.11	密度	1.358g/mL
结构式		溶解性	易溶于热水,能溶于冷水、乙醇及乙醚,难溶于苯
标准质量	外观:白色或略带色泽的针晶或结晶粉末。熔点170～171℃;含量≥99%		
应用性能	①对苯二酚主要用作照相的显影剂。对苯二酚及其烷基化物广泛用于单体贮运过程添加的阻聚剂,常用的浓度约为 200×10^{-6}。对苯二酚一甲醚是食用油抗氧剂 BHA 的中间体;对苯二酚二甲醚是染料、有机颜料和香料的中间体;对苯二酚二乙醚是感光色素、染料的中间体。对苯二酚还用于制取 N,N'-二苯基对苯二胺,是用于橡胶及汽油的抗氧剂和抗臭剂 ②还用作照相显影剂,橡胶和汽油的抗氧剂,染料中间体等 ③处理领域,将氢醌加于闭路加热和冷却系统的热水和冷却水中,对水侧金属能起缓蚀作用。氢醌用炉水的除氧剂,在锅炉水预热除氧时将氢醌加入其中,以除去残余溶解氧 ④苯乙烯、丁二烯、异戊二烯、醋酸乙烯、丙烯腈等树脂或橡胶单体的阻聚剂 ⑤用作苯乙烯、丙烯酸酯类、接枝氯丁胶黏剂、丙烯腈及其他乙烯基单体的阻聚剂及高温乳液聚合反应的终止剂或稳定剂。也用作酚醛-丁腈胶黏剂的抗氧剂,汽油用阻凝剂,电影胶片、照相、X 光片的显影剂,橡胶防老剂,油脂及酚醛-丁腈胶黏剂的抗氧剂,涂料和清漆的稳定剂等。也是制造蒽醌染料、偶氮染料、医药及染发剂的原料 ⑥用作照相制版中的显影剂,用于电镀添加 ⑦用作洗涤剂的缓蚀剂、稳定剂和抗氧剂等,还用于化妆品的染发剂 ⑧制取黑白显影剂、蒽醌染料、偶氮染料、橡胶防老剂、稳定剂和抗氧剂		
用量	200mg/kg		
安全性	①可燃,在空气中见光易变成褐色,碱性溶液中氧化更快 ②中等毒性。在动物实验中,反复给予 30～50mg/kg 剂量可引起急性黄色肝萎缩,除严重损伤肾脏外,并能发生异常的色素沉着。所以,有时用它涂在人体局部可除去雀斑。服用 1g 对苯二酚能刺激食道而引起耳鸣、恶心、呕吐、腹痛、虚脱。服用5g 可致死。此外,长期接触对二苯酚蒸气、粉尘或烟雾可刺激皮肤、黏膜,并引起眼的水晶体浑浊。操作现场空气中最高容许浓度 $2mg/m^3$。生产设备应闭,操作人员应穿戴好防护用具 ③氢醌有毒,可燃。氢醌的还原性很强,极易被氧化成对苯醌。氢醌有毒,可透过皮肤引起中毒。动物经口致死量为 0.08～0.2g/kg。人若经口1g 以上就会出现急性中毒症状,服用 5g 可致死		

生产方法	(1)苯胺法 将苯胺、二氧化锰和硫酸按摩尔比为1:3:4加入反应釜内,加料时应在夹套中通冷冻水控制温度在10℃以下。搅拌下反应10h,反应温度逐渐升至25℃左右,生成苯醌。然后在反应物内通入水蒸气进行水蒸气蒸馏,蒸出的苯醌与水蒸气经部分冷凝后流入还原釜,再加入与苯醌的摩尔比为1:0.7的铁粉,加热至90~100℃,搅拌下反应3~4h,还原反应的产物为对苯二酚。还原产物经过滤除去氧化铁渣后,进行减压脱水浓缩。然后加入焦亚硫酸钠、活性炭、锌粒,加热至沸腾进行脱色。趁热过滤后,滤液缓缓降温至30℃以下,对苯二酚以针状结晶析出,经离心脱水后,加入沸腾床于80℃下进行干燥,即得成品 (2)苯酚羟基化法 采用过氧化氢作羟基化剂,反应在催化量的无机强酸或二价铁盐或钴盐存在下进行

● 对叔丁基邻苯二酚

英文名	4-tert-butylcatechol		外观	无色针状结晶
分子式	$C_{10}H_{14}O_2$		熔点	52~55℃
相对分子质量	166.22		沸点	285℃
结构式	HO HO		密度	1.0490g/mL
溶解性	微溶于热水,溶于乙醇、乙醚、丙酮等,不溶于水和石油醚			
质量标准	外观:白色至淡黄色粉末或黏稠状液体。熔点:≥53℃。含量:≥99.0%			
应用性能	①用作聚合抑制剂及抗氧化剂 ②对叔丁基邻苯二酚在60℃时阻聚效果比对苯二酚高25倍,为烯烃单体蒸馏和贮运时的高效阻聚剂,常用于苯乙烯、丁二烯、氯丁二烯、异戊二烯等单体,也用于氯乙烯、乙烯基吡啶、壬烯、环戊二烯、丙烯酸、甲基丙烯酸及其酯类、氯化烯烃、聚氨酯等。也用作聚乙烯、聚丙烯、聚丁二烯、合成橡胶、尼龙等聚合物的抗氧剂,以及用作油脂及其衍生物、乙基纤维素、己内酰胺、马来酸酐、润滑油及锡等金属皂类等多种化合物的抗氧剂 ③用作苯乙烯、丁二烯及其他烯烃单体的高效阻聚剂。聚合物单体在制备或贮存、运输过程中,为了防止单体自聚或端聚物的生成,需加入一定的 TBC产品,以起到阻聚作用,TBC产品以特殊的受阻酚结构,有效地应用于聚乙烯、聚丙烯、合成橡胶、尼龙等聚合物;润滑油、己内酰胺、马来酸酐等产物中作为抗氧剂。还用作医药、农药、染料、香料等精细化学品的中间体;有机环氧化物、醇类化合物的稳定剂;氨基甲酸酯催化剂的钝化剂			
用量	100~2000mg/kg			
安全性	危险特性:遇明火、高热可燃。粉体与空气可形成爆炸性混合物,当达到一定的浓度时,遇火星会发生爆炸 健康危害:本品对眼睛、皮肤、黏膜和上呼吸道有刺激作用,可引起呼吸道和皮肤的过敏反应,中毒表现有烧灼感、咳嗽、喘息、喉炎、气短、头痛、恶心、呕吐等			

安全性	工程控制:严加密闭,提供充分的局部排风。现场应备有冲洗眼及皮肤的设备 呼吸系统防护:空气中浓度较高时,应该佩戴防毒口罩。紧急事态抢救或撤离时,佩带自给式呼吸器 眼睛防护:戴化学安全防护眼镜。防护服:穿防腐工作服 禁忌物:强氧化剂、强酸、酸酐
生产方法	(1)由邻苯二酚与叔丁醇反应而得 在反应釜中依次投入二甲苯、邻苯二酚和磷酸,搅拌加热溶解,继续升温至二甲苯回流时,再慢慢滴加叔丁醇的二甲苯溶液,加完后继续搅拌 2h,降温。然后将物料送至中和洗涤罐静置,分去磷酸,过滤后循环使用;二甲苯层用碳酸钠中和至 pH 值为 5～6,用水洗涤,再进行减压蒸馏而得成品。需提纯时可采用石油醚重结晶 (2)由邻苯二酚与异丁烯反应而得 将磷酸、二甲苯、邻苯二酚加入反应釜,搅拌混合后加热至 80～90℃。然后继续升温至 105～110℃通入异丁烯。通足异丁烯后冷却至 50～60℃,静置 5～6h。将乳浊液用等体积的水冲稀,离心过滤,滤液用饱和氯化钠溶液洗至 pH 值为 6。加热蒸馏回收二甲苯,然后再减压蒸馏,收集 170～173℃(1.33kPa)馏分,即为成品 (3)由邻苯二酚与叔丁醇反应而得 二甲苯、邻苯二酚和磷酸,搅拌加热溶解,继续升温至二甲苯回流时,滴加叔丁醇的二甲苯溶液,进行反应。经降温、静置,二甲苯层用碳酸钠中和,用水洗涤,再进行减压蒸馏而得成品。或者由邻苯二酚与异丁烯反应而得,将磷酸、二甲苯、邻苯二酚加入反应釜,升温至一定温度通入异丁烯。反应完毕后经离心过滤,滤液用饱和氯化钠溶液洗至 pH 值为 6,蒸馏回收二甲苯,减压蒸馏,收集即可

● 防老剂 DOD

化学名	4,4′-二羟基联苯	外观	白色针状或片状结晶
英文名	4,4′-dihydroxybiphenyl	熔点	280.5℃
分子式	$C_{12}H_{10}O_2$	沸点	—
相对分子质量	186.21	密度	1.22g/mL
结构式	HO —〇—〇— OH	溶解性	易溶于乙醚、乙醇、乙酸乙酯、丙酮和氢氧化钠,微溶于苯和氯甲烷,不溶于汽油、四氯化碳和水
质量标准	外观:类白色至浅灰色粉末。熔点:280～286℃。含量:>99.0%(GC)		
应用性能	作为防老剂,主要用于橡胶和乳胶,对氧和热引起的老化有防止作用,对有害金属也有一定保护效果。无污染性;可用于浅色硫化橡胶制品、食品包装用胶和医用乳胶制品,也可用于氯化硫冷硫化制品中 本品耐热性好,用作聚酯、聚氨酯、聚碳酸酯、聚苯砜及环氧树脂等的改性单体,制造优良的工程塑料与复合材料等。还可纺丝,制成高强度纤维,用于光导纤维增强,制作复合材料及绳索等。本品用作染料中间体,可合成光敏材料等。也用作石油制品添加剂,例如润滑油脂的稳定剂等		

用量	本品可单独使用,用量为 0.4～1.5 份,也可与其他防老剂并用。在氯化硫冷硫化胶料中用量为 0.4～0.75 份
安全性	毒性分级:高毒。急性毒性:腹腔-小鼠 LD_{50}:100mg/kg;经口-大鼠 LD_{50}:9850mg/kg。本品应密封避光保存,防火、防水、防尘
生产方法	联苯胺盐重氮化法　将硫酸加入反应釜,搅拌下升温至 50℃加胺,搅拌溶解生成联苯胺硫酸盐,然后冷却至 5℃以下,加入亚硝酸钠,使联苯胺硫酸盐发生重氮化,再在搅拌下,将重氮液加热至沸腾而水解,析出 4,4′-二羟基联苯。重氮化需 20h。水解完需 4h。水解液趁热过滤,然后经洗涤、干燥,再用升华法精制而得成品。主要制备步骤如下 ①4,4′-二羟基联苯磺酸钠的制备:将 30.8g(0.2mol)联苯加热至 80℃,在 80～100℃用平衡加料器一次性加入 54.0mL 质量分数为 98% 的浓硫酸,升温至 160℃,恒温 1h,冷却至室温,加入碎冰使产物刚好能完全溶解。将 64.0g NaOH 配制成质量分数为 30% 的水溶液,边搅拌边加入到磺化产物之中,立即有白色磺酸盐析出;中和至中性(最后 10mL 需小心加入),稍冷至 40℃,滤出析出的固体,烘干得产品 64.5g,收率 90% ②4,4′-二羟基联苯的制备:将 10.7g(0.03mol)经过重结晶的 4,4′-二羟基联苯磺酸钠、13.5g(0.24mol)氢氧化钾、31.5g 水混合均匀,用热电偶控制温度为 340℃,反应 8h 后自然冷却至室温。加入 200mL 水,加热使之溶解,趁热滤出不溶的杂质;在搅拌状态下向该溶液中滴加稀盐酸至 pH 值为 4～5;滤出析出的产物,冷水洗涤 2～3 次,晾干或真空干燥得粉末状产物 4.9g,产率 88%。用 V(乙醇):V(水)=1:1 的溶剂重结晶得到无色片状晶体,熔点为 274～275℃(从 220℃左右开始升华)

● 双酚 A

化学名	4,4′-二羟基二苯基丙烷			外观	白色针晶或片状粉末。可燃。微带苯酚气味
英文名	bisphenol A			熔点	155～158℃
分子式	$C_{15}H_{16}O_2$	相对分子质量	228.12	沸点	250～252℃
结构式				密度	1.195g/mL
溶解性	溶于醋酸、丙酮、甲醇、乙醇、异丙醇、丁醇、醚、苯和碱性溶液,微溶于四氯化碳,难溶于水				
质量标准	外观:白色片状或粉状结晶。水分:<0.2%。含量:>99.5%				
应用性能	用途广泛,大量用于生产环氧树脂、聚碳酸酯、聚酯树脂、聚苯醚树脂、聚砜类树脂。可用作聚氯乙烯稳定剂、塑料抗氧剂、紫外线吸收剂、农用杀菌剂、橡胶防老剂等方面。还可用作油漆、油墨的抗氧剂和增塑剂等。少量用作橡胶防老剂。在油墨工业中,主要用于制造油墨连接料中的松香改性酚醛树脂				
用量	用作环氧树脂胶黏剂胺类固化剂的促进剂,参考用量 3～5 份				

安全性	有毒,及严重的不确定不良反应,LD$_{50}$:4200mg/kg。2008 年 7 月,欧洲食品安全局(EFSA)最新得出实验数据显示,当成年人或婴儿接触到塑料中允许含量水平以下的双酚 A 后,可以将其迅速转换并从体内排出,不会危害健康
生产方法	由苯酚和丙酮在酸性介质中缩合而得 当以硫酸为催化剂时,酸浓度为 72.5%~76.3%,反应温度约 40℃。反应在搅拌釜中进行,可采用间歇法生产,也可以安排连续生产的装置。产物经中和、离心分离得粗双酚 A,用二甲苯-水萃取法精制即得成品。硫酸法需要的设备较少,工艺简单,但产品质量差,原料消耗高,"三废"较多,只适合中小型间歇生产。为了得到质量好的聚合级双酚 A,普遍采用的工业制法是以氯化氢气体作催化剂的方法。将丙酮与苯酚混合,用干燥的氯化氢催化剂在常压下进行反应,反应于 50~60℃进行 8~9h,气相氯化氢浓度保持在 96%以上。反应除生成双酚 A 外,还生成一些异构体、三羟基或一羟基副产物。这些少量的杂质并不影响用于制造环氧树脂。但用于制造聚碳酸酯时,则必须精制。虎克法工艺是在压力下蒸馏与萃取结晶来精制双酚 A,使产品成本降低。原料消耗定额:苯酚 940kg/t、丙酮 320kg/t、硫酸(98%)500kg/t

● 对甲氧基苯酚

化学名	4-甲氧基苯酚	外观	白色片状或蜡状结晶体
英文名	4-methoxyphenol	熔点	55~57℃
分子式	C$_7$H$_8$O$_2$	沸点	243℃
相对分子质量	124.14	密度	1.11g/mL
结构式	HO—〈benzene〉—O—CH$_3$	溶解性	易溶于乙醇、醚、丙酮、苯和乙酸乙酯,微溶于水
质量标准	外观:白色片状结晶或粉末。熔点:54.0~56.5℃。含量:≥99.0%		
应用性能	用作乙烯基型塑料单体的阻聚剂、紫外线抑制剂、染料中间体及用于合成食用油脂和化妆品的抗氧化剂 BHA(3-叔丁基-4-羟基苯甲醚)等		
用量	10~2000mg/kg		
安全性	①常温常压下稳定。②禁配物:碱类、酰基氯、酸酐、氧化剂。③存在于烤烟烟叶、香料烟烟叶、烟气中		
生产方法	(1)以对苯二酚为原料,用硫酸二甲酯作甲基化剂,或者在高温高压和催化下用甲醇作甲基化剂,均可制得 4-甲氧基苯酚。另一种较新的方法是在存在对苯醌的条件下由对苯二酚与甲醇反应。将甲醇和浓硫酸混合均匀,加入对苯二酚,加热回流,滴加对苯醌的甲醇溶液反应 3h。冷却,用 40%氢氧化钠溶液中和,滤除硫酸钠沉淀。滤液回收甲醇后用乙醚萃取,萃取液蒸去乙醚,再进行减压蒸馏,收集 110~112℃(0.53kPa)馏分即得成品,收率为 76% (2)对硝基苯甲醚法 由对硝基氯苯经取代反应生成对硝基苯甲醚;再在还原剂 Na$_2$S 的作用下还原生成对氨基苯甲醚;最后经重氮化反应,分解成产品对羟基苯甲醚。合成步骤如下 ①对硝基氯苯合成对硝基苯甲醚 将带有回流冷凝管、搅拌器、温度计的 250mL		

生产方法	三口瓶置于恒温槽中,加入 39.4g(0.25mol)对硝基氯苯、100mL 甲醇、2g 聚乙二醇 800,加热并搅拌,当有大量甲醇回流时,一次加入 68.2g 33.5%的 $NaOH$ 溶液,升温至(78±0.5)℃,反应 3h。趁热过滤于烧杯中,待稍冷后,往烧杯中加入 60mL 水,立即析出晶体,抽滤收集,干燥,称重得 32.0g 淡黄色固体。熔点 54℃,产率 83.6% ②对硝基苯甲醚合成对氨基苯甲醚 配制 22%～23% Na_2S 溶液 60g,加热到 95℃后,再加入 10g 对硝基苯甲醚,搅拌,小心加热到 100℃,对硝基苯甲醚在 Na_2S 溶液中乳化、还原,反应 6h。然后溶液沉降,将下层碱液排弃,将粗制的对氨基苯甲醚用热水洗涤 3～4 次,静置,趁热过滤,稍冷,结晶抽滤,干燥后,转入 50mL 克氏蒸馏瓶中,减压蒸馏,在 5333～6665Pa 收集 145～150℃ 馏分,得微红色固体 6.5g。熔点 56～57℃,产率 81%

2.9.2 醌类阻聚剂

● 对苯醌

化学名	对苯二酮	外观	黄色粉末
英文名	*p*-benzoquinone	熔点	115.7℃
分子式	$C_6H_4O_2$	沸点	293℃
相对分子质量	108.69	密度	1.318g/mL
结构式	O=⟨⟩=O	溶解性	微溶于水,溶于醇、醚、热的石油醚以及碱水溶液
质量标准	外观:金黄色棱柱状结晶,有刺激性气味。熔点:115.7℃。含量:>99.5%		
应用性能	①用作毒芹碱、吡啶、氮杂茂、酪氨酸和对苯二酚的定性检定 ②用作苯乙烯、乙酸乙烯酯、甲基丙烯酸甲酯、不饱和聚酯树脂等单体的阻聚剂,其阻聚性、耐热性均优于对苯二酚。同时也是丙烯腈和乙酸乙烯聚合的引发剂。也用作天然橡胶、合成橡胶、食品及其他有机物的抗氧剂。还用作皮革鞣制剂、照相显影剂及制造染料、医药及化妆品原料。用于制造对苯二酚及染料中间体、橡胶防老剂、丙烯腈和醋酸乙烯聚合引发剂以及氯化剂等		
用量	100～200mg/kg		
安全性	①健康危害:本品有强烈的刺激性。高浓度强烈刺激黏膜、上呼吸道、眼睛和皮肤。接触后出现烧灼感、咳嗽、喘息、喉炎、气短、头痛、恶心和呕吐。经口可致死 ②贮存于阴凉、通风的库房。远离火种、热源。包装密封。应与氧化剂、食用化学品分开存放,切忌混贮。配备相应品种和数量的消防器材。贮区应备有合适的材料收容泄漏物。应严格执行极毒物品"五双"管理制度 ③用聚乙烯塑料袋包装,盛放于塑料桶内。贮存时应避光、防晒、防热。按易燃有毒物品规定贮运		

生产方法	(1)将苯胺溶于稀硫酸中,经二氧化锰氧化,用蒸汽蒸馏法分离提纯,结晶、脱水、干燥,得成品。在工业生产中,这一过程也是生产对苯二酚的中间步骤,在某些场合,也采用以对苯二酚为原料,氧化制备对苯醌。原料消耗定额:苯胺2000kg/t,硫酸(93%)8500kg/t,软锰矿粉(含锰 60%~65%)9500kg/t (2)电化学氧化合成 采用氯化三乙基苄基铵(BnEt$_3$NCl)为相转移催化剂,以苯为原料,H$_2$SO$_4$、Na$_2$SO$_4$ 为支持电解质,在铅基二氧化铅阳极上电化学氧化合成对苯醌。优化的工艺条件是:BnEt$_3$NCl 含量 0.1%,苯为 16% 或 4%,Na$_2$SO$_4$ 2%,温度 40℃,电流密度 2.5A/dm^2,电流效率大于 38%

2.9.3 芳胺类阻聚剂

● 四氯苯醌

化学名	四氯对苯醌	相对分子质量	245.87
		外观	金黄色叶状结晶或黄色结晶粉末
英文名	2,3,5,6-tetrachloro-1,4-benzoquinone	熔点	290℃
		沸点	—
分子式	C$_6$Cl$_4$O$_2$	密度	1.97g/mL
结构式		溶解性	溶于氢氧化钠溶液、醚,微溶于醇,难溶于氯仿、四氯代碳和二硫化碳,几乎不溶于冷醇,不溶于水
质量标准	外观:金黄色叶状结晶或黄色结晶粉末。熔点:290.5~293.5℃。含量:≥99.5%		
应用性能	①本品用作天然橡胶、丁基合成橡胶、丁腈胶和氯丁胶的硫化剂。用于醋酸乙烯酯的阻聚剂 ②主要用于制造丁基胶内胎、外胎、硫化胶囊、耐热制品、绝缘电线等。可单用也可与硫黄和其他硫化促进剂(一般是与促进剂 DM)混合使用,用以制造电缆和海绵橡胶制品 ③本品用以制造抗恶性肿瘤药物亚胺醌、癌抑散,制造利尿药安体司通;也用作染料中间体和农用拌种剂等 ④用作氧化剂、杀虫剂		
用量	0.1%~0.001%		
安全性	①密封于阴凉、干燥处保存。确保工作间有良好的通风设施 ②贮存的地方远离氧化剂。贮藏稳定性良,避免与碱性物质接触		
生产方法	(1)由五氯酚经氧化而得。将 20%的五氯酚钠溶液加入反应釜内,用等物质的量的 35%盐酸酸化,搅拌成糊状。然后按五氯酚钠质量的 6%投入无水三氯化铁,升温至 70℃以上,开始通氯,保持反应温度 95℃以上,至反应油状物完全澄明无颗粒为终点。分去水层,取消同状物加 98%浓硫酸酸化,即得四氯苯醌		

生产方法	(2)将苯酚加到王水中,搅拌 10min 后升温,反应物则由黑色油状经暗红达红色片状结晶,20~24h,冷却,滤出结晶,用酒精反复浸泡,滤干至片状结晶成金黄色,干燥后即为成品

● 对甲苯胺

英文名	p-toluidine		熔点	43~45℃
分子式	C_7H_9N		沸点	200.5℃
相对分子质量	107.15		密度	0.973g/mL
结构式	$H_3C-\bigcirc-NH_2$		外观	纯品为白色有光泽的片状结晶,工业品为浅黄色至浅棕色结晶
溶解性	微溶于水,溶于醇、醚、丙酮、苯、二硫化碳、四氯化碳等多种有机溶剂			
质量标准	外观:白色或为浅黄色结晶。熔点:43~45℃。含量:>99.4%			
应用性能	①既可以作烯类单体的阻聚剂,又可以作聚合物材料的抗氧老化剂 ②用作染料中间体及医药品乙胺嘧啶的中间体;用于制备红色基 GL、甲基胺红色淀、碱性品红、酸性绿 P-3B、4-氨基甲苯-3-磺酸、三苯基甲烷染料和 噁嗪染料等 ③用作分析试剂			
用量	0.5%~2%			
安全性	①避免与强氧化剂、酸类、酰基氯、酸酐、氯仿接触 ②贮存于阴凉、通风的库房。远离火种、热源。包装要求密封,不可与空气接触。应与氧化剂、酸类、食用化学品分开存放,切忌混贮。配备相应品种和数量的消防器材。贮区应备有合适的材料收容泄漏物			
生产方法	(1)由对硝基甲苯在 124~126℃、0.2MPa 表压下,用硫化钠还原制得对甲苯胺,反应液静置分层,分去水层,然后经减压蒸馏、冷凝、结晶、干燥,得成品。精制方法:一般可用精制苯胺的方法精制。从它的熔融物分步结晶,可使对甲苯胺与邻位和间位异构体分离。用于分步结晶的对甲苯胺是经过热水(活性炭)、乙醇、苯、石油醚或乙醇和水的混合物(1:4)重结晶和真空干燥过的。也可以在减压下于 30℃升华精制。为了进一步的纯化可将其制成草酸盐、硫酸盐或乙酰基衍生物。例如将蒸馏 3 次,30℃升华 2 次的对甲苯胺溶解于 5 倍量的乙醚中,加入溶于乙醚的等量草酸,析出对甲苯胺的草酸盐,过滤后用蒸馏水重结晶 3 次,再加入碳酸钠水溶液,将游离出的对甲苯胺用蒸馏水重结晶 3 次,再用乙醇反复重结晶可得纯品 (2)甲苯硝化后还原成甲基苯胺,其异构体可用 40%甲醛水溶液分离,经减压蒸馏即得,再于石油醚中重结晶即可			

● 二苯胺

化学名	N,N-二苯胺	外观	无色至浅灰色结晶。稍有独特的气味
英文名	diphenylamine	熔点	53~54℃

分子式	$C_{12}H_{11}N$	沸点	302℃
相对分子质量	169.22	密度	1.16g/mL
结构式		溶解性	稍溶于水,溶于乙醇、乙醚、苯、二硫化碳和冰醋酸
质量标准	外观:有花香气味,遇光变灰色或棕黄色。熔点:52.5～54.0℃。含量:≥99.0%		
应用性能	①用于制取偶氮染料和其他染料,也用作硝酸纤维素的稳定剂 ②本品为酸性黄G、酸性橙Ⅳ等偶氮染料的混合组分,也用于生产橡胶的促进剂、防老剂、塑料稳定剂和兽药硫化二苯胺等 ③可用作硝化棉及无烟炸药的安全剂等 ④用作分析试剂,如作显色剂、氧化还原指示剂、液体干燥剂。还用于有机合成		
用量	用作自由基的阻聚剂和缓聚剂为10～1000mg/kg		
安全性	①有弱碱性,能与强酸形成盐,用水稀释又能析出二苯胺。遇光变成灰黑色。可燃 ②高毒,能刺激皮肤和黏膜,引起血液中毒(生成高铁血红蛋白)等症状。病理现象类似苯胺,但毒性比苯胺稍低。空气中最高容许浓度10mg/m³。生产现场应保持良好通风,设备应密闭,操作人员应穿戴防护用具,避免人体与之直接接触 ③应密封、避光保存,注意防火、防热。按易燃、易爆、有毒物品规定贮运		
生产方法	(1)苯胺盐酸盐法　由苯胺与苯胺盐酸盐缩合而得 (2)三氯化铝催化法　以苯胺为原料,三氯化铝为催化剂,经缩合反应而得 (3)苯酚缩合法　采用HD92催化剂,由苯酚与苯胺缩合而得 (4)苯胺以无水三氯化铝为催化剂,进行缩合反应。反应产物经盐酸盐析、氢氧化钠中和、煮洗、真空蒸馏,用乙醇结晶、分离即得成品 (5)工业二苯胺经精制制得 (6)用氰化钾洗涤工业二苯胺,与铁、其他金属络合后,与二苯胺分离 (7)在氮气流中把二苯胺减压蒸馏即得成品		

● 联苯胺

化学名	4,4′-二氨基联苯	熔点	127.5～128.7℃
英文名	benzidine	沸点	400～401℃
分子式	$C_{12}H_{12}N_2$	密度	1.25g/mL
相对分子质量	184.24		
结构式		溶解性	不溶于冷水,溶于热水,易溶于乙醇、乙醚
质量标准	白色或浅红色结晶性粉末,露置空气中或光线影响下颜色变深;熔点128～129℃;含量≥95%		

应用性能	①联苯胺曾是染料工业的重要中间体,从它可以合成超过300种染料,广泛用于纺织、油漆、油墨、造纸和医药领域,由于它的毒性很强,现已改用其他无毒或低毒的中间体 联苯胺还曾用于检测血液的存在,血液中的酶可以与4,4'-二氨基联苯作用,生成蓝色物质。也可通过类似的反应来鉴定氰化物。不过由于4,4'-二氨基联苯的毒性,这个应用基本上被酚酞/过氧化氢+鲁米诺试剂所代替 ②用作聚氨酯橡胶与纤维生产中的阻聚剂。也是有机合成和偶氮染料的中间体,可用以制取直接深棕M、直接元青、直接墨绿B及偶氮综合型有机颜料等。还用于医药及化学试剂 ③用作薄层色谱法测定单醛糖和过硫酸铵的试剂,以及用于氰化物及血液的检测
用量	1%
安全性	①常温常压下稳定,避免强氧化剂、酸类、酸酐、酰基氯、氯仿 ②本品为联苯胺的衍生物。无色晶体,遇光或在空气中变黄色或红褐色。有毒。能刺激皮肤和黏膜。可致敏并可引起膀胱癌。应避免其与皮肤直接接触。生产设备要密闭,防止粉尘污染空气。操作人员应穿戴防护用具。贮存于阴凉、通风、干燥处。按有毒易燃化学品规定贮运
生产方法	将200kg硝基苯与180kg 13%的氢氧化钠溶液混合,边搅拌边加热至95℃,分批少量加入锌糊([锌粉]:[水]=1:1),加锌过程中控制反应温度在100～105℃,加完后将温度降至90～95℃,并维持该温度下,再加入锌糊,至反应液呈淡黄色或无色,反应达终点。然后将反应液温度降至3～7℃,在4.5h内以先快后慢喷入雾状的30%的浓盐酸至pH值为5.8,过滤,滤液回收锌盐,所得粗二苯肼结晶用50%乙醇洗涤至中性,再用乙醇重结晶提纯,提纯后的二苯肼慢慢加到事先冷至0℃的300L 30%的盐酸和400kg碎冰的混合物中,加完后搅拌至完全溶解,再加水使总体达4500L,加热至95～97℃,回流2h,趁热过滤,滤液冷却,用稍过量的40%的氢氧化钠溶液中和,即有联苯胺析出,过滤后,用水洗涤结晶并用水重结晶提纯,即为成品

● 对苯二胺

英文名	*p*-phenylenediamine	熔点	138～147℃
分子式	$C_6H_8N_2$	沸点	267℃
相对分子质量	108.14	密度(20℃)	1.205g/mL
结构式	$H_2N-\!\!\!\bigcirc\!\!\!-NH_2$	溶解性	稍溶于冷水,溶于乙醇、乙醚、苯、氯仿
质量标准	外观:白色至灰褐色结晶。熔点:≥138℃。含量:≥99.5%		
应用性能	①与酚类阻聚剂复配,可提高阻聚效率 ②用于环氧树脂固化剂,及橡胶防老剂DNP、DOP、DBP等的生产 ③本品作为染料中间体主要用于制造偶氮染料和硫化染料等,也可用于毛皮染色(如毛皮黑D、毛皮蓝黑DB、毛皮棕N2等),还可作为化妆品染发剂染黑发的主要染料		

用量	与酚类阻聚剂等量
安全性	①有毒,家兔经口致死量250mg/kg ②可经皮肤吸收或吸入粉尘而引起中毒,经皮肤吸收引起的中毒现象居多。它对皮肤的反应各不相同,急性严重的发疹性湿疹可达到背部、面部和腹部,并且有类似丹毒的痂皮。其粉尘对呼吸道的作用也各不相同,可以引起鼻炎、支气管炎、经常发烧、特有的喘息以及由于气管炎症而引起的迷走神经的紧张等症状。工作场所对苯二胺的最高容许浓度为 0.1mg/m³ 贮存于阴凉、通风的库房。远离火种、热源。包装密封。应与氧化剂、酸类、食用化学品分开存放,切忌混贮。采用铁桶密闭包装。贮存于阴凉、通风、干燥处。防热、防潮、防晒。按有毒易燃化学品规定贮运
生产方法	(1)由对硝基苯胺在酸性介质中用铁粉还原而得　将铁粉投入盐酸中,加热至 90℃,搅拌下加入对硝基苯胺。加毕,于 95~100℃反应 0.5h,然后再滴加浓盐酸,使还原反应完全。冷却后,用饱和碳酸钠溶液中和至 pH7~8,煮沸后趁热过滤,用热水洗涤滤饼。将滤液与洗液合并,减压浓缩,冷却结晶或减压蒸馏,得对苯二胺,收率 95% (2)对二氯苯氨解法　制备工艺 1:向带有搅拌器的高压釜中加入氯化铜二水合物 170g(0.01mol),然后冷却,搅拌下加入 28%的氨水 15g,再加入对二氯苯 0.74g(0.005mol)。在 210℃下反应 6h。反应混合物中加入四氢呋喃 50mL,过滤固体物,用四氢呋喃 30mL 充分洗涤,滤液和洗液合并,对苯二胺含量 90%。制备工艺 2:向带有搅拌器的高压釜中加入对二氯苯 92.0 份、氨 127.7 份、水 127.7 份(质量份)及氯化铜 2.0 份,在搅拌器下于 200℃反应 5h。反应完后,高压釜冷却到 90℃,放出氨。反应产物中加入氢氧化钠水溶液 105.4 份,以中和游离胺。对二氯苯转化率为 99.7%,对苯二胺选择性为 92.4%

● N-亚硝基二苯胺

英文名	N-nitrosodiphenylamine	外观	黄色至棕色粉末或片状结晶体
分子式	$C_{12}H_{10}N_2O$	熔点	64~66℃
相对分子质量	198.02	沸点	268℃
结构式		密度	1.24g/mL
溶解性	不溶于水。易溶于丙酮、热苯、热乙醇、醋酸乙酯、二氯甲烷、四氯化碳、二硫化碳、N,N-二甲基甲酰胺和乙醚等有机溶剂		
质量标准	外观:淡黄色片状结晶。熔点:65~69℃。含量:>98.0%		

应用性能	用作天然橡胶、合成橡胶(丁基橡胶除外)的防焦剂,能增加混炼胶操作的安全性;也可作为已有轻微焦烧的胶料的再塑化剂。对噻唑类、秋兰姆类、二硫代氨基甲酸盐类等碱性促进剂,尤其对含噻唑-胍、噻唑-秋兰姆促进剂体系的胶料特别有效;对配以醛胺类促进剂的胶料作用不大,不适于秋兰姆无硫硫化胶料。可代替木焦油作为氯丁橡胶的高效阻聚剂。也是防老剂4010和染料中间体RT色基的重要原料
用量	0.1%~1%
安全性	在盐酸甲醇溶液中能发生重排反应生成对亚硝基二苯胺。本品易氧化。属有机毒品。贮存于阴凉、通风库房内,防火、防晒、密闭。遇明火、高热可燃。与氧化剂能发生强烈反应。受热分解,放出有毒的烟气。
生产方法	(1)由二苯胺与亚硝酸钠在硫酸存在下反应而得 亚硝化反应以乙醇或二甲苯(或氯苯)为溶剂,亚硝酸钠溶液含量为40%,浓硫酸含量为30%,在26℃左右反应2.5~3h。反应产物水洗至pH值6~7。当采用乙醇为溶剂时,烘干后得到固体产品;当采用二甲苯或氯苯为溶剂时,获得液体产物,产物需用氯化钙干燥 (2)苯胺以无水三氯化铝为催化剂,进行缩合反应。反应产物经盐酸沿析、氢氧化钠中合、煮洗、真空蒸馏、用乙醇结晶、分离即得成品

● 2,4-二硝基甲苯

英文名	2,4-dinitrotoluene	外观	白色或浅黄色针状结晶,有苦杏仁味
分子式	$C_7H_6N_2O_4$	熔点	67~70℃
相对分子质量	182.13	沸点	300℃,分解
结构式		密度(20℃)	1.52g/mL
		溶解性	易溶于苯、丙酮,稍溶于二硫化碳,微溶于乙醚、冷乙醇,极微溶于水
质量标准	外观:黄色针晶或单斜棱晶,工业品是一种油状液体。熔点:67~70℃。含量:≥95%		
应用性能	①本品可衍生一系列中间体,例如:这些中间体用于制造硫化黄GC、硫化黄棕5G、硫化黄棕6G、硫化红棕B3R等染料,生产炸药TNT,生产2,4-甲苯二异氰酸酯。这些中间体中的甲苯二异氰酸酯的用量大,主要是用于聚氨酯泡沫塑料、聚氨酯弹性大、聚氨酯涂料等方面的大宗产品 ②DNT是重要的炸药,也是制备2,4-二硝基甲苯的原料。还可用于聚氨酯、染料、炸药、医药、橡胶等有机合成工业中 ③作为染料中间体,主要用于制备偶氮染料。氨基甲苯等 ④对乙酸乙烯酯或苯乙烯可作为缓聚剂或弱阻聚剂		
用量	0.1%~1%		

安全性	本品有毒。猫吸入 21×10^{-6} 蒸气 7h 不会中毒,但经皮肤吸入可引起中毒。对人则引起头痛、眩晕,有时引起轻微的发绀,但同时饮用大量酒后数小时会突然呈现意识不清,神志昏迷而病倒。工作场所空气中二硝基甲苯的最高容许浓度 1.5×10^{-6}。工作场所设备要密闭,防止跑、冒、滴、漏。操作人员要穿戴防护用具,避免直接接触。上班前后严禁饮酒
生产方法	(1)由对硝基甲苯硝化而得 将硝化废酸(硫酸浓度为 77%)加入硝化釜中,再投入熔化的对硝基甲苯,搅拌,使釜内温度降至 55℃ 左右。然后分两批加入混酸(由 31.75% 硝酸和 64.85% 硫酸组成)中,第一批加料温度为 52～56℃,第二批加料过程温度自 54℃ 逐渐升到 70℃,6～7h 加料结束,在 75℃ 继续反应近 3h。反应完成后,在搅拌下冲冷水稀释,静置冷却。待上层反应物全部凝固后,放出废酸(一部分套用)。重新将反应物加热熔化,稍加搅拌后静置冷却,反应物凝固后,再放一次废酸。将反应物熔化,于 68～70℃ 用液碱中和至 pH 值为 5～6。喷入冷水降温,冷却到 35℃,过滤,水洗,得 2,4-二硝基甲苯。原料消耗定额:对硝基甲苯 774kg/t、硫酸(95.5%)785kg/t、硝酸(98%)362kg/t (2)由甲苯硝化而得 先以 97% 的收率得到粗硝基甲苯,含邻硝基甲苯 62%～63%、对硝基甲苯 33%～34% 及间硝基甲苯 3%～4%。在这种粗硝基甲苯中滴加混酸。搅拌,硝化反应以 98.6% 的收率得到粗品二硝基甲苯。硝化过程物料平衡的大致情况如下,将二硝基甲苯混合物溶于甲醇或乙醇中,然后冷却,使 2,4-二硝基甲苯结晶,分离,蒸馏,得 2,4-二硝基甲苯。制造纯的 2,4-二硝基甲苯主要用前一种方法,即采用对硝基甲苯硝化的方法,工业品纯度≥95%

2.10 增 塑 剂

增塑剂是对热和化学试剂稳定的有机化合物,并能在一定范围内与聚合物相容,沸点较高,不易挥发,使聚合物的可塑性、柔韧性增加的液体或低熔点的固体物质。

目前开发出来的增塑剂有 2000 多种,商品化的就超过 500 多种,增塑剂占整个助剂工业超过 70% 的市场份额,而 PVC 用的增塑剂又占增塑剂的 80% 以上。

增塑剂的主要作用是削弱聚合物分子之间的次价键,即范德瓦尔斯力,从而增加聚合物分子链的移动性,降低聚合物分子链的结晶性,即增加聚合物的塑性,表现为聚合物的硬度、模量、软化温度和脆化温度下降,而断裂伸长率、曲挠性和柔韧性提高。聚氯乙烯(PVC)质地脆硬,加入塑化剂后,成品材料的柔韧度、耐力便于调节。塑化剂在衣料、塑胶、橡胶、车体等各种生活用品中都有所应用。此外,PU 制品、水泥、混凝土、墙板等也可使用塑化剂。

增塑剂的分类有多种方法，主要有如下几种：

（1）按应用性分　耐寒性、耐热性、耐燃性、防霉性、抗静电性、防潮性、耐候性等增塑剂。

（2）按添加方式分　内增塑剂：在聚合物合成过程中，作为共聚单体加入，以化学键结合到树脂上。外增塑剂：在聚合物加工时加入，增塑剂与聚合物丰化学结合。

（3）按相容性分　①主增塑剂，与聚合物有良好的相容性；②辅助增塑剂，与聚合物相容性差，一般不单独使用，与主增塑剂配合可降低成本；③增量剂，与聚合物相容性差，与主增塑剂配合可降低成本。

（4）按化学结构分　邻苯二甲酸酯类；脂肪酸酯类；磷酸酯类；环氧酯类；聚酯类和偏苯三酸酯类；含氯增塑剂；烷基磺酸酯类；多元醇酯类。

2.10.1　邻苯二甲酸酯类

● 增塑剂 DMP、增塑剂 DEP

通用名	增塑剂 DMP	增塑剂 DEP
化学名	邻苯二甲酸二甲酯	邻苯二甲酸二乙酯
英文名	plasticizer DMP	plasticizer DEP
分子式	$C_{10}H_{10}O_4$	$C_{12}H_{14}O_4$
结构式	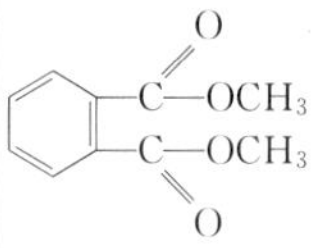	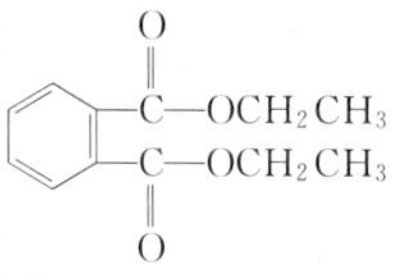
相对分子质量	194.19	232
外观	无色、无臭、耐晒的油状液体	无色透明油状液体
凝固点	0℃	−40℃
相对密度	1.191～1.198	1.189(25℃)
溶解性	能与乙醇、乙醚等一般有机溶剂混溶，不溶于水和石油醚	与乙醇、乙醚混溶，溶于丙酮、苯等有机溶剂，不溶于水
质量标准		
灰分	≤0.10%	≤0.10%
沸点	282℃	298℃
酸度	≤0.01%	≤0.01%
闪点	≥127℃	130℃

应用性能	本品是一种对多种树脂都有很强溶解力的增塑剂,能与多种纤维素树脂、橡胶、乙烯基树脂相容,有良好的成膜性、黏着性和防水性。常与邻苯二甲酸二乙酯配合用于醋酸纤维素的薄膜、清漆、透明纸和模塑粉等制作中。少量用于硝基纤维素的制作中。亦可用作丁腈胶的增塑剂。本品还可用作驱蚊油(原油)、聚氟乙烯涂料、过氧化甲乙酮以及滴滴涕的溶剂	本品为具有较强相容能力的增塑剂。与醋酸纤维素、硝基纤维素、乙基纤维素、聚醋酸乙烯、聚苯乙烯、有机玻璃相容,有良好的成膜性、黏着性和防水性。低温柔软性和耐久性优于邻苯二甲酸二甲酯。与邻苯二甲酸二甲酯并用于醋酸纤维素,有助于提高制品弹性和防水能力。用于硝基纤维素,可获得强度高,耐磨性好,无臭味的制品。本品无毒,可用于食品包装薄膜无毒黏合剂的增塑剂。还可用作醇酸树脂、丁腈橡胶的增塑剂。本品用于聚醋酸乙烯乳液黏合剂,可提高粘接力
安全性	对呼吸道有刺激,易燃	易燃,无毒
生产方法	将以甲醇和浓硫酸、苯酐依次投入反应釜,在搅拌下加热回流24h进行酯化反应,酯化温度为甲醇回流温度,过量的甲醇作为带水剂。反应结束后,回收甲醇,然后用碳酸钠中和,用水洗涤,再经蒸馏即得成品	将以乙醇和苯酐为原料进行酯化反应,过量的乙醇作为带水剂。反应结束后,回收乙醇,然后用碳酸钠中和,用水洗涤,再经蒸馏即得成品

● 增塑剂 DAP、增塑剂 DBP

通用名	增塑剂 DAP	增塑剂 DBP
化学名	邻苯二甲酸二烯丙酯	邻苯二甲酸二正丁酯
英文名	plasticizer DAP	plasticizer DBP
分子式	$C_{14}H_{14}O_4$	$C_{16}H_{22}O_4$
结构式		
相对分子质量	246.35	278
外观	透明液体	无色透明油状液体
凝固点	$-70℃$	$-35℃$
相对密度	1.130	1.0484(20℃)
溶解性	溶于乙醇、丙酮、乙醚、甲醇等有机溶剂,微溶于矿物油、乙二醇、甘油,不溶于水	溶于普通有机溶剂和烃类,在25℃水中的溶解度为0.03%

质量标准		
灰分	≤0.10%	—
沸点	158℃(0.53kPa)	340℃(0.1MPa)
酸值(以 KOH 计)	≤1mg/g	≤0.1mg/g
闪点	165.7℃	171.4℃
应用性能	本品可用作不加抑制剂易自聚的树脂的增塑剂。本品还可用于邻苯二甲酸二异丙酯树脂、不饱和聚酯树脂的交联剂,纤维素树脂的增塑剂	本品对多种树脂具有很强溶解力。主要用于聚氯乙烯加工,可赋予制品良好的柔软性。由于其相对价廉且加工性好,在国内使用非常广泛,几乎与 DOP 相当。但挥发性和水抽出性较大,因此制品耐久性差,应逐步限制其使用。该品是硝酸纤维素的优良增塑剂,凝胶能力强。用于硝酸纤维素涂料,有很好的软化作用。稳定性、耐挠曲性、黏着性和防水性皆优。此外,该品还可用作聚乙酸乙烯酯、醇酸树脂、乙基纤维素以及氯丁橡胶的增塑剂,还可用于制造油漆、粘接剂、人造革、印刷油墨、安全玻璃、赛璐珞、染料、杀虫剂、香料溶剂、织物润滑剂等
安全性	易燃,有催泪性	易燃,低毒
生产方法	把苯酐和 40% 液碱投入反应釜,搅拌下进行反应生成邻苯二甲酸钠,然后加入氯丙烯在 40~60℃ 及常压下进行酯化,粗酯经过滤、中和、水洗和减压蒸馏后,即得成品	以邻苯二甲酸酐和丁醇为原料(其质量比为 1∶1.5),以硫酸为催化剂(用量为苯酐和丁醇质量之和的 0.3%),为了防止醇的氧化,加入总投料量 0.1%~0.3% 的活性炭,起吸附氧气和脱色作用。加热,在常压下进行酯化。酯化反应在耐酸搪瓷釜或不锈钢釜中进行。当固体苯酐全部溶解,说明酯化反应的第一步生成邻苯二甲酸单丁酯的反应已结束,这步反应迅速而完全。然后继续加热至反应物沸腾,进行第二步生成邻苯二甲酸二丁酯的反应。液相温度 150℃ 左右,时间 4~5h。此阶段不断蒸出醇水恒沸物,经冷凝器冷凝后进入醇水分离器。丁醇返回反应釜,下层水排除。当反应温度升到 170℃,冷凝液中不再有水珠,取样测定酸值,若酸值达终点则降温至 70℃ 左右,加入 5% 的纯碱溶液中和,搅拌 0.5h,静置 1h,分去水层。粗酯再用 70~80℃ 的热水洗涤。然后进行真空蒸馏,回收丁醇,当压力为 7.9Pa,温度为 150℃ 左右,粗酯闪点达 160℃ 以上,脱醇完成。再用直接蒸汽吹出低沸物,经板框压滤机压滤,即得成品

● 增塑剂 DCHP、增塑剂 DIBP

通用名	增塑剂 DCHP	增塑剂 DIBP
化学名	邻苯二甲酸二环己酯	邻苯二甲酸二异丁酯
英文名	plasticizer DCHP	plasticizer DIBP
分子式	$C_{20}H_{26}O_4$	$C_{16}H_{22}O_4$
结构式		
相对分子质量	330	278
外观	白色结晶状粉末	无色透明油状液体
凝固点	65℃	－50℃
相对密度	1.148(20℃)	1.040(20℃)
溶解性	可溶于丙酮、甲乙酮、环己酮、乙醚、正丁醇、四氯化碳、甲苯等有机溶剂以及热的汽油,难溶于水	溶于普通有机溶剂和烃类,不溶于水
质量标准		
加热减量	≤0.2%	—
沸点	220～228℃	327℃
酸值(以KOH计)	≤0.1mg/g	≤0.1mg/g
闪点	207℃	160℃
应用性能	用作聚氯乙烯、聚苯乙烯、丙烯酸树脂及硝酸纤维素的助增塑剂,与其他增塑剂并用,可使塑料表面收缩致密,起到防潮(蒸汽透过率小)和防止增塑剂挥发的作用,使制品表面光洁、手感好。但本品用量不宜过大,一般为增塑剂总量的10%～20%,用量过大会使制品硬度加大。也可与硝基纤维素及一些天然树脂并用,制造防潮涂料;还可用作合成树脂胶黏剂、添加剂,提高某黏合力、耐油性及耐久性;也可用作防潮玻璃纸及纸张防水助剂	用作聚氯乙烯的增塑剂,增塑效能同邻苯二甲酸二丁酯,但挥发性和水抽出性损失较大,可用作邻苯二甲酸二丁酯的代用品,还可用作纤维素树脂、乙烯基树脂、丁腈橡胶和氯丁橡胶的增塑剂。不宜用于制造农业用薄膜,对农作物有害不利于其生长
安全性	无毒、无致癌性	对水生生物有极高毒性,有损害生育能力的危险
生产方法	以苯酐和环己醇为原料,投料比为苯酐:环己醇为1:2.4,以硫酸为催化剂,进行酯化反应。反应压力0.08MPa,反应温度120℃,反应时间2～3h,粗酯液先用碱中和,再水洗,然后用直接水蒸气蒸馏脱去环己醇,经干燥、粉碎、过筛即得产品。具体生产方法参见本书"邻苯二甲酸二正丁酯"	苯酐和异丁醇在硫酸催化下,进行常压液相酯化反应,首先生成邻苯二甲酸单异丁酯,然后继续酯化,生成邻苯二甲酸二异丁酯。苯酐和异丁醇投料的质量比为(1:1.35)～(1:1.4),硫酸为苯酐和异丁醇质量之和的0.3%。酯化时间需5～6h。反应物经5%的纯碱水溶液进行中和、真空蒸馏,回收过量的异丁醇,最后用活性炭脱色,经压滤即得成品

增塑剂 DOP、增塑剂 DNOP

通用名	增塑剂 DOP	增塑剂 DNOP
化学名	邻苯二甲酸二辛酯	邻苯二甲酸二正辛酯
英文名	plasticizer DOP	plasticizer DNOP
分子式	$C_{24}H_{38}O_4$	$C_{24}H_{38}O_4$
结构式		
相对分子质量	388	388
外观	无色透明油状液体	浅黄色透明油状液体
凝固点	$-53℃$	$-40℃$
相对密度	$0.980\sim0.986$	$0.9861(25℃)$
溶解性	溶于大多数有机溶剂和烃类,微溶于乙二醇、甘油,不溶于水	溶于普通有机溶剂和烃类,微溶于乙二醇、甘油,不溶于水
质量标准		
加热减量	$\leqslant0.3\%$	—
沸点	$386℃$	$340℃$
酸值(以 KOH 计)	$\leqslant0.1mg/g$	—
闪点	$\geqslant190℃$	$219℃$
应用性能	本品是塑料加工中使用最广泛的增塑剂,除了醋酸纤维素、聚醋酸乙烯外,与绝大多数工业上使用的合成树脂和橡胶均有良好的相容性。本品具有良好的综合性能。混合性能好、增塑效率高、挥发性较低、耐水抽出、电气性能高、耐热及耐气候性良好。本品作为一种主增塑剂广泛应用于聚氯乙烯各种软质制品的加工。本品可用于硝基纤维素漆。使漆膜具有弹性和较高的拉伸强度。本品还可用于与食物接触的包装材料,但由于易被脂肪抽出,故不宜用于脂肪性食物的包装材料。本品也可用作合成橡胶的软化剂,能够改善制品的回弹性,降低压缩永久变形,而且对胶料的硫化无影响	增塑效率与 DOP 相同,而耐寒性、耐挥发性及对增塑糊黏度的稳定性均优于 DOP,但绝缘性稍差。可用作聚氯乙烯、氯乙烯-醋酸乙烯共聚物、聚乙烯醇缩丁醛、乙酸丁酯纤维素、硝基纤维素、乙基纤维素、聚甲基丙烯酸甲酯、聚苯乙烯等树脂和合成橡胶的增塑剂。可用于制作食品包装材料及医疗卫生用品。本品还可用作溶剂和气相色谱固定液
安全性	低毒、有致癌性	低毒、对眼睛有刺激
生产方法	以苯酐和2-乙基己醇(质量比为1:2)为原料,硫酸为催化剂,反应温度为150℃,真空度为 0.093MPa,酯化时间3h,粗酯经中和、水洗、蒸馏、脱色得成品	由苯酐与正辛醇在常压下酯化生产,将苯酐、正辛醇、苯、硫酸加入反应釜,搅拌下慢慢加热升温,至苯与水开始蒸出。苯水混合气经冷凝器冷凝后,由苯水分离器分出水分,苯回流至釜内继续蒸发带水。当没有水带出时,酯化反应完成,然后回收苯,冷却、碱洗、水洗、干燥、减压蒸馏,即得成品

● 增塑剂 79、增塑剂 BBP

	增塑剂 79	增塑剂 BBP
通用名	增塑剂 79	增塑剂 BBP
化学名	邻苯二甲酸 $C_7 \sim C_9$ 醇酯	邻苯二甲酸丁苄酯
英文名	plasticizer 79	plasticizer BBP
分子式	$C_{2n+8}H_{4n+6}O_4$	$C_{19}H_{20}O_4$
结构式		
相对分子质量	$352 \sim 400$	312
外观	浅黄色透明油状液体	透明油状液体
凝固点	$< -60℃$	$-35℃$
相对密度	0.970	$1.113 \sim 1.121$
溶解性	溶于大多数有机溶剂和烃类,不溶于水,与大多数工业树脂有良好的相容性	溶于普通有机溶剂和烃类,不溶于水,与大多数工业树脂有良好的相容性
质量标准		
沸点	—	370℃
酸值(以 KOH 计)	$\leqslant 0.2$mg/g	$\leqslant 0.35$mg/g
闪点	$\geqslant 192℃$	$\geqslant 180℃$
应用性能	本品是邻苯二甲酸二辛酯的代用品。用作聚氯乙烯、氯乙烯共聚物等树脂的增塑剂。由直链度较高的醇制得本产品,具有优良的低温性能,热老化性能、耐抽出性和低挥发性。用于增塑糊时,初始黏度低,黏度稳定性好。但本品气味大,色泽较深	本品用作大多数工业用树脂的主增塑剂,具有很强的溶解能力,良好的耐污染性,塑化速率快,填充剂容量大,耐水和耐油抽出。本品常与其他增塑剂配合,制造含有大量填充剂的塑料地板、铺面装饰材料及瓦楞板等。用本品制造薄膜、板材和管材,有优良的透明性和光滑表面。本品用于压延法制造泡沫人造革,可降低加工温度,避免发泡剂的早期分解
安全性	低毒	低毒
生产方法	将苯酐与 $C_7 \sim C_9$ 醇按摩尔比为 $1:23$ 投入反应釜,再加入投料量的0.25%~0.3%的硫酸和0.1%的活性炭。搅拌下升温至 $135 \sim 140℃$,抽真空至真空度约93.3kPa,进行酯化反应。酯化完成后,粗酯用7%的纯碱溶液进行中和,中和温度为 $70 \sim 75℃$,静置分层除去水层,再在粗酯中加入0.2%的活性炭,进行真空脱醇,脱醇后的酯液经压滤即得成品	苯酐和丁醇按质量比 $1:0.52$ 的比例进行酯化,首先生成邻苯二甲酸单丁酯。然后滴加30%的纯碱,质量大约与苯酐质量相等,再加入与苯酐质量相等的氯化苄进行缩合反应。缩合反应结束后,加水洗涤,粗酯用水蒸气蒸馏,再进一步真空蒸馏,即得成品

增塑剂 BOP、增塑剂 DTDP

通用名	增塑剂 BOP	增塑剂 DTDP
化学名	邻苯二甲酸丁辛酯	邻苯二甲酸二(十三)酯
英文名	plasticizer BOP	plasticizer DTDP
分子式	$C_{20}H_{30}O_4$	$C_{34}H_{58}O_4$
结构式		
相对分子质量	334	530.8
外观	无色透明油状液体	黏稠液体
凝固点	$<-44℃$	$-35℃$
相对密度	0.996	0.953
溶解性	溶于大多数有机溶剂和烃类,不溶于水,与大多数工业树脂有良好的相容性	溶于乙醇、甲醇、二甲苯和石油烃类,不溶于水,与大多数工业树脂有良好的相容性

质量标准		
水分	$\leqslant 0.1\%$	—
沸点	210℃	280～290℃
酸值(以 KOH 计)	$\leqslant 0.01mg/g$	$\leqslant 0.35mg/g$
闪点	$\geqslant 188℃$	$\geqslant 243℃$
应用性能	本品用作增塑剂,性能介于邻苯二甲酸二丁酯(IMP)和邻苯二甲酸二辛酯(DOP)之间。混合性能优于 DOP,挥发性较 DBP 小,成本较 DOP 低。具有较好的抗污染性,适用于低成本的地板料等建筑用压出制品,也可用于塑溶胶模塑品	本品用作乙烯基树脂、纤维素树脂和合成橡胶的主增塑剂。电绝性、高温性能、耐挥发和耐迁移性优于邻苯二甲酸二异癸酯。适用于高温用 90℃ 和 105℃ 等级的聚氯乙烯电缆料中。由于本品抗肥皂水抽出性能优良,耐霉菌性好,具有适宜的低温性能,故广泛用于车辆内装饰物、医院床单、浴室用具以及雨衣等聚氯乙烯制品。也可用于聚氯乙烯其他高温制品,聚氯乙烯泡沫和密封垫等增塑糊制品
安全性	低毒	低毒
生产方法	将苯酐和辛醇按摩尔比为 1∶1.05 投入反应釜,搅拌下升温至 120～130℃ 反应,生成邻苯二甲酸单辛酯。然后按丁醇∶苯酐配为 1.05∶1 的比例加入丁醇和催化剂硫酸(硫酸加料量为总投料量的 0.25%～0.3%),搅拌下升温至 150℃ 左右,抽真空至真空度 93.3kPa,反应 3～4h。双酯化时可同时投入活性炭。粗酯经过 5% 左右的纯碱液中和,再用 80～85℃ 的热水洗涤。然后粗酯于 130～140℃,真空度不低于 93.3kPa 的条件下进行脱醇,直到粗酯闪点达到 188℃ 以上为止,经压滤即得成品	将苯酐、十三醇和苯按 1∶2.8∶0.42 的质量比依次投入反应釜,再加入催化剂对甲苯磺酸,用量约为醇质量的 0.5%。搅拌下升温至 120～125℃ 进行酯化反应,反应约需 8h。酯化反应过程中生成的水,被蒸发的苯带出,通过冷凝器被冷凝,进入苯水分离器中被分离,苯返回反应釜循环使用。反应结束蒸出苯,粗酯用 5% 左右的氢氧化钠溶液中和,然后水洗若干次。水洗后的粗酯经蒸馏回收十三醇,主馏分用活性炭脱色,压滤后即得成品

2.10.2 脂肪酸酯类

● 增塑剂 DOM、增塑剂 DOA

通用名	增塑剂 DOM	增塑剂 DOA
化学名	马来酸二辛酯	己二酸二辛酯
英文名	plasticizer DOM	plasticizer DOA
分子式	$C_{20}H_{36}O_4$	$C_{22}H_{42}O_4$
结构式	$$\begin{array}{l}\quad\quad\quad C_2H_5\\\quad\quad\quad\vert\\CHCOOCH_2CH(CH_2)_3CH_3\\\Vert\\CHCOOCH_2CH(CH_2)_3CH_3\\\quad\quad\quad\vert\\\quad\quad\quad C_2H_5\end{array}$$	$$\begin{array}{l}\quad\quad\quad C_2H_5\\\quad\quad\quad\vert\\COOCH_2CH(CH_2)_3CH_3\\\vert\\(CH_2)_4\\\vert\\COOCH_2CH(CH_2)_3CH_3\\\quad\quad\quad\vert\\\quad\quad\quad C_2H_5\end{array}$$
相对分子质量	340	370.6
外观	无色透明油状液体	无色或浅黄色透明油状液体
凝固点	−50℃	−75℃
相对密度	0.944	0.990
溶解性	溶于大多数有机溶剂和烃类,不溶于水,与大多数工业树脂有良好的相容性	不溶于水,溶于甲醇、乙醇、乙醚、丙酮、醋酸、氯仿、乙酸乙酯、汽油、甲苯、矿物油、植物油等有机溶剂。微溶于乙二醇
质量标准		
水分	≤0.1%	—
沸点	195～207℃	215℃
酸值(以 KOH 计)	≤0.1mg/g	≤0.2mg/g
闪点	≥180℃	190℃
应用性能	本品用作内增塑剂,可与氯乙烯、乙酸乙烯酯、苯乙烯和丙烯酸酯类共聚得到的共聚物具有优良的耐冲击性能,可用于薄膜、涂料、黏合剂、橡胶、颜料的固着剂及石油添加剂、纸张处理剂等方面。与乙酸乙烯酯的共聚物为富有弹性的橡胶状物,可作涂料使用。与氯乙烯的共聚物制成的薄膜具有良好的低温柔软性	本品为聚氯乙烯、聚乙烯共聚物、聚苯乙烯、硝酸纤维素、乙基纤维素和合成橡胶的典型耐寒增塑剂,增塑效率高,受热变色小,可赋予制品良好的低温柔软性和耐光性。用作聚氯乙烯的优良耐寒增塑剂,可赋予制品优良的低温柔软性
安全性	低毒	低毒
生产方法	将异辛醇、顺丁烯二酸酐和对甲苯磺酸加入搪瓷反应釜中,搅拌下加热使物料熔融,在 1～2h 内升温至 140℃ 左右,保温酯化至水分全部脱尽。反应完成后,冷却至 80℃ 以下,在搅拌下逐渐加入氢氧化钠溶液中和至 pH 值为 7～8,水洗、减压蒸馏、过滤,即得成品	己二酸与工业辛醇在催化剂存在下发生直接酯化反应而得粗品,经中和水洗、气提、压滤等工业制得精品。高品质产品可再经分子蒸馏或减压蒸馏而得

● 增塑剂 DIDA、增塑剂 DOZ

通用名	增塑剂 DIDA	增塑剂 DOZ
化学名	己二酸二异癸酯	壬二酸二辛酯
英文名	plasticizer DIDA	plasticizer DOZ
分子式	$C_{26}H_{50}O_4$	$C_{25}H_{48}O_4$
结构式	$\begin{array}{l} O \qquad\qquad CH_3 \\ \| \\ C-OCH_2(CH_2)_6CHCH_3 \\ (CH_2)_4 \\ \| \\ C-OCH_2(CH_2)_6CHCH_3 \\ \| \\ O \qquad\qquad CH_3 \end{array}$	$\begin{array}{l} C_2H_5 \\ \| \\ COOCH_2CH(CH_2)_3CH_3 \\ (CH_2)_7 \\ \| \\ COOCH_2CH(CH_2)_3CH_3 \\ \| \\ C_2H_5 \end{array}$
相对分子质量	426.7	412.66
外观	清澈易流动的油状液体	无色透明油状液体
凝固点	−66℃	−65℃
相对密度	0.918(20℃)	0.917(25℃)
溶解性	溶于大多数有机溶剂和烃类,不溶或微溶于甘油	不溶于水,溶于大多数有机溶剂,与大多数树脂等有良好的相容性
质量标准		
水分	≤0.1%	—
沸点	245℃	376℃
酸值(以KOH计)	≤0.01mg/g	≤0.03mg/g
闪点	227℃	213℃
应用性能	本品为一种优良的耐寒增塑剂,性能与己二酸二辛酯(DOA)相近,但挥发性与邻苯二甲酸二甲酯(DOP)相当,为己二酸二辛酯的1/3,在塑溶胶中,本品黏度特性良好。具有良好的耐水抽出性能 本品与聚氯乙烯相容性较差,常与邻苯二甲酸酯类主增塑剂并用于要求耐寒性和耐久性兼备的制品,如户外用水管、人造革、一般用途的薄膜和薄板、电线、电缆护套等。本品也可用作大多数合成橡胶的增塑剂	本品为优良的耐寒增塑剂。黏度低,沸点高,增塑效率高,水抽出性小,挥发性和迁移性小,而且具有优良的耐热性、耐光性、电绝缘性和对增塑糊的黏度稳定性,耐寒性比己二酸二辛酯(DOA)好。本品还可单独或与其他增塑剂配合用作丁腈橡胶、丁苯橡胶、氯丁橡胶等合成橡胶的增塑剂。适用于人造革、薄膜、薄板、电线和电缆护套、增塑糊等,可赋予制品良好的低温性能
安全性	低毒	低毒
生产方法	由己二酸和异癸醇在硫酸催化下酯化而得。与己二酸二辛酯生产工艺类似	将壬二酸投入反应釜,按摩尔比加入2.5倍的2-乙基己醇,再加入投料量0.3%的硫酸,于120～130℃、21.33kPa的压力下,反应4h。然后将所得的粗酯进行减压蒸馏,收集220～230℃(0.533kPa)馏分,再用活性炭在90～95℃进行脱色,过滤后,即得成品

● 增塑剂 DBS、增塑剂 DOS

通用名	增塑剂 DBS	增塑剂 DOS
化学名	癸二酸二丁酯	癸二酸二辛酯
英文名	plasticizer DBS	plasticizer DOS
分子式	$C_{18}H_{34}O_4$	$C_{26}H_{50}O_4$
结构式	$\begin{array}{l} COOC_4H_9 \\ (CH_2)_8 \\ COOC_4H_9 \end{array}$	$\begin{array}{l} C_2H_5 \\ | \\ COOCH_2CH(CH_2)_3CH_3 \\ (CH_2)_8 \\ COOCH_2CH(CH_2)_3CH_3 \\ | \\ C_2H_5 \end{array}$
相对分子质量	304.3	426.66
外观	无色透明油状液体	浅黄色或无色透明液体
凝固点	$-10℃$	$-40℃$
相对密度	0.9405(15℃)	0.912(25℃)
溶解性	微溶于水,溶于乙醇、乙醚、苯和甲苯	不溶于水,溶于大多数有机溶剂,与大多数树脂等有良好的相容性
质量标准		
水分	≤1.0%	—
沸点	349℃	377℃
酸值(以 KOH 计)	≤0.03mg/g	≤0.1mg/g
闪点	202℃	210℃
应用性能	本品为一种耐寒增塑剂,具有很强的溶解能力,可与大多数树脂和合成橡胶相容,可作主增塑剂。本品无毒,可用于与食品接触的包装材料,制品手感良好。本品用作许多合成橡胶的增塑剂,可使制品有优良的低温性能和耐油性。本品的主要缺点是挥发损失较大,容易被水、肥皂水和洗涤剂溶液抽出,因此常与邻苯二甲酸酯类增塑剂并用	本品为耐寒性增塑剂。增塑效能与DBS类似,但挥发性低,耐水抽出性好,制品的低温柔软性和耐久性优良。用于聚氯乙烯电缆料外,还用于聚氯乙烯耐寒薄膜、人造革等制品。还可作多种橡胶、硝基纤维素、乙基纤维素、聚甲基丙烯酸甲酯、聚苯乙烯、氯橡胶、醋酸乙烯共聚物等的增塑剂。增塑效率高、挥发性低,既有优良的耐寒性,又有较好的耐热性、耐光性和电绝缘性。但癸二酸二辛酯迁移性较大,易被烃类抽出,耐水性也不太理想,因此,常与邻苯二甲酸酯类并用
安全性	无毒	低毒
生产方法	以癸二酸和丁醇为原料,在硫酸催化作用下,于140℃左右进行酯化反应,反应完成后,中和、分去水层,用活性炭脱色,脱醇,用热水洗涤而得	癸二酸和辛醇(质量比 1:1.6)在硫酸(癸二酸和辛醇总量的 0.25%)的催化下进行酯化反应,先生成单辛酯。第二步生成双酯,要控制较高的温度,约 130~140℃,0.093MPa 真空度下进行脱水,反应时间 3~5h,才可获得高收率。粗酯用 2%~5%的纯碱水溶液中和,然后在 70~80℃下水洗,再于 0.096~0.097MPa 的真空度下脱醇,当粗酯闪点达到 205℃时即为终点。粗酯经压滤,即得成品

2.10.3　磷酸酯类

● 增塑剂 TEP、增塑剂 TBP

	增塑剂 TEP	增塑剂 TBP
通用名	增塑剂 TEP	增塑剂 TBP
化学名	磷酸三乙酯	磷酸三丁酯
英文名	triethyl phosphate	tributyl phosphate
分子式	$C_6H_{15}O_4P$	$C_{12}H_{27}O_4P$
结构式	CH_3CH_2O $CH_3CH_2O\!-\!P\!=\!O$ CH_3CH_2O	$CH_3\!-\!(CH_2)_3\!-\!O$ $CH_3\!-\!(CH_2)_3\!-\!O\!-\!P\!=\!O$ $CH_3\!-\!(CH_2)_3\!-\!O$
相对分子质量	182.16	266.32
外观	无色液体	无色液体
凝固点	$-56.4℃$	$-80℃$
相对密度	1.075(19℃)	0.9729(25℃)
溶解性	易溶于乙醇,溶于乙醚、苯等有机溶剂,溶于水,但随着温度上升而会逐渐水解	难溶于水,水中溶解性为 0.1%(25℃)。能与多种有机溶剂混溶
质量标准		
沸点	210~220℃	289℃(分解)
酸值(以 KOH 计)	≤0.01mg/g	≤0.01mg/g
闪点	115.5℃	193℃
应用性能	本品为高沸点溶剂,也用作增塑剂、催化剂和农药的原料。具有溶解力强、耐油性、耐光性和抗霉性优良的特点。作为增塑剂主要用于纤维素树脂和乙烯基树脂,特别适合于涂料。还用作硝基纤维素及乙基纤维素的溶剂,酚醛树脂的稳定剂、二甲酚甲醛树脂的固化剂、聚酯树脂的阻燃剂等。本品毒性小,可用于食品包装和医用制品	本品用作硝酸纤维素、乙酸纤维素、氯化橡胶和聚氯乙烯的主增塑剂。也常用作涂料、黏合剂和油墨的溶剂、消泡剂、消静电剂、稀土元素的萃取剂
安全性	磷酸三乙酯在相当高的剂量下会产生麻醉样现象和显著的肌肉松弛,应避免眼睛接触	有毒,刺激皮肤
生产方法	①氯代磷酸二乙酯的制备:将三氯化磷与甲苯混合后,搅拌下加入无水乙醇,温度控制在 30~40℃,加完后继续搅拌半小时,反应生成亚磷酸二乙酯。接着再滴入二氯硫酰,温度控制 35℃,在加完后搅拌 1h 后加入无水乙醇,维持温度在 30~40℃,减压除去多余的二氯硫酰,剩余物即氯代磷酸二乙酯②磷酸三乙酯的制备:将乙醇钠的醇溶液加入反应釜,在搅拌下滴加入已经制备的氯代磷酸二乙酯,温度控制在 70℃以下,用乙醇钠和乙醇调解 pH 值至 7~8,加完后搅拌 4h,然后加入冷水,搅拌均匀后再加入甲苯,继续搅拌一段时间,静置分层,提取上层油状物,用无水碳酸钾干燥,过滤后回收甲苯,再进行减压蒸馏,收集 72~88℃的产物,即得成品	将丁醇加入反应釜内,冷却降温至 10℃以下,在搅拌下加入三氯氧磷,反应温度保持在 30℃左右,搅拌至反应结束。加水洗涤,静置分去水层,再用 10%的碳酸钠溶液中和至 pH 值为 7,控制温度在 40℃以下。中和后的粗酯进行减压蒸馏脱醇,再用水洗至酸度符合要求,然后减压蒸馏,分尽低沸物后,收集 150~180℃馏分,即为成品

● 增塑剂 P-204、增塑剂 TPP

通用名	增塑剂 P-204	增塑剂 TPP
化学名	磷酸二辛酯	磷酸三丁苯酯
英文名	di-octyl phosphoric acid	triphenyl phosphate
分子式	$C_6H_{35}O_4P$	$C_{18}H_{15}O_4P$
结构式	$CH_3-(CH_2)_3-CH-CH_2O$ $CH_3-(CH_2)_3-CH-CH_2O$ （各接 C_2H_5）PO_2H	$\left(\bigcirc\!\!-O\right)_3 PO$
相对分子质量	322.43	326
外观	无色透明黏稠液体	白色针状结晶
凝固点	−60℃	47℃
相对密度	0.973(25℃)	1.268(60℃)
溶解性	溶于一般有机溶剂和碱中,不溶于水	不溶于水,微溶于醇,溶于苯、氯仿、丙酮,易溶于乙醚
质量标准	闪点 148℃	水分≤0.1%;沸点 370℃;酸值(以 KOH 计)≤0.1mg/g;闪点 220℃
应用性能	本品用作塑料增塑剂、溶剂,还可用于稀土元素的萃取剂,润湿剂和表面活性剂的原料	本品具有良好的透明性、柔软性以及抗菌性,具有耐水、耐油、电绝缘性好和相容性好的优点。主要用于纤维素树脂、乙烯基树脂、天然橡胶和合成橡胶的阻燃增塑剂,也可用于三乙酸甘油酯薄脂和软片、硬质聚氨酯泡沫、酚醛树脂以及 PPO 等工程塑料的阻燃增塑
安全性	中等毒性	中等毒性
生产方法	①酯化,在搪玻璃反应器内,先加入三氯氧磷,搅拌冷却至 10℃以下,滴加 2-乙基己醇,加完后继续保持 10℃以下搅拌 1h,慢慢升温至 20~45℃排氯化氢 3h,然后升温至 45~50℃,用水冲泵抽氯化氢 3h,最后升温至 50~60℃,在 0.08MPa 真空度下排氯化氢气体 3h,制得磷酸二异辛基酰氯 ②在反应釜内加入 20%的烧碱溶液,开启搅拌,于 60℃以下滴加,升温至 80~90℃,保持 1h,静置 15min,将下层废碱水放出,在搅拌下再加入 30%的烧碱溶液,升温至 120℃回流 1h,静置 15min,下层碱液回收,釜内物料在 80~99℃用 3%碱水洗涤,制得磷酸二辛酯钠盐 ③酸化,将 10%的硫酸加入到制得的钠盐中,控制温度 50~60℃,反应 1h 后,弃去下层废酸水,用水洗涤,在薄膜分离塔中加热至 110~120℃,除去水及低沸物得成品	苯酚以吡啶和无水苯为溶剂,在不超过 10℃的温度下,缓缓加入氧氯化磷,然后在回流温度下,反应 3~4h,冷却至室温后,反应物经水洗回收吡啶,用干燥硫酸钠脱水,过滤除去硫酸钠,常压蒸馏回收苯,最后减压蒸馏,收集 243~245℃的馏分,经过冷却、结晶、粉碎后即得成品

增塑剂 DPOP、增塑剂 TCP

通用名	增塑剂 DPOP	增塑剂 TCP
化学名	磷酸二苯-2-乙基己酯	磷酸三甲苯酯
英文名	plasticizer DPOP	plasticizer DPOP
分子式	$C_{20}H_{27}O_4P$	$C_{21}H_{21}O_4P$
结构式		
相对分子质量	362	364.36
外观	无色透明液体	无色透明液体
凝固点	$-60℃$	$<-20℃$
相对密度	$1.080\sim1.090(25℃)$	$1.162(25℃)$
溶解性	不溶于水,溶于乙醇、丙酮、苯和氯仿	不溶于水,溶于苯、醚类、醇类、植物油、矿物油等有机溶剂。可与聚氯乙烯、聚苯乙烯、氯乙烯共聚物、合成橡胶以及许多纤维类相容
质量标准	沸点239℃;酸值(以 KOH 计)≤0.1mg/g;闪点195～205℃	沸点235～255℃;酸值(以 KOH 计)≤0.15mg/g;闪点225℃
应用性能	本品是阻燃性增塑剂,几乎能与所有工业用主要树脂和橡胶相容,与聚氯乙烯的相容性更为优良。本品挥发性低,耐寒性和耐候性好,与邻苯二甲酸酯类增塑剂配合使用,可提高制品的韧性和耐候性。用于聚氯乙烯薄膜时,可提高拉伸强度,改善耐磨性和耐湿性及电气性能。本品低毒,可用于食品包装和医用制品。本品也可作为合成橡胶的阻燃性增塑剂	本品为阻燃性增塑剂。本品有很好的相容性、阻燃性、防霉性、耐磨性、耐污染性、耐候性、耐辐射性和电气性能。本品用于油漆,可增加漆膜的柔软性。本品还用于合成橡胶及黏胶纤维作为增塑剂
安全性	低毒	中等毒性
生产方法	将2-乙基己醇加入反应釜,冷却降温至10℃以下,在搅拌下级缓加入三氯氧磷,在加三氯氧磷的过程中,温度一定不得超过10℃,加完后,慢慢加热升温,25℃以下反应至终点,生成二酰氯化物。在搅拌下将所制备的二酰氯化物缓缓加入到已降至5℃的苯酚钠中,加料完毕后,升温至40℃进行全酯化反应。反应产物经洗涤、薄膜蒸发、脱色、压滤即得成品	甲酚以吡啶和无水苯为溶剂同氧氯化磷反应,产物经加水溶解回收吡啶、水洗、无水硫酸钠脱水、过滤除去硫酸钠、常压蒸馏回收苯、减压蒸馏,再经冷却、结晶、粉碎即为成品

● 磷酸邻三甲苯酯、增塑剂 TOP

通用名	—	增塑剂 TOP
化学名	磷酸邻三甲苯酯	磷酸三辛酯
英文名	tria-o-tolyl phosphate	plasticizer TOP
分子式	$C_{21}H_{21}O_4P$	$C_{24}H_{51}O_4P$
结构式		$[CH_3(CH_2)_3\overset{\displaystyle C_2H_5}{\underset{}{CH}}CH_2O]_3PO$
相对分子质量	368.36	434.6
外观	无色或浅黄色透明油状液体	无色透明油状液体
凝固点	—	$<-90℃$
相对密度	1.183(25℃)	0.920(20℃)
溶解性	不溶于水,溶于苯、醚类、醇类	不溶于水,溶于醇、苯等
质量标准	沸点410℃;酸值(以 KOH 计)≤0.15mg/g;闪点225℃	沸点216℃;酸值(以 KOH 计)≤0.1mg/g;闪点216℃
应用性能	用作主增塑剂,有很好的阻燃性、防霉性、耐磨性、挥发性和电气性能。用于油漆,可增加漆膜的柔韧性。主要用于聚氯乙烯点线缆、人造革、运输带、薄板、地板料等。在黏胶纤维中用作增塑剂和防腐剂	本品是聚氯乙烯的优良耐寒增塑剂之一,低温性能优于己二酸酯类,并且具有防腐和阻燃作用,但耐热性差。本品塑化性能较good,与磷酸三甲苯酯并用可以得到改善。与邻苯二甲酸二辛酯等并用可获得自熄性制品。本品主要用于聚氯乙烯电缆料、涂料以及合成橡胶和纤维素塑料
安全性	有毒	有毒
生产方法	将邻甲酚加入反应釜,升温至40℃,在搅拌下滴加三氯化磷完毕后,40℃左右继续反应半小时,生产亚磷酸邻三甲苯酯。继续升温至70℃,通入氯气进行氯氧化反应,生成磷酰氯邻三甲苯酯。反应降温至50℃,滴加水进行水解反应,反应完成后,用5%的纯碱水中和,水洗,分层,浓缩,减压蒸馏即得成品	将2-乙基己醇加入反应釜,冷却降温至10℃以下,缓缓加入三氯氧磷,搅拌下进行反应,逐渐升温至60℃,用水冲泵抽真空排除反应生成的氯化氢。反应完毕后加入10%的碳酸钠溶液进行中和,再用80℃的热水洗涤,最后在余压1333.3Pa下进行蒸馏即得成品

2.10.4 环氧酯类

●增塑剂 EPS、环氧糠油酸丁酯

通用名	增塑剂 EPS	—
化学名	环氧四氢邻苯二甲酸二异辛酯	环氧糠油酸丁酯
英文名	di（2-ethylhexyl)-4, 5-epoxytetrahydroph-thalate	butly ester of epoxy rice oil acid
分子式	$C_{24}H_{42}O_5$	—
结构式		
相对分子质量	410.6	353
外观	无色或浅黄色油状液体	浅黄色透明油状液体
凝固点	$<-30℃$	—
密度	1.007g/mL	$0.90\sim0.912$g/mL
溶解性	不溶于水,溶于苯、醇类等有机溶剂	不溶于水,溶于氯仿、醚类、酮、苯等有机溶剂
质量标准	酸值(以 KOH 计)≤0.3mg/g;环氧值≥0.3%;闪点217℃	加热减量≤1.0%;酸值(以 KOH 计)≤1.0mg/g;环氧值≥3.2%;闪点>190℃
应用性能	本品用作聚氯乙烯增塑剂兼稳定剂,增塑效果与邻苯二甲酸二异辛酯(DOP)相似,混合性能优于 DOP,可作主增塑剂。具有优良的光热稳定作用,耐菌性较强,挥发损失及抽出损失较小,可用于薄膜、人造革、薄板、电缆料和各种成型品	本品用作聚氯乙烯增塑剂兼稳定剂,具有良好的耐热性和耐候性。本品与聚氯乙烯相容性好,塑化速率快,塑化温度比邻苯二甲酸二异辛酯、环氧脂肪酸辛酯低,可用于聚氯乙烯薄膜、人造革等制品
安全性	无毒	无毒
生产方法	由顺丁烯二酸酐和丁二烯进行双烯加成反应,制得四氢邻苯二甲酸酐,再与2-乙基己醇在硫酸催化剂作用下进行酯化,得到四氢邻苯二甲酸二乙基己酯,再在硫酸催化下与过氧化氢在甲酸、苯溶液中进行环化而得	先将糠油、丁醇、硫酸以 1∶1.2∶0.01 的质量比在 130～140℃下进行酯交换反应,反应时间约 8h,生成粗糠袖酸丁酯。粗糠油酸丁酯经 5%的纯碱溶液中和、水洗、蒸馏脱去丁醇,再经精馏即可得精糠油酸丁酯。精酯在硫酸和冰醋酸的存在下,用双氧水在 50～60℃进行环氧化,搅拌反应 10～12h。环氧化产物经水洗、碱洗、保温静置、脱醇即得成品

增塑剂 ED3、增塑剂 ESO

通用名	增塑剂 ED3	增塑剂 ESO
化学名	环氧硬脂酸辛酯	环氧大豆油
英文名	plasticizer ED3	plasticizer ESO
分子式	$C_{26}H_{50}O_3$	—
结构式	$CH_3(CH_2)_7CH-CH(CH_2)_7COOCH_2CH(CH_2)_3CH_2$ 中间 O 桥,下方 C_2H_5	结构式(环氧大豆油):$R^1CH-CHR^2COOCH_2$、$R^1CH-CHR^2COOCH$、$R^1CH-CHR^2COOCH_2$,各带 O 环氧桥
相对分子质量	410	—
外观	浅黄色油状液体	浅黄色透明油状液体
凝固点	$-13.5℃$	$-8℃$
相对密度	$1.4537(25℃)$	$0.985\sim0.990(20℃)$
溶解性	不溶于水,溶于大多数有机溶剂	微溶于水,溶于大多数有机溶剂和烃类
质量标准	酸值(以 KOH 计)≤0.5mg/g;环氧值≥4.5%;闪点 200℃	加热减量≤0.3%;酸值(以 KOH 计)≤0.5mg/g;环氧值≥6.0%;闪点>280℃
应用性能	本品是聚氯乙烯的优良增塑剂兼稳定剂,热稳定性、耐寒性、耐热性、透明性优良。与其他环氧类耐寒增塑剂相比,本品的挥发性小,耐抽出性高,电绝缘性好。广泛与其他增塑剂并用,在农业薄膜和其他要求耐气候性、耐寒性好的制品中得到很好的应用	本品用作聚氯乙烯增塑剂和热稳定剂,使用广泛。它与聚氯乙烯相容性良好,且挥发性小,迁移性小、没有毒。对聚氯乙烯软制品有良好的热、光稳定作用。本品可用于食品包装材料
安全性	低毒	无毒
生产方法	由 2-乙基己醇与油酸在硫酸存在下进行酯化,酯化液经中和、水洗、脱醇后在硫酸存在下与醋酸、双氧水进行环氧化反应,反应物经中和、水洗、脱色、压滤而得成品	将大豆油、甲酸、硫酸和苯搅拌混合均匀后,缓缓滴加入双氧水,至反应温度开始下降,反应即达终点。反应液静置分去下层废酸水,油层先用纯碱液中和,再水洗至中性,分去水后,油层进行水蒸气蒸馏,余下产物进行真空蒸馏,除去低沸物和水,再经压滤即得成品

2.10.5 含氯增塑剂

● 氯化石蜡-52、氯化石蜡-42

通用名	氯化石蜡-52	氯化石蜡-42
化学名	氯化石蜡-52	氯化石蜡-42
英文名	chlorinated paraffin-52	chlorinated paraffin-42
分子式	$C_{15}H_{26}Cl_6$	$C_{25}H_{45}Cl_7$
相对分子质量	420	594
外观	浅黄色、清澈液体	金黄色或琥珀色黏稠油状液体
凝固点	$<-30℃$	—
相对密度	$1.235\sim1.255(25℃)$	$1.16\sim1.17(20℃)$
溶解性	不溶于水,溶于大多数有机溶剂及烃类	不溶于水和乙醇,溶于大多数有机溶剂和烃类
质量标准	加热减量≤1%;酸值(以 KOH 计)≤0.1mg/g;含氯量 50%～54%	酸值(以 KOH 计)≤0.1mg/g;含氯量 40%～44%
应用性能	本品主要用作聚氯乙烯的增塑剂。具有挥发性低、无毒、不燃烧、无臭、电性能好、价格低廉等特点。本品的相容性比氯化石蜡-42 好,黏度也较低。特别是可单独用于氯乙烯-醋酸乙烯共聚物,具有理想的理化性能。本品广泛用于电缆线、地板料、压延板材、软管、塑料鞋等。还用作各种润滑油的极压添加剂	本品主要用作聚氯乙烯的辅助增塑剂。应用于电缆料、地板料、薄膜、人造革以及水管,也用于橡胶制品。另外还广泛用作切削油、齿轮油、轧钢机油的耐极压添加剂,布类、纸类的防潮、防水蒸气用的添加剂以及油漆添加剂
安全性	有毒	有毒
生产方法	液体石蜡加热脱水,过滤后与氯气在间接加热下进行氯化。氯化温度 90～100℃,反应周期 30～40h,釜内压力维持在 0.05MPa(表压)以下。氯化完成液中通入 0.1MPa(表压)的干空气,将溶解的氯化氢气体和游离氯带出。然后再加入一定量的饱和纯碱及光热稳定剂,即为成品。反应过程中产生的尾气中含氯化氢和游离氯,经水吸收和碱吸收而得以处理	固体石蜡加热熔融,用活性白土脱色,压滤得精制石蜡。将精制石蜡加入熔融槽中加热熔化,脱尽水分后,用齿轮泵打入氯化反应器,升温至 80℃,徐徐通入氯气进行氯化,氯化温度在 80～100℃之间,当氯含量达到 40%以上,停止通氯气。每批反应时间约在 25～35h,氯化产物用干燥空气和氯气吹出其溶解的氯化氢和游离氯,并加入少量饱和纯碱溶液或 20%的烧碱溶液,控制酸值在 0.1mg/g 以下,即得成品

2.10.6 偏苯三酸酯类

◉ 增塑剂 DPIP、增塑剂 DOIP

通用名	增塑剂 DPIP	增塑剂 DOIP
化学名	间苯二甲酸二苯酯	间苯二甲酸二辛酯
英文名	plasticizer DPIP	plasticizer DOIP
分子式	$C_{20}H_{14}O_4$	$C_{24}H_{38}O_4$
结构式		
相对分子质量	318.33	390.5
外观	白色结晶	几乎无色的油状液体
熔点	141～142℃	—
凝固点	—	−44℃
相对密度	—	0.982(25℃)
溶解性	溶于乙醇和丙酮,不溶于水	在20℃的水中溶解度小于0.01%
质量标准	—	加热减量≤0.1%;酸值(以KOH计)≤0.01mg/g;水分40%～44%;闪点235℃
应用性能	本品用作尼龙类树脂的增塑剂。用作芳杂环高聚物(如聚苯并咪唑、聚苯并噻唑等耐高温高聚物)的原料,还可用作聚酰胺类工程塑料的增韧剂	本品可用作聚氯乙烯、硝酸纤维素、乙基纤维素、聚苯乙烯等树脂的增塑剂。热、光稳定性和低温性能良好,电气性能极好。与DOP比较,本品更耐水、油和溶剂的抽出,挥发性更低。本品向硝基纤维素漆膜的迁移性非常小。本品增塑效率不如DOP,但可代替DOP,用于各种聚氯乙烯软质制品
安全性	有毒	有毒
生产方法	以间苯二甲酸二甲酯为原料,与苯酚在正钛酸丁酯催化下,进行酯交换反应,然后经减压蒸馏,并加入间二甲苯,进行重结晶,最后经分离、干燥而得	将苯酐和间苯二甲酸以质量比为1∶2的比例加入反应釜,再加入总投料0.25%～0.3%的催化剂硫酸。在搅拌下加热至150℃左右,抽真空至真空度为93.3kPa的条件下进行酯化,酯化时间大约7h。酯化时同时加入总物料的0.1%～0.3%的活性炭。粗酯经5%左右的纯碱液中和,再用80～85℃的热水洗涤。然后粗酯闪点达到230℃以上为止。脱醇后的粗酯再用水蒸气蒸馏脱除低沸物。必要时可在脱醇时补加一定量的活性炭,粗酯最后经压滤即得成品

2.11 增 强 剂

增强剂即补强剂，又称增强材料，能大幅度提高聚合物材料力学强度、尺寸稳定性和热变形温度的添加剂。按材料的不同可分为九类，分别介绍如下。

（1）纤维类　纤维类增强剂包括玻璃纤维、碳纤维、芳纶纤维、维纶纤维、氨纶、莫来石纤维、不锈钢纤维。

（2）无机纳米材料　无机纳米材料增强剂包括纳米二氧化硅、纳米二氧化钛、纳米三氧化二铝、纳米碳酸钙、纳米氧化锌、纳米三氧化二锑、纳米硫酸钡、水性纳米碳酸钙、碳纳米管、高岭土纳米管。

（3）晶须　晶须增强剂包括硫酸钙晶须、氧化锌晶须、碳酸钙晶须、钛酸钾晶须、硼酸铝晶须、氧化镁晶须、碱式硫酸镁晶须、氢氧化镁晶须、莫来石晶须、羟基磷灰石晶须。

（4）复合增强材料　主要包括不锈钢纤维与玻璃纤维交织布、玻璃纤维与含 50% 左右碳纤维的交织布。

（5）极性橡胶　主要包括丙烯酸酯橡胶和氯化橡胶。

（6）热塑性树脂　主要包括聚碳酸酯、K-树脂、氯化聚氯乙烯、氯醚树脂。

（7）多异氰酸酯　主要包括 PAPI、可乳化 MDI。

（8）纤维状和片状填充剂　主要包括硅灰石纤维、玻璃鳞片、云母粉、海泡石粉。

（9）树脂乳液　主要包括环氧树脂乳液和 VAB 乳液。

2.11.1　塑料、胶黏剂增强剂

● 纳米二氧化硅

质量标准	无定形白色超细粉末；纯度 $(w) \geqslant 99.9\%$ ；堆积密度 0.1477g/cm^3 ；振实密度 0.2226g/cm^3 ；平均粒径 $10 \sim 20\text{nm}$ ；表面羟基含量 $> 36\%$ ；比表面积 $155 \sim 645\text{m}^2/\text{g}$
应用性能	用作胶黏剂的增强剂；广泛用于各行业作为添加剂、催化剂载体，石油化工，脱色剂，消光剂，橡胶补强剂，塑料充填剂，油墨增稠剂，金属软性磨光剂，绝缘绝热填充剂，高级日用化妆品填料及喷涂材料，医药、环保等各种领域
用量	按生产需要适量使用

生产方法	将氯化钠与亚硫酸钠的混合溶液搅拌均匀,当达到一定速度后,滴加 8% 硫酸溶液,并测定 pH 值,当溶液 pH 值达到 9 时,停止滴加硫酸溶液,搅拌 10min 后再滴加硫酸至 pH 值＝6,搅拌 10min,再滴加酸至 pH 值＝3,此时停止加酸,将溶液温度升至 70℃ 熟化 1h,用过滤设备过滤,水洗至检不出硫酸根离子;再用乙醇洗 2～3 次,80℃ 烘干即得产品

● 纳米碳酸钙

分子式	CaCO₃		相对分子质量	100.09
结构式	（结构式图）	外观		白色微细粉末
		熔点		825℃
密度	2.93g/mL (25 ℃) (lit.)	溶解性		难溶于水,易溶于酸

质量标准

外观	白色粉末	白度	≥97%
纯度,w	≥98.0%	水分,w	≤0.5%
平均粒径	20～40nm	盐酸不溶物,w	≤0.20%
比表面积	25m²/g	游离碱,w	≤0.10%
氧化镁(以干基计),w	≤0.40%	pH 值	8～9
氧化铁,w	≤0.10%	密度	2.60～2.75g/cm³

应用性能	主要用作橡胶、塑料等的补强剂,可提高制品的拉伸强度、耐磨性能,使发泡橡胶发泡均匀,也可用作油墨和涂料的填充剂
用量	按生产需要适量使用
安全性	LD₅₀:6450mg/kg(大鼠,经口)
生产方法	沉淀法:石灰石经高温煅烧生成氧化钙和二氧化碳,将石灰加水消化得氢氧化钙,石灰乳经分级后与净化的二氧化碳反应,碳化结晶时加入结晶控制剂,以控制结晶晶型,或加入乳化剂和表面处理剂,使活性剂与刚生成的微细碳酸钙颗粒表面均匀覆盖,碳化结晶后再经离心脱水、干燥、分级、包装即得

● 纳米氧化锌

化学名	锌白、锌氧粉	相对分子质量	81.39
英文名	zinc oxide	熔点	1975℃
分子式	ZnO	相对密度	5.6
外观	白色六方晶系结晶或粉末,无味、质细腻		
溶解性	溶于酸、氢氧化钠、氯化铵;不溶于水、乙醇和氨水		

质量标准

外观	白色微细粉末	氧化铅(以 Pb 计),w	≤10×10⁻⁶
含量	≥99.0%	氧化锰(以 Mn 计),w	≤2×10⁻⁶
平均粒径	≤80nm	水溶物,w	≤0.1%

比表面积	≥60m²/g	灼烧失重,w	≤0.4%
氧化铜(以 Cu 计),w	≤2×10⁻⁶	水分,w	≤0.3%
应用性能	用作橡胶的硫化活性剂、补强剂和着色剂;用于 ABS 树脂、聚苯乙烯、环氧树脂、酚醛树脂、氨基树脂和聚氯乙烯及油漆和油墨的着色;还用于漆布、化妆品、搪瓷、纸张、皮革、火柴、电缆等的生产;用作合成氨的脱硫剂,电子激光材料、荧光粉、饲料添加剂、磁性材料制造等		
用量	按生产需要适量使用		
安全性	LD₅₀:240mg/kg (大鼠,腹注)		
生产方法	以低级氧化锌或锌矿砂为原料,与稀硫酸溶液反应,制成粗制硫酸锌溶液,将溶液加热至 80~90℃,加入高锰酸钾氧化除掉铁、锰,然后加热至 80℃,加入锌粉,置换清液中铜、镍、镉,置换后再用高锰酸钾在 80~90℃进行第二次氧化除杂质,得到精制硫酸锌溶液,用纯碱中和至 pH 值为 6.8,生成碱式碳酸锌,经过滤、漂洗除去硫酸盐和过量碱,再经干燥和在 500~550℃焙烧,得到活性氧化锌		

● 纳米氧化铝

化学名	纳米三氧化二铝	相对分子质量	101.96
英文名	aluminium oxide	外观	白色微细粉末
分子式	Al₂O₃	相对密度	α-Al₂O₃:3.90~4.00;γ-Al₂O₃:3.40~3.90

质量标准				
产品号	AF05	AF07	SAN120#	SAN100#	SAN80#
外观	微粉	红色粉末	红色浆料		
含量	≥99.5%				
粒径	27nm				
比表面积	35m²/g	38m²/g	—	—	—
灼烧失重	≤0.40%	≤0.40%	—	—	—
水分	—	—	<60%		
pH 值	—	—	6.0		
应用性能	用作环氧树脂胶黏剂的增强剂				
用量	参考用量为 1%~5%				
生产方法	以硝酸铝为原料,柠檬酸为分散剂,以水和无水乙醇为溶剂,采用溶胶-凝胶结合超临界干燥的方法制备了纳米 AlOOH,经过 500~900℃焙烧后得到纳米 γ-Al₂O₃				

● 硼酸镁晶须

别名	焦硼酸镁晶须	外观	白色固体粉末
英文名	magnesium borate whisker	熔点	1360℃
分子式	Mg₂B₂O₅	相对密度	2.91
相对分子质量	150.25	溶解性	耐腐蚀、不溶水
质量标准	白色纤维状粉末;含量≥98.0%;直径≤2μm;长度≤50μm;水分≤0.5%		

应用性能	用作胶黏剂的增强剂，还可以用作无卤添加型阻燃剂
用量	按生产需要适量使用
生产方法	①以氧化镁、硼酸为原料，在氯化钾助熔剂存在下进行熔融，得到不含块状物的晶须，晶须大小采用添加晶种的方式进行控制 ②以氯化镁和硼酸为原料，经充分混合，添加适量水混炼成型，在750～950℃的温度下，加热1～50h，使晶须成长，得到的硼酸镁晶须生成物冷却后用水处理即可

● 硼酸铝晶须

英文名	aluminum borate whisker	外观	白色粉末
分子式	$9Al_2O_3 \cdot 2B_2O_3$	熔点	1440℃
相对分子质量	1056.88	相对密度	2.93

质量标准			
外观	白色针状粉末	平均晶须直径	0.5～1.0μm
水分，w	≤0.5%	平均晶须长度	5～30μm
Al_2O_3，w	83.5%～86.5%	比表面积	2.0～2.3m^2/g
B_2O_3，w	12%～14%	线膨胀系数	4.2×10^{-6}℃$^{-1}$
密度	2.90～2.94g/cm^3	pH值	5.5～7.5
应用性能	可用作塑料、金属、陶瓷等的补强材料。作为塑料补强剂使用时，与玻璃纤维比较，对微小、复杂形状的塑料成型品可以起到补强作用；亦可作聚碳酸酯树脂的补强材料		
用量	按生产需要适量使用		
生产方法	(1)熔融法　将氧化铝和硼酸或氧化硼混合，在2100℃下熔融，然后冷却，成长为晶须 (2)气相法　在1000～1400℃下，将水蒸气通入到气体状态的氟化铝和氧化硼中，得到硼酸铝晶须		

● 硫酸钙晶须

别名	石膏晶须；石膏纤维	相对分子质量	136.14
英文名	calcium sulfate whisker	熔点	1450℃
分子式	$CaSO_4$	相对密度	2.96～3.0
溶解性	与树脂、塑料、橡胶等相容性好		

质量标准			
外观	白色细小纤维粉末	拉伸强度	2.06GPa
松装密度	≤0.3g/cm^3	拉伸模量	178GPa
直径	1～6μm	莫氏硬度	3～4
长度	100～200μm	水溶性(22℃)	<0.02%

应用性能	可用于树脂、塑料、橡胶、涂料、油漆、造纸、沥青、摩擦和密封材料中作补强增韧剂或功能型填料;又可直接作为过滤材料、保温材料、耐火隔热材料、红外线反射材料和包覆电线的高绝缘材料
用量	按生产需要适量使用
安全性	不燃,无毒
生产方法	(1)水热法　将小于 2%的二水石膏悬浮液加到水压热器中处理,在饱和蒸气压下,二水石膏变成变成细小针状的半水石膏,再经晶型化处理得到半水硫酸钙晶须 (2)微乳法　分别配制钙盐和硫酸盐溶液,并进行机械搅拌,混合后轻微搅拌,陈化 24h 得到硫酸钙晶须 (3)海盐卤水法　以海盐卤水经石灰乳处理后的卤渣为原料,加入工艺废酸溶解、搅拌,调至 pH 为 2～3,加热溶液至沸腾,此时,残渣中大部分钙离子已进入溶液中,趁热过滤,冷却后的白色晶体即是硫酸钙晶须,所得产品纯度>98%,达到工业一级品标准

2.11.2　水泥增强剂

● 亚甲基二萘磺酸钠

别名	扩散剂 NNO;亚甲基二萘磺酸二钠;萘磺酸甲醛缩合物钠盐;亚甲基双萘磺酸二钠盐
英文名	dispersing agent NNO
分子式	$C_{21}H_{14}O_6S_2Na_2$
结构式	NaO₃S—[萘环]—CH₂—[萘环]—SO₃Na
相对分子质量	472.4
外观	米黄色粉末
密度	1.165～1.167g/mL
溶解性	易溶于水,耐酸、耐碱、耐盐、耐硬水。扩散性能好,对蛋白质及聚酰胺纤维有亲和力,对棉麻等纤维无亲和力
质量标准	米棕色粉末;扩散力≥120min;硫酸钠(w)≤3%;pH 值 7～9;细度(通过 60 目筛的残余物含量)≤5%
应用性能	一种阴离子表面活性剂,用作水泥减水剂和增强剂;用作染色的匀染剂、制造色淀的分散剂,也用作还原染料的稀释剂。橡胶工业用作填料和助剂的分散剂;制革工业中用作染色助剂和助鞣剂;农药分散剂

安全性	低毒,对呼吸道及鼻腔有刺激作用
生产方法	本品制备中包括精萘磺化、2-萘磺酸与甲醛缩合、缩合产物中和三大步骤 萘磺酸的制备:将萘和98%的硫酸投入反应釜中,萘与硫酸的摩尔比为1∶1;升温至160~180℃,反应4h,冷却结晶,经过滤得成品(Ⅰ) 2-萘磺酸甲醛的制备:将(Ⅰ)投入缩合釜,加入过量的甲醛,在196kPa压力下缩合,得2-萘磺酸甲醛粗品(Ⅱ) 缩合产物中和:将(Ⅱ)投入中和釜中加碱中和至pH值8~10,冷却结晶,滤除无机盐溶液,固体物经干燥得亚甲基二萘磺酸钠

2.11.3　工业用增强剂

● 邻苯二甲酸二烯丙酯

别名	1,2-苯二甲酸二烯丙酯、DAP单体、邻酞酸二烯丙酯		
英文名	diallyl phthalate	相对分子质量	246.26
分子式	$C_{14}H_{14}O_4$	熔点	$-70℃$
结构式		沸点	158℃(0.53kPa)
		密度	1.121g/mL(25℃)
外观	无色或淡黄色油状液体,气味温和,有催泪性		
溶解性	不溶于水,溶于乙醇、乙醚、丙酮、苯等有机溶剂,在矿物油、甘油、乙二醇中部分溶解		

质量标准	产品等级	一级品	二级品
	外观	无色或淡黄色透明油状液体	
	折射率(25℃)	1.5170~1.5178	1.5165~1.5180
	色号(Pt-Co)	≤80号	≤100号
	酸值(以KOH计)	≤1mg/g	≤3mg/g

应用性能	反应型增塑剂,主要用于制备邻苯二甲酸二异丙酯树脂,用作不饱和聚酯树脂的交联剂、纤维素树脂的增强剂;用作在不加抑制剂时即能自行聚合的树脂类的增塑剂

用量	按生产需要适量使用
安全性	易燃液体,有毒,经口-大鼠 $LD_{50}:656mg/kg$
生产方法	苯酐与液碱反应生成邻苯二甲酸钠盐,再与氯丙烯 $40\sim60℃$,常压下酯化而得粗品;经过滤、中和、水洗、减压蒸馏,即为成品

2.12 增 韧 剂

增韧剂是指能增加胶黏剂膜层柔韧性的物质,具有降低复合材料脆性和提高复合材料抗冲击性能的一类助剂。凡能减低脆性,增加韧性,而又不影响胶黏剂其他主要性能的物质都可称为增韧剂。增韧剂一般都含有活性基团,能与树脂发生化学反应,固化后不完全相容,有时还要分相,会获得较理想的增韧效果,使热变形温度不变或下降甚微,抗冲击性能又能明显改善。

增韧剂根据其活性可分为活性增韧剂与非活性增韧剂两类。活性增韧剂是指其分子链上含有能与基体树脂反应的活性基团,它能形成网络结构,增加一部分柔性链,从而提高复合材料的抗冲击性能。非活性增韧剂则是一类与基体树脂很好相容,但不参与化学反应的增韧剂,如苯二甲酸酯类。

增韧剂根据其性质分为橡胶类增韧剂和热塑性弹性体类增韧剂。

(1) 橡胶类增韧剂 该类增韧剂的品种主要有液体聚硫橡胶、液体聚丁二烯橡胶、丁腈橡胶、乙丙橡胶及丁苯橡胶等。

(2) 热塑性弹性体 热塑性弹性体是一类在常温下显示橡胶弹性,在高温下又能塑化成型的合成材料。这类聚合物兼有橡胶和热塑性塑料的特点,它既可以作为复合材料的增韧剂,又可以作为复合材料的基体材料。这类材料主要包括聚氨酯类、苯乙烯类、聚烯烃类、聚酯类和聚酰胺类等产品。

● 液体丁腈橡胶、端羧基液体丁腈橡胶

通用名	液体丁腈橡胶	端羧基液体丁腈橡胶
别名	LNBR;2-丙烯酸与 1,3-丁二烯和 2-丙烯腈的聚合物	CTBN
英文名	liquid nitrile rubber	carboxy-terminated liquid nitrile rubber

数均分子量	1500～4500	2500～4500
外观	微黄色,透明,无味	琥珀色透明黏稠液体
密度	—	0.948～0.955g/cm³（25℃）

质量标准

型号	Ⅰ型	Ⅱ型	Ⅲ型	Ⅳ型	Ⅰ型	Ⅱ型（HY-15）	Ⅲ型（HY-25）
数均分子量	≥3000	≥2700	≥2500	≥2300	≤2500	2500～3500	≥3400
黏度(40℃)/Pa·s	≤20.0	≤15.0	≤25.0	≤8.0	7～13	≤30	≤60（70℃）
羟基/(mmol/g)	≥0.50	≥0.45	≥0.40	0.55～0.70	0.50	0.045	0.040
结合丙烯腈,w/%	8.5～11.5	13～17	18～22	4.5～6.5	8～12	12～18	20～28
水分,w/%	≤0.050	≤0.050	≤0.050	≤0.050	≤0.05	≤0.05	≤0.05
过氧化物(以 H_2O_2 计),w/%	≤0.050	≤0.050	≤0.050	≤0.050	—	—	—
灰分,w/%	—	—	—	—	≤0.05	≤0.05	≤0.05
应用性能	用作环氧树脂和酚醛树脂等胶黏剂的增韧剂				用作环氧树脂胶黏剂的增韧剂		
用量	20～30 份				15～35 份		
生产方法	主要采用自由基聚合历程,即以自由基机理进行的乳液聚合和溶液聚合				丁二烯和丙烯腈采用过氧化戊二酸为引发剂,无水酒精或四氢呋喃为溶剂,通过自由基聚合制备而得		

● 端羟基液体聚丁二烯橡胶、端羧基液体聚丁二烯橡胶

通用名	端羟基液体聚丁二烯橡胶	端羧基液体聚丁二烯橡胶
别名	HTPB;羟丁胶	CTPB
英文名	hydroxy-terminated liquid polybutadiene rubber	carboxyl-terminated liquid polybutadiene rubber
相对分子质量	2000～3500	1000～5200
外观	淡黄色透明黏稠液体	浅黄色或棕黄色黏稠液体
密度	0.94g/cm³	

				质量标准		
型号	Ⅰ型	Ⅱ型	Ⅲ型	Ⅳ型	Ⅰ型(溶液法)	Ⅱ型(乳液法)
外观		无色或浅黄色黏稠液体			—	—
数均分子量	≤2300	2300～2800	2800～3500	3500～4500	≤4500	≥2800
黏度(40℃)/Pa·s	≤3.0	≤5.0	≤6.0	≤9.0	5～30	≤8
羟基/(mmol/g)	>1.0	0.80～1.00	0.65～0.80	0.55～0.65	0.03～0.07	0.040～0.055
铁(Fe),w/%	—	—	—	—	—	≤0.03
水分,w/%	≤0.10	≤0.10	≤0.10	≤0.10	≤0.05	≤0.05
过氧化物(以 H_2O_2 计),w/%	≤0.05	≤0.05	≤0.05	≤0.05		
应用性能	用作环氧树脂胶黏剂的增韧剂;用于制造密封材料				用作环氧树脂胶黏剂和密封剂的增韧剂;也用于制造密封材料	
用量	按生产需要适量使用				按生产需要适量使用	
生产方法	由过氧化氢引发丁二烯合成的而得				用环己酮过氧化物按乳液聚合工艺制得:以环己酮过氧化物为引发剂,硫酸亚铁为还原剂,使用非离子型乳化剂,羧基来源于1-羟基环己氧基重排为己酸自由基。反应混合物用盐酸催化,用 $CHCl_3$ 萃取多次,所得聚合物在真空下除去 $CHCl_3$,最终得产品	

● 羧基液体丁腈橡胶

别名	CRBN	相对密度	0.960
英文名	liquid carboxylated nitrile rubber	溶解性	与树脂相容性好,耐油性优良
外观	淡黄色黏稠液体		

		质量标准	
外观	淡黄色黏稠液体	挥发分,w/%	≤1.0
丙烯腈结合量,w/%	30～35	灰分,w/%	≤1.0
丙烯酸结合量,w/%	4～8	特性黏度(η)/(dL/g)	8～13
应用性能	用作环氧树脂和酚醛树脂胶黏剂的增韧剂		
用量	参考用量10～30份		
生产方法	以丁二烯、丙烯腈和丙烯酸为聚合单体,过硫酸盐为引发剂,十二烷基叔硫醇为分子量调节剂,采用中温乳液聚合法合成羧基丁腈液体橡胶		

聚砜

别名	双酚 A-4,4'-二苯基砜;PSF;PSU	外观	琥珀透明固体材料
英文名	polysulfone	密度	1.24g/mL(25℃)(lit.)
分子式	$C_{81}H_{66}O_{12}S_3X_2$	溶解性	可溶于二氯甲烷、二氯乙烯和芳烃
结构式			

质量标准

型号	P-7303	P-7302	型号	P-7303	P-7302
外观	粉状颗粒	着色颗粒	冲击强度/(kJ/m²)	≥314	≥206
密度/(g/cm³)	1.24	1.26~1.34	布氏硬度	≥10	≥10
比浓黏度(η)	0.52~0.65	0.45~0.51	马丁耐热/℃	150	150
拉伸强度/MPa	≥73	≥73			
应用性能	用作环氧树脂胶黏剂的增韧剂				
用量	参考用量 25~50 份		安全性	无毒	
生产方法	以双酚 A 和 4,4'-二氯二苯基砜为原料,经缩聚反应制备而成				

聚乙烯醇缩丁醛

别名	PVB	外观	白色粉末
英文名	polyvinyl butyral	熔点	165~185℃
分子式	$C_{16}H_{28}O_5$	密度	1.08~1.10g/cm³
溶解性	不溶于水;可溶于醇类如甲醇、乙醇、丁醇、酮类如丁酮、环己酮,氯代烃类如氯乙烷、二氯乙烷,芳烃类如苯、甲苯、二甲苯;极易溶于醇-苯混合溶剂。与邻苯二甲酸酯、癸二酸酯等增塑剂,以及硝酸纤维素、酚醛树脂、环氧树脂等有良好的相溶性		

质量标准							
型号	SD-1	SD-2	SD-3	SD-4	SD-5	SD-6	SD-7
外观	白色粉末						
黏度(10%乙醇溶液)/Pa·s	<5	5～10	11～20	21～30	31～60	61～100	>100
缩醛度/%	68～88						
酸值(以KOH计)/(mg/g)	≤4.0	≤4.0	≤2.0	≤2.0	≤1.0	≤1.0	≤1.0
灰分,w/%	≤0.10	≤0.10	≤0.08	≤0.08	≤0.10	≤0.10	≤0.10
挥发分,w/%	≤3.0					—	—
含量/%	≥98.0						
透明度	透明或微透明						
应用性能	用作环氧树脂、酚醛树脂、不饱和聚酯树脂等胶黏剂的增韧剂						
用量	参考用量10～30份						
安全性	可燃,无毒,LD_{50}>10000mg/kg						
生产方法	(1)一步溶解法 醋酸乙烯本体聚合形成聚醋酸乙烯的甲醇溶液,加盐酸进行醇解。醇解生成的PVA悬浮于乙醇和醋酸乙酯的混合溶剂中,并加入丁醛和盐酸进行缩醛反应,在回流温度下,反应8～10h。随着反应的进行,PVA完全溶解,最终形成均一的PVB溶液。然后加碱,调pH=6,再向溶液中加水,即生成PVB沉淀,经过仔细的水洗、中和、干燥,即可获得PVB成品 (2)一步沉淀法 醋酸乙烯本体聚合,生成聚醋酸乙烯,加水混合,进行水解,当水解接近结束时,加入丁醛,在酸催化和强烈搅拌下缩醛反应迅速进行,生成的PVB从反应液中沉淀析出,经过水洗、中和、干燥,即可获得PVB成品 (3)两步溶解法 将PVA制成甲醇的悬浮液,加入盐酸和丁醛,进行缩醛化反应,随着反应的进行,PVA逐渐溶解,形成均一的溶液,而后加水,使PVB析出,经水洗、中和、干燥,即可获得PVB成品 (4)PVA为原料法 在8%～10%的PVA水溶液中,加入盐酸和丁醛,其比例为PVA:HCl:丁醛=100:8:57。反应达到一定程度后,反应由均相变成非均相,PVB沉淀析出。继续在70℃反应,反应完成后,将沉淀物水洗、中和、干燥,即得PVB成品						

● 聚乙二醇

别名	α-氢-ω-羟基(氧-1,2-乙二基)的聚合物、聚氧化乙烯(PEO-LS)、聚乙二醇400、聚乙二醇12000、聚乙二醇6000、聚乙二醇2000
英文名	poly(ethylene glycol)
分子式	$HOCH_2(CH_2OCH_2)_nCH_2OH$
平均分子量	200～7000
外观	从无色无臭黏稠液体至蜡状固体
熔点	64～66℃

沸点	>250℃			
密度	1.27g/mL(25℃)			
溶解性	溶于水及许多有机溶剂,易溶于芳香烃,微溶于脂肪烃			

	型号	200	300	400	600
质量标准	外观	—	—	—	—
	平均分子量	190~210	285~315	380~420	570~630
	密度/(g/cm³)	1.127	1.127	1.128	1.128
	凝固点/℃	过冷	-15~-8	4~8	20~25
	黏度(99℃)/(×10⁻⁶m²/s)	4.3	5.8	7.3	10.5
	折射率(20℃)	1.459	1.463	1.465	1.467
	闪点(开杯)/℃	≥180	≥200	≥220	≥250
	pH值	5.5~7.5	5.5~7.5	5.5~7.5	5.5~7.5

应用性能	用作环氧树脂和聚乙烯醇胶黏剂的增韧剂;在医药、化妆品中作基质,在橡胶、金属加工、农药等工业中作分散剂、润滑剂、乳化剂、絮凝剂、流体减磨剂、纺织型浸润剂、助留助滤剂、黏结剂、增稠剂以及假牙固定剂等
安全性	急性经口毒性(小鼠)LD₅₀:33~35g/kg,腹膜内毒性LD₅₀:10~13g/kg。不刺激眼睛,不会引起皮肤的刺激和过敏
生产方法	将120#汽油加入反应釜中,在搅拌下加入异丙醇铝作催化剂(催化剂量为单体总量的1.01%~1.03%)。用氮气置换釜中空气后,加入单体环氧乙烷[m(溶剂):m(环氧乙烷)=2:1,质量比]。在10~20℃下反应4h。然后并逐渐升温至35~40℃,再反应3h。聚合反应结束后。将物料转移到蒸馏釜中,蒸出溶剂,冷却析晶,过滤,得粗产品;真空干燥得成品

● 聚醚酰亚胺

别名	PEI、双酚A四酰亚胺	外观	琥珀色透明固体
英文名	polyetherimide	密度	1.28~1.42g/cm³

质量标准			
外观	琥珀色透明固体	拉伸强度	≥110MPa
密度	1.27g/cm³	体积电阻率	2×10¹⁵Ω·cm
起始热分解温度	518.7℃	断裂伸长率	≥60%
玻璃化温度	210~215℃	阻燃性	UL 94 V-0级
吸水性	≤25%	弯曲强度	106~131MPa
热变形温度	200℃(1.82MPa)	冲击强度	140kJ/m²(无缺口) >6kJ/m²(缺口)
应用性能	用于环氧树脂增韧剂		
用量	参考用量20~25份		
生产方法	由4,4'-二氨基二苯醚或间(或对)苯二胺与2,2'-双[4-(3,4-二羧基苯氧基)苯基]丙烷二酐在二甲基乙酰胺溶剂中经加热缩聚、成粉、亚胺化而制得		

● 奇士增韧剂、196 不饱和聚酯树脂

通用名	奇士增韧剂	196 不饱和聚酯树脂		
英文名	qishi toughening agent	tough unsaturated polyster resin 196		
外观	无色至淡黄色透明黏稠液体	浅黄色透明黏性液体		
固含量	—	64%～70%		
黏度(25℃,涂-4 杯)	—	170～310s		
酸值(以 KOH 计)	—	17～25mg/g		
溶解性	可以任何比例与环氧树脂和酸酐混溶,对固化反应没有不良反应	—		
质量标准				
产品等级	—	优等品	一等品	合格品
外观	无色至浅黄色透明液体	浅黄色透明液体		
黏度(25℃)/mPa·s	900～5000			
密度/(g/cm³)	1.05～1.08			
黏度(涂-4 杯)/min	—	2.5～5	2～5	0.5～3.5
凝胶时间/min		6～8	4.5～10	4.5～20
酸值（以 KOH 计）/(mg/g)		17～25	17～25	25～35
应用性能	用作环氧树脂的增韧剂	用作环氧树脂胶黏剂的增韧剂		
用量	参考用量为环氧树脂的 20%～30%	参考用量 10～20 份		
生产方法	一种带有不同活性端基通过酯键或氨酯键将不同种类的链段连接起来的聚合物混合物	用不饱和二元酸、饱和二元酸和二元醇熔融缩聚后再用苯乙烯交联而得产品		

2.13　防　老　剂

　　高分子化合物由于受热、光照和氧气的作用而发生降解及交联反应，破坏了高分子材料的结构并降低了物理机械性能的现象，称作高分子材料的"老化"。为了抑制或减缓高分子材料的老化过程，提高高分子材料的应用性能和寿命，通常在高分子材料中添加适当的物质。如果所加入的物质主要是为了防止高分子材料氧化或老化的，称作抗氧剂；主要防止热老化的物质，称热稳定剂；主要防止光老化的物质，称作光稳定剂。抗氧剂、热稳定剂和光稳定剂统称为"防老剂"。

　　橡胶的老化过程属自由基链反应，它不仅使橡胶分子链断裂（橡胶软化），也能引起链交联（橡胶硬化）。故防老剂按作用机理分类又分为自由基抑制剂和过氧化物分解剂。

　　防老剂按化学结构可分为五种：胺类、酚类、杂环类、亚磷酸酯类及其他类；还有一种是物理防老剂，如橡胶防护蜡、微晶蜡等，它们的

加入能在橡胶表面形成一层保护膜，隔绝氧和臭氧的侵蚀。

高效、多能、不污染、低毒、价格低廉是防老剂发展的主要方向。

（1）胺类防老剂　仲芳胺类抗氧剂具有 $\diagdown$N—H，能够提供 H 原子，使活性自由基终止。

$$Ar_2H—H+RO_2 \cdot \longrightarrow ROOH+Ar_2N \cdot$$

生成的自由基 $Ar_2N \cdot$ 兼具捕获活性自由基的能力，也可以终止第二个动力学链。

$$Ar_2N \cdot +ROO \cdot \longrightarrow Ar_2NOOR$$

叔胺类化合物，虽然不含—NH 反应官能团，但当它和自由基如（$RO_2 \cdot$）相遇时由于电子的转移而使自由基终止，因此也具有抗氧性。

生成较稳定的自由基，从而终止链的传递。

（2）受阻酚类防老剂　受阻酚抗氧剂含有—OH 官能团，比较容易供出 H 原子，使活性自由基终止，同时本身生成较稳定的自由基，从而终止链的传递。

$$ArOH+RO_2 \cdot \longrightarrow ROOH+ArO \cdot$$

此过程生成的芳基自由基比较稳定，它兼具捕获活性自由基的能力，因此还可以终止第二个动力学链。

$$Ar_2O \cdot +ROO \cdot \longrightarrow ROOAr_2O$$

大量研究认为，酚类抗氧剂的抗氧效能与其本身的分子结构有密切关系。例如，抗氧效能与酚羟基邻近位置烷基的多少和结构有很大关系。一般随着羟基邻位、对位烷基的增多以及取代基支链增多，抗氧效能增大。在羟基邻位引入斥电子基团如甲基、异丙基等，则抗氧效能显著增大，而引入吸电子基团如醛基、羧基等，则抗氧效能降低。

这种由于加大位阻而产生的效能就是所谓的"位阻效应"。支链烷基的取代基的引入，一方面使烷基酚能给出氢原子，同时生成的酚氧自由基也由于结构上的超共轭效应而稳定化，成为稳定的自由基。实际使用的受阻酚中，位阻选择比较适中。

常见的几种抗氧剂的抗氧能力有如下关系：

由于它具有胺类防老剂所不具备的不变色、不污染的特点，因而在塑料制品中广泛使用。

传统的受阻酚多是酚羟基邻位具有两个叔丁基的化合物，习惯上成为对称性受阻酚。近年来，非对称性受阻酚或半受阻酚开始出现，羟基邻位具有一个叔丁基和一个甲基的受阻酚化合物。新结构的受阻酚表现出更加优异的性能。

2.13.1 胺类防老剂

● 防老剂 RD、防老剂 A

通用名	防老剂 RD	防老剂 A
化学名	2,2,4-三甲基-1,2-二氢化喹啉聚合物	苯基-α-萘胺
英文名	antioxidant RD	antioxidant A
分子式	$(C_{12}H_{15}N)_n$	$C_{16}H_{13}N$
结构式	（n=2～4）	
相对分子质量	173.26n	219.27
外观	琥珀色粉末或树脂状物	紫色块状粉末
熔点	75～110℃	50℃
相对密度	1.12(25℃)	1.16(25℃)
溶解性	不溶于水，溶于苯、氯仿、丙酮及二硫化碳，微溶于石油烃	易溶于乙醇、乙醚、丙酮、氯仿、二硫化碳、醋酸乙酯。微溶于汽油，不溶于水
质量标准	软化点 80～100℃；熔点 75～110℃；加热失重≤0.5%；灰分≤0.5%	熔点 50℃；加热失重≤0.2%；灰分≤0.2%
应用性能	主要用作橡胶防老剂。适用于天然橡胶及丁腈、丁苯、乙丙及氯丁等合成橡胶。对热和氧引起的老化防护效果极佳，但对屈挠老化防护效果较差。需与防老剂 AW 对对苯二胺类抗氧剂配合使用。是制造轮胎、胶管、胶带、电线等橡胶制品常用的防老剂	萘胺类通用型橡胶防老剂，适用于天然胶、合成胶、再生胶和氯丁胶乳。本品还可用作聚丙烯、聚氯乙烯、聚乙烯、ABS 树脂等塑料热、氧稳定剂。本品也用作染料及其他有机产品的中间体
用量	用量 1～3 份	1～3 份
安全性	本品无毒，无腐蚀性，本品可燃，贮运时注意防火、防潮	易燃，有毒

| 生产方法 | 以苯胺、丙酮为原料生产,在有质子酸催化剂如对甲苯磺酸、磺酸、氯化氢等或催化剂如氯化铁、氯化铵等物质存在下进行缩合,制得单体后再在盐酸或氯化铵存在下进行聚合 | 将萘胺加入反应釜加热熔化后,于110~180℃下脱水 2~3h,加入苯胺和对氨基苯磺酸,搅拌均匀后,在搅拌下缓缓加热升温,控制温度在 25h 内升至 230~240℃进行缩合反应。反应中放出的氨用水和硫酸吸收,生成氨水和硫酸铵为副产品。待反应产生的氨量很少或已无氨放出时,停止反应。加纯碱中和至中性,进行离真空分馏。回收未反应的苯胺、萘胺后,再蒸出防老剂 A。经冷却、切片、包装,即为成品 |

● 防老剂 D、防老剂 H

通用名	防老剂 D	防老剂 H
化学名	苯基-β-萘胺	N,N'-二苯基-对苯二胺
英文名	antioxidant D	antioxidant H
分子式	$C_{16}H_{13}N$	$C_{18}H_{16}N_2$
结构式		
相对分子质量	219.27	260.34
外观	浅灰色至浅棕色粉末	灰褐色粉末
熔点	104~108℃	124~152℃
相对密度	1.18~1.23	1.20(25℃)
溶解性	极易溶于丙酮、苯、醋酸乙酯、氯仿、二硫化碳,可溶于乙醇、四氯化碳,微溶于汽油,不溶于水	可溶于苯、氯苯、甲苯、乙醚、丙酮、醋酸、二硫化碳。微溶于乙醇和汽油,不溶于水
质量标准	筛余物含量≤0.2%;熔点 104~108℃;水分含量≤0.2%;灰分≤0.2%	筛余物含量 1.0%;熔点 124~152℃;灰分≤0.4%
应用性能	重要的通用型防老剂之一。对氧、热、曲挠引起的老化有防护效能,对有害金属离子有一定抑制作用。广泛用于天然橡胶和各种合成橡胶,用于制造种深色橡胶制品。分散性好对硫化无影响,但污染性大,不适用于浅色和艳色制品。性能稍优于防老剂 A。还可作各种合成橡胶后处理和贮藏时的稳定剂,也可作聚甲醛的抗热防老剂	通用型防老剂,用于天然橡胶及乳胶。具有优良的抗挠曲龟裂性能,对热、氧、臭氧、光老化,特别是对铜害和锰害的防护作用甚佳。本品变色及污染严重,常用于制造轮胎及各种工业橡胶制品以及电线、电缆及与钢接触的胶料。本品还用作 ASS、聚甲醛、聚酰胺类工程塑料及聚氯乙烯等塑料的耐热防老剂

用量	0.5～1.5 份	0.2～1 份
安全性	有毒	可燃,低毒
生产方法	将苯胺与萘酚按质量比为 4.28：6.63 投入反应釜,加热熔融后,搅拌下继续加热至 132℃ 以上,再加入 0.09 份的苯胺盐酸盐为催化剂,升温至 170℃反应 4h,然后升温至 250℃,继续进行反应,直到 2-萘酚的含量在 1% 以下,加纯碱中和苯胺盐酸盐至中性,进行真空蒸馏。回收苯胺,一直到馏出温度达到 235～240℃时,取样分析釜液中苯胺含量,当用新配制的 10% 的漂白粉饱和溶液滴加样液不呈紫色反应,即可停止蒸馏,趁热出料、干燥、粉碎,即得成品	将对苯二酚与苯胺及催化剂磷酸三乙酯加入反应釜,搅拌下加热升温至 280～300℃,0.7MPa 压力下进行缩合。反应完成后,进行真空蒸馏。先在低真空下蒸出过量的苯胺,然后再在较高的真空下蒸出中沸物,将剩余的物料进行结晶、粉碎,即为成品

● 防老剂 DNP、防老剂 AW

通用名	防老剂 DNP	防老剂 AW
化学名	苯乙烯化二苯胺	6-乙氧基-2,2,4-三甲基-1,2-二氢化喹啉
英文名	antioxidant DNP	antioxidant AW
分子式	$C_{26}H_{20}N_2$	$C_{14}H_{19}NO$
结构式		
相对分子质量	360.46	217.30
外观	浅灰色至紫灰色粉末	深褐色或棕褐色黏稠液体
熔点	235℃	—
沸点	—	169℃
相对密度	1.26	1.03(25℃)
溶解性	易溶于热苯胺和硝基苯,可溶于热醋酸,微溶于苯、醋酸乙酯、氯甲烷、乙醇、乙醚和丙酮,不溶于水、碱、汽油、四氯化碳	溶于苯、汽油、醚、醇、四氯化碳、丙酮、二氯乙烷,不溶于水
质量标准	β-萘酚含量≤0.3%;熔点 235℃;加热减重≤0.5%;灰分≤0.5%	—
应用性能	天然胶、合成胶和胶乳类以及塑料用的通用型防老剂,又是金属络合剂。在橡胶中分散良好	酮胺类防老剂,对臭氧引起的龟裂有优良的防护性能,污染性大,不可用于浅色制品

用量	0.2～1 份	1～2 份
安全性	无毒	无毒
生产方法	将 β-萘酚与对苯二胺按质量比 1：0.3 投入高压釜中，加热至 260～265℃下进行缩合反应。反应终了将产物加入到酒精中加热回流，然后冷却结晶、过滤、洗涤、干燥、打粉即得成品。将滤液、洗液合并蒸馏，回收酒精	将对氨基苯乙醚和丙酮及催化剂苯磺酸加入反应釜，搅拌下升温至 155～165℃，进行缩合反应。反应生成的水和未反应的丙酮返回丙酮蒸发器回收丙酮循环使用。缩合反应完成后，将产物蒸馏、减压蒸馏，即得成品

● 防老剂 4010、防老剂 4010NA

通用名	防老剂 4010	防老剂 4010NA
化学名	N-苯基-N'-环己基-对苯二胺	N-异丙基-N'-苯基对苯二胺
英文名	antioxidant 4010	antioxidant 4010NA
分子式	$C_{18}H_{22}N_2$	$C_{15}H_{18}N_2$
结构式		
相对分子质量	266.38	226.31
外观	浅灰色至深褐色颗粒状	浅红色至紫红色结晶粉末或片品
熔点	103～115℃	70～85℃
相对密度	1.29～1.34	1.14（25℃）
溶解性	溶于丙酮、甲苯、醋酸乙酯、二氯甲烷、乙醇，微溶于溶剂汽油和庚烷，不溶于水和酸	溶于甲苯、醋酸乙酯、二氯甲烷、丙酮、二硫化碳、乙醇，难溶于溶剂汽油，不溶于水
质量标准	筛余物含量≤0.5%；熔点 103～115℃；加热减量≤0.2%；灰分≤0.3%	熔点 70～85℃；加热减量≤0.3%；灰分≤0.2%
应用性能	通用型防老剂和抗臭氧剂，可单用，也可与其他防老剂并用，适用于深色的天然橡胶和合成橡胶制品。可用于轮胎胎体、胶带和其他橡胶制品，最好与防老剂 RD 并用，强化其防老性能	通用型优良防老剂，对臭氧、挠曲龟裂的防护性能特佳，与萘胺类防老剂并用，能产生很好的协同效果。适用于天然橡胶、丁苯橡胶、顺丁橡胶、氯丁橡胶丁腈橡胶及乳胶。对氯丁胶黏剂具有优良的抗氧和抗臭氧作用
用量	用量超过 1 份有喷霜倾向	用量不大于 3 份
安全性	低毒，对皮肤和眼睛有一定的刺激性	可燃，其粉尘与空气混合物有爆炸危险，低毒
生产方法	苯基对苯二胺和环己酮为原料，发生缩合反应生成席夫碱，席夫碱再与甲酸反应制得产品	对硝基氯苯与苯胺（摩尔比 1：1.78）在铜催化剂（如氧化铜和缚酸剂碳酸钾）的存在下，于 170～215℃常压缩合 14h，得 4-硝基二苯胺，以对硝基氯苯计，收率 90.6%。所得 4-硝基二苯胺可采用硫化碱或加氢还原，亦可在 20～50℃电化学还原，收率 96%

防老剂 4020、防老剂 4030

通用名	防老剂 4020	防老剂 4030
化学名	N-(1,3-二甲基丁基)-N'-苯基-对苯二胺	N,N'-双(1,4-二甲基戊基)-对苯二胺
英文名	antioxidant 4020	antioxidant 4030
分子式	$C_{18}H_{24}N_2$	$C_{20}H_{36}N_2$
结构式		
相对分子质量	268.40	226.31
外观	灰黑色固体或紫黑色片状体	红棕色黏稠液体
熔点	45~52℃	—
沸点	308℃	237℃
相对密度	0.986~1.100	0.90~0.91
溶解性	溶于苯、丙酮、乙酸乙酯、二氯乙烷、甲苯,不溶于水	溶于二硫化碳、氯仿、苯、石油醚、乙醇,不溶于水
质量标准	熔点 45~52℃;加热减量≤0.5%;灰分≤0.3%	熔点 237℃;加热减量≤0.5%;灰分≤0.1%
应用性能	用作橡胶型胶黏剂的防老剂,对热、氧、臭氧和铜等金属有良好的防护效果,适用于丁腈橡胶、氯丁橡胶、丁苯橡胶、天然橡胶等	为天然橡胶及各种合成橡胶的有效的抗臭氧化防护助剂,静态下抗臭氧老化效果极佳,明显优于抗臭氧老化性能优异的防老剂 4010NA 和 4020,但是在动态抗臭氧作用不大。因而特别适用于长期处于静态条件的橡胶制品
用量	0.5~3 份	0.5~1 份
安全性	有毒	低毒,对皮肤有刺激性
生产方法	4-氨基二苯胺与甲基异丁基酮在高温高压下进行还原烷基化反应而得	对苯二胺与 5-甲基-2-己酮在催化剂存在下还原烃化反应制得,反应温度为 190~200℃

2.13.2　酚类防老剂

● 防老剂 264、防老剂 2246

通用名	防老剂 264	防老剂 2246
化学名	2,6-二叔丁基-4-甲基酚	2,2′-亚甲基双(4-甲基-6-叔丁基苯酚)
英文名	antioxidant 264	antioxidant 2246
分子式	$C_{15}H_{24}O$	$C_{23}H_{32}O_2$
结构式		
相对分子质量	220.36	340.51
外观	淡黄色结晶粉末	白色粉末
熔点	68～70℃	125～133℃
沸点	257～265℃	—
相对密度	1.048	1.04
溶解性	溶于苯、甲苯、甲醇、乙醇、异丙醇、丁酮、石油醚、四氯化碳、醋酸乙酯	易溶于苯、丙酮、四氯化碳、乙醇,不溶于水
质量标准	熔点 68～70℃;加热减量≤2.0%;灰分≤0.4%	熔点 125～133℃;加热减量≤0.5%;灰分≤0.5%
应用性能	本品是合成橡胶、聚乙烯、聚氯乙烯的稳定剂,是橡胶中常用的酚类防老剂对天然橡胶、顺丁橡胶、丁苯橡胶、乙丙橡胶等合成橡胶、丙烯酸酯及乳胶制品的热氧老化有防护作用,本品更能抑制铜害,与抗臭氧及蜡并用可防气候的各种因素对硫化胶的损害本品在橡胶中易分散,防老剂 264 可直接混入橡胶或作为分散体加入胶乳中,可用于制造轮胎的侧壁、白色、艳色和透明色的各种橡胶及乳制品,以及日用、医疗卫生、胶布、胶鞋和食用品橡胶制品	适用于浅色或艳色橡胶制品以及乳胶的浸渍制品、纤维浸渍制品、医疗卫生制品。在水中易分散,使用方便。在天然胶中能减少过硫时的不良影响,广泛用于天然橡胶、合成橡胶、胶乳以及其他多种合成材料和石油制品中。还可作为顺丁橡胶和乙丙橡胶的稳定剂。还可作为多种工程塑料的抗氧剂。如用于 ABS、聚甲醛、氯化聚醚、聚乙烯、四氢呋喃、有机玻璃等
用量	0.5%～1.5%	0.5%～1.5%
安全性	无毒	无毒
生产方法	对甲酚和异丁烯在催化剂(固体磷酸或者离子交换树脂)的作用下发生叔丁基化反应	以 2-叔丁基-4-甲酚、甲醛溶液、硫酸催化剂和表面活性剂为原料,水为溶剂,90～95℃进行缩合反应。反应结束后对产品进行分离、水洗、干燥、重结晶精制,最后得到目的产品

防老剂 1010、防老剂 300

通用名	防老剂 1010	防老剂 300
化学名	四[β-(3,5-二叔丁基-4-羟基苯基)丙酸]季戊四醇酯	4,4'-硫代双(6-叔丁基-3-甲基苯酚)
英文名	antioxidant 1010	antioxidant 300
分子式	$C_{73}H_{108}O_{12}$	$C_{22}H_{30}O_2S$
结构式		
相对分子质量	1177.65	358.5
外观	白色粉末	白色、淡黄色至褐色粉末
熔点	119～123℃	161～164℃
相对密度	1.15	1.06～1.12
溶解性	可溶于苯、丙酮、氯仿,微溶于乙醇,不溶于水	溶于乙醇、苯、丙酮、乙醚、石脑油中,微溶于石油醚,不溶于水
质量标准	熔点 119～123℃;挥发分≤0.5%;灰分≤0.1%	熔点 161～164℃;水分≤0.1%;灰分≤0.5%
应用性能	本品与大多数聚合物具有很好的相容性。有良好的防止光和热引起的变色作用。广泛用于 PE、PP、PS、聚酰胺、聚甲醛、ABS 树脂、PVC、合成橡胶等高分子材料中。也用来防止油脂和涂料的热氧老化	非污染型抗氧剂,适用于 PP、PE、PS 等塑料,也用作天然橡胶、合成橡胶和胶乳防老剂。并还适用于白色、艳色或透明制品。与炭黑共用时显示出优良的协同效应
用量	0.1～0.5 份	LDPE 0.05 份,HDPE 0.25 份
安全性	无毒	无毒
生产方法	将 2,6-二叔丁苯酚与丙烯酸甲酯在碱性条件下进行对位加成反应,生成中间产物 3,5-二叔丁基-4-羟基苯丙酸甲酯,经过结晶提纯后再与季戊四醇进行酯交换反应生成抗氧剂 1010 粗产品,粗产品精制后得到最终产品	将间苯酚、异丁烯、三氧化二铝和浓硫酸加入反应釜,搅拌下加热升温至 310～320℃进行烷基化反应。反应完成后,反应产物经中和、蒸馏而得 3-甲基-6-叔丁基酚与二氯化硫于温度为 45～50℃下反应。反应结束后用石油醚溶解并冷却结晶,然后再经过滤、洗涤、干燥,即得成品

● 防老剂 1076、防老剂 2246S

通用名	防老剂 1076	防老剂 2246S
化学名	β-(3,5-二叔丁基-4-羟基苯基)丙酸正十八碳醇酯	2,2'-硫代双(4-甲基-6-叔丁基苯酚)
英文名	antioxidant 1076	antioxidant 2246S
分子式	$C_{35}H_{62}O_3$	$C_{22}H_{30}O_2S$
结构式		
相对分子质量	530.86	358.5
外观	白色或微黄色粉末	白色粉末
熔点	50～55℃	79～84℃
相对密度	—	1.01
溶解性	溶于苯、丙酮、环己烷等,微溶于甲醇,不溶于水	易溶于汽油、氯仿、苯、石油醚,稍溶于乙醇,不溶于水
质量标准	熔点 50～55℃;挥发分≤0.5%;灰分≤0.1%	熔点 79～84℃;挥发分≤0.5%;灰分≤0.5%
应用性能	本品广泛用于聚乙烯、聚丙烯、聚甲醛、ABS 树脂、聚苯乙烯、聚氯乙烯醇、工程塑料、合成橡胶及石油产品中	本品是一种性能优良的防护热氧老化的防老剂,作为防老剂用于轮胎的胎侧、浅色制品和胶乳制品,也用作聚烯烃等的抗氧剂
用量	0.1～0.5 份	0.5～1 份
安全性	无毒	无毒
生产方法	将 10 份 β-(3,5-二叔丁基-4-羟基苯基)丙酸甲酯、8.36 份十八醇、1.44 份甲醇钠、1.14 份二甲基亚砜等投入酯交换釜,搅拌下加热升温使物料熔融、溶解,在 140℃左右反应 3h,然后冷却降温至80～90℃,用 1.6 份的醋酸中和甲醇钠。继续降温至 30℃,加入 12.6 份石油醚萃取反应物。搅拌后静置分层,从分去的废液中回收甲醇及醋酸钠。油层经水洗、冷却、结晶、过滤、干燥,即得粗产品	将 2-叔丁基-4-甲酚加入搪瓷反应釜,加热熔融后,搅拌下缓缓加入二氯化硫。在温度为 45～50℃下进行反应。反应结束后加入酒精,搅拌溶解后冷却、结晶,然后经过滤、酒精洗涤、过滤、干燥,即为成品

2.14 抗氧化剂

抗氧化剂是指能减缓或防止氧化作用的分子。氧化是一种使电子自物质转移至氧化剂的化学反应，过程中可生成自由基，进而启动链反应。当链反应发生在细胞中，细胞受到破坏或凋亡。抗氧化剂则能去除自由基，终止连锁反应并且抑制其他氧化反应，同时其本身被氧化。抗氧化剂通常是还原剂，例如硫醇、抗坏血酸、多酚类。抗氧化剂也是一种汽油中重要的添加剂。它可以防止油料在储存过程中氧化变质形成胶质沉淀从而妨碍内燃机的正常运转。

抗氧化剂被广泛应用在营养补充剂中。对于一些疾病比如癌症、冠心病甚至高原反应的预防作用已经得到研究。尽管先前的初步研究表明补充抗氧化剂可能促进健康，但后来对一部分抗氧化剂进行大量临床试验得到的结果并没有显示出补充抗氧化剂的好处，甚至发现过量补充某些公认的抗氧化剂可能有害。抗氧化剂在其他诸多领域也有用途，比如食品和化妆品防腐剂以及延缓橡胶的老化降解。

本来抗氧化剂一词特指那类可以防止氧气消耗的化学物质。在 19 世纪末至 20 世纪初，广泛研究集中在重要的工业生产过程对抗氧化剂的使用上，比如防止金属腐蚀、橡胶的硫化、由燃料聚合导致的内燃机积垢等。生物学对抗氧剂的研究早期集中在是如何使用抗氧化剂来避免不饱和脂肪酸氧化引起的酸败。可以通过将一块脂肪置于一个充氧的密封容器后对其氧化速率进行测定的简单方法度量抗氧化活性。然而随着具有抗氧化作用的维生素 A、维生素 C、维生素 E 的发现和确认，人们意识到抗氧化剂在生物体内起到生化作用的重要性。当认识到具有抗氧化活性的物质可能本身就容易被氧化的事实后，对抗氧化剂可能作用机理的探索首先开始。通过研究维生素 E 如何防止脂质过氧化，明确了抗氧化剂作为还原剂通过与活性氧物质反应来避免活性氧物质对细胞的破坏，达到抗氧化的效果。

抗氧化剂的作用机理比较复杂，存在着多种可能性：①有的抗氧化剂是由于本身极易被氧化，首先与氧反应，从而保护了食品。如维生素 E。②有的抗氧化剂可以放出氢离子将油脂在自动氧化过程中所产生的过氧化物分解破坏，使其不能形成醛或酮的产物。如硫代二丙酸二月桂酯等。③有些抗氧化剂可能与其所产生的过氧化物结合，形成氢过氧化物，使油脂氧化过程中断，从而阻止氧化过程的进行，而本身则形成抗氧化剂自由基，但抗氧化剂自由基可形成稳定的二聚体，或与过氧化自由基 ROO·结合形成稳定的化合物。如 BHA、BHT、TBHQ、PG、茶多酚等。

抗氧化剂作为食品添加剂可以帮助对抗食品变质。暴露在空气和阳光下是食物氧化的两大因素，所以为此可以将食物避光保存和存放在密封容器中，或者像黄瓜那样涂蜡包裹储藏。然而，氧气对于植物的呼吸作用也是十分重要的，将植物类食品在厌氧环境下存放后会产生难闻的气味和难看的颜色，所以新鲜的水果和蔬菜一般都储放在含 8％氧气的环境下。抗氧化剂是一类十分重要的防腐剂，不同于由细菌和真菌造成的食品变质，冰冻或冷藏食物仍然能被相对较快地氧化。这些有抗氧化作用的防腐剂包括天然的维生素 C 和维生素 E 及人工合成的没食子酸丙酯、TBHQ、BHT 和丁基羟基茴香醚。

不饱和脂肪酸是最常见的易被氧化的分子；氧化会引起它们的酸败。由于氧化后的脂类变色并产生类似金属或硫黄的味道，所以防止富含脂肪食品的氧化是非常重要的。因此这些含脂食物很少通过风干存放，而是代之以烟熏、盐渍或发酵的方法来储藏。即使是一些脂肪较少的食物比如水果在用空气干燥之前也喷撒含硫抗氧化剂。氧化反应经常需要金属催化，这就是为何像黄油这类的脂肪从不用铝箔包裹或存放在金属容器中的原因。一些含脂食物比如橄榄油由于食物本身就含有天然抗氧化剂所以能部分避免氧化，但仍然对光氧化很敏感。一些脂类化妆品，比如唇膏、润肤膏也需要加入抗氧化防腐剂避免酸败。

抗氧化剂通常添加到工业产品中，一个常见的用途就是作为燃料和润滑剂的稳定剂防止氧化，也可加在汽油中起到防止聚合从而避免引擎积垢形成的目的。2007 年，工业抗氧剂的全球市场总量达到 88 万吨，这创造了大约 37 亿美元（约合 24 亿欧元）的收入。

抗氧化剂广泛用于高分子聚合物诸如橡胶、塑料和黏合剂中，用于防止聚合物材料因氧化降解而失去强度和韧性。像天然橡胶和聚丁二烯这类聚合物的分子主链中都有碳碳双键，它们特别易受氧化和臭氧化反应的破坏而发生断裂，而抗氧化剂和抗臭氧化剂（Antiozonant）则能使其受到保护。随着材料的降解和主链的断裂，固体聚合物材料外露的表面开始出现裂纹。由氧化和臭氧氧化产生的裂纹会有所区别，前者产生碎石路状的裂纹效果，后者则是在拉伸应变的垂直方向上出现更深的裂纹。聚合物的氧化和紫外线照射下的降解经常是有关联的，主要是因为紫外线辐照会使化学键断裂产生自由基。产生的自由基与氧气反应产生过氧自由基会以链式反应的方式引起进一步的破坏。其他聚合物包括聚丙烯和聚乙烯也易受氧化的影响，前者对于氧化更为敏感是因为其主链的重复单元中存在仲碳原子，形成的自由基相比伯碳原子的自由基更为稳定，所以更易受到进攻而氧化。聚乙烯的氧化往往发生在链中的薄弱环节处，比如低密度聚乙烯中的支链点上。

抗氧化剂按来源分为天然抗氧化剂和合成抗氧化剂两类。天然抗氧化剂主要是指水果和蔬菜中所含的抗氧化剂。

所有水果和蔬果中都含有极高的天然抗氧化剂，如维生素 A、维生素 C、维生素 E、维生素 P、多酚等。茶叶中也含有天然抗氧化剂，如多酚等。研究表明水果和蔬菜中的天然抗氧化剂具有保护效果。例如，维生素 E 和 β-胡萝卜素可以保护细胞膜；维生素 C 可以排出细胞内的自由基，等等。天然抗氧化剂可以帮助人类预防心脏病和癌症等多种疾病，并能增进脑力，延缓衰老。

用于抗氧化剂开发的天然物质资源非常广泛，主要可归纳为以下几类。

（1）香辛料　是指一类具有芳香和辛香等典型风味天然植物性制品，或从植物（花、叶、茎、根、果实或全草等）所提取的某些香精油，包括八角、小豆蔻、生姜、姬茵香、芹菜、肉桂、丁香、月桂叶、肉豆蔻、马郁兰、薄荷属、迷迭香、风轮菜、鼠尾草、百里香、牛至草等。几百年前，香辛料就被用于增强食品香味、延长食品保存时间，近几十年，香辛料抗氧化性得到广泛关注和研究，香辛料主要抗氧化成分为酚类及其衍生物。

（2）中草药　许多学者认为某些中草药疗效与其抗氧化作用密切相关，中草药是继香辛料之后另一个很有潜力的天然抗氧化剂资源。

（3）茶叶　茶叶富含一类多羟基的酚性物质，称为茶多酚，是一类以儿茶素类为主体的多酚类，它们基本结构为 2-连（或邻）苯酚基苯并吡喃衍生物，是一种新型天然抗氧剂。在茶多酚中，起抗氧化作用的物质主要有以下四种：①表儿茶素；②表没食子儿茶素；③表儿茶素没食子酸酯；④表没食子儿茶素没食子酸酯。由于在结构中具有连或邻苯酚基，所以，抗氧化活性要比一般非酚性或单酚基类抗氧化剂强。

（4）食品类原料　谷物和食用油脂是较早用作天然抗氧化剂科学研究对象。人们从植物油中提取出其他抗氧化成分：芝麻酚、谷维素、棉酚、胡萝卜素、角鲨烯、磷脂、甾醇等。从大豆、豌豆、花生、燕麦、蚕豆中提取抗氧化剂研究也有不少报道。众多果蔬类植物亦表现出优异抗氧化性能。

迄今为止，所发现具有抗氧化性质天然物质结构类型主要有：黄酮、单宁、维生素类、醌、含氮化合物、植酸、甾醇、苯丙素、香豆素、萜类、烯酸等。

以天然抗氧化剂取代合成抗氧化剂是食品行业的发展趋势，天然植物是一种极有潜力的天然抗氧化剂资源，从天然植物中寻找新的清除体内自由基的抗氧化剂也将是现代医药、保健行业的发展方向，因为生物体内或食物中的脂类的氧化产物可能是许多疾病的诱因，而从天然药物中分离出来的许多抗氧化成分都有治疗作用。从天然植物中筛选和开发抗氧化作用确切、安全无毒的新品种或分离提取其有效抗氧化成分，已是当务之急。天然植物抗氧化作用有很大可挖掘的潜能，加之运用现代科学技术，结合现代中医药学理论，尽早创立中西医结合的抗氧化理论体系，定将有益于天然植物抗氧化剂的开发和应用。另外，天然抗氧化剂尚需在有效成分的抗氧化机理、协同作用、构效关系和分子设计等方面开展深入研究，为中草药开发抗氧化剂的应用奠定理论基础，同时要加强天然植物原料提取、分离纯化有效成分工艺研究，以尽快实现天然抗氧化剂的产业化。

人工合成抗氧化剂主要有 BHA（丁基羟基茴香醚）、BHT（二丁基羟基甲苯）、PG（没食子酸丙酯）、TBHQ（叔丁基对苯二酚）等。目前食用植物油中常用的是 TBHQ。TBHQ 的化学名是叔丁基对苯二酚，为白色或微红褐色结晶粉末，有一种极淡的特殊香味，对大多数油脂均有抗氧化作用。

抗氧化剂按溶解性可分为油溶性、水活性和兼溶性 3 类。油溶性抗氧化剂有 BHA、BHT 等；水溶性抗氧化剂有维生素 C、茶多酚等；兼溶性抗氧化剂有抗坏血酸棕榈酸酯等。

抗氧化剂按照作用方式可分为自由基吸收剂、金属离子螯合剂、氧清除剂、过氧化物分解剂、酶抗氧化剂、紫外线吸收剂或单线态氧淬灭剂等。

自由基吸收剂主要是指在油脂氧化中能够阻断自由基连锁反应的物质，它们一般为酚类化合物，具有电子给予体的作用，如丁基羟基茴香醚、叔丁基对苯二酚、生育酚等。

2.14.1 合成抗氧化剂

● 丁基羟基茴香醚

化学名	丁基羟基茴香醚
英文名	butylated hydroxyanisole
分子式	$C_{11}H_{16}O_2$
结构式	 H_3C—O——OH，CH_3，CH_3，CH_3
相对分子质量	180.24
熔点	48~63℃
沸点	170~175℃
密度	1.104g/mL
溶解性	不溶于水,在几种溶剂和油脂中的溶解度为:丙二醇50%,丙酮60%,乙醇25%,猪油(50g/100mL,50℃),玉米油(30g/100mL,25℃)
外观	无色至浅黄色蜡样晶体粉末或结晶,稍有石油类臭气或刺激性气味
含量	≥98.5%
应用性能	添加于食品中的抗氧化作用3-BHA比2-BHA强1.5~2倍,但两者混合有一定的协同作用,因此,含有高比例3-BHA的混合物,其效力几乎与纯3-BHA相仿。BHA能与油脂氧化过程产生的过氧化物作用,使油脂自动氧化的连锁反应切断,防止油脂继续氧化。BHA与其他抗氧化剂混合与增效剂柠檬酸等并用,其抗氧化作用更显著。除抗氧化作用外BHA还具有相当强的抗菌力,具有抗霉效果。作为食品添加剂,用于油脂、猪油、鱼贝盐腌品、鱼贝干制品、椒盐饼干、炸马铃薯薄片、方便面、油炸点心等的油的抗氧化剂。也用作饲料添加剂和汽油添加剂。3-叔丁基-4-羟基苯甲醚(2-BHA)还用作生化试剂 作为脂溶性抗氧化剂,适宜油脂食品和富脂食品。由于其热稳定性好,因此可以在油煎或焙烤条件下使用。另外丁基羟基茴香醚对动物性脂肪的抗氧化作用较强,而对不饱和植物脂肪的抗氧化作用较差。可稳定生牛肉的色素和抑制酯类化合物的氧化。与三聚磷酸钠和抗坏血酸结合使用可延缓冷冻猪排腐败变质。可稍延长喷雾干燥的全脂奶粉的货架期、提高奶酪的保质期。能稳定辣椒和辣椒粉的颜色,防止核桃、花生等食物的氧化。将丁基羟基茴香醚加入焙烤用油和盐中,可以保持焙烤食品和咸味花生的香味。延长焙烤食品的货架期。可与其他脂溶性抗氧化剂混合使用,其效果更好。如和二丁基羟基甲苯配合使用可保护鲤鱼、鸡肉、猪排和冷冻熏腊肉片。丁基羟基茴香醚或二丁基羟基甲苯、没食子酸丙酯和柠檬酸的混合物加入到用于制作糖果的黄油中,可抑制糖果氧化

用量	我国规定可用于食用油脂、油炸食品、饼干、方便面、速煮米、果仁罐头、干鱼制品和腌腊肉制品,最大使用量 0.2g/kg(最大使用量以脂肪计);与 BHT 混合使用,总量不得超过 0.2g/kg;与 BHT、PG 混合使用时,BHA 和 BHT 总量不得超过 0.1g/kg,PG 不得超过 0.05g/kg
安全性	①对热相当稳定,长时间光照颜色变深,在弱碱性条件下较稳定 ②如果遵照规格使用和储存则不会分解 ③避免接触氧化物
生产方法	①中间体对羟基苯甲醚的制备　将对氨基苯甲醚和亚硝酸钠按 1∶1.15 加入反应釜,在硫酸的存在下进行重氮化;反应完毕后保温过滤,并将滤液缓慢滴进热水中进行水解;生成的对羟基苯甲醚立刻用蒸汽提馏出来,冷凝后用苯萃取;除去溶剂,即得产品,平均收率为 84.7% ②BHA 的合成　将溶剂苯、叔丁醇和对羟基苯甲醚依次加入反应釜加热溶解,然后加入催化剂磷酸或硫酸,于 80℃ 强烈搅拌下回流反应;反应完毕后,放料静置分层;有机相先后用 10% 的氢氧化钠溶液和水洗至中性,除去溶剂,再经乙醇重结晶即得成品

● 没食子酸丙酯

化学名	没食子酸丙酯
英文名	propyl gallate,PG
分子式	$C_{10}H_{12}O_5$
结构式	
相对分子质量	212.20
外观	白色至淡褐色结晶性粉末或乳白色针状结晶,无臭,稍有苦味
熔点	146~148℃
溶解性	易溶于乙醇、丙酮和乙醚,难溶于三氯甲烷与水
含量	>99.7%
应用性能	是我国允许使用和国外广泛使用的油溶性抗氧化剂。PG 对猪油的抗氧化能力较 BHA 或 BHT 强些,与 BHA 和 BHT 混合时加增效剂则抗氧化作用最强。但对面制品的抗氧化作用不如 BHA 和 BHT 强。还可用作丁腈-酚醛等胶黏剂的抗氧剂
用量	我国规定可用于食用油脂、油炸食品、饼干、方便面、速煮米、果仁罐头、干鱼制品和腌腊肉制品,最大使用量 0.1g/kg
安全性	有铁和铁盐存在时颜色变深。25℃ 时溶解度:水中为 0.35g/100mL,乙醇中为 103g/100g,乙醚中为 83g/100g。30℃ 时在棉籽油中溶解度为 1.23g/100g,45℃ 时在猪油中溶解度为 1.14g/100g。低毒。150℃ 以上分解。光线能促进其分解。对热较稳定,遇光有利于分解,遇铜、铁离子呈紫色或暗绿色,有吸湿性。密封于阴凉、干燥处避光保存

生产方法	由没食子酸与丙醇酯化而得　将没食子酸、丙醇、苯、硫酸及对甲苯磺酸加入搪玻璃反应锅,加热脱水,回收苯,放置 2h。倒入水中,再放置 24h。甩滤得到粗品,粗品溶解于乙醇,过滤,将滤液加入水中结晶,过滤,干燥即得成品 ①没食子酸的制备　五倍子中含有 50%～70%的单宁,单宁水解可得没食子酸。 a. 发酵法　将风干的五倍子破碎至 0.5～1.0cm,筛去含虫粉,用 4 倍的水于40～60℃下浸提 18h;采用逆循环法共浸提 4 次,使最终浸提达相对密度1.058;浸提液在 50～60℃下用 5%的活性炭保温搅拌脱色 4h;趁热过滤,滤渣用水洗涤 4 次。合并滤液和洗液,于 60℃下减压浓缩,得到 30%～35%的单宁溶液;将其冷至室温后接入总液量 2%的黑曲霉种子,在 30℃左右发酵 8～9d,以清水洗涤沉淀物得粗没食子酸,再重结晶即得成品 b. 水解法　将 280kg 95%的硫酸加入 1670kg 20%的单宁溶液,在 105℃下搅拌水解 6h,或将 150kg 95%的硫酸加入 1670kg 20%的单宁溶液,在 133～135℃和 0.18～0.20MPa 下搅拌反应 2h。反应物冷却至 10℃;析出结晶,分离得粗品;再将其溶解于 70～80℃的水中,加入总液量 5%的活性炭,保温搅拌10min,趁热过滤;滤液冷却至室温,静置 12h,结晶,分离得第一次脱色精品;将其用同样的方法重结晶一次得第二次脱色精品,经干燥可得 200kg 的成品 ②PG 的合成　在带分水装置的烧瓶中加入 0.1mol 没食子酸、0.3mol 丙醇、20mL 苯或 60～80℃石油醚和 0.01～0.04mol 对甲苯磺酸,加热回流至无明显水分出时止;把反应混合物(呈浅紫红色)先常压后减压蒸出过量的丙醇和带水剂;在不断搅拌下,趁热将剩余物倒入冷水中,抽滤后先后用稀碱液和水洗至中性,再脱色,用水重结晶,并于 80℃烘干得熔点 147～148℃的白色针状结晶,收率 87.2%～89.5% 用 70%的高氯酸代替对甲苯磺酸,收率 88.1%～88.6%

●二丁基羟基甲苯

化学名	2,6-二叔丁基对甲酚
英文名	dibutyl hydroxy toluene,BHT
分子式	$C_{15}H_{24}O$
结构式	
相对分子质量	220.36
外观	无色结晶或白色结晶性粉末,无臭无味。遇光颜色变黄,并逐渐变深
熔点	69.5～71.5℃
沸点	265℃
密度	0.894g/mL
溶解性	易溶于乙醇(25%,25℃)、丙酮(40%)、苯(40%)、大豆油、棉籽油、猪油,不溶于水、甘油、丙二醇
含量	≥99.0%

应用性能	作通用型酚类抗氧剂。广泛用于高分子材料、石油制品和食品加工工业中。常用的橡胶防老剂。对热、氧老化有一定的防护作用,也能抑制铜害。单独使用没有抗臭氧能力,但与抗臭氧剂及蜡并用可防护各种因素对硫化胶的损害。当用量增至 3～5 份时亦不会喷霜。还可作为合成橡胶后的处理和贮存时的稳定剂,可用于丁苯橡胶、顺丁橡胶、乙丙橡胶、氯丁橡胶等胶种。是各种石油产品的优良抗氧添加剂。还可作食品加工工业用的抗氧剂,用于含油脂较多的食品中。用法有浸渍法、直接混合法、溶于乙醇后的混合法及喷雾法等国内外广泛使用的油溶性抗氧化剂。虽毒性较大,但其抗氧化能力较强,耐热及稳定性好,既没有特异臭,也没有遇金属离子呈色反应等缺点,而且价格低廉,仅为 BHA 的 1/8～1/5,我国仍作为主要抗氧化剂使用。一般与 BHA 配合使用,并以柠檬酸或其他有机酸为增效剂。本品也具有一定的抗菌作用,但较 BHA 弱
用量	在丁苯胶中亦可作为胶凝抑制剂。在橡胶中一般用量为 0.5～3 份。在油脂、黄油、鱼贝干制品、鱼贝类盐腌品、鲸肉冷冻品等中的用量为 0.2g/kg 以下,在口香糖中 0.75g/kg 以下。美国、日本和欧盟都将 BHT 作为法定的饲料添加剂,欧盟规定,在饲料中的最大用量为 150×10^{-6},可用于各种饲料。我国规定可用于食用油脂、油炸食品、饼干、方便面、速煮米、果仁罐头、干鱼制品和腌腊肉制品,最大使用量 0.2g/kg
安全性	对白色或浅黄色结晶体,遇光颜色变黄,并逐渐变深。无臭,无味,低毒,可燃。对热相当稳定,具有单酚型特征的升华性。抗氧化作用的原理与 BHA 相同,一般多与 BHA 并用,并以柠檬酸或其他有机酸为增效剂。存在于烤烟烟叶、白肋烟烟叶、香料烟烟叶、烟气中
生产方法	(1)将对甲酚、叔丁醇按摩尔比 1∶1.1 投入反应釜加热溶解。在催化剂磷酸作用下,于 65～70℃强烈搅拌下反应;反应完毕后,反应产物先用 10% 的氢氧化钠溶液洗至碱性,再用水洗至中性;除去溶剂,用乙醇重结晶即得成品 (2)在 98% 的对甲酚和 2% 浓硫酸的混合物中通入异丁烯,于 65～70℃下反应 5h;用 60℃的热水洗去酸,再先后用 10%NaOH 和热水洗至中性得粗品。将粗品溶于 50% 的热乙醇中,并添加 0.5% 的硫脲,趁热过滤、甩干、干燥即得成品,产率高达 90%～95%,纯度 99.5%,熔点>69.5℃ 工业上采用主、副塔串联工艺。先将对甲酚和催化剂加入主、副塔内,主塔温度控制在 65～80℃,副塔温度控制在 50～70℃。异丁烯气体从主塔底部通入,其大部分与主塔内对甲酚反应,剩余部分从主塔顶部出来,进入副塔底部进一步与对甲酚反应。主塔反应周期控制在 4～5h,当反应结束后,停止通异丁烯气体,加入 20% 的 NaOH 溶液,并用压缩气体鼓泡。中和后的烷基化产物经蒸馏塔(8 块理论塔板)分离得粗品。后者用 95% 的乙醇溶解,离子交换去无机盐,冷却至 10～20℃结晶、分离、真空干燥得到熔点大于 69℃的产品

● 叔丁基对苯二酚

化学名	叔丁基对苯二酚
英文名	*tert*-butylhydroquinone，TBHQ
分子式	$C_{10}H_{14}O_2$
结构式	
相对分子质量	166.22
外观	白色至浅灰色结晶或结晶性粉末，稍有特殊气味
熔点	126～129℃
沸点	295℃
相对密度(20℃)	1.05
溶解性	溶于乙醇、异丙醇、乙酸乙酯、乙醚、植物油和猪油，但不能与水互溶
含量	≥99.0%
应用性能	耐热性较差，不宜在煎炸、焙烤条件下使用，可与丁基羟基茴香醚一同使用来改善。对常温下植物油脂的贮藏效果较好。另外叔丁基对苯二酚还有一定的抗菌作用，尤其是在微酸条件下与食盐合用效果更好。叔丁基对苯二酚对其他的抗氧化剂和螯合剂有增效作用，柠檬酸的加入可增强其抗氧化活性。在植物油、膨松油和动物油中，叔丁基对苯二酚一般与柠檬酸结合使用。用活性氧的方法测定猪油的氧化稳定性时，叔丁基对苯二酚的作用等于丁基羟基茴香醚、超过二丁基羟基甲苯和没食子酸丙酯。将它掺入到包装材料中可有效地抑制猪油的氧化变质。对家禽脂肪，叔丁基对苯二酚比丁基羟基茴香醚、二丁基羟基甲苯或没食子酸丙酯更有效 特别是对植物油最有效。对各种粗制和精炼油的作用等于或超过丁基羟基茴香醚、二丁基羟基甲苯、没食子酸丙酯。在棉籽油、豆油和红花油中特别有效。叔丁基对苯二酚与柠檬酸、抗坏血酸棕榈酸酯结合使用，对豆油和由50%的豆油、50%的棉籽油组成的混合油有很高的抗氧化效果，对精炼、脱色、除臭的油酸橄榄酯的效果比没食子酸丙酯、丁基羟基茴香醚和二丁基羟基甲苯要好。对于肉制品，叔丁基对苯二酚可有效地延长冷冻馅饼产生腐败气味的时间
用量	《食品添加剂使用卫生标准》(GB 2760—2011)中规定：叔丁基对苯二酚可用于食用油脂、油炸食品、干鱼制品、饼干、方便面、速煮米、干果罐头、腌肉制品，其最大使用量为0.2g/kg。其他使用参考：中国台湾《食品添加剂使用范围及用量标准》规定：叔丁基对苯二酚可用于油脂、奶油，使用限量为0.2g/kg以下
安全性	遇铁、铜不变色 如果遵照规定使用和储存则不会分解，未有已知危险反应，避免氧化物
生产方法	(1)磷酸催化法　在甲苯、对苯二酚和60%磷酸的混合物中加入异丁烯或叔丁醇，在105℃下反应生成TBHQ，产率为89% (2)硫酸催化法　在浓硫酸或磺酸存在下，对苯二酚与叔丁醇于90℃下反应生成41.0%(摩尔分数)的TBHQ和5.1%(摩尔分数)的2,5-二叔丁基对苯二酚

● 抗坏血酸

化学名	维生素 C
英文名	L(+)-ascorbic acid
分子式	$C_6H_8O_6$
结构式	
相对分子质量	176.12
外观	通常是片状,有时是针状的单斜晶体
熔点	190~192℃
比旋光度$[\alpha]_D^{25}$	+20.5°~+21.5°
相对密度(20℃)	1.954
溶解性	易溶于水,略溶于乙醇,不溶于氯仿、乙醚、苯、石油醚、油类和脂肪
含量	≥99.0%
应用性能	①胶原蛋白的合成。胶原蛋白的合成需要维生素 C 参加,所以维生素 C 缺乏,胶原蛋白不能正常合成,导致细胞连接障碍 ②治疗坏血病。血管壁的强度和维生素 C 有很大关系。当体内维生素 C 不足时,微血管容易破裂,血液流到邻近组织。这种情况在皮肤表面发生,则产生淤血、紫癜;在体内发生则引起疼痛和关节胀痛。严重情况在胃、肠道、鼻、肾脏及骨膜下面均可有出血现象,乃致死亡 ③预防牙龈萎缩、出血。健康的牙床紧紧包住每一颗牙齿。牙龈是软组织,当缺乏蛋白质、钙、维生素 C 时易产生牙龈萎缩、出血 ④预防动脉硬化。可促进胆固醇的排泄,防止胆固醇在动脉内壁沉积,甚至可以使沉积的粥样斑块溶解 ⑤抗氧化剂。可以保护其他抗氧化剂,如维生素 A、维生素 E、不饱和脂肪酸,防止自由基对人体的伤害 ⑥治疗贫血。使难以吸收利用的三价铁还原成二价铁,促进肠道对铁的吸收,提高肝脏对铁的利用率,有助于治疗缺铁性贫血 ⑦防癌。丰富的胶原蛋白有助于防止癌细胞的扩散;维生素 C 的抗氧化作用可以抵御自由基对细胞的伤害防止细胞的变异;阻断亚硝酸盐和仲胺形成强致癌物亚硝胺 ⑧提高人体的免疫力。白细胞含有丰富的维生素 C,当机体感染时白细胞内的维生素 C 急剧减少。维生素 C 可增强中性粒细胞的趋化性和变形能力,提高杀菌能力
用量	用作抗氧化剂及食品营养强化剂。可用于发酵面制品,最大使用量为 0.2g/kg;也可用于啤酒,最大使用量为 0.04g/kg。我国规定可用于强化夹心硬糖,使用量为 2000~6000mg/kg;在高铁谷类及其制品(每天食这类食品50g)中使用量为 800~1000mg/kg;在强化婴幼儿食品中使用量为 300~500mg/kg;在强化水果罐头中使用量为 200~400mg/kg;在强化饮液及乳饮料中使用量为 120~240mg/kg;在强化果泥中使用量为 50~100mg/kg

安全性	在干燥空气中比较稳定,不纯品和许多天然产品,能被空气和光线氧化,其水溶液不稳定,很快氧化成脱氢抗坏血酸,尤其是在中性或碱性溶液中很快被氧化,遇光、热、铁和铜等金属离子均会加速氧化,能形成稳定的金属盐。为相对强的还原剂,贮存日久色变深,成不同程度的浅黄色。半数致死量(小鼠,静脉)LC_{50} 为 518mg/kg。遇空气和加热都易引起变质,在碱性溶液中易于氧化而失效。在空气条件下,在水溶液中迅速变质,是强还原剂
生产方法	以葡萄糖为原料,在镍催化剂下加压氧化成山梨醇,再经醋酸杆菌发酵氧化成 L-山梨醇,在浓硫酸催化下与丙酮反应生成双丙酮-L-山梨醇,再于碱性条件下经高锰酸钾氧化成 L-抗坏血酸。由葡萄糖制成 D-山梨醇,再氧化发酵,生成 L-山梨糖,经缩合生成二丙酮-L-山梨糖,再经氧化生成二丙酮-2-酮-L-葡萄糖酸,然后酯化成 2-酮-L-葡萄糖酸甲酯,与甲醇钠作用生成抗坏血酸钠,最后再与盐酸加热得到抗坏血酸

●异抗坏血酸

化学名	D-异抗坏血酸
英文名	D-araboascorbic acid
分子式	$C_6H_8O_6$
结构式	
相对分子质量	176.12
外观	其外观呈白色至浅黄色结晶体或结晶性粉末状。无臭,味酸。光线照射下逐渐发黑。干燥状态下,在空气中相当稳定。但在溶液中并在空气存在下迅速变质
熔点	166~172℃(分解)
比旋光度$[\alpha]_D^{25}$	$-18.0°\sim-16.5°$
溶解性	易溶于水、乙醇和吡啶,可溶于丙酮,微溶于甘油,不溶于乙醚和苯
含量	$\geqslant99.0\%$
应用性能	①D-异抗坏血酸主要用于食品工业和医药工业。作为食品抗氧化剂、防腐剂和发色助剂,广泛用于肉食品、鱼食品、啤酒、水果汁、水果、蔬菜罐头和油脂等。在实际应用时,几乎都使用其钠盐 ②异抗血酸在水处理领域中,主要用作锅炉水、循环冷却水和其他工业用水的脱氧剂
用量	主要用作抗氧化剂,防腐剂,发色助剂。一般用量(质量分数)为 0.1%~0.5%。FAO/WHO(1984,mg/kg):苹果调味酱罐头 150;午餐肉、熟肉末、熟猪前腿肉,熟火腿 500(以抗坏血酸计)。根据食品的种类,选用异抗坏血酸或其钠盐。防止肉类制品、鱼肉制品、鲸鱼制品、鱼贝腌制品、鱼贝冷冻品等的变质,或与亚硝酸盐、硝酸盐合用提高肉类制品的发色效果(如 pH 值在 6.3 以上,则与柠檬酸、乳酸等合用)。可防止保存期间色泽、风味的变化,以及由鱼的不饱和脂肪酸产生的异臭。肉类制品中的添加量为 0.5~0.8g/kg。冷冻鱼类常在冷冻前浸渍于 0.1%~0.6%的水溶液内。防止果汁、啤酒等饮料中因溶存氧引起的氧化变质。防止果蔬罐头变质。防止奶油、干酪等的脂肪氧化。在桃子、苹果酱中的用量为 0.2%,水果罐头 750~1500mL/L,天然果汁 80~110mL/L,啤酒 30mg/L

安全性	①在空气中相当稳定,但在溶液中空气存在下迅速变质 ②本品的抗氧化性较抗坏血酸佳,但耐热性较差。有强还原性,遇光则缓慢变色并分解,重金属离子会促进其分解 ③用内衬双层食品纸、聚乙烯塑料袋包装,夹层中放硅胶干燥剂,外用硬板纸箱或桶装 ④严禁与有毒、有害或其他污染物和氧化物质混贮。贮于干燥处,防潮、防受热
生产方法	(1)以玉米淀粉为原料,通过发酵成葡萄糖酸来制得。日本藤泽药品公司采用的工艺过程是:由玉米淀粉制得葡萄糖,然后制成 2-古罗酮糖酸甲酯(methly 2-ketogluconate),用甲醇钠处理得到异抗坏血酸钠,再通过离子交换树脂脱盐,即制得异抗坏血酸 (2)两步法 先生物合成 2-酮基-D-葡萄糖酸,然后化学合成 D-异抗坏血酸。能氧化葡萄糖生成 2-酮基-葡萄糖的菌有黏质赛氏杆菌、欧文氏菌等。发酵完成后,用碳酸钙中和发酵液,然后进行分类分离和提取。2-酮基-D-葡萄糖酸可由发酵液经游离酸提取或钙盐提取而得 (3)采用发酵法 由荧光极毛杆菌(*Pseudomonas fluorescence*)使葡萄糖通气发酵(28℃,50h),得 α-酮葡萄糖酸钙,接着用甲醇和硫酸使其形成甲酯。添加甲醇氢氧化钠溶液进行烯醇化反应而得

● 抗坏血酸棕榈酸酯

化学名	抗坏血酸棕榈酸酯
英文名	L-ascorbyl dipalmitate
分子式	$C_{22}H_{38}O_7$
结构式	
相对分子质量	414.53
外观	白色或微带黄色粉末,稍有柑橘气味。对光敏感
熔点	107~117℃
比旋光度$[\alpha]_D^{25}$	$+21°$~$+24°$
溶解性	溶于乙醇(1g/4.5mL),难与水和植物油互溶
含量	≥95.0%
应用性能	①具有抗氧化性和抗氧化增效性能,可作为抗氧剂或增效剂使用。0.01%的 L-抗坏血酸棕榈酸酯可以延长大部分植物油的保质期。在豆油中添加 0.01%的量要比 0.02%的 BHA 和 BHT 抗氧化效果更好。保护油炸食品用油和油炸食品的能力较强,可防止因油炸作用而产生颜色和挥发性气味 ②作抗氧化剂。被广泛用于油脂品、奶制品、化妆品、保健品、婴儿食品、水产品、膨化食品、油炸食品、肉制品、坚果、水果等各类食品、饮料的抗氧保鲜。用于含油脂食品、方便面、氢化植物油

用量	①最大使用量为 0.2g/kg；用于婴儿配方食品，最大使用量为 0.01g/kg（以油脂中抗坏血酸计） ②FAO/WHO(1984)：配制婴儿食品 10mg/L（所有类型配制婴儿食品的即饮制品）；婴儿食品罐头，谷物为基料的加工儿童食品 200mg/kg 脂肪；人造奶油及一般食用油脂 200mg/kg（单用或与抗坏血酰硬脂酸酯合用量） ③按 FAO/WHO(1987)：各种油脂的抗氧化，500mg/kg ④USDA(9CFR §318.7,2000)：人造奶油 ⑤GB 2760—2001(g/kg)：含油脂食品、方便面、食用油脂、氢化植物油、面包，0.2；婴儿配方食品 0.01（以油脂中抗坏血酸计）
安全性	密封包装。贮存于阴凉、干燥的库房中，防止高温，避光，防止氧化。不与毒害或污染的化学物质共贮
生产方法	(1)将 64g 棕榈酸置于加热滴液漏斗中，使其处于熔融状态；将 200mL 二氯亚砜装入烧瓶中，加热使其蒸气通过导管进入装有瓷环填料的反应柱，与从柱子上部滴加的棕榈酸反应，未反应的二氯亚砜通过反应柱上部的支管冷凝后回到烧瓶；棕榈酸滴加完毕后反应 30min，常压蒸馏除去少量二氯亚砜，减压蒸馏收集 150～152℃(2～3kPa)馏分无色透明液体 58.6g，产率 86%（按棕榈酸计） (2)在烧瓶中加入 26.5mL 二甲基甲酰胺，于 0℃下通入 HCl 气体 2g，然后加入 9.69g 晶体抗坏血酸和 13.3mL 二氯甲烷，此时反应液澄清；在 0℃下慢慢滴 15.2mL 棕榈酰氯，滴加完毕后反应 18h，再升温至 20℃反应 30min。将反应物加入到 100mL 乙酸乙酯和 200mL 水中搅拌洗涤 2h，抽滤后用水(50mL×3)洗涤 3 次，50℃下真空干燥 18h，得白色粉末 17.5g，产率 84.3% (3)由棕榈酸氯化生成棕榈酰氯，然后与抗坏血酸酯化，经过滤、干燥得抗坏血酸棕榈酸酯

● 硫代二丙酸二月桂酯

化学名	3,3′-硫代二丙酸双十二烷酯
英文名	3,3′-dithio acid alkyl double 12
分子式	$C_{30}H_{58}O_4S$
结构式	
相对分子质量	514.84

外观	白色絮状或片状结晶固体
熔点	39～40℃
相对密度(20℃)	0.965
溶解性	溶于甲醇、丙酮、四氯化碳和苯,不溶于水
酸度	≤0.2%(以硫代二丙酸计)
含量	≥99.0%
应用性能	硫代酯类抗氧剂中最重要的品种,为优良的辅助抗氧剂,具有分解氢过氧化物产生稳定结构阻止氧化的作用。能给予聚合物苛刻条件下的热氧老化和颜色稳定方面的保护,和受阻酚类抗氧剂配合使用产生良好的协同效应。广泛用作聚乙烯、聚苯乙烯、聚丙烯、聚氯乙烯、ABS树脂等的抗氧剂、稳定剂,也可用于天然橡胶和合成橡胶。因具有不着色和非污染性,所以适用于白色或艳色制品。用作聚丙烯加工时的热稳定剂特别有效。也常用作油脂、肥皂、润滑油和润滑脂的抗氧剂,并常与烷基酚类防老剂或紫外线吸收剂配合使用
用量	参考最大使用量为0.02%(以油脂含量计)
安全性	气味小,毒性低。防止混入水分及机械杂质。贮存于阴凉、通风、干燥的库房中。远离火种和热源
生产方法	将硫代二丙酸和水加入搪玻璃反应釜,搅拌溶解后,加入月桂醇和浓硫酸,搅拌下进行酯化反应,得粗品抗氧剂DLTP。酯化反应在负压下操作,脱除反应生成的水。反应产物经丙酮溶解、碳酸钠中和、压滤、结晶、过滤、干燥而得成品

● 4-己基间苯二酚

化学名	4-己基间苯二酚
英文名	4-hexylresorcinol
分子式	$C_{12}H_{18}O_2$
结构式	
相对分子质量	194.28
外观	类白色或黄白色针状结晶,有微弱的脂肪臭和强涩味,并对舌头产生麻木感,在空气中或遇光易被氧化而变淡棕色或粉红色
熔点	65～67℃
沸点	333～335℃
溶解性	微溶于水。易溶于乙醇、甲醇、甘油、醚、氯仿、苯和植物油中
含量	≥3%
应用性能	本品用作抗氧化剂,主要用于虾、蟹类水产品的加工中,其目的是防止产品的储存过程,由于多酚氧化酶的催化而发生的氧化褐变或色泽变黑的现象出现。以及驱虫剂,食品添加剂

用量	按生产需要适量使用。最大允许残留量≤1mg/kg
安全性	收敛性极强,置于舌头上即能使之失去知觉
生产方法	(1)由己酰间苯二酚还原而得。将锌汞齐加入己酰间苯二酚中,再加入工业盐酸,搅拌升温至 75～80℃,自然升温至 104～110℃,保温反应 1.5～2h,降温至 80℃,检查反应终点。反应完成后降温至 40℃ 以下,分出还原物,水洗,减压蒸去水分,收集 145～152℃(0.133～0.267kPa)馏分,得 4-己基间苯二酚粗品。收率 90%。粗品用石油醚重结晶即得成品 (2)将 1/2 量的己酸投入溶解锅,加入无水氯化锌,并加热搅拌,使混合物在 120℃ 左右溶解;将另一半己酸投入缩合锅内,并加入间苯二酚,搅拌溶解;在 120℃ 左右滴加上述氯化锌-己酸溶液,减压至 93kPa,保温反应 3h,同时蒸出反应生成的水;反应结束后将温度降至 80℃,加水洗涤 5 次,移入蒸馏锅,先后经常压脱水、减压脱水,回收未反应的己酸,得缩合产物己酰间苯二酚。将锌汞齐加入己酰间苯二酚中,再加入工业盐酸,搅拌升温至 75～80℃,自然升温至 104～110℃,保温反应 1.5～2.0h。降温至 80℃,检查反应终点;反应完成后降温至 40℃ 以下,分出还原物,水洗后减压蒸出水分,收集 145～152℃(133～266Pa)馏分,得 4-己基间苯二酚粗品,收率 90%;粗品经石油醚重结晶即得成品

2.14.2 天然抗氧化剂

● 茶多酚

化学名	茶多酚
英文名	Tea Polyphenols
外观	白色晶体
溶解性	易溶于水及有机溶液,味苦涩
含量	≥98.0%
应用性能	茶多酚具有抗氧化作用和抗衰老、降血脂等一系列很好的药理功能。食品工业用于抗氧化、保鲜、祛臭,医药工业上用于抗菌、抗癌、抗衰老,日化产品上作特殊功能添加剂
用量	我国规定可用于糕点馅、油脂和火腿,最大使用量为 0.4g/kg;用于肉制品和鱼制品,最大使用量为 0.3g/kg;用于油炸食品和方便面,最大使用量为 0.2g/kg(以油脂中的儿茶素计);用于含油脂酱料,最大使用量为 0.1g/kg
安全性	淡黄至茶褐色略带茶香的水溶液、灰白色粉状固体或结晶,具涩味。易溶于水、乙醇、乙酸乙酯,微溶于油脂。对热、酸较稳定,2% 溶液加热至 120℃ 并保持 30min,无明显改变,在 160℃ 油脂中 30min 降解 20%,2% 溶液在 37℃ 下保持 3d 后,在 pH 值 2～7 范围内稳定,pH>7 和光照下易氧化聚合。2% 茶多酚在 2%、5% 和 10% 食盐溶液中于 pH=6.5、室温下保存 3d,其含量无变化。遇铁变绿黑色络合物,略有吸潮性,水溶液 pH 值为 3～4,在碱性条件下易氧化褐变

生产方法	(1)溶剂萃取法　取当年的茶叶末或老茶叶粉碎过 0.75mm 筛,加入 10 倍量的清水,在 90℃下搅拌浸提 10min。趁热过滤后,滤渣再浸提 2 次;合并 3 次滤液,加入等体积的氯仿搅拌萃取 30min,静置分层后,取水相,加入 3 倍量的乙酸乙酯,先后抽提 3 次,每次 20min。静置分层,收集有机相,减压蒸馏回收乙酸乙酯;残液浓缩至干,冷却后冷冻干燥得白色粉状品,收率 29% (2)由茶叶以 1:15 加入 pH 值 4～5 的酸性水中,在 120℃下煮 30min,过滤,合并两次滤液,浓缩、活性炭脱色、离心分离、真空干燥而得,得率可达 28.9%(纯度 72%)。或由绿茶用温水提取后用二氯甲烷提掉咖啡因,再用乙酸乙酯水溶液(2:1)提取,离子交换树脂吸附、丙酮水溶液解吸等精制而成,得率约 8%～9%

● 愈创树脂

化学名	愈创树脂
英文名	Guaiac Gum
结构式	
外观	为红褐色或带绿褐色的不规则颗粒或块状固体。破碎面呈玻璃状,小碎片透明。粉末在空中逐渐变成暗绿色。具有香脂气味,稍带辛辣味
熔点	85～90℃
沸点	—
溶解性	不溶于水。易溶于乙醇、乙醚、氯仿和碱性溶液。难溶于二硫化碳和苯
外观	红褐色或带绿褐色的不规则颗粒或块状固体。破碎面呈玻璃状,小碎片透明
乙醇不溶残渣	≤15%
应用性能	①作为添加剂。可用作植物油脂和奶油的抗氧剂、防腐剂,用于制造香兰素、檀香、饮料、糖果、焙烤食品。具有浓厚的酱香味,能使酒、酱油久置不腐化变质。 ②用于检测剂。用于检测面粉中的荧光增白剂。用于检验铜、氢氰酸和亚硝酸盐
用量	限量≤1g/kg(日本,1990)
安全性	该物质对环境可能有危害,对水体应给予特别注意
生产方法	由产于西印度群岛的愈创树的树干木质芯材粉碎后,经用乙醇加热提取,过滤,再除去乙醇而制得

● 植酸

化学名	环己六醇磷酸酯
英文名	phytic acid
分子式	$C_6H_{18}O_{24}P_6$
结构式	
相对分子质量	660.04
外观	为淡黄色至黄褐色的糖浆状液体
密度	1.283g/mL
溶解性	易溶于水、乙醇和丙酮，难溶于无水乙醇、乙醚、苯、己烷和氯仿
水分	≤50%
含量	≥40%
应用性能	①可用作螯合剂、抗氧化剂、水质软化剂、金属防蚀防锈剂、电镀光亮剂和饲料添加剂等，广泛应用于食品、日化、制药、化工、防腐等行业 ②广泛存在于植物种子内，属天然营养品。其最显著的特征是与金属离子有极强络合作用和抗氧化性。能除去过多的对身体有害的金属离子。用于果蔬制品、果蔬汁饮料类、食用油脂及肉制品的抗氧化 ③在化妆品中，因其可改善皮肤颜色（可抑制酪氨酸酶）、促进皮肤血液循环，可用于配制润肤霜。还可用于去头屑洗发香波、染发剂等。也可用于牙膏、漱口剂、牙科用黏固粉、补齿清洁剂。防止气胀。还可用于螯合钙盐的清洗剂 ④在食品工业上，用作油类抗氧剂、豆芽菜等保鲜剂、面食防腐剂，酱油、腌制品的增味剂和变色防止剂
用量	以1%用量添加在牙膏配方中；在肉制品中，最大使用量是0.2g/kg
安全性	①遇高温则分解，具有较强的螯合能力 ②从米糠中获取的植酸毒性极低。小鼠口服 LC_{50} 为4.9g/kg，比乳酸还低
生产方法	(1)广泛存在于自然界，但几乎不以单独的游离态存在。一般都以钙、镁或钾的复盐(矾醇六磷酸钙镁)和蛋白质的络合物形态广泛存在于植物中，其常存在于种子、谷物、胚芽、米糠中。该品制法的文献报道很多。以米糠或麦麸为原料，经稀酸浸泡后过滤，用石灰和氢氧化钠中和、沉淀，再用离子交换树脂进行酸化交换、减压浓缩、脱色和过滤，得成品。另外也可通过环己六醇与无机磷酸化学合成，或以植酸钙镁为原料采用脱除金属离子的方法。还可从玉米活性污泥中萃取

生产方法	(2)在50～60℃下将碎米糠浸泡在pH值为2的稀盐酸中4～6h,过滤后滤渣再浸泡2h,并过滤弃渣;合并2次滤液,静置10h,吸取上清液;将适量的Ca(OH)₂和Mg(OH)₂加入清液中,并用NaOH溶液调pH值从3.4～7.0,搅拌15min后静置2～3h;弃上清液,过滤,滤渣依次用pH值为7.5的碱水溶液和蒸馏水洗涤,得植酸钙镁盐,收率为95％～98％ 将植酸钙镁盐溶解于pH值为3的盐酸稀溶液中,在75℃下浸泡搅拌1h,维持pH值3.5～4.5,使植酸钙镁盐溶解,析出蛋白质。加入上清液中1％的硅藻土,搅拌静置抽滤去除蛋白质等沉淀物;滤液依次通过强酸性阳离子交换树脂和强碱性阴离子交换树脂,得植酸稀溶液;在75℃下减压浓缩至含量55％～65％为止 将上述植酸溶液投入到多元醇溶剂(乙二醇、丙二醇或甘油等)中,在130～150℃下加热回流水解3～4h,水解液在100℃±10℃下调节pH值8～9,然后保温搅拌1h,静置过滤,滤液加热至135℃脱水,之后加入3倍量的无水乙醇,静置即析出结晶产品

2.15 防 腐 剂

防腐剂是指天然或合成的化学成分,用于加入食品、药品、颜料、生物标本、化妆品等,以延迟微生物生长或化学变化引起的腐败。

食品、药品、化妆品等的原料或成品易受微生物侵蚀,容易导致产品变质,变质的产品不但会影响产品的销售,造成经济损失,而且会危害消费者的健康。因此,防腐剂作为保持产品品质的一种有效手段而在食品、药品、化妆品工业生产中广泛使用。防腐剂可以抑制微生物的活动,防止产品腐败变质,延长产品的保质期。

防腐剂的防腐原理,大致有如下3种:一是干扰微生物的酶系,破坏其正常的新陈代谢,抑制酶的活性;二是使微生物的蛋白质凝固和变性,干扰其生存和繁殖;三是改变细胞浆膜的渗透性,抑制其体内的酶类和代谢产物的排除,导致其失活。其实在安全使用范围内,对人体是无毒副作用的。我国防腐剂使用有严格的规定,防腐剂应符合以下标准:①合理使用对人体无害;②不影响消化道菌群;③在消化道内可降解为食物的正常成分;④不影响药物抗菌素的使用;⑤对食品热处理时不产生有害成分。我国到目前为止已批准了32种食物防腐剂,其中最常用的有苯甲酸钠、山梨酸钾等。苯甲酸钠的毒性比山梨酸钾强,而且在相同的酸度值下抑菌效力仅为山梨酸的1/3,因此许多国家逐渐用山梨酸钾。但因苯甲酸钠价格低廉，在我国仍普遍使用，主要用于碳酸饮料和果汁饮料。山梨酸钾抗菌力强，毒性小，可参与人体的正常代谢，转化为 CO_2 和水。从防腐剂的发展趋势上看，以生物发酵而成的生物防腐剂将成为未来的发展趋势。

在食品工业中，防腐剂是一种重要的食品添加剂。理想的食品防腐剂应该具有以下的特点：①应用广谱性，对绝大多数的造成食品腐败变质的微生物有抑制，最好有杀灭作用；②对人体安全；③使用量尽量到最少，在其最低浓度下就可以抑菌；④对食品本身不会造成异味的产生和颜色的变化以及保持原有风味；⑤来源丰富且价格低廉。食品防腐剂有助于提高食品保存性和延长食品食用价值的功效。目前常用的食品防腐剂按作用可分为杀菌剂和抑菌剂两类。具有杀死微生物作用的食品添加剂称为杀菌剂，能抑制微生物生长繁殖的添加剂称为抑菌剂。但是两者常因浓度高低、作用时间长短和微生物种类等不同而很难区分，所以多数情况下通称防腐剂。防腐剂按组分和来源主要分为化学类食品防腐剂和天然类食品防腐剂。

化学类食品防腐剂一般可分为三大类，分别是酸性防腐剂、酯型防腐剂、无机盐防腐剂。酸性防腐剂如苯甲酸、山梨酸和丙酸以及它们的盐类。这类防腐剂的特点是体系酸性越大，其防腐效果越好，而在碱性条件下几乎无效。酯型防腐剂主要包括对羟基苯甲酸酯类、没食子酸酯、抗坏血酸棕榈酸酯等。这类防腐剂的特点就是在很宽的 pH 值范围内都有效，毒性也比较低。目前我国国标规定，对羟基苯甲酸酯类系列中只有乙酯、丙酯可以用于食品中。无机盐防腐剂主要包括含硫的亚硫酸盐、焦亚硫酸盐等，其有效成分是亚硫酸分子，亚硫酸的杀菌作用机理主要是消耗食品中 O_2 使好氧性微生物因缺氧而致死，并能抑制某些微生物生理活动中酶的活性。由于使用这些盐后残留的二氧化硫能引起过敏反应，尤其是对哮喘病人，因此现在一般只将其列入特殊的防腐剂中。天然食品防腐剂一般是从植物、动物、微生物中直接分离提取的，具有防腐作用的一类物质，也称作生物防腐剂，是食品防腐剂开发的主要方向之一。根据来源可分为 3 种类型：动物源天然防腐剂、植物源天然防腐剂、微生物源天然防腐剂。动物源天然防腐剂是指从动物体内提取出来的防腐剂。常用的主要包括：蜂胶、鱼精蛋白、壳聚糖等。研究植物提取物作为防腐剂是国内外开拓食品防腐剂新领域的研发热点。国内外许多研究者在这方面进行了大量的研究工作，也取得了大量成果。微生物防腐剂具有安全、高效和健康的特点。常见的有细菌素、乳酸链球菌素、纳他霉素等。我国目前使用的防腐剂主要是苯甲酸、山梨酸等化学合成防腐剂。随着人们生活水平的提高以及保健意识的增强，化学防腐剂受到严峻挑战，开发抗菌性强、安全无毒、适用性广和性能稳定的天然食品防腐剂成为食品科学研究的新热点之一，天然防腐剂也是今后防腐剂市场的主要方向。近年来，我国的科研单位及生产单位开发了不少天然食品防腐剂，其中不少品种正在大力推广应用。

化妆品用防腐剂按目前化妆品领域比较常用的几十种防腐剂，大致可分为以下几类：①醇类，主要有苯甲醇、苯氧基乙醇等。②甲醛供体或醛类衍生物，如甲醛、咪唑烷基脲等。③苯甲酸及其衍生物。如苯甲酸、山梨酸等。苯甲酸的防腐机制：苯甲酸钠亲油性大，易穿透细胞膜进入细胞体内，干扰细胞膜的通透性，抑制细胞膜对氨基酸的吸收，并抑制细胞的呼吸酶系的活性，从而达到防腐的目的。其防腐最佳 pH 值为 2.5～4.0，在 pH 值 5.0 以上的产品中，杀菌效果不是很理想。因为其安全性只相当于山梨酸钾的 1/40，日本已全面取缔其在食品中的应用。山梨酸及其盐类，山梨酸钾为酸性防腐剂，具有较高的抗菌性能，抑制霉菌的生长繁殖，其主要是通过抑制微生物体内的脱氢酶系统，从而达到抑制微生物和起到防腐的作用。对细菌、霉菌、酵母菌均有抑制作用。防腐效果明显高于苯甲酸类，是苯甲酸盐的 5～10 倍。产品毒性低，相当于食盐的一半。其防腐效果随 pH 值的升高而减弱，pH＝3 时防腐效果最佳。pH 值达到 6 时仍有抑菌能力，但最低浓度不能低于 0.2％，毒性比尼泊金酯还要小，在我国可用于酱油、醋、面酱类，饮料、果酱类等中。

天然防腐剂也称天然有机防腐剂，是由生物体分泌或者体内存在的具有抑菌作用的物质，经人工提取或者加工而成为食品防腐剂。此类防腐剂为天然物质，有的本身就是食品的组分，故对人体无毒害，并能增进食品的风味品质，因而是一类有发展前景的食品防腐剂。如酒精、有机酸、甲壳素和壳聚糖、某些细菌分泌的抗生素等都能对食品起到一定的防腐保藏作用。

（1）动物源天然食品防腐剂的产品种类及应用

① 精蛋白：精蛋白是在鱼类精子细胞中发现的一种细小而简单的

含高精氨酸的强碱性蛋白质，它对枯草杆菌、巨大芽孢杆菌、地衣型芽孢杆菌、凝固芽孢杆菌、胚芽乳杆菌、干酪乳杆菌、粪链球菌等均有较强抑制作用，但对革兰氏阴性细菌抑制效果不明显。研究发现，鱼精蛋白可与细胞膜中某些涉及营养运输或生物合成系统的蛋白质作用，使这些蛋白质的功能受损，进而抑制细胞的新陈代谢而使细胞死亡。鱼精蛋白在中性和碱性介质中的抗菌效果更为显著。广泛应用于面包、蛋糕、菜肴制品（调理菜）、水产品、豆沙馅、调味料等的防腐中。

② 蜂胶：蜂胶是蜜蜂赖以生存、繁衍和发展的物质基础。各国科学家经过研究证实，蜂胶是免疫因子的激活剂，它含有的黄酮类化合物和多种活性成分，能显著提高人体的免疫力，对糖尿病、癌症、高血脂、白血病等多种顽症有较好预防和治疗效果。同时，蜂胶对病毒、病菌、霉菌有较强的抑制、杀灭作用，对正常细胞没有毒副作用。因此在食品中添加蜂胶不仅是一种天然的高级营养品，而且可以作为天然的食品添加剂。近年来研究还发现，蜂胶经过特殊工艺加工处理后可制成天然口香糖。其中的有效成分具有洁齿、护牙作用，可防止龋齿的形成，同时还可以逐渐消除牙垢。

③ 壳聚糖：壳聚糖又叫甲壳素，是由蟹虾、昆虫等甲壳质脱乙酰后的多糖类物质，对大肠杆菌、普通变形杆菌、枯草杆菌、金黄色葡萄球菌均有较强的抑制作用而不影响食品风味。广泛应用于腌渍食品、生面条、米饭、豆沙馅、调味液、草莓等保鲜中。近几年来，国内外有关刊物发表了不少关于壳聚糖以及壳聚糖衍生物的制备及应用等研究报道。随着科研工作者对甲壳素的研究深入，其应用也必然越来越广泛。

（2）植物源天然防腐剂种类及应用　国内外对植物源食品天然防腐剂的研究异常活跃，究其原因是自然界的天然植物中存在许多具有抗菌作用的生理活性物质。近年来，我国众多学者进行了植物源天然食品防腐剂的研究。他们研究了大蒜、生姜、丁香等50多种香辛科植物及大黄、甘草、银杏叶等200多种草药及其他植物如竹叶等提取物的抗菌试验，发现有150多种具有广谱的抑菌活性，各提取物之间也存在抗菌性的协同增效作用，并作为天然防腐剂应用在某些食品中。目前研究较多的有以下几种：

① 茶多酚：大量实验表明，茶多酚对人体有很好的生理效应。它能清除人体内多余的自由基，改进血管的渗透性能，增强血管壁弹性，

降低血压，防止血糖升高，促进维生素的吸收与同化。还有抗癌防龋、抗机体脂质氧化和抗辐射等作用。此外，茶多酚还具有很好的防腐保鲜作用，对枯草杆菌、金黄色葡萄球菌、大肠杆菌、番茄溃疡、龋齿链球菌，以及毛霉菌、青霉菌、赤霉菌、炭疽病菌、啤酒酵母菌等均有抑制作用。

② 香精油：香精油蕴藏在热带的芳香植物的根、树皮、种子或果实的提取物中，一直是人们比较感兴趣的天然防腐剂之一。丁香油中含有丁香酚、鞣质等。研究发现，丁香油对金黄色葡萄球菌、大肠杆菌、酵母、黑曲霉等食品有广谱抑菌作用，且在100℃以内对热稳定，其突出特点是抑制真菌作用强。

③ 大蒜素：大蒜所含有的大蒜辣素对痢疾杆菌等一些致病性肠道细菌和常见食品腐败真菌都有较强的抑制和杀灭作用，这使得它成为一种天然的防腐剂。大蒜蒜瓣的抗菌性能十分微弱，蒜苗与蒜的茎叶具有相当的抗菌作用。其抗菌性能在高温下下降很多，因此应用大蒜提取物防腐保鲜最好在较低温度（85℃）下进行。大蒜的最适作用 pH 为 4 左右，因而适宜用于酸性食品的防腐保鲜中。

（3）源于微生物的天然防腐剂　目前，我国批准使用的微生物防腐剂只有乳酸乳球菌素与纳他霉素。由于纳他霉素能够专性地抑制酵母菌和霉菌，被广泛应用于食品防腐和真菌引起的疾病的治疗。在美国，纳他霉素已被批准用于奶酪的保存，并且未限制其使用方式，可以用浸润、喷雾以及和安全合适的消结块剂混合使用，但最终成品中纳他霉素的浓度必须低于 20mg/kg。在焙烤食品中，用纳他霉素对生面团进行表面处理，防止酵母和霉菌在食品表面生长。此外，在干酪、香肠、饮料、果酱等生产中，添加一定量的纳他霉素，既可防止发霉，又不会干扰其他营养组分。

① 乳球菌肽（nisin）：又称乳酸链球菌肽或尼生素，是由属于 N 血清型的某些乳酸乳球菌（*Lactococcus lactis*）在代谢过程中合成和分泌的具有很强杀菌作用的小肽。它的成熟分子仅由 34 个氨基酸残基组成，相对分子质量为 3510。天然的 nisin 主要以 nisin A 和 nisin Z 形式存在，同浓度下，nisin Z 的溶解度和抗菌力一般强于 nisin A。乳球菌肽对微生物的作用机理是由于乳球菌肽对细胞膜的吸附，然后在细胞膜上形成孔洞。nisin 是一个带正电荷的阳离子分子，在缺乏阴离子膜磷

脂的情况下，nisin 起阴离子选择载体作用，当存在阴离子膜磷脂时，nisin 吸附在膜上，利用离子间相互作用，及其分子的 C 末端、N 末端对膜结构产生作用形成穿尾"孔道"，从而引起胞内物质泄漏，胞外水分子进入等，引起细胞自溶。nisin 不抑制革兰氏阴性菌、酵母和霉菌，专抑制革兰氏阳性菌，特别是细菌芽孢。nisin 能抑制葡萄球菌属、链球菌属、小球菌属和乳杆菌属的某些菌种，抑制大部分梭菌属和芽孢杆菌属的芽孢。例如，能有效抑制肉毒梭状芽孢杆菌、金黄色葡萄球菌、溶血链球菌、利斯特氏菌、枯草芽孢杆菌、嗜热脂肪芽孢杆菌等所引起的食品腐败。这一特性使它被广泛地应用在经热处理的包装食品中作为防腐剂。nisin 还可和某些络合剂（如 EDTA 或柠檬酸）等一起作用，可使部分 G-菌对之敏感。

nisin 作为一种新型的天然防腐剂在国际上已得到认可，并广泛应用于乳制品（鲜牛奶、奶粉、酸奶、干酪）、罐头膳品、肉制品、饮料等领域。另外，利用 nisin 可抑制革兰氏阳性菌，不抑制酵母菌这一特性，可将它应用于啤酒、果酒、蒸馏酒等乙醇饮料的生产中，以防止乳酸菌的腐败，从而使由苹果酸转化为乳酸的发酵过程得到控制。据 GB 2760—2011 规定，罐装食品、植物蛋白食品最大使用量为 0.2g/kg，乳制品、肉制品最大使用量为 0.5g/kg，一般参考用量为 0.1～0.2g/kg。

② 纳他霉素（natamycin）：是一种多烯大环内酯类抗真菌剂，也称游链霉素（pimaricin）。它是由 5 个多聚乙酰合成酶基因编码的多酶体系合成。纳他霉素为近白色至奶油黄色结晶粉末，几乎无臭无味，溶点 280℃（分解），相对分子质量 665.75，它是一类两性物质，分子中有一个碱性基团和一个酸性基团，等电点为 6.5。纳他霉素的生产菌主要有 *Streptomyceschat tanovgensis*，*Streptomycesnatulonso*，*Streptomycesgil vosporeus* 3 种链霉菌。

其抑菌机制在于纳他霉素分子的疏水部分即大环内酯的双键部分以范德瓦尔斯力和真菌细胞质膜上的甾醇分子结合，形成抗生素-甾醇复合物，破坏细胞质膜的渗透性；分子的亲水部分即大环内酯的多醇部分则在膜上形成水孔，损伤膜的通透性，从而引起菌内氮基酸、电解质等重要物质渗出而死亡。麦角甾醇是所有酵母和霉菌细胞膜的重要成分，在细菌、病毒中不存在。所以纳他霉素能有效抑制和杀死霉菌、酵母、丝状真菌，但对细菌、病毒以及其他微生物没有活性。

通常来讲，某一种防腐剂只是对某一特定菌落才有杀灭或是抑制效果的，所以，出于下列考虑，有必要进行化妆品配方中的防腐剂复配研究。①拓宽抗菌谱：某种防腐剂对一些微生物效果好而对另一些微生物效果差，而另一种防腐剂刚好相反。两者合用，就能达到广谱抗菌的防治目的。②提高药效：两种杀菌作用机制不同的防腐剂共用，其效果往往不是简单的叠加作用，而是相乘作用，通常在降低使用量的情况下，仍保持足够的杀菌效力。③抗二次污染：有些防腐剂对霉腐微生物的杀灭效果较好，但残效期有限，而另一类防腐剂的杀灭效果不大，但抑制作用显著，两者混用，既能保证贮存和货架质量，又可防止使用过程中的重复污染。④提高安全性：单一使用防腐剂，有时要达到防腐效果，用量需超过规定的允许量，若多种防腐剂在允许量下的混配，既能达到防治目的，又可保证产品的安全性。⑤预防抗药性的产生：如果某种微生物对一种防腐剂容易产生抗药性的话，它对两种以上的防腐剂都同时产生抗药性的机会自然就困难得多。

（4）防腐剂的化学相容性　在防腐剂的使用中，需要十分注意体系各原料与其的相容性。相容性是指防腐剂可以与内容物的组分、包装材料、特定物质等发生作用，引起效果降低甚至失效或相反，增效的过程，如果是失效的相容性，则需引起重视。下面列出的方面仅供参考，需要在实际配方研发和生产过程中，不断加以积累、总结和补充，方能尽可能全面的掌握防腐剂的化学相容性问题。①化妆品中的某些组成材料如糖类、滑石粉、金属氧化物等会吸附防腐剂，降低其效力。②产品中含有淀粉类物质，可影响尼泊金酯类的抑菌效果。③高浓度的蛋白质（氨基酸）一方面可能通过对微生物形成保护层，降低防腐剂的抑菌活性，另一方面又能促进微生物的增长。④金属离子如 Mg^{2+}、Ca^{2+}、Zn^{2+}，对防腐剂的活性有很大的影响，一般情况下，过量的金属离子在香料、润滑剂、天然或敏感的化合物中易形成难溶物或发生催化氧化反应。⑤防腐剂可和化妆品的某些组分形成氢键（如山梨酸与某些组分）或螯合物（如增稠剂中的铁离子），通过"束缚"或"消耗"的方式，降低防腐体系的效能。⑥少量表面活性剂能增加防腐剂对细胞膜的通透性，有增效作用，但是量大时会形成胶束，吸引水相中的防腐剂，降低了防腐剂在水相中的含量，影响了其杀菌效能。⑦某些防腐剂和表面活性剂如硫酸盐（酯）、碳酸盐（酯）、含氮表面活性剂作用、和色素荧光染料作用、和包装材料（塑料、金属、橡胶）作用，在影响防腐剂效力的同时，也损害产品的品质。⑧非离子以及高乙氧基的物质都会影响尼泊金酯类的活性 ⑨亚硫酸盐则会影响异噻唑啉酮和甲基二溴戊二腈的活性，有些人可能说配方里面不含有亚硫酸盐，应该没事。但是比如亚硫酸钠是一种常见的原料脱色剂，不妨跟原料供应商确认一下，原料当中是否含有亚硫酸盐。⑩某些塑料可以吸附防腐剂的活性（比如尼泊金酯类）。因此对产品在其最终包装中进行测试来确保其充分的防腐是非常重要的。⑪防腐剂对去离子水的表面张力，产品的发泡性，组分的溶解性，色素的显色性，香料的香味，活性因子的生物活性等多方面的影响或潜在影响都应该在考虑之列。

由毒性较高向毒性更低、更安全方向发展，如苯甲酸钠毒性较高的防腐剂使用范围已逐步缩小。由化学合成食品防腐剂向天然食品防腐剂方向发展。目前研究开发热点都倾向于纯天然的，如竹叶提取物、溶菌酶、鱼精蛋白、蜂胶等作为天然防腐剂的出现，并逐步应用成熟。由单项防腐向广谱防腐方向发展。常使用复合防腐剂以增强防腐效果，如对革兰氏阳性菌和阴性菌都有抑制作用的 E-聚赖氨酸，可与主要对革兰氏阳性菌有作用的 nisin 以及对真菌有抑制作用的 natamycin 复配，使抑菌效果更好，应用范围更广。由苛刻的使用环境向方便使用方向发展，如曲酸的出现，其抑菌效果不受 pH 值影响，使用范围更广。高价格的天然食品防腐剂向低价格方向发展，如微生物、动物和植物复合源的 R-多糖（克霉王）的出现，其市场价格不到现有天然食品防腐剂的 1/20，每吨食品的使用成本与现有的化学食品防腐剂基本相当。我国具有丰富的草药资源和悠久的中医药历史，使得从某些药食同源类草药中分离、提取天然防腐剂是一个极具前景的研究方向。

2.15.1 化学防腐剂

● 硼砂

化学名	十水四硼酸钠	相对分子质量	381.37
英文名	sodium tetraborate decahydrate	熔点	741℃
分子式	$B_4H_{20}Na_2O_{17}$	沸点	1575℃

结构式		密度	1.73g/mL
		外观	无色半透明晶体或白色结晶粉末。无臭，味咸。在干燥空气中风化
		溶解性	溶于水、沸水、甘油，微溶于乙醇和酸类
质量标准			白色细小结晶体；含量≥99.5%；碳酸钠含量≤0.1%
应用性能	\multicolumn		①主要用于玻璃和搪瓷行业。在玻璃中，可增强紫外线的透射率，提高玻璃的透明度和耐热性能。在搪瓷制品中，可使瓷釉不易脱落而使其具有光泽。在特种光学玻璃、玻璃纤维、有色金属的焊接剂、珠宝的黏结剂、印染、洗涤(丝和毛织品等)、金的精制、化妆品、农药、肥料、硼酸皂、防腐剂、防冻剂和医药用消毒剂等方面也有广泛应用。它也是制取其他硼化合物的基本原料之一，几乎所有的含硼化合物都可经由硼砂制得，它们广泛应用于冶金、机械、轻工、纺织、电子、化工和军工等领域 ②缓冲剂、金属助溶剂、防腐剂 ③硼砂有消毒防腐作用，适用于口腔炎、咽喉炎与扁桃体炎等症的口腔消毒 ④灭生性除草剂。因为硼砂具有很强的植物毒性，所以主要用于非耕作区灭生性除草。曾作为防腐剂和杀菌剂使用，用于橘子防霉。作为除草剂，除单独使用外，也同氯酸钠混用，以减低氯酸钠的易燃性。同某些有机除草剂如除草定混可用于工业区除草。一般情况下用药量200kg/hm² 左右，在特殊情况下高达300kg/hm²。依降雨量和土壤组成情况可保持两年左右的药效。通常硼砂也用作阻燃剂和铁质材料缓蚀剂 ⑤用作丝毛印染添加剂 ⑥用于铝合金纹理蚀刻的配制或其他电镀化学镀溶液的添加
用量			10%的硼砂对多种细菌有抑制作用
安全性	\multicolumn		经口对人体有害，吸收到机体后有咳嗽、恶心、呕吐、腹泻、精神迟钝、肌肉痉挛、眼结膜充血、疼痛等症状 贮存方法：①应贮存在干燥清洁的库房内，避免雨淋或受潮。②不应与潮湿物品或其他有色物料合堆放。运输工具必须干燥、清洁。装卸时要轻拿轻放，防止包装破损而受潮。③失火时，可用水、砂土和二氧化碳灭火器扑救
生产方法	\multicolumn		(1)碳碱法 将预处理的硼矿粉与碳酸钠溶液混合，在碳解器内进行反应，加入碳酸钠的量为理论量的105%～110%。碳解器是夹套加热，反应压力控制在0.5～0.6MPa，温度130～135℃，反应时间13～15h，二氧化碳浓度为25%～30%，可直接使用经净化后的窑气。碳解后的料浆经过滤除去残渣，逆流洗涤，所得清溶液经浓缩(如果经逆流洗涤溶液浓度达到要求则不用浓缩)，冷却结晶、离心分离、干燥，制得硼砂成品 (2)加压碱解法 将预处理的硼矿粉与氢氧化钠溶液混合(氢氧化钠量为理论量的160%～200%)，在装有搅拌器的碱解器内加温加压使之分解，反应压力0.4MPa，反应时间6～8h，碱解后的料浆用叶片真空过滤机过滤和逆流洗涤，然后通入二氧化碳进行碳化。碳化完成液再经冷却结晶、分离、干燥，制得硼砂成品

● 水杨酸

英文名	salicylic acid	相对分子质量	138.12
分子式	$C_7H_6O_3$	熔点	158～161℃
结构式	HO HO O（结构式）	沸点	约 211℃（2.67kPa）
		密度	1.44g/mL
外观	白色针状结晶或单斜棱晶，有特殊的酚酸味。在空气中稳定，但遇光渐渐改变颜色		
溶解性	易溶于热水、乙醇、乙醚和丙酮，溶于热苯。1g 本品能溶于 460mL 水，15mL 热水，2.7mL 醇，3mL 丙酮，42mL 氯仿，3mL 醚，135mL 苯，52mL 松节油		
质量标准	白色粉末，允许略带黄色和粉红色；干品初熔点 ≥156.0℃；含量≥99.0%		
应用性能	主要作为医药工业的原料，用于制备阿斯匹林、水杨酸钠、水杨酰胺、止痛灵、水杨酸苯酯、血防-67 等药物。用作环氧树脂固化的促进剂，也可作为防腐剂。可用来制备水杨酸甲酯、水杨酸乙酯等合成香料。染料工业用作制备直接染料及酸性染料等的原料。还可用作橡胶防焦剂、消毒剂等。化妆品防腐剂，主要用于花露水、痱子水、奎宁头水等水类化妆品		
安全性	①环境危害：对环境有危害，对水体和大气可造成污染 ②燃爆危险：该品可燃，具刺激性 ③健康危害：本品刺激皮肤、黏膜，因能与机体组织中的蛋白质发生反应，所以有腐蚀作用。能使角膜增殖后剥离。其毒性比苯酚弱，但大量服用能引起呕吐、腹泻、头痛、出汗、皮疹、呼吸频促、酸中毒症和兴奋。严重时呼吸困难、虚脱，终致心脏麻痹而死。由于水杨酸从肾脏排出，常引起急性肾炎。家兔经口 LD_{50}：1.3mg/kg。操作人员应穿戴劳动保护用具		
生产方法	苯酚与氢氧化钠反应生成苯酚钠，蒸馏脱水后，通二氧化碳进行羧基化反应，制得水杨酸钠盐，再用硫酸酸化，而得粗品。粗品经升华精制得成品。该法分为常压法和中压法 (1)常压法　将苯酚与 50% 的氢氧化钠溶液配制成苯酚钠，使游离碱在 1% 以内，减压脱水后，加苯酚作溶剂共沸脱水。然后苯酚钠在溶剂苯酚中通入干燥的二氧化碳羧化，再用硫酸酸化即得成品。将苯酚与 50% 氢氧化钠按 1：1.02(摩尔比)配比加入反应器中进行反应脱水，控制游离碱≤1%，减压脱水后，再加苯酚作溶剂共沸脱水。然后将苯酚钠在苯酚中通入干燥的二氧化碳气体，进行羧化反应 3h 后，第二次通入二氧化碳 2h，再减压回收苯酚，即羧化完毕。再向上述水杨酸钠溶液中，加入水溶解成 50% 的溶液，在搅拌下加入 7%～8% 的硫酸酸化至 pH 值 1～2，然后冷却过滤，真空干燥，即得水杨酸粗品，再将粗品在减压下升华，可得含量为 99% 的成品水杨酸，收率 50%～70% (2)中压法　仍以苯酚为原料，先制成酚钠，在中压下用二氧化碳进行羧基化，生成碳酸苯酚酯，然后加压进行分子重排，生成水杨酸钠，再经酸化后处理制得水杨酸。将苯酚用 50% 液碱中和，真空干燥，然后将釜温冷却至 100℃，慢慢通入干燥的二氧化碳，当釜内压力达 0.7～0.8MPa 时，停止通二氧化碳，此时生成碳酸苯酚酯钠，然后在 130～140℃ 下发生分子内重排异构化，变为水杨酸钠，再用硫酸酸化，得水杨酸粗品。将粗品在减压下升华，即得水杨酸精品，含量 99%，收率达 98% 以上		

● 福尔马林

化学名	甲醛	相对分子质量	30.03
英文名	formaldehyde	密度	0.82g/mL
分子式	CH₂O	熔点	−92℃
结构式	H 　C=O H	沸点	−19.5℃(气体);98℃(37%水溶液)
		外观	一种无色,有强烈刺激性和窒息性气味的气体
溶解性	易溶于水和乙醚。水溶液浓度最高可达55%。能与水、乙醇、丙酮任意混溶。在空气中能逐渐被氧化为甲酸,是强还原剂。其蒸气与空气形成爆炸性混合物,遇到火、高热能引起燃烧爆炸。在一般商品中,都加入10%~12%的甲醇作为抑制剂,否则会发生聚合		
质量标准	清晰无悬浮物的液体,低温时允许有白色浑浊;相对密度1.075~1.114;甲醛含量36.5%~37.4%		
应用性能	35%~40%的甲醛水溶液俗称福尔马林,具有防腐杀菌性能,可用来浸制生物标本,给种子消毒等。甲醛具有防腐杀菌性能的原因主要是构成生物体(包括细菌)本身的蛋白质上的氨基能跟甲醛发生反应。利用甲醛的防腐性能,加入水产品等不易贮存的食品中。它对葡萄球菌、假单孢菌、霉菌、酵母菌和其他革兰菌均有很好的杀灭作用。但在液体洗涤剂中用甲醛作防腐剂,经济成本太高,且气味对操作人员有刺激,有毒		
安全性	甲醛是无色、具有强烈气味的刺激性气体,吸入高浓度甲醛后,会出现呼吸道的严重刺激和水肿、眼刺痛、头痛,也可发生支气管哮喘。皮肤直接接触甲醛,可引起皮炎、色斑、坏死。经常吸入少量甲醛,能引起慢性中毒		
生产方法	(1)甲醇氧化法　在600~700℃下,使甲醇、空气和水通过银催化剂或铜、五氧化二矾等催化剂,直接氧化生成甲醛,甲醛用水吸收得甲醛溶液。总反应是放热反应,但50%~60%的甲醛是通过氧化反应生成,而其余部分是通过氢反应生成。副产物为一氧化碳和二氧化碳、甲酸甲酯及甲醇。甲醇转化率80%,收率以甲醇计为85%~90%。该法技术成熟,收率高,国内外生产厂广为采用 (2)天然气氧化法　在600~680℃下,使天然气和空气的混合物通过铁、钼等的氧化物催化剂,直接氧化生成甲醛,用水吸收得甲醛溶液 (3)将甲醇蒸气在300℃时,通入铜或银的催化剂,甲醇脱氢而制得。甲醛气体吸收含水量达36%~40%,即为甲醛溶液		

● 山梨酸

化学名	2,4-己二烯酸	相对分子质量	112.13
英文名	sorbic acid	熔点	134.5℃
分子式	C₆H₈O₂	密度	1.204g/mL
结构式	HO 　C O	外观	白色针状结晶或结晶性粉末,具有特殊的酸味,在空气中长期放置会氧化变色

溶解性	微溶于水,溶于丙二醇、无水乙醇和甲醇、乙酸、丙酮、苯、四氯化碳、环己烷、二氧六环、甘油、异戊醇、异丙醚、乙酸乙酯、甲苯
质量标准	无色针状结晶或白色粉末,无臭或稍有刺激性臭味;熔点 132～135℃;含量(以干基计)≥99.0%
应用性能	山梨酸和山梨酸钾是目前国际上应用最广的防腐剂,具有较高的抗菌性能,抑制霉菌的生长繁殖,通过抑制微生物体内的脱氢酶系统,达到抑制微生物的生长和起防腐作用,对霉菌、酵母菌和许多好气菌都有抑制作用,但对嫌气性芽孢形成菌与嗜酸乳杆菌几乎无效。广泛用于干酪、酸乳酪等各种乳酪制品、面包点心制品、饮料、果汁、果酱、酱菜和鱼制品等食品的防腐
用量	塑料桶装浓缩果蔬汁中的用量不得超过 2g/kg;在酱油、食醋、果酱类、氢化植物油、软糖、鱼干制品、即食豆制品、糕点馅、面包、蛋糕、月饼最大使用量 1.0g/kg;在葡萄酒和果酒中最大使用量 0.8g/kg;在胶原蛋白肠衣、低盐酱菜、酱类、蜜饯、果汁(味)型饮料和果冻中最大使用量 0.5g/kg;在果蔬类保鲜和碳酸饮料中最大使用量 0.2g/kg;在食品工业中可用于肉、鱼、蛋、禽类制品中最大使用量 0.075g/kg
安全性	①贮存于阴凉、通风的库房。远离火种、热源。保持容器密封。应与氧化剂分开存放,切忌混贮。禁止使用易产生火花的机械设备和工具。贮区应备有泄漏应急处理设备和合适的收容材料 ②用塑料袋和塑料衬里,外套编织袋或桶包装。净重有 1kg,5kg 两种。注意防潮、防晒,勿与其他化学物品接触,按一级化学品规定贮运。常温、常压不分解,避免强氧化物接触 ③本品低毒。大鼠经口 LD_{50} 为 8000mg/kg。设备应密闭,操作人员应戴口罩及橡皮手套
生产方法	(1)乙烯酮法　此法是目前国际上工业化生产较普遍采用的方法。醋酸经高温裂解生成乙烯酮,然后与巴豆醛缩合成聚酯,再经水解、精制即得成品 (2)丁二烯法　以丁二烯和乙酸为原料,在醋酸锰催化剂存在下,于140℃加压缩合,制得 γ-乙烯-γ-丁内酯。丁内酯在酸性离子交换树脂作用下,开环得山梨酸

● 山梨酸钾

英文名	potassium sorbate	相对分子质量	150.22
分子式	$C_6H_7KO_2$	外观	白色鳞片状结晶,无气味或稍有气味
结构式	K⁺ 结构式	密度	1.363g/mL
		溶解性	溶于水,微溶于乙醇、丙二醇
质量标准	白色或类白色粉末或颗粒;干燥失重≤1%;含量 98.1%～101.0%		
应用性能	①山梨酸钾是国际公认的低毒、高效的酸类防腐剂,与山梨酸具有相同的防腐效果。使用范围和用量(以山梨酸计)参见山梨酸 ②用作食品防腐剂、果蔬保鲜和洗涤化妆品及饲料防腐剂等 ③化妆品防腐剂,属有机酸类防腐剂。可与山梨酸混合使用。山梨酸钾虽易溶于水,使用方便,但其 1% 水溶液 pH 值为 7～8,有使化妆品 pH 值升高的倾向,在使用时应予以注意		

用量	作为化妆品防腐剂,添加量一般为 0.5% 作为食品防腐剂,添加量一般为 0.0075~2.0g/kg
安全性	由于山梨酸(钾)是一种不饱和脂肪酸(盐)它可以被人体的代谢系统吸收而迅速分解为二氧化碳和水,在体内无残留 ADI 0~25mg/kg(以山梨酸计,FAO/WHO 1994) LD_{50} 4920mg/kg(大鼠,经口) GRAS(FDA,182.3640 1994) 其毒性仅为食盐的 1/2,是苯甲酸钠的 1/40
生产方法	在反应釜中加入山梨酸,然后加入为山梨酸质量 66% 的水,在 45℃ 下滴加 49% 的氢氧化钾溶液,直到反应液 pH=8 为止,反应约需 45min。加入一定量的活性炭,真空抽滤,在 40~45℃ 下将滤液减压蒸发 3~4h 达到要求后升温至 70℃ 放料。经离心脱水得结晶,母液回收;最后在 105℃ 下烘干得到产品

● 丙酸

英文名	propionic acid	相对分子质量	74.08
分子式	$C_3H_6O_2$	熔点	$-20.7℃$
结构式	（结构式）	沸点	141℃
		密度	0.9934g/mL
溶解性	能与水、乙醇、乙醚、氯仿等混溶。在盐的水溶液中部分溶解
质量标准	无色或微黄色稍带刺激性气味的液体;沸程 138.5~142.5℃;含量≥99.5%

应用性能	①主要用作食品防腐剂和防霉剂。还可用作啤酒等中黏性物质抑制剂。用作硝酸纤维素溶剂和增塑剂。也用于镀镍溶液的配制,食品香料的配制以及医药、农药、防霉剂等的制造 ②有机合成原料,用于合成丙烯盐、丙酸酯、乙烯基丙酸酯、丙烯酯纤维素等
安全性	①化学性质:具有一般羧酸的化学性质,能形成酰氯、酸酐、酯、酰胺、腈等化合物。α-氢原子在三氯化磷催化下容易被卤素取代,生成 α-卤代丙酸 ②丙酸是可燃液体,低毒,对黏膜有刺激作用,有杀菌作用。当皮肤上沾染丙酸时要用大量清水冲洗。小鼠经口 LD_{50} 为 3.5~4.3g/kg,空气中最大容许浓度为 150mg/m³ ③属低毒类。毒性比甲酸小,对眼睛、皮肤、黏膜有刺激作用。与乙酸一样有杀菌性,能抑制细菌的生长,在 5%~7% 溶液中,细菌 15min 就完全被杀死。与皮肤接触时立即用水冲洗。着火时用泡沫灭火剂、粉末灭火剂或二氧化碳灭火。嗅觉阈浓度 0.053mg/m³
生产方法	如 Propionibacterium acidipropionici、P.shermanii 等微生物可以利用多种可发酵糖来生产丙酸。工业上可先将多种生物质用酸或酶水解成葡萄糖或木糖等单糖,然后引入反应器进行发酵。发酵完成后加入石灰乳,沉淀,过滤后加入硫酸钠进行复分解反应,再经过滤和浓缩,加入硫酸转化后再进行分馏而得。发酵反应器可以采用固定化原生质体塔式反应器,细胞通过如下形式固定:用浸入法使预先灭菌的填充环表面覆盖一层经过灭菌的含 20% 明胶和 1.5% 虫胶的溶液,干后用 2.5% 的戊二醛水溶液喷淋,使填充环表面的高分子发生交联,以增加强度。再用无菌水冲洗,然后乙二醇灭菌,排放乙二醇后用灭菌氮气吹干净。此后向充满此填充环的反应器中加入丙酸菌培养液,使其在填充环表面形成一层固定细胞膜,然后即可连续加料进行发酵 精制方法:用无水硫酸钠干燥后蒸馏,收集 139~141℃ 馏分。馏出物加少量固体高锰酸钾再蒸馏。也可以将其转变为乙酯后分馏。再将丙酸乙酯水解的方法精制

● 丙酸钙

英文名	calcium propionate	分子式	$C_6H_{10}CaO_4$
结构式	（结构图）Ca^{2+}	相对分子质量	186.22
		外观	白色颗粒或结晶性粉末,无臭或稍有特异臭
溶解性	易溶于水(40%),难溶于醇、醚等。有吸湿性。由于丙酸是人体正常代谢的中间物,故安全无毒。其一水物为无色单斜晶系片状结晶。易溶于水,微溶于乙醇和甲醇,几乎不溶于丙酮和苯。在潮湿空气中易潮解		
质量标准	白色结晶、颗粒或结晶性粉末;含量≥99.0%;水不溶物≤0.3%		
应用性能	用作面包、糕点和奶酪的保存剂。丙酸钙是酸型食品防腐剂,其抑菌作用受环境 pH 值的影响。在酸性介质中对各类霉菌、革兰氏阴性杆菌或好氧芽孢杆菌有较强的抑制作用,对防止黄曲霉菌素的产生有特效,而对酵母几乎无效,主要用于食醋、酱油、面包、糕点和豆制品。也用作饲料添加剂,在含水饲料中能分解出丙酸及钙,丙酸有杀菌作用,钙可为牲畜提供钙质。医药上可做成散剂、溶液和软膏用于消毒、杀菌,对霉菌引起的皮肤病有较好的治疗作用		
用量	在食品工业中最大使用量(以丙酸计)2.5g/kg;在生面湿制品中最大使用量0.25g/kg。在化妆品中的添加量通常不大于2%		
生产方法	(1)氢氧化钙粉末在中和锅中制成悬浮液,加入丙酸中和至 pH 值7～8,中和温度 70～100℃,中和时间 2～3h。中和液过滤除去不溶物,清液经浓缩、冷却、结晶、分离、干燥得成品 (2)用过量蛋壳在常温、常压下与丙酸反应 3h,经过滤、浓缩,在 120℃烘干得鳞片状白色无水丙酸钙晶体,其产率可达 97%以上 (3)在反应器中将 CaO 和一定量水混合,制成浓度为 1.0～1.3mol/L 的石灰乳,然后在 70～95℃不断搅拌下,缓慢将浓度为 12～13mol/L 丙酸(过量50%)溶液加入,继续搅拌 30min 至溶液澄清得丙酸钙溶液。控制 pH 值为7～8,待冷却后过滤,除去不溶物,滤液移入蒸发器,浓缩得白色粉末状丙酸钙,再在干燥箱中于 120～140℃烘干脱水,得白色粉末状无水丙酸钙产品		

● 苯甲酸

英文名	benzoic acid	相对分子质量	122.12
分子式	$C_7H_6O_2$	熔点	122.4℃
结构式	（结构图）C-OH	沸点	249.4℃
		密度	1.27g/mL
外观	白色单斜片状或针状结晶,质轻,无气味或微有类似安息香或苯甲醛的气味。能随水蒸气挥发		
溶解性	溶于油类,微溶于冷水,溶于热水,易溶于乙醇、乙醚和其他有机溶剂。水中溶解度随碱性物质(如硼砂、磷酸三钠)的存在而增加。微溶于己烷		
质量标准	白色有丝光的鳞片或针状结晶或结晶性粉末,质轻,无臭或微臭;熔点121～124.5℃;含量不得少于 99.3%		

应用性能	①可用作对叔丁基酚醛树脂与氧化镁预反应的非水催化剂。还是重要的有机合成原料,用于制备各种苯甲酸酯、金属盐 ②食品及化妆品工业中用作防腐剂及杀菌剂,也可用作醇酸树脂涂料及聚酰胺树脂的改性剂、聚苯乙烯固化促进剂量、聚酯聚合的引发剂、金属防锈剂、染料的染色载体。还可用于制造香料、增塑剂等 ③用作分析试剂,如有机元素分析、滴定法测定碱和碘的标准、测定发热量的基准物质
用量	在食品工业用塑料桶装浓缩果蔬汁,最大使用量不得超过 2.0g/kg;在果酱(不包括罐头)、果汁(味)型饮料、酱油、食醋中最大使用量 1.0g/kg;在软糖、葡萄酒、果酒中最大使用量 0.8g/kg;在低盐酱菜、酱类、蜜饯,最大使用量 0.5g/kg;在碳酸饮料中最大使用量 0.2g/kg
安全性	对微生物有强烈的毒性,用量不超过 4g 对健康也无损害。在人体和动物组织中可与蛋白质成分的甘氨酸结合而解毒,形成马尿酸
生产方法	工业生产方法有甲苯液相空气氧化法、三氯甲基苯水解法及苯酐脱羧法三种,而以甲苯液相空气氧化法最普遍。甲苯和空气通入盛有环烷酸钴催化剂的反应器中,在反应温度 140~160℃,操作压力 0.2~0.3MPa 的条件下进行反应,生成苯甲酸,经蒸去未反应的甲苯得粗苯甲酸,再经减压蒸馏,重结晶得成品。用邻苯二甲酸酐脱羧法所得最终产品不易精制,而且生产成本高,只在批量不大的医药等产品的制造过程中采用。三氯甲基苯法的产品不适于应用于食品。苯甲酸有工业用、食品用、医药用等不同规格。食品级应符合 GB 1901—2005,含量在 99.5%以上,熔点 121~123℃,并对易氧化物、易碳化物、含氯化合物、灼烧残渣、重金属、砷含量等质量指标作了规定。原料消耗定额:甲苯1140kg/t,环烷酸钴 4kg/t。此外,由甲苯生产苯甲醛时可副产苯甲酸

● 苯甲酸钠

英文名	sodium benzoate	外观	白色颗粒或结晶性粉末
分子式	$C_7H_5NaO_2$	密度	1.44g/mL
相对分子质量	144.10	溶解性	易溶于水,稍溶于醇
结构式		熔点	300℃
		质量标准	白色颗粒或结晶性粉末;干燥失重≤1.5%;含量≥99.0%
应用性能	①苯甲酸钠是重要的食品防腐剂,能防止由微生物的作用引起食品腐败变质,延长食品保存期。在饮料、罐头、果汁、冷食、酱油、醋等食品领域有着广泛应用。也可作为饮料的防腐剂 ②可用作化妆品、洗涤剂、牙膏、涂料、胶黏剂等的防腐剂,也用作塑料增塑剂、医用杀菌剂、媒染剂及用作制造香料的原料 ③ 苯甲酸钠用作电镀添加剂,例如酸性镀锌的添加剂		
用量	用量为 0.15%~0.25%		

安全性	①按规格使用和贮存,不会发生分解,避免与氧化物接触 ②本品低毒。应用在食品中的限量为 0.15%,不允许用于食用肉类和维生素 B₁ 中 ③苯甲酸钠大多为白色颗粒,无臭或微带安息香气味,味微甜,有收敛性,苯甲酸钠也是酸性防腐剂,在碱性介质中无杀菌、抑菌作用
生产方法	(1)苯甲酸与碳酸氢钠中和法　将水和碳酸氢钠加入中和锅,加热至沸溶解成碳酸氢钠溶液。搅拌下投入苯甲酸,至反应液 pH 为 7~7.5。加热使二氧化碳逸尽,加活性炭脱色半小时。抽滤,滤液浓缩后缓缓放入结片机液盘内,经滚筒干燥结片,粉碎,得苯甲酸钠 (2)两步法　苯甲酸可由邻苯二甲酸酐水解、脱羧制得;亦可由甲苯氧化、水解制得;还可直接由甲苯液相氧化制得。苯甲酸再经 Na_2CO_3 中和即成钠盐

● 对羟基苯甲酸

英文名	p-hydroxybenzoate	相对分子质量	138.12
分子式	$C_7H_6O_3$	外观	淡黄色结晶
结构式	HO— ⬡ —OH (O)	熔点	214~216℃
		密度	1.46g/mL
溶解性	微溶于水,易溶于热水和乙醇,溶于乙醚、乙醚。不溶于二硫化碳		
质量标准	白色结晶粉末;熔点 214~217℃;含量≥99.5%		
应用性能	对羟基苯甲酸是用途广泛的有机合成原料,特别是其酯类,包括对羟基苯甲酸甲酯(尼泊金甲)、乙酯(尼泊金乙)、丙酯、丁酯、异丙酯、异丁酯,可作食品添加剂,用于酱油、醋、清凉饮料(汽水除外)、果品调味剂、水果及蔬菜、腌制品等,还广泛用于食品、化妆品、医药的防腐、防霉剂和杀菌剂等方面。对羟基苯甲酸也用作染料、农药的中间体。在农药中用于合成有机磷杀虫剂 GYAP、CYP;在染料工业中用于合成热敏染料的显色剂;还可用于彩色胶片及合成油溶性成色剂"538"及尼龙 12 中用作增塑剂的生产原料。另外,还用于液晶聚合物和塑料		
用量	0.012~0.5g/kg		
安全性	该物质对环境有危害,对水体和大气可造成污染,有机酸易在大气化学和大气物理变化中形成酸雨。因而当 pH 值降到 5 以下时,会给动、植物造成严重危害,鱼的繁殖和发育会受到严重影响,流域土壤和水体底泥中的金属可被溶解进入水中毒害鱼类。水体酸化还会导致水生生物的组成结构发生变化,耐酸的藻类、真菌增多,而有根植物、细菌和脊椎动物减少,有机物的分解率降低。酸化后会严重导致湖泊、河流中鱼类减少或死亡		
生产方法	对羟基苯甲酸的生产方法有多种,苯酚钾羧化法较适于工业化生产,该法又分酚钾固相羧化法、酚钾溶剂羧化法、酚钾与二氧化碳的连续气液相法。将 40% 左右的氢氧化钾溶液与苯酚加入反应锅中混合,于 100℃搅拌 0.5h,至酚钾液的游离碱为 0.3%~1.2%。加热,进行常压脱水,至内温为 140℃时改为减压脱水,在 10.6kPa 压力下蒸水 0.5~1h,直至内温达 170℃以上。加入溶剂苯		

生产方法	酚共沸脱水,至200℃(2.67kPa)结束脱水,得酚钾与酚的复合盐。将制备的上述复合盐继续加热至220~230℃,通入净化无水的二氧化碳,压力维持在0.5MPa,反应2.5h,降温至200℃补加苯酚,保温搅拌30min,然后减压回收苯酚至尽。再通入二氧化碳进行第二次羧化,约需2h。羧化结束后,回收苯酚,冷却至180℃以下,加水溶解,即得羧化液(对羟基苯甲酸二钾盐)。将硫酸逐渐加入羧化液中,于70℃以下中和至pH值为6.7。冷却过滤除去硫酸钾,所得粗品滤饼用水重结晶、活性炭脱色,即得含量99%以上的对羟基苯甲酸 对羟基苯甲酸二钾盐也可由水杨酸二钾盐转化得到。因此工业上也可由水杨酸经成盐、转化、中和得到对羟基苯甲酸,但成本较高 另外,生产糖精时的副产物对甲苯磺酰氯,经氨化、氧化、酸析、碱熔、再酸析也可获得该品。该法收率较低,成本较高,而且糖精副产物中往往夹带有毒的杂质邻磺酰胺基甲苯

● 对羟基苯甲酸乙酯

英文名	ethyl p-hydrobenzoate	相对分子质量	166.17
分子式	$C_9H_{10}O_3$	熔点	116~118℃
结构式	HO—⟨⟩—C(=O)—O—CH₂—CH₃	沸点	297~298℃(分解)
		密度	1.168g/mL
外观	无色结晶或白色结晶性粉末,有轻微香味,稍有涩味		
溶解性	溶于水中,溶解度为0.070%(20℃)、0.075%(25℃)。对光热稳定,无吸湿性。微溶于水。易溶于乙醇、丙二醇		
质量标准	白色结晶粉末,无臭味或有轻微的特殊香气,味微苦,灼麻;干燥失重≤0.50%;含量99.0%~100.5%		
应用性能	对羟基苯甲酸类是普遍使用的防腐剂之一。它能抑制微生物细胞的呼吸酶系与传递酶系的活性,并破坏微生物的细胞膜机构,从而对霉菌、酵母与细菌有广泛的抗菌作用。其抗菌能力比山梨酸和苯甲酸强,且抗菌作用受pH值影响不大,在pH值4~8的范围内效果均好		
用量	我国规定用于糕点馅,最大用量0.5g/kg(以对羟基苯甲酸计,下同);在果汁(味)型饮料、果酱(不包括罐头)、酱油中最大用量0.25g/kg;在碳酸饮料、蛋黄馅中最大用量0.2g/kg;在食醋中最大用量0.1g/kg;在果蔬保鲜中最大用量0.012g/kg		
安全性	本品为杀菌性很强的物质,苯酚系数为8.0。毒性极低,对人体皮肤无刺激		
生产方法	主要采用酯化法。由苯酚钾在加压下与二氧化碳反应先制成对羟基苯甲酸,然后将对羟基苯甲酸与乙醇在硫酸催化剂存在下进行酯化反应,最后经洗涤、脱色、重结晶、离心脱水、干燥而得		

● 对羟基苯甲酸丁酯

英文名	butyl 4-hydroxybenzoate	外观	白色结晶性粉末。微有特殊气味
分子式	$C_{11}H_{14}O_3$	熔点	68～72℃
结构式	HO—⟨苯环⟩—C(=O)—O—丁基	沸点	156～157℃（3.5mmHg）
		密度	1.168g/mL
相对分子质量	194.23	溶解性	溶于乙醇、丙酮、氯仿和乙醚,微溶于水和丙二醇
质量标准	白色至类白色粉末;熔点 69～72℃;含量＞99.0%		
应用性能	有机合成中间体;医药、食品、化妆品、胶片及高档产品的防腐添加剂及消毒剂;试剂。因在水中溶解度小,通常配制成乙醇溶液、乙酸溶液。作为食品的防腐杀菌剂是其主要用途,在对羟基苯甲酸酯类中,其防腐杀菌力最强,因其水溶性差,常与其他酯类并用		
用量	用量为 0.05～0.10g/L		
生产方法	由对羟基苯甲酸与丁醇酯化而得。将丁醇、对羟基苯甲酸一起加热溶解,慢慢滴加硫酸,加完后继续回流反应 8h。放冷,加入 4% 碳酸钠溶液中,分出水层,通蒸气赶出丁醇,放冷,过滤得粗品,再用乙醇重结晶(在乙醇中的溶解度为200g/100mL)		

● 肉桂醛

英文名	cinnamaldehyde	熔点	−7.5℃
分子式	C_9H_8O	沸点	247℃（部分分解）
结构式	⟨苯环⟩—CH=CH—CHO	密度	1.048～1.052g/mL
		外观	无色至淡黄色油状液体,呈强烈肉桂香气,有甜味和灼热香味
相对分子质量	132.16	溶解性	易溶于乙醇、乙醚、氯仿,微溶于水和甘油
质量标准	无色至淡黄色油状液体;相对密度 1.046～1.050;含量≥98%		
应用性能	①肉桂醛作为醛类含香化合物,有良好的持香作用,在调香中作配香原料使用,使主香料香气更清香。因其沸点比分子结构相似的其他有机物高,因而常用作定香剂。常用于皂用香精,调制栀子、素馨、铃兰、玫瑰等香精,在食品香料中可用于苹果、樱桃等水果香精。由于肉桂醛既可调制各种口味的香型,又可对口腔起到杀菌和除臭的双重功效。常用于牙膏、口香糖、口气清新剂等口腔护理品 ②杀菌消毒防腐,特别是对真菌有显著疗效。对大肠杆菌、枯草杆菌及金黄色葡萄球菌、白色葡萄球菌、志贺氏痢疾杆菌、伤寒和副伤寒甲杆菌、肺炎球菌、产气杆菌、变形杆菌、炭疽杆菌、肠炎沙门氏菌、霍乱弧菌等有抑制作用。且对革兰氏阳性菌杀菌效果显著,可用于治疗多种因细菌感染引起的疾病 ③常用于外用药、合成药中。应用于按摩液、美容产品中起到散淤血、促进血液循环,使皮肤回温,紧实皮肤组织,外用于按摩可使四肢、身体舒畅,改善水		

应用性能	分滞留。对皮肤的疤痕、纤维瘤的软化与清除皆具有效果。还用于红花油、清凉油、活络油等跌打外用药中,主要起活络筋骨、散瘀血,具有镇静、镇痛、解热、抗惊厥、调节中枢神经系统的作用,还可提高白血球及血小板数。它还具有较强的杀真菌作用,对皮肤真菌有压制作用 ④肉桂醛不仅安全环保而且气味芬芳,含有肉桂醛的抗微生物剂,可驱避昆虫。可直接用于排水管(下水道)或汽车专用香精、空气清新剂、氧气发生器、冰箱除味剂、保鲜剂等 ⑤肉桂醛还可应用于石油开采中的杀菌灭藻剂、酸化缓蚀剂,代替目前使用的戊二醛等传统防腐杀菌剂,可显著增加石油产量,提高石油质量,降低开采成本 ⑥肉桂醛本身是一种香料,它具有促进生长、改进饲料效率以及控制禽、畜细菌性下痢的功能,并能增加饲料的香味,引诱动物进食,还能长时间防止饲料霉变,添加肉桂醛后不用再添加其他防腐剂
用量	在香精香料中应用时,最高不超过 5000mg/kg。浓度为 2.5×10^{-4} 时,对黄曲霉、黑曲霉等均有强烈的抑止效果
安全性	常温常压下稳定。避免的物料:氧化物、碱。存在于烤烟烟叶、白肋烟烟叶、主流烟气中。天然存在于啤酒、酸果、番石榴中
生产方法	肉桂醛存在于多种精油中,以中国的肉桂油中含量最高,可达 85%~90%。从桂油中分离出桂醛,传统的化学分离法是利用亚硫酸氢钠与醛类亲核加成形成盐结晶析出(但此反应也能生成稳定态的 1,4-加成二磺酸盐化合物,具水溶性易浪费),再用 NaOH 分解便得较纯的肉桂醛。如和乙酸酐反应制成二乙酯,然后结晶过滤,再用稀硫酸分解也可得较纯的肉桂醛。分馏法也能得到较纯的肉桂醛

● 噻菌灵

化学名	噻苯咪唑	相对分子质量	201.25
英文名	thiabendazole	外观	白色至灰白色无味粉末
分子式	$C_{10}H_7N_3S$	熔点	304~305℃
结构式		沸点	310℃升华
		溶解性	不溶于水,微溶于醇、丙酮,易溶于乙醚、氯仿
质量标准	白色结晶性粉末,无味、无臭;296~304℃;含量 98.0%~101.0%		
应用性能	①高效、广谱、长效内吸性杀菌剂。根施时能向顶传导,但不能向基传导,可作叶面喷雾。喷药量 2.25~3.75g 有效成分/hm²,能防治多种作物的真菌病害和根腐病,兼有保护和治疗作用。目前还广泛用于柑橘、苹果、梨和香蕉等水果贮藏期病害,分别用 500~1000mg/L,700~1500mg/L 药液处理 ②防霉剂。按 GB 2760—2011:水果保鲜 0.02g/kg;蒜薹、青椒保鲜 0.01g/kg		
用量	作保鲜剂,我国规定可用于水果保鲜,最大使用量为 0.02g/kg		
安全性	常温、常压下稳定。禁配物:强氧化剂 0~6℃条件下保存		

生产方法	(1)噻唑-4-羧酰溴和邻苯二胺混合,加入多磷酸,搅拌下加热至240℃,保温3h。将热反应液注入冰中,过滤,滤液用30%氢氧化钠溶液洗涤,pH约为6时析出2-(4′-噻唑基)-苯并咪唑沉淀,过滤,水洗,干燥,得结晶体,再用沸乙醇重结晶 (2)另一种工艺是将4-乙氧甲酰噻唑、邻苯二胺、多磷酸的混合物搅拌加热至125℃,然后在175℃加热2h,将混合物注入冰水中,用氢氧化钠溶液中和至pH=6,析出结晶,过滤,用热丙酮萃取,萃取物用活性炭脱色后,浓缩,真空干燥,得噻菌灵

● 次磷酸钠

英文名	sodium phosphinate monohydrate	相对分子质量	106.01
分子式	$NaH_2PO_2 \cdot H_2O$	外观	白色无气味粉末
结构式	$O \quad Na^+ \quad \begin{array}{c} H_2 \\ P \end{array}$ $H - \overset{\underset{\shortmid}{}}{}H \quad -O \quad O$	熔点	248℃
		密度	1.86g/mL
溶解性	溶于水 1000g/L(20℃)。溶液醇和甘油,微溶于无水乙醇,不溶于醚		
质量标准	无色单斜晶系结晶或有珍珠光泽的晶体或白色结晶粉末。无臭,味咸;主含量≥99.0%;氯化物含量≤0.01%		
应用性能	广泛应用于电子,机械,石油,化工,航空,航海,食品,医药等行业。作为化学镀剂,使塑料、陶瓷、玻璃、石英等非金属材料表面金属化;水处理,制备各种工业防腐剂及油田阻垢剂;食品防腐剂,工业锅炉水添加剂;化学反应的催化剂、稳定剂;抗氧剂;防脱色剂、分散剂,纺织物整理及医药等行业		
安全性	在干燥状态下保存时较为稳定,加热超过200℃时则迅速分解,放出可自燃的有毒的磷化氢。遇强热时会爆炸,与氯酸钾或其他氧化剂相混合会爆炸。次磷酸钠是强还原剂,可将金、银、汞、镍、铬、钴等的盐还原成金属状态。在常压下,加热蒸发次磷酸钠溶液会发生爆炸,故蒸发应在减压下进行 次磷酸钠安全无毒,食用后能全部排出体外,具有很好的保鲜作用		
生产方法	将黄磷(或白磷)、过量的氢氧化钙水溶液于98℃下进行反应。反应中生的磷化氢引出后用10%的硫酸铜溶液吸收(要注意安全)。反应结束后,冷却,通入二氧化碳至溶液 pH 值为 7.5~8.0,沉淀出过量氢氧化钙。滤出沉淀并用水洗涤数次,洗液并入滤液,然后分次少量加入20%的碳酸钠溶液至溶液对酚酞呈弱碱性; 过滤,滤液真空蒸发浓缩至密度为 1.16 时,重新过滤。滤液第二次蒸发浓缩至出现结晶薄膜,冷却结晶,甩干后,于80~95℃干燥,可制得次磷酸钠。母液可回收利用		

● 富马酸二甲酯

英文名	dimethyl fumarate	外观	白色结晶或粉末，略带辛辣味
分子式	$C_6H_8O_4$	熔点	$102\sim105℃$
结构式		沸点	$193\sim195℃$
		密度	$1.045g/mL$
相对分子质量	144.13	外观	白色结晶或粉末，略带辛辣味
溶解性	溶于乙酸乙酯、氯仿、乙醇、乙醚、苯，微溶于水		
质量标准	白色结晶或粉末，略带辛辣味。熔点$101\sim104℃$；含量$\geqslant99.0\%$		
应用性能	富马酸二甲酯是美国 20 世纪 80 年代开发出来的一种新型防霉剂，取名为"霉敌"。具有高效、低毒(大白鼠经口 LD = 2240mg/kg)，对许多霉菌有特殊的抑制效果，并且具有抗真菌能力，广泛应用于食品、饮料、饲料、中药材、化妆品、鱼、肉、蔬菜、水果等防霉、防腐、防虫、保鲜。富马酸二甲酯对食品中常见的八种霉菌(如黄曲霉、黑曲霉、青霉、广链孢霉、白地霉、串珠镰刀菌等)有明显的抑制作用，用于饲料的防霉优于丙酸盐、山梨酸及苯甲酸二甲酯配成的挥发性溶液。喷洒在衣柜、书柜中也有很好的防霉效果		
用量	一般剂量为 $500\sim800mg/kg$		
安全性	一种工业消毒剂，在国家标准规定中只能用于建材、塑料制品及竹编等一些工业产品，绝不允许使用在食品中 用途与危害：对微生物有广泛、高效的抑菌、杀菌作用，曾广泛用于食品、饲料、烟草、皮革和衣物等防腐防霉及保鲜。会导致健康损害，根据临床试验，DMF可经食道吸入对人体肠道、内脏产生腐蚀性损害；当该物质接触到皮肤后，会引发接触性皮炎痛楚，包括发痒、刺激、发红和灼伤		
生产方法	(1)富马酸酯化法　直接以富马酸为原料，在催化剂存在下与甲醇一步合成 DMF。催化剂有三氟化硼、六水氯化铁($FeCl_3 \cdot 6H_2O$)、硫酸或磷酸，收率高达 92%。也可以阳离子树脂催化剂，采用催化精馏技术，于 $80\sim85℃$下酯化反应 5h (2)马来酸异构酯化法　马来酸与甲醇在催化剂作用下，异构化、酯化得到DMF，催化剂有 $HCl-H_2SO_4$ 和磷钨酸。用 $HCl-H_2SO_4$ 作催化剂时，反应实际分两步进行，即 HCl 催化异构化反应和 H_2SO_4 催化酯化反应。马来酸与浓盐酸、水一起回流 30min，得到 91% 的富马酸；富马酸与甲醇、浓硫酸一起回流12h，得到 91.9% 的产品。磷钨酸时复合催化剂，同时催化异构化和酯化反应。马来酸与甲醇在磷钨酸存在下，回流 4h，得 89.4% 的产品 (3)糠醛氧化酯化法　以糠醛为原料，合成分两步进行。首先糠醛在 V_2O_5 催化下用 $KClO_3$ 氧化成富马酸，反应温度 $95\sim105℃$，反应时间 7h，收率 81.5%；然后富马酸在浓硫酸存在下，与甲醇一起加热回流，得到 DMF，反应时间 10h。收率 86.0% (4)马来酸酐水解异构酯化法　以马来酸酐为原料，与甲醇在催化剂作用下生成 DMF。催化剂有浓盐酸、盐酸-磷酸、六水氯化铁、对甲基苯磺酸和硫脲。盐酸-磷酸属于复合催化剂，首先发生水解、酯化反应，得到马来酸二甲酯，后者再在溴与光存在下异构化才得到产品；用硫脲作催化剂，马来酸酐首先发生水解异构化反应得到富马酸，后者在硫酸存在下酯化得到产品		

2.15.2　天然防腐剂

●壳聚糖

英文名	chitosan	相对分子质量	161n
分子式	$(C_6H_{11}NO_4)_n$	外观	白色无定形透明物质,无味无臭
结构式		密度	1.75g/mL
		溶解性	溶于 pH<6.5 的稀酸,不溶于水和碱溶液
质量标准	外观:一种白色或灰白色半透明的片状或粉状固体,无味、无臭、无毒性。黏度:高黏度产品为 0.7～1Pa·s,中黏度产品为 0.25～0.65Pa·s,低黏度产品<0.25Pa·s		
应用性能	①主要应用于食品、医药、农业种子、日用化工、工业废水处理等行业。壳聚糖具有提高免疫、活化细胞、预防癌症、降血脂、降血压、抗衰老、调节机体环境等作用,可用于医药、保健、食品领域。在环保领域壳聚糖可用于污水处理,蛋白回收,水净化等。功能材料领域,壳聚糖可用于膜材料、载体、吸附剂、纤维、医用材料等。轻纺领域,壳聚糖可用于织物整理、保健内衣、造纸助剂等。农业领域可应用于饲料添加、种子处理、土壤改良、水果保鲜等。在烟草领域,壳聚糖是性能良好的烟草薄片胶,而且具有改善口感,燃烧无毒无异味等特点 ②工业中用作黏结剂、增稠剂、稳定剂、胶凝剂等。也用作酸性物质的防霉剂,用于腌制品、焙烤制品、面包、含油食品等,在其表面形成透明的半渗透膜 ③在废水处理中,可用作高分子絮凝剂而有效地捕集重金属离子及处理食品加工厂废水;用于处理含多氯联苯废水的效果优于活性炭,也可与活性炭及纤维素混合制成染料吸附剂。利用它对溶菌酶的吸附作用,可用来对溶菌酶进行分离和精制 ④壳聚糖对皮肤及头发有较好亲和作用,能形成透明的保护膜,可用来制造香波、护发素、发胶、摩丝、口红、膏霜等制品。还可用作香料、染料和活性剂胶囊的成膜剂,核酸清除剂,降低胆醇制剂,抗菌剂,植物种子涂覆粘接剂,以及用作固相合成和酶固定化载体等 ⑤在化妆品中应用广泛,可用于香波、护发素、浴液、发胶、摩丝、香水、水剂、膏霜、口红等化妆品		
用量	化妆品中的加入量一般为 0.2%～0.5%		
安全性	有很强的吸湿性,仅次于甘油,高于聚乙二醇、山梨醇。具有良好的成膜性、透气性和生物相容性		
生产方法	①用 4%～6%盐酸水溶液,在常温下将甲壳浸泡 4～12h,摄取甲壳质,然后加入浓碱,在 60～140℃,反应 8h,经水洗即可 ②将虾或蟹壳浸泡在 6%盐酸中,除去壳中无机盐,水洗。然后用 10%的氢氧化钠溶液脱去蛋白质,水洗后,再用 1%KMnO_4漂白氧化,除杂质,再水洗;用 1%NaHSO$_4$洗脱残留的 MnO$_4^-$,再充分水洗,干燥,即可得纯净的壳聚糖		

● 乳酸链球菌素

英文名	nisin	分子式	$C_{143}H_{228}N_{42}O_{37}S_7$	相对分子质量	3348

结构式	
外观	白色至淡黄色粉末	**生物效价**	≥1000IU/mg
溶解性	使用时需溶于水或液体中,且于不同 pH 值下溶解度不同。如在水中(pH=7),溶解度为 49.0mg/mL;若在 0.02mol/L 盐酸中,溶解度为 118.0mg/mL;在碱性条件下,几乎不溶
质量标准	外观为浅棕色至乳白色粉末;干燥失重≤3.0%;效价≥900IU/mg;氯化钠≥50%
应用性能	被加入到食品中,能有效地抑制引起食品腐败的许多革兰氏阳性细菌。nisin 作为一种新型的天然防腐剂,在国际上已得到认可,已广泛应用于鲜乳和乳制品、液体蛋、沙拉酱、高水分或低脂的食品、罐头食品、鱼贝类海产制品、肉制品、植物蛋白食品、糕点食品和含酒精的饮料等 ①乳制品　nisin 已成功应用于硬质干酪、巴氏灭菌干酪、巴氏灭菌奶、罐装浓缩牛奶、高温灭菌牛奶、高温处理风味奶、酸奶、乳制甜点等制品中 ②肉制品　使用 nisin 的肉制品有罐装火腿、熏猪肉、咸猪肉、香肠、真空包装新鲜牛肉等。因此添加 nisin 可使经热加工的肉制品延长保存期 2～3 倍 ③在酸性罐头食品中的应用　在酸性条件下,nisin 的稳定性、溶解度、活性均提高,因而它可成功地应用于高酸性食品(pH<4.5)防腐。低酸或非酸性罐头食品添加了 nisin,也能起到减轻热处理强度的作用 ④鱼贝类等海产制品中的应用　海鲜制品因腐败速率快,且大多冷食,故产品的细菌数控制相当重要,如李斯特菌也曾于海鲜中检出,对人体造成危害。添加(100～150)×10⁻⁶可抑制革兰氏阳性菌,延长保存期和新鲜度,使用方法与肉制品相同 ⑤沙拉酱和调味用酱汁　添加 nisin 于沙拉酱中,可有效抑制乳酸菌和孢子的生长,使低脂低盐产品的腐败性降低,可延长保存期达 4 倍多 ⑥罐头汤类　由于有些汤类会有极易破坏的香料,充分的热处理会变得复杂,乳链菌肽可有效地抑制嗜温细菌的芽孢
用量	一般使用量为 0.05～0.1g/kg 。产品的类型、原材料的质量、生产的工艺、货架期的要求、贮藏的条件将直接影响添加量的多少

安全性	通过病理学家研究以及毒理学试验都证明乳酸链球菌素是完全无毒的。乳酸链球菌素可被消化道蛋白酶降解为氨基酸,无残留,不影响人体益生菌,不产生抗药性,不与其他抗生素产生交叉抗性。世界上有不少国家如英国、法国、澳大利亚等,在包装食品中添加乳酸链球菌素,通过此法可以降低灭菌温度,缩短灭菌时间,降低热加工温度,减少营养成分的损失,改进食品的品质和节省能源,并能有效地延长食品的保藏时间。还可以取代或部分取代化学防腐剂、发色剂(如亚硝酸盐),以满足生产保健食品、绿色食品的需要
生产方法	(1)其制备方法为将酵母类蛋白、大豆蛋白投入配料罐中,加水搅匀,然后将碳源、磷酸钠、硫酸镁依次投入,搅匀,调 pH6.2～7.2 后送入培养罐中,加水,通入高压蒸汽,灭菌,冷却,加入食品级乳酸菌,在罐内压力为 0.1～0.5MPa、温度为 26～37℃ 条件下培养 24～72h,乳酸链球菌素活性经生物效价测定达到 4000～15000IU/mL,即可停止。该培养基对乳酸乳球菌的代谢有利,进入对数期时期缩短,代谢旺盛,糖氮消耗加快,衰退期延迟,乳酸链球菌素活性经生物效价测定极大提高,产量大大提高 (2)乳酸链球菌素按以下步骤制备:①从发酵液底部通入洁净空气,并收集泡沫;②消泡处理;③过滤发泡液;④超滤;⑤盐析;⑥离心,之后固相物再次溶解、喷雾干燥,即得到乳酸链球菌素

2.16 香 料

香料是一种具有挥发性的芳香物质,又称为香原料,是一种能被嗅感嗅出气味或味感品出香味的物质,用于调制香精。香料分为天然香料和人造香料。

(1) 天然香料 包括动物性天然香料和植物性天然香料两大类。动物性天然香料主要有五种:麝香、海狸香、龙涎香、麝鼠香和灵猫香。植物性天然香料根据制备方法的不同有精油、浸膏、香膏、香脂、净油、酊剂等。

(2) 人造香料 人造香料主要有单离香料和合成香料两大类。单离香料是使用物理的或化学的方法从天然香料中分离出的单体香料化合物。合成香料是将天然的或化工原料通过化学合成的方法得到的香料化合物,是目前品种最多、应用最广的一类香料。

2.16.1 醇类香料

● 叶醇、苯乙醇

通用名	叶醇	苯乙醇
化学名	顺式-3-己烯醇	β-苯乙醇
英文名	leaf alcohol	phenethyl alcohol
分子式	$C_6H_{12}O$	$C_8H_{10}O$
结构式	$CH_3CH_2CH = CHCH_2CH_2OH$	HO⌇⌇⌇⌇
相对分子质量	100.16	122.16
外观	无色油状液体	无色液体
沸点	157℃	219.5℃
相对密度	0.8508	1.02
溶解性	微溶于水,溶于醇及大多数有机溶剂,能与大部分油混合	溶于水,可混溶于醇、醚,溶于甘油
质量标准	含量97%;闪点44℃;折射率1.4303	含量99%;闪点102℃;折射率1.5317
天然存在	存在于许多植物的叶子、精油和水果中,在绿茶精油中含量高达30%～50%	存在于玫瑰花油、香叶油中
应用性能	本品具有强烈的新绿嫩叶的清香气味,稀释后有特殊的药草香和叶子气味,主要用作各种花香型香精的前味剂,用于调配丁香、香叶天竺葵、橡苔、薰衣草、薄荷等花精油,提供新鲜的顶香	本品具有微弱的玫瑰花香气息,主要用于调配玫瑰香型花精油和各种花香型香精,如茉莉香型、丁香香型、橙花香型等,几乎可以调配所有的花精油,广泛用于调配皂用和化妆品香精。此外,亦可以调配各种食用香精,如草莓、桃、李、甜瓜、焦糖、蜜香、奶油等型食用香精
安全性	我国允许使用的食用香料	我国允许使用的食用香料
生产方法	由四氢呋喃为起始原料,或用3-己炔醇经选择性氢化而成。天然叶醇存在于发酵过的茶叶中,可采用浸提法而得	(1)氧化苯乙烯法 以氧化苯乙烯在少量氢氧化钠及骨架镍催化剂存在下,在低温、加压下进行加氢即得 (2)环氧乙烷法 在无水三氯化铝存在下,由苯与环氧乙烷发生 Friedel-Crafts 反应制取之 (3)苯乙烯在溴化钠、氯酸钠和硫酸催化下进行卤醇化反应,得溴代苯乙醇,加 NaOH 进行环化得环氧苯乙烷,再在镍催化下加氢而得

肉桂醇、芳樟醇

通用名	肉桂醇	芳樟醇
化学名	苯丙烯醇	3,7-二甲基-1,6-辛二烯-3-醇
英文名	chnnamyl alcohol	linalyl alcohol
分子式	$C_9H_{10}O$	$C_{10}H_{18}O$
结构式		
相对分子质量	134.18	154.25
外观	白色晶体	无色油状液体
沸点	250℃	199℃
相对密度	1.044	0.87
溶解性	溶于乙醇、丙二醇和大多数非挥发性油、难溶于水和石油醚,不溶于甘油和非挥发性油	不溶于水和甘油,以1:4溶于60%乙醇,溶于丙二醇、非挥发性油和矿物油
质量标准	含量97%;闪点126℃;折射率1.5819	含量96%;闪点78℃;折射率1.462
天然存在	天然品以酯的形式存在于秘鲁香脂、肉桂叶、风信子油及苏合香脂等中	广泛存在于植物的花、果、茎、叶、根以及青蒂绿萼中
应用性能	具有类似风信子与藿香香气,有甜味,广泛用于配制花香型香精、化妆品香精和皂用香精,也用作定香剂,常与苯乙醛共用,是调制洋水仙香精、玫瑰香精等不可缺少的香料。也用于配制草莓、柠檬、杏、桃等水果型食用香精和白兰地酒用香精	具有浓带甜的木青气息,似玫瑰木,既有紫丁香、铃兰与玫瑰的花香,又有木香、果香气息。香气柔和、轻扬透发,不甚持久。应用极广,不仅可用于所有的花香型香精,如甜豆花、茉莉、铃兰、紫丁香等,也可应用于果香型、清香型、木香型、醛香型、东方型、琥珀香型、素心兰型、香薇型等非花型香精中,也可用于配制橙叶、香柠檬、薰衣草、杂薰衣草油等人工精油,还可用于食用香精
安全性	我国允许使用的食用香料	我国暂时允许使用的食用香料
生产方法	以乙醇或甲醇作为溶剂,在碱性介质(pH=12~14)中加入硼氢化钾,完全溶解后,在12~30℃以下滴加肉桂醛,肉桂醛滴加完毕后继续反应至反应完全,加丙酮分解过量的硼氢化钾,用盐酸或稀硫酸调pH值到7,升温常压回收乙醇或甲醇,完毕降温到40~50℃静置分层,分掉下层废水得肉桂醇粗品,将肉桂醇粗品减压蒸馏得肉桂醇成品,本方法工艺简单,生产成本低,无污染,产品质量稳定可靠,生产肉桂醇的收率可高达90%	可以用芳樟油、玫瑰木油、伽罗木油等精油作为原料,经分馏得到,也可以通过化学法合成。以松节油合成芳樟醇主要有两种路线: (1)β-蒎烯高温裂解为月桂烯,然后经盐酸化、酯化、皂化等步骤制成芳樟醇。其他通过此法生成的醇还有橙花醇、香叶醇、月桂醇及松油醇等。此法产率比较高 (2)α-蒎烯氢化至蒎烷,然后氧化为蒎烷氢过氧化物,再还原为蒎烷醇,最后经热解制芳樟醇

● 松油醇、二氢月桂烯醇

通用名	松油醇	二氢月桂烯醇
化学名	(S)-α,α-4-三甲基-3-环己烯-1-甲醇	2-甲基-6-亚甲基-7-辛烯-2-醇二氢化物
英文名	terpineol	dihydromyrcenol
分子式	$C_{10}H_{18}O$	$C_{10}H_{20}O$
结构式		
相对分子质量	154.25	156.27
外观	无色液体或低熔点透明结晶体	无色油状液体
沸点	214~224℃	68~70℃(0.53kPa)
相对密度	0.9337	0.8250~0.836
溶解性	溶于乙醇、丙二醇和大多数非挥发性油,难溶于水和石油醚,不溶于甘油和非挥发性油	不溶于水,溶于乙醇等有机溶剂
质量标准	含量99%;闪点95℃;折射率1.4825~1.4850	含量99%;闪点75℃;折射率1.439~1.443
天然存在	以旋光、不旋光的游离醇或其酯的形式存在于松油、樟油、橙花油等精油中	—
应用性能	本品具有清香似海桐花气息和紫丁香、铃兰的鲜幽香气,广泛用于各种用途的香精配方中,同时用作增加新鲜气息剂。作为体香常用于百合、紫丁香、铃兰等香精。在玉兰、栀子、水仙、苹果花、香薇和松针型香精中也是重要香料。在许多皂用、日化制品和消毒剂香精中是主要组成。纯品(主要是甲位体)可用作食用香精	本品香气清甜而有力,有新鲜辛辣的柑橘、松柏、薰衣草等果香、花香,辛甜带酸的香气,且具有白柠檬、古龙气息,用于日化及皂用香精的配制
安全性	我国允许使用的食用香料	日用香料
生产方法	以松节油为原料,在硫酸中加入少量平平加与乳化剂,常温下进行水合反应,使松节油中主要成分蒎烯生成水合萜二醇后,经脱水得粗松油醇,经分馏制得	二氢月桂烯(自蒎烯的加氢产物蒎烷裂解生成)在酸催化下和水、甲酸加成而得

2.16.2 酯类香料

● 乙酸苄酯、醋酸丁酯

通用名	乙酸苄酯	醋酸丁酯
化学名	乙酸苯甲酯	乙酸丁酯
英文名	benzyl acetate	butyl acetate
分子式	$C_9H_{10}O_2$	$C_6H_{12}O_2$

结构式		
相对分子质量	150.17	116.16
外观	无色液体	无色透明液体
沸点	206℃	26℃
相对密度	1.055	0.8825
溶解性	几乎不溶于水,与乙醇、乙醚等有机溶剂混溶	能与乙醇和乙醚混溶,溶于大多数烃类化合物,25℃时溶于约120份水
质量标准	含量99%;闪点102℃;折射率1.501~1.503	含量99%;闪点22℃;折射率1.3951
天然存在	存在于茉莉油、依兰依兰油、风信子油、薰衣草油等精油中	天然存在于许多蔬菜、水果和浆果中
应用性能	本品具有浓郁的茉莉花香气,并带有果香香调,多用于皂用和其他工业用香精。常在茉莉、白兰、玉簪、月下香和水仙等香精中大量使用,也可少量用于梨、苹果、香蕉、桑椹子等食用型香精中	本品具有水果香气,先辣后甜味,配制香蕉、菠萝、杏、桃和草莓等果香型香精,用于食品,为我国 GB 2760—2011 规定可使用的食用香料;天然胶、合成树脂、硝酸纤维、人造革、摄影片基、塑料、香料和医药的溶剂
安全性	我国暂时允许使用的食用香料	我国允许使用的食用香料
生产方法	(1)以苄醇与醋酸为原料,在硫酸催化下直接酯化生成乙酸苄酯,再经中和、水洗、分馏得成品 (2)以氯苄与醋酸钠为原料,在催化剂吡啶和二甲基苯胺存在下进行反应生成醋酸苄酯。再经水洗、蒸馏得成品	由乙酸与正丁醇在硫酸存在下酯化而得。将丁醇、乙酸和硫酸按比例投入酯化釜,在 120℃ 进行酯化,经回流脱水,控制酯化时的酸值(以 KOH 计)在 0.5mg/g 以下,所得粗酯经中和后进入蒸馏釜,经蒸馏、冷凝、分离进行回流脱水,回收醇酯,最后在 126℃ 以下蒸馏而得产品。生产工艺有连续法及间歇法,视生产规模不同而定

● 乙酸桂酯、乙酸苏合香酯

通用名	乙酸桂酯	乙酸苏合香酯
化学名	乙酸肉桂酯	α-甲基苯甲基乙酸酯
英文名	cinnamyl acetate cinnamic acid ester acetic acid ester gui	styralyl acetate
分子式	$C_{11}H_{12}O_2$	$C_{10}H_{12}O_2$
结构式		
相对分子质量	176.21	164.2011
外观	无色或略带黄色液体	无色至淡黄色液体

沸点	262～265℃	213～214℃
相对密度	1.049～1.057	1.020～1.035
溶解性	易溶于乙醇、乙醚,几乎不溶于水和甘油	不溶于水,微溶于甘油,溶于乙醇等有机溶剂
质量标准	含量97%;闪点118℃;折射率1.540～1.543	含量98%;闪点80℃;折射率1.492～1.504
天然存在	天然存在于肉桂油、银白金合欢油、甜瓜、龙蒿、荔枝中	天然存在于栀子花油中
应用性能	本品具有甜的香脂和玫瑰及岩兰草混合香气,可作为桂醇的修饰剂,有好的定香能力,适量用于香石竹、风信子、紫丁香、铃兰、茉莉、栀子、兔耳草花、黄水仙等花香香精中。用入玫瑰,有增加暖甜的作用,但用量宜少;与香叶共用,可得美好玫瑰格调。也常用于食用香精如樱桃、葡萄、桃子、杏子、苹果、浆果、凤梨、桂皮、肉桂等香味型中	本品具有清香带甜的叶青气息,亦似栀子花的清香,并有酸辣、青的浆果香味,是调配栀子花、晚香玉香型的重要香料。适量用于茉莉、风信子、铃兰、紫丁香、玉兰型。微量用于玫瑰型有提调清香的效能。在现代香精中,作为头香,可获得很好的效果。广泛应用于食用香精,特别是需要有"尖锐"果香者,如苹果、凤梨等香精
安全性	我国允许使用的食用香料	我国允许使用的食用香料
生产方法	由肉桂醇与乙酸直接酯化而得。酯化反应后,经中和、洗涤、干燥、真空蒸馏即得成品	由 α-苯乙醇与冰醋酸的酯化反应而得

● 乙酸异戊酯、丁酸戊酯

通用名	乙酸异戊酯	丁酸戊酯
化学名	3-甲基-1-丁醇乙酸酯	丁酸戊酯
英文名	isopentyl acetate	pentyl butyrate
分子式	$C_7H_{14}O_2$	$C_9H_{18}O_2$
结构式		
相对分子质量	130.18	158.24
外观	无色透明液体	无色透明油状液体
沸点	142～143℃	185℃
相对密度	0.869～0.874	0.863
溶解性	几乎不溶于水,溶于乙醇等有机溶剂	不溶于水,溶于乙醇、乙醚
质量标准	含量98%;闪点33℃;折射率1.400	含量98%;闪点57℃;折射率1.410
天然存在	天然存在于香蕉、苹果、浆果、可可豆中	天然存在于苹果、葡萄、草莓、香蕉、番茄、可可豆、椰子油中

应用性能	本品具有强烈的水果香气,稀释时有香蕉、苹果、梨等果香香韵,用作溶剂,能溶解油漆、硝化纤维素、松脂、树脂、蓖麻油、氯丁橡胶等。用于配制香蕉、梨、苹果、草莓、葡萄、菠萝等多种香型食品香精,也用于配制香皂、洗涤剂等所用的日化香精及烟用香精,还用于香料和青霉素的提取、织物染色处理等	本品具有强烈果香香气,稀释后具有香蕉、菠萝、杏子样香韵,此外还有朗姆酒、白兰地酒、巧克力的味道,用作涂料的溶剂,用于食用香精,如凤梨、香蕉、生梨、杏子、悬钩子、草莓、苹果、桃子、樱桃、葡萄、奶油、香荚豆等香精中。烟用、酒用(香槟)香精中亦可用之
安全性	我国允许使用的食用香料	我国允许使用的食用香料
生产方法	在硫酸存在下,由乙酸和异戊醇通过酯化反应制的	正戊醇与丁酸在浓硫酸存在下直接酯化而成

2.16.3 酸类香料

● 乳酸、苯乙酸

通用名	乳酸	苯乙酸
化学名	2-羟基丙酸	苯乙酸
英文名	lactic acid	phenylacetic acid
分子式	$C_3H_6O_3$	$C_8H_8O_2$
结构式		
相对分子质量	90.08	136.15
外观	无色到浅黄色液体	白色晶体
沸点	122℃	265.5
相对密度	1.209	1.081
溶解性	能与水、乙醇、甘油混溶,微溶于乙醚,不溶于苯、氯仿	微溶于水,溶于乙醇等有机溶剂
质量标准	含量85%;闪点110℃;折射率1.4262	含量98%;闪点132℃
天然存在	天然存在于乳制品、发酵品和人体中	广泛存在于葡萄、草莓、可可、绿茶、蜂蜜等中
应用性能	本品具有温和的奶油香气和令人愉快的酸味,用于在医药、食品、卷烟等工业中,可调配黄油、奶油水果、酒等香型的食用香精	本品在低浓度时具有甜蜂蜜味,主要用以配制奶油、巧克力、桃、草莓、香荚兰豆、蜂蜜和啤酒等型香精,亦为烟用(尤其是哈瓦那雪茄烟)香精,也可作用农药植物生长刺激素
安全性	我国允许使用的食用香料	我国允许使用的食用香料

| 生产方法 | (1)发酵法　由淀粉、葡萄糖、牛奶发酵制得
(2)合成法　以乙醛为原料，与氢氰酸反应生成氰化乙醇，再水解生成粗乳酸，再转化为乳酸乙酯，然后水解生成纯的乳酸 | 由苯乙腈水解而得。将 52.6kg 70%的硫酸加入反应锅，搅拌加热至 100℃左右，缓缓滴加苯乙腈，在 1h 内滴完40kg 后升温至 130℃，继续保温反应2h。然后加入 8kg 水，稀释反应生成的硫酸氢铵，静置分层，分去硫酸氢铵母液，在 120～130℃减压脱水 1h，得纯度 96%～97% 的苯乙酸，收率95%～97%。苯乙腈的水解反应也可以在氢氧化钠溶液中进行，在 100～104℃回流 6h，至油状液体减少为止，冷至 5℃，加盐酸调节 pH 至 1～2，甩滤，滤饼用水洗涤，在 40℃干燥，得苯乙酸 |

● 肉桂酸、月桂酸

通用名	肉桂酸	月桂酸
化学名	3-苯基-2-丙烯酸	十二烷酸
英文名	cinnamic acid	lauric acid
分子式	$C_9H_8O_2$	$C_{12}H_{24}O_2$
结构式		
相对分子质量	148.16	200.32
外观	白色至淡黄色粉末	白色针状结晶体
沸点	300℃	225℃
密度	1.245～1.280g/mL	0.8830g/mL
溶解性	溶于乙醇、甲醇、石油醚、氯仿，易溶于苯、乙醚、丙酮、冰醋酸、二硫化碳及油类	不溶于水，溶于乙醇、乙醚、苯
质量标准	含量 99%；闪点 110℃	含量 98%；闪点 110℃；折射率 1.4304
天然存在	—	以甘油酯形式天然存在于椰子油、山苍子核仁油、棕榈核仁油及胡椒仁油等中
应用性能	本品具有桂皮香气，调制苹果、樱桃、可作为苹果香精、樱桃香精、水果香精、花香香精调和使用。可作为芳香混合物，用于香皂、香波、洗衣粉、日用化妆品中	本品具有月桂油的气味，主要用于生产醇酸树脂、湿润剂、洗涤剂、杀虫剂、表面活性剂、食品添加剂和化妆品的原料。本品应用于表面活性剂工业最为广泛，还可用于香料工业、制药工业

安全性	我国允许使用的食用香料	低毒;我国允许使用的食用香料
生产方法	由苯甲醛与乙酐缩合而得。将苯甲醛、乙酐、乙酸钠投入干燥的搪玻璃反应锅,搅拌加热,回流 7～9h。常压回收乙酸至 140℃,减压回收醋酐至物料呈黏稠状。加热水溶解,通蒸汽蒸馏回收未反应的苯甲醛,至无油状物蒸出为止。加水及液碱溶解,加活性炭,在 100℃回流 15min。趁热过滤。滤液用盐酸中和至 pH=1,冷却至 10℃,结晶,甩滤,干燥,得肉桂酸	(1)从天然植物油脂经过皂化或高温高压下分解得到 (2)从合成脂肪酸中分离。日本主要以椰子油和棕榈核仁油为原料制取月桂酸。用来制取十二烷酸的天然植物油有:椰子油、山苍子核仁油、棕榈核仁油及山胡椒仁油等。其他植物中,如棕仁油、擦树籽油、樟树籽油等亦可用于制取十二烷酸。提取十二烷酸所余的 C_{12} 馏分含有大量的十二烯酸,可在常压加氢,不需催化剂,能以 86% 以上的转化率转化为十二烷酸

2.16.4 醚类香料

● 对甲酚甲醚、玫瑰醚

通用名	对甲酚甲醚	玫瑰醚
化学名	4-甲氧基甲苯	2-(2-甲基-1-丙烯基)-4-甲基-四氢吡喃
英文名	p-methyl anisole	rose oxide
分子式	$C_8H_{10}O$	$C_{10}H_{18}O$
结构式		
相对分子质量	122.16	154.25
外观	无色液体	无色至淡黄色液体
沸点	176.7℃	182℃
密度	0.969g/mL	0.868～0.878g/mL
溶解性	不溶于水,能与醇、醚等多种有机溶剂混溶	
质量标准	含量98%;闪点60℃;折射率1.511	含量99%;闪点68℃;折射率1.4540～1.4590
天然存在	天然存在于依兰依兰油及卡南加依兰油中	天然存在于玫瑰油和香叶油中

应用性能	本品具有微有乙醚气味,有依兰依兰油和紫罗兰型似的香气。主要用以配制胡桃、榛子等坚果型香精。还用于配制人造依兰、卡南加、紫罗兰、水仙花等香精	本品具有有清甜的花香香气,似玫瑰和新鲜香叶的香韵。顺式体香气偏甜细腻,反式体香气偏青较粗。多用于配制香叶及玫瑰型香精,香皂香精中用得较多。也可用在食用及烟用香精中
安全性	我国允许使用的食用香料	我国允许使用的食用香料
生产方法	由对甲苯酚在氢氧化钠存在下与硫酸二甲酯经甲基化反应制得。反应后经中和洗涤、分层分离、减压蒸馏而得成品	(1)从玫瑰油或香叶油中分离 (2)以相对应的环氧酮为原料,与甲基溴化镁反应,脱水而得

● 龙涎醚、降龙涎醚

通用名	龙涎醚	降龙涎醚
化学名	十二氢-3a,6,6,9a-四甲基-萘酚[2,1-b]呋喃	1,1,6,10-四甲基-5,6-环乙氧基十氢化萘
英文名	ambraoxide	(一)-ambroxide
分子式	$C_{17}H_{30}O$	$C_{16}H_{28}O$
结构式	含(一)龙涎醚90%以上	纯度达96%的外消旋体
相对分子质量	250.40	236.39
外观	无色至浅黄色液体	白色或类白色结晶粉末
沸点	—	120℃(0.133kPa)
密度	—	0.939g/mL
溶解性	溶于乙醇等有机溶剂	溶于乙醇等有机溶剂
质量标准	含量98%;闪点100℃	含量99%;熔点76℃;闪点161℃
天然存在	天然存在于龙涎香中	天然存在于龙涎香中
应用性能	本品具有强烈和幽雅的琥珀香气,伴有柔和的木香香气,主要用于调配日化香精	本品具有龙涎干香香气,并有松木、柏木样的木香,以及青香和茶叶香韵,主要用于调配日化香精
安全性	—	我国暂时允许使用的食用香料
生产方法	采用以二羟基龙涎醇为原料,在有机溶剂中,以固体超强酸为催化剂反应得到龙涎醚	以紫苏醇为原料,经$KMnO_4$两步氧化(瑞士用臭氧氧化,俄罗斯用铬酸钠氧化)得氧化物,然后将氧化物臭水、脱水、内酯化,则得降龙涎内酯。将内酯用氢氧化锂铝在乙醚中(或用硼烷在四氢呋喃中)还原成降龙涎二醇。用D-樟脑-β-磺酸作环化剂环合二醇,即得降龙涎醚

2.16.5 醛类香料

● 椰子醛、桃醛

通用名	椰子醛	桃醛
化学名	γ-壬内酯	γ-十一内酯
英文名	gamma-nonanolactone	γ-unsecalactone
分子式	$C_9H_{16}O_2$	$C_{11}H_{20}O_2$
结构式		
相对分子质量	156.22	184.28
外观	无色或淡黄色液体	无色澄清液体
沸点	121～122℃	286℃
密度	0.958～0.966g/mL	0.940～0.948g/mL
溶解性	易溶于乙醇、乙醚及油类,不溶于水	不溶于水和甘油,溶于丙二醇
质量标准	含量98%;闪点110℃;折射率1.447	含量98%;闪点137℃;折射率1.451
天然存在	天然存在于番茄、朗姆酒、桃、大麦中	天然品存在于桃子、杏子、桂花、大豆水解蛋白、奶油、鸡蛋果花等中
应用性能	本品具有椰子型香气,略有茴香音韵,稀释后有杏、李子香气,主要用于配制桃、樱桃、椰子、杏仁、牛奶、乳脂等香型食用香精在日化香精中,广泛用于各类花香、果香、东方香型、檀香型,有良好定香作用;也用于调制食品、香烟、饲料用香精	本品具有强烈的桃子和杏仁样香气,用于食用香精和日化香精在日化香精中,广泛用于调配桂花、木樨草、茉莉、栀子等香型,在晚香玉、白玫瑰金合欢、铃兰、橙花、忍冬花香型中也适用,可使香气透出清新的花香、果香
安全性	我国允许使用的食用香料	我国允许使用的食用香料
生产方法	(1)由 β,γ-壬烯酸在硫酸作用下内酯化制得。壬烯酸由庚醛与丙二酸反应制得。将80%的硫酸与壬烯酸一起搅拌,内酯化反应完成后,用水洗涤反应物,以油层用碳酸钠溶液中和,再经水洗,将油状物减压蒸馏即得 γ-壬内酯 (2)由 7-羟基正壬酸与硫酸共热脱水而得 (3)用铈、钒等高价醋酸盐或醋酸锰作氧化剂,由 α-庚烯与醋酸反应而得 (4)以丙烯酸甲酯或丙烯酸和正己醇为原料,经过化学合成制得	将十一碳烯酸与硫酸一起加热到一定温度,进行双键转移和内酯化

2.16.6 内酯类香料

● 丁位癸内酯、香豆素

通用名	丁位癸内酯	香豆素
化学名	5-羟基癸酸内酯	1,2-苯并吡喃酮
英文名	delta-amylvalerolactone	coumarin
分子式	$C_{10}H_{18}O_2$	$C_9H_6O_2$
结构式		
相对分子质量	170.25	146.15
外观	无色至淡黄色澄清黏稠状液体	白色晶体
沸点	281℃	297~299℃
密度	0.968~0.974g/mL	0.935g/mL
溶解性	可溶于酒精、植物油和丙烯乙二醇;不溶于水,与水接触会产生水解反应,也可能产生聚合反应	溶于乙醇、氯仿、乙醚,不溶于水,较易溶于热水
质量标准	含量97%;闪点>110℃;折射率1.458	含量99%;闪点162℃
天然存在	天然品存在于椰子和树莓等水果中	香豆素以苷的形式存在于许多植物中
应用性能	本品具有奶油香味、椰子和桃子样的果香香气,主要用于配制人造奶油、乳品、桃子和椰子等型香精	本品具有强烈而又甜润的草香和辛香香气,稀释时有干草和烟草似的香韵,用于调配烟用香精和日用香精,常用于兰花、素心兰、薰衣草等香型的日用香精、皂用香精、化妆品香精和洗涤剂中
安全性	我国允许使用的食用香料	有毒
生产方法	用过酸将5-戊基环戊酮氧化制得	水杨醛与乙酐反应可以使用煅烧的碳酸钾作为催化剂。将碳酸、乙酐加入水杨醛中,加热至187℃,在气相温度约120℃时蒸出乙酸,然后再加入乙酐,在210~212℃进行反应。得到的香豆素粗品用水洗涤,再真空蒸馏。然后用乙醇或异丙醇重结晶,在50℃干燥得成品

2.17 颜料与着色剂

根据心理学家的分析结果,人们凭感觉接受的外界信息中,83%的印象来自视觉。由此可见产品外观的重要性，其中特别重要的是产品的外观颜色。因此，在产品设计制作过程中应使用恰当的组分进行着色。任何可以使物质显现设计需要颜色的物质都可称为着色剂。

2.17.1 食品着色剂

食品着色剂习惯上也称为食用色素，按来源分为食用天然色素和食用合成色素，通常用于饮料、酒类、糕点、糖果等食品生产，也可应用于化妆品或个人洗护品生产，部分应用于医药生产。

食用天然色素是指来源于天然植物的根、茎、叶、花、果实和动物、微生物等的色素，可食用，其中来自水果和蔬菜的色素占多数。按结构特点分为吡咯色素、多烯色素、酮醌类色素、吡啶类色素、叶啉类色素、异戊二烯类色素、多酚类色素、酮类色素、醌类色素等。

天然色素可更好模仿天然食物的颜色，着色时色调比较自然，而且相当部分天然色素具有生理活性，可转化成营养素（如 β-胡萝卜素可转化成维生素 A）或具有一定的保健功能（如红曲红具有明显降血压作用）。

但是天然色素也不可避免地存在一些缺点：①坚牢度差，使用局限性大，受 pH、氧化、光照、温度、水质及金属离子等影响大，性质不稳定。②成分复杂，使用不当易产生沉淀、浑浊。③纯品成本较高，保质期短。④产品差异大。食用天然色素基本上是多种成分的混合物，同一色素来源不同加工方法不同，所含成分都会有差别，这样给配色时色调的控制带来难度。⑤从天然物中提取而来，可能受其共存成分影响而带有异味，或自身就有异味。

因此在使用食用天然色素应采用一些保护措施，例如：和维生素 C 一起使用，可防止氧化；添加金属螯合剂，避免金属离子的影响；制成微胶囊，增加耐光性等。

在食品安全方面，由于天然色素大多数来自天然食品原料，一般来说对人体的安全性较高，但是因其成分复杂，经过提纯后，其化学结构可能会发生变化，性质有可能与原来的不同，故不能保证天然色素都是安全的，作为食用的天然色素也要进行有一定的毒理安全性实验，要求如下：

① 凡从已知食物中分离出来的且化学结构无变化的色素又应用于

原来食物，其浓度又是原来食物中的正常浓度，这种新产品可不需要进行毒理实验。

② 凡从已知食物中分离出来且化学结构无变化的色素当其使用浓度超过正常时，对这种产品需要进行与合成色素相同的毒理评价。

③ 凡从食品原料中分离出来但在其生产过程中化学结构已发生变化的色素，对它们需要进行与合成色素相同的毒理评价。

④ 凡从非食品原料中分离出来的色素，必须进行与合成色素相同的毒理评价。

食用合成色素主要指人工化学合成方法所得到的色素，基本为有机化合物。按其化学结构可分为偶氮类和非偶氮类两种。食用合成色素色彩鲜艳、色调多、性质稳定、着色力强、坚牢度大、可任意调配、成本低廉、使用方便，应用广泛。但是食用合成色素安全性受到质疑，因此用量和使用范围受到严格限制。

上述两类食用色素在使染着性和染色后的坚牢度上有较大区别。染着性是指着色方式，分两种：一是将色素溶解在食品基质中，混合成分散状态，另一种是将着色剂染着在食品表面，这就要求着色剂对基质有一定的染着力，希望能染着在蛋白质、淀粉、其他糖类等上面，不易脱色。坚牢度指着色剂在所染的物质上对周围环境（或介质）抵抗程度的一种量度，是衡量着色剂品质的重要综合性评定指标，包括耐热性、耐酸性、耐碱性、耐氧化性、耐还原性、耐光（紫外线）性、耐盐性、耐细菌性等。因此在选择食用色素时应选择与被染色的食品或其他产品性质选择优质色素。

优质色素具有如下性能：色泽纯正、亮丽；纯度高、着色力强；溶解性好；水不溶物含量少、溶液清澈透亮；杂质含量少，耐光、热等稳定性强；不同批次间有良好一致性。

（1）绿色素

● **叶绿素铜钠盐、茶绿素**

通用名	叶绿素铜钠盐	茶绿素
英文名	sodium copper chlorophyllin	tea green
分子式	$C_{34}H_{31}CuN_4Na_3O_6$	主要组分：叶绿素 a($C_{55}H_{72}O_5N_4Mg$)、叶绿素 b($C_{55}H_{70}O_6N_4Mg$)、茶多酚（儿茶素类为主）、叶绿素铜钠盐、黄酮醇及其苷

结构式		叶绿素 a R＝CH₃ 叶绿素 b R＝CHO 儿茶素 R¹＝H,OH;R²＝H,
相对分子质量	724.16	—
外观	墨绿色粉末	黄绿色或墨绿色粉末
溶解性	易溶于水,水溶液为透明的翠绿。略溶于乙醇和氯仿,几乎不溶于乙醚和石油醚	易溶于水和含水乙醇,不溶于氯仿和石油醚,具有抗氧化性
质量标准		
$E_{1cm}^{1\%}$	≥568(405nm±3nm)	≥ 11.0(405nm)
pH	9.5~11.0	—
含量,w	≥98.0%	
吸光度比值	3.20~4.0	
总铜(以 Cu 计),w	≤8.0%	
游离铜,w	≤0.025%	≤0.006%
铅(以 Pb 计),w	≤5mg/kg	≤0.0002%
总砷(以 As 计),w	≤2mg/kg	
黄酮类化合物,w	—	≤6.0%
叶绿素,w	—	≤1.0%
水分,w	—	≤6.0%
灰分,w	—	≤6.0%

应用性能	本品可广泛运用在食品、饮料、化妆品、医药中,具有天然绿色植物的色调,着色力强,对光、热稳定性稍差,但在固体食品中稳定性较好,在 pH<6 的溶液中有沉淀产生,本产品比较适用于中性或碱性(pH 值 7～12)食品中	可在果蔬汁(味)饮料类、配制酒、糖果、糕点上彩装、红绿丝、奶茶、果茶中。茶黄色素属酸性色素,最好用于 pH 值 4.6～7.0 的食品中。同时茶黄素具有调节血脂、预防心血管疾病的功效
用量	一般用量 0.001%～0.1%	汽水、糖果、糕点中的使用量约 0.4g/kg,其他产品按生产需要适量使用
安全性	① ADI 0～15mg/kg(FAO/WHO,2001) ②LD_{50}>10g/kg(小鼠,经口)	①LD_{50}:大鼠经口 6671mg/kg,小鼠经口 1264mg/kg ②积蓄性试验:积蓄系数大于 5.3 ③致突变试验:Ames 试验、骨髓微核试验及小鼠睾丸染色体畸变试验,均无致突变作用
生产方法	多以植物(如菠菜等)或干燥的蚕沙为原料提取出叶绿素,再经科学方法加工提纯得到天然叶绿素衍生物	茶叶除杂、清洗,经有机酸浸提、过滤、浓缩,进一步分离制得

● 叶绿素镁钠盐

英文名	sodium magnesium chlorophyllin		
分子式	$C_{34}H_{28}O_6N_4MgNa_3$ $C_{34}H_{30}O_5N_4MgNa_2$	相对分子质量	658.90 644.91
外观	黄绿色粉末	溶解性	易溶于水,略溶于乙醇和氯仿

质量标准			
外观	黄绿色粉末	总镁(Mg),w	4.0%～6.0%
pH	9.0～10.7	游离镁(Mg),w	≤0.0250%
含量,w	≥97.0%	铅(Pb),w	≤0.00050%
干燥减量,w	≤4.0%	砷(As),w	≤0.0002%
硫酸灰分,w	≤36%	锌(Zn),w	≤0.0050%
消光比值	5.0～6.0($E400nm/E630nm$)		
应用性能	在食品工业中作添加剂,在医药工业用作原材料		
用量	根据不同产品的要求一般控制在 0.01%～0.1%		
生产方法	以天然植物为原料,经过精制加工提纯所得到的天然叶绿素的衍生物		

(2) 红色素

● 辣椒红素、辣椒红

通用名	辣椒红素	辣椒红
英文名	capsanthin	chilli red

组成	四萜类衍生物	由辣椒红素、类胡萝卜素、辣椒碱和植物油等混合
外观	紫罗兰红片状结晶	暗红色油状液体,有辣味,无不良气味
熔点	201℃	181～182℃
溶解性	几乎不溶于水	不溶于水,易溶于植物油和乙醇,呈中性

质量标准		
含量,w	≥98%	≥95%
pH 值	5.0～7.0	—
色价	—	≥50($E_{1cm}^{1\%}$460nm)
砷(以 As 计),w	—	≤3mg/kg
铅(以 Pb 计),w	—	≤2mg/kg
己烷残留量,w	—	≤25mg/kg
总有机溶剂残留,w	—	≤50mg/kg(以正己烷计)
应用性能	对热较稳定,耐光性差。一些金属离子可使其褪色或沉淀。着色力强,色调可因浓度而异,呈浅黄至橙红色。可用于冷饮品、糕点、糖果、酱料、熟肉制品、人造蟹肉等多种食品	pH 值为 3～12 时色调无变化,耐光性、耐热性、耐酸碱性和耐氧化性均较好,在 200℃ 油中色度稳定。可用于各种食品的着色,尤其是经高温加工的食品
用量	0.05%～0.2%	0.05%～0.2%
安全性	—	小鼠经口 LD_{50}>17000mg/kg
生产方法	成熟红辣椒干粉碎后,以乙醇、丙醇、异丙醇或正己烷抽提、精制而得。经进一步纯化,可得具有光泽的深红色结晶	以红辣椒果实为原料,萃取而制得

● 胭脂虫红、紫草红色素

通用名	胭脂虫红	紫草红色素
化学名	胭脂红酸(主要组分)	紫草宁(主要组分)
英文名	cochinealcarmine	gromwell red
分子式	$C_{22}H_{20}O_{13}$(胭脂红酸)	$C_{16}H_{16}O_5$(紫草宁)
结构式		
相对分子质量	492.39	288.29
外观	红色菱形晶体或红棕色粉末	紫红色结晶品或紫红色黏稠膏状或紫红色粉末

溶解性	易溶于水、稀酸、稀碱、乙醇、丙二醇,不溶于乙醚和食用油	纯品溶于乙醇、丙酮、正己烷、石油醚等有机溶剂和油脂,不溶于水,但溶于碱液。酸性条件下呈红色,中性呈紫红色,遇铁离子变为深紫色,在碱性溶液中呈蓝色
质量标准		
pH	—	≤5.0
灼烧残渣,w	—	≤0.8%
干燥失重,w	—	≤6.0%
砷(As),w	—	≤0.0001%
铅(Pb),w	—	≤0.0005%
细菌个数	—	≤100 个/mL
大肠菌群	—	≤30 个/mL
致病菌	—	不得检出肠道致病菌及致病性球菌
$E_{1cm}^{1\%}$	—	≥120(515nm)
胭脂红酸,w	≥2.0%	—
蛋白质,w	≤2.2%(非氨态 N×6.25)	—
残留溶剂,w	≤150mg/kg	—
铅,w	≤10mg/kg	—
沙门氏菌试验	阴性	—
应用性能	本品为一种水分散式粉末,耐热性、抗光性和抗氧化性良好,染色力强。不溶于酒精和油,对氧化作用敏感,易与蛋白质结合,用于乳制品着色,还可用于肉类食品、糖果、开胃酒、软饮料、苹果醋、酸牛奶、焙烤食品、果酱、果冻、化妆品、乳制品、药品	本品为紫色至红色着色剂,用于果汁(味)饮料类、雪糕、冰棍、果酒、辣味肉禽类罐头等的着色。还可用于化妆品、医药包膜、胶囊、洗涤剂的着色
用量	本品最大使用量为:碳酸饮料,0.02g/kg;香肠、西式火腿、冰激凌、雪糕、冰棍,0.025g/kg;布丁点心、酸奶、糖果、调味酱,0.05g/kg;风味奶粉,0.6g/kg	最大使用量为 0.1g/kg
安全性	①LD$_{50}$8.89g/kg(小鼠,经口) ②ADI 0~5mg/kg(FAO/WHO,1994)	①LD$_{50}$2.70~7.99g/kg(小鼠经口) ②致突变试验:Ames 试验、骨髓微核试验、小鼠精子畸变试验均未发现致突变作用
生产方法	由雌性胭脂虫干体磨细后用水提取而得的红色色素	选取色紫、粗大、洁净的紫草根作原料,经浸泡萃取、沉淀抽滤、蒸馏粗提、浓缩精炼得成品

● 黑米红、黑豆红

通用名	黑米红	黑豆红
英文名	red kermel color	wild groundnut red
组成	矢车菊-3-葡萄糖苷	矢车菊素-3-半乳乳糖苷、矢车菊素-3-葡萄糖苷、飞燕草素-3-葡萄糖苷
外观	紫红色粉末	紫红色粉末
溶解性	溶于水、乙醇,不溶于丙酮、石油醚	易溶于水及乙醇,水溶液透明。不溶于无水乙醇、丙酮、乙醚及油脂
质量标准		
$E_{1cm}^{1\%}$	≥15(535nm±5nm)	≥20(525nm±5nm)
砷,w	≤1 mg/kg	≤0.0002%
铅,w	≤2mg/kg	≤0.0003%
灼烧残渣,w	≤8.0%	—
干燥减重,w	≤8.0%	—
水分,w	—	≤5%
灰分,w	—	≤11%
pH	—	3.5～4.5
应用性能	本品 pH 值为 1～6 为红色,pH 值为 7～12 时可变成淡褐色;稳定性好,抗光、耐热,对氧化剂敏感,钠、钾、钙、钡、锌、铜及微量铁离子对它无影响,但遇锡变玫瑰红色,遇铅及多量铁离子,则褪色并沉淀;主要用于酸性饮料、糖果、配制酒、冰激凌等的着色	本品在酸性水溶液中呈透明鲜艳红色,在中性水溶液中呈透明红棕色,在碱性水溶液中呈透明深红棕色。遇铁、铅离子变棕褐色。对热较稳定。偏酸条件下耐光性较强。可用于果汁(味)饮料、糖果、配制酒、糕点上彩装
用量	按生产需要适量使用	最大使用量为 0.8g/kg
安全性	①LD$_{50}$>21.5g/kg ②Ames 试验无致突变作用	①LD$_{50}$小鼠经口大于 19g/kg ②微核试验 无致突变作用 ③亚急性试验 用含本品 1%、3%、10%的饮料喂饲小鼠,未见异常
生产方法	黑米红:黑米米皮为原料,经脱脂及弱酸性水溶液提取色素,精滤、浓缩等制得 黑豆红的制备有乙醇提取法和清水提取法两种方法 (1)乙醇提取法 分拣除去霉变的黑豆,用清水迅速洗去泥沙,捞出晾干,在室温下用 3 倍量 70%的乙醇搅拌浸泡黑豆 6h 后,过滤;滤液减压蒸馏浓缩至不再析出沉淀(蛋白质、脂肪、糖类等不溶物)为止;残留液冷却后用 3000r/min 的速度离心分离 15min,取出清液,搅拌下用盐酸调 pH 值至 2;静置沉淀完全后,过滤去渣得透明红色素 (2)清水提取法 分拣除去霉变的黑豆,用清水迅速洗去泥沙,捞出晾干;室温下用 5 倍量的清水搅拌浸泡 12h 或在 80～85℃用 4 倍量的清水保温搅拌 0.5h;过滤后滤液减压浓缩至不再产生沉淀为止,残留液经高速(3000r/min)离心分离得清液;用柠檬酸调 pH 值到 5,静置沉淀完全后过滤弃渣得透明红色素	

● 紫胶红

别名	虫胶红;虫胶红色素;紫胶色素	英文名	lac dyer red

组成	共五种成分:紫胶酸 A $C_{26}H_{19}NO_{12}$;紫胶酸 B $C_{24}H_{15}O_{12}$;紫胶酸 C $C_{25}H_{17}NO_{13}$;紫胶酸 D $C_{16}H_{10}O_7$;紫胶酸 E $C_{24}H_{17}NO_{11}$

结构式	紫胶酸 A $R=\!-CH_2CH_2NHCOCH_3$ 紫胶酸 B $R=\!-CH_2CH_2OH$ 紫胶酸 C $R=\!-CH_2CH(NH_2)COOH$ 紫胶酸 E $R=\!-CH_2CH_2NH_2$

相对分子质量	紫胶酸 A 537.44;紫胶酸 B 496.38;紫胶酸 C 539.14;紫胶酸 D 314.25;紫胶酸 E 495.40
外观	红紫或鲜红粉末
溶解性	可溶于水、乙醇、丙二醇,但溶解度不大

质量标准

干燥失重,w	≤10%	砷(As),w	≤0.0002%
灼烧残渣,w	≤0.5%	铅(以 Pb 计),w	≤0.0005%
吸光度	≥0.65	重金属(以 Pb 计),w	≤0.003%
pH 值	3.0～4.0(饱和水溶液)		

应用性能	本品酸性时呈橙色,非常稳定,最适用于不含蛋白质、淀粉的饮料、糖果、果冻类等;对蛋白质、淀粉类染色呈紫色,对馅芯染色良好;洋火腿、香肠内部染紫红色,为防止蛋白质染色时发黑,可合用稳定剂;也可用于糕点、饮料、面类等
用量	果蔬汁饮料类、碳酸饮料、配制酒、糖果、果酱、调味酱,0.50g/kg;按日本规定,可用于果汁、糖浆、乳酸饮料、番茄加工品、果酱、冷饮、胶姆糖、糖果、火腿、香肠、鱼糕、烘烤食品等。添加量 0.05%～0.2%
安全性	LD_{50} 1.8g/kg(大白鼠经口)
生产方法	将紫胶虫尸与适量的水充分碾烂,再用 4～5 倍的水逆流萃取 4～5 次,离心去渣,在萃取液中加入少量的氢氧化钠和氯化钙溶液,再加入稀盐酸,慢慢将 pH 值调到 2.1 左右,静置 3～4h 澄清后过滤;滤液中加入浓硫酸至不再有色素结晶析出为止,用 0.147～0.12mm 绢丝过滤,滤液静置 1～2d 后析出色素结晶,过滤并水洗 3 次,在 60℃下烘干,粉碎过筛即得成品,收率 0.7%～0.8%

玫瑰茄红色素

组成	飞燕草素-3-接骨木二糖苷($C_{27}H_{30}O_{17}$）矢车菊-3-接骨木二糖苷($C_{27}H_{30}O_{16}$） 飞燕草素-3-葡萄糖苷($C_{21}H_{21}ClO_{12}$)　矢车菊素-3-葡萄糖苷($C_{21}H_{21}ClO_{11}$)
相对分子质量	飞燕草素-3-接骨木二糖苷 627.5　矢车菊-3-接骨木二糖苷　610.5 飞燕草素-3-葡萄糖苷　　500.8　矢车菊素-3-葡萄糖苷　484.8
结构式	 飞燕草素-3-接骨木二糖苷(R＝接骨木二糖,R^1＝OH) 矢车菊-3-接骨木二糖苷(R＝接骨木二糖,R^1＝H) 飞燕草素-3-葡萄糖苷 矢车菊素-3-葡萄糖苷
外观	深红色液体、红紫色膏状或红紫色粉末　**溶解性**　易溶于水
应用性能	本品只适合于偏酸性食品,对光、热均很敏感,对氧和金属离子均不稳定。可添加植酸等金属螯合剂或氯化物、L-抗坏血酸以提高其耐热、耐光性。用于糖浆、冷点、粉末饮料、果子露、冰糕、果冻、果汁(味)饮料、糖果、配制酒等的着色,为红色至紫红色着色剂
用量	用于硬糖和琼脂软糖中,用量分别为 3～6g/kg、1.6～2.4g/kg;一般用于果冻、果酱、果汁和果酒等食品,用量一般为 0.1～0.5g/kg;在配制酒、果汁(味)饮料类和糖果中,按生产需要适量使用
生产方法	以草本植物玫瑰茄的花萼为原料,利用现代的生物技术提取而成的天然色素

● 甜菜红色素、花生衣红

通用名	甜菜红色素	花生衣红
英文名	beet root red	peanut-skin red
组成	甜菜花青素(主要成分为甜菜苷,$C_{24}H_{26}N_2O_{13}$)和少量甜菜黄素	主要色素成分为黄酮类化合物,另外还有含有花色苷、黄酮,二氢黄酮等
相对分子质量	甜菜苷 550.48	—
结构式	 甜菜苷	 黄酮类基本结构 花色苷基本结构
外观	红紫至深紫色液体、块或粉末	橙红、紫红或巧克力色粉末
溶解性	易溶于水,难溶于醋酸、丙二醇,不溶于乙醇、甘油、油脂	易溶于热水及稀乙醇溶液,不溶于乙醚、丙酮、氯仿等非极性溶剂,溶解度随温度升高而升高
质量标准	砷(以As计),$w \leqslant 0.0003\%$;铅(以Pb计),$w \leqslant 0.001\%$;重金属(以Pb计),$w \leqslant 0.0004\%$;甜菜苷含量,$w \geqslant 4\%$	$E_{1cm}^{1\%}$ 45~63(434nm);pH值3.2~7;灼烧残渣,$w \leqslant 2.6\% \sim 13\%$
应用性能	本品对食品的着色性好,能使食品具有杨梅或玫瑰的鲜红色泽,但由于其耐热性较差,因而不宜用于高温加工的食品。又因其稳定性随食品的水分活性的增加而降低,故不适用于汽水、果汁等饮料。甜菜红水溶液呈红色至红紫色,pH值3.0~7.0比较稳定,pH值4.0~5.0稳定性最大。主要用于罐头、果味水、果味粉、果子露、汽水、糖果、配制酒等	本品无臭无味,在中性溶液中呈红色,碱性溶液中呈咖啡色,酸性溶液中不溶,颜色随pH值的降低而变浅。对热(120℃,10min)、光、金属离子稳定,耐氧化、耐酸碱、耐变化性良好。染着性好,尤其对蛋白质、淀粉的着色性较佳
用量	水果硬糖1g/kg,琼脂软糖0.5g/kg。此外,风味酸奶最大使用量为0.8g/kg	糖果中添加量为0.4‰;碳酸饮料中0.01g/L;火腿肠0.08‰(可替代红曲米色素);糕点、饼干、面包,可用含有花生衣红色素的面粉和糊状上彩装,其成品成巧克力色,用量可按生产需要适量使用;雪糕为0.53‰

安全性	—	LD$_{50}$小鼠经口大于 10g/kg 体重
生产方法	用水萃取红甜菜根,在萃取前用 2%亚硫酸氢钠溶液在 95~98℃热烫 10~15min 灭酶,提取液经浓缩成深红色浆料,进一步干燥为红色粉末,制造过程中采用过滤、絮凝等方法除去蛋白质和糖类,在最终产品中添加一定的柠檬酸或者维生素 C 作为 pH 调节剂和稳定剂	由鲜花生内衣榨汁,或用温至热水或含水乙醇浸提后过滤、除渣、浓缩、精制、干燥而成

● 蓝锭果红

别名	忍冬果色素	英文名	sweetberry honeysuckie red
组成	花青定-3-葡萄糖苷、花青定-3,5-双葡萄糖苷和花青定-3-芸香糖苷		
外观	紫红色粉末	溶解性	易溶于水和乙醇,不溶于丙酮和石油醚
应用性能	本品味酸甜,有特殊果香,水溶液 pH 值 3.0 时呈鲜艳红色,随着 pH 值提高,颜色变紫,故其色调受 pH 值影响变化较大。对光和紫外线的稳定性较差,在自然光下 110d,色值保存率降至 45%;紫外线照射 24h,保存率 82.6%。对热稳定性差,在 pH 值 3.0,加热 4h,保存率降至 26.25%		
安全性	①LD$_{50}$:小鼠经口大于 2105g/kg;②骨髓微核试验未见致突变反应		
生产方法	将蓝锭果用水提取后低温浓缩、喷雾干燥而得		

● 越橘红

别名	越橘色素	英文名	cowberry red
组成	矢车菊-3-半乳糖苷、矢车菊-3-阿拉伯糖果苷、芍药花革-3-阿拉伯糖苷等花青素类色素		
外观	深红色膏状物	溶解性	易溶于水和酸性乙醇,所得溶液色泽鲜艳透明

质量标准			
$E_{1cm}^{1\%}$	≥120(515nm)	灼烧残渣,w	≤0.8%
pH	≤5.0	干燥失重,w	≤6.0%
细菌	≤100 个/mL	砷(As),w	≤0.0001%
大肠菌群	≤30 个/mL	铅(Pb),w	≤0.0005%
致病菌	不得检出肠道致病菌及致病性球菌		
应用性能	本品味酸甜清香,在酸性条件下呈红色,在碱性条件下呈橙黄色至紫青色。易与较活泼的金属作用,故应避免与铜、铁等金属离子接触。对光敏感,水溶液在一定光照条件下易褪色。当 pH<2 时,在空气中不易氧化变质		
用量	一般用量为 2.0~4.0g/kg		

安全性	①LD$_{50}$:小鼠经口 27822mg/kg 体重(雄性);小鼠经口 30026mg/kg 体重(雌性),大鼠经口 36900mg/kg 体重(雄性);大鼠经口 29437mg/kg 体重(雌性) ②蓄积性试验蓄积系数大于 5,属弱蓄积性 ③致突变试验,Ames 试验无致突变作用,亦无明显诱发畸变作用
生产方法	将杜鹃花科越橘属越橘果实破碎,用水或乙醇水溶液抽提、过滤、精制、减压浓缩,或进一步干燥而制得

● 落葵红、葡萄皮红

通用名	落葵红	葡萄皮红
英文名	vinespinach red	oenidins
组成	甜菜花青素和少量的甜菜红苷	锦葵色素-3-葡糖啶、丁香啶、二甲翠雀素、甲基花青素、3′-甲花翠素、翠雀素等
外观	暗紫色粉末	红至暗紫色粉末或块状
溶解性	易溶于水,可溶于稀醇,不溶于无水乙醇、丙酮、乙酸乙酯、氯仿等	溶于水、乙醇、丙二醇,不溶于油脂
质量标准		
pH	—	≥3
$E_{1cm}^{1\%}$	≥30(535nm)	≥30(525nm)
灼烧残渣,w	≤28%	
干燥失重,w	≤10%	≤12%
灰分,w	—	≤11%
砷(以 As 计),w	≤0.0002%	≤0.0002%
铅(以 Pb 计),w	—	≤0.0005%
重金属(以 Pb 计),w	≤0.002%	≤0.002%
应用性能	本品对光和热的稳定性欠佳,铜、铁等金属离子影响其颜色的稳定性,但维生素 C 的存在有利于改善其稳定性。可用作糖果、果冻、糕点、糕团、馒头、碳酸饮料等的紫红色着色剂	本品带特臭,色调随 pH 值而变化。酸性时呈红至紫红色,碱性时呈暗蓝色,铁离子存在下呈暗紫色。染色性、耐热性不太强,维生素 C 可提高其耐光性,聚磷酸盐使色调稳定。供水果饮料、碳酸饮料、酒精饮料、蛋糕、果酱等用
用量	糖果,最大使用量 0.1g/kg;碳酸饮料,最大使用量 0.13g/kg;糕点上彩装,最大使用量 0.2g/kg;果冻,最大使用量 0.25g/kg	配制酒、汽水、果汁,1.0 g/kg;果酱、罐头,1.5g/kg;糖果、糕点,2.0g/kg
安全性	①LD$_{50}$小鼠经口大于 10g/kg ②大鼠做 90d 喂饲实验,未见与色素有关的血液学、生化学指标、肝肾功能及脏器病理组织学改变;致突变试验 Ames 试验、小鼠精子畸形试验及骨髓微核试验未见致突变作用;致畸试验 未见异常	ADI 0～25mg/kg;LD$_{50}$>15g/kg(小鼠,经口)

| 生产方法 | 以落葵属植物落葵的成熟果实为原料,经整理、榨汁、过滤。渣经溶剂提取、过滤。合并色素滤液,经纯化精制、浓缩、干燥即可获得 | 由制造葡萄汁或葡萄酒后的残渣,除去种籽,用水萃取果皮(萃取时加入二氧化硫),萃取液经精制、真空浓缩而得。粉末状制品用麦芽糊精、变性淀粉或胶体为载体 |

● 胭脂红、食用樱桃红

通用名	胭脂红	食用樱桃红
化学名	1-(4-磺酸-1-萘偶氮)-2-羟基-6,8-萘二磺酸三钠盐	9-邻羧苯基-6-羟基-2,4,5,7-四碘-3-异氧杂蒽酮二钠盐
英文名	carminic acid	erythrosine
分子式	$C_{20}H_{11}N_2Na_3O_{10}S_3$	$C_{20}H_6I_4Na_2O_5$
结构式		
相对分子质量	604.47	835.86
外观	红色粉末	红褐色颗粒或粉末状
溶解性	溶于水,微溶于乙醇,不溶于油脂或其他有机溶剂	易溶于水,溶于乙醇、丙二醇和甘油,不溶于油脂
熔点	—	303℃

质量标准		
含量,w	≥85.0%	≥85.0%
干燥失重,w	≤10.0%	—
氯化物及硫酸盐总量,w	≤8.0%(分别以 NaCl 和 Na_2SO_4 计)	—
砷(以 As 计),w	≤0.0001%	≤1.0 mg/kg
重金属(以 Pb 计),w	≤0.001%	—
铅(以 Pb 计),w	—	≤10.0 mg/kg
锌(以 Zn 计),w	—	≤20.0 mg/kg
干燥减量、氯化物及硫酸盐总量,w		≤14.0%
应用性能	本品遇铜、铁易褪色,易被细菌分解,耐氧化、还原性差,不适于发酵食品应用。允许在 12 大类 30 种食品中添加,其中包括红肠肠衣、豆奶饮料、虾片、糖果包衣和冰激凌等,不允许在维生素功能饮料中添加	本品耐热性、耐碱性、耐氧化还原性好,耐细菌性和耐光性差,遇酸则沉淀,吸湿性差染着性良好,特别是对蛋白质具有良好的染着性广泛应用于发酵性食品、焙烤食品、冰激凌、鱼糕、腌制品等非酸性食品,亦可与其他食用色素配合使用。不用于饮料及硬糖

用量	最大使用量为 0.025g/kg	用于调味酱时最大使用量 0.05g/kg；用于高糖果汁（味）或果汁（味）或果汁（味）饮料、碳酸饮料、配制酒、糖果、糕点上彩装、青梅最大使用量 0.05g/kg；用于红绿丝、染色樱桃（系装饰用），最大用量 0.10g/kg
安全性	①LD$_{50}$＞10g/kg（小鼠，经口）。HAC-SG（欧盟儿童保护集团）不准用于儿童 ②ADI 0～0.5mg/kg（FAO/WHO,2001）	①LD$_{50}$ 为 5369mg/kg（小白鼠经口） ②ADI：0.5～2.5mg/kg
生产方法	从胭脂虫红中提取。将胭脂虫红的干体磨细，用 60～70℃ 的热水浸泡，并不时搅拌，经过 1d 左右大部分色素可被提取下来，再经第二次浸则几乎可达 100％ 的提取率。两次滤液合并，减压浓缩，得到色素	由氨基苯磺酸经重氮化与 1-(4-磺酸基苯基)-3-羧基-5-吡唑啉酮偶合，精制而得

● 萝卜红、天然苋菜红

通用名	萝卜红	天然苋菜红
英文名	radish red	natural amaranthus red
组成	天竺葵素（主要组分 C$_{15}$H$_{11}$XO$_5$）	①苋菜苷（C$_{30}$H$_{34}$O$_{19}$N$_2$） ②甜菜苷（C$_{24}$H$_{26}$O$_{13}$N$_2$）
结构式	X 一般为 Cl	①R＝β-D-吡喃葡萄糖基糖醛酸 ②R＝H
相对分子质量	271.57	①726 ②550.48
外观	深红色无定形粉末	红色至紫红色液体或浸膏或粉末
溶解性	易溶于水和含水乙醇，不溶于无水乙醇、丙酮、乙醚、石油醚、四氯化碳、苯、二甲苯、乙酸乙酯等非极性溶剂	易溶于水和乙醇溶液，不溶于无水乙醇、石油醚等有机溶剂
质量标准		
pH	3.5～4.5（1％溶液）	6.0～8.0
$E_{1cm}^{1\%}$	≥4（520nm）	≥6.0（535nm）
灼烧残渣,w	≤14％	≤35.0％
干燥失重,w	≤12％	≤10.0％

砷(以As计),w	≤0.0002%	≤0.0001%
铅(以Pb计),w	≤0.0005%	—
重金属（以Pb计),w	—	≤0.0015%
应用性能	本品味微酸,易吸潮,吸潮后结块,但不影响使用效果,易氧化。其水溶液对热不稳定,随温度升高,降解速率增大。铁、铜、铝等金属离子对色素的稳定性影响不大,氯化钠、淀粉、柠檬酸、苯甲酸等能明显地增强水溶液的颜色,但糖类使色素稍微褪色。作为食品着色剂,可用于果汁(味)饮料类、糖果、配制酒、蜜饯、糕点上彩装、糕点、冰棍、雪糕、果冻、果酱、调味酱	本品易吸潮,溶液在pH值小于7时呈紫红色,澄明。对光、热的稳定性较差,铜、铁等金属离子对其稳定性有负影响。pH值大于9.0时,本品溶液由紫红色转变为黄色,同时应避免长时间加热。可用于果汁(味)饮料类、碳酸饮料、配制酒、糖果、糕点上彩装、红绿丝、青梅、山楂制品、染色樱桃罐头(装饰用,不宜食用)、果冻等
用量	一般饮料中添加0.02～0.70g/kg,糖果中0.1～0.6g/kg,饼干、糕点0.4～0.8g/kg	可用于各类饮料、配制酒、糖果、青梅、山楂制品、糕点上彩装、红绿丝、染色樱桃罐头(系装饰用,不宜食用)和果冻,最大使用量为0.25g/kg;用于果冻和山楂糕,最大使用量为5.0g/kg;在糖果中最大使用量为2.0g/kg;果酒、果汁(味)饮料类中最大使用量为1.5g/kg
安全性	LD_{50}>15g/kg(小鼠,经口)	大白鼠经口 LD_{50} 大于10g/kg,小白鼠经口 LD_{50} 大于10.8g/kg(雌),大于12.6g/kg(雄)
生产方法	红心萝卜去皮切片,用3倍量的乙醇常温浸泡4～10h,过滤得色素液。滤渣再用乙醇浸提一次,第二次滤液较淡,可作为下一次的浸泡液。色素液减压蒸馏回收乙醇,浓缩液经喷雾干燥得粉末产品	(1)在室温下用50%的乙醇水溶液浸泡在40℃下烘干粉碎的黑桑椹2d,过滤后重复浸提3次;滤液蒸馏回收乙醇后,减压浓缩得浸膏,或进一步干燥得粉末状产品 (2)将新鲜的苋菜洗净、切碎,用水在一定的温度下浸提,压滤,滤液经降膜式蒸发器浓缩至一定的浓度,再用离心式喷雾干燥器干燥得含水1.4%的粉末状色素产品

● 苋菜红（合成）

化学名	1-(4-磺酸-1-萘偶氮)-2-羟基-3,6-萘二磺酸三钠盐	英文名	naphthylamine red
分子式	$C_{20}H_{11}N_2Na_3O_{10}S_3$	相对分子质量	604.47

结构式		外观	红褐色或暗红色的粉末或颗粒
		熔点	300℃
		密度	1.5g/cm³
溶解性	易溶于水,可溶于甘油,微溶于乙醇,不溶于油脂		

质量标准

含量,w	≥85%	副染料,w	≤3.0%
水不溶物,w	≤0.20%	干燥失重、氯化物(以 NaCl 计)及硫酸盐(以 Na_2SO_4 计)总量,w	≤15.0%
砷,w	≤1.0mg/kg	重金属(以 Pb 计),w	≤10.0mg/kg
未反应中间体总和,w	≤0.5%	未磺化芳族伯胺,w	≤0.01%

应用性能	本品水溶液呈带蓝光的红色,遇铜、铁易褪色,易被细菌分解,耐氧化、还原性差,不适于发酵食品应用。用于软饮料、配制酒、糖食、糕点以及红绿丝、染色樱桃等装饰料,但用量有严格限制,也用于化妆品及组织培养时细胞染色
用量	用于高糖果汁(味)或果汁(味)饮料、碳酸饮料、配制酒、糖果、糕点上彩装、青梅、山楂制品、渍制小菜,最大使用量 0.05g/kg;威化饼干夹心、果冻、糖果包衣,均 0.05g/kg;冰棍、冰激凌、雪糕,0.025g/kg
安全性	ADI 0～0.5mg/kg;LD_{50}>10g/kg(小鼠,经口)
生产方法	将1-萘胺-4-磺酸钠溶解于8～9倍量(质量)75～85℃的水,过滤,并冷却至0～5℃;加入原钠盐1.2～1.5倍量(质量)的盐酸,搅匀静置,析出细微的1-萘胺-4-磺酸结晶,再将其冷却至5℃以下;在3～5℃下缓缓加入1:2(质量)的亚硝酸钠溶液进行重氮化,得微黄色糊状重氮液,反应完毕后料液对刚果红试纸呈强酸性(显蓝色)。将2-萘酚-3,6-二磺酸钠溶解于9～10倍量(质量)60～65℃的水中,再加入部分碳酸钠(总量的1/5),溶解后过滤,滤液投入反应釜内,然后加入其余的碳酸钠,搅拌溶解并冷却至5～8℃;再在10～15℃和pH值为8时,缓缓加入重氮液进行偶合反应数小时。反应完毕后(2-萘酚-3,6-二磺酸钠略为过量)将溶液升温至50～60℃,加入精制氯化钠、搅拌,再使其自然冷却至室温,静置析出结晶。将结晶溶解于15倍量(质量)70℃的洁净水中,加入适量的碳酸钠,使溶液呈微碱性,过滤后加入精盐,搅拌并用盐酸调pH值为6.5～7.0,静置结晶、分离干燥得产品

● 黑加仑红

英文名	black currant red	外观	紫红色粉末
分子式/组成	翠雀素 $C_{15}H_{11}O_7X$;花青素 $C_{15}H_{11}O_6X$;其余为花翠素、矢车菊素-3-芸香糖苷、飞燕草素-3-芸香糖苷、矢车菊素-3-葡萄糖苷和飞燕草素-3-葡萄糖苷		
溶解性	易溶于水,溶于甲醇、乙醇及其水溶液,不溶于丙酮、乙酸乙酯、乙醚、氯仿等弱极性及非极性溶液		

质量标准			
砷,w	≤0.0002%	灰分,w	≤11%
pH	3~4	铅(以 Pb 计),w	≤0.0006%
$E_{1cm}^{1\%}$	≥5(535nm)	铜(以 Cu 计),w	≤0.0005%
应用性能	本品可按生产需要适量用于碳酸饮料、起泡葡萄酒、黑加仑酒、糕点等酸性食品及饮料中,呈稳定的紫红色		
用量	用于碳酸饮料,0.04%;用于起泡葡萄酒(小香槟),0.08%;用于黑加仑琼浆酒,0.01%;用于褛花蛋糕,0.02%		
安全性	①LD$_{50}$:大鼠、小鼠经口大于 10g/kg ②致突变试验:Ames 试验、骨髓微核试验、小鼠精子畸变试验,均无致突变作用		
生产方法	将黑加仑果实榨汁,渣用乙醇提取。将滤液及滤渣提取液合并,精制、干燥而得		

(3) 黄色素

● 茶黄色素、沙棘黄色素

通用名	茶黄色素	沙棘黄色素
英文名	theaflavin	hippophae rhamnoides yellow
组成	多酚类物质、儿茶素为主要成分,还含有氨基酸、维生素 C、维生素 E、维生素 A 原、黄酮及黄酮醇	胡萝卜素类和黄酮类黄色色素
外观	黄色或橙黄色粉末	橙黄色粉末,无异味
溶解性	易溶于水和含水乙醇,不溶于氯仿和石油醚,具有抗氧化性	不溶于水,易溶于乙醇、乙醚、氯仿、丙酮等非极性溶剂
质量标准		
$E_{1cm}^{1\%}$	≥5.0(380nm)	—
黄酮类化合物,w	≤8.0%	—
水分,w	≤6.0%	—
灰分,w	≤6.0%	—
铅(Pb),w	≤0.0002%	—
铜(Cu),w	≤0.006%	—
应用性能	可用于果蔬汁(味)饮料类、配制酒、糖果、糕点上彩装、红绿丝、奶茶、果茶中。茶黄色素属酸性色素,最好用于 pH 值 4.6~7.0 的食品中。同时茶黄素具有调节血脂、预防心血管疾病的功效	本品在 pH 值 5 以下出现沉淀,耐久贮而不变色,但易与 Fe^{3+}、Ca^{2+} 等金属离子化合而变色,0.1% 乙醇液的 pH 值约 0.09,呈鲜艳黄色。用于糕点彩装、氢化植物油等的着色,为油溶性黄色着色剂
用量	汽水、糖果、糕点中的使用量约 0.4g/kg,其他产品按生产需要适量使用	糕点上彩装和氢化植物油,最大使用量分别为 1.5g/kg、1.0g/kg

安全性	①LD$_{50}$:大鼠经口 5230mg/kg,小鼠经口 6081mg/kg ②蓄积性试验:蓄积系数大于 5 ③致突变试验:Ames 试验、骨髓微核试验及小鼠睾丸染色体畸变试验,均无致突变作用	①LD$_{50}$:小白鼠和大白鼠经口大于 21.5g/kg ②致突、致畸及微核试验均为阴性,无明显蓄积中毒反应
生产方法	茶叶除杂、清洗,经有机酸浸提、过滤,二次浓缩后干燥制得	将榨汁后并干燥过的沙棘皮用水洗去灰尘、污物等,再烘干。在 30~40℃下用 5~6 倍量(以浸没为宜)95%的乙醇搅拌浸泡 5~6h,浸提液常温或减压蒸馏浓缩至呈黏稠状为止,经水洗、于 100℃以下烘干或喷雾干燥即得粉状成品

● 栀子黄、姜黄色素

通用名	栀子黄	姜黄色素
组分	α-藏花素	①C$_{21}$H$_{20}$O$_6$(姜黄素);②C$_{20}$H$_{18}$O$_5$(脱甲氧基姜黄素);③C$_{19}$H$_{16}$O$_4$(脱二甲氧基姜黄素)
英文名	gardenia yellow	turmeric yellow
分子式	C$_{44}$H$_{64}$O$_{24}$	①C$_{21}$H$_{20}$O$_6$;②C$_{20}$H$_{18}$O$_5$;③C$_{19}$H$_{16}$O$_4$
结构式	 栀子黄 姜黄色素	

相对分子质量	977.21	368.37;338.39;308.39
外观	黄色液体、糊状或黄色至橙黄色结晶性粉末	橙黄色结晶粉末
熔点	—	180～183℃
溶解性	易溶于水,溶于乙醇和丙二醇等极性溶剂,不溶于油脂,难溶于苯、汽油等非极性溶剂	易溶于冰醋酸,溶于醇、丙酮,微溶于醚带淡绿色荧光,溶于碱呈深红棕色,溶于浓硫酸带黄红色,不溶于水

质量标准		
$E_{1cm}^{1\%}$	≥24,15(粉末、浸膏,440nm)	≥1450(440nm)
干燥失重,w	≤7%;50%粉末;浸膏	—
灰分,w	≤9%粉末及5%浸膏	≤4%
砷(以 As 计),w	≤2×10⁻⁶粉末;1×10⁻⁶浸膏	≤0.0003%
铅(以 Pb 计),w	≤3×10⁻⁶粉末;2×10⁻⁶浸膏	≤0.0005%
重金属(以 Pb 计),w	≤10×10⁻⁶粉末;2×10⁻⁶浸膏	≤0.004%
应用性能	本品水溶液呈弱酸性或中性,为透明鲜艳黄色。其色调几乎不受环境 pH 值变化的影响,在 pH=3～9 的范围内,可保持稳定的黄色。pH 值在 4.0～6.0 或 8.0～11.0 时,比 β-胡萝卜素稳定,特别是在偏碱性条件下,黄色更鲜艳。耐光、耐热性在中性或碱性时佳,但在偏酸性条件下较差,易发生褐变。色素对强氧化剂和还原剂不稳定。耐金属离子性能好,并有一定的护色作用,其中 Mg²⁺ 有很强的护色作用,但遇铁离子颜色变黑。极易被人体吸收,在人体内可以转化为维生素 A,可以补充人体维生素的不足。栀子黄有类似栀子的作用,有清热祛火、凉血利胆、降低胆固醇的作用,具有一定的保健功能,是一种集着色、营养、保健多功能为一体的天然植物色素	本品着色性强(不是对蛋白质),一经着色后就不易褪色,但对光、热、铁离子敏感,耐光性、耐热性、耐铁离子性较差。主要用于罐头、肠类制品、酱卤制品的染色
用量	参考用量为 0.01%～0.03%	一般为 0.01%～0.03%,或按生产需要适量添加
安全性	①LD₅₀:大鼠经口 4.64g/kg(雄)、3.16g/kg(雌);小鼠经口 20g/kg ②蓄积性试验:蓄积系数大于 5 ③致突变试验:Ames 试验、骨髓微核试验均为阴性	①LD₅₀1500mg/kg(小鼠经口) ②ADI 0～1.0mg/kg
生产方法	将含水 10% 以下栀子干果实经破碎、浸提、过滤、精制、浓缩、杀菌、喷雾干燥制成	黄姜经水洗净、粉碎、发酵和加酸水解后,离心分离固体物(水解物)和酸性水溶液,用醋酸丁酯从水溶液中提取溶解在水溶液中的姜黄素;再用醋酸丁酯萃取含在固体物(水解物)中的姜黄素,经返萃取即将姜黄素分离出来。经进一步处理,即可得到姜黄素产品

● 玉米黄素

化学名	3,3′-二羟基-β-胡萝卜素(主要组分)	英文名	maize yellow
分子式	$C_{40}H_{56}O_2$	相对分子质量	568.85

结构式	

外观	橘红色油状	熔点	215.5℃
溶解性	不溶于水,易溶于乙醚、丙酮、石油醚、酯类等有机溶剂		
应用性能	玉米黄色素既是一种天然食品着色剂,又有很重要的生理作用,如:预防老化性黄斑退化症(老年人失明的主要病因);预防白内障、内膜中层增厚、心脏病;改善视网膜色素变性患者的病症;降低色相差,使视力更精准;保护视网膜在吸收光线时免受氧化伤害;具有抗癌作用,阻止癌细胞的扩散。因此广泛应用于食品、保健品、化妆品、医药及饲料		
生产方法	由菊科植物金盏花的花瓣提取而得		

● 红花黄

化学名	红花黄 A(主要组分)	英文名	saflor yellow
分子式	$C_{43}H_{44}O_{24}$	相对分子质量	944.8

结构式	

外观	黄色或棕黄色粉末、浸膏	熔点	230℃
溶解性	易溶于冷水(碱性或酸性)、热水、稀乙醇、稀丙二醇,几乎不溶于无水乙醇,不溶于乙醚、石油醚、油脂和丙酮等		

质量标准			
$E_{1cm}^{1\%}$	≥8(535nm)		
pH	≤3.0(浸膏);3.5(粉末)	铅(以 Pb 计)	≤0.0005%
灼烧残渣,w	≤5.0%(浸膏);12.5%(粉末)	细菌总数	≤10(浸膏)个/mL
干燥失重,w	≤10%(粉末)	大肠杆菌数	≤30(浸膏)个/100mL
砷(以 As 计),w	≤0.0001%	肠道致病菌	不得检出

应用性能	本品易吸潮,吸潮时呈褐色,并结成块状,但不影响使用效果。耐光性较好,在pH值为5~7范围内色调稳定。对热相当稳定。加于果汁经80℃瞬时杀菌,色素残留率70%。pH值为7并在日光下照射8h,色素残留率88.9%。用于液体食品,可与L-抗坏血酸合用以提高其耐热性、耐光性
用量	果味水、果味粉、果子露、汽水、配制酒、糖果、糕点上彩装、红绿丝、罐头、浓缩果汁、青梅、冰激凌、冰棍、果冻、蜜饯,0.20g/kg。红绿丝使用量可加倍。果味粉色素加入量按稀释倍数的50%加入
安全性	$LD_{50} \geqslant 20.0g/kg$(小鼠,经口)
生产方法	由菊科植物红花的花瓣,用水或弱酸液提取,经精制、浓缩、干燥而得

● 柑橘黄、胭脂树橙

通用名	柑橘黄	胭脂树橙
英文名	orange peel extract	annatto
组分	以类胡萝卜素为主的混合物	红木素 $C_{25}H_{30}O_4$;降红木素 $C_{25}H_{28}O_4$
相对分子质量	—	红木素 394.51;降红木素 380.48
外观	深红色黏稠状液体,具有柑橘清香味	水溶性胭脂树橙为红至褐色液体、块状物、粉末或糊状物;油溶性胭脂树橙是红至褐色溶液或悬浮液
密度	$0.91 \sim 0.92g/cm^3$	—
溶解性	极易溶于乙醚、己烷、苯、甲苯、石油醚、油脂等。可溶于乙醇、丙酮,不溶于水	—
质量标准		
含量	—	$\geqslant 0.2\%$(油溶性制品按红木素计的类胡萝卜素总含量计;水溶性制品按降红木素的类胡萝卜素总含量计)
砷(以As计),w	$\leqslant 0.0001\%$	$\leqslant 3mg/kg$
铅(以Pb计),w	$\leqslant 0.0002\%$	$\leqslant 10mg/kg$
重金属(以Pb计),w	—	$\leqslant 40mg/kg$
溶剂残留,w	$\leqslant 0.004\%$	二氯甲烷或三氯乙烯$\leqslant 30mg/kg$;丙酮$\leqslant 30mg/kg$;异丙醇$\leqslant 50mg/kg$;甲醇$\leqslant 50mg/kg$;己烷$\leqslant 25mg/kg$
$E_{1cm}^{1\%}$	$\geqslant 30$(428nm)	—
固形物,w	$\geqslant 75\%$	—
灰分,w	$\leqslant 5.0\%$	—
应用性能	其乙醇溶液加入水中呈亮黄色,且不同pH值对其呈色无变化。柑橘黄对光很敏感,易褪色,在使用时应考虑适当加入抗氧化剂。可用于面饼、饼干、糕点、糖果、果汁型饮料中	食用黄橙色色素。供西式甜点、冰激凌、奶油、人造奶油、油脂、玉米片、起酥油、调味色拉油、面包、通心面、糕点类、饮料、洋火腿、香肠、干酪等用。与焦油系色素共用于维也纳式香肠(单独使用易褪色)。水溶性制品无使用限量,pH值7以下时降红木素会凝聚,应于pH值为8.0左右使用

用量	按生产需要适量添加	人造奶油,限量为 0.05g/kg;糕点,0.015g/kg;软饮料、肉汤,0.02g/kg;香肠、西式火腿、巧克力,0.025g/kg;复合调味料,0.1g/kg;油炸薯片,0.01g/kg;重制干酪,0.6g/kg;膨化类即食早餐谷类食品,0.07g/kg
安全性	小鼠经口 LD_{50} 大于 10g/kg;Ames 试验、骨髓微核试验、小鼠精子畸变试验,均未发现致突变作用	ADI 为 0.065mg/kg(以红木素计);$LD_{50}>$ 35mL/kg(大鼠,经口);小鼠腹腔注射 LD_{50} 为 700mL/kg
生产方法	柑橘黄是以柑橘皮为原料,使用溶剂提取、纯化、浓缩而成的。橘皮洗净切碎后用乙醇浸提 24h,回收乙醇得红色浓缩液;静置、过滤后用氯仿萃取,萃余相即为以橙皮色素为主的水溶性色素,经减压浓缩、60℃ 干燥得黑红色粉末;氯仿萃取相减压回收氯仿后,得深红色膏状物	①水溶性制品系用碱类(氢氧化钠或钾)水溶液萃取胭脂树种子表皮而得,或用有机溶剂(丙酮、二氯甲烷、乙醇、正己烷、甲醇、2-丙醇、三氯乙烯)萃取种子表皮,除去溶剂后在碱类(氢氧化钠或钾)水溶液中水解而得。经喷雾干燥则得粉末制品 ②油溶性胭脂树橙是用食品级植物油萃取种子表皮而得。或用有机溶剂(丙酮、二氯甲烷、乙醇、正己烷、甲醇、2-丙醇、三氯乙烯)萃取种子表皮,再除去溶剂后,用食品级植物油稀释

● 密蒙黄、食用柠檬黄

通用名	密蒙黄	食用柠檬黄
化学名	—	1-(4′-磺酸苯基)-3-羧基-4-(4′-磺酸苯基偶氮)-5-吡唑啉酮三钠盐
英文名	buddleia yellow	tartrazine
组成/分子式	藏红花苷 $C_{44}H_{62}O_{24}$ 密蒙花苷 $C_{30}H_{26}O_{13}$	$C_{16}H_9N_4Na_3O_9S_2$
结构式	 藏红花苷	

结构式	密蒙花苷 食用柠檬黄	
相对分子质量	藏红花苷 974.97;密蒙花苷 594.5	534.36
外观	黄棕色粉末和棕色膏状两种形式	橙黄、亮橙色粉末或颗粒
熔点	—	107~117℃
溶解性	溶于水、稀醇、稀碱溶液,几乎不溶于乙醚、苯等有机溶剂	易溶于水,微溶于酒精,不溶于其他有机剂
质量标准		
含量,w	—	≥98.0%
干燥减量,w	—	≤13.0%[氯化物(以 NaCl 计)及硫酸盐(以 Na_2SO_4 计)总量]
水不溶物,w	—	≤0.20%
对氨基苯磺酸钠,w	—	≤0.20%
未磺化芳族伯胺,w	—	≤0.01%(以苯胺计)
副染料,w	—	≤1.0%
砷(AS)	—	≤1.0mg/kg
铅(Pb)	—	≤10.0mg/kg
汞(Hg)	—	≤1.0mg/kg
应用性能	本品水溶液的耐热、耐光、耐糖、耐盐、耐金属离子,在酸性和中性条件下呈黄色至棕黄色。着色力较强,染色效果好,色泽稳定,具有耐热、耐光、耐金属离子,使用方便等特点;用于配制糕点、面包、糖果、果汁(味)饮料类等的着色,为黄色着色剂	本品可安全地用于食品、饮料、药品、化妆品、饲料、烟草、玩具、食品包装材料等的着色。禁止用于下列食品:肉类及其加工品(包括内脏加工品)、鱼类及其加工品、水果及其制品(包括果汁、果脯、果酱、果子冻和酿造果酒)、调味品、婴幼儿食品、饼干等

用量	按生产需要适量使用	用于高糖果汁(味)或果汁(味)或果汁(味)饮料、碳酸饮料、配制酒、糖果、糕点上彩装、西瓜酱罐头、青梅、虾(味)片、渍制小菜、红绿丝,最大使用量 0.1g/kg;用于冰激凌,最大使用量 0.02g/kg,用于植物蛋白饮料、乳酸菌饮料,最大用量 0.05g/kg
安全性	①LD$_{50}$:小鼠经口大于 10g/kg ②致突变试验:Ames 试验、骨髓微核试验、小鼠精子畸变试验均未发现致突变作用 ③亚慢性试验:密蒙黄以 1.5% 高剂量加入饲料喂大鼠 3 个月,未发现对其生长发育、生理生化、组织形态结构和生殖功能等方面有不良影响	安全度比较高,基本无毒,不在体内贮积,绝大部分以原形排出体外,少量可经代谢,其代谢产物对人无毒性作用
生产方法	马马饯科醉鱼草属落叶灌木密蒙(别名米汤花、染饭花)的穗状花序为原料,用超临界二氧化碳萃取而得	由对氨基苯磺酸经重氮化,与 1-(4-磺基苯基)-3-羧基-5-吡唑啉酮在碱性溶液中偶合、精制而成

● 日落黄

化学名	1-(4′-磺基-1′-苯偶氮)-2-萘酚-6-磺酸二钠	英文名	sunset yellow
分子式	C$_{16}$H$_{10}$N$_2$Na$_2$O$_7$S$_2$	相对分子质量	452.38
外观	橙红色粉末	熔点	390℃
结构式		溶解性	易溶于水、甘油、丙二醇,微溶于乙醇,在 25℃ 时的溶解度为:19.0%(水),3.0%(50% 乙醇),20%(50% 甘油),7.0%(50% 丙二醇),不溶于油脂
质量标准	干燥失重≤6.0%;水不溶物≤0.2%;砷(As)≤0.0001%;重金属(以 Pb 计)≤0.001%		
应用性能	日落黄的水溶液呈黄橙色,吸湿性、耐热性、耐光性强。在柠檬酸、酒石酸中稳定,遇碱变成褐红色,还原时退色。主要用于食品和药物的着色,也可用于制造铝盐色淀颜料		
用量	用于果汁(味)饮料类、碳酸饮料、配制酒、糖果、糕点上彩装、西瓜酱罐头、青梅、乳酸菌饮料、植物蛋白饮料、虾(味)片时最大使用量 0.10g/kg;用于糖果包衣、红绿丝时最大使用量 0.20g/kg;用于冰激凌是最大使用量 0.09g/kg		

安全性	LD$_{50}$大鼠经口大于 2g/kg；ADI 0～2.5mg/kg
生产方法	把对氨基苯磺酸加入反应器,然后慢慢加入碳酸钠使其完全溶解,过滤;冷却至 0～5℃,再加入对氨基苯磺酸 1.5～1.8 倍量(质量)的盐酸,搅匀静置,析出细微的 1-萘胺-4-磺酸结晶,并冷却至 5℃以下。在 3～5℃下缓慢加入 1:2(质量)的亚硝酸钠溶液进行重氮化,得重氮液。反应完毕后料液对刚果红试纸呈强酸性(显蓝色)。将 2-萘酚-6-磺酸钠搅拌溶解于 20 倍量(质量)75～80℃的水中,再加入部分碳酸钠(总量的 1/5),溶解后过滤。滤液投入反应釜,然后加入其余的碳酸钠,搅拌冷却至 5～8℃;再在 10～15℃和 pH8～9 时,缓缓加入重氮液进行偶合反应数小时。反应完毕后(2-萘酚-6,8-二磺酸钠略为过量),将其升温至 50～60℃,加入精制氯化钠,搅拌,将其自然冷却至室温,静置析出结晶;将结晶搅拌溶解于 15 倍量(质量)70℃的洁净水中,加入适量的碳酸钠,使溶液呈微碱性,过滤后加入精盐,搅拌并用盐酸调 pH 至 6.5～7.0。静置、结晶、分离、干燥得成品

（4）其他

● 焦糖色素、可可壳色

通用名	焦糖色素	可可壳色
英文名	caramel	cocao husk pigment
组分	—	聚黄酮糖苷
外观	深褐色易吸湿的粉末或胶状物,有焦糖气	棕色粉末,无异味及异臭
相对密度	约 1.35	—
溶解性	溶于水和稀乙醇,不溶于油脂	易溶于水及稀乙醇溶液,水溶液为巧克力色
质量标准		
pH 值	—	6～7
灼烧残渣	—	≤ 27%
$E_{1cm}^{1\%}$	0.05～0.6 (610nm)	17(400nm±5nm)
干燥失重,w	≤5%	≤5%
氨基(以 NH$_3$ 计),w	≤0.5%	
4-甲基咪唑,w	≤0.02%	
二氧化硫,w	≤0.1%	
砷(以 As 计),w	≤1.0mg/kg	≤0.0002%
铅(以 Pb 计),w	≤2.0mg/kg	≤0.0004%
重金属(以 Pb 计),w	≤25.0mg/kg	≤0.0010%
总氮(以 N 计),w	≤3.0%	
总汞(以 Hg 计),w	≤0.1mg/kg	
总硫(以 S 计),w	≤3.5%	

应用性能	用作酱油、糖果、醋、啤酒等的着色剂,也用于医药	本品无异味及异臭,微苦,易吸潮,在 pH 值 3~11 范围内色调稳定,pH 值小于 4 时易沉淀。随介质的 pH 值升高,溶液颜色加深,但色调不变。耐热性、耐氧化性、耐光性均强。几乎不受抗氧化剂、过氧化氢、漂白粉等的影响。但遇还原剂易褪色。对淀粉、蛋白质着色性强,并有抗氧化性,特别是对淀粉着色远比焦糖色强。遇金属离子易变色并沉淀不溶
用量	按需适量使用	用于冰激凌、饼干,最大使用量为 0.04g/kg;配制酒,最大使用量 1.0g/kg;碳酸饮料,最大使用量 2.0g/kg;糖果、糕点上彩装,最大使用量 3.0g/kg;豆奶饮料,最大使用量 0.25g/kg
安全性	本品安全	①LD_{50}>10g(小鼠,经口) ②急性、亚急性毒性试验结果表明,可可壳色安全性很高
生产方法	由饴糖或蔗糖在高温下进行不完全分解并脱水而形成的物质。使用氨水、硫酸铵、碳酸氢铵及尿素作催化剂者为氨法酱色,也有非氨法酱色	将梧桐科植物可可树的种皮经酸洗、水洗后,用碱性水溶液浸提、过滤、浓缩、精制、干燥而得

● 栀子蓝、植物炭黑

通用名	栀子蓝	植物炭黑
英文名	gardenia blue	vegetable carbon black
组分	类胡萝卜素类的藏花素和藏花酸的发酵产物	
外观	蓝色粉末、颗粒或液体	黑色粉状微粒
溶解性	易溶于水、含水乙醇及含水丙二醇,呈鲜明蓝色	不溶于水及有机溶剂
质量标准		
含量,w	—	≥95.0%(以无挥发性物质的干基计)
灰分,w	—	≤4.0%
高级芳香烃及焦油产物试验	—	阴性
酸度和碱度		正常
干燥减量,w	≤7%(粉状、粒状);液体无此项要求	≤12%(140℃)
铅(以 Pb 计),w	≤3mg/kg	≤0.001%
总砷(以 As 计),w	≤2mg/kg	≤0.0003%
汞(以 Hg 计),w	—	≤0.0001%

应用性能	本品水溶液呈鲜明蓝色,pH3～8范围内色调无变化,耐热,经120℃、60min不褪色,吸潮性弱,耐光性差,本品对蛋白质染色力强。可用于果汁(味)型饮料、配制酒、糕点上彩装、糕点、冰棍、雪糕、蜜饯、膨化食品、果冻、面饼、糖果、粟子罐头等食品的着色	本品用作黑色素可用于糖果、饼干、糕点、米、面制品,也可作食用加工助剂、吸附剂
用量	用于果味型饮料、糕点上彩装、配制酒,最大使用量为0.2g/kg;用于糖果、果酱,最大使用量为0.3g/kg	一般用量0.001％～0.5％
安全性	LD_{50}小鼠经口16.7g/kg体重	LD_{50}:小鼠经口大于15g/kg;骨髓微核试验:未发现有致突变性
生产方法	由茜草植物栀子果实经过提取、发酵、精制而制成的。	以植物茎秆、壳为原料,经炭化、精制而成

● 金樱子棕、橡子壳棕

通用名	金樱子棕	橡子壳棕
英文名	rose laevigae micchx brown	acorn shell browm
组成	—	为儿茶酚、花黄素、花色素连有糖基的化合物
外观	棕红色流膏	深棕色粉末
溶解性	极易溶于热水,溶液澄明,不溶于油脂、乙醚和石油醚,也不溶于食用油及非极性溶剂	易溶于水或乙醇水溶液,不溶于非极性溶剂
质量标准		
$E_{1cm}^{1\%}$	≥5(400nm)	≥10(500nm)
pH	≤5(1∶1水溶液)	≥7(0.1％溶液)
灼烧残渣,w	≤10％	≤20％
水分,w	≤30％	—
砷(以As计),w	≤0.0001％	≤0.0003％
铅(以Pb计),w	≤0.0002％	≤0.0005％
干燥失重,w	—	≤10％
应用性能	本品水溶液在偏酸环境中色调偏黄,偏碱性环境中色调显红棕色,对光、热较稳定,用于无醇饮料、配制酒等的着色	本品在偏碱性条件下呈绿色,在偏酸性条件下为红棕色,对光、热均稳定。可用作低度酒、可乐型饮料、烘烤食品等的棕色着色剂
用量	用于碳酸饮料,最大使用量1.0g/kg;配制酒,最大使用量0.2g/kg	用于可乐饮料最大使用量1.0g/kg;配制酒,最大使用量0.3g/kg

安全性	①LD$_{50}$小鼠经口 48g/kg 体重（雄性） ②致突变及致畸试验显阴性	①LD$_{50}$小鼠、大鼠经口大于 15g/kg 体重 ②致突变试验 Ames 试验、骨髓微核试验及小鼠精子畸变试验均无致突变作用 ③致畸试验 无致畸作用 ④90d 喂养试验对动物生长及肝、肾功能无影响,无病理变化
生产方法	将蔷薇科植物金樱子的果实去杂质后破碎,用 4 倍 80℃ 的热水（或稀乙醇）浸提果皮 90min;过滤得第一次浸提液,滤渣再用同样的方法浸提 2 次,第三次浸提液用来浸提果皮;合并第一次和第二次浸提液,经浓缩得成品	以栎树的果实,即橡子的果壳为原料,用水浸提,将滤液纯化、精制而得

● 酸枣色、亮蓝

通用名	酸枣色	亮蓝
化学名	—	二［4-(N-乙基-N-3-磺酸苯甲基)氨基苯基］-2-磺酸甲苯基二钠盐
英文名	jujube pigment	brilliant blue
组成/分子式	羟基蒽醌类物质	$C_{37}H_{34}N_2Na_2O_9S_3$
结构式	—	
相对分子质量	—	792.85
外观	棕黑色结晶或棕褐色无定形粉末	红紫色粉末
溶解性	易溶于热水,缓慢溶于水及稀乙醇溶液,不溶于有机溶剂	易溶于水(18.7g/100mL,21℃);溶于乙醇(1.5g/100mL,95%乙醇,21℃)
质量标准		
$E_{1cm}^{1\%}$	≥25(460nm)	—
干燥失重,w	≤4%	≤10%
灼烧残渣,w	≤25%	—
砷(以 As 计),w	≤0.0001%	≤0.0001%
铅(以 Pb 计),w	≤0.0010%	—

应用 pH 范围	2.2~10(酸枣色Ⅰ);7.0~10(酸枣色Ⅱ)	—
重金属(以 Pb 计),w	—	≤0.0010%
氯化物及硫酸盐,w	—	≤4.0%(分别以 $NaCl$,Na_2SO_4 计)
副染料	—	≤6.0%
锰(以 Mn 计),w	—	≤0.005%
铬(以 Cr 计),w	—	≤0.005%
应用性能	本品耐热性、耐光性、耐酸性、耐碱性、抗氧化性良好。水溶液在酸性和碱性溶液中均为枣红色,随 pH 值增加色泽加深,对金属离子、蔗糖、糖精均有较好的稳定性	可用于高糖果汁(味)、果汁(味)饮料、碳酸饮料、配制酒、糖果、糕点上彩装
用量	用于果汁(味)型饮料、酱油、酱菜、糖果、糕点、罐头等。可作为焦糖色的代用品。用于果汁(味)型饮料、酱油、酱菜,最大用量为 0.1g/kg;用于糖果、糕点,最大使用量为 0.2g/kg;用于罐头,最大使用量为 0.3g/kg	用于青梅、虾(味)片,最大使用量 0.025g/kg;用于冰激凌,最大使用量 0.022g/kg;用于红绿丝,最大使用量 0.1g/kg
安全性	LD_{50} 小鼠经口 6810mg/kg 体重(雌、雄性);蓄积性试验蓄积系数大于 5,无蓄积作用;致突变试验 骨髓微核试验、小鼠精子畸形试验,均未见致突变作用;大白鼠 90d 喂养试验各项指标均未发现异常	LD_{50} 大鼠经口大于 2g/kg 体重;ADI 0~12.5mg/kg 体重
生产方法	采用鼠李科枣属植物酸枣在制取酸枣原汁后的酸枣渣(包括果肉和果皮)为原料,经过酸解、抽提、过滤、浓缩、改性、干燥而得	由邻苯醛磺酸与 α-(N-乙苯氨基)间甲苯磺酸的缩合物用重铬酸钠或二氧化铅氧化成色素,中和后用硫酸钠盐析,再经精制而得

● 钛白粉(食品级)、藻蓝

通用名	钛白粉(食品级)	藻蓝
化学名	二氧化钛	
英文名	titanium dioxide	spirulina blue
组成/分子式	TiO_2	C-藻蓝蛋白($C_{34}H_{39}N_3O_6$);C-藻红蛋白和异藻蓝蛋白
相对分子质量	79.90	585.71(C-藻蓝蛋白)
外观	白色粉末	亮蓝色粉末
熔点	1850℃(金红石型)	—
折射率	2.76~2.55	—
溶解性	不溶于稀碱、稀酸,溶于热浓硫酸、盐酸、硝酸	易溶于水,有机溶剂对其有破坏作用

质量标准		
$E_{1cm}^{1\%}$	—	≥12(620nm,海水) ≥12(620nm,淡水)
含量,w	≥99.0%	—
干燥失重,w	≤0.5%	—
灼烧残渣,w	≤0.5%	—
白度	≥97.0%	—
二氧化硅,w	≤0.5%	—
砷(As),w	≤5mg/kg	≤0.0001%
铅(Pb),w	≤10mg/kg	≤0.0005%
重金属	≤20mg/kg	—
锌(Zn)	≤50mg/kg	—
汞(Hg)	≤1mg/kg	—
铁(Fe)	≤50mg/kg	—
灰分,w	—	≤7.0%
水分,w	—	≤12.0%
应用性能	本产品是无味、白色粉末状固体,不溶于水、不溶于一般有机溶剂、也不溶于酸碱,性能稳定,对食品有增白作用	本品在pH3.5~10.5范围内呈海蓝色,pH4~8颜色稳定,pH3.4为其等电点,藻蓝析出。对光较稳定,对热敏感,金属离子对其有不良影响。可用于糖果、果冻、冰棍、冰激凌、雪糕、奶酪制品、果汁(味)饮料类
用量	固体饮料(无甜味剂型)0.60g/kg;固体饮料(浓缩型)1.67g/kg;果冻、硬糖10g/kg;沙拉酱0.50g/kg;膨化食品、油炸食品10g/kg;口香糖5g/kg	最大使用量0.8g/kg
安全性	本品无毒	①LD$_{50}$:小鼠经口大于33g/kg ②骨髓微核试验:无致突变作用
生产方法	将金红石或高钛渣粉料与焦炭混合后进行高温氯化生产四氯化钛,经高温氧化,再经过滤、水洗、干燥、粉碎得到钛白粉产品	取海水或淡水养殖螺旋藻,冲洗、破碎、提取、离心取上清液、浓缩,加入稳定剂后干燥制得

2.17.2 工业用颜料

颜料主要应用于油漆、油墨、塑料、橡胶等行业产品着色,按结构可分为有机颜料和无机颜料。无机颜料热稳定性、光稳定性优良,价格低,但着色力相对差,相对密度大;有机颜料着色力高、色泽鲜艳、色谱齐全、相对密度小,缺点为耐热性、耐候性和遮盖力方面不如无机颜料。着色后不仅对制品有美化作用，而且提高了产品可辨识性，还具有一些其他作用。例如：军用塑料和橡胶制品经着色后可以增加其隐蔽性；利用着色塑料薄膜选择透光效果，可提高温室农作物和蔬菜的品质及产量；改善制品的耐候性、力学强度、电学性能、光学性能及润滑性能。

塑料、橡胶用着色剂是现代聚合物加工中的重要一环，不仅可以美化塑料和橡胶制品，还具有一些其他作用。例如塑料和橡胶包覆的电线电缆或由其他制成的信号工具、工厂用容器和管道，根据不同的用途做成不同的颜色，增加了可辨识性；军用塑料和橡胶制品经着色后可以增加其隐蔽性；利用着色塑料薄膜选择透光效果，可提高温室农作物和蔬菜的品质及产量；此外着色剂选配得当还可以改善制品的耐候性、力学强度、电学性能、光学性能及润滑性能。

用于塑料橡胶染料密度小、着色力高、透明度好，但耐热性、耐光性和耐溶剂性差，在塑料和橡胶的加工温度下易分解，在制品使用过程中易从材料中渗出、迁移，从而造成串色或污染。因此塑料橡胶着色时不能使用水溶性或反应性染料，只能酌情使用油溶性、醇溶性染料，在耐热性要求不高时，还可以使用偶氮类、蒽醌类染料。

（1）无机颜料

● C. I. 颜料白 6、C. I. 颜料白 5

通用名	C. I. 颜料白 6	C. I. 颜料白 5
别名	钛白粉	锌钡白
化学名/别名	二氧化钛	立德粉
英文名	titanium dioxide	lithopone
分子式	TiO_2	$ZnS \cdot BaSO_4$
相对分子质量	79.90	330.80
外观	白色粉末	白色粉末
熔点	1850℃（金红石型）	—
折射率	2.76～2.55	—
相对密度	4.23	4.14～4.34
溶解性	不溶于稀碱、稀酸，溶于热浓硫酸、盐酸、硝酸	不溶于水
质量标准		
含量，w	≥90%	≥99%（硫化锌和硫酸钡的总和）
总锌量，w	—	≥28%（以硫化锌计）
氧化锌，w	—	≤0.6%
白度	≥98%	—

吸油量	≤23g/100g	≤14g/100g
pH 值	7.0～9.5	—
105℃挥发分,w	≤0.5%	≤0.3%
消色力	≥95%	≥105%
遮盖力	≤45g/m²	—
325 目筛余物,w	≤0.05%	≤0.1%
电阻率	≥80Ω·m	—
平均粒径	≤0.30μm	—
水溶物,w	≤0.5%	≤0.4%
分散性	≤22μm	—
水萃取液碱度	—	中性
颜色	—	优于标准样
应用性能	本品是目前世界上性能最好的一种白色颜料,在一般情况下与大部分物质不发生反应。加入塑料或橡胶中可以提高制品的耐热性、耐光性、耐候性,使塑料制品的物理化学性能得到改善,增强制品的机械强度,延长使用寿命	耐热性良好,可改善耐候性,防藻,降低成本以及其具有优异的遮蔽力的白度,遮盖力次于钛白。不耐酸,耐久性稍差,抗粉化性较差,价格便宜,因此可部分替代二氧化钛使用
安全性	本品无毒	本品无毒
生产方法	(1)硫酸法 是用钛精矿或酸溶性钛渣与硫酸反应进行酸解反应,得到硫酸氧钛溶液,经水解得到偏钛酸沉淀;再进入转窑煅烧产出 TiO_2 (2)氯化法 是用含钛的原料,以氯化高钛渣、或人造金红石、或天然金红石等与氯气反应生成四氯化钛,经精馏提纯,然后再进行气相氧化;在速冷后,经过气固分离得到 TiO_2	由硫酸锌和硫化钡溶液起反应而得的沉淀,经过滤、干燥及粉碎后,再煅烧至红热,倾入水中急冷而得

● C. I. 颜料白 4

别名	锌白	外观	白色粉末
化学名	氧化锌	熔点	1975℃
英文名	zine oxide	沸点	2360℃
主要组分	ZnO	密度	5.60g/cm³(六方晶型)
相对分子质量	81.39	溶解性	几乎不溶于水

质量标准(质量分数)			
含量	≥99.5%	金属锌(Zn)	无
氧化铅(PbO)	≤0.12%	盐酸不溶物	≤0.02%
一氧化镉(CdO)	≤0.02%	灼烧减量	≤0.4%
一氧化铜(CuO)	≤0.006%	不溶物	≤0.4%
锰(Mn)	≤0.0002%	筛余物(320 目)	≤0.28%
水分	≤0.4%		

应用性能	锌白粉稍轻于铅白粉,比铅白色白,经久不变黄、稳定,干后色层较坚固,但吃油多,覆盖力也没有铅白强,干得较慢,易脆易裂。锌白受热(阳光下直晒)会变成柠檬黄,冷却时则又会恢复白色。广泛用于 ABS 树脂、聚苯乙烯、环氧树脂、酚醛树脂、氨基树脂和聚氯乙烯及油漆和油墨的着色
用量	按需求添加
安全性	LD_{50}:7950mg/kg(小鼠经口)。吸入氧化锌烟尘引起锌铸造热,其症状有口内金属味、口渴、咽干、食欲不振、胸部发紧、干咳、头痛、头晕、四肢酸痛、高热恶寒。大量氧化锌粉尘可阻塞皮脂腺管和引起皮肤丘疹、湿疹
生产方法	(1)用锌灰与硫酸反应生成硫酸锌,与碳酸钠反应得到碳酸锌,经水洗、干燥、煅烧、粉碎制得产品氧化锌 (2)在 1300℃经还原冶炼,矿粉中氧化锌被还原成锌蒸气。将电解法制得的锌锭加热至 600~700℃熔融后,置于耐高温坩埚,加热至 1250~1300℃,使之熔融汽化,导入热空气进行氧化,生成的氧化锌经冷却、旋风分离,将细粒子用布袋捕集,即制得氧化锌成品 (3)将焙烧锌矿粉(或含锌物料)与无烟煤(或焦炭屑)、石灰石按 1:0.5:0.05 比例配制成球状。再通入空气进行氧化,生成的氧化锌经捕集制得氧化锌成品

● C. I. 颜料白 12

别名	锆白		外观	白色重质无定形粉末
化学名	二氧化锆		熔点	2680℃
英文名	zirconium dioxide		沸点	4300℃
主要组分	ZrO_2	相对分子质量 123.22	密度	$5.89g/cm^3$
溶解性	溶于 2 份硫酸和 1 份水的混合液中,微溶于盐酸和硝酸,慢溶于氢氟酸,几乎不溶于水			
质量标准	含量≥99.9%;Na_2O≤0.0005%;Fe_2O_3≤0.0005%;SiO_2≤0.005%;TiO_2≤0.001%			
应用性能	化学性质非常稳定,用于制高级陶瓷、搪瓷、耐火材料,用于生产钢及有色金属、光学玻璃,纳米级氧化锆用作抛光剂、磨粒、压电陶瓷、精密陶瓷、陶瓷釉料和高温颜料,用于环氧树脂可增加耐热盐水的腐蚀			
用量	按需求添加			
安全性	LD_{50}:37mg/kg,有刺激性			

● C. I. 颜料黄 36

别名	锌黄	英文名	zinc yellow
主要组分	$4ZnO \cdot CrO_3 \cdot 3H_2O$~$4ZnO \cdot 4CrO_3 \cdot K_2O \cdot 3H_2O$	外观	淡黄色或中黄色粉末
质量标准	CrO_3 17%~19%;ZnO 67.5%~72%;水溶性氯化物≤0.1%;水分≤1.0%;吸油量≤40%;筛余物≤3%(200 目)		

应用性能	无机黄色颜料。主要用于涂料工业制造锈底漆,对金属表面的防腐蚀性能良好。可用于制造影视剧表演用化妆颜料,也用于塑料、油墨、水彩、油彩、橡胶等制品的着色
安全性	本品无毒
生产方法	氧在带搅拌器的反应器中,将100份氧化锌用8~10倍水打浆,并用蒸汽加热至80~90℃,待冷却后,慢慢加入150~250g/L的重铬酸钾溶液和8.5份硫酸,加料时间约1h,加完料后,于40℃以下充分搅拌2~3h,再经过、分离、干燥、粉碎得产品

●C. I. 颜料黄 42

别名	1602 铁黄	相对分子质量	177.2
主要组分	FeOOH	熔点	350~400℃
外观	黄色粉末	相对密度	2.44~3.60
质量标准			
铁含量	≥86.0%(105℃干燥,以Fe_2O_3表示)		
105℃挥发物	≤1.0%	水悬浮液 pH 值	3.5~7.0
水溶物	≤0.5%	吸油量	25~35g/100g
筛余物	≤0.4%(45μm筛孔)	铬酸铅	阴性
水萃取液酸碱度	≤20mL	总钙量	≤0.3%(以 CaO 表示)
应用性能	无机黄色颜料。主要用于涂料、水泥制件、建筑表面、塑料、橡胶制品、人造大理石、水磨石的着色,也用于制造水彩、油彩、油漆和建筑涂料。还可用制造氧化铁系颜料的中间体如制备氧化铁红、氧化铁黑		
用量	限用于非直接食用食品,用量不限		
安全性	—		
生产方法	硫酸与铁屑反应生成硫酸亚铁,再加入浓硫酸和氯酸钠进行亚铁氧化,将生成的硫酸铁用氢氧化钠中和沉淀,再加入硫酸亚铁和铁皮进行转化,经水洗、表面处理、水洗、过滤干燥、粉碎,制得透明氧化铁黄		

●C. I. 颜料黄 53

别名	钛镍黄	英文名	nickel antimony titanium yellow	
主要组分	$NiO \cdot Sb_2O_5 \cdot 20TiO_2$	外观	黄色粉末	密度	4.6~5.0g/cm³

质量标准				
晶型	金红石型	水溶性盐,w	<0.5%	
颜色	柠檬黄	灼烧失重,w	<0.1%(1000℃,30min)	
TiO_2,w	78%~80%	pH 值	7~9	
325 目筛余物,w	<0.1%	吸油量	11%~17%	平均粒径	≤1.1μm
应用性能	钛镍黄具有极好的耐化学腐蚀性、户外耐候性、热稳定性、耐光性,并具有无渗透性、无迁移性,具有很高的光反射性,建议应用于 RPVC、聚烯烃、工程树脂、涂料和一般工业、卷钢业及挤压贴胶业用油漆,在各种涂料、塑料和树脂中易分散,具有优秀的遮盖力和抗粉化性			

生产方法	将硫酸法钛白生产中的水合二氧化钛充分洗涤后,进行打浆,按比例加入具有足够活性的含镍和锑的化合物,以及可促进煅烧时晶型转化的处理剂。混合均匀后过滤,将滤饼在 1000℃ 下煅烧进行晶格转化。煅烧后经处理、粉碎得成品

● C. I. 颜料黄 163

别名	钛钽黄	主要组分	$x\mathrm{TiO_2} \cdot y\mathrm{WO_2} \cdot z\mathrm{Cr_2O_3}$
英文名	chrome tungsten tltanlum buff rutile		
质量标准	耐热性 1000℃;耐光性 8 级;耐候性 5 级;吸油量 17cm³/g;pH7.1		
应用性能	本品具有极好的耐化学腐蚀性、户外耐候性、热稳定性、耐光性,并具有无渗透性,无迁移性。有良好的遮盖力、着色力、分散性。应用于 PVC、聚烯烃、工程树脂、涂料和一般工业、卷钢业及挤压贴胶业用油漆等		
生产方法	取一定比例的 $\mathrm{TiO_2}$、$\mathrm{WO_2}$ 和 $\mathrm{Cr_2O_3}$,混合后经过球磨机研磨至要求细度,加入到高温煅烧炉中,进行煅烧。冷却后粉碎,筛分,拼混得制品		

● C. I. 颜料黄 37

别名	镉黄	粒径	$0.04\sim0.4\mu m$
英文名	cadmium yellow	孔半径	$20\sim200nm$
主要组分	纯品为 CdS 或 CdS·ZnS	熔点	1450℃(六方晶型)
相对分子质量	144.46(CdS)	密度	$4.5\sim5.9\mathrm{g/cm^3}$
溶解性	难溶于水,难溶于丙酮,难溶于乙醇,不溶于酸碱		

质量标准	色光指标名称	樱草黄	柠檬黄	金黄	深金黄
	Cd,w	79.5%	90.5%	93.5%	98.1%
	ZnS,w	20.5%	9.1%	6.6%	1.9%
	105℃ 挥发物,w	≤0.5%	≤0.5%	≤0.5%	≤0.5%
	水溶物,w	0.3%~0.5%	0.3%~0.5%	0.3%~0.5%	0.3%~0.5%
	水悬浮液 pH 值	5~8	5~8	5~8	5~8
	筛余物,w	≤0.1%	≤0.1%	≤0.1%	≤0.1%

应用性能	镉黄的覆盖力较强,几乎能和所有的颜料调和使用,对不常见的铜颜料有反应,调和后容易变黑,与铬绿调和,干后色泽也会加深。镉黄广泛用于搪瓷、玻璃和陶瓷的着色。也用于涂料、塑料行业,还用作电子荧光材料。镉黄几乎适用于所有树脂的着色,在塑料中呈半透明性。含硫化锌的浅色类镉黄用于聚乙烯中,应尽量缩短成型加工时间,因为硫化锌会促进聚乙烯塑料分解而呈绿色。镉黄在室温的稳定性不如镉红,多用于室内塑料制品。镉黄不宜与含铜或铜盐的颜料拼用,以免生成黑色的硫化铜或绿色的硫酸铜。镉黄与蓝色的颜料拼混可得到绿色
安全性	无爆炸危险性,无毒,非易燃,非腐蚀性

生产方法	镉黄的工业生产一般采用煅烧法或沉淀-煅烧法 (1)煅烧法 在高温下煅烧碳酸镉和硫,制取镉黄。加入氧化锌或硫酸锌,则可制造浅色调的镉黄。煅烧期间,需随时取样观察,以控制颜料色泽。煅烧后,用水漂洗颜料,除去硫酸镉或硫酸锌杂质,然后过滤,在250℃以下干燥得镉黄产品。煅烧法不适于大规模生产 (2)沉淀-煅烧法 硫酸镉与硫代硫酸钠反应,生产中为阻止硫酸的生成而产生复盐$(CdS \cdot nCdSO_4)$,需加入适量的中和剂(如碳酸钠),严格控制pH值,如要制浅色镉黄,则往反应混合物中加入氧化锌。成品中,镉和锌对硫的总摩尔比以$1:(0.98\sim0.99)$为佳。制备不同镉黄产品时硫代硫酸钠$(Na_2S_2O_3 \cdot 5H_2O)$、硫酸镉$(CdSO_4 \cdot \frac{8}{3}H_2O)$、氧化锌$(ZnO)$和碳酸钠$(Na_2CO_3)$的配比分别为$150:100:18:0$(柠檬黄)、$150:100:12:0$(浅黄)、$150:100:0:21$(正黄)。硫酸铅法的工艺过程类似于碳酸镉法。首先将硫酸镉溶液(浓度为200g/L)送合成釜内,加热至$70\sim80$℃,再加适量碳酸钠或锌白(ZnO),然后在搅拌下加入晶体硫代硫酸钠。生成的沉淀物经过滤、干燥后,煅烧$1\sim2h$。柠檬黄和浅黄的煅烧温度为$550\sim600$℃,正黄为$400\sim500$℃。煅烧通常是在还原或惰性气氛中

● C. I. 颜料黄 34

别名	铬黄			外观	黄色或橙黄色粉末	
英文名	C. I. pigment yellow			熔点	844℃$(PbCrO_4)$	
相对分子质量	323.22$(PbCrO_4)$			密度	6.12g/cm³	
溶解性	不溶于水和油,易溶于无机酸和强碱溶液					
主要组分	$3PbCrO_4 \cdot 2PbSO_4 + Al(OH)_3 + AlPO_4$	$5PbCrO_4 \cdot 2PSO_4 + Al(OH)_3 + AlPO_4$	$PbCrO_4 + PbSO_4$	$PbCrO_4$ $PbCrO_4 \cdot PbO$	$PbCrO_4 \cdot PbO$	
色光	柠檬铬黄	浅铬黄	中铬黄	深铬黄	橘铬黄	
颜色(与标准样比)	近似~微	近似~微	近似~微	近似~微	近似~微	
冲淡后颜色(与标准样比)	近似~微	近似~微	近似~微	近似~微	近似~微	
相对着色力(与标准样比)	≥100%	≥100%	≥100%	≥100%	≥100%	
105℃挥发物,w	≤3.0%	≤2.0%	≤2.0%	≤1.0%	≤1.0%	
水溶物,w	≤1.0%	≤1.0%	≤1.0%	≤1.0%	≤1.0%	
铬酸铅含量,w	≥50.0%	≥60.0%	≥90.0%	≥85.0%	≥55.0%	
水萃取液酸碱度	≤20mL	≤20mL	≤20mL	≤20mL	≤20mL	
水悬浮液pH值	4.0~8.0	4.0~8.0	4.0~8.0	4.0~8.0	4.0~8.0	

吸油量	≤25g/100g	≤25g/100g	≤22g/100g	≤20g/100g	≤15g/100g
筛余物(45μm),w	≤0.3%	≤0.3%	≤0.3%	≤0.3%	≤0.3%
易分散程度	≤20μm	≤20μm	≤20μm	≤20μm	≤20μm
耐热性	≥140℃	≥140℃	≥140℃	≥140℃	≥150℃
耐光性	≥4	≥4	≥5	≥5	≥6
总铅含量,w	≥55.0%	≥55.0%	≥55.0%	≥55.0%	≥55.0%
应用性能	铬黄为无机黄色颜料,遇硫化氢变为黑色,遇碱变为橙红色。着色光随原料配比和制备条件而异,有橘铬黄、深铬黄、中铬黄、浅铬黄、柠檬黄等五种。色力和遮盖力强。不能与立德粉共用。柠檬铬黄色泽鲜艳,带绿相,制漆光泽度好,同蓝色颜料可配成鲜艳的翠绿色;浅铬黄色泽鲜艳,着色力强,制漆光泽度好,同蓝色颜料可配成浅绿色,铬酸铅含量比柠檬铬黄高;中铬黄色泽纯正,制漆光泽度良好,同蓝色颜料可配成中绿色,铬酸铅含量最高,在90%以上;深铬黄铬酸铅占85%,带有红色的色光,着色力强;橘铬黄是碱性铬酸铅,PbCrO$_4$含量不低于55%,色泽为橘黄色 铬黄因具有优良的耐光、耐热、耐酸碱、耐溶剂性,可用于各种热塑性和热固性塑料的着色,以及橡胶着色。也可用于制造涂料、油墨,文教用品工业用于制造水彩和油彩颜料,造纸工业可用于纸张着色。但不能用于明确规定不得含铅的制品中				
安全性	与硫化氢的反应。有毒				
生产方法	由硝酸铅(或乙酸铅)与重铬酸钾以不同比例作用而得				

● C. I. 颜料红 101

别名	铁红	相对分子质量	159.697		
英文名	iron oxide	熔点	1565℃		
分子式	Fe$_2$O$_3$	外观	红棕色粉末	相对密度	5.24
溶解性	难溶于水,不与水反应;溶于酸,与酸反应;不与 NaOH 反应				

质量标准			
铁含量	≥95.0%(105℃ 干燥,以 Fe$_2$O$_3$ 表示)		
105℃挥发物,w	≤1.0%	水悬浮液 pH 值	5~7
水溶物,w	≤0.3%	吸油量	15~25g/100g
筛余物,w	≤0.3%(63μm 筛孔)	铬酸铅	阴性
水萃取液酸碱度	≤20mL	总钙量,w	≤0.3%(以 CaO 表示)
应用性能	本品是无机颜料,用于油漆、橡胶、塑料、建筑等的着色,在涂料工业中用作防锈颜料。用作橡胶、人造大理石、地面水磨石的着色剂,塑料、石棉、人造革、皮革搪光浆等的着色剂		
生产方法	硝酸与铁屑反应生成硝酸亚铁,经冷却结晶、脱水干燥,经研磨后在 600~700℃ 煅烧 8~10h,再经水洗、干燥、粉碎制得氧化铁红产品		

● C. I. 颜料红 108

别名	镉红		英文名	cadmium red		
分子式	$CdS \cdot CdSe$		相对分子质量	335.84	相对密度	4.7～5.1
溶解性	微溶于弱酸,溶解于强酸中析出硒化氢(H_2Se)和硫化氢(H_2S)等有毒气体					

质量标准				
105℃挥发物,w	≤0.5%		吸油量	16～23g/100g
筛余物,w	≤0.1%(400目筛孔)		水溶性盐分,w	≤0.2%
耐光性	7级	耐候性	5级	水分,w ≤0.2%

应用性能	本品是高档油漆、涂料工业首选的红色颜料。镉红适合用于室外制品着色,如汽车涂装和高档油漆。它还广泛用于耐温涂料、高耐候涂料、氟碳涂料、户外塑料制品、PVC型材、塑钢门窗、电子材料等行业
安全性	急性经口中毒量 LD_{50}:1000mg/kg
生产方法	(1)煅烧法　以碳酸镉、硫和硒为起始原料,直接经煅烧制取镉红。将原料置于带搅拌器的混合桶或研磨机中混合均匀,放进转炉或马弗炉中煅烧。炉料的配比和煅烧温度决定镉红的色调和特性。镉红含70%左右的镉和不同比例的硒,硒的含量决定镉红的颜色,它是工艺控制的主要因素,硒含量越高,颜料红色就越深。煅烧最佳温度为550～600℃,时间1～2h,CdO在此时处于活性状态,反应性较强,立即与S和Se反应生成棕红色物质(含定量的CdS和CdSe)。继续升温至400～500℃,变为鲜红色物质,在550～565℃固溶体发色。升温至600℃,炉料的质量变为恒定,至此CdS/CdSe完全转化为六方晶,制得鲜红的镉红。然后出料,经冷却、湿粉碎、筛分、漂洗、过滤、干燥即成成品 (2)沉淀-煅烧法　先将镉盐(如$CdCO_3$)与硫化钠和硒化氢(或硫硒化钠)溶液反应生成硫硒化镉($nCdS \cdot CdSe$)沉淀,然后将沉淀物于高温煅烧制得镉红。煅烧方法同上述"煅烧法" (3)水热法　水热法革除了高温煅烧过程,缩短了工艺流程,降低了废气污染,是一种较新的工艺。水热法基本上分为两步过程。第一步同上述沉淀-煅烧法中的反应过程。即在60～90℃液相中,用碳酸镉与硫硒化钠溶液反应,生成硒硫化镉沉淀。第二步为结晶转化过程。用水热法将无定形的半成品转化为晶体颜料。即把第一步合成的沉淀物反应釜加热至沸腾,反应12h后,用冷水使浆料骤冷,经倾析、过滤、干燥、粉碎得成品

● C. I. 颜料红 104、C. I. 颜料红 105

通用名	C. I. 颜料红 104	C. I. 颜料红 105
别名	钼铬红	铅丹
英文名	molybdate red	lead oxide
分子式	$xPbCrO_4 \cdot yPbMoO_4 \cdot zPbSO_4$	Pb_3O_4
相对分子质量	—	685.66
外观	红色至橘红色晶体	鲜红色粉末
相对密度	5.41～6.34	8.6
溶解性	不溶于水和油,易溶于无机强酸	不溶于水,溶于热碱溶液

质量标准

105℃挥发物，w	≤0.2%	—
水分，w	≤2%	—
铬酸铅	≥55%	—
遮盖力	≤40g/cm³	—
筛余物，w	≤5%	≤0.2%
吸油量	≤2g/100g	≤6g/100g
水溶物，w	—	≤0.1%
硝酸不溶物，w	—	≤0.1%
原高铅酸铅及游离一氧化铅总量，w		≥99%
原高铅酸铅，w		≥97%
二氧化铅，w		≥33.9%
应用性能	本品是一种含有铬酸铅、钼酸铅和硫酸铅的颜料。色泽鲜艳，着色力高，遮盖力强。常同有机红颜料配合使用。油漆油墨、涂料色浆、橡胶、底漆、室外涂料、粉末涂料、皮革、人造革、塑料、高质量油漆着色以及各种树脂（PVC、PE、PS、ABS、PO）的着色、漆布、美术颜料、文教用品、色母粒等的着色，具有良好的耐久性与耐热稳定性	本品用作防锈剂，用它配成的漆，附着力很强，在大气中有相当的稳定性。所以钢铁的桥梁、船只、机器管线都涂红丹底漆。也用于蓄电池、玻璃、陶器、搪瓷等
安全性	—	易造成铅中毒生产时要注意防护，在空气中最大容许剂量为0.15mg/m³
生产方法	钼铬红颜料的典型配方中硝酸铅：重铬酸钠：钼酸钠：钼酸铵：硫酸钠：氢氧化钠：氨水：硫酸铝分别为331：120：0：17：14.8：0：5.4：（23~40）或347：116：28：0：17：32：0：44。将氢氧化钠溶液加到重铬酸钠溶液中进行中和，再加入硫酸钠和钼酸钠充分搅拌混合，然后加入到硝酸铅溶液中于15~20℃共沉淀，共沉淀时加入硝酸酸化，控制pH=2.5~3，继续搅拌15~30min，得到鲜红沉淀时，为防止晶型转变，加入稳定剂（如硫酸铝），并用纯碱或氢氧化钠调pH值，使终点pH值在6.5~7.5之间。然后经过滤，于100℃干燥，拼色得产品	将铅放入熔铅锅内，加热熔融（铅的熔点为327.4℃），在搅拌下慢慢加入氧化剂硝酸铵（用量为铅用量的5%~8%，配成溶液的方式加入较为均匀），待氧化完全后，粉碎、过150目筛，得氧化铅。将所得氧化铅，加入用量为14%~20%的硝酸铵，混匀，然后加热，严格控制温度在460~470℃之间，经15~30h，转化即可完成，再粉碎、过筛，即得成品

●C. I. 颜料蓝 27

别名	普鲁士蓝	相对分子质量	859.25
化学名	亚铁氰化铁	外观	深蓝色粉末
英文名	prussian blue	相对密度	1.8
分子式	$Fe_7(CN)_{18} \cdot 14H_2O$	溶解性	不溶于水、乙醇和醚,溶于酸碱
质量标准	水溶物,$w \leqslant 1\%$;易分散程度$\leqslant 20\mu m$;水萃取液酸度$\leqslant 20mL$;挥发物,$w\ 2\% \sim$ $6\%(60℃)$		
吸油量	$\leqslant 110\%$		
应用性能	本品为深蓝色无机颜料,颜色强烈、浓厚,用于油漆、油墨、塑料等行业及文教用品的着色		
生产方法	工业生产是利用煤气厂所得的废氧化物与石灰共热而得亚铁氰化钙溶液,再与碳酸钾溶液共热,浓缩结晶而制得		

●C. I. 颜料蓝 28

别名	钴蓝	英文名	cobalt blue		
分子式	$CoO \cdot Al_2O_3$	外观	蓝色粉末	相对密度	$3.8 \sim 4.5$
质量标准					
吸油量	$28 \sim 37g/100g$	耐热性	$\geqslant 1200℃$		
遮盖力	$78 \sim 80g/m^2$	pH 值	$7 \sim 9$		
视比容	$630 \sim 740g/L$	耐光性	5 级	耐候性	8 级
应用性能	是一种高性能的环保无毒无机颜料。具有极好的遮盖力、较强的着色力和分散性;优异的户外耐光性、耐候性、耐高温性;良好的耐酸、耐碱、耐各种溶剂及化学腐蚀性;并且具有无渗性,无迁移性;且与大多数热塑性、热固性塑料具有良好相容性;还具有反红外功能,广泛应用于卷钢涂料、工程塑料、防伪涂料及屋顶隔热涂料中,也用于制玻璃、陶瓷、绘图和涂料等				
安全性	无毒				
生产方法	生产钴蓝有三种方法 (1)碳酸钴法 把碳酸钴和钾明矾一起加水溶解成溶液,然后加入碳酸钠溶液,产生含有碳酸钴和氢氧化铝沉淀物。沉淀物经洗涤和过滤、干燥,在1100~1200℃高温煅烧 2~2.5h,终点以颜料颜色来判断。煅烧完毕降温后,加水成浆,在磁球磨机中研磨至细度达到要求,再用真空吸滤、干燥、粉碎而得成品 (2)硫酸钴法 将 61 份硫酸铝和 18 份硫酸钴充分混合制成炉料,在 300~350℃进行脱水,然后在 1100~1200℃高温煅烧 2.5h,终点以颜料颜色来判断。煅烧完毕降温后,加水成浆,在磁球磨机中研磨至细度达到要求,再用真空吸滤、干燥、粉碎而得成品 (3)氧化钴法 将 72 份氢氧化铝和 22 份四氧化三钴及少量氧化锌混合成炉料,然后在 1100~1200℃高温煅烧 2.5h,终点以颜料颜色来判断。煅烧完毕降温后,加水成浆,在磁球磨机中研磨至细度达到要求,再用真空吸滤、干燥、粉碎而得钴蓝成品				

● C. I. 颜料绿 26

别名	钴绿	相对分子质量	226.92
英文名	cobalt green	外观	蓝绿色粉末
分子式	$CoO \cdot Cr_2O_3$	相对密度	4.71～5.52
质量标准	吸油量 11～20 g/100g;耐热性≥1000℃;耐候性 5 级;耐光性 8 级;pH 值 6～9		
应用性能	钴绿具有一种独特的黄光绿色,色调鲜明,与其他绿色颜料相比,具有很好的耐热性、耐光性、耐酸性和耐碱性,具有高的红外反射率。多应用于耐高温涂料、塑料、陶瓷、搪瓷、玻璃等着色及美术颜料等领域,尤其在要求超耐久性(特别是超保色性、保光性和抗粉化性)系统中则要使用这种高级颜料;用于耐温涂料、氟碳涂料、户外高耐候涂料;户外塑料制品、塑料门窗型材、色母粒等;用于卷钢涂料、粉末涂料、运输工具涂料、户外建筑涂料、伪装涂料、绘画涂料、路标涂料以及工程塑料、玩具塑料		
生产方法	原料 CoO 和 Cr_2O_3 经粉碎后以摩尔比配合,充分混匀,1000～1300℃ 高温煅烧后充分冷却并研磨粉碎得成品		

● 铅铬绿

别名	翠铬绿,美术绿	英文名	lead chrome green
分子式	铬黄和铁蓝或酞菁蓝组成的混合颜料		
质量标准	总铅≥70%(以 $PbCrO_1$ 计);水溶物≤1.0%;挥发物≤4.0%;筛余物≤1.0% (45μm)		
应用性能	铅铬绿的耐久性、耐热性均不及氧化铬绿,但色泽鲜艳,分散性好,用于彩色环氧地坪、彩色水泥地坪、彩色沥青、油墨、玩具、纸品、木器家具、墙体装饰、文教用品和高温涂料、彩色水泥、便道砖、建材涂料、油漆、塑料等工业		
安全性	含有毒的重金属可对人的中枢神经、肝、肾等器官造成极大损害,并会引发多种病变。仅限于工业颜料使用		
生产方法	(1)以锡利翠蓝同铅铬黄共沉时,加入氯化钡作沉淀剂,使锡利翠蓝的磺酸基团反应成钡盐而同铅铬黄生成的翠绿色颜料 (2)以铁蓝颜料浆中沉淀铬黄而制得,也可用铬黄和铁蓝湿拼或干拼而得 (3)以铬黄和酞菁蓝拼成的铅铬绿色泽鲜艳,性能更优良。铬黄和铁蓝的混合颜料。铁蓝颜料可自 5%～45% 幅度而变动得到黄光的翠绿至深绿色		

● C. I. 颜料绿 17

别名	氧化铬绿	英文名	chromium oxide green	
化学名	三氧化二铬	分子式	Cr_2O_3	
相对分子质量	151.99	熔点	2266℃	
外观	绿色粉末	相对密度	5.21	折射率	2.5
溶解性	不溶于水、酸及有机溶剂,稍溶于浓氢氧化钠溶液,溶于热的溴酸钠溶液、热的浓高氯酸溶液或沸腾的硫磷混酸			

质量标准			
Cr_2O_3,w	≥99.0%	水溶液 pH 值	6～8
水溶物,w	≤0.1%	吸油量	15～25g/100g
水分,w	≤0.15%	筛余物,w	≤0.1% (45μm)

应用性能	本品有金属光泽,具有磁性,遮盖力强,耐高温、耐光、耐各种化学品,较纯的制品对红外线反射接近天然的叶绿素。不溶于水,难溶于酸,在大气中比较稳定,对一般浓度的酸和碱及二氧化硫气体无影响,具有优良突出的颜料品质和坚牢度。用于冶炼金属铬和碳化铬、搪瓷、陶瓷、玻璃、人造革、耐火材料、建筑材料的着色、有机合成的催化剂、制造耐光材料和印刷纸币的专用油墨、金属抛光研磨材料、金属表面渗铬、磁性材料等,还可用于涂料、陶瓷、橡胶、美术颜料以及伪装涂料等
生产方法	铬酸、重铬酸钠(或钾)与硫黄等经高温焙烧,或由重铬酸铵热分解而得

● C. I. 颜料紫 14

别名	磷酸钴紫		英文名	cobalt(Ⅱ)phosphate		
化学名	八水合磷酸钴		分子式	$Co_3(PO_4)_2 \cdot 8H_2O$	外观	紫色固体
质量标准	吸油量 24.1cm^3/g;耐热性 450℃;耐候性 8 级;耐光性 5 级					
应用性能	钴紫主要用于耐高温涂料、塑料、陶瓷、搪瓷、玻璃着色,耐高温的工程塑料着色,与食品接触的塑料制品着色;钴紫耐温涂料,氟碳涂料,户外高耐候涂料;户外塑料制品,塑钢门窗型材,色母粒及美术颜料等					
安全性	①急性毒性:LD_{50} 为 539mg/kg(大鼠经口) ②该物质对环境可能有危害,对水体应给予特别注意					
生产方法	将硫酸钴、磷酸氢二钠配成水溶液,按硫酸钴:磷酸氢二钠为 1:1.7 将硫酸钴溶液加入硫酸钴磷酸氢二钠溶液,终点的 pH 值为 8～8.5,用 50℃ 热水漂洗、过滤、干燥、粉碎。所得的八水合磷酸钴加到马弗炉中,在 800℃ 煅烧 3h。冷却后经过湿磨、过滤、干燥、粉碎得制品					

● C. I. 颜料紫 16

别名	锰紫	相对分子质量	246.92
英文名	manganese violet	外观	紫红色粉末
分子式	$(NH_4)MnP_2O_7$	相对密度	2.6～3.0
质量标准	筛余物≤0.1%(325 目);耐光性 7～8 级;pH 2.4～4.2(10%颜料水浆)		
应用性能	本品在化学上,有极好的耐酸性,但耐碱性差。抗氧化性和抗还原性均属中等,耐候性、耐光性和耐候性均很好,不渗色也无色移。主要用于化妆品制备睫毛膏、眼线液等,可为化妆品提供所需的红相紫色,也可在其他需要红相紫色的领域中应用。此外,锰紫可在塑料和涂料中作调色剂,以减少白色塑料和白色涂料的泛黄现象。少量锰紫也用作绘画颜料		
安全性	无毒害作用		
生产方法	采用熔融法。将二氧化锰、磷酸氢二铵和磷酸,在高温反应器内一起打浆,在不断搅拌下加热,使原料完全脱水,再继续加热浆料变稠,这时在熔融状态下,发生反应并开始变紫,反应完全后,用冷水将紫色熔块急冷。将沉淀的紫色粉末过滤、洗涤并干燥,经粉碎至所需细度,即为成品		

● C. I. 颜料黑 11

别名	氧化铁黑	相对分子质量	231.54
化学名	四氧化三铁	外观	晶状黑色固体
英文名	iron oxide black	相对密度	5.18
分子式	Fe_3O_4	熔点	1594.5℃
溶解性	难溶于水,不溶于碱,也不溶于乙醇、乙醚等有机溶剂		
质量标准			
铁含量,w	≥95.0%(以 Fe_2O_3 计)	水溶物,w	≤0.5%
105℃挥发物,w	≤1.0%	水萃取液酸度	≤20mL
总钙量,w	≤0.3%(以 CaO 计)	筛余物,w	≤0.4%(45μm)
应用性能	无机黑色颜料,广泛用于油墨、水彩、油彩、建筑涂料、建筑材料的着色。电子工业用于制造磁钢,也用作碱性干电池的阴极板,在机器制造业用于钢铁探伤		
生产方法	采用氢氧化亚铁氧化法生产		

● C. I. 颜料黑 26

别名	锰铁黑	英文名	manganese ferrite black		
组成	铁和锰的氧化物	相对密度	5.9	外观	红相黑色粉末
质量标准					
水溶物,w	≤0.5%	耐热性	800℃		
105℃挥发物,w	≤0.5%	耐光性	8 级		
吸油量	22g/100g	耐酸性	5 级		
pH 值	7.1	耐碱性	5 级		
应用性能	锰铁黑具有优异的耐热性、耐光性、耐酸性、耐碱性、耐溶剂、耐候、不迁移,且环保无毒。主要应用于炉具、排气管、高温锅炉、玻璃色釉着色颜料、陶瓷、氟碳外墙装饰板等领域				
生产方法	以氧化锰和氧化铁经高温煅烧反应而得				

● C. I. 颜料黑 28

别名	铜铬黑	相对分子质量	231.54
英文名	copper chrome black	外观	黑色粉末
组成/分子式	$CuCr_2O_4$	相对密度	5.3~5.6
应用性能	具有极好的耐化学腐蚀性、户外耐候性、热稳定性、耐光性,并具有无渗透性、无迁移性;建议应用于 RPVC、聚烯烃、工程树脂、涂料和一般工业、卷钢业及挤压贴胶业用油漆,还可用于基于有机硅的高温涂料等		
生产方法	用高纯度的固体碳酸铜和固体重铬酸钠以一定比例配合,混合均匀后,磨成细粉,进行煅烧,冷却后再经漂洗、过滤、干燥、研磨得成品		

● C. I. 颜料棕 6

别名	氧化铁棕	外观	棕色粉末
英文名	iron oxide brown	相对密度	4.7
分子式	$xFe_2O_3 \cdot yFeO \cdot zH_2O$	溶解性	不溶于水、醇、醚,溶于热强酸

280 | 2 通用功能性配方原料

质量标准			
氧化铁,w	≥85.0%(以 Fe_2O_3 干品计)	筛余物,w	≤0.5%(320 目湿筛)
水分,w	≤1.0%	吸油量	25%～35%
水溶物,w	≤0.5%	水萃取液 pH 值	5～7
应用性能	本品着色力和遮盖力很高。耐光性、耐碱性好。无水渗性和油渗性。色相随工艺的不同,有黄棕、红棕、黑棕等。适用于油漆、油墨、塑料、鞋粉等制品的着色;涂料、建筑、橡胶、塑料等的着色		
安全性	①注意防潮、避免高温。勿与酸、碱物品混放 ②毒性及防护:吸入粉尘会引起尘肺。氧化铁气溶胶(烟尘)最大容许浓度为 $5mg/m^3$		
生产方法	(1)硫酸亚铁氧化法 硫酸亚铁与纯碱反应,经水洗、过滤、干燥、粉碎、混配,制得氧化铁棕 (2)机械混合法 由氧化铁红、氧化铁黄、氧化铁黑经机械混合,拼混而成		

●C. I. 颜料棕 24

别名	铬锑钛棕、钛铬棕	英文名	chromium tungsten titanium	
分子式	$Cr_2O_3 \cdot Sb_2O_3 \cdot 31Ti_2O$	外观	黄棕色粉末	相对密度 4.4～4.9
质量标准	吸油量 11～20 g/100g;水萃取液 pH 值 6～9;耐候性 7～8 级;耐光性 8 级			
应用性能	本品易分散,良好的遮盖力,优异的耐光、耐候、耐热稳定性,耐化学品性,无渗色和迁移。可用于卷钢涂料、粉末涂料、运输工具涂料、户外建筑涂料、伪装涂料、绘画涂料、路标涂料以及工程塑料、一般塑料、塑料玩具、食品包装塑料、印刷油墨、色母粒、高性能工业涂料、水泥、混凝土、屋面材料以及陶瓷等			
安全性	无毒环保型颜料			
生产方法	将三氧化二铬、三氧化二锑和二氧化钛磨成细粉,按摩尔比混匀,高温煅烧。冷却后粉碎、筛分、拼混,得成品			

(2) 有机颜料

●C. I. 颜料黄 180

别名	永固黄 HG		英文名	pigment yellow 180
分子式	$C_{36}H_{32}N_{10}O_8$		相对分子质量	732.70
结构式			外观	绿光亮黄色粉末
			相对密度	1.42

质量标准	水溶物≤1.0%;耐热性≥200℃;耐晒性7级
应用性能	该颜料为近年投放市场的绿光黄色,适用于塑料着色,在HDPE中耐热稳定性为290℃,耐光牢度为6~7级;用于聚丙烯原浆着色,塑性PVC中不迁移,亦可用于ABS着色;适用于高档印墨,如金属装饰漆溶剂型及水性包装印墨,具有良好分散性与絮凝稳定性。主要用于塑料和涂料、油漆的着色,也用于合成纤维的原液着色

● C. I. 颜料黄 1

别名	1125 耐晒黄 G	相对分子质量	340.33
英文名	fast yellow G	外观	淡黄色疏松粉末
分子式	$C_{17}H_{16}N_4O_4$	熔点	256℃
结构式		相对密度	1.27~1.49
		溶解性	微溶于乙醇、丙酮和苯。浓硫酸中金黄色,水稀释后黄色沉淀;浓硝酸中不变化;浓盐酸中红色溶液;稀氢氧化钠溶液中不变化

质量标准

吸油量	28~80g/100g	耐热性	160℃		
pH 值	4.0~7.39(10%浆料)	耐光性	6级		
105℃挥发物,w	≤2.0%	耐水性	4级		
水溶物,w	≤1.5%	耐油性	4级		
筛余物,w	≤5.0%(400μm筛孔)	耐酸性	5级	耐晒性	5级

应用性能	该品种牌号有93种,粒径大小不同。降低粒径可更加透明,绿光强,改进着色强度,但降低耐光及耐溶剂性。粗粒径商品有良好遮盖力,用于油漆、涂料印花浆、橡胶与文教用品;耐溶剂和耐迁移性较差,耐热性160℃,不适用于塑料着色。主要用于涂料高级耐光油墨、印铁油墨、塑料制品、橡胶和文教用品的着色,也可用于涂料印花和黏胶
生产方法	①在重氮化锅中放入水和盐酸,搅拌下加入邻硝对氯苯胺,搅拌均匀后,夹层加冰降温至0℃,加入亚硝酸钠溶液进行重氮化反应,搅拌至反应完全 ②在偶合槽中,加入水和液碱,搅拌下缓缓加入邻硝基对氯苯胺,等溶解完全成为透明液后,加入醋酸进行酸析,终点pH值7.5,温度保持8℃,加入醋酸进行缓冲,使物料的pH值维持在要求范围内 ③将上述反应完全的重氮盐溶液过滤,加入偶合槽中进行偶合反应,保持温度在10~15℃,继续搅拌使反应完全。过滤,用水充分洗涤滤饼,并经粉碎机粉碎,加入少量二氧化钛混合成品

●**C. I. 颜料蓝 15、C. I. 颜料绿 7**

通用名	C. I. 颜料蓝 15	C. I. 颜料绿 7
别名	酞菁蓝 B	酞菁绿 G
英文名	metal-free phthalocyanine blue	phthalocyanine green G
分子式	$C_{32}H_{16}N_8Cu$	$C_{32}H_{16}N_8CuCl_{14\sim15}$
结构式		· $Cl_{14\sim15}$
相对分子质量	576.08	1058.31～1092.7
外观	深蓝色带绿光粉末	深绿色粉末
熔点	600℃	
相对密度	1.31～1.46	1.94～2.05
溶解性	不溶于水、醇及烃类,溶于浓硫酸	不溶于水和一般有机溶剂。在浓硫酸中为橄榄绿色,稀释后呈绿色沉淀
质量标准		
吸油量	45％～55％	30％～45％
105℃挥发物,w	≤1.5％	≤2.5％
水溶物,w	≤1.5％	≤1.5％
筛余物,w	≤5.0％(80 目筛)	≤5.0％(180μm)
耐热性	5 级	180～200℃
耐酸性	5 级	5 级
耐碱性	5 级	4～5 级
耐光性	—	7 级
耐水性	—	5 级
耐油性	—	5 级
耐晒性	7～8 级	—
应用性能	本品色泽鲜艳,着色力强,具有优异的耐晒、耐热、耐酸、耐碱、耐化学性、耐渗型。主要用于制造孔雀蓝色调油墨;涂料工业制造醇酸瓷漆、氨基烘漆、硝基漆、透明漆等;也用于塑料制品、文教用品、橡胶制品、漆布、涂料印花等的着色	酞菁绿 G 像酞菁蓝颜料一样,具有很好的各种应用性能,例如,它的耐光性、耐热性、耐候性以及耐溶性等都相当优异。颜料酞菁绿 G 可以用于颜料所能应用的所有领域,如涂料、油墨、橡胶、皮革及各种塑料、合成纤维原浆以及涂料印花浆等
安全性	防止皮肤和眼睛接触	—

| 生产方法 | 三氯苯、苯酐及尿素适量配比后升温反应。反应后移入蒸馏锅加入液碱,并用直接蒸汽蒸出溶剂。以水漂洗,继续蒸净,物料以薄膜干燥器干燥,得粗制品酞菁蓝。将粗制品加入 98% 的硫酸中溶解,在 40℃ 保温,再加入二甲苯,升温至 70℃ 后逐渐降温至 24℃,稀释于水中,静置,吸去上层废液,如此重复三次后,用 30% 氢氧化钠中和至 pH = 8~9,搅拌后以直接蒸汽煮沸 0.5h,水洗、干燥、磨粉得精制品 | 由粗酞菁蓝悬浮在氯化铁和氯化铝的低共熔混合物中,用氯化铜作催化剂,在 180~200℃ 与氯气作用后,再经惰性溶剂等后处理而制得 |

● C. I. 颜料紫 19 (γ 型、β 型)

通用名	C. I. 颜料紫 19(γ 型)	C. I. 颜料紫 19(β 型)
别名	喹吖啶酮红	喹吖啶酮紫 R
英文名	quinacridone	hostapemn violet
分子式	$C_{20}H_{12}N_2O_2$	$C_{20}H_{12}N_2O_2$
结构式	(γ 型)	(β 型)
相对分子质量	312.33	312.33
外观	蓝红色粉末	艳紫色粉末
质量标准	吸油量 40%~50%;水溶物≤1.0%;耐热性≥400℃	吸油量 40%~50%;水溶物≤1.0%;耐热性≥300℃
应用性能	本品色泽鲜艳,着色力强,耐晒性能优良,耐溶剂性,无迁移性。主要用于塑料和涂料,油漆油墨的着色,也用于合成纤维的原液着色,也可用于油墨、油漆、高档塑料树脂、涂料印花、软质塑胶制品的着色	本品色光鲜艳,耐晒牢度和耐气候牢度均优秀,该品种的生产较复杂,因而价格相当高,但仍是一个使用量相当广的品种,主要用于生产工业漆,它各项应用牢度,如耐气候牢度、耐晒牢度、耐有机溶剂性及耐酸碱性都很好。可用于油墨,油漆,高档塑料树脂,涂料印花,软质塑胶制品的着色
生产方法	由丁二酸二乙酯在乙醇钠和盐酸存在下,进行自身缩合,制得丁二酰丁二酸二乙酯。再与苯胺缩合并闭环,制得 6,13-二氢喹吖啶酮。然后经精制、氧化,得到 γ 型喹吖啶酮产品	生产方法同 C. I. 颜料紫 19(γ 型),最后一步氧化工艺不同,所得产品晶型不同

● C. I. 颜料黄 109

别名	异吲哚啉酮黄	相对分子质量	655.97
英文名	pigment yellow 2GLT	外观	黄色粉末
分子式	$C_{23}H_8N_4O_2Cl_4$	熔点	205℃

质量标准					
吸油量	40%～50%	耐酸性	5 级		
耐热性	5 级	耐晒性	7～8 级		
耐碱性	5 级	油渗性	5 级	水渗性	5 级
应用性能	主要用于油墨、高级涂料和塑料制品的着色,如烤漆、自干漆、汽车原厂漆、汽车修补漆、工业漆、粉末涂料、卷钢涂料				
生产方法	以四氯苯酐为原料,经氨水亚氨化、五氧化磷氧化,然后与2,6-二氨基甲苯缩合而制得				

● C. I. 颜料蓝 60

别名	蓝蒽酮	英文名	anthraquinone blue
分子式	$C_{28}H_{14}N_2O_4$	相对分子质量	442.43

结构式		外观	红光蓝色粉末
		熔点	470～500℃
		相对密度	1.45～1.54

溶解性	微溶于热氯仿、邻氯苯酚、喹啉,不溶于丙酮、吡啶(热)、醇、甲苯、二甲苯及乙酸;在浓硫酸中呈棕色,稀释后呈蓝色沉淀;在碱性保险粉溶液中呈蓝色,加酸成红光蓝色

质量标准			
吸油量	27～80g/100g	耐碱性	5 级
pH 值	6.1～6.3(10%浆料)	耐酸性	5 级
耐热性	250℃	油渗性	5 级
耐光性	8 级	水渗性	5 级
应用性能	本品具有优异的耐光、耐热、耐气候牢度,高透明性和耐溶剂牢度;主要用于汽车原始面漆等金属装饰漆,亦可用于塑料着色,在聚烯烃中热稳定性达300℃/5min;软质 PVC 中耐迁移性优异,耐光牢度为 8 级;亦用于高档造币印墨		
生产方法	以 2-氨基蒽醌为原料,经与混合碱熔后,用保险粉溶液精制得产物,或以2-氨基蒽醌为原料,二甲亚砜为溶剂,与氢氧化钾进行碱熔反应,再经保险粉溶液精制后得产物		

● C. I. 颜料蓝 66

别名	靛蓝	分子式	$C_{16}H_{10}N_2O_2$
结构式		相对分子质量	262.27
		相对密度	1.01
		溶解性	不溶于水、乙醇,溶于热苯胺
应用性能	本品用于塑料、墨水、油漆、涂料、化妆品的着色		
安全性	①LD₅₀:32000mg/kg(小鼠经口) ②可燃,燃烧产生有毒氮氧化物烟雾		
生产方法	以苯基甘氨酸为原料经过与氯乙酸反应生成苯氨基乙酸钠盐,再与氨基钠作用,经碱熔反应、氧化反应而制得靛蓝,即 C. I. 还原蓝1;将该产物进行颜料化处理,则可得成品		

● C. I. 颜料紫 1

别名	耐晒玫瑰红	分子式	$C_{26}H_{22}N_4O_4$
外观	艳红光紫色粉末	相对密度	1.7

质量标准					
吸油量	45mL/100g				
耐热性	150℃	耐水性	4级	耐酸性	5级
耐光性	4级	耐油性	3级	耐碱性	3级
应用性能	本品不论是色光还是牢度性能均与颜料紫2相近似。通常具有更高的着色强度、鲜艳度、颜色更纯净,耐光牢度比颜料紫2高半级,只是印墨试样耐溶剂、耐肥皂及奶油性稍差。主要应用于印刷油墨、文教用品、油画涂料、室内涂料				

2.17.3　工业用染料

染料是能够使一定颜色附着在纤维上的物质,且不易脱落、变色,主要用于纺织品和造纸着色。染料通常溶于水中,一部分的染料需要媒染剂使染料能黏着于纤维上。

● C. I. 酸性红 14

别名	偶氮玉红 S	英文名	carmosine
结构式		分子式	$C_{20}H_{12}N_2Na_2O_7S_2$
		相对分子质量	502.43
		外观	暗红色粉末
		溶解性	溶于水,微溶于乙醇

质量标准			
含量,w	≥85%	砷(As),w	≤ 0.0003%
干燥失重,w	≤15.0 %(135℃)	重金属(以 Pb 计),w	≤0.004%
氯化物和硫酸盐,w	≤15.0%	副染料,w	≤ 0.2%
铅(Pb),w	≤ 0.001%	水不溶物,w	≤0.2%
应用性能	本品主要用于强酸染浴中羊毛的染色,也可以在羊毛织物、锦纶和蚕丝织物上印花,也可用于皮革和纸张的染色		
安全性	①LD$_{50}$:小鼠经口大于 10g/kg ②ADI:0~54mg/kg ③Ames 试验:未见致突变作用 ④微核试验:未见对哺乳动物细胞染色体的致突变效应		
生产方法	通过重氮化 4-氨基萘磺酸和 4-羟基萘磺酸之间的偶合反应制得		

●C. I. 酸性橙 67

别名	弱酸性橙 RXL	英文名	acid orange 67
结构式		分子式	$C_{26}H_{21}N_4NaO_8S_2$
		相对分子质量	604.59
		外观	橘红色粉末
		溶解性	易溶于水
应用性能	用于羊毛、蚕丝、锦纶及其混纺织物的染色。用于羊毛与其他纤维同浴染色时,二醋酸纤维稍有沾色,三醋酸纤维不沾色。也可在羊毛、蚕丝织物上直接印花。上染率高,匀染性好		
生产方法	以 4-对氨基苯胺-3-硝基苯磺酸、间甲苯酚、对甲苯磺酰氯为原料,首先将 4-对氨基苯胺-3-硝基苯磺酸重氮化,再与间甲苯酚偶合,最后将偶合产物与对甲苯磺酰氯缩合即得产物。经过滤、干燥、粉碎得成品		

●C. I. 酸性黄 3、C. I. 酸性蓝 1

通用名	C. I. 酸性黄 3	C. I. 酸性蓝 1
别名	喹啉黄	V 字湖蓝
英文名	quinoline yellow	blueurs
分子式	$C_{18}H_9NNa_2O_8S_2$	$C_{27}H_{31}N_2NaO_6S_2$

结构式		
相对分子质量	477.38	566.66
外观	黄色粉末或颗粒	深蓝色粉末
熔点	240℃	—
溶解性	易溶于水和乙醇	极易溶解于冷水和热水,呈蓝色;溶于酒精呈蓝色。遇浓硫酸呈芥末黄色,稀释后呈金黄色。该品的水溶液加氢氧化钠呈蓝色,沸腾时呈紫色

质量标准		
含量,w	≥85%	—
干燥失重,w	≤15.0%	—
水不溶物,w	≤0.2%	—
砷(As),w	≤0.0001%	—
重金属(以 Pb 计),w	≤0.001%	—
副染料,w	≤4.0%	—
应用性能	本品用于羊毛和蚕丝的染色和直接印花、拔染印花,也用于纸张、皮革、肥皂和化妆品的着色	主要用于羊毛和丝绸织物的染色和印花,也可用于制备复写纸,黑水及色淀。还可用于塑料着色和生物着色。染色时遇铜离子、铁离子色泽转绿暗,遇铬离子很少影响,匀染性好
安全性	—	①小鼠经口 LD_{50} 3000mg/kg,小鼠静脉注射 LD_{50} 1200 mg/kg ②可燃,加热分解释放有毒氮氧化物、氨和硫氧化物烟雾
生产方法	由 2-(2-喹啉基)-2,3-二氢-1,3-茚二酮或由含约 2/3 的 2-(2-喹啉基)-2,3-二氢-1,3-茚二酮和 1/3 的 2-[2-(6-甲基喹啉基)]-2,3-二氢-1,3-茚二酮的混合物磺化而得	苯甲醛-2,4-双磺酸与 N,N-二乙基苯胺缩合再经盐析而得

● C. I. 酸性绿 25、C. I. 酸性黑 1

通用名	C. I. 酸性绿 25	C. I. 酸性黑 1
别名	酸性媒染蒽醌绿	氨基黑 10B
英文名	acid green 25	amido black 10B
分子式	$C_{28}H_{20}N_2Na_2O_8S_2$	$C_{22}H_{14}N_6Na_2O_9S_2$
结构式		
相对分子质量	622.58	616.69
外观	绿色粉末	黑褐色粉末
熔点	235～238℃	—
溶解性	可溶于邻氯苯酚,微溶于丙酮、乙醇和吡啶,不溶于氯仿和甲苯。于浓硫酸中呈暗蓝色,稀释后呈翠蓝色	可溶于水,水溶液呈蓝黑色,加入浓盐酸产生绿光蓝色沉淀;加入氢氧化钠溶液产生蓝色沉淀。溶于乙醇,呈蓝色,微溶于丙酮,不溶于其他有机溶剂
质量标准	水分≤7.0%;水不溶物≤0.5%;溶解度≥50g/L(90℃);防尘性≥2级;强度为100分(为标准品的)	—
应用性能	主要用于羊毛、蚕丝、锦纶及其混纺织物的染色,也可用于皮革、纸张、化妆品、肥皂、木制品、生物制品和电化铝的着色	主要用于羊毛、蚕丝、锦纶及其混纺织物的染色和印花,也可用于纸张、肥皂、木材、生物、皮革、医药和化妆品着色,还可用于制造墨水
安全性	小鼠经口 LD_{50} 6700mg/kg;大鼠经口 LD_{50} 10000mg/kg	—
生产方法	以无色 1,4-二羟基蒽醌、对甲苯胺为原料,将 1,4-二羟基蒽醌与对甲苯胺在硼酸和锌粉存在下缩合,然后经发烟硫酸磺化并中和即得产物。经盐析、过滤、干燥、粉碎得成品	

● C. I. 冰染偶合组分 18、C. I. 冰染重氮组分 1

通用名	C. I. 冰染偶合组分 18	C. I. 冰染重氮组分 1
别名	色酚 AS-D	耐晒枣红 GP
英文名	naftolo MD	azoic diazo component 1
分子式	$C_{18}H_{15}NO_2$	$C_7H_8N_2O_3$

结构式		
相对分子质量	277.32	180.14
外观	米黄色粉末	橘红色粉末
熔点	196~198℃	123~126℃
溶解性	溶于溶剂石脑油。不溶于水和纯碱溶液	溶于水、乙醇、乙醚,微溶于苯
应用性能	色酚 AS-D 是染棉纤维的主要红色打底剂。性能与色酚 AS 相似,因此可以混用以调节色光。与红色基 B 配合染枣红色,与红色基 RL 配合染玫红色。也用于维纶、黏胶纤维、蚕丝、二醋酸纤维的染色。色酚 AS-D 用于棉布印花打底剂,与不同色基配合可得橙、红、紫、蓝多种色泽。对棉亲和力低,偶合能力中等。也用于制造快色素和色淀颜料	主要用于棉的染色,棉布的印花,也用于黏胶纤维、蚕丝、锦纶、二醋酸纤维的染色。与色酚 AS、AS-D、AS-OL 偶合染酱色。与色酚 AS-BO 偶合染紫酱色。偶合能力强,偶合速率中等。也用于制造有机颜料,且是重要的医药、感光材料的中间体
生产方法	以 2,3-酸和邻甲苯胺为原料,首先在氯苯介质中将 2,3-酸制成钠盐,然后在 PCl_3 存在下与邻甲苯胺缩合,经中和、蒸馏、过滤、干燥得成品	以对乙酰氨基苯甲醚为原料,经硝化、水解、精制而得

● C. I. 碱性黄 2、C. I. 碱性红 46

通用名	C. I. 碱性黄 2	C. I. 碱性红 46
别名	碱性嫩黄 O	阳离子艳红 X-3BL
英文名	basic yellow 2	basic red 46
分子式	$C_{17}H_{22}ClN_3$	$C_{18}H_{23}ClN_6$
结构式		
相对分子质量	303.83	358.86
外观	黄色粉末	暗红色粉末
熔点	250℃	—
溶解性	溶于冷水,易溶于热水,在沸腾的水中分解	30℃时水中溶解度为 80g/L

质量标准	强度 100 分（为标准品的）；水分≤3.5%；水不溶物≤1.0%；细度≤5.0%（过 180μm 筛的残余物）；有害芳香胺：符合 GB 19601 的标准要求；重金属元素：符合 GB 20814 的标准要求	—
应用性能	用于蚕丝、腈纶、单宁媒染棉的染色，也可以用于皮革、纸张、麻和黏胶的染色、直接印花和底色拔染印花。和可以用于油、脂肪、油漆的着色，也可以用于制备色淀	主要用于腈纶散纤维、纤维条和腈纶绒线的染色，也可以用于直接印花

◎C. I. 分散红 60、C. I. 分散蓝 56

通用名	C. I. 分散红 60	C. I. 分散蓝 56
别名	1-氨基-2-苯氧基-4-羟基蒽醌	1,5-二氨基-2-溴-4,8-二羟基-9,10-蒽醌
英文名	disperse red 60	disperse blue 2BLN
分子式	$C_{20}H_{13}NO_4$	$C_{14}H_9BrN_2O_4$
结构式		
相对分子质量	331.32	349
外观	紫色粉末或粒状物	深蓝色粉末
熔点	—	
溶解性	溶于 50% 丙酮为红色，溶于四氢化萘和二甲苯，对碱敏感	溶于浓硫酸呈带绿色的黄色，稀释后呈带红色的蓝色。不溶于水，但在分散剂存在下可均匀地分散于水中
应用性能	本品用于涤纶及混纺织物的染色和印花，也可用于醋酸纤维、锦纶和腈纶的染色，还可以用于涤纶转印印花。色光为鲜艳的蓝光红色，高温高压法染色温度为 125~130℃，日晒牢度优良	本品为艳蓝色光，日晒牢度优良，升华牢度中等。主要用于聚酯纤维及其混纺织物的染色。在染浴中遇铜、铁离子对色光基本无影响。染料适宜的 pH 值为 2~9，在染色和印花中能耐酸碱
生产方法	—	1,5-二氨基-4,8-二羟基蒽醌与 1,8-二氨基-4,5-二羟基蒽醌的溴化混合物。可由 1,5-二氨基-4,8-二羟基蒽醌与 1,8-二氨基-4,5-二羟基蒽醌溴化而成

2.18 漂　白　剂

漂白是利用化学材料对液体、固体等其他物体进行脱色、净白的过程。物质若能起到漂白作用就被称为漂白剂。漂白剂起作用时对被漂白物质和漂白环境有一定要求，漂白的色效（褪色程度）、时效（保持无色或白色的时间）也不尽相同。

漂白剂按作用原理分为三类，分别介绍如下。

（1）氧化型漂白剂　有色物质的生色基团实际上是一种具有特殊结构的原子团，可以吸收某些波长的光，表现其补色的颜色，而这些生色基团而因为具有不饱和性或还原性可被氧化而导致有机物褪色。这类漂白剂主要包括次氯酸、Na_2O_2、H_2O_2、HNO_3、臭氧等强氧化剂。这些物质在一定条件下能产生活性很大的原子氧，原子氧氧化性极强，能将很多有色物质氧化褪色，适用于漂白纺织品，这类漂白是彻底的、不可逆转的。但要注意不能漂白还原性物质，还要注意有关酸或碱对漂白的物质有无腐蚀性。

（2）加合反应型　漂白剂和有色物质内部的生色基团加成（化合），化合后的物质不再吸收可见光，所以彩色物质的颜色变白。这些化合物往往不够稳定，受热或其他因素影响下，又恢复为有色物质和漂白剂，所以此类漂白是可逆转的、不彻底的、短期的，因此这类漂白剂选择性更强。

（3）吸附作用型　有些物质结构疏松，多孔，具有很大的比表面积，可以吸附一些物质的色素使其褪色，其漂白过程属于物理过程。由木炭加工制成的活性炭，吸附能力强，用于漂白效果极佳，制糖工业中就是用活性炭作脱色剂的，除了吸附色素外，活性炭也可以吸附一些有毒气体或微粒。

2.18.1 食品漂白剂

食品在加工或制造过程中往往保留着原料中所含的令人不喜欢的着色物质，导致食品色泽不正，使人产生不洁或不快的感觉。为清除杂色，需要进行漂白。在食品中使用漂白剂时应注意事项如下：

① 使用亚硫酸盐类时，应首先了解二氧化硫的含量，然后做实验确定各种食品所需的漂白剂，最后再应用到生产中。

② 使用亚硫酸盐类漂白剂时选择合适的对象食品，否则无意义。

③ 尽量避免金属离子的干扰。

④ 亚硫酸盐类溶液易分解失效，最好现配现用。固体也易和氧气发生缓慢的氧化反应，故需要密闭保存。

● 过氧化苯甲酰

化学名	过氧化苯甲酰	英文名	benzoyl peroxide
分子式	$C_{14}H_{10}O_4$	相对分子质量	242.23
结构式		外观	白色或淡黄色细粉
		熔点	103℃
		密度	$1.33g/cm^3$
溶解性	微溶于水、甲醇，溶于乙醇、乙醚、丙酮、苯、二硫化碳等		
质量标准			
过氧化物，w	≥75.0%	氯含量，w	0.25%
活性氧，w	≥4.95%	铅(Pb)，w	≤10mg/kg
含水量，w	25%	重金属(以Pb计)，w	≤0.002%
应用性能	作为面粉品质改良剂，具有杀菌作用和较强的氧化作用，能使面粉漂白。还可用于硅橡胶和氟橡胶等漂白		
用量	一般用量0.06g/kg		
安全性	是一种强氧化剂，易燃烧，极不稳定。当撞击、受热、摩擦时能爆炸。加入硫酸时发生燃烧		
生产方法	使双氧水与30%液碱反应，生成过氧化钠溶液，再与苯甲酰氯反应而得。反应在0℃左右进行，温度过高则引起双氧水分解，苯甲酰氯也易水解生成苯甲酸而影响收率。将生成物析出的过氧化苯甲酰过滤、洗涤、干燥即得成品。工业品的过氧苯甲酰含量可达99%(二级品)，熔点102~106℃。原料消耗定额：苯甲酰氯(95%以上)1000kg/t、双氧水(30%)800kg/t。需要提纯时，可用醇类、丙酮、苯及其他合适的溶剂进行重结晶		

● 二氧化氯

化学名	二氧化氯	结构式	O—Cl—O
英文名	chlorine dioxide	相对分子质量	67.46
分子式	ClO_2	外观	黄红色有强烈刺激性臭味气体
熔点	-59.5℃	沸点	9.9℃　密度　3.09g/L
溶解性	易溶于水，遇水分解，容易和水发生化学反应(水溶液中的亚氯酸和氯酸只占溶质的2%)；在水中的溶解度是氯的5~8倍。溶于碱溶液而生成亚氯酸盐和氯酸盐		

质量标准	溶液氯含量≤5%
应用性能	可用于漂白小麦面粉、淀粉,或进行油脂、蜂蜡的精制,以及漂白木质纸浆、纤维素、纺织品等。还可进行饮用水消毒杀菌
安全性	二氧化氯具有强氧化性,空气中的体积浓度超过10%便有爆炸性,但其水溶液却是十分安全的。皮肤接触或摄入二氧化氯的高浓度溶液,可能引起强烈刺激和腐蚀,长期接触可导致慢性支气管炎
生产方法	将含约600g/L氯酸钠溶液与工业浓硫酸连续定量地送入主反应器,经空气稀释的5%～8%二氧化氯气体通过气体分布板分别进入主、副反应器进行反应。反应所产生的气体经洗涤塔洗涤,除去夹带的泡沫和酸雾,所产生的二氧化氯气体送入后续工序使用。副反应器溢流出的废液进入气提塔,从塔底通入少量空气,气提出溶解在溶液中的二氧化氯

● 亚硫酸氢钠

别名	酸式亚硫酸钠	英文名	sodium hydrogensulfite		
分子式	NaHSO₃	相对分子质量	104.06		
外观	白色结晶性粉末	熔点	150℃	相对密度	1.48
溶解性	溶于3.5份冷水、2份沸水、约70份乙醇,其水溶液呈酸性				

质量标准			
外观	白色晶体粉末或颗粒	砷(以 As 计),w	≤2mg/kg
含量,w	58.5%～67.4%(以 SO_2 计)	铅(以 Pb 计),w	≤2mg/kg
水不溶物,w	≤0.01%	重金属(以 Pb 计),w	≤5mg/kg
铁(以 Fe 计),w	≤50mg/kg	硒(以 Se 计),w	≤5mg/kg

应用性能	亚硫酸氢钠具有强还原性,对维生素 B 有破坏作用,不能用于谷物、肉类和乳制品,还可用于酿造、饮料、干果等的保藏和加工中
安全性	①低毒,LD₅₀ 2000mg/kg(大鼠,经口) ②皮肤、眼、呼吸道有刺激性,可引起过敏反应。可引起角膜损害,导致失明。可引起哮喘;大量口服引起恶心、腹痛、腹泻、循环衰竭、中枢神经抑制 ③对环境有危害,对水体可造成污染 ④该品不燃,具腐蚀性,可致人体灼伤
生产方法	(1)用纯碱溶液吸收制硫酸的尾气或硫黄燃烧产生的二氧化硫即得亚硫酸氢钠。其反应式如下:$Na_2CO_3 + 2SO_2 + H_2O \longrightarrow 2NaHSO_3 + CO_2$ (2)在亚硫酸氢钠母液(含 NaHSO₃ 40%、pH 值3～4)中缓缓加入纯碱,生成亚硫酸钠溶液(至料浆 pH 值达7～8为终点);此亚硫酸钠溶液于串联反应器中吸收由硫黄燃烧制得的 SO_2 气体(10%～13%),反应生成亚硫酸氢钠(反应温度不再上升即为终点),反应过程中析出大量的结晶,经离心分离得含水分6%～10%的湿品,再经250～300℃的气流干燥脱水即得产品

● 焦亚硫酸钠

别名	偏重亚硫酸钠	英文名	sodium pyrosulfite
分子式	Na₂S₂O₅	相对分子质量	190.09
熔点	300℃	相对密度	1.40

外观	白色或微黄色结晶形粉末或小结晶
质量标准	含量≥96.5%（以 $Na_2S_2O_5$ 计）；铁（以 Fe 计）≤0.003%；砷（以 As 计）≤0.0001%；重金属（以 Pb 计）≤0.0005%；澄清度：通过试验
应用性能	焦亚硫酸盐类不稳定，但臭味较小，价格低，常用于水果蔬菜的漂白
用量	对食糖、冰糖、糖果、蜜饯类、葡萄糖、液体葡萄糖、饴糖、饼干、竹笋、粉丝、蘑菇、蘑菇罐头最大使用量为 0.45g/kg。残留量以二氧化硫计，竹笋、蘑菇及蘑菇罐头不得超过 0.05g/kg；饼干、食糖、粉丝及其他品种不得超过 0.1g/kg；液体葡萄糖不得超过 0.2g/kg；蜜饯类不得超过 0.05g/kg
安全性	ADI 0～0.75mg/kg（SO_2 计；包括二氧化硫和亚硫酸盐类总 ADI 值）
生产方法	用纯碱溶液吸收二氧化硫，经分离、干燥，制得焦亚硫酸钠

● 亚硫酸钠、连二亚硫酸钠

通用名	亚硫酸钠	连二亚硫酸钠
别名		次亚硫酸钠、保险粉
英文名	sodinm sulfite	sodium hydrosulfite
分子式	Na_2SO_3	$Na_2S_2O_4$
相对分子质量	125.06	174.11
外观	无色至白色结晶或晶体粉末	白色结晶粉末，有时微带黄色或灰色
熔点	150℃	300℃
沸点	—	1390℃
相对密度	2.63	2.13
溶解性	易溶于水：13.9%（0℃）、28.3%（80℃）；微溶于乙醇，溶于甘油，其水溶液呈碱性	易溶于水，几乎不溶于乙醇
质量标准		
含量，w	≥96.0%	≥90%
游离碱，w	≤0.501%（以 Na_2CO_3 计）	—
铁（Fe），w	≤0.01%	≤20×10^{-6}
重金属（以 Pb 计），w	≤0.001%	≤1×10^{-6}
砷（As），w	≤0.0002%	≤1×10^{-6}
锌（Zn），w	—	≤1×10^{-6}
水不溶物，w	—	≤0.05%
应用性能	亚硫酸钠为强还原剂，能产生还原性的亚硫酸，亚硫酸与着色物质作用将其还原，显示强烈的漂白作用。亚硫酸钠对氧化酶的活性有很强的阻碍、破坏作用，所以对防止植物性食品的褐变，有良好的效果。也可以用作防腐剂和抗氧化剂，它对霉菌比对酵母菌抑制作用更有效，使用时将其酿成 0.2%～2% 的水溶液，用溶液浸渍果实或喷洒在果实上，经这样处理的果实加以贮藏，能达到抗氧化和保持香味的目的	食品行业用作食糖、糖果、蜜饯、饴糖、饼干、粉丝等的漂白剂和食品保鲜剂。纺织行业用作还原染料染色的还原剂、还原性漂白剂、还原染料印花助剂、丝绸的精练与漂白剂、染色物的剥色剂及染缸的清洗剂等。纸浆造纸业用作机械浆、热磨机械浆及脱墨浆的漂白剂。作为还原漂白剂广泛用于高岭土的漂白，毛皮的漂白和还原增白，竹制品和草编制品的漂白等。化学工业中用作还原剂

用量	葫芦干，5g/kg；果干（除葡萄干），2g/kg；明胶，0.5g/kg；露酒（不包括制造露酒用含酒精成分，容量 1‰ 以上的水果榨汁及浓缩汁），杂酒，0.35g/kg；糖浆、糖稀、蜜饯樱桃，0.3g/kg；天然果汁（供稀释 5 倍以上饮用的产品），0.15g/kg；糖豆，0.1g/kg；虾仁，0.1g/kg；其他食品，0.03g/kg；对芝麻乳、豆类蔬菜以及生使用鲜血类不准使用	对食糖、竹笋、冰糖、干果、干菜、粉丝、糖果、蜜饯类、葡萄糖、液体葡萄糖、饴糖、饼干、蘑菇罐头最大使用量为 0.4g/kg。残留量以二氧化硫计，竹笋、蘑菇及蘑菇罐头不得超过 0.05g/kg；食糖、粉丝及其他品种不得超过 0.1g/kg；液体葡萄糖不得超过 0.2g/kg；蜜饯类不得超过 0.05g/kg
安全性	兔经口 LD_{50} 0.6～0.7g/kg（以 SO_2 计）。小鼠静脉注射 LD_{50} 0.175g/kg（以 SO_2 计）	①ADI 0～0.7mg/kg（以 SO_2 计）②LD_{50} 600～700mg/kg（以 SO_2 计，兔子）③属自燃物品，遇少量水或暴露在潮湿的空气中会分解发热，引起冒烟甚至燃烧并放出有毒的 SO_2；250℃ 时能自燃；与氧化剂接触会猛烈反应导致燃烧爆炸
生产方法	在 40℃ 的碳酸溶液中通入二氧化硫气体，饱和后加入氢氧化钠溶液，析出晶得结晶亚硫酸钠，再加热脱水即得亚硫酸钠	锌粉与二氧化硫反应生成二亚硫酸锌，然后加入碳酸钠或氢氧化钠，则生成次亚硫酸钠，再加入氯化钠使低亚硫酸钠晶体析出，最后以乙醇脱水干燥即得

● 焦亚硫酸钾

别名	偏亚硫酸钾	相对分子质量	206.10
英文名	potassium metabisulfite	外观	白色结晶或结晶体粉末
分子式	$K_2S_2O_5$	相对密度	2.30
溶解性	可溶于水，难溶于乙醇，不溶于乙醚		
质量标准	含量≥90%；硫代硫酸盐≤0.1%；铁（Fe）≤10mg/kg；铅（Pb）≤2mg/kg；硒（Se）≤5mg/kg		
应用性能	用于新鲜果蔬、肉类以及葡萄酒护色剂、防褐变剂		
用量	对食糖、冰糖、糖果、蜜饯类、葡萄糖、饴糖、饼干、罐头等最大使用量为 0.6g/kg。漂白后的产品二氧化硫的残留量为：饼干、食糖、粉丝、罐头等产品不得超过 0.05g/kg，其他食品中二氧化硫残留量不得超过 0.1g/kg，速冻小虾或对虾、龙虾在半成品中的最大用量为 100mg/kg，熟制品中为 30mg/kg，速冻法式炸马铃薯片为 50mg/kg		
安全性	①LD_{50} 兔经口量 600～700mg/kg（以 SO_2 计）②ADI 0～0.7mg/kg（对二氧化硫和亚硫酸盐的类别 ADI，以二氧化硫计）		

2.18.2 工业用漂白剂

● 亚氯酸钠

英文名	sodium chorite	分子式	NaClO₂
相对分子质量	90.44	溶解性	易溶于水
外观	白色或微带黄绿色粉末或颗粒		
热稳定性	无水物加热至350℃时尚不分解,含水亚氯酸钠加热到130～140℃即分解		

质量标准			
氯酸钠,w	≤4.0%	氯化钠,w	≤17.0%
氢氧化钠,w	≤3.0%	硫酸钠,w	≤3.0%
碳酸钠,w	≤2.0%	硝酸钠,w	≤0.1%
砷,w	≤0.0003%		
应用性能	亚氯酸钠的理论有效氯含量157%,纯度为80%以上的工业品其有效氯含量也达130%,相当于漂白粉的7倍。亚氯酸钠主要用于纸浆、纸张和各种纤维如亚麻、萱麻、棉、苇类、黏胶纤维等的漂白。亚氯酸钠是一种高效氧化剂、漂白剂。此外,亚氯酸钠还可用于砂糖、面粉、淀粉、油脂和蜡的漂白精炼,以及某些金属的表面处理,阴丹士林染色的拔染剂等		
安全性	液体亚氯酸钠属于危险化学品,有强氧化性,遇酸、酸性物质、还原性物质,即起猛烈爆炸,须注意安全		
生产方法	将过氧化氢与固体氯酸钠混合溶解于水,将该溶液和硫酸加入到二氧化氯发生器中,生成二氧化氯和氧气混合气体;在吸收塔中放入含有氢氧化钠和过氧化氢的混合吸收液,将二氧化氯送入吸收塔中,放空氧气,最终获得亚氯酸钠产品		

● 次氯酸钠

别名	漂白水	外观	白色粉末
英文名	sodium hypochlorite	熔点	27℃ (NaClO·5H₂O);58℃ (NaClO·
分子式	NaClO		2.5H₂O);75～85℃ (NaClO·H₂O)
相对分子质量	74.45	溶解性	易溶于水
质量标准	有效氯(以Cl计)≥13.0%		
应用性能	主要用于纸浆、纺织品(如布匹、毛巾、汗衫等)、化学纤维和淀粉的漂白。制皂工业用作油脂的漂白剂。食品级产品用于饮料水、水果和蔬菜的消毒,食品制造设备、器具的杀菌消毒		
安全性	该品不燃,具腐蚀性,可致人体灼伤,具致敏性。放出的氯气有可能引起中毒		
生产方法	液碱氯化法将一定量的液碱加入适量的水,配成30%以下氢氧化钠溶液,在35℃以下通入氯气进行反应,待反应溶液中次氯酸钠含量达到一定浓度时,制得次氯酸钠成品		

● 漂粉精、漂白粉

通用名	漂粉精	漂白粉
化学名	次氯酸钙	—
英文名	bleaching powder concentrated	calcium hypochlorite
分子式	$3Ca(ClO)_2 \cdot 2Ca(OH)_2$	$3Ca(ClO)_2 \cdot 2Ca(OH)_2 \cdot 2HO_2$
相对分子质量	142.92	289.97
外观	白色粉末或颗粒	白色或灰白色粉末或颗粒
溶解性	易溶于冷水	溶解于水,溶液为黄绿色半透明液体
质量标准	一级品:有效氯(Cl_2)含量≥65.0%;氯化钙含量≤9.0%;水分含量≤1.5%;饱和水溶液有效氯含量≥13.0%	一级品:有效氯(Cl_2)含量≥32%;有效氯与总氯量之差≤3%;游离水含量≤5%;沉降率≤400mL
应用性能	本品由次氯酸钙与水和二氧化碳发生反应生成具有强氧化性的次氯酸,主要用于棉织物、麻织物、纸浆等的漂白。利用其消毒杀菌作用广泛用于饮水、游泳池水净化、养蚕等方面。还用于制造化学毒气和放射性的消毒剂	主要用于造纸工业纸浆的漂白和防止工业棉、麻、丝、纤维织物的漂白,也用于城乡饮用水、游泳池水的消毒、杀菌。可用作羊毛防缩剂、脱臭剂。化学工业用于乙炔的净化、氯仿和其他有机化工原料的制造
安全性	具有腐蚀性和较强的氧化性。易溶于冷水。在热水和乙醇中分解。加热会急剧分解而引起爆炸。与酸作用放出氯气,与有机物及油类反应能引起燃烧,遇光也易发生爆炸和分解,产生氧气和氯气。密封保存在阴暗处	本品为强氧化剂,遇水或潮湿空气会引起燃烧爆炸。与碱性物质混合能引起爆炸。接触有机物有引起燃烧的危险。受热、遇酸或日光照射会分解放出剧毒的氯气
生产方法	石灰石与白煤按1:(0.11~0.13)的配比间断从石灰窑顶部加入石灰窑中进行煅烧,温度控制在800~1200℃,生成的石灰从窑底间断排出,将其加水消化,得到含有少量游离水的消石灰,陈化8d以上,送至风选系统除渣。而粉末状消石灰经旋风分离器进行气固相分离。含有3%~6%游离水分的细粒消石灰,从氯化塔的第四层加入,氯气(液氯液化尾气)从氯化塔第一层通入,漂白粉成品由氯化塔第一层排出。从氯化塔排出的尾气,用液碱吸收后生成次氯酸钠,然后废气放空	由氯气与氢氧化钙(消石灰)反应而制得。采用含有1%以下游离水分的消石灰来进行氯化,所用的氯气也含有0.06%以下水分。利用这些原料中的游离水分,使氯气水解生成酸(HClO、HCl),生成的酸为消石灰所中和。随后,依靠氯化反应时由氢氧化钙析出的水分,使氯继续进行水解,使更多的氢氧化钙参与反应过程,生成一系列化合物

● 双氧水

化学名	过氧化氢	熔点	$-0.89\,℃$(无水)
英文名	hydrogen peroxide	沸点	$152.1\,℃$(无水)
分子式	H_2O_2	相对密度	1.438(无水)
相对分子质量	34.01	折射率	1.4067(25℃)
外观	纯过氧化氢是几乎无色(非常浅的蓝色)的液体		
溶解性	能与水、乙醇或乙醚以任何比例混合;不溶于苯、石油醚		

质量标准

指标名称	工业级				食品级		
	27.5%规格	30%规格	35%规格	50%规格	30%规格	35%规格	50%规格
H_2O_2含量,$w/\%$	≥27.5	≥30	≥35	≥50	≥30	≥35	≥50
游离酸(以硫酸计),$w/\%$	≤0.04	≤0.04	≤0.04	≤0.04	≤0.02	≤0.02	≤0.02
不挥发物,$w/\%$	≥0.08	≥0.08	≥0.08	≥0.08	≥0.005	≥0.005	≥0.005
稳定度/%	≥97.0	≥97.0	≥97.0	≥97.0	—	—	—
总碳(以C计),$w/\%$	≤0.03	≤0.03	≤0.03	≤0.03	—	—	—
硝酸盐(以NO_3^-计),$w/\%$	≤0.02	≤0.02	≤0.02	≤0.02	—	—	—
磷酸盐(以PO_4^{3-}计),$w/\%$	—	—	—	—	≤0.005	≤0.005	≤0.005
砷(As),$w/\%$	—	—	—	—	≤0.0001	≤0.0001	≤0.0001
重金属(以Pb计),$w/\%$	—	—	—	—	≤0.001	≤0.001	≤0.001
铁(Fe),$w/\%$	—	—	—	—	≤0.00005	≤0.00005	≤0.00005
锡(Sn),$w/\%$	—	—	—	—	≤0.001	≤0.001	≤0.001
应用性能	本品有强腐蚀性,皮肤接触可产生水肿。用作羊毛、生丝、皮毛、羽毛、象牙、猪鬃、纸浆、脂肪等的漂白剂						
安全性	①LD_{50}大鼠皮下700mg/kg ②大于90%的过氧化氢遇到可燃物会瞬间将其氧化起火 ③本品有轻微致癌性,在食品成分中不得有残留						

2.19 阻 燃 剂

阻燃剂又称难燃剂、耐火剂或防火剂,是能够阻碍火焰燃烧的物质的统称,是一种用于改善可燃易燃材料燃烧性能的特殊化工助剂。经过阻燃剂加工后的材料,在受到外界火源攻击时,能够有效地阻止、延缓或终止火焰的传播,从而达到阻燃的作用。根据不同的划分标准可将阻燃剂分为以下几类。

（1）按组分的不同可分为无机阻燃剂、有机阻燃剂和有机、无机混合阻燃剂三种。

无机阻燃剂是目前使用最多的一类阻燃剂，它的主要组分是无机物，应用产品主要有氢氧化铝、氢氧化镁、磷酸一铵、磷酸二铵、氯化铵、硼酸等。

有机阻燃剂的主要组分为有机物，主要为卤系阻燃剂、磷系阻燃剂和氮系阻燃剂。

有机、无机混合阻燃剂是无机阻燃剂的改良产品，主要用非水溶性的有机磷酸酯的水乳液，部分代替无机盐类阻燃剂。

在三大类阻燃剂中，无机阻燃剂具有无毒、无害、无烟、无卤的优点，广泛应用于各类领域，需求总量占阻燃剂需求总量一半以上。

（2）按所含阻燃元素可将阻燃剂分为卤系阻燃剂、磷系阻燃剂、氮系阻燃剂、磷-卤系阻燃剂、磷-氮系阻燃剂等几类。

卤素阻燃剂在受热时分解产生卤化氢 HX，HX 通过两种机理起阻燃作用，即自由基机理：消耗高分子降解产生的自由基 HO·，使其浓度降低，从而延缓或中断燃烧的链反应；表面覆盖机理：卤化氢是一种难燃的气体，密度比空气大，可以在高分子材料表面形成屏障，使可燃性气体浓度下降，从而减慢燃烧速率甚至使火焰熄灭。通常卤素阻燃剂主要是溴系和氯系两大类。溴系阻燃剂因其用量少、热稳定性好和阻燃效率高而成为目前世界上产量最大的阻燃剂之一，主要有多溴二苯醚（PBDEs）、四溴双酚 A（TBBPA）和六溴环十二烷（HBCD）等，前两者的产量占溴系阻燃剂的 50% 左右；而氯系虽与溴系同属卤系，但其阻燃效率比溴系差。卤素阻燃剂因它在燃烧时释放出有毒烟雾，造成二次危害，现在主要趋势是找出一种卤系阻燃剂的替代物——无卤阻燃剂。

磷系阻燃剂在燃烧过程中产生了磷酸酐或磷酸，促使可燃物脱水炭化，阻止或减少可燃气体产生；磷酸酐在热解时还形成了类似玻璃状的熔融物覆盖在可燃物表面，促使其氧化生成二氧化碳，起到阻燃作用。磷系阻燃剂还有增塑功能，它可使阻燃剂实现无卤化。一般磷系包括无机磷系和有机磷系。无机磷系阻燃剂包括红磷、磷酸铵盐和聚磷酸铵；有机磷系阻燃剂包括磷酸酯、亚磷酸酯、膦酸酯和膦盐等系列。

在氮系阻燃剂中，氮的化合物和可燃物作用，促进交链成炭，降低可燃物的分解温度，产生的不燃气体起到稀释可燃气体的作用。

磷-卤系阻燃剂、磷-氮系阻燃剂主要是通过磷-卤、磷-氮协同效应作用达到阻燃目的，具有磷-卤、磷-氮的双重效应，阻燃效果比较好。

（3）按使用方法的不同可把阻燃剂分为添加型和反应型。

添加型阻燃剂主要是通过在可燃物中添加阻燃剂发挥阻燃剂的作用。反应型阻燃剂则是通过化学反应在高分子材料中引入阻燃基团，从而提高材料的抗燃性，起到阻止材料被引燃和抑制火焰的传播的目的。在阻燃剂类型中，添加型阻燃剂占主导地位，使用的范围比较广，约占阻燃剂的 85%，反应型阻燃剂仅占 15%。

随着阻燃剂功能的加强，人们对环保要求的日益严格，今后高效型阻燃剂、无卤化阻燃剂、抑烟化和无毒气体化阻燃剂将成为研究热点和发展趋势。

2.19.1　纸张阻燃剂

一般的纸张多是易燃品，在现实生活中有相当数量的火灾是由纸和包装材料引起的，为了消除火灾隐患，许多国家制定了各类防火安全法规，对纸和纸张阻燃性能的要求都在与日俱增。纸张一般有两类：一是以石棉、矿棉、玻璃纤维等无机纤维为主要成分生产的纸，另一类就是在纸浆中添加各类阻燃剂或经浸渍涂布制成具有阻燃效果的纸产品，这个是纸产品的主流趋势。在纸浆中添加阻燃剂的目的，是尽量减慢材料在接触火源时的燃烧速率，离开火源后能很快停止燃烧并自行熄灭。现在用于纸阻燃的主要是磷系阻燃剂、卤系阻燃剂、水合氧化铝阻燃剂、硼砂物阻燃剂。

● 氢氧化铝、五氧化二锑

通用名	氢氧化铝	五氧化二锑
别名	一水氧化铝；二水氧化铝；无水氧化铝；三水铝矿；水铝石	锑酸酐；氧化锑；五氧化锑；锑酐
英文名	aluminium hydroxide	antimony pentoxide
分子式	$Al(OH)_3$、$Al_2O_3 \cdot 3H_2O$ 或 H_3AlO_3	Sb_2O_5
相对分子质量	78	323.5
外观	白色结晶粉末，无臭，无味，质极硬，易吸潮而不潮解	白色或黄色粉末
熔点	300℃	380℃
相对密度	2.40	3.78(25℃)(lit.)
溶解性	不溶于水和醇，能凝聚水中的悬浮物，吸附色素，能溶于无机酸和氢氧化钠溶液	微溶于水，除浓硫酸外，不溶于其他酸

质量标准		
引用标准	GB/T 4294—2010	—
牌号	AH-1	AH-2	—
Al_2O_3,w/%	≥余量	≥余量	—
SiO_2,w/%	≤0.02	≤0.04	—
Fe_2O_3,w/%	≤0.02	≤0.02	—
Na_2O,w/%	≤0.40	≤0.40	—
烧失量(灼减),w/%	34.5±0.5	34.5±0.5	—
水分(附着水),w/%	≤12	≤12	—
外观	—	—	白色或浅黄色粉末
含量,w/%	—	—	≥80
应用性能	用作耐火材料,安全性高,兼有协效阻燃、抑烟和降低有毒气体功能;还可用于制防水织物、油墨、玻璃、纸张填料、媒染剂、研磨剂、抛光剂、催化剂、净水剂、各种铝盐等;也可作分析试剂、冶炼铝的原料		可作为化纤织物、塑料、纸张、橡胶和覆铜箔层压板的高效阻燃增效剂;还可用作锑盐原料、玻璃脱色剂、油漆及搪瓷颜料、媒染剂等
用量	按生产需要适量使用		按生产需要适量使用
安全性	有毒,吸入可能造成刺激或肺部伤害		锑对黏膜有刺激作用,可引起内脏损害
生产方法	(1)拜耳法 用氢氧化钠(NaOH)溶液加温溶出铝土矿中的氧化铝,得到铝酸钠溶液;溶液与残渣(赤泥)分离后,降低温度,加入氢氧化铝作晶种,经长时间搅拌,铝酸钠分解析出氢氧化铝,洗净,并在950~1200℃温度下煅烧,便得氧化铝成品 (2)碳酸氢铵法 将硫酸与铝粉或铝灰作用生成硫酸铝,再与碳酸氢铵进行复分解反应,制得氢氧化铝 (3)铝酸钠法 烧碱与铝灰以2:1配比在100℃以上进行反应,制得铝酸钠溶液。硫酸与铝灰以1.25:1配比于110℃下反应,制得硫酸铝溶液。然后将铝酸钠溶液与硫酸铝溶液中和至pH6.5,生成氢氧化铝沉淀,经水洗、压滤,于70~80℃下干燥12h,再经粉碎,制得氢氧化铝成品 (4)回收法 将回收的三氯化铝经水溶解、活性炭脱色及过滤除杂后,与碳酸钠反应生成氢氧化铝,再经过滤、洗涤、干燥得氢氧化铝产品		(1)离子交换法 三氧化二锑、硝酸钠、固体烧碱按1:3.3:1.6(质量比)的比例粉碎磨细,混合均匀,于炉中恒温400℃保持1h以上,冷却,得锑酸钠;将锑酸钠按配比用去离子水混溶成为胶体溶液,打入离子交换柱进行离子交换,树脂为氢型阳离子交换树脂,锑酸钠胶体从顶部打入,底部抽出,不断循环,流速约每分钟13L左右。当胶体液pH值由6降至2时,再循环1h;过滤回收溶液,滤液静置10h以上,得到不透明浆状液,于100℃下浓缩去水,然后干燥得到胶态五氧化二锑 (2)双氧水氧化法 将三氧化二锑和去离子水投入反应釜中,搅拌打浆;然后加热升温,待95℃以后,开启回流冷凝器的上水阀门,在搅拌下,缓慢滴加双氧水,滴加温度控制在95℃以下,滴加完毕,再加热搅拌回流45min至1h,得白色稠厚浆状物,稍冷,过滤,去掉团粒或块料,于90℃下烘干得产品

● 聚磷酸铵（APP）

别名	多聚磷酸铵;阻燃剂 R-A 粉;多磷酸铵;缩聚磷酸铵		
英文名	ammonium polyphosphate	分子式	$(NH_4PO_3)_n$
结构式			
外观	白色结晶或无定形微细粉末		
溶解性	APP 的水溶性和吸湿性随聚合物增加而降低。国内按聚合度 n 的不同可分为水溶性($n=10\sim20$,相对分子质量 $1000\sim2000$)和水不溶性($n>20$,相对分子质量大于 2000)两种		

质量标准		
产品等级	一等品	合格品
五氧化二磷(P_2O_5),w	$\geqslant68.0\%$	$\geqslant67.0\%$
氮(N),w	$\geqslant13.0\%$	$\geqslant12.0\%$
平均聚合度	30	20
pH 值(10g/L 溶液)	$4.5\sim6.5$	$4.5\sim6.5$
细度(通过 $50\mu m$ 筛),w	$\geqslant90\%$	$\geqslant90\%$

应用性能	无机添加型阻燃剂,用于阻燃纤维、木材、塑料、防火涂料等,是一种使用安全的高效磷系非卤消烟阻燃剂。可用作肥料、组织改进剂、乳化剂、稳定剂、螯合剂、酵母食料、腌制助剂、水结合剂,用于干酪等
用量	按生产需要适量使用
安全性	无毒,LD_{50}:10000mg/kg
生产方法	(1)沸腾床法 床层用电阻丝加热至 $220\sim250\text{℃}$。将 1050 份尿素和 100 份 85%磷酸,在带有蒸汽夹套和搅拌的槽内熔融,然后以每小时 120 份的速度加入床层上部。气体(主含氨及二氧让碳)经旋风分离器、布袋过滤器再返回廊层下部,回收的粉料返回床层。制得的产品基本上为水不溶性的 Ⅱ 型结晶聚磷酸铵。产品由床层卸出冷却至室温。经粉碎至需要的粒度,得聚磷酸铵成品 (2)在液体石蜡介质中加入尿素和磷酸二氢铵,在 230℃下搅拌 1h,得到白色固体,用苯洗除石蜡,冷水洗涤除去短链产品,烘干得白色结晶

● 三聚氰胺

别名	蜜胺;蛋白精;2,4,6-三氨基脲;氰尿酰胺;三聚酰胺;三氨三嗪		
英文名	melamine	分子式	$C_3H_6N_6$
相对分子质量	126.12	外观	白色单斜晶体,几乎无味
结构式		熔点	354℃
		相对密度	1.573

溶解性	不溶于冷水,溶于热水;微溶于乙二醇、甘油、乙醇,不溶于乙醚、苯、四氯化碳、丙酮、醚类
质量标准	GB/T 9567—1997。白色粉末,无杂物混入;pH7.5～9.5。优等品:纯度≥99.8%,水分≤0.1%;一等品:纯度≥99.0%,水分≤0.2%
应用性能	可用作阻燃剂,用乙醚醚化后可用作纸张处理剂,生产抗皱、抗缩、不腐烂的钞票和军用地图等高级纸。用丁醇、甲醇醚化后,作为高级热固性涂料、固体粉末涂料的胶联剂、可制作金属涂料和车辆、电器用高档氨基树脂装饰漆;用作皮革加工的鞣剂和填充剂
安全性	对身体有害,不可用于食品加工或食品添加物;该品在高温下能分解产生高毒的氰化物气体
生产方法	尿素法:使用尿素为原料,在加热和一定压力条件下,尿素以氨气为载体,硅胶为催化剂,在380～400℃温度下沸腾反应,先分解生成氰酸,并进一步缩合生成三聚氰胺。生成的三聚氰胺气体经冷却捕集后得粗品,然后经溶解,除去杂质,重结晶得成品

● 磷酸胍、氨基磺酸胍

通用名	磷酸胍	氨基磺酸胍
别名	磷酸二氢胍;磷酸亚氨脲	—
英文名	guanidine phosphate	guanidine sulfamate
分子式	$CH_8N_3O_4P$	$CH_8N_4O_3S$
结构式		
相对分子质量	216.14	156.16
外观	白色结晶性粉末	白色块状物
熔点	—	127℃
溶解性	20℃时该品在100g水中可溶解15.5g,在100g甲醇中可溶解0.1g,几乎不溶于有机溶剂	20℃时该品在100g水中可溶解100g,在100g甲醇中可溶解1.4g,几乎不溶于有机溶剂

质量标准(工业级)

产品等级	优级品	一级品	优级品	一级品	二级品
外观	白色结晶粉末	白色结晶粉末	白色结晶粉末	白色块状	白色块状
含量,w/%	≥99	≥98	≥99	≥95	≥90
熔点/℃	246	245	128	128	128
相对密度	1.48	1.48	—	—	—
氯化钠,w/%	≤0.20	≤0.30	—	—	—
水分,w/%	≤0.30	≤0.40	≤0.4	≤0.5	≤0.8
不溶物,w/%	≤0.15	≤0.20	—	—	—
灰分,w/%	≤0.10	≤0.20	—	—	—

产品等级	优级品	一级品	优级品	一级品	二级品
pH 值(4%水溶液,25℃)	8.3～8.4	8.3～8.4	7.50～8.50	7.50～8.50	7.00～9.00
水溶解度(20℃)/%			100	100	100
水溶解度(60℃)/%			429	429	420
pH 值	—	—	接近中性	接近中性	接近中性
应用性能	该品用作木材、纤维、纸张等的阻燃剂,阻燃效果好,吸湿性小,具有防止铁腐蚀的特点,也用作防锈剂		壁纸、纤维、地毯、窗帘等的阻燃加工处理木材,家具等的阻燃剂		
用量	按生产需要适量使用		按生产需要适量使用		
生产方法	将双氰胺与氯化铵在170～230℃加热熔融,生成盐酸胍,用甲醇钠中和,滤去氯化钠,加磷酸转化,离心分离得磷酸胍		将双氰胺与氯化铵在170～230℃加热熔融,生成盐酸胍,用甲醇钠中和,滤去氯化钠,在溶液中加入氨基磺酸,则结晶出氨基磺酸胍,经过滤干燥即得产品		

2.19.2 纺织阻燃剂

纺织纤维一般都是有机高分子化合物,属于可燃性物质。纺织阻燃剂按照阻燃效果的耐久性可分为非耐久性阻燃剂、半耐久性阻燃剂和耐久性阻燃剂;按化学成分分为无机阻燃剂和有机阻燃剂;按应用纤维的种类可分为棉用阻燃剂、羊毛用阻燃剂、合成纤维用阻燃剂等。纤维种类不同,阻燃剂的阻燃性能相差很大。

● 三氧化二锑、十溴二苯醚

通用名	三氧化二锑	十溴二苯醚
别名	亚锑酐;锑白;锑华;亚锑酸酐;氧化亚锑	1,1'-氧代双(2,3,4,5,6-五溴)苯;氧化十溴二苯;十溴联苯醚;1,1'-氧代双(2,3,4,5,6-五溴)苯;十溴代二苯醚;氧化溴二酚;十溴二苯基醚;DBDPO
英文名	antimonous oxide	decabromodiphenyl oxide
分子式	Sb_2O_3	$C_{12}Br_{10}O$
结构式	O O O Sb Sb	Br Br Br Br Br Br Br Br Br Br
相对分子质量	291.5	959.17
外观	白色结晶性粉末,加热变黄,冷后变白。无气味	白色或淡黄色粉末

熔点	652～656℃	304～309℃
相对密度	5.22～5.67	—
溶解性	不溶于水、乙醇,溶于浓盐酸、浓硫酸、浓碱、草酸、酒石酸和发烟硝酸	几乎不溶于所有溶剂

质量标准				
引用标准	GB/T 4062—1998			—
牌号	Sb_2O_3	Sb_2O_3-1	Sb_2O_3-2	
外观	白色粉末,不应有目力可辨的外来夹杂物			白色或淡黄色粉末
三氧化二锑,w/%	≥99.5	≥99.0	≥98.0	
三氧化二砷,w/%	≤0.06	≤0.12	≤0.30	
氧化铅,w/%	≤0.12	≤0.20		
硫,w/%	—	—	≤0.15	
杂质总和,w/%	≤0.50			
颜色	纯白	白色	白色(可带微红)	
细度(325目筛余物)/%	≤0.1	≤0.5	—	
粒度	—	—		200目全部通过
热失重/%	—	—		≤5(320℃);≤10(335℃);≤50(385℃)
熔点/℃	—	—		304～309
溴,w/%	—	—		≥82
应用性能	作为阻燃剂广泛用于塑料、橡胶、纺织、化纤、颜料、油漆、电子等行业。用于石油化工、合成纤维的催化剂;用于制造媒染剂、乳白剂,是合成锑盐的原料。搪瓷工业用作增加珐琅的不透明性和表面光泽。玻璃工业用作代替亚砷酸的脱色剂			高效添加型阻燃剂,用于尼龙纤维及涤棉纺织物;亦可作聚乙烯、聚丙烯、ABS树脂、环氧树脂、PBT树脂、硅橡胶、三元乙丙橡胶及聚酯纤维的阻燃剂
安全性	有毒物品,可燃,燃烧产生有毒锑化物烟雾			大白鼠经口 LD_{50} 大于 15g/kg,是一种无毒、无污染的高效阻燃剂
生产方法	(1)干法 辉锑矿(Sb_2S_3)于1000℃在焦炭存在下煅烧。将氧化生成的三氧化二锑蒸气收集起来,经冷凝后,用纯碱做熔剂,与焦炭一起加热还原生成金属锑。所得金属锑再在空气中氧化即得三氧化二锑 (2)湿法 锑盐氨解法将金属锑与氯气反应生成三氯化锑,经蒸馏、水解、氨解、洗涤、离心分离、干燥,制得三氧化二锑成品			将溶剂二氯乙烷和碎铝片,加入反应釜中,搅拌下缓缓滴加溴,直至碎铝全部消失。将温度调至15℃,直至溴滴加完毕。将二苯醚用二氯乙烷溶解,将其打入计量槽中。在搅拌下滴入溴溶液中。滴毕后继续升温至50℃时保温反应6h。加水,并加适量的亚硫酸钠除去过量的溴。搅拌均匀后静置沉淀,吸滤,用水洗涤至中性。压滤,干燥得成品

● 四羟甲基氯化磷

别名	阻燃剂 THPC	英文名	tetrakis (hydroxymethyl) phosphonium chloride
分子式	$C_4H_{12}ClO_4P$	相对分子质量	190.56
熔点	154℃	密度	1.341g/mL(25℃)
结构式		外观	淡黄色透明液体
		溶解性	易溶于水,具有吸湿性,加热时会放出酸性物质
质量标准	pH5～5.5;相对密度 1.28～1.3;活性物含量 65%～70%		
应用性能	磷主要用于织物阻燃处理,同时用作塑料、纸品等添加型阻燃剂,还可用于有机合成		
用量	按生产需要适量使用		
生产方法	由磷化氢、甲醛、盐酸在室温下反应得产品		

2.19.3　橡胶、塑料阻燃剂

合成高分子材料如塑料、橡胶、纤维等均具有可燃性,极易在一定条件下燃烧。随着塑料、橡胶等在建筑、包装、交通运输、电子电器、家具及航空航天领域的用量不断增加,这些材料的燃烧问题也引起了高度重视,阻燃剂的添加在塑料、橡胶中应用越来越普遍。

● 硼酸锌

别名	阻燃剂 ZB;阻燃剂;3.5 水硼酸锌		英文名		zinc borate
分子式	$2ZnO \cdot 3B_2O_3 \cdot 3.5H_2O$		相对分子质量		434.62
外观	白色或淡黄色粉末	相对密度	2.67	熔点	980℃
溶解性	溶于盐酸、硫酸、二甲基亚砜,不溶于水、丙酮、乙醇、甲苯等				

质量标准		
指标名称	优等品	一等品
外观	白色粉末	
三氧化二硼,w	46.5%～49.5%	45%～48%
氧化锌,w	37%～40%	35%～39%
水分,w	≤0.5%	≤1%
灼烧失重,w	13.5%～15.5%	13.5%～15.5%
筛余量(400 目),w	0.5%	1%
硼酸锌,w	≥98.5%	≥98.0%
应用性能	本品是一种廉价的阻燃剂,对卤化聚合物有良好的阻燃性,适用于不饱和聚酯、聚氯乙烯、环氧树脂、聚烯烃、聚碳酸酯、聚氨酯、ABS 树脂等塑料的阻燃,也适用于纤维织物、木材涂料的阻燃添加剂等	

用量	按生产需要适量使用	安全性	无毒,LD$_{50}$＞10000mg/kg
生产方法	将硫酸锌配成水溶液置于高位槽,通过计量加入反应釜中,然后加入硼砂及氧化锌,升温加热于70℃进行反应。反应完毕,经泵压入漂洗桶,加入水漂洗,然后压滤,滤饼送入烘房于100～110℃干燥,粉碎即得产品		

● 偏硼酸钡

英文名	barium metaborate	外观	白色斜方晶系的晶状粉末
分子式	Ba(BO$_2$)$_2$	熔点	1060℃
相对分子质量	222.95	相对密度	3.25～3.35
溶解性	溶于酸,微溶于水。可含有2个、4个和5个结晶水		

质量标准			
三氧化二硼,w	21%～28%		
氧化钡,w	54%～61%	筛余物(45μm),w	≤0.50%
水可溶物	≤0.30g/100mL	挥发物,w	≤1.0%
水悬浮液pH值	9～10.5	吸油量,w	≤30g/100g
应用性能	用作添加型阻燃剂,适用于环氧树脂、不饱和聚酯树脂、酚醛树脂、聚醋酸乙烯、丙烯酸树脂、聚氨酯、聚氯乙烯等		
用量	按生产需要适量使用	安全性	无毒
生产方法	硼砂硫化钡法:将重晶石和煤粉的混合物料焙烧,经萃取器热水浸取,得硫化钡料液,再与硼砂水溶液和硅酸钠水溶液各自计量加入反应器中,三种物料加完后,将反应器密闭,升温至110℃±5℃,搅拌反应2h后,冷却至70～80℃,沉淀物经离心分离、水洗、干燥、粉碎后,制得偏硼酸钡成品		

● 氢氧化镁

别名	苛性镁石,轻烧镁砂	相对分子质量	58.3
英文名	magnesium hydroxide	外观	白色六方结晶或粉末
分子式	Mg(OH)$_2$	熔点	350℃
相对密度	2.36		
溶解性	溶于稀酸和铵盐溶液,几乎不溶于水和醇		

质量标准(HG/T 3607—2007)					
产品等级	Ⅰ型	Ⅱ型	产品等级	Ⅰ型	Ⅱ型
氧化镁,w	≥63.0%	≥62.0%	氯化物(以Cl$^-$计),w	≤0.15%	0.4%
氧化钙,w	≤1.0%	≤1.0%	铁(Fe),w	≤0.25%	—
酸不溶物,w	≤0.2%	≤1.5%	灼烧失重,w	≤28.0%	—
水分,w	≤2.5%	≤3.0%	筛余物(75μm试验筛),w	≤0.5%	≤1.0%
应用性能	属环保型无机阻燃剂,广泛用于PE、PP、PVC、ABS、PS、HIPS、PA、PBT、不饱和聚酯树脂、环氧树脂、橡胶、油漆的阻燃填充剂,化工、环保等工业领域;在环保方面作为烟道气脱硫剂,可代替烧碱和石灰作为酸性废水的中和剂;用作油品添加剂,起到防腐和脱硫作用;用于电子行业、医药、砂糖的精制;用于保温材料以及制造其他镁盐产品				

用量	用作添加型阻燃剂,参考用量 40～200 份
安全性	对眼睛,呼吸系统和皮肤有刺激性
生产方法	(1)卤水-石灰法 将预先经过净化精制处理的卤水和经消化除渣处理的石灰制成的石灰乳在沉淀槽内进行沉淀反应,在得到的料浆中加入絮凝剂,充分混合后,进入沉降槽进行分离,再经过滤、洗涤、烘干、粉碎,制得氢氧化镁成品 (2)卤水-氨水法 以经净化处理除去硫酸盐、二氧化碳、少量硼等杂质的卤水为原料,以氨水作为沉淀剂在反应釜中进行沉淀反应,在反应前投入一定量的晶种,进行充分搅拌。卤水与氨水的比例为 1∶(0.9～0.93),温度控制在40℃。反应终了后添加絮凝剂,沉淀物经过滤后,洗涤、烘干、粉碎,制得氢氧化镁成品 (3)菱苦土-盐酸-氨水法 菱镁矿石与无烟煤或焦炭在竖窑内煅烧,生成氧化镁和二氧化碳。苦土粉用水调成浆状后与规定浓度的盐酸反应制备氯化镁溶液。其氯化镁溶液与一定浓度的氨水在反应器中进行反应,生成物经洗涤、沉降、过滤分离、干燥、粉碎,得到氢氧化镁产品

● 氯化石蜡-70

别名	树脂状氯化石蜡	相对分子质量	1062
英文名	chlorinated paraffin -70	外观	白色至淡黄色固体粉末,无臭、无味
分子式	$C_{25}H_{30}Cl_{22}$	熔点	95～120℃
结构式			
相对密度	1.65		
溶解性	可溶于丙酮、苯、甲苯、四氯化碳、二氯乙烷等有机溶剂,不溶于低级醇类和水		

质量标准			
水分	≤1%	软化点	≤120℃
外观	白色或淡黄色粉末状固体	热稳定性(175℃,4h)	≤0.3%
氯含量	68%～72%	色泽(15%CCl_4溶液,Pt-Co)	≤250 号
酸值(以 KOH 计)	≤0.5mg/g	粒度(过 40 目筛)	≥95%
应用性能	适用于各类产品阻燃之用。广泛应用在塑料、橡胶、纤维等工业领域作增塑剂、织物和包装材料的表面处理剂,粘接材料和涂料的改良剂,高压润滑和金属切削加工的抗磨剂,防霉剂、防水剂、油墨添加剂等		
生产方法	将氯化石蜡-42 在没有光源的氯化釜中进一步氯化,将尾气(含氯气、氯化氢、四氯化碳)经冷凝、吸收等工序后回收;氯化反应液经水洗、碳酸钠中和、脱酸、水蒸气蒸馏、固化、干燥、粉碎而得成品		

● 六溴环十二烷

别名	HBCDD；HBCD	英文名	hexabromocyclododecane
分子式	$C_{12}H_{18}Br_6$	相对分子质量	642
结构式		外观	白色结晶粉末
		熔点	有多种异构体,低熔点型熔点为 $167\sim168℃$,高熔点型为 $195\sim196℃$
		溶解性	易溶于醇、酮、酯等有机试剂中,在水中的溶解度较低
质量标准	白色或浅灰白色粉末;熔点 $185\sim195℃$;分解温度≥$240℃$;色度 ≤40;溴含量 ≥72%;挥发分（$105℃$,2h）≤0.5%		
应用性能	用于聚丙烯塑料和纤维,聚苯乙烯泡沫塑料的阻燃,也可用于涤纶织物阻燃后整理和维纶涂塑双面革的阻燃。用作添加型组燃剂,适用于聚苯乙烯、不饱和聚酯、聚碳酸酯、聚丙烯、合成橡胶等		
安全性	LD_{50}:40000mg/kg。HBCDD 在燃烧不完全的情况下会产生多溴代二苯并二噁英（PBDD）及多溴代二苯并呋喃（PBDF）等有毒物质		
生产方法	在 800 份环十二-1,5,9-三烯和1500 份乙醇中,于 $15\sim25℃$加入 150 份三氯化铝,然后在 $25\sim30℃$于 2h 内加入 2400 份溴,在室温下搅拌反应5h,然后过滤。滤饼用 200 份乙醇和 2%碳酸氢钠洗涤,得到六溴环十二烷		

● 四溴双酚 A

别名	2,2′,6,6′-四溴双酚 A;2,2-二(2,6-二溴-4-羟基苯基)丙烷;4,4′-(1-甲基亚乙基)双(2,6-二溴)苯酚;四溴双酚 A;2,2-双(3,5-二溴-4-羟苯基)丙烷;四溴二酚;TBBA;TBBPA;TBA		
英文名	tetrabromobisphenol A	分子式	$C_{15}H_{12}Br_4O_2$
相对分子质量	543.9	外观	白色或淡黄色粉末
结构式		溶解性	不溶于水、苯乙烯、环氧树脂,可溶于甲醇、乙醚、丙酮、苯、冰醋酸等有机溶剂,溶于强碱溶液
熔点	$178\sim181℃$	相对密度	2.1
质量标准	白色至淡黄色粉末;熔点≥$180\sim182℃$;色度 ≤10;溴含量≥58%;四溴双酚 A 含量≥99%;铁（Fe^{3+}）含量≤0.0001%;加热减量≤0.1%		
应用性能	作为反应型阻燃剂,可用于环氧树脂、聚氨酯树脂等;作为添加型阻燃剂可用于聚苯乙烯、SAN 树脂及 ABS 树脂等		
用量	按生产需要适量使用	安全性	无毒,无污染
生产方法	将适量双酚 A 和 95%的乙醇混合,搅拌,微热使双酚 A 溶解,在 25℃左右于 1.5h 内滴加适量溴,然后加热至 $80℃$回流 0.5h。降温至 $68℃$,有白色晶体析出,冷却至室温,过滤,干燥,即可得产品		

● 八溴醚、双(2,3-二溴丙基)反丁烯二酸酯

通用名	八溴醚	双(2,3-二溴丙基)反丁烯二酸酯
别名	四溴双酚 A(2,3-二溴丙基)醚、BDDP；四溴双酚 A 双(二溴丙基)醚；四溴双酚 A 双(2,3-二溴丙基)醚	阻燃剂 FR-2；反丁烯二酸双(2,3-二溴丙基)酯
英文名	octabromoether	fire-retardant FR-2
分子式	$C_{21}H_{20}Br_8O_2$	$C_{10}H_{12}O_4Br_4$
结构式		
相对分子质量	943.6	515.82
外观	灰白色粉末	白色结晶粉末
熔点	85～105℃	66～68℃
相对密度	2.17	—
溶解性	不溶于水和乙醇,可溶于苯、丙酮	可溶于乙醇、丙酮、苯、甲苯等有机溶剂,不溶于水
质量标准		
外观	灰白色粉末	白色结晶性粉末
八溴醚,w	≥99.0%	—
溴,w	≥66%	>61%
熔点	90～100℃	63～68℃
水分,w	≤0.5%	<0.1%
分解温度	—	>220℃
应用性能	用于聚丙烯、聚乙烯、聚丁烯和很多聚烯烃共聚物、ABS 树脂、橡胶、纤维等高分子材料的添加型阻燃剂	属溴系阻燃剂。一种反应型的塑料阻燃剂,主要用于 ABS 树脂和不饱和聚酯树脂中,可达到离火自熄的阻燃效果。也可作为添加型阻燃剂用于聚丙烯、聚苯乙烯泡沫塑料、氯磺化聚乙烯中
用量	按生产需要适量使用	按生产需要适量使用
安全性	低毒	无毒
生产方法	在醚化反应釜中,将四溴双酚 A 溶于氢氧化钠乙醇溶液中,搅拌下加入氯丙烯进行醚化反应,反应生成四溴双酚 A 双(丙烯基)醚;反应生成的中间体经水洗、干燥后,转入加成反应釜中,溶于四氯化碳中,再加入溴进行溴加成,反应结束后,加入适量的氢氧化钠水溶液除去未反应的溴,固体产品用水洗涤,干燥后得产品	将丙烯醇加入四氯化碳溶剂中,加溴进行溴化,当溴反应完全,然后蒸馏回收四氯化碳,剩余反应液用碳酸钠溶液洗至 pH＝7～8,经过滤,再进行减压蒸馏,即得 2,3-二溴-1-丙醇。把制得的二溴醇和顺丁烯二酸酐及催化剂硫酸减压下进行酯化,酯化完成后,过滤除去残渣,加入乙醇进行重结晶,过滤后即得成品

四溴邻苯二甲酸酐、2，4，6-三溴苯酚

通用名	四溴邻苯二甲酸酐	2，4，6-三溴苯酚
别名	四溴苯酐、TBPA	TBP
英文名	tetrabromophthalic anhydride	2，4，6-tribromophenol
分子式	$C_8Br_4O_3$	$C_6H_3Br_3O$
结构式		
相对分子质量	463.7	330.8
外观	白色粉末	白色或灰白色片状结晶
熔点	276～282℃	95～96℃
相对密度	2.91	2.55
溶解性	溶于硝基苯、二甲基甲酰胺，微溶于丙酮、二甲苯、二氧六环、卤化烃，不溶于水及脂肪烃溶剂	溶于乙醇、乙醚、异丙醇、丙酮、甲乙酮、氯仿、甲苯，几乎不溶于水

质量标准

外观	白色粉末	白色或淡黄色片状结晶
熔点	＞270℃	92～95℃
溴，w	≥64%	72.6%（理论溴含量）
水分，w	≤0.2%	—
硫，w	≤0.3%	—
沸点	—	244℃
相对密度	—	2.55
挥发分，w	—	≤0.50%
应用性能	用作反应型阻燃剂，适用于环氧树脂、不饱和聚酯、聚碳酸酯；也可用作添加型阻燃剂，适用于聚乙烯、EVA等	用作反应型阻燃剂，适用于环氧树脂、聚氨酯、聚碳酸酯、酚醛树脂等胶黏剂和密封剂；也可用作防霉剂
用量	按生产需要适量使用	按生产需要适量使用
安全性	有毒，$LD_{50}＞50mg/kg$，能刺激皮肤和黏膜	低毒，LD_{50}：5012mg/kg
生产方法	将邻苯二甲酸酐溶于发烟硫酸中，加入少量碘与铁粉作催化剂，加热慢慢加入溴进行反应；加溴完毕后，加热至140℃使反应完全；然后冷却至室温，经过滤、酸洗、水洗、吸滤、干燥，即得成品	(1)酚与溴水的取代反应　将苯酚、水搅拌微热溶解，在剧烈搅拌条件下，缓慢滴加溴水，在40℃搅拌反应80min，过滤；将滤饼依次用10%亚硫酸氢钠水溶液和水进行洗涤，然后真空干燥，得白色粉状固体；用乙醇-水溶液重结晶，得白色三溴苯酚结晶 (2)酚与氯化溴的取代反应　将苯酚溶于四氯化碳，再与30%的盐酸水溶液混合，加热至40℃，搅拌，在6min内滴加30%氯化溴-四氯化碳溶液，然后恒温反应30min，将残留氯化溴用亚硫酸钠还原。升温到70℃，脱除氯化氢，将三溴苯酚的有机相用碱水溶液抽提，再用酸中和、过滤、干燥，即得三溴苯酚晶体

● 三氯乙基磷酸酯、磷酸三(2,3-二氯丙基)酯

通用名	三氯乙基磷酸酯	磷酸三(2,3-二氯丙基)酯
别名	三氯乙基磷酸酯阻燃增塑剂;TCEP;磷酸三(β-氯乙酯);三(2-氯乙基)磷酸酯;三(β-氯乙基)磷酸酯	2,3-二氯-1-丙醇磷酸酯;阻燃剂 TD-CPP
英文名	tri-β-chloroethyl phosphate	tris(2,3-dichloropropyl) phosphate
分子式	$C_6H_{12}Cl_3O_4P$	$C_9H_{15}Cl_6O_4P$
结构式	ClCH_2—CH_2—O—P—O—CH_2—CH_2Cl 结构式(见图)	(见结构图)
相对分子质量	285.49	430.91
外观	浅黄色油状液体,具有淡奶油味	黄色油状液体
熔点	−51℃	—
相对密度	1.39	1.51
溶解性	溶于乙醇、丙酮、醋酸乙酯、甲苯、氯仿、四氯化碳,不溶于脂肪烃,水中溶解度(20℃)4.64%	不溶于水;溶于苯、乙醇、四氯化碳、四氯乙烯等有机溶剂
质量标准		
外观	无色或微黄色、透明液体	淡黄色、透明黏稠液体
色度(铂-钴色号)	≤100	≤100
酸值(以 KOH 计)	≤0.2mg/g	≤0.1mg/g
密度	1.420~1.431g/cm³	(1.513±0.005)g/cm³
水分	≤0.20%	0.1%
皂化值(以 KOH 计)	—	≥785mg/g
应用性能	用作添加型阻燃剂和增塑剂,适用于酚醛树脂、聚氯乙烯、聚醋酸乙烯、聚氨酯等	用作添加剂型卤代磷酸酯类阻燃剂,用于聚酯、聚氨酯、聚苯乙烯、环氧树脂、酚醛树脂、聚氯乙烯、聚丙烯、聚醋酸乙烯、橡胶等
用量	按生产需要适量使用	按生产需要适量使用。
安全性	低毒,LD_{50}:1410mg/kg	中等毒性,LD_{50}:2.83g/kg
生产方法	(1)三氯氧磷和环氧乙烷以偏钒酸钠为催化剂,在 50℃ 反应,反应物经中和、水洗、真空脱水脱低沸物,即得成品 (2)用氯乙醇做原料,与三氯氧磷或三氯化磷反应来制造三(2-氯乙基)磷酸酯	在搪瓷酯化氯化反应釜中,加入三氯氧磷、无水氯化铝催化剂和溶剂二氯乙烷,搅拌,在 2h 内滴加完环氧氯丙烷,维持反应温度在 85~88℃ 之间;反应结束后,减压蒸馏,残余物用水洗涤,至 pH 值达 6~7,分去水后,真空脱水得到产品

● 磷酸二(2,3-二氯丙基)辛酯

别名	磷酸二(2,3-二氯丙基)-2-乙基己酯	英文名	di(2,-dichloropropyl)octyl phosphate
分子式	$C_{14}H_{27}O_4PCl_4$	相对分子质量	432.15
结构式	$CH_3(CH_2)_3CHCH_2O-P(OCH_2CH-CH_2)_2$ 含 C_2H_5、O、Cl、Cl	外观	无色至浅黄色透明液体
		相对密度	1.192
溶解性	溶于醇、酮、醚、甲苯、苯、四氯化碳,不溶于水		
质量标准	无色至浅黄色透明液体;酸值(以 KOH 计)≤0.1mg/g;相对密度 1.192±0.005;含水量,$w<0.1\%$		
应用性能	黏度小,增塑性能很好,可用作阻燃增塑剂。阻燃性能同磷酸三(2,3-二氯丙)酯接近,而优于目前大量使用的三氯乙基磷酸酯。适用于阻燃不饱和聚酯、合成橡胶及醋酸纤维素、硝基纤维素、聚氨酯泡沫塑料、环氧树脂、酚醛树脂、聚氯乙烯、聚苯乙烯、乙基纤维素等		
生产方法	在搅拌下将 2-乙基己醇滴入三氯氧磷中。滴加完毕后缓缓加热,有氯化氢气体放出。当氯化氢气体不再产生或很少产生时,慢慢加热使氯化氢气体尽可能排净,即得 2-乙基己基膦二酰氯;将已制得的 2-乙基己基膦二酰氯冷却至室温,然后在搅拌下加入适量的催化剂,升温滴加环氧氯丙烷进行反应。反应结束后,将反应物用水进行洗涤,并用 10%的碳酸钠中和游离的酸及未酯化的产物。静置后分出有机相,再用水洗两次,再静置将分出的有机相,减压蒸去水分和低沸物,即得成品		

● 磷酸三乙酯

别名	三乙基磷酸酯;TEP	相对分子质量	182.15
英文名	triethyl phosphate	外观	无色透明液体
分子式	$C_6H_{15}O_4P$	熔点	$-56℃$
结构式		密度	1.072g/cm³(25℃)
		溶解性	易溶于乙醇,溶于乙醚、苯等有机溶剂,也溶于水

质量标准			
外观	无色透明液体	密度	1.064~1.073g/cm³
酸值(以 KOH 计)	≤0.05mg/g	水分,w	≤0.2%
色度(铂-钴色号)	≤20	TEP,w	≥99.5%
应用性能	橡胶塑料的添加型阻燃剂、增塑剂;农药杀虫剂的原料,树脂的固化剂、稳定剂;适用于酚醛树脂、聚氯乙烯、聚丙烯酸酯、聚氨酯等		
安全性	对皮肤和呼吸道表面有刺激作用。大鼠经口 LD_{50} 为 800mg/kg		
生产方法	①由乙醇与三氯化磷反应而得 ②以三氯氧磷与无水乙醇反应生成磷酸三乙酯;经中和、过滤、脱醇、减压分馏等过程得成品		

● 磷酸三辛酯、磷酸三苯酯

通用名	磷酸三辛酯	磷酸三苯酯
别名	磷酸三(2-乙基己基)酯;磷酸三异辛酯;三(2-乙基己基)磷酸酯;TOP	TPP;三聚磷酸酯;磷酸苯酯;磷酸三苯酚酯;磷酸三苯基酯
英文名	tris(2-ethylhexyl) phosphate	triphenyl phosphate
分子式	$C_{24}H_{51}O_4P$	$C_{18}H_{15}O_4P$
结构式		
相对分子质量	434.64	326.28
外观	无色黏稠液体,略有刺鼻气味	白色、无臭结晶粉末,微有潮解性
熔点	−70℃	48～50℃(lit.)
密度	0.92g/mL(20℃)(lit.)	1.2055g/mL
溶解性	不溶于水,溶于醇、苯等	易溶于苯、氯仿、乙醚、丙酮等有机溶剂,溶于乙醇,不溶于水

质量标准

产品等级	—	一等品	合格品
外观	几乎无色的透明液体	白色或微带颜色片状或粉末	
色度(铂-钴色号)	≤100	≤100	≤150
酸值(以 KOH 计)	≤0.1mg/g	≤0.15mg/g	≤0.20mg/g
密度	0.924～0.927g/cm³	—	—
折射率	1.439～1.445	—	—
闪点	≥185℃	—	—
熔点	—	≥46.5℃	≥45.0℃
游离酚,w	—	≤0.15%	≤0.30%
加热后酸值(以 KOH 计)	—	≤0.35mg/g	≤0.40mg/g
应用性能	用作阻燃剂、增塑剂、萃取剂	用作环氧树脂和 PVC 胶黏剂的阻燃剂,与无机磷氮阻燃剂并用,可提高阻燃效果	

安全性	属微毒类,对皮肤和眼无刺激作用。LD_{50}: 3700mg/kg(大鼠经口)	有毒,经口-大鼠 LD_{50}:3500mg/kg
生产方法	(1)醇钠法 醇与碱金属的氢氧化物反应,生成碱金属的醇化物,然后与三氯氧磷($POCl_3$)反应得到磷酸三辛酯(TOP) (2)减压法 在减压条件下,醇与 $POCl_3$ 直接反应,减压排出生成的 HCl 得到 TOP	三氯氧磷在路易斯酸催化剂下,与苯酚反应得到 TPP 粗品,经甲苯溶解后酸洗、碱洗、水洗、蒸馏,得到 TPP 产品,碱洗后的 TPP 粗品加入甲醇或乙醇溶液,在 20~60℃下反应半小时以上,然后加去离子水进行水洗,蒸馏出溶剂甲醇或乙醇,得到高纯 TPP

● 三(新戊二醇磷酸酯基)甲胺

别名	三(5,5-二甲基-1,3-二氧-2-磷杂环己烷-2-氧甲基)胺;磷-氮阻燃剂		
英文名	1,3,2-dioxaphosphorinane-2-methanamine	分子式	$C_{18}H_{36}NO_9P_3$
结构式		相对分子质量	503.39
		外观	白色固体
		熔点	219℃
溶解性	易溶于乙酸、三氟乙酸,不溶于水、乙醇、丙酮、氯仿、苯、二甲基亚砜等溶剂		
质量标准	白色固体粉末;熔点≥215℃;含水量≤0.1%		
应用性能	本品是一种阻燃效率高的阻燃剂。本品分子中无卤素原子存在,具有低发烟、不易燃、良好的热及水解稳定性,熔点较高,与材料的相容性好,不易迁移和起霜,对材料的物理机械性能影响甚微,可有效地避免新戊二醇的吸湿性等特点。广泛应用于聚苯乙烯、聚氯乙烯、聚碳酸酯等		
用量	按生产需要适量使用	安全性	本品低毒
生产方法	在装有电动搅拌、冷凝管及油水分离器的反应釜中,加入适量正丁醇(20%过量)、多聚甲醛(过量 1%)、六亚甲基四胺、醋酸(催化剂)和四氯化碳,室温下搅拌 30min 后,缓缓升温至 80℃左右,开始有蒸汽溢出,经冷凝管冷凝,流入油水分离器分层,有机物重新返回反应瓶。反应约 6h,直至油水分离器里基本无水产生,再继续反应 2h,然后将反应物冷却到 20℃以下,用碱水洗至中性,减压蒸馏后,得无色液体(三丁氧甲基胺)。在反应器上装上气体吸收装置,加入适量新戊二醇、水和 2-二氯乙烷,搅拌,慢慢滴入三氯化磷,时间约 2h。滴加完毕,再继续反应 1h,然后冷却至 30~40℃,用碱水洗至中性,过滤后,再用正丁醇和蒸馏水洗涤,经在 95℃左右进行真空干燥,即得白色固体成品(5,5-二甲		

生产方法	基-1,3-二氧-2-磷杂环己烷-2-氧)。在三氯化磷加入量的前 1/3 时间内,由于反应放热,需冰水浴冷却,使体系温度保持在 40～45℃;当三氯化磷滴入 1/2 的量时,氯化氢气体就会以较快的速率放出,带出大量反应热,使反应体系温度下降,这时要撤去冰水浴,改用热水浴加热,使反应温度继续保持在 40～45℃;当三氯化磷滴加完毕,将反应温度缓慢升至 80℃左右(以防升温过快而产生氯化氢的速率过快产生大量的气泡)继续反应 0.5h。在缩合反应釜中加入适量 5,5-二甲基-1,3-二氧-2-磷杂环己烷-2-氧、正丁醇、浓磷酸,然后加热到 50℃,在 2h 时间范围内,缓缓滴入适量三正丁氧基甲基胺,反应温度维持在 50℃。滴加完毕,再继续反应 2h,然后冷却至 30～40℃,用碱水洗至中性,过滤后,再用正丁醇和蒸馏水洗涤,经在 95℃左右进行真空干燥,即得产品

2.20 发 泡 剂

发泡剂是一类能使处于一定黏度范围内的液态或塑性状态的橡胶、塑料形成微孔结构的物质。它们可以是固体、液体或气体。根据其在发泡过程中产生气泡的方式不同,发泡剂可分为物理发泡剂与化学发泡剂两大类。

(1) 物理发泡剂 物理发泡剂在使用过程中不发生化学变化,所以只能依靠其物理状态的变化来达到发泡的目的。早期常用的物理发泡剂主要是压缩气体(空气、CO_2,N_2 等)与挥发性的液体,例如低沸点的脂肪烃,卤代脂肪烃以及低沸点的醇、醚、酮和芳香烃等。一般来说,作为物理发泡剂的挥发性液体,其沸点低于 110℃。

一个理想的物理发泡剂应具备的性能如下:①无毒、无味;②无腐蚀性;③不易燃易爆;④不损坏聚合物的性能;⑤气态时必须是化学惰性的;⑥常温下具有低的蒸气分压;⑦具有较快的蒸发速度;⑧分子量小,相对密度大;⑨价廉,来源充足。

(2) 化学发泡剂 化学发泡剂是指那些在发泡过程中通过化学变化产生气体进而发泡的物质。气体的产生方式一般有两种途径:其一是聚合物链扩展或交联的副产物;其二是通过加入化学发泡剂,产生发泡气体。

例如，在制备聚氨酯泡沫时，当带有羧基的醇酸树脂与异氰酸酯起反应时，或者具有异氰酸酯端基的聚氨酯树脂与水起反应时，都会放出 CO_2 气体；碳酸氢铵在一定的温度下能分解产生 CO_2、H_2O 与氨气。

化学发泡剂必须是一种无机的或有机的热敏性化合物，受热后在一定的温度下会发生热分解而产生一种或几种气体，从而达到发泡的目的。

理想的化学发泡剂应具备的性能如下：①热分解温度是一定的，或在一狭窄的范围内；②热分解反应的速率必须是可控的，而且必须有足够的产生气体的速率；③所产生的气体必须是无腐蚀性的，易分散或溶解在聚合物体系中；④贮存时必须稳定；⑤价格便宜，来源充足；⑥分解残渣不应有不良气味，低毒、无色，不污染聚合材料；⑦分解时不应大量放热；⑧不影响硫化或熔融速率；⑨分解残渣不影响聚合材料的物化性能；⑩分解残渣应与聚合材料相容，不发生残渣的喷霜现象，等等。

对于化学发泡剂而言，两个最重要的技术指标是分解温度与发气量。

分解温度决定着一种发泡剂在各种聚合物中的应用条件，即加工时的温度，从而决定了发泡剂的应用范围。这是因为化学发泡剂的分解都是在比较狭窄的温度范围内进行，而聚合物材料也需要特定的加工温度与要求。

发气量是指单位质量的发泡剂所产生的气体的体积，单位符号为 mL/g。它是衡量化学发泡剂发泡效率的指标，发气量高的，发泡剂用量可以相对少些，残渣也较少。

● 发泡剂 AC、发泡剂 H

通用名	发泡剂 AC	发泡剂 H
化学名	偶氮二甲酰胺	N,N'-二亚硝基五亚甲基四胺
英文名	blowing agent AC	blowing agent H
分子式	$C_2H_4N_4O_2$	$C_5H_{10}N_6O_2$
结构式	$H_2N-\overset{\overset{\displaystyle \|}{O}}{C}-N=N-\overset{\overset{\displaystyle \|}{O}}{C}-NH_2$	$\begin{matrix} CH_2-N-CH_2 \\ ON-N \quad CH_2 \ N-NO \\ CH_2-N-CH_2 \end{matrix}$
相对分子质量	116.08	186.17
外观	淡黄色或白色粉末	浅黄色结晶粉末
熔点	230℃	207℃
相对密度	1.660	1.4～1.45
溶解性	溶于碱,不溶于酸、醇、汽油、苯、吡啶和水,微溶于乙二醇	溶于丙酮、甲乙酮、二甲基甲酰胺,微溶于热乙醇、汽油、水、氯仿,不溶于乙醚。在浓酸、浓碱、热水中被水解

质量标准		
发气量	210L N$_2$/kg	270～285L N$_2$/kg
分解温度	≥200℃	205℃
灰分	≤0.1%	≤0.2%
水分	≤0.1%	≤0.2%
应用性能	本品为使用最广泛、发气量大的通用型发泡剂。用作聚氯乙烯、聚乙烯、聚丙烯、聚苯乙烯、乙烯-醋酸乙烯共聚物、ABS树脂、尼龙和氯丁橡胶、天然橡胶、丁基橡胶、丁苯橡胶和硅橡胶等的发泡剂,常压发泡和加压发泡均可使用。本品分解温度较高,故需在较高的温度下使用,但尿素、联二脲、缩二脲、乙醇胺、硬脂酸的铅盐、铬盐、镉盐对本品有活化作用,可大大降低其分解温度。本品分解产生的气体无毒,不腐蚀模具。用本品生产的发泡制品无味不变色、不污染	本品为应用广泛的发泡剂之一,主要用于制造海绵橡胶,在塑料中多用于聚氯乙烯。该品加热分解成氮气而致孔,发气量大,发泡效率高。使用水杨酸、己二酸、邻苯二甲酸等有机酸或尿素作发泡助剂,可降低分解温度,调节在90～130℃的范围内。该品分解时的发热量大,因而易使厚制品的中心部位炭化,而且分解产物有恶臭。与尿素并用可消除臭味。可用作聚氯乙烯及其聚物、聚烯烃、聚苯乙烯、聚酰胺、聚酯、酚醛树脂、聚偏二氯乙烯、聚硅氧烷、聚氯丁二烯、乙烯和丙烯共聚物、聚氧化乙烯及其弹性体的发泡剂
用量	聚合物总量的1%	—
安全性	本品无毒,不易燃,在室温下贮存稳定,对设备无腐蚀	易燃
生产方法	本品生产分为五步。①溶解:将水合肼计量,按照水合肼和尿素1:3投料,充分溶解,用真空泵抽入高位槽。②缩合:将配料液体加入搅拌反应釜中,在搅拌下加入硫酸,使反应物料的pH值为1.5～2.5,保持温度40～50℃,加酸完毕后加热升温至110～120℃,滴加硫酸,调pH值为3～4,反应3～4h,当肼含量低于1%时,即可降温出料得中间体联二脲,将联二脲放入吸滤器中,用温水洗涤,除去硫酸和副产物硫酸铵。③氧化:将处理过得联二脲用真空泵抽至氧化釜式反应器,加入溴化钠,并加入适量的水,搅拌,通入微量氯气,0.5h后,开始大量通入氯气,保持反应温度45℃以下,反应时间保持4h以上,化验无联二脲沉淀时,停止通氯,加入硫代硫酸钠,搅拌半小时后出料,得粗偶氮二甲酰胺。④水洗离心:将制得的粗品偶氮二甲酰胺用真空泵抽入水洗槽中进行水洗,洗至中性为止,分批放入离心机进行离心甩干,离心后物料含水为15%。⑤干燥:离心后物料加入干燥箱,120℃干燥后即得成品	将六亚甲基四胺(乌洛托品)、亚硝酸钠和水加入搪玻璃反应釜中,搅拌溶解后,在搅拌下滴加稀硫酸(或稀盐酸),将反应温度控制在0℃左右,进行亚硝化反应,亚硝化结束后补加少量亚硝酸钠及氨水。反应生成物经抽滤,滤饼水洗至中性,加入离心机中甩干后,再在烘箱中烘干,即得成品

● 发泡剂 DAB、发泡剂 BSH

通用名	发泡剂 DAB	发泡剂 BSH
化学名	偶氮氨基苯	苯磺酰肼
英文名	blowing agent DAB	blowing agent BSH
分子式	$C_{12}H_{11}N_3$	$C_6H_8N_2O_2S$
结构式	⬡—NH—N=N—⬡	⬡—$\overset{H_2N}{\underset{O}{\overset{NH}{S}}}$=O
相对分子质量	197.24	172.20
外观	金黄色有光泽的鳞状结晶	白色至浅黄色结晶
熔点	96~98℃	90~95℃
相对密度	1.17	1.41~1.43
溶解性	易在天然橡胶和氯丁橡胶中溶解,溶于乙醇、乙醚,不溶于水	溶于丙酮、甲乙酮、二甲基甲酰胺,微溶于热乙醇、汽油、水、氯仿,不溶于乙醚。在浓酸、浓碱、热水中被水解
质量标准	发气量 N_2 115L/kg;分解温度103℃	发气量 N_2 130L/kg;分解温度90~95℃
应用性能	本品用作各种橡胶、树脂的发泡剂,如聚氯乙烯及其共聚物、聚苯乙烯、聚乙烯、酚醛树脂、环氧树脂、生胶和橡胶、硅酮聚合物等;也可用作聚合引发剂和生胶的促进剂	主要用作泡沫塑料和泡沫橡胶的起泡剂。本品为塑料、橡胶的发泡剂。用于制鞋工业的泡沫材料,用量为3%~6.5%。用于聚氯乙烯、聚酯、聚酰胺、聚苯乙烯、酚醛树脂、环氧树脂、丁基胶、丁苯胶、硅橡胶、聚烯烃、苯乙烯与丙烯腈或丁二烯共聚物的发泡剂时用量为1%~15%。本品分解时放热,一般与碳酸氢钠混用
用量	0.1%~5.0%	3%~6.5%
安全性	无毒、易燃	无毒、贮存不稳定
生产方法	制法将苯胺,氯化偶氮苯按质量比1:1.46的配比投入反应釜中,再加水搅拌溶解后,加入适量醋酸钠为催化剂,升温至35℃,搅拌下反应1h,然后加热升温至65℃再反应6h。反应过程中生成的氯化氢气体用水吸收,可得副产盐酸。反应液静置10h后,加入氯化钠进行盐析,使偶氮胺基苯析出,再经过滤、低温干燥,即得成品	将苯磺酰氯按配比溶解于苯中,制成的溶液送至高位槽备用。在搅拌反应釜中加入浓度为40%的水合肼及适量的烧碱,搅拌下溶解成均一的溶液。然后于常温下,一边搅拌一边加入苯磺酰氯的苯溶液,进行缩合反应。加料速度不宜过快,以使反应平稳,温度不超过50℃。待生成苯磺酰肼的反应完全后,加入适量的酸进行中和,使反应体系呈中性。因苯磺酰肼不溶于水和苯,以固体形式析出。反应产物经过滤,滤液静置分层,上层为苯,可循环使用,或蒸馏回收;下层为水溶液,可回收未反应的水合肼。滤饼经水洗数次,将所含的盐及其他水溶性物质洗尽后,于60℃下干燥,即得成品

发泡剂 TSH、发泡剂 DNTA

通用名	发泡剂 TSH	发泡剂 DNTA
化学名	对甲苯磺酰肼	N,N-二亚硝基-N,N-二甲基对苯二甲酰胺
英文名	blowing agent TSH	blowing agent DNTA
分子式	$C_7H_{10}N_2O_2S$	$C_{10}H_{10}N_4O_4$
结构式		
相对分子质量	186.26	250
外观	白色结晶细微粉末	黄色结晶
熔点	100～110℃	110～114℃
相对密度	1.42	1.14
溶解性	易溶于碱,溶于甲醇、乙醇和丁酮,微溶于水、醛类,不溶于苯、甲苯	溶于有机溶剂,易从乙醇与丙酮的混合物中重结晶
质量标准	发气量 N_2 120L/kg;分解温度105℃;灰分≤0.5%;水分1%	发气量 126～216L/kg;分解温度118℃
应用性能	本品为低温发泡剂,适用于天然橡胶、合成橡胶以及聚氯乙烯等多种塑料盒橡胶	本品用作聚氯乙烯、聚硅氧烷、聚氨酯、聚苯乙烯的发泡剂,可与二亚硝基五亚甲基四胺并用
用量	—	1.5%～20%
安全性	无毒、易燃	易燃、有毒
生产方法	对甲苯磺酰氯与水合肼在苯介质中于60～70℃进行缩合,排放的氯化氢用水吸收。过滤,水洗,于65℃干燥得发泡剂 TSH。滤液中的苯层供循环使用,水层可回收硫酸肼	对苯二甲二甲酯与甲胺的醇溶液或水溶液进行反应,生成对苯二甲酰胺。对苯二甲酰胺在硝酸存在下与亚硝酸钠进行亚硝化反应制得

硝基胍、碳酸氢铵

化学名	硝基胍	碳酸氢铵
英文名	nitroguanidine	ammonium bicarbonate
分子式	$CH_4N_4O_2$	NH_4HCO_3
结构式		NH_4HCO_3
相对分子质量	104.07	79.06
外观	白色针状或棱状结晶	无色正交结晶或白色单斜结晶
熔点	230℃	105℃
相对密度	1.71	1.58
溶解性	溶于热水,不溶于冷水;微溶于乙醇,不溶于醚,易溶于碱液	溶于水,不溶于醇、丙酮等有机溶剂,水溶液呈碱性

应用性能	本品适合作高软化点的聚烯烃的发泡剂,也可用于有机合成,用于制备氨基脲、药物乐可安,也可用于炸药和无烟火药的配制	本品用作海绵橡胶制品的发泡剂,本品是一种中性肥料,适用于各种作物和各种土壤
用量	—	10%～15%
安全性	有毒,易爆	有氨味
生产方法	在反应锅中,先加入浓硫酸,启动搅拌,夹层通冷却冰水,于搅拌下小心缓慢地加入硝酸胍。加毕,搅拌20min,静置后,倒入盛有冰水的析晶锅中,析晶后过滤,滤饼用水洗涤得粗品。粗品用沸水重结晶得纯品	氨气用水吸收配成20%的浓氨水,然后用泵送入碳化塔的顶部,经分布器均匀喷淋,与从塔底送入的二氧化碳逆流接触,二氧化碳被氨水吸收,生成碳酸铵溶液。碳酸铵进一步吸收二氧化碳,生成碳酸氢铵结晶,经离心脱除母液,即得成品

2.21 固化剂

固化剂又名硬化剂、熟化剂或变定剂,是指能将可溶、可熔的线型结构高分子化合物转变为不溶、不熔的体型结构的一类增进或控制固化反应的物质或混合物。固化剂主要应用于环氧树脂和胶黏剂,可为固体、液体或气体。

固化剂按使用方式分为常温型固化剂和高温型固化剂。

两者的区别在于常温型固化剂适用于没有加热工序的应用领域,而高温型固化剂又称之为封闭型固化剂,其在常温下可与水性树脂(水性聚氨酯、水性丙烯酸酯、氟乳液、有机硅乳液等)长期稳定共存,热处理时(95℃以上)该固化剂释放出的异氰酸酯(—NCO)基团与水性树脂分子链上羟基、羧基、氨基等基团反应形成交联结构,可显著改善水性树脂性能。

固化剂按固化温度分为低温固化剂、室温固化剂、中温固化剂和高温固化剂四类。

低温固化剂固化温度在室温以下;属于低温固化型的固化剂品种很少,有聚硫醇型、多异氰酸酯型等。室温固化剂固化温度为室温到50℃;属于室温固化型的种类很多,主要有脂肪族多胺、脂环族多胺;低分子聚酰胺以及改性芳胺等。中温固化剂为50～100℃;属于中温固化型的有一部分脂环族多胺、叔胺、咪唑类以及三氟化硼络合物等。高温固化剂固化温度在100℃以上；对于高温固化体系，固化温度一般分为两阶段，在凝胶前采用低温固化，在达到凝胶状态或比凝胶状态稍高的状态之后，再高温加热进行后固化，相对之前固化为预固化。属于高温型固化剂的有芳香族多胺、酸酐、甲阶酚醛树脂、氨基树脂、双氰胺以及酰肼等。

固化剂按化学成分分为脂肪族胺类固化剂、芳族胺类固化剂、酰胺基胺类固化剂、潜伏固化胺类固化剂四类；按用途可分为通用固化剂和特种固化剂，后者包括阻燃固化剂、耐热固化剂、水性固化剂、耐湿固化剂等；按固化剂的酸碱性可分为碱性固化剂和酸性固化剂。

固化剂的选择主要考虑其品种与性能、复合使用的效果及环保性。

（1）固化剂的品种与性能　固化剂的品种对固化物的力学性能、耐热性、耐水性、耐腐蚀性等都有很大影响，例如芳香多胺、咪唑、酸酐等固化剂固化环氧树脂的耐热性高于脂肪族多胺、低分子聚酰胺固化剂；芳香族酸酐固化环氧树脂的耐水性优于芳香二胺和脂肪族多胺固化剂；三亚乙基四胺固化剂耐碱性好，但耐酸性和耐甲醛溶液性较差。脂环族多胺（如异佛尔酮二胺）固化环氧树脂的耐药品性优良。酸酐固化剂固化环氧树脂的耐碱性优于耐酸性。应根据不同的用途和性能要求选择适当的固化剂。

（2）几种固化剂复合使用　几种固化剂复合使用，可以收到相得益彰的效果，例如低分子聚酰胺固化剂配合少量的间苯二胺固化剂，既可室温固化，又能使固化物韧性增加的同时适当地提高耐热性。偏苯三酸酐（TMA）与甲基四氢苯酐复合使用，共熔混合物黏度低（25℃，200～250mPa·s），易与环氧树脂相互混合，改善了工艺性。

（3）环保性　所选用的固化剂应对人体无危害，对环境无污染，乙二胺绝对不能单独用作固化剂，尽量采用改性胺类固化剂。

● 1,2,4-三甲苯、1,3,5-三甲苯

通用名	1,2,4-三甲苯	1,3,5-三甲苯
别名	偏三甲苯；假枯烯；假茴香油素	1,3,5-三甲基苯；均三甲苯；对称三甲苯
英文名	1,2,4-trimethylbenzene	1,3,5-trimethyl-benzene
分子式	C_9H_{12}	C_9H_{12}

结构式			
相对分子质量	120.19		120.19
外观	无色透明液体		无色透明液体,有特殊气味
熔点	−44℃		−45℃
沸点	168℃		163～166℃
相对密度	0.88		0.86
溶解性	不溶于水,溶于乙醇、乙醚和苯		不溶于水,溶于乙醇,能以任意比例溶于苯、乙醚、丙酮
质量标准			
产品等级	一级品	二级品	—
纯度	≥99.0%	≥97.0%	纯度≥99.5%;相对密度 0.863～0.866;折射率(20℃)1.498～1.500
闪点	≥45℃		
相对密度	0.870～0.876		
初馏点	≥165℃		
终馏点	≤172℃		
应用性能	本品为基本有机化工原料,可用于生产医药(维生素 E)、染料与合成树脂。还可制偏苯三酸酐、均苯四甲酸二酐、水溶性醇酸树脂、不饱和聚酯树脂以及增塑剂、环氧树脂固化剂及表面活性剂		有机合成原料,用于制取均苯三甲酸,以及抗氧化剂、环氧树脂固化剂、聚酯树脂稳定剂、醇酸树脂增塑剂;制取 2,4,6-三甲苯胺,用于生产活性艳蓝、K-3R 等染料
用量	按生产需要适量使用		按生产需要适量使用
安全性	易燃液体,有毒,经口-大鼠 LD_{50}:5000mg/kg		易燃液体,低毒,吸入-大鼠 LC_{50}:24000mg/(m³·4h)
生产方法	催化重整或石脑油裂解所得 C_9～C_{10} 芳烃中,均含有混合三甲苯,如 1,2,4-三甲苯。以重整芳烃为例,其中 1,2,4-三甲苯含量高达 40%以上。采用蒸馏的方法可以得到纯度 99%以上的产品,例如采用两座浮阀塔(共 200 层)从重整芳烃中分离 1,2,4-三甲苯,纯度 95%～97%,收率 58%～78%		(1)由 C_9 芳烃分离而得 (2)丙酮在硫酸催化下脱水合成以 13%～15%的收率可获得该品。将 4600g(79mol)工业丙酮冷却至 0～5℃,搅拌下加入 4160mL 浓硫酸,温度不超过 10℃。加毕继续搅拌 3～4h,在室温放置 18～24h。将产物进行水蒸气蒸馏,分离出 1,3,5-三甲苯,再进行碱洗、水洗,蒸馏收集 210℃馏分,在此馏分中加 15g 金属钠,加热至近沸点,蒸去 2/3 的液体,将剩余物蒸馏到 210℃,高效分馏收集 163～167℃馏分,得 430～470g 1,3,5-三甲苯

● 4,4′-二氨基二环己基甲烷、三氟化硼-乙醚络合物

通用名	4,4′-二氨基二环己基甲烷	三氟化硼-乙醚络合物
别名	4,4′-亚基双环己胺;DDCM	三氟化硼乙醚;三氟化硼乙醚络合物;醚合三氟化硼;氟化硼醚
英文名	4,4′-diaminodicyclohexyl methane	boron trifluoride etherate
分子式	$C_{13}H_{26}N_2$	$C_4H_{10}BF_3O$
结构式	H_2N —〈环己基〉—CH_2—〈环己基〉— NH_2	F—B(—F)(—F)—O$^+$(乙基)(乙基)
相对分子质量	210.36	141.93
外观	无色或微黄色黏稠或白色蜡状物	无色发烟液体
熔点	35~45℃	−58℃
沸点	159~164℃(0.67kPa)	126~129℃
密度	0.9608g/cm³	1.15g/mL
溶解性	易溶于甲苯、石油醚、乙醇、四氢呋喃等	在空气中遇湿气立即水解
质量标准	白色固体含量≥99.0%;熔点≥40℃;活性氢当量=53;胺值(以 KOH 计)=525mg/g;水分≤0.5%	无色或微黄色透明液体;含量(以 BF_3 计)=46.8%~47.8%;水分≤0.5%;相对密度 1.12~1.14
应用性能	用作环氧树脂胶黏剂的固化剂	用作环氧树脂的固化剂,也可作有机合成乙酰化、烷基化、聚合、脱水经缩合反应的催化剂及分析试剂。是制造硼氢高能燃料和提取同位素硼的基本原料
用量	参考用量 30 份,固化条件 60℃/3h+150℃/2h,固化物热变形温度 150℃	按生产需要适量使用
安全性	—	易燃;与水或水蒸气反应生成有毒,腐蚀性,可燃气体
生产方法	以 4,4′-二氨基二苯基甲烷为原料,经加氢制得产品	吸收法:将硼酸与发烟硫酸和萤石粉一起加热进行反应,生成三氟化硼气体,再用乙醚吸收,减压精馏,制得三氟化硼乙醚络合物成品

● 3-二甲氨基丙胺、3-二乙氨基丙胺

通用名	3-二甲氨基丙胺	3-二乙氨基丙胺
别名	N,N-二甲基三亚甲基二胺、二甲氨基丙胺、N,N-二甲氨基丙胺、二甲基-1,3-丙二胺、二甲基-1,3-二氨基丙烷、二甲基丙二胺、3-二甲氨基-1-丙胺	N,N-二乙基-1,3-丙二胺、DEAPA、DEPA

英文名	3-dimethylaminopropylamine	diethylaminopropylamine
分子式	$C_5H_{14}N_2$	$C_7H_{18}N_2$
结构式		
相对分子质量	102.18	130.23
外观	无色透明液体	无色黏稠状液体,有氨味
熔点	$-60℃$	$-60℃$
沸点	$133℃$	$169\sim171℃$
密度	0.812g/mL(25℃)	0.826g/mL(25℃)
溶解性	溶于水和有机溶剂	溶于水
质量标准	无色透明液体;含量≥99.0%;沸程(95%)132～133.5℃,无蒸馏残液	无色液体;含量≥99.0%;沸程(95%)164～168℃
应用性能	用作环氧树脂固化剂、有机合成中间体,用来制取染料、离子交换树脂、油料和无氰电镀锌添加剂、纤维及皮革处理剂和杀菌剂等。该品分子中既含有伯氨基,又有叔氨基,用作环氧树脂固化剂兼具固化剂和促进剂两种功能	用作环氧树脂胶黏剂的固化剂,也可用作酸酐、低分子聚酰胺等固化剂的促进剂,还可以用作溶剂、萃取剂及有机合成中间体
用量	参考用量5～10份,适用期1～4h,固化条件60℃/4h+120℃/1h	参考用量4～8(6～12)份,适用期1～5h,固化条件65℃/4h+100℃/1h或120℃/5h,固化物热变形温度78～94℃
安全性	易燃液体,燃烧产生有毒氮氧化物烟雾;毒性较大,经口-大鼠LD_{50}:1870mg/kg	中等毒性,LD_{50}:1410mg/kg
生产方法	在高压釜中投入β-二甲氨基丙腈溶液和氢化催化剂,通N_2取代高压釜中的空气,取代合格后开动搅拌,在适宜的温度下通入氢气,釜压5.0MPa,反应至釜压不降为反应终点,取样分析,冷却,然后该粗产品移入精馏釜进行减压精馏,先脱去溶剂,再收集73～75℃(9×10^3Pa)馏分即为产品	将二乙胺冷却至0℃,开启搅拌滴加丙烯腈,进行反应,停止搅拌,放置过夜,进行减压蒸馏,可得二乙氨基丙腈;将二乙氨基丙腈,反应介质甲醇胺饱和溶液和催化剂骨架镍中,通入氢气进行加氢还原反应,直至反应系统不再吸收氢为止;然后冷却放置,过滤回收催化剂,滤液加入蒸馏装置蒸出甲醇后进行分馏,即得成品

● 1,6-己二胺

别名	六亚甲基二胺;二氨基己烷; 己二胺;1,6-二氨基己烷; HDA	相对分子质量	116.2
		外观	白色片状结晶体,有氨臭
		熔点	42~45℃(lit.)
英文名	1,6-hexanediamine	沸点	204~205℃
分子式	$C_6H_{16}N_2$	密度	0.89g/mL(25℃)(lit.)
结构式	H_2N ⌇ NH_2	溶解性	微溶于水,溶于乙醇、乙醚、甲苯等

质量标准			
外观	白色片状结晶	色度	≤20
含量/%	≥99.8	铁含量/%	≤0.001
熔点/℃	≥39.5	水分/%	≤0.2
应用性能	用作脲醛树脂、环氧树脂的固化剂;还可用于制备尼龙66、尼龙610、黏合剂和涂料、橡胶硫化促进剂等		
用量	参考用量12~15份,固化条件室温/48h或80~100℃/2h,固化物热变形温度60℃		
安全性	可燃,有毒 LD_{50} 750mg/kg(大鼠经口)		
生产方法	(1)己二酸法　将无水液氨汽化,再加热到280℃。同时将己二酸在氨气保护下加热至熔融,再汽化。将己二酸和氨按比例混合,通过催化剂,发生激烈的强放热反应。反应气体经冷却分成气液两相,气相为未反应的氨,经压缩后返回反应系统。液相为己二腈及未反应的己二酸和反应副产物。将此混合物继续反应。反应完全后,反应物经冷凝后进行减压蒸馏,即得己二腈。己二腈经催化加氢即可得己二胺。可采用高压法即以钴-铜为催化剂,反应温度为100~135℃,压力为60~65MPa;也可采用低压法即以铁为催化剂,反应温度为100~180℃,压力为30~35MPa。将液态级己二腈、溶剂液氨、甲苯的混合液与含有氢气、氨气及少量己二腈和甲苯的气体混合物进行催化加氢反应。反应产物进行共沸蒸馏,即得成品 (2)氯化氰化法　1,3-丁二烯与氯气进行氯化反应,生成1,4-二氯-2-丁烯(占66%)和3,4-二氯-1-丁烯(占33%)。二氯丁烯在碳酸钙存在下,与氢氰酸在有机溶剂中进行反应,生成二氰基丁烯。二氰基丁烯以苯为溶剂,以氢氧化钠或胺为催化剂,进行异构化反应,生成1,4-二氰基-1-丁烯。1,4-二氰基-1-丁烯以钯为催化剂,于常压和250℃的条件下进行气相加氢,制得己二腈。己二腈经催化加氢即可得己二胺 (3)直接氢氰化法　将1,3-丁二烯在催化剂存在下与氢氰酸进行液相反应,生成戊烯腈的异构体混合物,经分离并将异构体异构为直链戊烯腈后,再与氢氰酸进行加成,生成己二腈,己二腈经催化加氢即可制得己二胺		

● 间苯二甲胺

别名	1,3-间苯二甲胺;1,3-二(氨甲基)苯;α,α'-二氨基间二甲苯;MXDA、m-XDA		
英文名	m-xylylenediamine	外观	无色液体,有杏仁味。久露空气中呈黄色
分子式	$C_8H_{12}N_2$	熔点	14℃
结构式	H_2N——⟨苯环⟩——NH_2	沸点	265℃(745mmHg)(lit.)
		密度	1.032g/mL(25℃)(lit.)
相对分子质量	136.19	溶解性	溶于水和有机溶剂
质量标准	优等品:无色或微黄色透明液体;含量≥99.0%;折射率(20℃)1.5710;凝固点≤12℃	合格品:微黄或微浑液体;含量≥98.0%;折射率(20℃)1.5690;凝固点≤12℃	
应用性能	主要用于制造耐热、无毒、水下施工、加热快速固化的高性能环氧树脂固化剂,是聚氨酯树脂,合成功能性环氧树脂的原料;也用于橡胶制品、光敏塑料、农药、涂料、尼龙制品、纤维整理剂、防锈剂、螯合剂、润滑剂、纸加工等方面		
用量	参考用量16~20份,适用期50min,固化条件室温/7d或室温/24h+70℃/1h,在低温5℃/6d也能固化		
安全性	低毒,LD_{50} 1750mg/kg,刺激眼睛和皮肤		
生产方法	由间、对二甲苯的混合物作原料,经空气和氨进行氨氧化反应生成间、对苯二甲腈;再经水洗、烘干后,在4.5MPa压力和90℃下,在乙醇和氢氧化钾溶剂中进行催化加氢;反应液除去催化剂,回收乙醇,减压蒸馏即得间、对混合苯二甲胺		

● 间苯二胺

别名	1,3-苯二胺;间苯二胺;1,3-二氨基苯;苯二胺;m-PDA;MPD		
英文名	m-phenylenediamine	熔点	64~66℃(lit.)
分子式	$C_6H_8N_2$	沸点	282~287℃(lit.)
相对分子质量	108.14	密度	1.139g/cm³
结构式	H_2N——⟨苯环⟩——NH_2	溶解性	溶于乙醇、水、氯仿、丙酮、二甲基酰胺,微溶于醚、四氯化碳,难溶于苯、甲苯、丁醇。在空气中不稳定,易变成淡红色

质量标准

指标名称	优等品	一等品
外观	灰色或棕褐色结晶	
纯度,w	≥99.5%	≥99.5%
邻、对苯二胺,w	≤0.3%	≤0.5%
低沸物,w	≤0.1%	≤0.1%
高沸物,w	≤0.1%	≤0.1%
干品结晶点	≥62.0℃	≥61.5℃

应用性能	用作环氧树脂的固化剂、水泥的促凝剂，并用于染发水、媒染剂、显色剂等方面；还可作偶氮染料和吖嗪染料的中间体，主要用于制造直接耐晒黑 RN、碱性橙、碱性棕 G、直接耐晒黑 G 等染料，并用作毛皮染料
用量	参考用量 14～16 份，固化条件 80℃/2h＋150℃/2h，固化物热变形温度 150～155℃
安全性	明火可燃，受热放出有毒苯胺类气体；高毒，经口-大鼠 LD_{50}:280mg/kg
生产方法	硝基苯经硫酸硝化成间、邻、对二硝基苯的混合物，再经亚硫酸钠和液碱精制得间二硝基苯，然后用铁粉还原或加氢还原制得间苯二胺

● 4,4′-二氨基二苯醚

别名	4,4′-氧二苯胺；对氨基二苯醚；DDE；ODA	英文名	4,4′-diaminodiphenyl ether
分子式	$C_{12}H_{12}N_2O$	相对分子质量	200.24
结构式	H_2N —◯—O—◯— NH_2	熔点	188～192℃(lit.)
		沸点	190℃（0.1mmHg）
外观	白色或浅黄色晶体，无味	溶解性	易溶于盐酸，不溶于甲苯
质量标准	白色或淡黄色晶体；纯度，w≥99.0%；熔点≥187℃		
应用性能	用作环氧树脂胶黏剂的固化剂		
用量	参考用量 30～35 份，固化条件 80℃/2h＋150℃/4h		
安全性	有毒，能损害神经系统，使血形成变性血红蛋白，并有溶血作用，LD_{50}:725mg/kg(大鼠经口)		
生产方法	(1)氯化亚锡-盐酸还原法　将 4,4′-二硝基二苯醚、浓盐酸、水混合，在机械搅拌下加入金属锡花，缓慢加热至锡花全部溶解后继续加热 3h；冷却后结晶过滤得到 4,4′-二氨基二苯醚锡复盐，然后将复盐溶解于 40%氢氧化钠中并调节 pH 值为 10～13，加热煮沸至灰白色晶体析出，滤干，即得产品 (2)铁粉还原法　4,4′-二硝基二苯醚为原料，以水为介质并作为反应中质子的来源，以铁为还原剂，加入少量正丁醇溶解原料，在搅拌下缓慢升温进行还原反应即得产品		

● 四氢苯酐、六氢苯酐

通用名	四氢苯酐	六氢苯酐
别名	四氢邻苯二甲酸酐；四氢酞酐；THPA；顺-1,2,3,6-四氢邻苯二甲酸酐；cis-1,2,3,6-四氢酯；环己二羧酐；四氢酐	顺-环己烷-1,2-二羧酸酐；六氢-1,3-异苯并呋喃二酮；顺式六氢苯酐；顺式六氢化邻苯二甲酸酐；六氢邻苯二甲酸酐；HHPA；顺式六氢苯二甲酸酐；环己烷二羧酐；顺式-1,2-环己烷二羧酸酐
英文名	tetrahydrophthalic anhydride	hexahydrophthalic anhydride

分子式	C₈H₈O₃	C₈H₁₀O₃
结构式		
相对分子质量	152.15	154.16
外观	外观白色片状固体	无色澄清黏性液体,在35～36℃时凝固成玻璃状固体
熔点	100℃	32～34℃
沸点	—	158℃(17mm Hg)
相对密度	—	1.18
溶解性	溶于一般有机溶剂,微溶于石油醚	能与苯、甲苯、丙酮、四氯化碳、氯仿、乙醇和乙酸乙酯混溶,微溶于石油醚
质量标准	白色结晶粉末;含量98.5%～99.2%;熔点≥98.0℃;酸值(以KOH计)730～736mg/g;色度(铂-钴色号)≤100	白色固体;含量≥99.0%;熔点≥35℃;$\rho_{40}=1.19$
应用性能	用作环氧树脂的固化剂,还用于杀虫剂、硫化调节剂、增塑剂和表面活性剂等方面;也可作为有机合成原料中间体;四氢苯酐一般用来生产醇酸树脂和不饱和聚酯树脂、涂料	用于环氧树脂的固化剂、胶黏剂、增塑剂,涂料,中间体等
用量	参考用量55～65份,固化条件140℃/16h或200℃/1～2h,固化物热变形温度118℃	参考用量75～85份,适用期4～5d,有促进剂时用量为65～70份。固化条件80℃/2～3h+150℃/4h或160℃/4h。固化物热变形温度125～130℃
安全性	易燃,低毒,LD₅₀:4590mg/kg	低毒,LD₅₀:1200mg/kg
生产方法	由顺丁烯二酸酐和1,3-丁二烯在催化剂存在下的加成反应	由四氯邻苯二甲酸酐加氢而得

●甲基六氢邻苯二甲酸酐、甲基纳迪克酸酐

通用名	甲基六氢邻苯二甲酸酐	甲基纳迪克酸酐
别名	甲基六氢苯酐;甲基六氢化邻苯二甲酸酐;甲基六氢邻苯二甲酸;MeHHPA	甲基内亚甲基四氢苯酐;甲基-3,6-内次甲基四氢邻苯二甲酸酐;甲基-5-降冰片烯-2,3-二羧酸酐;纳丁酸酐甲酯;MNA
英文名	methylhexahydrophthalic anhydride	methyl nadic anhydride
分子式	C₉H₁₂O₃	C₁₀H₁₀O₃
结构式		

相对分子质量	168.19	178.18
外观	无色透明液体	浅黄色透明液体
沸点	160~173℃(4kPa)	＞250℃
密度	1.11~1.21g/mL(25℃)(lit.)	1.20~1.25g/mL
溶解性	溶于苯、丙酮、乙醇、乙酸乙酯等,有吸湿性	溶于丙酮、乙醇、甲苯、氯仿等
质量标准		
外观	无色或淡黄色透明液体	淡黄色透明液体
含量	≥99.0%	—
黏度(25℃)	50~80mPa·s	≤250mPa·s
色度(铂-钴色号)	≤20	≤20
酸值(以 KOH 计)	≥650mg/g	—
碘值(以 I_2 计)	＜1.0mg/g	—
游离酸含量	≤0.5%	—
加热减量	—	≤1.0%
中和当量	—	88~92
应用性能	用作环氧树脂固化剂;也是一种优良的有机溶剂,主要用作油和脂肪的溶剂、提取剂、锂电池的电解溶剂,氯基溶剂稳定剂,药物中间体以及共聚甲醛的原料,还可用作丝绸整理剂及封口胶原料	主要用于环氧树脂固化剂,适用于浇铸、层压、粉体成型等,固化物具有优良的耐候性
用量	参考用量 50~80 份,固化条件 80℃/2h+160℃/6h 或 120℃/5h+150℃/15h,固化物热变形温度 110~130℃	参考用量 80~85 份,加入 0.5 份叔胺(BDMA)后,室温下仍有 2 个月的适用期。固化条 100℃/2h+150℃/4h 或 120℃/6h+180℃/1h 或 90℃/2h+120℃/2h+160℃/1h。热变形温度 150~175℃
安全性	低毒,LD_{50}:1590mg/kg	无毒
生产方法	以甲基四氢苯酐连续法加氢生产甲基六氢苯酐	由顺丁烯二酸酐与甲基环戊二烯通过双烯加成而成,反应后,除去溶剂精制即得产品

● 偏苯三酸酐、氯桥酸酐

通用名	偏苯三酸酐	氯桥酸酐
别名	1,2,4-苯三甲酸酐;1,3-二氢-1,3-二氧代-5-异苯并呋喃羧酸;偏苯三(甲)酸(单)酐;偏酐;TMA	六氯内亚甲基四氢邻苯二甲酸酐;氯菌酸酐;HET;CA;海特酸酐
英文名	1,2,4-benzenetricarboxylic anhydride	chlorendic anhydride
分子式	$C_9H_4O_5$	$C_9H_2Cl_6O_3$

结构式		
相对分子质量	192.13	370.83
外观	针晶	白色结晶
熔点	163~168℃(lit.)	235~239℃(lit.)
沸点	390℃	—
相对密度	1.68(0/4℃)	1.73
溶解性	溶于热水及丙酮、2-丁酮、二甲基甲酰胺、乙酸乙酯、环己酮,溶于无水乙醇并发生反应,微溶于四氯化碳、甲苯	溶于丙酮、甲苯,微溶于正己烷、二氯甲烷,易水解为氯桥酸

质量标准			
产品等级	优等品	一等品	—
外观	白色片状	白色或浅黄色片状	白色结晶粉末
纯度,w	≥99.8%	≥99.0%	≥99.0%
酸值(以 KOH 计)	≥873mg/g	≥865mg/g	≥290mg/g
酐含量,w	≥98.5%	≥97.0%	—
熔点	166~168℃	165~168℃	≥235℃
色度(Pt-Co 色号)	≤35(三甘醇色度)	≤50	≤75
氯桥酸含量,w	—	—	≤1.0%
氯含量,w	—	—	≥54.5%
应用性能	用于制不饱和聚酯树脂、聚酰亚胺树脂、聚氯乙烯耐热增塑剂、环氧树脂固化剂、染料、电容器浸渍油和胶黏剂等		用作环氧树脂固化剂、环氧树脂和聚氨酯的反应型阻燃剂
用量	参考用量30~33份,固化条件150℃/1h+180℃/8h或160℃/6h,固化物热变形温度200~205℃		参考用量 100～110 份。适用期(120℃)30min。固化条件 100℃/2h ＋ 160℃/4h 或 120℃/2h ＋180℃/4h 或 100℃/1h ＋ 160℃/4h＋200℃/1h,热变形温度180℃
安全性	易燃,低毒,LD$_{50}$:5600mg/kg		有毒,经口-大鼠 LD$_{50}$:2300mg/kg
生产方法	以1,2,4-三甲苯为原料,经液相硝酸氧化法或钴(或锰)催化空气氧化法制得。空气氧化法的原料消耗定额:1,2,4-三甲苯(≥97%)1000kg/t、乙酸 800kg/t、乙酸钴 10kg/t、乙酸锰 7.5kg/t、四溴乙烷10kg/t		由六氯环戊二烯与顺酐反应而得;将六氯环戊二烯与顺酐按1:1.1的摩尔比混合在溶剂氯苯中,在 140～145℃ 反应 7～8h 后,将反应产物加入水中水解,在 70℃时水解得到的氯桥酸为油状液体,加热到 96～97℃时与水混溶,冷却后成为含一个结晶水的氯桥酸。若反应产物用热水及稀乙酸进行结晶,一水合物经 100～105℃干燥,即得氯桥酸酐

● 咪唑、2-甲基咪唑

通用名	咪唑	2-甲基咪唑
别名	1,3-二氮唑;间二氮茂;1,3-二氮杂环戊二烯;1,3-二氮杂茂;甘噁啉	2-甲基-1,3-氮杂茂;2-甲基-1H-咪唑;2-甲基甘噁啉
英文名	imidazole	2-methylimidazole
分子式	$C_3H_4N_2$	$C_4H_6N_2$
结构式		
相对分子质量	68.08	82.1
外观	无色棱形结晶	白色或淡黄色结晶粉末
熔点	88～91℃	142～143℃
沸点	256℃	267～268℃
密度	1.01g/mL	—
溶解性	易溶于水、乙醇、乙醚、氯仿、吡啶,微溶于苯,难溶于石油醚	有吸潮性,溶于水、醇中,溶于丙酮,DMF;难溶于苯
质量标准	白色或微黄色结晶;含量≥99.5%;熔点88～91℃;水分<0.3%;灼烧残渣(以硫酸盐计)≤0.05%	白色至淡黄色结晶粉末;含量≥99.5%;熔点≥142℃;水分≤0.2%
应用性能	主要用作环氧树脂的固化剂,用作有机合成原料及中间体,用于制取药物及杀虫剂	该品是药物灭滴灵和饲料促长剂二甲咪唑的中间体,也是环氧树脂及其他树脂的固化剂
用量	参考用量4～8份,固化条件70℃/8h或150℃/4h,固化物热变形温度117～166℃	参考用量3～10份,固化条件70℃/8h或150℃/4h或80℃/2h+120℃/1h+150℃/2h
安全性	有毒,LD_{50}:610mg/kg	有毒,对皮肤、黏膜有刺激性和腐蚀性,小鼠经口 LD_{50}:1400mg/kg
生产方法	(1)将乙二醛、甲醛、硫酸铵投入反应锅,搅拌加热至85～88℃,保温4h,冷至50～60℃,用石灰水中和至pH=10以上,加热至85～90℃,排氨1h以上,稍冷,过滤,滤饼用热水洗涤,合并洗滤液,减压浓缩至有水蒸出时,继续蒸馏至低沸物全部蒸完,收集105～160℃、133～266Pa馏分得咪唑 (2)用邻苯二胺为原料,加入到甲酸中搅拌加热,在95～98℃保温2h,稍温到50～60℃,用10% NaOH调节至pH=10,降至室温,过滤水洗,干燥得苯并咪唑。在搅拌下将苯并咪唑投入浓硫酸,升温至100℃,慢慢滴入H_2O_2。加毕,在140～150℃搅拌反应1h,降温至40℃,加水稀释,析出结晶,过滤,水洗,干燥,得4,5-二羧基咪唑。将4,5-二羧基咪唑与氧化铜混合,加热至100～280℃,放出大量二氧化碳气体,收集馏出液,即得白色块状物粗品,用苯重结晶得精品咪唑	由2-甲基咪唑啉消除脱氢而得:将2-甲基咪唑啉加热熔融(熔点107℃),小心加入活性镍,升温至200～210℃反应2h;降温至150℃以下,加水溶解,趁热压滤,分离活性镍,将滤液浓缩至温度在140℃以上,放料冷却即得2-甲基咪唑

● 2-乙基-4-甲基咪唑、六亚甲基四胺

通用名	2-乙基-4-甲基咪唑	六亚甲基四胺
别名	2-乙基-4-甲基-1H-咪唑;4-甲基-2-乙基咪唑;2E4MI;2E4MZ	1,3,5,7-四氮杂三环[3.3.1.1]癸烷;胺仿;促进剂 H;海克沙;六胺;六亚甲基亚胺;乌洛托品;四氮六甲环;HMTA
英文名	2-ethyl-4-methylimidazole	hexamethylenetetramine
分子式	$C_6H_{10}N_2$	$C_6H_{12}N_4$
结构式		
相对分子质量	110.16	140.19
外观	浅黄色结晶	白色吸湿性结晶粉末或无色有光泽的菱形结晶体。几乎无臭,味甜或苦
熔点	45~54℃	280℃
沸点	292~295℃	—
密度	0.975g/mL(25℃)	1.33g/mL(20℃)
溶解性	溶于乙醇、丙酮、甲苯、水等	可溶于水和氯仿;难溶于四氯化碳、丙酮、苯和乙醚;不溶于石油醚

质量标准

产品等级	—	优等品	一等品	合格品
外观	淡黄色黏性液体或固体			
含量/%	≥98.0	≥99.3	≥99.0	≥98.0
熔点/℃	≥40			
水分/%	≤0.25	≤0.50	≤0.50	≤1.0
灰分/%	—	≤0.03	≤0.05	≤0.08
水溶液外观	—	合格	合格	
应用性能	优良的固化剂,用于制备环氧胶、环氧有机硅树脂涂料等	用作树脂和塑料的固化剂、橡胶的硫化促进剂、纺织品的防缩剂,并用于制杀菌剂、炸药等;用作分析试剂及硫化促进剂		
用量	参考用量1~10份,固化条件80℃,6~8h或60℃/2h+70℃/4h或60℃/4h+150℃/2h,固化物热变形温度150~170℃	按生产需要适量使用		
安全性	—	可燃,中等毒性,对皮肤稍有刺激性和腐蚀性,LD_{50}:1200mg/kg		
生产方法	由1,2-丙二胺与丙腈反应得到2-乙基-4-甲基咪唑啉,再经催化脱氢得该品	由甲醛和氨缩合制得:将甲醛溶液置于反应器中,通氨,在碱性溶液中进行缩合反应,反应温度保持在50~70℃,料液经冷却进入液膜真空蒸发器,于60~80℃下蒸发,使其浓度从24%提高到38%~42%,然后将反应液过滤,经真空蒸发结晶,抽滤干燥即得成品		

● 丁酮肟、1,4-苯醌二肟

通用名	丁酮肟	1,4-苯醌二肟
别名	甲乙酮肟;2-丁酮肟;甲基乙基酮肟	对苯醌二肟;2,5-环己二烯-1,4-二酮二肟;对醌二肟;苯醌二肟
英文名	2-butanone oxime	p-benzoquinone dioxime
分子式	C_4H_9NO	$C_6H_6N_2O_2$
结构式		
相对分子质量	87.12	138.12
外观	无色油状液体	纯品为淡黄色针状结晶,工业品为浅灰色粉末
熔点	$-30℃$	$243℃(dec.)$
密度	$0.924g/mL(25℃)$	$1.49g/cm^3$
溶解性	能与醇、醚混溶,水中溶解度为10%	溶于乙醇,微溶于丙酮,不溶于甲苯、溶剂汽油、水

质量标准

产品等级	优等品	一等品	合格品	
含量,$w/\%$	≥99.8	≥99.7	≥99.5	黄色或灰色粉末;含量≥99.0%;灰分≤0.1%;水分≤0.2%
色度(Hazen)	≤5	≤5	≤5	
酸值(以KOH计)/(mg/g)	≤2	≤2	≤2	
密度/(g/cm^3)	0.9238~0.9241	0.9235~0.9249	0.9235~0.9249	
运动黏度/(m^2/s)	$6×10^{-6}$	$6×10^{-6}$	$6×10^{-6}$	

应用性能	用于各种油基漆、醇酸漆、环氧酯漆等贮运过程中的防结皮处理,也可用作硅固化剂	用作丁基橡胶胶黏剂的硫化剂
用量	按生产需要适量使用	参考用量2~3份
安全性	—	可燃,低毒
生产方法	由丁酮和盐酸羟胺反应而得;也可以由丁酮与硫酸羟胺反应	由苯酚亚硝化生成对亚硝基苯酚,经转位成对醌单肟,再与盐酸羟胺反应得该品。在搅拌下,慢慢将苯酚溶于30%氢氧化钠溶液,在0℃与亚硝酸钠混合,再加入30%硫酸,使温度保持在7~8℃,搅拌1h。滤出结晶,用水洗去酸性,得对亚硝基苯酚。再经转位,与盐酸羟胺水溶液混合,加热至70℃进行肟化反应。反应毕,过滤得对苯醌二肟

● 2,4,6-三(二甲氨基甲基)苯酚

别名	三聚催化剂;K54固化剂;三聚催化剂;K54固化剂	相对分子质量	265.39
英文名	2,4,6-tris(dimethylamin-omethyl)phenol	外观	无色或淡黄色透明液体
分子式	$C_{15}H_{27}N_3O$		
结构式		沸点	约250℃
		相对密度	0.972～0.978
溶解性	溶于乙醇、丙酮、甲苯等有机溶剂,不溶于冷水,微溶于热水		
质量标准			
外观	无色或淡黄色透明液体		
含量,w	≥95%	水分,w	≤0.1%
含氮量,w	≥14.95%	折射率(20℃)	1.516±0.005
相对密度	0.97～0.99	黏度(25℃)	40～80mPa·s
应用性能	用作热固性环氧树脂固化剂、胶黏剂,层压板材料和地板的黏结剂,酸中和剂和聚氨基甲酸酯生产中的催化剂;也用作防老剂、染料制备		
用量	按生产需要适量使用		
安全性	可燃,低毒,蒸气对皮肤有刺激性		
生产方法	苯酚与二甲胺、甲醛反应后,反应产物经分层、真空脱水、抽滤而得成品		

2.22　凝固剂

凝固剂又称强凝聚剂或即效型凝聚剂,种类较多,应用很广。在胶乳工业中常用的主要是酸类、盐类等电解质,因其粒子能中和胶体粒子的电荷从而凝固。包括醋酸铵和醋酸的水溶液、硝酸钙的醇溶液、氟硅酸钠的水溶液、醋酸和甲酸等。

食品凝固剂是使食品中胶体(果胶、蛋白质等)凝固为不溶性凝胶状态的食品添加剂,又被称为组织硬化剂,包括使蛋白质凝固的凝固剂和防止新鲜果蔬软化的硬化剂等类食品添加剂。盐卤或卤片(氯化镁)是中国传统使用的豆腐凝固剂。氯化钙和硫酸钙(石膏)也可作凝固豆腐用,且用硫酸钙所制豆腐的数量可比同体积豆浆加入同样量氯化镁多。为便于豆腐的机械化和连续化生产,可用葡萄糖酸-δ-内酯作机制豆腐的内凝固剂。它在豆腐的生产过程中逐渐释放出氢离子,使豆腐缓

慢凝固。制造干酪时常添加氯化钙、柠檬酸钙和葡萄糖酸钙等助其凝固。此外，氯化钙、碳酸钙以及葡萄糖酸钙等还常用于水果和蔬菜，使其中的果胶酸形成果胶酸钙凝胶，防止果蔬软化。

● 醋酸铵、硝酸钙

通用名	醋酸铵	硝酸钙		
别名	乙酸铵	钙硝石		
英文名	acetic acid, ammonium salt	calcium nitrate		
分子式	$C_2H_7NO_2$	$Ca(NO_3)_2$		
结构式	$$\begin{array}{c} O \quad OHNH_3 \\ \diagdown / \\ \diagdown \end{array}$$	—		
相对分子质量	77.08	164.09		
外观	有乙酸气味的白色三角晶体	无色立方晶体		
熔点	112℃	561℃		
密度	1.07g/cm³	2.504g/cm³		
溶解性	溶于水和乙醇,不溶于丙酮,水溶液显中性,是强电解质,在水中完全电离	易溶于水		
质量标准				
外观	无色透明结晶颗粒,易潮解	产品等级	一等品	合格品
含量,w	≥97.0%	硝酸钙质量分数,w	≤99.0%	≤98.0%
pH 值	6.7~7.3	水不溶物,w	≤0.05%	≤0.1%
水不溶物,w	≤0.005%	pH 值(50g/L溶液)	5.5	7
炽灼残渣,w	≤0.01%	氯化物,w	≤0	≤0.15%
硫酸盐,w	≤0.005%	外观	白色结晶	
重金属,w	≤10×10⁻⁶			
氯化物(Cl),w	≤5×10⁻⁶			
铁(Fe),w	≤10×10⁻⁶			
应用性能	用作分析试剂、肉类防腐剂,也用作制药等。还可以作为缓冲剂和提供乙酸根配体	制造其他硝酸盐的原料,电子工业用于涂覆阴极,农业上用作酸性土壤的速效肥料和植物快速补钙剂等;用作分析试剂及焰火用材料		
安全性	刺激皮肤、黏膜、眼睛、鼻腔、咽喉,损伤眼睛;高浓度刺激肺,可导致肺积水;燃烧产生有毒氮氧化物和氨烟雾	硝酸钙灼热时分解生成亚硝酸钙并放出氧气。有强氧化性,跟硫、磷、有机物等摩擦、撞击能引起燃烧或爆炸;吸入本品粉尘对鼻、喉及呼吸道有刺激性,引起咳嗽及胸部不适等,对眼有刺激性,长期反复接触粉尘对皮肤有刺激性		
生产方法	由冰醋酸与氨作用而得	用硝酸跟氢氧化钙或碳酸钙反应可制得该品		

● 氟硅酸钠

别名	六氟合硅酸钠；SSF	分子式	Na_2SiF_6
英文名	sodium fluorosilicate	相对分子质量	188.06
外观	白色颗粒或结晶性粉末；无臭、无味	密度	2.68g/mL
溶解性	溶于乙醚等溶剂中，不溶于醇；在酸中的溶解度比水中大；在碱液中分解，生成氟化钠及二氧化硅；灼热（300℃）后，分解成氟化钠和四氟化硅		
质量标准	白色粉末；干燥失重≤0.17%；氟硅酸钠含量≥99.50%。杂质含量：游离酸≤0.0075%，水不溶物≤0.12%，重金属＜0.02%。细度（通过250μm筛）≥98.00%		
应用性能	搪瓷助熔剂，玻璃乳白剂、耐酸胶泥和耐酸混凝土凝固剂和木材防腐剂，农药工业中用于制造杀虫剂。木材工业中作防腐剂；耐酸水泥的吸湿剂。用作玻璃和搪瓷的乳白剂；天然乳胶制品中用作凝固剂、电镀锌、镍、铁三元镀层中用作添加剂，还用作塑料填充剂。此外，还用于制药和饮用水的氟化处理及制造人造冰晶石的氟化钠		
安全性	本品有毒，对呼吸系统有刺激作用 不可燃烧，火场放出有毒氟化物与氧化钠，氧化硅烟雾；与酸反应生成有毒氟化氢		
生产方法	由磷矿粉和硫酸反应生产过磷酸钙或萃取磷酸时逸出的含氟废气，用水吸收四氟化硅使成氟硅酸。当氟硅酸溶液的浓度达8%～10%时，静置澄清，除去杂质，澄清的氟硅酸溶液中加入氯化钠（过量约25%）反应，生成氟硅酸钠，经离心分离、洗涤、300℃以下温度进行气流干燥，再经粉碎，制得氟硅酸钠成品		

● 醋酸

别名	乙酸	相对分子质量	60.05
英文名	acetic acid	外观	无色透明液体，有刺激性气味
分子式	$C_2H_4O_2$	熔点	16.6℃
结构式		沸点	97.4℃
		密度	3.24g/mL
溶解性	与水、乙醇、苯和乙醚混溶，不溶于二硫化碳		

质量标准			
产品等级	优等品	一等品	合格品
色度，Hazen 单位（铂-钴色号）	≤10	≤20	≤30
乙酸，w/%	99.8	99.0	98.0
水分，w/%	≤0.15	—	—
甲酸，w/%	≤0.06	≤0.15	≤0.35
乙醛，w/%	≤0.05	≤0.05	≤0.10
蒸发，w/%	≤0.01	≤0.02	≤0.03
铁含量（以 Fe 计），w/%	≤0.00004	≤0.0002	≤0.0004
还原高锰酸钾物质，w/%	≥30	≥5	—

应用性能	主要用于制备醋酐、醋酸乙烯、乙酸酯类、金属醋酸盐、氯乙酸、醋酸纤维素等，用于生产醋酸乙酯、食用香料、酒用香料等用作分析试剂、溶剂及浸洗剂
用量	按生产需要适量使用 FEMA(mg/kg)：软饮料 39；冷饮 32；糖果 52；焙烤食品 38；布丁类 15；胶姆糖 60；调味品 5900 FDA(§184.1005,2000)：焙烤制品 0.25%；干酪和乳制品 0.8%；胶姆糖、油脂，0.5%；调味品，9.0%；白葡萄酒、沙司，0.3%；肉制品，0.6%，其他食品，0.15%
安全性	乙酸有腐蚀性，对眼、呼吸道、食道、胃有刺激作用；与空气混合遇火星可爆；遇明火、高热、氧化剂可燃；加热分解释放刺激烟雾
生产方法	(1)乙醛氧化法　乙醛和乙酸锰从塔底部加入氧化塔，分段通入氧气，反应温度控制在 70～75℃，塔顶气相压力维持在 0.098MPa，塔顶通入适量的氮气以防止气相发生爆炸。反应生成的粗乙酸凝固点应在 8.5～9.0℃ 之间，粗乙酸连续进入浓缩塔，塔顶温度控制在 95～103℃；冷凝器冷凝的稀乙酸在稀酸回收塔内回收乙酸，不能冷凝的气体进入低温冷凝器冷凝成稀乙醛回收使用。除去低沸点的粗乙酸连续加入乙酸蒸发锅，塔顶温度维持在 120℃ 左右，蒸馏出的乙酸即为成品 (2)甲醇低压羰基化法(孟山都法)　以铑的羰基化合物和碘化物为催化剂，使甲醇和一氧化碳在水-乙酸介质中于 175℃ 左右和低于 3.0MPa 的条件下反应生成乙酸。反应产物先后经脱轻组分塔和脱水塔，分出的轻组分和含水乙酸返回反应系统。所得粗产品再经蒸馏提纯即得成品醋酸。反应尾气先用冷甲醇洗涤，以回收带出的碘甲烷(中间产物)，然后送往一氧化碳回收装置 (3)低碳烷烃液相氧化法　常以丁烷为原料，乙酸为溶剂，乙酸钴为催化剂，空气为氧化剂，在 170～180℃ 和 5.5MPa 条件下进行液相催化氧化。也可以 30～100℃ 的轻油为原料。所得混合酸经 6 个塔分离得乙酸

● 卤片

别名	氯化镁；六水氯化镁	外观	纯品为无色单斜晶体。工业品往往呈黄褐色
英文名	magnesium chloride hexahy-drate	熔点	116～118℃ 热熔分解
分子式	$MgCl_2 \cdot 6H_2O$	密度	$1.569g/cm^3$
相对分子质量	203.3	溶解性	溶于水和乙醇
质量标准	各组分含量(w)：氯化镁≥45.00%；氯化钠≤1.50%；氯化钾≤0.70%；氯化钙≤1.00%；硫酸根离子≤3.00%		
应用性能	在冶金工业中，用作耐火材料和砌炉壁的黏合剂，冶炼金属镁的原料。在建筑工业中用氯化镁与苦土制成坚硬的镁氧水泥，可以制人造石。在化学工业中是制造各种镁盐的原料。在农业上，制造棉花脱叶剂。食品工业做豆腐凝固剂		
用量	0.7%～1.2%		
生产方法	海水浓缩析出氯化钠结晶后的苦卤，经提取氯化钾和溴后浓缩可制成卤片，相对密度 1.7059(15.5℃)，主要成分：$MgCl_2$ 46.8%，$CaCl_2$ 3.42%，$NaCl$ 0.36%，$CaSO_4$ 0.43%。然后经真空除溴后，常压蒸发至 140℃，除去杂质后，冷却即有六水氯化镁针状结晶析出，分离后再经重结晶得成品		

● 盐卤

别名	苦卤、卤碱
主要成分	有氯化镁、硫酸钙、氯化钙及氯化钠等
应用性能	豆腐凝固剂
用量	用盐卤作凝固剂制作豆腐时,浓度一般为 18～22°Bé,用量约为原料大豆质量的 2%～3.5%
安全性	盐卤对皮肤、黏膜有很强的刺激作用,对中枢神经系统有抑制作用,人如不小心误服,会感觉恶心呕吐、口干、胃痛、烧灼感、腹胀、腹泻、头晕、头痛、出皮疹等,严重者呼吸停止,出现休克,甚至造成死亡

● 硫酸钙

英文名	calcium sulfate hemihydrate	分子式	$CaSO_4 \cdot 2H_2O$
相对分子质量	172.17	密度	$2.32g/cm^3$
外观	白色单斜结晶或结晶性粉末,无气味,有吸湿性		
溶解性	溶于酸、硫代硫酸钠和铵盐溶液,溶于 400 份水,在热水中溶解较少,极慢溶于甘油,几乎不溶于乙醇和多数有机溶剂		

质量标准			
主含量($CaSO_4 \cdot 2H_2O$),$w/\%$	≥99.0	氯化物(Cl),$w/\%$	≤0.002
铵(NH_4),$w/\%$	≤0.005	硝酸盐(NO_3),$w/\%$	≤0.002
澄清度试验/号	≤4	重金属(以 Pb 计),$w/\%$	≤0.001
碱金属及镁(MgO),$w/\%$	≤0.2	铁(Fe),$w/\%$	≤0.0005
盐酸不溶物,$w/\%$	≤0.025	碳酸盐(CO_3^{2-}),$w/\%$	≤0.05

应用性能	氮肥生产分析微量一氧化碳和二氧化碳,作吸湿剂、涂料、人造牙、油漆、造纸、染料、印花、冶金、处理水,作为食品添加剂和加工助剂
用量	0.3%～0.4%(豆浆);0.1%～0.3%(硬化剂)
安全性	尘能引起呼吸系统疾病。最高容许浓度为 $2mg/m^3$
生产方法	①转窑煅烧法:生石膏经粉碎至 1～3mm 后加入间接加热的转窑中煅烧 15min,物料最终温度为 140～150℃(煅烧医用石膏为 115～125℃)。熟料粉碎,经筛选制得半水硫酸钙 ②加压法:生石膏经粉碎成 15～20mm 后加到高压釜内,在加压、温度约 120℃ 条件下蒸煮约 7h,然后在 120～220℃ 干燥,再经粉碎、筛分,制得 α-半水硫酸钙

● 葡萄糖酸-δ-内酯

英文名	delta-gluconolactone	相对分子质量	178.14
分子式	$C_6H_{10}O_6$	熔点	150～152℃
结构式		密度	0.6 g/cm^3
		外观	白色结晶或结晶性粉末,无臭,味先甜后苦,呈酸味

续表

溶解性	易溶于水(60g/100mL),稍溶于乙醇(1g/100mL),几乎不溶于乙醚,在水中水解为葡萄糖酸及其 δ-内酯和 γ-内醋的平衡混合物		
质量标准			
含量,w	≥99.0%	还原性物质,w	≤0.5%
砷(As),w	≤0.0003%	硫酸盐,w	≤0.03%
重金属,w	≤0.002%	钙(Ca),w	≤0.03%
铅(Pb),w	≤0.001%	氯化物(Cl),w	≤0.02%
应用性能	广泛作为酸味剂、发酵剂、蛋白凝固剂、pH 降低剂、色调保持剂、食品防腐剂等。做成的内酯豆腐质地细嫩,无异味,无蛋白流失,具有防腐性。还可用于化妆品、纺织、造纸、医药等		
用量	作稳定剂和凝固剂,可用于豆制品(豆腐和豆花)、香肠(肉肠)、鱼糜制品和葡萄汁,最大使用量为 3.0g/kg;作防腐剂,可用于鱼虾的保鲜,最大使用量为 0.1g/kg,残留量为 0.01mg/kg;还可作膨松剂,用于配制复合发酵粉,按生产需要适量使用		
生产方法	以葡萄糖酸钙为原料生产内酯　先将葡萄糖酸钙通过无机酸分解或离子交换树脂脱钙得葡萄糖酸溶液。如将 100 份浓硫酸加入 500 份水中,再加入葡萄糖酸钙,在 60～85℃下保温 1.5h;静置 12h 后过滤,滤液加草酸,并在 50℃下保温 1h;静置后过滤得葡萄糖酸液,经后处理得内酯。后处理的方法有以下几种 (1)非溶剂结晶法　将葡萄糖酸液减压浓缩至浆状,加入低级酮类非溶剂,缓缓搅拌冷却,使结晶析出,再经分离、洗涤、干燥得成品。此法操作简便,收率也较高 (2)分步结晶法　在 52～54℃下将葡萄糖酸液浓缩至 78%～85%,冷却至 47～48℃,加入葡萄糖酸内酯晶种,并继续浓缩,待晶种长大后分离得第一批内酯结晶。母液以同样的方式继续蒸发浓缩。结晶经洗涤、干燥得成品,总得率为 75%～78%。此法优点是不用有机溶剂,但浓缩液黏度高,结晶分离操作困难 (3)共沸脱水结晶法　向葡萄糖酸液中加入 C_3～C_4 的烷醇,在 50℃和 16kPa 下共沸脱水。然后向浓缩液中投晶种,降温结晶,再经分离、洗涤、干燥得成品。此法优点是体系黏度低,分离操作容易,单程收率可达 91%以上		

柠檬酸钙、葡萄糖酸钙

通用名	柠檬酸钙	葡萄糖酸钙
别名	二柠檬酸三钙;枸橼酸钙;四水合柠檬酸钙	糖酸钙;葡糖酸钙;D-葡萄糖酸钙
英文名	calcium citrate	calcium gluconate
分子式	$C_{12}H_{10}Ca_3O_{14}$	$C_{12}H_{22}CaO_{14}$

结构式		
相对分子质量	498.43	430.37
外观	白色结晶状粉末,无臭,稍有吸湿性	白色颗粒性粉末,无臭,无味
溶解性	微溶于水,能溶于酸,几乎不溶于乙醇	在沸水中易溶,常温水中缓缓溶解,无水乙醇、氯仿或乙醚等有机溶剂中不溶
外观	白色粉末	—

质量标准		
纯度	98.5%~101.5%(螯合滴定)	99.0%~102.0%
不溶物	<0.05%(HCl)	
干燥损失	10.0%~13.3%(150℃,4h)	1%
氯,w	<0.003%	0.05%
硫酸根,w	<0.02%	0.05%
重金属,w	$<20\times10^{-6}$	0.001%
砷,w	<0.0003%	0.0002%
铜,w	<0.001%	—
铁,w	<0.002%	—
镁,w	<0.05%	—
铅,w	<0.001%	—
镍,w	<0.001%	—
5%溶液 pH 值	—	6.0~8.0
应用性能	用作螯合剂、缓冲剂、组织凝固剂、钙质强化剂、乳化盐等	用作钙质强化剂、缓冲剂、固化剂、螯合剂
用量	用于谷类及其制品,使用量为 8~16g/kg;在乳饮料及饮液中为 1.8~3.6g/kg	葡萄糖酸钙作为食品钙强化剂,吸收效果比无机钙好。我国规定可用于谷类及其制品,使用量为 18~36g/kg;在乳饮料及饮液中为 4.5~9.0g/kg
安全性	未显示毒性	避免与皮肤和眼睛接触

| 生产方法 | 用石灰乳中和柠檬酸溶液,反应生成沉淀经过滤、洗涤、干燥得成品
也可用蛋壳为原料,经清洗、粉碎、水浸洗、晾干,然后在110℃烘干1h,再在1000℃下煅烧1h,加水制成石灰乳;然后用3.5～4.0mol/L的柠檬酸溶液中和(柠檬酸稍微过量),再经沉淀、过滤,水洗至pH＝6～7,最后在110℃下干燥1h得成品 | (1)空气催化氧化法
①以淀粉双酶水解液为原料,用稀碱液调pH值至9～10,加入钯-碳催化剂,在45～50℃通入空气氧化,并流加稀碱液以维持pH值。反应结束后,静置过滤,滤液浓缩至相对密度1.34～1.38,冷却结晶、分离得葡萄糖酸钠。母液经脱色后,浓缩至相对密度1.4～1.42,并冷却结晶、分离
②葡萄糖酸钠加水配成35%的溶液,用732型阳离子交换树脂去钠离子得纯净的葡萄糖酸溶液。在70～75℃下用碳酸钙中和至中性,加入适量活性炭脱色、静置、过滤。滤液浓缩至相对密度1.148～1.150,静置、结晶、分离,并用少量水洗涤得葡萄糖酸钙;母液脱色后浓缩至相对密度1.16～1.18,静置、结晶、分离。对淀粉的收率约为77.8%
(2)发酵法 以淀粉双酶水解的葡萄糖液(15%)为主要培养基,用碳酸钙为中和剂(加入总量的2/3),接种黑曲霉发酵,利用黑曲霉所含的葡萄糖氧化酶将葡萄糖氧化为葡萄糖酸钙。发酵液经过滤除去菌体及残渣后,用活性炭进行脱色。脱色液用总量1/3的碳酸钙中和,在100℃下中和液蒸发浓缩至饱和。最后冷却结晶、重结晶得葡萄糖酸钙 |

2.23 交联剂

概述 交联反应是高分子之间的"桥联"反应,是聚合物加工中重要的化学反应,直接关系到聚合物的各项性能。其作用除了能聚合物的耐热性、力学性能等共性外,对橡胶、涂料、胶黏剂、纺织等还具有特殊的作用。例如橡胶只有经过硫化,才能具有人们需要的高弹性、强度等各项性能。显然,聚合物能否作为工程材料被使用,直接与交联反应的过程密切相关。另外,交联反应与成型、成膜、固化等过程都直接关系。因此交联反应的速率及特性控制是很重要的。如橡胶如果产生早期硫化就无法得到质量均匀的制品;漆膜会出现皱折;胶黏剂曾会出现剥离。交联反应用于纤维及纸加工,提高新型胶黏剂及涂料性能外,还对平板印刷技术、医用高分子领域做出了自己的贡献。在高分子的三维交联技术中起重要作用的是交联剂。

交联剂一般是指能在线型分子间起架桥作用从而使多个线型分子相互键合交联成网络结构的物质，或者促进或调节聚合物分子链间共价键或离子键形成的物质。交联剂在不同行业中有不同叫法。例如，在橡胶行业习惯称为"硫化剂"；在塑料行业称为"固化剂""熟化剂""硬化剂"；在胶黏剂或涂料行业称为"固化剂""硬化剂"等。以上称呼虽有不同，但所反映的化学本性是相同的。

在橡胶行业中，交联剂习惯被称为"硫化剂"。交联与硫化的含义是不同的。交联（cross linking）在两个高分子的活性位置上生成一个或数个化学的交联反应。橡胶硫化是一种交联反应。硫化（cure）是在生胶中加入硫黄或其他硫化剂，或是不用硫化剂通过加热或其他适当处理，使橡胶分子间产生牢固结合键，减少橡胶在广阔温度范围内的塑性流动，提高弹性和拉伸强度等力学性能，降低对溶剂的溶胀，这种化学变化就是硫化。随着技术的发展，硫黄以外的物质硫化合成橡胶的增多，愈来愈普遍地用交联、桥连来取代硫化这个用语。"交联剂"比"硫化剂"在涵盖范围上更广。

在橡胶行业中使用的交联剂（硫化剂）主要有硫黄、有机多硫化物、二硫化秋兰姆、过氧化物、金属氧化物和硫化树脂等。交联剂混合到生胶中，在橡胶分子链之间产生交联键，是塑性橡胶变成弹性体。在这些种交联剂中硫黄、有机多硫化物、二硫化秋兰姆主要用于主链含有双键（天然橡胶、二烯类合成橡胶）或是具有侧链（氧化丙烯橡胶等）的橡胶硫化。之后的几种交联剂主要用于饱和硫化橡胶。

随着特种合成橡胶的出现，这种橡胶结构已不能再用硫黄硫化，这就导致开发了不用硫黄或硫黄给予体的硫化方法。人们很早就知道了过氧化物的硫化方法。随着饱和橡胶的开发，其重要性日渐显著。此外，也进行了对天然橡胶和二烯类橡胶过氧化物硫化的研究，并取得提高耐热性的效果。过氧化物大致分为无机过氧化物、有机硅过氧化物和有机过氧化物。在实际生产中应用较普遍的是有机过氧化物，这种交联剂要求分解速率适当，并具备贮存稳定性，在正常的操作下比较安全，且在通常硫化速率下可获得满意的硫化效果。对氧稳定性好。在氯丁橡胶、氯醇橡胶、氯化聚乙烯中，用金属氧化物硫化是非常重要的。通常使用镁、锌、铅的氧化物。

硫化用树脂是二羟甲基苯酚或聚羟甲基苯酚的混合物。单一的组分是结晶状态，但因其是混合物，形态呈树脂状，因此称作树脂硫化剂。将交联剂加热时，主要在两末端羟甲基位产生脱水缩合，与橡胶中不饱和基或活性氢结合，从而产生交联反应。这种交联剂可用于丁基橡胶、三元乙丙橡胶、丁腈橡胶的合成。

在塑料交联中，有化学交联和放射性交联两种方法。化学交联是使用易产生自由基的化学物质，一般是有机过氧化物，通过有机过氧化物所产成的自由基夺取聚合物中的氢可形成 C—C 键。有机过氧化物可以被看做过氧化氢的衍生物，也就是过氧化氢中的一个或两个氢原子被其他有机自由基取代的化合物。

过氧化物在反应中分解的难易程度与化合物的结构及取代基的种类有关。选择有机过氧化物做交联剂的时候，要考虑以下条件：①在塑料加工制造过程中，有机过氧化物不能遇热分解。②不易受溶剂、润滑剂的影响。③在一定的交联条件下，可达到令人满意的交联条件。交联温度与有机过氧化物的分解一致。④有机过氧化物本身贮存稳定性好，挥发性小。

通过交联反应，可以改善塑料的性质。例如聚乙烯塑料（PE）有优异的电性能、力学性能和化学性质，但热变形温度较低，蠕变性及耐应力龟裂性能较差。这些缺点通过交联反应得到显著改善，使得聚乙烯在泡沫制品、容器制造等方面获得广泛使用。氯化聚乙烯是耐候性、耐油性、耐药品性、难燃性、的电性能良好的聚合物通过交联反应可进一步改善其耐压缩性、耐热空气老化和耐油性能。

涂料的作用是保护涂膜下面的基质不会生锈或腐朽，要达到的这样的目的，就要依靠成膜物质的高分子量聚合物或充分交联的立体聚合物来达到。另外，多数涂料是液体。将液体涂料施工固化后形成具有预期性能的涂膜的过程就是干燥。涂料的干燥大致可分为两类，非交联型和交联型。非交联型是指施工后只是溶剂挥发就能形成涂膜。交联型是指低分子量聚合物在施工后发生化学反应，产生立体交联而形成涂膜。

涂料用交联剂有两个特点：一是在涂料状态或涂液状态时不起交联反应，二是涂展后，起交联反应。因此要采取相应的使用方法，首先两液分离，施工前混合。在常温下不反应，施工后，采用热或放射线的外部能而引起交联反应。涂料用交联剂应具有下列性能：①不损害基料树脂的特性。②与基料树脂相容性要好。相容性不好时，涂膜性能不能充分发挥。③涂料在贮存中不起反应。一般而言，使功能基的反应值提高而达到低温固化，这样涂料尽量在低温下贮存。④交联反应的副产物应尽量少，如果在涂层中形成气泡，就会使涂层外观恶化，耐久性下降。

常用的交联剂有以下几类。

① 胺类　在胺类中又可以分为三类。一类是氨基树脂，这是涂料中最常用的交联剂，也是热固性涂料中最重要的交联剂。如三聚氰胺—甲醛树脂、六甲氧基甲基三聚氰胺等。在高温下既能与聚氨酯分子中的羟基、氨基、羧基或脲基交联，能发生自缩聚，但树脂醚化度高，自聚体量低，在有机溶剂中有较高的溶解度和较好的混溶性，采用酸性催化剂可降低固化温度和烘烤时间，所得涂膜较柔顺，硬度高，耐磨性、耐溶剂性优良，并有较好的耐候性。一类是以丙烯酰胺基为反应基团的丙烯酰胺类交联剂。一类是亚胺型交联剂。这类交联剂可改善涂料的耐水性、耐化学品性及耐温性、漆膜的耐摩擦性，提高膜对基材的结合力，因而广泛用于水性涂料、油墨、皮革涂饰、印花色浆领域。

② 环氧化合物类交联剂　由胺类化合物与环氧氯丙烷缩合的产物是反应性较强的交联剂，能与多种基团反应，实用性强，品种多。

③ 多氮杂环丙烷　由氮杂环丙烷与三羟甲基丙烷三丙烯酸酯通过加成反应得到的三氮杂环丙烷化合物，可用于含羧基聚合物乳胶的交联，它与羧基反应较快，与水反应慢。氮杂环丙烷有一定毒性，使用受限制。

④ 超支化聚合物末端具有密集的官能团，可用作涂料交联剂。超支化聚合物由于其独特的球状结构，应用于涂料中具有黏度低、固化速率快和成膜性好等优点。

纺织品在印染加工中需要用交联剂进行一定的化学处理，以提高其加工性、穿着舒适性等。交联剂在线型分子间起架桥作用，使多个线型分子相互键合交联成网状或体型结构的物质。而纺织品用交联剂则是指能在纤维大分子之间、纤维大分子与助剂分子之间或纤维大分子与染料分子之间形成共价键交联，提高其形态稳定性、弹性以及其他物理化学性能的一类化合物。纺织品用交联剂的分子结构中通常含有两个或多个能与纤维上羟基、氨基等发生交联的反应性基团，可以在纤维大分子之间起到架桥作用，形成纤维-交联剂组成的网状交联结构体系。纺织品用交联剂有着广泛的应用领域，如用于纤维素纤维和蛋白质纤维的抗皱整理。在装饰织物硬挺整理中，用于提高硬度和耐久牢度。在涂料印花色浆中，用于改善涂料印花的摩擦牢度。用于羊毛的处理，可赋予纤维防毡缩性能。在纤维改性中，增强纤维与染料的反应性，形成共价键结合，达到提高染色牢度的目的。

在纺织工业中经常用到的交联剂有以下几类：

① 酰胺-甲醛类交联剂　这种交联剂贮存性能稳定，交联效果理想，同时制备原料易得、操作简便、成本低廉，至今仍大量用于织物免烫整理。此类交联剂最大的缺点是在生产、贮存过程中以及经其处理后的织物在服用过程中会释放出甲醛，而甲醛是被怀疑有致癌作用的化合物。

② 水性聚氨酯类交联剂　20 世纪 70 年代发展起来的水性聚氨酯，具有无毒、不污染环境、安全方便、不易损伤被涂饰表面、易操作和易改性等优点，使得它在织物、皮革涂饰及黏合剂等领域得到了广泛的应用。水性聚氨酯对天然纤维和合纤织物的成膜性好，粘接强度高，能赋予织物柔软丰满的手感，改善织物的耐磨性、抗皱性、回弹性、通透性、耐水性和耐热性等，在纺织行业中很受欢迎。

③ 多元羧酸类交联剂　多元羧酸类交联剂用于棉织物的防皱整理始于 20 世纪 60 年代，用磷酸盐催化多元羧酸与棉纤维进行有效的酯化交联，整理后的棉织物获得了较好的免烫抗皱效果。此类交联剂应用领域较为广泛。

④ 环氧化合物交联剂　环氧化合物交联剂含有 2 个或多个环氧基团，可通过开环反应与纤维上含有活泼氢的基团（如羟基、氨基等）发生共价交联。环氧类交联剂对棉织物的抗皱效果不如 2D 树脂，但整理后真丝织物的防皱、防缩性和耐水解稳定性较好，湿抗皱性突出。环氧类交联剂的缺点是稳定性差，交联后织物的手感较差，价格也较高。

⑤ 反应性有机硅类交联剂　带有反应性基团（如硅醇基、乙烯基、环氧基、氨基等）的有机硅不仅赋予织物抗皱性，而且可改善手感和透气性，提高织物撕裂强度、断裂强度和耐磨性。一般交联程度越高，整理织物的弹性和抗皱性越好。

⑥ 乙二醛交联剂　乙二醛是一种简便易得的非甲醛类整理剂，在硫酸铝催化作用下，用乙二醛溶液经浸轧→烘干→焙烘工艺处理棉织物或真丝织物，可使织物获得防皱防缩效果。乙二醛的主要缺点是泛黄严重，织物强力损失严重，加入乙二醇形成乙缩醛可抑制泛黄，但会降低织物的折皱回复性。

⑦ 脲醛类交联剂　脲醛树脂作为硬挺整理剂，由于其具有原料易得、成本低廉、颜色浅、固化速度快和整理后织物硬挺度高等优点而被广泛应用。但经其整理的织物存在手感粗糙、弹性差、缩水率大、耐洗牢度差、耐沸水性差、整理剂贮存稳定性差等缺点，尤其是游离甲醛含量超标，对生产者和使用者的伤害较大。

⑧ 氮丙环类交联剂　氮丙环是一种含氮的三元环化合物，又称为亚乙基亚胺、亚甲基亚胺、丙啶等，是一种反应能力很强的三元环化合物，与织物中的氨基、羧基、羟基等基团反应，可以提高织物的抗皱、防缩性能，与黏合剂、涂层胶中的羧基、羟基、氨基等反应可提高干、湿摩擦牢度及耐皂洗性能。由于合成此类交联剂所需的中间体沸点低、易挥发、毒性大，对眼、鼻、喉等有强烈的刺激作用，与之接触会立即在皮肤上引起水泡，有强腐蚀性和一定致癌作用，且价格较高，因此应用受到限制。

2.23.1　橡胶及树脂行业中使用的交联剂

● 硫黄

化学名	硫	熔点	112.8℃（α型）
英文名	sulfur	沸点	444.6℃
分子式	S	相对密度	2.0
相对分子质量	32.06	外观	淡黄色脆性结晶或粉末，有特殊臭味
溶解性	不溶于水，微溶于乙醇、醚，易溶于二硫化碳		
质量标准	黄色或淡黄色，粉状或片状；含量≥99.9%；水分≤0.1%		
应用性能	制造橡胶轮胎、烟花爆竹、农药、化肥、食品工业、花草、林木、果树、日化助剂、工业制品等		
用量	硫黄用量一般为 0.2～5.0 份。半硬质橡胶中硫黄用量一般为 8～10 份。硬质橡胶中硫黄用量一般为 25～40 份		
安全性	①长期吸入硫黄粉尘后，易出现疲劳、头痛、眩晕、消化不良等症状。工作人员应做好防护。硫黄粉尘易爆，850μm 粒级硫黄粉尘，当浓度大于 2.3g/m³ 时会爆炸 ②属低毒杀菌剂。50%硫黄悬浮剂大鼠经口 LD_{50}>10g/kg；人每日经口 500～750mg/kg 未发生中毒；对水生生物低毒，鲤鱼和水蚤 LC_{50}（48h）均大于 1g/L；对蜜蜂几乎无毒。硫粉尘对眼睛膜和皮肤有一定的刺激作用		

生产方法	(1)沸腾焙烧法 硫铁矿用沸腾焙烧产生的二氧化硫气体，经除尘后与鼓风进行混合，在还原炉中加入无烟煤或通入半水煤气进行还原，再经转化器、冷凝器、泡罩塔后放空。液态硫黄由冷凝器、泡罩塔放出，经过滤即得硫黄成品。汽化炉产生气体，通过除尘后送入还原炉，炉中加入无烟煤进行还原。再经转化，通过废热锅炉、换热器去一次冷却器，再经换热器、二次转化、二次冷却去泡罩塔。由一次冷却和泡罩塔流出的硫黄送去成品槽，制得硫黄成品 (2)天然气法 将酸性气体和空气通入燃烧炉、废热锅炉，炉气经一级冷凝器、一级捕集器去一级转化器，再经二级冷凝器、二级捕集器去二级转化器，最后经三级冷凝器、三级捕集器后放空。进入再热炉的酸性气体、空气亦分别进入相应的转化器。各捕集器捕集的硫黄流入硫黄液封槽，制得硫黄成品 (3)石油炼厂气法 将酸性原料气、燃料气和空气通入燃烧炉，产生炉气经废热锅炉、换热器、第一转化器、液硫冷凝器进入第二转化器、液硫冷凝器，再经烟道放空。液硫自换热器、液硫冷凝器底部流出进入液硫贮槽，用刮板机将硫黄刮出，制得硫黄成品。其反应式参见天然气法制硫黄 (4)以工业硫为原料，进行纯化 用试剂二硫化碳溶解工业硫，滤去不溶物，滤液进行蒸发，蒸出75%的二硫化碳后，匀速缓慢冷却结晶，结晶在室温下干燥至没有二硫化碳气味为止 (5)制高纯硫 若要制取高纯硫，则需用二硫化碳按上述方法(4)蒸馏两次，第一次采用分析纯二硫化碳为溶剂，第二次用蒸馏三次的高纯二硫化碳溶解，蒸馏。经二次提纯后的硫，用高纯稀氨水（浓氨水：电导水为1:1）浸没，搅拌2h后抽滤，用电导水洗至中性，再用高纯二硫化碳溶解后，用高纯乙醚冲洗，使元素硫全部析出。如此再重复操作一次，最后自然干燥即可

● 二氯化硫

英文名	sulfur dichloride	熔点	−78℃
分子式	SCl$_2$	沸点	59℃
结构式	Cl—S—Cl	相对密度	1.621(20℃/4℃)
相对分子质量	102.98	溶解性	溶于四氯化碳、苯
外观	暗红色或淡红色液体	质量标准	暗红色或淡红色液体；含量≥99.9%
应用性能	是制备氨基甲酸酯类杀虫剂丁硫克百威和丙硫克百威的中间体，也可以用作有机合成的氯化剂、制造酸酐或有机酸的氯化物、高压润滑剂，可用作切削油的添加剂、油脂工业处理植物油类（如玉米油、棉籽油、大豆油）的加工处理剂，还用作消毒剂、杀菌剂		
安全性	应贮存在阴凉、通风、干燥的库房内，远离热源和火种。不可与氧化剂、易燃品、食品添加剂、碱类物品共贮混运。运输过程中要防雨淋和日晒。装卸时要轻拿轻放，严禁撞击		
生产方法	将一氯化硫加入夹层反应器中，通入蒸汽加热，同时通入氯气进行氯化反应，而反应后期要在低于40℃的温度下进行，得到二氯化硫粗品。然后将粗品与一定量三氯化磷稳定剂混合，经转子流量计和预热器进入第一蒸馏塔，产生的蒸气经塔顶冷凝系统和中间冷却器送入第二蒸馏塔，经蒸馏除去氯气，塔底可得到纯度98%～99%二氯化硫成品		

● 过氧化锌

英文名	zinc peroxide	熔点	182.2℃（分解）
分子式	ZnO_2	密度	3.00g/mL（25℃）
相对分子质量	97.38	溶解性	与水分解，当加水时会产生热量
质量标准	白色或淡黄色粉末，无臭；熔点182.2℃（分解）；含量50%～60%		
应用性能	可用作硫化促进剂、防腐剂、消毒剂、分散剂等		
安全性	在皮肤上面：刺激皮肤和黏膜。在眼睛上面：强烈的刺激性和造成严重伤害眼睛的危险。保持贮藏器密封，贮存在阴凉、干燥的地方，确保工作间有良好的通风或排气装置		
生产方法	过氧化钡和硫酸锌溶液作用而制得 ①将含 Zn^{2+} 和 H_2O_2 的水溶液调节成碱性，可沉淀出不纯的过氧化锌 ZnO_2。较好的制备方法是将 ZnO 或二乙基锌的乙醚溶液与浓的过氧化氢溶液作用，此时生成化学式为 $ZnO_2 \cdot 0.5H_2O$ 的化合物 ②在液氨中，将硝酸锌与超氧化钾 KO_2 作用可生成无水的 ZnO_2，但其纯度不高		

● 二硫代二吗啉

化学名	4,4′-二硫代二吗啉	相对分子质量	236.36
英文名	4,4′-dithiodimorpholine	外观	白色针状结晶。有鱼腥臭味
分子式	$C_8H_{16}N_2O_2S_2$	熔点	124～125℃
结构式	O〔 〕N—S—S—N〔 〕O	密度	1.32～1.38g/mL
		溶解性	溶于苯、四氯化碳，稍溶于丙酮、汽油，难溶于乙醇、乙醚，不溶于水
质量标准	白色针状结晶；熔点≥120℃；含量≥99.0%；水分≤0.5%；灰分≤0.5%		
应用性能	本品可用作天然橡胶和合成橡胶的硫化剂和促进剂。用作硫化剂时，在硫化温度下才能分解出活性硫，因此使用本品操作安全，不会发生焦烧现象。单独使用本品硫化速率慢，但同噻唑类、秋兰姆或二硫代氨基甲酸盐等促进剂并用，可提高硫化速率。水杨酸类酸性物质虽然能促使本品分解，而加快硫化速率，但能使硫化胶物理性能下降。用作促进剂时，由于本品有效含硫量高，硫黄的用量可适当降低。使用本品时胶料不喷霜、不污染、不变色。用于有效和半有效硫化体系时所得硫化胶耐热性能和耐老化性能良好。本品易分散于胶料中		
用量	单独用作硫化剂时一般用量为3～4份；用作促进剂时一般用量为0.5～2份，并配以0.5～2份硫黄		
安全性	遇无机酸或无机碱分解。在常温下贮存稳定。无毒，有鱼腥气味。触及皮肤或黏膜能引起强而持久的辛辣感。操作时应穿戴防护用具。采用木桶内衬塑料袋严密封装。在正常库温度下贮藏稳定性良好。应防晒、防潮		
生产方法	将吗啡啉、溶剂汽油（或苯和甲苯）及少量水加入反应釜，搅拌均匀后，将一氯化硫、汽油和氢氧化钠溶液同时滴加于釜内，控制温度在10℃以下，氢氧化钠液应稍前于一氯化碳滴加完。滴加完毕后，补加一定量水，继续搅拌30min。然后将反应物进行抽滤，滤液进行汽油与水相分离并回收汽油。滤饼加入离心机内用水洗涤至中性；脱去水后进行干燥处理即得成品		

● RPS-710/VTB-710

通用名	RPS-710/VTB-710	外观	米色、黄色至棕色树脂状粉末或固体
化学名	烷基苯酚二硫化物	软化点	50～115℃
英文名	alkyl phenol disulfide	密度	1.1～1.4g/mL
质量标准	深棕色颗粒;软化点75～95℃;S含量25%～27%		
应用性能	①作为天然橡胶、二烯类合成橡胶及丁基橡胶的硫化剂,特别是氯化丁基橡胶的硫化剂有独特功能。其硫化胶的性能优越于次磺酰胺和硫黄体系的硫化胶。本品有多种功能,它还能用作稳定剂、分散剂和增塑剂,还能改善硫化胶的黏合性能。本品用于轮胎能将硫化温度提高到185～190℃,硫化效率提高30%～40% ②由于其含结合硫为28%,在半有效和有效硫化配方体系中,完全可代替硫黄、二硫代吗啉(DTDM)、二硫代己内酰胺(DTDC)。本品加热后释放活性硫,产生硫化作用,硫化胶不喷霜,拉伸强度和伸长率均高,和定伸应力高。因此,用此硫化剂硫化出的制品具有优异的耐热性能和耐热氧老化性能,并且硫化过程中不产生亚硝胺致癌气体 ③本品作为全钢及半钢子午胎特殊用硫化剂,能够改善氯化丁基胶活性,使其同步均匀硫化,提高硫化效率,减少制品次品率。另外本品可作为增黏剂,对天然胶/丁苯胶有强的增黏作用。用于丁苯/丁腈胶,提高丁苯/丁腈胶操作性能,改善混炼胶的加工性能。对于天然胶/丁基胶/氯化丁基胶并用,提高硫化胶气密性 ④本品主要用于轮胎的气密层胶、胎侧(尤其白胎侧)、胎面胶、三角胶和缓冲层胶,其次也用于运输带、高压胶管、高速胶辊、密封垫等		
用量	0.2～5份		

● 过氧化铅

英文名	lead(Ⅳ) dioxide	外观	棕褐色结晶或粉末
分子式	PbO_2	熔点	290℃(分解)
相对分子质量	239.21	密度	9.38g/mL
溶解性	溶于冰乙酸,溶于盐酸放出氯,溶于稀硝酸,有过氧化氢、草酸、还原剂存在,不溶于水		
应用性能	主要用于染料、火柴、焰火及合成橡胶的制造,并可用来制造二氧化铅阳极以代替铂阳极。用作分析试剂,常作氧化剂。用于有色玻璃、电池和制药工业		
安全性	①为强氧化剂。与强碱加热生成高铅酸盐。有毒 ②见光分解为四氧化三铅和氧,有氧化性,与有机物、还原剂、易燃物如硫、磷等接触或混合时有引起燃烧爆炸的危险。受高热分解放出有毒的气体,首先成为Pb_3O_4,更高的温度下为PbO。工作人员要做好防护,若不慎触及皮肤和眼睛,应立即用流动的清水冲洗		

生产方法	有水解法、电解法和氧化法三种。水解法是由四价铅盐水解制得。电解法是铅盐溶液电解制得。氧化法是用次氯酸钠或过氧化氢等强氧化剂氧化铅盐或铅制得 将醋酸铅溶于蒸馏水中,搅拌下加入氢氧化钠水溶液。同时用高效次氯酸钙或工业漂白粉溶于水中,过滤,制得次氯酸钙溶液。取出后在搅拌下慢慢加入上述碱性铅盐溶液中。再经充分搅拌后,将混合物缓慢地加热并煮沸几分钟。静置,待析出褐色 PbO_2 沉淀后,抽取少许上层溶液并过滤,加入几滴次氯酸钙溶液,若仍有沉淀生成则说明氧化还不够完全,再加更多的次氯酸钙溶液,再将溶液煮沸。如此反复操作,直至氧化达到完全。待沉淀沉降后,用倾泻法洗涤沉淀 5～6 次。然后加入 6mol/L 硝酸,充分搅拌以除去铅酸钙或氢氧化铅,再用倾泻法洗涤数次。最后将沉淀过滤并于 100℃ 以下干燥,产量接近定量

● 对醌二肟

化学名	对苯醌二肟	相对分子质量	138.12
英文名	*p*-benzoquinone dioxime	外观	浅黄色针状结晶或深棕色粉末
分子式	$C_6H_6N_2O_2$	熔点	240℃(分解)
结构式		密度	1.2～1.4g/mL
溶解性	易溶于乙醇、乙酸、乙酸乙酯,溶于热水,不溶于冷水、苯和汽油		

质量标准			
外观	黄色或黄褐色粉末	灰分	≤0.1%
乙醇溶解性	合格	水分	≤0.2%
含量	≥98%	分解点	235～242℃

应用性能	本品用作丁基胶、天然胶、丁苯胶、聚硫"ST"型橡胶的硫化剂,特别适用于丁基胶。氧化剂(如 Pb_3O_4、PbO_2)对其有活化作用。在胶料中易分散,硫化快,硫化胶定伸强度高。临界温度比较低,有焦烧倾向。加入某些防焦剂(如苯酐、防焦剂 NA)、促进剂(如秋兰姆、噻唑类、二硫代氨基甲酸盐类)能有效地改善操作安全性。本品有变色及污染性,只适用于暗色制品。当用促进剂 DM 作活性剂时,抗焦烧性要比氧化铅好,变色性也减弱,但炭黑胶料例外。当以四氯苯醌为活性剂时,活化作用比氧化铅强得多。本品主要用以制造气囊、电胎、电线电缆的绝缘层、耐热垫圈等。本品也可用于自硫化型的胶黏剂,也是检测镍的试剂
用量	用量 1～2 份。与氧化铅 10～6 份或促进剂 DM 4～2 份配合
安全性	易燃。有毒,操作应佩戴合成橡胶手套和防尘口罩,防止皮肤接触和吸入,远离明火和高温热源。密闭贮存于阴凉、通风处。保质期 12 个月,过期复检合格仍可使用。运输过程中防止雨淋和曝晒,不能与强氧化剂混贮混运
生产方法	先将 30% 的氢氧化钠溶液加入反应釜,在搅拌下缓缓将苯酚加入,使之溶于氢氧化钠溶液。降温至 0℃ 再加入亚硝酸钠和 30% 的硫酸,使温度保持在 7～8℃ 进行反应,逐渐有亚硝基结晶析出。搅拌 1h 后,静置过滤,结晶经水洗,得亚硝基酚。再经转化,与盐酸羟胺水溶液混合,加热至 70℃ 进行肟化反应。反应完成后,过滤得对苯醌二肟

● 二苯甲酰苯醌二肟

英文名	4,4′-dibenzoylquinone dioxime	分子式	$C_{20}H_{14}N_2O_4$
相对分子质量	346.34	密度	1.37g/mL
结构式		溶解性	溶于氯仿,难溶于丙酮,不溶于苯、汽油、乙醇和水
质量标准	外观:紫灰色粉末;水分≤0.5%;含量≥98%		
应用性能	本品用作丁基橡胶、天然橡胶和丁苯橡胶的硫化剂,性能与对醌二肟相似,但抗焦烧性能较好。特别适用于丁基胶。本品是过氧化物硫化的非常有效的硫化助剂,硫化快,定伸高。本品需配以金属氧化物活性剂,可提高其硫化效率。特别适用于丁基胶制作内胎、水胎、硫化胶囊、电线及电缆的绝缘层及一般橡胶制品		
用量	在含有炭黑的丁基胶中,其用量为6份左右,并配以10份左右的四氧化三铅。在不含炭黑的丁基胶中,其用量也为6份左右,但四氧化三铅配合量为4份		
安全性	无毒,贮藏稳定		
生产方法	①对醌二肟的合成:先将30%的氢氧化钠溶液加入反应釜,在搅拌下缓缓将苯酚加入,使之溶于氢氧化钠溶液。降温至0℃再加入亚硝酸钠和30%的硫酸,使温度保持在7～8℃进行反应,逐渐有亚硝苯酚结晶析出。搅拌1h后,静置过滤,结晶经水洗,得亚硝基酚。再经转位,与盐酸羟胺水溶液混合,加热至70℃进行肟化反应。反应完成后,过滤得到对苯醌二肟 ②苯甲酰氯的合成:苯甲酸与光气反应而制得将苯甲酸投入光化釜,加热熔融,于140～150℃下通入光气,反应尾气中含氯化氢和未反应的光气,用碱处理后放空。反应终点时降温至−2～−3℃,脱气操作后进行减压蒸馏,即得苯甲酰氯,纯度≥98% ③二苯甲酰对醌二肟的合成:由苯甲酰氯和对醌二肟反应制得		

● 聚对亚硝基苯

化学名	聚对二亚硝基苯	相对分子质量	$136.11n$
英文名	poly para dinitrosobenzene	外观	黄褐色或暗褐色蜡状固体
分子式	$(C_6H_4N_2O_2)_n$	熔点	52℃
结构式		密度	0.96g/mL
质量标准	黄褐色或暗褐色蜡状固体;熔点50～52℃;含量97%		
应用性能	低温硫化氯化橡胶的促进剂,其亦可作为IIR的活性剂,会产生轻微的变色,几乎无味且不会产生喷霜		

● 烷基苯酚甲醛树脂

英文名	alkylphenol formaldehyde resin	软化点	随品种而异,在70～105℃
结构式		密度	1.04g/mL
		溶解性	溶于甲苯、丙酮、部分汽油,微溶于乙醇
		质量标准	外观:性状黄色至褐色透明块状固体
应用性能	烷基苯酚甲醛树脂具有良好的增黏性能,适用于乙丙橡胶、丁苯橡胶、丁基橡胶胶黏剂的增黏,其效果优于歧化松香和古马隆树脂,并与其结构及相对分子质量分布有关;一般,烷基的碳原子数越多、支链越多的树脂,与橡胶的相容性越大,增黏效果越好		
用量	一般用量8～10质量份		
生产方法	在烷基化催化剂存在下,用二异丁烯(或三聚丙烯、四聚丙烯)使苯酚烷基化,然后在酸性催化剂下,将烷基苯酚与甲醛水溶液缩合即得		

● DHBP

化学名	4,4′-二羟基二苯甲酮	相对分子质量	214.2
英文名	4,4′-dihydroxybenzophenone	外观	白色晶体粉末
分子式	$C_{13}H_{10}O_3$	熔点	217～222℃
结构式		溶解性	不溶于水,溶于有机溶剂
质量标准	白色晶体粉末;熔点217～222℃;含量≥99.5%		
应用性能	氟橡胶硫化剂,有机合成中间体,可作为特种工程材料单体,亦可作紫外线吸收剂用,同时亦可作医药载体使用		
用量	33%的溶液		
安全性	贮存于密封的主藏器内,并放在阴凉、干爽的位置。常温常压下,不分解产物		
生产方法	以四氯化碳和苯酚为原料,在固体超强酸催化剂存在下,于80～200℃下反应3～20h;冷却到室温后,加入适量冰水搅拌水解30～60min,水解反应结束后反应液分离纯化得到所述4,4′-二羟基二苯甲酮		

● HY-2055

化学名	溴化对叔辛基苯酚甲醛树脂
英文名	bromide p-tertoctyl phenol formaldehyde resin
分子式	$(C_{16}H_{24}O_2)_n C_{32}H_{49}BrO_4$
结构式	

外观	橙黄色至红棕色透明块(片)状
软化点	80~95℃
溶解性	溶于甲苯、二甲苯、丙酮等芳香烃类溶剂
质量标准	
外观	橙黄色至红棕色透明块(片)状(Ⅰ)(Ⅱ)(Ⅲ)
软化点/℃	(Ⅰ)85~95　(Ⅱ)85~95　(Ⅲ)80~90
溴含量/%	(Ⅰ)3.6~4.0　(Ⅱ)3.8~4.2　(Ⅲ)4.8~5.2
羟甲基含量/%	(Ⅰ)9~12.0　(Ⅱ)9.5~13.0　(Ⅲ)9.5~13.0
应用性能	是应用于低不饱和度橡胶中有效的硫化剂。在丁基橡胶中及通常加工温度下,易分散、易操作、硫化速率快、配方简单、不需添加活化剂,焦烧性能良好。广泛应用于胶囊、胶塞、密封件、耐热胶圈、胶辊、压敏黏合剂及胶带中
用量	参考用量 1.5~8 份
安全性	避免使用活化剂氯化亚锡,从而避免了对人体的损害
生产方法	①在催化剂的存在下,使用二异丁烯使苯酚烷基化,主要生成对叔辛基酚 ②在氢氧化钠存在下,对叔辛基酚与甲醛缩合生成 ③甲阶酚醛树脂与溴化氢反应,一部分羟甲基变成溴甲基,进一步缩聚成溴化对叔辛基苯酚甲醛树脂

● VA-7

化学名	脂肪族醚的多硫化物	英文名	aliphatic polysulfide
分子式	$(C_5H_{10}O_2S_4)_n$	外观	灰白色或微黄色液体
结构式	$\left[\begin{array}{c} C_2H_4-O-C_2H_4-S-S-S-S \end{array}\right]_n$ 带 O	密度	1.42~1.47g/mL
质量标准	微黄色油状液体;pH6~8;含量 48%~52%		
应用性能	①天然橡胶、丁基橡胶、丁腈橡胶及其他不饱和橡胶的硫化剂,在橡胶中极易分散,受热流动性和分散性加强 ②用本品比用硫黄交联效率高,交联时更多地形成单硫键和双硫键,形成多硫键比硫黄大大减少。由于其中的硫黄为结合硫黄故无喷出的危险,用量高达5~7份时亦无喷出现象。胶料不喷霜,硫化胶老化、耐热、拉力性能好,变形小等物理性能好 ③用于制造电线电缆,由于没有游离硫,保护铜色,防止铜害。目前已大量使用。可代替或部分代替硫化剂 DTDM 使用本降低,避免或减少 DTDM 的亚硝胺致癌物质生成 ④用于合成橡胶在高温下力学性能仍很好,提高了橡胶制品的耐热、耐老化性能,可就用于各种橡胶制品。也可用于制造轮胎的白胎侧胶料		
用量	在橡胶制品中一般为 2~3 份		
安全性	稍有硫醇气味。贮藏稳定		
生产方法	氢氧化钠与硫在 104℃下反应得到多硫化钠。氯乙醇与甲醛在 80~103℃下以二氯乙烷为脱水剂反应得到单体。单体与多硫化钠在 95℃下反应即得液体聚合物 VA-7		

HMDC

化学名	六亚甲基二胺氨基甲酸酯	相对分子质量	160.12
英文名	hexamethylene diamine carbamate	外观	淡黄色或乳白色粉末
分子式	$C_7H_{16}N_2O_2$	密度	1.09g/mL
结构式	H_2N ~~~~ NH-C(=O)-OH	溶解性	能溶解在乙醇和乙醚中

质量标准			
外观	淡黄色或乳白色粉末,具有一定的肉桂香味	水分	$<0.2\%$
熔点	76～85℃	灼烧残渣	$<0.1\%$
含量	$\geqslant99\%$	乙醇溶解实验	澄清透明
应用性能	用作氟橡胶硫化剂,硫化性能优良,可避免硫化胶产生气孔。通常采用149℃一段模压硫化30min,204℃二段热空气硫化24h		
用量	在炭黑胶料中用量2～3份,在矿物填料胶料中为3～4份		

二乙烯苯

英文名	divinylbenzene	分子式	$C_{10}H_{10}$
结构式			
相对分子质量	130.18	熔点	$-66.9℃$
外观	无色透明或淡黄色液体	沸点	199.5℃
溶解性	不溶于水	密度	0.93g/mL
质量标准	无色透明或淡黄色液体;含量55%;阻聚剂含量合格		
应用性能	用于制造塑料和离子交换树脂。富有反应性,能生成三维结构的不溶聚合物,用作交联剂,可与苯乙烯、丁二烯、丙烯腈、甲基丙烯酸价值等聚合性单体共聚,制备离子交换树脂(以与苯乙烯共聚物为主,有强酸性阳离子交换树脂、强碱性阴离子交换树脂、弱碱性阴离子交换树脂及离子交换膜)、ABS树脂(提高耐冲击性及耐热性)、MBS树脂、合成橡胶、聚酯树脂,用于木材加工,阻燃剂。上述离子交换树脂可用于硬水软化,纯水制造,从海水中提取盐,精制氨基酸和抗生素,葡萄糖、砂糖的脱色,从废水中除去金属离子。也用作上述树脂的改性剂,可以改善树脂的耐热性、耐冲击性、耐摩擦性、耐着色性,提高强度、提高透明度、提高折射率等。作为交联剂来说,以对位体较好,交联速率最快,因此,如何提高对位体的含有率,是提高树脂性质的关键。对位体含量越高,制得的树脂性能越好		
用量	1%～80%		

安全性	健康危害:动物试验具有麻醉作用和轻度刺激作用。未见人急性中毒报道。长期接触本品蒸气有头痛、上呼吸道刺激症状;皮肤脱脂、粗糙和皲裂。环境危害:对环境有危害,对大气可造成污染。燃爆危险:本品可燃,具刺激性。危险特性:遇明火、高热可燃。在使用和贮存过程中,易发生自聚反应,酿成事故。通常商品加有阻聚剂。贮存于阴凉、通风的库房。远离火种、热源。库温不宜超过 30℃。包装要求密封,不可与空气接触。应与氧化剂、酸类分开存放,切忌混贮。不宜大量贮存或久存。配备相应品种和数量的消防器材。贮区应备有泄漏应急处理设备和合适的收容材料
生产方法	(1)二甲醛基苯与格氏试剂反应,然后脱水制得 (2)将二乙基苯在金属氧化物催化剂存在下,于 600℃下脱氢,可制得以间位为主的产品,但此法有副产品乙基乙烯基苯。在上述反应中,虽有可能同时生成邻位、间位、对位三种,但可以利用径流的方法使它们分离,而且邻位体的反应过程中易变为萘,所以反应物以间位及对位的混合物为主,这两者之比,间位居多

● 对苯二酚

英文名	hydroquinone	相对分子质量	110.11
分子式	$C_6H_6O_2$	熔点	170.5℃
结构式	HO—⟨⟩—OH	沸点	285～287℃
		密度	1.358g/mL
外观	白色针晶。工业品为白色或略带色泽的针晶或结晶粉末		
溶解性	易溶于热水,能溶于冷水、乙醇及乙醚,难溶于苯		
质量标准	白色、类白色或浅色固体;熔点 171～175℃;含量 99.0%～100.5%;邻苯二酚含量 0.05%;灼烧残渣 0.1%～0.3%		
应用性能	用作苯乙烯、丙烯酸酯类、接枝氯丁胶黏剂、丙烯腈及其他乙烯基单体的阻聚剂及高温乳液聚合反应的终止剂或稳定剂。汽油用阻凝剂,电影胶片、照相、X 射线片的显影剂,橡胶防老剂,油脂及酚醛丁腈胶黏剂的抗氧化剂,涂料和清漆的稳定剂等		
用量	对苯二酚用作阻聚剂时常用的浓度约为 200×10^{-6}		
安全性	可燃,在空气中见光易变成褐色,碱性溶液中氧化更快。中等毒性。在动物试验中,反复给予 30～50mg/kg 剂量可引起急性黄色肝萎缩,除严重损伤肾脏外,并能发生异常的色素沉着。所以,有时用它涂在人体局部可除去雀斑。服用1g 对苯二酚能刺激食道而引起耳鸣、恶心、呕吐、腹痛、虚脱。服用 5g 可致死。长期接触对苯二酚蒸气、粉尘或烟雾可刺激皮肤、黏膜,并引起眼的水晶体浑浊。操作现场空气中最高容许浓度 $2mg/m^3$。生产设备应密闭,操作人员应穿戴好防护用具		

生产方法	将苯胺、二氧化锰和硫酸按摩尔比为 1∶3∶4 加入反应釜内,加料时应在夹套中通冷冻水控制温度在 10℃ 以下。搅拌下反应 10h,反应温度逐渐升至 25℃ 左右,生成苯醌。然后在反应物内通入水蒸气进行水蒸气蒸馏,蒸出的苯醌与水蒸气经部分冷凝后流入还原釜,再加入与苯醌的摩尔比为 1∶0.7 的铁粉,加热至 90～100℃,搅拌下反应 3～4h,还原反应的产物为对苯二酚。还原产物经过滤除去氧化铁渣后,进行减压脱水浓缩。然后加入焦亚硫酸钠、活性炭、锌粉,加热至沸腾进行脱色。趁热过滤后,滤液缓缓降温至 30℃ 以下,对苯二酚以针状结晶析出,经离心脱水后,加入沸腾床于 80℃ 下进行干燥,即得成品

● 苯甲酸铵

英文名	ammonium benzoate	相对分子质量	139.15
分子式	$C_7H_9NO_2$	外观	无色薄片状结晶或结晶性粉末,微有苯甲酸气味
结构式	(结构式图)	熔点	198℃
		密度	1.26g/mL
溶解性	溶于水、醇、甘油中,1g 该品溶于 4.7mL 水、1.2mL 沸水、36mL 乙醇、8mL 沸乙醇、8mL 甘油。其水溶液呈微酸性。露置空气中逐渐失去氨。燃烧或受热分解产物包括有毒的氧化氮和氨。与氧化剂接触会引起着火或爆炸		
质量标准	无色薄片状结晶或结晶性粉末;熔点 192～198℃;含量≥99.0%		
应用性能	①分析中用以沉淀铁、铝、铬等三价和四价元素,以与二价元素分离。用于胶和乳胶的防腐 ②用作化学分析试剂。如作为沉淀剂,进行金属的重量法定量分析。用于防腐、消毒、胶黏剂、金属防锈处理及橡胶添加剂等 ③用作粘接剂,也可用于防腐、消毒、制药。用途本品可作为丙烯酸酯橡胶的硫化剂,特别适用于不含氯的胶种。硫化速度快,加工性好,硫化胶的强度高,压缩变形小		
用量	一般用量 0.5～2 份		
安全性	如果遵照规格使用和贮存则不会分解,未有已知危险反应,避免氧化物、酸、水分/潮湿。在 160℃ 升华		
生产方法	将苯甲酸溶于 20% 的氨水中,加热,必要时过滤。然后将溶液搁置放冷使之析出结晶,抽滤后夹于滤纸间进行干燥,纯度约为 99%		

● 硫化剂 3 号

化学名	N,N'-二亚肉桂基-1,6-己二胺	分子式	$C_{24}H_{28}N_2$
英文名	N,N'-dicinnamylidene-1,6-hexanediamine	相对分子质量	334.49
结构式	(结构式图)		

外观	为淡黄色或乳白色粉末,具有一定的肉桂香味	密度	1.09g/mL
熔点	82～88℃	溶解性	能溶解在醇和乙醚中
质量标准	本品为淡黄色或乳白色粉末,具有一定的肉桂香味;熔点 76～85℃;含量≥99.5%		
应用性能	氟橡胶硫化剂,硫化胶性能优良		
用量	在含炭黑胶料中一般用量为2.0～3.0份,在矿物填料胶料中为3～4份		
安全性	操作安全,有毒,不宜用于与食物接触的制品		

● 过氧化苯甲酰

英文名	benzoyl peroxide,BPO	相对分子质量	242.23
分子式	$C_{14}H_{10}O_4$	外观	白色或淡黄色细粒,微有苦杏仁气味
结构式		熔点	108℃(分解)
		密度	1.33g/mL
溶解性	溶于苯、氯仿、乙醚、丙酮、二硫化碳,微溶于水和甲醇		
质量标准	白色颗粒或粉末;含量≥98.2%;水分≤27%		
应用性能	①检定甲醛和胆甾醇,芳香胺的定性 ②是一种应用十分广泛的精细化工产品中间体,可作为粮油食品添加剂,高速公路的黏合剂,二甲苯硅橡胶、凯尔F-橡胶的硫化剂等。还可用于油脂的精炼、纤维的脱色、高分子聚合反应引发剂和聚酯加工成型的固化剂,还可以应用于医药工业等方面。亦可用作不饱和树脂、硅橡胶、氟橡胶的交联剂及漂白剂和氧化剂 ③本品粉末型(纯度98.0%)产品主要用作丙烯酸系树脂,乙酸乙烯树脂、甲基丙烯酸酯树脂等的聚合引发剂,用量0.1%～1.0%。糊型(本品50%与增稠剂50%)产品用作聚酯树脂成型加工的固化催化剂。液型(本品75%与水25%)产品则作为聚合催化剂用于制备聚苯乙烯树脂 ④具有杀菌作用和较好的氧化作用,能使面粉漂白。我国规定仅用于小麦粉 ⑤催化剂。用于自由基卤化、自由基敏化、氧化环化反应、氢嗅酸与烯烃的反马尔可夫尼可夫加成反应及其他自由基反应、自由基聚合反应的常用引发剂		
用量	用作面粉品质改良剂,最大使用量0.06g/kg		
安全性	①避免受热与光照,避免与强还原剂、酸类、碱类、醇类接触。干品极不稳定,摩擦撞击、遇热或遇还原剂即能引起爆炸。贮存时以水作稳定剂,一般含水30%。库温不宜超过30℃ ②对上呼吸道有刺激性。对皮肤有强烈的、刺激及致敏作用。进入眼内可造成损害。易燃,具爆炸性,具强刺激性,具致敏性		

生产方法	（1）方法 1　在反应釜内先加入 40%以上的烧碱溶液 0.75 份，加水稀释为 30%左右，搅拌下冷却至 10℃，滴加 30%的双氧水 1 份，控制反应温度为 （10±2）℃。滴加完后，通冷冻盐水使物料温度降至 0℃左右，再一边搅拌，一边滴加苯甲酰氯。通过调节苯甲酰氯的滴加速度和加强传热，控制反应温度保持在 0℃以下。滴加完苯甲酰氯后，继续保持 0℃左右，搅拌反应 2～3h。然后静置分层，放出下层废液，加入冰水，边加边搅拌。再静置分层。分出下层的过氧化苯甲酰，进行低温干燥，需贮存时应保持成品中含水量 25%～30% （2）方法 2　将一定量苯甲酰氯投入苯甲酰氯贮罐中待用；称量相等质量的双氧水投入反应釜中，开启搅拌；然后加入少量相转移催化剂十二烷基硫酸钠，再将称量好的碳酸铵慢慢投入反应釜中。待碳酸氢铵在双氧水中均匀分布后，以一定的流量逐渐滴加苯甲酰氯至反应釜，并视反应釜的温度情况，调节苯甲酰氯的加入量，保持 20℃左右，直至苯甲酰氯全部投完为止。待反应釜中无气体放出即为反应结束。开启无堵塞泵，把物料打至离心机脱水即可得到 BPO 产品

● 硫化剂 DCBP

化学名	2,4-二氯过氧化苯甲酰	相对分子质量	380.01
英文名	bis(2,4-dichlorobenzoyl)peroxide	熔点	45℃（分解）
分子式	$C_{14}H_6Cl_4O_4$	密度	1.18g/mL
结构式			
外观	白色至浅黄色结晶粉末，或片状有滑感粉末		
溶解性	不溶于水，微溶于乙醇、丙酮，易溶于苯、氯仿		
质量标准	外观：白色粉末；含量：糊状≥50%，粉状≥90%		
应用性能	本品是一种高效硅橡胶硫化促进剂，用作硅橡胶无模硫化，热空气挤出硅橡胶硫化剂，制品具有交联密度高，透明性好，硫化颜色好；也用于不饱和聚酯树脂的快速固化剂。可用于低温下快速固化的树脂锚杆中，也是橡胶硫化促进剂		
用量	1%～2.5%		
安全性	按有机过氧化物的要求运输、贮存。本品易燃、易爆。应远离热源火源、酸性物质和其他易燃材料，贮藏条件宜通风、室温 15℃下存放。混炼操作时注意摩擦静电，应分批逐步小量添加。本品宜保存在水中，商品为 50%硅油糊状物		
生产方法	①先将吡啶、2,4-二氯甲苯及高锰酸钾，依次加入水中，在搅拌下升温反应；然后在反应系统中加水溶解；最后过滤，滤液用酸调节至 pH 值为 2，析出沉淀，再经过滤，即得 2,4-二氯苯甲酸，产率为 72%～90% ②将 2,4-二氯苯甲酸与亚硫酰氯按摩尔比为 1:2 的比例加入反应釜中，在搅拌下加热至 100～135℃，进行回流反应 1h；然后反应结束，在常压下蒸出过量的亚硫酰氯；最后再进行减压蒸馏，收集 3733.03Pa，146～149℃的馏分，即得 2,4-二氯苯甲酰氯 ③将 2,4-二氯苯甲酰氯与丙酮搅拌溶解后，降温至 5℃以下，滴加过氧化钠溶液，进行反应，反应温度控制在 5～10℃。待反应完全后，用水洗涤，离心脱水，将滤饼烘干，即得干燥的 2,4-二氯过氧化苯甲酰 ④将干燥的 2,4-二氯过氧化苯甲酰在搅拌下，加入相等质量的硅油，就可得到 50%的硅油无水糊状物		

硫化剂 DTBP

化学名	二叔丁基过氧化物	外观	无色液体
英文名	di-tert-butylperoxide	熔点	$-40℃$
分子式	$C_8H_{18}O_2$	沸点	$110℃$
结构式		密度	$0.794g/mL$
相对分子质量	146.23	溶解性	能与苯、石油醚等有机溶剂混溶，不溶于水
质量标准	无色到微黄色透明液体；叔丁基过氧化氢含量≤0.1%；含量≥99.0%		
应用性能	①用作合成树脂引发剂、光聚合敏化剂、橡胶硫化剂、柴油点火促进剂，也用于有机合成 ②本品用作聚合的引发剂。还用作不饱和聚酯和硅橡胶的交联剂。还可用作柴油的添加剂，变压器油的防凝剂		
安全性	吸入、经口或以皮肤吸收后对身体有害。本品低毒，能刺激眼睛、皮肤和呼吸道。受高热、阳光曝晒、撞击或与还原剂以及易燃物如硫、磷接触时，有引起燃烧爆炸的危险。有强氧化性，易燃，常温下较稳定，对撞击不敏感。禁止与强还原剂、强碱接触。本品与还原剂接触或受冲击会爆炸		
生产方法	将叔丁醇和70%的硫酸加入搪瓷反应釜，搅拌混合并冷却至2～−8℃。在激烈搅拌下，于90min内滴加入27%的过氧化氢和浓硫酸，加完后继续搅拌3h。静置分出油层，水洗，再用30%的氢氧化钠溶液洗除叔丁基过氧化氢，最后再用水洗。加硫酸镁干燥，过滤得成品		

硫化剂双 25

化学名	2,5-二甲基-2,5-二(叔丁基过氧化)己烷	外观	浅黄色油状有特殊臭味液体
英文名	2,5-dimethyl-2,5-bis(tert-butylperoxy)hexane	熔点	$8℃$
分子式	$C_{16}H_{34}O_4$	沸点	$250℃$
结构式		密度	$0.877g/mL$
相对分子质量	290.44	溶解性	与水不溶，与多数有机溶剂混溶
质量标准	浅黄色透明液体；分解温度145℃；含量≥80%		
应用性能	本品用作硅橡胶、聚氨酯橡胶、乙丙橡胶和其他橡胶的硫化剂。也可用作聚乙烯交联剂和不饱和聚酯的硬化剂。本品没有二叔丁基过氧化物容易汽化和过氧化二异丙苯产生臭味的缺点。本品是乙烯基硅橡胶有效的高温硫化剂，制品的拉伸强度和硬度均高，拉伸和压缩变形较低		
用量	1%～5%的加入量		

安全性	与强还原剂、碱、酸、易燃或可燃物、硫反应。有毒,易燃易爆。易挥发,商品通常稀释后贮装。贮存于阴凉、通风的库房。远离火种、热源。防止阳光直射。库温不宜超过 30℃。保持容器密封。应与还原剂、酸类、碱类、易(可)燃物、硫、磷分开存放,切忌混贮。不宜久存。采用防爆型照明、通风设施。禁止使用易产生火花的机械设备和工具
生产方法	以乙炔和丙酮为原料,在丁醇溶液中与氢氧化钾反应,生成 2,5-二甲基-3-己炔-2,5-二醇钾,水解(或中和),可生成 2,5-二甲基-3-己炔-2,5-二醇。在镍催化剂作用下,加氢,生成 2,5-二甲基己二醇,在硫酸存在下,用过氧化氢氧化,生成 2,5-二甲基己二酸,再在硫酸作用下,在 35℃ 与叔丁醇进行叔丁基化反应制得。取出有机层,洗涤,减压精馏制得

● 硫化剂 DCP

化学名	过氧化二异丙苯	相对分子质量	270.37
英文名	dicumyl peroxide	外观	白色结晶
分子式	$C_{18}H_{22}O_2$	熔点	41～42℃
结构式		密度(20℃)	1.082g/mL
		溶解性	溶于苯、异丙苯、乙醚、石油醚,微溶于乙醇,不溶于水
质量标准	无色透明至浅黄色液体;熔点 38.5～41℃;含量＞99.0%		
应用性能	用作丁腈橡胶、氯丁橡胶、聚苯乙烯的交联剂。用作自由基悬浮聚合引发剂时,可与还原剂亚铁盐组成氧化还原引发剂。主要用作丁苯橡胶低温聚合及厌氧胶合成的引发剂,其引发速度比过氧化氢异丙苯快 30%～50%,但比过氧化氢叔丁基异丙苯及过氧化氢三异丙苯要慢。也可用作不饱和聚酯的固化剂、酚醛丁腈胶黏剂的交联剂,提高耐热性和耐老化性		
用量	100 份聚乙烯使用该品 2.4 份		
安全性	与可燃材料,还原剂,酸,碱,铁锈,重金属反应。见光逐渐变成微黄色,室温下稳定,100℃ 以上形成高分子化合物。纯度为 100% 时活性氧含量为5.92%。半衰期(溶于苯中):171℃ 为 1min;117℃ 为 10h;101℃ 为 100h。为强氧化剂,遇硫、高氯酸反应剧烈,遇火缓慢燃烧,对振动和摩擦不敏感。贮存于阴凉、干燥库房内,避光,温度不超过 30℃,远离火种热源		
生产方法	(1)由过氧化氢异丙苯还原、缩合而得。用亚硫酸钠将过氧化氢异丙苯在62～65℃ 还原为苄醇。然后在高氯酸催化剂的存在下,使苄醇与过氧化氢异丙苯在 42～45℃ 缩合,得到过氧化二异丙苯缩合液。经 10% 氢氧化钠溶液洗涤、真空蒸馏提纯后,再溶于无水酒精,于 0℃ 以下结晶,过滤干燥即得硫化剂 DCP。工业品含量 97% (2)用亚硫酸钠将过氧化氢异丙苯(CHP)在 62～65℃ 还原为苄醇(CA)。然后在高氯酸催化的存在下,使苄醇与过氧化氢异丙苯在 42～45℃ 缩合,得到过氧化氢二异丙苯缩合液。经 10% 氢氧化钠溶液洗涤、真空蒸馏提浓后,再溶于无水酒精,于 0℃ 以下结晶,过滤干燥即得 DCP		

● 异丙苯过氧化氢

化学名	过氧化氢异丙苯	外观	无色至浅黄色液体
英文名	cymyl Hydroperoxide	熔点	−30℃
分子式	$C_9H_{12}O_2$	沸点	145℃（分解）
相对分子质量	152.19	密度	1.05g/mL
结构式	OH	溶解性	易溶于乙醇、丙酮、酯类、烃类和氯烃类，微溶于水
质量标准	无色或微黄色液体；活性氧含量≥8.4%；含量≥80%		
应用性能	用作丁苯橡胶硫化剂，亦可作为氯乙烯、丙烯酸酯的聚合引发剂		
用量	1%～5%		
安全性	有毒可燃，有爆炸的危险，与还原剂、硫、磷等混合可爆；受热、撞击可爆。易燃，遇还原剂、铵、有机物、酸、易燃物混合易燃，库房通风低温干燥；与有机物、还原物、易燃物、强酸分开存放		
生产方法	将异丙苯直接用空气氧化可得		

● 叔丁基过苯甲酸酯

化学名	过苯甲酸叔丁酯	外观	无色至微黄色液体，略有芳香气味
英文名	*tert*-butyl perbenzoa	熔点	8℃
分子式	$C_{11}H_{14}O_3$	沸点	112℃（分解）
相对分子质量	194.23	密度	1.495～1.499g/mL
结构式		溶解性	不溶于水，能溶于乙醇、苯、己烷、无味溶剂油、醋酸乙烯、甲氢呋喃、甲乙酮等有机溶剂
质量标准	浅黄色透明液体；活性氧含量≥8.07%；含量≥98%		
应用性能	广泛用于聚酯高温固化、低密度聚乙烯聚合、丙烯酸酯乳液聚合物的高温聚合，还用于预制整体模塑料和片成塑料在135～160℃范围内的模塑，也可作橡胶硫化剂、油漆促干剂。硅橡胶用硫化剂，抗焦烧性能优良，操作安全。可用于高温硫化制品，如海绵制品		
用量	—		
安全性	本品易燃、易爆；必须远离火源、热源，避免阳光直射；不得与浓酸和碱、还原剂及尘、灰、锈或金属接触，使用时一定要戴防护眼镜和手套，现场不得进食、饮食水或吸烟，切勿将用剩的过氧化物倒回原容器。贮运温度须保持在10～30℃。严防发生电气火花等情况		
生产方法	由叔丁醇经叔丁醇硫酸酯再与双氧水反应制得过氧化叔丁基，再与苯甲酰氯反应而得		

● 硫化剂 TDI

化学名	2,4-甲苯二异氰酸酯	相对分子质量	174.16
英文名	toluene-2,4-diisocyanate	外观	无色或浅黄色透明液体,有刺激臭味
分子式	$C_9H_6N_2O_2$	熔点	19.5～21.5℃
结构式		沸点	251℃
		密度(20℃)	1.2244g/mL
		溶解性	与乙醚、二甘醇、丙酮、四氯化碳、苯、氯苯、煤油、橄榄油混溶
质量标准	无色至淡黄色透明液体,有强烈刺激性气味;沸点 118～120℃(12.7×10^3Pa);含量 99.9%		
应用性能	聚氨酯工业的十分理想的合成高分子材料聚氨酯的原料。用于合成溶剂型、乳液型和热熔型聚氨酯胶黏剂及其他多种改性胶黏剂。也可用作聚乙烯醇水溶性胶黏剂的改性剂,提高耐水性。用 TDI 制成的聚氨酯材料主要应用于制作各种软质和硬质的泡沫塑料、聚氨酯橡胶、聚氨酯涂料,其优异性能和广泛用途使 TDI 成为异氰酸酯化合物中应用最广泛的品种之一		
安全性	①稳定,但在水分存在时易分解。对热和光敏感。容易聚合。试剂与含活性氢化合物。不是强氧化剂,能腐蚀一些铜和铝的合金 ②剧毒。对皮肤、眼睛和黏膜有强烈的刺激作用。长期接触可引起支气管炎,少数病例呈哮喘状态、支气管扩张甚至肺心病等。空气中最高容许浓度 0.14mg/m³。厂区内应安装排风装置。操作人员要戴好防护用具		
生产方法	制备方法有胺光气化法、硝基化合物羰基化法和碳酸二甲酯法 (1)胺光气化法 由甲苯硝化生成二硝基甲苯,再经还原得到甲苯二胺。甲苯二胺与光气反应即得 TDI(以 2,4-异构体为主) ①常压法:将熔融的二氨基甲苯(105～110℃)溶解于邻二氯苯,配成 10%～20% 的溶液;将光气溶于邻二氯苯,含量为 25%～50%。两种溶液在混合器中混合,加热至 80～200℃,使之反应,产物是甲苯二异氰酸酯、氯化氢及其他副产物。未反应的光气、邻二氯苯与反应产物一并送入蒸发塔以分离出部分溶剂,蒸出的邻二氯苯再作为回收光气的吸收剂。蒸发塔釜液送入预蒸发器进行闪蒸,蒸出的甲苯二异氰酸酯与邻二氯苯进入蒸馏塔,此塔顶回收得纯溶剂,釜液精馏得甲苯二异氰酸酯 ②加压法:该法所用溶剂一般为氯苯。液态光气与 10%～20% 的二氨基甲苯的氯苯溶液在 80～120℃、0.1～0.5MPa 压力下,在循环管路中进行反应,管路中的循环比为 10～40。反应粗产物通过缓冲器进入反应器,反应器用加热器加热。反应器顶部逸出的氯化氢回收得副产盐酸,其中含有的少量光气经冷凝器冷凝后进入光气贮槽。反应粗产物进入蒸发塔于 0.1～0.5MPa 压力下蒸出光气。塔釜是甲苯二异氰酸酯、氯苯及其他副产物,进一步蒸馏精制,回收氯苯,得到甲苯二异氰酸酯 (2)硝基化合物羰基化法 从芳烃硝基化合物出发,采用铬、铑、钯等羰基化催化剂,在 60～150℃、686～981MPa 压力下,与 CO 直接反应生成甲苯二异氰酸酯 (3)碳酸二甲酯法 是自 20 世纪 80 年代以来甲醇氧化羰基化法碳酸二甲酯工业化后面新开发的用碳酸二甲酯取代光气生产甲苯二异氰酸酯的一种方法。具有设备简单、无公害、不用光气等诸多弊病。随着碳酸二甲酯的不断开发,生产规模不断扩大,其价格将逐渐降低。相信在环境问题日益被重视的今天,该法将更具有生命力		

● 4,4′-亚甲基双（异氰酸苯酯）

化学名	二苯基甲烷-4,4′-二异氰酸酯	外观	白色至浅黄色熔融固体，加热时有刺激性臭味
英文名	diphenyl methane 4,4′-diisocyanate	熔点	40~41℃
分子式	$C_{15}H_{10}N_2O_2$	沸点	190℃
相对分子质量	250.25	密度（20℃）	1.20g/mL
结构式	O=C=N—〈苯环〉—CH₂—〈苯环〉—N=C=O	溶解性	溶于丙酮、苯、煤油、四氯化碳、氯苯、硝基苯、二氧六环等
质量标准	白色至浅黄色熔融固体；凝固点≥38℃；含量≥99.6%		
应用性能	用作聚氨酯泡沫塑料、橡胶、纤维、涂料等的原料。是合成聚氨酯胶黏剂和密封剂的主要原料，还用于制造聚氨酯涂料、聚氨酯泡沫塑料、橡胶、催化剂、胶黏剂、除草剂、人造革、弹性纤维、合成革等		
安全性	①避免与强氧化剂、酸类、醇类、潮湿空气接触。溶于丙酮、四氯化碳等溶剂。有毒，蒸气压比 TDI 的低，对呼吸器官刺激性小，对皮肤、黏膜及眼睛均有刺激作用。在室温下易生成二聚体，颜色变黄，也易与羟基化合物、胺类反应 ②可导致中度眼睛刺激和轻微的皮肤刺激，可造成皮肤过敏，在空气中最大允许浓度为 $0.02×10^{-6}$。由于 MDI 活泼的化学性质，在操作时防止其与皮肤的直接接触及溅入眼内，穿戴必要的防护用品（手套、防护镜、工作服等） ③贮存于阴凉、干燥、通风良好的库房。远离火种、热源。保持容器密封。配备相应品种和数量的消防器材。贮存区应备有合适的材料收容泄漏物。库温不宜超过 20℃，严格防水、防潮，避免日光直射 ④200L 镀锌铁桶，18L 马口铁桶，在 5℃ 以下贮存，在贮存过程中必须保证容器的严格干燥密封并充干燥氮气保护。切忌密封太严，应留有排气孔，以防鼓爆炸裂		
生产方法	由苯胺和甲醛缩合制备二氨基二苯甲烷，再由 4,4′-二氨基二苯甲烷与光气反应而得本品。光气化反应在溶剂中进行，反应过程产生氯化氢，被吸收为盐酸，反应得到的粗品经精馏精制即得成品		

2.23.2　涂料用交联剂

● 三亚乙基四胺

化学名	三亚乙基四胺	英文名	triethylenetetramine
分子式	$C_6H_{18}N_4$	相对分子质量	146.23
结构式	H_2N—CH₂CH₂—N(H)—CH₂CH₂—N(H)—CH₂CH₂—NH_2	外观	浅黄色或橙黄色透明液体，有氨气味
熔点	12℃	沸点	266~267℃
密度	0.9818g/mL	溶解性	与水混溶，微溶于乙醚，溶于乙醇

质量标准	强碱性和中等黏性的无色或黄色液体;含量 99.50%;凝固点 12℃;闪点 143℃
应用性能	用作络合试剂、碱性气体的脱水剂、染料中间体、环氧树脂的溶剂;用作环氧树脂的室温固化剂,固化条件室温/2d 或 100℃/30min。固化物热变形温度 98～124℃;还可用作橡胶硫化促进剂和稳定剂、表面活性剂、乳化剂、润滑油添加剂、气体净化剂、无氰电镀扩散剂、光亮剂、织物整理剂以及离子交换树脂、聚酰胺树脂的合成原料。也可用作氟橡胶的硫化剂
用量	参考用量 10～12 质量份
安全性	①本品为强碱腐蚀性液体。刺激皮肤、黏膜、眼睛和呼吸道,能引起皮肤过敏、支气管哮喘等症状。长期接触会引起白细胞减少、血压降低、支气管扩张等。每个—CH_2NH_2 的致死量相当于 0.5mg/kg。应避免直接与人体接触。溅及皮肤时,迅速用水或硼酸溶液冲洗,再涂以硼酸软膏。发现中毒,应立即脱离现场,呼吸新鲜空气并送医院诊治 ②避免与酸类、酰基氯、酸酐、强氧化剂、氯仿接触。水溶液为一种强碱,能与酸性氧化物、酸酐、醛、酮、卤化物发生反应。能侵蚀金属如铝、锌、铜及其合金。吸湿性强,能吸收空气中水分和二氧化碳。呈强碱性,与酸作用生成相应的盐。可燃,接触明火和高热有发生燃烧的危险。有毒。生产设备要密封,防止跑、冒、滴、漏。操作人员应穿戴防护用具,避免直接接触本品
生产方法	二氯乙烷氨化法:将 1,2-二氯乙烷和氨水送入管式反应器中于 150～250℃温度和 392.3kPa 压力下进行热压氨化反应。反应液以碱中和,得到混合游离胺,经浓缩同时除去氯化钠,然后将粗品减压蒸馏,截取 195～215℃之间的馏分,即得成品。此法同时联产乙二胺、二亚乙基三胺、四亚乙基五胺和多亚乙基多胺,可通过控制精馏塔温度蒸馏胺类混合液,截取不同馏分进行分离而得

● 四亚乙基戊胺

化学名	四亚乙基五胺	相对分子质量	189.30
英文名	tetrathylenepentamine	外观	黄色或橙红色黏稠液体
分子式	$C_8H_{23}N_5$		
结构式	$H_2N \overset{H}{\underset{}{N}} \overset{H}{\underset{H}{N}} \overset{}{\underset{}{N}} NH_2$	熔点	-30℃
		沸点	333℃
		密度	0.9980g/mL
溶解性	易溶于水,溶于乙醇,不溶于苯、乙醚,可混溶于甲醇、丙酮等		
质量标准	黄色或橙红色黏稠液体;水分≤0.5%;含量≥95.0%		
应用性能	用于合成聚酰胺树脂、阳离子交换树脂、润滑油添加剂、燃料油添加剂等,也可用作环氧树脂固化剂、橡胶硫化促进剂等。也用于合成树脂,也用作添加剂、固化剂、促进剂等。本品为环氧树脂固化剂,活性高黏度低,适用于环氧树脂制品的室温固化和快速固化。还可用作氟橡胶的硫化剂,用于工业橡胶制品。也用作润滑剂、燃料油、无氰电镀的添加剂,以及聚酰胺树脂、阴离子交换树脂的合成原料。此外本品在军事工业中也有重要用途		

用量	参考用量 14～15 份(质量份)
安全性	本品不稳定,易燃易分解。避免与强氧化剂、强酸、强碱接触。呈碱性。受热分解放出乙二胺和二亚基三胺。可燃,有毒。为强碱性、腐蚀性液体。可刺激皮肤、黏膜而引起皮肤过敏和支气管哮喘等症。长期接触会引起白血球减少、血压降低、支气管扩张等。经口 LD_{50} 3.99g/kg。应避免直接与人体接触,溅及皮肤时,迅速以水或硼酸溶液冲洗,再涂以硼酸软膏。发现中毒,应立即脱离现场,呼吸新鲜空气或送医院诊治
生产方法	由二氯乙烷与氨直接合成,在钼钛不锈钢反应管道内进行,反应温度控制在160～190℃,压力为 2.452MPa,反应时间 1.5min,反应后的合成液经蒸发一部分水分和过量氨进入中和器,用 30%碱液中和,然后经浓缩、脱盐、粗馏得粗乙二胺、粗三胺、粗多胺等混合物,收集 1.3kPa 压力下,160～210℃的馏分,冷却后即得四亚乙基五胺的成品

● 三亚乙基二胺

化学名	三亚乙基二胺	相对分子质量	112.18
英文名	triethylenediamine	外观	白色结晶状固体
分子式	$C_6H_{12}N_2$	熔点	158℃
结构式	(结构图)	沸点	174℃
		密度	1.14g/mL
溶解性	易溶于水、丙酮、苯及乙醇,溶于戊烷、己烷、庚烷等直链烃类		
质量标准	白色结晶状固体;水分≤1.0%;含量≥99.9%		
应用性能	用于生产聚氨酯泡沫的基本催化剂,室温固化硅橡胶、聚氨酯橡胶、聚氨酯涂料的催化剂等。三亚乙基二胺是农药生产引发剂、无氰电镀添加剂。也是聚氨酯泡沫塑料硬化剂,还是环氧树脂固化聚合催化剂、乙烯聚合催化剂、环氧化物催化剂等		
安全性	本品具有强碱性,其蒸气对眼睛、鼻孔、咽喉和呼吸道有刺激性,并能旨趣疼痛。对某些人因过敏反应可出现皮炎或哮喘。应避免与人体直接接触,皮肤触后用大量水或硼酸溶液冲洗。眼睛接触后,立即用大量流动清水冲洗,时间不得少于 15min		
生产方法	将 1,2-二氯乙烷和氨水送入管式反应器中,于 150～250℃、392kPa 压力下进行热压氨化反应。反应液以碱中和得到混合游离胺,经浓缩除去氯化钠,然后将粗品减压蒸馏,收集不同馏分进行分离。该反应联产乙二胺、二亚乙基三胺、三亚乙基四胺、四亚乙基五胺和多亚乙基多胺 从生产六水哌嗪的母液中经分馏可得该品		

2.23.3 纺织工业中经常用到的交联剂

● 甲醛改性三聚氰胺树脂

化学名	蜜胺甲醛树脂；蜜胺树脂
英文名	melamine-formaldehyde resin
外观	固化后的三聚氰胺甲醛树脂无色透明
固化温度	130～150℃
溶解性	反应条件不同，产物相对分子质量不同，产物可从水溶性到难溶于水，甚至不溶不熔的固体
质量标准	无色或淡黄色透明黏稠液体；pH7～9；含量66%±0.2%
应用性能	①在皮革工业的应用　在皮革工业中，三聚氰胺树脂是常用的预鞣、复鞣、填充树脂，其中三羟甲基三聚氰胺是应用最广的氨基树脂。目前采用最广泛、效果最明显的办法是适当封闭羟甲基降低其活性，阻止分子间进一步缩聚，或在分子结构上引入亲水基团提高其水溶性 ②在造纸业中主要作湿增强剂、抗水剂。涂料工业中主要用作水性涂料交联剂，它作为面漆和底漆的一种原料。用作陶瓷和水泥分散剂，木材黏合剂；用作模塑料和层压树脂；在水处理工业中，改性三聚氰胺甲醛树脂主要作废水处理的絮凝剂
用量	推荐用量为1%～5%
安全性	且具有自熄性，抗电弧性和良好的力学性能，三聚氰胺-甲醛树脂（MF）为热固性树脂，它具有阻燃、耐水、耐热、耐老化、耐电弧、耐化学腐蚀
生产方法	①原料为三聚氰胺（2,4,6-三氨基-1,3,5-三嗪）和37%的甲醛水溶液，甲醛与三聚氰胺的摩尔比为2，三聚氰胺甲醛树脂约3，第一步生成不同数目的 N-羟甲基取代物，然后进一步缩合成线型树脂。反应条件不同，产物相对分子质量不同，可从水溶性到难溶于水，甚至不溶不熔的固体，pH值对反应速率影响极大。上述反应制得的树脂溶液不宜贮存，工业上常用喷雾干燥法制成粉状固体。蜜胺树脂在室温下不固化，一般在130～150℃热固化，加少量酸催化可提高固化速率 ②目前国内外主要采用三聚氰胺、双氰胺单独或混合与甲醛缩合制备三聚氰胺树脂鞣剂，并根据需要对其进行适当改性

2.24　偶联剂

偶联剂是能增加有机树脂与无机填料之间黏结性的助剂。在它的分子中，同时具有能与无机材料（如玻璃、水泥、金属等）结合的反应性基团和与有机材料（如合成树脂等）结合的反应性基团。偶联剂在复合材料中的作用在于它既能与增强材料表面的某些基团反应，又能与基体树脂反应，在增强材料与树脂基体之间形成一个界面层，界面层能传递应力，从而增强了增强材料与树脂之间黏合强度，提高了复合材料的性能，同时还可以防止其他介质向界面渗透，改善了界面状态，有利于制品的耐老化、耐应力及电绝缘性能。

按偶联剂的化学结构及组成分为硅烷类、钛酸酯类、有机铬络合物和铝酸化合物四大类。

（1）硅烷类 其结构的一端有能与环氧、酚醛、聚酯等类合成树脂分子反应的活性基团，如氨基、乙烯基等；另一端是与硅相连的烷氧基（如甲氧基、乙氧基等）或氯原子，这些基团在水溶液或空气中水分的存在下水解，并与玻璃、矿物质、无机填充剂表面的羟基反应，生成反应性硅醇。硅烷类偶联剂常用于硅酸盐类填充的环氧、酚醛、聚酯树脂等体系；还可用于玻璃钢生产，以提高其机械强度及对潮湿环境的抵抗能力。硅烷偶联剂的有机基团对合成树脂的反应具有选择性，一般情况下，这些有机基团与聚乙烯、聚丙烯、聚苯乙烯等合成树脂缺乏足够的反应性，因而偶联效果差。

（2）钛酸酯类 其结构的一端可与无机填充剂界面上的自由质子反应，在无机物表面形成一有机单分子层，该分子层在压力作用下可以自由伸展和收缩，从而提高塑料的拉伸强度和冲击强度；另一端是可与合成树脂分子相互缠绕，使无机相和有机相紧密结合的长链烃基。这类偶联剂特别适用于碳酸钙、硫酸钡等非硅无机填充剂填充的聚烯烃体系。依据它们独特的分子结构，钛酸酯偶联剂包括四种基本类型：

① 单烷氧基型 这类偶联剂适用于多种树脂基复合材料体系，尤其适合于不含游离水、只含化学键合水或物理水的填充体系。

② 单烷氧基焦磷酸酯型 该类偶联剂适用于树脂基多种复合材料体系，特别适合于含湿量高的填料体系。

③ 螯合型 该类偶联剂适用于树脂基多种复合材料体系，由于它们具有非常好的水解稳定性，这类偶联剂特别适用于含水聚合物体系。

④ 配位体型 该类偶联剂用在多种树脂基或橡胶基复合材料体系中都有良好的偶联效果，它克服了一般钛酸酯偶联剂用在树脂基复合材料体系的缺点。

（3）有机铬络合物类 由不饱和有机酸与三价铬原子形成的金属络

合物，在玻璃纤维增强塑料中，其偶联效果良好。主要品种有甲基丙烯酸氯化铬络合物，商品名沃兰。它一端有活泼的不饱和基团，可以与合成树脂反应；另一端依靠铬原子与玻璃纤维表面的硅氧键结合。这种偶联剂的制造和应用技术比较成熟，成本低，但品种单一，适用范围和偶联效果不及前述两类。

（4）其他偶联剂　锆类偶联剂是含有铝酸锆的低分子量无机聚合物。在其分子的主链上有两种有机配位基团：一种可赋予偶联剂以良好的羟基稳定性和水解稳定性，另一种可赋予偶联剂与有机物良好的反应性。锆化合物类偶联剂不仅可促进无机物与有机物的结合，还可改善填充体系的性能，特别是能显著降低填充体系的黏度，价格低廉。适用于聚烯烃、聚酯、环氧、聚酰胺、聚丙烯酸、聚氨酯等。在碳酸钙、二氧化硅、陶土、三水合氧化铝、二氧化钛等填充体系中，都有偶联和改性作用。此外还有镁类偶联剂和锡类偶联剂。

2.24.1　航空工业偶联剂

●1,3-丁二醇

别名	丁间二醇、1,3-二羟基丁烷	相对分子质量	90.12
英文名	1,3-butylene glycol	外观	透明无色吸湿性黏稠液体,无臭,略有苦甜味
分子式	$C_4H_{10}O_2$		
结构式	HO⌒⌒OH	熔点	$-54℃$
		沸点	$203\sim204℃$
		密度(ρ_{25})	$1.005g/mL$
溶解性	溶于水、丙酮、甲基/乙基(甲)酮、乙醇、邻苯二甲酸二丁酯、蓖麻油,几乎不溶于脂肪族烃、苯、甲苯、四氯化碳、乙醇胺类、矿物油、亚麻籽油。热时能溶解尼龙,也能部分溶解虫胶和松脂		

质量标准			
质量标准	CTFA	表面张力	$37.8\times10^5 N/cm$
黏度(20℃)	$0.104Pa\cdot s$	折射率(20℃)	$1.439\sim0.441$
密度	$1.002\sim1.006g/cm^3$	灼烧残渣,w	0.01%
应用性能	航空工业中的偶联剂、脱冰剂和增塑剂。也用于制备聚酯树脂、聚氨基甲酸酯树脂、增塑剂,纺织品、纸张和烟草的增湿剂和软化剂等		
用量	按生产需要适量使用		
安全性	LD_{50}:23g/kg(大鼠,经口)		
生产方法	以乙醛为原料,在碱溶液中经自身缩合作用生成3-羟基丁醛,然后加氢而成1,3-丁二醇		

2.24.2 橡胶、塑料偶联剂

● KH-550 硅烷偶联剂、KH-560 硅烷偶联剂

通用名	KH-550 硅烷偶联剂	KH-560 硅烷偶联剂
别名	3-三乙氧基甲硅烷基-1-丙胺;γ-氨丙基三乙氧基硅烷;3-氨基丙基三乙氧基硅烷;硅烷偶联剂(KH-550)	3-(2,3-环氧丙氧)丙基三甲氧基硅烷;3-缩水甘油醚氧基丙基三甲氧基硅烷;γ-(2,3-环氧丙氧)丙基三甲氧基硅烷;γ-(甲基丙烯酰氧)丙基三甲氧基硅烷;3-缩水甘油丙氧基三甲氧基硅烷;γ-GPTMS;A-187;KBM-403
英文名	3-aminopropyltriethoxysilane	3-glycidoxypropyltrimethoxysilane
分子式	$C_9H_{23}NO_3Si$	$C_9H_{20}O_5Si$
结构式		
相对分子质量	221.37	236.34
外观	无色或微黄色透明液体	无色或微黄色透明液体
沸点	217℃	290℃
密度	0.946g/mL(25℃)	1.070g/mL(20℃)
溶解性	溶于乙醇、甲苯、二氯乙烷、正庚烷等有机溶剂,可溶于水	溶于丙酮、苯、四氯化碳、乙酸乙酯、汽油等有机溶剂,微溶于水
质量标准		
外观	无色透明液体	无色透明液体
含量,w	≥98%	≥98%
折射率(25℃)	1.4175~1.4205	1.4260~1.4280
密度(ρ_{25})	0.939~0.948g/cm³	1.065~1.072g/cm³
水不溶物,w	≤0.2mL	—
应用性能	应用于矿物填充的酚醛、聚酯、环氧、PBT、聚酰胺、碳酸酯等热塑性和热固性树脂,能大幅度提高、增强塑料的干湿态弯曲强度、压缩强度、剪切强度等物理力学性能和湿态电气性能,并改善填料在聚合物中的润湿性和分散性。是优异的黏结促进剂,可用于聚氨酯、环氧、腈类、酚醛胶黏剂和密封材料,可改善颜料的分散性并提高对玻璃、铝、铁金属的黏合性,也适用于聚氨酯、环氧和丙烯酸乳胶涂料。在树脂砂铸造中,能增强树脂硅砂的黏合性,提高型砂强度及抗湿性。在玻纤棉和矿物棉生产中,将其加入到酚醛树脂黏结剂中,可提高防潮性及增加压缩回弹性。在砂轮制造中,有助于改进耐磨自硬砂的酚醛树脂黏合剂的黏结性及耐水性	适用于填充石英的环氧密封剂,填充砂粒的环氧混凝土修补材料或涂料以及填充金属的环氧模具材料。用于环氧类黏合剂和密封剂中,以改善黏合剂性能。用于玻纤增强环氧树脂、ABS、酚醛树脂、尼龙、PBT等,提高无机填料、底材和树脂的黏合力以提高其物理性能,尤其是复合材料的机械强度、防水性、电气性能、耐热性等性能,并且在湿态下有较高的保持率。还用于无机填料表面处理

用量	按生产需要适量使用	按生产需要适量使用
安全性	可燃,无毒,对皮肤和眼睛有轻微的刺激性	—
生产方法	(1)先醇解法 三氯硅烷与乙醇发生醇解,然后与氯丙烯加成,得到氯丙基三乙氧基硅烷,再与氨发生取代,得到产品 (2)后醇解法 先将三氯硅烷与氯丙烯进行加成反应,然后通氨气进行氨化,再用乙醇醇解得到产品	在醇解反应釜中,加入苯作溶剂,然后加入三氯硅烷和甲醇,搅拌下加热进行醇解反应;反应结束后,进行蒸馏,蒸出溶剂苯并回收循环使用,残余产物冷却后出料即得三甲氧基硅烷。在加成反应釜中,环氧丙基烯基醚与三甲氧基硅烷进行加成反应,反应完毕,经后处理得产品

● KH-570 硅烷偶联剂、KH-580 硅烷偶联剂

通用名	KH-570 硅烷偶联剂	KH-580 硅烷偶联剂
别名	3-(甲基丙烯酰氧)丙基三甲氧基硅烷;3-(三甲氧基甲硅烷基)丙基-2-甲基-2-丙烯酸酯;γ-(2,3-环氧丙氧)丙基三甲氧基硅烷;γ-甲基丙烯酰氧丙基三甲氧基硅烷;硅烷偶联剂 G-570;3-(三甲氧基硅基)丙基丙烯酸酯;3-(异丁烯酰氧)丙基三甲氧基硅烷;A-174	3-(三乙氧基甲硅烷基)-1-丙硫醇;γ-巯丙基三乙氧基硅烷;3-巯丙基三乙氧基硅烷
英文名	3-methacryloxypropyltrimethoxysilane	3-mercaptopropyltriethoxysilane
分子式	$C_{10}H_{20}O_5Si$	$C_9H_{22}O_3SSi$
结构式		
相对分子质量	248.35	238.42
外观	无色透明液体	无色至浅黄色透明液体
沸点	255℃	210℃
密度(ρ_{25})	1.045g/mL	1.057g/mL
溶解性	溶于苯、乙醚、丙酮、四氯化碳等大多数有机溶剂,不溶于水,在 pH 值为 3.5～4 的水溶液中搅拌可完全水解	溶于甲醇、乙醇、异丙醇、丙酮、甲苯、乙酸乙酯、溶剂汽油,不溶于水
质量标准		
外观	无色或微黄色透明液体	无色透明液体,有特殊气味
含量,w	≥98%	≥98%
折射率(25℃)	1.4285～1.4315	1.4395～1.4405
密度(ρ_{25})	1.035～1.045g/cm³	1.040g/cm³

应用性能	主要用于不饱和聚酯树脂,也可用于聚氨酯、聚丁烯、聚丙烯、聚乙烯和三元乙丙橡胶。可根据需要与硅烷偶联剂 KH-550 或硅烷偶联剂 KH-560 配制成混合型偶联剂使用。在电线电缆行业,用该偶联剂处理陶土填充过氧化物交联的 EPDM 体系,改善了消耗因子及比感容抗。用于白炭黑、滑石、黏土、云母、陶土、高岭土等无机填料的表面处理,以提高对无机材料的黏结力,增加抗水性,降低固化温度	用作聚氯乙烯、聚苯乙烯、酚醛树脂、聚氨酯、环氧树脂、聚砜树脂以及聚硫橡胶、氯丁橡胶、乙丙橡胶、丁苯橡胶、丁腈橡胶、硅橡胶等聚合物体系复合材料的偶联剂
用量	按生产需要适量使用	按生产需要适量使用
生产方法	在醇解反应釜中,加入苯和甲醇,然后加入三氯硅烷,搅拌加热下发生醇解反应,反应完后蒸馏,蒸出溶剂苯,残余物即为三甲氧基硅烷;在加成反应釜中,三甲氧基硅烷与甲基丙烯酸烯丙酯中的烯丙基发生加成反应,反应完毕经后处理,得到产品	在醇解反应釜中,加入溶剂苯和乙醇,然后加入三氯硅烷,搅拌下混合溶解,然后加热进行醇解反应,反应完后蒸馏,蒸出溶剂苯,剩余产物冷却出料即为三乙氧基硅烷;在加成反应釜中,三乙氧基硅烷与丙烯基氯混合搅拌加热,进行加成反应,反应得到氯丙基三乙氧基硅烷;在加成反应釜中,将硫脲与氯丙基三乙氧基硅烷反应,生成硫脲衍生物的盐酸盐,经分离后,与氨反应分解得 KH-580,减压蒸馏得到产品

● KH-590 硅烷偶联剂、KH-792 硅烷偶联剂

通用名	KH-590 硅烷偶联剂	KH-792 硅烷偶联剂
别名	3-(三甲氧基甲硅烷基)-1-丙硫醇;3-巯基三甲氧基硅烷;γ-巯丙基三甲氧基硅烷	N-(β-氨乙基)-γ-氨丙基三甲氧基硅烷;A-1120;KBM-603
英文名	3-mercaptopropyltrimethoxy-silan	N-[3-(trimethoxysilyl)propyl]eth-ylenediamine
分子式	$C_6H_{16}O_3SSi$	$C_8H_{22}N_2O_3Si$
结构式		
相对分子质量	196.34	222.36
外观	无色或微黄色透明液体,有特殊气味	无色或微黄色透明液体
沸点	210℃	259℃
密度	1.057g/mL(25℃)	1.03g/mL(25℃)
溶解性	溶于乙醇、丙酮、苯、汽油,微溶于水;pH 值为 5 的水溶液中,经搅拌可完全水解	溶于苯、甲苯、乙酸乙酯,微溶于水

质量标准		
外观	无色或微黄色透明液体	无色透明油状液体
沸点	210~212℃	—
折射率(25℃)	1.435~1.445	1.4385~1.4485
密度(ρ_{20})	1.054~1.060g/cm³	1.0350~1.0450g/cm³
含量,w	—	≥95%
硅含量	—	12.23%~12.47%
应用性能	用作聚氯乙烯、聚苯乙烯、聚氨酯、聚乙烯、聚丙烯、大部分热固性树脂以及聚硫橡胶、氯丁橡胶、乙丙橡胶、丁苯橡胶、丁腈橡胶、硅橡胶等聚合物体系复合材料的偶联剂	主要提高环氧、酚醛、三聚氰胺、呋喃等树脂层压材料性能,也用于聚丙烯、聚乙烯、聚丙烯酸醋、有机硅、聚酰胺、聚碳酸酯、聚氰乙烯。还可作玻纤整理剂,也广泛用于玻璃微珠、白炭黑、滑石、云母、黏土、粉煤灰等含硅物质
用量	按生产需要适量使用	按生产需要适量使用
生产方法	(1)三氯硅烷与甲醇发生醇解得到三甲氧基硅烷,三甲氧基硅烷与氯丙烯反应,得到氯丙基三甲氧基硅烷,然后与硫化氢反应,得产品 (2)三氯硅烷与甲醇发生醇解得到三甲氧基硅烷,三甲氧基硅烷与氯丙烯反应,得到氯丙基三甲氧基硅烷,然后与硫脲反应生成硫脲盐,再与氨作用分解后即得产品	在醇解反应釜中,加入苯和甲醇,搅拌下加入三氯硅烷,加热进行醇解反应,反应完后蒸馏,蒸出溶剂苯,残余物为三甲氧基硅烷;在加成反应釜中,三甲氧基硅烷与 N-(β-氨乙基)-γ-氨基丙烯进行加成反应,常压蒸馏脱去低沸物,减压蒸馏得到产品

● 苯胺甲基三乙氧基硅烷、乙烯基三乙氧基硅烷

通用名	苯胺甲基三乙氧基硅烷	乙烯基三乙氧基硅烷
别名	南大-42硅烷偶联剂;ND-42	A-151硅烷偶联剂
英文名	anilino-methyl-triethoxy silane	vinyltriethoxysilane
分子式	$C_{13}H_{23}NO_3Si$	$C_8H_{18}O_3Si$
结构式		
相对分子质量	269.41	190.32
外观	淡黄色油状液体	无色透明液体
沸点	132℃	160~161℃
密度(ρ_{25})	1.0210g/mL	0.903g/mL(25℃)
溶解性	能溶于醇、酮、酯、烃等大部分有机溶剂,不溶于水	溶于甲醇、乙醇、异丙醇、丙酮、甲苯、乙酸乙酯等有机溶剂,不溶于中性水,与酸的水溶液混合发生水解

质量标准		
外观	淡黄色油状液体	无色至淡黄色透明液体
含量，w	≥98%	≥98%
氯含量，w	≤10×10^{-6}	—
密度	1.0210g/cm^3（ρ_{25}）	0.903～0.908g/cm^3（ρ_{20}）
沸点（0.53kPa）	132℃	—
酸度	—	≤0.05%
硅含量，w	—	14.5%～15.5%
折射率（25℃）	—	1.391～1.401
应用性能	用作酚醛树脂、环氧树脂、尼龙、聚氨酯以及硅橡胶聚合物体系复合材料的偶联剂	偶联剂和交联剂的作用，适用的聚合物类型有聚乙烯、聚丙烯、不饱和聚酯等，常用于玻纤、塑料、玻璃、电缆、陶瓷、橡胶等
生产方法	在氯化反应釜中，一甲基三氯硅烷在光辐射下与氯气发生氯化反应，反应完毕脱气得氯甲基三氯硅烷；在醇解反应中，加入溶剂苯和乙醇，搅拌下加入氯甲基三氯硅烷，加热进行醇解反应，反应完后蒸馏，蒸出溶剂苯，残余物为氯甲基三乙氧基硅烷；转入取代反应釜中，与苯胺发生取代反应，反应完毕减压蒸馏，收集135～150℃/667Pa馏分得到产品	在加成反应釜中，将三氯硅烷加热后通入乙炔，在过氧化物、叔胺或铂盐等催化剂存在的情况下反应，加成反应在液相或气相中进行，反应完毕，脱气得乙烯基三氯硅烷；在醇解反应中，加入溶剂苯、乙醇和乙烯基三氯硅烷，搅拌下，加热，进行醇解反应，反应完毕，蒸馏回收溶剂苯，然后减压蒸馏得产品

● 乙烯基三甲氧基硅烷、乙烯基三(2-甲氧基乙氧基)硅烷

通用名	乙烯基三甲氧基硅烷	乙烯基三(2-甲氧基乙氧基)硅烷
别名	A-171 硅烷偶联剂	A-172 硅烷偶联剂
英文名	silane coupling agent A-171	vinyltris(2-methoxyethoxy)silane
分子式	C$_5$H$_{12}$O$_3$Si	C$_{11}$H$_{24}$O$_6$Si
结构式		
相对分子质量	148.23	280.39
外观	无色透明液体，有酯味	无色至黄色透明液体，有薄荷香味
沸点	123℃（lit.）	285℃（lit.）
密度	0.971g/mL（25℃）（lit.）	1.034g/mL（25℃）（lit.）
溶解性	不溶于水，可混溶于醇、醚、苯，可在酸性水溶液中水解	溶于乙醇、异丙醇、石油醚、苯和汽油，微溶于水，在酸性水溶液中水解

质量标准		
外观	无色至淡黄色透明液体	无色至黄色透明液体
含量, w	≥98%	≥98%
折射率(25℃)	1.388～1.398	1.4270～1.4285
密度(ρ_{25})	0.950～0.970g/cm³	1.033～1.035g/cm³
酸度	≤0.5%	—
沸点(1.47kPa)	—	144～146℃
应用性能	通用型硅烷偶联剂。适用于不饱和聚酯树脂、丙烯酸树脂、EPDM 等；也是硅橡胶与金属粘接的良好促进剂	用作聚乙烯、聚丙烯、聚酯、丙烯酸树脂、乙丙橡胶、顺丁橡胶、环氧树脂等聚合物体系复合材料的偶联剂
用量	按生产需要适量使用	按生产需要适量使用
安全性	—	
生产方法	(1)乙烯基三氯硅烷与甲醇反应,粗品中和,精馏得成品 (2)乙炔与三甲氧基氢硅烷在铂催化剂下加成,粗品精馏得成品	在加成反应釜中,将三氯硅烷加热后通入乙炔,就可在液相或气相中发生加成反应,如在过氧化物、叔胺或氯铂酸盐等催化剂存在下反应效果更好。反应完毕,脱气得乙烯基三氯硅烷;在醇解反应釜中,加入苯、乙二醇单甲醚和乙烯基三氯硅烷,搅拌下加热,进行醇解反应,反应完毕,蒸馏回收溶剂苯后,再减压蒸馏即得产品

● 四氯化硅、乙烯基三氯硅烷

通用名	四氯化硅	乙烯基三氯硅烷
别名	氯化硅;四氯硅烷;四氯甲硅烷;四氯化硅	三氯乙烯硅烷;(十三氟-1,1,2,2-四氢辛基)-1-三氯硅烷
英文名	silicon tetrachloride	trichlorovinylsilane
分子式	$SiCl_4$	$C_2H_3Cl_3Si$

结构式	Cl Cl
	   Si
	Cl Cl
		Cl
		   Si—CH=CH₂
		Cl Cl

相对分子质量	169.9	161.49
外观	无色透明发烟液体,具有难闻的窒息性气味	无色透明液体,有刺激性气味
熔点	−70℃	−95℃
沸点	57.6℃	90℃
密度(25℃)	1.483g/mL	1.27g/mL
溶解性	可与苯、乙醚、氯仿、石油醚、四氯化碳、四氯化锡、四氯化钛、一氯及二氯化硫以任何比例混溶	溶于有机溶剂,易水解、醇解

质量标准	沸点 56～59℃；四氯化硅，$w\geqslant99.0\%$；$SiHCl_3$，$w\leqslant0.08\%$；游离氯(Cl^-)，$w\leqslant0.001\%$；铁(Fe^{3+})，$w\leqslant0.0001\%$；钛(Ti^{4+})，$w\leqslant0.0005\%$	无色透明液体；含量，$w\geqslant99.0\%$；相对密度(25℃)＝1.2600～1.2700
应用性能	在合成橡胶工业中用作偶联剂或终止剂。用于制造有机硅化合物，如硅酸酯、有机硅油、高温绝缘漆、有机硅树脂、硅橡胶和耐热垫衬材料。高纯度四氯化硅为制造多晶硅、高纯二氧化硅和无机硅化合物、石英纤维的材料。军事工业用于制造烟幕剂。冶金工业用于制造耐腐蚀硅铁。铸造工业用作脱模剂	用作偶联剂，用于玻璃纤维表面处理和增强层压塑料制品
用量	按生产需要适量使用	按生产需要适量使用
安全性	四氯化硅能刺激上呼吸道。如不慎溅到皮肤上，10min 后可使皮肤坏死。溅入眼睛可使角膜和眼睑烧伤	易燃液体，经口-大鼠 LD_{50} 1280mg/kg
生产方法	硅铁氯化法：先将硅铁加入氯化炉内，然后加热至300℃左右，以 7.5m³/h 通入氯气进行反应生成四氯化硅，经冷凝后，得到粗品四氯化硅。将锑粉(为四氯化硅质量的 0.05%)加入粗四氯化硅中进行精馏，经回流 30min 然后取 56～59℃的馏分，制得工业级四氯化硅成品	将预热后的三氯氢硅、氯乙烯气体按一定摩尔比从釜底连续通入不锈钢反应器中，在 500～550℃接触反应 20～25s；然后冷却，蒸馏提纯，即得产品

● 二(二辛基焦磷酸酰氧基)乙二醇钛酸酯、三(二辛基磷酰氧基)钛酸异丙酯

通用名	二(二辛基焦磷酸酰氧基)乙二醇钛酸酯	三(二辛基磷酰氧基)钛酸异丙酯
别名	二(焦磷酸二辛酯)亚乙基钛酸酯；KHT-302；KR-238S；NDZ-311 钛酸酯偶联剂	异丙基三(磷酸二辛酯)钛酸酯；KR-12；TM-3 钛酸酯偶联剂
英文名	titanate coupler NDZ-311	titanate coupler CT-2
分子式	$C_{34}H_{74}O_{16}P_4Ti$	$C_{51}H_{109}O_{13}P_3Ti$
结构式		

相对分子质量	910.71	1071.19
外观	淡黄色至棕黄色黏稠液体,吸湿性强	无色或微黄色黏稠液体
分解温度	210℃	260℃
密度	1.08~1.10g/mL(20℃)(lit.)	1.030~1.035g/mL(20℃)(lit.)
溶解性	可溶于异丙醇、二甲苯、甲苯、增塑剂DOP,不溶于水。可在水中乳化	溶于石油醚、丙酮等有机溶剂,不溶于水,较易水解
质量标准	微黄色至棕黄色透明黏稠液体;折射率1.485~1.489(25℃);$\rho_{23}=1.09\text{g/cm}^3$	淡黄色黏稠液体;折射率 1.465(25℃);$\rho_{23}=1.035\text{g/cm}^3$;pH 2~3
应用性能	用作无机填料填充体系的偶联剂,适用于丙烯酸酯树脂、聚氯乙烯糊树脂等。性能较优的水性钛酸酯偶联剂	单烷氧基磷酯型钛酸酯偶联剂。用作聚甲醛、低密度聚乙烯、聚乙烯、软质聚氯乙烯、聚苯乙烯、ABS 树脂、环氧树脂等聚合物体系,以钛白粉、碳酸钙等为填料的复合材料的偶联剂。也用于不饱和聚酯
用量	按生产需要适量使用。参考用量为填料总量的 0.5%~2.0%	按生产需要适量使用
安全性	无毒	无毒,LD_{50}:7000mg/kg
生产方法	在醇解反应釜中,加入异丙醇和四氯化钛,控制较低温度,于搅拌下通入氨进行醇解反应;反应完毕后过滤除去氯化铵,得到钛酸四异丙酯。在反应釜上安装搅拌器和回流冷凝器,将 56.8 份钛酸四异丙酯加入反应釜中,于室温下搅拌,滴加 64.5 份焦磷酸二异辛酯进行反应。滴加完毕后,反应物温度可上升至 45℃,于搅拌下将 12.6 份乙二醇滴加入上述反应液中,滴加完后,温度略有升高,反应物为淡黄色透明黏稠液体。然后再滴加 64.5 份焦磷酸二异辛酯,并缓缓升温至 85~90℃,加料完毕搅拌反应 1h,进行减压蒸馏,脱除异丙醇,异丙醇经冷凝后回收循环使用,残余物即为产品	将三氯氧磷加入缩合反应釜中,搅拌冷却,在 10℃ 以下滴加异辛醇进行缩合反应;加料完毕后继续搅拌 1h,逐渐升温至 20~45℃,排除氯化氢 3h,再升温至 45~50℃,用水喷射泵抽氯化氢 3h,最后升温至 50~60℃,在 8kPa 真空度下排氯化氢 3h;制得二辛氧基磷酰氯。将 20% 的氢氧化钠溶液加入水解釜中,搅拌下加热升温至 60℃,滴加上述制备的二辛氧基磷酰氯,进行水解。滴加完毕后升温至 80~90℃,保温搅拌 1h,然后静置 15min,放出下层废水,在搅拌下加入 30% 的氢氧化钠溶液于 80~90℃ 下洗涤后,加入搪瓷反应釜,再加入 10% 的硫酸,搅拌下于 50~60℃ 进行酸化 1h,然后静置,分出下层酸水,加入水洗涤后,在薄膜分离塔中加热至 100~120℃ 除去水及低沸物,得磷酸二异辛酯。在醇解反应釜中,加入异丙醇和四氯化钛,控制较低温度,于搅拌下通入氨进行醇解反应;反应完毕后过滤,除去氯化铵,得到钛酸四异丙酯。将钛酸四异丙酯加入反应釜,搅拌下于常温滴加磷酸二异辛酯进行反应。滴加完磷酸二异辛酯后,加热至 90℃,继续搅拌反应 1h,反应结束后,减压蒸馏回收异丙醇,脱除异丙醇后的淡黄色黏稠液体即为产品

● 三油酰基钛酸异丙酯、三异硬酯酰基钛酸异丙酯

通用名	三油酰基钛酸异丙酯	三异硬脂酰基钛酸异丙酯
别名	三(十八碳烯-9-酰基)钛酸异丙酯;OL-T951;NT-105;JNT-105;异丙基三油酰基钛酸酯	三羧酰基钛酸异丙酯;OL-T999;NT-101;JNT-502;异丙基三(异硬酯酰基)钛酸酯
英文名	isopropyl trioleoyl titanate	isopropyl triisostearoyl titanate
分子式	$C_{57}H_{106}O_7Ti$	$C_{57}H_{112}O_7Ti$
结构式	$$CH_3-\underset{\underset{CH_3}{\vert}}{CH}-O-Ti{\left[O-\underset{\underset{O}{\parallel}}{C}-(CH_2)_7CH\!=\!CH(CH_2)_7CH_3\right]}_3$$ $C_{57}H_{106}O_7Ti$ $$CH_3-\underset{\underset{CH_3}{\vert}}{CH}-O-Ti{\left[O-\underset{\underset{O}{\parallel}}{C}-(CH_2)_{14}\underset{\underset{CH_3}{\vert}}{CH}CH_3\right]}_3$$ $C_{57}H_{112}O_7Ti$	
相对分子质量	951.32	956.38
外观	深红色黏稠液体	红棕色油状液体
黏度	0.0396Pa·s	0.1645Pa·s
相对密度	0.975~0.983	0.94~0.96
溶解性	溶于石油醚、丙酮	溶于异丙醇、石油醚、甲苯、DOP、不溶于水;遇水分解

质量标准		
外观	深红色透明黏稠液体	红棕色黏稠液体
含量,w	≥98.0%	—
黏度(25℃)	≥300mPa·s	<500mPa·s
密度	0.8945g/cm³	0.99g/cm³
闪点	—	>170℃
应用性能	单烷氧基磷酯型钛酸酯偶联剂。用于聚烯烃类填充体系。对聚丙烯、聚乙烯等聚烯烃塑料的填充体系有优良的偶联效果	单烷氧基磷酯型钛酸酯偶联剂。用作经过煅烧的碳酸钙、硫酸钙塑制品的偶联剂
用量	按生产需要适量使用	按生产需要适量使用
安全性	基本无毒	无毒。LD_{50}:30000mg/kg

生产方法	在醇解反应釜中,加入异丙醇和四氯化钛,控制较低温度,于搅拌下通入氨进行醇解反应;反应完毕后过滤,除去氯化铵,得到钛酸四异丙酯。在反应釜中,加入油酸,搅拌下于室温下滴加钛酸四异丙酯进行反应。当滴加完钛酸四异丙酯后,加热至90℃,并保持此温度继续反应0.5h,反应完成后抽真空脱除异丙醇,异丙醇经冷凝器冷凝后,流入异丙醇贮槽,循环使用。脱去异丙醇的残余物,冷却后出料即得产品	在醇解反应釜中,加入异丙醇和四氯化钛,控制较低温度,于搅拌下通入氨进行醇解反应;反应完毕后过滤,除去氯化铵,得到钛酸四异丙酯。在取代反应釜中,安装搅拌器和回流冷凝器,将硬脂酸加入反应釜,开启搅拌,于室温下滴加钛酸四异丙酯,当滴加完钛酸四异丙酯后,保持反应温度90℃,继续搅拌反应0.5h,减压脱除异丙醇,异丙醇经冷凝器冷凝后,流入异丙醇贮槽,循环使用。脱去异丙醇的残余物,冷却后出料即得产品

● 羟基乙酸

别名	甘醇酸、乙醇酸、α-羟基乙酸(乙醇酸)、羟基醋酸、乙二醇酸	相对分子质量	76.05
		外观	无色易潮解晶体
英文名	glycolic acid	熔点	75~80℃
分子式	$C_2H_4O_3$	密度	1.25g/mL(25℃)
结构式	HO—C(=O)—CH₂—OH	溶解性	溶于乙醇、丙酮、乙醚、乙酸等强极性有机溶剂

质量标准

指标	99%的羟基乙酸质量指标	70%的羟基乙酸质量指标
外观	无色透明结晶体	无色透明液体
羟基乙酸,w	≥99.0%	≥70%
相对密度(25℃)	—	1.26
熔点	75~80℃	—
沸点	—	112℃
色泽(Pt-Co号)	—	≤15
pH(25℃)	—	5.5
甲醛	—	≤0.01%
动力黏度(25℃)	—	6.9mPa·s
应用性能	用作纤维或树脂的交联或偶联剂,辅助性水处理剂,皮革鞣制助剂等。也可用作电镀添加剂、清洗剂、精细化工中间体等	
用量	按生产需要适量使用	安全性	LD$_{50}$:1950mg/kg(大鼠经口),低毒

生产方法	(1)氯乙酸水解法　将氯乙酸、适量水混合,搅拌溶解,升温至80~85℃,滴加入计量氢氧化钠水溶液,在95~98℃反应48h,降温至40℃,用盐酸酸化,再加入甲醇,滤除无机盐氯化钠;然后将滤液进行蒸馏回收甲醇,即可得粗产品,进一步重结晶即得产品 (2)甲醛与水　一氧化碳的高温高压加成反应　在160~200℃、30~90MPa条件下,以磷酸或硫酸、盐酸作催化剂,使甲醛与水、一氧化碳进行高温高压反应即得产品 (3)羟基乙腈水解法　甲醛与氢氰酸进行亲核反应制得羟基乙腈,搅拌加热至90℃,滴加入水,在少量硫酸催化剂作用下进行酸性水解;然后采用萃取和重结晶方法,将2-羟基乙酸从其混合物中提纯出来,即得产品

2.25　软化剂

软化剂又称柔软剂,用于增加纺织品、橡胶制品、皮革、纸张等的柔软性的物质。一般要求色浅、无臭、无毒、挥发性小和化学稳定性大等。

2.25.1　橡胶加工用软化剂

橡胶软化剂(rubber softeners)又称橡胶填充油、橡胶加工油、橡胶操作油、橡胶油、轧胶油,是橡胶加工行业必不可少的一种助剂。

橡胶加工过程中加入软化剂能够改善橡胶的加工性能和使用性能,以便于压型和成型等工艺操作。软化剂能增加胶料的可塑性、流动性,降低胶料黏度和混炼时的温度,改善分散性与混合性,提高硫化胶的拉伸强度、伸长率和耐磨性,有助于粉末状配合剂分散和降低混炼温度,同时还降低了橡胶的黏流温度和玻璃化温度,提高了橡胶的耐低温性能。

此类软化剂应具备以下条件:①与橡胶等原材料的相容性好;②对硫化胶或热塑性弹性体等产品的物理性能无不良影响;③充油和加工过程中挥发性小;④在用乳聚工艺合成的充油橡胶生产中应具有良好的乳化性能;⑤在生胶混炼过程中应使其具有良好的加工性、操作性及润滑性;⑥环保、无污染;⑦具有良好的光、热稳定性;⑧质量稳定,来源充足,价格适中。选择软化剂时应考虑如下几点:无毒、无味、无臭;

来源容易，价格便宜；与橡胶配合性好，相容性好，不影响橡胶的物理机械性能；沸点要高，不易挥发，化学性质稳定。

橡胶加工中使用最多的软化剂是石油系软化剂（这类软化剂实际上是物理增塑剂）。石油系软化剂是石油炼制过程中的加工产物，主要是由链烷烃、环烷烃、芳烃和少量沥青物质、含氮有机碱等所组成的复杂混合物。这类软化剂具有软化效果好，来源丰富，成本低廉的特点，在各种橡胶中都可应用。除此之外，还有煤焦油系软化剂和松油系软化剂等产品。

● 石蜡

英文名	paraffin wax		软化点	50～70℃
组成/分子式	C_nH_{2n+2}, $n=20～40$		相对密度	0.88～0.95
相对分子质量	282～562		溶解性	不溶于水,但可溶于醚、苯和某些酯中
外观	白色、无色无味的蜡状固体			

质量标准				
产品等级	60	62	64	66
外观	白色结晶			
臭味	无			
凝固点	≥60℃	≥62℃	≥64℃	≥66℃
颜色安定性	—	≥7		
机械杂质	—	无		
含油量	—	≤0.4%		
应用性能	根据加工精制程度不同,石蜡分为全精炼石蜡、半精炼石蜡和粗石蜡,每类又根据熔点分成不同的品种。用于提高橡胶柔韧性的为前两者			
用量	一般为0.5～1.5份			
安全性	本品无毒			
生产方法	原油经常压蒸馏后的剩余物重油,再经减压蒸馏,经侧线分流出的润滑油中均含有石蜡,经溶剂萃取或冷冻法分离制得			

● 石油树脂

英文名	petroleum resin		
组成/分子式	石油馏分的烯烃、二烯烃、环烯烃、苯乙烯衍生物和杂环化合物等混合物经聚合得的树脂状物质		
相对分子质量	440～3000	酸值(以KOH计)	<0.1mg/g
外观	淡黄色热塑性树脂	碱值(以KOH计)	<4mg/g
软化点	40～140℃	溴值(以Br计)	7～50mg/100g
相对密度	0.97～1.07	碘值(以I_2计)	30～140g/100g
溶解性	在酮、酯、卤代烃和石油系溶剂中溶解	折射率	1.512
		着火点	260℃

质量标准

指标名称	PRF(1,2)-80　优质品	酸值(以 KOH 计)	0.5mg/g
软化点	70～80℃	碘值(以 I$_2$ 计)	30～120g/100g
色泽(Fe～Co)	≤9 号	灰分	≤0.1%
应用性能	橡胶工业主要使用低软化点的 C$_5$ 石油树脂、C$_5$/C$_9$ 共聚树脂及 DCPD 树脂。此类树脂和天然橡胶胶粒有很好的互溶性,对橡胶硫化过程没有大的影响,橡胶中加入石油树脂能起到增黏、补强、软化的作用。特别是 C$_5$/C$_9$ 共聚树脂的加入,不但能增大胶粒间的黏合力,而且能够提高胶粒和帘子线之间的黏合力,适用于子午线轮胎等高要求的橡胶制品		
安全性	对人体皮肤和黏膜有不同程度的刺激,可引起皮肤过敏和炎症,长期吸入高浓度的树脂粉末会引起肺部病变。可长期贮存在清洁干燥的仓库内,要远离火源、热源,严禁日晒雨淋		
生产方法	由石油裂解制造烯烃时所得的裂解油,经分离取 130～160℃ 馏分(含苯乙烯、甲基苯乙烯、二乙烯苯和茚等),在酸性催化剂和弗瑞德-克莱福特、三氟化硼、硫酸等共存下聚合;将其馏分与醛类、芳烃、萜烯类化合物进行共聚合而得的热塑性树脂。聚合后经脱催化剂、洗涤、分离等工序得最终产品		

● 古马隆树脂、松焦油

通用名	古马隆树脂	松焦油
别名	苯并呋喃-茚树脂、香豆酮树脂、氧茚树脂	松明油、松根焦油、木焦油
英文名	coumatone resin	pine tar oil
组成/分子式		—
外观	浅黄色至深褐色的黏稠状半流动体或固体	深褐色至黑色黏稠液体或半固体
软化点	75～135℃	—
相对密度	1.05～1.15(固体);1.05～1.07(液体)	0.96～1.07
溶解性	溶于氯代烃、酯类、酮类、醚类、烃类、多数树脂油、硝基苯、苯胺类等有机溶剂,不溶于水及低级醇	微溶于水,溶于乙醇、乙醚、氯仿、冰醋酸、固定油、挥发油、氢氧化钠溶液等
碘值(以 I$_2$ 计)	23～39g/100g	—
折射率	1.60～1.65	—
沸点	—	240～400℃

质量标准		
产品等级	特等品	一等品
挥发分,w	—	≤6.50%(105℃,90min)
恩氏黏度(85℃)	—	180~250s
机械杂质,w	—	≤0.03%
酸度(以醋酸计),w	—	≤0.03%
水分,w	≤0.3%	≤0.5%
灰分,w	≤0.15%	≤0.5%
软化点	80~90℃	—
色度	≤3(按标准比色液)	—
pH 值	5~9	—
应用性能	广泛应用于橡胶、轮胎、三角带、输送带、油漆、油墨、防水、胶管等行业。与橡胶的相容性能好,加入橡胶中可起到软化、补强、增黏、分散等作用,从而改进了橡胶的加工性能。液体产品是良好的增黏剂,增强性略低;固体产品,特别是高软化点产品是较好的补强剂,能提高胶料的机械物理性能和耐老化性能,但是增黏性不如液体。液体产品作为天然胶和合成胶(丁基胶除外)的增黏剂和增塑剂,也可以用作再生胶的再生剂。固体产品可用作丁苯胶、丁腈胶、氯丁胶的有机补强剂	橡胶生产中可作软化剂,有特殊气味对碳墨易分散,且有助于胶料的黏性,有助于配合剂的分散。可提高制品的耐寒性,低温下有迟延硫化作用。不宜作浅色制品。对噻唑类促进剂有活化作用,也是生产再生胶的软化剂。用作氯丁橡胶密封胶的软化剂。还可以用作木材防腐剂、医用防腐剂,也用于矿石浮选和制造油毡、油漆、塑料等
用量	一般用量 3~6 份	—
安全性	—	贮存于阴凉、通风的库房内,远离火种、热源,注意防水,不可曝晒,以防爆炸
生产方法	以煤焦油分馏所得的酚油馏分或粗苯分馏所得的重质苯馏分为原料,经蒸馏截取 160~200℃ 之古马隆-茚馏分,将此馏分用 20% 的烧碱脱酚,用 40% 的硫酸脱吡啶后于<90℃时以浓硫酸(或三氟化硼络乙醚)为催化剂进行聚合。聚合物用 90℃ 以上的热水洗涤,再以 20% 的烧碱液调整 pH 值为 8~9 后进行减压蒸馏,釜底产物为固体古马隆。蒸出之高沸点油进行热聚合后再行蒸馏,截去部分馏分作工业燃料油,剩余部分即为液体古马隆	松焦油的生产主要是由松根干馏,原油分馏和配制焦油三个工序组成。松枝、松根去杂质,劈成适当长度,加热干馏,水蒸气、油气经冷凝,进入油水分离器分离。分离所得的焦油与塔釜排出的焦油一起成为混合原油。混合原油脱水后,进行分馏,馏出物冷凝收集后,经油水分离器得到焦油。将重焦油和轻焦油按比例混合加热,蒸发掉轻质油,并静置沉淀,经压滤机过滤后得到松焦油

● 芳烃油

英文名	aromatic hydrocarbon oil	相对密度	$0.9529\sim1.0188$	
分子式	$C_nH_{2n-6}(n\geqslant6)$	溶解性	不溶于水,溶于有机溶剂	
外观	深色黏稠液体	凝固点	$<5℃$	折射率	$1.5700\sim1.5800$

质量标准					
饱和烃	$20\%\sim35\%$		加热减重	$\leqslant0.7\%(120℃,2h)$	
芳香烃	$70\%\sim87\%$		灰分	$\leqslant0.010\%$	
苯胺点	$<35℃$	凝固点	$<20℃$	总流量	$<5.5\%$
闪点(开杯)	$170\sim200℃$		极性物	$<25\%$	
黏度	$2.4\sim2.7°E(99℃)$		沥青烯烃	$<0.5\%$	

应用性能	芳烃油具有良好的橡胶相容性、耐高温、低挥发等特点,能显著改善橡胶的加工性能,可以增强橡胶产品的抗风化、氧化、磨擦、衰老程度,同时能帮助胶料中填充剂的混合和分散,被广泛应用于再生胶及多种橡胶制品等行业
安全性	芳烃油多为流体或半流体,危险品,宜贮存于避雨(最为重要)通风遮光干燥处
生产方法	(1)从煤中提取 在煤炼焦过程中生成的轻焦油含有大量的苯。这是最初生产苯的方法。将生成的煤焦油和煤气一起通过洗涤和吸收设备,用高沸点的煤焦油作为洗涤和吸收剂回收煤气中的煤焦油,蒸馏后得到粗苯和其他高沸点馏分。粗苯经过精制可得到工业级苯。这种方法得到的苯纯度比较低,而且环境污染严重,工艺比较落后 (2)提取芳烃的普遍方法 原油焦油重整这里指使脂肪烃成环、脱氢形成芳香烃的过程。这是在第二次世界大战期间发展形成的工艺。在$500\sim525℃$、$8\sim50atm$下,各种沸点在$60\sim200℃$之间的脂肪烃,经铂-铼催化剂,通过脱氢、环化转化为苯和其他芳香烃。从混合物中萃取出芳香烃产物后,再经蒸馏即分出苯。也可以将这些馏分用作高辛烷值汽油

● 环烷油

英文名	naphthenic oil	相对密度	$0.89\sim0.95$
分子式	$C_nH_{2n}(n\geqslant6)$	溶解性	不溶于水,溶于有机溶剂
凝固点	$\leqslant18℃$	折射率	$1.4860\sim1.4963$

质量标准					
饱和烃	$87.55\%\sim93.86\%$	芳香烃	$6.14\%\sim11.96\%$	沥青质	$0\sim0.49\%$
苯胺点	$66\sim82℃$	酸值(以KOH计)		$<0.15mg/g$	
闪点(开杯)	$>160℃$	流动点		$-40\sim-12℃$	

应用性能	环烷油的环上通常会连接着饱和支链,这种结构,使环烷油既具有芳香烃类的部分性质,又具有直链烃的部分性质,具有高密度、高黏度、无毒副作用等特点,用作橡胶型密封胶和压敏胶的软化剂
安全性	贮存于阴凉、通风的库房内,远离火种、热源
生产方法	采用炼厂优质环烷基原油的减压馏分(二线油)为原料,经糠醛抽提-白土精制而得

2.25.2 纺织柔软剂

通常织物在织造、前处理等工艺过程中，很多因素可能使织物变得手感粗糙，均需加柔软剂提高手感。柔软剂是一种能赋予衣物和织物在手感、穿着和使用时有柔软愉悦感觉的日用化工产品。柔软剂的平滑、柔软作用主要是由于柔软剂吸附在纤维表面以后，防止纤维与纤维直接接触，降低了纤维与纤维之间的动摩擦系数和静摩擦系数，减少织物组分间的阻力和织物与人体之间的阻力，以达到手感柔软、滑爽、穿着舒适的效果。

● 柔软剂 SG、柔软剂 ES

通用名	柔软剂 SG	柔软剂 ES
化学名	—	二硬脂酰胺乙基环氧丙基季铵氧化物
英文名	softener SG	softener ES
主要组分	$C_{17}H_{35}COO(CH_2CH_2O)_6H$	—
外观	米黄色稠厚液体或膏状物	米白色浆状物
溶解性	可溶于水	可与水混溶，比例稀释成乳化液
质量标准	pH6.0～8.0（1%水溶液）；皂化值（以KOH计）85～105mg/g	含固量20%；pH 5.0～7.0（1%水溶液）
应用性能	主要用于合成纤维在纺丝过程中作柔软润滑性助剂，是腈纶、聚酯纤维等的合纤纺丝油剂的重要组合。也可作合成纤维及黏胶织物软处理剂，具有良好的柔软和润滑手感	用作腈纶纤维柔软剂，涤纶产品柔剂的添加剂。本品能与纤维成盐键合，因而具有耐洗性。可与阳离子型和非离子型印染助剂混用。使用时，先用少量热水调浆，再加入所需水调到合适浓度
用量	一般用量为1%～3%溶液	一般用量为1%～3%溶液
生产方法	在不锈钢反应釜中加入三压硬脂酸250份，加热至全部熔融。开启搅拌，升温至100℃，将预先溶解好的氢氧化钾加入反应锅中。然后真空脱水至锅内温度达140℃，真空度达$8.64×10^4$Pa。用氮气置换锅内空气，需置换干净，否则压入环氧乙烷会引起剧烈爆炸。逐渐加入250份环氧乙烷，控制反应温度在180～200℃，锅内压力不超过$2.94×10^5$Pa。环氧乙烷加完后，冷却至80℃，抽样检验皂化值（皂化值为90～105mg/g）。然后将预先熔解的乳化剂OP 55.8份加入反应釜中，温度保持80℃，搅拌30min。放料，得成品550份	将硬脂酸、二乙烯三胺投入反应釜中，在氮气保护下升温使硬脂酸溶解。开动搅拌继续升温至120℃。进行脱水反应，待170℃以下无水脱出时降温至110℃，在1.5～2h内加入环氧氯丙烷。加毕回流2～3h，降温至100℃，加入冰醋酸、醋酸钠水溶液及亚硫酸氢钠水溶液，搅拌成浆状。根据需要调节含固量

● 柔软剂 IS、柔软剂 FS

通用名	柔软剂 IS	柔软剂 FS
化学名	2-十七烷基-3-硬脂酰胺乙基咪唑醋酸盐	—
英文名	flexibilizing agentis	softener FS
主要组分	$C_{42}H_{83}N_3O_3$	有机硅油 D4 的乳液开环聚合物
相对分子质量	678.15	20×10^4
结构式	$$\left[\begin{array}{c} C_{17}H_{35}CONHCH_2CH_2-N-CH_2 \\ C_{17}H_{35}-C\quad\quad CH_2 \\ N \\ H \end{array}\right]^+ CH_3COO^-$$	—
质量标准	白色浆状物；含固量≥20%；pH5.0～7.0(1%水溶液)；柔软性近似标准品	乳白色浆液，发出浅蓝色荧光；含固量≥30%
应用性能	本品用作氰纶纤维的柔软剂和涤纶丝油剂的添加剂	本品耐金属盐，耐阴离子助剂，具有热稳定性、耐洗性，用作腈纶纤维柔软剂
安全性	本品可按一般工业化学品管理，使用时应避免直接接触皮肤和眼睛，若沾上皮肤，用清水和肥皂清洗即可	本品可按一般工业化学品管理，使用时应避免直接接触皮肤和眼睛，若沾上皮肤，用清水和肥皂清洗即可
生产方法	首先把 33.8 份硬脂酸和 6.8 份二乙烯三胺投入反应釜中，通氮气，加热熔化后，继续升温至 140℃，再在 2h 内升温至 260℃，保温反应 2h。取样测定凝固点。当凝固点大于 70℃时反应结束。冷却到 100℃加入亚硫酸氢钠溶液，冰醋酸和醋酸钠水溶液，使含固量大于 20%。搅拌成浆状得成品	将 80kg 有机硅油 D4、25kg 匀染剂 TAN、40kg 匀染剂 TX-10、20kg 尿素依次加入反应釜中，加水至总量1000kg，升温至 80℃，在此温度下搅拌 2h，冷却至室温再搅拌 6h。然后加入3～5kg 十二烷基苯磺酸钠作为聚合促进剂。终点pH 值为 7。真空脱水，出料包装得成品

● 柔软剂 TC、柔软剂 VS

通用名	柔软剂 TC	柔软剂 VS
英文名	softener TC	softener VS
主要组分	八甲基环四硅氧烷的开环聚合物	十八烷基乙烯脲
外观	有荧光的乳白色浆料	白色乳化体或黏稠浆状物
溶解性	与水以任意比例混合	可与水以任意比例稀释

质量标准	含固量 18%~22%;pH6.0~7.0	十八烷基乙烯脲含量 16%~20%;pH8.0~8.5
应用性能	本品耐酸、耐碱、耐热,用作合成纤维的柔软整理剂,特别适用于涤纶、漂白涤纶	本品性能活泼。能耐硬水。与纤维作用时无酸质析出,对织物无脆损性,有优异的耐洗、耐干燥性。用作棉织物、腈化纤维等柔软处理剂。也用作织物的树脂整理剂。能增加织物的丰满度、柔软性和耐沾污性。是常用的柔软剂
安全性	本品可按一般工业化学品管理,使用时应避免直接接触皮肤和眼睛,若沾上皮肤,用清水和肥皂清洗即可	本品可按一般工业化学品管理,使用时应避免直接接触皮肤和眼睛,若沾上皮肤,用清水和肥皂清洗即可
生产方法	由硅乳 1028、吐温 80、司盘 80、硬脂酸甘油单硬脂酸酯、石蜡、白油组成的乳液。制备方法如下: ①将 115kg 水、0.25kg KOH、2.4kg 匀染剂 TAN、40kg 有机硅硅油 D4,依次加入反应釜中,搅拌升温至 78℃左右反应 20min。接着滴加 20kg 有机硅油 D4、1kg 表面活性剂 1631、1.05kg TAN,在 78℃下反应 5h。冷却,加入冰醋酸水溶液,调 pH 值至 7。得硅乳 1028 ②在乳化釜中加水 335kg、吐温 80 1.05kg、司盘 80 1.05kg,搅拌混合,加热升温至 85℃左右加入粉碎的硬脂酸 12kg、单硬脂酸甘油酯 4.2kg、石蜡 24kg、白油 24kg,在 85℃下反应 2h。在快速搅拌下加入上述制备的硅乳 180kg。充分混合后得产品	先在反应釜内加入 780 份水,冷冻降温至 0℃,加入乙烯亚胺 27 份,在 1~2h 内滴加 195 份十八烷异氰酸酯,反应中温度自动上升,但要控制在 33~37℃以下。滴加完后在此温度下保温 3h 左右。即制得十八烷基乙烯脲。往制好的十八烷基乙烯脲中加入少量的荧光增白剂和 9 份平平加 O,快速搅拌成乳状物。调 pH 值至 8 后移入砂磨机进行砂磨。磨细后出料

● 柔软剂 DOD

英文名	softener DOD	外观	米黄色蜡状物
主要组分	溴化双十八烷基二甲基铵和少量氯化十八烷基二甲基苄基铵的混合物		
溶解性	本品溶于水,具有丰富的发泡性,是各种纤维织物优良的柔软剂		
质量标准	游离胺≤1.0%		
应用性能	本品可用于各种织物,作柔软剂使织物手感柔软,富有弹性		
安全性	本品可按一般工业化学品管理,使用时应避免直接接触皮肤和眼睛		

生产方法	将 300kg 十八醇投入反应釜中,依次加入 660kg 氢溴酸、133kg 溴化钠,搅拌均匀。加热至 60℃,十八醇溶化后,在 60~65℃下滴加浓硫酸,滴加量 328kg。温度及滴加速度控制在不逸出氢溴酸为度。滴加完后,升温至 90℃,在 90~100℃反应 5h,降温停止搅拌。静置分层,弃下层酸液,上层液用热水洗 2 次,5% 的纯碱液洗一次,再用盐水洗至中性。脱水干燥得粗溴代十八烷。将 400kg 乙醇投入季铵化釜中,加入 317kg 十八烷基二甲基叔胺,上述产物溴代十八烷 333kg,搅拌均匀。在 80~85℃下反应 12h。然后加入 30~40kg 氯代苄。继续反应 2h。结束反应后,降温出料,即得米黄色蜡状成品

● 柔软剂 DMD

化学名	羟基聚二甲基硅氧烷	外观	乳白色浆料状
英文名	softening agent DMD	溶解性	可按任意比例溶于水
主要组分	有机硅油、十八胺、水灯组成的乳液		
质量标准	pH7.0~8.0(2%水溶液);稳定性:48h 不分层(2%水溶液);含固量约 20%		
应用性能	主要用于丝、毛、棉及化纤等织物或其他混纺织物的柔软整理,可与其他整理树脂混合使用;能使织物柔软又弹性,可耐 180℃高温		
安全性	本品无毒,不易燃		
生产方法	精制十八胺 160 份先溶于 740 份水中,成为均相溶液。将有机硅油(聚二甲基硅氧烷)100 份投入快速搅拌釜内。开动搅拌(1440r/min),缓缓加入上述配制的十八胺溶液。加完后再搅拌 1h,使其完全乳化,得成品约 1000 份		

● 柔软剂 EPL

英文名	softener EPL	外观	白色膏状物
主要组分	聚氧乙烯硬脂酰胺磷酸酯盐与渗透剂的复配物	浊点	25℃
		相对密度	1.1281
质量标准	含固量≥35%;水分≥65%;灰分≤14%;总磷量 8%;无机磷 2%;有机磷 6%		
应用性能	用于亚麻织物整理,能提高亚麻织物的弹性、柔软性,使织物具有较好的手感		
安全性	本品为非危险品		
生产方法	将硬脂酰胺,催化剂量的氢氧化钠加入反应釜中。封闭反应釜,用氮气置换釜中的空气。加热升温至 80℃左右,缓缓通入环氧乙烷(硬脂酰胺与环氧乙烷的摩尔比为 1:3),反应压力控制在 0.2MPa 左右。加完环氧乙烷后,降压、降温,蒸出未反应单体,得聚氧乙烯硬脂酰胺。将聚氧乙烯硬脂酰胺加入反应釜中,升温至 50℃后缓缓加入五氧化二磷(两者摩尔比为 1:1),在 90℃左右搅拌 4h 左右,待无水分出后结束反应。中和、脱水,得聚氧乙烯硬脂酰胺磷酸酯盐。将上述制备的聚氧乙烯硬脂酰胺加入反应釜中,升温至 50℃后缓缓加入五氧化二磷(两者摩尔比为 1:1),在 90℃左右搅拌 4h 左右,待无水分出后结束反应。中和、脱水,得聚氧乙烯硬脂酰胺磷酸酯盐		

● 柔软剂 101

英文名	softener 101	主要组分	多种有机化合物和水的乳化体
质量标准	乳白色膏状物;含固量 23%～25%;pH7;乳化温度 50℃(3.5%水溶液)		
应用性能	用于棉纱、化纤混纺、麻纱和棉针织品成品和半成品柔软整理,改善织物纤维手感,提高织物的柔软性、弹性、抗拉性和耐磨性。使织物即滑爽又丰满		
安全性	本品可按一般工业化学品管理,使用时应避免直接接触皮肤和眼睛		
生产方法	硬脂酸 35 份、白油 70 份、石蜡 70 份、平平加 O 32 份、二乙醇胺 3 份、三乙醇胺 3 份、油酸 5 份、苯酚 2 份,加热熔为一体,搅拌,当升温至 90℃后加快搅拌 (1440r/min),加入 25 份 CMC,加水至 1t,快速搅拌成乳液,保温 1h,冷却出料得成品		

● 柔软剂 MS-20、柔软剂 PEG

通用名	柔软剂 MS-20	柔软剂 PEG
英文名	softening agent MS-20	softener PEG
主要组分	N-羟甲基硬脂酸铵	复配物
外观	乳白色分散液	无腐蚀的乳白色或微黄色乳液
溶解性	能以任何比例与水混合	易溶于水
质量标准	含固量＞20%;pH7～9(1%水溶液)	含固量 18%;pH6.0～7.0(1%水溶液)
应用性能	本品有鱼鳞光。无毒无臭。属混合离子型。用作棉、黏胶、涤纶及其混纺织物的柔软整理	主要用于涤卡、涤/棉、中长等化纤织物作柔软剂,经整理后的强物手感柔软,弹性好,使织物具有丰满感,特别是能改善织物的缝纫性,提高扎针强度
安全性	可按一般工业化学品管理,使用时应避免直接接触皮肤和眼睛	
生产方法	由硬酯酰胺与甲醛进行羟甲基反应而得	将 150kg 甘油加入反应釜中,在搅拌下加入聚乙二醇(相对分子质量 1500)和蜜胺甲酯预缩物改性聚对苯二甲酸乙二醇酯乳液 50kg,熔点 50～60℃的石蜡 50kg,C_{14}～C_{24}脂肪胺 80kg,搅拌成均一物后,加 600kg 水和 100kg 聚乙烯乳液,搅拌 40min 即可

● 有机硅柔软剂 RS

英文名	silicone softener RS	结构式	$$HO-\underset{\underset{CH_3}{\overset{\overset{CH_3}{|}}{|}}{Si}-O-[\underset{\underset{CH_3}{\overset{\overset{CH_3}{|}}{|}}{Si}-O]_{4n-2}-\underset{\underset{CH_3}{\overset{\overset{CH_3}{|}}{|}}{Si}-OH$$
主要组分	有机硅树脂的乳化体		
相对分子质量	$20×10^4$	外观	乳白色膏状物
		溶解性	溶于热水
质量标准	pH6.5～7.0(1%水溶液);含固量≥20%		

应用性能	本品无毒、无味,用作棉、毛、丝、麻及合成纤维的柔软处理剂,可与荧光增白剂 VBL 同浴使用
安全性	本品可按一般工业化学品管理,使用时应避免直接接触皮肤和眼睛
生产方法	将 80 份有机硅油 D4、600 份水、3~5 份十二烷基苯磺酸钠、25 份渗透剂 JFC、40 份平加 O、20 份尿素相继投入反应釜中,快速搅拌乳化。加热升温至 80℃,保温 2h,使其开环聚合。然后冷至室温,继续搅拌 5~6h,以提高硅树脂的相对分子质量。平均相对分子质量达到 $20×10^4$ 为终点。最后用纯碱液中和至 pH=6.5~7.0,趁热出料,包装即得成品。其中八甲基环四硅氧烷开环聚合成聚二甲基硅氧烷

● 柔软剂 DOQ

英文名	softener DOQ	外观	米黄色片状物
主要组分	双氢化氯化牛油基二甲基氯化铵复配物	溶解性	几乎不溶于水,而溶于非极性溶剂
质量标准	pH5.0~6.0(1%水溶液);熔点 45~50℃;稳定性 24h(耐硬水);耐酸稳定性 24h(pH=3~4);耐碱稳定性 24h(pH=10~11);耐电解质稳定性 24h		
应用性能	本品是一种阳离子表面活性剂,对纤维有一定的结合力,经复配后应用于织物后整理,使织物具有柔软、爽滑的触感,尤其适用于棉织物或真丝织物		
安全性	本品为非危险品。应存贮于阴凉、干燥处,避免日晒雨淋。按一般货物运输		
生产方法	70%氯化双氢化牛油二甲基铵、30%非离子表面活性剂复配而成		

● 软油精 HT-90、软油精 HT-222

通用名	软油精 HT-90	软油精 HT-222
主要组分	脂肪酰胺化合物	脂肪酸酯季铵盐类
外观	半透明或淡黄色黏稠液体或白色固体	米色膏体
质量标准	pH5.0~6.0(1%水溶液);活性物>90%	—
应用性能	本品广泛应用于棉、麻、牛仔、毛巾、各种毛等天然纤维的柔软处理,也可以用于腈纶、涤纶等合成纤维及混纺织物的柔软整理,经过整理后的织物或纱线手感柔软爽滑,同时具有良好的透气性、吸水性、抗静电性及抗撕拉性,从而达到吸湿、透气、爽滑、穿着舒适的特点	本品具有良好的亲水性、柔软平滑性、抗静电性、蓬松性。极轻的黄变,可应用于漂白织物和浅色织物的柔软整理。低泡、低黏度、不粘缸,过软后织物色偏差极低。含硅,但滑爽性极其色,可避免因破乳而引起的相关问题。广泛应用于各种纤维的柔软后整理
用量	—	0.5%~2%
安全性	对环境无污染,同时产品可以生物降解,无毒无刺激,安全卫生	

● 柔软剂 LX-311、LX-325、LX-350

通用名	柔软剂 LX-311	柔软剂 LX-325	柔软剂 LX-350
别名	季铵盐聚合物 LX-311	脂肪酸聚合物 LX-325	脂肪酸衍生物 LX-350
英文名	softenter LX-311	softenter LX-325	softenter LX-350
外观	乳白色液体	乳白色液体	微黄或白色液体
离子性	阳离子性	阳离子性	阳离子性
pH 值	5.5~6.5	6.0~7.0	5.5~6.5
含固量	9%~11%	9%~11%	11%~13%
应用性能	用于涤纶、腈纶、尼龙等化学纤维织物整理,可获得优异的柔顺性和爽滑感。用作起绒剂,具有起绒顺利、绒毛平齐的特点	用于棉、麻、毛纱线、丝绸织物整理,具有良好的柔软性。增加织物弹性,提高褶皱恢复度,赋予织物丰满的手感,保持色相,色光不变	用于棉、涤棉、真丝、绢丝、绢麻等织物的整理,砂洗,赋予织物优异的柔软,丰满的手感提高织物弹性,改善了织物的爽滑、挺弹、悬垂性

● 多功能柔软剂 LX-360、特滑柔软剂 LX-380

通用名	多功能柔软剂 LX-360	特滑柔软剂 LX-380
别名	季铵盐高分子有机硅聚合物 LX-360	特殊改性硅油 LX-380
英文名	multifunction softenter LX-360	softenter LX-380
外观	乳白色液体	乳白色或米白色液体
离子性	阳离子性	阳离子性
pH 值	5.5~6.5	4.0~7.0
含固量	9%~11%	
应用性能	用于化学纤维织物整理,可获得优异的柔顺性的爽滑感,对绢、麻、真丝、织物可增加手感,达到蓬松、柔软、增艳。对羊毛及其混纺织物有优良柔软、滑爽、增弹的效果	本品转为高档染色物开发,经本品处理后的纺织物手感柔软、滑爽,且熨烫后不发硬,富有弹性。适用于各种纤维制品,又用于绢丝、桑蚕丝、人造丝等织物的柔软处理

2.25.3 造纸软化剂

一般来说,纸张的柔软主要与浆料种类、打浆度及抄造工艺等因素有关,纸厂通常采用长纤维浆、低打浆度以降低纤维的结合强度和紧度,增加纸张的弹性及可压缩性,从而增加其柔软性。在生活用纸的生产工艺中还采用成纸起皱工艺、降低纤维的结合力,使纸张获得柔软性。对柔软性要求较高的纸张有卫生纸、皱纹纸、卫生巾、手帕纸、餐巾纸等纸品;其他纸种特别是加工纸对柔软性能的要求亦越来越高,故柔软剂在造纸中的应用越来越引起重视。

纸张柔软剂的作用大体分为两方面：一是降低纤维间的结合力，减少纸张中纤维之间的静摩擦力，改善纤维的平滑性，使纸变得柔软并增加纸张滑腻的手感；二是增加纸的可塑性。要实现以上作用，柔软剂分子必须吸附在纸浆中的纤维表面上。

纸张柔软剂可以选择适宜的纺织工业用柔软剂，另外纸张生产过程中使用的表面活性剂可以增加柔软性，有些纸张填料如白土等也兼有软化剂的作用。

● 有机硅季铵盐柔软剂、柔软剂 AR-301

通用名	有机硅季铵盐柔软剂	柔软剂 AR-301
主要组分	带正电荷的聚硅氧烷高分子化合物	多种特殊活性成分
外观	浅黄色黏稠液体	黄色液体
溶解性	极易溶于水	易溶于水
相对密度	—	0.95～1.10
质量标准	pH 6.0～8.0（1%水溶液）有效物含量≥80%；黏度≥5000mPa·s（25℃）	pH 4.0～9.0（0.01%水溶液）
应用性能	本品因硅氧烷大分子中的二甲基链节及硅氧键能绕大分子硅氧硅链自由旋转，所以非常柔软，且耐老化；胺基、季铵盐为阳离子性，对带负电荷的纤维有很强的吸附性，使纸张柔软、抗静电。也适合于织物柔软整理和作透明洗发水的调理剂	由本品多种特殊活性成分组成，安全性高，无泡沫无刺激，易生物降解。对纸张纤维具有很强的吸附能力，能大幅提高纸张的柔软性，改善手感，具有抑菌性和吸湿性，同时不降低纸张的强度，特别是不降低湿强度，对纸张的吸水能力无任何负面影响。广泛地应用于木浆、草浆、棉浆、混合浆以及回收浆所制成的卫生纸、餐巾纸、面巾纸、尿布衬纸、湿巾等生活用纸
用量	配成 0.2%～0.5%的工作液，按需加入	—
安全性	—	本品安全性高，无泡沫无刺激，易生物降解

● 季铵盐型纸张柔软剂、纤维柔软剂 SA

通用名	季铵盐型纸张柔软剂	纤维柔软剂 SA
英文名	—	fiber softening agent SA
外观	奶白色乳液	黄棕色软性固体
溶解性	—	难溶于冷水，易溶于热水
质量标准	含固量≥30%；pH 6.0～7.0（1%水溶液）	含固量≥70%；pH 7.0～8.0（10%水溶液）

应用性能	本品能是一种能够吸附于纤维上增加纸的柔软性能从而大幅度改善纸品的手感,提高生活用纸表面柔软度,并且对纸张的吸水性、抗静电性、抑菌性也有一定的作用	本品有弱阳离子性,在纸浆纤维表面形成一层长链疏水分子膜,使纤维间的摩擦力减少,可有效消除纸品内的静电效应,使纸品与人体皮肤接触时更加具有亲和性
用量	纸浆绝干量1%～2%	—
安全性	—	本品无毒,无腐蚀性

● 造纸柔软剂 LT-203B、SED 阳离子型咪唑啉表面活性剂

通用名	造纸柔软剂 LT-203B	SED 阳离子型咪唑啉表面活性剂
化学名	—	十七烷基二羟乙基咪唑啉季铵盐
英文名	—	imidazoline cationic surfactant
主要组分	高级脂肪酰胺水乳液	甲基硫酸十七烷基二羟乙基咪唑啉甲基铵
外观	浅黄色或白色稠状乳液	淡黄色至棕黄色膏体
溶解性	易溶于水	易溶于水
离子性	阳离子性	
质量标准	含固量10%～11%;pH 6.0～7.0(1%水溶液);弱阳离子性	含固量68%～72%;pH 2.0～4.0(5%水溶液);黏度235～250mPa·s(20℃)
应用性能	本品主要用于各类生活用纸,提高纸品的柔软度与光泽度。可使纸品光泽亮,手感柔软细腻舒适。主要用于提高纸品的柔软度与光泽度,可用于卷筒卫生纸、面巾纸、餐巾纸等生活用纸。产品为阳离子性质,不可与阴离子助剂直接混合,添加保持一定的次序与时间间隔	本品可用于生产面巾纸和高级卫生纸等造纸工业生产中。不仅适用于以木棉纤维为原料的生产,也适用于以桑树皮、麦秆或稻秆等为原料的生产。对扩大纸浆原料来源和提高纸张质量,降低成本都具有明显的效果。也可用于纺织品加工,合成纤维和洗涤剂工业中
用量	0.5%～1.0%	—
生产方法	—	以硬脂酸和羟乙基乙二胺为原料,缩合成十七烷基羟乙基咪唑啉后,用硫酸二甲酯进行季铵化而制得

● 柔软剂 SME-4

化学名	硬脂酸聚氧乙烯酯	外观	米黄色膏状物	离子性	非离子性
溶解性	可溶于水、乙醇、乙醚和甲苯等,可与各种表面活性剂混用				
质量标准					
HLB 值	7～9		挥发分		≤3%
皂化值(以 KOH 计)	80～100mg/g		pH 值		5.0～7.0(1%水溶液)

应用性能	本品有良好的渗透性,兼有柔软平滑作用。生产餐巾纸、医院用纸床单和纸衣服时,用硬脂酸聚氧乙烯酯作为柔软剂,不仅能使这类纸制品柔软,而且可以提高它们的吸湿性。用硬脂酸锌或聚乙二醇二硬脂酸酯和聚乙二醇二月桂酸酯处理多孔、能吸水的卫生纸,可获得很好的手感。处理后再用双硬脂酸基二甲基氯化铵进行改性,可减少处理剂从表面渗入内部
生产方法	将硬脂酸、KOH(催化剂)投入反应釜,加热,开动搅拌把水脱除干净。再用氮气置换釜中的空气,驱净空气后,开始通入环氧乙烷。通完环氧乙烷后再反应,当皂化值达到60～85mg/g时反应结束。将皂液打入中和釜,加醋酸中和,调 pH 值至 5.0～7.0,加双氧水脱色,出料包装即得成品

2. 26　抗静电剂

在日常生活中,静电危害是不可忽视的,涉及到纤维、弹性体、工程结构材料、表面涂布材料等聚合物材料,也涉及使用这些材料的煤炭、计算机、集成电路等领域。在工业上采用抑制静电荷的产生和促进电荷的泄漏来解决材料的带电问题。方法如下:

① 提高材料加工环境和使用场所的湿度,有利于抑制电荷的产生和促进电荷的泄漏;

② 对聚合物进行结构改性,引入极性化或离子化基团,提高导电性;

③ 在材料加工过程中利用导电装置或在制品中加入导电性材料;

④ 用氧化剂或采用电晕放电处理制品表面,提高高分子材料表面的导电性;

⑤ 在高分子材料中添加导电性填料,如炭黑、金属氧化物粉末或金属粉末;

⑥ 采用导电性高分子材料或导电性涂料进行表面预处理;

⑦ 添加抗静电剂,提高高分子材料的极性或吸湿性。

添加在树脂、燃料中或涂附在塑料制品、合成纤维表面,用以防止高分子材料和液体燃料静电危害的一类化学添加剂统称为抗静电剂。

(1) 抗静电剂的类型

① 阴离子型抗静电剂　阴离子型抗静电剂主要有烷基磺酸盐、烷基硫酸盐、烷基磷酸盐、烷基酚聚氧乙烯醚硫酸盐等。多用作化纤油剂

和油品的抗静电剂，在塑料工业中除某些烷基磷酸（或硫酸）酯用于聚氯乙烯（PVC）和聚烯烃作内混型抗静电剂使用外，大多用作外涂型抗静电剂。此类抗静电剂耐热性及抗静电性效果优异，但对透明制品有不利影响。

② 阳离子型抗静电剂　阳离子型抗静电剂主要有季铵盐类、烷基咪唑啉阳离子等，其中季铵盐类最常见。此类抗静电剂极性高，抗静电效果优异，对高分子材料的附着力较强，多用作外涂型抗静电剂，有时也用作内混型抗静电剂，主要用于合成纤维、PVC、苯乙烯类聚合物等极性树脂。但热稳定性差，且对热敏性树脂的热稳定性有不良影响，也存在不同程度的毒性或刺激性，在食品包装材料上不宜使用。

③ 两性型抗静电剂　两性型抗静电剂主要有甜菜碱、烷基咪唑啉盐和烷基氨基酸等，其最大特点是分子内同时含有阳离子和阴离子基团，在一定条件下可同时显示阳离子型和阴离子型抗静电剂作用，在应用中与其他类型抗静电剂有良好的配伍性，对高分子材料附着力较强，但热稳定性较差。

④ 非离子型抗静电剂　非离子型抗静电剂主要有脂肪酸多元醇酯、烷醇胺、烷醇酰胺以及脂肪酸、脂肪醇和烷基酚的环氧乙烷的加成物等，其中应用最广泛的是前3种。这一类型的抗静电剂虽然本身不能离解为离子，无法通过自身导电来泄漏电荷，抗静电效果不及离子型抗静电剂，但是其热稳定性优异，一般对高分子材料不产生有害影响，多数产品无毒或低毒，并且具有良好的加工性能。

⑤ 高分子永久型抗静电剂　高分子永久型抗静电剂是指分子内含有聚环氧乙烷链、聚季铵盐结构等导电性单元的高分子聚合物，包括聚环氧乙烷、聚醚酯酰胺、含季铵盐的（甲基）丙烯酸酯共聚物和含亲水基的有机硅等，特点是抗静电效果持久，不受擦拭和洗涤等条件影响，对空气的相对湿度依赖性小，不影响制品的力学性能和耐热性能，但添加量较大（一般为 $5\%\sim20\%$），价格偏高。

（2）抗静电剂的使用方法和作用机制　根据使用方式的不同，抗静电剂可以分为外涂型和内混型两种。外涂型抗静电剂是指涂在高分子材料表面所用的一类抗静电剂。一般用前先用水或乙醇等将其调配成质量分数为 $0.5\%\sim2.0\%$ 的溶液，然后通过涂布、喷涂或浸渍等方法使之附着在高分子材料表面，再经过室温或热空气干燥而形成抗静电涂层。此种多为阳离子型抗静电剂，也有一些为两性型和阴离子型抗静电剂；内混型抗静电剂是指在制品的加工过程中添加到树脂内的一类抗静电剂。常将树脂和添加其质量的 $0.3\%\sim3.0\%$ 的抗静电剂先机械混合后再加工成型。此种以非离子型和高分子永久型抗静电剂为主，阴、阳离子型在某些品种中也可以添加使用。各种抗静电剂分子除可赋予高分子材料表面一定的润滑性、降低摩擦系数、抑制和减少静电荷产生外，不同类型的抗静电剂不仅化学组成和使用方式不同，而且作用机制也不同。

① 外涂型抗静电剂的作用机制　此类抗静电剂加到水里，抗静电剂分子中的亲水基就插入水里，而亲油基就伸向空气。当用此溶液浸渍高分子材料时，抗静电剂分子中的亲油基就会吸附于材料表面。浸渍完后干燥，脱出水分后的高分子材料表面上，抗静电剂分子中的亲水基都向着空气一侧排列，易吸收环境水分，或通过氢键与空气中的水分相结合，形成一个单分子导电层，使产生的静电荷迅速泄漏而达到抗静电目的。

② 表面活性剂类内混型抗静电剂的作用机制　在高分子材料成型过程中，如果其中含有足够浓度的抗静电剂，当混合物处于熔融状态时，抗静电剂分子就在树脂与空气或树脂与金属（机械或模具）的界面形成最稠密的取向排列，其中亲油基伸向树脂内部，亲水基伸向树脂外部。待树脂固化后，抗静电剂分子上的亲水基都朝向空气一侧排列，形成一个单分子导电层。在加工和使用中，经过拉伸、摩擦和洗涤等会导致材料表面抗静电剂分子层的缺损，抗静电性能也随之下降。但是不同于外涂覆型抗静电剂，经过一段时间之后，材料内部的抗静电剂分子又会不断向表面迁移，使缺损部位得以恢复，重新显示出抗静电效果。由于以上两种类型抗静电剂是通过吸收环境水分，降低材料表面电阻率达到抗静电目的，所以对环境湿度的依赖性较大。显然，环境湿度越高，抗静电剂分子的吸水性就越强，抗静电性能就越显著。

③ 高分子永久型抗静电剂的作用机制　高分子永久型抗静电剂是近年来研究开发的一类新型抗静电剂，属亲水性聚合物。当其和高分子基体共混后，一方面由于其分子链的运动能力较强，分子间便于质

子移动，通过离子导电来传导和释放产生的静电荷；另一方面，抗静电能力是通过其特殊的分散形态体现的。研究表明：高分子永久型抗静电剂主要是在制品表层呈微细的层状或筋状分布，构成导电性表层，而在中心部分几乎呈球状分布，形成所谓的"芯壳结构"，并以此为通路泄漏静电荷。因为高分子永久型抗静电剂是以降低材料体积电阻率来达到抗静电效果，不完全依赖表面吸水，所以受环境的湿度影响比较小。

● 抗静电剂 P、抗静电剂 SN

通用名	抗静电剂 P	抗静电剂 SN
化学名	烷基磷酸酯二乙醇胺盐	十八烷基二甲基羟乙基季铵硝酸盐
英文名	anstatic agent P	anstatic agent SN
分子式	$C_{16\sim20}H_{31\sim39}O_8N_2P$	$C_{22}H_{48}N_2O_4$
结构式	$$R{-}O{-}\overset{\displaystyle O}{\underset{\displaystyle OH\cdot NHCH_2CH_2[CH_2CH_2OH]_2}{P}}{}^{OH\cdot NHCH_2CH_2[CH_2CH_2OH]_2}$$	$$\left[C_{18}H_{37}{-}\overset{CH_3}{\underset{CH_3}{N}}{-}CH_2{-}CH_2OH\right]^+ \cdot NO_3^-$$
相对分子质量	410.40～466.5	404.62
外观	浅黄至棕黄色黏稠膏状物	棕红色油状黏稠液体
溶解性	易溶于水及有机溶剂，具有一定的吸湿性	在室温下易溶于水，以及丙酮、丁醇、苯、氯仿等有机溶剂。50℃时可溶于二氯乙烷、苯乙烯等。对稀酸和稀碱稳定
质量标准	棕黄色黏稠膏状物；pH＝8～9；有机磷，w 6.5%～8.5%	棕红色油状黏稠液体或膏状物；pH＝6～8；季铵盐，w 60%±5%
应用性能	本品用作塑料制品的抗静电剂。在纺织工业中作涤纶、丙纶等合成纤维纺丝用的油剂组分之一，可起润滑作用及增加纤维的抗静电性能	本品用作塑料制品的抗静电剂，可作为聚氯乙烯、聚乙烯薄膜及塑料制品的静电消除剂。也用作锦纶、涤纶、氯纶等合成纤维在纺丝、织造时的静电消除剂，具有优良的抗静电效果。此外还可用作聚丙烯腈的染色均染剂。本品可与阳离子表面活性剂混用，但不宜与阴离子表面活化剂混用
用量	一般为总油剂量 5%～10%	一般为纤维总质量的 0.2%～0.5%，一般推荐用量为塑料质量的 0.5%～2%

生产方法	先将 $C_8 \sim C_{12}$ 脂肪醇加入搪瓷或搪玻璃搅拌反应釜,加热熔融后,再在搅拌下冷却至 40℃ 以下,缓缓加入五氧化二磷,控制温度在 40℃ 以下。加完五氧化二磷后,升温至 (55 ± 2)℃,搅拌下保温反应 $3 \sim 3.5h$,然后再升温至 70℃,投入二乙醇胺进行中和,至 pH=7~8,待搅拌均匀后,趁热出料包装,即得成品	在不锈钢反应釜内,先投入溶剂异丙醇,再加入十八烷基二甲基叔胺搅拌溶解。缓缓加入硝酸,控制温度不得超过 40℃,硝酸加完后,保持 45~55℃ 下反应,一直搅拌到釜内不再产生二氧化氮烟雾为止。然后密闭反应釜,慢慢升温至 80℃ 左右,抽真空除去空气,再通氮气,置换尽空气后,开始通入环氧乙烷,釜内压力控制在 0.3MPa 以下,反应温度 90~110℃。加完环氧乙烷后,再继续搅拌反应 1h。冷却至 60℃,加入适量双氧水进行漂白,即得成品

● 抗静电剂 TM、抗静电剂 F695

通用名	抗静电剂 TM	抗静电剂 F695
化学名	三羟乙基甲基季铵甲基硫酸盐	聚氧丙基乙烯基醚
英文名	anstatic agent TM	anstatic agent F695
分子式	$C_8H_{21}O_7NS$	—
结构式	$\left[CH_3-N\begin{array}{l}CH_2CH_2OH\\CH_2CH_2OH\\CH_2CH_2OH\end{array}\right]^{+} \quad CH_3SO_4^{-}$	—
相对分子质量	$410.40 \sim 466.5$	—
外观	浅黄色油状黏稠液体	浅黄色黏稠液体
溶解性	易溶于水,具有一定的吸湿性	具有水溶性
质量标准	浅黄色油状黏稠液体;游离三乙醇胺含量≤4%	浅黄色黏稠液体
应用性能	可用作塑料制品的静电消除剂,可与阳离子型、非离子型表面活性剂混合使用。作为聚丙烯腈、聚酯、聚酰胺等合成纤维的优良静电消除剂,是聚酯、丙烯腈等合成纤维纺丝油剂的重要组分	为新型化纤抗静电剂。亦可作柔软剂、分散剂、消泡剂、匀染剂、金属萃取剂等。可与非离子、阳离子或阴离子表面活性剂拼混使用
用量	$0.5 \sim 2$ 份	
生产方法	将三乙醇胺投入到搪瓷反应釜中,将硫酸二甲酯先送入高位槽中计量,在搅拌下将硫酸二甲酯以细流状加入反应釜中与三乙醇胺发生季铵化反应,控制反应温度 50℃ 以下,硫酸二甲酯加完后,升温至 80℃,继续搅拌反应 4h,经冷却即可出料,得到成品	将 20 份聚丙二醇泵入带压的反应釜中,再加入 1.6 份氢氧化钾在搅拌下升温到 100℃抽真空,用氮气清除釜内空气。然后在 100~120℃ 左右,滴加环氧乙烷,压力维持在 0.25~0.35MPa。滴加毕搅拌 6h,反应压力降为常压后,冷却到 80℃出料

● 抗静电剂 B1、抗静电剂 B2

通用名	抗静电剂 B1	抗静电剂 B2
化学名	双(β-羟乙基)椰油胺	双(β-羟乙基)硬脂胺
英文名	anstatic agent B1	anstatic agent B2
外观	无色至淡黄色液体	无色至淡黄色蜡状物
溶解性	易溶于水,具有一定的吸湿性	具有水溶性
质量标准	无色至淡黄色液体;胺值(以 KOH 计) 195～220mg/g	无色至淡黄色蜡状物;胺值(以 KOH 计)150～165mg/g
应用性能	本品聚丙烯、ABS 的内部抗静电剂。还用作蒸汽发生和循环系统的抗静电剂和防腐剂	本品塑料专用抗静电剂,用于聚苯乙烯和聚苯乙烯-丙烯腈的内部抗静电剂,具有良好的相容性、耐热性、稳定性,无毒特性显著,主要用于包装薄膜、日用塑料容器、矿用塑料管材,丙纶纤维等
用量	0.5%～2%	0.5%～2%
生产方法	椰油胺乙氧基化制备而得	硬脂胺乙氧基化制备而得

2.27　光稳定剂

太阳辐射的电磁波在通过空间和臭氧层时,290nm 以下和 3000nm 以上的射线几乎都被滤除,实际到达地面的为 290～3000nm 的电磁波,其中波长范围为 400～800nm (约占 40%) 的是可见光,波长为 800～3000nm (约占 55%) 的是红外线,而波长为 290～400nm (仅占 5%) 的是紫外线。

这些有害的紫外线通过化学上的氧化还原作用,危害人体健康,皮肤被紫外线照射后会伤害 DNA,当 DNA 遭受破坏,细胞会死亡或是发展成不能控制的癌细胞。例如:波长 200～280nm 短波紫外线 (简称 UVC),短时间照射即可灼伤皮肤,长期或高强度照射还会造成皮肤癌;波长 280～320nm 的中波紫外线 (简称 UVB),极大部分被皮肤表皮所吸收,不能再渗入皮肤内部,但对皮肤可产生强烈的光损伤,被照射部位真皮血管扩张,皮肤可出现红肿、水泡等症状。长久照射,皮肤会出现红斑、炎症、皮肤老化,严重者可引起皮肤癌;波长 320～400nm 的长波紫外线 (简称 UVA),对衣物和人体皮肤的穿透性远比中波紫外线要强,可达到真皮深处,并可对表皮部位的黑色素起作用,从而引起皮肤黑色素沉着,使皮肤变黑。因而长波紫外线也被称做"晒黑段"，长波紫外线虽不会引起皮肤急性炎症，但对皮肤的作用缓慢，可长期积累，是导致皮肤老化和严重损害的原因之一。

涂料、塑料、橡胶、合成纤维等制品暴露在日光下，其吸收光的基团受到激发而生成自由基，若有氧存在，聚合物同时也被氧化（光氧化）。聚合物的光老化过程实际上伴随着自动氧化反应，光氧化降解是光老化的主要反应过程。而紫外线是引发聚合物光老化的主要因素，根据光量子理论，在290～400nm范围的紫外线所具有的能量一般高于高分子链上各种化学键断裂所需的能量，且短波紫外线还会使聚合物的分子或基团吸收光能，使分子或基团处于高能状态，导致高分子化学结构发生断键、断链等"光致化学降解"。

凡能屏障或抑制光氧化还原或光老化过程而加入的一些物质称为光稳定剂。光稳定剂的作用机制因自身结构和品种的不同而有所不同，可分为四类。

（1）光屏蔽剂　它可以屏蔽、反射或吸收紫外线并将其转化为无害的热能，就像在物品和光辐射之间设置了一道屏障，使光不能直接辐射到物品的内部，令物品内部不受紫外线的危害，从而有效地抑制光氧化降解。

（2）紫外线吸收剂　它的作用机制在于能强烈地吸收聚合物敏感的紫外线，并能将能量转变为无害的热能形式放出。

（3）猝灭剂　可以接受塑料中发色团所吸收的能量，并将这些能量以热量、荧光或磷光的形式发散出去，使其回到基料，使其回复到基态，排除或减缓了发生光氧化还原反应的可能性。

（4）自由基捕获剂　因捕获因光氧化还原产生的自由基，从而阻止了导致制品老化的自由基反应，使制品免遭紫外线破坏。

选择光稳定剂应考虑以下因素：能有效地吸收290～400nm波长的紫外线，或能猝灭激发态分子的能量，或具有捕获自由基的能力；自身的光稳定性及热稳定性好；相容性好，使用过程中不渗出；耐水解、耐水和其他溶剂抽提；挥发性低，污染性小；无毒或低毒，价廉易得。

光稳定剂的选用决定于多种因素，主要有聚合物对紫外线的敏感波长，紫外线稳定剂的吸收波长范围、加入量、制品的厚度、颜色、与其他助剂的作用及经济效益等。

聚合物对紫外线的敏感波长是聚合物本身所特有的。选用光稳定剂时，应选用易于吸收或反射这部分敏感波长的稳定剂，要考虑各种聚合物的敏感波长与紫外线吸收剂的有效吸收波长范围一致，以使聚合物稳定而不易光老化。

由于紫外线吸收剂吸收光能后增加了制品发热的可能性，因此必须考虑同时加入抗氧化剂和热稳定剂，这就要求三者具有协同作用。

炭黑光屏蔽剂与硫代酯类抗氧化剂配合应用于聚乙烯的稳定中，有优良的协同作用、效果好；而与胺类、酚类抗氧剂并用时，就会产生对抗作用，彼此削弱原有稳定效果，故不能搭配在一起。紫外线吸收剂不能与硫醇有机锡并用，否则会产生对抗作用，失去对聚合物的光稳定作用。

此外，各类光稳定剂都有各自不同的作用机制，在实际应用中，有时加入一种光稳定剂不能满足要求时，可考虑加入两种或几种不同作用原理的光稳定剂，以取长补短，得到增效光稳定合剂。若将几种紫外线吸收剂复合作用时，其效果比单用有很大提高；又如紫外线吸收剂常与猝灭剂并用，光稳定效果显著地提高。

再有，从理论上讲，只有当制品表面光吸收数量相同时，吸收程度才相等，即是说对厚制品或薄制品使用浓度一样。而实际上并非如此，薄制品和纤维要求加入的紫外线吸收浓度较高；而厚制品的则较低。这是由于制品愈厚，紫外线透入到一定深度后，即被完全吸收，被内外层承受了，所以耐光性愈好，所需的浓度愈低；同时加入到塑料中的紫外线吸收剂，由于扩散作用，往往都会集中在聚合物外表的非结晶区内，所以表面层实际的防护能力，往往要比预料的高好多倍。因此不必添加高浓度的紫外线吸收剂，光稳定剂的添加量太高时，超过相容性时，会产生喷霜现象，需选用相容性好的光稳定剂。

本节重点叙述聚合物、涂料、油漆等工业生产所用的紫外线吸收剂和光屏蔽剂。

2.27.1　紫外线吸收剂

紫外吸收剂可强烈地吸收紫外线，尤其是波长为 $290\sim400nm$，达到减轻、缓解紫外线伤害的作用。一般紫外吸收剂应具有以下特点：①无色、无毒、无臭；②热稳定性好，即使在加工中也不会因热而变化，热挥发性小；③化学稳定性好，不与制品中材料组分发生不利反应；④混溶性好，可均匀地分散在材料中，不喷霜，不渗出；⑤光化学稳定性好，不分解，不变色；⑥不溶或难溶于水；⑦耐浸洗；⑧价廉、易得。使用紫外线吸收剂可有效防止或削弱紫外线对受保护的物体的破坏作用。

常用的紫外线吸收剂按化学结构可分为以下几类：水杨酸酯类、苯酮类、苯并三唑类、取代丙烯腈类、三嗪类和受阻胺类。目前在聚合物（塑料等）、涂料（汽车喷漆，建筑物涂饰）、印刷油墨、染色/印花纺织品的后处理、防晒化妆品等生产领域广泛应用。

苯并三唑类紫外线吸收剂是目前国内应用较多的一个品种。但由于三嗪类紫外线吸收剂的应用效果明显优于苯并三唑类紫外线吸收剂。三嗪类光稳定剂除具有优良的紫外线吸收性能，同时还具有其他一些特点，三嗪类紫外线吸收剂可以广泛地应用于聚合物，有优良的热稳定性，使其具有较好的加工稳定性；耐酸性，使其在农业用途上具备良好的耐药性等。在实际应用中三嗪类紫外线吸收剂与受阻胺光稳定剂有很好的协同效应，当两者共同使用时具有比它们单独使用更好的效果。

● 紫外线吸收剂 UV-531、紫外线吸收剂 UV-B

通用名	紫外线吸收剂 UV-531	紫外线吸收剂 UV-B
化学名	2-羟基-4-正辛氧基二苯甲酮	2-羟基-4-苄氧基二苯甲酮
英文名	ultraviolet absorber UV-531	ultraviolet absorber UV-B
分子式	$C_{21}H_{26}O_3$	$C_{20}H_{16}O_3$
结构式		
相对分子质量	326.64	304.35
外观	淡黄色或白色结晶粉末	淡黄色结晶粉末
熔点	48～49℃	118～120℃
相对密度	1.160(25℃)	—
溶解性	溶解度 25℃(g/100g,溶剂)：丙酮 74；苯 72；甲醇 2；乙醇(95%)2.6；正庚烷 40；正己烷 40.1	能溶于醇、酮等有机溶剂,不溶于水
质量标准	含量≥99.0%；熔点 48～49℃；干燥失重≤0.5%；灰分≤0.1%	—
吸收范围	270～330nm	—

应用性能	是一种性能卓越的高效紫外线吸收剂,具有色浅、无毒、相容性好、迁移性小、易于加工等特点。它对聚合物有最大的保护作用,并有助于减少色泽,同时延缓泛黄和阻滞物理性能损失。它广泛用于 PE、PVC、PP、PS、PC、有机玻璃等,而且为干性酚醛和醇酸清漆类、聚氨酯类、丙烯酸类、环氧类和其他空气干燥产品及汽车整修漆、粉末涂料、聚氨酯、橡胶制品等提供了良好的光稳定效果	应用于多种树脂的塑料制品,效果良好
用量	一般为 0.1%～0.5%	—
安全性	无毒,无腐蚀性,不易燃,不易爆,贮运性能稳定	无毒,不易燃,不腐蚀,贮存稳定性好
生产方法	间苯二酚 6.01 份用适量水溶解,然后与9.1 份三氯甲苯和适量乙醇混溶,控制温度反应生成 2,4-二羟基-二苯甲酮固体,并进行精制。6.2 份正辛醇用无水氯化锌和浓盐酸 5.013 份催化,充分反应后进行精制,得精制氯代正辛烷。2,4-二羟基二苯甲酮和 20 份环己酮混溶后加入氯代正辛烷、适量纯碱及碘化钾后保温回流,回流结束后蒸馏回收环己酮,剩余釜液经冷却、结晶、吸滤得粗产品。粗产品再经重结晶、脱色即得成品	间苯二酚及适量的水搅拌溶解。再加入三氯甲烷和适量的酒精,搅拌,使物料全部混溶进行反应。反应完全后,过滤,用稀碳酸氢钠溶液洗涤和水洗滤饼,然后进行干燥,即得 2,4-二羟基二苯甲酮。环己酮和 2,4-二羟基二苯甲酮,搅拌溶解。然后加入氯化苄、纯碱及碘化钾,在回流温度下反应。反应完全后,过滤,减压蒸馏。然后经冷却、结晶、吸滤、酒精溶解。再加入活性炭,加热、趁热过滤、冷却结晶、离心后获结晶成品

● 紫外线吸收剂 UV-24、紫外线吸收剂 UV-P

通用名	紫外线吸收剂 UV-24	紫外线吸收剂 UV-P
化学名	2,2′-二羟基-4-甲氧基二苯甲酮	2-(2′-羟基-5′-甲基苯基)苯并三唑
英文名	ultraviolet absorbent UV-24	ultraviolet absorbent UV-P
分子式	$C_{14}H_{12}O_4$	$C_{13}H_{11}N_3O$
结构式		
相对分子质量	244.25	225.25
外观	浅黄色粉末	无色或浅黄色粉末
熔点	68℃	128～132℃
沸点	170～175℃(133.3kPa)	—

相对密度	1.382(25℃)	—
溶解性	25℃时溶解度(g/100g 溶剂):苯 46.6、正己烷 2.3、95%乙醇 21.4、四氯化碳 22.2、甲乙酮 55.3、DOP 31.1,不溶于水	可溶于汽油、苯、丙酮等多种有机溶剂,不溶于水,也不被酸、碱所分解,但能溶于碱,生成黄色盐,加酸则沉淀析出

质量标准		
外观	浅黄色结晶粉末	白色至淡黄色结晶粉末
熔点	68℃	128～132℃
含量,w	≥98.5%	≥99.0%
灰分,w	—	<0.2%
透光率	—	440nm,>97%;550nm,>98%
吸收范围	330～370nm	290～400nm
应用性能	适用于聚氯乙烯、ABS 树脂、丙烯酸树脂、聚氨酯、蜜胺树脂、纤维素树脂等多种塑料。紫外线吸收能力强,也吸收部分可见光,因此使制品略带黄色。本品与树脂相容性好,在油漆中也有良好的光稳定效果	本品为高效紫外线吸收剂,主要用于聚氯乙烯、聚丙烯、不饱和聚酯、聚碳酸酯、聚甲基丙烯酸甲酯、聚乙烯、ABS 树脂、环氧树脂、纤维树脂等。本品几乎不吸收可见光,特别适用于无色透明和成色制品,在薄制品中一般用量为 0.1%～0.5%,厚制品中为 0.05%～0.2%。本品允许用于接触食品的塑料制品
用量	一般为 0.25%～3%	化纤中用量 0.5%～2%;塑料薄制品用量为 0.1%～0.5%,厚制品为 0.05%～0.2%
安全性	无毒。不易燃、不腐蚀、贮存稳定性好	无毒、不易燃、不易爆、不腐蚀、贮存稳定性好
生产方法	5 份水杨酸结晶体与 4.5 份氯化亚砜用 0.03 份无水三氯化铝催化,所得水杨酰氯与 3 份间苯二酚及 0.07 份无水吡啶反应,制得的 2,2′,4-三羟基苯酮再与硫酸二甲酯反应,反应液经静置分层、减压蒸馏、冷却、活性炭脱色、吸滤、浓缩、冷却、结晶、离心、低温干燥即的成品	邻硝基苯胺晶体用盐酸溶解后在低温下滴加 25%～30% 的亚硝酸钠溶液,充分反应后生成硝重氮苯酸盐溶液。在 50% 的烧碱溶液中加入对甲酚,溶解后获得对甲酚钠,加入制得的硝基重氮苯盐盐溶液,控制反应温度搅拌加入碳酸钠溶液,进行偶合反应,反应结束后过滤得偶合反应产物。所得偶合反应产物再加入适量 50%烧碱溶液,搅拌并控制反应温度,缓慢加入锌粉,充分反应并过滤除渣后,用盐酸酸化,析出 2-(2′-羟基-5′-甲基苯基)苯并三唑粗晶体,精制后得本品

● 紫外线吸收剂 UV-326、紫外线吸收剂 UV-327

通用名	紫外线吸收剂 UV-326	紫外线吸收剂 UV-327
化学名	2-(2′-羟基-3′-叔丁基-5′-甲基苯基)-5-氯代苯并三唑	2-(2′-羟基-3′,5′-二叔丁基苯基)-5-氯代苯并三唑
英文名	ultraviolet absorbent UV-326	ultraviolet absorbent UV-327
分子式	$C_{17}H_{18}N_3OCl$	$C_{20}H_{24}N_3OCl$
结构式		
相对分子质量	315.8	367.5
外观	浅黄色结晶粉末	浅黄色或白色粉末
熔点	140~141℃	154~158℃
密度	—	$1.26g/cm^3$
溶解性	20℃时在下列溶剂中的溶解度(g/100mL):乙酸乙酯 2.5g,石油醚 1.8g,甲基丙烯酸甲酯 4.9g,微溶于苯、甲苯、苯乙烯,不溶于水	在苯、甲苯、苯乙烯、甲基丙烯酸甲酯、环己烷等溶剂和增塑剂中有较大的溶解度,微溶于醇、酮,不溶于水
质量标准		
外观	浅黄色粉末	浅黄色或白色粉末
熔点	140~141℃	154~158℃
含量	≥99.0%	≥99.0%
干燥失重	≤0.5%	≤0.5%
透光率	460nm,≥97%;500nm,≥98%	460nm,≥92%;500nm,≥95%
最大吸收峰	356nm	—
吸收范围	270~380nm	—
应用性能	本品主要用于聚氯乙烯、聚苯乙烯、不饱和聚酯、聚碳酸酯、聚甲基丙烯酸甲酯、聚乙烯、ABS树脂、环氧树脂和纤维素树脂等。本品几乎不吸收可见光,特别适用于无色透明和成色制品,在薄制品中一般用量为 0.1%~0.5%,厚制品中为 0.05%~0.2%。本品允许用于接触食品的塑料制品	本品对聚合物有最大的保护作用。并有助于减少色泽,同时延缓泛黄和阻滞物理性能损失。它广泛用于 PE、PVC、PP、PS、PC、PU、ABS、有机玻璃、丙纶纤维和乙烯醋酸乙烯酯等方面
用量	用于聚丙烯时添加量为 0.3~0.6 份,用于聚乙烯时添加量为 0.2~0.4 份	用于塑料中添加量为 1%~3%,日本、美国、法国、意大利许可本品用于接触食品的聚烯烃塑料中,最高用量为 0.5%。用于其他与食品接触的塑料,意大利规定最高用量为 0.2%,日本和法国为 0.5%

安全性	低毒,不易燃、不腐蚀、贮存稳定性好	毒性极低,对大鼠进行两年的慢性毒性实验,未见任何异常,无致癌性,对实验动物后代亦无影响、不易燃、不腐蚀、贮存稳定性好
生产方法	2-硝基-5-氯苯胺用盐酸溶解,冷却降温加入 25%~30% 的亚硝酸钠,制得 2-硝基-5-氯重氮盐酸盐。用 50% 烧碱溶液和 2-叔丁基对甲酚制得 2-叔丁基对甲酚钠,将 2-叔丁基对甲酚与 2-硝基-5-氯重氮苯盐酸盐控制反应温度,搅拌加入碳酸钠溶液反应至碱度不再降低时停止偶合反应并过滤。偶合反应产物在碱性条件下用锌粉充分还原并过滤除渣,然后用盐酸酸化,得 2-(2′-羟基-3′-叔丁基-5′-甲基苯基)-5-氯代苯并三唑粗品。粗品再经溶解、酸化、结晶、过滤、水洗、甩干、溶入热汽油、活性炭脱色、过滤、冷却、结晶、过滤,最终获得纯品	苯酚熔融后在硫酸催化下加入异丁烯,烷基化反应结束后蒸馏得到 2,4-二叔丁基苯酚。经对氯邻硝基苯胺和盐酸溶解后,降温冷却加入 25%~30% 亚硝酸钠溶液充分反应得对氯邻硝基重氮苯盐酸盐。将 2,4-二叔丁基苯酚和对氯邻硝基重氮苯盐酸盐,加入氢氧化钠的甲醇溶液,反应至碱度不再降低时停止偶合反应并过滤。在偶合产物中加入适量的乙醇,并用锌粉还原。当反应完全后,降至室温,加适量水析出 2-(2′-羟基-3′,5′-二叔丁基基)-5-氯代苯并三唑粗晶体。粗晶体用乙酸乙酯进行重结晶,得纯品

● 紫外线吸收剂 UV-328

化学名	2-(2′-羟基-3′,5′-二叔戊基苯基)苯并三唑		
英文名	ultraviolet absorbent UV-328		
分子式	$C_{22}H_{29}N_3O$		
结构式			
相对分子质量	351.5	熔点	80~83℃
外观	淡黄色粉末		
溶解性	溶于苯、甲苯、乙酸乙酯和石油醚,微溶于乙醇和甲醇,不溶于水		
质量标准			
外观	淡黄色粉末	干燥失重	≤0.5%
熔点	≥81℃	透光率	460nm,≥97%;500nm,≥98%
含量	≥99.0%	最大吸收峰	345nm
应用性能	与高聚合物的相容性好,挥发性低,并兼具有抗氧性能,可与一般抗氧剂并用,广泛用于聚丙烯、聚乙烯,还可用于聚氯乙烯、有机玻璃、ABS 树脂、涂料、石油制品和橡胶等制品		
用量	一般用量约 0.1%		
安全性	不易燃、不易爆、无毒、无致癌性,使用安全无害		

● 紫外线吸收剂 RMB

化学名	间苯二酚单苯甲酸酯	相对分子质量	214.02
英文名	ultraviolet absorbent RMB	外观	白色结晶粉末
分子式	$C_{13}H_{10}O_3$	熔点	132～135℃
结构式		沸点	140℃(20Pa)
		堆积密度	0.68g/cm³(20℃)
溶解性	常温下溶于丙酮和乙醇,微溶于苯、水,在邻苯二甲酸辛酯中溶解度很小,但随着温度的升高,溶解度急剧上升(100℃时可以达 43g/100g DOP)		
应用性能	本品用作纤维素塑料和聚氯乙烯的光稳定剂		
用量	1.0%～2.0%	安全性	本品低毒
生产方法	将间苯二酚和碱液按比例溶解,控制反应温度不变滴加苯甲酰氯,反应至 pH 不变结束。出料后经过滤、热水洗至中性、干燥,即得粗品。粗品用甲苯回流溶解后,用活性炭脱色、过滤、冷却、结晶、过滤、干燥得到成品		

● 紫外线吸收剂 OPS、紫外线吸收剂 BAP

通用名	紫外线吸收剂 OPS	紫外线吸收剂 BAP
化学名	水杨酸正辛基苯基酯	水杨酸双酚 A 酯
英文名	4-n-octylphenylsalicylate	—
分子式	$C_{21}H_{26}O_3$	$C_{20}H_{24}O_6$
结构式		
相对分子质量	326.43	360
外观	白色结晶	白色无臭粉末
熔点	72～74℃	158～161℃
沸点	435.1℃(760mmHg)	—
相对密度	1.076	—
溶解性	27℃时在下列溶剂中的溶解度(g/100g 溶剂)分别为丙酮 127.2、苯 144.0、乙烷 37.0、乙醇 4.5、水<0.1	不溶于水和酒精,易溶于苯、甲苯、二甲苯、氯苯和石油醚等溶剂
吸收范围	290～330nm	
应用性能	本品为聚烯烃的紫外线吸收剂,吸收紫外线的能力较差,经光照后发生邻位重排,明显地吸收可见光,因而使制品泛黄。但这类化合物价廉,且与树脂有良好的相容性,应用仍较广泛	适用于聚丙烯、聚乙烯、聚氯乙烯等塑料,尤其适用于农用薄膜,能够有效地吸收对植物有害的短波紫外线,透过对植物生长有利的长波紫外线,既可抗老化又不影响作物生长。本品迁移性小,原料易得,价格低廉
用量	0.1～1.0 份	0.24～4 份

安全性	该品经口毒性低。小鼠经口 3.2g/kg 未见死亡。不易燃、不腐蚀	本品无毒
生产方法	将水杨酸晶体和氯苯,搅拌溶解后,加入无水三氯化铝,然后滴加氯化亚砜,进行反应。待无氯化氢放出时,反应已达终点,生成水杨酰氯。将水杨酰氯升温加入对辛基苯酚,进行缩合反应。反应到没有氯化氢产生为止。反应物经过滤、蒸馏、减压蒸馏、冷却、结晶、吸滤、酒精洗涤、干燥,即得成品。额定消耗:水杨酸(≥99.0%)430kg/t;对辛基苯酚(工业品)620kg/t;氯化亚砜360kg/t	将水杨酸晶体和氯苯,搅拌溶解后,加入无水三氯化铝,然后滴加氯化亚砜,进行反应。待无氯化氢放出时,反应已达终点,生成水杨酰氯。将水杨酰氯升温加入双酚 A 及无水吡啶,继续反应至只有少量或无氯化氢放出为止。然后过滤,滤液经蒸馏回收氯苯后,冷却、结晶、吸滤,滤液为产品在氯苯中的饱和溶液,循环使用,滤饼经干燥为成品。额定消耗:水杨酸(≥99.0%)980kg/t;氯化亚砜 890kg/t;三氯化铝(工业品)5kg/t;氯苯(工业品)1610kg/t;双酚 A650kg/t;吡啶(化学纯)13kg/t

● 紫外线吸收剂 UV-329

化学名	2-(2′-羟基-5′-叔辛基苯基)苯并三唑	相对分子质量	323.43
英文名	ultraviolet absorbent UV-329	外观	白色粉末
分子式	$C_{20}H_{25}N_3O$	熔点	101~106℃
结构式		沸点	471.8℃(760mmHg)
		密度	1.1g/cm³
		溶解性	—

质量标准			
含量	≥99.0%	透光率	440nm,≥98%;500nm,≥99%
干燥失重	≤0.5%	吸收范围	270~340nm
灰分	≤0.1%		
应用性能	作为紫外线吸收剂,本品广泛用于 PE、PVC、PP、PS、PC、丙纶纤维、ABS 树脂、环氧树脂、树脂纤维和乙烯醋酸乙烯酯等方面。并且可用于塑料集装箱和食品包装盒等包装材料		
用量	一般薄制品用量为 0.1%~0.5%,厚制品为 0.05%~0.2%		
安全性	无毒、不易燃、不易爆、不腐蚀、贮存稳定性好		

● 水杨酸苯酯

化学名	邻羟基苯甲酸苯酯	相对分子质量	214.23
英文名	phenyl salicylate	外观	白色片状结晶
分子式	$C_{13}H_{10}O_3$	熔点	43℃
结构式		沸点	172～173℃（12mm Hg）
		密度	1.250g/cm³
溶解性	易溶于乙醚、苯和氯仿，溶于乙醇，几乎不溶于水和甘油		

质量标准

准含量	≥99.0%	灼烧残渣（硫酸盐），w	≤0.05%
氯化物（Cl⁻），w	≤0.03%	硫酸盐（SO_4^{2-}），w	≤0.1%
游离酸	合格	游离酚、水杨酸与水杨酸钠	合格

应用性能	本品与树脂相容性好，可用于聚氯乙烯、聚偏二氯乙烯、聚酯、聚苯乙烯、纤维素树脂、聚烯烃、聚氨酯等
安全性	本品低毒
生产方法	28kg 工业苯酚和40kg 工业水杨酸加热熔融，控制反应温度滴加16kg 三氯化磷，反应充分后用热水洗涤，并用5%碳酸氢钠溶液中和至 pH 为8，再用热水洗至 pH 为7。静置，分去水层，油层中加入蒸馏水搅拌、冷却、结晶、活性炭脱色，即得成品

● 紫外线吸收剂 UV-320

化学名	2-(2′-羟基-3′,5′-二叔丁基苯基)-苯并三唑	相对分子质量	323.44
英文名	ultraviolet absorbent UV-320	外观	白色粉末
分子式	$C_{20}H_{25}N_3O$	熔点	152～154℃
结构式		沸点	444℃（760mmHg）
		密度	1.1g/cm³
		折射率	1.585
质量标准	含量≥99.0%。透光率：440nm，≥97%；500nm，≥98%		
应用性能	本品泛应用于塑料和其他有机物中，其中包括不饱和聚酯、PVC、PVC 增塑胶等，在聚氨基甲酸酯、聚酰胺、合成纤维成尤其是那些有聚酯、环氧树脂的应用中，UV320 效果显得更为突出，UV320 具有吸收紫外线能力强、挥发性低之特点。它可以有效地保护聚酯和有机色料免除紫外线的辐射，从而保护成型物体、胶卷等在露天状态下的原始物理外观，UV320 比一般的紫外线吸收剂颜色稍浅

● **紫外线吸收剂三嗪-5**

化学名	2,4,6-三(2′-羟基4′-正丁氧基苯基)-1,3,5-三嗪(三种组分混合物)		
英文名	2,4,6-tri(2′-hydroxy-4′-*n*-butoxyphenyl)-1,3,5-triazine		
分子式	C₃₃H₃₉O₆N₃（Ⅰ）	C₂₉H₃₁O₆N₃（Ⅱ）	C₂₅H₂₃O₆N₃（Ⅲ）

$C_{33}H_{39}O_6N_3$（Ⅰ）, $C_{29}H_{31}O_6N_3$（Ⅱ）, $C_{25}H_{23}O_6N_3$（Ⅲ）

结构式	Ⅰ, 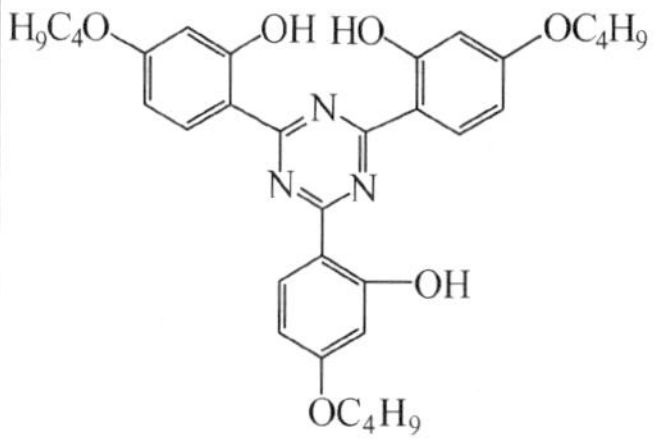 Ⅱ, 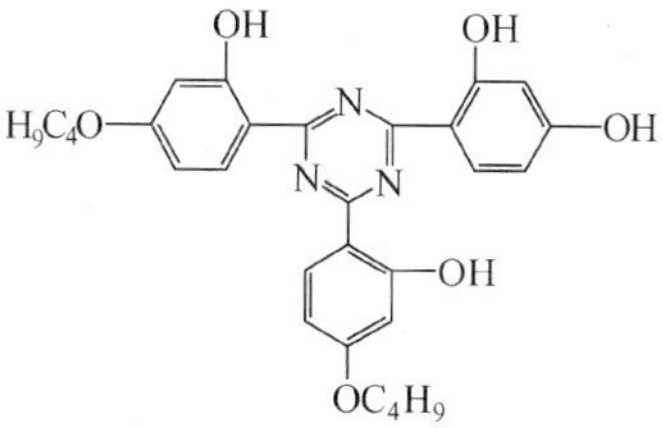 Ⅲ 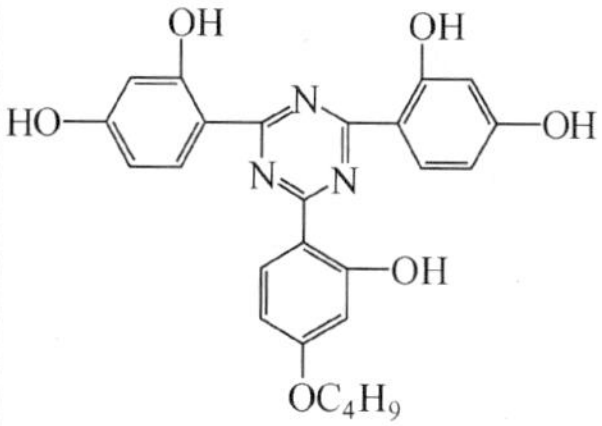 三种结构式（化学结构图）

相对分子质量	573.69	517.58	405.37
外观	浅黄色粉末		
熔点	165～166℃	211～212℃	
溶解性	溶于六甲基磷酰三胺(HPT)，微溶于正丁醇，不溶于水		

质量标准

外观	浅黄色粉末	水分，w	≤0.5%
熔点	165～166℃	灰分 w	≤0.5%
含量	化合物（Ⅰ＋Ⅱ）≥60%	吸收范围	300～380nm

应用性能	本品是性能优良的紫外线吸收剂，本身热、光稳定性优良，适用于多种聚合物。在聚氯乙烯农膜中，添加少量则能提高制品的使用寿命1～3倍。在聚甲醛中本品不仅可以提高制品的耐候性和耐热性，而且有突出的冲击韧性。在氧化聚醚中有助于提高其贮存和使用期限，也有利于加工。但它要吸收一部分可见光，使制品带黄色

安全性	本品不易燃、不腐蚀、无污染、贮存稳定性好
生产方法	将三聚氯氰、间苯二酚和溶剂硝基苯(或采用溶剂四氯乙烷、二氯乙烷、石油醚和醚类)加入反应釜,搅拌下加热溶解,再加入无水三氯化铝为催化剂,于90~95℃进行反应,生成化合物(Ⅲ),水蒸气蒸馏回收溶剂硝基苯,水解掉催化剂,水洗、过滤得(Ⅲ)的滤饼。化合物(Ⅲ)与溴丁烷在碳酸钠存在下进行丁氧基化反应,反应在溶剂(50%的乙醇水溶液)的回流温度下进行。反应完毕加盐酸中和、过滤、水洗、干燥,即得成品

● 光稳定剂 292、光稳定剂 622

通用名	光稳定剂 292	光稳定剂 622
化学名	双(1,2,2,6,6-五甲基-4-哌啶)癸二酸酯与1-甲基-8-(1,2,2,6,6-五甲基-4-哌啶)癸二酸酯的混合物	丁二酸与4-羟基-2,2,6,6-四甲基-1-哌啶醇的聚合物
英文名		
分子式	$C_{30}H_{56}N_2O_4 + C_{21}H_{39}NO_4$	$C_{15n+1}H_{25n+4}O_{4n+1}N_n$
结构式		
相对分子质量	—	3100~4000
外观	淡黄色液体	白色或淡黄色颗粒状固体
相对密度	0.99	1.18
溶解性	能溶于甲醇、乙醇、苯、甲苯、己烷等。不溶于水	20℃(g/100g 溶剂):己烷<0.01,甲苯15,丙酮4,醋酸乙酯3,氯仿>40,氯甲烷>40,甲醇0.05,水<0.01
质量标准	含量≥97.0%。透光率:425nm,≥94%;500nm,≥96%。灰分≤0.1%	透光率:425nm,≥95%;500nm,≥95%。灰分≤0.1%

应用性能	受阻胺型光稳定剂,可延长各式塑胶及涂料在户外照射的使用时间。主要用于油漆、涂料、油墨、聚氨酯漆等,在加工过程中,不会与高分子产生气味,也不会影响材质原有的色彩。本品能使有效地防止涂层在日光曝晒下保持光泽,避免龟裂和产生斑点,发生爆裂和表面剥离,从而大大提高涂层寿命。在汽车专用涂料中效果更佳。本品与紫外线吸收剂有协同效应	本品为聚合型高相对分子质量受阻胺光稳定剂,具有很好的加工热稳定性和与各种树脂良好的相容性,又由于本品是高相对分子质量化合物,具有很好的耐水抽出性,因此,在加工过程中或使用中,耐水抽出性良好,不易损失。本品可以有效地防止光、热及气候、水分对高聚物的降解作用。比一般低相对分子质量受阻胺光稳定剂(HALS)优越很多。聚合型受阻胺具有更好的耐热性、耐抽出性、更低的挥发性和迁移性。作为光稳定剂,本品适用于聚乙烯、聚丙烯、聚苯乙烯、烯烃共聚物、聚酯、软质聚氯乙烯、聚氨酯、聚甲醛和聚酰胺等
用量	1%～2%	美国、英国、日本、法国、德国、加拿大、澳大利亚、奥地利等国规定在聚乙烯和聚丙烯中的最大用为0.3%,意大利和瑞士规定在聚乙烯中的最大用量为0.3%,在聚丙烯中为0.5%,在农膜生产中推荐添加量为4%
安全性	本品易吸潮,需在密闭、防潮、防热、避光、干燥条件下保存及运输	本品无毒、不易燃、不易爆、不腐蚀,贮存稳定性好,可用于接触食品的塑料

● 光稳定剂 944

化学名	聚{[6-[(1,1,3,3-四甲基丁基)氨基]]-1,3,5-三嗪-2,4-双[[(2,2,6,6,-四甲基-哌啶基)亚氨基]-1,6-二亚己基[(2,2,6,6-四甲基-4-哌啶基)亚氨基]}
英文名	poly-{[6-[(1,1,3,3-tetramethylbutyl)amino]-1,3,5-triazine-2,4-diyl][(2,2,6,6-tetramethyl-4-piperidyl)imino]-1,6-hexanediyl[(2,2,6,6-tetramethyl-4-piperidyl)imino]}
结构式	

相对分子质量	2000～3100	熔点	110～130℃
外观	白色或淡黄色颗粒粉末	相对密度	1.01
溶解性	20℃时(g/100g 溶剂):丙酮50;乙醇0.1;正己烷41;甲醇3;二氯甲烷50;甲苯50;氯仿30;醋酸乙酯50;水＜0.01		

质量标准			
含量,w	≥99%	透光率	425nm,≥93%;450nm,≥95%
颗粒直径	1～2mm	热失重,w	1%(300℃)
软化温度	100～135℃	灰分,w	≤0.1%	挥发分	≤1%
应用性能	本品是一种用于塑料制品的聚合型高相对分子质量受阻胺类光稳定剂。它可应用在聚烯烃塑料(如 PP、PE),烯烃共聚物(如 EVA 和丙烯与橡胶的混合体等)。应用在交联聚乙烯中更能显出其卓越的功效。除聚烯烃塑料外,它还可用于聚苯醚复合物(PPE)、聚甲醛、聚酰胺、聚氨酯、软硬 PVC 及 PVC 共混物等。另外,光稳定剂 944 对苯乙烯类,橡胶和胶黏剂也有良好的功效。光稳定剂 944 与紫外线吸收剂合用具有协调效果。由于聚合体的特殊结构,其平均相对分子质量可达 3000,它可用于要求低挥发及少量迁移的系统中,特别适用于薄膜与纤维中。本品同时兼有抗氧剂的效果,对聚合物有长期热稳定效果		
用量	厚截面制品(HDPE,LLDPE,LDPE,PP)0.05%～0.6%;薄膜(LLDPE,LDPE)0.1%～1%;扁丝(PP,HDPE)0.2%～0.8%;纤维(PP)0.1%～1.0%		
安全性	本品无毒,可用于食品包装		

● 光稳定剂 783

化学名	聚{[6-[(1,1,3,3-四甲基丁基)氨基]]-1,3,5-三嗪-2,4-双[(2,2,6,6,-四甲基-哌啶基)亚氨基]-1,6-二亚己基[(2,2,6,6-四甲基-4-哌啶基)亚氨基]}与聚丁二酸(4-羟基-2,2,6,6-四甲基-1-哌啶乙醇)酯的复合物		
英文名			
结构式	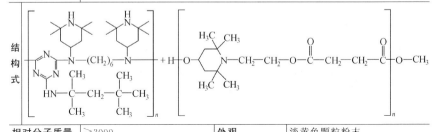		
相对分子质量	≥3000	外观	淡黄色颗粒粉末
质量标准	含量≥99%;灰分≤0.1%;透光率:425nm,≥90%;500nm,≥94%		
应用性能	本品为高聚物的通用型优秀的光稳定剂,可用于聚乙烯、聚丙烯、聚氨酯、聚甲醛、聚酰胺及聚酯弹性体的防光热老化,光稳定剂 783 也广泛应用在 ABS 和工程塑料中,应用于 LDPE 或 LLDPE 农膜体系中,在降低浓度的应用中,光稳定剂 783 具有比目前最优秀的受阻胺光稳定剂更为优越的性能价格比		

● 光稳定剂 2002、光稳定剂 770

通用名	光稳定剂 2002	光稳定剂 770
化学名	双(3,5-二叔丁基-4 羟基苄基磷酸单乙酯)镍	双(2,2,6,6-四甲基哌啶基)癸二酸酯

英文名	photostabilizer 2002	bis(2,2,6,6-tetramethyl-4-piperidyl)sebacate
分子式	$C_{34}H_{56}O_8P_2Ni$	$C_{28}H_{52}O_4N_2$
结构式		

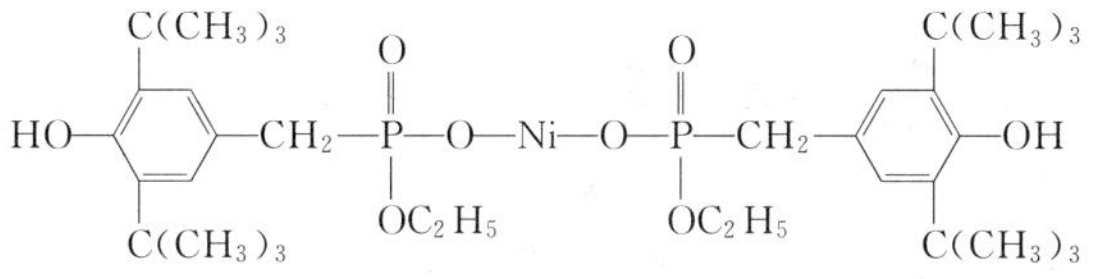

$C_{34}H_{56}O_8P_2Ni$

$C_{28}H_{52}O_4N_2$

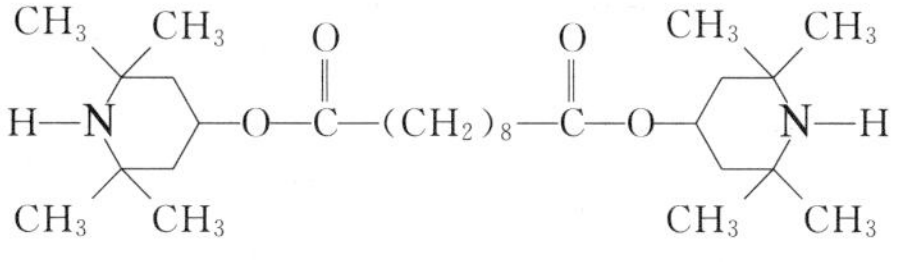

相对分子质量	713.5	480.74
外观	依含水量不同而呈淡黄色或淡绿色粉末	无色或微黄色结晶粉末
熔点	180~200℃	81~85℃
相对密度	—	1.05
溶解性	易溶于一般的有机溶剂,在水中的溶解度为 5g/100mL 水(20℃)	20℃时(g/100g 溶剂):丙酮 19;正己烷 5;甲醇 38;二氯甲烷 56;氯仿 45;醋酸乙酯 24;水<0.01

质量标准

含量,w	—	≥99.0%
透光率	—	425nm≥98%;500nm≥99%
挥发分,w	—	≤0.5%
热损失,w	≤3.0%	≤0.7%(175℃);≤1%(200℃)
镍含量,w	≥7.4%	
磷含量,w	≥8.0%	
筛余物,w	≤5.0%(120 目)	—
应用性能	本品可用作高分子材料的光稳定剂和抗氧剂。对光和热的稳定性高,相容性好,耐抽出,着色性小,对纤维和薄膜的稳定性好。主要适用于聚烯烃,尤其是聚丙烯纤维、薄膜和窄带(编织带)。对聚丙烯纤维有助染作用。常与酚类抗氧剂并用	本品适用于聚丙烯、高密度聚乙烯、聚氨酯、聚苯乙烯、ABS 树脂等,其光稳定效果优于目前常用的光稳定剂,与抗氧剂并用能提高耐热性,与紫外线吸收并用亦有协同作用,能进一步提高光稳定效果
用量	本品一般用量为 0.1%~1.0%	日本和美国规定最大用量为 0.5%,加拿大规定最大用量为 0.35%

安全性	小白鼠经口毒性 LD$_{50}$ 为 965mg/kg。过敏的人会引起皮肤和呼吸道刺激,因此需要注意操作环境通风,避免吸入本品粉尘,贮存时注意防潮防水	本品无毒、不易燃、不易爆、不腐蚀、贮存稳定性好
生产方法	可用 2,6-二叔丁基苯酚、二甲胺、甲醛在乙醇介质中反应,再与亚磷酸二乙酯缩合,加氢氧化钠与之成盐后,再加硫酸镍反应制得	—

2.27.2　遮光剂

遮光剂是一种利用物理学原理来防止紫外线或可见光照射的化学合成物质,也就是利用反光粒子在物品表面形成防护层,屏蔽掉光线,使光不能直接辐射到物品的内部,令物品内部不受紫外线的危害,从而有效地抑制光氧化降解。常用的遮光剂有二氧化钛和氧化锌,广泛用于防晒化妆品、橡胶、塑料、油漆等产品。

● 钛白粉

化学名	二氧化钛		外观	白色疏松粉末
英文名	titanium(Ⅳ) oxide		熔点	1560~1580℃
分子式	TiO$_2$	相对分子质量	79.86	折射率	2.72
结构式	O=Ti=O		密度	4.26g/cm^3 金红石型(R 型)
溶解性	不溶于水、稀无机酸、有机溶剂、油,微溶于碱,溶于浓硫酸			

质量标准					
含量	90%~99%(TiO$_2$)		晶型	金红石	平均粒径	0.2μm
灼烧失重,w(700℃)	<1%(有机处理的除外)		抗紫外线率		≥99%
水悬浮液 pH 值	6~8		砷(As),w		<0.5×10^{-6}
干燥失重(105℃,2h),w	<0.5%		铅(Pb),w		<8×10^{-6}
应用性能	本品为化妆品专用二氧化钛,白度高,遮盖力强,亲水亲油产品在各自的分散体系中分散性二氧化钛由于粒径小,活性大,既能反射、散射紫外线,又能吸收紫外线,从而对紫外线有更强的阻隔能力和较强的耐候性,广泛应用与美白防晒化妆品,与化妆品其他原料配伍性好				
用量	在化妆品中,建议添加量为 5%~20%				
安全性	本品无毒无害				

● 锌白

化学名	氧化锌	外观	白色六方晶系结晶或粉末
英文名	zinc oxide	熔点	1975℃

分子式	ZnO	折射率	2.008～2.029
相对分子质量	81.39	密度	5.6g/cm³
溶解性	溶于酸、氢氧化钠、氯化铵，不溶于水、乙醇和氨水		

质量标准			
含量,w	≥99.7%(优级品)	盐酸不溶物,w	≤0.006%
灼烧减量,w	≤0.2%	锰氧化物,w	≤0.0001%
水溶物,w	≤0.1%	氧化铜,w	≤0.0002%
105℃挥发物,w	≤0.3%	氧化铅,w	≤0.037%
应用性能	可阻拦各种波长的紫外线,防光效果良好		
安全性	本品无毒无害		
生产方法	(1)直接法　用锌精矿为原料,经高温氧化焙烧再加煤还原为锌蒸气,锌蒸气与热空气氧化得氧化锌 (2)间接法　把锌锭熔入蒸发坩埚内,加热后气化,遇空气氧化,经过冷却用布袋捕集得到成品 (3)转窑或烟化炉生产的次氧化锌或别的低含量氧化锌与氨水、碳酸氢铵按比例于50～80℃充分反应,调节 pH 值后除去杂质并蒸发,得碱式碳酸锌沉淀液固混合物,经甩干、焙烧得氧化锌		

3 专用配方原料

3.1 涂料专用配方原料

涂料有四种基本成分（原材料）：基料树脂、溶剂、颜料和填料和助剂。

3.1.1 基料树脂

基料树脂是将颜料、填料结合在一起，在底材上形成均一致密的涂膜，经固化后形成涂层。常见种类为天然树脂（松香、沥青、虫胶）和酚醛树脂、醇酸树脂、硝基纤维素氨基树脂、聚酯树脂、环氧树脂、聚氨酯树脂、丙烯酸树脂等。

3.1.2 溶剂

是将成膜物溶解或分散成均一稳定的液体分散体系，便于涂料制备，施工成膜，然后挥发到大气环境中。

溶剂的品种类别很多，按其化学成分和来源可分为下列几大类。

（1）萜烯溶剂　绝大部分来自松树分泌物。常用的有松节油、松油等。松节油对天然树脂和树脂的溶解能力大于普通的香蕉水，小于苯类。其挥发速率适中，符合油漆涂刷及干燥的要求。

（2）石油溶剂　这类溶剂属于烃类。是从石油中分馏而得。常用的有汽油、松香水、火油等。汽油挥发速率极快，危险性大，一般情况下不用来作溶剂。松香水是油漆中普遍采用的溶剂，其特点是毒性较小，一般用在油性漆和磁性漆中。

（3）煤焦溶剂　这类溶剂也属于烃类。常用的有苯、甲苯、二甲苯等。苯的溶解能力很强，是天然干性油、树脂的强溶剂，不能溶解虫胶，但毒性大、挥发快，油漆中一般不常使用，一般作洗涤剂；甲苯的溶解能力与苯相似，主要作为醇酸漆溶剂，也可以作环氧树脂、喷漆等的稀释剂用，少量用在洗涤剂中使用；二甲苯的溶解性略低于甲苯，挥发比甲苯慢，毒性比苯小，可代替松香水作强力溶剂。

（4）酯类溶剂　是低碳的有机酸和醇的结合物，一般常用的有乙酸丁酯、乙酸乙酯、乙酸丙酯、乙酸戊酯等。乙酸乙酯溶解力比丁酯好。乙酸丁酯毒性小，一般用在喷漆中，便于施工，还可以防止树脂和硝酸纤维析出；乙酸戊酯挥发较慢，用在纤维漆中能改进漆膜流平性和发白性。

（5）酮类溶剂　它是一种有机溶剂，主要用来溶解硝酸纤维。常用的有丙酮、甲乙酮、甲异丙酮、环己酮等。丙酮溶解力极强，挥发速率快，能以任何比例溶于水，所以容易吸水而使漆膜干后泛白、结皮。一般与挥发慢的溶剂合用。大多用在喷漆、快干黏合剂中。但丙酮极易燃烧，用时应注意防火；甲乙酮比丙酮挥发慢，溶解力稍差，可以单独使用；甲异丙酮溶解力高，挥发性适中，防止漆膜发白的能力很强；环己酮挥发慢，溶解性好，可使漆膜在干燥中形成光亮平滑的表面，防止气泡的产生。

（6）醇类溶剂　它是一种有机溶剂，能与水混合，常用的有乙醇、丁醇等。醇类溶剂对涂料的溶解力差，仅能溶解虫胶或缩丁醛树脂。当与酯类、酮类溶剂配合使用时，可增加其溶解力，因此称它们为硝基漆的助溶剂。乙醇不能溶解一般树脂，而能溶解乙基纤维、虫胶等。还可用来制得酒精清漆、木材染色剂、洗涤底漆等。丁醇的溶解力略低于乙醇，挥发较慢，性质与乙醇相似。常与乙醇共用，可防止漆膜发白，消除针孔、橘皮、气泡等缺陷。丁醇的特殊效能是防止油漆的胶化，降低黏度同时还可作为氨基树脂的溶剂。

（7）其他溶剂　常用的有含氯溶剂、硝化烷烃溶剂、醚醇类溶剂。醚醇类溶剂是一种新兴的溶剂，有乙二醇乙醚、乙二醇丁醚及其酯类等，常用于硝基漆、酚醛树脂漆及环氧树脂漆中。

3.1.3　颜料和填料

赋予涂层遮盖力和所要求的颜色，增强其物理性能。

（1）着色颜料　主要有钛白 TiO_2、锌钡白、铁红、甲苯胺红、铁黄、铬黄、铬绿、群青、铁蓝、甲苯胺紫、炭黑和铁黑等。

（2）防锈颜料　可使涂层具有良好的防锈能力，延长寿命。主要有红丹/铅丹、锌铬黄、磷酸锌/磷锌白、铁红、铁黄、铝粉、云母氧化铁、锌粉、四碱式锌铬黄、氧化锌、碱式铬酸铅等。

（3）体质颜料　用来增加涂层厚度，提高耐磨性和机械强度。主要有天然及沉淀硫酸钡、重质及轻质碳酸钙、云母粉、高岭土、滑石粉、轻质碳酸镁、硅藻土、石英粉、白炭黑等。

（4）特种颜料及功能颜料　金粉、银粉、珠光粉、荧光颜料、示温颜料、氧化亚铜（防污）、耐高温复合颜料等。

3.1.4　助剂

用来调整和改进涂料和涂层的综合性能，常见助剂主要有以下几种。

（1）润湿分散剂　曾广泛使用的卵磷脂类和无机磷酸盐类，如三聚磷酸钾、焦磷酸四钾等聚电解质类分散剂，由于其生物型缺陷（促进微生物滋生）以及高电解质浓度的副作用，正在被淘汰。新一代的水性分散剂有水溶性高分子聚电解质类，以聚丙烯酸的盐（钠、钾、铵）类为代表，属强离子性；亲水性丙烯酸酯共聚物；线型大分子离子型或非离子型化合物，大部分为聚氧乙烯类活性剂；疏水性共聚物分散剂等。

（2）流平剂　流平助剂通过降低涂膜表面张力改善流动方式获得良好的涂膜外观，部分特殊的助剂同时能提供滑爽、增硬、抗划伤、防粘连的效果。主要品种有有机硅系流平剂、丙烯酸酯流平剂、其他类型流平剂（氟改性流平剂、高沸点溶剂）。

（3）消泡剂　分为抑泡剂和破泡剂。主要产品有有机硅系消泡剂、非硅系消泡剂、改性消泡剂。

（4）附着力促进剂　主要有树脂类附着力促进剂、硅烷偶联剂、钛酸酯偶联剂和有机高分子化合物。

（5）消光剂　主要品种有二氧化硅（消光粉）、硅酸盐类、高分子蜡等。

（6）触变、增稠、防流挂助剂　主要品种有机膨润土、气相二氧化硅、聚酰胺蜡等。

（7）增塑剂　以液态存留在漆膜中的不挥发有机液体称为增塑剂，又名增韧剂、软化剂。用来增加漆膜的柔韧度和提高漆膜的附着力，同时提高其耐寒性。常用品种有酯类增塑剂（DBP、DOP）和环氧增塑剂（环氧大豆油）。

● 重质碳酸钙

别名	重钙	分子式	CaCO$_3$
英文名	calcium carbonate	相对分子质量	100.09
组成	其结晶体主要有复三方偏三面晶类的方解石和斜方晶类的文石,在常温常压下,方解石是稳定型,文石是准稳定型,目前主要以方解石为主		
外观	形状不规则,其颗粒大小差异较大,而且颗粒有一定的棱角,表面粗糙,粒径分布较宽,粒径较大,平均粒径一般为 $1\sim10\mu m$		
密度	2.7～2.9g/cm^3		
溶解性	几乎不溶于水,不溶于醇。遇稀醋酸、稀盐酸、稀硝酸发生暴沸,并溶解		

质量标准

技术指标	400 目	600 目	800 目	1000 目
粒度分布(98%)/μm	38	23	15	12
白度/%	≥95	≥95	≥95	≥95
吸油量/(g/100g)	14～16	16～18	18～22	20～24
碳酸钙,w/%	≥98.5	≥98.5	≥98.5	≥98.5
二氧化硅,w/%	≤0.02	≤0.02	≤0.02	≤0.02
三氧化二铁,w/%	≤0.03	≤0.03	≤0.03	≤0.03
三氧化二铝,w/%	≤0.01	≤0.01	≤0.01	≤0.01
氟化物/$\times10^{-6}$	≤50	≤50	≤50	≤50
重金属/$\times10^{-6}$	≤20	≤20	≤20	≤20
酸碱性 pH	9±0.5	9±0.5	9±0.5	9±0.5
盐酸不溶物,w/%	≤0.2	≤0.2	≤0.2	≤0.2
砷盐/$\times10^{-6}$	≤3	≤3	≤3	≤3
水分,w/%	≤0.3	≤0.3	≤0.3	≤0.3
应用性能	广泛应用于造纸、塑料、塑料薄膜、化纤、橡胶、胶黏剂、密封剂、日用化工、化妆品、建材、涂料、油漆、油墨、油灰、封蜡、腻子、毡层包装、医药、食品(如口香糖、巧克力)、饲料中,其作用有:增加产品体积、降低成本、改善加工性能(如调节黏度、流变性能、硫化性能)、提高尺寸稳定性、补强或半补强、提高印刷性能、提高物理性能(如耐热性、消光性、耐磨性、阻燃性、白度、光泽度)等			
用量	油漆、乳胶漆用重质碳酸钙(重钙粉)800 目或 1000 目,白度:95%,碳酸钙:96%,碳酸钙在油漆行业中的用量也较大,例如在稠漆中用量为 30%以上;水性涂料用重质碳酸钙(重钙粉)800 目或 1000 目,白度:95%,碳酸钙:96%,碳酸钙在水性涂料行业的用途更为广泛,能使涂料不沉降,易分散,光泽好等特性,在水性涂料用量为 20%～60%			
安全性	无毒			
生产方法	干法生产工艺流程:首先检选从采石场运来的方解石、石灰石、白垩、贝壳等,以除去脉石;然后用破碎机对石灰石进行粗破碎,再用雷蒙(摆式)磨粉碎得到细石灰石粉;最后用分级机对磨粉进行分级,符合粒度要求的粉末作为产品包装入库,否则返回磨粉机再次磨粉。湿法生产工艺流程:先将干法细粉制成悬浮液置于磨机内进一步粉碎,经脱水、干燥后便制得超细重质碳酸钙			

● 滑石粉

别名	滑石;一水硅酸镁;超微细滑石粉;水合硅酸镁超细粉;爽身粉		
英文名	talc	相对分子质量	379.263
分子式	$3MgO \cdot 4SiO_2 \cdot H_2O$	熔点	800℃
密度	$2.7 \sim 2.8g/cm^3$	溶解性	难溶于水
外观	单斜晶系,通常呈叶片状、鳞片状、粒状、纤维状集合体或致密块状。颜色为白色、浅绿、浅灰、浅黄、浅褐		

质量标准		
	一等品	合格品
白度	≥75.0%	≥60.0%
水分,w	≤3.00%	—
密度	$77.0g/cm^3$	$60.0g/cm^3$
二氧化硅和氧化镁,w	≤22.00%	≤25.00%
烧失量(1000℃),w	≥98.0%	≥95.0%
细度,$75\mu m$ 通过率,w	≤0.5%	≤1.0%
pH	10.0	—
应用性能	广泛应用于陶瓷、油漆、油毡、造纸、纺织、橡胶、涂料、日用化工等众多工业部门 橡胶、塑料制品、油漆、造纸等作填充剂,也是爽身粉、痱子粉主要原料	
安全性	无毒。但不能吸入肺部,以免引起粉尘性肺炎	
生产方法	将开采来的滑石(滑石粉的原料)选取优良滑石后直接用雷蒙磨或其他高压磨直接粉碎即可,直接用编织袋(50kg 或 25kg 规格编织袋)包装后即可成品出售	

● 四硼酸钠

别名	硼玻璃;无水四硼酸钠;四硼酸钠(无水);无水硼砂		
英文名	sodium tetraborate	相对分子质量	381.37
分子式	$Na_2B_4O_7 \cdot 10H_2O$	外观	为半透明无色晶体或结晶性白色粉末
结构式		密度	$1.72g/cm^3$
		溶解性	易溶于水,也溶于甘油,不溶于醇

质量标准			
产品等级	优级纯	分析纯	化学纯
含量,w	≥99.5%	≥99.5%	≥99.0%
澄清度试验	合格	合格	合格
盐酸不溶物,w	≤0.003%	≤0.005%	≤0.02%
氯化物,w	≤0.0005%	≤0.002%	≤0.005%
硫酸盐,w	≤0.005%	≤0.01%	≤0.015%
磷酸盐,w	≤0.001%	≤0.002%	≤0.005%
钙,w	≤0.001%	≤0.005%	≤0.02%
铁,w	≤0.0001%	≤0.0003%	≤0.0005%
铜,w	≤0.0005%	≤0.001%	≤0.002%
铅,w	≤0.0005%	≤0.001%	≤0.002%

应用性能	硼砂的用途很广,可用作洗衣粉和肥皂的填料,也是制造光学玻璃、珐琅和瓷釉的原料,也可制造人造宝石、焊药等。经提炼精制后可做清热解毒药,性凉、味甘咸,可治咽喉肿痛、牙疳、口疮、目生翳障等症
安全性	有杀菌作用。经口对人体有害
生产方法	使硼酸与碱作用即生成硼酸盐,当溶液为强碱性(pH=11~12)时,主要生成偏硼酸盐,碱性较弱(pH<9.6)时,则生成四硼酸盐

● 立德粉

别名	C. I. 颜料白 5;立东粉;锌钡白			外观			白色结晶性粉末。为硫化锌和硫酸钡的混合物		
英文名	lithopone			密度			$4.136\sim4.34g/cm^3$		
分子式	$ZnS \cdot BaSO_4$			溶解性			不溶于水		

质量标准

牌号	B301			B302			B311			B312		
产品等级	优等品	一等品	合格品	优等品	一等品	合格品	优等品	一等品	合格品	优等品	一等品	合格品
以硫化锌计的总锌和硫酸钡的总和,$w/\%$	≥99			≥99			≥99			≥99		
总锌量以硫化锌计,$w/\%$	≥28			≥28			≥30			≥30		
氧化锌,$w/\%$	≥0.6	≥0.8	≥1	≥0.3	≥0.3	≥0.5	≥0.3	≥0.3	≥0.5	≥0.2	≥0.2	≥0.4
105℃挥发物,$w/\%$	≤0.3	≤0.3	≤0.5	≤0.3	≤0.3	≤0.5	≤0.3	≤0.3	≤0.5	≤0.3	≤0.3	≤0.5
水溶物,$w/\%$	≤0.4	≤0.4	≤0.4	≤0.4	≤0.4	≤0.5	≤0.5	≤0.5	≤0.5	≤0.4	≤0.4	≤0.5
筛余物(63μm 筛孔),$w/\%$	≤0.1	≤0.1	≤0.1	≤0.1	≤0.1	≤0.1	≤0.1	≤0.1	≤0.1	≤0.05	≤0.05	≤0.05
颜色(与标准样比)	优于	近似	微差于	优于	近似	微差于	优于	近似	微差于	优于	近似	微差于
水萃取液碱度	中性											
吸油量/(g/100g)	≤14			≤11			≤10			≤8.5		
消色力(与标准样比)/%	≥105	≥100	≥95	≥105	≥100	≥95	≥105	≥100	≥95	≥105	≥100	≥95
遮盖力(对比率)	不低于标准样的 5%(绝对差)											

应用性能	无机白色颜料,广泛用于聚烯烃、乙烯基树脂、ABS 树脂、聚苯乙烯、聚碳酸酯、尼龙和聚甲醛等塑料及油漆、油墨的白色颜料。在聚氨酯和氨基树脂中效果较差,在氟塑料中则不太适用。还用于橡胶制品、造纸、漆布、油布、皮革、水彩颜料、纸张、搪瓷等的着色。在电珠生产中用作粘接剂
安全性	无毒

生产方法	将含硫酸钡大于95%的天然重晶石与无烟煤以3:1(质量比)混合投料,经粉碎至直径约2cm以下进入还原炉,控制炉温前段为1000~1200℃,后段为500~600℃,还原炉以每转80s的速度转动,反应转化率为80%~90%,制得的硫化钡进入浸出器,控制温度在65℃以上,得到硫化钡含量为70%,再进入澄清桶,澄清后加入硫酸锌反应,控制硫酸锌含量大于28%,pH=8~9,得到密度为1.296~1.357g/cm³的硫酸钡与硫化锌的混合物。反应液经板框压滤,得到滤饼状立德粉,含水量不大于45%,进入干燥焙烧炉焙烧以改变立德粉晶型,然后在80℃温度下用硫酸酸洗。最后经水洗、加固色剂、压滤、干燥和磨粉而成

● 高岭土

别名	瓷土粉;高岭石;绢云母;白陶土;瓷土;白土;阁土粉
英文名	kaolin
分子式	$Al_2O_3 \cdot 2SiO_2 \cdot 2H_2O$
结构式	
相对分子质量	258.16
外观	纯品白色,一般含杂质者呈灰色或淡黄色,致密的或松散粉状,有泥土味。吸水后呈暗色,并有特殊的黏土味
熔点	1750℃
密度	2.6g/cm³
溶解性	不溶于水、乙醇、稀酸和碱液。加水揉合后有可塑性
质量标准	白度≥83°;成分,w:SiO_2 44.5%±2%;Al_2O_3≥35.5%;Fe_2O_3≤0.75%;TiO_2≤1%
应用性能	用于制日用陶瓷、耐火材料、涂料、光学玻璃、各种电磁绝缘体,还用于造纸、橡胶、塑料工业和制特种陶瓷
生产方法	取花岗岩、片麻岩等结晶岩研细成泥浆状,用水淘洗去砂,经稀无机酸处理并用水反复冲洗后,在330℃以上脱水而成。主要产于我国江西高岭、美国、法国、马来西亚等地

● 膨润土

别名	斑脱岩;皂土;胶膨润土;泥浆膨润土;胶质黏土		
外观	一般为白色、淡黄色,因含铁量变化又呈浅灰、浅绿、粉红、褐红、砖红、灰黑色等		
英文名	bentonite	沸点	381.8℃

分子式	$Al_2O_3 \cdot 4SiO_2 \cdot H_2O$	密度	$2\sim3g/cm^3$
相对分子质量	360.31	质量标准	白度≥80°
应用性能	可作为黏结剂、吸附剂、填充剂、触变剂、絮凝剂、洗涤剂、稳定剂、增稠剂等,用作化肥、杀菌剂和农药的载体,橡胶和塑料的填料,合成树脂和油墨的防沉降助剂,颜料和原浆涂料的触变和增稠,日用化工品的添加剂,医药的吸着剂和黏结剂等,还广泛用于石油、冶金、铸造、机械、陶瓷、建筑、轻工、造纸、纺织和食品等部门		
安全性	高毒,不燃;注射它可造成血液凝固		

● 丙烯酸六氟丁酯

化学名	2,2,3,4,4,4-六氟丁基丙烯酸盐;2,2,3,4,4,4-六氟丁基丙烯酸酯		
英文名	2,2,3,4,4,4-hexafluorobutyl acrylate	相对分子质量	236.11
分子式	$C_7H_6F_6O_2$	外观	无色透明液体
结构式		沸点	40～43℃
		密度	1.389g/cm³
		溶解性	不溶于水,几乎溶于所有有机溶剂

质量标准		
产品等级	98.0%	—
外观	无色透明液体	—
纯度	≥98.0%(GC)	≥96.0%(GC)
折射率	1.3605～1.3645	1.3610～1.3660
稳定剂	$(30\sim70)\times10^{-6}MEHQ$	$(30\sim70)\times10^{-6}MEHQ$
应用性能	用于配制高耐候、抗污自洁的新型建筑外墙涂料	
用量	20%～35%	
安全性	刺激眼睛、呼吸系统和皮肤。不慎与眼睛接触后,请立即用大量清水冲洗并就医	

● 丙烯酸八氟戊酯

化学名	2,2,3,3,4,4,5,5-八氟戊基丙烯酸酯;丙烯酸-1H,1H,5H-八氟戊酯		
英文名	2-propenoic acid,2,2,3,3,4,4,5,5- octafluoropentyl ester	结构式	
分子式	$C_8H_6F_8O_2$		
相对分子质量	286.12	外观	无色透明液体
密度	1.488g/mL	沸点	122℃
质量标准	纯度≥98.0%	用量	10%～25%

生产方法	甲苯 300mL、对苯二酚 7.2g、含氟醇 348g(1.5mol)、丙烯酸 129g(1.8mol)、对甲苯磺酸 11.4g(4%，摩尔分数)氮气保护下加热至 114～116℃回流分水，反应 12～14h。停止反应，冷却过滤得到清亮、淡红色滤液。滤液中加入对苯二酚 3.6g 先脱溶剂甲苯，再常压精馏，收集 148℃馏分即产物；或减压精馏，收集 35°～36°(真空度 5mm Hg)馏分即产物，共得到产物 215g，收率 50%

● 乙烯基三甲氧基硅烷、乙烯基三乙氧基硅烷

通用名	乙烯基三甲氧基硅烷	乙烯基三乙氧基硅烷
别名	硅烷偶联剂 JH-V171；乙烯基三甲氧基硅烷；(三甲氧基硅烷基)乙烯；三甲氧基乙烯基硅烷	三乙氧基乙烯硅烷；(三乙氧基甲硅烷基)乙烯
英文名	vinyltrimethoxysilane	triethoxyvinylsilane
分子式	$C_5H_{12}O_3Si$	$C_8H_{18}O_3Si$
结构式		
相对分子质量	148.23	190.31
外观	无色液体，具有酯的气味	无色透明液体，具有酯味
熔点	—	<0℃
沸点	123℃	160～161℃
密度	0.960～0.980g/cm³	0.903g/cm³
溶解性	不溶于水，可混溶于醇、醚、苯，可在酸性水溶液中水解	能与乙醇、乙醚和苯混溶，不溶于水
质量标准	无色透明液体；纯度≥98%(GC)；相对密度 0.955～0.965；折射率 1.391～1.393 酸含量<0.05%	无色透明液体；相对密度 0.9110～0.9130；折射率 1.3960～1.3990；醇溶解试验合格
应用性能	作为 RTV 单组分硅橡胶交联剂(醇型)，作为交联剂应用在聚合物中(如PE)。作为偶联剂处理各种纤维、塑料、无机填料	憎水剂，玻璃布表面处理剂，无线电零件的防潮绝缘材料等。兼有偶联剂和交联剂的作用，适用的聚合物类型有聚乙烯、聚丙烯、不饱和聚酯等，常用于玻纤、塑料、玻璃、电缆、陶瓷、橡胶等
用量	1.0%～1.5%	2%
安全性	—	低毒，遇明火、高温、强氧化剂可燃；燃烧排放刺激烟雾
生产方法	(1)乙烯基三氯硅烷与甲醇反应，粗品中和，精馏得成品 (2)乙炔与三甲氧基氢硅烷在铂催化剂下加成，粗品精馏得成品	—

● 苄基二甲胺

别名	N,N-二甲基苄胺；N-苄基二甲胺	相对分子质量	135.20
英文名	benzyldimethylamine；N,N-dimthylbenzylamine	外观	无色至淡黄色易燃液体。有氨臭
		熔点	$-75℃$
分子式	$C_9H_{13}N$	沸点	$183\sim184℃$
结构式		密度	$0.897g/cm^3$
		溶解性	易溶于乙醇、乙醚，难溶于水
质量标准	$w\geqslant99.0\%$；沸程(馏出95%)178~181℃；灼烧残渣$\leqslant0.1\%$；乙醇溶解试验合格；氯化物合格		
应用性能	是聚酯型聚氨酯块状软泡、聚氨酯硬泡及胶黏剂涂料的催化剂，主要用于硬泡，可使聚氨酯泡沫具有良好的前期流动性和均匀的泡孔。泡沫体与基材间有较好的黏结力。还用作有机药物合成脱卤化氢催化剂及酸性中和剂，还用于合成季铵盐，生产阳离子表面活性强力杀菌剂等。也可促进环氧树脂固化。广泛用于环氧树脂电子灌封材料、包封材料以及环氧地坪涂料、船舶漆等促进剂使用		
用量	15%		
安全性	中毒，腐蚀物品，可燃		
生产方法	在二甲胺中搅拌下滴加氯化苄进行反应。反应结束后，加入液碱，进行中和除去盐酸。然后静置分层，分去水层后将油层用热水进行洗涤，再经减压蒸馏，即得成品		

● 丙二醇甲醚醋酸酯

别名	丙二醇单甲醚醋酸酯；乙酸-1-甲氧基-2-丙基酯；乙酸甲氧基异丙酯；1-甲氧基-2-丙醇醋酸酯；1-甲氧基-2-乙酰氧基丙烷		
英文名	propylene glycol monomethyl ether acetate		
分子式	$C_6H_{12}O_3$	相对分子质量	132.16
结构式		外观	无色透明液体
		熔点	$-87℃$
		沸点	$146℃$
		密度	$0.96g/cm^3$

质量标准		
产品等级	99.0%	99.5%
外观	无色透明液体	—
纯度，w	$\geqslant99.0\%$(GC)	$\geqslant99.5\%$(GC)
水分，w	$<0.05\%$	$<0.05\%$
相对密度	0.9670~0.9700	0.9670~0.9700
折射率 n_D^{20}	1.4010~1.4030	1.4010~1.4030
酸度(以 CH_3COOH 计)，w	$<0.02\%$	$<0.02\%$
稳定剂	50×10^{-6} BHT	50×10^{-6} BHT

应用性能	性能优良的低毒高级工业溶剂,对极性和非极性的物质均有很强的溶解能力,适用于高档涂料、油墨各种聚合物的溶剂,包括氨基甲基酸酯树脂、乙烯基树脂、聚酯树脂、纤维素醋酸酯树脂、醇酸树脂、丙烯酸树脂、环氧树脂及硝化纤维素等。其中。丙二醇甲醚丙酸酯是涂料、油墨中最好的溶剂,适用于不饱和聚酯树脂、聚氨酯类树脂、丙烯酸树脂、环氧树脂等
用量	24%～36%
安全性	低毒,可能对胎儿造成伤害
生产方法	以丙二醇甲醚和醋酸为原料,采用基于复合固体酸催化剂的两级串联固定床酯化工艺,经过酯化、脱轻组分、脱离子三个过程即可获得电子级丙二醇甲醚醋酸酯产品。本发明通过新型连续化工艺,实现电子级丙二醇甲醚醋酸酯的工业化生产,产品中的金属离子如钠、钾、钙、镁、铅、锌、铁等含量均小于 10×10^{-9},达到电子级化学品的要求

● 过氧化环己酮

别名	1-过氧化氢环己基	结构式	
英文名	cyclohexanone peroxide		
分子式	$C_{12}H_{22}O_5$	相对分子质量	246.3
外观	白色及淡黄色针状结晶或粉末。商品通常为含有溶剂的浆状物		
熔点	76～80℃		
溶解性	能溶于乙醇、苯和丙酮,不溶于水		
质量标准	活性氧≥12%		
应用性能	用作固化剂,用于手糊 FRP 制品、浇铸和涂层制品		
用量	1.5%		
安全性	有致癌可能性。吸入、经口或经皮肤吸收后对身体有害。对眼睛、皮肤、黏膜和上呼吸道有强烈刺激作用。易燃,具爆炸性。为了运输和贮存的安全,一般加水或惰性有机溶剂作稳定剂。金属粉末能促进其分解		
生产方法	将冷至10℃以下的双氧水加入到 10℃ 以下等物质的量的环己酮中,升温至40℃左右,而后又下降至15℃,搅拌下加 2mol/L 盐酸,温度立即上升,控制不超过30℃,约 1h 后温度下降,杯内物逐渐固化,不停搅拌并加入蒸馏水,搅匀后放置 1h,吸滤,用蒸馏水洗;然后用水调成粥状,加入 10% 氢氧化钠使 pH 值为 8,过滤,水洗,滤干后室温晾干,得白色结晶成品,产率81%		

● 三氧化铬

别名	铬(酸)酐;铬酸酐氧化铬;铬酐;无水铬酸;砷化铬		
英文名	chromic acid	外观	暗红色或暗紫色斜方结晶,易潮解
分子式	CrO_3	熔点	196℃
沸点	330℃	密度	2.70g/cm³

相对分子质量	99.99	溶解性	溶于水、硫酸、硝酸

质量标准		
产品等级	分析纯	化学纯
外观	暗红色或紫色斜方结晶	
CrO_3,w	≥99.0%	≥98.0%
水不溶物,w	≤0.003%	≤0.01%
氯化物,w	≤0.001%	≤0.005%
硫酸盐,w	≤0.01%	≤0.05%
钠,w	≤0.15%	≤0.3%
铝,w	≤0.003%	≤0.01%
钾,w	≤0.05%	≤0.1%
铁,w	≤0.01%	≤0.02%
应用性能	主要用于无机工业铬化合物生产。印染工业用作氧化剂,颜料工业用于生产锌铬黄、氧化铬绿等,有机工业用于生产低变催化剂、中变仪比剂、氧化催化剂和高压法甲醇催化剂等。另外,还可用于木材防腐,防水剂生产及高纯度金属铬电解等。还可用于电镀工业,作自行车、缝纫机、手表、仪表、手电筒、日用五金等电镀铬的原料	
用量	10%~40%	
安全性	铬化合物对皮肤、黏膜有局部刺激作用,可造成溃疡。吸入本品的气溶胶可造成鼻中隔软骨穿孔,使呼吸器官受到损伤,甚至造成肺硬化。高毒,与还原剂、硫、磷等混合受热、撞击、摩擦可爆	
生产方法	硫酸法将重铬酸钠溶液(70°Bé)与98%硫酸分别加入带搅拌装置的反应器中,经搅拌混合,用直接火加热熔融进行反应,生成铬酸酐和硫酸氢钠。硫酸按理论用量的102%左右分别加入,反应终点温度应控制在200~205℃物料全部熔融时停止加热和搅拌,静置使物料分层,较轻的硫酸氢钠浮于上层,较重的熔融铬酸酐从反应器的底阀排出,经转筒结片机冷却凝固制片,制得铬酸酐成品	

◉ 过氧化苯甲酰

别名	过氧化(二)苯甲酰;过氧化苯甲酰;过氧化二苯甲酰;苯酰化过氧;二苯甲酰过氧化物;引发剂 BPO;过氧化二苯甲酸		
英文名	benzoyl peroxide	相对分子质量	242.23
分子式	$C_{14}H_{10}O_4$	外观	白色或淡黄色结晶或粉末,微有苦杏仁气味
结构式			
		熔点	103℃(分解)
		密度	1.33g/cm³
溶解性	微溶于水、甲醇,溶于乙醇、乙醚、丙酮、苯、二硫化碳等		
质量标准	白色粉末或颗粒;≥98.2%(工业一等品),≥96.0%(工业合格品);水分为27%±2%;总氯量≤0.3%;氯离子≤0.25%		

应用性能	过氧化苯甲酰是在胶黏剂工业应用最广泛的引发剂,用作丙烯酸酯、醋酸乙烯溶剂聚合,氯丁橡胶、天然橡胶、SBS 与甲基丙烯酸甲酯接枝聚合,蜡、面粉、油脂的漂白剂,化妆品助剂,橡胶硫化剂
用量	1.5%～3%
安全性	本品为强氧化剂,对冲击和摩擦敏感,爆炸的危险性很大,应避免与金属粉末、活性炭及还原剂接触。贮存时必须以水作稳定剂,含水量 30%,贮存温度 30℃以下。本品有毒,会使皮肤、黏膜产生炎症
生产方法	冷却条件下在 30%的氢氧化钠溶液中加入 30%的过氧化氢,生成过氧化钠溶液;然后在 0～10℃下搅拌滴加苯甲酰氯,温度过高会引起过氧化氢分解和苯甲酰氯水解。析出反应生成的过氧化苯甲酰,经冷却、过滤、洗涤,并用 2:1的甲醇-氯仿重结晶、干燥(50～70℃)得到产品,产率 85%以上

● 醋酸丁酯

别名	醋酸正丁酯;乙酸丁酯;O-丁基醋酸		
英文名	butyl acetate	外观	无色带有浓烈水果香味的透明液体
分子式	$C_6H_{12}O_2$	熔点	−78℃
结构式		沸点	124～126℃
相对分子质量	116.16	密度	0.8g/cm³
溶解性	能与乙醇、乙醚任意混溶,能溶于多数有机溶剂,微溶于水,在水中溶解度为 0.05g/100mL		
产品等级	优等品	一等品	合格品
外观	透明液体,无悬浮杂质		
色度(铂-钴号)	≤10	≤10	≤20
密度	0.878～0.883g/cm³		
醋酸丁酯,w	≥99.2%	≥98.0%	≥96.0%
水分,w	≤0.10%	≤0.20%	≤0.10%
酸度(以 CH₃COOH 计),w	≤0.004%	≤0.005%	≤0.010%
蒸发残渣,w	≤0.002%	≤0.005%	≤0.010%
应用性能	优良的有机溶剂,对醋酸丁酸纤维素、乙基纤维素、氯化橡胶、聚苯乙烯、甲基丙烯酸树脂以及许多天然树脂如栲胶、马尼拉胶、达玛树脂等均有良好的溶解性能。广泛应用于硝化纤维清漆中,在人造革、织物及塑料加工过程中用作溶剂,在各种石油加工和制药过程中用作萃取剂,也用于香料复配及杏、香蕉、梨、菠萝等各种香味剂的成分		
用量	3.3%～3.6%		

安全性	低毒,易燃,蒸气能与空气形成爆炸性混合物,爆炸极限 1.4%~8.0%(体积分数)。有刺激性。高浓度时有麻醉性
生产方法	由乙酸与正丁醇在硫酸存在下酯化而得。将丁醇、乙酸和硫酸按比例投入酯化釜,在 120℃进行酯化,经回流脱水,控制酯化时的酸值在 0.5 以下,所得粗酯经中和后进入蒸馏釜,经蒸馏、冷凝、分离进行回流脱水,回收醇酯,最后在 126℃以下蒸馏而得产品。生产工艺有连续法及间歇法,视生产规模不同而定

● 氧化锌

别名	锌白;活性氧化锌;锌氧粉;中国白;锌白银(色料名)	外观	白色六方晶系结晶或粉末。无味、质细腻
英文名	zinc oxide	熔点	1975℃
分子式	ZnO	密度	5.6g/cm³
相对分子质量	81.39	溶解性	溶于酸、氢氧化钠、氯化铵,不溶于水、乙醇和氨水

质量标准		
产品等级	分析纯	化学纯
外观	白色六角晶体或粉末	
含量,w	≥99.0%	≥99.0%
硝酸盐,w	≤0.003%	≤0.005%
锰,w	≤0.0005%	≤0.001%
铁,w	≤0.0005%	≤0.0025%
砷,w	≤0.00005%	≤0.0002%
铅,w	≤0.005%	≤0.05%
还原高锰酸钾物质	合格	合格
硫化铵不沉淀物,w	≤0.01%	≤0.25%
澄清度试验	合格	合格
稀硫酸不溶物,w	≤0.01%	≤0.02%
游离碱,w	合格	合格
氯化物,w	≤0.001%	≤0.005%
硫化合物,w	≤0.01%	≤0.02%
应用性能	用作油漆的颜料和橡胶的填充料,医药上用于制软膏、锌糊、橡皮膏等。适用于在饲料加工中作锌的补充剂;主要用于橡胶或电缆工业作补强剂和活性剂,也作白色胶的着色剂和填充剂,在氯丁橡胶中用作硫化剂等;在化肥工业中对原料气作精脱硫用;主要用作白色颜料、橡胶硫化活性剂、补强剂,有机合成催化剂、脱硫剂,用于静电复印、制药等;用于合成氨、石油、天然气化工原料气的脱硫;用作分析试剂、基准试剂、荧光剂和光敏材料的基质;用于静电湿法复印、干法转印、激光传真通信	

用量	2%
安全性	吸入氧化锌烟尘引起锌铸造热。其症状有口内金属味、口渴、咽干、食欲不振、胸部发紧、干咳、头痛、头晕、四肢酸痛、高热恶寒。大量氧化锌粉尘可阻塞皮脂腺管和引起皮肤丘疹、湿疹
生产方法	碱式碳酸锌煅烧法活性氧化锌的制法较多,多以低级氧化锌或锌矿砂为原料,与稀硫酸溶液反应,制成粗制硫酸锌溶液,将溶液加热至 80～90℃,加入高锰酸钾氧化除掉铁、锰,然后加热至 80℃,加入锌粉,置换清液中铜、镍、镉,置换后再用高锰酸钾在 80～90℃进行第二次氧化除杂质,得到精制硫酸锌溶液,用纯碱中和至 pH 值为 6.8,生成碱式碳酸锌,经过滤、漂洗除去硫酸盐和过量碱,再经干燥和在 500～550℃焙烧,得到活性氧化锌

● 三氟氯乙烯

别名	氯三氟乙烯	相对分子质量	116.47
英文名	chlorotrifluoroethylene	外观	无色,具有乙醚气味的气体
分子式	C_2ClF_3	熔点	$-158℃$
结构式	Cl F C=C F F	沸点	$-28.4℃$
		密度	$1.305g/cm^3$
溶解性	溶于醚。在水中沉底并沸腾,产生可见的易燃物蒸气云		
质量标准	CTFE 纯度≥99.9%;含氧量≤$50×10^{-6}$;酸性合格		
应用性能	三氟氯乙烯聚合成聚三氟氯乙烯,具有优良的电性能,耐热和耐化学性能次于聚四氟乙烯,但加工容易,可制成塑料、薄膜、涂料等制品,工作温度为 $-196～199℃$。也是氟塑料、氟橡胶、致冷剂、氟氯润滑油、氟烷麻醉剂的原料。用于以氟取代甾体、糖类中的羟基用作防腐剂		
用量	5.5%		
安全性	高毒,有害气体;受热、日晒钢瓶可爆;泄漏放出剧毒可燃气体;明火易燃;遇水或受热分解有毒氟化物和氯化物气体;贮运过程温度≤50℃,不能曝晒和剧烈振动		
生产方法	以锌粉为脱氯剂,以甲醇为溶剂,反应温度为 50～150℃,反应压力为 2.08MPa,反应时间为 3～4s。将含有锌粉的甲醇悬浮液与三氟三氯乙烷一同送进反应器,生成的氯化锌从反应物中分离出来,反应产物送往初馏塔和精馏塔后,得纯三氟氯乙烯		

● 钛酸四丁酯

别名	1-丁醇钛(Ⅳ)盐;钛酸丁酯;四丁基钛酸酯;四丁氧基钛;钛酸四正丁酯;钛酸正四丁酯;正钛酸丁酯		
英文名	tetrabutyl titanate	外观	无色全浅黄色液体
分子式	$C_{16}H_{36}O_4Ti$	熔点	$-55℃$

结构式		沸点	310～314℃
		密度	0.966g/cm³
相对分子质量	340.32	溶解性	能溶于除酮以外的大部分有机溶剂

质量标准

产品等级	分析纯	化学纯
外观	无色透明至浅黄色液体	
纯度	≥98.0%	
相对密度	1.0010～1.0050	0.999～1.003
折射率	1.4880～1.4920	
钛含量	≤13.8%～14.5%	
黏度	50～90cP	
挥发性物质	≤2%	
应用性能	用于酯交换反应,可用作高强度聚酯漆改性剂、耐高温涂料添加剂、医用黏合剂、交联剂和缩合反应催化剂等;应用于涂料可提高抗热性能(可耐热至500℃),改进涂料、橡胶及塑料对金属表面的黏附,也用作缩合催化剂、交联剂	
用量	3%	
安全性	中毒,易燃液体,遇热,明火易燃;热分解辛辣刺激烟雾;刺激眼睛、呼吸系统和皮肤	
生产方法	由四氯化钛与丁醇反应而得。将153kg干燥的工业苯冷至20℃以下,搅拌下加入22.8kg四氯化钛,温度不得超过45～50℃。加毕,待温度降至15℃以下时开始通入氨气。在20℃、pH为9～10时慢慢加入32.5kg丁醇,并继续通氨1h左右,至pH值保持9～10。继续搅拌2h,放置后过滤,用少量苯冲洗滤饼。滤液回收苯,过滤,得22～25kg粗品。减压分馏,收集195℃(1.33kPa)馏分,即为钛酸四丁酯成品	

◉ 硫酸锌

别名	白矾;皓矾;针绿矾;锌酸盐;无水硫酸锌	外观	常温下为无色或白色斜方晶体或粉末
英文名	zinc sulphate	熔点	100℃
分子式	ZnSO₄	沸点	>500℃(分解)
溶解性	易溶于水,水溶液呈酸性,微溶于乙醇和甘油		
相对分子质量	161.45	密度	1.31 g/cm³

产品等级	质量标准					
	医药专用	饲料专用	电镀专用	肥料专用	选矿专用	工业级
外观	白色或微带黄色的结晶或粉末					
主含量(以 Zn 计),$w/\%$	22～23	22～23	22～23	21～22	21～22	19～20
(以 $ZnSO_4 \cdot 7H_2O$ 计),$w/\%$	97～99	97～99	97～99	94～96	94～96	92～94
pH 值(50g/L)溶液	≥3	≥3	≥3	≥5	≥5	—
氯化物(以 Cl 计),$w/\%$	0.2～0.6	0.2～0.6	0.2～0.6	0.6～1.0	0.6～1.0	1.0～1.5
锰(Mn),$w/\%$	0.01～0.1	0.01	0	0.01	0	0.01
砷(As),$w/\%$	0.0005	0.0005	—	—	—	—
铁(Fe),$w/\%$	0.005	0.005	0.02～0.06	0.06～0.1	0.06～0.1	0.2～0.5
铅(Pb),$w/\%$	0.005	0.005	0.01～0.05	0.01～0.05	0.01～0.05	0.1～0.5
镉(Cd),$w/\%$	0.001	0.001	0.01～0.05	0.01～0.05	0.01～0.05	0.1～0.5
铜(Cu),$w/\%$	0.002～0.005	0.002～0.005	0.01～0.02	0.01～0.02	0.01～0.02	0.1～0.5
应用性能	主要用作制取颜料立德粉、锌钡白和其他锌化合物的原料,也用作动物缺锌时的营养料、畜牧业饲料添加剂、农作物的锌肥(微量元素肥料)、人造纤维的重要材料、电解生产金属锌时的电解液、纺织工业中的媒染剂、医药催吐剂、收敛剂、杀真菌剂、木材和皮革防腐剂等					
用量	1.5%					
安全性	该品不燃,具刺激性。对眼有中等度刺激性,对皮肤无刺激性					
生产方法	将氧化锌加入稀硫酸溶液调成浆状,待反应完全后,经过滤,加入锌粉把铜、镉、镍等置换出来,过滤,滤液加热,加入高锰酸钾,将铁、锰等杂质氧化,过滤后,澄清,浓缩,冷却结晶,离心分离,干燥制得。亦可用硫酸浸取焙烧的锌矿粉制得					

3.2 脱漆剂专用配方原料

脱漆剂分为酸性脱漆剂、碱性脱漆剂、溶剂型脱漆剂、氯代型脱漆剂和水性脱漆剂。脱漆剂的主要成分有以下几类。

(1) 主溶剂 主溶剂一般可通过分子渗透、膨胀来溶解漆膜,破坏漆膜与底材的黏附力和漆膜的空间结构,所以主溶剂一般选用苯、烃、酮及醚类,并以烃类最好。不含二氯甲烷的低毒溶剂型脱漆剂,主要含有酮(吡咯烷酮)、酯(苯甲酸甲酯)和醇醚(乙二醇单丁醚)等。乙二醇醚对高分子树脂有很强的溶解能力,渗透性好、沸点较高、价格较为便宜,而且还是优良的表面活性剂,因此用其作为主溶剂制备效果好、功能多的脱漆剂(或清洗剂)的研究很活跃。

（2）助溶剂　助溶剂可增加对甲基纤维素的溶解，提高产品的黏度和稳定性，并协同主溶剂分子充分渗入漆膜，消减漆膜与底材之间的附着力，从而加快脱漆速率。并可相应减少主溶剂的用量，降低成本。助溶剂常选用醇类、醚类和酯类。

（3）促进剂　促进剂是一些亲核性溶剂，主要有有机酸类、酚类、胺类，包括甲酸、乙酸、苯酚等。它的作用是破坏大分子链，加速对涂层的渗透和溶胀。有机酸中含有与漆膜组成相同的官能团—OH，它可以与交联体系中的氧、氮等极性原子相互作用，解除体系中的部分物理交联点，从而增加脱漆剂在有机涂层中的扩散速率，提高漆膜溶胀起皱能力。同时有机酸又可以催化高聚物的酯键、醚键的水解反应而使其断键，造成脱漆后基材失去韧性发脆等现象。

（4）增稠剂　如果脱漆剂用于大的结构件，需要黏附在表面使其反应，这时就需要添加增稠剂，如水溶性高分子化合物，如纤维素类、聚乙二醇等，也可使用无机盐类，如氯化钠、氯化钾、硫酸钠、氯化镁等。需要注意的是，无机盐类增稠剂调整黏度会随着其用量的增大而增加，超过此范围，黏度反而降低，选择不当也会给其他组分带来影响。

（5）缓蚀剂　为了防止底材（特别是镁、铝）腐蚀，应加入一定量的缓蚀剂。在实际生产过程中，腐蚀性是一个不能忽视的问题，脱漆剂处理后的物件应及时用水冲洗擦干或者用松香水和汽油洗涤，以保证金属等物件不受腐蚀。

（6）挥发抑制剂　一般而言，渗透性好的物质易挥发，为了防止主溶剂分子的挥发，要在脱漆剂中加入一定量的挥发抑制剂，减少生产、运输、贮存及使用过程中溶剂分子的挥发。将加有石蜡的脱漆剂涂刷于油漆表面时，在表面上形成一层薄薄的石蜡层，使主溶剂分子有足够的停留时间渗入欲去除的漆膜，从而提高脱漆效果。

（7）表面活性剂　添加表面活性剂，可以有助于提高脱漆剂的贮存稳定性，同时有利于用水冲洗脱漆，常用的有两性表面活性剂（如咪唑啉类）或乙氧基壬基酚。同时利用表面活性剂分子内同时具有亲油性和亲水性两种相反性质的界面活性剂，能够影响增溶效果；利用表面活性剂的胶团作用，使几种成分在溶剂中的溶解度显著增加。常用的有丙二醇、聚甲基丙烯酸钠或是二甲苯磺酸钠。

● 异丙醇

别名	二甲基甲醇、2-丙醇、IPA	相对分子质量	60.1
英文名	isopropanol	熔点	−88.5℃
分子式	C_3H_8O	沸点	82.5℃
结构式	![结构式] OH	密度	0.7863g/cm³
外观	无色有强烈气味的可燃液体,有似乙醇和丙酮混合物的气味,其气味不大		
溶解性	溶于水、醇、醚、苯、氯仿等多数有机溶剂,能与水、醇、醚相混溶,与水能形共沸物		

质量标准

产品等级	分析纯	化学纯
含量,w	≥99.5%	≥98.5%
游离酸,w	≤0.002%	≤0.006%
游离碱,w	≤0.001%	≤0.004%
醛与酮	合格	合格
还原高锰酸钾物质	合格	合格
硫酸盐试验	合格	合格
沸点	(82.5±1)℃	(82.5±1)℃
与水混合试验	合格	合格
不挥发物,w	≤0.001%	≤0.004%
水分,w	≤0.2%	≤0.3%

应用性能	作为有机原料和溶剂有着广泛用途。作为化工原料,可生产丙酮、过氧化氢、甲基异丁基酮、二异丁基酮、异丙胺、异丙醚、异丙醇醚、异丙基氯化物,以及脂肪酸异丙酯和氯代脂肪酸异丙酯等。在精细化工方面,可用于生产硝酸异丙酯、黄原酸异丙酯、亚磷酸三异丙酯、三异丙醇铝以及医药和农药等。作为溶剂,可用于生产涂料、油墨、萃取剂、气溶胶剂等。还可用作防冻剂、清洁剂、调和汽油的添加剂、颜料生产的分散剂、印染工业的固定剂、玻璃和透明塑料的防雾剂等。还可用于制药、化妆品、塑料、香料、涂料及电子工业上用作脱水剂及清洗剂
用量	10%~25%
安全性	其蒸气能对眼睛、鼻子和咽喉产生轻微刺激;能通过皮肤被人体吸收。其蒸气与空气能形成爆炸性的混合物。爆炸极限为2.0%~12%(体积分数)。属于一种中等爆炸危险物品。易燃低毒物质。蒸气的毒性为乙醇的两倍,内服时的毒性相反

生产方法	(1)间接水合法　将含丙烯50%以上的原料气通入吸收塔,在50℃和低压下用75%～85%的浓硫酸进行吸收反应,生成硫酸氢异丙酯。加水将吸收液稀释到硫酸含量为35%后,在解吸塔中用低压蒸汽将硫酸氢异丙酯水解成异丙醇。经粗蒸塔馏到异丙醇与水的共沸组成,含异丙醇87%左右。再继续用蒸馏塔蒸浓到95%,用苯萃取、分离水后再蒸馏,可得含异丙醇99%以上的成品 (2)直接水合法　将丙烯和水分别加压到1.96MPa,并预热到200℃,混合后加入反应器,进行水合反应。反应器内装有磷酸硅藻土催化剂,反应温度为95℃,压力为0.96MPa,水与丙烯的摩尔比为0.7∶1,丙烯的单程转化率为5.2%,选择性为99%。反应气体经中和换热后送到高压冷却器和高压分离器,气相中的异丙醇在回收塔中用脱离子水喷淋回收,未反应的气体经循环压缩机加压后循环使用(保持循环系统中丙烯含量85%)。液相为低浓度异丙醇(15%～17%),经粗蒸塔蒸馏得85%～87%的异丙醇水溶液,再经蒸馏塔蒸浓到95%,然后用苯萃取提浓到99%以上

● 壬基酚聚氧乙烯醚

别名	乙氧基化壬基酚;聚乙氧基壬基酚;聚氧乙烯壬基苯醚	相对分子质量	616.82
英文名	polyoxy ethrlene nonyl phinyl ether	外观	浅黄色软膏状物
分子式	$(C_2H_4O)_nC_{15}H_{24}O$	熔点	44~46℃
结构式	C_9H_{19}—〈苯环〉—$(OCH_2CH_2)_nOH$	沸点	250℃
		密度	1.06g/cm³

质量标准			
牌号	TX-4	TX-7	TX-10
外观	无色至微黄色油状液体		
色度(Pt-Co单位)	≤50	≤50	≤50
活性物含量	≥99%	≥99%	≥99%
pH值	5	8	5
浊点	—	—	(62±3)℃
水分	≤1.0%	≤1.0%	≤0.8%
HLB值	8.5～9.0	11.4～11.8	—
应用性能	是性能良好的非离子表面活性剂,主要用于各种清洗剂、纺织工业助剂、润滑油、树脂的乳化剂等;该品为非离子型表面活性剂,是一种外用杀精子避孕药		
用量	1%～5%		
生产方法	苯酚与壬醇(或三聚丙烯)缩合制得壬基酚,将其加热至130～135℃,搅拌下减压蒸去产生的水,通入环氧乙烷,保持在180～200℃之间反应,得壬苯醇醚-9		

● 一缩二丙二醇单甲醚

别名	一缩二丙二醇一甲醚	熔点	−80℃
英文名	di(propylene glycol)methyl ether	沸点	187.2℃
分子式	$C_7H_{16}O_3$	密度	0.9608g/cm³
结构式	（结构式图）	溶解性	与水和多种有机溶剂混溶
		外观	无色透明黏稠液体,具有令人愉快的气味
相对分子质量	148.20	质量标准	含量≥99.5%
应用性能	用作硝化纤维素、乙基纤维素、聚醋酸乙烯酯等的溶剂,涂料、染料的溶剂,也是刹车油组分		
用量	5.0%~15.0%		
生产方法	(1)由1,2-环氧丙烷水合生成一缩二丙二醇,再与甲醇反应而得 (2)将1,2-环氧丙烷在BF_3催化下与甲醇反应,调整甲醇配比,先水解成一缩二丙二醇,再进一步反应生成本品		

● 乙二醇二乙酸酯

别名	1,2-乙二醇二乙酸酯;乙二醇二醋酸酯;一乙烯基乙二醇;一乙二醇;单甘醇		
英文名	ethylene glycol diacetate	外观	无色液体
分子式	$C_6H_{10}O_4$	熔点	−41℃
结构式	（结构式图）	沸点	196~198℃
		密度	1.128g/cm³
相对分子质量	146.14	溶解性	能与乙醇、乙醚、苯混溶,能溶于7份水
质量标准	总酯含量≥99%;二醋酸酯含量≥98%;色度(Pt-Co)≤50;相对密度1.1060~1.1065;水分≤0.1%		
应用性能	优良、高效、安全无毒的有机溶剂,广泛用于制药工业;铸造树脂有机酯固化剂;也作为各种有机树脂特别是硝化纤维素的优良溶剂和皮革光亮剂的原料;在油漆涂料中作为硝基喷漆、印刷油墨、纤维素酯、荧光涂料的溶剂		
安全性	对眼和皮肤、呼吸道有刺激性。遇到火、高热可燃。与氧化剂可发生反应。其蒸气比空气重,能在较低处扩散到相当远的地方,遇火源会着火回燃。若遇高热,容器内压增大,有开裂和爆炸的危险		

● 苯甲醇

别名	苄醇;苄基醇;α-羟基甲苯	相对分子质量	108.14
英文名	benzyl alcohol	熔点	−15℃
分子式	C_7H_8O	沸点	205℃
结构式	（结构式图）	密度	1.045g/cm³
		溶解性	稍溶于水,能与乙醇、乙醚、氯仿等混溶

外观	有微弱芳香气味的无色透明黏稠液体,有时苯甲醇在久置后,会因为氧化微带苯甲醛苦杏仁气息		
	质量标准		
色状	无色液体	溶解度	1mL试样全溶于30mL蒸馏水中
香气	微弱花香	含醛量	≤0.2%
相对密度	1.042～1.047	含氯	副反应
折射率	1.5380～1.5410	含量(GC)	≥99.0%
应用性能	苯甲醇用作药膏的防腐剂,纤维、尼龙丝及塑料薄膜的干燥剂,聚氯乙烯的稳定剂,照相显影剂,醋酸纤维、墨水、涂料、油漆、环氧树脂涂料、染料、酪蛋白、虫胶及明胶等的溶剂,制取苄基酯或醚的中间体。也用于制取香料和调味剂(多数为脂肪酸的苯甲醇酯),以作为肥皂、香水、化妆品和其他产品中的添加剂。由于与石英和羊毛纤维具有几乎相同的折射率,因此用作石英和羊毛纤维的鉴别剂。香料工业中用作定香剂和稀释剂		
用量	35.0%～40.0%		
安全性	中毒,易燃液体,易燃;燃烧产生刺激性烟雾;180℃时,与硫酸混合分解爆炸;100℃以上,为溴化氢和铁催化聚合发热		
生产方法	工业上以氯苄或苯甲醛为原料制备。在12%的纯碱溶液中加入氯苄,加热至93℃搅拌反应5h,然后升温至101～103℃继续反应10h。反应结束后冷却至室温,加入食盐至饱和,静置分层,取上层液经常压蒸馏得粗品,再精制得成品。收率70%～72%		

● 甲酸

别名	蚁酸;无水甲酸	熔点	8.2～8.4℃
英文名	formic acid	沸点	101℃
分子式	CH_2O_2	密度	1.22g/cm³
结构式	HO $\diagup$ O	外观	无色发烟易燃液体,具有强烈的刺激性气味
相对分子质量	46.03	溶解性	溶于水、乙醇和乙醚,微溶于苯
	质量标准		
产品等级	优等品	合格品	
含量(GC),w	≥90.0%	≥85.0%	
色度(铂-钴)	≤10	≤10	
稀释试验(酸+水为1+3)	不浑浊	合格	
氯化物(以Cl计),w	≤0.003%	≤0.005%	
硫酸盐(以SO_4计),w	≤0.001%	≤0.002%	
铁(以Fe计),w	≤0.0001%	≤0.0005%	
蒸发残渣,w	≤0.006%	≤0.020%	

应用性能	甲酸是基本有机化工原料之一,广泛用于农药、皮革、纺织、印染、医药和橡胶工业等,还可制取各种溶剂、增塑剂、橡胶凝固剂、动物饲料添加剂及新工艺合成胰岛素等
用量	9.0%～14.0%
安全性	中毒,腐蚀物品,与空气混合可爆;遇高热、明火可燃;遇过氧化氢引起爆炸;燃烧产生刺激烟雾
生产方法	(1)甲酸钠法　用20%～30%的氢氧化钠溶液于160～200℃和1.4～1.8MPa下吸收精制的CO气体,生成甲酸钠溶液。然后将甲酸钠溶液与等量的甲酸溶液混合,假如稀硫酸反应生成甲酸和甲酸钠。蒸馏得甲酸和水的共沸物(含甲酸约75%),再精制而得成品 (2)甲酸甲酯法　在甲醇钠催化下,甲醇与CO在80℃和4MPa下反应生成甲酸甲酯。甲酸甲酯在酸催化下,于90～140℃和0.5～1.8MPa下水解为甲酸和甲醇。经分离可得甲酸,甲醇循环使用 (3)甲酰甲酯法　甲醇氨溶液在70℃和32.5MPa下吸收CO生成甲酰胺,分离出甲酰胺后再与等量的68%～74%的硫酸反应生成甲酸和硫酸铵。甲酸蒸出后经精制得成品

● 硅酸镁铝

通用名	硅酸镁铝	结构式	
英文名	magnesium aluminosilicate		
分子式	$Al_2MgO_8Si_2$	相对分子质量	262.433
外观	白色小型片状或粉状,无味无臭的胶态物质,质软而滑爽		
溶解性	不溶于水或醇,在水中可膨胀成较原来体积大许多倍的胶态分散体		
质量标准	白色粉末或颗粒,无定形的非晶结构;密度 2.0～2.2g/mL;几乎不溶于水或酒精;成分(110℃干燥)Al_2O_3 29.1%～35.5%,MgO 11.4%～14.0%,SiO_2 29.2%～35.6%;干燥失重小于20%		
应用性能	①硅酸镁铝常用作增稠剂,也是良好的乳液稳定剂、悬浮剂。可用于不同粉状(滑石粉、颜料和药剂)的黏合,是片剂的崩解剂。是膏霜、乳液洗发膏、护发用品的黏度改良剂和增稠剂,用作牙膏的增稠剂,可与CMC配合使用,能改进牙膏的触变性和分散性 ②硅酸镁铝还能有效地用于药品中,在金属和汽车抛光剂、瓷砖和玻璃清洁剂中可悬浮其中的摩擦剂和稳定乳化。用于白鞋油中,悬浮颜料防止产品变硬。用于牙膏中,与天然胶、合成胶配伍性能好,能改善出条结构		
用量	当硅酸镁铝分散于水中时,形成胶态溶胶和凝胶。该水分散体的黏度随含量不同而变化。当含量为1%～2%时其分散体为胶态悬浮体,>3%时为非透明体,黏度迅速增加,4%～5%时为厚的白色溶胶,当达10%时则形成坚硬的溶胶。硅酸镁铝通常的用量为0.5%～2.5%		

● 司盘 80

别名	乳化剂 S-80;山梨醇酐单油酸酯;失水山梨醇油酸酯;(Z)-单-9-十八烯酸脱水山梨醇酯;乳化剂 S80;山梨糖醇酐单油酸酯		
英文名	Span-80	相对分子质量	428.6
分子式	$C_{24}H_{44}O_6$	外观	本品为琥珀色至棕色油状液体

结构式	

熔点	10~12℃	溶解性	不溶于水,溶于热油及有机溶剂
密度	1.029g/cm³		

质量标准

脂肪酸,w	73%~77%	羟值(以 KOH 计)	193~210mg/kg
多元醇,w	28%~32%	水分,w	≤2.0%
酸值(以 KOH 计)	≤8mg/kg	砷(As)含量	≤3mg/kg
皂化值(以 KOH 计)	145~160mg/kg	铅(Pb)含量	≤2mg/kg

应用性能	本品在医药、化妆品、纺织业作乳化剂、稳定剂、增稠剂、润湿剂,亦可在油漆工业作分散剂,油田用乳化剂。也可用于乳化炸药、石油、油漆、皮革等行业		
用量	0.1%~0.2%	安全性	无毒
生产方法	(1)将 70%的山梨醇加入不锈钢反应釜中,加入 0.6%质量的失水催化剂(磷酸或对甲苯磺酸),n(醇):n(酸)=1:(1.5~1.7)(摩尔比),升温至150℃以下,失水 3h;然后将预热至 90%的油酸和 0.3%质量的酯化催化剂(KOH 或 NaOH)加入失水山梨醇中,在充氮情况下升温至 210℃反应 4~5h;当酸值小于 8mg/g 时,反应结束;经静置、冷却、过滤后得产品 (2)将 88kg 山梨糖醇投入反应釜中,减压脱水,脱水完毕后,压入精制好的油酸 130kg,氢氧化钠适量(作催化剂)。开搅拌、抽真空、缓慢升温,在200~210℃下反应 6h。取样测酸值,当酸值为 6~7mg/g 时,酯化反应完毕。冷却降温,静置 24h,静置后分上下两层,下层为黑色胶状物,分离弃之。将上层澄清液压入脱色釜内,加热至 65℃左右用活性炭脱色,在 80~85℃脱色1h。过滤,滤液在真空下脱水 5h 得成品		

● 二甲基亚砜

别名	甲基亚砜;亚硫酰基双甲烷;二甲亚砜	相对分子质量	78.13
英文名	dimethyl sulfoxide	外观	无色无臭的透明液体
分子式	C_2H_6OS	熔点	18.4℃
结构式		沸点	189℃
		密度	1.100g/cm³

溶解性	与烷烃不混合,是常用的有机溶剂中溶解能力最强的一种,可以溶解大部分的有机物,包括碳水化合物、聚合物、肽以及很多的无机盐和气体,被誉为"万能溶剂"	
质量标准		
产品等级	优等品	一等品
外观	无色透明液体或晶体,无味或微有气味	
结晶点	≥18.1℃	≥18.0℃
酸值(以 KOH 计)	≤0.03mg/g	≤0.04mg/g
透光度(400nm)	≥96.0%	
折射率(20℃)	1.4775～1.4790	
杂质,w	≤0.10%	≤0.15%
水,w	≤0.10%	
应用性能	广泛用作溶剂和反应试剂,特别是丙烯腈聚合反应中作加工溶剂和抽丝溶剂、聚氨酯合成及抽丝溶剂,聚酰胺、聚酰亚胺和聚砜树脂的合成溶剂,以及芳烃、丁二烯抽提溶剂和合成氯氟苯胺的溶剂等。除此之外,在医药工业中二甲基亚砜还有直接用作某些药物的原料及载体。二甲基亚砜本身有消炎止痛、利尿、镇静等作用,亦誉为"万灵药",常作为止痛药物的活性组分添加于药物之中	
安全性	具有极易渗透皮肤的特殊性质,造成使用人员感觉类似牡蛎般的味道。氰化钠的二甲基亚砜溶液可经由皮肤接触造成氰化物中毒,而二甲基亚砜本身毒性较低	
生产方法	(1)甲醇二硫化碳法 甲醇和二硫化碳为原料,以 γ-Al$_2$O$_3$ 作催化剂,先合成二甲基硫醚,再与二氧化氮(或硝酸)氧化得二甲基亚砜 (2)双氧水法 以丙酮作缓冲介质,使二甲硫醚与双氧水反应。用该法生产二甲基亚砜成本较高,不适于大规模生产 (3)二氧化氮法 以甲醇和硫化氢在 γ-氧化铝作用下生成二甲基硫醚;硫酸与亚硝酸钠反应生成二氧化氮;二甲基硫醚再与二氧化氮在 60～80℃进行气液相氧化反应生成粗二甲基亚砜,也有直接用氧气进行氧化,同样生成粗二甲基亚砜,然后经减压蒸馏,精制得二甲基亚砜成品。此法是较为先进的生产方法 (4)硫酸二甲酯法 用硫酸二甲酯与硫化钠反应,制得二甲基硫醚;硫酸与亚硝酸钠反应生成二氧化氮;二甲基硫醚与二氧化氮氧化得粗二甲基亚砜,再经中和处理,蒸馏后得精二甲基亚砜。此外,也可用阳极氧化的方法由二甲硫醚生产二甲基亚砜	

● 碳酸丙烯酯

别名	4-甲基-1,3-二氧戊环-2-酮;碳酸丙烯;1,2-丙二醇碳酸酯;丙二醇环碳酸酯		
英文名	propylene carbonate	熔点	−49℃
分子式	C$_4$H$_6$O$_3$	沸点	240℃

结构式		密度	1.204g/cm³
		溶解性	与乙醚、丙酮、苯、氯仿、醋酸乙酯等混溶，溶于水和四氯化碳
相对分子质量	102.09	外观	无色、无臭、易燃液体

质量标准			
产品等级	优级品	一级品	合格品
含量，w	≥99.90%	≥99.50%	≥99.0%
水分，w	≤200×10⁻⁶	≤0.10%	≤0.15%
色度（铂-钴）	10	20	40
密度	(1.200±0.005)g/cm³		
其他	优级品要求：Cl、SO₄²⁻、K、Na、Ca、Fe、Pb 的含量（w）均≤1×10⁻⁶		

应用性能	极性溶剂，用作增塑剂、纺丝溶剂、水溶性染料及塑料的分散剂。也可用作油性溶剂和烯烃、芳烃的萃取剂。碳酸丙烯酯作电池的电解液可承受较恶劣的光、热及化学变化。在地质选矿方面和分析化学方面也都有一定用途。另外，碳酸丙烯酯还可代替酚醛树脂作木材黏合剂，还用于合成碳酸二甲酯
安全性	低毒，易燃液体；遇明火、高温、强氧化剂可燃；燃烧排放刺激烟雾
生产方法	(1)光气法　原料丙二醇与光气作用，生成氯甲酸羟基异丙酯，然后与氢氧化钠作用生成碳酸丙烯酯，再经减压蒸馏得成品 (2)酯交换法 (3)氯丙醇法 (4)环氧丙烷与二氧化碳合成法　二氧化碳与环氧丙烷在 150～160℃、5MPa 条件下反应生成碳酸丙烯酯。经减压分馏得成品 以上方法均已工业化，但前三种方法生产成本较高，产品质量欠佳，因而逐渐被方法(4)所代替 (5)丙烯氧化与二氧化碳合成法　此法为近年来实验室开发的一种合成方法

3.3　胶黏剂专用配方原料

　　胶黏剂的分类方法很多，按应用方法可分为热固型、热熔型、室温固化型、压敏型等；按应用对象分为结构型、非构型或特种胶；接形态可分为水溶型、水乳型、溶剂型以及各种固态型等。合成化学工作者常喜欢将胶黏剂按黏料的化学成分来分类。

　　热塑性胶黏剂主要包括纤维素酯、烯类聚合物（聚乙酸乙烯酯、聚乙烯醇、过氯乙烯、聚异丁烯等）、聚酯、聚醚、聚酰胺、聚丙烯酸酯、α-氰基丙烯酸酯、聚乙烯醇缩醛、乙烯-乙酸乙烯酯共聚物等类。

热固性胶黏剂主要包括环氧树脂、酚醛树脂、脲醛树脂、三聚氰-甲醛树脂、有机硅树脂、呋喃树脂、不饱和聚酯、丙烯酸树脂、聚酰亚胺、聚苯并咪唑、酚醛-聚乙烯醇缩醛、酚醛-聚酰胺、酚醛-环氧树脂、环氧-聚酰胺等类。

合成橡胶型胶黏剂主要包括氯丁橡胶、丁苯橡胶、丁基橡胶、丁钠橡胶、异戊橡胶、聚硫橡胶、聚氨酯橡胶、氯磺化聚乙烯弹性体、硅橡胶等类。

橡胶树脂剂主要包括酚醛-丁腈胶、酚醛-氯丁胶、酚醛-聚氨酯胶、环氧-丁腈胶、环氧-聚硫胶等类。

胶黏剂通常是由几种材料配制而成，这些材料按其作用的不同，分为主体材料和辅助材料两大类。主体材料是在胶黏剂中起粘接作用并赋予胶层一定力学强度的物质，如各种树脂、橡胶、淀粉、蛋白质、磷酸盐、硅酸盐等。辅助材料是胶黏剂中用以改善主体材料性能或为便于施工而加入的物质。常用的有固化剂、增塑剂、增韧剂、稀释剂、偶联剂、溶剂等填料。

（1）胶黏剂的主体材料　在胶黏剂的配方中，主体材料是使两种被黏物结合在一起时起主要作用的成分。胶黏剂的性能如何，与主体材料有关。也称为基料，是具有流动的液态化合物或能在溶剂、热、压力的作用下具有流动性的化合物。用作基料的物质有无机化合物、合成高分子化合物、天然高分子化合物。合成的胶黏剂的主体材料大多数为有机高聚合物，可以分为热塑性和热固性树脂、合成橡胶三大类。一般来说，热塑性树脂线性树脂为线型分子，遇热软化或熔融，冷却后又固化，这一过程可以反复转变，对其性能影响不大，溶解性能也较好，具有弹性。热固性树脂是具有三向交联结构的聚合物，具有耐性好、耐水性、耐介质蠕变低等优点。而合成橡胶则内聚强度较低，耐热性不高，但具有优良的弹性，适于柔软或膨胀系数相差悬殊的材料。用作基料的无机物主要是作为无机胶黏剂的主体材料，主要有硅酸盐、磷酸盐、硫酸盐、硼酸盐、氧化物等，它们性脆，但有耐高温、不燃烧等特点，最高甚至可耐 3000℃ 高温，这是任何有机基料的胶黏剂无法比拟的。

（2）辅助材料

① 固化剂　胶黏剂必须在流动的状态才可以涂布并浸润被黏物表

面，然后通过恰当的方式使其成为固体，这个过程称为固化。固化可以是物理或化学的过程。胶黏剂中直接参与化学反应，使得原来都是热塑性的线型聚合物变为坚韧、坚硬的网状或体型结构的成分称为固化剂。固化剂可使多个官能团的单体三向交联，使胶黏剂固化。对某些胶黏剂来说，固化剂是必不可少的组分。在固化过程中，常加入加快固化反应的促进剂，常用的有胺类、有机酸酐类和分子筛类等。

② 稀释剂和溶剂　加入稀释剂的目的是降低黏度以便于涂布施工，同时能延长胶黏剂的使用寿命，稀释剂可以分为活性与非活性稀释剂两类，其中非活性又称为溶剂（如：甲苯、丙酮、丁醇等），活性稀释剂能参与固化反应，因而克服了因溶剂挥发不彻底而使粘接强度下降的缺点，其多用于环氧树脂胶黏剂中，加入此类稀释剂，固化剂的用量应增大。非活性稀释剂多用于橡胶、聚酯、酚醛、环氧类的胶黏剂中。一般情况下粘接强度随稀释剂用量的增加而下降。能溶解其他物质的成分称为溶剂。溶剂在橡胶型胶黏剂中用得较多，在其他类型的胶黏剂中用得较少。它与非活性稀释剂的作用相同，主要的作用是降低胶黏剂的黏度，便于施工。

③ 增塑剂和增韧剂　树脂固化后往往性脆，加入增塑剂和增韧剂后，可以提高韧性，改善胶黏剂的流动性、耐寒性、耐振动性等，也可以提高胶层的冲击强度和伸长率，降低其开裂程度，但由于它们的加入，会使胶黏剂的剪切强度和耐热性等有所降低。增塑剂（非活性增韧剂）一般为高沸点液体，有良好的混溶性，不参与胶黏剂的固化反应，如邻苯二甲酸酯、磷酸三苯酯等。增韧剂（活性增韧剂）是一种单官能团或多官能团的化合物，能与基料起反应并进入固化产物最终形成的大分子键结构中。它们大都是黏稠液体，常用的有聚硫橡胶、不饱和聚酯树脂、丁腈橡胶等，它们可提高固化产物的韧性，也可以作为环氧树脂的固化剂。

④ 偶联剂　在粘接过程中，为了使在胶黏剂和被黏物之间形成一层牢固的界面层，使原来直接不黏或难黏的材料之间通过这一界面层使其黏结力提高，这一界面层的成分称为偶联剂。偶联剂是分子两端含有极性不同基团的化合物。两端基可以分别与胶黏剂分子和被黏物结合，起"架桥"作用，以提高其粘接强度。也有非极性部分，它最初用于玻璃钢工业，近年来在胶黏剂工业上也得到了广

泛的应用。

⑤ 填料　填料是一种并不和主体材料作用，但可以改变性能、降低成本的固体物质。填料可以起很多作用，例如增稠，降低收缩应力和热应力，提高胶黏剂的力学性能、介电性能等。以上主要是针对合成有机胶黏剂而言的，对于无机胶黏剂后续将提到。填料的种类很多，常用的有无机物、金属、金属氧化物、矿物的粉末等。依据具体的要求进行选择，并要考虑到填料的粒度、形状和添加量等因素。

3.3.1　环氧树脂胶黏剂

环氧类胶黏剂主要由环氧树脂和固化剂两大部分组成。为改善某些性能，满足不同用途还可以加入增塑剂、促进剂、稀释剂、填充剂、偶联剂、阻燃剂、稳定剂等辅助材料。由于环氧胶黏剂的粘接强度高、通用性强，在航空、航天、汽车、机械、建筑、化工、轻工、电子、电器以及日常生活等领域得到广泛的应用。

(1) 环氧树脂　环氧树脂是泛指分子中含有两个或两个以上环氧基团的有机高分子化合物，除个别外，它们的分子量都不高。环氧树脂的分子结构是以分子链中含有活泼的环氧基团为其特征，环氧基团可以位于分子链的末端、中间或成环状结构。由于分子结构中含有活泼的环氧基团，使它们可与多种类型的固化剂发生交联反应而形成不溶、不熔的具有三向网状结构的高聚物。

由于用途性能要求各不相同，对环氧树脂及固化剂、改性剂、填料、稀释剂等添加物也有不同的要求。作粘接剂时最好选用中等环氧值（$0.25\sim0.45\mathrm{g}/100\mathrm{g}$）的树脂，如 6101、634；作浇注料时最好选用高环氧值（$>0.40\mathrm{g}/100\mathrm{g}$）的树脂，如 618、6101；作涂料用的一般选用低环氧值（$<0.25\mathrm{g}/100\mathrm{g}$）的树脂，如 601、604、607、609 等。

环氧值过高的树脂强度较大，但较脆；环氧值中等的高低温时强度均好；环氧值低的则高温时强度差些。因为强度和交联度的大小有关，环氧值高固化后交联度也高，环氧值低固化后交联度也低，故引起强度上的差异。在操作上，如果不需耐高温，对强度要求不大，希望环氧树脂能快干、不易流失，可选择环氧值较低的树脂；如希望渗透性高、强度较好的，可选用环氧值较高的树脂。

（2）固化剂　环氧树脂胶黏剂中固化剂种类很多，常按以下几种方法分类。

① 按化学结构分为碱性固化剂和酸性固化剂两类。碱性固化剂包括脂肪胺、芳香胺、改性胺及其他含氮化合物如咪唑类和双氰胺等。酸性固化剂如有机酸、酸酐及三氟化硼类等。

② 按照对环氧树脂固化机制不同分为固化剂反应型和固化剂催化型（潜伏型）两类。伯胺、低分子聚酰胺、有机酸及酸酐是反应型固化剂。咪唑类、双氰胺类及三氟化硼类是催化型固化剂。

③ 按照固化温度不同分为室温固化剂、中温固化剂和高温固化剂。

各种固化剂的固化温度各不相同，固化物的耐热性也有很大不同。一般地说，使用固化温度高的固化剂可以得到耐热优良的固化物。对于加成聚合型固化剂，固化温度和耐热性按下列顺序提高：脂肪族多胺＜脂环族多胺＜芳香族多胺≈酚醛＜酸酐。

常用环氧树脂固化剂有脂肪胺、脂环胺、芳香胺、聚酰胺、酸酐、树脂类、叔胺，另外在光引发剂的作用下紫外线或光也能使环氧树脂固化。常温或低温固化一般选用胺类固化剂，加温固化则常用酸酐、芳香类固化剂。

环氧值是鉴定环氧树脂质量的最主要指标，环氧树脂的型号划分就是根据环氧值的不同来区分的。环氧值是指 100g 树脂中所含环氧基的质量（g）。

选择固化剂的原则是：固化剂对环氧树脂的性能影响较大，一般按下列几点选择。

① 从性能要求上选择：有的要求耐高温，有的要求柔性好，有的要求耐腐蚀性好，则根据不同要求选用适当的固化剂。

② 从固化方法上选择：有的制品不能加热，则不能选用热固化的固化剂。

③ 从适用期上选择：所谓适用期，就是指环氧树脂加入固化剂时起至不能使用时止的时间。要适用期长的，一般选用酸酐类或潜伏性固化剂。

④ 从安全上选择：一般要求毒性小的为好，便于安全生产。

⑤ 从成本上选择。

● E-44 环氧树脂

别名	6101 环氧树脂	英文名	epoxy resin-44	外观	无色或淡黄色黏稠流体

质量标准

外观	淡黄色到棕黄色高黏度透明液体		无机氯,w	≤0.018%	
环氧当量	210~240g/eq		软化点	12~20℃	挥发分,w ≤0.60%
可水解氯,w	≤0.30%		色度(加德纳法)	≤2	
应用性能	用于涂料、胶黏剂、防腐、电器绝缘、层压板、浇注等领域,也可以作为高档环氧树脂加工的原材料				
用量	环氧树脂很少单独使用,一般加入固化剂填充料等辅助材料使用,用叔胺类化合物作固化剂一般为树脂用量的 5%~15%,用酸酐作固化剂加入树脂用量的 0.1%~3%,用多元胺作固化剂与环氧树脂为 1:1(摩尔比),采用 703 作固化剂可按 1:04(质量比)配用				
安全性	低毒				

● 低相对分子质量聚酰胺 200

别名	聚酰胺树脂(低相对分子质量,200 型);9,12-十八烷二烯酸(Z,Z)二聚物与三乙烯四胺的反应产物			
英文名	polyamide resin,low molecular weight 200		密度	0.92~0.96g/cm³(75℃)
相对分子质量	1000~1500	外观	浅黄色黏稠状液体	溶解性 可溶于乙醇、二甲苯、丙醇等
质量标准	棕红色黏稠状液体;黏度(25℃)10000~80000mPa·s;色号≤18;胺值(以 KOH 计)(215±15)mg/g			
应用性能	主要用于环氧树脂的固化剂及其他辅助材料:作涂料、作粘接剂、作电器绝缘漆,其他辅助材料的基本配比:环氧树脂:聚酰胺树脂为 100:50~150			
用量	低分子量聚酰胺 200 用作环氧树脂胶黏剂的韧性固化剂,参考用量为 50~100 份,固化条件室温/7d 或 65℃/3h。当 E-51/200＝100/55(质量比)25℃固化 7d,热变形温度 77~80℃;若 E-51/200＝100/50,加入间苯二胺 3.8 份,150℃/4h 固化,固化物热变形温度 104℃			
安全性	几乎无毒性,不刺激皮肤和黏膜			
生产方法	亚油酸与浓硫酸、甲醇反应得粗甲酯,与黏土、碳酸锂聚合成粗二聚体,再与低聚胺缩合成低聚酰胺			

● 2-甲基咪唑

别名	2-甲基-1,3-氮杂茂;2-甲基-1H-咪唑;2-甲基咪唑;2-甲基甘恶啉;2-甲基咪唑,97%;2-甲基甘啉		
英文名	2-methylimidazole	相对分子质量	82.1
分子式	$C_4H_6N_2$	外观	白色至类白色结晶粉末
结构式		熔点	142~143℃
		沸点	267~268℃
		密度	1.030g/mL
溶解性	有吸潮性,溶于水、醇中,溶于内酮、DMF。难溶于苯;有毒,对皮肤、黏膜有刺激性和腐蚀性		

质量标准	白色结晶,类白色至微黄色结晶,微黄色至黄色结晶;相应的熔点 145.0～146.0℃;140.0～146.0℃;135.0～140.0℃;沸点 267～268℃;水分≤0.2%;含量≥99.9%(GC),≥99.0%
应用性能	该品是药物灭滴灵和饲料促长剂二甲唑的中间体,也是环氧树脂及其他树脂的固化剂。作为环氧树脂的中温固经剂时,可以单独使用,但主要用作粉末成型和粉末涂装的固化促进剂
安全性	有毒,对皮肤、黏膜有刺激性和腐蚀性
生产方法	由 2-甲基咪唑啉消除脱氢而得。将 2-甲基咪唑啉加热熔融(熔点 107℃),小心加入活性镍,升温至 200～210℃反应 2h。降温至 150℃以下,加水溶解,趁热压滤,分离活性镍,将滤液浓缩至温度在 140℃以上,放料冷却即得 2-甲基咪唑。用该法生产纯度为≥98%的产品,1t 产品消耗乙二胺(95%)1095kg,乙腈975kg。较好的方法是用乙二醛和醛作原料

● 4,4'-二氨基二苯甲烷

别名	4,4'-二氨基二苯基甲烷;4,4'-亚甲基双苯胺;对,对-二氨基二苯基甲烷;对,对1-二氨基二苯甲烷;防老剂 MDA;亚甲基二苯胺;4,4'-二氨基二苯甲烷;4,4'-亚甲基双苯胺		
英文名	4,4'-methylenedianiline	外观	白色至黄褐色片状结晶体
分子式	$C_{13}H_{14}N_2$	熔点	89～91℃
结构式	H_2N —— —— NH_2	沸点	242℃
		密度	1.15g/mL
相对分子质量	198.26	溶解性	易溶于热水、乙醇、乙醚、苯
质量标准	含量≥98.5%;灼烧残渣(以硫酸盐计)≤0.1%;熔点范围 91～93℃;乙醇溶解试验合格		
应用性能	用于生产绝缘材料、染料、二异氰酸酯、聚氨酯橡胶、H 级黏合剂、环氧树脂固化剂等;环氧树脂固化剂,橡胶抗氧剂和防老剂,合成 MDI 的中间体,也用于测定钨和硫酸盐		
用量	用作环氧树脂胶黏剂的耐高温固化剂,参考用量 26～30 份,最佳用量 28 份,适用期 8h(100g)。固化条件 80℃/2h+160℃/2h 或 165℃/(4～5)h		
安全性	有毒物品。明火可燃;受热放出有毒氧化氮气体		
生产方法	先将盐酸、水和新蒸过的苯胺在搅拌下进行冷却,15℃时再加入甲醛溶液,加热至 50～60℃缩合反应 4h。反应产物为 4,4'-二氨基二苯基甲烷盐酸盐。然后将反应产物用碳酸钠溶液中和并碱化后,进行水蒸气蒸馏,直至馏分中不再有苯胺为止。最后将沉淀物加稍过量的盐酸重新溶解,用稀氨水分步沉淀,并将最先沉淀的树脂状物滤去,向滤液中加入过量的氨水,得白色结晶状沉淀,过滤,即得产品。而进一步提纯可采用乙醇或水重结晶		

● 聚乙烯醇缩甲乙醛

英文名	polyvinylformal acetal	密度	1.20g/cm³
分子式	—	溶解性	溶于乙醇、丁醇、甲苯、环己酮、醋酸乙酯等有机溶剂
外观	白色或微黄色粉末		

质量标准			
外观	白色或微黄色粉末	乙醛基含量,w	60%～74%
水分,w	≤2.0%	羟基含量,w	≤3%
总缩醛度,w	70%～83%	甲苯/乙醇中不溶物含量,w	≤0.3%
甲醛基含量,w	8%～14%		
应用性能	主要用于制造耐磨耗的高强度漆包线涂料和金属木材、橡胶、玻璃层压塑料之间的胶黏剂,作为层压塑料的中间层以及制造冲击强度高、压缩弹性模量大的泡沫塑料		
生产方法	是由聚乙烯醇以水溶解,加入双氧水和氢氧化钠降解,经过滤后投入缩合釜,加入甲醛,75～80℃反应3h,降温后加入乙醛再反应3h而制成		

● 三羟甲基丙烷三丙烯酸酯

别名	二(2-丙烯酸)-2-乙基-2-(丙烯酰氧甲基)-1,3-丙二醇酯;三甲基丙烷三酰基化物;三丙烯酸丙烷三甲醇酯;1,1,1-丙烯酸三酯丙烷;三丙烯酸甲酯丙烷;STABILIZED		
英文名	trimethylolpropane triacrylate	相对分子质量	296.32
分子式	$C_{15}H_{20}O_6$	外观	淡黄色至黄色透明液体
结构式		熔点	−66℃
		沸点	>200℃
		密度	1.1g/mL(25℃)
		溶解性	几乎不溶于水,可溶于一般溶剂

质量标准			
外观	低气味型无色或微黄色透明液体	酸值(以 KOH 计)	≤1mg/g
水分	<0.1%	酯含量	>95%	相对密度(25℃)	1.1080
黏度(25℃)	70～135cP	阻聚剂	$(200\pm50)\times10^{-6}$		

应用性能	本品为三官能度功能单体,具有高沸点、高活性、低挥发、低黏度特性。与丙烯酸类预聚体有良好的相容性,可作活性稀释剂,用于 UV 及 EB 辐射交联,还可以成为交联聚合的组成物,同时还广泛用于光固油墨、表面涂层、涂料及黏合剂中,并赋予良好的耐磨性和硬度附着力及光亮度
安全性	腐蚀性,注意不可与皮肤直接接触,否则会引起皮肤过敏,导致皮肤发红、糜烂
生产方法	以硫酸氢钠为催化剂,甲苯为带水剂,对苯二酚为阻聚剂,三羟甲基丙烷和丙烯酸的摩尔比为1:40,催化剂用量为反应物总质量的2.0%,反应温度控制在100℃,反应6h即得

● 聚乙烯醇缩丁醛（PVB树脂）

别名	乙酸乙烯酯与1,1二(氧代乙烯基)丁烷和乙醇的聚合物聚乙烯缩丁醛		
英文名	polyvinyl butyral	相对分子质量	30000～45000
外观	白色粉末	密度	1.07g/cm³(25℃)
溶解性	可以溶解于大多数醇/酮/醚/酯类有机溶剂,不溶于碳羟类溶剂,如汽油等石油溶剂		

质量标准							
外观	白色粉末						
产品等级	SD-1	SD-2	SD-3	SD-4	SD-5	SD-6	SD-7
黏度(10%乙醇溶液)/mPa·s	<5	5～10	11～20	21～30	31～60	61～100	>100
缩醛度/%	68～88	68～88	68～88	68～88	68～88	68～88	68～88
酸值(以KOH计)/(mg/g)	≤4.0	≤4.0	≤2.0	≤2.0	≤1.0	≤1.0	≤1.0
灰分,w/%	≤0.10	≤0.10	≤0.08	≤0.08	≤0.10	≤0.10	≤0.10
挥发分,w/%	≤3.0	≤3.0	≤3.0	≤3.0	≤3.0	≤3.0	≤3.0
聚乙烯醇缩丁醛,w/%	≥98.0	≥98.0	≥98.0	≥98.0	≥98.0	≥98.0	≥98.0

应用性能	PVB与环氧树脂、酚醛树脂、不饱和聚酯树脂等具有良好的相容性,用作环氧树脂、酚醛树脂、不饱和聚酯等胶黏剂的增韧剂,可以配制成结构胶黏剂,参考用量10～30份。也用于生产热熔性胶黏剂。对于无机和有机玻璃均有特殊的粘接性和高度透明性。低毒
用量	可以配制成结构胶黏剂,参考用量10～30份
安全性	低毒,可燃
生产方法	将聚乙烯醇溶于水中,在搅拌下加入丁醛及催化剂如盐酸或硫酸,在15～50℃的温度下进行缩醛反应,生成的缩醛物经水洗、离心干燥即得聚乙烯醇缩丁醛

● 三乙醇胺

别名	2,2′,2″-次氮基三乙醇;2,2′,2″-三羟基三乙胺;三羟乙基胺;三(2-羟乙基)胺;三羟基三乙胺		
英文名	triethanolamine	相对分子质量	149.19
分子式	$C_6H_{15}NO_3$	熔点	21.2℃
结构式	HO—N(—OH)(—HO) 结构式	沸点	360℃
		密度	1.1245g/cm³
外观	室温下为无色透明黏稠液体。有吸湿性和氨臭,呈碱性,有刺激性		
溶解性	易溶于水、乙醇和丙酮,微溶于乙醚、苯和四氯化碳中		

质量标准		
外观	无色透明黏稠液体	
产品等级	Ⅰ型	Ⅱ型
三乙醇胺,w	≥99.0%	≥75.0%
一乙醇胺,w	≤0.50%	—
二乙醇胺,w	≤0.50%	—
水分	≤0.20%	—
色度(Hazen 单位,铂-钴色号)	≤50	≤80
密度(ρ_{20})	1.122～1.127g/cm³	1.122～1.127g/cm³

应用性能	三乙醇胺主要用于制造表面活性剂、液体洗涤剂、化妆品等。是切削液、防冻液的组分之一。在丁腈橡胶聚合中作为活化剂,天然胶与合成胶的硫化活化剂。也可作为油类、蜡类、农药等的乳化剂、化妆品的增湿剂、稳定剂,纺织物的软化剂,润滑油的抗腐蚀添加剂。三乙醇胺可吸收二氧化碳和硫化氢等气体,在焦炉气等工业气体的净化中,可脱除酸性气体。是 EDTA 滴定法中常用的一种掩蔽剂
安全性	低毒、易燃
生产方法	(1)将环氧乙烷、氨水送入反应器中,在反应温度 30～40℃,反应压力 70.9～304kPa 下,进行缩合反应生成一乙醇胺、二乙醇胺、三乙醇胺混合液,在 90～120℃下经脱水浓缩后,送入三个减压精馏塔进行减压蒸馏,按不同沸点截取馏分,则可得纯度达 99%的一乙醇胺、二乙醇胺和三乙醇胺成品。在反应过程中,如加大环氧乙烷比例,则二乙醇胺、三乙醇胺生成比例增大,可提高二乙醇胺、三乙醇胺的收率 (2)环氧乙烷和氨水在 30～40℃,压力 71～304 kPa 下进行缩合反应而成,其中环氧乙烷与氨的摩尔比约 2.0。反应后经精馏塔减压精馏,截取 360℃附近的馏分而得

● 白炭黑

别名	水合二氧化硅;白烟;沉淀水合二氧化硅;纯乳胶;胶体二氧化硅;沉淀二氧化硅		
英文名	white carbon black	熔点	1610℃
分子式	$SiO_2 \cdot xH_2O$	沸点	>100℃
密度	2.6g/mL(25℃)		
外观	白色无定形絮状半透明固体胶状纳米粒子	溶解性	能溶于苛性碱和氢氟酸,不溶于水、溶剂和酸(氢氟酸除外)

质量标准			
外观	白色粉末	pH 值	3.6～4.3
水分,w	≤1.5%	二氧化硅,w	≥99.8%
比表面积	(200±25)m²/g	三氧化二铝,w	≤0.05%
原生粒子粒径	12nm	三氧化二铁,w	≤0.003%
灼烧损失,w	≤1.0%	二氧化锑,w	≤0.03%
筛余,w	≤0.05%	氯化氢,w	≤0.025%

应用性能	用在天然橡胶或合成橡胶制成的胶黏剂中,提供了触变性和补强性,同时由于其伸展性还可以提高黏着力,质高价廉。白炭黑用在彩色橡胶制品中以替代炭黑进行补强,满足白色或半透明产品的需要。白炭黑同时具有超强的黏附力、抗撕裂及耐热抗老化性能,所以在黑色橡胶制品中亦可替代部分炭黑,以获得高质量的橡胶制品,如越野轮胎、工程胎、子午胎等
安全性	无毒
生产方法	(1)气相法　空气和氢气分别经过加压、分离、冷却脱水、硅胶干燥、除尘过滤后送入合成水解炉。将四氯化硅原料送至精馏塔精馏后,在蒸发器中加热蒸发,并以干燥、过滤后的空气为载体,送至合成水解炉。四氯化硅在高温下汽化(火焰温度1000~1800℃)后,与一定量的氢和氧(或空气)在1800℃左右的高温下进行气相水解;此时生成的气相二氧化硅颗粒极细,与气体形成气溶胶,不易捕集,故使其先在聚集器中聚集成较大颗粒,然后经旋风分离器收集,再送入脱酸炉,用氮空气吹洗气相二氧化硅至pH值为4~6即为成品 (2)先将高岭土或硬质高岭土粉碎至50~60目,然后在500~600℃高温下焙烧2h,再将焙烧土与浓度30%的工业盐酸按1:2.5(质量比)配料,在90℃左右酸浸7h,经中和、过滤、洗涤、干燥得到白炭黑,同时得到高效净水剂聚合氯化铝 (3)先将煤矸石或粉煤灰粉碎至粒度小于120目,然后分两步 ①生产硅酸钠:将粉碎的煤矸石或粉煤灰与纯碱按质量比1:50混合均匀,经高温熔融(1400~1500℃,1h),水萃浸溶(100℃以上,4~5h),过滤去杂质、浓缩滤液到45~46°Bé即得到硅酸钠 ②生产白炭黑:先将硅酸钠配成水玻璃溶液(模数为2.4~3.6,SiO_2含量为4%~10%),然后在5%~20%的硫酸中酸浸(28~32℃,8~16h),再升温至80℃,搅拌,调节pH值为5~7,熟化20min,再经过滤洗涤、干燥、分选,得到白炭黑。该白炭黑为活性、纯度高

3.3.2　聚氨酯胶黏剂

聚氨酯胶黏剂是指在分子链中含有氨基甲酸酯基团(—NHCOO—)或异氰酸酯基(—NCO)的胶黏剂。分为多异氰酸酯和聚氨酯两大类,因为其中含有极性很强、化学活泼性很高的异氰酸酯和氨基甲酸酯基团,所以它可以与含有活泼氢的材料,如泡沫塑料、木材、皮革、织物、纸张、陶瓷等多孔材料,以及金属、玻璃、橡胶、塑料等表面光洁的材料都有着优良的化学黏合力。聚氨酯与被黏合材料之间产生的氢键作用会使分子内聚力增强,从而使粘接更加牢固。

聚氨酯胶黏剂主要由异氰酸铵、多元醇、含烃基的聚醚、聚酯和环氧树脂、填料、催化剂和溶剂组成,具有反应活性高、常温能固化、耐冲击等很多优异的性能。

● 聚氨酯树脂

别名	聚乌拉坦泡沫胶;聚氨酯弹性体;685 高级彩色聚氨酯树脂;聚氨酯硬泡组合料;聚氨酯硬质泡沫塑料发泡用组合料;聚氨酯;丙烯酸聚氨酯漆;丙烯酸聚氨酯防腐涂料;聚氨酯组合料		
英文名	polyurethane	相对分子质量	88.1084
分子式	$C_3H_8N_2O$	外观	乳白色液体
结构式	（结构式图）	溶解性	溶于二甲苯、丁醇、醋酸丁酯、环己酮、甲苯、二丙酮醇
质量标准	无色至淡黄色液体;固体分 $50\%\pm2\%$;实干时间（180 ± 2）℃,2h;耐热性（250℃±5℃）（铝板）:3h 不开裂、不起泡、不脱落		
应用性能	聚氨酯弹性体用作滚筒、传送带、软管、汽车零件、鞋底、合成皮革、电线电缆和医用人工脏器等;软质泡沫体用于车辆、居室、服装的衬垫,硬质泡沫体用作隔热、吸音、包装、绝缘以及低发泡合成木材;涂料用于高级车辆、家具、木和金属防护,水池水坝和建筑防渗漏材料,以及织物涂层等。胶黏剂对金属、玻璃、陶瓷、皮革、纤维等都有良好的黏着力。此外聚氨酯还可制成乳液、磁性材料等。该树脂使用时应避免和酸、碱、有机盐和胺类等化合物接触,否则会加速固化、胶化,从而影响产品的性能。所有稀释剂不得含水分、硫化物和其他杂质,否则会影响附着力、干性及其他性能		
安全性	蒸气压大,易挥发,毒性大		

● 异氰酸酯

别名	丙基异氰酸酯;异氰酸正丙酯;异氰酸丙酯		
英文名	propyl isocyanate	相对分子质量	85.1
分子式	C_4H_7NO	外观	无色透明液体
结构式	（结构式图）	熔点	-30℃
		沸点	$83\sim84$℃
		密度	0.908g/mL（25℃）
溶解性	易溶于甲苯、二甲苯、氯苯等有机溶剂中,易与水、醇、胺类等起反应		
质量标准	无色液体,含量$\geqslant98.0\%$（GC）		
应用性能	用于家电、汽车、建筑、鞋业、家具、胶黏剂等行业		
安全性	高毒、易挥发,刺激眼睛、皮肤,适于低温下贮存。易燃,与空气混合可爆炸		
生产方法	将二甲苯和异丙胺投入反应釜中,当温度降至 15℃以下滴加盐酸,温度不超过25℃,加热共沸脱水,直至脱水至尽为止,降温至常温,把物料转入丙基异氰酸酯反应釜中,升温至 80℃,通入光气,物料透明清澈即为终点。用氮气赶光气及氯化氢,直至尾气呈中性,降温至室温后,将物料转入蒸馏釜,蒸馏收集74~78℃馏分即为产品		

● N,N-二甲基对亚硝基苯胺

别名	对亚硝基-N,N-二甲基苯胺;N,N-二甲基-4-亚硝基苯胺;对亚硝基二甲苯胺;对亚硝基二甲替苯胺		
英文名	N,N-dimethyl-p-nitrosoaniline	相对分子质量	150.14
分子式	$C_8H_{10}N_2O$	外观	带有光泽的绿色晶体
结构式	（结构式图）	熔点	92.5～93.5℃
		密度	1.145g/cm³
溶解性	难溶于水,溶于乙醇、乙醚、氯仿和无机酸溶液而呈深黄色		
质量标准	绿色片状固体;含量≥99%		
应用性能	用作分析测定试剂,例如用作测定二氧化碳时的氯化氢吸收剂,分光光度法测定铱、钯、铂和铑,是制造亚甲基蓝等有机化合物的原料,并可用作橡胶、织物、印刷硫化过程的加速剂和硬化剂		
安全性	本品属自燃物品,有毒,具刺激性。吸入、摄入或经皮肤吸收后对身体有害,有刺激作用		
生产方法	将30g二甲基苯胺溶于100mL浓盐酸,在冰盐浴中冷却,搅拌下缓缓滴加含18g亚硝酸钠的50mL水溶液,保持反应液温度为0～5℃。加毕,继续搅拌半小时。吸滤,滤饼用水洗涤,真空干燥,得成品		

3.3.3 酚醛树脂胶黏剂

酚醛树脂是由酚类（如苯酚、甲酚、二甲酚、间苯二酚等）与醛类（如甲醛、糠醛等）为原料经过缩聚反应而制得的。通常用于配制胶黏剂的酚醛树脂是苯酚与甲醛缩聚反应而得的低相对分子质量可溶树脂。

一般的酚醛树脂胶黏剂分为三种类型:醇溶性酚醛树脂黏剂、钡酚醛树脂胶黏剂、水溶性酚醛树脂胶黏剂。

醇溶性酚醛树脂胶黏剂是以氢氧化钠为催化剂,由甲醛和苯酚缩聚的甲基酚醛树脂,溶于乙醇,加上石油磺酸配制而成的,可在室温固化。

钡酚醛树脂胶黏剂是用氢氧化钡作为催化剂制得的酚醛树脂、溶入丙酮或乙醇后,加上固化剂配制而成。

水溶性酚醛树脂胶黏剂是以苯酚和醛为原料,用氢氧化钠为催化剂缩聚而得的酚醛树脂水溶液。该胶黏剂以水代替有机溶剂,可减少污染,价格也低廉,由于游离酚含量低,对人体的危害也小。这是一种比较常用的酚醛树脂胶黏剂,通常用于制造高级胶合板或作为铸造用粘接剂等。

苯酚

别名	石炭酸;工业酚;羟基苯;石碳酸;固体苯酚		
英文名	phenol	分子式	C_6H_6O	相对分子质量	94.11
结构式	HO—⬡		
外观	无色针状结晶或白色结晶熔块。有特殊的臭味和燃烧味,极稀的溶液具有甜味		
熔点	40~42℃	沸点	182℃	密度	1.071g/cm³
溶解性	室温微溶于水,能溶于苯及碱性溶液,易溶于乙醇、乙醚、氯仿、甘油、丙三醇、冰醋酸等有机溶剂中,难溶于石油醚		

质量标准			
产品等级	优等品	一等品	合格品
结晶点	≥40.6℃	≥40.5℃	≥40.2℃
溶解试验[(1: 20)吸光度]	≤0.03	≤0.04	≤0.14
水分,w	≤0.10%	—	—

应用性能	苯酚是重要的有机化工原料,用它可制取酚醛树脂、己内酰胺、双酚 A、水杨酸、苦味酸、五氯酚、2,4-D、己二酸、酚酞、N-乙酰乙氧基苯胺等化工产品及中间体,在化工原料、烷基酚、合成纤维、塑料、合成橡胶、医药、农药、香料、染料、涂料和炼油等工业中有着重要用途
安全性	皮肤与苯酚水溶液接触产生局部麻醉,进而溃疡。可致急性中毒。遇明火、高温、强氧化剂可燃;燃烧产生刺激烟雾
生产方法	(1)磺化碱熔法　苯酚老的工业生产方法是磺化碱熔法,用浓硫酸或三氧化硫作为磺化剂,使苯进行气相磺化而转化为苯磺酸,然后用亚硫酸钠中和,再使苯磺酸钠与熔融状态的烧碱作用生成苯酚钠及溶解于水的 Na_2SO_3,结晶使其分离,经浸渍分离后的苯酚钠溶液用二氧化硫或稀硫酸酸化而制得粗品,经减压蒸馏而得成品 (2)异丙苯法　从裂化气中分离出来的丙烯在三氯化铝催化剂存在下,于80~90℃常压和苯进行烃化反应,经蒸馏分离得到异丙苯,将异丙苯用空气在100~120℃和300~400kPa压力下直接氧化成过氧化氢异丙苯,氧化液浓缩到80%左右,过氧化氢异丙苯用硫酸在60℃常压下裂解为苯酚和丙酮,最后经精制分别得丙酮和苯酚

间苯二酚

别名	1,3-二羟基苯;雷琐酚;雷琐辛;1,3-苯二酚;间二羟基苯;树脂酚	相对分子质量	110.11
		外观	白色针状晶体。暴露于光和空气或与铁接触变为粉红色,有甜味
英文名	resorcine		
分子式	$C_6H_6O_2$	熔点	109~112℃
结构式	HO—⬡—OH	沸点	281℃
		密度	1.27g/cm³

溶解性	溶于水、乙醇、戊醇,易溶于乙醚、甘油,微溶于氯仿、二硫化碳,略溶于苯		
质量标准			
产品等级	优等品	一等品	合格品
外观	白色至灰褐色片状结晶		
w	≥99.5%	≥99.0%	≥97.0%
水不溶物,w	≤0.10%	≤0.15%	≤0.15%
干品初熔点	107.0℃	105.0℃	102.0℃
应用性能	主要用于橡胶黏合剂、合成树脂、染料、防腐剂、医药和分析试剂等。间苯二酚与苯酚、甲酚相似,与甲醛生成缩聚物,可用于制黏胶丝及尼龙用的轮胎帘子线黏结剂,制备木材胶合剂,用于乙烯基材料与金属的黏合。是许多偶氮染料、毛皮染料的中间体,也是医药中间体对氨基水杨酸的原料。其具有杀菌作用,可用作防腐剂,添加于化妆品和皮肤病药物糊剂及软膏等。其衍生物 β-甲基伞形酮是光学漂白剂的中间体,三硝基间苯二酚是雷管引爆剂,还有相当数量的间苯二酚用于生产二苯甲酮类紫外线吸收剂		
安全性	高毒,能刺激皮肤及黏膜,可经皮肤迅速吸收引起中毒。与空气混合可爆炸;可燃,燃烧产生有毒氯化物刺激烟雾		
生产方法	将苯、65%发烟硫酸和硫酸钠分别加入反应器中,控制反应温度在75℃,得磺化物。然后向此磺化物中加入无水硫酸钠,搅拌加热至175℃使其溶解,在此温度下加入三氧化硫,再反应1.5h,得二磺化物(苯二磺酸含量75%)。将二磺化物用稀碱液中和,并除去过量的硫酸盐后,所得苯二磺酸钠盐在290℃下逐渐加到熔化的氢氧化钠中,在15min内升温至325℃,而后将碱熔物溶于水,用硫酸酸化,再用乙醚萃取,蒸出溶剂,即得间苯二酚成品		

● 甲酚 (包括邻、间、对甲酚)

别名	煤酚;煤馏油酚;甲苯酚;甲基酚		
英文名	*o*-cresol	*m*-cresol	*p*-cresol
分子式	C_7H_8O	C_7H_8O	C_7H_8O
结构式	OH / CH₃	OH / CH₃	OH / CH₃
相对分子质量	108.13	108.13	108.13
外观	无色或略带淡红色结晶,有苯酚气味	几乎无色、淡紫红色或淡棕黄色的澄清液体;有类似苯酚的臭气,并微带焦臭;久贮或在日光下,色渐变深;饱和水溶液显中性或弱酸性反应	无色液体或晶体,允许微带黄色
熔点	30.9℃	11.8℃	35.5℃
沸点	190.8℃	202.0℃	201.9℃

密度	1.05g/cm³	1.03 g/cm³	1.02 g/cm³
溶解性	溶于约 40 倍的水(水中溶解度 40℃时达 3%,100℃时达 5.3%)。溶于苛性碱液及几乎全部常用有机溶剂		

质量标准

产品等级	GR、AR、CP 三级别	GR、AR、CP 三级别	99%含量和 98%含量两种
外观	无色透明至琥珀色液体或低熔点固体	无色透明至淡红色液体	无色至淡黄色结晶固体
纯度	≥ 99.0%、≥ 98.0%、≥95.0%	≥ 99.0%、≥ 98.0%、≥95.0%	≥99.0%、≥98.0%
水分,w	≤0.1%、≤0.2%、—	≤0.1%、≤0.5%、≤1.0%	<0.05%、<0.05%
折射率	—	1.5385~1.5409、1.5385~1.5409、—	
相对密度	—	1.0340~1.0360、1.0330~1.0360、1.030~1.036	
结晶点	30.0~32.0℃、30.0~32.0℃、≥30℃	—	
熔点	—		32~35℃、32~35℃
碱溶解试验	—		溶液透明、溶液透明
应用性能	甲酚主要用作合成树脂,还可用于制作农药二甲四氯除草剂,医药上的消毒剂、香料和化学试剂及抗氧剂等,其下游产品主要有合成树脂邻甲酚酚醛树脂、邻甲基水杨酸、对氯邻甲苯酚、邻羟基苯甲醛、2-甲基-5-异丙基酚和抗氧剂等。此外还可用于癸二酸生产的稀释剂、消毒剂以及增塑剂等		
安全性	剧毒、可燃、燃烧产生刺激烟雾;与空气混合可爆;对皮肤、角膜有腐蚀性		
生产方法	(1)甲苯磺化碱熔法 由甲苯和硫酸(98%)进行反应(100~110℃),然后升温至 150℃,继续加入甲苯,接着升温至 190℃进行异构化,最后碱熔得甲酚。其组成如下:甲苯 3.1%,对甲酚 37.4%,邻甲酚 4.7%,间甲酚 54.8%。上述反应所得的间、对甲酚用高效蒸馏塔重蒸,切割出 201~208℃的窄馏分,即得间、对甲酚等的混合物;将此物料用苯稀释后加入尿素,在 -10℃下反应 1h,离心抽滤,用 -10℃的苯或甲苯洗涤 2 次,得到间甲酚-尿素的白色固体配合物。然后在 15~80℃间甲苯水解配合物,取上面液层,在精馏塔内于常压下蒸出甲苯和水后,在真空度 0.1MPa 下取 91~104℃馏分,即得含量为 95% 以上的间甲酚 (2)由甲苯与丙烯在三氯化铝存在下生成异丙基甲苯,经空气氧化生成氢过化异丙基甲苯,酸解后得丙酮和间、对位混合甲酚。混合甲酚和异丁烯反应后进行精馏分离,再脱除叔丁基而成 (3)国外主要采用合成法,也可从炼焦、油页岩干馏和城市煤气的副产品混甲酚中分离得到。间、对甲酚可采用共沸法、尿素法、离解苯取法、磺化水解法、苯酚结晶法、烷基化法等方法进行分离 (4)邻二甲苯在环烷酸钴催化下,由空气氧化得邻甲基苯甲酸,再以氧化铜和氧化镁为催化剂,将邻甲基苯甲酸氧化脱羧转化而得间甲酚		

3.3.4 脲醛树脂胶黏剂

脲醛树脂是由尿素和甲醛在催化剂的作用下，经加成和缩聚反应生成的低相对分子质量树脂，在使用时加入适当助剂即可配制成胶黏剂。由于尿素和甲醛的配比及所用催化剂的品种不同，产品种类较多。

● 尿素

别名	脲;碳酰二胺脲;碳酰胺;碳酰二胺	相对分子质量	60.06
英文名	urea	熔点	132～135℃
分子式	CH_4N_2O	沸点	196.6℃
结构式	$H_2N{-}C({=}O){-}NH_2$	密度	1.335g/cm³
		溶解性	易溶于水、乙醇和苯，难溶于乙醚和氯仿
外观	纯品为白色颗粒状或针状、棱柱状结晶,混有铁等重金属则呈淡红或黄色。无味无臭		

质量标准(工业用尿素)			
产品等级	优等品	一等品	合格品
外观	—	白色颗粒或结晶	—
碱度(NH₃含量计),w	≤0.01%	≤0.02%	≤0.03%
水中不溶物,w	≤0.025%	≤0.010%	≤0.040%
总含氮(N)量(以干基计),,w	46.3%	46.3	46.3
缩二脲,w	≤0.5%	≤0.9%	≤1.0%
铁(Fe),w	≤0.0005%	≤0.0005%	≤0.001%
水分,w	≤0.3%	≤0.5%	≤0.7%
粒度	≥90%(d 0.85～2.80mm;d 1.18～3.35mm;d 2.00～4.75mm;d 4.00～8.00mm)		
应用性能	尿素主要用作化肥。工业上还用作制造脲醛树脂、聚氨酯、三聚氰胺-甲醛树脂的原料,在医药、炸药、制革、浮选剂、颜料和石油产品脱蜡等方面也有广泛的作途		
用量	通常采用脲与甲醛的配比为 1:1.5(摩尔比),在 pH=8,及温度 30～35℃下全部溶解后,再加入脲量 0.3%～0.54%的草酸及 0.33%～0.88%的草酸酯,随即发生放热反应,温度上升,温度保持在 55～60℃,并严格控制 pH=5.5～6.5,经 60～75min 即得所需的脲醛树脂		
安全性	避免与皮肤和眼睛接触		
生产方法	将经过净化的氨与二氧化碳按摩尔比 2.8～4.5 混合进入合成塔,塔内压力为 13.8～24.6MPa,温度为 180～200℃,反应物料停留时间为 25～40min,得到含过剩氨和氨基甲酸铵的尿素溶液,经减压降温,将分离出氨和氨基甲酸铵后的脲液蒸到 99.5%以上,然后在造粒塔造粒得到尿素成品		

氯化铵

别名	电气药粉;电盐;盐精;盐卤	外观	无色立方晶体或白色结晶粉末。味咸凉而微苦
英文名	ammonium chloride	熔点	338℃
分子式	NH_4Cl	沸点	520℃
相对分子质量	53.49	密度	$1.5274g/cm^3$
溶解性	易溶于水及乙醇,溶于液氨,不溶于丙酮和乙醚。水溶液呈弱酸性,加热时酸性增强		

质量标准

产品等级	工业用氯化铵		
	优等品	一等品	合格品
外观	白色结晶	白色结晶	白色结晶
水分,w	≤0.5%	≤0.7%	≤1.0%
氯化铵(NH_4Cl)(以干基计),w	≥99.5%	≥99.3%	≥99.0%
重金属(以 Pb 计),w	≤0.0005%	≤0.0005%	≤0.0030%
硫酸盐(以 SO_4^{2-} 计),w	≤0.02%	≤0.05%	—
pH 值	4.0～5.8		
炽灼残渣,w	≤0.4%		
应用性能	主要用于用于制造干电池、蓄电池、铵盐、电极、黏合剂以及酵母菌的养料和面团改进剂等		
用量	单组分固化剂用量一般为树脂质量的 0.2%～2.0%;混合型固化剂用量为液状树脂质量的 10%;微胶囊固化剂冬天加入量为液体树脂的 0.4%～0.8%,夏天为 0.2%～0.3%。有时还要加一些氨水或尿素等以延长使用期		
安全性	①中毒,对皮肤、黏膜有刺激性,腐蚀性较大,注意不要与皮肤接触 ②与氯酸钾或 BRF_3 反应爆炸;与氢氟酸反应爆炸;本身不燃;高温产生有毒氮氧化物,氯化物和氨烟雾		
生产方法	(1)复分解法 将氯化铵母液加入反应器中加热至 105℃,在搅拌下加入硫酸铵和食盐,于 117℃进行复分解反应,生成氯化铵溶液和硫酸钠结晶,经过滤,分离除去硫酸钠,向滤液加入除砷剂和除重金属剂进行溶液净化、过滤,除去砷和重金属等杂质。将滤液送入冷却结晶器,冷却至 32～35℃析出结晶,过滤,把结晶用氯化铵溶液进行淋洗合格后,经离心分离脱水,干燥,制得食用氯化铵成品 (2)重结晶法 将工业级氯化铵加入已盛有蒸馏水的溶解器中,通过加热使其溶解,加入除砷剂和除重金属剂进行溶液净化、过滤,除去砷和重金属等杂质,把滤液冷却结晶、离心分离、干燥,制得食用氯化铵成品		

● 甲醛

别名	蚁醛;福美林;福尔马林	相对分子质量	30.03
英文名	formaldehyde		
分子式	CH_2O	外观	无色可燃气体,具有强烈的刺激性、窒息性气味
结构式	$H-\underset{\underset{H}{\|}}{\overset{\overset{O}{\|\|}}{C}}-H$	熔点	−118℃
		沸点	−19.5℃
溶解性	易溶于水、醇和醚。甲醛在常温下是气态,通常以水溶液形式出现。35%~40%的甲醛水溶液叫做福尔马林		

工业用甲醛溶液	50%		44%		37%	
	优等品	合格品	优等品	合格品	优等品	合格品
外观	透明液体,无悬浮物。低温时允许有白色浑浊					
密度,ρ_{20}/(g/cm³)	1.147~1.152		1.125~1.135		1.075~1.114	
甲醛,w/%	49.7~50.5	49.0~50.5	43.5~44.4	42.5~44.4	37.0~37.4	36.5~37.4
酸(以 HCOOH 计),w/%	≤0.05	≤0.07	≤0.02	≤0.05	≤0.02	≤0.05
色度,Hazen(铂-钴)	≤10	≤15	≤10	≤15	≤10	—
铁,w/%	≤0.0001	≤0.0001	≤0.0001	≤0.0001	≤0.0001	≤0.0005
甲醇,w/%	≤1.5	双方协商	≤2.0	双方协商	双方协商	双方协商

应用性能	用于生产脲醛树脂及酚醛树脂,由甲醛与尿素按一定摩尔比混合进行反应生成脲醛树脂。由甲醛与苯酚按一定摩尔比混合进行反应生成酚醛树脂。甲醛在木材加工业中不可替代的位置正在被 MDI 胶取代
用量	PVA 与甲醛的用量为 2:1
安全性	腐蚀物品,高毒。与空气混合可爆;对皮肤、角膜和黏膜有腐蚀性;与氧化剂、火种接触可燃;燃烧产生刺激烟雾
生产方法	(1)甲醇银催化氧化法　在空气-甲醇混合物中,甲醇高于爆炸上限(37%)情况下,以浮石-银作催化剂,在半绝热反应器中同时进行脱氢与氧化而得到甲醛。将甲醇蒸气、空气与水蒸气按体积比 1:(1.8~2.0):(0.8~1.0)混合后加热到 115~120℃,经阻火器进入列管式氧化器,在 660~720℃,空速 2000h⁻¹ 条件下,于浮石-银催化剂上反应,骤冷到 80~85℃,经吸收管吸收,得 37% 的工业甲醛溶液,其中含 5%~7% 甲醇和 0.03% 甲酸 (2)甲醇铁钼氧化物催化氧化法　在空气-甲醇混合物中甲醇浓度在低于爆炸下限(<70%)情况下,用氧化铁-氧化钼催化剂氧化而成,有时还添加钴、铬等氧化物为助催化剂。其工艺是将甲醇蒸气和过滤后 120℃的空气以 7:93 之比混合,混合气过热到 220~250℃经阻火器进入装有铁钼氧化物催化剂的氧化器,在 260~350℃,空速 1500h⁻¹ 条件下反应,反应后将反应物冷却至 120℃,用吸收液自身冷却循环,进行两段吸收制得工业甲醛 (3)甲醇催化氧化法生产甲醛　常用工业生产方法。在银催化下,甲醇于常压和 600~720℃的条件下,氧化和脱氢反应生成甲醛。催化剂主要为银,也可以是铁-钼氧化物

3.3.5　丙烯酸酯胶黏剂

丙烯酸酯胶黏剂是含有氢键基的丙烯酸酯单体为主体材料，并与不饱和烯烃类单体共聚而成，再加入适量助剂而准备成的黏附性物质。

● α-氰基丙烯酸乙酯

别名	2-氰基丙烯酸乙酯；氰基丙烯酸乙酯；瞬间接着剂；α-氰基丙烯酸乙酯瞬间胶黏剂；502		
英文名	ethyl α-cyanoacrylate	相对分子质量	125.13
分子式	$C_6H_7NO_2$	密度	$1.06g/cm^3$
结构式		外观	无色透明、低黏度、不可燃性液体

质量标准

本品的技术要求分为通用型（代号 T）、速固型（代号 S）和增稠型三类［分为低黏度（代号 Z1）、中黏度（代号 Z2）、高黏度（代号 Z3）］

产品等级		T	S	Z1	Z2	Z3
外观		无色透明液体		无色或微黄色透明黏稠液体		
固化时间		≤15s	≤5s	≤20s	≤40s	≤50s
黏度		2~5mPa·s	2~5mPa·s	≤70mPa·s	71~400mPa·s	≥401mPa·s
拉伸剪切强度		≥12MPa	≥6MPa	≥12MPa	≥12MPa	≥12MPa
稳定性试验	外观	无色透明液体		无色或微黄色透明黏稠液体		
	固化时间	≤20s	≤8s	—	≤80s	
	黏度	2~5MPa	2~5MPa	—	≥10MPa	
	拉伸剪切强度	≥10MPa	≥6MPa		≥10MPa	
应用性能		若本品露置，接触空气中微量水汽，即被催化迅速聚合固化黏着之特性，故有瞬间胶黏剂之称。本品广泛用于钢铁、有色金属、非金属陶瓷、玻璃、木材及柔性材料橡胶制品、皮鞋、软塑胶、硬塑胶等自身或相互间的黏合，但对聚乙烯、聚丙烯、聚四氟乙烯等难粘材料，其表面需经过特殊处理，方能黏结				
用量		每滴胶水可涂 8~10cm²				
安全性		本品黏着迅速，防止操作中皮肤、衣物被黏着，本品具弱催泪性，慎防溅入眼内，使用时注意通风				

生产方法	把复合助剂水溶液投入反应釜内,随后把氰乙酸乙酯和甲醛水溶液投入反应釜内,通蒸汽于反应釜夹层内,使反应体系的内温升至 35～45℃,然后把催化剂六氢吡啶的水溶液投入反应釜内,反应温度在 60～90℃,反应时间在 2～5h;把通过速缩爽干反应工序得到的 α-氰基丙烯酸乙酯齐聚物湿粉末置于户外向阳通风处进行自然干燥脱水,然后在中温中真空度下进行第二层次干燥脱水,最后在高温高真空度下进行第三层次干燥脱水,完成三层次干燥脱水工序;把通过三层次干燥脱水工序得到的 α-氰基丙烯酸乙酯齐聚物干粉末中混入熟化助剂进行熟化处理,然后再进行不使用二氧化硫的常规解聚,完成熟化解聚工序;把通过熟化解聚后的 α-氰基丙烯酸乙酯粗单体放入烧瓶内,在充填介质的作用下进行减压蒸馏处理,完成充填精制工序,得到目的产物 α-氰基丙烯酸乙酯

● 丙烯酸-β-羟乙酯

别名	丙烯酸-2-羟基乙酯;丙烯酸-2-羟乙基酯;乙二醇单丙烯酸酯;丙烯酸羟乙酯;N-丙烯酰基乙醇胺		
英文名	2-hydroxyethyl acrylate	外观	无色液体
分子式	$C_5H_8O_3$	熔点	−60℃
结构式	(结构式图)	沸点	90～92℃
		密度	1.106g/cm³
相对分子质量	116.12	溶解性	与水混溶,溶于一般有机溶剂

质量标准

外观	无色透明液体	酸值(以 KOH 计)	≤4mg/g
色度	≤10 APHA	相对密度	0.8830～0.8860
纯度	≥97.0%(GC)	折射率	1.4490～1.4510
水分	≤0.15% 二酯 ≤0.2%(GC)		稳定剂	(200～400)×10⁻⁶ MEHQ

应用性能	该品可与丙烯酸及酯、丙烯醛、丙烯腈、丙烯酰胺、甲基丙烯腈、氯乙烯、苯乙烯等很多单体进行共聚,所得产品可用于处理纤维,提高纤维的耐水性、耐溶剂性、防皱性和防水性;还用于制造性能优良的热固性涂料、合成橡胶,用作润滑油添加剂等。在黏合剂方面,与乙烯基单体共聚,可改进其粘接强度。在纸加工方面,用于制涂层用丙烯酸乳液,可提高其耐水性和强度
安全性	中毒,可燃;加热分解释放刺激烟雾。吸入后有明显的刺激作用。皮肤刺激程度较轻,但对眼部伤害较严重,操作人员应戴防护眼镜
生产方法	丙烯酸与环氧乙烷在催化剂及阻聚剂存在下进行加成反应,生成丙烯酸-2-羟基乙酯粗成品,经脱气、蒸馏得成品

● 环氧氯丙烷

别名	表氯醇;3-氯-1,2-环氧丙烷; 氯甲基环氧乙烷	相对分子质量	92.52
英文名	epichlorohydrin	外观	挥发的、不稳定的无色油状液体,有类似氯仿的气味
分子式	C_3H_5ClO	熔点	-57℃
结构式	Cl ⌀ O	沸点	115~117℃
		密度	1.183g/cm³
溶解性	与乙醇、丙醇、乙醚、氯仿、丙酮、三氯乙烯及四氯化碳等许多有机溶剂混溶,易溶于苯,微溶于水		

质量标准(工业环氧氯丙烷)

外观	无色透明液体,无机械杂质		
色度	≤15	≤20	≤25
环氧丙烷,w	≥99.90%	≥99.50%	≥99.00%
水,w	≤0.020%	≤0.040%	≤0.10%
密度	1.180~1.183g/cm³	1.180~1.184g/cm³	1.179~1.184g/cm³

应用性能	环氧氯丙烷主要用于合成甘油和环氧树脂,也可用于制造环氧树脂、氯醇橡胶、硝化甘油炸药、玻璃钢、农药、医药、表面活性剂、涂料、胶黏剂、增塑剂、增强塑料及电绝缘制品等。还可用作油漆、纤维素酯、纤维素醚和树脂等的溶剂
安全性	高毒,易燃液体,与空气混合可爆;遇明火、高温、氧化剂较易燃;燃烧产生有毒氯化物烟雾。环氧氯丙烷主要经呼吸道进入人体,也可经皮肤吸收。有强烈的刺激作用及致敏作用,并有轻度麻醉及原浆毒作用。高浓度液体和蒸气对眼和呼吸道黏膜有强烈刺激作用,可引起剧痛、流泪、咽干、咳嗽、喘息性支气管炎以及肝肾损害,严重患者可引起黏膜坏死脱落性气管炎、支气管周围炎、肺水肿和急性肾脏损害。液体污染皮肤,可出现灼伤、大疱形成及湿疹。长期吸入低浓度的蒸气,可引起四肢肌肉酸痛、腓肠肌压痛、腿软无力、全身乏力及头晕、失眠、多梦等,严重者可发生多发性神经炎
生产方法	以丙烯为原料,在500℃氯化生成氯丙烯,氯丙烯在25~35℃温度下,与次氯酸反应,得到2,3-二氯丙醇和1,2-二氯丙醇,然后将该混合物加入20%石灰乳进行皂化,反应温度45~55℃,而得环氧氯丙烷

● 氢醌

别名	1,4-二羟基苯;鸡纳酚;孔奴尼;氢醌;对羟基苯酚;1,4-苯二酚;对苯二酚	英文名	hydroquinone
分子式	$C_6H_6O_2$	结构式	HO—⟨⟩—OH
相对分子质量	110.11	外观	白色针晶
熔点	72~175℃	沸点	285℃
密度	1.32 g/cm³	溶解性	易溶于热水、乙醇及乙醚,微溶于苯

质量标准(工业对苯二酚)

质量要求	合格品为白色或浅色固体;炽灼残渣要求,w≤0.30%。优等品质量标准如下		
外观	优等品白色或近白色固体	炽灼残渣,w	≤0.10%
对苯二酚,w	99.0%~100.5%	重金属(以 Pb 计),w	≤0.002%
邻苯二酚,w	≤0.05%	铁(以 Fe 计),w	≤0.008%
终熔点	171~175℃	溶解性实验	通过实验

应用性能	用作苯乙烯、丙烯酸酯类、接枝氯丁胶黏剂、丙烯腈及其他乙烯基单体的阻聚剂及高温乳液聚合反应的终止剂或稳定剂。也用作酚醛、丁腈胶黏剂的抗氧剂,汽油用阻凝剂,电影胶片、相片、X 光线片的显影剂,橡胶防老剂,油脂及酚醛、丁腈胶黏剂的抗氧剂,涂料和清漆的稳定剂等。也是制造蒽醌染料、偶氮染料、医药及染发剂的原料
用量	0.02%~0.04%
安全性	高毒;毒性比较大,对皮肤、黏膜有强烈的腐蚀作用,可抑制中枢神经系统或损害肝、皮肤功能。明火可燃、与氧化剂、氢氧化钠反应;燃烧释放刺激烟雾
生产方法	(1)苯胺在硫酸介质中,经二氧化锰氧化成对苯醌,再经铁粉还原生成对苯二酚。经经浓缩、脱色、结晶、干燥得成品。工业级对苯二酚含量≥99%,照相级≥99.5%。原料消耗定额:苯胺 1250kg/t、硫酸(93%)5500kg/t、软锰矿粉(含二氧化锰 60%~65%)5950kg/t、铁粉(含 Fe≥90%)540kg/t (2)以硝基苯为原料,经加氢、加热制得。其制备方法有以下两种:①以苯胺为原料,苯胺与硫酸作用生成苯胺硫酸盐,被二氧化锰与硫酸作用时放出的新生态氧氧化成苯醌,然后与铁粉作用制得对苯二酚溶液。经沉降分离、减压浓缩、蒸煮脱色、结晶得到成品。②以苯酚为原料,经双氧水氧化制得邻苯二酚和对苯二酚,进行分离,分别得到邻苯二酚和对苯二酚

● 丙烯酸甲酯

别名	2-丙烯酸甲酯;异丁烯酸盐;甲基丙烯酸盐;败脂酸甲酯	英文名	methyl acrylate
分子式	$C_4H_6O_2$	结构式	
相对分子质量	86.09	外观	无色易挥发液体。具有辛辣气味,有催泪作用

熔点	-75℃	沸点	80℃
密度	0.956g/cm³	溶解性	溶于乙醇、乙醚、丙酮及苯，微溶于水
质量标准	产品等级	优等品	合格品
	色度	≤10(散)、≤20(桶)	
	纯度	≥99.5%	
	水分	≤0.05%	≤0.10%
	酸度(以丙烯酸计)	≤0.01%	≤0.02%
	阻聚剂(MEHQ)含量	(100±10)mg/kg	
应用性能	丙烯酸甲酯是有机合成中间体及合成高分子的单体，由丙烯酸甲酯合成共聚橡胶具有良好的耐高温及耐油性能。与丙烯腈共聚可改变聚丙烯腈纤维的可纺性、耐塑料及染色性。与甲基丙烯酸甲酯、乙酸乙烯或苯乙烯共聚是性能良好的涂料和地板上光剂。此外，在医药制造、皮革加工、造纸、黏合剂制造、油漆等工业中也有其日益广泛的用途		
用量	5%~20%		
安全性	中毒，易燃液体，与空气混合可爆，遇明火、高温、氧化剂易燃；燃烧产生刺激烟雾		
生产方法	(1)丙烯腈水解法　以丙烯腈为原料，在浓硫酸存在的情况下进行水解，水解后的丙烯酰胺硫酸盐再与甲醇进行反应得到丙烯酸甲酯。用丙烯腈水化法生产的丙烯酸甲酯，每吨产品消耗丙烯腈(98%)860kg、甲醇(95%)960kg、硫酸(93%)2000kg (2)丙烯直接氧化法　以丙烯为原料，第一步氧化丙烯醛，再氧化成丙烯酸。丙烯酸再与甲醇反应生成丙烯酸甲酯。用丙烯直接氧化法生产丙烯酸甲酯，每吨产品消耗丙烯(95%)544kg (3)乙烯酮法　乙烯酮与甲醛以三氟化硼为催化剂进行缩合，再用甲醇急冷，同时酯化生成丙烯酸甲酯		

3.3.6　其他胶黏剂

● 钛白粉

别名	金红石；氧化钛；钛二氧化物；二氧化钛	英文名	titanium oxide
分子式	TiO₂	相对分子质量	79.87
外观	蓬松的白色粉末	熔点	1855℃
沸点	2900℃	密度	4.26g/cm³
溶解性	能溶于热磷酸，冷却稀释后加入过氧化钠可使溶液变成黄褐色(钛的反应)		

质量标准			
产品等级	优等品	一等品	合格品
TiO₂含量，w	≥98.0%	≥98.0%	≥98.0%

颜色(与标准样比)	近似	不低于	微差于
消色力	≥100%	≥100%	≥90%
105℃挥发物,w	≤0.5%	≤0.5%	≤0.5%
不溶物,w	≤0.4%	≤0.5%	≤0.6%
pH 值	6.5~8.0	6.5~8.0	6.0~8.5
吸油量	≤22g/100g	≤26g/100g	≤28g/100g
45μm 筛余物,w	≤0.05%	≤0.10%	≤0.30%
水萃取液电阻率	≥30Ω·m	≥20Ω·m	≥16Ω·m
应用性能	用于制作钛白粉、海绵钛、钛合金、人造金红石、四氯化钛、硫酸氧钛、氟钛酸钾、氯化铝钛等。钛白粉可制高级白色油漆、白色橡胶、合成纤维、涂料、电焊条以及人造丝的减光剂、塑料和高级纸张的填料,还用于电信器材、冶金、印刷、印染、搪瓷等部门。金红石还是提炼钛的主要矿物原料。钛及其合金具有强度高、密度低、耐腐蚀、耐高温、耐低温、无毒等优良性质,并具有能吸收气体、超导等特殊功能,因而广泛应用于航空、化工、轻工、航海、医疗、国防及海洋资源开发等领域。据报道,世界上钛矿物90%以上用于生产二氧化钛白色颜料,而此产品在油漆、橡胶、塑料、造纸等工业中的应用越来越广泛		
安全性	无毒		
生产方法	(1)硫酸法　用钛精矿或酸溶性钛渣与硫酸反应进行酸解反应,得到硫酸氧钛溶液,经水解得到偏钛酸沉淀;再进入转窑煅烧产出 TiO_2 (2)氯化法　用含钛的原料,以氯化高钛渣或人造金红石或天然金红石等与氯气反应生成四氯化钛,经精馏提纯,然后再进行气相氧化;在速冷后,经过气固分离得到 TiO_2		

● 二月桂酸二丁基锡

别名	二丁基二(十二酸)锡;二丁基二月桂酸锡;二丁基双(1-氧代十二烷氧基)锡;二月桂酸二丁基锡;二(十二酸)二丁基锡		
英文名	dibutyltin dilaurate	分子式	$C_{32}H_{64}O_4Sn$
结构式		相对分子质量	631.56
		外观	浅黄色或无色油状液体,低温成白色结晶体
		熔点	22~24℃
		沸点	>204℃
		密度	1.066g/cm³
		溶解性	溶于苯、甲苯、乙醇、丙酮、乙酸乙酯、氯仿、四氯化碳、苯、乙醇、石油醚等大多数普通溶剂和各种工业用增塑剂,不溶于水

质量标准			
pH	6.5～7	水分	≤0.3%
闪点	226.7℃	色泽(Pt-Co)	≤300
锡含量	≥18.5%	分解温度	≥150℃
应用性能	可用于聚氯乙烯塑料助剂，具有优良的润滑性、透明、耐候性。耐硫化物污染较好。在软质透明制品中作稳定剂，在硬质透明制品中作高效润滑剂，还可用作丙烯酸酯橡胶和羧基橡胶交联反应、聚氨酯泡沫塑料合成及聚酯合成的催化剂，室温硫化硅橡胶催化剂		
用量	0.05%～0.3%；用于软质透明制品或半软质制品时一般用量为1%～2%		
安全性	高毒，遇火可燃		
生产方法	由氧化二丁基锡和月桂酸在60℃左右缩合而成。缩合后，减压脱水，冷却，压滤即得成品		

● 聚二甲基硅氧烷

别名	PDMS；M-F乳液；二甲基硅氧烷聚合物；二甲基硅油		
英文名	polydimethylsiloxane	分子式	$(C_2H_6OSi)_n$
结构式	$-\left[\begin{matrix} CH_3 \\ | \\ Si-O \\ | \\ CH_3 \end{matrix}\right]_n-$	外观	无色透明液体
熔点	−35℃	沸点	155～220℃
密度	0.971g/cm³	溶解性	难溶于水

质量标准								
产品牌号	#201-10	#201-20	#201-50	#201-100	#201-350	#201-500	#201-800	#201-1000
运动黏度(25℃)/(mm²/s)	10±2	20±2	50±5	100±8	350±18	500±18	800±40	1000±50
折射率(25℃)	1.390～1.400	1.395～1.405	1.400～1.410	1.400～1.410	1.400～1.410	1.400～1.410	1.400～1.410	1.400～1.410
闪点(开杯法)/℃	155	232	260	288	300	300	300	300
相对密度(25℃)	0.930～0.940	0.950～0.960	0.955～0.965	0.965～0.975	0.965～0.975	0.965～0.975	0.965～0.975	0.965～0.975
凝固点/℃	−65	−60	−55	−55	−50	−50	−50	−50
外观	无色透明							
介电常数(25℃)	2.60～2.80							
介质损耗角正切值(25℃)	≤1.0×10⁴							
体积电阻率(25℃)/Ω·m	≥1.0×10⁴							
介质强度/(kV/mm)	≥1							

应用性能	二甲基硅油无毒无味,具有生理惰性、良好的化学稳定性、电绝缘性和耐候性、疏水性好,并具有很高的抗剪切能力,可在－50～200℃下长期使用。广泛用作绝缘润滑、防振、防油尘、介电液和热载体。以及用作消泡剂、脱模剂、油漆及日化品添加剂
安全性	本品无毒,对皮肤和黏膜无刺激性,但对眼睛有刺激性

● 甲苯

别名	甲基苯,苯基甲烷	相对分子质量	92.14
英文名	toluene	外观	无色透明液体,有类似苯的芳香气味
分子式	C_7H_8	熔点	－94.9℃
结构式		沸点	110.6℃
		相对密度	0.87
溶解性	不溶于水,可混溶于苯、醇、醚等多数有机溶剂		

质量标准

产品等级	分析纯	化学纯
外观	无色透明液体	
含量,w	≥99.5%	≥98.5%
密度	0.865～0.869g/mL	
蒸发残渣,w	≤0.001%	≤0.002%
酸度(以 H^+ 计)	≤0.01mmol/100g	≤0.03mmol/100g
碱度(以 OH^- 计)	≤0.01mmol/100g	≤0.06mmol/100g
易炭化物	合格	
硫化物(以 SO_4^{2-} 计),w	0.0005%	0.001%
噻吩	合格	
不饱和化合物(以 Br 计),w	0.005%	0.03%
水分,w	0.03%	0.05%

应用性能	甲苯衍生的一系列中间体,广泛用于染料、医药、农药、火炸药、助剂、香料等精细化学品的生产,也用于合成材料工业。甲苯的环氯化产物是农药、医药、染料的中间体
安全性	中毒,易燃液体,与空气混合可爆;遇明火、高温、氧化剂易燃;燃烧产生刺激烟雾
生产方法	(1)炼焦副产回收苯高温炼焦副产的高温焦油中,含有一部分苯。首先经初馏塔初馏,塔顶得轻苯,塔底得重苯(重苯用作制取古马隆树脂的原料)。轻苯先经初馏塔分离,塔顶混合馏分经酸碱洗涤除去杂质,然后进吹苯塔蒸吹,再经精馏塔精馏得纯苯 (2)铂重整法用常压蒸馏得到的轻汽油(初馏点约138℃),截取大于65℃馏分,先经含钼催化剂,催化加氢脱出有害杂质,再经铂催化剂进行重整,用二乙二醇醚溶剂萃取,然后再逐塔精馏,得到苯、甲苯、二甲苯等产物

别名	N-MAM;HAM;N-MA;N-羟甲基-2-丙烯酰胺;N-甲基戊烯聚合物;N-(羟甲基)丙烯酰胺;甲基醇丙烯酰胺;N-羟甲丙烯醯胺;N-(羟甲基)丙烯酰胺		
英文名	N-methylolacrylamide	相对分子质量	101.1
分子式	$C_4H_7NO_2$	外观	白色结晶性粉末
结构式	(结构式图)	熔点	74～75℃
		密度	1.082 g/cm³
溶解性	易溶于水及亲水性溶剂,能溶于脂肪酸酯类,但几乎不溶于烃、卤代烃等疏水性溶剂		
质量标准	白色结晶;含量≥98.0%;熔点73～79℃;水溶解试验合格		
应用性能	是用途广泛的交联性单体,用于纤维的改性、树脂加工、黏合剂及纸张、皮革、金属表面的处理剂,还可用于土壤改良剂等		
生产方法	以37%甲醛水溶液、丙烯酸胺为原料,脂肪胺为催化剂,合成 N-甲基丙烯酸胺的最佳条件为:甲醛与丙烯酸胺的摩尔比为 1.0～1.1,反应温度 40～50℃,反应时间 40～60min,pH 值控制在 9.6 左右,经过适宜的分离可获得较高收率的高纯度产品		

3.4 油品专用配方原料

概述 油品添加剂指的是加入油品中能显著改善油品原有性能或赋予油品某些新的品质的某些化学物质。按应用分润滑剂添加剂、燃料添加剂、复合添加剂等;按作用分清净剂、分散剂、抗氧抗腐剂、黏度指数改进剂、降凝剂、抗爆剂、金属钝化剂、流动改进剂、防冰剂等。

3.4.1 燃料专用配方原料

汽油添加剂是燃油添加剂的一种简称,一般还包含柴油添加剂,是为了弥补燃油自身存在的质量问题和机动车机械制造极限存在的不足,从而达到对汽油发动机能够克服激冷效应、缝隙效应,清除进气阀、电喷嘴的积炭,对柴油发动机能够克服喷油嘴难以更加细雾化以及产生残油后滴的问题,对汽油和柴油发动机车辆都能够达到保护发动机工况、实现燃油的更完善和更完全的燃烧,从而达到清除积炭、节省燃油、降低排放、增强动力等功效。

根据燃料添加剂作用目的可分为两大类:保护性添加剂和使用性添加剂。保护性添加剂主要解决燃料贮运过程中出现的各种问题的添加剂，如抗氧剂、金属钝化剂、分散剂、防腐蚀剂等；使用性添加剂主要解决燃料燃烧过程中出现的各种问题的添加剂，如抗爆剂、抗静电剂、低温流动改进剂、十六烷值改进剂、助燃剂等。

从添加剂的生产工艺看，燃油添加剂又可分为化学添加剂、物理添加剂、生物添加剂。化学添加剂为最早出现的添加剂，是把化学药剂加入燃油中，通过化学反应来达到某种作用。如抗爆剂、金属钝化剂、抗氧化剂、防冰剂、防胶剂、抗静电剂、抗磨剂、抗烧蚀剂、流动改进剂、润滑剂等等，这些在油品生产企业生产过程中已经添加。而目前市售化学添加剂也主要是这些物质的组合或者在某些方面强化。

（1）净化剂　燃料净化剂的主要特点作用是帮助燃料完全燃烧，提高发动机输出功率、节省燃料消耗、有助于清洗发动机中的残炭、胶质及淤泥。

● 十六酸十六酯

别名	鲸蜡；鲸脑油；鲸蜡醇棕榈酸酯；十六烷酸十六酯；棕榈酸十六酯		
英文名	palmityl palmitate	相对分子质量	480.85
分子式	$C_{32}H_{64}O_2$	外观	白色至类白色结晶粉末
结构式		熔点	55～56℃
		沸点	360℃
质量标准	白色至类白色结晶粉末；熔点 52～56℃；纯度有≥98.0％（GC）和≥95.0％（GC）两种		
应用性能	GB 2760—2011 规定为允许使用的食用香料。用于配制奶油、牛脂、牛奶、猪肉及鱼类、香辛料用香精，也可用于配制朗姆酒香精，还可用于用于有机合成、香料香精等		
用量	20％		

● 二十二酸甲酯

别名	山嵛酸甲酯；二十二碳烷酸甲酯；二十二烷酸甲酯				
英文名	methyl behenate C22:0	外观	白色片状固体		
分子式	$C_{23}H_{46}O_2$	熔点	54～56℃		
结构式					
沸点	393℃	相对分子质量	354.61	密度	1.439g/cm³
溶解性	白色片状固体；酸值（以 KOH 计）≤5mg/g；碘值（以 I_2 计）≤0.2g/100g；C_{22}甲酯含量≥85.0％；色泽（Hazen）≤100				

应用性能	山嵛酸甲酯由于沸点高、热容量大、对热稳定、氧化聚合速率慢,可作高级润滑剂的添加剂;可直接用于制取山嵛酸酰胺、山嵛醇以及若干山嵛酸衍生物的原料;可作医药上的杀真菌剂、松树防蚜剂、农药上的杀虫剂、舰艇的防腐剂、纺织工业的柔软剂、匀染剂、塑料工业的增塑剂、聚氯乙烯、聚乙烯、聚丙烯的软化剂、抗静电剂、抗黏结剂、皮革的光亮剂,机械用润滑油的减摩剂,化妆品的添加剂,表面活性剂等的原料
用量	10%
安全性	常温下稳定,避免强氧化剂接触,2~8℃密封贮存
生产方法	将菜油下脚料制成的固体酸、粗脂酸和精制脂肪酸为原料,硫酸作催化剂,甲醇进行酯化,获得的混合粗甲酯用减压精馏分离方法制得90%以上的芥酸甲酸,并在雷尼镍催化剂存在下,加氢制得山嵛酸甲酯,经减压精蒸后获得含量大于90%的山嵛酸甲酯,碘值小于1g/100g,酸值≤20mg/g

●十二烷基苯磺酸铵

英文名	ammonium dodecylbenzenesulphonate		分子式	$C_{18}H_{33}NO_3S$
结构式			相对分子质量	343.52452
			外观	淡黄色蜂蜜状液体
			熔点	10℃
			沸点	315℃
			质量标准	活性物质含量≥26%;pH7~10;起泡实验合铬
应用性能	阴离子表面活性剂,可作分散剂、乳化剂、洗涤剂、润湿剂等。可用于汽车清洗剂、家用洗涤剂、餐具洗涤剂和工业洗涤剂等			
用量	1%			
安全性	有一定腐蚀性,对皮肤和眼睛有强烈刺激性			
生产方法	烷基苯经发烟硫酸磺化后,加水分酸,并与氨水中和,最后加消泡剂制成			

● 季戊四醇

别名	四羟甲基甲烷;羟甲基甲烷;单烷基醚磷酸酯三乙醇胺盐;阴离子表面活性剂PET;季戊四醇			
英文名	pentaerythrito	相对分子质量	136.15	
分子式	$C_5H_{12}O_4$	外观	白色粉末状结晶	
结构式		密度	1.396g/cm³	
		熔点	257℃	沸点	276℃
溶解性	15℃时1g溶于18mL水。溶于乙醇、甘油、乙二醇、甲酰胺。不溶于丙酮、苯、四氯化碳、乙醚和石油醚等			

质量标准			
单季戊四醇含量，w	≥98%	≥95%	≥90%	≥86%
羟基含量，w	≥48.5%	≥47.5%	≥47.0%	≥46.0%
加热减量，w	≤0.2%	≤0.5%	≤0.5%	≤0.5%
灰分，w	≤0.05%	≤0.1%	≤0.1%	≤0.1%
着色度	≤1%	≤2%	≤2%	≤4%

应用性能	主要用在涂料工业中，是醇酸树脂涂料的原料，能使涂料膜的硬度、光泽和耐久性得以改善，它又用作清漆、色漆和印刷油墨等所需的松香脂的原料，并可制阻燃性涂料、干性油和航空润滑油等。季戊四醇的四硝酸酯是一种烈性炸药（即太安）；其脂肪酸酯是高效润滑剂和聚氯乙烯增塑剂；其环氧衍生物则是生产非离生表面活性剂的原料，季戊四醇易与金属形成络合物，在洗涤剂配方中也作为硬水软化剂使用。此外，还应于医药、农药等生产
用量	0.5%
安全性	中毒，易燃液体，燃烧产生刺激烟雾
生产方法	以甲醛和乙醛为原料，在碱性缩合剂存在下反应而得。当采用氢氧化钠为缩合剂时，称为钠法。原料的摩尔比为乙醛∶甲醛∶碱=1.5∶6∶(1.1~1.3)。将氢氧化钠溶液加入37%的甲醛溶液中，在搅拌下加入乙醛，于25~32℃反应6~7h。经中和过滤即得季戊四醇。原料消耗定额：甲醛(37%)2880kg/t、乙醛350kg/t。当采用氢氧化钙为缩合剂时，称为钙法。原料的摩尔比为n(乙醛)∶n(甲醛)∶n(石灰)=1∶4.7∶(0.7~0.8)。将甲醛溶液、20%乙醛溶液和25%的石灰乳加入反应锅，于60℃以下反应，缩合液颜色由灰变青。逐渐降温至45℃放入酸化锅。用60%~70%的硫酸使缩合液酸化至pH为2~2.5，然后用压滤机除去硫酸钙。滤液经离子交换柱除去残存的钙离子，再进行减压浓缩，气相温度维持在70℃以下，真空度维持在77.3kPa。至开始出现结晶时，将浓缩液放入结晶槽，搅拌冷却结晶，离心分离，用水洗至pH为3，湿成品经气流干燥而得成品。钙法的消耗高，"三废"问题也多

● N-甲基-2-吡咯烷酮

别名	NMP	英文名	N-methyl-2-pyrrolidone
分子式	C_5H_9NO	结构式	
相对分子质量	99.13	外观	无色透明油状液体，稍有氨的气味
熔点	−24.4℃	沸点	203℃
密度	1.0260g/cm³		
溶解性	与水、乙醇、乙醚、醋酸乙酯、丙酮、氯仿、甲苯等混溶		

质量标准			
外观	无色透明油状液体	折射率	1.466~1.472
密度(ρ_{25})	1.032~1.035g/cm³	NMP 的质量分数	≥99.5%
色度	425	水分	≤0.05%

应用性能	用作 2402 树脂与活性氧化镁预反应的非水催化剂,用于制备环保型氯丁橡胶胶黏剂。还用作溶剂、助溶剂,作为水性聚氨酯胶黏剂的助溶剂,能溶解 DMPA,能降低预聚体黏度,有利于预聚体分散,也参与氨酯化反应,参考用量 10%(占总投料量)
用量	5%~20%
安全性	无毒,对皮肤有轻度刺激作用,但未见吸收作用
生产方法	由 γ-丁内酯与甲胺反应而得。反应第一步是 γ-丁内酯与甲胺生成 4-羟基-N-甲基丁酰胺,第二步是进而脱水生成 N-甲基吡咯烷酮。两步反应可安排在管式反应器中连续进行,γ-丁内酯与甲胺的摩尔比为 1:1.15,压力约 6MPa,温度为 250℃。反应完成后,经浓缩、减压蒸馏而得成品

● 二茂铁

别名	双环戊二烯基铁;二环戊二烯合铁;环戊二烯铁;二环戊二烯铁		
英文名	ferrocene	分子式	$C_{10}H_{10}Fe$
结构式	Fe	相对分子质量	186.03
		外观	172.5~173℃,在 100℃时显著升华
		熔点	172~174℃
		沸点	249℃
溶解性	溶于稀硝酸、浓硫酸、苯、乙醚、石油醚和四氢呋喃,在稀硝酸和浓硫酸中生成带蓝色荧光的深红色溶液。不溶于水、10%氢氧化钠和热的浓盐酸,这些溶剂的沸液中,二茂铁既不溶解也不分解,能随水蒸气挥发,有类似樟脑的气味,在空气中稳定,具有强烈吸收紫外线的作用,对热相当稳定,可耐 470℃高温加热		
质量标准	橙棕色结晶或粉末;纯度≥99.0%(GC);熔点 170℃		
应用性能	用作催化剂和汽油抗爆添加剂;用作节能消烟助燃添加剂;可用于各种燃料,如柴油、汽油、重油、煤炭等。车用柴油中加入 0.1%的二茂铁,可节约燃料油 10%~14%,提高率 10%~13%,尾气中烟度下降 30%~80%。另外,在重油中加入 0.3%、煤炭中加入 0.2%的二茂铁,都可使燃料消耗下降,同时,烟度下降 30%		
安全性	中毒,可燃,火场排出含铁辛辣刺激烟雾		
生产方法	由铁粉与环戊二烯在 300℃的氮气氛中加热或以无水氯化亚铁与环戊二烯合钠在四氢呋喃中反应而得,也可采用电解合成法,采用环戊二烯、氯化亚铁、二乙胺为原料合成二茂铁可按下法操作。搅拌下,向四氢呋喃中分次投入无水氯化铁 ($FeCl_3$),再加入铁粉,在氮气保护下加热回流 4.5h,得到氯化亚铁溶液。减压蒸除溶剂四氢呋喃,得近干的残留物。在冰浴冷却下,加入环戊二烯和二乙胺的混合液,在室温下猛烈搅拌 6~8h,减压蒸除多余的胺,残留物用石油醚回流萃取。将萃取液趁热过滤,蒸除溶剂后,即得二茂铁粗品。用戊烷或环己烷重结晶,或采用升华法提出纯,即为精制品收率 73%~84%		

● 丁基羟基茴香醚

别名	BHA;(1,1-二甲基乙基)-4-甲氧基苯酚;丁基大茴香醚;叔丁基-4-羟基茴香醚;叔丁基对羟基茴香醚;叔丁基-4-羟基苯甲醚;NADP 四钠盐

英文名	butyl hydroxyanisole		分子式	$C_{11}H_{16}O_2$
结构式	OCH₃ C(CH₃)₃ OH 2-BHA OCH₃ C(CH₃)₃ OH 3-BHA		相对分子质量	180.24354
			外观	白色至微黄色结晶或蜡状固体,略有特殊气味
			熔点	48~63℃
			沸点	264~270℃
溶解性	不溶于水。易溶于乙醇、甘油、猪油、玉米油、花生油和丙二醇			
质量标准	白色至淡黄色结晶、薄片;纯度≥98.0%;熔点 59~65℃;甲醇溶解试验:透明			
应用性能	该产品是国内外广泛使用的油溶性抗氧化剂,3-BHA 的抗氧化能力是 2-BHA 的 1.5~2 倍,两者混合有一定的协同作用。与其他氧化剂混合或与增效剂柠檬酸并用,抗氧化作用更显著。本品还具有相当强的抗菌作用,对多数细菌和霉菌都有效			
用量	我国规定可用于食用油脂、油炸食品、饼干、方便面、速煮米、果仁罐头、干鱼制品和腌腊肉制品,最大使用量 0.2g/kg(最大使用量以脂肪计);与 BHT 混合使用,总量不得超过 0.2g/kg;与 BHT、PG 混合使用时,BHA 和 BHT 总量不得超过 0.1g/kg,PG 不得超过 0.05g/kg			
安全性	中毒,热分解排出辛辣刺激烟雾			
生产方法	由对苯二酚在磷酸催化下与叔丁醇反应生成 2-叔丁基对苯二酚及 3-叔丁基对苯二酚,再与硫酸二甲酯在锌粉存在下反应而得。另一种方法是以磷酸或硫酸为催化剂,由对羟基苯甲醚与叔丁醇在 80℃反应制得,反应生成物经水洗、10%氢氧化钠溶液洗、减压蒸馏、重结晶得成品			

● 叔丁基对苯二酚

别名	叔丁基氢醌;2-叔丁基氢醌;叔丁基-1,4-苯酚;TBHQ			
英文名	tert-butylhydroquinone		分子式	$C_{10}H_{14}O_2$
结构式	HO OH		相对分子质量	166.22
			外观	白色至淡灰色结晶或结晶性粉末。有极轻微的特殊气味
			熔点	127~129℃
			沸点	300℃
溶解性	溶于乙醇、乙酸、乙酯、异丙醇、乙醚及植物油、猪油等,几乎不溶于水			

质量标准(含量≥99.0%)			
叔丁基对苯醌	≤0.2%	甲苯	≤25mg/kg
2,5-二叔丁基氢醌	≤0.2%	重金属(以 Pb 计)	≤10mg/kg
氢醌	≤0.1%	砷(以 As 计)	≤3mg/kg
应用性能	用作 PVC 抗鱼眼剂及食品添加剂;抗氧化剂,可用于食用油脂、油炸食品、饼干、方便面、速煮米、干果罐头、干鱼制品和腌制肉制品,最大使用量为 0.2g/kg;抗氧化剂。适用于粗油和高度不饱和油脂,如向日葵油等。对烹调用油和焙烤制品,宜与 BHA 合用,但适用于煮炸制品。一般用量 100~200mg/kg		

用量	见"应用性能"
安全性	中毒,热分解排出有毒辛辣刺激烟雾
生产方法	(1)在甲苯、对苯二酚和60%磷酸的混合物中加入异丁烯或叔丁醇,在105℃下反应生成 TBHQ,产率为89% (2)在浓硫酸或磺酸存在下,对苯二酚与叔丁醇于90℃下反应生成41.0%(摩尔分数)的 TBHQ 和5.1%(摩尔分数)的 2,5-二叔丁基对苯二酚

● 磷酸三甲酚酯

别名	磷酸三甲苯酯;三甲苯基磷酸酯;三甲苯磷酸酯;增塑剂 TCP;磷酸三(甲基苯基)酯;磷酸三酚酯;增塑剂 TCP		
英文名	tritolyl phosphate	分子式	$C_{21}H_{21}O_4P$
结构式			
相对分子质量	368.36	外观	无色或浅黄色油状液体,略带苯酚气味
熔点	$<-40℃$	沸点	265℃
密度	1.16g/cm³	溶解性	不溶于水,溶于苯、醚类、醇类、油类

质量标准

产品等级	AR	CP
色泽(Pt-Co)	≤100	≤250
相对密度(ρ_4^{20})	1.185	1.190
酸值(以 KOH 计)	≤0.15mg/g	≤0.25mg/g
加热后减量,w	≤1.10%	≤0.20%
闪点(开口式)	≥225℃	≥220℃
流离甲酚,w	≤0.15%	≤0.20%
应用性能	该品为主增塑剂,有很好的阻燃性、防霉性、耐磨性、挥发性低;电气性能好。主要用于聚氯乙烯电缆料、人造革、运输带、薄板、地板料等,也可用于氯丁橡胶。在黏胶纤维中作增塑剂和防腐剂。该品有毒,对中枢神经有毒害作用,不可用于食品和医药包装材料、奶嘴、儿童玩具等	
用量	2%~4%	
安全性	剧毒,遇明火、高热可燃;燃烧时放出有毒的磷氧化物气体	

生产方法	以邻甲酚(或混合甲酚)为原料,与三氯化磷混合,于 40℃左右反应 0.5h,反应放出氯化氢而得到亚酯。通氯氧化,将亚酯转化为酰氯酯,然后于 50℃左右滴水水解成为磷酸三甲酚酯,经中和洗涤;蒸发脱水;减压蒸馏,即获得成品

● 乙二醇单丁醚

别名	丁氧基乙醇;二醇醚 EB;羟乙基·乙基醚;乙二醇独丁醚;乙二醇一丁醚;2-丁氧基乙醇;乙二醇丁醚		
英文名	2-butoxyethanol	熔点	−70℃
分子式	$C_6H_{14}O_2$	沸点	171℃
结构式	HO⌒⌒O⌒⌒⌒	溶解性	溶于 20 倍的水,溶于大多数有机溶剂及矿物油
相对分子质量	118.17	密度	0.902 g/cm³
质量标准			
含量	≥98.5%	≥99.5%	
密度	0.901~0.904g/mL	0.901~0.903g/mL	
蒸发残渣	≤0.05%	≤0.05%	
水溶解试验	合格	合格	
醇溶解试验	合格	合格	
酸度(以 CH_3COOH 计)	≤0.01%	≤0.01%	
水分	≤0.1%	≤0.2%	
应用性能	油漆和油墨的溶剂、金属清洗剂组分及染料分散剂的原料;主要用作硝酸纤维素、喷漆、快干漆、清漆和脱漆剂的溶剂。还可作纤维润湿剂、农药分散剂、树脂增塑剂、有机合成中间体。测定铁和钼的试剂。改进乳化性能和将矿物油溶解在皂液中的辅助溶剂		
用量	0.2%~0.4%		
安全性	中毒,易燃液体,遇明火、高温、强氧化剂可燃;燃烧放出刺激烟雾,与空气混合可爆		
生产方法	环氧乙烷正丁醇加成而得。将正丁醇在 20℃下加入三氟化硼的乙醚溶液中,在搅拌下通入环氧乙烷。随着反应的进行,温度自动上升,待温度下降后,放置三天。用氢氧化钾甲醇溶液中和至 pH=8,即得粗品。向粗品中加少许对氨基酚后进行分馏,收集 166~170℃馏分,即得成品。工业生产可采用在高温高压(反应温度为 180~250℃,压力为 2.1~4.6MPa)下非催化反应的方法,反应 6h。也可采用碱催化剂在近于常压和较低的温度下进行		

(2) 抗爆剂　抗爆剂的作用机制是抑制或消除汽油在发动机内燃烧时产生的过氧化物。汽油抗爆剂的种类繁多,总体分为两大类:一类是金属抗爆剂,另一类是非金属抗爆剂。由于非金属抗爆剂的添加量都比较大,不经济,通常将它作为提高汽油辛烷值的调和剂来使用。

● 2-甲基环戊二烯基三羰基锰

别名	甲基环戊二烯基三羰基锰；三羰基[(1,2,3,4,5-η)-1-甲基-2,4-环戊二烯基]合锰		
英文名	tricarbonyl(methylcyclopentadienyl) manganese	分子式	$C_9H_7MnO_3$
结构式		相对分子质量	218.0881
		熔点	$-1℃$
		沸点	$232\sim233℃$
		密度	1.38 g/mL
溶解性	与汽油、甲苯可混溶，水 $20℃5×10^{-6}$，甘油 5%		

质量标准		
产品等级	HS-3098	HS-3062
外观	橙色液体	橙色液体
锰含量，w	24.4%	15.1%
密度	$\geqslant1.36$g/mL	$\geqslant1.10$g/mL
闪点（闭口）	94℃	$-30℃$
凝固点（初始）	$-1℃$	50℃
成分组成，w	MMT >98%；石油溶剂 <2%	MMT >62%；轻质溶剂油 0~40%；重质溶剂油 0~40%；其他芳香烃 0~40%
应用性能	汽油抗爆剂、汽油增标剂、无铅汽油抗爆剂、汽油辛烷值改进剂、增标剂、助辛剂	
用量	见质量指标	
安全性	剧毒。可燃；火场分解有毒氧化锰烟雾	
生产方法	把甲基环戊二烯二聚体和高度分散的锰以及适当溶剂放入反应器中，这种二聚体在 120~280℃ 裂解为甲基环戊二烯单体；新鲜裂解的甲基环戊二烯单体又在溶剂分子促进下和活泼锰原子反应生成甲基环戊二烯基锰的溶剂分子配合物；然后再在 1~15MPa 和 120~280℃ 条件下与 CO 反应生成甲基环戊二烯基三羰基锰，即 MMT。其产出率按投入的甲基环戊二烯二聚体或锰计算都可达到 65% 左右	

● 2,6-二叔丁基对甲酚

别名	抗氧剂 264；丁基羟基甲苯；BHT；二叔丁基-4-甲基苯酚；2,6-二叔丁基甲酚		
英文名	2,6-di-tert-butyl-4-methylphenol（BHT）	相对分子质量	220.35
分子式	$C_{15}H_{24}O$	外观	白色结晶，遇光颜色变黄，并逐渐变深
结构式		熔点	$69\sim73℃$
		沸点	265℃
		密度	1.048g/mL

溶解性	溶于苯、甲苯、甲醇、甲乙酮、乙醇、异丙醇、石油醚、亚麻籽油,不溶于水及10℃烧碱溶液		

质量标准			
外观	白色结晶或结晶性粉末	硫酸盐(以SO_4^{2-}计),w	≤0.002%
熔点	69.0~70.0℃	重金属(以Pb计),w	≤0.0004%
水分,w	≤0.1%	砷(As),w	≤0.0001%
烧灼残渣,w	≤0.01%	游离酚(以对甲酚计),w	≤0.02%
应用性能	用作橡胶、塑料防老剂,汽油、变压器油、透平油、动植物油、食品等的抗氧化剂。它主要在食品添加剂中被用作为抗氧化剂,它也在化妆品、药物、飞机燃料、橡胶、石油制品和标本中有抗氧化作用		
用量	10%~25%		
安全性	中毒,对皮肤、角膜有腐蚀性;与氧化剂反应激烈;受热,明火易燃;受热分解刺激烟雾		
生产方法	(1)由对甲酚与叔丁醇制备 将对甲酚、叔丁醇按1:1.1(摩尔比)投入反应釜加热溶解,然后加入催化剂磷酸,于65~70℃强烈搅拌下反应。反应产物先用10%的氢氧化钠溶液洗至碱性,再用水洗至中性。用蒸馏法除去溶剂,再经乙醇重结晶得成品 (2)由对甲酚与异丁烯制备 按化学式计量将异丁烯通入98%的对甲酚和2%浓硫酸的混合物,于65~70℃下反应5h,对甲酚的转化率可达95%。用60℃的热水洗去酸,再先后用10%NaOH和热水洗至中性得粗品。将粗品溶于80~90℃50%的乙醇,并添加0.5%的硫脲,趁热过滤、甩干、干燥即得成品。产率90%~95%,纯度99.5%,熔点大于69.5℃ (3)工业上采用主、副塔串联工艺 先将对甲酚和催化剂加入主、副塔内,主塔温度控制在65~80℃,副塔温度控制在50~70℃。异丁烯气体从主塔底部通入,其大部分与主塔内对甲酚反应,剩余部分从主塔顶部出来,进入副塔底部,进一步与对甲酚反应。主塔反应周期控制在4~5h,当反应结束后,停止通异丁烯气体,加入20%的NaOH溶液,并用压缩气体鼓泡。中和后的烷基化产物经蒸馏塔(8块理论塔板)分离得粗品。后者用95%的乙醇溶解,离子交换去无机盐,冷却至10~20℃结晶,分离、真空干燥得到熔点大于69℃的产品		

（3）助燃剂 可以节约燃料油，并能降低烟雾、废气量，减少污染。

● 乙二胺

别名	1,2-乙二胺;1,2-二氨基乙烷;抗癌-161;双酮嗪;亚胺-154		
英文名	ethylenediamine	分子式	$C_2H_8N_2$
结构式	$H_2N\diagup\diagdown NH_2$	相对分子质量	60.1
外观	为无色透明黏稠性液体,有氨气味	熔点	8.5℃

沸点	118℃	密度	0.899 g/cm³
溶解性	乙二胺溶于水、乙醇和丙酮,不溶于乙醚和苯。能与水、正丁醇、甲苯形成共沸混合物		
含量	≥99%		
应用性能	乙二胺是重要的化工原料,广泛用以制造有机化合物、高分子化合物、药物等,用于生产农药杀菌剂(代森锌、代森铵)、杀虫剂、除草剂、染料、染料固色剂、合成乳化剂、破乳剂、纤维表面活性剂、水质稳定剂、除垢剂、电镀光亮剂、纸的湿润强化剂、粘接剂、金属螯合剂 EDTA、环氧树脂固化剂、橡胶硫化促进剂、酸性气体的净化剂、照相显影添加剂、超高压润滑油的稳定剂、焊接助熔剂、氨基树脂、乙二胺脲醛树脂等		
安全性	本品有腐蚀性,高毒,有刺激性,能强烈刺激眼、皮肤和呼吸器官,引起过敏症。吸入高浓度蒸气,可导致死亡。在空气中的最高容许浓度为 10×10^{-6},遇火种、高温、氧化剂有燃烧危险,遇醋酸、醋酐、二硫化碳、氯磺酸、盐酸、硝酸、硫酸、发烟硫酸、过氯酸银等反应剧烈		
生产方法	(1)二氯乙烷氨化法 将 1,2-二氯乙烷和液氨送入反应器中,在 120~180℃温度和 1.98~2.47MPa 压力下,进行热氨解反应,将反应液蒸发一部分水分和过量的氨,然后送入中和器,用 30%液碱中和,再经浓缩、脱盐、粗馏得粗乙二胺、粗三胺和多胺混合物,最后再将粗乙二胺在常压下精馏得乙二胺成品,其含量为 70%,再加压精馏可得 90% 的成品。反应过程还副产二亚乙基三胺,继续反应还生成三亚乙基四胺、四亚乙基五胺等多亚乙基多胺 (2)乙醇胺氨化法 将乙醇胺、钴催化剂和水加入反应器,然后往其中通入氨和氢,在 20MPa 和 170~230℃下进行反应,5~10h 后,可制得乙二胺,其转化率达 69%。反应过程的副反应还生成二亚乙基三胺、哌嗪、氨基乙基哌嗪、羟乙基哌嗪等 (3)环氧乙烷氨化法 此外,从生产医药产品六水哌嗪的母液中,也可分馏得到乙二胺		

● 乌洛托品 (基本信息见六亚甲基四胺)

质量标准			
含量,w	≥99.5%	重金属(以 Pb 计),w	≤0.001%
水分,w	≤0.14%	氯化物(以 Cl 计),w	≤0.015%
灰分,w	≤0.018%	硫酸盐(以 SO_4^{2-} 计),w	≤0.02%
水溶液外观	澄明合格	铵盐(以 NH_4^+ 计),w	≤0.001%
应用性能	主要用作树脂和塑料的固化剂、氨基塑料的催化剂和发泡剂、橡胶硫化的促进剂(促进剂 H)、纺织品的防缩剂等。六亚甲基四胺是有机合成的原料,在医药工业中用来生产氯霉素。六亚甲基四胺可用作泌尿系统的消毒剂,其本身无抗菌作用,对革兰氏阴性细菌有效。其 20% 的溶液可用于治疗腋臭、汗脚、体癣等。它与氢氧化钠和苯酚钠混合,可做防毒面具中的光气吸收剂。并用于制造农药杀虫剂。六亚甲基四胺与发烟硝酸作用,可制得爆炸性极强的旋风炸药,简称 RDX。六亚甲基四胺还可作为测定铋、钢、锰、钴、钍、铂、镁产、锂、铜、铀、铍、碲、溴化物、碘化物等的试剂和色谱分析试剂等		

用量	0.8%～2.4%
安全性	本品易燃,具腐蚀性,可致人体灼伤,接触可引起皮炎和湿疹,奇痒
生产方法	(1)由甲醛和氨缩合制得。将甲醛溶液置于反应器中,通氨,在碱性溶液中进行缩合反应,反应温度保持在50～70℃,料液经冷却进入液膜真空蒸发器,于60～80℃下蒸发,使其浓度从24%提高到38%～42%,然后将反应液过滤,经真空蒸发结晶,抽滤干燥即得成品乌洛托品 (2)将甲醛(37%水溶液)和过量的氨水,在38℃反应3h。反应结束后,经澄清,过滤,膜式蒸发(压力9.806～9.866 kPa)两次,浓缩液冷却结晶,过滤,在150℃下干燥得成品

● 三硝基甲苯

别名	2,4,6-三硝基甲苯;TNT	英文名	2,4,6-trinitrotoluene;trotyl
结构式		分子式	$C_7H_5N_3O_6$
		相对分子质量	227.13
		外观	白色或苋色淡黄色针状结晶,无臭,有吸湿性
		熔点	80.35～81.1℃
		沸点	240℃(爆炸)
		密度	1.654g/cm³
溶解性	难溶于水、乙醇、乙醚,易溶于氯仿、苯、甲苯、丙酮		
应用性能	—	用量	0.1%～4.2%
安全性	中等毒性。可经皮、呼吸道、消化道侵入。主要危害是慢性中毒。局部皮肤刺激产生皮炎和黄染。高铁血红蛋白形成能力远较苯胺为小。慢性作用主要表现为中毒性胃炎、中毒性肝炎、贫血、中毒性白内障		

● 十八叔胺

别名	十八烷基二甲基叔胺;N,N-二甲基-1-十八胺;N,N-二甲基十八胺;N,N-二甲基十八烷(基)胺;N,N-二甲基十八碳酰胺;地孟汀;二甲十八胺		
英文名	N,N-dimethyloctadecylamine	熔点	23℃
分子式	$C_{20}H_{43}N$	沸点	347℃
结构式			
外观	浅棕色黏稠液体,20℃时为浅草黄色软质固体		
相对分子质量	297.56	密度	0.8g/cm³
质量标准			
外观	无色至微黄色膏体		
色泽	≤30	≤60	
叔胺含量	≥97%	≥95%	
叔胺胺值 (以KOH计)	183～189mg/g	179～189mg/g	

伯仲胺含量	≤1%	≤2%
应用性能	十八叔胺是制备十八烷基三甲基氯化铵(1831 氯型);十八烷基三甲基溴化铵 (1831 溴型)、十八烷基二甲基苄基氯化铵(1827);十八烷基二甲基氧化胺 (OB-8)和柔软剂的中间体。广泛应用于日用化工、洗涤工业、纺织、油田等行业,主要起防腐、杀菌、洗涤、柔软、抗静电、乳化等作用	
安全性	本品为弱碱性,对皮肤、眼睛有刺激性,在皮肤上停留时间长会有灼伤现象。皮肤接触应立即用淡硼酸水溶液洗涤、沐浴	
生产方法	由十八胺、甲醛、甲酸经缩合制得。先将十八胺加入反应器,在乙醇介质中搅拌均匀,温度控制在 50~60℃加入甲酸,搅拌数分钟后,在 60~65℃ 时加入甲醛,升温至 80~83℃,回流保温 2h,用液碱中和,使 pH 值大于 10,静置分层,去水,减压蒸馏脱除乙醇后经冷却,即得 N,N-二甲基十八胺。原料消耗定额:十八胺(工业品)917kg/t,乙醇(95%)417kg/t,甲酸 510kg/t,甲醛 (37%)546kg/t。此外,还有直接由高级醇与二甲胺合成的方法。用十八醇与二甲胺在催化剂存在下,于 180~220℃液相中进行催化胺化,脱去一分子水,即得粗叔胺,经减压蒸馏即得高纯度的 N,N-二甲基十八胺	

3.4.2 油品添加剂专用配方原料

油品添加剂指加入油品中能显著改善油品原有性能或赋予油品某些新的品质的某些化学物质。按作用分清净剂、分散剂、抗氧抗腐剂、黏度指数改进剂、降凝剂、抗爆剂、金属钝化剂、流动改进剂、防冰剂等。市场中所销售的添加剂一般都是以上各单一添加剂的复合品。

润滑油的添加剂具体分类如下。

(1) 清净分散剂 清净剂具有高碱性,可以持续中和润滑油氧化生成的酸性物质,同时对漆膜和积炭有洗涤作用;分散剂的油溶性基团比清净剂大,能有效屏蔽积炭和胶状物相互聚集,使其以小粒子形式分散在油中,防止堵塞滤网。主要产品有:低碱值合成烷基苯磺酸钙、高碱值线型烷基苯合成磺酸钙、长链线型烷基苯高碱值合成磺酸钙、高碱值合成二烷基苯磺酸钙、长链线型烷基苯高碱值合成磺酸镁、高碱值硫化烷基酚钙、聚异丁烯基丁二酰亚胺、硼化聚异丁烯基丁二酰亚胺、高分子量聚异丁烯基丁二酰亚胺、硼化高分子量聚异丁烯基丁二酰亚胺。

(2) 抗氧抗腐剂 抑制油品的氧化过程,钝化金属对氧化的催化作用,达到延长油品使用和保护机器的目的。主要产品有:硫磷丁辛伯烷基锌盐、硫磷双辛伯烷基锌盐、碱式硫磷双辛伯烷基锌盐、硫磷丙辛仲伯烷基锌盐、硫磷伯仲烷基锌盐。

（3）极压抗磨剂 一般具有高活性基团，在局部的高温高压下能与金属表面形成保护膜，在金属表面承受负荷的条件下防止金属表面的磨损、擦伤甚至烧结。最常用的极压剂有：硫化烯烃、磷酸酯、氮化物，如硫化异丁烯、噻二唑衍生物（TH561）。

（4）油性剂 都是带有极性分子的活性物质，能在金属表面形成吸附膜，在边界润滑的条件下，可以防止金属摩擦面的直接接触。用作油性剂的是某些表面活性物质，如动植物油脂、脂肪酸、酯、胺等。

（5）黏度指数改进剂 主要是为了改善润滑油的黏温性能，提高其黏度指数。常用黏度指数改进剂有聚甲基丙烯酸酯、乙丙共聚物、聚异丁烯和氢化苯乙烯异戊二烯共聚物等。

（6）防锈剂 防锈剂是一些极性化合物，一端是极性很强的基团，具有亲水性，另一端是非极性的烷基，具有亲油性，对金属有很强的吸附力，能在金属和油的界面上形成紧密的吸附膜以隔绝水分、潮气和酸性物质的侵蚀；防锈剂还能阻止氧化、防止酸性氧化物的生成，从而起到防锈的作用。最常用的防腐蚀剂有：磺酸钡、磺酸钙、改性磺酸钙、硼酸铵、羧酸铵。

（7）降凝剂 降低油品的凝点，使油品在低温时保持良好的流动性，提高发动机的低温启动性能。最常用的降凝剂有二甲基丙烯酸甲酯。

（8）抗泡剂 一般以微小粒子形式分散在润滑油中，与气泡表面作用，降低气泡的稳定性，达到抗泡或消泡作用。最常用的抗泡剂是甲基硅油抗泡剂。

（9）破乳剂 是一种表面活性剂，对油品有很高的降解性能及水萃取性。

（10）复合添加剂 是根据油品使用性能要求将各种功能性添加剂按优化比例混在一起的组合物。复合添加剂便于使用和销售，国内外绝大多数采用复合剂。

● 己二酸二辛酯

别名	己二酸二正辛酯；肥酸二正辛酯；DOA；DEHA		
英文名	dioctyl adipate	分子式	$C_{22}H_{42}O_4$
结构式			
相对分子质量	370.24	外观	淡黄色之无色澄清透明液体。微有气味

熔点	−67.8℃	沸点	214℃
密度	0.922g/cm³	溶解性	不溶于水,溶于乙醇、乙醚、丙酮、醋酸等有机溶剂

质量标准			
产品等级	优等品	一等品	合格品
外观	透明、无可见杂质的油状液体		
色度(Pt-Co)	≤20	≤50	≤120
纯度,w	≥99.5%	≥99.0%	≥98.0%
酸值(以 KOH 计)	≤0.07mg/g	≤0.15mg/g	≤0.20mg/g
水分,w	≤0.10%	≤0.15%	≤0.20%
密度	0.924~0.929g/cm³		
闪点	≥190℃	≥190℃	≥190℃

应用性能	本品为聚氯乙烯、聚乙烯共聚物、聚苯乙烯、硝酸纤维素、乙基纤维素和合成橡胶的典型耐寒增塑剂,增塑效率高,受热变色小,可赋予制品良好的低温柔软性和耐光性
安全性	毒性很低,对人的致死量大约为 500000mg/kg,对大鼠经口 LD_{50} 为 3000~6000mg/kg,对皮肤及眼睛的刺激也很轻微
生产方法	以固体超强酸树脂为催化剂催化合成己二酸二辛酯的最佳工艺条件:固定己二酸用量 0.1mol,醇酸摩尔比为 3:1,带水剂环己烷用量 9mL,催化剂用量为己二酸质量的 1%,反应时间 140min,在此条件下,己二酸二辛酯收率可达 9.6%以上

● 癸二酸二辛酯

别名	癸二酸二(2-乙基己基)酯;癸二酸二-2-乙基己酯;皮脂酸二(2-乙基己基)酯;皮脂酸二异辛酯		
英文名	dioctyl sebacate	分子式	$C_{26}H_{50}O_4$
结构式			
相对分子质量	426.67	外观	无色或微黄色油状液体
熔点	−55℃	沸点	212℃
密度	0.914 g/cm³		
溶解性	20℃时该品在水中的溶解度为 0.02%,水在该品中的溶解度 0.15%。溶于烃、醇、酮、酯、氯烃类,不溶于二元醇类		

质量标准		
产品等级	分析纯	化学纯
外观	透明液体,无悬浮物	
色度(Pt-Co)	≤30	≤30

产品等级	分析纯	化学纯
纯度	约 99.0%	≥95.0%
密度	0.913~0.916g/cm³	0.913~0.919g/cm³
总酯含量	≥99.0%	≥99.0%
酸度(以 H⁺ 计)	≤0.01mmol/100g	≤1.0mmol/100g
折射率 n_{20}	1.450~1.455	1.449~1.452
应用性能	除用于制作聚氯乙烯电缆料外,还广泛用于聚氯乙烯耐寒薄膜和人造革、板材、片材等制品,还可以用作多种合成橡胶以及硝基纤维素、乙基纤维素、聚甲基丙烯酸甲酯、聚苯乙烯、氯乙烯-乙酸乙烯共聚物等塑料的增塑剂。此外,该品还用作喷气发动机的润滑油和润滑脂、气相色谱的固定液	
安全性	低毒,易燃液体,能与氧化剂起反应;遇明火、高温、强氧化剂较易燃;燃烧排放刺激烟雾	
生产方法	癸二酸和辛醇(质量比 1∶1.6)在硫酸(癸二酸和辛醇总质量的 0.25%)的催化下进行酯化反应,先生成单辛酯,这步酯化较为容易。第二步生成双酯,较为困难。要控制较高的温度,130~140℃ 0.093MPa 真空度下进行脱水,反应时间 3~5h,才可获得高收率。粗酯用 2%~5% 的纯碱水溶液中和,然后在 70~80℃ 下水洗,再在 0.096~0.097MPa 的真空度下脱醇,当粗酯闪点达到 205℃ 时即为终点。粗酯经压滤,即得成品	

● 苯并三氮唑

别名	苯并三氮杂茂;苯并三唑;1,2,3-苯并三氮唑;1H-苯并三唑		
英文名	1H-benzotriazole	分子式	$C_6H_5N_3$
结构式		相对分子质量	119.12
		外观	无色针状结晶
		熔点	97~99℃
沸点	204℃	密度	1.36 g/cm³

质量标准

产品等级	优等品	一等品
外观	白至微黄色针状、粒状	
纯度	≥99.9%	≥98.0%
熔点	96~99℃	95~98℃
pH 值	5.5~6.5	5.5~6.5
水分	≤0.1%	≤0.15%
灰分	≤0.05%	≤0.1%
色度(Hazen)	≤80	≤120
应用性能	广泛用于各种润滑油、液压油、刹车油、变压油等。在机械加工过程中,将本品加入研磨剂、切削油中,可以使加工的铜件不变色。还可用于铜及铜合金的气相缓蚀剂循环水处理剂、汽车防冻液、照相防雾剂、高分子稳定剂、植物生长调节剂、润滑油添加剂、紫外线吸收剂等。本品也可与多种阻垢剂,杀菌灭藻剂配合使用	

用量	0.1%～0.5%
安全性	中毒,可燃;燃烧产生有毒氮氧化物烟雾;220℃爆炸;真空蒸馏时可爆炸
生产方法	由邻苯三胺与亚硝酸钠反应而得。将邻苯二胺加入50℃水中溶解,再加入冰醋酸,降温至5℃,加入亚硝酸钠搅拌反应。反应液渐渐变成暗绿色。温度升至70～80℃,溶液变为橘红色,于室温放置2h,冷却,滤出结晶,用冰水洗涤,干燥得粗品,将粗品减压蒸馏,收集201～204℃(2.0kPa)的馏分,再用苯重结晶,可得熔点为96～97℃的产品,产率80%左右。曾有报道用亚硝酸钠处理多菌灵的缩合废水而得副产物苯并三氮唑

● 对甲苯磺酸

别名	对甲基苯磺酸;4-甲基苯磺酸;4-甲苯磺酸		
英文名	p-toluenesulfonic acid	分子式	$C_7H_8O_3S$
结构式	O=S—◯—CH₃ (HO)	相对分子质量	172.2
		外观	白色针状 或粉末状结晶
		熔点	106～107℃
沸点	140℃	密度	1.07g/cm³
溶解性	可溶于水、醇、醚和其他极性溶剂。极易潮解,易使木材、棉织物脱水而碳化,难溶于苯和甲苯。碱熔时生成对甲酚		

质量标准					
外观	白色或灰白色结晶	对甲苯磺酸,w	≥99.0%		
熔点	103～105℃	醇溶解试验	合格		
灼烧残渣,w	≤0.2%	水溶解试验	合格	硫酸盐,w	<0.01%
应用性能	用作医药(如强力霉素)、农药(如三氯杀螨醇)、染料等的中间体。也用于洗涤剂、塑料、涂料等方面				
安全性	低毒,腐蚀物品;可燃;火中放出有毒氧化硫气体				
生产方法	由对甲苯磺酰氯水解而得。也可采用甲苯为原料,经硫酸磺化而得				

● 石油磺酸钡

别名	701防锈添加剂;T701防锈剂	英文名	barium petroleum sulfonate

质量标准			
外观	棕褐色半透明、半固体	挥发物,w	≤5%
挥发性物,w	≤5%	水分,w	≤0.3%
磺酸钡,w	≤55%	机械杂质,w	≤0.2%
矿油,w	≤35%	钡,w	≥7.0%
平均分子量	900～1200	油溶性	合格
应用性能	适用于防锈油脂中作防锈剂,如配置换型防锈油、工序间防锈油、封存用油和润滑防锈两用油及防锈脂		
用量	根据不同的使用条件一般添加在1%～10%		

● 二壬基萘磺酸钡

别名	705 防锈剂；二壬基萘磺酸钡；防锈添加剂 T705；添加剂 1215		
英文名	dinonyl-naphthalene sulfonicacibariumsal	结构式	
分子式	$C_{56}H_{86}BaO_6S_2$		
相对分子质量	1056.74		

质量标准

外观	棕色或深棕色黏稠液体			总碱值	$33\sim55$
闪点（开口）	$\geqslant160℃$			机械杂质，w	$\leqslant0.15\%$
钡含量，w	$\geqslant7.0\%$	密度	$\geqslant1000kg/m^3$	水分，w	痕迹
应用性能	本品适用于各种润滑油和润滑脂中作为防锈添加剂，是一种高性能的优良防锈防腐剂。具有良好的油溶性、配伍性和替代性。对黑色金属有良好的防锈性能。适用于调制防锈润滑油、润滑脂；亦可作发动机燃料的防锈添加剂				
安全性	用清洁、无锈的铁桶盛装，桶盖应密封，皮垫圈应完好。严禁混入大量水及杂质，以防变质				

● N-苯基-α-萘胺

别名	1-萘氨基苯；N-(1-萘基)苯胺；防老剂 A；苯基甲萘胺；1-(N-苯氨基)萘；N-苯基-1-萘胺		
英文名	N-phenyl-1-naphthylamine	相对分子质量	219.28
分子式	$C_{16}H_{13}N$	熔点	$60\sim62℃$
结构式		沸点	$226℃$
		密度	$1.1g/cm^3$
外观	白色至微黄色棱形结晶。暴露于日光和空气中逐渐变为紫色		
溶解性	易溶于乙醇、乙醚、苯、二硫化碳、丙酮、氯仿，不溶于水		
质量标准	粉色至浅棕色结晶或薄片；熔点 $58\sim62℃$；纯度 $\geqslant98.0\%$(GC)		
应用性能	用于天然橡胶、二烯类合成橡胶、氯丁橡胶。是再生胶通用型防老剂，也用于氯丁胶乳。对热、氧、挠屈、气候老化、疲劳有良好的防护作用。在氯丁橡胶中兼有抗臭氧老化的性能，对有害金属也有一定的抑制作用。该品常与其他防老剂如 AP、DNP，尤其是 4010 和 4010N 并用。在干胶中易分散，亦易分解于水中。在橡胶中的溶解度高达 5%，用量为 3～4 份时不喷霜。由于其具有污染性、迁移性及在日光下颜色变深的特性，因此不适用于白色及浅色制品，主要用于制造轮胎、胶管、胶带、胶辊、胶鞋、海底电缆绝缘层等。在塑料工业中，该品可作聚乙烯的热稳定剂。工业品因含有 1-萘胺和苯胺，故有毒性		

用量	见应用性能
安全性	低毒,半数致死量(大鼠,经口)1625mg/kg。有刺激性
生产方法	由 1-萘胺与苯胺在对氨基苯磺酸催化下,于 250℃进行缩合而得。将苯胺、对氨基苯磺酸、熔化好的 1-萘胺投入缩合锅,在 250℃进行缩合,反应结束后进行分馏。在低真空下蒸出苯胺入混合馏分(套用),根据馏分的实测凝固点决定馏分的分割点,蒸出防老剂 A 和高沸物。熔融的防老剂 A 经冷却切片、包装即为成品

● 磷酸三乙酯

别名	三乙基磷酸酯;三乙氧基磷;阻燃剂 TEP		
英文名	triethyl phosphate	分子式	$C_6H_{15}O_4P$
结构式		相对分子质量	182.16
		外观	无色透明液体,易燃
		熔点	−56℃
		沸点	215℃
		密度	1.064g/cm³
溶解性	易溶于乙醇,溶于乙醚、苯等有机溶剂,也溶于水,但随着温度上升而会逐渐水解		
质量标准	色泽(APHA)≤20;含量≥99.5%;酸值(以 KOH 计)≤0.05mg/g;折射率 1.405～1.407;水分≤0.20%		
应用性能	用作塑料的增塑剂和醋酸纤维素的溶剂,在聚酯层压板中作为黏度抑制剂和阻燃剂,降低黏度的效能是允许提高材料中氢氧化铝的含量,产品也用作杀虫剂原料、催化剂及高沸点溶剂		
安全性	有毒		
生产方法	以三氯氧磷与无水乙醇反应生成磷酸三乙酯。经中和、过滤、脱醇、减压分馏等过程得成品		

● 石墨粉

别名	半石墨;不纯石墨;笔铅;黑铅(石墨);墨铅;碳-陶质耐火材料,炭精;石墨垫片;石墨润滑剂;胶体石墨		
英文名	graphite	相对分子质量	288.26
分子式	$C_{24}X_{12}$	外观	黑褐色固体粉末
结构式		熔点	3652～3697℃
		沸点	4830℃
		密度	2.2g/cm³

质量标准	黑褐色固体；含量≥99%；水分≤0.2%；固定碳含量≥99%
应用性能	冶金工业用于制造石墨坩埚和翻砂铸模面的涂料，炼钢炉衬里和保护渣等。电气工业用作电极、电刷、电池正极导电材料、碳管等。化学工业用于耐酸碱设备和耐高温、高压密封件，以及化肥工业用的催化剂材料。还用于润滑剂、防腐油漆、颜料、铅笔芯、火药、原子能反应堆中的中子减速剂及宇航工业中的防腐剂等
安全性	低毒
生产方法	(1)酸处理提纯法　将天然鳞片状石墨加盐酸、氢氟酸经过化学提纯处理，再经洗涤、分离、干燥及高压粉碎，所得粉剂加稳定剂、黏合剂，进行乳化，再研磨到合格细度，制得石墨水剂 (2)碱熔提纯法　将石墨粉和氢氧化钠混合、熔融、水浸、酸浸、洗涤、脱水、干燥即得高纯石墨 (3)酸法提纯　将石墨与二氟化物在常压下，按一定的比例混合、加热、冷却、洗涤，除去其他盐类，再用一定浓度的沸腾苏打水洗涤，除去残存的氟，即可得到高纯石墨 (4)高温煅烧法　将石墨置于特别的电炉中，隔绝空气加热到2500℃时，石墨中的灰分杂质被蒸发出去，而石墨再结晶，得到高纯石墨

● 二硫化钼

别名	硫化钼	英文名	molybdenum disulfide
分子式	MoS_2	相对分子质量	160.07
外观	有银灰色光泽的黑色粉末。六方晶系结晶	熔点	2375℃
密度	5.06g/cm³		
溶解性	不溶于水、稀酸和浓硫酸，但溶于热硫酸。在其他酸、碱、溶剂、石油、合成润滑剂中不溶解		

质量标准			
产品等级	试剂品	特级品	一级品
外观	—	—	—
MoS_2, w	≥99.0	≥98.5	≥98.0
总不溶物量, w/%	≤0.5	≤0.5	≤0.65
Fe, w/%	≤0.10	≤0.15	≤0.25
MoO_3, w/%	≤0.10	≤0.15	≤0.25
酸值(以 KOH 计)/(mg/g)	—	≤2.0	≤3.0
水分, w/%	≤0.15	≤0.2	≤0.3
SiO_2, w/%	≤0.10	≤0.10	≤0.20
平均粒度/μm	—	≤1.0	≤1.5
应用性能	广泛用于汽车工业和机械工业。可作为良好的固体润滑材料。在高温、低温、高负荷、高转速、有化学腐蚀以及现代超真空条件下，对设备有优异的润滑性。添加在润滑油、润滑脂、聚四氟乙烯、尼龙、石蜡、硬脂酸中可起提高润滑和降低摩擦的功效。延长润滑周期、降低费用、改善工作条件。还可作有色金属的脱膜剂和锻模润滑剂		

安全性	易燃液体,有刺激性
生产方法	(1)辉钼矿提纯法 辉钼精矿(含 MoS₂ 为 75%)经盐酸、氢氟酸在直接蒸汽加热下,搅拌数小时反复处理 3~4 次后,除去硅、铁等有害杂质,使 MoS₂ 含量达 97%以上,用热水洗涤数次,离心分离,并用水洗至中性,在 110℃干燥、粉碎,即得二硫化钼成品 (2)钼精矿经焙烧得到三氧化钼,再经氨浸,生成钼酸铵溶液,送入硫化器,通入硫化氢进行硫化,使钼酸铵转化为硫代钼酸铵。加盐酸酸化至 pH=2~3,使硫代钼酸铵转变为三硫化钼沉淀。三硫化钼经离心分离,并用温水洗涤至中性,干燥、粉碎后,于 950℃左右进行热解脱硫,粉碎,即得二硫化钼成品

● 苯三唑脂肪胺盐

别名	N791	分子式	$C_{24}H_{44}N$
质量标准			
外观	微黄色粉末状	铜片腐蚀(100℃3h)级	≤1b
油溶性	合格	水分	≤0.35%
熔程	55~63℃	磨斑直径（147N,60min,1200r/min,75℃)	≤0.38mm
应用性能	应用于齿轮油、双曲线齿轮油、抗磨液压油、油膜轴承油、润滑脂中,还可作为防锈剂和气相缓蚀剂用于防锈油脂中		
用量	本品调制油品时加入 0.3%~3.0%		
安全性	不易燃、不易爆、无腐蚀性,在安全、环保、使用等方面同一般石油产品,不用进行特殊防护		
生产方法	邻苯二胺、亚硝酸钠、乙酸经重氮化、结晶,再与脂肪胺进行加合反应,再经精制结晶而得		

3.5 水处理剂专用配方原料

　　水处理剂一般被认为是水处理过程中所使用的各种化学药品的统称。广泛应用于化工、石油、轻工、日化、纺织、印染、建筑、冶金、机械、医药卫生、交通、城乡环保等行业,以达到节约用水和防止水源污染的目的。水处理剂包括冷却水和锅炉水的处理、海水淡化、膜分离、生物处理、絮凝和离子交换等技术所需的药剂,如缓蚀剂、阻垢分散剂、杀菌灭藻剂、絮凝剂、离子交换树脂、净化剂、清洗剂、预膜剂等。在实际应用中,往往使用复合配方的水处理剂,或者综合应用各类水处理剂。因此,既要注意各组分之间由于不适当的复配而产生对抗作用,使效果降低或丧失,也要充分利用协同效应

（几种药剂共存时所产生的增效作用）而增效。此外，大多数水处理系统是敞开系统，会有一定的排放量，使用时要考虑到各类水处理剂对环境的影响。

常见的水处理剂有以下一些类型。

（1）缓蚀剂　一类以适当浓度和形式投加在水中后，可以防止或减缓水对金属材料或设备腐蚀的化学品，具有效果好、用量少、使用方便等特点。缓蚀剂的类别和品种很多，按其化合物的种类，可分为无机缓蚀剂和有机缓蚀剂。按其抑制的反应是阳极反应、阴极反应或两者兼而有之，可分为阳极型缓蚀剂、阴极型缓蚀剂或混合型缓蚀剂。缓蚀剂还可以按照在金属表面形成保护膜的机制而分成钝化膜型、沉淀膜型和吸附膜型等。在水处理中常用的钝化膜型缓蚀剂如铬酸盐、亚硝酸盐、钼酸盐等；常用的沉淀膜型缓蚀剂有聚合磷酸盐、锌盐等；常用的吸附膜型缓蚀剂如有机胺等。

（2）阻垢分散剂　最早的阻垢分散剂是聚丙烯酸（钠），它对碳酸钙垢有良好的阻垢性能，但对磷酸钙沉积的抑制作用极低。此类聚羧酸型阻垢剂不仅有凝聚和分散作用，还有使晶体在生长过程中发生晶格歪曲的作用，从而阻碍了金属传热面上垢层的牢固沉积。后来发现丙烯酸共聚物对两者抑制能力极佳，因而逐渐取代了聚丙烯酸（钠）。有机多元膦酸盐是阴离子型缓蚀剂，也是非化学当量螯合型阻垢剂，对钙、镁、锌、铁等离子不仅具有明显的低限制作用，而且对其他药剂还有协同作用，广泛用于冷却水处理中。有机磷酸酯属于阳离子型缓蚀剂，阻垢机制主要是晶格畸变。它是一种对金属铁的缓蚀剂，但也有控制钙垢的作用；用量比有机磷酸盐要小并能水解，因此不存在药剂量的积累和排污问题，水解产物可以被生物降解。

自20世纪80年代以来，人们相继开发了磺酸基团和磷酸基团共聚物的新产品，它们具有很好的阻垢和分散能力，并有一定的缓蚀作用。梁海燕等合成了含膦基、羧基和磺酸基的共聚物。它兼有机磷酸、羧酸和磺酸基团的优点，在水中既有良好的阻碳酸钙垢和磷酸钙垢能力，又有好的颗粒分散性，可认为是一种多功能的药剂，能广泛用于钢铁、冶金、化工等行业的工业循环冷却水以及锅炉用水等领域。

（3）阻垢剂　又称防垢剂，指一类能抑制水中钙、镁等成垢盐类形成水垢的化学品。有天然阻垢剂如单宁、木质素衍生物等；无机阻垢剂如六偏磷酸钠、三聚磷酸钠等；有机、高分子类阻垢剂，其中以高分子类阻垢剂效果最好，具有发展前途。在水处理中应用较多的有机、高分子类阻垢剂有两类：①有机磷酸类如 EDTMP（乙二胺四亚甲基膦酸）、HEDP（羟基次乙基二膦酸）等；②聚羧酸，如聚丙烯酸盐、水解聚马来酸酐等。这两类阻垢剂的阻垢作用，通常是通过晶格畸变，以及分散-凝聚作用而实现的，在油田水、锅炉水以及工业冷却水等系统应用较广。

（4）杀菌剂　又称杀菌灭藻剂或污泥剥离剂、抗污泥剂等，指一类用于抑制水中菌藻等微生物滋长，以防止形成微生物黏泥的化学品。通常分为氧化性杀菌剂和非氧化性杀菌剂两类。氧化性杀菌剂，如常用的氯气、次氯酸钠、漂白粉（主要成分次氯酸钙）、二氧化氯等；非氧化性杀菌剂中效果好、应用比较广泛的是能破坏细菌的细胞壁和细胞质的化学品，如季铵盐等。季铵盐中如氯化十二烷基二甲基苄基铵或溴化十二烷基二甲基苄基铵等，往往兼具杀菌、剥离、缓蚀等多种作用，有发展前途，现已应用于油田水、工业冷却水等方面。

（5）絮凝剂　一类用于除去或降低水中浊度或悬浮物，加快水中杂质和污泥沉降速率的化学品。絮凝剂中最早应用的是无机絮凝剂，如明矾、三氯化铁等。有机和高分子絮凝剂是今后广泛用于给水和废水处理中的絮凝剂。可分为阴离子型絮凝剂，如羧甲基纤维素、聚丙烯酸钠等；阳离子型絮凝剂，如聚乙烯胺等；还有非离子型絮凝剂，如聚丙烯酰胺等。它们的絮凝作用主要是通过电荷中和、吸附架桥作用来实现的。

（6）净化剂　油田水处理中应用的一种专用的化学品，能除去含油污水中的机械杂质和油，其作用除了上述絮凝剂所起的分离悬浮固体或机械杂质以外，还具有油水分离的净化作用。因此，这种净化剂中除含有一般絮凝剂成分如铝盐、聚丙烯酰胺等以外，常含有一些表面活性剂。对于净化剂的净化效果，一般采用薄膜过滤器加以测定，用滤膜因数（见过滤）的大小表示净化效果的好坏。

（7）清洗剂　一类具有清洗作用的化学品。在水处理的预处理步骤中，常常需要用一些化学品清洗金属设备表面的沉积物，如腐蚀产物和水垢以及微生物黏泥等。根据清洗的不同要求，清洗剂可以分为酸洗剂如盐酸、硫酸、氢氟酸、柠檬酸等；钝化剂如苯甲酸钠等。所用的磺化琥珀酸二（α-乙基己酯）钠盐，则是一种表面活性剂，作为专用清洗剂，用于清洗金属表面的油污和浮锈等杂质。

（8）预膜剂　在水处理的预处理步骤中，能在金属表面预先形成保护膜的一类化学品。预膜的目的有两个：一是在使用化学品抑制腐蚀的初期提高投加的浓度；二是采用一种专用的预膜剂，以便在正常操作中投加少量的缓蚀剂，便可维持和修补保护膜，节约药剂和费用。常用的预膜剂有六偏磷酸钠、三聚磷酸钠等。

3.5.1　缓蚀剂

● 苯并三氮唑

英文名	1,2,3-benzotriazole	分子式	$C_6H_5N_3$	相对分子质量	119.12
结构式		熔点	98.5℃		
		沸点	204℃		
外观	白色至浅褐色针状结晶。无气味。在空气中氧化而逐渐变红				
溶解性	溶于乙醇、苯、甲苯、氯仿和二甲基甲酰胺，微溶于冷水。难溶于石油系溶剂				
质量标准	白色针状或颗粒状；熔点98.5℃；含量≥99.5%				
应用性能	①与氢氧化铵和乙二胺四乙酸合用时，能选择性地测定银、铜、锌 ②苯并三氮唑对铜、铝、铸铁、镍、锌等金属材料有防蚀作用，可与多种缓蚀剂配合使用，提高缓蚀效果；可以和多种阻垢剂、杀菌灭藻剂配合使用。其使用浓度一般为1～2mg/L，在pH值5.5～10的范围内缓蚀作用都很好，但在pH值低的介质中缓蚀作用降低 ③还广泛用于净水剂、照相工业的防雾剂、紫外线吸收剂、涂料添加剂、合成洗涤剂的防腐剂、抗凝剂、润滑油添加剂、合成染料中间体、高分子材料稳定剂、植物生长调节剂、防变色剂、气相缓蚀剂、抗静电及汽车防冻剂的添加剂等 ④苯并三氮唑对聚磷酸盐的缓蚀作用不干扰，对氧化作用的抵抗力很强。但是当它与自由性氯同时存在时，则丧失了对铜的缓蚀作用，而在氯消失后，其缓蚀作用便得到恢复，这是MBT未能具有的性质				
用量	加入环氧树脂胶黏剂，参考用量0.2%～0.5%。用于水溶性胶黏剂，加入量0.005%～0.1%。加入环氧树脂胶黏剂中可防止对铜及其合金的腐蚀变黑，参考用量0.2%～0.5%				
安全性	密封于阴凉、干燥处保存。确保工作间有良好的通风设施。远离火源，贮存的地方远离氧化剂。内衬塑料袋，外用木桶包装，也可装入玻璃瓶内，箱外注明"避光"及"密封"，贮运中防潮、防晒、隔热，保持干燥、通风良好				

生产方法	邻苯二胺法是最经典的合成苯并三氮唑的方法,它包括邻苯二胺常压合成法和经过改进的邻苯二胺高压法 (1)邻苯二胺常压法　先将邻苯二胺溶于醋酸水溶液中,并配制 40% 左右的亚硝酸钠水溶液。两种溶液预冷至 1~5℃ 后混合反应,并保持在冰浴中,随后迅速升温至 80℃ 闭环生成苯并三氮唑,冷却后过滤、水洗得到粗产品。在绝对压力为 2000Pa 下蒸馏,收集 201~204℃ 的馏分,用苯结晶得到产品,收率为 70%~80%。另一生产实例为:将邻苯二胺加入 50℃ 水溶液中溶解,再加入冰醋酸,降温至 5℃,加入亚硝酸钠搅拌反应,反应物渐渐变成暗绿色,温度升至 70~80℃,溶液变成橘红色,于室温放置 2h,冷却、滤出结晶,用冰水洗涤,干燥得粗品;将粗品减压蒸馏,收集 201~204℃(2.0kPa)的馏分,再用苯重结晶,可得熔点为 96~97℃ 的产品,产率约 80% (2)邻苯二胺高压法　邻苯二胺与亚硝酸钠的投料摩尔比为 1:(1~1.05),反应温度为 200~300℃,压力为 4.8×10^6~6.9×10^6Pa。反应完毕后,用酸调 pH 值为 6

◉ 巯基苯并噻唑

化学名	2-硫醇基苯并噻唑	相对分子质量	167.25
英文名	2-mercaptobenzothiazole	熔点	178~180℃
分子式	$C_7H_5NS_2$	闪点	515~520℃
结构式	HS⟨苯并噻唑结构⟩	密度	1.42~1.52g/mL
		外观	淡黄色单斜针状或叶片状结晶。有苦味,有不宜人的气味
溶解性	微溶于热水,溶于醇、氯仿、丙酮、四氯化碳等。易溶于醋酸乙酯、丙酮,溶于乙醇、丙醇、氯仿、乙醚、二硫化碳、氨水、氢氧化钠和碳酸钠等碱溶液,微溶于苯,不溶于水和汽油		
质量标准	浅黄色透明液体;密度 1.10g/mL;固体含量≥25.0%		
应用性能	①用作检定金、铋、镉、钴、汞、镍、铅、铊和锌的灵敏试剂及橡胶促进剂 ②本品是铜或铜合金的有效缓蚀剂之一,凡冷却系统中含有铜设备和原水中含在一定量的铜离子时,可加入本品,以防铜的腐蚀 ③2-巯基苯并噻唑是除草剂苯噻草胺的中间体 ④主要用作亮硫酸铜的光亮剂。具有良好的整平作用。一般用量 0.05~0.10g/L 还可用作氰化镀银作光亮剂,加入 0.5g/L 后,使阴极极化度增大,使银离子结晶定向排列得光亮镀银层 ⑤用于水处理,一般使用其钠盐。在水中容易被氧化,如氯、氯胺及铬酸盐都可以氧化它,当用氯等作为杀菌剂时应该先加入本品,再加入杀菌剂,以防止被氧化而失去缓释作用。可将其制成碱溶液与其他水处理剂配合在一起使用		

用量	用作光亮硫酸铜的光亮剂时,一般用量 0.05～0.10 g/L。用于水处理时,使用的质量浓度通常为 1～10mg/L
安全性	常温常压下稳定。禁配物:强氧化剂,遇明火燃烧。操作时注意劳动保护,应避免与皮肤、眼睛等接触,接触后用大量清水冲洗
生产方法	分别以苯胺、邻硝基氯苯和二苯硫脲为原料的 3 种方法 (1)以苯胺为原料　通常是将苯胺、二硫化碳和硫黄在高压釜中直接反应,也可用脂肪胺、二甲基甲酰胺、三噻唑烷和多取甲醛等代替二硫化碳,使苯胺和硫黄的压力下反应。用苯胺为原料的方法,其反应压力都较高,一般在 4MPa 以上,有高达 15MPa,因此也称高压法 (2)以邻硝基氯苯为原料　邻硝基氯苯与还原剂硫氢化钠、多硫化钠或硫化氢反应都可还原成邻氨基硫酚。进一步与二硫化碳反应而制得促进剂 M。这类方法有的反应时间较长(硫氢化钠约需 20h),但都可在常压或较低压力下进行,又称常压法 (3)以二苯硫脲为原料　此法的反应压力介于前述两种方法之间,在 4MPa 以下,一般称中压法

● 乌洛托品（基本信息见助燃剂部分）

质量标准	无色、有光泽的结晶或白色结晶性粉末;水分≤0.14%;含量≥99.5%
用量	用于盐酸洗缓蚀剂时,单独使用量为 0.5%
应用性能	用作大型锅炉的盐酸酸洗常用缓蚀剂之一。能够很好地吸附在金属表面,形成一层保护膜,抑制盐酸液对金属的腐蚀作用

● 硫脲

英文名	thiourea	外观	白色光亮苦味晶体
分子式	CH_4N_2S	熔点	174～177.0℃
结构式	$\underset{H_2N}{\overset{S}{\diagdown}}C{-}NH_2$	沸点	263℃(分解)
		密度	1.41g/mL
相对分子质量	76.12	溶解性	溶于冷水、乙醇,微溶于乙醚
质量标准	白色或浅黄色有光泽的片状、柱状或针状结晶,有苦味;熔点 174～177.0℃;含量≥99.0%		
应用性能	用于氢氟酸酸洗缓蚀剂,用于酸洗除铜剂。作为合成磺胺噻唑、蛋氨酸和肥猪片等药物的原料。用作染料及染色助剂、树脂及压塑粉的原料。也可用作橡胶的硫化促进剂、金属矿物的浮选剂、制邻苯二甲酸酐和富马酸的催化剂,以及用作金属防锈剂。在照相材料方面,可作为显影剂和调色剂。还可用于电镀工业。硫脲还用于重氮感光纸、合成树脂涂料、阴离子交换树脂、发芽促进剂、杀菌剂等许多方面。硫脲也作为化肥使用,医药上用作生产药物的中间体,橡胶工业上用作硫化促进剂,采矿业上用作浮选剂,还用作织物、纸张处理剂、印染助剂。作为分析试剂用于铋、锇、铑、硒、铅、碲、亚硝酸盐等的测定		

用量	硫脲对铝合金的最佳缓蚀浓度是 0.03%
安全性	①在空气中易潮解。在 150℃ 时转变成硫氰酸铵。在真空下 150~160℃ 时升华,180℃ 时分解。具有还原性,能使游离态碘还原成碘离子。本品富于反应性,用以制备各种化合物。能与多种氧化剂反应生成脲、硫酸及其他有机化合物,也能与无机化合物制成易溶解的加成化合物 ②本品一次作用时毒性小,反复作用时能经皮肤吸收,抑制甲状腺和造血器官的机能,引起中枢神经麻痹及呼吸和心脏功能降低等症状。生产本品 1~15 年的工人,会出现头痛、嗜睡、全身无力、皮肤干燥、口臭、口苦、腹上部疼痛、便秘、尿频等症状。典型症状为面色苍白、面部虚肿、腹胀、基础代谢降低、血压降低、脉搏变慢、心电图有变化。还会出现皮肤病等症状。本品对蛙的 LD_{50} 为 10g/kg,对鼠皮下注射的 LD_{50} 为 4g/kg。对人的致死量,文献记载为 10g/kg。生产本品的工人应戴防毒口罩、穿防护服,注意安全。生产设备应密闭,无跑、冒、滴、漏现象
生产方法	主要合成法有:氰胺类与硫醇类反应;胺类与二硫化碳反应;异硫氰酸酯类与胺类反应;硫氰酸铵加热等。德国最先用硫氰酸铵制造。Reynolds 于 1869 年发现,该反应为可逆反应。工业规模制造是 1940 年在美国开始的。虽申请了许多专利,但主要专利是氰氨化钙与硫化氢反应 (1)用石灰乳在负压、冷却下吸收硫化氢,生成硫氢化钙溶液。将硫氢化钙与氰氨化钙(石灰氮)按 1:5(摩尔比),于 80℃ 左右反应 3h,即得硫脲溶液,过滤、浓缩、冷却结晶、甩滤干燥,得成品硫脲。此外,用硫氰酸铵法和重氮甲烷法也可制得 (2)用硫化钡与盐酸(或硫酸)反应,用石灰乳负压吸收,再与石灰氮反应,经过滤、冷却结晶、离心分离、干燥,制得硫脲成品 (3)先将硫氢化钙与水混合,在搅拌下分次加入氰氨化钙,过程中控制温度不超过 70℃。反应结束后,过滤,滤饼用水洗涤,洗液与滤液合并后,通入二氧化碳至白色沉淀消失,加入少量活性炭,加热至 80℃,搅拌后冷却至室温后过滤。滤液减压蒸发浓缩至原体积的 2/3,温度不超过 85℃,趁热过滤,滤液冷却结晶,过滤,滤液再浓缩,冷却结晶,每次结晶合并,干燥后即得成品

● 吡啶

英文名	pyridine	相对分子质量	79.10
分子式	C_5H_5N	外观	无色或微黄色液体,有恶臭
结构式		熔点	$-41.6℃$
		沸点	115.3℃
		密度	0.9827g/m³
溶解性	能与水、醇、醚、石油醚、苯、油类等多种溶剂混溶。能溶解多种有机化合物与无机化合物		
质量标准	无色或淡黄色液体。具有令人讨厌的气味;含量≥99.5%;沸点(115±1)℃		

应用性能	①用于制造维生素、磺胺类药、杀虫剂及塑料等。除用作医药、各种吡啶化合物的原料外,在化学工业和实验室中作碱性溶剂使用。也是脱酸剂和酰化反应的优良溶剂,因为吡啶能与酰化剂结合形成 N-酰基吡啶化合物。吡啶与金属盐类或有机金属化合物组成的吡啶溶液,以络合物的形式用作聚合反应、氧化反应、丙烯腈的羰基化反应等的催化剂。还可用作硅橡胶稳定剂,阴离子交换膜的原料等 ②用作缓蚀剂,吡啶对金属起到缓蚀作用,可直接加到酸洗液中,利用其吸附作用达到缓蚀作用 ③用作分析试剂,广泛用作溶剂,液相色谱洗脱剂。还用于有机合成
用量	用作锅炉 HCl 酸洗缓蚀剂,一般浓度为 0.3%~0.4%
安全性	常温常压不分解。禁止与酸类、强氧化剂、氯仿接触。不宜使用铜制容器。贮存时避免和强氧化剂如过氧化物、硝酸等放在一起。贮存于阴凉、通风的库房。远离火种、热源。库温不宜超过30℃。应与氧化剂、酸类、食用化学品分开存放,切忌混贮。采用防爆型照明、通风设施。禁止使用易产生火花的机械设备和工具。贮存区应备有泄漏应急处理设备和合适的收容材料
生产方法	(1)将乙醛(1.648mol)、37%甲醛(1.665mol)和氨(3.096mol)的混合物,于432℃反应,催化剂为 SiO_2-Al_2O_3-Bi_2O_3,吡啶收率为48.4%。同时还生成β-甲基吡啶,改变操作条件,可调节吡啶和甲基吡啶的收率。此外,1,5-戊二胺盐酸盐,经加热环合,在 Pt 催化剂存在下脱氢也可制得吡啶。工业上常用与苯或甲苯组成的共沸混合物进行共沸蒸馏脱水。同系物的分离除用分馏法外,可用与氯化锌或氯化汞形成加成化合物的方法精制。吡啶中所含的非碱性杂质,可以在酸性溶液中用水蒸气蒸馏除去 (2)对焦化过程中生成的焦炉气中的吡啶碱进行回收处理得到吡啶,或者由乙醛、甲醛和氨的混合物反应可得吡啶。也可以将 1,5-戊二胺盐酸盐加热环合,在铂催化剂存在下脱氢制得吡啶 (3)以醛或酮与氨为原料的合成法:最普通的吡啶类的工业合成法是用价廉易得的各种醛或酮和氨反应,得到各种各样的吡啶。饱和脂肪醛和氨的反应,3mol 饱和脂肪醛和1mol 氨形成吡啶环。理论上,氨的用量是醛或酮的 1/2 或 1/3,但为防止收率及催化剂活性下降,通常过量 0.9~9 倍。反应条件是,混合气空速为 500~1000h^{-1},反应温度为 400~500℃。通常用氧化铝-氧化硅系的催化剂,为提高收率、延长催化剂的寿命及便于再生而配入各种金属

● 1-苯基-3-甲基-5-吡唑酮

英文名	1-phenyl-3-methyl-5-pyrazolone	分子式	$C_{10}H_{10}N_2O$
结构式		相对分子质量	174.20
		外观	白色粉末或结晶
		熔点	126~128℃
		沸点	287℃
		密度	1.17g/mL
溶解性	溶于热水、醇、酸、碱,微溶于苯,不溶于醚、石油醚		

质量标准	淡黄色结晶或粉末；熔点 127～129℃；含量≥98.0%
应用性能	①主要用于生产医药安替比林、氨基比林、安乃近，也用于染料及彩色胶片染料、农药及有机合成工业中，并可用作检测维生素 B_{12}、CO、Fe、Cu、Ni 等的化学试剂 ②本品为治疗脑血管病新药，用于减轻急性脑梗死所致的神经系统症状、日常生活活动障碍，本品的作用机制与现有的脑缺血治疗药不同，它是一种自由基清除剂，能强效地避免脑缺血所致的脑损伤，起到脑组织保护作用。国外临床研究表明，在发病 72h 和 24h 内使用本品，对神经症状和日常生活活动障碍的改善，有效率分别为 65% 和 74%，而安慰剂组分别为 32% 和 25%。临床用于治疗脑梗死所致的神经功能损害，减轻病残，促进康复 ③用于生产吡唑酮类酸性染料如酸性媒介枣红 BN、酸性媒介红 B、橙 GR、弱酸性嫩黄 G、中性枣红 D-BN、永固黄 G、皮革喷涂红 GL、橙 2RL、棕 2RL/活性分散嫩黄 3G、黄棕 M-3GR 等 ④在盐酸介质中缓蚀效率高，可溶性好、低毒安全、原料廉价易得
用量	0.5% 的缓蚀剂对 20# 钢的缓蚀率可达 98%
安全性	低毒，未见有危害的报道。在生产过程中发现有接触过敏现象。吸入其蒸气会刺激呼吸道，引起胸闷、咳嗽、食欲减退等症状。皮肤接触后引起红肿等。当脱离接触后，一般症状即可消失，未见有持续效应
生产方法	(1)用冰醋酸为原料，高温裂解得乙烯酮，经聚合得双乙烯酮，再进行氨解制得乙酰基乙酰胺。另以苯胺为原料，在酸性条件(盐酸)下，经用 $NaNO_2$ 重氮化，再以亚硫酸氢铵和亚硫酸铵作还原剂进行还原，加硫酸水解生成苯肼，苯肼与乙酰基乙酰胺缩合生成本品 (2)从制药厂生产安乃近的中间体吡唑酮釜残中制得。用过工业酒精抽提吡唑酮釜残，滤去残渣后，蒸干抽提液得到淡黄色柱状结晶

● 1-萘胺

英文名	1-naphthylamine	分子式	$C_{10}H_9N$
结构式		相对分子质量	143.19
		外观	纯品为无色结晶或块状，有恶臭，易升华
		熔点	50℃
		沸点	301℃
密度	1.1229g/mL	溶解性	不溶于水，溶于乙醇、乙醚、氯仿
质量标准	浅黄色至深玫瑰色熔体；熔点 48.0～50.0℃；含量≥99.0%(HPLC)		
应用性能	酸洗缓蚀剂，用量 0.2%～0.5%；染料中间体；是多种橡胶防老剂的主要原料；用作薄层色谱法检测硝基化合物的试剂		
安全性	贮存于阴凉、通风的库房。远离火种、热源。包装密封。应与氧化剂、酸类、食用化学品分开存放，切忌混贮。配备相应品种和数量的消防器材。贮存区应备有合适的材料收容泄漏物		

生产方法	将相同物质的硫化钠和硫黄加到 90℃ 水 中,制得浓度为 4.3～4.4mol/L 的二硫化钠溶液。然后数小时内分次少量加到事先热至 100℃ 的硝基萘中,加完后,继续沸腾 4.5h;静置后,分去下层的硫代硫酸钠溶液,上层产物用 55～65℃ 热水洗涤两次,在 8.0kPa 下蒸馏,收集得到的凝固点高于 45.5℃ 的馏分倒入二甲苯中,使其成为松散结晶,过滤后离心甩干,再用二甲苯洗涤一次,干燥后,即为试剂 1-萘胺

● 羟基膦酰基乙酸

化学名	2-羟基膦酰基乙酸	英文名	2-hydroxyphosphono acetic acid
结构式		分子式	$C_2H_5O_6P$
		相对分子质量	156.03
		外观	棕色液体
		熔点	—
		沸点	—
密度	1.45～1.55g/mL	溶解性	水
质量标准	固含量≥50%;磷酸(以 PO_4^{3-} 计)≤25%		
应用性能	主要用作金属的阴极缓蚀剂,广泛用于钢铁、石化、电力、医药等行业的循环冷却水系统的缓蚀阻垢,适合用作我国南方低硬度、易腐蚀水质的缓蚀剂,HPAA 与锌盐复配效果更佳。与低相对分子质量的聚合物一起组成的有机缓蚀阻垢剂性能优良		
用量	5～30mg/L		
安全性	①具有腐蚀性,工作人员应作好防护,避免吞食或与身体接触。工作场所应有较好的通风条件 ②若不慎接触了皮肤、眼睛,立即用大量清水冲洗。该品较难生物降解,应注意对水体的影响 ③贮存于阴凉通风处,避免阳光直接照射。不可与强碱、亚硝酸盐或亚硫酸盐等物质共贮共运 ④长期贮存时,由于其中所含杂质可释放出二氧化碳,应定期释放压力		
生产方法	美国专利曾提出乙醛酸酯与亚磷酸酯加成,以碱金属、碱土金属的氢氧化物为催化剂,加成产物直接水解得 2-羟基膦酰基乙酸		

● 六偏磷酸钠

英文名	sodium hexametaphosphate	相对分子质量	611.17
分子式	(NaPO₃)₆	密度	2.5g/mL
结构式		熔点	616℃(分解)
		沸点	1500℃
		外观	白色粉末结晶,或无色透明玻璃片状或块状固体

溶解性	易溶于水,不溶于有机溶剂。水溶液呈碱性。吸湿性很强,露置于空气中能逐渐吸收水分而呈黏胶状物。与钙、镁等金属离子能生成可溶性络合物
质量标准	无臭、结晶粉末;总磷酸盐(以 P_2O_5 计)≥68.0%;非活性磷酸盐(以 P_2O_5 计)≤7.5%
应用性能	主要用于锅炉用水软水剂、印染染浴的软水剂和造纸扩散剂。还用于缓蚀剂、浮选剂、分散剂和高温结合剂。其他用于洗涤器皿以及化学纤维中用以除去浆粕中的铁质。还用于土壤分析。在食品工业中用作食品品质改良剂
用量	一般 0.3%~0.5%,干酪中用量 0.9%;肉类 0.3%;奶粉、奶油粉、速冻鱼、虾类 0.5%;炼乳、饮料 0.2%
安全性	食品级的六偏磷酸钠中会有微量的重金属铅、砷,一定含量的氟化物等,砷会引起以皮肤色素脱失、着色、角化及癌变为主的全身性的慢性中毒;低浓度的氟化物会引起慢性中毒和氟骨症,使骨骼中的钙质减少,导致骨质硬化和骨质疏松
生产方法	(1)磷酸二氢钠法　将纯碱溶液与磷酸在 80~100℃进行中和反应 2h,生成的磷酸二氢钠溶液经蒸发浓缩、冷却结晶,制得二水磷酸二氢钠,加热至110~230℃脱去 2 个结晶水,继续加热脱去结构水,进一步加热至 620℃时脱水,生成的偏磷酸钠熔融物,并聚合成六偏磷酸钠。然后卸出,从 650℃骤冷至 60~80℃时制片,经粉碎制得六偏磷酸钠成品 (2)五氧化二磷法　将黄磷在干燥空气流中燃烧氧化、冷却而得的五氧化二磷与纯碱按一定比例(Na_2O:P_2O_5=1~1.1)混合。将混合粉于石墨坩埚中间接加热使其脱水熔聚,生成的六偏磷酸钠熔体经骤冷制片、粉碎,制得工业六偏磷酸钠成品 (3)将试剂磷酸二氢钠加热至 700~900℃熔融,当熔融物完全透明、内部气泡消失后,骤冷至 60~80℃,得到薄片玻璃状产品,即为六偏磷酸钠 (4)将试剂磷酸二氢钠加热至 250℃,骤冷,可得偏磷酸钠的二聚物;加热至650℃,骤冷,得六偏磷酸钠 (5)磷酐法　将黄磷加热熔融后,送入氧化燃烧炉中,用干燥空气中的氧进行氧化燃烧反应,生成中间产品磷酐。再将磷酐与纯碱混合后,经高温聚合反应,骤冷制片即得片状六偏磷酸钠;经粉碎可得粉状六偏磷酸钠 (6)中和聚合法　将磷酸和液体氢氧化钠分别经各自的批量控制器(控制每批液碱、酸投入量,可自动配料,加料速率可在 0~20L/min 范围内任意调节),按要求加入量连续、准确地加入到中和槽中进行中和反应,反应完成后,pH 值达 4~4.5 生成磷酸氢二钠,通过中和液泵送入高位槽。将一定量的磷酸氢二钠连续、均匀送到干燥机中干燥,得到规定水分含量的片状磷酸氢二钠,再连续地送入由特殊耐腐蚀材料制成的经柴油燃烧的高温(750~850℃)聚合炉中,使磷酸氢二钠熔融聚合;熔融物料经从聚合炉中连续流出,经骤冷压片即得片状六偏磷酸钠,破碎、筛分得产品

3.5.2　阻垢剂

● 氨基三亚甲基膦酸

英文名	nitrilotrimethylene triphosphonic acid，ATMPA	分子式	$C_3H_{12}NO_9P_3$	
结构式		相对分子质量	299.05	
		外观	无色或淡黄色透明液体或白色颗粒状固体	
		熔点	212℃	
		密度	$1.3\sim1.4g/mL$	
溶解性	易溶于水、乙醇、丙酮等。化学性能稳定，热稳定性好，与硫酸煮沸也不分离，干品分解温度200～212℃，不易水解			
质量标准	无色或淡黄色透明液体；密度$1.28g/cm^3$；活性组分（以ATMP计）≥50.0%			
应用性能	用作敞开式循环冷却水系统及锅炉用水的阻垢剂，也可用作硬度大、水质条件恶劣的油田污水回注系统及电厂凝汽器冷却水系统的阻垢剂。具有良好的螯合、低限抑制等作用，可阻止水中成垢盐形成水垢。用于循环冷水、油田注水、含水输油管线的水处理。能与钙、镁等金属离子形成多元环螯合物，并以松散形式分散于水中，但对磷酸钙的抑制作用不如乙二胺四亚甲基膦酸。也可以用作金属清洗剂去除金属表面的油脂，还用于洗涤剂的添加剂、金属离子的遮蔽剂、无氰电镀添加剂、贵金属的萃取剂等			
用量	ATMP常与其他有机磷酸、聚羧酸或盐等复配成有机水处理剂，用于各种不同水质条件下的循环冷却水系统。用量以1～20mg/L为佳；作缓蚀剂使用时，用量为20～60mg/L			
安全性	ATMP为酸性，操作时注意劳动保护，应避免与皮肤、眼睛等接触；接触后应立即用大量清水冲洗。氨基三亚甲基膦酸对鱼类显低毒，但以家兔做试验，对皮肤有轻微刺激作用，对眼睛有中等刺激作用。因此操作人员应穿长袖工作服、戴橡胶手套和防护眼镜			
生产方法	(1)以甲醛、氯化铵和三氯化磷为原料经一步法反应，回收氯化氢，经过滤得成品 在装有搅拌器、回流冷凝器、滴液漏斗的反应瓶中，加入2mol(107g，化学纯)氯化铵、8mol(642g，37%水溶液，分析纯)的甲醛水溶液，开动搅拌，缓慢滴加6mol(825g)三氯化磷(化学纯)，补加一定量的去离子水，使反应体系中水与三氯化磷的比例为3.8∶1。控制滴加速率，使反应温度保持在30～40℃。必要时可通冷却水进行冷却。反应过程中有大量氯化氢逸出，必须控制回收，以免造成污染。三氯化磷加完后，缓缓升温至回流（110℃），回流0.5h使反应进行完全。产物为淡黄色澄清液体。产物不经分离即可作为工业冷却水阻垢剂使用。如果制备固体产品可将反应液冷却后适当稀释（约1倍），在搅拌下慢慢滴加到丙酮中，滤出沉淀，在50～60℃下真空干燥即得产品 (2)氮川三乙酸与磷酸反应　收率高，产品质量好但原料难得，成本较高			

● 2-膦酸丁烷-1,2,4-三羧酸

英文名	2-phosphonobutane-1,2,4-tricarboxylic acid,PBTCA	分子式	$C_7H_{11}O_9P$
结构式		相对分子质量	270.13
		外观	本品为无色或淡黄色透明液体
		凝固点	$-15℃$
		密度	1.275g/mL
		溶解性	能与水以任意比例混溶
质量标准	无色或淡黄色透明液体;密度 1.270g/mL;活性组分(以 PBTCA 计)≥50.0%		
应用性能	PBTCA 含磷量低,由于它具有膦酸和羧酸的结构特性,使其有良好的阻垢和缓蚀性能,优于常用的有机磷酸,特别在高温下阻垢性能远优于常用的有机膦酸,能提高锌的溶解度,耐氯的氧化性能好,复配协同性好。产品广泛应用于高温、高硬度、高 pH、高浓缩倍数的循环冷却水系统和油田注水系统。PBTCA 具有良好的阻碳酸钙、磷酸钙垢的性能,对锌离子等有独特稳定的作用,使锌离子在 pH 为 8.3 的循环冷却水中稳定存在。在 pH 为 9.5 时还能稳定,使含锌碱性运行配方成为可能。PBTCA 还具有良好的耐高温、耐氧化、耐氯稳定性能,对高浊度、高铁的循环水有良好的分散性能。适用于铝、铁等金属在特殊场合的缓蚀,工业设备的清洗、软化、絮凝、分散,光敏材料卤化银等的处理,可用于石油、化工、发电、工业锅炉的水处理		
用量	5～150mg/L		
安全性	耐酸、耐碱、耐氧化剂。能与水以任意比例混溶,1%水溶液 pH 为 1。热稳定性好。对水解作用稳定,在高达 120℃ 的水中,未发现水解,具有良好的缓蚀阻垢性能。在水中对氯气或氯制品以及三价铁离子的耐受力优于其他膦酸盐。与常用水处理剂配伍性好,并有协同效应。塑料桶装,净重 35kg;内衬聚乙烯贮存 2 年以上。若因温度过低而固化,解冻后或继续使用而无不利影响。由于本品对材料有一定的腐蚀作用,因此盛器、泵和管线宜以不锈钢、玻璃和塑料(如聚乙烯)来制作		
生产方法	首先亚磷酸酯与马来酸酯在催化剂作用下发生加成反应生成中间体,在催化剂作用下,该中间体再与丙烯酸酯进行加成反应,得到的物质再于酸性介质中水解得到最终产物 ①将等物质的量的亚磷酸二乙酯、反丁烯二酸二乙酯加入到装有回流冷凝器、滴液漏斗和电动搅拌器的反应器中,加入适量的甲苯作溶剂,开动搅拌,缓慢升温至回流温度。在回流温度下滴加溶有计量的过氧化苯甲酰的甲苯溶液,控制回流温度并保持此温度至过氧化苯甲酰甲苯溶液滴加完毕。在缓慢回流中继续反应 2h。反应过程中,反应体系始终在氮气保护下进行 ②取上述反应物与等物质的量的丙烯酸乙酯混合溶于无水甲醇中,加到装有电动搅拌器、回流冷凝管、滴液漏斗和温度计的反应器中,开动搅拌,保持体系温度在 20℃ 左右,缓慢滴加含有甲醇钠的甲醇溶液。甲醇钠的甲醇溶液加完后,维持反应温度继续反应 2h,蒸去甲醇 ③由②得到的产物加入适量的稀盐酸,进行酸性水解反应,在室温下搅拌反应 20～36h,减压蒸馏脱去乙醇和 HCl,得产物 2-膦酸丁烷-1,2,4-三羧酸,加入去离子水配成所需要的比例		

● 乙二胺四亚甲基膦酸

英文名	ethylenediamine tetramethyle-nephosphonic acid，EDTMPA	分子式	$C_6H_{20}N_2O_{12}P_4$
结构式			
相对分子质量	436.12	外观	常温下为白色结晶性粉末
熔点	215～217℃	沸点	878.7℃(760 mmHg)
密度	1.933g/mL	溶解性	微溶于水，易溶于氨水
质量标准	白色结晶性粉末；活性组分(以 EDTMPA 计)≥95%；有机磷(以 PO_4^{3-} 计)≥82%		
应用性能	①用作蒸汽锅炉的阻垢缓蚀剂、循环冷却水的阻垢剂、过氧化物的稳定剂、电镀工业金属离子螯合剂等。为亚甲基膦酸阴极缓蚀剂，较无机聚磷酸盐有更突出的阴极防护作用，缓蚀率高 7 倍左右。在 200℃ 下有较好的阻垢作用。与聚马来酸酐复配可以有效地降低结垢速率。作阻垢剂单独使用浓度为 10mg/L，作缓蚀剂单独使用浓度大于 100mg/L，与低分子量阻垢复合使用浓度小于 5mg/L。与葡萄糖酸钠复配可以对金属表面进行清洗和处理，去除金属表面的油脂 ②高纯级的可以用作电子行业中半导体芯片的清洗剂；在医药行业作放射性元素的携带剂，用于检查和治疗疾病 ③具有很强的螯合金属离子的能力，与铜离子的络合常数是包括 EDTA 在内的所有螯合剂中最大的。几乎在所有使用 EDTA 作螯合剂的地方都可用 EDTMPA 替代		
安全性	为酸性固体，操作时注意劳动保护，应避免与皮肤、眼睛等接触，接触后用大量清水冲洗。对是水稍微有危害的不要让未稀释或大量的产品接触地下水、水道或者污水系统，若无政府许可，勿将材料排入周围环境		
生产方法	有三种合成方法：①甲醛与乙二胺进行亲核加成生成羟甲基胺，再与 PCl_3 的水解产物酯化；②以乙二醇为中间介质，乙二醇与二氯化碳反应生成氯化磷酸酯，再与乙二胺与甲醛反应生成；③EDTA、PCl_3 合成法 前两种方法副产物少，产率高，产品纯度好。但成本高，原料较贵。目前国内仍以①法为主。首先把化学计量的乙二胺加入反应釜中，加适量的水溶解，搅拌均匀。然后在冷却下滴加三氯化磷。反应温度以 40～60℃ 为宜。滴毕后升温至 60℃，滴加甲醛水溶液。滴毕后升温至 100～120℃，反应 5h 左右。冷却，用空气吹出残留的氯化氢，加磷酸钠水溶液调 pH 值 9.5～10.5，出料即为成品		

3.5.3 清洗剂

● 葡萄糖酸钠

英文名	sodium gluconate	分子式	$C_6H_{11}NaO_7$
结构式		相对分子质量	218.14
		外观	白色或淡黄色结晶粉末
		熔点	$206 \sim 209℃$
		溶解性	极易溶于水,略溶于酒精,不能够溶于乙醚
质量标准	白色结晶颗粒或粉末;含量≥98.5%;还原物含量≤0.5%		
应用性能	用作钢铁表面清洗剂;钢铁表面如需要镀钵、镀铬、镀锡、镀镍以适应特殊用途时,如制造马口铁、镀锌板、表面镀铬(电度)等,其钢坯表面均需经过严格清洗,使镀层物与钢铁表面牢固结合,这时候其清洗药剂中添加葡萄糖酸钠将会达到十分理想的效果。这一点已经被国际上制造马口铁的大公司所证实 此外,由于葡萄糖酸钠具有优异的缓蚀阻垢作用,所以被广泛用于水质稳定剂,使用葡萄糖酸钠作为循环冷却水缓蚀阻垢剂,达到灭公害的目的,这是目前所使用的其他缓蚀阻垢剂无法比拟的优点。用于医药,食品添加剂。作为缓凝剂,显著延缓混凝土的起始和终了的凝固时间;在镍铁合金电镀中作光亮剂		
用量	$0.1 \sim 0.2g/L$		
安全性	无毒。降解过程中释放出的重金属离子可经沉淀去除或吸附于废水处理过程中形成的淤泥上而去除		
生产方法	工业上一般以含葡萄糖的物质(例如谷物)为原料,采用发酵法先由葡萄糖制得葡萄糖酸,再用氢氧化钠中和,即可制得葡萄糖酸钠。根据所用发酵酶种类的不同,发酵法可分为两种。一种用名为 *Aspergillus Niger* 的酶,另一种用名为 *Gluconobacter suboxydans* 的酶。前一方法系将葡萄糖氧化成内酯,然后使此内酯水解成葡萄糖酸;后一方法则借助于葡萄糖脱氢形成内酯,然后使酯水解 葡萄糖酸钠也可直接由葡萄糖发酵而得。此时,发酵基质组成可为:葡萄糖$250 \sim 350g/L$,七水硫酸镁$0.2 \sim 0.3g/L$,磷酸二氢钾$0.2 \sim 0.3g/L$,磷酸氢二铵或尿素$0.4 \sim 0.5g/L$。此基质须进行灭菌处理。发酵过程中,温度控制为$30 \sim 32℃$,pH值用加30%~50%氢氧化钠的办法控制为5.5~6.5,发酵过程持续$40 \sim 100h$。然后,通过过滤和洗涤除去微生物,活性炭脱色,再过滤,浓缩结晶或喷雾干燥而得成品。也可以由葡萄糖经化学氧化或催化氧化方法制得葡萄糖酸,但产率低,精制困难		

● 三聚磷酸钠

化学名	三聚磷酸钠	英文名	sodium tripolyphosphate	分子式	$Na_5O_{10}P_3$

结构式		相对分子质量	367.86
		外观	白色粉末
		熔点	622℃
		密度	0.35～0.90g/mL
		溶解性	易溶于水

质量标准	白色颗粒或粉状;三聚磷酸钠含量≥96.0%;五氧化二磷含量≥57.0%
应用性能	主要用作合成洗涤剂的添加剂、肥皂增效剂和防止条皂油脂析出和起霜。对润滑油和脂肪有强烈的乳化作用,可用于调节缓冲皂液的 pH 值。工业用水的软水剂,制革预鞣剂,染色助剂,涂料、高岭土、氧化镁及碳酸钙等工业中配制悬浮液时用作分散剂,也可作钻井泥分散剂,造纸工业用作防油污剂
用量	多数洗涤剂中的含量为 10%～50%
安全性	应贮存阴凉、通风、干燥的库房内。不可露天堆放,勿使受潮变质,防高温,防有害物质污染,不得与有毒有害物品共贮混运。运输时要防雨淋和烈日暴晒。避免受潮。装卸时不得用钩和抛掷,以免包装破裂。避免与皮肤和眼睛接触。刺激眼睛、呼吸系统和皮肤
生产方法	(1)热法磷酸二步法　将磷酸(55%～60%)溶液经计量后放入不锈钢的中和槽中,升温并开动搅拌机,在搅拌下缓慢加入纯碱进行中和反应,中和槽中维持 2 分子磷酸氢二钠对 1 分子磷酸二氢钠的比例。中和后的混合液经高位槽进入喷雾干燥塔进行干燥,经干燥后的正磷酸盐干料由塔底排出送到回转聚合炉,被炉气带走的少部分干料由旋风除尘器加以回收。正磷酸盐干料在聚合炉中于 350～450℃温度下进行聚合反应,生成三聚磷酸钠,经冷却、粉碎后,制得三聚磷酸钠成品 (2)湿法磷酸一步法　将磷矿粉与硫酸反应制得萃取磷酸,用纯碱先在脱氟罐中除去其中氟硅酸,再在脱硫罐中用碳酸钡除去硫酸根,以降低磷酸中的硫酸钠含量。然后用纯碱进行中和。经过滤除去大量的铁、铝等杂质。再经精调、过滤,将所得的含一定比例的磷酸氢二钠和磷酸二氢钠溶液在蒸发器中浓缩到符合喷料聚合的要求。把料浆喷入回转聚合炉中,经热风喷粉干燥和聚合。再经冷却、粉碎、过筛后制得三聚磷酸钠成品

3.5.4　杀菌剂

● 次氯酸钠

英文名	sodium hypochlorite	分子式	NaClO
相对分子质量	74.44	外观	微黄色(溶液)或白色粉末(固体),有似氯气的气味

密度	1.10g/mL	溶解性	溶于水
质量标准	微黄色(溶液)或白色粉末(固体),有似氯气的气味;pH6.77;含量(以有效氯计):一级 13%,二级 10%		
应用性能	是一种氧化性杀菌剂,其杀菌机制与液氯相似。工业循环水中一般用次氯酸钠溶液。同时次氯酸使循环水的 pH 值有所提高。用于水的净化,以及作消毒剂、纸浆漂白等,医药工业中用作制氯胺等		
安全性	高浓度的次氯酸钠溶液在贮存过程中浓度会自动降低。固体次氯酸钠无论是在含有 5 个结晶水还是无水状态下均易发生爆炸。它也是一种强氧化剂,因此应避免长时间的皮肤接触或吸入		
生产方法	(1)液碱氯化法 将一定量的液碱加入适量的水,配成 30% 以下氢氧化钠溶液,在 35℃ 以下通入氯气进行反应,待反应溶液中次氯酸钠含量达到一定浓度时,制得次氯酸钠成品 (2)向冷氢氧化钠溶液中通入氯气 在反应器中将 500g NaOH 溶于 500mL 水,将此溶液与 2kg 碎冰混合。用致冷剂尽量冷却混合物(温度应低于 −10℃),在冷却下减压通入氯气直至溶液增重 800g 为止。所得 NaClO 溶液中等浓度,可在阴暗冷处长期保存 (3)用漂白粉和碳酸钠反应制备 把 100g 含 35%~36% 有效氯的漂白粉与 170mL 水混合均匀搅拌 15min。在搅拌下向此溶液中加入 70g Na_2CO_3 溶于 170mL 水的溶液。反应物最初变稠,然后变稀,过滤除去 $CaCO_3$ 沉淀得 320mL NaClO 溶液。有效氯 71~100g/L		

● 氯化十二烷基二甲基苄基铵

英文名	benzyldimethyldodecylammonium chloride	分子式	$C_{21}H_{38}ClN$
结构式		相对分子质量	339.99
		外观	淡黄色蜡状物
		熔点	−60℃
溶解性	微溶于乙醇,易溶于水,水溶液呈弱碱性。长期暴露空气中易吸潮		
质量标准	淡黄色透明液体;活性物含量≥80%;铵盐含量≤2.0%		
应用性能	①是工业循环水处理常用的非氧化杀菌剂之一;具有可溶于水、不受水硬度影响、使用方便、成本低等优点,还具有对铁金属的缓蚀性、清洗及剥离黏泥和除去水中臭味的功能,是一种多效药剂。使用条件直接影响其杀菌活性,适当提高 pH 值,对提高杀菌力是有利的。可与其他杀菌剂,如异噻唑啉酮、戊二醛、二硫氰基甲烷等配合使用,可起到增效作用,但不可与阴离子表面活性剂混用 ②在日常循环冷却水处理中进行菌藻控制和系统清洗时,一般是使用氯气等氧化性杀菌剂进行日常微生物控制 ③用于医药等行业中作灭菌剂,也用于工业循环冷却水、油田注水中,作杀菌剂和软泥剥离剂,用来控制循环冷却水系统积累污垢和垢下滋生硫酸盐还原菌		

用量	用作黏泥剥离剂时,使用量为 $200\sim300mg/L$。在循环冷却水处理中,一般投加剂量为 $50\sim100mg/L$。在污水处理中可作凝聚剂,凝集污水中阴离子型物质有良好的效果,用量约为 $100mg/L$
安全性	置于阴凉、通风处,勿与强碱混放。有轻微脱脂作用,在用于水处理浓度范围内对人体无害,但禁止直接消毒食品
生产方法	以十二醇和二甲胺为原料,在高效催化剂作用下,一步催化胺化制成十二叔胺,粗品含量可达 85%,经精馏可制得 95% 以上纯品;或者由十二烷基醇合成十二烷基溴,再与二甲胺反应得到十二烷基二甲叔胺,最后与氯化苄反应得到

● 异噻唑啉酮

英文名	mixture with methyl-chloroisothiazolinone	分子式	$C_8H_9ClN_2O_2S_2$
结构式		相对分子质量	264.75
		外观	纯品为白色固体
		密度	$1.26\sim1.32g/mL$
		溶解性	溶于水和低碳醇、乙二醇及极性有机溶剂
质量标准	琥珀色透明液体;活性物含量 $14.0\%\sim15.0\%$;CMI/MI(质量分数) $2.5\%\sim3.4\%$		
应用性能	异噻唑酮对真菌、细菌、藻类、软体动物、黏泥等具有良好的杀灭、剥离效果。在使用含量下,能被自然降解为无毒物质,对环境不产生公害。混溶性好,能与氯气等氧化型杀菌剂、阻垢分散剂、多数阳离子表面活性剂、阴离子表面活性剂和非离子表面活性剂混溶并发挥协同效应,与季铵盐复合使用效果更佳。它能很好地穿过黏泥表层而杀灭黏泥中的菌藻,能阻止冷却水系统的黏泥生成。在较宽的 pH 值范围内都有优良的杀菌作用,在酸性和碱性水中都有效。可广泛用于造纸厂冷却水、油田注水、金属加工油、乳胶、纤维及涂料等防霉。但不能用于含硫化物的冷却水系统		
用量	作黏泥剥离剂时,投加浓度 $150\sim300mg/L$;作杀菌剂时,每隔 $3\sim7d$ 投加一次,投加剂量 $80\sim100mg/L$。异噻唑啉酮作工业杀菌防霉剂使用时,一般浓度为 $0.05\%\sim0.4\%$		
安全性	异噻唑啉酮有腐蚀性、对皮肤和眼睛有刺激性,操作时应配备防护眼镜和胶手套,一旦接触皮肤、眼睛时,应立即用大量清水冲洗。如接触皮肤,立即脱去被污染的衣服和鞋子,用大量清水冲洗至少 15min,患处涂抹醋酸尿素软膏或烫伤膏,并立即就医		
生产方法	二硫代二丙酸二甲酯与甲胺进行氨解反应生成 N,N'-二甲基二硫代二丙酰胺,然后在乙酸乙酯溶液中通氯气反应,产物经过滤、洗涤、干燥即得。产品中两个活性组分的比例对产品性能有很大影响		

● 二氯异氰尿酸钠

英文名	dichloroisocyanuric acid sodium salt		分子式	$C_3Cl_2N_3NaO_3$
结构式			相对分子质量	219.93
			外观	白色结晶粉末或粒状物。有特殊的刺激性气味
			熔点	240～250℃
			密度	0.74g/mL
溶解性	易溶于水,难溶于有机溶剂;强氧化剂,与易燃物、有机物接触易着火燃烧,与含氮化合物反应生成易爆炸的三氯化氮,受热或遇潮易分解释出剧毒的烟气			
质量标准	白色粉状或颗粒;有效氯含量≥60%;水分2%～7%			
应用性能	广泛用于电厂、石油、化工、纺织、电子等工业循环水系统的杀菌灭藻,彻底杀灭系统管道、换热器、冷却塔等菌藻繁殖;在日化、纺织工业中是性能优良的漂白、消毒杀菌剂;在畜牧养殖、水产等方面进行水体、养殖场所的消毒;在农业种植方面,多种作物的真菌、细菌等病害有特效;在食品、饮料加工行业的清洗消毒,作为游泳池消毒剂和公共场所的消毒			
用量	循环冷却水系统中用二氯异氰尿酸钠作杀生剂时,夏季每隔2～3d投加$(15～20)×10^{-6}$,春秋两季每隔3～5d投加一次,冬季每隔5～7d投加一次			
安全性	二氯异氰尿酸钠对皮肤和眼睛有刺激性,操作时应配备防护眼镜和胶手套。二氯异氰尿酸钠与皮肤与眼睛接触时,应立即用大量水冲洗			
生产方法	①由氯化铵和尿素一起加热反应后酸化、碱溶、通氯氯化,然后干燥而成 ②以异氰尿酸、氢氧化钠、氯气为原料制得 ③将氢氧化钠和氰尿酸依次加入氯化釜中,其投料摩尔比为2∶1。在pH值为6.5～8.5、温度5～10℃下通入氯气连续氯化,得到二氯异氰尿酸,用氢氧化钠中和得钠盐 ④氰尿酸与氯气等反应制得			

● 碳酰肼

英文名	carbohydrazide		外观	白色粉末	
分子式	CH_6N_4O	相对分子质量	90.08	熔点	153～154℃
结构式			密度	1.571g/mL	
			溶解性	易溶于水,不溶于醇、醚、氯仿和苯	
质量标准	白色晶体;纯度≥98.0%;游离肼含量≤250.0 mg/L				

应用性能	①碳酰肼具有很强的还原性,在工业中有较广泛的用途。用作锅炉水的除氧剂,是当今世界上用作锅炉水除氧的最先进材料,毒性小、熔点高、脱氧效率远远大于目前使用的材料,是安全环保理想的产品 ②还可用作火箭推进剂的组分;在纺织工业中,可用作弹性纤维的交联剂、甲醛的捕捉剂、胡萝卜素等色素的抗氧化剂。另外,在含酚杀菌剂的香皂中加入适量的碳酰肼可起到防止变色和酸败的作用。本品无毒。可代替水合肼、肟类。可用作制造含能材料的中间体,也可直接用于火箭炸药和推进剂的组分。碳酰肼还可以用作化纤行业作弹性纤维的交联剂。作为化工原料和化工中间体,广泛用于医药、除草剂、植物生长调节剂、染料等行业
用量	作锅炉除氧剂时将碳酰肼放入水中,也可使用其水溶液。1mol O_2 的碳酰肼用量为 0.5mol,并适当过量
安全性	该物质对环境可能有危害,对水体应给予特别注意
生产方法	(1)一步法 将354g碳酸二乙酯(3.0mol)与388g 85％的水合肼(6.6mol)混合,置于1L的圆底烧瓶(带温度计)内。开始时只有部分互溶,振摇烧瓶,直至内容变成单一相。反应过程中有热量放出,使温度升至55℃左右。然后用标准套口接头将烧瓶连至分馏柱上。分馏柱内填充拉西环。填料层厚22cm。柱上插有温度计,并带有水冷冷凝器。使用带调压器的加热电炉对反应混合物加热。反应开始后的30min内,生成的乙醇和水被迅速蒸发,以后的馏出速率减慢。连续加热4h,馏出325～350mL的馏出液(温度85～96℃)。瓶内温度由96℃升至119℃。将瓶内液体冷至20℃,再静置至少1h。将析出的碳酰肼结晶抽滤分离,尽将其湿分抽干。制得的粗产物约165g,收率60％。若需要精制,可用重结晶法处理,并用乙醚洗涤精制后的产物 (2)半连续法 该方法是对一步法的改进,将结晶后的母液循环使用,再添加部分新原料,从而显著地提高了收率。仍用一步法中的装置进行反应和分离挥发性产物。方法简述如下:将856g碳酸二乙酯(7.25mol)与938g 85％的水合肼(15.95mol)振摇混合成单一相液体,制成原料液。在合成的开始阶段取700g原料液,在前述的条件下进行分馏,蒸出醇、水混合物(液),继续加热至119℃。冷却并过滤反应混合物,回收生成的碳酰肼粗产物。称量分离后的母液,并加入新鲜原料液至700g,循环使用。收率累计达到87％

3.5.5 絮凝剂

● 聚丙烯酰胺

英文名	poly(acrylamide)	相对分子质量	71.08 n
分子式	$(C_3H_5NO)_n$	外观	白色粉末或半透明颗粒
结构式		软化温度	210℃
		玻璃化温度	188℃
		密度	1.302g/mL

溶解性	溶于水，几乎不溶于有机溶剂，如苯、甲苯、乙醇、丙酮、酯类等，仅在乙二醇、甘油、甲酰胺、乳酸、丙烯酸中溶解1%左右
质量标准	白色颗粒或粉末；水解度10%～35%；固含量≥88%
应用性能	广泛应用于石油化工、冶金、煤炭、选矿和纺织等工业部门，广泛用于增稠、粘接、增黏、絮凝、稳定胶体、减阻、阻垢、凝胶、成膜等方面。用作沉淀絮凝剂、油田注水增稠剂、钻井泥浆处理剂、纺织浆料、纸张增强剂、纤维改性剂、土壤改良剂、纤维糊料、树脂加工剂、合成树脂涂料、黏合剂、分散剂等，是目前应用最广、效能最高的高分子絮凝剂
用量	洗煤用的阳离子聚丙烯酰胺的使用数量可以设置在30～110kg之间；化工行业的废水使用量一般是50～120kg之间；漂染行业的废水和造纸行业的废水最难处理，应该加大使用数量，把使用数量设置在100～300kg比较合理，电镀废水行业和普通的工业用水一般都不要超过50kg(注意：这几种行业的使用数量都是每1000t废水的数量)
安全性	聚丙烯酰胺本身及其水解体没有毒性，聚丙烯酰胺的毒性来自其残留单体丙烯酰胺(AM)。丙烯酰胺为神经性致毒剂，对神经系统有损伤作用，中毒后表现出机体无力、运动失调等症状
生产方法	(1)丙烯酰胺的聚合　丙烯酰胺聚合的方法与工艺主要有如下几种。水溶液聚合　水溶液聚合是丙烯酰胺聚合反应的传统方法。在目前存在的各种聚合反应方法中，该方法的应用最广泛，它是聚丙烯酰胺生产的主要技术。其常规方法为在反应釜中加入丙烯酰胺和水，搅拌下使其溶解，通氮气5min，以除去溶解氧，温度在30～60℃时加入引发剂，数小时后聚合得到胶状产品，相对分子质量一般为7×10^4～700×10^4。若要得到干粉产品，则其单体含量要在30%左右，产物经脱水干燥得到 氧化还原引发体系是引发丙烯酰胺聚合反应的一类非常重要的引发剂，也是目前应用最为广泛的引发剂。它可分为过硫酸盐、有机过氧化物、多电子转移的氧化还原体系和非过氧化物体系四大类 (2)乳液及反向乳液聚合　将丙烯酰胺水溶液分散在汽油等有机溶剂中，剧烈搅拌，使溶液形成分散均匀的乳液体系，而后加入引发剂引发丙烯酰胺反应得到聚丙烯酰胺。这种方法特点是在高聚合速率、高转化率条件下可得到高分子量的产品(胶乳或者干粉) (3)光引发聚合　称取定量的丙烯酰胺单体与去离子水配成一定浓度的丙烯酰胺水溶液，加入EDTA试剂以掩蔽反应体系的铜、铁等金属离子，用NaOH调整pH值，加入光引发剂，装入透明玻璃容器或塑料袋内，充N_2驱氧并密封置于紫外线下照射，30～150min后体系温度上升，至70～90℃时不再上升，生成无色透明的胶体，即为PAM胶体样品 此外，引发丙烯酰胺聚合的还有辐射聚合、热引发聚合、光引发聚合、沉淀聚合、胶束聚合等

3.6 造纸工业专用配方原料

造纸工业是用化学或机械方法,把植物纤维分离出来制成纸浆,然后经过交织成型制成纸张或纸板的工业。

纸张品种按大类可分为以下五类:

①文化出版用纸,如新闻纸、铜版纸、字典纸等。

②工业用纸,如各种绝缘纸、油毡纸、过滤纸和其他专用纸。

③包装用纸和纸版,如水泥袋纸、防锈纸以及复合包装纸等。

④各种仪表记录纸和海图纸。

⑤生活用纸,如面巾纸、餐巾纸、卫生纸、涂塑纸等。

随着科学技术和社会的发展,纸张的品种在不断创新和发展,造纸化学品助剂的品种也越来越多,功能性越来越强。

3.6.1 制浆蒸煮助剂

在化学法制浆过程中,蒸煮助剂在很大程度上影响木素脱除的速率、成浆的质量、纸浆得率等,并影响着后序漂白的效果。目前在造纸中广泛应用的蒸煮助剂主要有以下几类。

(1) AQ AQ是一种传统蒸煮助剂,其具有能降低烧碱用量、缩短蒸煮时间、保护糖类、节省纤维原料和加快脱木质素速率、降低生产成本等优点。AQ作为蒸煮助剂的制浆方法中,蒽醌一般是起着保护纤维素、半纤维素,加快脱木素速率、加深脱木质素的程度,减少蒸煮用碱量,缩短蒸煮时间,降低蒸煮温度和纸浆硬度等作用。

(2) AQ衍生物 由于蒽醌难溶于水,难与蒸煮液充分混合,很难进一步发挥其在蒸煮中的效能。根据其溶解性随温度的变化而不同的特点,开发研制了易溶或较易溶于水的蒽醌衍生物,主要有蒽氢醌、二氢蒽醌、二氢二羟基蒽醌、四氢蒽醌、2-羟基蒽醌、2-蒽醌磺酸钠、2-甲基蒽醌、2-硝基蒽醌等。

(3) 改性蒽醌 改性蒽醌是针对蒽醌难溶于水的特点,对蒽醌本身进行改性或与其他物质复配而成,使其转化为易溶于水的蒽醌,从而进一步提高蒽醌在蒸煮中的作用。

（4）绿氧　绿氧是一种合成高分子材料。由于其具有和蒽醌相同的烯丙基结构，保留了蒽醌的全部优点；同时，因其分子基团中引入了磺酸基，使其具有一定的表面活性，所以它具有很强的润湿、渗透能力，可促使烧碱迅速将纤维表面润湿并渗透到内部，加速了胶质溶解及木质素脱除反应，且它又能在纤维表面形成高分子保护膜，使得糖类的末端基还原为对碱稳定的伯醇基，从而有效地抑制剥皮反应，保护纤维，明显提高制浆得率。

（5）CT-1　CT-1 中的醌型化合物在蒸煮中起氧化还原作用，类似于 AQ 的催化作用，可加速脱木质素过程。而游离环氧物质可以抑制纤维素的氧化反应速率，从而抑制纤维素的水解，同时，还能促进终止反应的进行，抑制剥皮反应的发生。表面活性基团还能将溶剂分子由初生壁带入胞间层，加速药液对原料的润湿、均匀性渗透作用，进而提高脱木质素的均匀性，使纤维的分离点提前，缩短蒸煮时间和提高纸浆得率，改善纸浆质量。

（6）多硫化物　由于多硫化物具有氧化性，能将糖类还原性末端基氧化为羧基，阻止了剥皮反应的发生，添加多硫化物可提高纸浆得率，并具有在蒸煮过程中有深度脱木质素的功能。

（7）表面活性剂　表面活性剂应用到蒸煮中，主要是利用其润湿、渗透和分散的特点。它可以促进蒸煮液对纤维原料的润湿，加速蒸煮化学品和其他化学品的渗透和均匀扩散，从而增进蒸煮液对木材或非木材中木质素和树脂的脱除，还能起到分散树脂的作用。目前蒸煮中常用的表面活性剂，主要有十二烷基苯磺酸钠、四聚丙烯苯磺酸钠、脂肪醇硫酸钠、二甲苯磺酸、缩合萘磺酸钠、烷基酚聚氧乙烯醚硫酸钠、烷基酚聚氧乙烯醚、脂肪醇聚氧乙烯醚、脂肪酸聚氧乙烯酯、聚醚等。

（8）磷酸盐　在蒸煮中的磷酸盐催化剂，本身具有表面活性剂和螯合剂的性质，在硫酸盐法制浆过程中，它的加入可促进化学药品的渗透，并能在随后的漂白过程中除去金属离子，有助于提高成浆的漂白。目前蒸煮中常用的磷酸盐主要是二亚乙基三胺五亚甲基磷酸及其盐类。

● 蒽醌

别名	9,10-蒽醌;9,10-蒽酮	相对分子质量	208.21
英文名	anthraquinone	外观	黄色针状结晶
分子式	$C_{14}H_8O_2$	熔点	284～286℃(lit.)
结构式		沸点	379～381℃(lit.)
		相对密度	1.438
		溶解性	溶于乙醇、乙醚和丙酮,不溶于水

质量标准

产品等级	优等品	一等品	合格品
外观	黄色或浅灰至灰绿色结晶(粉末)		
初熔点	≥284.2℃	≥283.0℃	≥280.0℃
纯度,w	≥99.0%	≥98.5%	≥97.0%
灰分,w	≤0.2%	≤0.5%	≤0.5%
干燥减量,w	≤0.2%	≤0.5%	≤0.5%
应用性能	用作造纸制浆蒸煮助剂、染料中间体、双氧水原料等		
用量	按生产需要适量使用		
安全性	低毒,经口-小鼠 LD_{50}:5000mg/kg		
生产方法	(1)气相固定床氧化法　将精蒽加入汽化室加热汽化后与空气混合,两者比例为 1：(50～100)。混合气体进入氧化室,在 V_2O_5 催化下于(389±2)℃下氧化,经薄壁冷凝后即得产品 (2)液相氧化法　将精蒽计量后加入反应釜,再加入三氯苯在搅拌下溶解。然后滴加硝酸,控制反应温度 105～110℃,将副产物 NO 排除,反应 6～8 h 后,减压蒸出溶剂,冷却结晶,得产品 (3)苯酐法　将苯酐计量后加入反应釜,加苯在搅拌下加热熔解。加热至 370～470℃,使混合气通过硅铝催化剂进行气相缩合,得产品 (4)羧基合成法　将计量的苯加入反应釜,在 4.88 MPa 下通 CO,于 200℃反应 4 h,一直通到 CO 压力不再下降,反应结束,经处理得产品		

● 亚硫酸钠

别名	硫化石	英文名	sodium sulfite		
分子式	Na_2SO_3	相对分子质量	126.04	熔点	500℃
结构式		相对密度	2.63		
		外观	白色颗粒粉末,有二氧化硫气味		
溶解性	可溶于水和甘油,不溶于乙醇,水溶液呈碱性,其水溶液对石蕊试纸和酚酞呈碱性,与酸作用产生有毒的二氧化硫气体,1%水溶液的 pH 为 8.3～9.4,有强还原性				

	质量标准		
产品等级	优等品	一等品	合格品
外观	白色结晶粉末		
含量,w	≥97.0%	≥96.0%	≥93.0%
铁(Fe),w	≤0.003%	≤0.005%	≤0.02%
水不溶物,w	≤0.02%	≤0.03%	≤0.05%
游离碱(以 Na_2CO_3 计),w	≤0.10%	≤0.40%	≤0.60%
硫酸盐(Na_2SO_4),w	≤2.5%	—	—
氯化物(NaCl),w	≤0.10%	—	—
应用性能	造纸工业用作木质素脱除剂;印染工业作为脱氧剂和漂白剂;感光工业用作显影剂;有机工业用作间苯二胺、2,5-二氯吡唑酮、蒽醌-1-磺酸、1-氨基蒽醌、氨基水杨酸钠等生产的还原剂;纺织工业用作人造纤维的稳定剂;电子工业用于制造光敏电阻;水处理工业用于电镀废水、饮用水的处理		
用量	按生产需要适量使用		
安全性	有毒,经口-大鼠 LD_{50}:3560mg/kg,经口-小鼠 LD_{50}:820mg/kg		
生产方法	纯碱液吸收法;将硫黄燃烧得到的含二氧化硫气从吸收塔底部通入,与纯碱溶液进行逆流吸收,生成亚硫酸氢钠溶液送至中和槽,缓慢加入纯碱溶液进行中和反应至微酸性;然后加入烧碱溶液,使溶液 pH 值达 11~12,经脱色、过滤、澄清液经蒸发结晶、离心脱水、250~300℃下气流干燥,制得无水亚硫酸钠成品		

● 七水硫酸镁

别名	泻利盐	相对分子质量	246.47
英文名	magnesium sulfate	熔点	1124℃
分子式	$MgSO_4 \cdot 7H_2O$	相对密度	2.66
外观	白色或无色的针状或斜柱状结晶体,无臭、凉有微苦	溶解性	易溶于水,微溶于乙醇和甘油,在 67.5℃溶于自身的结晶水中。受热分解,70~80℃时失去四分子的结晶水

	质量标准		
含量,w	≥99.5%	重金属(Pb),w	≤0.001%
pH	5~8(5%溶液)	砷(As)含量,w	≤0.0002%
铁(Fe)含量,w	≤0.0015%	水不溶物,w	≤0.01%
氯(Cl)含量,w	≤0.02%	灼烧失重,w	48%~52%
应用性能	用于氧碱法制浆时的纤维素保护剂;用于印染细薄棉布、作棉、丝的加重剂,木棉制品的填料;用于制革、肥料、瓷器、颜料、火柴、炸药和防火材料;微生物工业作培养基成分,酿造用添加剂,补充酿造用水的镁,作发酵时的营养源;制革行业中作填充剂增强耐热性;轻工业中用作生产鲜酵母、味精和用作牙膏生产中的磷酸氢钙的稳定剂;水泥的助凝剂		

用量	按生产需要适量使用
安全性	硫酸镁内服可作为轻泻剂。由于缓慢吸收和快速排出,一般不表现毒性作用。内服大剂量使神经、肌肉麻痹,心机能衰竭,有时可引起皮肤病
生产方法	(1)硫酸法 以白云石、蛇纹石、菱苦土为原料。在中和反应器中加入水或母液,然后将硫酸与含氧化镁85%以上的苦土粉按一定配比慢慢加入反应器中进行中和反应,控制 pH=5,搅拌 30 min,使反应充分进行。将中和液保持在80℃,过滤后的滤液送入结晶器内,加入适量晶种,再经冷却、过滤、离心分离,于 50~55℃干燥,即得硫酸镁 (2)重结晶法 盐湖中得到的苦卤自然蒸发浓缩成粗镁(粗硫酸镁)。以粗镁为原料,在 80~90℃下加水溶化,然后在 60~70℃温度下澄清,在 20~25℃冷却结晶,经离心分离,干燥,制得工业硫酸镁成品

3.6.2 纸张的施胶剂

纸张施胶剂是指能赋予纸和纸板抗墨、抗水、抗乳液、抗腐蚀等性能以提高平滑度、强度和施用期。可分为浆内施胶剂和表面施胶剂。

浆内施胶指对纸浆、纸张、纸板进行处理,取得抗流体渗透的性能而添加的化学品;主要是在纸页成型前(打浆或配料时)将施胶剂添加于纸浆内。这类化学品具有亲水性基团和疏水基团,在纤维表面使外侧定向为疏水基团,使纸赋予疏水性和抗流体渗透性。除吸墨纸、滤纸、蜡纸、卷烟纸、生活用纸等纸种外,几乎所有纸张均需施胶。在纸上施胶可提高纸张抗水、抗油、抗印刷油墨等性能,同时可提高光滑性、憎水性、印刷适应性。浆内施胶剂主要有松香施胶剂、合成施胶剂、石蜡施胶剂及中性施胶剂。

表面施胶主要是改善纸页表面光滑度,降低孔隙度,防止表面起毛和掉毛;是在纸页成型后涂饰于纸或纸板表面,一般使用阴离子型高分子物质。用得较多的是改性和未改性的淀粉,也有采用PVA 的。其他还有石蜡乳液、动物胶、羧甲基纤维素、聚氨酯、苯乙烯-马来酸酐共聚物、丙烯酸和丙烯酸酯类共聚物、二羟基脂肪酸化合物等。

● 松香

别名	歧化松香;脂松香;松香脂;熟香;松香酸;松脂酸酐		
英文名	rosin	分子式	$C_{20}H_{30}O_2$
结构式			

松香酸   α-海松酸

相对分子质量	302	外观	黄色至棕色固体
熔点	70~72℃	密度	1.07g/cm³
溶解性	溶于丙酮和苯,不溶于水		

质量标准

产品等级	特级	一级	二级	三级	四级	五级
外观	透明硬脆固体					
颜色	微黄	浅黄	黄色	深黄	黄棕	黄红
软化点(环球法)/℃	≥76	≥76	≥75	≥75	≥74	≥74
酸值(以 KOH 计)/(mg/g)	≥166	≥166	≥165	≥165	≥164	≥164
不皂化物含量,w/%	≤5	≤5	≤5	≤6	≤7	≤7
乙醇不溶物,w/%	≤0.03	≤0.03	≤0.03	≤0.03	≤0.04	≤0.04
灰分,w/%	≤0.02	≤0.02	≤0.03	≤0.03	≤0.04	≤0.04

应用性能	松香在造纸工业上用作抄纸胶料。松香与氢氧化钠制成松香钠皂,即胶料,胶料与纸浆混合并加入明矾,使松香成为不溶于水的游离树脂酸微粒附着在小纤维上,当纸浆在干燥圆筒上滚压加热时,松香软化填充在纤维之间,这种作用叫"上胶"或"施胶"。纸张"上胶"后,可增强抗水性,防止墨水渗透,改善强度和平滑度,减少伸缩度
用量	按生产需要适量使用
安全性	较易燃固体,经口-大鼠 LD_{50}:3.0mg/kg,经口-小鼠 LD_{50}:2.2mg/kg
生产方法	(1)脂松香直接采自活松树的含油生松脂作原料,进行水蒸气蒸馏脱去松节油而得 (2)浮油松香以亚硫酸盐法木浆所产生废液表面上的粗浮油作原料,经洗涤、酸解、油水分离、干燥脱水、预热、真空分馏等工序而得 (3)木松香以松树桩、松根明子、松木碎片等为原料,经破碎、筛选,再用汽油等溶剂萃取、浸提、沉淀、脱色、蒸发回收溶剂,分馏而得产品

● 烷基烯酮二聚体

别名	AKD	结构式	R：含 14～22 个碳的脂肪烃链
英文名	alkyl ketene dimer		
分子式	$R—C_4H_2O_2—R$		
外观	淡黄色蜡状固体、片状、块状		

产品等级	合格品	优级品
质量标准	碘值（以 I_2 计）≥（45±1）g/100g； 酸值（以 KOH 计）5.5～10mg/g； 灰分≤0.03%	灰分≤0.03%；纯度≥90%；熔点 51～55℃
应用性能	作为中性施胶剂的原粉，用于制造纸浆中性施胶剂及 AKD 乳液	
生产方法	由高级脂肪酸（碳原子数不小于12）经酰化、脱氯化氢而制成的烷基烯酮二聚体	

● 聚乙烯醇

别名	聚乙烯醇纤维、维尼纶、PVA		
英文名	poly(vinyl alcohol)	分子式	$[C_2H_4O]_n$
外观	白色固体，外型分絮状、颗粒状、粉状三种，无毒无味		
熔点	>300℃	相对密度	1.30
溶解性	不溶于石油醚，溶于水。能与淀粉、合成树脂、纤维素的衍生物以及各种表面活性剂相互混溶且有较好的稳定性		

质量标准				
灰分，w	<0.4%	醇解度（摩尔分数）	87.0%～89.0%	
黏度	21.0～26.0mPa·s	40目通过率	≥98%	
乙酸钠，w	<0.5%	挥发分，w	≤5.0%	pH 值	5.0～7.0

应用性能	造纸行业用作纸品黏合剂；用于纺织行业经纱浆料、织物整理剂、维尼纶纤维原料；建筑装潢行业 107 胶、内外墙涂料、黏合剂；化工行业用作聚合乳化剂、分散剂及聚乙烯醇缩甲醛、缩乙醛、缩丁醛树脂；农业方面用于土壤改良剂、农药黏附增效剂和聚乙烯醇薄膜；还可用于日用化妆品及高频淬火剂等方面
用量	按生产需要适量使用
生产方法	由醋酸乙烯酯经皂化而成

3.6.3　纸张的增湿强剂

湿强树脂能够引起纸的一种特殊的物理性质（干状态时的干强和浸湿后离解的趋势）的不可逆变化，还能提高纸的质量。湿强树脂主要应用于生产卫生用纸，包括手巾、餐巾、清洁布和面巾纸等。用于造纸工业的湿强树脂通常分为两大类：甲醛树脂（又可分为脲-甲醛和三聚氰胺-甲醛树脂）和聚酰胺多胺-表氯醇树脂。聚乙烯亚胺、二醛淀粉、带有乙二醛取代基的聚丙烯酰胺和其他物质在特殊情况下也可以应用。

● 脲醛

别名	尿素甲醛树脂、脲甲醛树脂、脲醛树脂		
英文名	urea formaldehyde	相对分子质量	90.08
分子式	$C_2H_6N_2O_2$	溶解性	溶于水，遇强酸、强碱易分解
外观	无色到浅色液体或白色固体，无味，硬度高、耐油、抗霉、耐光性好		
质量标准			
外观	乳白色黏液	固化时间	45～65s
黏度	0.25～0.4Pa·s	pH 值	7.0～8.0
游离甲醛含量,w	<0.05%	固体含量,w	>50%
应用性能	用于织物和纸张处理剂，也用于制造纤维板、泡花板及竹器木材胶黏剂等；用于制瓶盖和纽扣等日用品；用于木材、胶合板、家具制造、农机具修理及其他竹木材料的黏结剂		
用量	按生产需要适量使用		
生产方法	由脲(尿素)与甲醛缩聚成低分子量的初产物溶液，再经真空干燥而成为固体		

● 聚乙烯亚胺

别名	氮丙啶均聚物	外观	无色高黏稠液体
英文名	polyethyleneimine	熔点	59～60℃
分子式	$H(NHCH_2CH_2)_nNH_2$	沸点	250℃ (lit.)
相对分子质量	4300～6500	密度	1.030 g/mL (25℃)
溶解性	溶于水、乙醇，有吸湿性，不溶于苯、丙酮。与 pH 值低于 2.4 的硫酸相遇均会产生沉淀。水溶液呈正电荷，加入甲醛产生凝聚		
应用性能	用作未施胶的呼吸性纸的湿强剂、抄纸过程中的助留剂和打浆剂，可降低纸浆的打浆度，提高纸张脱水能力，使纸干度提高 1%～4%，生产能力提高 5%～20%		
用量	按生产需要适量使用		
生产方法	将 300kg 乙醇胺和 50kg 水加入反应锅中，在搅拌下缓慢滴加浓硫酸 50kg，滴加硫酸时温度控制在 10～30℃。滴毕后，保温搅拌 1h。再继续升温至 50℃，减压脱水至有结晶析出。停止减压蒸馏。冷却结晶过滤。用少量水洗滤饼，干燥，得氨乙醇硫酸氢酯。将其转移到水解釜中，加 30% 的 NaOH 水溶液 200kg，在 100℃ 下水解后蒸出乙烯亚胺和水的共沸液。将上述制备的乙烯亚胺水溶液加入聚合釜中，通入氯化氢和二氧化碳，在酸催化下乙烯基亚胺聚合得聚乙烯亚胺		

3.6.4　纸张的助留助滤剂

● 阳离子聚丙烯酰胺

别名	聚丙烯酰胺干粉（阳离子型）；CPAM	分子式	$[CH_2CH(CONH_2)]_n$
英文名	polyacrylamide dry powder	外观	本品为无色或淡黄色胶体
溶解性	水溶液是高分子电解质，常有正电荷。对悬浮的有机胶体和颗粒能有效絮凝，并能强化固-液分离过程		
质量标准	白色颗粒；固含量≥88%；分子量$800×10^4 \sim 1200×10^4$；阳离子浓度10%~70%；溶解时间≤30min		
应用性能	用作絮凝剂、污泥脱水剂、造纸助留剂和干强剂、织物整理剂等		
用量	按生产需要适量使用		
生产方法	将150.0kg聚丙烯酰胺加水稀释，在搅拌下升温至40~45℃，开始滴加37%的甲醛水溶液15.0kg。加毕后在90~100℃下反应4h。反应毕后，降温至60℃开始滴加二甲胺19kg，滴毕后加40%的NaOH水溶液60kg。在70℃下，反应2h。最后加800kg水稀释，搅匀即为成品		

● 阴离子聚丙烯酰胺

别名	聚丙烯酰胺干粉（阴离子型）；APAM	外观	本品为无色或微黄色稠厚胶体，无臭，中性
英文名	poly(acrylamide)	密度	1.189 g/mL(25℃)
分子式	C_3H_5NO	溶解性	溶于水，不溶于乙醇、丙酮

质量标准			
外观	白色颗粒	过滤比	≤1.5
固含量,w	≥88%	残余单体,w	≤0.05%
相对分子质量	$600×10^4 \sim 1800×10^4$	黏度	≥38.0mPa·s
电荷密度	10%~40%（摩尔分数）	不溶物,w	≤0.2%
特性黏度	17.5~19.4	筛网系数	≥20.0
水解度	22.5%~27.5%		
应用性能	广泛应用于石油化工、冶金、煤炭、选矿和纺织等工业部门，用作沉淀絮凝剂、油田注水增稠剂、钻井泥浆处理剂、纺织浆料、纸张增强剂、纤维改性剂、土壤改良剂、土壤稳定剂、纤维糊料、树脂加工剂、合成树脂涂料、黏合剂、分散剂等		
用量	按生产需要适量使用		
生产方法	将计量的丙烯腈投入反应釜中，加入催化剂量的铜系催化剂。在搅拌下升温至85~120℃。反应压力控制在0.29~0.39MPa。在连续化操作中，进料含量控制在6.5%。空速约为$5h^{-1}$。反应得到丙烯酰胺加入聚合釜，再加入一定量的去离子水。在过硫酸钾引发下进行聚合反应，反应开始10min后加入适量的10%的亚硫酸氢钠。缓缓升温至64℃后，冷却反应混合物，在55℃反应6h左右。减压在真空下于80℃左右脱除未反应单体，即得成品		

3.7 皮革专用配方原料

制革工业是我国皮革工业的主体。其中，皮化材料几乎应用于制革生产的全过程。皮革化工材料主要分为基本化学材料（除原料以外的一切制革生产用化工材料，即酸、碱、盐）、表面活性剂、制革湿加工助剂、酶制剂、鞣剂、加脂剂和涂饰剂。其中制革湿加工助剂、鞣剂、加脂剂、涂饰剂及其助剂仅限于制革加工应用，即皮革化学品。优良的皮革化工材料对提高皮革质量，开发皮革新品种，缩短生产周期，简化工序操作，改进工艺流程，增加得革率等均能起到重要作用，已成为影响皮革工业可持续发展的重要因素，在皮革生产中正在起着越来越重要的作用。

3.7.1 皮革湿加工助剂

制革湿加工助剂品种较多，功能性强，主要分为：

（1）浸水助剂　能使水快速渗透至生皮内部，使其充水，尽量恢复至鲜皮状态；也能溶解皮内的非胶原蛋白质和多糖类物质。

（2）脱脂剂　脱除生皮与蓝湿皮中的脂肪类物质。

（3）脱毛浸灰助剂　促进石灰悬浮分散，抑制生皮纤维膨胀，充分松散皮纤维，加速脱毛作用，消除或减少原料皮生长纹。

（4）染色助剂　使皮革染色均匀，提高上染率，固定染料，增加色牢度。

● 渗透剂 T

别名	顺丁烯二酸二仲辛酯磺酸钠、磺化琥珀酸二辛酯钠盐		
英文名	sodium diethylhexyl sulfosuccinate	分子式	$C_{20}H_{36}O_7SNa$
结构式	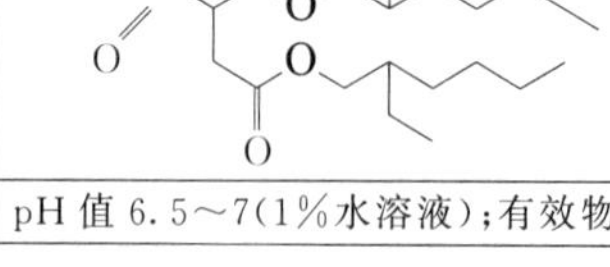	相对分子质量	444.25
		外观	淡黄色至棕色黏稠油状液体
		溶解性	易溶于水，水溶液呈乳白色
质量标准	pH 值 6.5～7(1%水溶液)；有效物含量 30%～50%		
应用性能	主要用作干皮浸水渗透助剂，在加脂过程或涂饰中可作为渗透助剂或流平剂；也可用作香波、清洁剂及牙膏等的乳化剂和洗涤剂		

用量	0.2%~1%或0.3g/L(以原料皮或湿皮质量剂)
安全性	无毒性,对皮肤刺激性小
生产方法	主要采用酯化磺化法:以异辛醇和顺丁烯二酸酐为原料,在甲苯磺酸催化剂存在下,进行酯化反应,然后与亚硫酸氢钠水溶液进行磺化反应而得

● 高效消石灰粉

英文名	high efficient lime hydrate powder	外观	细粒白色粉末
分子式	$Ca(OH)_2 \cdot CaO$	相对密度	2.24
相对分子质量	130	溶解性	极难溶解于水,具有强碱性
质量标准	白色粉末;有效物含量≥55%(CaO有效物);溶解度≥1.6g/L;水分≤5%;粒度≤40目		
应用性能	与硫化碱配合用于各种生皮的碱法脱毛,裸皮的浸灰膨胀与覆灰		
用量	按生产需要适量使用		
生产方法	石灰石经高温烧结成氧化钙后,经精选、加水消化、干燥、过筛,并添加复配助剂		

3.7.2 鞣剂

生皮变成革的质变过程即为鞣制。鞣制后的革与未鞣制过的生皮不同,革遇水不会膨胀,不易腐烂、变质,较能耐蛋白酶的分解,有较高的耐湿热稳定性并具有一定的柔韧性、成型性、良好的透气性、抗弯折性和丰满性等。

● 碱式硫酸铬

别名	盐基性硫酸铬;铬盐精;铬粉	英文名	chromium sulfate
分子式	$Cr \cdot (OH)_m \cdot (SO_4)_n \cdot x(H_2O)$	外观	无定形墨绿色粉末或片状物
溶解性	易溶于水,不溶于醇,吸湿性强		

质量标准		
指标	Ⅰ类	Ⅱ类
三氧化二铬,w	24%~26%	21%~23%
碱度	32%~34%	38%~42%
铁,w	≤0.1%	≤0.1%
水不溶物,w	≤0.1%	≤0.1%

应用性能	用于鞣革与媒染	安全性	无机有毒品
用量	按生产需要适量使用	生产单位	宜兴市新兴达化工有限公司
生产方法	蔗糖法:由红矾钠以蔗糖作还原剂,在一定酸度下得到还原产物三价铬盐溶液,经干燥而制得粉状固体产品		

● **硫酸锆**

别名	锆鞣剂	相对分子质量	283.35
英文名	zirconium sulphate	外观	本品为白色粉末
分子式	$Zr(SO_4)_2$	熔点	410℃
相对密度	3.22	溶解性	易溶于水,水溶液呈酸性
质量标准	白色晶状体;ZrO_2含量≥20%;pH 值(10%溶液)≤2.0		
应用性能	鞣制白色革,亦可用于铬鞣革的复鞣。与砜桥型合成鞣剂配合代替栲胶鞣制鞋里革、家具革、底革,其成品毛孔细致,丰满而富于弹性。并具有良好的填充性和耐磨性		
用量	按生产需要适量使用		
生产方法	共熔法:以锆英石、纯碱、硫酸为原料制备硫酸锆。将锆英石精矿粉碎后和碳酸钠按比例混合,投入焙烧炉中,于 1100~1200℃反应生成锆酸钠和硅酸钠,经焙烧的熟料用 60℃温水洗涤,洗去过量的碱,过滤,于 80~100℃温度下用硫酸酸溶滤饼,然后经蒸发、浓缩或补加浓硫酸、结晶、过滤分离,于 180℃下干燥脱水制得		

3.7.3　加脂剂

　　皮革生产中的加脂（也称加油）是指用油脂或加脂剂在一定的工艺条件下处理皮革,使皮革吸收一定量油脂材料的工艺过程。其目的是通过化学和物理作用使皮革内部的各个纤维被具有润滑作用的油脂包裹起来或纤维表面亲和了大量的"油性"分子,平衡了革纤维表面能量,使原来的高能表面转变为低能表面,增加了纤维间的相互可移动性,从而赋予了成革一定的物理机械性能和使用性能,即皮革更加柔软和耐折。

● **十六烷基三甲基氯化铵**

别名	西曲氯铵;1631;鲸蜡烷三甲基氯化铵;氯化十六烷三甲铵		
英文名	N-hexadecyltrimethylam-monium chloride	外观	本品是白色或微黄色膏状体或固体
分子式	$C_{19}H_{42}ClN$	熔点	232~234℃
结构式	N^+　Cl^-		
密度	0.968g/mL(25℃)	相对分子质量	320
溶解性	易溶于醇和热水中,耐热,耐光,耐强酸强碱		
质量标准	活性物含量≥70%;pH 值(1%水溶液)7.0		

应用性能	阳离子表面活性剂,用于皮革加脂剂,广泛应用于沥青乳化及防水涂料乳化剂、玻璃纤维柔软加工助剂及硅油乳化剂、医药工业助剂、护发素化妆品乳化调理剂、乳液起泡剂、物纤维柔软抗静电剂、涤纶真丝化助剂、有机膨润土的覆盖剂、蛋白质絮凝及水处理絮凝剂、蚕室蚕具消毒剂、洗涤消毒杀菌等
用量	加入量 1%~2%
生产方法	将 250 kg 十六烷二甲胺投入反应釜中,加 250L 石油醚溶解,通入 47 kg 氯甲烷,在密封条件下搅拌升温,在 80℃共沸 1 h,冷却、降温、降压,在常压加乙醇和乙酯混合溶剂进行重结晶,得成品

3.7.4 涂饰剂

● 乙二醇乙醚

别名	乙基溶纤剂、乙二醇单乙醚	相对分子质量	90.12
英文名	ethylene glycol monoethyl ether(EGME)	外观	无色液体,几乎无臭
分子式	$C_4H_{10}O_2$	熔点	−100℃
结构式	HO〜O〜	沸点	135℃(lit.)
		密度	0.93 g/mL(25℃)(lit.)
溶解性	与水、乙醇、乙醚、丙酮及液体酯类混溶,能溶解多种油类、树脂及蜡等		
质量标准	沸程(馏出 95%)133.5~135.5℃;相对密度 0.928~0.931;游离酸(以乙酸计)<0.01%;醛和酮<0.001%;灼烧残渣<0.005%		
应用性能	低挥发性溶剂。可用于皮革着色剂、乳化液稳定剂、油漆稀释剂、脱漆剂和纺织纤维的染色剂,还可用作硝基赛璐珞、假漆、天然和合成树脂等的溶剂等;是生产乙酸酯的中间体		
用量	按生产需要适量使用		
安全性	易燃液体,有毒,经口-大鼠 LD_{50}:2125mg/kg,经口-小鼠 LD_{50}:2451mg/kg		
生产方法	由环氧乙烷与乙醇反应而得:在 25~30℃,将环氧乙烷缓慢加入无水乙醇中,待温度升至 70℃,反应完后放置过夜;回收乙醇,用 10%氢氧化钠溶液中和至 pH=8,分馏得粗品;精馏,收集 133.5~135.5℃馏分得成品		

● 酪素

别名	干酪素、乳酪素	分子式	$C_{170}H_{268}N_{42}SPO_{51}$		
英文名	casein	相对分子质量	3775	外观	淡黄色或白色粉末
溶解性	不溶于水、乙醇和其他中性有机溶剂,能溶解于弱酸液中,在碱液中溶解性很好,在较强的酸性或碱性介质中易发生水解				
质量标准	淡黄色或白色粉末;N 含量 14%;水分≤10%				
应用性能	用于制造皮革涂饰用的有酪颜料膏和消光补伤材料				
用量	按生产需要适量使用				
生产方法	牛乳调节 pH 值后沉淀过滤蛋白,然后脱脂肪,干燥造粒即得产品				

3.8 橡塑助剂专用配方原料

橡胶生产与塑料加工生产都是国民经济中重要的配套行业，在国民经济建设中起着非常重要的作用。

生胶只有同各种有机、无机助剂相互以一定的比例配合，并在最适宜的工艺操作条件下混炼，才能获得性能良好的橡胶制品。因此橡胶助剂则是橡胶制品的基础原材料。

橡胶助剂通常分为以下六大类。

第一类为硫化体系助剂，主要有硫化剂、促进剂和活化剂。

第二类为防护体系助剂，主要是防老剂和阻燃剂。

第三类为操作系统助剂，主要有增塑剂（软化剂）、分散剂、均匀剂、增黏剂、脱模剂和防焦剂。

第四类为补强填充体系助剂，主要有炭黑、白炭黑、无机补强剂和填充剂和有机补强剂和填充剂。

第五类为黏合体系助剂，主要有间-甲-白体系、钴盐黏合促进剂、三嗪类黏合剂、浸渍黏合剂和胶黏剂。

第六类为其他助剂，如发泡剂、消泡剂、着色剂、芳香剂、防雾剂、防白蚁剂、润滑剂、脱模剂、隔离垫布处理剂、制品表面修饰剂和模具清洗剂。

塑料进行成型加工时为改善其加工性能或为改善树脂本身性能所不足而必须添加的一些化合物。例如，为了降低聚氯乙烯的成型温度，使制品柔软而添加的增塑剂；又如为了制备质量轻、抗振、隔热、隔音的泡沫塑料而要添加发泡剂；有些塑料的热分解温度与成型加工温度非常接近，不加入热稳定剂就无法成型。因而，塑料助剂在塑料成型加工中占有特别重要的地位。

本节重点叙述硫化剂、硫化促进剂以及防焦剂热稳定剂的常用品种，增塑剂、发泡剂等塑料工业配方原料可参考本书第 2 章有关内容。

3.8.1 硫化剂

硫化剂能使橡胶分子链起交联反应，使线型分子形成立体网状结构，可塑性降低，弹性剂强度增加的物质。除了某些热塑性橡胶不需要硫化外，天然橡胶和各种合成橡胶都需配入硫化剂进行硫化，橡胶经硫化后力学性能大大提高。

● 硫化剂 DTDM

英文名	4,4'-dithiodimorpholine	相对分子质量	236.36
化学名	4,4'-二硫代二吗啡啉	外观	白色至灰白色针状结晶,或结晶性粉末
分子式	$C_8H_{16}N_2O_2S_2$	熔点	124～125℃
结构式		相对密度	1.32～1.38
		溶解性	不溶于水,微溶于脂肪烃,溶于热乙醇、丙酮和四氯化碳,易溶于苯
质量标准	加热减量≤0.3%;灰分≤0.3%;总硫含量 25.0～29.0;100 目筛余物≤0.50%		
应用性能	它可作为天然胶和合成胶(丁苯、顺丁、丁基、三元乙丙、乙烯基烯类弹性等)的硫黄硫化有效促进剂,单用又可作硫化剂。在硫化程度下方能分解活性硫,其含量约为 27%,不污染、不变色,可用于浅色、着色、透明制品。其硫化胶具有力学性能高、耐臭氧性能高、抗臭氧性能好及混炼胶不焦烧的优点。单用量硫化速率慢,它与噻唑类、秋兰姆类、二硫代氨基甲酸盐并用可提高硫化速率,尤与次磺酰胺类促进剂并用效果尤佳,具有出色的耐热老化性,不喷霜,且压缩变形小,可用于轮胎和橡胶工业制品中		
用量	用量 0.5%～0.8%		
安全性	①无毒,在常温下贮存稳定 ②触及皮肤或黏膜能引起强而持久的辛辣感		
生产方法	吗啉与一氯化硫在溶剂中反应而得		

● 硫化剂 DCBP

英文名	vulcanizing agent DCBP	相对分子质量	380.10
化学名	二(2,4-二氯过氧化苯甲酰)	外观	白色至浅黄色结晶粉末
分子式	$C_{14}H_6Cl_4O_4$	熔点	45℃(分解)
结构式		相对密度	1.18
		溶解性	可溶于苯类有机溶剂;不溶于水、乙醇等
质量标准	含量 49%～52%(糊状);白度>60;Fe 含量≤0.0003%		
应用性能	本品用作硅橡胶硫化剂。适用于硅橡胶的无膜硫化和热空气硫化,制品不会产生气孔。本品对酸的敏感性较小,但胶料中不能配用炭黑		
安全性	①中等毒,LD_{50}≈225mg/kg(小鼠腹注) ②本品为强氧化剂,室温下较稳定,干燥后具有强烈的爆炸性		

生产方法	以吡啶、2,4-二氯甲苯为原料制得 2,4-二氯苯甲酸,2,4-二氯苯甲酸与亚硫酰氯按摩尔比为 1:2 反应制得的 2,4-二氯苯甲酰氯与丙酮搅拌溶解后,降温至 5℃以下,滴加过氧化钠水溶液,5~10℃充分反应后得 2,4-二氯过氧化苯甲酰

● 硫化剂 DTBP

英文名	di-*tert*-butylperoxide	相对分子质量	146.23
化学名	二叔丁基过氧化物	外观	无色或浅黄色透明液体
分子式	$C_8H_{18}O_2$	熔点	−40℃
结构式		相对密度	0.80
		溶解性	不溶于水,能溶于苯、石油醚、甲苯等有机溶剂中
质量标准	含量≥99%;有效氧≥10.72%;TBHP 含量≤0.5%;折射率 1.388~1.390（20℃）		
应用性能	硅橡胶用硫化剂。对酸的敏感性小,但胶料应控制一定的 pH 值。本品硫化温度要求高达 140~180℃,较各类过氧化物高,半衰期最长,但抗焦烧性优良。宜采用加压硫化工艺,以避免硫化时产生气孔。硫化产品气味小		
安全性	①急性毒性 LD_{50} 6750mg/kg(大鼠经口) ②具爆炸性,本品易燃,为可疑致癌物,具强刺激性。高浓度吸入本品蒸气对鼻、喉和肺有轻度刺激性。对眼和皮肤有轻度刺激性。经口刺激消化道 ③其蒸气与空气可形成爆炸性混合物,遇明火、高热能引起燃烧爆炸。与还原剂、促进剂、有机物、可燃物等接触会发生剧烈反应,有燃烧爆炸的危险		
生产方法	由叔丁醇在浓硫酸中与过氧化氢反应而得		

● 硫化剂 PDM

英文名	N,N'-*m*-phenylenedimaleimide	相对分子质量	268.22
化学名	1,3-亚苯基-二(1*H*-2,5-吡咯二酮)	外观	黄色粉末
分子式	$C_{14}H_8N_2O_4$	熔点	198~204℃
结构式		相对密度	1.56
		质量标准	加热减量≤0.5%;灰分≤0.5%
应用性能	本品作为多功能橡胶助剂,在橡胶加工过程中既可作硫化剂,也可作过氧化物体系的助硫化剂,还可以作为防焦剂和增黏剂,既适用于通用橡胶,也适用于特种橡胶和橡塑并用体系。在天然胶中,与硫黄配合,能防止硫化返原,改善耐热性,降低生热,耐老化,提高橡胶与帘子线黏合力和硫化胶模量。用于载重轮胎胶、缓冲层等橡胶中,可解决斜交载重轮胎肩空难题,也可用于天然橡胶的大规格厚制品及各种橡胶杂品		

用量	作为硫化剂用量为 2～3 份,作为防焦剂为 0.5～1.0 份
安全性	①急性毒性 LD$_{50}$ 1370 mg/kg(大鼠经口) ②可燃,受热分解有毒氮氧化物烟雾

● 硫化剂 DCP、硫化剂 TCY

通用名	硫化剂 DCP	硫化剂 TCY
英文名	dicumyl peroxide	trithiocyanuric acid
化学名	过氧化二异丙苯	三聚硫氰酸
分子式	C$_{18}$H$_{22}$O$_2$	C$_3$H$_3$N$_3$S$_3$
结构式		
相对分子质量	270.36	177.26
外观	白色菱状晶体	淡黄色粉末
熔点	41～42℃	＞300℃
相对密度	1.082	1.658
溶解性	不溶于水,溶于乙醇、乙醚、乙酸、苯和石油醚	溶于碱水溶液、丙酮、乙醇,不溶于甲苯和水
质量标准	含量≥99.0%;加热减量≤0.4%	加热减量≤0.5%;灰分≤0.3%;筛余物≤0.5%(63μm)
应用性能	本产品广泛适用于天然胶、合成胶、聚乙烯树脂等高分子材料的硫化剂,特别适用于白色透明、耐热、压缩变形低、金属结合力大的大型制品和注压制品。加入氧化锌后能改善硫化胶的力学性能,耐老化性能尤佳,在硫化乙丙胶、乙烯、醋酸乙烯橡胶时,配合活性剂后交联度大大提高,可赋予耐老化、耐寒、不喷霜、不污染金属的良好性能,本品对酸敏感极强,故不适用于含酸性的橡胶塑料及其他助剂如氯丁胶、槽炭黑等	本品硫化速率快,焦烧安全,可缩短硫化时间,无须二段硫化,制成的硫化胶具有耐油、耐热、耐变压、力学性能好等特点。该品可用于丙烯酸酯橡胶、氯醇橡胶和氯丁橡胶,也可用做丁腈胶和PVC 并用胶的共硫化交联剂,也可单独作为 PVC 酚醛树脂等交联剂
用量	本品一般用量在 1.25～5 份	常规用量 0.5～3 份
安全性	与硫酸、高氯酸等强酸相混会发生爆炸事故	①急性毒性 LD$_{50}$:9500mg/kg(大鼠经口) ②对眼睛、呼吸道和皮肤有刺激作用 ③存贮须远离氧化剂

生产方法	用还原剂亚硫酸钠将异丙苯过氧化氢还原成苯基二甲基醇,后者在高氯酸催化下与过氧化氢异丙苯缩合,经后处理得到过氧化二异丙苯	三聚氯氰与硫氰化钠反应制得

● 硫化剂 VA-7

英文名	vulcanizator VA-7	相对分子质量	296.54
化学名	脂肪族醚多硫化物	外观	淡黄绿色黏稠液体,稍有硫醇气味
分子式	$(C_5H_{10}O_2S_4)_n$	相对密度	$1.42\sim1.47$
结构式	$(C_2H_4-O-CH_2-O-C_2H_4-S-S-S-S)_n$		
黏度	$5\sim10Pa\cdot s(26.7℃)$	溶解性	溶于苯、四氯化碳;难溶于乙醇、乙醚;不溶于水
质量标准	总硫含量 $48\%\sim52\%$;总氯含量 $\leqslant4\%$;水分 $\leqslant0.1\%$;pH$6.0\sim8.0$;杂质 $\leqslant0.3\%$		
应用性能	本品是天然橡胶和各种合成橡胶及其并用橡胶的硫化剂;在橡胶中极易分散,受热时流动性和分散性加强。在硫化温度下,会释放出 $48\%\sim52\%$ 的活性硫,对橡胶产生高效交联作用,使线型分子链形成立体网状结构。交联效率高,交联时更多的形成单硫键和双硫键,使立体网状的分子链结构排列有序,更加稳固,因而硫化胶抗老化、耐热、拉力性、变形等物理机械性能均好,生产时可减少防老剂的用量,适用于橡套电线电缆、橡胶密封件、轮胎、内胎、轮胎的白லா侧胶料、胶带、输送带、胶管、胶鞋等高品质橡胶制品的制造		
用量	在橡胶制品中一般为 $1.25\sim2.00$ 份(以 100 份生胶计)		
安全性	本品无毒,用镀锌铁桶包装,贮存于阴凉、干燥处,按一般货物运输		
生产方法	用硫黄和氢氧化钠作用制得四硫化二钠;氯乙醇、甲醛和二氯乙烷制得单体;将所得单体与四硫化二钠进行缩合反应,制得本品		

● 硫化剂 MOCA

英文名	4,4'-methylene-bis(2-chloroaniline)		
化学名	3,3'-二氯-4,4'-二氨基二苯基甲烷或二邻氯二苯胺甲烷		
分子式	$C_{13}H_{12}N_2Cl_2$	外观	白色至淡黄色疏松针晶
结构式		熔点	$101\sim104℃$
		相对密度	1.44
相对分子质量	267.16	溶解性	溶于稀酸、醚和醇,微溶于水
质量标准	水分 $\leqslant0.2\%$;纯度 $\geqslant85.0\%$;游离苯胺 $\leqslant1.0\%$		
应用性能	本品主要用于浇注型聚氨酯橡胶的硫化剂、聚氨酯涂料和黏结剂的交联剂,也用于固化环氧树脂,制取抗电性极高的制品		

生产方法	先将邻氯苯胺溶于盐酸中,生成邻氯苯胺盐酸盐,再滴加甲醛进行缩合反应;待甲醛滴加完毕后,升温至回流,加入氢氧化钠溶液,进行中和反应体系的pH值为9~10;然后经水洗,在酒精水溶液中溶解;最后进行重结晶、离心脱水、干燥,即得硫化剂MOCA

● 四氯苯醌、对苯醌二肟

通用名	四氯苯醌	对苯醌二肟
英文名	chloranil	*p*-benzoquinone dioxime
化学名	2,3,5,6-四氯-2,5-环己二烯-1,4-二酮	对醌二肟
分子式	$C_6Cl_4O_2$	$C_6H_6N_2O_2$
结构式		
相对分子质量	245.88	138.12
外观	金黄色叶状结晶	纯品为淡黄色针状结晶,工业品为浅灰色粉末
熔点	290℃	240℃(分解)
相对密度	1.97	1.2~1.4
溶解性	溶于醚、微溶于醇、难溶于氯仿、四氯化碳和二硫化碳,几乎不溶于冷醇,不溶于水	溶于乙醇,微溶于丙酮,不溶于甲苯、溶剂汽油,水
质量标准	含量≥99.0%;水分≤0.5%;总氯量≥54.0%	含量≥98.0%;灰分≤0.1%;水分≤0.2%
应用性能	本品用作天然橡胶、丁基合成橡胶、丁腈橡胶和氯丁胶的硫化剂。主要用于制造丁基胶内胎、外胎,硫化胶囊、耐热制品、绝缘电线等。可单独使用也可与硫黄和其他硫化促进剂(如促进剂DM)混合使用,用以制造电缆和海绵橡胶制品	本品在胶料中易分散,硫化快,硫化定伸强度高。用作丁基胶、丁苯胶、天然胶、聚硫"ST"型橡胶的硫化剂,特别适用于丁基胶。该产品有变色及污染性,只适用于暗色制品
用量	一般用量0.5%~4.0%,如添加5%~20%,能提高胶料同织物材料的粘接强度	通常用量2~3份
安全性	无毒,有升华现象	低毒,可燃
生产方法	由五氯酚经氧化而得。将20%的五氯酚钠溶液加入反应釜内,用等物质的量的35%盐酸酸化,搅拌成糊状。然后按五氯酚钠质量的6%投入无水三氯化铁,升温至70℃以上,开始通氯,保持反应温度95℃以上,至反应油状物完全澄明无颗粒为终点。分去水层,取消同状物加98%浓硫酸酸化,即得四氯苯醌	先将苯酚溶于氢氧化钠溶液中,再加入亚硝酸钠和30%的硫酸,进行反应,逐渐有亚硝基酚结晶析出;然后静置过滤,结晶经水洗,得到亚硝基酚;最后经转化,与盐酸羟胺水溶液混合,加热进行肟化反应,反应结束后,过滤,即可得对苯醌二肟

3.8.2　硫化促进剂

简称促进剂，是能促进硫化作用的物质，可缩短橡胶的硫化时间或降低硫化温度，减少硫化剂用量及提高橡胶的物理机械性能等。硫化促进剂可分为无机促进剂与有机促进剂两大类。

无机促进剂中，除氧化锌、氧化镁、氧化铅等少量使用外，其余使用的大都是有机促进剂。有机促进剂种类繁多，有的带苦味，有的使制品变色，有的有硫化作用，有的兼具防老作用或塑解作用。

● 促进剂 CPB

英文名	di-*n*-butylxanthiogenate disulfide	相对分子质量	298.52
化学名	二硫化二正丁基黄原酸酯	外观	琥珀色液体
分子式	$C_{10}H_{18}O_2S_4$	相对密度	1.14～1.15
结构式		溶解性	溶于汽油、苯、丙酮、氯乙烷，不溶于水
应用性能	本品用作天然橡胶及丁苯胶乳、天然胶及其再生胶、丁腈胶、丁苯胶的超促进剂。本品不适用于高温硫化，常用二苄基胺、二苯胍和一苄基胺之混合物，活化后即得低温超速促进体系。胶料在室温下12h左右即能硫化，在100℃下正硫化时间为20～30min。槽法炭黑、陶土及酸性配合剂对其有抑制作用，而醛胺类、秋兰姆类、噻唑类及二硫代氨基甲酸盐类促进剂与二苄基胺和一苄基胺的混合物并用进一步增加其活性。配合时需加入氧化锌和硫黄，但不能加脂肪酸。因其促进作用太快，混炼时活性剂二苄基胺和一苄基胺的混合物不能与其同时混炼，应在最后混合时加入。全部胶料必须在规定的时间内处理完毕，放置时间过长即成废品。本品不变色，不污染		
用量	一般用量为2份，并配以2份左右的二苄基胺和一苄基胺的混合物		
安全性	①急性毒性：LD_{50} 2700mg/kg（小鼠经口） ②可燃性危险特性：热分解时会排出有毒二氧化硫烟雾 ③贮存于低温、通风干燥处		
生产方法	①正丁基黄原酸钾的合成。将正丁醇、氢氧化钾加入反应釜，搅拌溶解后，在低于20℃的条件下，滴加入二硫化碳进行反应，制得正丁基黄原酸钾 ②二硫化二正丁基黄原酸酯的合成。正丁基黄原酸钾加水溶解后，加入过氧化氢和醋酸，开启搅拌，在50℃左右进行氧化反应。反应产物经静置分离水层，油层经水洗后即得成品		

● 促进剂 MZ

英文名	zinc dimethyldithiocarbamate	相对分子质量	305.84	
化学名	2-硫醇基苯并噻唑锌盐	外观	浅黄色粉末	
分子式	$C_{14}H_8N_2S_4Zn$	熔点	240℃	相对密度	1.7
结构式		溶解性	可溶于氯仿、丙酮,部分溶于苯和乙醇、四氯化碳,不溶于汽油、水和乙酸乙酯	
质量标准	含锌量 15.5%～17.5%;加热减量≤0.4%;筛余物≤0.1%(150μm)			
应用性能	本品用作天然胶、合成胶用超促进剂以及乳胶用促进剂。特别适用于要求压缩变形的丁基胶和要求耐老化性能优良的丁腈胶,也适用于三元乙丙胶。硫化温度 100 ℃,但低温时活性较强,焦烧倾向大,混炼时易引起早期硫化。由于制品无毒、无味、不污染、不变色,因此适用于胶布、食品及医药用橡胶制品			
用量	一般用量 0.5～1.5 份			
安全性	本品中等毒性,与皮肤接触会引起皮炎,但在橡胶制品中既不污染,又无毒			
生产方法	将固碱投入反应釜内,加水溶解,配成10%浓度的氢氧化钠溶液。将促进剂 M(2-硫醇基苯并噻唑)加入碱液中,搅拌溶解,制得促进剂 M 的钠盐溶液。在上述制备的促进剂 M 的钠盐溶液中,加入 10% 的硫酸锌溶液,搅拌下保持温度在 30℃ 以下,进行复分解反应。反应产物经过滤、水洗、甩干、干燥、粉碎、过筛,即得成品			

● 促进剂 PZ、促进剂 EZ

通用名	促进剂 PZ	促进剂 EZ
英文名	zinc dimethyldithiocarbamate	zinc diethyldithiocarbamate
化学名	二甲基二硫代氨基甲酸锌	二乙基二硫代氨基甲酸锌
分子式	$C_6H_{12}N_2S_4Zn$	$C_{10}H_{20}N_2S_4Zn$
结构式		
相对分子质量	305.4	361.9
外观	白色粉末	白色粉末
熔点	240℃	175℃
相对密度	1.66	1.49
溶解性	微溶于乙醇和四氯化碳	溶于 1%氢氧化钠、二硫化碳、苯、氯仿,不溶于汽油
质量标准		
含量,w	≥98.0%	≥98.0%
含锌,w	20.5%～22.0%	20.0%～22.0%
加热减量,w	≤0.30%	≤0.30%
灰分,w	25.0%～27.0%	—
筛余物,w	≤0.30%(63μm)	≤0.30%(63μm)

应用性能	本品系天然胶、合成胶用超促进剂及胶乳用一般促进剂。本品在橡胶中易分散,适用于浅色和艳色制品。主要用于胶乳制品,也可以用于自硫胶浆、胶布、冷硫制品、食品用橡胶制品	本品系天然胶与合成胶用超促进剂,亦为胶乳通用促进剂,系二硫代氨基甲酸锌盐的典型代表。本品是噻唑类和次磺酰胺类促进剂良好的活性剂。本品亦用做胶乳的非水溶性促进剂,对胶乳的稳定性影响很小。本品适用于白色或艳色制品、透明制品。主要用于制造胶乳制品,也可用于制造医疗制品、胶布和自硫制品等
用量	—	在干胶胶料中一般用量为 0.1~1.0 份,在胶乳胶料中为 0.5~1.0 份
安全性	本品无味、无毒,贮存在阴凉干燥、通风良好的地方,包装好的产品应避免阳光直射	本品无毒
生产方法	促进剂 EZ:将氢氧化钠溶液、二乙胺、冰块及二硫化碳加入反应釜内,在搅拌下进行缩合,反应温度控制在 15℃以下,反应后,当 pH 值为 8 左右时缩合反应结束,反应生成二乙基二硫代氨基甲酸钠。过滤。向反应液中加入 3~5 倍的水,在搅拌下加入左右的硫酸锌溶液,即可生成二乙基二硫代氨基甲酸锌沉淀物	

● 促进剂 BZ、促进剂 TP

通用名	促进剂 BZ	促进剂 TP
英文名	zinc dibutyl dithiocaarbamate	sodium di-*n*-butyl dithiocarbamate
化学名	二正丁基二硫代氨基甲酸锌	二正丁基二硫代氨基甲酸钠
分子式	$C_{18}H_{36}N_2S_4Zn$	$C_9H_{18}NNaS_2$
结构式	$\left[\begin{matrix} CH_3(CH_2)_3 \\ CH_3(CH_2)_3 \end{matrix} N-C\begin{matrix} S^- \\ \\ S \end{matrix} \right]_2 Zn^{2+}$	
相对分子质量	474.13	227.37
外观	乳白色或白色粉末	黄色或红褐色半透明液体
熔点	104~108℃	—
相对密度	1.18~1.24	1.09
溶解性	溶于苯、二硫化碳、氯仿、二氯甲烷,微溶于汽油。不溶于水和稀碱	能与水混溶
质量标准	含量≥98.0%;水溶性锌盐≤0.01%;加热减量≤0.3%;灰分≤0.5%	含量≥40.0%;游离碱≤1.3%;油状物≤1.0%

应用性能	用作天然橡胶、丁苯胶、异戊胶及其胶乳化剂的硫化促进剂。硫化促进效果与 PZ、EZ 相似，但焦烧性小。对胶乳来说，比 PZ/EZ 硫化促进用强，室温能硫化。在干胶和乳胶中的性能与促进剂 ZDC 相似，但活性更大。用于干胶时，一般作为助促进剂，是噻唑类的活性促进剂。也用作胶黏剂及胶泥的非污染性稳定剂，在混炼胶中具有防老化的作用，能改善硫化胶的耐老化性能	用作天然橡胶、丁苯胶、氯丁胶及其胶乳硫化促进剂。硫化速率比二硫化氨基甲酸铵慢；可与秋兰姆、噻唑及胍类硫代促进剂配合使用
用量	根据硫化胶定伸强度、透明度及其他性能要求，用量范围为 0.5～2 份	—
安全性	本品无毒，有特殊气味。不变色，不污染，易分散。贮存稳定	不宜贮存在铁制容器内
生产方法	由水溶性锌盐溶液和二正丁基二硫代氨基甲酸的碱金属盐的水溶液进行反应制得	由二正丁胺和二硫化碳在氢氧化钠存在下反应生成

● 促进剂 DS、促进剂 CZ

通用名	促进剂 DS	促进剂 CZ
英文名	2-(4-morpholinyldithio)-benzothiazol	N-cyclohexylbenzothiazole-2-sulphena-mide
化学名	2-(4-吗啉基二硫代)苯并噻唑	N-环己基-2-苯并噻唑次磺酰胺
分子式	$C_{11}H_{12}N_2OS_3$	$C_{13}H_{16}N_2S_2$
结构式		
相对分子质量	284.42	264.41
外观	浅黄色粉末	灰白色粉末
熔点	123～135℃	98.0℃
相对密度	1.51	1.31～1.34
溶解性	溶于氯仿，微溶于二硫化碳、丙酮，不溶于苯、石油醚、乙醇和水	易溶于苯、甲苯、氯仿、二硫化碳、二氯甲烷、丙酮、乙酸乙酯，不易溶于乙醇，不溶于水和稀酸、稀碱和汽油

质量标准		
加热减量,w	≤0.3%(粉料)	≤0.3%
灰分,w	≤0.3%(粉料)	≤0.30%
筛余物,w	≤0.1%(150μm,粉料)	≤0.05%(150μm)
应用性能	橡胶的后效性硫化促进剂,亦可用作硫化剂。作促进剂用时,在天然胶中性能与促进剂 CZ 相似,但迟延性稍大。在 54-1(W)型氯丁胶中应用时,配以促进剂 PZ,能加快硫化速率,焦烧性能亦好,制品物理性能优良。在丁苯胶中应用时,焦烧性能较差,可配硬脂酸促旱灾焦烧并提高定伸强度。作硫化剂用时,宜加入少量秋兰姆或二硫代氨基甲酸盐类促进剂,提高硫化速率,制品耐老化性能也能得到改进。该品在橡胶中易分散,几乎无污染性。主要用于制造轮胎、胶鞋、海绵等工业制品	本品是一种高度活泼的后效性促进剂,抗焦烧性能优良,加工安全,硫化时间短。在硫化温度 138℃以上时促进作用很强。碱性促进剂如秋兰姆类和二硫代氨基甲酸盐类可增强其活性。主要用于制造轮胎、胶管、胶鞋、电缆等工业橡胶制品
用量	一般用量 2.5~5 份	—
安全性	本品无毒	本品低毒
生产方法	由促进剂 M 与吗啉经一氯化反应制得促进剂 DS	先将 2-硫醇基苯并噻唑(促进剂 M)加入到氢氧化钠溶液中,制成 2-硫醇基苯并噻唑的钠盐溶液;再投入环己胺并且滴加次氯酸钠溶液,生成的促进剂 CZ 将从溶液中析出;最后经吸滤、水洗、离心脱水、干燥、粉碎、筛选、包装后,即得

● 促进剂 ZBX、促进剂 DIP

通用名	促进剂 ZBX	促进剂 DIP
英文名	zinc n-butylxanthate	isopropylxanthic disulfide
化学名	正丁基黄原酸锌	二硫化二异丙基黄原酸酯
分子式	$C_{10}H_{18}O_2S_4Zn$	$C_8H_{14}O_2S_4$
结构式		

相对分子质量	363.92	270.46
外观	白色至浅黄色粉末	淡黄色至黄绿色粒状结晶
熔点	105℃	52～56℃
相对密度	1.24～1.56	1.28
溶解性	稍溶于苯、乙醇及二氯乙烷,微溶于丙酮,不溶于水和汽油	不溶于水,溶于乙醇、丙酮、苯、汽油等有机溶剂
质量标准	灰分≤25%;水分≤0.5%	含量≥96.0%;水分≤0.5%;苯不溶物≤2%
应用性能	本品为超促进剂,用作天然胶、氯丁胶、丁腈胶、再生胶、丁苯胶及胶乳等橡胶的超促进剂。与二苄基胺和一苄基胺的混合物一起可作为低温超促进剂	本品可用作天然橡胶及胶乳、丁苯橡胶及胶乳、丁腈橡胶和再生胶用超促进剂。主要用于制造胶布、医疗和手术用橡胶制品、胶鞋、防水布、自硫胶浆及胶乳制品等还可用作合成橡胶的分子量润滑油调节剂、矿石浮选剂、调节剂、杀菌剂和除草剂等
安全性	遇水或热即分解,需贮藏于阴凉、干燥处	有毒,可以起皮肤过敏肿胀。严禁与过氧化物接触
生产方法	先将正丁醇、氢氧化钠水溶液在搅拌下进行溶解,然后滴加入二硫化碳进行反应,直到体系 pH 值保持恒定为止,所得反应产物为正丙基黄原酸钠。最后加入硫酸锌进行复分解反应,所得反应产物经离心脱水、洗涤、烘干、粉碎,即得成品	先将异丙醇、氢氧化钠水溶液在搅拌下进行溶解,然后滴加入二硫化碳,进行反应,直到反应体系的 pH 值保持不变为止,停止反应,最后,所得反应产物经过滤、烘干、粉碎,即得异丙基黄原酸钠。将异丙基黄原酸钠、过硫酸钾及软水加热,再在搅拌下进行氧化反应,然后所得反应产物经洗涤、过滤、真空干燥后,即得成品

● 促进剂 SIP、促进剂 ZIP

通用名	促进剂 SIP	促进剂 ZIP
英文名	proxan-sodium	accelerant ZIP
化学名	异丙基黄原酸钠	O,O'-二异丙基双二硫代碳酸酯锌盐
分子式	$C_4H_7OS_2Na$	$C_8H_{14}O_2S_4Zn$
结构式		
相对分子质量	159.22	335.8
外观	淡黄色或淡灰色粉末或棒、粒状物	乳白色或浅黄色粉末
熔点	126℃	145℃

相对密度	1.10～1.40	1.53～1.55
溶解性	溶于水和二硫化碳,微溶于乙醇或丙酮,难溶于汽油、四氯化碳、氯仿、苯、甲苯	溶于二硫化碳,微溶于苯、甲苯、乙醇、二氯乙烷、氯仿、四氯化碳,不溶于水
质量标准	水分≤0.5%;灰分≤30.0%	水分≤0.5%;灰分≤30.0%
应用性能	本品用作超促进剂,供天然橡胶、丁苯橡胶及胶乳常温硫化使用。硫化活性较促进剂 ZIP 高,若加入氧化锌,活性会进一步提高	本品是作用较强的超促进剂,可用于室温硫化胶乳制品和胶浆。硫化临界温度 100℃,硫化温度不宜超过 110℃,否则有分解倾向。本品能降低胶乳稳定性,在胶乳中使用时应加入稳定性。在自硫胶浆中宜与二乙基二硫代氨基甲酸二乙胺掺用。除用于制造胶乳浸渍制品、模型制品及胶浆外,还可用于胶丝及防水织物等
用量	一般用量 0.5～2 份	一般用量为 1～2.5 份
安全性	本品无毒,对皮肤、眼睛、黏膜和呼吸道有刺激作用	本品无毒
生产方法	异丙醇、氢氧化钠溶液加入反应釜,搅拌下溶解,然后滴加二硫化碳,20℃反应之体系 pH 值恒定。停止反应,回收过量二硫化碳。反应物经过滤、烘干、粉碎,得成品	先将异丙醇、氢氧化钠溶液在搅拌下进行溶解,然后滴加入二硫化碳进行反应。所得的反应产物为异丙基黄原酸钠。最后加入硫酸锌进行复分解反应。将所得反应产物经离心脱水、洗涤,于55～60℃下烘干、粉碎后,即得成品

● 促进剂 NOBS

英文名	N-(oxidiethylene)-2-benzothiazolyl sulfenamide	相对分子质量	253.35
化学名	N-氧化二亚乙基-2-苯并噻唑次磺酰胺	外观	浅黄色片状或颗粒状固体
分子式	$C_{11}H_{12}N_2OS_2$	熔点	78～80℃
结构式		相对密度	1.34～1.40
		溶解性	不溶于水和汽油,溶于苯,易溶于氯仿
质量标准	含量≥98.0%;加热减量≤0.3%;灰分≤0.2%;游离胺≤0.5%;甲醇不溶物≤0.5%;杂质≤20 个/g		
应用性能	本品为磺酰胺类硫化促进剂,是一种迟效高速硫化促进剂,活性小,退延性较大,硫化时间短,抗焦烧性能优良,加工安全,易分散,不喷霜,轻微变色,适用于天然胶和合成胶,但不宜用于氯丁橡胶。可用于轮胎、内胎、胶鞋、胶带等胶料		

安全性	①急性毒性,1980mg/kg(大鼠经口);1870 mg/kg(小鼠经口) ②燃烧产生有毒氮氧化物和硫化物烟雾
生产方法	以 2-巯基苯并噻唑或二硫化二苯并噻唑与吗啉进行氧化而得

● 促进剂 D

英文名	diphenyl guanidine		相对分子质量	211.27	外观	白色粉末
化学名	二苯胍		熔点	144~148℃		
分子式	$C_{13}H_{13}N_3$		相对密度	1.13~1.19		
结构式			溶解性	溶于苯、甲苯、氯仿、乙醇、丙酮、乙酸乙酯,易溶于无机酸,微溶于水,其水溶液呈强碱性		
质量标准	加热减量≤0.4%;灰分≤0.4%					
应用性能	本品是天然橡胶和合成橡胶的中速促进剂。常常用作噻唑类、秋兰姆和次磺酰胺类促进剂的活性剂。当其与促进剂 DM、TMTD 并用时,可用于连续硫化。用噻唑类促进剂的第二促进剂时,硫化胶的耐老性能有所下降,必须配以适当的防老剂。在氯丁橡胶中,有增塑剂和缩解剂的作用。使用本品胶料具有变色性,因此不适用于白色或浅色的橡胶制品,以及与食品接触的橡胶制品。主要用于制造胶板、鞋底、工业制品、轮胎、硬质胶和厚壁制品					
用量	作为第一促进剂用量为 1~2 份,作噻唑促进剂的第二促进剂时一般用量为 0.1~0.5 份					
安全性	①本品有毒,与皮肤接触时有刺激性 ②本品贮存于通风干燥处					
生产方法	先将硫酸铵、氨水、乙醇按配比投入反应釜中,充分溶解,再加入 N,N'-二苯基硫脲和氧化铅,加热充分反应,正处氨和乙醇,并除去固体物硫化铅。加入过量活性炭,搅拌脱色,过滤二苯胍硫酸盐。在二苯胍硫酸盐中搅拌下加入氢氧化钠溶液,达中性时,二苯胍游离出来,在溶液中析出,过滤后,获二苯胍粗品。经水洗、离心脱水、干燥、粉碎、筛分得成品					

● 促进剂 TDEC、促进剂 CZ

通用名	促进剂 TDEC	促进剂 CZ
英文名	tellurium	accelerator CZ
化学名	二乙基二硫代氨基甲酸碲	N-环己基-2-苯并噻唑次磺酰胺
分子式	$C_{20}H_{40}N_4S_8Te$	$C_{13}H_{16}N_2S_2$
结构式		

相对分子质量	721.17	264.41
外观	黄色粉末	灰白色粉末
熔点	108～118℃	94～98℃
相对密度	1.48	1.27～1.30
溶解性	可溶于氯仿、苯和二硫化碳，微溶于乙醇和汽油，不溶于水	易溶于苯、甲苯、氯仿、二硫化碳、二氯甲烷、丙酮、乙酸乙酯，不易溶于乙醇，不溶于水和稀酸、稀碱和汽油
质量标准	加热减量≤0.5%；灰分≤0.5%；筛余物≤0.1%（150μm）；碲含量16.5%～19.0%	含量≥99.0%；加热减量≤0.2%；灰分≤0.2%
应用性能	本品为天然胶和丁苯胶的超硫化促进剂。通常与噻唑类、亚磺酰胺类促进剂并用，因为它不染色、不污染，也可作为一种连续硫化的主要促进剂使用。能直接加入橡胶而不引起焦烧，硫化速率快，能增加拉伸强度。主要用于制造气囊（内胎、水胎），与秋兰姆、噻唑类促进剂并用，可提高硫化速率	本品是一种高度活泼的后效促进剂，抗焦烧性能优良，加工安全，硫化时间短。在硫化温度138℃以上时促进作用很强。常与TMTD或其他碱性促进剂配合作第二促进剂。碱性促进剂如秋兰姆类和二硫代氨基甲酸盐类可增强其活性。主要用于制造轮胎、胶管、胶鞋、电缆等工业橡胶制品
用量	常用添加量为0.5%～2%	—
安全性	—	①LD$_{50}$ 36mg/kg（小鼠腹腔）；400mg/kg（小鼠灌胃） ②遇高热、明火或与氧化剂接触，有引起燃烧的危险 ③对人可产生应变性改变，主要在皮肤的裸露部分出现皮炎；呼吸道黏膜也可受损

● 促进剂 TT

英文名	tetramethyl thiuram disulfide	相对分子质量	240.44
化学名	N,N'-四甲基二硫双硫羰胺	外观	白色或淡黄色粉末
分子式	$C_6H_{12}N_2S_4$	熔点	156～158℃
		相对密度	1.43
结构式		溶解性	溶于苯、丙酮、氯仿，难溶于乙醇、乙醚，不溶于水、稀碱液、石油醚
质量标准	含量≥98.0%；加热减量≤0.5%；灰分≤0.4%；≤0.1%（150μm）		
应用性能	本品是天然、合成胶及乳胶的超促进剂，并可用作硫化剂，本品亦是噻唑类促进剂优良的第二促进剂，并可与其他促进剂并用，作为连续硫化胶料的促进剂		

安全性	①急性毒性 LD$_{50}$ 为 865mg/kg(大鼠经口) ②对呼吸道与皮肤有刺激作用
生产方法	将二甲胺与二硫化碳在 30~40℃下反应,其反应液用过氧化氢和硫酸氧化而得

● 促进剂 DOTG

英文名	ditolylguanidine	相对分子质量	239.32
化学名	N,N'-二邻甲苯胍	外观	灰白色粉末
分子式	C$_{15}$H$_{17}$N$_3$	熔点	175~178℃
结构式	 	相对密度	1.09
		溶解性	溶于氯仿、丙酮、乙醇、微溶于苯,不溶于汽油和水
		质量标准	加热减量≤0.3%;灰分≤0.3%;筛余物≤0.1%(150μm)
应用性能	本品为胍类硫化促进剂。可用于天然橡胶、二烯类合成橡胶。活性与促进剂 D(二苯胍)极为相似。在操作温度下活性很小,操作十分安全。硫化临界温度为 141℃,在硫化温度下特别是高于临界温度时十分活泼,且硫化平坦性较好。本品是酸性促进剂,尤其是噻唑类、次磺酰胺类促进剂的重要活性剂,与促进剂 M 并用有超促进剂的效果。主要用于厚壁制品、胎面胶、缓冲胶、胶辊覆盖胶等		
用量	作第一促进剂时用量一般为 0.8~1.5 份,作噻唑促进剂的第二促进剂时用量为 0.1~0.5 份		
安全性	本品低毒。贮存于通风良好,干燥阴凉地方,避免阳光直射		
生产方法	①由邻甲苯胺与二硫化碳为原料,进行缩合反应,反应完成后,经过滤、水洗、干燥制得二邻甲苯基硫脲 ②当乙醇溶液为氨所饱和后,加入上述制得的二邻甲苯基硫脲,再通入氨;然后将氧化锌用水调成糊状,缓缓滴加进行反应。待反应完毕,泄压回收氨气,将反应物趁热过滤,滤饼经乙醇洗涤,并将滤液和洗液合并,蒸馏回收乙醇;最后剩余物用盐酸酸化,用氢氧化钠溶液重新碱化,二邻甲苯胍析出。经过滤、水洗、甩干、在 80℃下烘干、粉碎、过筛后,即得成品		

● 促进剂 M、促进剂 DM

通用名	促进剂 M	促进剂 DM
英文名	accelerator M	2,2'-dibenzothiazoledisulfde
化学名	2-硫醇基苯并噻唑	2,2'-二硫代二苯并噻唑
分子式	C$_7$H$_5$NS$_2$	C$_{14}$H$_8$N$_2$S$_4$
结构式		

相对分子质量	167.26	332.46
外观	淡黄色粉末	浅黄色针状晶体
熔点	170～181℃	180℃
密度	1.42～1.52g/mL	1.50g/mL
溶解性	易溶于乙酸乙酯、丙酮、氢氧化钠及碳酸钠的稀溶液中，溶于乙醇，不易溶于苯，不溶于水和汽油	室温下微溶于苯、二氯甲烷、四氯化碳、丙酮、乙醇、乙醚等，不溶于水、乙酸乙酯、汽油及碱
质量标准	含量≥99.5%；加热减量≤0.3%；灰分≤0.3%；筛余物：≤0.1%（150μm），≤0.5%（63μm）	加热减量≤0.3%；灰分≤0.3%
应用性能	通用型促进剂，广泛用于各种橡胶，对天然胶和一般硫黄硫化合成胶具有快速促进作用，硫化平坦性很宽。在氯丁胶和无硫硫化体系中又可作硫化延缓剂和抗焦烧剂。本品还用作天然胶的化学增塑剂。在橡胶中易分散，不污染	本品为天然胶、合成胶、再生胶通用型促进剂，在胶料中易分散、不污染。硫化胶耐老化性优良，但与硫化胶接触的物品易有苦味，故不适用于与食品接触的橡胶制品。可用于制造轮胎、胶管、胶带、胶布、一般工业橡胶制品等
用量	一般用量1～2份	一般用量1～2份
安全性	①低毒，LD$_{50}$：5000mg/kg ②可燃，贮存稳定。呈粉尘时，爆炸下限为21g/m³	①本品低毒，刺激皮肤和黏膜，引起皮炎及难以治疗的皮肤溃疡，并致敏 ②粉尘有爆炸危险，遇明火可燃烧
生产方法	熔融硫、苯胺、CS$_2$、苯并噻唑加入带有搅拌的高压反应釜中，反应温度为240～250℃，压力为8～9MPa，反应结束后，放压，回收生成的H$_2$S和未反应的CS$_2$。生成物用NaOH进行碱熔制得钠盐，用吹入的空气使树脂生成物沉淀，过滤后除去。滤液中加入硫酸进行酸化，是促进剂M沉出，然后经纯碱中和、过滤、水洗、干燥、粉碎、筛选，即得成品	将2-巯基苯并噻唑（参见促进剂M）和亚硝酸钠加入气相鼓泡塔内，滴加10%的硫酸溶液，并鼓入空气。控制反应温度在60℃左右。硫酸滴加完后，继续鼓入空气，温度仍保持60℃，直至反应完全

● 促进剂 TMTM

英文名	tetramethyl thiuram monosulfide	相对分子质量	208.4
化学名	一硫化四甲基秋兰姆	外观	黄色粉末或颗粒
分子式	C$_6$H$_{12}$N$_2$S$_3$	熔点	104.0℃
结构式		密度	1.37～1.40g/mL
		溶解性	溶于苯、丙酮、二氯乙烷、二硫化碳、甲苯，微溶于乙醇和乙醚，不溶于汽油和水

质量标准	加热减量≤0.4%;灰分≤0.3%;筛余物≤0.1%(150μm),≤0.5%(63μm)
应用性能	本品为不变色、不污染的超促进剂,主要用于天然橡胶和合成橡胶。活性较促进剂 WILLING TMTD 低 10%左右,硫化胶定伸强度也略低。硫化临界温度 121℃后效性比二硫化秋兰姆和二硫代氨基甲酸盐类促进剂都大,抗焦烧性能优良。使用本品时硫黄用量范围较大。本品可单独使用,也可与噻唑类、醛胺类、胍类等促进剂并用,是噻唑类促进剂的活性剂。在通用型(GN-A 型)丁胶中有延迟硫化的效应。在胶乳中与二硫代氨基甲酸盐并用时,能减少胶料早期硫化的倾向。本品不能分解出活性硫,不能用于无硫配合
安全性	本品低毒
生产方法	二硫化四甲基秋兰姆和氰化钠加入反应釜,再加入水和乙醇,搅拌下升温至 40~50℃,进行脱硫反应。反应完全后,降温,静置分层。油层经水洗,分离脱水后,即得成品

3.8.3 防焦剂

胶料在贮存和加工过程中因受热的作用会发生早期硫化(交联)并失去流动性和再加工的能力,这就是焦烧现象。胶料的焦烧是橡胶加工过程中常见的问题之一。特别是在现代特征的高温、快速、高效加工工艺中和配用容易引起焦烧的配合剂(如补强树脂、间-甲-白体系黏合剂、细粒子炭黑等),焦烧问题更容易发生。焦烧可以通过调整硫化体系解决,但要小心引起胶料性能的改变;可以通过冷却来改善胶料贮存或加工条件,但需要复杂的设备。

现在广泛认为,使用防焦剂是最为简单易行的防止焦烧的方法。因此,防焦剂(又名硫化延缓剂)成为橡胶加工安全的一个重要操作助剂。

用作橡胶防焦剂的化学品有三类。

(1)有机酸类　如水杨酸、安息香酸、邻乙酸苯甲酸、邻苯二甲酸酐。此类化学品防焦能力弱,影响成品和物理机械性能,对促进剂品种选择性大,会降低硫化速度和硫化胶性能,不宜多用。其中较常用的是邻苯二甲酸酐,可以用于浅色橡胶制品。

(2)亚硝基化合物类　N-亚硝基二苯胺、N-亚硝基-苯基-β-萘胺、N-亚硝基-2,2,4-三甲基-1,2-二氢喹啉聚合物。其中常用的是 N-亚硝基二苯胺(NA)。

(3)次磺酰胺类防焦剂　是含有 S—N 键合的一系列化合物,随 R

基不同可以获得不同性能的防焦剂。

● 防焦剂 MTP、防焦剂 NA

通用名	防焦剂 MTP	防焦剂 NA
英文名	N-morpholinothio Phthaldamide	N-nitrosodiphenylamine
化学名	N-(吗啉硫代)酞酰亚胺	N-亚硝基二苯胺
分子式	$C_{12}H_{15}N_3O_3S$	$C_{12}H_{10}N_2O$
结构式		
相对分子质量	281.33	198.2
外观	白色粉末	黄褐色结晶粉
熔点	180℃	64～66℃
密度	—	1.24g/mL
溶解性	能溶于甲醇、甲醇,不溶于丙酮、甲苯、苯、二甲苯、四氯化碳和水	不溶于水,难溶于乙醇,易溶于丙酮、苯、乙酸乙酯、二氯乙烷
应用性能	是一种有效的防焦剂,而且兼有硫化作用。该品同其他防焦剂相比显著特点是在硫化初期就有防止焦烧的作用,硫化后期双能增强硫化。故又叫硫化调节剂	用作天然橡胶、合成橡胶(丁基橡胶除外)的防焦剂,也可作为已有轻微焦烧的胶料的再塑化剂,还可作高效阻聚剂。对含噻唑类、秋兰姆类、二硫代氨基甲酸盐类等碱性促进剂,尤其对含噻唑胍、噻唑秋兰姆促进体系的胶料特别有效;对配以醛胺类促进剂的胶料作用不大,不适于秋兰姆无硫化胶料。可代替木焦油为氯丁橡胶的高效阻聚剂
安全性	—	①急性毒性 LD_{50} 1650mg/kg(大鼠经口) ②对人体有刺激性和毒性。受热分解释出有毒的氮氧化物气体。有可疑的致癌作用 ③遇明火、高热可燃。与氧化剂能发生强烈反应。受热分解,放出有毒的烟气
生产方法	硫代吗啉用氯气氯化,得到吗啉基次磺酰氯,吗啉基次磺酰氯再同酞酰亚胺缩合,得到防焦剂 MTP	由二苯胺与亚硝酸钠在硫酸存在下反应而得

● 防焦剂 CTP

化学名	N-环己基硫代邻苯二甲酰亚胺		分子式	$C_{14}H_{15}O_2NS$
相对分子质量	261.3	熔点	90~94℃	外观	淡黄色结晶
				密度	1.25~1.35g/mL
结构式			溶解性	易溶于苯、乙醚、丙酮和醋酸乙酯,溶于温热的正庚烷和四氯化碳中。微溶于汽油,不溶于煤油和水
质量标准	纯度≥97%;加热减量≤0.3%;甲苯不溶物≤0.5%;灰分≤0.4%			
应用性能	本品为天然胶和合成橡胶用防焦剂,具有良好的防焦效能,在获得同等防焦效果的情况下,用量比有机酸类和亚硝基化合物类防焦剂少。本品与次磺酰胺类或噻唑类促进剂并用,防焦效果尤为显著,而且效果与用量成正比,这样可通过调整用量有效地控制加工安全性,提高为硫化胶料的贮存稳定性。在一定的用量范围内,本品对硫化速率和硫化胶物性无不良影响,用量过多时,定伸强度稍有下降,对此可多加入一些硫黄予以调整。本品对轻微焦烧得胶料有复原作用,对金属氧化物硫化或树脂硫化体系无防焦作用			
用量	通常用量为 0.1~0.5 份			
生产方法	由酰酰亚胺与环己基次磺酰氯反应而得。也可由二环己基二硫化物经氯化后与酰酰亚胺缩合			

3.8.4 橡胶补强剂

橡胶补强剂是用以提高橡胶制品强度的物质,有时也称增强剂。加入生橡胶经硫化后,能增加硫化橡胶的拉伸强度、硬度、耐磨耗和耐屈挠等性能。其效能与颗粒大小、形状、表面性质等有关。可分无机补强剂和有机补强剂两大类。

以无机补强剂中的炭黑为最重要,其次为白炭黑、陶土、碳酸钙、碳酸镁等。有机补强剂如香豆酮茚树脂(古马隆树脂)和一些纤维状填料如各种合成纤维、碳纤维等。用量一般是橡胶质量的10%以上。

3.8.5 热稳定剂

热稳定剂是一类能抑制聚合物在加工与使用过程中发生热老化的物质。

例如PVC,在100~150℃明显分解,紫外线、机械力、氧、臭氧、氯化氢以及一些活性金属盐和金属氧化物等都会大大加速PVC的分解,其热氧老化过程通常分为两步:

（1）脱氯化氢　PVC 聚合物分子链上脱去活泼的氯原子产生氯化氢，同时生成共轭多烯烃；

（2）形成更长链的多烯烃和芳环　随着降解的进一步进行，烯丙基上的氯原子极不稳定易脱去，生成更长链的共轭多烯烃，即所谓的"拉链式"脱氢，同时有少量的 C—C 键的断裂、环化，产生少量的芳香类化合物。其中脱氯化氢是导致 PVC 老化的主要原因。

在加工过程中，PVC 的热分解对于其他的性质改变不大，主要是影响了成品的颜色，加入热稳定剂可以抑制产品的初期着色性。当脱去的 HCl 质量分数达到 0.1%，PVC 的颜色就开始改变。根据形成的共轭双键数目的不同，PVC 会呈现不同种颜色（黄、橙、红、棕、黑）。如果 PVC 热分解过程中有氧气存在的话，则将会有胶态炭、过氧化物、羰基和酯基化合物的生成。但是在产品使用的长时间内，PVC 的热降解对材料的性能影响很大，加入热稳定剂可以延迟 PVC 降解的时间或者降低 PVC 降解的程度。

PVC 加工中常用的热稳定剂有碱式铅盐类稳定剂、金属皂类稳定剂、有机锡稳定剂、稀土稳定剂、环氧化合物等。

● 二盐基硬脂酸铅、二盐基亚磷酸铅

通用名	二盐基硬脂酸铅	二盐基亚磷酸铅
英文名	dibasic lead stearate	dibasic lead phosphite
化学名	双(十八酸)二氧化二铅	—
分子式	$PbO \cdot Pb(C_{17}H_{35}COO)_2$	$2PbO \cdot PbHPO_3$
相对分子质量	1013.35	733.6
外观	白色粉末	白色或微黄色粉末
熔点	>280℃(有分解现象)	—
密度	2.15g/mL	6.1g/mL
溶解性	不溶于水,溶于乙醚	不溶于水和所有的有机溶剂,溶于盐酸、硝酸
质量标准	Pb 含量 51.5%±1.5%；水分≤1.0%；细度≥99.5%(通过 150 目筛)	Pb 含量(以 PbO 计)89.0%～91.0%；亚磷酸(以 H_3PO_3 计)10.0%～12.0%；加热减量≤0.30%；筛余物≤0.30%(75μm 筛)

应用性能	本品用作聚氯乙烯的热稳定剂,并有优良的润滑作用。电绝缘性能、光稳定性能和耐水性能均优。在加工温度下本品不熔融,显示固体润滑剂的特性。本品与镉盐配合,可改善其硫化污染性及初期着火性。主要用于挤出制品。如塑胶管、波纹板、电线及注塑制品等	本品为聚氯乙烯和聚氯乙烯/聚乙烯共聚物的热稳定剂,并具有耐候性、热稳定性、电绝缘性等优良性能,并有抗氧化性和屏蔽紫外线的性能。主要用于不透明硬质及软质制品,特别是室外用电缆、建筑用板材、瓦楞板、管材等
用量	一般用量 0.5～1 份	—
安全性	①无可燃性和腐蚀性 ②有毒,LD$_{50}$ 为 6000mg/kg(大白鼠经口)	①二盐基亚磷酸铅对人体有毒性作用,能使神经系统、血液、血管发生变化,对蛋白代谢、细胞能量平衡及细胞的遗传系统影响较大 ②运输时按有毒品处理,要防雨淋和烈日曝晒。装卸时要轻拿轻放,防止包装破损
生产方法	①皂化反应:将 30% 的氢氧化钠用直接蒸汽加热并稀释。硬脂酸和热水搅拌使硬脂酸溶解。缓缓将配制好的热碱加入到硬脂酸水溶液中进行皂化反应,生成硬脂酸钠皂液 ②复分解反应:皂化液与醋酸铅水溶液,进行复分解反应,生成硬脂酸铅和醋酸铅。生成的硬脂酸铅以沉淀析出。静置沉降,吸去上层清液 ③转化:复分解产物搅拌下加热,加入 30% 的氢氧化钠进行转化反应,生成二盐基硬脂酸铅和硬脂酸钠。转化完成后,经过滤、水洗、干燥、粉碎,即得成品	将金属铅加入反应器中与加入醋酸溶解,在搅拌下缓慢加入烧碱溶液进行反应,生成氢氧化铅,经过滤除去醋酸钠。将氢氧化铅加入合器中,在不断搅拌下定量加入亚磷酸进行反应,生成二碱式亚磷酸铅,经过滤、干燥,制得二碱式亚磷酸铅成品

◉ 马来酸单丁酯二丁基锡

英文名	di-*n*-butyltinmonobutylmaleate	相对分子质量	403.10
分子式	C$_{16}$H$_{28}$O$_4$Sn	外观	浅黄色透明液体
结构式		密度	1.26g/mL
		溶解性	不溶于水,与聚氯乙烯有良好的相容性
质量标准	Sn 含量 20%～22%;色度/碘号<2;折射率 1.533～1.540(30℃)		

应用性能	本品为透明聚氯乙烯制品的热稳定剂,具有优良的热稳定性、耐候性、透明性和防止着色性。本品催泪性较小,凝胶化速率快,无硫化污染性。主要用于硬质透明板、薄膜、薄板、注塑制品及中空成型制品
用量	一般用量 2.0~4.0 份
生产方法	红磷和丁醇分批加入碘进行反应。然后经水洗、蒸馏,制得碘丁烷。在所制备的碘丁烷中加入溶剂正丁醇和锡粉,镁屑适量,进行反应。反应完成后进行蒸馏,粗品碘代丁基锡中,加入 10%的盐酸,然后静置分层,分出废酸液,获得精制的二碘代二正丁基锡。将烧碱溶液,加入到二碘代二正丁基锡中,进行水解反应。水解完全后,静置分层,水层中加入次氯酸钠和硫酸,进行反应,碘以固态析出,经过滤、水洗,即可回收碘。油层用水洗涤,获精制氧化二正丁基锡。马来酸酐和正丁醇搅拌均匀后,升温进行反应,制得马来酸单丁酯。然后降温加入氧化二正丁基锡进行缩合。反应完成后,进行减压脱水。脱水时可适当提高温度。脱水后压滤,即得成品

●二月桂酸二丁基锡

英文名	dibutyltin dilaurate	相对分子质量	631.57
分子式	$C_{32}H_{64}O_4Sn$	外观	浅黄色透明油状液体

结构式	

熔点	22~24℃	密度	1.06g/mL
溶解性	不溶于水、甲醇,溶于乙醚、丙酮、苯、四氯化碳、石油醚、酯		
质量标准	Sn 含量 18.5%;色泽(Pt-Co)≤300;水分≤0.3%;分解温度>150℃		
安全性	①遇明火、高热可燃 ②急性中毒时主要表现为中枢神经系统症状,有头痛、头晕、乏力、精神萎靡、恶心等。长期接触可引起神经衰弱综合征。对皮肤可致接触性皮炎和过敏性皮炎		
生产方法	由氯丁烷和四氯化锡作用制成四丁基锡,经歧化成二丁基二氯化锡,再与月桂酸作用而制得		

●二马来酸单丁酯二丁基锡

化学名	二马来酸单丁酯二丁基锡	外观	浅黄色透明液体
分子式	$C_{24}H_{40}O_8Sn$	密度	1.26g/mL
质量标准	Sn 含量 20%~21%;折射率 1.493(20℃);色泽(APHA)≤500;水分≤0.4%		
应用性能	本品为透明聚氯乙烯制品的热稳定剂,具有优良的热稳定性、耐候性、透明性和防止着色性。本品催泪性较小,凝胶化速率快,无硫化污染性。主要用于硬质透明板、薄膜、薄板、注塑制品及中空成型制品		

用量	用量 2.0~4.0 份
安全性	本品无毒

3.9 纺织助剂专用配方原料

纺织助剂是纺织品生产加工过程中必需的化学品，对提高纺织品的产品质量和附加价值具有不可或缺的重要作用，它不仅能赋予纺织品各种特殊功能和风格，如柔软、防皱、防缩、防水、抗菌、抗静电、阻燃等，还可以改进染整工艺，起到节约能源和降低加工成本的作用。纺织助剂对提升纺织工业的整体水平以及在纺织产业链中的作用是至关重要的。纺织助剂产品约 80% 是以表面活性剂为原料，约 20% 是功能性助剂。

3.9.1 纺织精练剂

用化学和物理方法去除棉、毛、麻、蚕丝以及合成纤维等各类纺织品上天然杂质、沾污物以及织造浆料的工艺过程叫做精练。因而，广义上说，在精练过程中添加的酸、碱、氧化剂、还原剂和各类表面活性剂等化学物品都可以叫做精练剂。但是在纺织行业中，精练剂主要是指各类阴离子、非离子表面活性剂以及适当的添加剂，经过一定的配比的方法得到的一种以洗涤作用为主的、兼有渗透、乳化、分散、络合等协同作用的复配物。

精炼剂大多采用阴离子和非离子表面活性剂复配。当阴离子表面活性剂和非离子表面活性剂复配后，体系浊点增高，在碱液中受热稳定性增强。阴、非离子表面活性剂复配后，应用效果明显提高，体现了协同效应。非离子表面活性剂以其醚键中的氧原子与水中的氢原子以氢键结合而溶于水，氢键结合力较弱，随温度升高而逐渐断裂，故非离子表面活性剂在水中的溶解度逐渐降低，达到一定温度是析出而浑浊，随温度升高出现漂油现象。在碱溶液中，非离子表面活性剂的浊点比在水溶液中明显降低，浊点低的非离子表面活性剂在碱溶液中出现漂油现象。在非离子表面活性剂中加入阴离子表面活性剂后，浊点、漂油点同步升高，达到一定比例后，溶液呈现离子型表面活性剂溶液的性质，即随温度升高溶解度增加，无浊点。

● FMES

英文名	fatty methyl ester sulfonates	相对分子质量	676.15
别名	脂肪酸甲酯乙氧基化物磺酸盐	外观	深黄色液体
分子式	$C_{33}H_{65}SO_{10}Na$	熔点	$-10℃$
结构式	$C_{18}H_{36}CHSO_3Na(OCH_2CH_2)_7$	质量标准	pH6～8
应用性能	FMES 具有高分散净洗性、除油与除蜡效果好,具有优异的耐碱性能、低泡沫等诸多优点。在冷水和硬水中都能保持良好的洗涤性能;耐 100℃热碱可达 50g/L,耐 40℃热碱达到 150g/L,适用于洗衣粉配方中直接与硅酸钠或纯碱混拼,也适用于碱性洗涤液配方。在纺织领域 FMES 是一种毛效提高剂,特别适用于在强碱与高温条件下的清洗工艺。FMES 对于含有浆料的织物清洗尤为有效,特别是难以去除的化学类浆料,如 PVP 等类型浆料,FMES 具有退浆率高以及除蜡效果好等优点		
生产方法	以硬脂酸甲酯与环氧乙烷加成后得到的脂肪酸甲酯乙氧基化物(FMEE),再将 FMEE 磺酸化得脂肪酸甲酯乙氧基化物磺酸盐(FMES)		

● 十二烷基硫酸钠盐

英文名	sodium dodecyl sulfate	别名	月桂醇硫酸钠;椰油醇硫酸钠
相对分子质量	288.38	外观	白色或奶油色结晶鳞片或粉末
分子式	$C_{12}H_{25}SO_4Na$	熔点	204～207℃
结构式	$CH_3(CH_2)_{10}CH_2O-\overset{\overset{O}{\|\|}}{\underset{\underset{O}{\|\|}}{S}}-ONa$	密度	1.09g/mL
质量标准			
活性物,w	≥94%	白度	≥80
pH 值	7.5～9.5(25℃,1%活性物水溶液)	重金属(以铅计),w	≤20.0×10⁻⁶
无机盐,w	≤2.0%(以硫酸钠和氯化钠计)	砷,w	≤3.0×10⁻⁶
应用性能	十二烷基硫酸钠盐属阴离子表面活性剂。易溶于水,与阴离子、非离子复配配伍性好,具有良好的乳化、发泡、渗透、去污和分散性能		
安全性	急性毒性:LD_{50} 为 2000mg/kg(小鼠经口)、1288 mg/kg(大鼠经口)		

● 仲烷基磺酸钠 SAS60、异构醇醚羧酸盐 AEC-1107

通用名	仲烷基磺酸钠 SAS60	异构醇醚羧酸盐 AEC-1107
结构式	$RSO_3Na(R=C_{10}～C_{13})$	—
外观	浅黄色膏状物	黏稠状半固体
密度	1.087g/mL	—

质量标准	活性物含量≥60％；pH6～8；渗透力 3～5s(4g/L)；盐含量≤4％	pH8～10；渗透力 6s(60g/L 氢氧化钠 0.4％的活性物浓度，30℃)；固含量 80％
应用性能	该品系优良的阴离子表面活性剂，在强碱、高温条件下具有极强渗透力，兼具乳化、脱油、洗涤功能。与阴、非离子表面活性剂配伍性好，即可显著提高任何体系之应用效果。与3P、OES70、RP98 等配合可制成高效耐浓碱精练剂，广泛应用于棉、麻、毛、丝等天然纤维的脱脂、脱蜡、脱胶、脱油等	具有优异的渗透、湿润力，较常规渗透剂更具竞争力。耐强碱(140g/L)、强酸、耐电解质、耐高温性能优异。对次氯酸盐和过氧化物稳定。良好的配伍性能，能与任何离子型表面活性剂配伍，可用于阴/阳离子复配体系。作为纺织精练剂、净洗剂，与传统表面活性剂(渗透剂)相比具有快速渗透、洗净力好耐强碱、酸、耐高温性好的特殊功效

● 壬基酚聚氧乙烯醚 NP-10

英文名	polyoxy ethrlene nonyl phinyl ether	化学名	壬基酚聚氧乙烯醚
结构式			
外观	无色至微黄色油状液体	溶解性	易溶于水
活性物含量	≥99％	pH 值	5～8(1％水溶液)
浊点	59～65℃	色度(Pt-Co 单位)	≤50
应用性能	本品有耐硬水性和耐碱性，同时具有乳化、润湿、分散增溶、去污和渗透等性能		
生产方法	壬基酚与环氧乙烷加成而得		

● 十二烷基苯磺酸钠

英文名	sodium alkylbenezenesulfonate	化学名	十二烷基苯磺酸钠
分子式	$C_{18}H_{29}NaO_3S$	相对分子质量	348.48
结构式	$CH_3(CH_2)_{10}CH_2-\underset{O}{\overset{O}{\underset{\|}{\overset{\|}{S}}}}-ONa$	外观	白色或淡黄色粉末
		溶解性	易溶于水，易吸潮结块
质量标准	活性物含量≥19％；pH 7.2～8.5(10％水溶液)；脂肪酸皂≤2％；不皂化物≤2％；盐含量≤5％		
应用性能	主要用作毛纺织、丝纺织物的精练剂，对颗粒污垢、蛋白污垢和油性污垢有显著的去污效果，对天然纤维上颗粒污垢的洗涤作用尤佳，去污力随洗涤温度的升高而增强，对蛋白污垢的作用高于非离子表面活性剂，且泡沫丰富。对各种纤维，特别是毛发、羊毛、丝绸有良好的洗涤作用，并赋予松软、滑爽手感		
用量	一般用量 1～2g/L		

安全性	LD$_{50}$:1260 mg/kg(大鼠经口);贮运时包装要完整,装载应稳妥。运输过程中要确保容器不泄漏,不倒塌,不坠落,不损坏。严禁与氧化剂、食用化学品等混装混运。运输途中应防曝晒、雨淋,防高温
生产方法	由直链烷基苯用三氧化硫或发烟硫酸磺化生成烷基磺酸,再中和制成

3.9.2 纺织净洗剂

在纺织工业中,常用的天然纤维(如羊毛、丝、棉、麻)的表面,除附着砂石、杂草等污垢外,还有其各自的特性污垢。如原(羊)毛一般含有25%～50%的羊毛脂,原棉中含有蜡质、果胶质,丝表面有特殊的丝胶蛋白质等,合成纤维表面不黏附天然污垢,但是在加工过程中也会带来油、上浆剂等污物。这些污垢不论水溶性、油溶性或和油水都不溶解的,都必须先除去。

净洗剂广泛用于纺织印染工业各工序,如棉布的退浆和煮练、羊毛的脱脂、合成纤维除油、织物染色和印花后清除未固着的染料等,主要是阴离子型或非离子型表面活性剂。

● 净洗剂 AR-812、净洗剂 AR-815

通用名	净洗剂 AR-812	净洗剂 AR-815
组成	非离子表面活性剂复配物	多种表面活性剂复配物
外观	微黄色至乳白色油状物	白色至微黄色润湿粉状
溶解性	易溶于水	易溶于水
质量标准 pH 值	5.0～7.0(1%水溶液)	7.0～9.0(1%水溶液)
浊点	(55±5)℃(1%水溶液)	≥95℃
活性物	—	≥30%(优等品);≥25%(一等品);≥20%(合格品)
含固量	—	≥90%
应用性能	具有优良的去污、乳化、润湿、分散性能,毛纺工业中作羊毛净洗剂及脱脂剂,印染工业中作上浆、退浆、净洗、漂炼、染色等多道工序助剂	

● 净洗剂 LS

化学名	油酰胺基苯甲醚磺酸钠	分子式	C$_{25}$H$_{40}$O$_5$NSNa
结构式	C$_{17}$H$_{33}$C-N-（苯环）-OCH$_3$ (SO$_3$Na, O, H)	相对分子质量	489.60
		外观	米棕色粉末

质量标准	活性物含量≥90%；钙皂扩散力（为标准品的）≥100%；洗涤能力不低于标准品
应用性能	本品主要用于毛纺、印染等行业
生产方法	对氨基苯甲醚磺酸盐与酰氯油酸缩合后经中和而制得

● 高效净洗剂 POEA-15

化学名	脂肪酰胺与环氧乙烷的缩合物；椰油酸酰胺聚氧乙烯醚		
外观	棕黄色油状或稠状物	质量标准	pH8.0～10.0(1%水溶液)
应用性能	本品具有优异的乳化、净洗、抗静电、耐硬水、脱脂去油污等性能，配伍性好。常用于羊毛洗涤，它对纤维的吸附性强，洗后手感好，具有一定的抗静电作用，可作纤维处理剂的组分		

● 净洗剂 KOC、原绒专用净洗剂（RC）

通用名	净洗剂 KOC	原绒专用净洗剂（RC）
外观	透明液体	淡黄色的透明液体
pH 值	弱酸性	7.5～8.5
溶解性	冷、温水易溶	易溶于任意比例的冷热水中
应用性能	本品具有优异的洗净力和渗透力，还具有一般产品所没有的消泡性，易漂洗，还具有良好的生物降解性。本品使用时，用量少泡沫低；洗涤织物上的油污效果最好，特别是在有污物的地方涂上本品后，在精练，即可全部除净油污；再润湿性好，可用于织物、编物印花前的精练净洗，可明显提高印花效果	本品适用于羊绒、驼绒、貂绒、牦牛绒、兔毛以及马海毛等特种动物纤维的净洗。不含三聚磷酸钠，有利于人体和环境的健康，克服了绿色洗涤与洗涤效果和洗涤成本的矛盾

● 净洗剂 6501、净洗剂 6502、净洗剂 6503

通用名	净洗剂 6501	净洗剂 6502	净洗剂 6503
英文名	coconutt diethanol amide		
化学名	椰子油脂肪酸二乙醇酰胺		椰子油烷基醇酰胺磷酸酯盐
分子式	$C_{11}H_{23}CON(CH_2CH_2OH)_2$		
相对分子质量	287.16		
外观	黄色黏稠液体		棕黄色
溶解性	易溶于水		
pH(1%水液)	9.0～10.8	9.0～10.8	6.0～7.0
胺值（以 KOH 计）	85～120mg/g	125～155mg/g	—
水分,w	—	—	≤0.3%

活性物含量,w	—	—	≥99%
应用性能	具有润湿、净洗、乳化、柔软等性能,对阴离子表面活性剂有较好的稳泡作用。是液体洗涤剂、液体肥皂、洗发剂、清洗剂、洗面剂等各种化妆用品中不可缺少的原料。与肥皂一起使用时,耐硬水性好。在纺织印染工业中,作织物的洗涤剂及其他洗涤剂的配料和增稠剂		

3.9.3 纺织整理剂

纺织品的整理,即坯布的预处理、染色、印花和后整理,是纺织品的修饰和美化过程。纺织品的整理主要是以化学加工为主,要使用大量的染料和辅助化学品。纺织工业中常用的酸、碱、盐和简单的有机物属于通用的化工原料,在许多工业领域中有广泛用途,因此纺织整理剂是指用于纺织品加工、整理过程具有改进织物外观、手感、缩水率、稳定外形、延长寿命、防水、防火、防污、防霉等特殊性能的精细化学品。

● 甲基丙烯酸十三氟辛酯

化学名	1,1,2,2-四氢全氟辛基甲基丙烯酸酯	分子式	$C_{12}H_9F_{13}O_2$
结构式		相对分子质量	432.17
		外观	无色透明液体
		沸程	120～130℃
密度	1.55g/mL	纯度,w	96%
水分,w	≤0.5%	色度(APHA)	≤50
酸度	≤0.5%(以MAA计)	应用性能	本品可用作织物整理剂
安全性	防止日晒雨淋、防止撞击、挤压,按一般危险品运输。贮存于阴凉、干燥、通风、避光处,远离热源、火源。应在25℃以下贮存		

● 560 树脂

英文名	hexamethoxymethylmelamine resin	外观	无色或淡黄色透明黏稠液体
化学名	甲醚化六羟甲基三聚氰胺树脂	溶解性	溶于醇类,部分溶于水。与树脂相容性好

质量标准			
色度(APHA)(铂-钴色号)	≤1		
纯度,w	≥98.0%	黏度	3000～6000mPa·s
酸度(以KOH计)	≤1mg/g	游离甲醛,w	≤0.5%

应用性能	560 树脂能和棉纤维上的羟基起反应,和成网状结构聚合物。因此用于棉织物和人造棉织物的防缩、防皱、免烫、轧光整理以及领衬、树裙布、花边等含纤纺织产品的硬挺整理,可缩短加工周期提高产品质量。经过处理的织物,吸氯泛黄和氯损都比较小,对织物影响也较小,特别适用于漂白棉布的树脂整理。还能用作绢网印花横贡缎耐久性电光整理剂,以及 CP 类阻燃剂的配套用树脂
生产方法	三聚氰胺和甲醛经羟甲基化、醚化反应而得

● 八甲基环四硅氧烷、甲基丙烯酸十二氟庚酯

通用名	八甲基环四硅氧烷	甲基丙烯酸十二氟庚酯
英文名	octamethyl cyclotetrasiloxane	dodecafluoroheptyl methacrylate
分子式	$C_8H_{24}O_4Si_4$	$C_{11}F_{12}H_8O_2$
结构式		
相对分子质量	296.62	400
外观	无色透明或乳白色液体	无色透明液体
溶解性	—	不溶于水,几乎溶于所有有机溶剂
熔点	$17\sim18\,^{\circ}\!C$	—
沸点(程)	$175\sim176\,^{\circ}\!C$	$160\sim170\,^{\circ}\!C$
密度	$0.956\mathrm{g/mL}$	$1.589\mathrm{g/mL}$
折射率	—	1.5492
质量标准	—	纯度≥96%;水分≤0.5%;色度(APHA)≤50;酸度(以 MAA 计)≤0.5%
应用性能	—	疏水、疏油性更好,且有优良的耐沾污性

● 全氟烷基丙烯酸乙酯、双十八烷基二甲基氯化铵

通用名	全氟烷基丙烯酸乙酯	双十八烷基二甲基氯化铵
英文名	perfluoroalkyl ethyl acrylates	dimethyl distearylammonium chloride
分子式	$(CF_2)_nC_5H_7FO_2$	$C_{38}H_{80}NCl$
结构式		
相对分子质量	—	586.51
外观	无色或浅黄色固体	白色粉末

溶解性	—	易溶于极性溶剂,几乎不溶于水,加热可溶解
熔点	11.2℃	—
沸点	100~220℃	—
密度	1.6g/mL(25℃)	—
折射率	1.3332(25℃)/mL	—
黏度	10 mPa·s(45℃)	—
质量标准		
纯度,w	85%~95%	>99%
应用性能	本品属含氟系列织物整理剂,在憎水性、憎油性、防污性、耐腐蚀性等方面有明显优势	本品用作织物整理剂有柔软、调理、抗静电作用
安全性	—	大鼠经口,LD$_{50}$:11300mg/kg
生产方法	—	用双十八烷基甲基叔胺与氯甲烷进行季铵化反应制得

3.9.4 纺织渗透剂

渗透剂广义是指一类能够帮助需要渗透的物质渗透到需要被渗透物质的化学品。纺织工业上一般是用表面活性剂作为退浆、煮练、漂白、羊毛炭化、染色、印花等生产过程的渗透剂。

● 渗透剂 JFC-1

英文名	alkylphenol ethoxylates	化学名	烷基酚聚氧乙烯醚
外观	微黄色至无色黏稠液体	溶解性	易溶于水
质量标准	渗透力≥标准品(JFC)的100%(0.1%水溶液);pH5.0~7.0(1%水溶液);浊点 40~50℃(1%水溶液)		
应用性能	可用于上浆、退浆、煮练、漂白、炭化等工序,也可用作染色浴及整理浴的渗透助剂		
用量	①渗透:纺织、印染、整理等各道工序中,凡不能用阴离子渗透剂的可选用本助剂,用量一般为1~5g/L ②退浆:生物酶退浆(淀粉浆)时,拼用 JFC 可加速退浆,一般用量为液重的0.1%左右 ③化纤精练:醋酯纤维及其他合纤制品精练时,精练液中加入 JFC 2~5g/L,氯化钠 5g/L,可提高精练效果 ④羊毛净洗:渗透剂 JFC 具有洗毛能力,使用后不会留在毛上,无泛黄等疵病,纤维手感也较为柔软,该渗透剂能在中性、碱性或酸性环境中使用,可与肥皂在硬水中拼用,也可单独使用,使用时温度为 40~50℃为宜 ⑤羊毛炭化:羊毛炭化中可加渗透剂 JFC 0.5~1g/L,可缩短炭化时间,减少酸量并提高炭化效果		

生产方法	(1)直链烷烃氯化,生成任意置换的氯代烷,再通过路易斯酸与酚缩合 (2)烯烃通过路易斯酸直接与酚进行加成反应。烷基酚再碱性催化剂下极易氧化烯化

● 快速渗透剂 T、渗透剂 JU

通用名	快速渗透剂 T	渗透剂 JU
英文名	sodium diethylhexyl sulfosuccinate	
化学名	磺化琥珀酸二辛酯钠盐	脂肪醇聚氧乙烯醚;AEOn
分子式	$C_{20}H_{36}O_7SNa$	$C_{12}H_{25}O \cdot (C_2H_4O)_n$
结构式		—
相对分子质量	444.25	1199.55
外观	淡黄色至棕色黏稠油状液体	无色至微黄色黏稠液体
溶解性	易溶于水,水溶液呈乳白色	易溶于水
固含量	48%～52%	—
渗透力	≤5s(1%水溶液,25℃)	≥标准品(JFC)的100%(0.1%水溶液)
pH 值	5.0～7.0(1%水溶液)	5.0～7.0(1%水溶液)
浊点		40～50℃(1%水溶液)
应用性能	快速渗透剂 T 的主要成分,用于处理棉、麻、黏胶及其混纺制品,处理后的织物不经煮练直接进行漂白或染色,可改善因死棉造成的染疵,印染后的织物手感更柔软、丰满。生坯练漂时,浆料最好先行退净,以保证渗透效果	用于活性、分散等染料印花织物去除浮色,可在低温下处理避免织物白地沾污;用于腈纶纤维的染色前处理,洗涤油污;用于腈、毛混纺织物高压-浴法染色
生产方法	以异辛醇和顺丁烯二酸酐为原料,在甲苯磺酸催化剂存在下,进行酯化反应,然后与亚硫酸氢钠水溶液进行磺化反应而得	

● 渗透剂 JFC-2

化学名	脂肪醇与环氧乙烷的缩合物	溶解性	溶于水
质量标准	无色至微黄色液体;渗透力≤5s(1%水溶液);pH 值 5.0～7.0(1%水溶液);浊点≥40℃(1%水溶液)		
应用性能	耐强酸、强碱、次氯酸盐等,具有良好的渗透性能。可与阴阳离子配合使用,作渗透剂,可用于上浆、退浆、煮练、漂白等工序		

● 渗透剂 JFC-S

化学名	聚氧乙烯醚化合物	溶解性	易溶于水
质量标准	微黄色透明油状物;渗透力≤5s(1%水溶液);pH 值 5.0~7.0(1%水溶液);浊点 40~50℃(1%水溶液)		
应用性能	耐热、耐酸碱、耐金属盐、耐氯,对各种纤维无亲和性,在纺织工业上用作渗透剂,可用于上浆、退浆、煮练、漂白、炭化及氯化等工序,又可用作染色浴及整理浴的渗透助剂,以及皮革涂层的渗透剂,还可用作化纤织物的精练。具有较强的净洗能力		
用量	①羊毛净洗用量为毛重的 1.5%~2.0% ②渗透用量:2~6g/L 溶液 ③退浆用量:液量的 0.2%左右 ④炭化羊毛:1~1.5g/L 溶液 ⑤化纤精练:3~6g/L 溶液		

● 超强渗透剂 JFC-E

化学名	脂肪醇聚氧乙烯醚	质量标准	渗透力	≤45s(0.1%水溶液)
外观	无色至微黄色液体		pH 值	5.0~7.0(1%水溶液)
溶解性	分散或溶于水		水分	≤0.5%
应用性能	本品不含 APEO,为新一代环保型产品,具有优良的润湿、乳化和渗透性能			

3.9.5 增白剂

增白剂是一类能提高纤维织物和纸张白度的有机化合物,又称光学增白剂、荧光增白剂。织物等常常由于含有色杂质而呈黄色,过去都采用化学漂白的方法进行脱色,现在采用在制品中添加增白剂的办法。其作用是把制品吸收的不可见的紫外线辐射转变成紫蓝色的荧光辐射,与原有的黄光辐射互为补色成为白光,提高产品在日光下的白度。

除了纺织行业,增白剂已经广泛应用在造纸、洗衣粉、肥皂、橡胶、塑料、颜料和油漆等生产领域。

● 荧光增白剂 BBU

分子式	$C_{40}H_{40}O_{16}N_{12}S_4Na_4$	相对分子质量	1165.12
质量标准			
外观	淡黄色均匀粉末	细度	≤10(通过 250μmm 孔径筛残余物的量)
水分	≤5.0%	荧光强度	100 分(相当于标准品的)
水不溶物含量	≤0.5%	白度	≥-3%(与标准品的白度之差:试样白度或 WCTE 标样白度或 WCTE)

应用性能	荧光增白剂 BBU 属于二苯乙烯四磺酸衍生物,水溶性良好,对硬水不敏感, Ca^{2+} 、 Mg^{2+} 不影响其增白效果,抗过氧化漂白剂,含还原剂(保险粉类)漂白剂,耐酸性一般,增白条件 pH$>$7 为佳。用于棉纤维、黏胶纤维的增白

● 荧光增白剂 CXT

分子式	$C_{40}H_{38}N_{12}O_8S_2Na_2$	质	水分	$\leqslant$5.0%
相对分子质量	924.93	量 标	水不溶物含量	$\leqslant$0.5%
外观	白色或淡黄色均匀粉末	准	色光	近似~微(与标准品)

应用性能	荧光增白剂 CXT 是一种目前被认为是洗涤剂用的优良增白剂。由于这种增白剂分子中引入吗啉基团,使其许多性能得到改善。例如耐酸性能增加,乃过硼酸盐性能也很好,适用于纤维素纤维、聚酰胺纤维及织物的增白。荧光增白剂 CXT 的电离性表现为阴离子性质,荧光色调为青光。荧光增白剂 CXT 的耐氯漂白性能较好,使用最佳染浴的 pH=7~10,其耐晒牢度为 4 级。适用于棉、涤棉混纺织物的增白以及其他棉混纺织物的增白

● 荧光增白剂 NFW-L、荧光增白剂 4BK

通用名	荧光增白剂 NFW-L	荧光增白剂 4BK
主要成分	二苯乙烯衍生物	二苯乙烯型
外观	浅黄绿色液体	淡黄色均匀粉末
色光	中性至微红色光	略偏蓝
水分	—	$\leqslant$5%
细度	—	$\leqslant$5%(通过 120μm 孔径筛的残余物含量)
应用性能	本品适用于棉织物、羊毛、尼龙织物的浸染及连续轧染增白,适用于比较宽的温度范围,对于酸碱、硬水有较好的稳定	本品具有高效的荧光增白作用,略带蓝光,对光线不敏感,化学性能较稳定,有良好的耐弱酸性、耐过硼酸盐、过氧化氢性能,适用于棉、涤棉混纺织物的增白,以及棉混纺织物的一浴增白

● 荧光增白剂 CBS-X

分子式	$C_{28}H_{20}S_2O_6Na_2$	外观	黄绿色颗粒状固体
相对分子质量	562.60	溶解性	溶于水
质量标准	最大吸收波长(348$\pm$1)nm;吸光度 0.829~0.885;1% 吸光系数 1105~1181		

应用性能	荧光增白剂 CBS-X 是双苯乙烯-联苯型光学荧光增白剂,是洗涤剂用最优秀的荧光增白剂。可溶于水,在室温下对纤维素纤维、聚酰胺、蛋白纤维均有良好的增白效果。其高浓度产品对棉布的增白效果相当于二苯乙烯双三嗪类荧光增白剂的 2.7 倍,并具有良好的微青色调和溶解分散性。对次氯酸钠的稳定性极高,属于耐漂白型的荧光增白剂

3.9.6　匀染剂

匀染剂大多数是水溶性的表面活性剂，根据匀染剂对染料扩散与聚集度的影响，主要分为两种类型：其一为亲纤维性匀染剂，它对染料的聚集度几乎没有影响，但对纤维的亲和力要大于染料对纤维的亲和力，因此在染色过程中，此类匀染剂会先与纤维结合，降低染料上染速率，但随染色条件的变化，染料会逐渐代替匀染剂，固着在纤维上，这类匀染剂只具有缓染的作用；其二为亲染料性匀染剂，它可以显著提高染料聚集度，对染料的亲和力大于染料对纤维的亲和力，染料上染之前，匀染剂先与染料结合生成某种稳定的聚集体，从而降低了染料的扩散速率，延缓了染色时间。随着条件的改变，染料逐渐脱离匀染剂，与纤维结合，但此时匀染剂对染料仍有一定的亲和力，对于不匀染的织物还可以将染料从纤维上拉下，上染到色泽浅的地方，因此这类匀染剂不仅具有缓染作用，而且具有移染作用。

● **匀染剂 BOF、匀染剂 AN**

通用名	匀染剂 BOF	匀染剂 AN
主要成分	烷基苯酚聚氧乙烯醚	脂肪胺聚氧乙烯醚
分子式	—	$C_{22}H_{46}N_2O$
相对分子质量	—	354.62
外观	红棕色液体	黄色油状或膏状物
溶解性	易溶于水	—
质量标准	pH 7.0～8.0(1%水溶液)	总胺值(以 KOH 计)(70±5)mg/g；pH 6.0～7.0(直接测)
应用性能	本品对分散染料有优良的匀染、移染、扩散性；低泡；耐酸、耐高温，但不耐强碱；可与阴离子及非离子型表面活性剂混用，但不宜与阳离子型表面活性剂同时使用。在涤纶及涤棉纱线织物的高温高压染色工艺中用作匀染剂	本品为多能染色的印花助剂，在碱性和中性介质中呈非离子型、在酸性介质中呈阳离子型，具有优良的乳化、匀染性能，对酸、碱和硬水均较稳定，在碱性和中性溶液中可与其他离子型活性物混用；作酸性络合染料的匀染剂，可降低染浴硫酸用量，减少织物强力损伤；在毛、麻、丝、合成纤维中作匀染剂，提高浓度即为理想的剥离剂；用于羊毛的剥色和均匀染色，并可改进织物的外观。在冰染染料的染色和印花中能改进其摩擦牢度，此外，也用作皮革的匀染剂

用量	①用于普通涤纶织物高温染色工艺0.5～3g/L②用于移染修色工艺 1.5～4g/L	0.5～1.5 g/L
安全性	—	按一般化学品贮存和运输。贮存于干燥、通风处
生产方法	—	由硬脂酰胺与乙二胺缩合,用甲醛、甲酸进行甲基化,中和后加乳化剂 OP 和乙醇而得

● 匀染剂 DC、匀染剂 1227

通用名	匀染剂 DC	匀染剂 1227
化学名	十八烷基二甲基苄基氯化铵	十二烷基二甲基苄基氯化铵
分子式	$C_{27}H_{50}NCl$	$C_{21}H_{38}NCl$
相对分子质量	424.15	339.99
结构式	$\left[C_{18}H_{37} - \overset{\overset{CH_3}{\mid}}{\underset{\underset{CH_3}{\mid}}{N}} - CH_2 - \bigcirc \right]^+ Cl^-$	$\left[C_{12}H_{25} - \overset{\overset{CH_3}{\mid}}{\underset{\underset{CH_3}{\mid}}{N}} - CH_2 - \bigcirc \right]^+ Cl^-$
外观	淡黄色黏稠膏状物	无色至淡黄色黏稠透明液体
活性物含量,w	≥70.0%	44.0%～46.0%
pH 值	≤6.5(1%水溶液)	6.5～7.5(1%水溶液)
游离胺,w	≤2.0%	≤1.5%
色度(Hazen)	—	≤100
应用性能	本品性质稳定,耐光和热、耐酸但不耐碱、耐硬水、耐无机盐、无挥发性,宜长期贮存。对腈纶纤维有强力的亲和力,对阳离子染料的染色有良好的匀染性能。主要用作阳离子染料在腈纶纤维染色时的匀染剂,染色的织物具有柔软的手感。也用作醋酸纤维的柔软整理剂以及杀菌消毒剂。同时也具有良好抗静电性,可作纺丝油剂中的抗静电组分	本品化学稳定性良好,耐热、耐光、无挥发性。具有杀菌、乳化、抗静电、柔软等性能。主要用于腈纶匀染剂,织物柔软剂和抗静电剂
用量	①腈纶纤维染色时,一般用量 2%～3%②为提高染色速率可加至 3%～5%	—
安全性	—	匀染剂 1227 略有杏仁味,对皮肤无明显刺激,接触皮肤时用流动水冲洗可。勿与强碱混放运输过程中,应小心轻放、以免损漏

续表

		由十二醇以硫酸为催化剂与溴氢酸反应,生成溴代十二烷。然后,溴代十二烷和二甲胺反应生成十二烷基二甲基叔胺,进而与氯化苄缩合而成季铵盐化合物
生产方法	由苄氯和三甲胺反应而得	

● **高温匀染剂 W**

主要成分	苯乙烯苯酚聚氧乙烯醚硫酸铵盐	外观	淡黄色黏稠液体
质量标准	pH4～7(1%水溶液);浊点>100℃(1%水溶液)		
应用性能	高温匀染剂 W 溶于水及一般有机溶剂,具有优良的染料分散性、初期缓染性、染料同步上染性等特点;能够维持染浴在酸性条件下染色,有效避免敏感染料水解而引起的布面色光偏差;在纺织、印染行业上,用作涤纶纤维的高温高压分散匀染剂,适用于快速染色工艺		
用量	一般用量 0.5～1g/L		
安全性	按一般化学品贮存和运输。贮存于干燥、通风处		

3.9.7 浴中防皱剂

随着纺织品种由单一纤维、复合材料、混纺交织向着更高级、更复杂的方向发展,织物形态也发生着巨大的变化,向高支高密、特厚特薄、特色化方向发展。在染整加工中,按各种织物剂不同织物形态配以相应的机械设备,并且加工趋于高速化、小浴比以及大容量加工方式。由于纤维与纤维制剂的接触,纤维与机械金属部件的接触(张力、压力、摩擦力),以及纤维本身的软硬,织物过厚、过薄、过重的原因,浴比过小摩擦加大的原因,往往受到强烈的作用,加上滚筒、框架、绞盘等张力产生经柳、绳状印、细皱纹、条疵、径向折痕等疵点,不但影响产品外观的平整度,而且还会造成染色不匀或部分色疵,使质量下降。

浴中防皱剂,又称湿处理柔软剂,有别于通常意义的柔软剂。柔软剂是指在整理加工中,能赋予织物及纤维适当的柔软平滑性,以提高其最终制品的商品价值的一类化学品。一般是织物在含有柔软剂的溶液中处理,经过烘干,使其在干燥状态下具有柔软而活络的手感。而浴中防皱剂则完全不同,它是一种有别于传统柔软剂概念的新品种,用于织物湿处理加工中,是湿态织物物理状态的一种修正剂。

它使处理浴中织物的纤维-液体界面呈吸附状态而现实平滑性、润滑性，从而防止或减轻消除各种因素引起的折皱痕及擦伤的产生，能改善织物手感，亦可同时改善染斑与沾染的问题。

● **浴中润滑防皱剂 JM、浴中润滑防皱剂 RSS-200**

通用名	浴中润滑防皱剂 JM	浴中润滑防皱剂 RSS-200
外观	无色透明黏稠流动体	透明黏稠液体
溶解性	搅拌下溶于冷、热水	—
pH 值	7.0～8.0(1％水溶液)	4.0～6.0(1％水溶液)
黏度	≥125 mPa·s	—
固含量,w	—	20％
应用性能	本品防皱效果明显,能克服、防止和改善多种因素造成的折皱,适用于各种织物,也使用直接、活性、硫化、分散、酸性等染料染色,有利于匀染,且不影响色泽和色牢度	—
生产单位	杭州顺润纺织助剂有限公司	珠海景扬贸易有限公司

● **浴中防皱润滑剂 SR-181**

组成	特殊高分子化合物	外观	无色透明黏稠液
溶解性	适量加入温水搅拌		
应用性能	本品具有非永久性柔软作用,可改善织物的运行性能,使黏胶在湿态也不发硬;化学性质稳定,耐高温、耐硬水、耐盐,耐通常浓度的碱、酸、氧化剂、还原剂;对任何布料均不影响染色特性,也不影响得色率,故重现性佳;不会残留于纤维上,故不会损害摩擦牢度和日晒牢度。最适使用量取决于织物的敏感性、机械的类型和负荷程度,一般建议用量为 1～2g/L。为获得最佳效果,SR-181 最好先用热水溶解后,在织物进入染缸前加入处理浴中		

3.10 食品添加剂专用配方原料

食品添加剂是为改善食品色、香、味等品质，以及为防腐和加工工艺的需要而加入食品中的化合物质或者天然物质。食品添加剂是有意识地一般以少量添加于食品，以改善食品的外观、风味、组织结构或贮存性质的非营养物质。

中国食品添加剂有 23 个类别，2000 多个品种，包括酸度调节剂、抗结剂、消泡剂、抗氧化剂、漂白剂等。合理使用食品添加剂可以防止食品腐败变质，保持或增强食品的营养，改善或丰富食物的色、香、味等。

这里介绍几种食品添加剂以及它们在配方中的专用原料。

3.10.1 防腐剂、保鲜剂

● 苯甲酸

英文名	benzoic acid	外观	鳞片状或针状结晶
分子式	$C_7H_6O_2$	熔点	121~123℃
相对分子质量	128.17	沸点	249.3℃
结构式	COOH（苯环结构式）	密度	1.2659g/cm³
		溶解性	微溶于水,易溶于乙醇、乙醚等有机溶剂

<table>
<tr><th colspan="4" align="center">质量标准</th></tr>
<tr><td>易氧化物</td><td>通过试验</td><td>易碳化物</td><td>通过试验</td></tr>
<tr><td>氯化物(以 Cl 计),w</td><td>≤0.014%</td><td>干燥失重,w</td><td>≤0.5%</td></tr>
<tr><td>外观</td><td>鳞片状或针状结晶</td><td>灼烧残渣,w</td><td>≤0.05%</td></tr>
<tr><td>熔点</td><td>121~123℃</td><td>重金属(以 Pb 计),w</td><td>≤0.001%</td></tr>
<tr><td>含量(以干基计),w</td><td>≥99.5%</td><td>砷(以 As 计),w</td><td>≤0.0002%</td></tr>
<tr><td>熔程</td><td>121~123℃</td><td>邻苯二甲酸试验</td><td>通过试验</td></tr>
<tr><td>应用性能</td><td colspan="3">苯甲酸是重要的食品防腐剂。在酸性条件下,对霉菌、酵母和细菌均有抑制作用,但对产酸菌作用较弱。抑菌的最适 pH 值为 2.5~4.0,一般以低于 pH4.5~5.0 为宜。碱性介质中效果明显减弱。苯甲酸还广泛用于药物、化妆品、牙膏、香料、烟叶、饲料中</td></tr>
<tr><td>用量</td><td colspan="3">塑料桶装浓缩果蔬汁中最大使用量不得超过 2.0g/kg;在果酱(不包括罐头)、果汁(味)型饮料、酱油、食醋中最大使用量 1.0g/kg;在软糖、葡萄酒、果酒中最大使用量 0.8g/kg;在低盐酱类、蜜饯中最大使用量 0.5g/kg;在碳酸饮料中最大使用量 0.2g/kg</td></tr>
</table>

● 苯甲酸钠

英文名	sodium benzoate	相对分子质量	144.10
分子式	$C_7H_5NaO_2$	熔点	122~123℃
结构式	COONa（苯环结构式）	沸点	249.3℃
		溶解性	易溶于水

<table>
<tr><th colspan="4" align="center">质量标准</th></tr>
<tr><td>外观</td><td colspan="3">白色颗粒或结晶形粉末,无臭或微带安息香味</td></tr>
<tr><td>易氧化物</td><td>通过试验</td><td>邻苯二甲酸试验</td><td>通过试验</td></tr>
<tr><td>氯化物(Cl 计),w</td><td>≤0.03%</td><td>苯甲酸钠(干基计),$w/\%$</td><td>98.0%~100.5%</td></tr>
<tr><td>熔点</td><td>122~123℃</td><td>1:10 水溶液色度(Hazen 铂-钴色号)</td><td>≤20</td></tr>
<tr><td>干燥失重,w</td><td>≤1.5%</td><td>酸碱度</td><td>通过试验</td></tr>
<tr><td>重金属(以 Pb 计),w</td><td>≤0.001%</td><td>溶液的澄清度试验</td><td>通过试验</td></tr>
<tr><td>砷(以 As 计),w</td><td>≤2%</td><td>硫酸盐(以 SO_4^{2-} 计),w</td><td>≤0.1%</td></tr>
</table>

应用性能	苯甲酸钠是重要的食品防腐剂,能防止由微生物的作用引起食品腐败变质,延长食品保存期。在饮料、罐头、果汁、冷食、酱油、醋等食品领域有着广泛应用。也可作为饮料的防腐剂

● 山梨酸、对羟基苯甲酸乙酯

通用名	山梨酸	对羟基苯甲酸乙酯
英文名	sorbicacid	ethyl 4-hydroxybenzoate
分子式	$C_6H_8O_2$	$C_9H_{10}O_3$
结构式	$CH_3-CH=CH-CH=CH-COOH$	
相对分子质量	112.13	166.17
外观	白色针状或粉末状晶体	白色结晶粉末,无臭味或有轻微的特殊香气,味微苦
熔点	132～135℃	115～118℃
沸点	228℃	297.5℃
相对密度	1.204(19℃)	1.168g/cm³
溶解性	微溶于水,能溶于多种有机溶剂	易溶于乙醇、乙醚和丙酮,微溶于水、氯仿、二硫化碳和石油醚

质量标准		
外观	白色针状或粉末状晶体	白色结晶粉末,无臭味或有轻微的特殊香气,味微苦
熔点	132～135℃	115～118℃
山梨酸含量(以干基计),w	99.0%～101.0%	—
灼烧残渣,w	≤0.2%	≤0.05%
重金属(以 Pb 计),w	≤0.001%	≤0.001%
砷,w	≤0.0002%	≤0.0001%
水分,w	≤0.5%	—
对羟基苯甲酸乙酯($C_9H_{10}O_3$)(以干基计),w	—	99.0%～100.5%
游离酸(以对羟基苯甲酸计),w	—	≤0.55%
硫酸盐(以 SO_4^{2-} 计),w	—	≤0.024%
干燥减量,w	—	≤0.5%
应用性能	山梨酸和山梨酸钾是目前国际上应用最广的防腐剂,具有较高的抗菌性能,抑制霉菌的生长繁殖,通过抑制微生物体内的脱氢酶系统,达到抑制微生物的生长和起防腐作用,对霉菌、酵母菌和许多好气菌都有抑制作用,但对嫌气性芽孢形成菌与嗜酸乳杆菌几乎无效。广泛用于干酪、酸乳酪等各种乳酪制品、面包点心制品、饮料、果汁、果酱、酱菜和鱼制品等食品的防腐	对羟基苯甲酸酯类是普遍使用的防腐剂之一。它能抑制微生物细胞的呼吸酶系与传递酶系的活性,并破坏微生物的细胞膜机构,从而对霉菌、酵母与细菌有广泛的抗菌作用。其抗菌能力比山梨酸和苯甲酸强,且抗菌作用受 pH 值影响不大,在 pH 值 4～8 的范围内效果均好

| 用量 | ①塑料桶装浓缩果蔬汁中用量不得超过 2.0g/kg
②在酱油、食醋、果酱类、氢化植物油、软糖、鱼干制品、即食豆制品、糕点陷、面包、蛋糕、月饼最大使用量 1.0g/kg
③在葡萄酒和果酒中最大使用量 0.8g/kg
④在胶原蛋白肠衣、低盐酱菜、酱类、蜜饯、果汁(味)型饮料和果冻中最大使用量 0.5g/kg
⑤在果蔬类保鲜和碳酸饮料中最大使用量 0.2g/kg
⑥在食品工业中可用于肉、鱼、蛋、禽类制品中最大使用量 0.075g/kg | ①我国规定用于糕点陷,最大用量 0.5g/kg(以对羟基苯甲酸计,下同)
②在果汁(叶)型饮料、果酱(不包括罐头)、酱油中最大用量 0.25g/kg
③在食醋中最大用量 0.1g/kg
④在果蔬保鲜中最大用量 0.012g/kg |

● 丙酸钙、丙酸钠

通用名	丙酸钙	丙酸钠
英文名	calcium propionate	—
分子式	$Ca(C_3H_5O_2)_2$	$C_3H_5O_2Na$
结构式		
相对分子质量	186.22	96.06
外观	白色颗粒或结晶性粉末,无臭或稍有特异臭	无色透明结晶或晶型粉末
熔点	300℃	285～286℃
沸点	141.7℃	242.9℃
密度	—	1.129g/cm³
溶解性	易溶于水(40%),微溶于乙醇和甲醇,难溶于醇、醚等,几乎不溶于丙酮和苯。有吸湿性	易溶于水(1g/mL,15℃),溶于乙醇(4.4g/100mL),微溶于丙醇。有吸湿性

质量标准

引用标准	HG 2921—1999	HG 2922—1999
丙酸钙(以干基计),w	≥99.0%	99.0%～100.5%
水不溶物,w	≤0.30%	—
游离酸或游离碱,w	通过试验	—
加热减量,w	≤9.5%	≤1.0%
碱度(以Na_2CO_3计),w	—	通过试验
重金属(以 Pb 计),w	≤0.001%	≤0.001%
砷(以 As_2O_3 计),w	≤0.0004%	≤0.0003%
氟化物(F),w	≤0.003%	—
铁,w	—	≤0.003%

应用性能	丙酸钙是酸型食品防腐剂,其抑菌作用受环境 pH 值的影响。在酸性介质中对各类霉菌、革兰阴性杆菌或好氧芽孢杆菌有较强的抑制作用。对防止黄曲霉素的产生有特效,而对酵母几乎无效	丙酸钠是酸型食品防腐剂,其抑菌作用受环境 pH 值的影响。在酸性介质中对各类霉菌、革兰式阴性杆菌或好氧芽孢杆菌有较强的抑制作用。对防止黄曲霉素的产生有特效,而对酵母几乎无效
用量	①在食品工业中,主要用于食醋、酱油、面包、糕点和豆制品,最大使用量(以丙酸计)2.5g/kg ②在生面湿制品中最大使用量 0.25g/kg	在食品工业中,可用于糕点的保存,使用量 2.5g/kg(以丙酸计)
生产方法	由丙酸与氢氧化钙中和,经浓缩、结晶、分离、干燥而得	由丙酸与氢氧化钠中和,经浓缩、结晶、分离、干燥而得

3.10.2 抗氧化剂

● 过氧化氢

化学名	双氧水	熔点	$-0.43℃$
英文名	hydrogen peroxide	沸点	108℃
分子式	H_2O_2	密度	1.13g/mL
结构式	H H O—O	溶解性	能与水、乙醇或乙醚以任何比例混合。不溶于苯、石油醚
相对分子质量	34.01	外观	无色透明液体

		质量标准		
含量,w	30%～50%		酸度(以 H_2SO_4 计),w	≤0.03%
砷(As),w	≤0.0003%		重金属(以 Pb 计),w	≤0.001%
铁,w	≤0.00005%		不挥发残渣,w	≤0.006%
锡,w	≤0.001%		磷酸盐(以 PO_4^{3-} 计),w	≤0.005%
应用性能	过氧化氢具有氧化和还原作用,可广泛用于乳品、饮料、纯净水、矿泉水、水产品、瓜果、蔬菜、禽及肉制品、腌制品、啤酒等食品的生产过程之中,用作漂白剂、氧化剂、淀粉变性剂、防腐剂			
用量	用于袋装豆腐干的保鲜时用量为 0.86g/kg;残留量不得检出;也可用于生牛乳保鲜,用量为每升生牛乳加 0.3%过氧化氢 2mL 和硫氰酸钠 15mL,仅限于黑龙江、内蒙古地区使用			
安全性	GRAS(FDA,184.1366,2000)。本品不得使用铁、铜、铝等容器存放,可使用陶器、玻璃、不锈钢和聚乙烯等容器			

● 二氧化氯

英文名	chlorine dioxide		分子式	ClO_2		
相对分子质量	67.46		熔点	$-59.0℃$	沸点	$9.9℃$
外观	无色或微黄色透明液体，无悬浮物		相对密度	$3.09(11℃)$		
溶解性	易溶于水，遇水分解，容易和水发生化学反应。溶于碱溶液而生成亚氯酸盐和氯酸盐					
质量标准	砷(As)$\leqslant$0.0002%；重金属(以 Pb 计)$\leqslant$0.001%；有效二氧化氯(ClO_2)$\geqslant$2.0%；甲醇含量 $\leqslant$0.04g/100mL；pH 8.2～9.2					
应用性能	二氧化氯是目前国际上公认的新一代安全、高效、广谱的消毒灭菌、保鲜、除臭剂，是氯制剂最理想的替代品。它的有效氯是氯的 2.6 倍，氧化能力约为氯的 2.5 倍。灭菌效果是次氯酸钠的 5 倍左右；水果蔬菜防腐、食品保鲜防腐、饮水和工业循环水等方面消毒、杀菌					
用量	用于小麦粉漂白时，一般用量为 $10～20mg/kg$					
安全性	大鼠经口 LD_{50}：2.5g/kg；雄性、雌性小鼠经口 LD_{50}：8.4mL/kg、6.8mL/kg。对呼吸器官黏膜和眼有刺激性作用					

● 硫氰酸钠

英文名	sodium sulfocyanate	分子式	NaSCN
相对分子质量	81.0722	外观	白色结晶固体
熔点	287℃	密度	1.295 g/mL
溶解性	易溶于水、乙醇、丙酮		
硫氰酸钠，w	$\geqslant$99.0%	游离酸或碱	通过
硫酸盐含量	$\leqslant$50mg/kg	亚硫酸盐含量	$\leqslant$10mg/kg
重金属含量	$\leqslant$2mg/kg	砷含量	$\leqslant$1mg/kg
应用性能	抑霉防腐剂，与过氧化氢合用于牛奶保鲜，有抑制霉菌作用		
用量	我国规定每升生牛乳的最大使用量为 0.3%的过氧化氢 2.0mL，加硫氰酸钠 16.76mg。可在黑龙江、内蒙古地区使用。如要扩大使用地区，必须由省级卫生部门报请卫生部审核批准并按农业部有关实施规范执行		
安全性	慢性中毒时可出现甲状腺损伤		

● 二氧化硫

英文名	sulfur dioxide	外观	无色气体，有强烈刺激性气味		
分子式	SO_2	熔点	$-72.4℃$	沸点	$-10℃$
相对分子质量	64.0638	相对密度	$2.264(0℃)$		
溶解性	易溶于甲醇和乙醇；溶于硫酸、乙酸、氯仿和乙醚等				
质量标准	各成分含量要求：二氧化硫 $\geqslant$99.9%；铅$\leqslant$5mg/kg；不挥发残留物 $\leqslant$0.05%；硒$\leqslant$0.002%；水分$\leqslant$0.005%				

应用性能	二氧化硫是我国允许使用的还原性漂白剂。适用于酒精的防腐和干果,对食品有漂白作用。对植物性食品内的氧化酶有强烈的抑制作用,可以抵抗微生物的侵袭
用量	我国规定可用于葡萄酒和果酒,最大使用量 0.25g/kg,残留量不得超过 0.05g/kg
安全性	大鼠(1h)LC_{50}:6600mg/m³。ADI 0.07mg/kg(以 SO_2 计,包括 SO_2 和亚硫酸盐的总 ADI;FAO/WHO,2001)。对眼及呼吸道黏膜有强烈的刺激作用。SO_2 在空气中浓度达 0.04%~0.05%时,人就会中毒。贮存于阴凉、通风的库房。远离火种、热源。库温不宜超过 30℃。应与易燃物、氧化剂、还原剂、食用化学品分开存放,切忌混贮

● 焦亚硫酸钾、焦亚硫酸钠

通用名	焦亚硫酸钾	焦亚硫酸钠
英文名	—	sodium pyrosulfite
分子式	$K_2S_2O_5$	$Na_2S_2O_5$
相对分子质量	222.33	190.09
外观	白色结晶或结晶性粉末,略有二氧化硫气味	白色或微黄色结晶粉末。带有强烈二氧化硫的气味
熔点	加热至190℃时分解,研磨成粉灼热时能燃烧	>300℃
相对密度 d_4^{15}	2.300	1.4
溶解性	易溶于水(44.9g/100mL,20℃),水溶液呈酸性,1%水溶液 pH 值为3.4~4.5。难溶于乙醇,不溶于乙醚	易溶于水、甘油,微溶于醇。水溶液呈酸性,1%水溶液 pH 值为 4.0~5.5

质量标准		
外观	白色结晶或结晶性粉末,略有二氧化硫气味	白色或微黄色结晶粉末。带有强烈二氧化硫的气味
熔点	加热至190℃时分解,研磨成粉灼热时能燃烧	与强酸接触则放出 SO_2 而生成相应盐类,在空气中可因放出二氧化硫而分解,久置于空气中易被氧化成 Na_2SO_4,加热至150℃以上即分解出二氧化硫
标准	FAO/WHO,1999	GB 1893—2008
含量,w	≥90.0%	≥95.0%
水不溶物	阴性	—
硫代硫酸盐,w	≤0.1%	—
铁(Fe),w	≤0.001%	≤0.005%
硒,w	≤0.0005%	—
铅(原子吸收法),w	0.0002%	—
澄清度	—	稍有微浊
重金属(以 Pb 计),w	—	≤0.001%
砷(以 As 计),w	—	≤0.0002%

应用性能	用作漂白剂、防腐剂、抗氧化剂、护色剂、稳定剂等。焦亚硫酸钾易溶于水，可直接配制水溶液使用。对植物性食品内的氧化酶有强烈的抑制作用和更强烈的还原性。用于新鲜果蔬、糖类的漂白与护色，对肉类、葡萄酒和饮料的添加主要是以防腐为目的	焦亚硫酸钠比亚硫酸盐有更强烈的还原性，作用与亚硫酸钠相似
用量	我国规定可用于蜜饯、饼干、糖果、葡萄糖、冰糖、竹笋、蘑菇和蘑菇罐头等，最大使用量 0.45g/kg；也可用于啤酒，最大使用量 0.01g/kg。残留量以二氧化硫计，竹笋、蘑菇及蘑菇罐头不得超过 0.05g/kg；饼干、食糖及其他品种不得超过 0.1g/kg；液体葡萄糖不得超过 0.2g/kg；蜜饯残留量 ≤0.05g/kg。新鲜葡萄（片剂汽化法以亚硫酸盐计），最大使用量 2.4g/kg，残留量（以 SO_2 计）0.05g/kg	我国规定可用于蜜饯、饼干、葡萄糖、食糖、冰糖、饴糖、糖果、液体葡萄糖、竹笋、蘑菇及蘑菇罐头，最大使用量为 0.45g/kg。残留量以二氧化硫计，竹笋、蘑菇及蘑菇罐头不得超过 0.05g/kg；饼干、食糖、粉丝及其他品种不超过 0.1g/kg；液体葡萄糖不得超过 0.2g/kg；蜜饯不得超过 0.05g/kg。新鲜葡萄最大使用量 2.4g/kg；残留量不得超过 0.05g/kg（以 SO_2 计）
安全性	兔经口 LD_{50}：600～700mg/kg（以 SO_2 计）。ADI 0～0.7mg/kg（以 SO_2 计，包括 SO_2 和亚硫酸盐的总 ADI；FAO/WHO，2001），GRAS（FDA，§182.3637，2000）	大鼠静脉注射 LD_{50}：115mg/kg。AID 0～0.70mg/kg（以 SO_2 计，包括 SO_2 和亚硫酸盐的总 ADI；FAO/WHO，1999），GRAS（FDA，§182.3766，2000）。本品对皮肤、黏膜有明显的刺激作用，可引起结膜、支气管炎症状。有过敏体质或哮喘的人，对此非常敏感。皮肤直接接触可引起灼伤。工作人员应做好防护。贮存于阴凉、干燥、通风良好的库房。远离火种、热源。保持容器密封。应与氧化剂、酸类、食用化学品分开存放，切忌混贮
生产方法	在氢氧化钾或碳酸钾溶液中通入精制二氧化硫气体，得到亚硫酸氢钾溶液，再经搅拌、浓缩、干燥等步骤，最后得到焦亚硫酸钾晶体	由纯碱水溶液吸收硫黄燃烧产生的二氧化硫，经分离、干燥而得

●氯化亚锡（二水）、亚氯酸钠

通用名	氯化亚锡（二水）	亚氯酸钠
英文名	stannous chloride, dihydrate	—
分子式	$SnCl_2 \cdot 2H_2O$	$NaClO_2$

相对分子质量	225.63	90.44
外观	无色或白色单斜晶系结晶	白色结晶或结晶粉末
熔点	37～38℃	190℃
沸点	652℃	190℃
相对密度	2.71	—
溶解性	溶于醇、乙醚、丙酮、冰醋酸	易溶于水

质量标准		
含量，w	—	≥70％
砷(以 As_2O_3 计)，w	≤3％	≤1.0μg/g
重金属(以 Pb 计)，w	≤0.01％	≤10μg/g
氧化亚锡，w	99.0％～101.0％(无水物) 98.0％～102.2％(二水物)	
在盐酸中的溶解度	通过试验	—
铁，w	≤0.005％	—
不被硫化物沉淀的物质，w	≤0.05％	—
应用性能	用作还原剂、抗氧化剂	在食品工业中用作漂白剂。主要用于糖渍制品。亚氯酸钠的水溶液在酸性条件下具有稳定的漂白能力，可加柠檬酸调整 pH 值至 3～5 后进行漂白。漂白时需用耐蚀性容器，不得使用金属容器。日本规定限用于樱桃、蜂斗菜、葡萄和桃子
用量	FDA(§184.1845，2000)规定，可各种食品中，用量为 0.0015％(以 Sn 计)	FDA(§186.1750，2000)规定仅限于与食品接触的纸，限量 125～250mg/kg
安全性	大鼠经口 LD_{50}：700mg/kg。ADI 0～2mg/kg(FAO/WHO，2001)。GRAS(FDA，§184.1845，2000)。对皮肤有刺激性，氯化亚锡溶液与皮肤接触能引起湿疹。美国规定锡的无机化合物的最高允许浓度为 2mg/m³(以金属锡计)。生产人员要穿工作服、戴防毒口罩和手套等劳保用品，注意保护呼吸官，保护皮肤，生产设备要密闭，车间通风良好	大鼠经口 LD_{50}：166mg/kg。土拨鼠在含有 45mg/kg 二氧化碳的空气中数小时可导致死亡。对呼吸器官黏膜和眼睛有刺激作用。应贮存在阴凉、通风、干燥的库房内，但不能贮存在木结构的库房里。不可与易燃品、酸类和还原剂共贮混运。注意防潮。远离热源和火种。运输过程中要防雨淋和日晒。装卸时要轻拿轻放，防止猛烈碰撞。失火时，可用水、沙土、各种灭火器扑救
生产方法	锡溶于盐酸而得	—

● 壳聚糖食品防腐剂

组成	壳聚糖,醋酸,浓盐酸,氢氧化钠	外观	粉末状,耐热性极强,溶解性好
应用性能	本品工艺反应时间大大缩短,易于实现工业化生产;水解过程利用复合酸,反应条件温和,易控制,水解选择性较高。本品抗菌性能强,防腐效果好,使用方便		
用量	本品可添加到腌制品、半干制品、发酵制品、果汁类、果蔬类食品中,防止食品腐败变质,延长保藏期。根据不同食品的需要,壳聚糖防腐剂的添加量为食品量的 $0.01\%\sim0.5\%$		
安全性	本品生产过程副反应少,产品安全性风险小。本品具有良好的生物降解性和生物相容性,食品安全无毒		
生产方法	①将脱乙酰度 85% 以上、黏均分子量范围为 $20\times10^4\sim80\times10^4$ 的壳聚糖溶解于 $1\%\sim3\%$ 的醋酸中,壳聚糖质量浓度为 $1\%\sim5\%$ ②将壳聚糖溶液①中加入浓盐酸,在 $60\sim90℃$ 下水解 $6\sim10h$ ③水解结束后,用 10mol/L 的 NaOH 溶液调节 pH 值为 $7\sim8$,使壳聚糖沉淀出来 ④将步骤③调节 pH 后的水解液中的壳聚糖沉淀进行离心分离,用清水冲洗沉淀物,然后再进行离心分离除去水 ⑤将步骤④中经冲洗后再离心得到的沉淀物均匀分散在不锈钢盘上置于真空干燥箱中进行真空干燥,干燥条件为:温度 $40\sim80℃$,真空度 $0.08\sim0.095MPa$,干燥至水含量 10% 以下 ⑥将干燥后的壳聚糖置于粉碎机中粉碎,即可得到粉末壳聚糖防腐剂		

● 铁粉-焦亚硫酸钠食品保鲜剂

组成/%	组分1	铁粉	48	组分2	铁粉	42
		氢氧化钙	28		氢氧化钙	26
		活性炭	10		活性炭	8.5
		焦亚硫酸钠	6		焦亚硫酸钠	8.5
		膨润土	3		膨润土	5
		盐酸	5		盐酸	10
	铁粉为铸铁粉或者还原铁粉,焦亚硫酸钠可为焦亚硫酸钾或连二亚硫酸钠。促进剂为盐酸与氢氧化钙的反应物					
外观	本品固体。具有吸 O_2 和 CO_2 功能,同时释放灭菌气体。有降低水分表面活性的功能					
应用性能	本品具有吸 CO_2 和 O_2 功能,同时能放出一定量的灭菌气体来杀菌,使被封存的食品在未绝氧状态下就得以灭菌保质保鲜。在除 O_2 能力耗尽时有灭菌气体,同样能有效保质保鲜。本保鲜剂降低水分表面活性,能起到控制酶催化作用,有效抑制微生物的生长与繁殖					
用量	本多功能食品保鲜剂适用于粮食类、豆类及粮食制品的保质贮存。干果类、干菜类、烟草、中药材、干海鲜类、肉铺、火腿、点心、茶叶等的防霉、防虫、防氧化变质					

生产方法	①配制碱性填充料:将膨润土、氢氧化钙(总用量的97%)均匀混合后过18目筛 ②配制促进剂:将剩余的氢氧化钙、盐酸在反应锅内充分反应,反应过程中不停搅拌直至不冒烟为止 ③配制黑粉:将焦亚硫酸钠、活性炭在搅拌机中均匀混合 ④将配置后的碱性填料充料和促进剂加入黑粉中搅拌均匀后过18目筛,然后再加入铁粉拌匀成

● 山梨酸钾-乳酸钠肉制品防腐剂

组成/%	山梨酸钾	0.2	乳酸钠	4
	乳酸链球菌素	0.05	水	加至100
应用性能	本品可使低温肉制品的保质期延长2倍,保鲜效果好,安全可靠。本品将几种防腐剂复合使用,比各防腐剂单独使用时的防腐效果好。复合防腐剂可以破坏微生物许多重要的酶系、降低产品的水分活性,还可以通过影响细胞膜和抑制革兰氏阳性菌的细胞壁的合成来杀死细菌,所以能充分抑制低温肉制品中腐败菌的生长和繁殖,特别是对革兰氏阳性菌有较强的抑制作用			
用量	特别适用于红肠等高档低温肉制品的防腐和保鲜。使用时可将本品在拌陷的工序中加入			
安全性	使用本品后可相应降低食盐的用量,使产品成为中低盐食品,更加有利于人体健康			
生产方法	将以上组分充分混合,使山梨酸钾和乳酸和乳酸链球菌素溶于乳酸钠的浓溶液中即得			

● 淀粉-葡萄糖酸内酯食品保鲜剂

组成/%	淀粉	42	抗坏血酸	11
	葡萄糖酸内酯	20	复合氨基酸	6
	柠檬酸	12	氯化钠	9
	本品由淀粉、葡萄糖酸内酯或葡萄糖酸盐、络合剂、氧化剂、氯化钠、氨基酸组成。络合剂为柠檬酸、柠檬酸钠、三聚磷酸钠或植酸钠;氧化剂可以是抗坏血酸或抗坏血酸钠。氨基酸可以选用甘氨酸、谷氨酸、丙氨酸、天冬氨酸或它们的组合物			
应用性能	经本保鲜剂保鲜的鱼、虾质量大大优于未经保藏的,且本保鲜剂的制造工艺简单			
用量	本品用作食物保鲜剂。不仅可用于鱼、虾的保鲜,也可用于肉、禽等蛋白质食物的保鲜			
安全性	本品生产过程无"三废"污染,对人体无毒无害			
生产方法	将各组分按比例混合均匀即可			

● 蜂胶食品保鲜剂

组成 (质量份)	组分	配方 1	配方 2	配方 3
	蜂胶	5	12	8
	蔗糖脂肪酸酯	0.5	2	1.5
	乙醇(75%)	94.5	86	90.5
成分	蜂胶			
外观	本品液状			
pH 值	5.6~6.2			
应用性能	以蜂胶为主要成分的食品保鲜剂,使用时可在被保鲜食品的表面形成一层被膜,不但有效地阻碍微生物的侵袭,而且具有阻氧的作用,抑制保鲜果蔬的呼吸,降低新陈代谢,减少水分和营养成分的损失,所以推迟了萎蔫、枯黄和腐败变质的时间。由于加入了蔗糖脂肪酸酯乳化剂,所以可以与水配制成各种浓度的乳化液,使用更加方便;还由于蔗糖脂肪酸酯本身也有防腐作用,所以它可以增强保鲜效果			
用量	本保鲜剂使用时可把食品浸渍入保鲜剂中;或者把保鲜剂喷洒于食品上;或者浸渍包装纸、包装袋,晾干后再包装食品			
生产方法	首先清除蜂胶中的杂质,并按配比称取蜂胶、乙醇溶液,然后放入带搅拌装置的密闭型夹层容器(如反应罐)中,徐徐加热至 65℃保持恒温 10min 并且不停的搅拌。停止加热后,加入乳化剂蔗糖脂肪酸酯,每隔 0.5h 搅拌 5min,搅拌 3 次后,静置冷却至室温。然后经过过滤装置过滤,得到滤液,再调整滤液中乙醇的含量不低于70%,并调整 pH 值在 5.6~6.2 之间,最后即可得到成品保鲜剂			

● 丙酸钙-氯化钙食品保鲜剂

组成 (质量份)	丙酸钙	5	砂糖	8
	氯化钙	5	清水	82
外观	本品液体			
应用性能	本品是由抑菌防腐、品质稳定和成膜物质构成的全新配方制成。直接对瓜果蔬菜、鱼肉熟食等食品进行表面喷涂,在食品表面形成一种易溶于水的保护膜。防止霉菌、酵母菌和细菌等微生物的侵入,并抑制瓜果蔬菜等活性食品的生长活性,从而达到防止食品腐烂变质、保持鲜度、延长保藏期的目的			
用量	本品用作食品保鲜剂,将保鲜剂喷涂在食品表面,形成能够溶解于水的保护膜。用于瓜果蔬菜大、中、小批量的长、短期保藏和水产、肉类及熟食制品的防腐保鲜。喷涂剂量和次数及食品种类决定其保藏期的长短			
安全性	选用无色无味、无毒无害,并溶解于水的组分组成。溶液中各种物质化学性质相对稳定,不产生有害物质。食用时用清水将食品表面上的涂膜冲洗掉,少量摄入人体无毒作用,不影响健康			
生产方法	按比例混合即可			

● 银杏叶-贝壳-花生红衣-肉桂-茶叶食品保鲜剂

组成	银杏叶	5	肉桂	10
（质量份）	贝壳类	10	茶叶	30
	花生红衣	40	月桂酸单甘油酯	51

外观	本品为 80 目粉状固体
应用性能	采用植物为组分,生产的广谱食品保鲜剂,对革兰氏菌、霉菌和酵母菌有较强的抑制作用,具有较强的抗氧化功能
安全性	本品采用纯天然物质为组分的绿色产品,对人体无副作用
生产方法	① 按比例称取银杏叶、花生红衣、肉桂、茶叶,粉碎至 80 目得组分备用 ② 按比例称取贝壳类,粉碎至 80 目得贝壳粉备用 ③ 将组分用 8 倍浓度乙醇提取两次,每次 1h,合并两次提取液,回收乙醇后浓度至相对密度为 1.1～1.3,得浓度液备用 ④ 按比例将浓缩液、贝壳粉及月桂酸单甘油酯充分混合 ⑤ 将混合物干燥,使其水分至 5% 以下并粉碎至 80 目 ⑥ 将粉碎至 80 目的半成品灭菌,包装即可

● 葡萄糖酸内酯食品保鲜防腐剂

组成 （质量份）	成分	配方 1	配方 2	配方 3
	D-葡萄糖酸-δ-内酯	0.5	2.5	3.0
	乳酸钾	30	—	—
	葡萄糖浆	65	85	90
	乳酸钠	—	10	—
	甘油	—	—	3
	其中乳酸钠也可以用乳酸钾或甘油替代,作为中性食品的保鲜防腐			

外观	本品中性
应用性能	本品具有保鲜时间长,存放时间长的特点。该保鲜防腐剂加入按常规方法生产的食品中,其食品在 35～37℃ 温度下,保存 7～10d 不变味,不腐败,保持原汁原味,在常温下可保存 3 个月以上。该保鲜防腐剂成本低,来源广泛,适用范围广,保鲜防腐效果好
用量	本品用作食品保鲜防腐剂 配方 1:使用时,取用常规方法生产肉制香肠的组分 10kg,加入保鲜防腐剂 0.1kg,再按常规方法制成香肠食品,该香肠经过测试在 35～37℃ 温度下 7d,未变味,未腐败,保持原味,在常温下可保存 3 个月以上 配方 2:使用时,取用常规方法生产蛋糕的组分 10kg,加入保鲜防腐剂 1.2kg,再按常规方法生产蛋糕,该蛋糕经过测试在 35～37℃ 温度下 11d,未变味,未腐败,保持原味,在常温下可保存 3 个月以上 配方 3:使用时,取用常规方法生产酸奶的组分 10kg,加入保鲜防腐剂 1.5kg,再按常规方法生产酸奶,该酸奶经过测试在 35～37℃ 温度下 12d,未变味,未腐败,保持原味,在常温下可保存 3 个月以上
生产方法	将各组分混合均匀即可

● VC 食品色味保鲜剂

<table>
<tr><td rowspan="6">组成
(质量份)</td><td>成分</td><td>配方 1</td><td>配方 2</td><td>配方 3</td></tr>
<tr><td>抗坏血酸</td><td>30</td><td>10</td><td>45</td></tr>
<tr><td>异抗坏血酸</td><td>25</td><td>35</td><td>40</td></tr>
<tr><td>抗坏血酸钠</td><td>20</td><td>40</td><td>5</td></tr>
<tr><td>异抗坏血酸钠,$w/\%$</td><td>20</td><td>12</td><td>5</td></tr>
<tr><td>核苷酸,$w/\%$</td><td>5</td><td>3</td><td>5</td></tr>
<tr><td></td><td colspan="4">此外还可加入其他组分如柠檬酸/或生育酚(维生素 E)。柠檬酸不仅能降低 pH
值,抑制酶活性,并可起螯合剂作用;生育酚不仅能抗氧化,还有营养,因其是油溶
性可加到油脂等中</td></tr>
<tr><td>应用性能</td><td colspan="4">加入本保鲜剂的水果、蔬菜可在低温或常温贮存长时间不褪色、不变质、不褐变(对
非柑橘类水果和易褐变蔬菜效果尤为明显),可保持原芳香和风味。对于加入保鲜
剂后热烫加工的果蔬,可防止其色、香、味和组织质地发生变化;对于瓶装或罐装水
果或腌制蔬菜,可防止变质变色;对于肉类腌制,本保鲜剂还可起加速剂作用;对于
鱼肉类冷冻,可防止酸败,保持色泽和鲜味,并可延长贮藏期;对于啤酒饮料,有鲜
味感,剩余零散也可保存,且不变质、变色、变味;对于生、熟牛奶,可防止异味和变
质;对于烹调制作中的冷菜、热菜、汤类等,味鲜、色美,剩余饭菜不变味、变质;对于
发酵面粉类,可改善质量,增强谷蛋白组织网络,增大体积改善内瓤结构</td></tr>
<tr><td>用量</td><td colspan="4">本保鲜剂可方便地用于水果、蔬菜、罐头、鱼肉类、啤酒、果酒、饮料、生熟牛奶、冷
菜、热菜、汤类、发酵面粉类、腌制品、冷冻食品等,可大大延长食品保存期。配方 1
所制得的喷雾罐可广泛地用于各种食品的喷淋保鲜</td></tr>
<tr><td>生产方法</td><td colspan="4">配方 2、配方 3 按各物料质量比投料,送入密封混合料仓进行混合,并搅拌,粉碎颗
粒成粉状后过细筛,然后定量包装,即得保鲜剂
配方 1 按各物料质量比投料,送入混合料仓进行混合并搅拌,粉碎颗粒成粉状后过
细筛,在搅拌下均匀注入定量蒸馏水进行均匀稀释,用封罐机将带有喷嘴的盖密
封,从喷口处注入定量二氧化碳,上按手并配置一个 0.2m 长空心塑料软管,然后包
装。所述罐可根据需要选用标准型规格铁质压力罐。最终得到罐含 40% 保鲜剂,
10% 水和 50% 二氧化碳</td></tr>
</table>

3.10.3 营养强化剂

● 活性钙、焦磷酸铁钠

通用名	活性钙	焦磷酸铁钠
英文名	activated calcium	ferric sodium pyrophosphate
分子式	主要成分为 $Ca(OH)_2$另含少量氧化镁(MgO)、氧化钾(K_2O)、三氧化二铁(Fe_2O_3)、五氧化二磷(P_2O_5)、氧化钠(Na_2O)和锰离子	$Na_8Fe_4(P_2O_7)_5 \cdot xH_2O$

相对分子质量	—	1277.02
外观	棱面体短柱状白色粉末,略有咸涩味,呈碱性	白色或黄白色粉末,无臭无味
溶解性	可溶于酸性溶液,易吸潮。缓慢吸收 CO_2 后转化成碳酸钙。在酸性胃液中可全部溶解并以 Ca^{2+} 形式被吸收	铁以络合物形式,不会催化氧化反应。不溶于水,溶于盐酸
质量标准	白色无溴粉末,略有咸涩味,易溶于酸性溶液	白色至棕黄色粉末,无臭无味
应用性能	钙营养强化剂。在体内活性高、吸收快、安全、无副反应。能促进骨质形成。用于儿童、成人和老年人缺钙引起的骨质疏松、骨质增生、骨痛、肌肉痉挛、小儿佝偻症。活性钙还具有杀菌保湿的作用,可以控制叶类蔬菜的萎缩	用作营养增补剂。是一种新型铁源,其中的铁是以络合物形式存在,不会催化氧化反应,并且颜色很白,应用比较广,可广泛应用于食品、食盐、保健品、医药等领域,主要应用于面粉、谷物和食盐等颜色较浅的食品中
用量	谷物及制品、饮料用量 $1.6 \sim 3.2 g/kg$;婴幼儿食品 $3.0 \sim 6.0 g/kg$(均以元素钙计)	—
安全性	GRAS(FDA,§182.1366,2000)	GRAS(FDA,§182.5306,2000)
生产方法	将牡蛎壳清洁后在 $1250 \sim 1500 ℃$ 下煅烧活化,生成中间产物 CaO,自然冷却后粉碎至 100 目筛。于水中加热至 $20 \sim 30 ℃$,除去杂质即可	由焦磷酸四钠与可溶性铁盐反应制得

● 磷酸铁

英文名	ferric(lron) phosphate
分子式	$FePO_4 \cdot 2H_2O$
相对分子质量	186.85
外观	灰白色或浅桃红色的单斜结晶或无定形粉末
溶解性	溶于盐酸、硫酸,不溶于冷水和硝酸
用量	在食品工业中用作铁质强化剂。其性能稳定,不易发生反应而影响食品品质,是理想的铁源制剂,多用于蛋白质、米制品及糊状制品
安全性	GRAS(FDA,§182.5301,2000)应贮存在阴凉、通风、干燥、清洁的库房内,防潮。防有毒有害物质污染,不得与有毒有害物品共贮混运。运输时要防雨淋和烈日暴晒。装卸时要小心轻放,以免包装破损。失火时,可用水、沙土、各种灭火器进行扑救

生产方法	将硝酸亚铁溶液加热至95～110℃使其全部溶解。在氧化剂存在下,加入除砷剂和除重金属剂进行溶液净化、过滤,除去砷和重金属杂质。然后将上述精制的硝酸亚铁溶液加入反应器,在搅拌下加入已除砷的精制浓磷酸和纯净的磷酸铁晶种,在不断搅拌下加热反应,生成磷酸铁沉淀物,经过滤、洗涤、干燥,制得磷酸铁。或者将硫酸亚铁加入蒸馏水中加热全部溶解,在氧化剂存在下,加入除砷剂和除重金属剂进行溶液净化、过滤,将精制的硫酸亚铁溶液加入反应器,在搅拌下加入已除砷的精制浓磷酸,再加入精制氯酸钠溶液,于85℃进行反应。缓慢加入食用烧碱溶液,调整pH值为2～6,使磷酸铁沉淀析出,经过滤、干燥,制得磷酸铁

● 酸式焦磷酸钙

分子式	$CaH_2P_2O_7$
相对分子质量	216.04
外观	白色结晶或结晶粉末
溶解性	溶于稀盐酸或稀硝酸,难溶于水,与稀无机酸溶液共热则水解生成磷酸。5%水溶液呈酸性
用量	用作营养增补剂、膨松剂。在制作面包等焙烤食品时,用作合成膨松剂的酸性成分
安全性	ADI=0～70mg/kg(以磷计,磷酸盐总 ADI,FAO/WHO,2001)。GRAS(FDA,§182.5223,2000)。应贮存通风、干燥的库房内,勿使受潮变质,防高温以免溶解,防有害物质污染。运输中不得与有毒有害物品混运。防雨淋和烈日暴晒。装卸时要小心轻放,防止包装破裂而受潮。失火时,可用水、泡沫灭火器和二氧化碳灭火器扑救
生产方法	将食用磷酸氢钙溶解于食用磷酸中,控制pH值在3.2左右,可得到磷酸二氢钙,经蒸发浓缩、冷却结晶、离心分离、干燥,得到磷酸二氢钙。将磷酸二氢钙于109℃时煅烧,进一步加入至200℃进行聚合,经冷却、粉碎,制得食用酸式焦磷酸钙

● 碘化钾

英文名	potassium iodide	熔点	681℃(约954 K)
分子式	KI	沸点	1330℃(约1603 K)
相对分子质量	166.0	密度	3.123 g/cm³
外观	白色晶体	溶解性	其水溶液呈中性或微碱性,能溶解碘

质量标准			
含量(干燥后),w	99.0%～101.5%	重金属(以 Pb 计),w	≤0.001%
碘酸盐,w	≤0.0004%	硝酸盐、亚硝酸盐和氨	试验阴性
干燥失重(105℃,4h),w	≤1.0%	硫代硫酸盐和钡	试验阴性
应用性能	碘化钾是允许使用的食品碘强化剂。可用于食盐		
用量	可用于食盐,使用量为30～70mg/kg;婴幼儿食品中的用量为0.3～0.6mg/kg		

● 磷酸镁

英文名	magnesium phosphate		密度	2.195g/cm^3
分子式	Mg$_3$(PO$_4$)$_2$ · xH$_2$O	相对分子质量	262.98	熔点	1184℃
溶解性	溶于柠檬酸铵,几乎不溶于冷水在150℃时失去5个结晶水,加热至400℃时失去全部结晶水变成无水物				

质量标准				
重金属(以 Pb 计),w	≤0.0015%		砷(As),w	0.0003%
磷酸镁(以灼热残渣计),w	98.0%～101.5%		氟化物,w	0.001%
加热失重,w	Mg$_3$(PO$_4$)$_2$ · 4H$_2$O 15%～23%;Mg$_3$(PO$_4$)$_2$ · 5H$_2$O 20%～27%;Mg$_3$(PO$_4$)$_2$ · 8H$_2$O 30%～37%			
应用性能	用作营养增补剂、抗结剂。用作沉淀剂、牙科研磨剂			
安全性	ADI＝0～70mg/kg(按磷计,FAO/WHO,2001)。GRAS(FDA,§ 182.5434,2000)。应贮存在阴凉、通风、干燥的库房内,防潮、防高温。与有毒有害物品隔离存放。运输中不可与酸类物品和有毒有害物品混运,防雨淋和烈日暴晒。装卸时要小心轻放,防止包装破裂。失火时,可用水、砂土、泡沫灭火器和二氧化碳灭火器扑救			

● 磷酸氢镁

英文名	magneslumhydrogenphosphate	外观	无色或白色斜方晶体或粉末
分子式	MgH$_4$ · (PO$_4$)$_2$ · 2H$_2$O	密度	1.56g/cm^3
溶解性	微溶于水,易溶于稀酸,不溶于乙醇		

质量标准			
磷酸氢镁(以灼热残渣计),w	96.0%	重金属(以 Pb 计),w	≤0.0015%
砷(As),w	≤0.0003%	铅(原子吸收法),w	≤0.0002%
氟化物,w	≤0.001%	灼烧失重,w	29%～36%
应用性能	用作营养增补剂、pH 调节剂、稳定剂。以 GMP 为限		
安全性	ADI＝0～70mg/kg(按磷计,FAO/WHO,2001)。GRAS(FDA,§ 182.5434,2000)。应贮存在阴凉、通风、干燥的库房内,防止受潮、受热。与有毒有害物品隔离存放。运输中不可与酸类物品和有毒有害物品混运,防雨淋和烈日暴晒。装卸时要小心轻放,防止包装破裂而受潮。失火时,可用水、砂土、各种灭火器扑救		

● 氟化钠

分子式	NaF	沸点	1700℃
相对分子质量	42.00	相对密度	2.558
外观	白色粉末或结晶,无臭	溶解性	溶于水,微溶于醇
熔点	993℃	应用性能	做食品强化剂
用量	我国规定可用于食盐,最大使用量为 0.1g/kg		
安全性	大鼠经口 LD_{50}:0.18g/kg。氟化钠粉尘和蒸气对皮肤有刺激作用,可以引起皮炎		

● 牛磺酸

英文名	taurine	分子式	$C_2H_7NO_3S$
结构式	$HO-\overset{\displaystyle O}{\underset{\displaystyle O}{S}}-NH_2$	相对分子质量	125.15
外观	白色或类白色结晶或结晶性粉末,无味、味微酸	熔点	305.11℃
相对密度	1.734	溶解性	溶于水,不溶于乙醇、乙醚
应用性能	牛磺酸是一种特殊的氨基酸,是人体生长发育所必需的营养物质		
用量	我国规定 37.5～112.5mg/kg;一岁以上幼儿及儿童奶粉 0.05～1.175g/kg		
安全性	大鼠腹注射 LD_{50}:240mg/kg。GRAS(FDA,§ 182.8991,2000)		
生产方法	由碳酸锌煅烧或由氢氧化锌煅烧制得。或者由粗氧化锌冶炼成锌,再经高温空气氧化而成		

● 硫酸锰（一水）、硫酸亚铁（七水）

通用名	硫酸锰(一水)	硫酸亚铁(七水)
英文名	manganessulfate monohydrate	sulfate heptahydrate
分子式	$MnSO_4 \cdot H_2O$	$FeSO_4 \cdot 7H_2O$
相对分子质量	169.019	278.01
外观	淡玫瑰红色细小晶体	蓝绿色单斜晶系结晶或颗粒,无气味
熔点	700℃	64℃
沸点	850℃	—
密度	2.95g/cm³	1.898g/cm³(15℃)
溶解性	极易溶于水,不溶于乙醇	溶于水,微溶于醇,溶于无水甲醇

质量标准

项目	硫酸锰(一水)	硫酸亚铁(七水)
含量(以 $MnSO_4 \cdot H_2O$ 计),w	98.0%～102.0%	—
重金属(以 Pb 计),w	≤0.002%	—
铅,w	≤0.001%	0.0002%
加热失重,w	10%～13%	—
砷,w	≤0.003%	—
含量($FeSO_4 \cdot 7H_2O$),w	—	99.5%～104.5%
汞,w	—	≤0.0001%

应用性能	硫酸锰是允许使用的食品强化剂	可用作铁质营养增补剂及果蔬发色剂,并用以保持腌制品的新鲜颜色
用量	我国规定可用于婴幼儿食品,使用量为 1.32～5.26mg/kg;乳制品中为 0.92～3.7mg/kg;饮料中为 0.5～1.0mg/kg	我国规定可用于夹心糖和食盐,使用量为 3000～6000mg/kg;高铁谷类及其制品(每日限食这类食品中为 50g)中为 860～960mg/kg;乳制品和婴幼儿食品中为 300～500mg/kg;谷类及其制品中为 120～140mg/kg;在饮料中为 50～100mg/kg
安全性	小鼠腹腔注射 LD_{50}:332mg/kg	—

◉ 乙酸钙、乳酸锌

通用名	乙酸钙	乳酸锌
化学名	醋酸钙	α-羟基丙酸锌
分子式	$Ca(CH_3COO)_2 \cdot H_2O$	$Zn(C_3H_5O_3)_2 \cdot 3H_2O$
结构式	—	
相对分子质量	176.18	243.53
外观	白色结晶或结晶性粉末,无臭,有乙酸味	白色结晶或粉末,无臭
溶解性	易溶于水,微溶于乙醇。极易吸湿。加热至160℃分解成丙酮和碳酸钙	易溶于水,微溶于乙醇。加热至100℃失去结晶水
质量标准		
熔点	—	280℃
$C_4H_6O_4Ca$(以无水物计),w	98.0%～102.0%	
pH 值	6～8	
硫酸盐,w	≤0.1%	≤0.05%
氯化物,w	≤0.050%	≤0.05%
镁盐与碱金属盐,w	≤1.0%	
钡盐,w	符合规定	
重金属(以 Pb 计),w	≤0.0025%	≤0.001%
砷盐(以 As 计),w	≤0.0002%	≤0.003%
氟化物(以 F 计),w	≤0.005%	
水分,w	≤7%	
锌,w	—	21.5%～22.6%
干燥失重,w	—	≤18.5%

应用性能	用作抑霉剂、稳定剂、缓冲剂和增香剂。乙酸钙还是一种很好的食品钙强化剂,吸收效果比无机钙好	乳酸锌是一种性能优良,效果理想的锌质食品强化剂,对婴儿及青少年的智力和身体发育有重要的作用,吸收效果比无机锌好。可添加于牛奶、奶粉、粮谷类食品等多种产品中
用量	可用于婴幼儿食品,使用量为3.0～6.0g/kg(以元素钙计,下同);在谷类及其制品中为1.6～3.2g/kg	我国规定(均以锌计):在乳制品的用量为30～60mg/kg;婴幼儿食品中使用量为25～70mg/kg;谷类及其制品中使用量为5～10mg/kg;饮料中使用量为5～10mg/kg;儿童口服液中用量为0.6～1.0g/kg(以乳酸锌计)
生产方法	由碳酸钙与乙酸反应,经精制制得。也可以贝壳为原料,经清洗、粉碎、煅烧制成石灰乳,再经中和、过滤、浓缩、干燥得成品	由乳酸溶液与氧化锌粉末反应,经冷却结晶、过滤、分离、洗涤制得。也可由乳酸钙与硫酸锌反应,经过滤、洗涤、干燥制得

● 硫酸镁 (七水)

英文名	magnesium sulfate heptahydrate	熔点	1124℃
分子式	$MgSO_4 \cdot 7H_2O$	沸点	330℃
相对分子质量	246.47	相对密度	1.67～1.71
外观	白色细晶或粉末,无异味,无明显外来异物	溶解性	易溶于水,微溶于乙醇和甘油

质量标准

硫酸镁,w	≥99.30%(以$MgSO_4 \cdot 7H_2O$计);≥9.80%(以Mg计)		
砷(以As计),w	≤0.5mg/kg	白度	≥75%
氟(以F计),w	≤15.0mg/kg	铅(以Pb计),w	≤1.0mg/kg
应用性能	作食品强化剂、营养增补剂、固化剂、增味剂、加工助剂。酿造用镁添加剂,作为发酵时的营养源,提高发酵能力,调整水的硬度		
用量	我国规定可用于乳制品,使用量为3～7g/kg;在乳液及乳饮料中使用量为1.4～2.8g/kg;在矿物质饮料中最大使用量为0.05g/kg;果汁(味)用添加剂30～60mg/kg;运动型饮料20～100mg/kg		
安全性	大鼠腹腔注射MID:130～150mg/kg可引起腹泻。ADI不作特殊规定(FAO/WHO,2001)。应贮存在干燥、通风、清洁的库房中,防止雨淋、受潮,应与有毒物品隔离堆放		

● 硫酸锌 (七水)

英文名	zinc vitriol	相对密度	1.957		
分子式	$ZnSO_4 \cdot 7H_2O$	溶解性	易溶于水		
相对分子质量	287.56	熔点	100℃	沸点	>500℃(分解)

质量标准		
含量,w	98.0%～100.5%(一水物);99.0%～108.7%(七水物)	
镉,w	≤0.0005%	铅(以 Pb 计),w	≤0.001%
汞,w	≤0.0005%	酸度试验	正常
硒,w	≤0.003%	碱金属和碱土金属,w	≤0.5%

注:上表中"铅""酸度试验""碱金属和碱土金属"等列与其左侧数据为不同列。

应用性能	用作食品锌强化剂
用量	我国规定软饮料 7.4～19.8mg/kg(无水品)、8.2～22.0mg/kg(一水品);可可粉及其他口味营养型固体饮料 6～18mg/100kg(以 Zn 计);相应营养型乳饮料按稀释倍数降低使用量;一岁以上幼儿及儿童奶粉 0.05～1.175g/kg(以 Zn 计);调节水 6mg/L(以 Zn 计)。可用于食盐,使用量为 500mg/kg;婴幼儿食品中用量为 113～318mg/kg;乳制品中用量 130～250mg/kg;谷类及其制品中为 80～160mg/kg;饮液及乳饮料中为 22.5～44mg/kg
安全性	小鼠经口 LD_{50}:0.18g/kg;大鼠经口 LD_{50}:2.949g/kg

● 焦磷酸钙

分子式	$Ca_2P_2O_7$	熔点	1230℃
相对分子质量	254.10	相对密度	3.09
外观	白色粉末	溶解性	不溶于水,溶于稀盐酸和硝酸,不溶于醇

质量标准			
含量焦磷酸钙($Ca_2P_2O_7$),w	≥96.0%	重金属(以 Pb 计),w	≤0.003%
砷(As),w	≤0.0003%	铅(Pb),w	≤0.0005%
氟化物(以 F 计),w	≤0.005%	灼烧失重(800～825℃),w	≤1.5%

应用性能	在食品工业中用作营养增补剂、酵母养料、缓冲剂、中和剂;还可用于牙膏磨料、涂料填料、电工器材荧光体
安全性	ADI 0～70mg/kg(以磷计,总磷酸盐量,FAO/WHO,2001)。GRAS(FDA,§182.5223,§182.8223,§182.1223,2000)。应贮存在阴凉、通风、干燥、清洁的库房内。不得与酸类物品和有毒有害物品共贮混运。运输时要防雨淋和烈日暴晒,防潮。失火时,可用水、砂土、各种灭火器扑救
生产方法	由无水焦磷酸钠与无水氯化钙反应而得。即将工业级无水焦磷酸钠溶解于蒸馏水中重结晶,使其达到食品级要求,然后溶解配制备用。另外将工业无水氯化钙溶解后加漂白粉脱色,除铁过滤,制得一定浓度的氯化钙溶液放入反应器中,在搅拌下缓慢加入经提纯的无水焦磷酸钠溶液,于 90℃进行反应,生成无水焦磷酸钙。经水洗、脱水、干燥、煅烧制得焦磷酸钙。也可由磷酸氢钙在一定条件下煅烧而得焦磷酸钙

● 焦磷酸铁

分子式	$Fe_4(P_2O_7)_3 \cdot 8H_2O$	相对分子质量	889.22
外观	棕黄色或黄白色粉末,无臭,几乎没有铁味		
溶解性	微溶于水(0.37%,25℃)及醋酸,溶于无机酸、碱溶液、柠檬酸,不溶于冷水		

质量标准			
砷(As),w	≤0.0003%	灼烧失重(800~825℃),w	≤20%
铅(Pb),w	≤0.001%	焦磷酸铁(以 Fe 计),w	24.0%~26.0%
汞(Hg),w	≤0.0003%		

应用性能	焦磷酸铁是一种新型铁源,含铁量高达24%~30%,强化成本低,安全性高,对胃肠刺激较小,无不良反应和副作用,吸收性好,生物利用率高。焦磷酸铁用于食品强化,经高温杀菌后铁的利用率会增加。在乳制品、面粉、米粉、果汁、焙烤制品、保健品、医药等食品工业用作营养铁制强化剂,用于强化奶粉、婴儿食品等。我国规定焦磷酸铁可作为铁营养强化剂,使用范围为乳粉,使用量为60~200mg/kg(以 Fe 计)。在2001年和2002年增补品种的扩大使用范围和使用量中规定,焦磷酸铁可以在果冻、液体奶和乳饮料中应用,使用量为10~20mg/kg(以元素铁计)
安全性	GRAS(FDA,§182.5304,2000)。应贮存在通风、干燥的库房内,勿使受潮变质,防有毒有害物质污染。运输中不得与有毒有害物品混运。防雨淋和烈日暴晒。装卸时要小心轻放,防止包装破裂而受潮。失火时,可用水、各种灭火器扑救
生产方法	主要为复盐分解法。将硝酸铁加入盛有蒸馏水的反应器中,在搅拌下缓慢加入无水焦磷酸钠进行反应,生成焦磷酸铁,加入除砷剂和除重金属剂进行溶液净化,过滤除去砷和重金属等杂质,向滤液中迅速加入新制备的聚丙烯酰胺水溶液,经静置倾出上层清液,浆液进行过滤,用热水洗涤,最后再用甲醇洗涤,在80~90℃,制得食用焦磷酸铁成品。或者将氯化铁水溶液加入焦磷酸钠水溶液,生成的沉淀经过滤、洗涤、干燥、粉碎而制得

● 六水三氯化铁

分子式	$FeCl_3 \cdot 6H_2O$	熔点	37℃
相对分子质量	270.2962	沸点	280~285℃
外观	黄棕色单斜结晶,有微弱的 HCl 气味	相对密度	1.82
溶解性	易溶于水,溶于乙醇、乙醚。其水溶液呈强酸性,可使蛋白质凝固。易吸湿,在空气中可潮解成红棕色液体		

质量标准			
六水三氯化铁($FeCl_3 \cdot 6H_2O$),w	98.5%~102.0%	水溶液(1g + 10mL H_2O,含 0.1mL HCl)形态	微浊以下游离酸及游离氯试验呈阴性

重金属(以 Pb 计),w	≤0.002%	硝酸盐(以 NO_3^- 计),w	正常
铅(Pb),w	≤0.001%	硫酸盐(以 SO_4^{2-} 计),w	≤0.019%
锌(Zn),w	≤0.003%	砷(以 As_2O_3 计),w	≤0.0004%

应用性能	用作铁质强化剂。可用于婴儿奶粉、炼乳制品等。六水三氯化铁能与乳中的 β-球蛋白结合形成蛋白铁,体内容易吸收
用量	六水三氯化铁通常与乳制成乳清铁后添加,调整至 1g 乳清铁约含铁 4mg。乳清铁的添加量为 1.0%~1.5%
安全性	大鼠经口 LD_{50}:900mg/kg。GRAS(FDA,§184.1297,2000)。应贮存在通风、干燥的库房内。避免受潮变质,防高温以免熔解,防有害物质污染。运输中不得与有毒有害物品混运。防烈日暴晒和雨淋。失火时,可用水、泡沫灭火器和二氧化碳灭火器扑救
生产方法	将盐酸和洗净的铁屑加入反应器中进行反应,生成二氯化铁溶液,经澄清后,把氯气通入清液进行氯化反应,生成三氯化铁溶液,加入除砷剂和除重金属剂进行溶液提纯,过滤除去杂质,再澄清,把清液冷却结晶,分离、干燥,制得食用六水三氯化铁成品

● 三聚磷酸钾

分子式	$K_5P_3O_{10}$		相对分子质量	448.41
结构式			外观	白色结晶或粉末
			熔点	620~640℃
溶解性	易溶于水,其水溶液呈碱性,在水中会逐渐水解生成正磷酸盐			

质量标准

重金属(以 Pb 计),w	≤0.001%	五氧化二磷(P_2O_5),w	46.5%~48.0%
砷(以 As_2O_3 计),w	≤0.0003%	水不溶物,w	≤2%
三聚磷酸钾($K_5P_3O_{10}$)(以干基计),w	≥85%	氟(F),w	≤0.001%
灼烧失重(105℃ 干燥 4h,或 550℃ 灼烧 30min),w	≤0.4%		

应用性能	在食品工业中用作组织改进剂、螯合剂和水分保持剂。其溶解比传统的磷酸钠盐好,用于肉制品、鱼、虾和奶制品中效果更好
用量	我国规定罐头、果汁(味)饮料类、植物蛋白饮料最大使用量 1.0g/kg;乳制品、禽肉制品、冰淇淋、方便面、肉制品 5.0g/kg;果味(不含果汁)品 0.15g/kg。作为复合磷酸盐使用时,以磷酸盐总计罐头肉制品不得超过 1.0g/kg,炼乳不得超过 0.5g/kg。焦磷酸钠、三聚磷酸钠及磷酸三钠复合使用时最大 5g/kg

安全性	ADI＝0～70mg/kg（以磷计，磷酸盐总 ADI，FAO/WHO，2001）。应贮存在阴凉、通风、干燥、清洁的库房内。防潮，防高温，防有毒有害物质污染，不得与有毒有害物品共贮混运。运输时防雨淋和烈日暴晒。失火时,可用水、各种灭火器扑救
生产方法	由磷酸氢二钾和磷酸二氢钾混合加热脱水制得

● 生物碳酸钙

分子式	CaCO₃	外观	中性白色粉末。无味无臭
相对分子质量	100.09	相对密度	2.5～2.7
溶解性	溶于乙酸、盐酸，难溶于硫酸，几乎不溶于水和乙醇，在空气中稳定，加热至 825～897℃可分解为 CO_2 和 CaO，易吸收臭气		

质量标准			
碳酸钙（以干基计），w	≥97.60%	砷（As），w	≤3mg/kg
干燥失重，w	≤1.0%	重金属（以 Pb 计），w	≤10mg/kg
盐酸不溶物，w	≤0.30%	镉（Cd），w	≤0.2mg/kg
钡（Ba），w	≤0.03%	细度	≥180 目

应用性能	作钙质营养强化剂，较碳酸钙吸收效果好
用量	我国规定谷类及其制品、饮料 4～8g/kg；强化乳饮料 0.52g/kg（以钙元素计，谷类及其制品、饮料 1.6～3.2g/kg；婴幼儿食品 3.0～6.0g/kg）
安全性	小白鼠经口 LD₅₀＞10g/kg。GRAS（FDA，§184.1191，§182.5191，2000）
生产方法	由牡蛎壳等生物原料中精制提取

● 亚硒酸钠

分子式	Na₂SeO₃；Na₂SeO₃·5H₂O	外观	白色结晶	熔点	1056℃
溶解性	溶于水，不溶于乙醇。在干燥空气会失去结晶水成无水物。在干燥空气中表面易风化失水，加热到 40℃转变为无水盐				
应用性能	亚硒酸钠是允许使用的硒强化剂。硒是人体无需的微量元素,由于亚硒酸钠有毒,应严格按照国家有关规定使用				
安全性	大鼠经口 LD₅₀：7mg/kg				
生产方法	硒与硝酸反应生成亚硒酸和二氧化氮,除去二氧化氮后,用氢氧化钠溶液中和,经加热浓缩、干燥研磨而得				

● 乳酸亚铁

分子式	Fe(C₃H₅O₃)₂	相对分子质量	233.99
结构式		外观	微绿色至类黄色结晶或结晶性粉末，略有甜的金属味

溶解性	溶于水(冷水中 2.5%、沸水中 8.3%),难溶于乙醇。水溶液为带绿色的透明溶液,呈弱酸性。在光、热和空气中易被氧化,遇高温分解		
质量标准			
总铁(以 Fe 计),w	≥18.9%	钙盐(以 Ca^{2+} 计),w	≤1.2%
亚铁(以 Fe^{2+} 计),w	≤0.002%	重金属(以 Pb 计),w	≥18.0%
水分(不包括结晶水),w	≤2.5%	砷,w	≥0.0001%
应用性能	乳酸亚铁是一种很好的食品铁强化剂,吸收效果优于无机铁		
用量	我国规定(均以铁计),用于夹心糖的用量为 600~1200mg/kg;也可用于乳制品和婴幼儿食品,用量为 24~48mg/kg;还可用于饮料,用量为 10~20mg/kg		
安全性	小白鼠经口 LD_{50}:>10g/kg。GRAS(FDA, § 184.1191, § 182.5191,2000)		
生产方法	由乳酸钙溶液加硫酸亚铁或加氯化铁溶液制得。或者由乳酸溶液中加蔗糖和精制铁粉反应,再结晶得乳酸亚铁		

● 柠檬酸铁

分子式	$C_6H_5FeO_7 \cdot H_2O$	结构式	
相对分子质量	335.02		
外观	红褐色透明片状物或粉末		
溶解性	易溶于热水、酸及氨水,慢慢溶于冷水,不溶于乙醇。水溶液呈酸性。可被光、热还原成柠檬酸亚铁		
质量标准			
重金属(以 Pb 计),w	≤0.002%	5%水溶液发送	澄清或基本澄清
砷,w	≤0.0003%	硫酸盐(以 SO_4^{2-} 计),w	≤0.48%
含铁量,w	16.5~18.5	铵盐试验	阴性
应用性能	用作食品强化剂,吸收效果比无机铁好		
用量	我国规定可用于食盐和夹心糖,用量为 3600~7200mg/kg;在高铁谷物及其制品中为 1000~1200mg/kg;在乳制品和婴幼儿食品中为 360~600mg/kg;在谷类及其制品中为 150~290mg/kg;在饮料中为 60~120mg/kg		
安全性	大鼠经口 LD_{50}:7mg/kg		
生产方法	将氨水与硫酸铁溶液反应,经滤过、水洗,加入柠檬酸并加热使沉淀全部溶解,过滤,将滤液浓缩、干燥得成品		

● 柠檬酸钙、葡萄糖酸钙

通用名	柠檬酸钙	葡萄糖酸钙
英文名	calcium citrate	
分子式	$Ca_3(C_6H_5O_7)_2$	$Ca[HOCH_2(CHOH)_4COO]_2 \cdot H_2O$

结构式	$\left[\begin{array}{l}CH_2COO^- \\ HO-CCOO^- \\ CH_2COO^-\end{array}\right]_2 Ca_3^{2+} \cdot 4H_2O$	—
相对分子质量	498.44	448.40
外观	白色结晶状粉末,无臭	白色结晶或颗粒性粉末,无臭、无味
熔点	—	201℃
溶解性	不溶于乙醇,难溶于水(0.1g/100mL,25℃)。稍有吸湿性。加热至100℃渐渐失去结晶水	25℃水中可溶解 3.3%,热水中可溶解20%,水溶液的 pH 值为 6～7,不溶于乙醇、乙醚和氯仿。在空气中稳定,120℃失去结晶水
质量标准		
含量,w	98.0%～100.5%[以 $Ca_3(C_6H_5O_7)_2$ 计]	99.0%～102.0%($C_{12}H_{22}CaO_{14} \cdot H_2O$计)
干燥失重,w	10.0%～13.3%	≤0.5%
盐酸不溶物,w	≤0.2%	—
铅(Pb),w	≤0.0005%	—
氟化物(以 F 计),w	≤0.003%	—
重金属(以 Pb 计),w	≤0.002%	≤0.001%
砷(As),w	≤0.0003%	≤0.0002%
溶液澄清度	合格	—
蔗糖或还原糖	—	不可立即产生红色沉淀
氯化物,w	—	≤0.05%
硫酸盐,w	—	≤0.05%
应用性能	食品钙强化剂,吸收效果优于无机钙。可用于多种食品的强化,包括婴儿配方食品、果汁、乳制品、固体饮料、运动饮料、牛乳、豆乳、保健品和谷物制品等	食品钙强化剂,吸收效果优于无机钙
用量	我国规定可用于谷类及其制品,使用量为 8～16g/kg;在乳饮料及饮液中为1.8～3.6g/kg	我国规定可用于谷类及其制品,使用量为18～36g/kg;在乳饮料及饮液中为 4.5～9.0g/kg
生产方法	用石灰乳中和柠檬酸溶液,经过滤、洗涤、干燥得成品。也可以蛋壳为原料,经清洗、粉碎、煅烧制成石灰乳,然后用柠檬酸溶液中和,再经过滤、水洗、干燥得成品	淀粉乳用硫酸水解得到葡萄糖液,加入石灰乳、营养盐和黑霉菌种子营养液,进行发酵。发酵液加石灰乳中和、过滤,滤液减压浓缩,结晶得到粗品,再经精制得到葡萄糖酸钙

3.10.4　膨松剂

● 磷酸氢二铵

英文名	ammonium phosphate	外观	无色透明单斜晶体或白色粉末
分子式	$(NH_4)_2HPO_4$	密度	$1.619g/cm^3$
相对分子质量	131.0488	溶解性	易溶于水,不溶于醇、丙酮、氨

质量标准			
磷酸氢二铵,w	$96.0\%\sim102\%$	砷(As),w	$\leqslant0.0003\%$
氟化物,w	$\leqslant0.001\%$	重金属(以 Pb 计),w	$\leqslant0.01\%$
应用性能	用作膨松剂、面团调节剂、酵母食料、酿造的发酵助剂,以及用作缓冲剂。GB 2760规定为允许使用的食品工业用加工助剂,以 GMP 为限		

● 碳酸氢钠

分子式	$NaHCO_3$	熔点	270℃
结构式	Na^+　O^-　OH　C　O	沸点	851℃
		密度	$2.159\ g/cm^3$
外观	白色晶体,或不透明单斜晶系细微结晶	溶解性	可溶于水,微溶于乙醇

质量标准			
砷(As),w	$\leqslant0.0001\%$	总碱量(以 $NaHCO_3$ 计),w	$99.0\%\sim100.5\%$
重金属(以 Pb 计),w	$\leqslant0.0005\%$	干燥减量,w	$\leqslant0.20\%$
铵盐	通过试验	澄清度	通过试验
应用性能	碳酸氢钠用作膨松剂、酸度调节剂。我国规定可用于各类需添加膨松剂的食品。碳酸氢钠受热分解后呈强碱性,如果单独使用会使食物的碱性增加,不但影响口味,还会破坏某些维生素,甚而导致食品发黄或杂有黄斑,因此最好复配后使用。我国规定可在需添加膨松剂的各类食品中,以 GMP 为限。碳酸氢钠可提高蛋白质的持水性,促使食品组织细胞软化,促使涩味成分溶出		
安全性	大鼠经口 LD_{50}:4.3g/kg。ADI 不做特殊规定(FAO/WHO,2001)。GRAS(FDA,§184.1736,2000)		

● 碳酸氢钾、碳酸氢铵

通用名	碳酸氢钾	碳酸氢铵
英文名	potassium bicarbonate	—
分子式	$KHCO_3$	NH_4HCO_3

相对分子质量	100.12	—
外观	无色透明单斜晶系结构	白色粉末,无味
相对密度	2.17	1.58
溶解性	可溶于水,难溶于乙醇	能溶于水,水溶液呈碱性,不溶于乙醇
应用性能	用作碱性剂、膨松剂、营养增补剂、赋形剂及 pH 调节剂。我国规定用于矿物质饮料最大加入量 0.033g/L;需膨松剂的各类食品,以 GMP 为限	可作膨松剂、酸度调节剂、稳定剂。我国规定可在需要添加膨松剂的各类食品中,以 GMP 为限。通常与碳酸氢钠复配使用,也可单独使用。但碳酸氢铵产生的氨气溶于食品的水中生成氢氧化铵,可使食品的碱性增加,还会影响食品的风味,即有氨的臭味,宜用于含水量较少的食品。此外,分解温度比碳酸铵高,宜在加工温度较高的面团中使用。氢氧化铵还有皂化油脂的缺陷,最好与发酵粉、碳酸氢钠复配使用
安全性	ADI 不做特殊规定(FAO/WHO, 2001)。GRAS(FDA, 184.1613, 2000)。运输装卸时,应防雨淋,保证干燥、包装不受损害和污染。不可与酸类共贮混运。贮存通风、干燥库房内。应注意防潮	小鼠皮下注射 LD_{50}:245mg/kg。ADI 不做特殊规定(FAO / WHO, 2001)。GRAS(FDA, 184.1135,2000)。接触可刺激皮肤、眼睛、黏膜

● 沉淀碳酸钙

英文名	calcium carbonate	外观	白色粉末或无色结晶
分子式	$CaCO_3$	熔点	1339℃
相对分子质量	100.09	相对密度	2.711
溶解性	溶于稀酸而放出二氧化碳,不溶于醇		
应用性能	轻质碳酸钙可作为膨松剂、面粉处理剂、抗结剂、酸度调节剂、营养强化剂、固化剂等。我国规定可用于需添加膨松剂的各类食品级胶姆糖胶基,按 GMP。也可用于面粉改良剂,最大使用量为 0.03%;乳粉 7.5 ~ 18g/kg;豆奶粉、豆粉 4 ~20g/kg;软饮料 0.4~3.4g/kg;藕粉 6~8g/kg;即食早餐谷物制品 2~7g/kg。FDA(§184.1192,2000)不做限制性规定,按 GMP。本品作膨松剂使用时多与其他品种配合使用,与碳酸氢钠、明矾等复配得到的膨松剂,遇热则缓慢地释放出二氧化碳,使食品产生均匀、细腻的膨松体,可提高糕点、面包、饼干的品质。此外还有强化钙的作用,碳酸钙颗粒越小越易吸收。在日本,轻质碳酸钙用作膨松剂,一般食品中用量为 1%		
安全性	大鼠经口 LD_{50}:6450mg/kg。ADI 不做限制性规定(FAO/ WHO,2001)。GRAS(FDA, §184.1191;182.5191,2000)		

● 碘酸钙

英文名	calcium iodate;lautarite	熔点	540℃
分子式	$Ca(IO_3)_2$	相对密度	4.52(15℃)
相对分子质量	389.89	溶解性	微溶于水,不溶于醇,溶于硝酸
质量标准	碘酸钙[$Ca(IO_3)_2 \cdot 6H_2O$]含量100%±1%;重金属(以Pb计)≤0.001%		
应用性能	在食品工业中用作小麦面粉处理剂、面团调节剂、食盐的碘化等。制面包时加入小麦面粉中作为面团的速效性氧化剂。还有作口腔洗涤剂、脱臭剂、防腐剂碘仿的代用品。FDA(§184.1206,2000)规定可用于面包,最高限量为0.0075%(以小麦面粉量计)		
安全性	ADI值未做规定(FAO/WHO,2001)。应贮存在阴凉、避光、干燥的库房内,瓶口必须密封,注意防潮。运输过程中要防雨淋和日光照射。装卸时要轻拿轻放,严禁振动、撞击,防止玻璃瓶破损。失火时,可用水、砂土及各种灭火器扑救		

● 硫酸铝钾（十二水）、硫酸铝铵（十二水）

通用名	硫酸铝钾(十二水)	硫酸铝铵(十二水)
分子式	$K_2SO_4 \cdot Al_2(SO_4)_3 \cdot 12H_2O$	$NH_4Al(SO_4)_2 \cdot 12H_2O$
外观	无色透明块状、粒状或晶状粉末	白色结晶粉末或无色块状或粒状
熔点	92.5℃	93.5℃
沸点	200℃	200℃
密度	1.757g/cm³	1.64g/cm³
溶解性	溶于水,不溶于乙醇	
质量标准		
含量,w	≥99.2%{[AlK(SO_4)_2 · 12H_2O],以干基计}	99.3%～100.5%{[NH_4Al(SO_4)_2 · 12H_2O],以干基计}
氟(F),w	≤0.003%	≤0.003%
铅(Pb),w	≤0.001%	≤0.001%
砷(As),w	≤0.0002%	≤0.0002%
重金属(以Pb计),w	≤0.002%	≤0.002%
铵盐,w	符合检验	—
水分,w	≤1.0%	≤4.0%
水不溶物,w	≤0.2%	≤0.20%
硒,w	——	≤0.003%
应用性能	硫酸铝钾可作为膨松剂、中和剂。钾明矾有收敛作用,能和蛋白质结合导致蛋白质形成膨松凝胶而凝固,使食品组织致密化,有防腐作用	铵明矾可作为膨松剂、中和剂。常与碳酸氢钠等作为焙烤食品的复合膨松剂应用。在某些食品中利用铵明矾的收敛作用,可改善食品的咀嚼感。与钾明矾一样可作果蔬的保色剂

用量	我国规定可用于油炸食品、水产品、豆制品、发酵粉、威化饼干、膨化食品、虾片中,按 GMP。铝的残留量(以铝计)应小于 100mg/kg。用于油炸食品,油条用量为 10～30g/kg	我国规定可用于油炸食品、水产品、豆制品、发酵粉、威化饼干、膨化食品中,按 GMP。铝的残留量应小于 100mg/kg(以铝计)。用作膨松剂,在面包、糕点中使用量为小麦粉的 0.15%～0.5%
安全性	AID 未做规定(FAO/WHO,2001)。GRAS(FDA,§ 182.1129,2000)。其浓溶液有腐蚀性。用量过多,可使食品发涩,甚至引起呕吐、腹泻	猫经口 LD_{50}:5～10g/kg

● 过氧化钙、硫酸铵

通用名	过氧化钙	硫酸铵
英文名	calcium peroxide	ammonium sulfate
分子式	CaO_2	$(NH_4)_2SO_4$
相对分子质量	72.08	132.14
外观	白色结晶,无臭无味	无色结晶或白色颗粒
熔点	336℃	513℃±2℃
相对密度	2.92	1.77
溶解性	不溶于水,溶于乙醇、乙醚、酸	不溶于醇、丙酮和氨
质量标准	过氧化钙≥ 60.0%;氟化物(F)≤ 0.005%;铅≤ 10mg/kg;重金属(以 Pb 计)≤ 0.02%	—
应用性能	在食品加工方面可用作面粉处理剂、氧化剂。用于食品、果蔬的保鲜、面团改良、食品消毒等。过氧化钙稳定性好,无毒,是一种应用广泛的多功能的无机过氧化物	用作面团调节剂、酵母养料。用作鲜酵母生产中酵母菌培养用氮源
用量	我国规定可用于面粉中,最大用量为 0.5g/kg。用于水果保鲜时,香蕉用量 1～3g/kg,室温下可保持硬、绿状态 10d 以上;柿子可保硬 40d 以上	作为面包中酵母养料的用量约 10%(约为小麦粉质量的 0.25%)。FDA 规定烧烤限量 0.15%;明胶和布丁 0.1%
安全性	小鼠经口 LD_{50}:5g/kg。ADI 无处理用量规定(FAO/WHO,1994)	大鼠经口 LD_{50}:3g/kg。ADI 不做特殊规定(FAO/WHO,2001)。GRAS(FDA,184.1143,2000)

● 碘酸钾、氯化铵

通用名	碘酸钾	氯化铵
英文名	potassium iodate	ammonium chloride
分子式	KIO_3	NH_4Cl

相对分子质量	214.00	53.49
外观	白色结晶或结晶性粉末	无色结晶或白色颗粒性粉末
熔点	560℃	—
沸点	—	520℃
相对密度	3.89	1.5274
溶解性	溶于水、稀硫酸,不溶于乙醇	易溶于水,微溶于乙醇,溶于液氨,不溶于丙酮和乙醚

质量标准

含量	99%~101%（KIO$_3$）	≥99.0%（NH$_4$Cl,以干基计）
碘化物试验	阴性（≤0.002%）	—
干燥失重	≤0.5%（105℃,3h）	≤0.5%（硅胶,4h）
重金属（以Pb计）,w	≤0.001%	≤0.001%
砷,w	—	≤0.0003%
铅,w	—	≤0.001%
应用性能	用作小麦面粉处理剂、面团改质剂、食盐加碘剂	在食品工业中用作酵母养料、面团调节剂。主要用于面包、饼干等
用量	FDA（§184.1635,2000）规定可用于面包,最高限量为0.0075%（以小麦面粉量计）。我国规定可用于固体饮料,限量0.26~0.4mg/kg	一般与碳酸氢钠混合后使用,用量约为碳酸氢钠的25%或小麦面粉质量10~20g/kg
安全性	小鼠经口 LD$_{50}$：531mg/kg；小鼠腹腔注射 LD$_{50}$：136mg/kg。GRA（FDA,§184.1635,2000）。有毒,但在允许剂量下是安全的。应贮存在阴凉、避光、干燥的库房内,瓶口必须密封,注意防潮。运输过程中要防雨淋和日光照射。装卸时要小心轻放,严禁碰撞,以防瓶破。失火时,可用水、砂土及各种灭火器扑救	大鼠经口 LD$_{50}$：1650mg/kg。ADI 不做限制性规定（FAO/WHO,2001）。GRAS（FDA,§184.1138,2000）。贮存在阴凉、通风、干燥、清洁的库房内。不得与酸类、有毒物品共贮混运,在运输过程中要防雨淋和烈日暴晒、防潮。装卸时要轻拿轻放,防止包装破裂。失火时,可用水、砂土和各种灭火器进行扑救

3.10.5 甜味剂

● D-山梨糖醇、木糖醇

通用名	D-山梨糖醇	木糖醇
分子式	$C_6H_{14}O_6$	$C_5H_{12}O_5$
结构式		
相对分子质量	182.18	152.15
外观	常温下,为无色透明有甜味的黏稠液体	白色结晶或晶状粉末
熔点	—	92.0～96.0℃
沸点	—	216℃
相对密度	1.285～1.315	—
溶解性	混溶于水、甘油和丙二醇,溶于乙醇	易溶于水,微溶于乙醇和甲醇

质量标准		
固形物,w	69.0%～71.0%	—
山梨糖醇,w	≥50.0%	—
pH 值(样品:水为 1:1)	5.0～7.5	—
还原糖(以葡萄糖计),w	≤0.21%	≤0.20%
总糖(以葡萄糖计),w	≤8.0%	—
砷(As),w	≤0.0002%	≤0.0003%
铅(Pb),w	≤0.0001%	≤0.0001%
重金属(以 Pb 计),w	≤0.0005%	≤0.0010%
氯化物(以 Cl 计),w	≤0.001%	—
硫酸盐(以 SO_4^{2-} 计),w	≤0.005%	—
镍(Ni 计),w	≤0.0002%	≤0.0002%
灼烧残渣,w	≤0.10%	≤0.50%
含量(以干基计),w	—	98.5%～101.0%
其他多元醇,w	—	≤2.0%
应用性能	营养性甜味剂、湿润剂、螯合剂和稳定剂。是一种具有保湿功能的特殊甜味剂。在人体内不转化为葡萄糖,不受胰岛素的控制,适合糖尿病人使用。可用于糕点,最大使用量 5.0g/kg;在鱼糜及其制品中最大使用量 0.5g/kg。还可作消泡剂,用于制糖工艺、酿造工艺和豆制品工艺,按生产需要适量使用。也可用于葡萄干保湿,酒类、清凉饮料的增稠、保香,以及糖果和口香糖	是一种具有营养价值的特殊甜味剂。溶于水吸热,食用时口感清凉,且不致龋齿也适合糖尿病人食用。我国规定可用于糕点、饮料、糖果中,以代替蔗糖,按生产需要适量使用

● 甜菊糖苷

分子式	$C_{38}H_{60}O_{18}$		相对分子质量	804.87
结构式			外观	白色、微黄色松散粉末或晶体
			熔点	198℃
			溶解性	易溶于水、乙醇和甲醇,不溶于苯、醚、氯仿等有机溶剂

质量标准					
含量	特级	≥90%	干燥失重,w	特级	≤4%
	一级	≥85%		一级	≤5%
	二级	≥80%		二级	≤6%
甜度	特级	≥250	灼烧残渣,w	特级	≤0.1%
	一级	≥200		一级	≤0.2%
	二级	≥200		二级	≤0.2%
比旋光度$[\alpha]_D^{25}$		$-38°\sim-30°$	比吸光度 $E_{1cm}^{1\%}$	特级	≤0.05
砷(以 As 计),w		≤0.0001%		一级	≤0.08
重金属(以 Pb 计),w		≤0.001%		二级	≤0.10
应用性能	是天然低热量甜味剂。甜菊糖的热值仅为蔗糖的1/300,摄入人体后不被吸收,不产生热量,是糖尿病和肥胖病患者适用的甜味剂。甜菊糖与蔗糖果糖或异构化糖混用时,可提高其甜度,改善口味。可用于糖果、糕点、饮料、固体饮料、油炸小食品、调味料、蜜饯。按生产需要适量使用				

● 甘草

外观	纯品甘草酸为结晶性粉末,味极甜,甜度为蔗糖的200～250倍,甜味存留时间长
熔点	212～217℃
溶解性	易溶于水,不溶于醚,难溶于丙二醇、乙醇,对热、碱和盐稳定,pH值小于3时,溶液会出现沉淀

质量标准			
甘草甜素单钾盐含量(按干燥品计),w	≥90.0%	比旋光度$[\alpha]_D^{25}$	$+40.0°\sim+50.0°$
钾(K),w	3.8%～4.8%	砷(以 As 计),w	≤0.0003%
含量(二氯甲烷提取物),w	≥63.0%	干燥失重,w	甘草甜素单钾盐≤8.0%;甘草抗氧物≤5.0%

总黄酮含量,w	≥27.0%	重金属(以 Pb),w	≤0.001%(甘草甜素单钾盐);≤0.001%(甘草抗氧物)
熔程	70～90℃	灼烧残渣,w	8.5%～10.5%
应用性能	高甜度、低热能、安全无毒,起泡性和溶血作用很低。与蔗糖、糖精配合使用效果较好。我国规定可用于饼干、肉禽罐头、调味料、糖果、蜜饯、凉果和饮料,按生产需要适量使用		
生产方法	将甘草的根、茎粉末及纤维用水浸提,将所得的液体浓缩、除杂,加入硫酸至甘草酸沉淀析出,再精制即可		

● 乳糖醇、D-甘露糖醇

通用名	乳糖醇	D-甘露糖醇
英文名	—	D-mannitol
分子式	—	$C_6H_{14}O_6$
结构式		
相对分子质量	344.32	182.17
外观	呈白色结晶或结晶性粉末,或无色液体	无色至白色针状或斜方柱状晶体或结晶性粉末
相对密度	—	1.49
溶解性		溶于水、甘油,略溶于乙醇,不溶于大多有机溶剂
质量标准		
含量(以干基计),w	95%～102%	96.0%～101.5%
含水量(结晶品),w	≤10.5%	—
其他多元醇总量(干基),w	≤2.5%	—
还原糖(干基),w	≤0.2%	—
氯化物(干基),w	≤0.01%	≤0.007%
重金属(以 Pb),w	≤0.001%	≤5%
硫酸盐(干基),w	≤0.02%	≤0.01%

硫酸盐灰分(干基),w	≤0.1 %	—
砷(As),w	≤0.0002%	—
铅(干基),w	≤0.0001%	—
干燥失重,w	—	≤3.0%
熔程	—	165~168℃
还原糖试验	—	阴性
比旋光度$[\alpha]_D^{20}$	—	+137°~+145°
应用性能	乳糖醇是一种双糖醇,是我国新批准使用的甜味剂。我国规定可用于冰激凌、饮料、乳饮料和糕点,按生产需要适量使用	甜味剂、营养增补剂、品质改良方、防黏剂等。具有低热量、低甜度,可代替食糖用于糖尿病、肥胖症患者的特殊食品,也是口香糖和醒酒药的添加剂
生产方法	乳糖经催化加压、加氢后过滤,经离子交换、脱色、浓缩、结晶制得。根据反应的温度和浓度不同,分别在水溶液中得到无水乳糖醇、单结晶水乳糖醇和二结晶水乳糖醇	采用葡萄糖或蔗糖溶液电解还原或催化还原的方法制得,或者从海带、海藻中提取

● 焦糖色

英文名	caramel	分子式	—
外观	黑褐色的胶状物或粉末,有特殊焦糖气味		
溶解性	易溶于水和稀乙醇溶液,不溶于油脂。粉状物吸湿性较强,过度暴露于空气中色调将受影响		

质量标准			
氨氮(以 NH_3 计),w	≤0.50%	4-甲基咪唑,w	≤0.02%
二氧化硫,w	≤0.1%	干燥失重,w	≤5%
铅(以 Pb 计),w	≤2.0mg/kg	重金属(以 Pb 计),w	≤25.0mg/kg
砷(以 As 计),w	≤1.0%	总氮(以 N 计),w	≤3.0%
总汞(以 Hg 计),w	≤0.1mg/kg	总硫(以 S 计),w	≤3.5%
吸收范围	0.05~0.6		
应用性能	应用范围十分广泛的天然着色剂,可用作食品着色剂。我国规定可用于糖果、饼干、果汁(味)饮料类、冰激凌、冰棍、雪糕、酱油、调味酱和食醋,按生产需要适量使用		
生产方法	由饴糖或蔗糖在高温下进行不完全分解并脱水制得。以氨水、硫酸铵、碳酸氢铵及尿素作催化剂是氨法酱色		

● 二氧化钛

分子式	TiO₂		熔点	1830～1850℃
外观	白色固体或粉末状的两性氧化物		沸点	2500～3000℃
溶解性	溶于热浓硫酸、盐酸、硝酸，不溶于稀碱、稀酸			

<table>
<tr><td colspan="3" align="center">质量标准</td></tr>
<tr><td>二氧化钛含量,w</td><td>≥99%(无矾土和二氧化硅的基料计)</td><td>氧化铝和二氧化硅总量,w</td><td>≤2%</td></tr>
<tr><td>砷,w</td><td>≤0.0003%</td><td>干燥失重(105℃),w</td><td>≤0.5%</td></tr>
<tr><td>铅,w</td><td>≤0.001%</td><td>灼烧失重(无挥发物基料计,800℃),w</td><td>≤1.0%</td></tr>
<tr><td>汞,w</td><td>≤0.0001%</td><td>水溶性物质,w</td><td>≤0.5%</td></tr>
<tr><td>锑,w</td><td>≤0.005%</td><td>0.5molHCl中可溶物(无矾土和二氧化硅计),w</td><td>≤0.5%</td></tr>
<tr><td>锌,w</td><td>≤0.005%</td><td>含矾土和/或二氧化硅(以产品基料计),w</td><td>≤1.5%</td></tr>
</table>

应用性能	用作白色色素、增溶剂。由于该物质在食品中不起化学反应，且无絮凝沉淀现象，重金属含量低，可直接添加于食品中。添加很少的量，即可起到增白屏蔽作用，被广泛用于面粉、饮料、水产品、糖果、胶囊、宠物食品等许多方面
安全性	小鼠经口 LD_{50}≥12000mg/kg
生产方法	由高品位的铁矿石经氯化反应生成四氯化钛，精制成高纯度 $TiCl_4$，再经过氧化分解而成。也可以将浓硫酸添加至钛铁矿中使其溶解，用水萃取。在滤液中加入铁屑、磷酸盐等，煮沸生成 $TiO(OH)_2$ 沉淀。将沉淀充分洗净、经焙烧、粉碎制得

3.10.6　着色剂

● 硫代硫酸钠（五水）

英文名	sodium thiosulfate pentahydrate	分子式	$Na_2S_2O_3 \cdot 5H_2O$
相对分子质量	248.18	外观	无色透明单斜晶体，无臭、味咸
熔点	40～45℃	沸点	—
相对密度	1.729(11℃)	溶解性	溶于水和松节油，难溶于乙醇

<table>
<tr><td colspan="4" align="center">质量标准</td></tr>
<tr><td>$Na_2S_2O_3$含量(干燥后),w</td><td>99.0%～100.5%</td><td>铁,w</td><td>≤0.001%</td></tr>
<tr><td>铅(原子吸收法),w</td><td>≤0.0002%</td><td>硒,w</td><td>≤0.0005%</td></tr>
<tr><td>水分(40～45℃真空干燥16h),w</td><td>32.0%～37.0%</td><td></td><td></td></tr>
<tr><td>应用性能</td><td colspan="3">用作螯合剂、抗氧化剂。用于食盐的螯合剂时，最大用量为 0.1%</td></tr>
</table>

安全性	ADI $= 0 \sim 0.7$mg/kg（以 SO_2 计，FAO/WHO，2001）。GRAS（FDA，§184.1807,2000）。贮存阴凉、干燥的房中，运输中防暴晒、防雨淋。不可与酸类、氧化剂共贮混运。防止受潮溶化。如包装潮湿，说明内装物已潮解，必须与干燥包装分开堆放。不可贮存于露天，对受潮包装要抓紧处理。失火时，可用水、砂土扑救
生产方法	由亚硫酸钠溶液与粉末硫共热制得

● 氢氧化铵

英文名	ammonium hydroxide	熔点	-77℃
分子式	$NH_3 \cdot H_2O$	沸点	36℃
相对分子质量	35.05	密度	0.91 g/mL

质量标准			
含量（以 NH_3 计），w	27.0%～30.0%	不挥发残渣，w	$\leqslant 0.02\%$
重金属（以 Pb 计），w	$\leqslant 0.0005\%$	易氧化物试验	阴性
应用性能	用作碱性剂、酵母养料、食用色素稀释剂和溶剂。可可粉及含糖可可粉、可可豆粉、可可液块和可可油饼，亦用于食用酪蛋白酸盐，用量按 GMP		
安全性	大鼠经口 LD_{50}:350mg/kg。对人体的眼、鼻和破损皮肤有刺激性。ADI 不做限制性规定（FAO/WHO,2001）。GRAS(FDA,§184.1139,2000)		

● 氢氧化钙

分子式	$Ca(OH)_2$	外观	细腻的白色粉末
相对分子质量	74.09	密度	2.24g/cm³
溶解性	溶于酸、铵盐、甘油，微溶于水，不溶于醇		

质量标准			
$Ca(OH)_2$,w	$\leqslant 95.0\%$	铅，w	$\leqslant 0.001\%$
酸不溶物，w	$\leqslant 0.5\%$	镁盐和碱金属盐，w	$\leqslant 4.8\%$
碳酸盐试验	阴性	重金属（以 Pb），w	$\leqslant 0.003\%$
氟化物，w	$\leqslant 0.005\%$	砷（以 As 计），w	$\leqslant 0.0003\%$
应用性能	用作缓冲剂、中和剂及固化剂；可用于啤酒、淀粉糖、酱、干酪和可可制品、糖蜜脱糖及砂糖精制等。我国规定按 GMP。FAO/WHO(1984)：奶油、乳清奶油2g/kg(仅用于调节 pH 值，以无水物计)；葡萄汁及其浓汁(以物理方法防腐)、配制婴儿食品、食用酪蛋白酸盐，按 GMP		
安全性	小鼠经口 LD_{50}:7300mg/kg。有腐蚀性，但较生石灰弱		
生产方法	由氧化钙(生石灰)与水作用制得		

● 氯化钾

英文名	potassiumchloride	分子式	KCl
相对分子质量	74.55	外观	白色结晶或结晶性粉末
熔点	770℃	沸点	1500℃
相对密度	1.98(固体),1.172(15℃饱和水溶液)	溶解性	易溶于水和甘油,难溶于醇,不溶于醚和丙酮

质量标准			
含量(以干基计),w	≥99%	加有其他物质的 KCl(干后),w	≤98%
碘化物和/或溴化物试验	正常	干燥失重(105℃,2h),w	≤1%
钠试验	阴性	重金属(以 Pb),w	≤0.0005%
应用性能	用作营养增补剂、胶凝剂、酵母食料和代盐剂。与食盐一样可用于农产品、水产品、畜产品、发酵、调味、罐头及方便食品等的调味剂,制成低钠产品。用于人体强化钾,配制运动员饮料。药用氯化钾在医药中用作利尿剂和防治缺钾症的治疗。我国规定矿物质饮料 0.052g/kg;运动饮料 0.2g/kg		
安全性	小鼠腹腔注射 LD$_{50}$:552mg/kg。ADI 未规定。应贮存在通风、干燥的库房内。不可露天堆放,注意防潮。不可与有毒有害物品共贮混运。运输过程中要防雨淋和日晒。装卸时要轻拿轻放,防止包装破裂而受潮。失火时,可用水、砂土、各种灭火器扑救		

● 氧化钙

分子式	CaO	熔点	2572℃
相对分子质量	56.08	沸点	2850℃
外观	白色或带灰色块状或颗粒	相对密度	3.32～3.35
溶解性	溶于水成氢氧化钙并产生大量热,溶于酸类、甘油和蔗糖溶液,几乎不溶于乙醇		

质量标准			
氧化钙含量(灼烧后),w	95.0%～100.5%	重金属(以 Pb),w	≤0.003%
酸不溶物,w	≤1%	砷(以 As 计),w	≤0.0003%
碱金属或镁,w	≤3.6%	铅,w	≤0.0005%
氟化物,w	≤0.015%	灼烧失重,w	≤10.0%
应用性能	用作碱性剂、营养增补剂、面团调节剂及猪、禽、牛肚的烫洗剂等。我国规定(以钙元素计,g/kg):饮料、谷类及其制品用量 1.6～3.2		
安全性	ADI 不做限制性规定(FAO/WHO,2001)。吸入能刺激鼻、喉和肺,使人打喷嚏和咳嗽,通常不会产生严重危害。眼睛接触会严重灼烧角膜,可以造成失明。皮肤接触:能造成严重刺激、灼伤和损害皮肤。应贮藏于防水的容器内,放在防水的地方,远离禁忌物和工作场所,避免产生粉尘,稀释时,将氧化钙少量地加入水中以防止起沸和溅出		

亚硝酸钠、亚硝酸钾

通用名	亚硝酸钠	亚硝酸钾
英文名	sodiumnitrite(AS)	potassium nitrite
分子式	$NaNO_2$	KNO_2
相对分子质量	68.995	85.10
外观	黄白色或微带淡黄色斜方晶体	无色或微黄色结晶
熔点	271℃	387℃
沸点	320℃	—
相对密度	2.17(固)	1.915
溶解性	微溶于醇及乙醚,水溶液呈碱性,pH值约为9	有吸湿性,易溶于水,能溶于热乙醇,难溶于冷乙醇。在潮湿的空气中可被氧化成硝酸钾

质量标准

含量(以干基计),w	≥99.0%	≥95.0%
水不溶物(以干基计),w	≤0.05%	—
干燥失重,w	≤0.25%	≤3.0%
重金属(以Pb计),w	≤0.001%	≤0.002%
砷(以As计),w	≤0.0002%	≤0.0003%
铅(Pb),w	≤0.002%	≤0.001%
应用性能	用作发色剂、抗微生物剂、防腐剂等。亚硝酸钠是我国允许使用的发色剂。它在肉中所含的乳酸的作用下游离出亚硝酸,进而分解出亚硝基,后者能与肌红蛋白生成鲜红的亚硝基肌红蛋白而起到护色的作用,并能产生特殊的风味。亚硝酸钠还能抑制多种厌氧性梭状芽孢菌,特别是对肉毒梭状芽孢杆菌有特殊的抑制作用。我国规定可用于腌制禽、畜肉类罐头和肉类制品,最大使用量0.15g/kg。肉制品中残留量不得超过0.03g/kg(以亚硝酸钠计),腌制盐水火腿中残留量为0.07g/kg。因能形成强致癌物亚硝基,故用量应严格控制	亚硝酸钾是我国允许使用的发色剂。亚硝酸钾还能抑制多种厌氧性梭状芽孢菌,特别是对肉毒梭状芽孢杆菌有特殊的抑制作用。我国规定可用于腌制禽、畜肉类罐头和肉类制品,最大使用量0.15g/kg;残留量(以亚硝酸钠计)肉制品不得超过0.03g/kg,腌制盐水火腿残留量0.07g/kg。与有机物、可燃物的混合物能燃烧和爆炸,并放出有毒和刺激性的氧化氮气体。与铵盐、可燃物粉末或氧化物的混合物会爆炸。加热或遇酸能产生剧毒的氮氧化物气体

安全性	小鼠经口 LD₅₀：220mg/kg。ADI ＝0～0.06mg/kg（以亚硝酸根离子计，FAO/WHO，2001）。该物质对环境可能有危害，在地下水中有蓄积作用。贮存于阴凉、通风仓库内。远离火种、热源。包装要求密封。应与易燃、可燃物、还原剂硫、磷、氧化剂等分开存放。切忌混贮混运。本品是食品添加剂中急性毒性较强的物质之一，摄入大剂量的亚硝酸钠，可使血红蛋白变成高铁血红蛋白而失去输氧能力，造成身体组织缺氧，直至死亡	兔子经口 LD₅₀：200mg/kg，AD I 0～0.06mg/kg（以亚硝酸根离子计，FAO/WHO，2001）。本品是食品添加剂中急性毒性较强的物质之一。摄入大剂量的亚硝酸钾，可使血红蛋白变成高铁血红蛋白而失去输氧能力，造成身体组织缺氧，直至死亡。摄取过量亚硝酸盐，可使正常的血红蛋白变成高铁血红蛋白，失去携带氧的功能，导致组织缺氧。潜伏期为 0.5～1h，严重者呼吸困难、血压下降、昏迷、抽出，如不及时抢救，会因呼吸衰竭而死亡。贮存于阴凉、通风的库房，远离火种、热源
生产方法	—	用碳酸钾或氢氧化钾溶液吸收氧化氮气体，再经浓缩、分离、干燥制得

● 硝酸钠、硝酸钾

通用名	硝酸钠	硝酸钾
英文名	sodiumnitrate	potassiumnitrate
分子式	$NaNO_3$	KNO_3
相对分子质量	84.99	101.10
外观	白色细小结晶，允许带淡灰色、淡黄色	无色透明棱柱状或白色颗粒或结晶性粉末
熔点	270℃	334℃
沸点	320℃	
相对密度	2.26	2.109
溶解性	易溶于水和液氨，微溶于乙醇、甲醇、乙醚等有机溶剂	易溶于水，溶于水时吸热，溶液温度降低。不溶于无水乙醇、乙醚
质量标准		
硝酸钠（$NaNO_3$，以干基计），w	≥99.3%	—
氯化物（Cl 计），w	≤0.24%	—
亚硝酸钠（$NaNO_2$，以干基计），w	≤0.01%	—
碳酸钠（Na_2CO_3）（以干基计），w	≤0.1%	—
水分，w	≤1.8%	—
水不溶物，w	≤0.03%	—
铁（以 Fe 计），w	≤0.005%	—
含量（以干基计），w	—	≥99.0%
干燥失重（105℃，4h），w	—	≤0.1%
重金属（以 Pb 计），w	≤0.001%	≤0.002%
砷（以 As 计），w	≤0.0002%	≤0.0003%
亚硝酸盐，w	—	≤0.002%

| | 铝，w | — | $\leqslant 0.001\%$ |

应用性能	硝酸钠是我国允许使用的发色剂。它在肉制品中被还原成亚硝酸钠起护色和抑菌的作用。我国规定可用于肉类制品，最大使用量 0.5g/kg，残留量不得超过 0.05g/kg，肉制品不超过 0.03g/kg	硝酸钾也是我国允许使用的发色剂。它在肉制品中由于被还原成亚硝酸钾而起护色和抑菌的作用。我国规定可用于肉类制品，最大使用量 0.5g/kg；残留量不得超过 0.03g/kg
安全性	硝酸钠的毒性作用主要是由于它在食物中、在水中或在胃肠道内(尤其是在婴儿的胃肠道内)被还原成亚硝酸盐所致。大鼠经口 LD_{50}：1100～2000mg/kg。ADI 0～5mg/kg。出生后 6 个月的幼儿对硝酸盐特别敏感，故不宜用于幼儿食品。对皮肤、黏膜有刺激性。远离火种、热源，工作场所严禁吸烟。贮存于阴凉、通风的库房。库温不超过 30℃，相对湿度不超过 80%。应与还原剂、活性金属粉末、酸类、易燃物及可燃物等分开存放，切忌混贮	大鼠经口 LD_{50}：3236mg/kg，ADI 0～3.7mg/kg(以硝酸根离子计，FAO/WHO，2001)。在食物中、水中、胃肠道内，被还原成亚硝酸钾而具有较大毒性。饮用 50～100mg/L 含 KNO_3 水，血中受性血红蛋白明显升高。吸入本品粉尘对呼吸道有刺激性，高浓度吸入可引起肺水肿
生产方法	由硝酸钙溶液与工业硫酸钠反应，经浓缩、冷却、分离、干燥而得	工业上通常由硝酸钠与氯化钾反应，经浓缩、过滤、干燥制得

3.10.7 调味剂

● L-谷氨酸钠、5′-肌苷酸二钠

通用名	L-谷氨酸钠	5′-肌苷酸二钠
英文名	sodium hydrogen glutamate	disodium inosinate
分子式	$C_5H_8NO_4Na \cdot H_2O$	$C_{10}H_{12}N_5Na_2O_8P$
结构式		

相对分子质量	187.13	407.1
外观	无色至白色结晶状颗粒或粉末	无色至白色结晶,或白色结晶性粉末
熔点	232℃	—
沸点	333.8℃	—
密度	1.635g/mL	—
溶解性	易溶于水,难溶于乙醇和乙醚	溶于水,微溶于乙醇,不溶于乙醚
质量标准		
谷氨酸钠,w	≥99.0%	—
pH 值	6.7~7.5	—
透光率	≥98%	—
比旋光度$[\alpha]_D^{20}$	+24.9°~+25.3°	—
含量(无结晶水盐),w	—	97%~102%
有关外来杂质		检不出
pH 值(5%水溶液)	—	7.0~8.5
干燥失重,w	≤0.05%	—
重金属(以 Pb 计),w	—	≤0.002%
砷(以 As 计),w	—	≤0.0003%
铅,w	—	≤0.001%
含水量,w	—	≤29.0%
铁,w	≤5mg/kg	—
氯化物(以 Cl 计),w	≤0.1%	—
硫酸盐(以 SO_4^{2-} 计),w	≤0.05%	—
应用性能	谷氨酸盐存在于自然界许多食品中,在肉、鱼、蔬菜、谷物产品里以蛋白质结合态形式存在,在西红柿、奶、土豆、豆酱和奶酪里以自由态形式存在。谷氨酸钠是国内外应用最为广泛的鲜味剂,与食盐共存时可增强其呈味作用,与5′-肌苷酸钠或5′-鸟苷酸钠一起使用,有协同作用。我国规定可在各类食品按生产需要适量使用	新一代食品增鲜剂,有海鲜滋味。主要用作调味品,提高食物原来的风味和增加香味,具有显著的协调功能。单独应用较少,常与味精混合一起使用,与味精混合使用,其呈味作用比单用味精提高8倍,与5′-肌苷酸二钠(IMP)等比例混合则成为呈味核苷酸二钠,增鲜效果更显著。我国规定可用于各类食品,按生产需要适量使用。在医疗领域用于治疗白细胞和血小板减少症以及各种急慢性肝脏疾病
生产方法	以大米、淀粉或蜜糖为原料,经糖化、发酵、提取、精制制得	由淀粉糖水解液经发酵制得

● L-丙氨酸、5′-呈味核苷酸二钠

通用名	L-丙氨酸	5′-呈味核苷酸二钠
英文名	L-alanine	disodium 5′-ribonucleotide
分子式	$C_3H_7NO_2$	—
结构式	H₃C—C—C—OH 结构（O, H, NH₂）	—
相对分子质量	89.09	
外观	无色至白色结晶性粉末,无臭	白色至近白色结晶或粉末,无臭,有特殊鲜味
熔点	314～316℃	
溶解性	溶于水,微溶于乙醇,不溶于乙醚	易溶于水,微溶于乙醇、丙酮和乙醚。可被磷酸酯酶分解而失效。有较强的吸湿性,吸湿量可达20%～30%

结构式（L-丙氨酸）:

$$H_3C-\underset{\underset{NH_2}{|}}{\overset{\overset{H}{|}}{C}}-\overset{\overset{O}{\|}}{C}-OH$$

质量标准

项目		L-丙氨酸	5′-呈味核苷酸二钠
含量（IMP+GMP）	优级	—	97～102
	一级		≥90
	二级		≥85
IMP紫外线吸光度比值	250/260		1.50～1.70
	280/260		0.15～0.35
GMP紫外线吸光度比值	260/250		0.90～1.08
	280/250		0.58～0.78
氨基酸		—	合格
含量(以干基计),w		98.5%～101.5%	—
比旋光度$[\alpha]_D^{20}$		+13.5°～+15.5°	—
铅,w		≤0.001%	
干燥失重,w		≤0.3%	≤28.5%
灼烧残渣,w		≤0.2%	
重金属(以Pb计),w		≤0.002%	≤0.002%
砷(以As计),w		≤0.00015%	≤0.0002%
铵盐(NH_4^+)		—	合格
pH值		—	7.0～8.5
其他核苷酸		—	合格
应用性能		用作增味剂。可增加调味品的调味效果;还可以用作酸味矫正剂,改善有机酸的酸味	是一种混合呈味核苷酸,用作呈味剂。常与味精一起使用,混用时鲜味有相乘的作用。我国规定可用于各类食品,按生产需要适量使用
生产方法		主要以L-天冬氨酸为原料,经脱羧、杀菌、脱色、过滤、结晶、离心、洗涤、干燥得成品	由5′-肌苷酸二钠（IMP）和5′-鸟苷酸二钠（GMP）按1∶1的比例混合而成

3.11　化妆品专用配方原料

化妆品是指以涂抹、喷洒或者其他类似方法，散布于人体表面的任何部位，如皮肤、毛发、指趾甲、唇齿等，以达到清洁、保养、美容、修饰和改变外观，或者修正人体气味，保持良好状态为目的的化学工业品或精细化工产品。

化妆品多由以下物质组成：油性原料，是化妆品应用最广的原料，在护肤产品中起保护、润湿和柔软皮肤作用，在发用产品中起定型、美发作用；表面活性剂，能降低水的表面张力，具备去污、润湿、分散、发泡、乳化、增稠等功能，被誉为工业味精；保湿剂，是膏霜类化妆品必不可少的原料，其作用是防止膏体干裂，保持皮肤水分；粉料，主要用于制造香粉类产品；颜料、染料，主要用于制造美容修饰类产品；防腐剂、抗氧剂，在化妆品保质期内和消费者使用过程中抑制微生物生长；香料，增加化妆品香味，提高产品身价；其他原料，包括紫外线吸收剂、祛斑美白剂、营养剂……

本节主要说明化妆品中所用的保湿剂、祛斑美白剂、营养剂、防晒剂、抑汗祛臭剂等成分。

3.11.1　保湿剂

保湿是一个经久不衰的皮肤护理话题，皮肤保湿性好，看上去就会水润、细腻和透亮。正常健康的皮肤角质层中，含有 $10\% \sim 20\%$ 的水分，以维护皮肤的湿润和弹性。当由于年龄、寒冷和干燥等气候环境的变化，使得角质层中水分的含量降低到 10% 以下时，皮肤就会显得干燥，起皱以至于渐渐老化。现代化妆品的开发重点已转到保护皮肤、延缓皮肤衰老。

保湿剂用以模拟人体皮肤中由油、水、天然保湿因子（NMF）组成的天然保湿系统，作用在于延缓水分丢失、增加真皮-表皮水分渗透，为皮肤暂时提供保护、减少损伤、促进修复过程。保湿剂按其主要功能又分为封闭剂、吸湿剂、亲水基质。

封闭剂可以在皮肤表面形成封闭薄膜，用以减少经表皮水分丢失，防止出现皮肤干燥脱屑。常用成分主要为油脂类，如角鲨烷、辛酸/癸酸甘油三酯等。

吸湿剂的作用机制是从真皮及外界环境中吸收水分，保存于角质层中。如果让吸湿剂从外界环境中吸收水分，皮肤周围相对湿度至少达到70%，而在实际中相对湿度是不能达到这一水平的，故局部外用的吸湿剂大多是从真皮而非环境中吸收水分。如：甘油、透明质酸、乳酸钠、L-吡咯烷酮羧酸钠。

亲水基质是特指吸湿剂中一些能与水结合的大分子，能保持水分及封阻作用。富含这些亲水基质的保湿剂可以从真皮中吸取大量水分并与之结合，无论在低湿度还是在高湿度条件下，都具有相同的高吸湿性。

●角鲨烷、辛酸/癸酸甘油三酯

通用名	角鲨烷	辛酸/癸酸甘油三酯
英文名	squalane	capric triglyceride
化学名	2,6,10,15,19,23-六甲基二十四烷	—
分子式	$C_{30}H_{62}$	$C_{21}H_{40}O_5$
结构式		
相对分子质量	442.83	372.54
外观	色透明油状液体	无色或浅黄色透明油状液体
熔点	−38℃	—
沸点	176 ℃	—
折射率	1.452(20℃)	1.4400～1.4510(25℃)
密度	0.81g/mL	0.920～0.960g/mL
色泽（Hazen）	—	≤50
碘值（以 I_2 计）	—	≤0.5
皂化值（以 KOH 计）	—	325.0～345.0mg/g
酸值（以 KOH 计）	—	≤0.10mg/g
应用性能	角鲨烷是为最接近人体皮脂的一种脂类，亲和力强，能够与人类自身的皮脂膜融为一体，在皮肤表面形成一层天然的屏障，还能抑制皮肤脂质的过氧化，能有效渗透入肌肤，并促进皮肤基底细胞的增殖，对延缓皮肤老化，改善并消除黄褐斑均有明显的生理效果	本品很容易被皮肤吸收，对化妆品的均匀细腻起到很好的作用，使皮肤润滑有光泽。在护发类化妆品中加入本品，可使头发光亮，柔滑易梳理。辛酸/癸酸甘油三酯黏度较低，可作为保湿因子的基料、化妆品的稳定剂、防冻剂、均质剂。本品也可用于口红、唇膏、剃须膏中，可改变化妆品的分散性和光泽度

用量	—		一般推荐用量为 1%~15%
安全性	角鲨烷化学稳定性高,对皮肤有较好的亲和性,不会引起过敏和刺激		—
生产方法	角鲨烯为原料,通过催化氢化制得角鲨烷		—

● 甘油

英文名	glycerin	外观	无色澄清的黏稠液体
化学名/别名	丙三醇	熔点	17.8℃
分子式	$C_3H_8O_3$	沸点	290.0℃
结构式	$\begin{array}{ccc} CH_2 & CH & CH_2 \\ | & | & | \\ OH & OH & OH \end{array}$	折射率	1.4746
相对分子质量	92.09	相对密度	1.26(25℃)
溶解性	本品与水或乙醇任意混溶,在丙酮中微溶,在三氯甲烷或乙醚中均不溶		

质量标准			
外观	透明无悬浮物	氯化物 (以 Cl 计),w	≤0.01%
气味	无异味		
色泽(Hazen)	≤30	硫酸化灰分,w	≤0.03%
含量,w	≥98.0%	酸度或碱度	≤0.10 mmol/100g
		皂化当量	≤0.60 mmol/100g
应用性能	甘油是保养品及化妆品中十分常见的保湿添加物,温和不刺激。但其吸水性、长效保湿能力不高		
用量	5%~15%		
安全性	LD_{50}>20mL/kg(大鼠,经口)		
生产方法	甘油属于半极性分子,因此对皮肤是非常安全的,其 50% 水溶液,对皮肤非常安全,而且具有止痛的作用,对于非激素性过敏的皮肤来说,使用甘油水溶液配合凡士林,具有较好的缓解和修复能力。在化妆品的保湿剂原料中,甘油是属于保湿效果比较差的保湿剂,吸水的能力是比较有限的,与大多数常用保湿剂相比,效果都算是比较差的。虽然单纯地依靠甘油作为保湿的护肤品,一般都是非常低档和廉价的,但是甘油的安全性是非常好的		

● 透明质酸

英文名	hyaluronic acid	别名	玻尿酸、糖醛酸
分子式	$(C_{14}H_{20}NNaO_{11})_n$	相对分子质量	$1.8×10^6$
结构式		外观	白色粉末
		溶解性	溶于水,不溶于有机溶剂

	质量标准		
葡萄糖醛酸,w	≥42.0%	砷	<2μg/g
蛋白质,w	≤0.1%	溶血性	无
干燥失重,w	<10%	溶血链球菌	无
pH	6.0~7.5(0.1%水溶液)	细菌总数	<100CFU/g
重金属(以 Pb 计)	<20μg/g	其他微生物指标	符合国家标准
应用性能	透明质酸是皮肤和其他组织中广泛存在的天然生物分子,具有极好的保湿作用,还可以改善皮肤营养代谢,使皮肤柔嫩、光滑、去皱、增加弹性、防止衰老,在保湿的同时又是良好的透皮吸收促进剂。透明质酸还可润滑关节,调节血管壁的通透性,调节蛋白质,水电解质扩散及运转,促进创伤愈合等		
用量	添加量一般在 0.1%~0.5%		
生产方法	(1)动物组织提取 冻鸡冠解冻后绞碎,加适量水磨成糊状。调 pH8.5~9.0,加入适量胰酶,保温酶解 5~7h,将酶解提取液过滤。滤液调 pH6.0~6.5,加到 3 倍体积的 95%乙醇中,反复倾倒 3 次,待纤维状沉淀充分上浮后,取出沉淀,用适量乙醇脱水 3~5 次,真空干燥,得透明质酸中间品。中间品精制后得纯品 (2)链球菌发酵生产透明质酸		

● L-乳酸钠、L-吡咯烷酮羧酸钠

英文名	L-lactic acid sodium salt	L-pyrrolidone carboxylic acid-Na(PCA-Na)
化学名	α-羟基丙酸钠	L-吡咯烷酮-5-羧酸钠
分子式	$C_3H_5NaO_3$	$C_5H_6O_3NNa$
结构式	OH | $CH_3CHCOONa$	Na⁺ O⁻ ...
相对分子质量	112.06	151.1
外观	无色或几乎无色的透明液体	无色至淡黄色液体
熔点	163~165℃	125℃
折射率	1.422~1.425	—
相对密度	1.33	1.45
溶解性	能与水、乙醇、甘油互溶	极易溶于水、乙醇、丙酮、冰乙酸等
	质量标准	
含量,w	≥40%	≥50%
pH	6.5~7.5	8.0~9.5
砷(As),w	≤0.0002%	≤2
重金属(以 Pb 计),w	≤0.001%	≤30 mg/kg
氯化物(以 Cl 计),w	≤0.005%	≤0.1%

硫酸盐(以 SO_4^{2-} 计), w	≤0.01%	≤0.03%
其他	柠檬酸盐、草酸盐、磷酸盐、酒石酸盐试验:合格	汞 w≤1%;细菌个数≤500 个/mL;透光率≥95%
应用性能	L-乳酸钠是天然保湿因子,人的皮肤角质层中1/4的成分为L-乳酸钠。L-乳酸钠用于化妆品中能与别的化学成分形成水化膜而防止皮肤水分挥发,使皮肤优质轻松湿润状态,防止皱纹产生,被广泛用作护肤品的滋润剂。L-乳酸钠可作为新一代皮肤增白剂,当与其他皮肤增白剂配合使用时可产生协同效果	本品用于化妆品中作保湿剂。PCA-Na 系人体自然保湿因子的重要成分之一,吸湿性高,且无毒、无刺激、稳定性好,是近代护肤护发理想的天然化妆保健品,可使皮肤、毛发具有润湿性、柔软性、弹性及光泽性、抗静电性。PCA-Na 是优异的皮肤增白剂,对酪氨酸氧化酶的活性有抑制作用,可阻止"类黑素"在皮肤中沉积,从而使皮肤洁白。PCA-Na 能做角质软化剂,对皮肤"银屑病"有良好的治疗作用。PCA-Na 还可用于膏霜类化妆品,溶液、洗发香波等中,也代替甘油用于牙膏、软膏药物、烟草、皮革、涂料中作润湿剂,以及化纤的染色助剂、柔软剂、抗静电剂,亦是生化试剂等
安全性	—	本品安全性高,对皮肤、眼黏膜几乎没有刺激性
生产方法	将碳酸钠(或氢氧化钠)溶于水,慢慢加入乳酸中,加热至沸,使二氧化碳逸尽,调节 pH 至7,加活性炭脱色,过滤,滤液浓缩至 25℃得乳酸钠	谷氨酸经分子内脱水,即形成PCA,再中和而形成 PCA-Na

● 硫酸软骨素

英文名	chondroitin sulfate	相对分子质量	10000~30000
分子式	$(C_{14}H_{21}NO_{14}S)_n$	外观	白色或类白色粉末
结构式		相对密度	0.65~0.75
		溶解性	易溶于水,不溶于乙醇、丙酮、乙醚等有机溶剂

应用性能	本品是从动物软骨组织中提取的一种酸性黏多糖。应用于化妆品种具有保持皮肤水分和改善发质,调节皮肤细胞代谢促进营养吸收的作用
生产方法	由动物喉骨、鼻软骨、气管或骨腱、韧带等软骨组织中提取

● **乳木果油**

英文名	shea butter	外观	白色膏状
别名	牛油树脂	熔点	30～35℃

质量标准			
不可皂化物	4.0%～10.0%	皂化值(总胺值)	180.0～200.0mg/g
碘值(以 I_2 计)	55.00～65.00g/100g	过氧化值	≤5.00mg/kg
罗维邦比色计 51/4″个单位(黄色)	≤30.0	罗维邦比色计 51/4″个单位(红色)	≤3.5
SFC 10	50.00%～60.00%	SFC 30	20.00%～30.00%
SFC 20	30.00%～40.00%	SFC 40	≤2.00%
C_{16}棕榈酸,w	4%	C18:1油酸,w	44%
C_{18}硬脂酸,w	42%	C18:2油酸,w	7%
游离脂肪酸,w	≤1.00%		
应用性能	适用于抗衰老产品、晚霜、敏感性肌肤和干性肌肤的护理产品、冬季用产品、护手霜、护足霜、体用乳液婴儿产品、剃须用舒滑液等产品		
用量	护肤品用量 3%～15%,防晒产品用为 3%～25%,彩妆产品用量 2%～10%,发用产品用量 1%～3%,肥皂用量 10%～50%		
生产方法	从乳油木果核中提取并精制而得		

3.11.2 祛斑美白剂

祛斑美白是利用天然或人工合成化合物来降低皮肤色度或减轻色素沉着,可实现去掉皮肤表面色素、美化皮肤的作用。

● **柠檬酸**

英文名	citric acid	相对分子质量	192.14
化学名	2-羟基丙烷-1,2,3-三羧酸	外观	白色结晶粉末
分子式	$C_6H_8O_7$	熔点	153℃
结构式		相对密度	1.665

溶解性	溶于水、乙醇、丙酮,不溶于乙醚、苯,微溶于氯仿					

质量标准

含水量,w	$0.5\%\sim9.0\%$	草酸盐,w	$\leqslant0.01\%$			
硫酸灰分,w	$\leqslant0.05\%$	氯化物,w	$\leqslant0.005\%$			
铁,w	$\leqslant5.0\times10^{-6}$	砷,w	$\leqslant1.0\times10^{-6}$	铅,w	$\leqslant0.05\times10^{-6}$
应用性能	柠檬酸有温和的剥脱作用,使表皮与真皮分离愈后不会发生色素异常,更不会产生疤痕。能滋润皮肤,有效降低皮肤色衰减退,减轻皱纹和老化					
安全性	本品对全身无毒副作用					

● 熊果苷

英文名	arbutin	化学名	对羟基苯-β-D-吡喃葡萄糖苷
分子式	$C_{12}H_{16}O_7$	相对分子质量	272.25
结构式		外观	白色针状晶体或粉末
		熔点	$197\sim200℃$
质量标准	含量$\geqslant99.5\%$;对苯二酚$\leqslant10\mu g/g$;pH $6.0\sim6.8$		
应用性能	熊果苷具有使肌肤明亮的功效,能迅速地渗入肌肤而不影响肌肤细胞,与造成黑色素产生的酪胺酸结合,能有效地阻断酪胺酸的活动以及麦拉宁的生成,加速麦拉宁的分解与排除。此外,熊果素还能保护肌肤免于自由基的侵害,亲水性佳。α-熊果苷美白效果是β熊果苷的15倍		
用量	最安全和最高效的淡斑浓度是5%		
安全性	熊果苷是目前业界认可的最安全的美白亮肤活性剂		
生产方法	以五乙酰葡萄糖、对苯二酚为起始原料,通过乙酰化保护,在路易斯酸条件下缩合,在饱和甲醇氨溶液中脱保护基,得到最终产物熊果苷		

● 维生素 C、传明酸

通用名	维生素 C	传明酸
英文名	ascorbic acid	cyklokapron
化学名	2,3,4,5,6-五羟基-2-己烯酸-4-内酯;抗坏血酸	氨甲环酸

分子式	$C_6H_8O_6$	$C_8H_{15}NO_2$
结构式		
相对分子质量	176.13	157.2
外观	白色结晶或结晶性粉末	白色结晶性粉末
熔点	190～192℃	185～186.5℃
溶解性	在水中易溶,在乙醇中略溶,在氯仿或乙醚中不溶	易溶于水和冰醋酸,难溶于丙酮和酒精
紫外线吸收最大值	245nm	—

质量标准

含量,w	—	＞99%
pH	2.1～2.6 (50g/L)	7.0～8.0
比旋度	＋20.5°～＋21.5°(100g/L)	—
氯化物（以 Cl 计）,w	—	≤0.014%
硫酸化灰分,w	—	≤0.1%
干燥失重,w	—	≤0.5%
应用性能	维生素 C 具有美白功效,能帮助肌肤抵御紫外线侵害,避免黑斑、雀斑产生。它能预防日晒后肌肤受损,促进新陈代谢,让已形成的黑色素排出,淡化斑点,还能维系着肌肤的天然保湿功能,还可以有效消除自由基。但因为维生素 C 容易氧化、不易保存的特性,使得它在保养品的运用上受到相当限制	传明酸是一种蛋白酶抑制剂,能抑制蛋白酶对肽键水解的催化作用,从而阻止了如发炎性蛋白酶等酶的活性,进而抑制了黑斑部位的表皮细胞机能的混乱,并且抑制黑色素增强因子群,再彻底断绝因为紫外线照射而形成的黑色素发生的途径。即让黑斑不再变浓、扩大及增加,从而能有效地防止和改善皮肤的色素沉积
用量	0.5%～2.0%	2.0%～3.0%
安全性	本品为非危险品,可按一般化学品运输,应防止日晒、雨淋,不能与有毒、有害物品混运。应贮存在干燥、清洁、避光的环境中	化妆品中传明酸的浓度不会很高,但它在人体的代谢周期是多久,还有待考察。如果周期很长的话,长期使用而累积在人体内,很可能会有各种中毒现象出现

生产方法	以山梨醇为原料,经黑醋菌及假单孢菌得到古龙酸钠发酵液,然后进行化学合成得到维生素C	—

3.11.3 防晒剂

防晒霜的作用原理是将皮肤与紫外线隔离开来。物理防晒剂依靠物理反射作用,利用反光粒子在皮肤表面形成防护墙,屏蔽掉紫外线,达到防晒目的;皮肤不需要吸收紫外线,负担会比较小,缺点是粒子比较大,显得泛白、油腻。化学防晒,就是用化学成分来防晒,这种防晒霜是利用吸收的原理来防晒,为一种透光物质,可吸收紫外线,使其转化为热量再释放出来,以达到防晒的功效。

● 紫外线吸收剂 UV-9、紫外线吸收剂 UV-284

通用名	紫外线吸收剂 UV-9	紫外线吸收剂 UV-284
化学名	2-羟基-4-甲氧基二苯甲酮	2-羟基-4-甲氧基二苯甲酮-5-磺酸
英文名	ultraviolet absorber UV-9	ultraviolet absorber UV-284
分子式	$C_{14}H_{12}O_3$	$C_{14}H_{12}O_6S$
结构式		
相对分子质量	228	307.29
外观	浅黄色结晶或乳白色粉末	白色或浅黄色粉末
熔点	63~65℃	≥140℃
沸点	220℃(2.24 kPa)	
相对密度	1.324(25℃)	
溶解性	能溶于甲醇、乙醇、丁酮、乙酸乙酯等有机溶剂,不溶于水	
质量标准		
外观	浅黄色结晶	白色或浅黄色粉末
熔点	61~64℃	140~141℃
含量	≥98.5%	≥99.0%
干燥失重	—	≤5.0%
EBC 色度	—	≤2.0
重金属	—	≤5×10⁻⁶
吸收范围	290~400nm	

应用性能	本品同时可以吸收 UV-A 和 UV-B,几乎不吸收可见光,欧美地区和国家广泛用于防晒膏、霜、蜜、乳液、油灯防晒化妆品,或作为有光敏性变色的产品的抗变色剂。也可适用于油漆和各种塑料制品,对聚氯乙烯、聚苯乙烯、聚氨酯、丙烯酸树脂和浅色透明家具等特别有效	是一种广谱紫外线吸收剂,具有吸收效率高、无毒、无致畸性副作用,对光、热稳定性好等优点,它同时能够吸收 UV-A 和 UV-B,是美国 FDA 批准的 I 类防晒剂,在美国和欧洲使用频率较高,广泛用于防晒膏、霜、蜜、乳液、油等防晒化妆品中
用量	一般为 0.1~0.5 份	
安全性	无毒。大鼠经口 LD_{50} 为 7400mg/kg 体重。人允许摄入量为 3.3mg/kg。不易燃、不腐蚀、存贮稳定性好	无毒,无腐蚀性,不易燃,不易爆,贮运性能稳定。对人体皮肤无刺激性
生产方法	间苯二酚(>98%)4.9 份和液碱(40%)31.3 份及硫酸二甲酯(工业品)26.4 份经甲基化反应得间苯二酚二甲基醚;所得间苯二酚二甲基醚加 9.7 份苯甲酰氯(工业品)和氯苯 9 份以 10.5 份无水三氯化铝催化生成 2,4-二甲氧基二苯甲酮,产物再经水解反应得 2-羟基-4-甲氧基二苯甲酮	间苯二酚与硫酸二甲酯反应合成间苯二甲醚,间苯二甲醚先后与氯苯和苯甲酰氯作用后经冷却、结晶、干燥得得 2-羟基-4-甲氧基二苯甲酮。2-羟基-4-甲氧基二苯甲酮与 93% 硫酸充分作用后经冷却、结晶、甩干、重结晶即得到 2-羟基-4-甲氧基二苯甲酮-5-磺酸

● 防晒剂 OMC、防晒剂 1789

通用名	防晒剂 OMC	防晒剂 1789
化学名	4-甲氧基肉桂酸-2-乙基己酯	1-(4-叔丁基苯基)-3-(4-甲氧基苯基)丙烷-1,3-二酮
分子式	$C_{18}H_{26}O_3$	—
结构式		—
相对分子质量	290	—
外观	无色或浅黄色液体	灰白色或微黄色晶体粉末
相对密度	1.005~1.013	—
折射率	1.5420~1.5480	—

酸值(以 KOH 计)	≤1.0mg/g	—
溶解性	溶于乙醇、异丙醇、白油和极性酯类不溶于水、丙二醇和甘油	—
吸收范围	280～330mm	—
UV 消光系数	—	1100～1180[(357±2)nm,无水乙醇]
熔点	—	82～86 ℃
应用性能	该产品是非常安全的油溶性 UVB 滤光剂,有较高的 UVB 消光系数,能有效防止 280～330mm 的紫外线,且吸收率高,对皮肤无刺激,安全性好,也是全球范围内使用率最高的防晒剂原料之一	本品是最有效的脂溶性 UVA 过滤剂,是被美国 FDA 批准柜台出售的安全和有效的 UVA 防晒剂,它可以非常有效的阻断 UVA,从而可以提高防晒产品的 SPF 值,对人体皮肤起到极有效的保护作用和修复作用
用量	在防晒配方中允许使用的最高量 10%	一般用量为 2%～4%
安全性	置于密闭容器中,可以稳定贮存于凉爽、干燥的环境	—

● 化妆品专用纳米二氧化钛浆料

分子式	TiO$_2$		
质量标准			
含量,w	≥40%(TiO$_2$)	砷（As）,w	<0.0001%
晶型	金红石	铅（Pb）,w	<0.0004%
平均粒径	30 nm	汞（Hg）,w	<0.00001%
水悬浮液 pH 值	6～8		
应用性能	化妆品专用纳米二氧化钛分散液是纳米二氧化钛分散在水相、油相中(油相以脂肪醇苯甲酸酯 AB、棕榈酸异辛酯、白油为主),使纳米二氧化钛分散接近于原始粒径,解决了用户在粉体使用时不易均匀分散、使用效能不高的难题。对可见光完全透过,对 UVA 和 UVB 的屏蔽率很高,涂覆后均匀透明,适用于各种类型的防晒、护肤、彩妆等化妆品中		
用量	一般用量防晒剂 2%～6%;增白保湿为 6%～10%;用于抗紫外线为 6%～15%		
安全性	本品无毒无害,与化妆品其他原料有极好的相容性		

3.11.4　营养剂

现代化妆品除了具有清洁和保护的作用之外,还要求具有营养和保健的作用,这些功效是通过添加各种营养剂来达到的。因此研发安全可靠、营养性能优良的营养添加剂是化妆品发展的一个趋势。

化妆品中常见的营养添加剂有植物型营养添加剂、动物型营养添加剂和生化型营养添加剂。本节仅对常见品种作简单介绍。

● 人参提取液

英文名	ginseng liquid	分子式	$C_{15}H_{24}$（主要成分人参烯）	外观	棕色透明液体
质量标准					
总固体含量,w	≥2%		汞(Hg)	≤0.5mg/kg	
pH 值	4～6		砷(As)	≤0.5mg/kg	
细菌总数	≤100 个/mL		铅(Pb)	≤1mg/kg	
致病菌	不得检出				
应用性能	本品对人体神经系统、内分泌和循环系统起调节作用,可广泛用于膏霜、乳液等护肤化妆品中作营养添加剂。因其有多种营养素,可增加细胞活力,并能促进新陈代谢和末梢血管流通的功效。用于护肤品中,可使皮肤光滑、柔软有弹性、延缓衰老,还可抑制黑色素的产生。用在护发产品中,可提高头发的强度,具有防止头发脱落和白发再生的效能,长期使用使头发乌黑有光泽				

● 芦荟凝胶干粉

外观	黄色精细粉末
溶解性	芦荟凝胶干粉易溶于水,经特殊的生物加工工艺,与水溶性的物质具有很好的配伍性,可与甘油、丙二醇等配合使用
应用性能	芦荟含有的芦荟素、芦荟苦素,具有多方面美化皮肤的效能,在保湿、消炎、抑菌、止痒、抗过敏、软化皮肤、防粉刺、抑汗防臭等方面具有一定的作用,对紫外线有强烈的吸收作用,防止皮肤内伤。芦荟含有多种消除超氧化物自由基的成分,如超氧化物歧化酶、过氧化氢酶,能使皮肤细嫩、有弹性,具有防腐和延缓衰老等作用。芦荟胶是天然防晒成分,能有效抑制日光中的紫外线,防止色素沉着,保持皮肤白皙。研究发现,芦荟具有使皮肤收敛、柔软化、保湿、消炎、解除硬化、角化,改善伤痕等作用
生产方法	取新鲜芦荟叶片,清洗干净后放入杀菌溶液中浸泡 10～20min,洗净沥干后用专用芦荟剥皮机将外皮与凝胶分离,并分别加工后再进行混合,制成芦荟汁液或浓缩芦荟汁或芦荟干粉等产品

● 海藻提取物、神经酰胺

通用名	海藻提取物	神经酰胺
英文名	seaweed extract	ceramide
分子式	—	$C_{34}H_{66}NO_3$
结构式		

相对分子质量		536.89
外观	棕黄色至棕黑色精细粉末	浅棕色液体
相对密度		0.9000～1.3000
质量标准		
细度	100％过80目筛	—
水分，w	≤5.0 %	≤95.0％
砷	≤2×10^{-6}	—
重金属	≤20×10^{-6}	—
细菌总数	≤1000CFU/g	≤100CFU/g
霉菌、酵母菌数	≤100CFU/g	—
其他	不得检出大肠杆菌和沙门氏菌	不得检出致病菌
应用性能	本品含有藻胶酸、粗蛋白、多种维生素、酶和微量元素。此类营养经皮肤吸收后，能降低表面血脂，增进表面皮肤造血功能，而且还有减肥、保温、增稠、抗衰老的功能	本品是一种水溶性脂质物质，它和构成皮肤角质层的物质结构相近，能很快渗透进皮肤，和角质层中的水结合，形成一种网状结构，锁住水分，具有启动细胞的能力，促进细胞的新陈代谢，促使角质蛋白有规律的再生。使用含神经酰胺的活肤精华化妆品，能加强皮肤抗衰老功能，令肌肤保持弹性，光滑细致，减少面部皱纹形成
生产方法	—	牛脑中可提取丰富神经酰胺，但自"疯牛病"发生以来，动物来源神经酰胺制品已被植物性神经酰胺所替代

● 胶原蛋白

英文名	collagen
外观	白色、不透明、无支链的纤维性蛋白质
应用性能	胶原蛋白加入护肤类化妆品中，与其他原料配伍性佳，协同效果良好，对受损肌肤有较好的修复作用，减少皮肤组织萎缩、塌陷、干燥、皱纹、松弛无弹性等衰老现象

● 类神经酰胺 Skinrepair-11

化学名	十六烷基羟脯氨酸棕榈酰胺	外观	白色固体粉末
分子式	$C_{37}H_{71}NO_4$	熔点	45～55℃
质量标准	酸值(以 KOH 计)2～7mg/g；干燥失重≤2.0％；灼烧残渣≤0.5％；活性物含量≥90％；细菌总数<1000CFU/g		
应用性能	神经酰胺天然存在于角质层细胞间质中，在角质层生理功能中起关键作用。它能够维持皮肤屏障功能，对抗过多的水分流失；良好的表皮屏障修复功能，增加表皮角质层厚度，增加皮肤弹性，延缓皮肤衰老；抑止有害物质的侵入，避免皮肤过敏；增强角化细胞之间黏着力，改善皮肤干燥、脱屑、粗糙等症状		

应用性能	类神经酰胺 Skinrepair-11 是新型合成的神经酰胺,其结构与天然神经酰胺 2 类似。功效试验表明:Skinrepair-11 与天然神经酰胺同样有效,而且熔点较天然神经酰胺要低,易于做配方
用量	建议添加量为 0.1%～1.0%

● 月见草油、沙棘油

通用名	月见草油	沙棘油
英文名	evening primrose oil	seabuckthorn oil
活性成分	含多种脂肪酸,主要包括亚油酸、γ-亚麻酸、油酸、棕榈酸、硬脂酸、顺-6,9,12-二八碳-三烯酸、顺-9,12,15-二十八碳-三烯酸	维生素 E 和维生素 C、胡萝卜素及游离氨基酸
外观	—	黄色至橙红色透明液体
密度	—	0.8900～0.9550g/mL
折射率	—	1.4650～1.4800
应用性能	月见草油易通过皮肤被微血管吸收,促进血液循环,防止表皮细胞角化,而使皮肤保持润滑,显得白嫩、延缓皮肤的衰老,同时它对痤疮、黄褐斑、脂溢性皮炎、皮肤粗糙等皮肤病也有很好的疗效	沙棘油主要是从沙棘果籽里提取出来的,沙棘油的主要活性成分是维生素 E 和维生素 C、胡萝卜素及游离氨基酸等,它具有消除体内自由基、减少脂褐质含量和抗氧化等功能,因而对皮肤、头发具有优良的营养和保护作用
生产方法	月见草油主要是来自月见草种子,经低温压榨或亚临界低温萃取	—

3.11.5 抑汗、除臭剂

锌盐和铝盐可以抑制人体汗液过量分泌和排出。它们对蛋白质有凝聚作用,接触皮肤后,能使汗腺口肿胀而堵塞汗液的流通,间接地减少或抑制排汗,铝盐除具有抑汗作用外,还具有杀菌、抑菌作用。

因为简单的铝盐易水解,溶液呈较高的酸性,对皮肤和衣物都有较大的影响,如果采用硫酸铝或氯化铝则需要加入缓冲剂,常添加尿素和其他可溶性氨基化合物以减少其对衣服的沾污,但效果不甚理想;又因氯化铝的刺激性很大,其用量不可太高,因此,简单铝盐较少直接用于抑汗剂配方中。羟基氯化铝等碱式铝盐以及复合型金属盐抑汗剂,呈弱碱性，对皮肤的刺激性和衣物的沾污和损伤较少，成为较常见的止汗剂品种，如碱式氯化铝的复盐可以在没有缓冲剂存在的情况下使用。

● 羟基氯化铝、异辛醇单甘油醚

通用名	羟基氯化铝	异辛醇单甘油醚
化学名	碱式氯化铝	乙基己基甘油
英文名	aluminum chloride	ethylhexyl glecerine
分子式	$[Al_2(OH)_nCl_{6-n} \cdot xH_2O]_m$	$C_{11}H_{24}O_3$
外观	白色或微黄色半透明固体	无色透明油状液体
相对密度	—	$0.945 \sim 0.965$
折射率	—	$1.4450 \sim 1.4590$
溶解性	易溶于及稀酒精，不溶于无水酒精及甘油	—
应用性能	本品能使皮肤表面蛋白质凝结，汗腺口膨胀，阻塞汗液流通，产生抑制或减少汗液分泌作用，是强力收敛剂。是抑汗化妆品的主要原料	异辛醇单甘油醚是一种液态除臭原料，即使在较低浓度下，仍然可以有效抑制皮肤由于革兰氏阳性菌存在而产生的异味。异辛醇单甘油醚不改变人体机能，安全无残留，也是温和的润肤剂与润滑剂。在护肤品配方中即能促进醇类效果，又有良好的保湿性，滑爽不黏腻，可留下良好肤感
用量	—	有效添加量 $0.2\% \sim 1.0\%$
安全性	对皮肤有一定刺激性	—

● 四氯水合甘氨酸铝锆、苯酚对磺酸锌

通用名	四氯水合甘氨酸铝锆	苯酚对磺酸锌
分子式	—	$C_{12}H_{10}O_8S_2Zn$
结构式	$Al_{3.6}Zr(OH)_{11.6}Cl_{3.2} \cdot xH_2O \cdot GLycine$	（见结构式）
相对分子质量	—	411.72
外观	白色或淡黄色粉末	白色结晶
溶解性	溶于水及甘油，易吸湿	溶于水，乙醇
含量，w	$99\% \sim 100.0\%$	$\geqslant 98.0\%$
砷（As）	$\leqslant 2.0 \times 10^{-6}$	$\leqslant 5.0 \times 10^{-6}$

重金属	$\leqslant 20.0 \times 10^{-6}$	$\leqslant 10.0 \times 10^{-6}$
铁(Fe)	$\leqslant 150.0 \times 10^{-6}$	—
pH 值	3.0~5.0(15%水溶液)	4.5~6.5
铝/锆原子比	2.0:1 ~ 5.99:1	—
(铝+锆)/氯原子比	1.5:1 ~ 0.9:1	—
应用性能	本品可用作抑汗活性物	本品作为新型的止汗收敛剂,与其他有机化合物和植物提取液能稳定共存,可广泛应用在希望起到收敛、止汗、收缩毛孔等效果的产品中,包括水剂、油剂、乳液和膏霜各种形态
用量	—	推荐用量 1%~1.5%,添加量最大不超过 2.0%
安全性	对铜、铁、铝等金属有缓慢的腐蚀性	对皮肤刺激性较小

3.11.6　止痒去屑剂

　　洗发用品的最基本使用目的是除去头发和头皮表面的油脂汗液等分泌物、皮屑以及微生物等污垢,而对人体无害。随着人们生活水平不断提高,人们的护法意识越来越强,洗发用品在清洁去污的同时还要求具有调理、护发、去屑止痒等功效。

● 吡啶硫酮锌

别名	ZPT	相对分子质量	317.7
英文名	pyrithionc zinc	外观	灰白色粉末状固体
化学名	双(2-硫代-1-氧化吡啶)锌	熔点	240~250℃
分子式	$C_{10}H_8N_2O_2S_2Zn$	相对密度	1.782
结构式		溶解性	难溶于水
质量标准	纯度≥97%(化妆品级);干燥失重≤0.5%;pH 值 6.0~8.0;避光条件下存放两年不变		
应用性能	用于香波去头皮屑,可抑制革兰氏阳性、阴性细菌及霉菌的生长。能有效地护理头发,延缓头发的衰老,控制白发和脱发的产生。另外还用作化妆品保存剂、油剂、涂料杀生剂;作为涂料和塑料等产品的杀菌剂,使用也十分广泛		
用量	不超过 1.5%		

安全性	①本品低毒,但使用仍需注意安全,避免接触嘴巴、眼睛和皮肤。15mg/kg ZPT涂敷于皮肤就能明显检测到对胚胎的致毒性。大剂量接触或食用可能会有致命危险 ②可能导致人类角质形成细胞和黑色素细胞的热休克并引起DNA损伤 ③贮存于避光阴凉处
生产方法	(1)2-氯吡啶合成法　以2-氯吡啶为起始原料,在冰醋酸介质中用质量分数为30%H$_2$O$_2$直接氧化,再与NaSH进行巯基化,然后同ZnSO$_4$螯合成盐得到吡啶硫酮锌 (2)2-氨基吡啶合成法　以2-氨基吡啶为起始原料,用乙酸酐乙酰化成2-甲酰胺吡啶,再用双氧水氧化成2-甲酰胺吡啶-N-氧化物,之后水解成2-氨基吡啶-N-氧化物,然后重氮化成2-氯-N-氧化吡啶,巯基化成2-巯基-N-氧吡啶,最后与氢氧化锌反应生成最终产物吡啶硫酮锌

● 甘宝素

英文名	climbazole	外观	白色、灰白色结晶或结晶性粉末
化学名	1-(4-氯代苯氧基)-1-(1H-咪唑-1-基)-3,3-二甲基-2-丁酮		
分子式	C$_{15}$H$_{17}$N$_2$O$_2$Cl	相对分子质量	292.76
结构式		熔点	96.5～99.0℃
		相对密度	1.17
		溶解性	易溶于甲苯、醇中,难溶于水
质量标准	纯度≥99.5%(化妆品级);对氯苯酚≤0.1%;水分≤0.1%		
应用性能	本品具有广谱杀菌性能,对产生头屑的卵状芽孢菌或卵状糠疹菌属以及白色念珠菌、发癣菌抑制力强,效果好。它结构稳定,不致因水解对头皮产生刺激,在酸性和微碱性介质中稳定,能溶于表面活性剂,对金属离子稳定,不泛黄、不变色,对光、热有良好的稳定性。使用方法简单,无分层之忧。主要用于止痒去屑调理型洗发、护发香波,也可用于抗菌香皂、沐浴露、药物牙膏、漱口液等高档洗涤用品中		
用量	0.4%～1%		

● 去头皮屑剂 NS

化学名	十一烯酸单乙醇酰胺磺化琥珀酸二钠(磺基琥珀酸单十一烯酰胺基乙酯二钠)
分子式	C$_{17}$H$_{28}$NO$_8$SNa$_2$
结构式	

$$CH_2COOC_2H_4NH\overset{O}{\overset{\|}{C}}(CH_2)_8CH=CH_2$$

$$NaHSO_3-CHCOONa$$

相对分子质量	452.4
应用性能	本品为优良的抗头屑物质,具有强的杀菌止痒功效,且配伍性好,水溶性佳,广泛应用于去屑止痒香波、香皂、止痒浴液、泡沫浴、脚气水等产品。由于所用原料为植物油脂,在使用中安全、高效,无任何不良反应,在日化行业中已获得广泛应用
安全性	本品无毒,性质温和。贮存和使用过程中,也要避免与氧化剂接触
生产方法	蓖麻油裂解制得十一烯酸,十一烯酸与单乙醇胺反应生成十一烯酸单乙醇酰胺,再与顺丁烯二酸酐进行酯化得单酯,用 Na_2SO_3 磺化即得

3.11.7 胶质原料

胶质原料是水溶性的高分子化合物,它在水中能膨胀成胶体,应用于化妆品中会产生多种功能,可使固体粉质原料黏和成型,作为胶合剂,对乳状液或悬状剂起到乳滑作用,作为乳化剂,此外还具有增稠或凝胶化作用,因此作为黏胶剂、增稠剂、成膜剂、乳化稳定剂在化妆品中使。

化妆品中所用的水溶性的高分子化合物主要分为天然的和合成的两大类。天然的水溶性的高分子化合物有:淀粉、植物树胶、动物明胶等,但质量不稳定,易受气候、地理环境的影响,产量有限,且易受细菌、霉菌的作用而变质。

合成的水溶性的高分子化合物对皮肤的刺激性低,价格低廉,所以取代了天然的水溶性的高分子化合物成为胶体原料的主要来源。

● 聚维酮

化学名	聚乙烯吡咯烷酮	英文名	polyvinylpyrrolidone
分子式	$(C_6H_9NO)_n$	外观	白色至浅黄色粉末
结构式		熔点	110~180℃
		溶解性	易溶于水、醇、胺及卤代烃中,不溶于丙酮、乙醚等

质量标准					
产品等级	K17 粉末	K30 粉末	K60 粉末	K85 粉末	K90 粉末
K 值	15~22	25~36	55~65	78~90	81~100
NVP 残单	≤0.01%	≤0.01%	≤0.01%	≤0.01%	≤0.01%
水分,w	≤5.0%	≤5.0%	≤5.0%	≤5.0%	≤5.0%
固含量,w	≥95.0%	≥95.0%	≥95.0%	≥95.0%	≥95.0%

pH 值 (5%水溶液)	3.0～7.0	3.0～7.0	5.0～9.0	5.0～9.0	5.0～9.0
灰分,w	≤0.1%	≤0.1%	≤0.1%	≤0.1%	≤0.1%
应用性能	在日用化妆品中,PVP 及共聚物的良好分散性及成膜性,可以用作定型液、喷发胶及摩丝的定型剂、护发剂的遮光剂、香波的泡沫稳定剂、波浪定型剂及染发剂中的分散剂和亲水剂。在雪花膏、防晒霜、脱毛剂中添加 PVP,可增强湿润和润滑效果。利用 PVP 优异的表面活性、成膜性及对皮肤无刺激、无过敏反应等特点,在护发品、护肤品、等方面的应用具有广阔的前景				
安全性	①ADI 不作特殊规定(FAO/WHO,2001) ②可安全用于食品(FDA,§121.1110,§173.50,2000) ③LD$_{50}$(小鼠,腹注)12g/kg				
生产方法	由单体 N-乙烯基 2-吡咯烷酮(NVP)在碱性催化剂或 N,N'-二乙烯咪唑存在下进行聚合、交联反应而成粗品,再用水、5%醋酸和 50%乙醇回流至萃出物≤50mg/g 为止				

● 甲基纤维素

英文名	methyl cellulose	相对分子质量	18000～200000
别名	纤维素甲醚	外观	白色或类白色纤维状或颗粒
结构式	 R＝—H 或—CH$_3$	相对密度	0.35～0.55
溶解性	几乎不溶于乙醇、乙醚、氯仿。在水、冰醋酸或乙醇-氯仿(1:1)的混合液中能形成澄清或混悬的黏性溶液		

质量标准			
凝胶温度	50～55℃(2%水溶液)	水分,w	≤5.0%
甲氧基含量,w	26%～33%	黏度	15～4000mPa·s(20℃,2%水溶液)
水不溶物,w	≤2.0%	取代度	1.3～2.0
应用性能	甲基纤维素的水溶液在常温下相当稳定,高温时能胶凝,并且此凝胶能随温度的高低与溶液互相转变。可调节流动性,使产品具有适当的黏度、乳化度、稳定性和泡沫稳定性		

● 羧甲基纤维钠

英文名	cellulose sodium		别名	羧甲基纤维素

结构式	

外观	白色或乳白色纤维状粉末或颗粒	相对密度	$0.5\sim0.7$
溶解性	易于分散在水中成透明胶状溶液,在乙醇等有机溶剂中不溶		

质量标准			
黏度	$1200cP$(特高黏度);$800\sim1200cP$(高黏度);$300\sim800cP$(中黏度)		
钠含量,w	$6.5\%\sim8.0\%$	pH 值	$6.0\sim8.5$
干燥减重,w	$\leqslant10.0\%$	氯化物 (以 Cl 计),w	$\leqslant1.8\%$
重金属 (以 Pb 计),w	$\leqslant0.002\%$	铁(Fe),w	$\leqslant0.03\%$
砷(As),w	$\leqslant0.0002\%$		
应用性能	羧甲基纤维素钠在化妆品中作为水溶胶,在牙膏中用作增稠剂		
安全性	①本品与强酸、强碱、重金属离子(如铝、锌、汞、银、铁等)配伍均属禁忌 ②本品允许摄入量为 $0\sim25mg/kg$		
生产方法	羧甲基纤维素钠是由棉短绒(亦可用稻草、木粉等含纤维素的物质)与氢氧化钠水溶液作用生成碱性纤维素,再与氯乙酸或氯乙酸钠于碱性介质中进行醚化反应而得		

● 硅酸镁锂、硅酸镁铝

化学名	硅酸镁锂	硅酸镁铝
英文名	hectorite	magnesium aluminum silicate
分子式	$Li_2Mg_2Si_3O_9$	$MgAl_2SiO_6$
相对分子质量	290.7	202.5
外观	白色粉末	白色粉末
溶解性	不溶于水、油和乙醇。浸水溶胀,在较低固含量下能形成高透明度、高黏度、高触变性的纳米凝胶	—

质量标准		
含量,w	$\geqslant99.0\%$	$\geqslant99.0\%$
pH 值	$7\sim9.5$(5%水溶液)	$7\sim9.5$(5%水溶液)

水不溶物,w	<1%	<1%
酸不溶物,w	<1%	—
分散黏度	2000~4500cps(5%固含量)	—
细度	800~1200 目	800~1200 目
水分,w	<15%(105℃)	—
灼烧失量,w	<18%(600℃)	—
重金属(以 Pb 计),w	<10μg/g	<10μg/g
砷(As),w	<2μg/g	<2μg/g
汞(Hg),w	—	<0.1μg/g
细菌总数	<1000CFU/g	<100 个/g
白度	—	≥85%
应用性能	硅酸镁锂具有增稠性和触变性,且吸附能力强。因此,很适用于化妆品,并能适当提高黏度和悬浮性、保稠性、保湿性、润滑性等,连同上述的吸附性能,便能增强化妆品、护肤品的附着力,以及不裂、不脱、灭菌性能。在牙膏中可以代替部分磨耗物,吸附细菌可广泛用于膏霜、乳液、粉底液洗面膜、剃须膏	硅酸镁铝在水中可膨胀成胶态分散体,呈微碱性,胶体在 pH3.5~11 稳定,是化妆品工业和其他工业中的乳液稳定剂和悬浮剂,用途广泛
用量	—	常用量为 0.5%~2.5%,最高用量为 5%
生产方法	—	以天然膨润土为原料,通过化学改性制备硅酸镁铝

3.12 洗涤剂专用配方原料

洗涤剂是按照专门配方配制成的用于提高去污性能的产品。配方主要有表面活性剂和洗涤助剂构成。

（1）表面活性剂

① 阴离子表面活性剂 如烷基苯磺酸钠（LAS），烷基磺酸钠，脂肪醇硫酸钠，脂肪醇聚氧乙烯醚硫酸钠（AES），烷基磺酸钠（AOS）等。

② 非离子表面活性剂 如烷基酚聚氧乙烯醚，脂肪醇聚氧乙烯醚

（AEO），烷醇酰胺等。

聚醚是近年来生产低泡洗涤剂的常用活性物，一般常用环氧乙烷和环氧丙烷共聚的产物，常与阴离子表面活性剂复配，主要用作消泡剂。

③ 两性表面活性剂　如甜菜碱等，一般用于低刺激的洗涤剂中。

（2）洗涤助剂　常用的有磷酸盐、硅酸钠、硫酸钠、碳酸钠、抗污垢再沉积剂、漂白剂和荧光增白剂、酶制剂、抗静电剂和柔软剂、稳泡剂和抑泡剂、溶剂和助溶剂等。

3.12.1　洗涤剂用表面活性剂

● K12、AOS

通用名	K12	AOS
化学名	十二烷基硫酸钠	α-烯基磺酸钠
英文名	sodium lauryl sulfate	sodium alpha-olefin sulfonate
分子式	$C_{12}H_{25}OSO_3Na$	$RCH{=}CH(CH_2)_n{-}SO_3Na$
相对分子质量	288.38	
外观	白色粉末	白色或微黄色粉末，浅黄色透明液体
熔点	204～207℃	—
相对密度	1.09	—
溶解性	溶于水而成半透明溶液。对碱、弱酸和硬水都很稳定	极易溶于水
活性物含量，w	96%±2%	91%～93%，34%～36%
不皂化物，w	≤2%	—
pH值	7.5～8.5	7.5～11.0
无机盐，w	≤5%	≤5%，≤1.5%
应用性能	本品在工业上常用于洗涤剂和纺织工业。属阴离子表面活性剂。易溶于水，与阴离子、非离子复配配伍性好，具有良好的乳化、发泡、渗透、去污和分散性能，广泛用于牙膏、香波、洗发膏、洗发香波、洗衣粉、液洗、化妆品和塑料脱模，润滑以及制药、造纸、建材、化工等行业	本品具优良的润湿性、去污力，良好的起泡力、泡沫稳定性、乳化力；具极强的钙皂分散力、抗硬水能力；具有良好的生物降解性，且对皮肤温和；配伍性能好；广泛用于各种洗涤化妆用品，用作洗衣粉、复合皂、餐具洗涤剂，无磷洗涤剂的首选主原料；用于洗发香波、沐浴剂、洗面奶等清洗类化妆品；还可以用于工业洗涤剂
安全性	可燃，具刺激性，具致敏性	对皮肤刺激小

生产方法	K12 的制备有两种方法： (1)由十二醇和氯磺酸在 40～50℃下经硫酸化生成月桂基硫酸酯,加氢氧化钠中和后,经漂白、沉降、喷雾干燥而成 (2)三氧化硫法 反应装置为立式反应器。在 32℃下将氮气通过气体喷口进入反应器。氮气流量为 85.9L/min。在 82.7kPa 下通入月桂醇,流量 58g/min。将液体三氧化硫在 124.1 kPa 下通入闪蒸器,闪蒸温度维持在 100℃,三氧化硫流量控制在 0.907 2kg/h。然后将硫酸化产物迅速骤冷至 50℃,打入老化器,放置 10～20min。最后打入中和釜用碱中和。中和温度控制在 50℃,当 pH 值至 7～8.5 时出料,即得液体成品。喷雾干燥得固体成品 AOS 的制备：由 α-烯烃经 SO_3 磺化、中和、水解制得

● SAS、AES

通用名	SAS	AES
化学名	十六烷基磺酸钠	脂肪醇聚氧乙烯醚硫酸钠
英文名	sodium(C_{16}-)alkylsulfonate	sodium alcohol ether sulphate
分子式	$C_{16}H_{33}SO_3Na$	$RO(CH_2CH_2O)_n$—SO_3Na
相对分子质量	328.49	—
外观	微黄色液体	白色或浅黄色液体至凝胶状膏体
溶解性	溶于水	易溶于水
活性物含量,w	28%±2%	
乙氧基化烷基硫酸钠含量,w	—	70%±2%
pH 值	7.5～8	7.5～10.5
无机盐	≤6%	≤1.5%
应用性能	本品用于工业洗涤剂和民用液体洗涤剂,纺织工业清洗剂	本品易溶于水,具有优良的去污、乳化、发泡性能和抗硬水性能。温和的洗涤性质不会损伤皮肤。广泛应用于香波、浴液、餐具洗涤剂、复合皂等洗涤化妆用品;用于纺织工业润湿剂、清洁剂等
安全性	对皮肤刺激小	无毒
生产方法	以 250～350℃ 重油为原料,用三氧化硫磺化,除去酸渣,用氢氧化钠中和而制得	高级脂肪醇与环氧乙烷进行加成反应,制得醇醚,然后再经硫酸酸化制得

● DLS、ASMEA

通用名	DLS	ASMEA
化学名	十二烷基硫酸二乙醇胺盐	十二烷基硫酸单乙醇胺
英文名	dodecay diethanol amine sulfate	monoethanolamine dodecyl sulfate

分子式	$C_{12}H_{25}OSO_3H \cdot N(CH_2CH_2OH)_2$	$C_{12}H_{25}OSO_3NHCH_2CH_2OH$
相对分子质量	373.55	—
外观	淡黄色液体	淡黄色黏稠液体
溶解性	溶于水、乙醇	易溶于水
有效物,w	$40\%\pm1\%$	$30\%\pm2\%$
pH 值	$5.5\sim7$	$7\sim9$
石油醚可溶物,w	$\leqslant3.5\%$	—
应用性能	本品具有发泡力大、洗净力强的特点。用作香波基质、化妆品和药物的乳化剂、黏合剂、液体洗涤剂、分散润滑剂、纺织油剂等	本品是香波或液体洗涤剂的原料,低温下透明性好,对头发和皮肤的刺激性比脂肪醇硫酸钠小
安全性	对皮肤刺激小	对皮肤刺激小
生产方法	将月桂醇用气态三氧化硫或发烟硫酸硫酸化,然后用二乙醇胺中和而得	以十二醇和三氧化硫或氯磺酸为原料,进行磺化而生成十二醇硫酸酯后,用单乙醇胺中和而制得

● OPE-8S、DMSS

通用名	OPE-8S	DMSS
化学名	烷基酚聚氧乙烯醚硫酸钠	椰油酸单乙醇酰胺磺基琥珀单酯二钠
英文名	sodium polyoxyethylene alkyphenol-sulfate	disodium cocoyl monoethanolamide sulfos-uccinate
分子式	—	$RCONHCH_2CH_2OCOCHCH(SO_3Na)COONa$
结构式	$R-\langle\ \rangle-O(CH_2CH_2O)_nSO_3Na$	
外观	琥珀色透明液体	微黄色透明液体
溶解性	溶于水	易溶于水
有效物	85%	$\geqslant30\%$
pH 值	$7\sim8$	$5.5\sim7$
硫酸钠,w	—	$\leqslant0.3\%$
应用性能	本品和烷基酚聚氧乙烯醚相比,去污性和浊点有了明显提高,可用来配制工业清洗剂	本品制造洗发香波、泡沫浴、沐浴露、洗手液、外科手术清洗及其他化妆品、洗涤日化产品等,还可作为乳化剂、分散剂、润湿剂、发泡剂等。广泛用于涂料、皮革、造纸、油墨、纺织等行业
安全性	对皮肤刺激小	对皮肤刺激小

生产方法	将一定量烷基酚加入反应釜中,在 115～120℃下,于 10～15min 内加入计量好的氨基磺酸粉末,然后在 120～125℃ 搅拌保温 1h,冷却至 70℃,得棕色黏稠液,用 30%氢氧化钠溶液中和至 pH 值 7.5～8.5 得烷基酚聚氧乙烯醚硫酸钠	椰油脂肪酸或椰油脂肪酸甲酯与单乙醇胺反应,在经过酯化、磺化而得

● M-50、C12APG

通用名	M-50	C12APG
化学名	烷基磺酸苯酯	十二烷基葡萄糖苷
英文名	phenyl alkylsulfonate	dodecyl polyglucoside
分子式	—	$C_{18}H_{36}O_6$
结构式	R＝$C_{12}H_{25}$～$C_{18}H_{37}$	
相对分子质量	—	348.5
外观	淡微黄色透明液体	无色透明液体
相对密度	1.03～1.07	—
溶解性	不溶于水,溶于常见的其他溶剂	易溶于水,较易溶于常用有机溶剂
质量标准	酸值(以 KOH 计)＜0.1mg/g 凝固点＜－10℃	有效物,w≥50%;pH 值 7～8;无机盐,w≤3.0%
应用性能	本品用作 PVC 与氯乙烯共聚物的增塑剂,主要用于 PVC 薄膜、人造革、鞋底、电线和电缆等制品;因色泽较深,不宜用于浅色用品。可作天然橡胶和合成橡胶的增塑剂。改善橡胶制品的低温挠性和回弹性。还用于合成洗涤剂工业	本品是新一代表面活性剂用来配制各种民用洗涤用品,作为主化妆品及各种工业用清洗剂,还有其他功能性助剂
安全性	无毒	无毒、无害、对皮肤无刺激
生产方法	反应在 2～5 个串联釜中进行,将煤油蜡(C_{12}～C_{18})首先加入第一釜,然后依次溢流至下一釜,三氧化硫和氯气按一定比例从各个反应器底部的分布器通入。通入量以第一釜最多,并依次减少,使大部分反应在物料黏度较低的第	十二烷基葡萄糖苷是由十二醇与葡萄糖在酸性催化剂的条件下缩醛脱水而得的化合物。一般组成是十二烷基 α,β 单苷和十二烷基 α,β 多苷的混合物。目前工业生产方法主要有一步法和两步法两种 (1)一步法 以葡萄糖和十二醇为原料,在酸性催化剂的存在下,直接进行缩醛脱水反应

| 生产方法 | 一釜中完成。在第一釜温度 40℃，停留时间 15min，第二釜温度 50℃，停留时间 8 min，生成的烷基磺酰氯进入酯化釜，在 65℃ 下与苯酚钠进行酯化反应。反应毕用水洗至中性，蒸出未反应的 C_{12}～C_{18} 烷烃，高沸点物经次氯酸钠脱色后，进行压滤得成品 | 生成十二烷基葡萄糖苷粗品，经脱醇系统除去未反应的十二醇，再经脱色处理后得到成品
(2)两步法　葡萄糖首先与丁醇在酸性催化剂存在下，反应生成丁基葡萄糖苷，再与十二醇进行糖苷转移反应，生成十二烷基葡萄糖苷粗品，经脱醇系统除去过量的未反应十二醇，再经漂白脱色得到十二烷基葡萄糖苷产品 |

● Despanol LS-100、B-6501

通用名	Despanol LS-100	B-6501
化学名	壬基酚聚氧乙烯聚氧丙烯醚	硼酸烷基醇酰胺
英文名	polyoxyethylene polyoxypropylene nonyl phenyle ether	boric acid alkanolamide
结构式	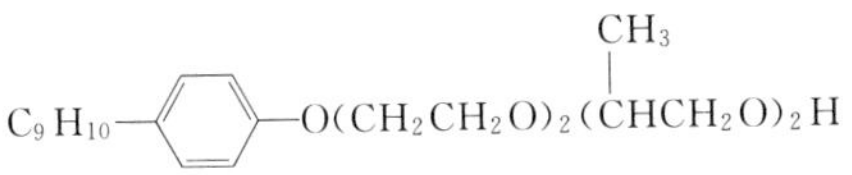 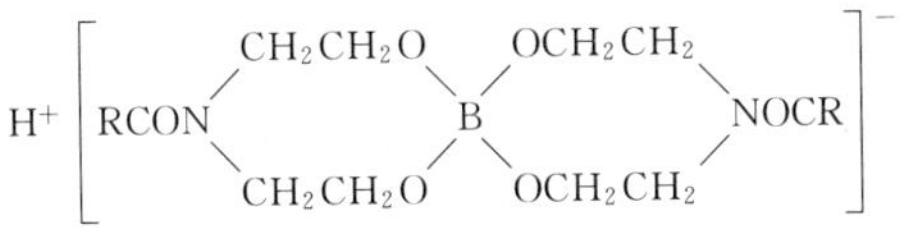 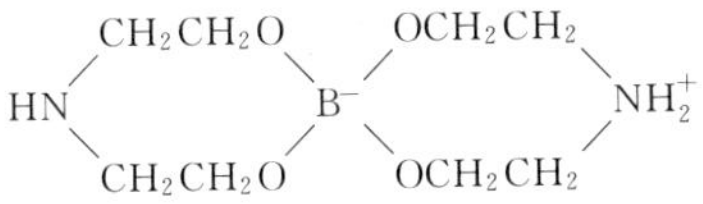 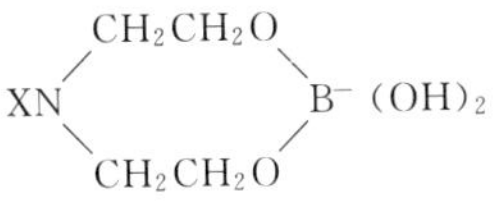 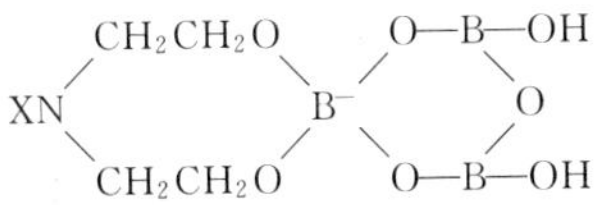	

$$C_9H_{10} \!-\!\! \bigcirc \!\!-\! O(CH_2CH_2O)_2(\overset{\displaystyle CH_3}{\underset{}{CHCH_2O}})_2H$$

Despanol LS-100

(A)

(B)

(C)

(D)

B-6501

相对分子质量	640±4	—
外观	透明黏稠液体	淡黄色半透明黏稠液体
浊点	23～29℃	—
溶解性	溶于水	—
pH 值	5.0～7.0	—
应用性能	本品具有优良的去污、平滑和破乳性能,用作工业洗涤剂、油田破乳剂和纺织助剂等	本品具有很好的降低表面张力的能力、抗静电效果和乳化力。它的使用范畴主要为工业洗涤剂、抗静电剂、日用产品方面和合成树脂、塑料、橡胶、合成纤维的添加剂等
安全性	无毒	无毒、无害,对皮肤无刺激
生产方法	以壬基酚、环氧乙烷、环氧丙烷为原料,在催化剂的作用下缩合而得,粗品经过双氧水处理得产物	烷基醇酰胺和硼酸为原料,加入苯,通氩气的条件下搅拌加热回流脱水,反应 6～7h 制得

● 平平加、三十六烷基甲基氯化铵

通用名	平平加	—
化学名	脂肪醇聚氧乙烯醚	三十六烷基甲基氯化铵
英文名	primary alcobol ethoxylate	trihexadecyl methyl ammonium chloride
结构式	$RO(CH_2CH_2O)_nH$	$$\left[C_{16}H_{33} - \overset{\overset{\displaystyle CH_3}{\mid}}{\underset{\underset{\displaystyle C_{16}H_{33}}{\mid}}{N^+}} - C_{16}H_{33} \right] Cl^-$$
外观	白色膏体	固体
浊点	＞95℃	—
相对密度	—	0.870
溶解性	溶于水	难溶于水
有效物,w	99％	—
pH 值	5.5～8.0	6～8
固含量,w	—	86％～92％
应用性能	本品用作乳化剂、净洗剂、活化处理剂,适用于清洗纺织机械及化工油罐。在一般工业中,用作乳化剂,对矿物油及动植物油的乳化性能良好,能制出良好而稳定的乳液	本品具有良好的抗静电性,润滑性,疏水性;季铵盐中至今为止最好的香波调理剂之一,其调理性能和配伍性能远优于单、双烷基季铵盐,与阴离子表面活性剂不发生反应,可应用于香波中。对织物有一定的柔顺性。主要用于织物柔软剂、头发调理剂、催化剂、乳化剂、消毒剂、杀菌剂、抗静电剂等
安全性	低毒	无毒

生产方法	用氢氧化钠做催化剂,长链脂肪醇在无水和无氧气存在的情况下与环氧乙烷发生开环聚合反应制得	叔胺与烷基化试剂反应而得

● 1231 阳离子表面活性剂、表面活性剂 D16～1821

通用名	1231 阳离子表面活性剂	表面活性剂 D16～1821
化学名	十二烷基三甲基氯化铵	氯化二甲基双十六～十八烷基铵
英文名	lauryl trimethyl ammonium chloride (bromide)	dihexadecyl-octadecyl dimethyl ammonium chloride
分子式	$—C_{12}H_{25}(CH_3)_3N^+Cl^-$	—
结构式	—	$\begin{bmatrix} R & CH_3 \\ & N \\ R & CH_3 \end{bmatrix}^+ \quad Cl^-$
外观	浅黄色膏状物	白色或微黄色膏状固体
熔点	235～236℃	
相对密度	—	0.870
溶解性	溶于水和乙醇	易溶于有机溶剂,微溶于水
有效物,w	50%±2%	90%
pH 值	6.0～8.0	5～7.5
游离铵,w	≤2.0%	
应用性能	本品与阳离子、非离子表面活性剂有良好的配伍性。化学稳定性良好,耐热、耐光、耐压、耐强酸强碱,它还具有优良的渗透性、乳化性、柔软性、抗静电性和杀菌性,主要用于缓蚀剂、饮料涂饰剂、矿物浮选剂、头发调理剂、皮革和纤维柔软剂、农业杀菌剂、蚕室、蚕具和食品、机械的消毒剂等	本品柔软、抗静电和防腐性能极好,可与阳离子、非离子和两性表面活性剂较好地配伍,用作沥青乳化剂、油剂膨润土覆盖剂,也是化妆品、洗涤用品、纺织印染、制糖、三次采油等工业必不可少的重要原料
安全性	无毒	低毒
生产方法	叔胺与烷基化试剂反应而得	将 C_{16}～C_{18} 混合醇和甲胺在常压下一步催化制得双 C_{16}～C_{18} 烷基甲基胺,然后再用氯甲烷进行季铵化反应制得

● BS-12、十二烷基二羟乙基甜菜碱

通用名	BS-12	—
化学名	十二烷基二甲基甜菜碱	十二烷基二羟乙基甜菜碱
英文名	dodecyl dimethyl betaine	$C_{12～14}$ alkyl dihydroxyethyl betaine
分子式	$C_{16}H_{33}NO_2$	$C_{18}H_{37}NO_4$～$C_{20}H_{41}NO_4$

结构式	$\begin{matrix} & CH_3 \\ & \vert \\ C_{12}H_{25}-&N^+-CH_2COO^- \\ & \vert \\ & CH_3 \end{matrix}$	$\begin{matrix} & CH_2CH_2OH \\ & \vert \\ C_{12\sim14}H_{25\sim29}-&N^+-CH_2COO^- \\ & \vert \\ & CH_2CH_2OH \end{matrix}$
外观	无色或浅黄色透明液体	浅黄色黏稠液体
相对密度	1.03	—
溶解性	溶于水	易溶于水
质量标准	有效物 30%±2%;pH 6.0~8.0;游离铵≤1.0%	有效物 20%±2%;pH 4~6;游离铵≤0.5%
应用性能	本品有优良的发泡性能,能使毛发柔软,适用于制造无刺激的、对头发有调理性的香波、婴幼儿香波等。因耐硬水性好,用于制备硬水洗涤剂。还可作杀菌剂,用于杀灭包括结核菌在内的多种细菌,用作纤维柔软剂、杀藻剂、缩绒剂。也用于生产染色助剂、防锈剂、金属表面加工助剂、抗静电剂	本品用作增稠剂、泡沫稳定剂、乳化剂、分散剂、润湿剂。具有良好的增效、杀菌和抗静电作用。广泛用于高级洗涤剂和洗发香波、护发素、溶液中,适于复配黏性大的化妆品
安全性	无毒	无毒
生产方法	十二烷基叔胺与氯乙酸钠制备而得	$C_{12}\sim C_{14}$ 伯胺为原料,和环氧乙烷通过乙氧基化反应生成二羟乙基十二烷基胺,再用氯乙酸钠进行季铵化反应制得

3.12.2　洗涤剂用助剂

● STPP、SHMP

通用名	STPP	SHMP
化学名	三聚磷酸钠	六偏磷酸钠
英文名	sodium tripolyphosphate	sodium hexametaphosphate
分子式	$Na_5P_3O_{10}$	$(NaPO_3)_6$
相对分子质量	367.86	611.77
外观	白色粉末	透明玻璃片状或粉状
熔点	662℃	616℃
相对密度	0.30~1.10	2.484
溶解性	易溶于水	易溶于水,不溶于有机溶剂
质量标准	五氧化二磷含量≥57%;pH 9.2~10.0;三聚磷酸钠≥96%	五氧化二磷含量 7.5%;pH 5.8~7.3;总磷酸盐 68%

应用性能	本品用作合成洗涤剂中的添加剂,肥皂增效剂、pH调节剂、软水剂、染色助剂、制革预鞣剂、分散剂和食品工业中的品质改良剂、软化剂和增稠剂等	本品对皮肤刺激性小,浓度较高时还有防止腐蚀的效果,在中性和弱碱性溶液中对钙、镁离子有很好的络合能力,一般用在工业清洗剂中
安全性	无毒	无毒
生产方法	磷酸用纯碱中和至一定磷酸氢二钠与磷酸二氢钠(2:1)的比例,该混合液进行干燥(得到正磷酸盐干料),再在350~450℃下进行聚合生成三聚磷酸钠,再经冷却、粉碎,制得三聚磷酸钠成品	由纯碱或烧碱溶液与磷酸进行中和反应,完成后继续加热到250℃,生成偏磷酸钠,再加热至620℃熔融并聚合成本晶,经骤冷制片(压粒)制得

● 水玻璃、硫酸钠

通用名	水玻璃	—
化学名	硅酸钠	硫酸钠
英文名	sodium silicate	sodium sulfate
分子式	Na_2SiO_3	Na_2SO_4
相对分子质量	122.06	105.99
外观	粒状固体或黏稠的水溶液	白色结晶或粉末
熔点	1410℃	884℃
相对密度	2.33	2.68
溶解性	易溶于水	易溶于水和甘油,不溶于乙醇
质量标准	≥26%;pH值9.2~10.0;氧化钠,w≥8.2%;水不溶物,w≤0.38%	pH值7.0
应用性能	本品对溶液的pH值有缓冲效果,水解产生的胶体溶液对固体污垢微粒有分散作用,对油污有乳化作用,在洗衣粉中加入水玻璃还能增加粉状颗粒的机械强度、流动性和均匀性,主要用于清洗剂及合成洗涤剂,也用作除油剂、填充剂和缓蚀剂等	本品使阴离子表面活性剂的表面吸附量增加,并促使在溶液中形成胶团,因而降低了洗涤液的表面张力,有利于润湿、去污等作用,降低料液的黏滞性,便于洗衣粉成型,一种重要的化工原料,是生产硫化钠、硅酸钠等化工产品的主要原料,还可用作合成洗涤剂的填充剂,造纸工业中用于制造硫酸盐纸浆时的蒸煮剂
安全性	低毒	无毒
生产方法	将纯碱和硅砂按一定比例均匀混合,在1400~1500℃进行熔融反应,熔融物经水淬冷却形成玻璃料块,趁热投入溶解槽内,再通入蒸汽加热溶解,经沉降、浓缩制得	将天然芒硝溶解后澄清,把澄清液进行真空蒸发脱水、增稠、离心分离、干燥,制得无水硫酸钠

3.13 其他精细化工产品专用配方原料

3.13.1 公共卫生杀虫剂配方常用原料

（1）园林农业害虫杀虫剂　园林绿化是城市现代化的重要组成部分，人们利用丰富的花卉资源对环境进行绿化和美化。这些园林植物不仅能创造适宜于人类生活的优美环境，而且还能取得较好的经济效益。然而，这些花、草、树木在生长发育过程中，往往会受到各种虫害的袭击。一般情况下，虫害常导致花草、树木生长不良，叶、花、果、茎、根出现坏死斑，或发生畸形、凋萎、腐烂以及形态残缺不全、落叶和根腐等现象，降低了花木的质量，使其失去观赏价值、绿化效果，甚至引起整株死亡。有些虫害能使某些花卉品种逐年退化，终至全部毁种，或使城市绿化树种、风景林和林木大片衰败或死亡，从而造成重大的经济损失。随着城市现代化建设的发展和物质、文化水平的提高，人们对观赏植物需求量剧增，加上现有森林资源日益耗损，深感花卉资源和森林资源之不足。

农作物病虫害是我国的主要农业灾害之一，它具有种类多、影响大、并时常暴发成灾的特点，其发生范围和严重程度对我国国民经济、特别是农业生产常造成重大损失。

因此，我国在努力扩大国家园林植物森林资源和发展农业生产的同时，也应对虫害进行有效防治，以减少经济上的重大损失。

常用杀虫剂有很多种，按来源可分为以下几种。

① 无机和矿物杀虫剂　如砷酸铅、砷酸钙、氟硅酸钠和矿油乳剂等。这类杀虫剂一般药效较低，对作物易引起药害，且砷剂对人毒性大。因此自有机合成杀虫剂大量使用以后大部分已被淘汰。

② 植物性杀虫剂　全世界有1000多种植物对昆虫具有或多或少的毒力。广泛应用的有除虫菊、鱼藤和烟草等。此外有些植物里还含有类似保幼激素、早熟素、蜕皮激素活性物质。如从喜树的根皮、树皮或果实中分离的喜树碱对马尾松毛虫有很强的不育作用。

③ 有机合成杀虫剂　有机氯类的DDT、六六六、硫丹、毒杀芬等，DDT，六六六曾是产量大、应用广的两个农药品种，但因易在生

物体中蓄积，从 20 世纪 70 年代初开始在许多国家禁用或限用。目前使用的主要是有机磷类、氨基甲酸酯类、拟除虫菊酯类杀虫剂。

④ 昆虫激素类杀虫剂　如多种保幼激素、性外激素类似物等（见昆虫激素类农药）。

国内常用的园林农业害虫的杀虫剂多为有机合成原药、乳化剂及溶剂配制而成的乳油。

有机合成杀虫剂不在害虫体表进行物理毒杀，而是进入害虫体内，在一定部位干扰或破坏正常生理、生化反应。比如：经虫口进入其消化系统起毒杀作用；与表皮或附器接触后渗入虫体，或腐蚀虫体蜡质层，或堵塞气门而杀死害虫；利用有毒的气体、液体或固体的挥发而发生蒸气毒杀害虫或病菌；被植物种子、根、茎、叶吸收并输导至全株，在一定时期内，以原体或其活化代谢物随害虫取食植物组织或吸吮植物汁液而进入虫体，起毒杀作用。

● 氟氯氰菊酯、三氟氯氰菊酯

通用名	氟氯氰菊酯	三氟氯氰菊酯
英文名	cyfluthrin	cyhalothrin
化学名	$(1R,S)$-顺，反-2,2-二甲基-3-(2,2-二氯乙烯基)环丙烷羧酸-α-氰基-3-苯氧基-4-氟苄酯	2,2-二甲基-3-(2-氯-3,3,3-三氟-1-丙烯基)环丙烷羧酸-α-氰基-3-苯氧基苄酯
分子式	$C_{22}H_{18}Cl_2FNO_3$	$C_{23}H_{19}ClF_3NO_3$
结构式		
相对分子质量	434.29	449.9
外观	原药为棕色黏稠液体	纯品为白色固体
熔点	60℃	49.2℃
相对密度	1.27（原药）	1.34
溶解性	能溶于丙酮、醚、甲苯、二氯甲烷等有机溶剂，稍溶于醇，不溶于水	不溶于水，溶于大多数有机溶剂
应用性能	对光稳定，具有较强触杀和胃毒作用。对鳞翅目多种幼虫及蚜虫等害虫有良好的效果，药效迅速，残效期长，适用于棉花、烟草、蔬菜、大豆、花生、玉米等作物。勿在桑园、鱼塘、水源、养蜂期附近使用	三氟氯氰酯具有触杀、胃毒作用，无内吸作用。活性高，药效迅速，喷洒后有耐雨水冲刷的优点，但长期使用害虫易对其产生抗药性，适用于防治棉花、花生、大豆、果树、蔬菜上多种害虫。对刺吸式口器害虫也有一定防效

用量	①防治棉铃虫、棉红蜘蛛,用5%乳油4.5~7.5mL/100m²,对水7.5~15kg喷雾 ②防治大豆食心虫,用5%乳油4.5~7.5mL/100m² 对水7.5kg喷雾 ③防治茶尺蠖、茶毛虫等,用5%乳油2000~4000倍液喷雾	—
安全性	①对兔眼睛有轻度刺激,对皮肤无刺激。动物试验未见致畸、致癌、致突变作用。对蜜蜂、家蚕高毒 ②原药急性毒性:LD_{50}:590~1270mg/kg(大鼠经口)	①对眼睛和皮肤有刺激作用,对鱼类及水生动物剧毒,对蜜蜂和蚕剧毒,对鸟类低毒 ②原药急性毒性:LD_{50}:79mg/kg(大鼠经口,雄性),56mg/kg(大鼠经口,雌性),36.7mg/kg(大鼠经口,雄性),62.3mg/kg(大鼠经口,雌性)
生产方法	先分别合成3-(2,2-二氯乙烯基)-2,2-二甲基环丙烷羧酰氯 4-氟-3-苯氧基苯甲醛。将3-苯氧基-4-氟苯甲醛与亚硫酸氢钠作用,所得的磺酸盐与氰化钠及3-(2,2-二氯乙烯基)-2,2-二甲基环丙烷羧酰氯反应,制得氟氯氰菊酯	生产分三步: ①以二甲基戊烯酸甲酯为原料,与三氯三氟乙烷、过氧苯甲酸催化反应,反应产物与叔丁醇钠发生环合反应,之后消去,并水解得2-氯-3,3,3-三氟丙烯基-2′,2′-二甲基环丙羧酸 ②由间苯氧基苯甲醛(简称醛醚)在液碱、甲醇存在下,与甲醛反应,生成间苯氧基苯醇(简称醚醇)。再与氰化钠溶液在酸性条件下反应制得α-氰基间苯氧基苯甲醇 ③将相应的环丙羧酸以氯化亚砜为氯化剂,使环丙羧酸形成环丙酰氯,然后在吡啶存在下,与α-氰基间苯氧基苯甲醇合成氯氟氰菊酯。或将环丙羧酸与氰化钠、间苯氧基苯甲醛作用制得

● 敌百虫、乐果

通用名	敌百虫	乐果
英文名	dipterex	dimethoate
化学名	O,O-二甲基-(2,2,2-三氯-1-羟基乙基)膦酸酯	O,O-二甲基-S-(N-甲基氨基甲酰甲基)二硫代磷酸酯
分子式	$C_4H_{11}Cl_3O_4P$	$C_5H_{12}NO_3PS_2$

结构式	$CH_3O-\overset{\displaystyle O}{\underset{\displaystyle OCH_3}{P}}-\overset{\displaystyle OH}{CHCCl_3}$	(磷酸酯硫代结构式)
相对分子质量	257.45	229.12
外观	白色结晶或粉末	无色结晶
熔点	83～84℃	51～52℃
相对密度	1.73	1.28
溶解性	溶于水,亦可溶于苯、乙醇、丙酮、氯仿等,不溶于石油,微溶于乙醚、四氯化碳	微溶于水,可溶于大多数有机溶剂,如醇类、酮类、醚类、酯类、苯、甲苯等
质量标准	含量>98.0%;水分<0.3%	—
应用性能	敌百虫是高效、低毒及低残留的杀虫剂。对害虫有较强的胃毒作用,兼有触杀作用,对植物具有渗透性,但无内吸传导作用。适用于水稻、麦类、蔬菜、茶树、果树、桑树、棉花等作物上的咀嚼式口器害虫,及家畜寄生虫、卫生害虫的防治。但由于敌百虫在弱碱性条件下,可形成残毒性更大的敌敌畏,当pH值为8～10时,敌百虫转变成敌敌畏仅需半小时。因此,不但要顾及鱼虾的毒性效应,而且对人、畜的安全也不可忽视	乐果是内吸性有机磷杀虫、杀螨剂。杀虫范围广,对害虫和螨类有强烈的触杀和一定的胃毒作用。在昆虫体内能氧化成活性更高的氧乐果,其作用机制是抑制昆虫体内的乙酰胆碱酯酶,阻碍神经传导而导致死亡。适用于防治多种作物上的刺吸式口器害虫,如蚜虫、叶蝉、粉虱、潜叶性害虫及某些蚧类有良好的防治效果,对螨也有一定的防效
用量	一般使用浓度0.1%左右对作物无药害,玉米、苹果对敌百虫较敏感,高粱、豆类特别敏感,容易产生药害,不宜使用	①用于防治蔬菜、果树、茶、桑、棉、油料作物、粮食作物的多种具刺吸器和咀嚼口器的害虫和叶螨,一般亩(1亩=666.67m²)用有效成分30～40g ②对蚜虫药效更高,每亩用有效成分15～20g即可

安全性	① 急性毒性：LD$_{50}$ 400～600mg/kg(小鼠经口)；450～500 mg/kg(大鼠经口) ②危险特性：遇明火、高热可燃。受热分解，放出氧化磷和氯化物的毒性气体	①遇明火、高热可燃。受热分解，放出磷、硫的氧化物等毒性气体。与强氧化剂接触可发生化学反应 ②急性毒性：LD$_{50}$ 320～380 mg/kg(大鼠经口，雄性)，700～1150 mg/kg(小鼠经皮)
生产方法	①两步法　先用甲醇与三氯化磷反应制得二甲基亚磷酸，再与三氯乙醛重排缩合生成敌百虫原药 ②一步法　将甲醇、三氯化磷、三氯乙醛三种原料按适当比例同时加入反应器，在低温下减压脱除副产氯化氢和氯甲烷，然后加温缩合成敌百虫	用 P$_2$S$_5$ 与 CH$_3$OH 作用制得 O,O-二甲基二硫代磷酸，产物与碳酸钠(铵)或碳酸氢钠在常温下反应，控制终点 pH 值成盐；O,O-二甲基二硫代磷酸钠与氯乙酸甲酯作用制得 O,O-二甲基-S-(乙酸甲酯)二硫代磷酸酯；O,O-二甲基-S-(乙酸甲酯)二硫代磷酸酯再与一甲胺作用，控制反应条件制得乐果原药

● 甲萘威、呋喃丹

通用名	甲萘威	呋喃丹
英文名	carbaryl	furadan
化学名	(1-萘基)-N-甲基氨基甲酸酯	2,3-二氢-2,2-二甲基-7-苯并呋喃基-甲基氨基甲酸酯
分子式	C$_{12}$H$_{11}$NO$_2$	C$_{12}$H$_{15}$NO$_3$
结构式		
相对分子质量	200.21	221.38
外观	纯品为白色结晶；工业品略带灰色或粉红色	纯品为白色无臭结晶
熔点	142℃	153℃
相对密度	1.18	1.18
溶解性	可溶于二甲基甲酰胺、丙酮等多种有机溶剂	微溶于水，溶于多数有机溶剂

应用性能	甲萘威是一种是低毒、高效、低残留、长残效的广谱性杀虫剂,对害虫有强烈的触杀作用,胃毒作用和轻微的内吸作用。主要是用于防治菜园蜗牛、蛞蝓等软体动物,同时可以防治造桥虫、棉蚜、棉铃虫、稻纵卷叶螟、稻苞虫、蓟马和稻叶蝉、稻蓟马及果树害虫	呋喃丹由于高毒,一般只加工成颗粒剂或种衣剂作土壤或种子处理使用。不作喷洒使用。常用于水稻田防治稻螟、稻飞虱、稻蓟马、稻叶蝉、稻瘿蚊;用于棉田防治棉蚜、棉蓟马、地老虎及线虫;用于烟草苗床和本田可防治烟草夜蛾、烟蚜、烟草根结线虫、烟草潜叶蛾及地下害虫;用于甘蔗田可防治蔗螟、金针虫、甘蔗绵蚜、甘蔗蓟马及甘蔗线虫等;用于大豆和花生田可防治大豆蚜、大豆潜秆蝇及大豆孢囊线虫,花生蚜、斜纹夜蛾及根结线虫
用量	常用剂量为 $2.6\sim20g/100m^2$	一般用量为 $6.8\sim10g$ 有效成分 $/100m^2$,或 3%颗粒剂 $225\sim300g/100m^2$
安全性	①急性毒性:LD_{50} 为 800mg/kg(大鼠经口,雄性),500mg/kg(大鼠经口,雌性) ②以含有 200mg/kg 的饲料喂养大鼠两年,没有出现不良反应 ③对光、热较稳定,遇碱性物质迅速分解失效,对金属无腐蚀作用	①急性毒性:LD_{50} 为 5.3mg/kg(大鼠经口);885mg/kg(兔经皮);10g/kg(人经皮) ②遇明火、高热可燃,受热分解放出有毒的氧化氮烟气 ③在土壤中的残留期较长,在土壤中的移动性能较大 ④对人、畜高毒,对眼睛和皮肤无刺激作用
生产方法	氯甲酸酯法:甲萘酚、甲苯与光气控制条件得邻甲酸萘酯。反应产物经分离、水洗后与一甲胺反应,经分离、水洗、烘干得产品	邻苯二酚在无水丙酮溶剂中,在 $K_2CO_3\cdot KI$ 存在下,与甲基氯丙烯加热生成 2-甲基烯丙氧基酚,再加热转位,环合得到 7-羟基化合物。然后在三乙胺存在下用异氰酸酯法合成呋喃丹

(2) 城市卫生害虫杀虫剂 城市卫生害虫防治最重要的家庭害虫蟑螂、蚊蝇、蚂蚁,这些虫的共性是与食品直接接触或在放置食品的物体表面到处爬行,它们都是许多病菌的载体。

蟑螂的恶习是边吃、边爬、边排泄,当这些携带病原体的蟑螂爬到食品、餐具上时,就可能把病原体传染给人。随着经济贸易发展与货物运输增加,蟑螂异地扩散在加速。而城市化进程加快与人们生活水平提高,又使得蟑螂适宜生存环境快速扩展。20 多年前,蟑螂栖息场所主要是宾馆、饭店、医院等特殊行业。近 10 年来,蟑螂越来越多地侵入了居民家庭。

蝇喜在污秽物与人类食物直接飞翔、觅食、停落,且边吃、边吐、边泻,能传播人类的痢疾、伤寒、肝炎、霍乱、结核、白喉、沙眼、蛔虫病等 30 多种疾病；蚊子可传播人类的疟疾、乙脑、登革热、丝虫病等 100 多种疾病。更重要的是蚊蝇是人畜共患病的主要传播媒介，对人的身体健康危害极大，如：乙型脑炎、猪弓形体病和猪流感等。特别在夏秋乙脑高发季节，蚊子叮咬病畜后，病毒随血液进入蚊体内，携带乙脑病毒的雌蚊吸吮人血时，就容易把病毒注入人体内使人患病。

蚂蚁进入室内与人相伴而产生的危害主要是两方面，首先是窃取和污染食物，损坏木材，骚扰人类造成的直接损失；其次是蚂蚁传播疾病引起的间接损失。蚂蚁在室内四处觅食，大举入侵厨房、贮藏间等处，消耗、污染食物，毁坏物品。密度高时，蚂蚁还严重影响人们工作和休息。在四处爬行过程中，蚂蚁还可将各种细菌、病毒等病原体带到食物上，传播疾病。当蚂蚁受刺激，还可以直接叮咬攻击人类或者宠物。

对城市卫生害虫进行防治，除了清除垃圾，彻底搞好环境卫生，减少苍蝇滋生地外，还可以在家庭、特种行业喷洒拟除虫菊酯类杀虫气（喷）雾剂或使用杀虫毒饵等。

杀虫气雾剂是指原液和抛射剂一同装封在带有阀门的耐压罐中，使用时以雾状形式喷射出的制剂（原液），喷射出来的微形雾粒称为气溶胶；喷雾剂不用抛射剂而是利用手工压气来喷射的。

杀虫毒饵可将原药与面粉、糖等按比例混合制成。

● 丙烯菊酯、右旋苯醚氰菊酯

通用名	丙烯菊酯	右旋苯醚氰菊酯
英文名	allethrin	d-cyphenothrin
化学名	右旋-反式-2,2-二甲基-3-(2-甲基-1-丙烯基)环丙烷羧酸-(R,S)-2-甲基-3-烯丙基-4-氧代-环戊-2-烯基酯	右旋-反式-2,2-二甲基-3-(2-甲基-1-丙烯基)环丙烷羧酸-(＋)α-氰基-3-苯氧基苄基酯
分子式	$C_{19}H_{26}O_3$	$C_{24}H_{25}NO_3$
结构式		
相对分子质量	302.42	375.47
外观	清亮淡黄至琥珀色黏稠液体	清亮无色至淡黄色黏稠液体
沸点	135～138℃	—
相对密度	1.01	1.08

溶解性	溶于己烷、苯、氯甲烷、乙醇、丙酮、精制煤油等有机溶剂；不溶于水	不溶于水，易溶于己烷、二甲苯和甲醇等有机溶剂
应用性能	生物丙烯菊酯具有强烈触杀和击倒作用，主要用于防治家蝇、蚊虫、虱、蟑螂等家庭害虫，还适用于防治猫、狗等宠物体外寄生的跳蚤、体虱等害虫，也可和其他药剂混配作农场、畜舍、牛奶房喷射剂防治飞翔、爬行害虫。适于加工蚊香、电热蚊香和喷雾剂	本品具有较强的触杀力，胃毒和残效性，击倒活性中等，适用于防治家庭、公共场所、工业区苍蝇、蚊虫、蟑螂等卫生害虫。对蟑螂特别高效（尤其是体型较大蟑螂，如烟色大蠊、美洲大蠊等），并有显著驱赶作用
用量	用于制作蚊香，含量为 0.4%	在室内以 0.005%～0.05% 分别喷洒，对家蝇有明显驱赶作用，而当浓度降至 0.0005%～0.001% 时，又有引诱作用
安全性	①属神经毒剂，接触部位皮肤感到刺痛，但无红斑，尤其在口、鼻周围。很少引起全身性中毒。接触量大时也会引起头痛，头昏，恶心呕吐，双手颤抖，重者抽搐或惊厥、昏迷、休克 ②急性毒性：LD_{50}，425mg/kg（大鼠经口），330mg/kg（小鼠经口） ③可燃；燃烧产生刺激烟雾	急性毒性：LD_{50}，318mg/kg（大鼠经口，雄性），419mg/kg（大鼠经口，雌性）
生产方法	以 2-甲基呋喃为原料，经维氏反应制得 5-甲基糠醛，再经格利雅反应、糠醛转位反应和异构化反应制得烯丙醇酮采用（±）顺反菊酸乙酯水解得到相应的菊酸，经催化、转位、拆分得（＋）-反-菊酸（＋）-反-菊酸与酰氯化剂（PCl_3 或 $SOCl_2$）作用得（＋）-反-菊酰氯。在吡啶和甲苯存在下，烯丙醇酮与（＋）-反-菊酰氯作用生成目的产物，其中右旋反式体含量 80% 以上	乙酰丙酸丁烯氧乙酯与甲代丙醇在对甲苯磺酸存在下反应，得到甲代烯丙基乙酰丙酸乙酯，该化合物与反应，得到 4-甲基-3-甲代烯丙基-γ-戊酸内酯，后者与氯化亚砜反应，所得产物与氢化钠在二甲基甲酰胺或特丁醇钠在苯中反应。反应产物水解制得菊酸。间苯氧基甲醛与氰化钠和醋酸反应，得到相应的苄醇，然后与菊酸在对甲苯磺酸存在下反应，除去生成的水，即得产品

●氯氰菊酯、溴氰菊酯

通用名	氯氰菊酯	溴氰菊酯
英文名	cymperator	decamethrin
化学名	3-(2,2-二氯乙烯基)-2,2-二甲基环丙烷羧酸-α-氰基-3-苯氧基苄酯	(1R)-顺式-2,2-二甲基-3-(2,2-二溴乙烯基)环丙烷羧酸-(S)-α-氰基-3-苯氧基苄酯
分子式	$C_{22}H_{19}Cl_2NO_3$	$C_{22}H_{19}Br_2NO_3$
结构式		
相对分子质量	416.32	505.24
外观	工业品为黄色至棕色黏稠固体	纯品为白色晶体,原药为白色无气味的粉末
熔点	60~80℃	98℃
相对密度	1.1	1.60
溶解性	难溶于水,在醇、氯代烃类、酮类、环己烷、苯、二甲苯中溶解	难溶于水,溶于多数有机溶剂
质量标准	原药优等品:氯氰菊酯≥95.0%;水分≤0.1%;酸度(以H_2SO_4计)≤0.1%;高效、低效异构体比≥0.6	原药:溴氰菊酯≥98.5%;干燥失重≤0.5%;pH4.0~7.0
应用性能	氯氰菊酯为中等毒性杀虫剂,作用于昆虫的神经系统,通过与钠通道作用来扰乱昆虫的神经功能。具有触杀和胃毒作用,无内吸性。杀虫谱广、药效迅速,对光、热稳定,对某些害虫的卵具有杀伤作用。用此药防治对有机磷产生抗性的害虫效果良好,但对螨类和盲蝽防治效果差。可用于公共场所防治苍蝇、蟑螂、蚊子、跳蚤、虱和臭虫等许多卫生害虫,也可防治牲畜外寄生虫:蜱、螨等。在农业上,主要用于苜蓿、禾谷类作物、棉花、葡萄、玉米、油菜、梨果、马铃薯、大豆、甜菜、烟草和蔬菜上防治鞘翅目、鳞翅目、直翅目、双翅目、半翅目和同翅目等害虫	溴氰菊酯,又名"敌杀死",是目前菊酯类杀虫剂中毒力最高的一种。杀虫谱广,对鳞翅目、直翅目、缨翅目、半翅目、双翅目、鞘翅目等多种害虫有效,但对螨类、介壳虫、盲蝽象等防效很低或基本无效,还会刺激螨类繁殖,在虫螨并发时,要与专用杀螨剂混用

用量	①通常用药量为 $0.3\sim0.9g/100m^2$，对柑橘害虫用 $30\sim100mg/L$ 浓度喷雾 ②防治茶叶害虫用 $25\sim50mg/kg$ 浓度喷雾 ③防治茶叶害虫用 $25\sim50mg/kg$ 浓度喷雾	①防治棉花红铃虫、棉铃虫及叶跳虫，以 $25mg/L$ 浓度喷雾 ②对棉蚜、蓟马以 $15mg/L$ 浓度喷雾 防治菜青虫、小菜蛾、斜纹夜蛾用 2.5% 乳油 $2000\sim3000$ 倍液喷雾 ③防治茶尺蠖、茶毛虫用 2.5% 乳油 $2500\sim3000$ 倍液喷雾
安全性	①急性毒性：大鼠经口 LD_{50} 251mg/kg，经皮剂量达 $1600mg/kg$ 未见死亡。动物急性中毒表现为共济失调，步态不稳，偶有震颤，存活者 3d 后恢复正常。本品对皮肤黏膜有刺激作用 ②无明确的资料显示本品有致癌、致畸作用	急性毒性：大鼠经口 LD_{50} 9.36mg/kg 溴氰菊酯。皮肤接触可引起刺激症状，出现红色丘疹。急性中毒时，轻者有头痛、头晕、恶心、呕吐、食欲不振、乏力，重者还可出现肌束颤抖和抽搐
生产方法	①二氯菊酰氯与 α-氰基间苯氧基苯甲醇反应制得氯氰菊酯 ②二氯菊酰氯与相应的磺酸盐反应制得氯氰菊酯 ③二氯菊酸钠与相应的 α-卤化氰化合物反应制得氯氰菊酯	①二溴菊酸与 α-氰基-3-苯氧苄醇进行酯化反应，制得溴氰菊酯 ②将二溴菊酸用氯化亚砜进行酰氯化，生成二溴菊酰氯，然后再与 α-氰基-3-苯氧苄醇反应，制得溴氰菊酯

● 氯菊酯、胺菊酯

通用名	氯菊酯	胺菊酯
英文名	permethrin	tetramethrin
化学名	3-苯氧基苄基-2,2-二甲基-3-(2,2-二氯乙烯基)-1-环丙烷羧酸酯	3,4,5,6-四氢酞亚胺基甲基(IRS)-顺、反-2,2-二甲基-3-(2-甲基-1-丙烯基)环丙烷羧酸酯
分子式	$C_{21}H_{20}Cl_2O_3$	$C_{19}H_{25}NO_4$
结构式		
相对分子质量	391.29	331.12
外观	纯品为棕白晶体，工业品为浅棕色黏稠液体	纯品为白色结晶固体
熔点	$34\sim35℃$（纯）	$60\sim80℃$

相对密度	1.21(纯)	1.11
溶解性	溶于丙酮、甲醇、乙醚、二甲苯中解度,微溶于水	
质量标准	氯菊酯10%(氯菊酯乳油);酸度(以H_2SO_4计)≤0.3%;水分≤2.5%	胺菊酯≥92.0%;水分≤0.2%;顺反异构体比例≤20/80(顺/反)
应用性能	氯菊酯对光较稳定,在同等使用条件下,对害虫抗性发展也较缓慢,有较强的触杀和胃毒作用,具击倒力强、杀虫速率快的特点。由于结构上没有氰基,刺激性相对小,对哺乳动物更安全,最适用于防治卫生昆虫和牲畜害虫,可用于蔬菜、茶叶、果树、棉花等作物防治棉铃虫、棉红铃虫、棉蚜、绿盲蝽、菜青虫、蚜虫、黄条跳甲、二十八星瓢虫、桃小食心虫、柑橘潜叶蛾、茶尺蠖、茶毛虫、茶细蛾等多种害虫,对蟑螂、蚊、蝇、跳蚤、虱子等卫生害虫。棉花、蔬菜、茶叶、果树上多种害虫	胺菊酯对蚊、蝇等卫生害虫具有快速击倒效果,但致死性能差,有复苏现象,因此要与其他杀虫效果好的药剂混配使用。该药对蜚蠊具有一定的驱赶作用,可使栖居在黑暗处的蜚蠊在胺菊酯的作用下跑出来又受到其他杀虫剂的毒杀而致死。该药为世界卫生组织推荐用于公共卫生的主要杀虫剂之一
安全性	①对兔皮肤无刺激作用,对眼睛有轻度刺激作用,在体内蓄积性很小,在试验条件下无致畸、致突变、致癌作用 ②原药对大鼠急性经口LD_{50}为1200～2000mg/kg,大鼠和兔急性经皮$LD_{50}>2000mg/kg$。以1500mg/kg剂量喂养大鼠6个月无影响。大鼠体内蓄积性小,动物试验未发现致畸、致癌、致突变作用	①对皮肤和眼睛无刺激作用。在试验条件下,未见致变、致癌作用和繁殖影响 ②原药大鼠急性经口$LD_{50}>5000mg/kg$,小鼠急性经口LD_{50}雄性为1920mg/kg,雌性为2000mg/kg。大鼠急性经皮$LD_{50}>5000mg/kg$
生产方法	以三氯乙醛与异丁烯合成1,1,1-三氯-4-甲基-4-戊烯-2-醇,经转位后即得1,1,1-三氯-4-甲基-3-戊烯-2-醇,再与原乙酸三乙酯缩合重排而得3,3-二甲基-4,6,6-三氯-5-己烯酸乙酯,进一步在乙醇钠作用下环合为2,2-二甲基-3-(2,2-二氯乙烯基)环丙烷羧酸乙酯,经皂化成钠盐,再与氯醇-3-苯氧基苄三乙胺反应而制得二氯苯醚菊酯。该法原料及中间体较易得到,工艺过程中操作条件要求较严,产品含量一般在60%～80%,加工成3.2%或10%乳油、0.25%粉剂使用	①胺醇的合成:将1,2,4,6-四氢化邻苯二甲酸杆和五氧化二磷混合反应得3,4,5,6-四氢化邻苯二甲酸酐,产物与尿素反应得3,4,5,6-四氢化邻苯二甲酰亚胺。以二氯乙烷为溶剂,将亚胺、37%甲醛溶液、1%氢氧化钠溶液混合,反应得胺醇 ②菊酰氯的制备:将菊酸、三氯化磷和甲苯作用得精菊酰氯 ③胺菊酯的合成:先将胺醇、吡啶和甲苯微微加热,使胺醇全部溶解。冷却后,滴加菊酰氯甲苯溶液,控温反应。反应毕过滤,甲苯洗涤滤饼,合并滤液和洗涤液,用酸洗、碱洗、水洗至中性,减压脱溶,得胺菊酯原油

（3）灭鼠毒饵　鼠类与人类生活的关系密切，数量多，分布广，迁徙频繁，是很多疾病发生和流行的传播媒介，能传播鼠疫、流行性出血热、钩端螺旋体病等30多种疾病。

据估计，全世界每年被老鼠夺去的粮食有 $5000 \times 10^4 t$，损失上亿美元，老鼠还能盗食植物的种子、啃食幼苗、树皮，给森林带来严重的危害；破坏草原，与牲畜争夺牧草，影响畜牧业。另外，老鼠对工业及建设事业的危害也是很严重的，因老鼠咬破电线造成短路引发的事故屡见不鲜，危害严重。

化学灭鼠法也就是药物灭鼠法，是应用最广、效果最好的一种灭鼠方法。灭鼠药物又可分为肠毒药物和熏蒸药物。作为灭鼠所用的肠道灭鼠药，主要是有机化合物，其次是无机化合物和野生植物及其提取物。胃肠道灭鼠药要求对鼠有较好的适口性，不会拒食，毒力适当。由它为主制成各种毒饵，效果好，用法简便，用量大。其次是毒水、毒粉、毒胶、毒沫等。熏蒸灭鼠，如磷化铝、氯化苦可用于仓库、轮船熏蒸灭鼠。

本节主要叙述有机合成肠道灭鼠药，根据灭鼠药进入鼠体后作用快慢，分为急、慢性两类。

急性灭鼠药，又称急性单剂量灭鼠药，鼠类一次吃够致死量的毒饵就可致死。这类药的优点是作用快、粮食消耗少，但它们对人畜不安全，容易引起二次中毒，同时在灭鼠过程中老鼠死之前反映较激烈易引起其他鼠的警觉，故灭效不及慢性鼠药。这类药有磷化锌、氟乙酰胺、毒鼠磷、毒鼠强溴代毒鼠磷、溴甲灵、敌溴灵等。氟乙酸胺和毒鼠强、甘氟由于毒性强，无特效解毒剂，很容易引起人、畜中毒，国家已明令禁用。

慢性灭鼠药，又称缓效灭鼠药，可分第一代、第二代抗凝血灭鼠剂。第一代抗凝血灭鼠剂如敌鼠钠盐、杀鼠灵、杀鼠迷（立克命）杀鼠酮、氯敌鼠等，如要达到理想灭鼠效果就要连续几天投药。第二代抗凝血灭鼠剂的急性毒力相对较强，老鼠吃二次、三次就可致死，且对第一代灭鼠药有抗性鼠也能杀灭。这类药有溴敌隆、大隆、杀它仗、硫敌隆等。

灭鼠毒饵是由灭鼠药物、饵料和其他辅料按一定比例和方法配制而成。饵料通常可使用玉米、小麦、高粱、玉米粉；引诱剂则可用糖或蜂蜜；黏合剂可用植物油。

灭鼠毒饵配制的核心问题是药效和适口性。在药物、饵料、辅料以及配制方法和比例方面，任何一个因素和环节掌握不好，都可能影响灭鼠效果，导致灭鼠失败或效果下降。

● 敌鼠钠盐、氟鼠酮

通用名	敌鼠钠盐	氟鼠酮
英文名	diphacinone	flocoumafen
化学名	2-二苯基乙酰基-1,3-茚二酮钠盐	4-羟基-3-[1,2,3,4-四氢-3-[4-[[4-(三氟甲基)苯基]甲氧基]苯基]-1-萘基]-2H-1-苯并吡喃-2-酮
分子式	$C_{23}H_{15}O_3Na$	$C_{33}H_{25}F_3O_4$
结构式		
相对分子质量	362.22	542.54
外观	纯品为黄色针状结晶	白色粉末
溶解性	易溶于酒精和丙酮,溶于热水,不溶于苯和甲苯、冷水	可溶于丙酮、乙醇、氯仿、二甲苯等有机溶,水中微溶
熔点	没有明显的熔点,加热至207~208℃从黄色变成红色,325℃变黑炭化	161~162℃
密度	—	1.23g/mL
应用性能	敌鼠是目前应用最广泛的第一代抗凝血杀鼠品种之一。具有适口性好、效果好等特点。摄食后有抑制维生素K的作用,阻碍血液中凝血酶原的合成,使摄食该药的老鼠内脏出血不止而死亡。中毒个体无剧烈的不适症状,不易被同类警觉在鼠体内不易分解和排泄,一般抗药后4~6d出现死鼠。主要用于城乡居民住宅、粮库、工厂、车、船、码头等地杀灭家鼠,也可用于旱田、水稻田、林区、草原杀野鼠	氟鼠酮是第二代抗凝血剂,具有毒力强、适口性好、灭鼠效果显著等优点。可防治家栖鼠及野栖鼠和其他类杀鼠剂产生抗性的鼠种

用量	防野栖鼠类使用浓度0.05%~0.1%	一般配成0.005%毒饵使用
安全性	本品对鸡、猪、牛、羊较安全,而对猫、狗、兔较敏感,死鼠要深埋处理	①急性毒性 LD_{50} 为 0.25~0.4mg/kg(大鼠经口);LD_{50} 为 0.54mg/kg(经皮) ②对皮肤和眼睛无刺激作用 ③明火可燃;受热分解有毒氟化物气体
生产方法	由偏二苯基丙酮在甲醇钠催化剂存在下与苯二甲酸甲酯作用而制得	由 4-三氟甲基溴苄与萘满酮在 DMF 中于室温反应,反应产物用 $NaBH_4$ 还原制得 3-[4-(4-三氟甲基苄氧基)苯基]-1,2,3,4-四氢-1-萘酚。3-[4-(4-三氟甲基苄氧基)苯基]-1,2,3,4-四氢-1-萘酚与4-羟基香豆素在对甲基苯磺酸存在下缩合,制得氟鼠酮

● 溴鼠灵、溴敌隆

通用名	溴鼠灵	溴敌隆
英文名	brodifacoum	bromadiolone
化学名	3-[3-(4-溴联苯基-4)-1,2,3,4-四氢萘-1-基]-4-羟基香豆	3-[3-(4-溴联苯基)-3-羟基-1-苯基丙基]-4-羟基香豆素
分子式	$C_{31}H_{23}BrO_3$	$C_{30}H_{23}BrO_4$
结构式		
相对分子质量	523.42	527.11
外观	原药为白色或灰白色粉末	原药为黄色粉末
溶解性	不溶于水,可溶于乙醇、丙酮等	溶于水、乙醇、乙酸乙酯、二甲基甲酰胺
熔点	228~232℃	200~210℃
相对密度	1.43	1.45
应用性能	溴鼠灵属于第二代抗凝血杀鼠剂,溴鼠灵可抑制凝血酶原形成,提高毛细血管通透性和脆性,使鼠出血致死,所以无二次中毒现象,一般老鼠死亡高峰期为3~5d,适用于城市、乡村、住宅、宾馆、饭店、仓库、车、船及野外各种环境灭鼠	溴敌隆是一种适口性好、毒性大、靶谱广的高效杀鼠剂。它作用缓慢、不易引起鼠类惊觉,容易全歼害鼠的特点,而且还具有急性毒性强的突出优点,单剂量使用对各种鼠都能有效地防除。同时,它还可以有效地杀灭对第一代抗凝血剂产生抗性的害鼠。适用于城乡、住宅、宾馆、饭店、仓库、野外等各种环境灭鼠

用量	毒饵有效成分含量 0.005%	毒饵有效成分含量 0.005%；灭鼠蜡块有效成分含量 0.25%
安全性	①急性毒性：LD_{50} 0.26mg/kg（大鼠经口）；0.4mg/kg（小鼠经口） ②对眼睛有中度刺激性，对皮肤也有刺激作用，不致过敏 ③Ames 试验阴性，未见胎仔致畸作用，无蓄积毒性。对鱼类和鸟类高毒	①急性毒性：LD_{50} 1.75mg/kg（大鼠经口）；9.4 mg/kg（兔经皮） ②遇明火、高热可燃。其粉体与空气可形成爆炸性混合物，当达到一定浓度时，遇火星会发生爆炸。受高热分解放出有毒的气体 ③受热分解有毒溴化物气体
生产方法	由 4-羟基香豆素与 3-(4′-溴代联苯-4-基)-1,2,3,4-四氢-1-萘酚缩合制得	将定量的溴联苯、催化剂和溶剂混合后，在一定温度下滴加乙酸酐，加热反应，经处理得乙酰对溴联苯。乙酰对溴联苯加溶剂、苯甲醛、缩合剂，于一定温度下反应产物与 4-羟基香豆素作用得 3-{2-[对(对溴苯基)苯甲酰甲基]苄基}-4-羟基香豆素。3-{2-[对(对溴苯基)苯甲酰甲基]苄基}-4-羟基香豆素与异丙醇在还原剂作用下经反应得溴敌隆

● 杀鼠灵、杀鼠迷

通用名	杀鼠灵	杀鼠迷
英文名	warfarin	coumatetralyl
化学名	3-(1-丙酮基苄基)-4-羟基香豆素	3-(1,2,3,4-四氢化-1-萘基)-4-羟基香豆素
分子式	$C_{19}H_{16}O_4$	$C_{19}H_{16}O_3$
结构式		
相对分子质量	308.33	292.93
外观	无色结晶	原药为黄色结晶
溶解性	易溶于丙酮，能溶于醇，不溶于苯和水	溶于丙酮、乙醇，微溶于苯、乙醚，不溶于水
熔点	162～164℃	172～176℃
沸点	356℃	—

相对密度	1.31	—
应用性能	本品属急性毒性低、慢性毒性高,连续多次服药才致死的第一代抗凝血杀鼠剂。适口性好,一般不产生拒食。适用于居住区、仓库、轮船、码头、家禽饲养场等防治大鼠、小鼠、鼷鼠等鼠类	本品属抗凝血性杀鼠剂,慢性、广谱、高效、适用性好,一般无二次中毒现象,不会产生忌饵现象,可有效杀灭对杀鼠灵有抗性的鼠
用量	灭鼠毒饵有效成 0.005%~0.025%	—
安全性	①高毒杀鼠剂,急性毒性 LD_{50} 为 503mg/kg(大鼠经口);对猫、狗敏感,对牛、羊、鸡、鸭毒性较低 ②人若误食中毒及时送医院救治,维生素 K_1 是有效的解毒剂 ③可燃,火场中可排放剧毒烟雾	①急性毒性:LD_{50} 为 503mg/kg(大鼠经口) ②人误食,可引起头昏、恶心、心悸、食欲不振、皮疹、脏器及皮下出血,重者可危及生命 ③本品可燃,高毒。对环境有危害
生产方法	以水杨酸为原料,先于甲醇进行酯化,然后用醋酐酰化,再在金属钠的作用下闭环、酸化合成 4-羟基香豆素。苯甲醛与丙酮在氢氧化钠存在下缩合产物与 4-羟基香豆素在吡啶中回流反应后除去吡啶,注入水中,用盐酸酸化至 pH 值约为2,放置,固化,重结晶,得杀鼠灵	4-羟基香豆素和 α-四氢萘酚加到冰醋酸中,加热至 100℃,烷混合物中缓慢添加硫酸,加毕,于 110~120℃加热 1h,反应后注入水中,用乙醚抽提,碱性化,酸化,得杀鼠迷

3.13.2 融雪剂配方常用原料

融雪剂是一种在清雪作业时,可以降低水的凝固点、提高除雪机械清雪能力的化学物质,是由化冰盐这个名词演变而来的。它为城市道路、高速公路、机场、港口、桥梁等设施的除雪化冰,还可用作建筑工程冬季施工冰雪融化的速融剂和防冻外加剂等。

“撒盐化雪”是冬季最普遍采用的措施,而与此同时带来对植物、土壤的危害也一直广受关注和争议。

国内融雪剂年目前产量在 100×10^4 t 左右,出口量在 1/3,大致分为三大类:第一类是氯盐型融雪剂,例如氯化钠、氯化镁、氯化钙等;第二类是非氯盐型融雪剂,例如钙镁醋酸盐（CMA）、醋酸钾等;第三类是混合型融雪剂,主要在氯化物中添加非氯化物。

非氯盐型融雪剂融雪效果好,对基础设施没有什么污染或腐蚀损害，但它的价格太高，只是在机场、高尔夫球场等场所少量施用。氯盐型融雪剂价格比较低，仅相当于有机类融雪剂的 1/10，是国内广泛使用的一种，但是它严重伤害植物，其中的氯、钠等盐离子在土壤表层聚集。融化后的雪水一旦渗入到土壤中，将会把大量的可溶性盐离子带到植物根系周围，从而导致园林植物浅层的根系死亡。融雪剂中的盐分在土壤中降解的最长时间可达 15 年，不但现有的园林植物可能枯死，即使补种的植物存活也依然艰难，必须进行大规模深层换土。另外，氯盐型融雪剂对大型公共基础设施的腐蚀也是很严重的。

● 氯化钠

英文名	sodium chloride	溶解性	溶于水、甘油
分子式	NaCl	熔点	801℃
相对分子质量	58.44	沸点	1413℃
外观	无色立方结晶或白色结晶	相对密度	2.130
质量标准	工业优等品(固体)：NaCl 含量≥98.0%；NaOH 含量≤0.5%；Na_2CO_3 含量≤0.5%；水分≤1.0%；水不溶物≤0.05%		
应用性能	NaCl 是氯盐类融雪剂的重要成分		
安全性	LD_{50}：(3.75±0.43)g/kg(大鼠，经口)		
生产方法	由海水(平均含 2.4%氯化钠)引入盐田，经日晒干燥，浓缩结晶，制得粗品。亦可将海水，经蒸汽加温，砂滤器过滤，用离子交换膜电渗析法进行浓缩，得到盐水(含氯化钠 160～180g/L)经蒸发析出盐卤石膏，离心分离，制得的氯化钠 95%以上(水分 2%)再经干燥可制得食盐(table salt)。还可用岩盐、盐湖盐水为原料，经日晒干燥，制得原盐。用地下盐水和井盐为原料时，通过三效或四效蒸发浓缩，析出结晶，离心分离制得		

● 氯化镁

英文名	magnesium chloride hexahydrate	分子式	$MgCl_2$
相对分子质量	203.30(六水)；95.21(无水)	外观	黄褐色、深灰色、浅棕色颗粒(工业)
溶解性	溶于水或乙醇	熔点	118℃(分解，六水)；712℃(无水)
沸点	1412℃(无水)	相对密度	1.56(六水)，2.325(无水)
质量标准	普通氯化镁一级：$MgCl_2$ 含量≥45.0%；SO_4^{2-}≤2.8%；碱金属氯化物(以 Cl 计)≤0.90%		
应用性能	氯化镁用作道路化冰融雪剂，化冰速率快，对车辆腐蚀性小，高于氯化钠效果		
安全性	有刺激性；LD_{50} 2800mg/kg(大鼠，经口)		
生产方法	工业氯化镁多由海水、盐湖和盐井水经过蒸发、提纯制得六水氯化镁，这些资源丰富且价廉，也有一些工业副产品经过提纯制得，比如：金属镁置换卤水中金属钛后的副产品，经过提纯后制得无水氯化镁		

● 氯化钙

英文名	calcium chloride	溶解性	易溶于水
分子式	CaCl$_2$	熔点	782℃
相对分子质量	110.98	沸点	1600℃
外观	白色粉状、片状或颗粒状物	相对密度	2.15

质量标准（工业无水，Ⅰ型）			
CaCl$_2$含量，w	≥94.0%	铁（Fe），w	≤0.006%
碱度[以 Ca(OH)$_2$计]，w	≤0.25%	总镁（以 MgCl$_2$计），w	≤0.5%
总碱金属氯化物（以 NaCl 计），w	≤5.0%	硫酸盐（以 CaSO$_4$计），w	≤0.05%
水不溶物，w	≤0.25%	pH 值	7.5～11.0

应用性能	工业级氯化钙具有遇水发热且凝点低的特点,可用于融雪和除冰。建筑工业用作防冻剂,以加速混凝土硬化和增加建筑砂浆的耐寒能力。氯化钙在融雪速率、适宜融雪温度方面比氯化钠和氯化镁具有优势,而且氯化钙冰点－50℃,能够在更低的温度下融冰雪
安全性	粉尘会灼烧、刺激鼻腔、口、喉,还可引起鼻出血和破坏鼻组织;干粉会刺激皮肤,溶液会严重刺激甚至灼伤皮肤
生产方法	由氨碱法制纯碱时的母液,加石灰乳而得水溶液,经蒸发、浓缩、冷却、固化而成

● 氯化钾

英文名	potassium chloride	熔点	770℃
分子式	KCl	沸点	1500℃
相对分子质量	74.55	相对密度	1.98
外观	白色结晶或结晶性粉末	溶解性	溶于水、乙醇、甘油,不溶于乙醚、丙酮

质量标准（工业一级）			
水不溶物，w	≤0.05%	Ca^{2+}、Mg^{2+}总量，w	≤0.27%
KCl 含量，w	≥93.0%	SO$_4^{2-}$含量，w	≤0.2%
NaCl，w	≤1.75%	水分，w	≤4.73%

应用性能	氯盐类无机融雪剂重要成分
安全性	LD$_{50}$:2600 mg/kg（经口,大鼠）;142 mg/kg（静脉,大鼠）
生产方法	以盐田光卤石为原料在冷分解盐田光卤石过程中,控制光卤石加入速度,以维持氯化钾的过饱和度,再将其中氯化钠和氯化镁分离而得氯化钾产品

● 钼酸钠、硝酸钠

通用名	钼酸钠	硝酸钠
英文名	sodiummolybdate dihydrate	sodium nitrate
别名	—	智利硝石
分子式	Na$_2$MoO$_4$ · 2H$_2$O	NaNO$_3$

相对分子质量	241.95	84.99
外观	白色晶体	无色透明或白微带黄色菱形晶体
溶解性	溶于水	易溶于水和液氨,微溶于甘油和乙醇中
熔点	687℃	306.8℃
相对密度	3.28	2.25

质量标准

规格	工业一级	工业合格
$Na_2MoO_4 \cdot 2H_2O$ 含量,w	≥99.0%	—
Mo 含量,w	≥39.30%	—
pH 值	7.5~9.5	—
磷酸盐(以 PO_4^{3-} 计),w	≤0.005%	—
硫酸盐(以 SO_4^{2-} 计),w	≤0.4%	—
重金属(以 Pb^- 计),w	≤0.002%	—
水不溶物,w	≤0.1%	—
$NaNO_3$ 含量,w	—	≥98.5%
水分	—	≤2.0%
$NaNO_2$ 含量,w	—	≤0.15%
应用性能	钼酸钠毒性较低,对环境污染污染程度小,加入融雪剂中可起到缓蚀效果	融雪剂常用组分,在降雪过程中融化新雪,防止积雪结冰;也直接洒在路面的冰层上,可以使冰冻的冰层消冻成水
安全性	①钼酸钠有毒,但属低毒化合物。钼中毒会引起关节疼痛,造成血压偏低和血压波动,神经功能紊乱,代谢过程出现障碍 ②LD_{50} 344mg/kg(小鼠,腹腔) ③触和使用钼酸钠时,要穿戴规定的防护用具;注意防潮;运输时须防雨淋、日晒	①硝酸钠有氧化性,与有机物摩擦或撞击能引起燃烧或爆炸,须存贮在阴凉、通风的地方 ②LD_{50} 1.955g 阴离子/kg(兔,经口) ③对皮肤、黏膜有刺激性。氧化血液中的亚铁为高铁,失去携氧能力。大量口服中毒时,患者剧烈腹痛、呕吐、血便、休克、全身抽搐、昏迷,甚至死亡
生产方法	钼精矿(主要组分为 MoS_2)经氧化焙烧生成三氧化钼,再用碱液浸取,得钼酸钠溶液,浸出液经抽滤、蒸发浓缩。浓缩液经冷却结晶、离心分离、干燥,即得钼酸钠	①用碱吸收硝酸工厂尾气中的氧化氮 ②硝酸钙与天然泡沸石进行反应可得到硝酸钠,泡沸石用食盐水再生,循环使用

四硼酸钠、磷酸钠（无水）

通用名	四硼酸钠	磷酸钠(无水)
英文名	sodium tetraborate	trisodium phosphate
别/化学名	硼砂	—
分子式	$Na_2B_4O_7 \cdot 10H_2O$	Na_3PO_4
相对分子质量	381.37	163.94
外观	无色晶体	无色或白色结晶
溶解性	易溶于水和甘油中,微溶于酒精	溶于水,不溶于乙醇、二硫化碳
熔点	880℃	75℃
沸点	1575℃	—
相对密度	1.73	1.62

质量标准		
规格	工业优等	工业级
含量,w	≥99.5%	≥98.0%
碳酸钠,w	≤0.10%	—
Na_2SO_4,w	≤0.10%	—
氯化物 (以 Cl^- 计),w	≤0.03%	—
铁(Fe),w	≤0.002%	—
水不溶物,w	≤0.04%	≤0.10%
五氧化二磷 (以 P_2O_5 计),w	—	≥41.5%
甲基橙碱度 (以 Na_2O 计),w	—	36%～40%
应用性能	融雪剂常用组分	融雪剂常用组分
安全性	硼砂对人体健康的危害性很大,连续摄取会在体内蓄积,妨害消化酶作用,引起食欲减退、消化不良、抑制营养素吸收,以致体重减轻;其急性中毒症状为呕吐、腹泻、红斑、循环系统障碍、休克等所谓硼酸症。硼砂中的硼对细菌的 DNA 合成有抑制作用,但同时也对人体 DNA 产生伤害	①磷酸三钠不燃、不爆,其粉末对眼睛黏膜和上呼吸道有刺激性,并能引起皮炎和湿疹,若接触皮肤,用清水冲洗干净即可 ②ADI 0～70 mg/kg(以磷计);LD_{50} >2 g/kg(土拨鼠,经口)

| 生产方法 | (1)加压碱解法　将预处理的硼镁矿粉与氢氧化钠溶液混合,加温加压分解得偏硼酸钠溶液,再经碳化处理即得硼砂
(2)碳碱法　将预处理的硼镁矿粉与碳酸钠溶液混合加温,通二氧化碳升压后反应得硼砂 | (1)磷铁制备氧化铁红联产磷酸三钠
(2)由热磷酸与烧碱中和反应,中和液经冷却结晶、离心分离、干燥即得产品 |

● 硝酸钙、硝酸镁

通用名	硝酸钙	硝酸镁
英文名	calcium nitrate	magnesium nitrate
化学名	钙硝石	—
分子式	$Ca(NO_3)_2$；$Ca(NO_3)_2 \cdot 4H_2O$	$Mg(NO_3)_2 \cdot 6H_2O$
相对分子质量	164.09(无水);236.15(四水)	256.41
外观	白色结晶	无色结晶
溶解性	易溶于水	易溶于水,可溶于甲醇及乙醇
熔点	561℃(无水);α型 42.7℃(四水);β型 39.7℃(四水)	95℃
相对密度	2.504(无水);α型 1.896(四水);β型 1.82(四水)	1.461

质量标准		
规格	工业一级(四水)	工业合格
$Ca(NO_3)_2 \cdot 4H_2O$ 含量,w	≥99.0%	—
水不溶物,w	≤0.05%	≤0.01%
pH 值	5.5~7.0(50g/L 溶液)	
氯化物(以 Cl^- 计),w	≤0.015%	≤0.02%
铁(Fe)	≤0.001%	≤0.001%
$Mg(NO_3)_2 \cdot 6H_2O$ 含量,w	—	≥98.0%
MgO 含量,w	—	≥15.6%
铅(Pb),w	—	≤0.0008%
砷(As),w	—	≤0.0002%
应用性能	环保融雪剂成分,对植物的危害要小,还能使土壤渗入更多的空气和水,从而有利于植物的生长	环保融雪剂成分,对植物的危害要小,还能使土壤渗入更多的空气和水,从而有利于植物的生长

	①低毒,LD$_{50}$ 3900mg/kg(大鼠,经口) ②有氧化性,加热放出氧气,遇有机物、硫等即发生燃烧和爆炸 ③吸入本品粉尘对鼻、喉及呼吸道有刺激性,引起咳嗽及胸部不适等。对眼有刺激性。长期反复接触粉尘对皮肤有刺激性	①急性毒性 LD$_{50}$ 5440 mg/kg(大鼠经口) ②粉尘对上呼吸道有刺激性,引起咳嗽和气短。刺激眼睛和皮肤,引起红肿和疼痛。大量口服出现腹痛、腹泻、呕吐、紫绀、血压下降、眩晕、惊厥和虚脱 ③与有机物混合后会发生自燃
安全性		
生产方法	用石灰石经石灰窑烧制成生石灰并经处理得悬浮状氢氧化钙,与40%的稀硝酸中和,中和液呈中性。经沉淀过滤、蒸发、结晶,得到产品四水硝酸钙	(1)氧化镁法 将稀硝酸与轻质氧化镁进行反应,至溶液呈中性为止。保持反应温度,将反应溶液经蒸发浓缩,冷却结晶,离心分离,风干,制得硝酸镁成品 (2)碳酸镁法 将稀硝酸与过量的菱镁矿粉反应。保持反应温度在40~50℃,反应至溶液 pH 值达4~5为止,经过滤、蒸发浓缩,冷却结晶,离心分离,风干,制得硝酸镁成品

● 醋酸钾、尿素

通用名	醋酸钾	尿素
英文名	potassium acetate	urea
化学名	醋酸钾	碳酰二胺
分子式	CH$_3$COOK	CON$_2$H$_4$
相对分子质量	98.14	60.05
外观	无色或白色结晶性粉末	白色无臭固体
溶解性	易溶于水,溶于甲醇、乙醇、液氨。不溶于乙醚、丙酮	溶于水、醇,不溶于乙醚、氯仿
熔点	292℃	132.7℃
沸点	—	196.6℃
相对密度	1.57	1.33

质量标准

规格	工业优级	工业优级
CH$_3$COOK 含量,w	99.0%~100.5%	—
pH 值	7.5~8.5(5% 水溶液,25℃)	—
铁(Fe),w	≤0.001%	≤0.0005%
硫酸盐(以 SO$_4^{2-}$ 计),w	≤0.01%	≤0.005%
砷(As),w	≤4×10^{-6}	—
重金属(以 Pb$^-$ 计),w	≤0.001%	—
干燥失重,w	≤2.0%(150℃)	—

总氮(N)(以干基计),w	—	≥46.5%
缩二脲,w	—	≤0.5%
水分,w	—	≤0.3%
碱度(以 NH_3 计),w	—	≤0.01%
水不溶物,w	—	≤0.005%
应用性能	本品是一种融雪效果好且无污染的融雪剂,它对土壤的侵蚀作用和腐蚀性更小,尤其适用于机场跑道除冰,但价格较昂贵	取代防冻的盐撒在街道,优点是不使金属腐蚀
安全性	低毒,LD_{50}:3250mg/kg(大鼠,经口)	—
生产方法	—	工业上用液氨和二氧化碳为原料,在高温高压条件下直接合成尿素

● 醋酸钙镁

英文名	calcium magnesium acetate	外观	白色或褐色颗粒状固体
分子式	$CaMg_2(CH_3COO)_6$		

质量标准			
含量,w	≥98%	pH 值	7.0~8.5(10%水溶液)
钙镁比	0.45~1.10	氯化物(以 Cl^- 计),w	≤0.05%
水不溶物,w	0.45%~1.10%	硫酸盐(以 SO_4^{2-} 计),w	≤0.6%
应用性能	醋酸钙镁盐属于环保型融雪剂,与氯盐融雪剂相比,具有腐蚀性低、毒性低、融雪效率高、冰共熔点低、可生物降解等特点		
生产方法	①用三辛胺萃取醋酸废水中的醋酸,加入白云石灰乳反萃,可制得环保型除冰剂醋酸钙镁盐 ②利用生物质(麦秸秆、木屑等)气化、干馏过程中的废液——木醋液与白云石粉为原料,通过转化、脱色、蒸发结晶等过程,制备出白色低成本的醋酸钙镁盐(CMA)类环保型融雪剂		

3.13.3 灭火剂配方常用原料

能够有效地在燃烧区破坏燃烧条件,达到抑制燃烧或中止燃烧的物质,称作灭火剂。灭火剂的种类较多,常用品种主要有水、泡沫、二氧化碳和干粉灭火剂,使用时只有根据火场燃烧的物质性质、状态、燃烧时间和风向风力等因素,正确选择,并保证供给强度,才能发挥灭火剂的效能，避免因盲目使用灭火剂而造成适得其反的结果和更大的损失。

（1）水　水是最广泛的灭火剂。首先，水能迅速冷却物体。其次，能隔绝空气，使燃烧窒息。当水喷到燃烧物上后，一部分水汽化成水蒸气，降低燃烧区内的氧含量。水是既经济又实惠的灭火剂，但水不能扑救下列物质和设备的火灾：比水轻的（如石油、汽油、苯等）能浮在水面上的可燃液体；遇水能发生燃烧和爆炸的化学危险品，如金属钠、钾、铝粉、电石；熔化的铁水、钢水、灼热的金属和矿渣等；高压电器设备；精密仪器设备和贵重文件档案。

（2）泡沫灭火剂　泡沫灭火剂是扑救可燃易燃液体的有效灭火剂，它主要是在液体表面生成凝聚的泡沫漂浮层，起窒息和冷却作用。

能与水混合，用机械或化学反应的方法产生灭火泡沫的灭火剂，称为泡沫灭火剂。泡沫是一种体积小，表面被液体围成的小泡泡群，它的相对密度是 $0.001\sim0.5$。由于它的密度远远小于一般的可燃、易燃液体，因此可以飘浮在液体的表面，形成保护层。使燃烧物与空气隔断，达到窒息灭火的目的。它主要用于扑灭一般可燃、易燃物的火灾；同时泡沫还有一定的黏性，能黏附在固体上，所以对扑灭固体火灾也有一定效果。

① 化学泡沫灭火剂　它们的组分主要是 $Al_2(SO_4)_3$（硫酸铝）和 $NaHCO_3$（碳酸氢钠）两种原料作为发泡剂，并添加碳氢表面活性剂。使用时使碳酸氢钠和硫酸铝溶液混合，发生化学反应。反应中生成的二氧化碳，一方面在溶液中形成大量细小的泡沫；同时使灭火器中的压力上升，将生成的泡沫从喷嘴喷出。反应生成的胶状氢氧化铝分布在泡沫上，使泡沫具有一定的黏性，且易于黏附在物体上。

② 空气泡沫灭火剂（MPE）　空气泡沫即普通蛋白质泡沫；它是一定比例的泡沫液、水和空气经过机械作用相互混合后生成的膜状泡沫群。泡沫的相对密度为 $0.11\sim0.16$，气泡中的气体是空气。泡沫液是动物或植物蛋白质类物质经水解而成的。

③ 抗溶性泡沫灭火剂（MPK）　在蛋白质水解液中添加有机酸金属络合盐便制成了蛋白型的抗溶性泡沫液；这种有机金属络合盐类与水接触，析出不溶于水的有机酸金属皂。当产生泡沫时，析出的有机酸金属皂在泡沫层上面形成连续的固体薄膜。这层薄膜能有效地防止水溶性有机溶剂吸收泡沫中的水分，使泡沫能持久地覆盖在溶剂液面上，从而

起到灭火的作用。

④ 氟蛋白泡沫灭火剂（MPF）　含有氟碳表面活性剂的普通蛋白泡沫灭火剂，称为氟蛋白泡沫灭火剂。它与蛋白泡沫灭火剂一样，主要用于扑灭各种非水溶性可燃、易燃液体和一些可燃固体火灾。广泛用于扑灭大型贮罐（液下喷射）火灾。由于氟蛋白泡沫灭火剂中氟碳表面活性剂的作用，具有抵抗干粉破坏的能力，与干粉有良好的联用性。因此，氟蛋白泡沫灭火剂可与各种干粉联用，且均能取得良好的灭火效果。

⑤ 水成膜泡沫灭火剂（MPQ）　水成膜泡沫灭火剂又称"轻水"泡沫灭火剂，简称：AFFF或氟化学泡沫灭火剂。它由氟碳表面活性剂、无氟表面活性剂（碳氯表面活性剂或硅酮表面活性剂）和改进泡沫性能的添加剂（泡沫稳定剂、抗冻剂、助溶剂以及增稠剂等）及水组成。

● **氟碳表面活性剂 FC-3、氟碳表面活性剂 FC-4**

通用名	氟碳表面活性剂 FC-3	氟碳表面活性剂 FC-4
英文名	fluorocarbon sulfactant FC-3	fluorocarbon sulfactant FC-4
别名	轻水泡沫灭火剂 FC-3	轻水泡沫灭火剂 FC-4
分子式	$C_{17}F_{17}H_{20}N_2O_3I$	—
外观	白色或米黄色颗粒	白色或淡黄色粉末
表面张力	$\leqslant 0.0168N/m$（0.23% 水溶液,25℃±2℃）	$\leqslant 0.0168N/m$（0.23%水溶液,25℃±2℃）
临界胶束浓度	$0.05\%\sim0.1\%$	$0.05\%\sim0.1\%$
应用性能	—	本品具有很好的发泡性能,从而能在油面上形成水膜覆盖于汽油或其他可燃性有机油类的表面上,广泛使用于"轻水"泡沫灭火剂
生产方法	N,N-二乙基丙二胺和全氟醚壬酸为原料,经酰胺化制成全氟醚壬酰胺型叔胺后,用碘甲烷进行季铵化而制得	以 N,N-二乙基丙二胺和全氟醚十一酸为原料,经酰胺化制成全氟醚十一酰胺型叔胺后,用碘甲烷进行季铵化而制得

● **氟碳表面活性剂 F1157 N**

分子式	$C_{15}H_{15}F_{17}N_2O_4S$	相对密度	1.08
结构式	全氟烷基甜菜碱	含量	$\geqslant90\%$
相对分子质量	624	表面张力	$\leqslant17.8mN/m$（0.2%水溶液）
外观	98%棕色固体	溶解性	易溶于水（包括含盐量高的硬水）以及大部分的有机溶剂

应用性能	全氟烷基甜菜碱系全氟两性表面活性剂,能显著地降低液体表面张力。此氟碳表面活性剂能够形成一种液体水膜,很好地覆盖和扩展到碳氢化合物的表面。广泛地用作为一种在灭火泡沫浓缩液中的成膜剂,从而覆盖在碳氢化合物和极性溶剂火源上,起到隔绝空气、降低温度之功效
生产方法	由全氟烷基脂肪族羧酸酯或磺酸酯出发,先与二胺类化合物在低碳数醇钠催化下和氮气保护下进行单酰胺化反应,制得相应中间体全氟烷基叔胺,全氟烷基叔胺再与含氯脂肪羧酸或磺酸经季铵盐化反应,高产率得到相应的全氟烷基甜菜碱

● 全氟辛基季铵碘化物

英文名	trimethyl-1-propanaminium iodide
化学名	3-{[(十七烷氟辛基)磺酰]氨基}-N,N,N-三甲基-1-丙铵碘化物
分子式	$C_{14}H_{16}F_{17}IN_2O_2S$
结构式	
相对分子质量	725.9
外观	淡黄色固体粉末
应用性能	本品系全氟阳离子表面活性剂,由于它具有明显降低表面张力的作用,可用作轻水型灭火剂
用量	一般用量为 $0.01\% \sim 0.1\%$

(3) 二氧化碳灭火剂 二氧化碳灭火剂是以液态二氧化碳充装在灭火器内,当打开灭火器阀门时,液态二氧化碳就沿着虹吸管上升到喷嘴处,迅速蒸发成气体,体积扩大约 500 倍,同时吸收大量的热量,使喷筒内温度急剧下降,当降至 $-78.5\,℃$ 时,一部分二氧化碳就凝结成雪片状固体。它喷到可燃物上时,能使燃烧物温度降低,并隔绝空气和降低空气中含氧量,而使火熄灭。二氧化碳灭火,主要是窒息作用,对有阴燃的物质则难以扑灭,应在火焰熄灭后,继续喷射二氧化碳,使空气中的含氧量降低。当燃烧区域空气含氧量低于 12%,或者二氧化碳的浓度达到 $30\% \sim 35\%$ 时,绝大多数的燃烧都会熄灭。

(4) 干粉灭火剂 干粉是一种干燥的、易流动的并具有很好防潮、防结块性能的固体粉末,又称为粉末灭火剂。主要用于扑救各种非水溶性及水溶性可燃、易燃液体的火灾，以及天然气和石油气等可燃气体火灾和一般带电设备的火灾。在扑救非水溶性可燃、易燃液体火灾时，可与氟蛋白泡沫联用以取得更好的灭火效果，并有效地防止复燃。

目前分为两类：

① 普通干粉灭火剂（又称 BC 干粉灭火剂）　由碳酸氢钠（92%）、活性白土（4%）、云母粉和防结块添加剂（4%）组成。

② 多用途干粉灭火剂（又称 ABC 干粉灭火剂）　由磷酸二氢钠（75%）和硫酸铵（20%）以及催化剂、防结块剂（3%），活性白土（1.85%），氧化铁黄（0.15%）组成。

上述原料性质可参考其他章节。

3.13.4　文教办公用品配方常用原料

墨水是一种含有色素或染料的液体，用于喷墨打印、书写或绘画。主要分为书写墨水和喷墨打印墨水。

（1）书写墨水　书写墨水主要指能在纸面上书写用的有色液体，通过书写工具施用后可得到字迹清晰、色泽分明、并有一定坚牢度的书写文字。主要包含以下组分：

a. 变黑持久不褪成分　主要是鞣酸、没食子酸和硫酸亚铁等成分彼此化合，生成鞣酸亚铁和没食子酸亚铁，氧化后都变成不溶性的高价铁，即鞣酸铁和没食子酸铁，前者增强耐水性，后者增强变黑性，这样使墨水耐水、变黑，色持久不褪。

b. 色素成分　常用酸性墨水蓝和直接湖蓝染料，黑水蓝是墨水的主色，水溶液遇酸不变质，但遇碱则变为棕色。直接湖蓝在墨水中起助色作用，由于其中含杂质较多，不宜多用，在潮湿环境易长霉。

c. 稳定剂　在墨水中加稳定剂可以消除墨水的沉淀，避免书写时发生断水现象。常用的稳定剂有硫酸、草酸、甲醛溶液。这些稳定剂都具有一定酸性，给纸张酸化埋下了潜在的危害，不宜多用。

d. 抗蚀剂　因墨水中加入的稳定剂具有较强酸性，为防止腐蚀，常加抗蚀剂，使它和铁质结成薄膜，可降低硫酸90%的腐蚀作用。同时墨水中的含铁量不会因腐蚀笔尖而增加，从而增加了墨水的稳定性。

e. 润湿剂　可防止墨水中的水分蒸发，造成书写不便。在墨水中加入不易挥发，且有吸水性的丙三醇，使笔尖保持湿润，以利书写。

f. 防腐剂　墨水原料中的所含的有机物等物质，在潮湿环境下容易腐烂、长霉，为防止腐烂常用苯酚或五氯酚钠等做防腐剂。

● 鞣酸

英文名	gallotannin	分子式	$C_{76}H_{52}O_{46}$
别名	单宁酸	相对分子质量	1701.20
结构式			
外观	淡黄色至浅棕色无定形粉末或松散有光泽的鳞片状或海绵状固体		
溶解性	溶于水,易溶于乙醇、丙酮和甘油,几乎不溶于乙醚、苯、氯仿和石油醚		
熔点	210～215℃		
质量标准	规格为一级;含量≥80%;水分≤7.0%;水不溶物≤5.0%;灰分≤3.0%		
应用性能	与硫酸亚铁结合后生成鞣酸亚铁,氧化后都变成不溶性的高价铁,即鞣酸铁,增强耐水性		
安全性	急性毒性:LD_{50} 360mg/kg(小鼠腹腔),LD_{50}＞1600mg/kg(小鼠皮下)LD_{50} 130mg/kg(小鼠静脉);LD_{50} 1600mg/kg(小鼠肌肉)		
生产方法	将精萘100kg投入磺化釜中,升温至125℃,在搅拌下加入浓硫酸120kg,在155～165℃下反应6～8h。取样测终点,如果完全溶于水则证明磺化完全。逐渐降温至110℃,加少量水稀释。在80℃左右将料液压入缩合釜。在70℃左右滴加37%的甲醛水溶液39kg,滴毕后在80～90℃下反应3h,得青黑色黏稠液即为成品		

没食子酸

英文名	gallic acid	相对分子质量	170.12
别名	五倍子酸	相对密度	1.7
分子式	$C_7H_6O_5$	熔点	225～230℃

结构式		外观	白色或浅褐色针状结晶或粉末
		溶解性	溶于水、乙醇、乙醚、甘油及丙酮,几乎不溶于苯、氯仿及石油醚

应用性能	与硫酸亚铁结合后生成没食子酸亚铁,氧化后都变成不溶性的高价铁,即没食子酸铁,增强变黑性
安全性	①刺激眼睛、呼吸系统和皮肤 ②避免阻光直射,密闭包装后贮于阴冷处。开封后注意会吸湿
生产方法	由漆科植物漆树上所生的五倍子,或栎属植物栎树上所生的没食子,用水、乙醇或有机溶剂提取得单宁,再加水分解而成

硫酸亚铁

英文名	iron vitriol
分子式	$FeSO_4 \cdot 7H_2O$
相对分子质量	278.03
外观	蓝绿色单斜结晶或颗粒
溶解性	溶于水、甘油,几乎不溶于乙醇
相对密度	1.897
熔点	64℃(失去 3 个结晶水)

质量标准(工业优等)

$FeSO_4 \cdot 7H_2O,w$	$\geqslant 90.0\%$	水不溶物,w	$\leqslant 0.5\%$
TiO_2,w	$\leqslant 0.75\%$	砷(AS),w	$\leqslant 0.0001\%$
游离酸(以 HCl 计),w	$\leqslant 1.0\%$	铅(Pb),w	$\leqslant 0.0005\%$

应用性能	鞣酸铁墨水主要成分,与鞣酸和没食子酸彼此化合,生成鞣酸亚铁和没食子酸亚铁,氧化后都变成不溶性的高价铁,即鞣酸铁和没食子酸铁,前者增强耐水性,后者增强变黑性,这样使墨水耐水、变黑,色持久不褪
安全性	①对呼吸道有刺激性,吸入引起咳嗽和气短。对眼睛、皮肤和黏膜有刺激性。误服引起虚弱、腹痛、恶心、便血、肺及肝受损、休克、昏迷等,严重者可致死 ②LD_{50}:1520mg/kg(小鼠,经口)
生产方法	(1)硫酸法　将铁屑溶解于稀硫酸与母液的混合液中,控制反应温度在80℃以下,否则会析出一水硫酸亚铁沉淀。反应生成的微酸性硫酸亚铁溶液经澄清除去杂质,然后冷却、离心分离即得浅绿色硫酸亚铁 (2)生产钛白粉副产法　钛铁矿用硫酸分解制钛白粉时,生成硫酸亚铁和硫酸铁,三价铁用铁丝还原成二价铁。经冷冻结晶可得副产硫酸亚铁

乙二酸

英文名	oxalic acid	外观	无色透明结晶
分子式	$C_2O_4H_2$	溶解性	溶于水、乙醇、乙醚、甘油,不溶于苯、氯仿和石油醚
结构式		相对密度	1.653
相对分子质量	90.04	熔点	101～102℃

<table>
<tr><td colspan="4" align="center">质量标准(工业优等)</td></tr>
<tr><td>草酸,w</td><td>≥99.6%</td><td>重金属(以 Pb 计),w</td><td>≤0.0005%</td></tr>
<tr><td>硫酸盐(以 SO_4^{2-} 计),w</td><td>≤0.07%</td><td>氯化物(以 Cl 计),w</td><td>≤0.0005%</td></tr>
<tr><td>灼烧残渣,w</td><td>≤0.01%</td><td>铁(Fe),w</td><td>≤0.0005%</td></tr>
<tr><td>钙(Ca),w</td><td>≤0.0005%</td><td></td><td></td></tr>
</table>

应用性能	在墨水中作为稳定剂,消除墨水的沉淀,以免书写时发生断水现象
安全性	①草酸有毒。对皮肤、黏膜有刺激及腐蚀作用,极易经表皮、黏膜吸收引起中毒 ②空气中最高容许浓度为 $1mg/m^3$ ③LD_{50}:2000mg/kg(兔,经皮)
生产方法	(1)甲酸钠法 一氧化碳净化后在加压情况下与氢氧化钠反应,生成甲酸钠,然后经高温脱氢生成草酸钠,草酸钠再经铅化(或钙化)、酸化、结晶和脱水干燥等工序,得到成品草酸 (2)氧化法 以淀粉或葡萄糖母液为原料,在矾催化剂存在下,与硝酸-硫酸进行氧化反应得草酸

酸性墨水蓝、直接湖蓝 5B

通用名	酸性墨水蓝	直接湖蓝 5B
英文名	acid blue 93	direct blue 5B
分子式	$C_{37}H_{27}N_3Na_2O_9S_3$	$C_{34}H_{24}N_6Na_4O_{16}S_4$
结构式		

酸性墨水蓝

结构式	直接湖蓝 5B	
相对分子质量	799.81	—
外观	闪光红棕色粉末	蓝色粉状物
溶解性	极易溶于冷水和热水中,呈蓝色。溶于酒精呈绿光蓝色。遇浓硫酸呈红棕色,将其稀释后呈蓝紫色	易溶于水,呈红光蓝色溶液,不溶于有机溶剂。遇浓硫酸呈蓝光绿色,稀释后呈红光蓝色;遇浓硝酸呈红光灰色溶液。其水溶液加浓盐酸,呈红光蓝色沉淀;加浓氢氧化钠溶液,呈紫色沉淀
应用性能	本品主要用于制造纯蓝、蓝黑墨水和喷墨打印机墨水。还可制色淀,作蓝印台油墨。还用于丝、棉和皮革的染色及生物染色,也可作指示剂	本品用于制配墨水,也用于棉、黏胶等纤维素纤维的染色,也可用于纸张、生物的染色以及电影胶片的着色

（2）喷绘打印墨水　喷墨打印墨水是一种借助介于喷墨印刷机的喷头与承印物间的电场力的作用,而在承印物表面预定区域喷射形成表示图文信息印迹的"液体油墨"。

喷墨打印墨水性能好坏直接影响到喷墨影像的输出质量,有的甚至关系到喷墨作业的顺利进行。一般喷墨打印墨水应具有:物化性质稳定,对喷头等金属物件无腐蚀性,此外,也不为细菌所吞噬,不易被燃烧和褪色;墨水可喷性能好、干燥性能好,在喷射过程中不堵塞喷嘴,也不在喷管壁上干燥,但墨水喷出后能在各种类型的承印材料表面干燥并牢固地附着;墨水的色密度、黏度、表面张力等印刷性能符合数字印刷的需求,因为墨水影响喷墨打印图像的色彩鲜艳性,黏度和表面张力则直接影响喷墨作业正常进行。

喷墨打印墨水通常由溶剂、着色剂、表面活性剂、pH 调节剂等成分组成。

① 溶剂　在喷墨打印墨水中所占的相对密度最大,常用去离子水。

② 着色剂　着色剂的性能直接影响打印图像的色彩和色调,其自身的颜色、混合性能、溶解性、酸碱性、颗粒度大小尤为重要。常见的

着色剂有染料、颜料之分，内容可参考其他章节。

（3）办公文化用胶黏剂　胶黏剂通过界面的黏附和内聚等作用，能使两种或两种以上的制件或材料连接在一起的天然的或合成的、有机的或无机的一类物质，统称为胶黏剂，又叫黏合剂，习惯上简称为胶。办公常用的胶黏剂为固体胶棒和液体胶水。

● 聚乙烯醇缩甲醛

英文名	polyvinylformal	溶解性	溶于丙酮、氯化烃、乙酸、酚类
外观	白色粉末	相对密度	1.23
应用性能	聚乙烯缩甲醛具有黏结力强，黏度大，耐水性强，成本低廉等优点，用途广泛，是我国合成胶黏剂大宗产品之一		
安全性	聚乙烯醇缩甲醛化若反应不完全，尚有少量游离甲醛，使用中散发出刺激性气味，污染周围环境，影响人体健康		
生产方法	聚乙烯醇缩甲醛是由聚乙烯醇与甲醛在酸性催化剂存在下缩醛化而得，或者是将聚醋酸乙烯酯溶于醋酸或醇中，在酸性催化剂作用下与甲醛进行水解和缩醛化反应制得		

● 聚乙烯醇缩丁醛

英文名	polyvinylbutyral	外观	白色易流动粉末
相对分子质量	30000～45000	相对密度	1.07～1.10
溶解性	可以溶解于大多数醇/酮/醚/酯类有机溶剂，不溶于碳羟类溶剂，如汽油等石油溶剂		
质量标准	羟基含量 18.0%～20.0%；黏度 1.0～9.0 cps（6%甲醇溶液）；挥发分≤5.0%；乙酰基≤2.5%；丁醛基 80%		

（4）涂改液　涂改液　又称"改正液""修正液""改写液"，于 1951 年由美国人贝蒂·奈史密斯·格莱姆发明。它是一种普通文具，涂在纸上以遮盖错字，干涸后可于其上重新书写，主要是由钛白粉、黏结剂和溶剂组成，刚挤出时是液态，涂在纸张表面后，溶剂很快挥发，黏结剂将钛白粉黏在纸张表面。

涂改液使用方便、快捷、干净、覆盖力强，不像橡皮那样对钢笔、圆珠笔笔迹束手无策，但它含有多种对人体有害的化学物质，应谨慎使用。如被吸入人体或粘在皮肤上，将引起慢性中毒，从而危害人体健康，如长期将有可能破坏人体的免疫功能，可能会导致白血病等并发症。

● 甲基氯仿

英文名	trichloroethane	相对分子质量	133.35
化学名	1,1,1-三氯乙烷	外观	无色不燃烧液体
分子式	$C_2H_3Cl_3$	沸点	74～76℃
结构式		相对密度	1.46
		溶解性	几乎不溶于水,与乙醇、乙醚、氯苯互溶,溶于挥发油中
质量标准	不挥发物含量≤0.01%;pH 为 6.0～7.0;色度≤30(PT-CO)号;水分≤0.01%;氯化物≤0.02%		
应用性能	本品是工业生产常用的溶剂和萃取剂,是涂改液的常用溶剂		
安全性	①急性中毒主要损害中枢神经系统。高剂量有麻醉作用,严重时可导致死亡 ②可燃,有毒,具刺激性		
生产方法	(1)由偏二氯乙烯与氯化氢经催化加成而得 (2)由氯乙烯与氯化氢作用,制得偏二氯乙烯,再经氯化而得		

● 甲基环己烷

英文名	methylcyclohexane	相对分子质量	98.19
化学名	1-甲基环己烷	外观	无色液体
分子式	C_7H_{14}	沸点	100.3℃
结构式		相对密度	0.79
溶解性	不溶于水,溶于乙醇、乙醚、丙酮、苯、石油醚、四氯化碳等		
应用性能	本品是涂改液常用的有机溶剂,也用作橡胶、涂料、清漆用溶剂,油脂萃取溶剂等。该品也可用于有机合成或用作校正温度计的标准物		
安全性	①本品低毒。急性毒性:LD_{50}2250mg/kg(小鼠经口) ②皮肤接触可引起发红、皲裂、溃疡等 ③遇明火会着引回燃		
生产方法	使甲苯与氢气在 150℃、约 11 MPa 的压力下进行加成反应,可制得较纯的甲基环己烷。用浓硫酸、水和 5%的氢氧化钠溶液依次洗涤,再用脱水剂干燥,最后进行蒸馏可获得精制产品		

● 苯乙烯-丁二烯-苯乙烯嵌段共聚物

英文名	polystyrene-polybutadiene-polystyrene(SBS)		
相对分子质量	线型 SBS 平均相对分子质量 $8×10^4$～$12×10^4$;星型 SBS 平均相对分子质量 $14×10^4$～$30×10^4$		
外观	白色疏松柱状固体		
相对密度	0.92～0.95		
溶解性	溶于环己烷、甲苯、苯、甲乙酮、醋酸乙酯、二氯乙烷,不溶于水、乙醇、溶剂汽油		
质量标准			
不挥发物含量	≥35%(涂刷胶)	游离甲醛	≤0.5 g/kg
黏度	80～3000 mPa·s	苯	≤5.0 g/kg

拉伸剪切强度	≥1.15MPa	甲苯＋二甲苯	≤150 g/kg
初黏强度	≥0.7 MPa	二氯甲烷	≤50 g/kg
耐干热性能	60℃无鼓泡,无开胶现象	1,2-二氯乙烷;1,1,2-三氯乙烷	总量≤5.0 g/kg
开放时间	≥10min	三氯乙烯总挥发性有机物	≤650 g/L
应用性能	本品的分子量对性能有很大影响,分子量大,溶液黏度大,粘接强度高。产品中的单体组成比很重要,随着苯乙烯与丁二烯之比增大,聚合物溶液黏度变小,拉伸强度和硬度增加。用于涂改液中可将钛白粉与纸张黏附		
用量	1%～5%		
生产方法	苯乙烯-丁二烯嵌段共聚物橡胶有三种合成路线:单体顺序加料法、混合单体共聚法和偶合法,都以丁基锂为引发剂,经丁基锂合成、聚合、溶剂回收、凝聚和后处理得本品		

（5）粉笔　粉笔是学校教学活动中广为使用的工具,用于在黑板上书写,主要分为普通粉笔和无尘粉笔。

普通粉笔是由熟石膏、滑石粉、白土粉等制成,书写或擦拭黑板时,粉笔灰在空气中短暂飘扬后坠落在黑板附近的物面和地上。石膏性能稳定、无毒,又因其颗粒多在 $100\mu m$ 以上,较大、较重、落下较快,在空中飘浮时间短,大多不会吸入到下呼吸道,所以在职业肺尘埃沉着病的有关规定中,并没将粉笔灰作为此病的病因。然而教师如果每天都要用粉笔作板书,大量接触擦拭黑板后的粉笔灰尘仍可引起鼻、咽、喉部不适。

无尘粉笔属普通粉笔的改进产品,它只是在普通粉笔中加入油脂类或聚醇类物质作黏结剂,再加入相对密度较大的填料这样可使粉笔尘的相对密度和体积都增大,不易飞散。

● 熟石膏

英文名	bassanite	相对分子质量	290.28		
化学名	半水合硫酸钙	外观	白色固体		
分子式	$2CaSO_4 \cdot H_2O$	熔点	1450℃	密度	2.61g/mL
质量标准					
含量,w	≥97.0%	盐酸不溶物,w	≤0.05%		
氯化物,w	≤0.01%	碱金属及镁,w	≤0.5%		
干燥失重,w	≤1.0%	氨(NH_4^+),w	≤0.03%		
应用性能	本品是粉笔的重要组分。还可用作磨光粉、纸张填物、气体干燥剂以及医疗上的石膏绷带,也用于冶金和农业等方面。水泥厂也用石膏调节水泥的凝固时间				

用量	30%～45%
生产方法	(1)由天然石膏矿除净杂质、泥土于至300℃煅烧磨粉而得 (2)氨碱法的副产物氯化钙中加入硫酸钠,产物经精制而得 (3)制造草酸时所得的草酸钙用硫酸分解,精制而得

● 滑石粉

英文名	pulvistalci	相对分子质量	260.86
化学名	水合硅酸镁	密度	2.7～2.8g/mL
分子式	$3MgO \cdot 4SiO_2 \cdot H_2O$	外观	白色或类白色、微细、无砂性的粉末
溶解性	在水、稀矿酸或稀氢氧化碱溶液中均不溶解		
质量标准	二氧化硅含量≥60%;氧化镁含量≥30%;细度≥1250(目);白度≥93		
应用性能	本品可增加产品形状的稳定,增加拉伸强度,剪切强度,挠曲强度,压力强度,降低变形,伸长率,热膨胀系数,白度高、粒度均匀分散性强等特点		
用量	1%～3%		
生产方法	将开采来的滑石(滑石粉的原料)选取优良滑石后直接用雷蒙磨或其他高压磨直接粉碎即可		

3.13.5 肥料、营养液、生长调节剂配方常用原料

（1）腐植酸肥料　腐植酸（humic acid，HA）是动、植物遗骸，主要是植物遗骸经过微生物的分解和转化，以及地球化学的一系列过程形成和积累起来的一类结构复杂的天然高分子有机聚合物。

腐植酸含有作物需要的碳、氮、磷、硫等重要元素和大量的羧基、酚羟基等活性基团，对土壤有改良作用，如：促进土壤团聚体的形成，降低表土含盐量，提高土壤交换容量，降低盐碱土的酸碱度（pH 值）和增加 N、P、K 及微量元素的利用率等。

腐植酸肥料是以腐植酸为主体成分，并与其他化学肥料的元素和物质组合而成的多元复混肥料，属有机-无机肥料。实践表面利用腐植酸生产的复合肥不仅能够提高化肥利用率，改良土壤，增加作物的抗逆性能和改善农产品品质，而且能够降低土壤养分的淋失，减少施用化肥对环境的潜在影响。

● 黄腐酸

英文名	fulvic acid	外观	灰黑色粉末状物质
溶解性	溶于水		
质量标准	含量≥95%(黄腐酸);pH2.5～3(10%水溶液);重金属<20×10^{-6};砷(As)<2×10^{-6}		
应用性能	广谱植物生长调节剂,有促进植物生长尤其能适当控制作物叶面气孔的开放度,减少蒸腾,对抗旱有重要作用,能提高抗逆能力,增产和改善品质作用,主要应用对象为小麦、玉米、红薯、谷子、水稻、棉花、花生、油菜、烟草、蚕桑、瓜果、蔬菜等;可与一些非碱性农药混用,并常有协同增效作用。可用作"叶面宝""植保素""丰产灵""植物生长激素"等液体复肥属高科技、多种微量元素等有效成分		
安全性	无毒		
生产方法	(1)离子交换法 反应器中预置水和经再生的氢式强酸型离子交换树脂,加入磨细到100目以下的风化煤粉,反应后,出料卸入沉淀池,使煤粉渣和树脂沉降,上部含黄腐酸的水溶液,经过离心进一步脱灰后,流入蒸发器浓缩,输入喷雾器干燥器干燥,即得成品 (2)硫酸-丙酮法 40～60目的风化煤和含水10%～20%丙酮按一定比例加入反应罐中,在搅拌下逐渐加入浓硫酸使黄腐酸有利并溶入溶剂中。反应后,把物料卸入沉淀池中自然沉淀8 h,澄清的提取液移入夹套加热蒸发器蒸去大部分溶剂,浓缩也注入浅盘放入烘箱烘干后,即得产品		

● 硝基腐植酸

英文名	nitrohumic acid
外观	棕色或黑色粉末
溶解性	不溶于水,易溶于稀碱溶液
质量标准	灰分(干基)≤10.0%;腐植酸(干基)≥80.0%;总氮(干基)>2.5%;交换容量>3.5mmol/g
应用性能	对碱性土壤有缓冲作用,故被用作水稻秧田的调酸剂,使土壤 pH 从 8 降至6～6.5。对土壤中的脲酶有抑制作用,能提高尿素的利用率。能改善土壤团粒结构,增加土壤代换量,延缓磷的钝化,有蓄肥保肥作用。它的可溶性盐,对植物生长有广谱的调节作用,能促进根系发育,提高作物的抗逆性,增加养分吸收,有利于作物生长。因此,也可掺入腐植酸复混肥,作为有效成分之一;或转化成铵盐或钾盐,用于农业及非农业方面
用量	作为调酸剂使用时,一般每平方米土面或每 10kg 盘土,均匀添加硝基腐植酸100g;在复混肥料中,一般添加量为 5%～10%
生产方法	风化煤破碎后,输入反应缸,并加入稀硝酸,搅拌反应。生成的浆液用过滤机过滤并水洗。滤出的固体经干燥机烘干到水分小于 15%,即为成品。滤液中尚含有相当多的残余硝酸,可设法利用

● 腐植酸钠

英文名	sodium humate
外观	乌黑晶亮无定形颗粒
质量标准	水溶性腐植酸（干基）≥70%；水不溶物（干基）≤12%；水分≤15%；Fe≤0.45%；pH8.0～9.5
应用性能	在农业中作为复合肥料，可改变土壤结构，对农作物起到防病抗病增产增收的效果。禽畜养殖中作为饲料添加剂，水产养殖中作为增效剂，都取得了显著的经济效益
生产方法	用一定比例的氢氧化钠溶液萃取风化煤中的腐植酸，与残渣分离后，浓缩、干燥、得到固体的腐植酸钠成品

（2）植物生长调节剂　植物生长调节剂是人们在了解天然植物激素的结构和作用机制后，通过人工合成与植物激素具有类似生理和生物学效应的物质，在农业生产上使用，有效调节作物的生育过程，达到稳产增产、改善品质、增强作物抗逆性等目的。因品种和目标植物而不同，植物生长调节剂功能通常有以下几类：控制萌芽和休眠；促进生根；促进细胞伸长及分裂；控制侧芽或分蘖；控制株型；控制开花或雌雄性别，诱导无子果实；疏花疏果，控制落果；控制果的形或成熟期；增强抗逆性（抗病、抗旱、抗盐分、抗冻）；增强吸收肥料能力；增加糖分或改变酸度；改进香味和色泽；促进胶乳或树脂分泌；脱叶或催枯（便于机械采收）；保鲜等。

植物生长调节剂属于外源的非营养性化学物质，通常可在植物体内传导至作用部位，以很低的浓度就能促进或抑制其生命过程的某些环节，使之符合特定的需要。每种植物生长调节剂都有特定的用途，而且应用技术要求相当严格，只有在特定的施用条件（使用剂量、时期和方法）下才能对目标植物产生特定的功效。如果使用上出现不规范，可能会使作物过快增长，或者使生长受到抑制，甚至死亡，对农产品品质会有一定影响，并且对人体健康产生危害。

● 吲哚丁酸、赤霉素

通用名	吲哚丁酸	赤霉素
英文名	indolebutyric acid	gibberellin
化学名	4-吲哚-3-丁酸	2,4a,7-三羟基-1-甲基-8-亚甲基赤霉-3-烯-1,10-二羧酸-1,4a-内酯

分子式	C$_{12}$H$_{13}$NO$_2$	C$_{19}$H$_{22}$O$_6$
结构式		
相对分子质量	203.22	346.37
外观	纯品为白色结晶固体	白色粉末
溶解性	溶于丙酮、乙醚和乙醇等有机溶剂，难溶于水	不溶于水，易溶于醇类、丙酮、乙酸乙酯
熔点	124～125℃	227℃
质量标准	—	含量≥90.0%（原药优等）；干燥减重≤1.0%；$[\alpha]_D^{20}=75$
应用性能	本品是植物主根生长促进剂，为内源生长素，能促进细胞分裂与细胞生长，诱导形成不定根，增加坐果，防止落果，改变雌、雄花比率等。可经由叶片、树枝的嫩表皮、种子进入到植物体内，随营养流输送到起作用的部位。常用于木本和草本植物的浸根移栽，硬枝杆插，能加速根的生长，提高植物生根的百分率，也可用于植物种子的浸种和拌种，可提高发芽率和成活率	本品是广泛存在的一类植物激素，用于促进作物的生长发育，提高产量和打破种子、块茎、鳞茎等器官的休眠，促进发芽、分蘖、抽薹，提高果实结果率。用于马铃薯、番茄、稻、麦、棉花、大豆、烟草、果树等作物，促进其生长、发芽、开花结果；对水稻、棉花、蔬菜、瓜果、绿肥等有显著的增产效果
安全性	急性毒性，大鼠经口 LD$_{50}$：3160 mg/kg，小鼠为 LD$_{50}$：1760mg/kg	①正常使用时对人畜无毒，吞服有毒。小鼠急性经口 LD$_{50}$＞25000mg/kg。大鼠吸入无作用剂量为 250～400mg/L ②无致畸、突变作用 ③粉末溅入眼睛要用大量水冲洗
用量	浸根移植时，草本植物浸在浓度 10～20mg/L，木本植物 50mg/L；扦插时的浸渍浓度为 50～100mg/L；浸种、拌种浓度则为 100mg/L（木本植物）、10～20mg/L（草本植物）	①促进坐果或无籽果的形成，黄瓜用 50～100mg/kg；玫瑰香葡萄用 200～500mg/kg ②赤霉素打破植物休眠促进发芽：土豆播前用 0.5～1mg/kg 药液浸块茎30min；大麦播前用 1mg/kg 药液浸种 ③赤霉素延缓衰老及保鲜作用：蒜薹用 50mg/kg 药液浸蒜薹基部，柑橘绿果期用 5～15mg/kg 药液喷果 1 次，香蕉采收后用 10mg/kg 药液浸果，黄瓜、西瓜采收前用 10～50mg/kg 药液喷瓜，都可起到保鲜作用

| 生产方法 | 由吲哚与γ-丁内酯,在氢氧化钾作用下于280～290℃反应生成产品 | 利用赤霉菌在麸皮、蔗糖和无机盐等培养基中进行发酵,赤霉菌代谢产生赤霉素。发酵液经溶剂提取,浓缩,即得赤霉素晶体 |

● 噻苯隆、乙烯利

通用名	噻苯隆	乙烯利
英文名	thidiazuron	ethephon
化学名	1-苯基-3-(1,2,3-噻二唑-5-基)脲	2-氯乙基膦酸
分子式	$C_9H_8N_4OS$	$C_2H_6ClO_3P$
结构式		
相对分子质量	220.25	144.50
外观	纯品为无色无味晶体	纯品为白色针状结晶,工业品为淡棕色液体
溶解性	溶于二甲基亚砜、二甲基甲酰胺、环己酮、丙酮、甲醇,微溶于水,不溶于脂肪族和芳香族烃	易溶于水、乙醇、乙醚,微溶于苯和二氯乙烷,不溶于石油醚
熔点	217℃	74～75℃
相对密度	—	1.258(液体)
质量标准	—	含量≥70.0%(原药一级品);酸度(以HCl计)≤15.0%;水不溶物≤0.2%
应用性能	本品在棉花种植上作落叶剂使用,也可用于苹果树、葡萄树、木槿属及菜豆、大豆、花生等作物,被植株吸收后,可促进叶柄与茎之间的分离组织自然形成而脱落	本品用作农用植物生长刺激剂。一分子乙烯利可以释放出一分子的乙烯,经由植物的叶片、树皮、果实或种子进入植物体内,然后传导到起作用的部位。可促进不定根形成,使茎秆粗壮、植株矮化、解除休眠、诱导开花、控制花器官性别分化、催熟果实、促进衰老和脱落
安全性	①对人畜低毒,大鼠急性经口 LD_{50}>4000mg/kg,急性经皮 LD_{50}>1000mg/kg ②对眼睛有轻度刺激,对皮肤无刺激作用 ③在试验条件下未见致畸、致突变和致癌作用	①急性毒性,LD_{50}:3400mg/kg(大鼠经口);2850 mg/kg(小鼠经口);5730 mg/kg(兔经皮) ②对皮肤、眼睛有刺激作用,对黏膜有酸蚀作用。误服出现烧灼感,以后出现恶心、呕吐、呕吐物呈棕黑色,胆碱酯酶活性降低,3.5h左右患者呈昏迷状态 ③本品可燃,具刺激性;受高热分解放出有毒的气体一氧化碳、氯化氢、氧化磷、磷化氢

用量	棉田用量为 50g/亩 (1 亩 =666.67m²)	随植物种类差异,用量 100～1000mg/L 不等
生产方法	以碳酸二乙酯为原料,经肼解、加成、环化、氨基化、氨解反应制得本品	由环氧乙烷和三氯化磷合成三(2-氯乙基)亚磷酸酯,并在高温下进行分子重排,再酸解而制得原药

● 萘乙酸、矮壮素

通用名	萘乙酸	矮壮素
英文名	1-naphthylacetic acid	chlormequat chloride
化学名	2-(1-萘基)乙酸	2-氯乙基三甲基氯化铵
分子式	$C_{12}H_{10}O_2$	$C_5H_{13}Cl_2N$
结构式		$ClCH_2CH_2-\overset{\overset{CH_3}{\mid}}{\underset{\underset{CH_3}{\mid}}{N^+}}-CH_3 \quad Cl^-$
相对分子质量	186.21	158.07
外观	纯品为无色无味针状结晶	纯品为白色结晶
溶解性	不溶于水,微溶于热水,易溶于乙醇、乙醚、丙酮、苯和醋酸及氯仿	易溶于水;不溶于无水乙醇、乙醚、苯、二甲苯,微溶于二氯乙烷、异丙醇
熔点	126～133.5℃	239～243℃
沸点	352℃	—
相对密度	1.263	—
质量标准	—	含量≥99.0%;pH3.5～7.5;1,2-二氯乙烷≤0.5%;水不溶物≤0.2%
应用性能	本品是广谱型植物生长调节剂,能促进细胞分裂与扩大,诱导形成不定根增加坐果,防止落果,改变雌、雄花比率等。可经叶片、树枝的嫩表皮,种子进入到植株内,随营养流输导到全株。适用于谷类作物,增加分蘖,提高成穗率和千粒重;棉花减少蕾铃脱落,增桃增重,提高质量。果树促开花,防落果、催熟增产。瓜果类蔬菜防止落花,形成小籽果实;促进扦插枝条生根等	矮壮素其生理功能是控制植株的营养生长(即根茎叶的生长),促进植株的生殖生长(即花和果实的生长),使植株的间节缩短、矮壮并抗倒伏,促使叶片颜色加深,光合作用加强,提高植株的坐果率、抗旱性、抗寒性和抗盐碱的能力用于棉花、小麦、水稻、玉米、烟草、番茄、果树和各种块根作物上。大概可增产 10%～30%,也可使马铃薯块茎增大。可用于盐碱和微酸性土壤

安全性	①本品可燃,有毒,具强腐蚀性,可致人体灼伤 ②对环境有危害,对水体和大气可造成污染 ③该物质对黏膜、上呼吸道、眼、皮肤等组织有极强的损坏作用。吸入后可能因喉、支气管的炎症、水肿、痉挛、化学性肺炎或肺水肿而致死。中毒表现有烧灼感、咳嗽、喘息、喉炎、气短、头痛、恶心、呕吐 ④急性毒性 LD_{50} 1000 mg/kg(大鼠经口)	①低毒植物生长调节剂 ②原粉雄性大鼠急性经口 LD_{50} 为883mg/kg,大鼠急性经皮 LD_{50} 为4000mg/kg,大鼠 1000mg/kg 饲喂 2 年无不良影响
用量	①小麦用 20mg/kg 药液浸种10～12h,风干播种,拔节前用25mg/kg 喷洒 1 次,扬花后用 30mg/kg 药液着得喷剑叶和穗部,可防倒伏,增加结实率 ②棉花盛花期用 10～20mg/kg 药液喷植株 2～3 次,间隔 10d,防蕾铃脱落 ③番茄、瓜类用 10～30mg/kg 药液喷花,防止落花,促进坐果 ④茶、桑、侧柏、柞树、水杉等插条用25～500mg/kg 药液浸泡扦插枝条基部(3～5cm)24h,可促进插条生根,提高成活率	①棉花使用 20～50mg/L 药剂对蕾铃期二次喷雾 ②小麦用 0.15%～0.3% 药液,浸种6～12h ③对高粱、水稻、大豆、番茄等用 50% 水剂 200～500 倍液在适宜期喷雾
生产方法	萘与一氯乙酸在铝粉、溴化钾等催化剂存在下于 185～210℃ 反应,经中和、酸化、过滤得粗品,经重结晶的精制萘乙酸	由二氯乙烷吸收三甲胺,加热反应而得

● 芸苔素内酯

英文名	brassinolide	分子式	$C_{28}H_{48}O_6$
化学名	2a,3a,22s,23s-四羟基-24R-乙基-β-高-7-氧杂-5a-胆甾-6-酮		

结构式		熔点	185～190℃
		沸点	633.7℃
		相对密度	1.14

相对分子质量	480.68	溶解性	易溶于甲醇、乙醇、氯仿、丙酮
质量标准	白色结晶粉末;有效组分≥0.003%(0.003%水剂);水不溶物≤0.1%;pH 6.0～7.0		
应用性能	本品为高效植物激素,在很低浓度下,即能显著地增加植物的营养体生长和促进受精作用。具有生根、促进生长、提苗、壮苗、保苗、黄叶病叶变绿、促进受精、保花保果、促进果实膨大早熟、减轻病害缓解药害、协调营养平衡、抗旱抗寒、降低作物体内农药残留、增强作物抗逆性等多重功能。对因重茬、病害、药害、冻害等原因造成的死苗、烂根、立枯、猝倒现象急救效果显著,施用12～24h即明显见效,迅速恢复生机。适用于粮食作物,经济作物,蔬菜和水果等,促进生长,增加产量		
安全性	对人畜低毒。大鼠急性经口 LD_{50}>2000mg/kg,急性经皮 LD_{50}>2000mg/kg,鱼毒也很低		
生产方法	从油菜花粉提起,或通过化学方法合成		

● 细胞分裂素

英文名	zeatin	化学名	6-反式-4-羟基-3-甲基-丁-2-烯基氨基嘌呤
分子式	$C_{10}H_{13}N_5O$	结构式	
相对分子质量	219.24	外观	白色结晶或粉末
溶解性	溶于水,溶于醇	熔点	210℃
沸点	583.9℃	相对密度	1.39
应用性能	本品能够刺激植物细胞分裂,促进叶绿素形成,并能增加植物的含糖量及生物碱,增强光合作用促进生长,提高植物免疫力,改良农产品质量,增产、提高植物的抗病性及抗寒、抗旱性,防止植物早衰及花果脱落。并对番茄、黄瓜、烟草病毒病有很好防效功能		
用量	①促进愈伤组织发芽(须和生长素配用)1mg/L ②促进坐果1001mg/L ③延缓叶菜叶片发黄 201mg/L 喷洒		
生产方法	可从玉米、海藻中提取		

● 胺鲜酯、S-诱抗素（脱落酸）

通用名	胺鲜酯	S-诱抗素（脱落酸）
英文名	diethyl aminoethyl hexanoate	aabscisic acid
化学名	己酸二乙氨基乙醇酯	2-顺式-,4-反式-5-(1-羟基-4-氧代-2,6,6-三甲基-2-环己烯-1-基)-3-甲基-2,4-戊二烯酸
分子式	$C_{17}H_{25}NO_2$	$C_{15}H_{20}O_4$
结构式		
相对分子质量	275.39	264.32
外观	纯品白色片状晶体	—
溶解性	易溶于水,可溶于乙醇、甲醇、丙酮、氯仿等有机溶剂	—
熔点	—	164~163℃
沸点	158℃	—
相对密度	1.04	1.193
应用性能	本品为广谱性植物生长调节剂,提高植体内叶绿素、蛋白质、核酸的含量,提高光合作用速率和碳氮的代谢,增强植株对水肥的吸收。调节体内水分的平衡,抗旱、抗寒。对大豆、块根、块茎、叶菜类作物效果极佳,不受温度限制,在低温下施用,同样能得到满意效果。同时可作为肥料、杀菌剂增效剂使用,也可解除药害	本品是一种高效植物生长调节剂,它不仅可以提高植物的抗旱、抗寒、抗盐碱和抗病能力,而且可以显著提高作物的产量和品质,是活性最高、功能最强大的植物生长调节物质
安全性	①原粉对人畜的毒性很低,大鼠急性经口 LD_{50} 8633~16570mg/kg,属实际无毒的植物生长调节剂 ②对皮肤无刺激作用 ③无致癌,致突变和致畸性	对人畜安全。大鼠急性经口 $LD_{50}>2500$mg/kg;急性经皮>2000mg/kg
生产方法	用正己酸和二乙氨基乙醇为原料,磷酸二氢钾为催化剂合成得本品	利用微生物发酵而成

（3）花卉保鲜剂 花卉，尤其是鲜切花，采后为了保持最好的品质，延迟衰老，抵抗外界环境的变化，常常用花卉保鲜剂予以处理。花卉保鲜剂能使花朵增大、保持叶片和花瓣的色泽，从而提高花卉品质、延长货架寿命和瓶插寿命。在采后处理的各个环节，从栽培者、批发商、零售商到消费者，都可以使用花卉保鲜剂。许多切花、切叶经过保鲜剂处理后，可延长货架寿命 2～3 倍。切叶类货架寿命比切花更长，亦可受益于保鲜剂，如黄扬、山茶和常春藤等。

大部分商业性保鲜剂都含有碳水化合物、杀菌剂、乙烯抑制剂和抗结剂、生长调节剂和矿质营养成分等，以下分别详述它们的作用。

① 碳水化合物 碳水化合物是切花的主要营养源和能量来源，它能维持离开母株后的切花所有生理和生化过程。外供糖源将参与延长瓶插植物寿命的基础过程，起着保持细胞中线粒体结构和功能的作用，通过调节蒸腾作用和细胞渗透压促进水分平衡，增加水分吸入。蔗糖是保鲜剂中使用最广泛的碳水化合物之一，在一些配方中还采用葡萄糖和果糖。

② 杀菌剂 在花瓶水中生长的微生物种类有细菌、酵母和霉菌。这些微生物大量繁殖后阻塞花茎导管，影响切花吸收水分，并产生乙烯和其他有毒物质而加速切花衰老，缩短切花寿命。例如，当花瓶水溶液中细菌浓度达到 $10^7 \sim 10^8$ 个/mL，就引起月季花茎吸水力下降，当细菌浓度达到 3×10^9 个/mL 时，在 1h 内切花开始出现萎蔫。此外，在植物组织中，细菌还可增加切花在贮藏期间对低温的敏感。

为了控制微生物生长，保鲜剂中可加入杀菌剂或与其他成分混用。

杀菌剂的种类很多，最常用的杀菌剂是 8-羟基喹啉盐类。它们是广谱杀菌剂和杀真菌剂，但是 8-羟基喹啉在一些切花中引起副作用，如它可以造成菊花和丝石竹的叶片烧伤和花茎褐化，因此限制了其广泛应用。

● **喹诺苏、8-羟基喹啉柠檬酸盐**

通用名	喹诺苏	8-羟基喹啉柠檬酸盐
英文名	8-quinolinol hemisulfate salt	8-hydroxyquinolin ecitrate
化学名	8-羟基喹啉硫酸盐	2-羟基-8-羟基喹啉-1,2,3-丙烷三羧酸盐
分子式	$C_{18}H_{14}N_2O_2 \cdot H_2SO_4$	$C_9H_7NO \cdot C_6H_8O_7$

结构式	$\left[\begin{array}{c} \\ \text{OH} \end{array}\right]_2 \cdot \text{H}_2\text{SO}_4$	
相对分子质量	388.39	337.28
外观	黄色或淡黄色结晶粉末	—
溶解性	易溶于水,缓溶于乙醇,不溶于醚	
熔点	182℃	−61℃
沸点	569.4℃	73~75℃
相对密度	—	0.913
质量标准	纯度≥98%;灼烧残渣≤0.2%;pH 2.4~3.5(5%水溶液)	
应用性能	一种强有力的金属螯合剂,与金属离子发生整合作用,使酶失活,减少花茎的生理性堵塞	
安全性	①急性毒性:LD_{50} 1200 mg/kg(经口,大鼠);LD_{50} 286 mg/kg(经口,小鼠) ②燃烧产生有毒氮氧化物和硫氧化物气体	—

③ 乙烯抑制剂　切花脱离母体后,其营养源被切断,加上环境因素和微生物的不良影响及其内部发生的一系列生理变化,最终产生导致切花衰老和凋谢的内源植物激素——乙烯。

乙烯是影响切花采后寿命的主要因子,当植物器官进入成熟期,作为成熟激素的乙烯就会产生,并与细胞内部的相关受体相结合,激活一系列与成熟有关的生理生化反应,加快器官的衰老和死亡。因此抑制乙烯的生成有助于延长切花贮藏期和瓶插寿命。

●硫代硫酸银 (STS)、安喜培

通用名	硫代硫酸银(STS)	安喜培
英文名	silver thiosulfate	1-methylcyclopropene
化学名	硫代硫酸银	1-甲基环丙烯
分子式	$Ag_2S_2O_3$	C_4H_6
结构式	—	
相对分子质量	327.86	54.09
外观	白色晶体	气体

溶解性	溶于水	20℃时在水中溶解度为137mg/L
密度	—	2.24g/L(20℃)
应用性能	本品是花卉业目前使用最广泛的最佳乙烯抑制剂,用于对乙烯敏感的切花和盆花,如香石竹、百合、满天星、金鱼草、六出花、香雪兰、兰花等,能降低它们对乙烯的敏感度,减轻乙烯的毒害作用,有效延长采寿命。STS的生理毒性较硝酸银低,在植物体内有较好移动性,易于从花茎移至花冠,对花朵内乙烯合成有高效抑制作用,并使切花对外源乙烯作用不敏感,可有效地延长多种切花的瓶插寿命。它不易被固定,在较低浓度时就起作用。但STS浓度过高或处理时间过长会对花瓣和叶片造成损害	本品可用于自身产生乙烯或乙烯敏感型果蔬、花卉的保鲜。可很好地延缓成熟、衰老,很好地保持产品的硬度、脆度,保持颜色、风味、香味和营养成分,能有效地保持植物的抗病性,减轻微生物引起的腐烂和减轻生理病害,并可减少水分蒸发、防止萎蔫。1-甲基环丙烯与乙烯分子结构相似,亦可以与细胞内部的有关受体结合,但不会引起成熟的生化反应,因此,在植物内源乙烯释放出来之前,施用1-甲基环丙烯,它就会抢先与相关受体结合,封阻了乙烯与它们的结合和随后产生的负面影响,延迟了成熟过程,达到保鲜的效果
安全性	银离子是重金属,使用后的废液对环境会造成污染。硫代硫酸银本身有有毒,用过的残液应集中回收,装在特制桶中,随后进行处理	$LD_{50}>5000mg/kg$,根据毒性分类,属于实际无毒的物质
用量	0.2～1.0mmoL/L	采用熏蒸的方式,空气中浓度仅为$1×10^{-6}$即可
生产方法	硫代硫酸银容易见光分解失效,所以要现配现用。把156g无水硫代硫酸钠,或255g棱晶硫代硫酸钠(五水硫代硫酸钠),溶解在0.6L水中;再把37g硝酸银溶解在0.6L水中,最好用无离子水配制。然后把硝酸银离子溶液非常缓慢地倒入硫代硫酸钠溶液中(倒反了,银离子会沉淀,配成的溶液不起作用),一面倒、一面迅速搅拌,配成硫代硫酸银的浓缩液。如果用量大,可按照比例增加。一定要按照上述要求认真操作	

④ 生长调节剂　生长调节剂亦用于花卉保鲜剂中，它们包括人工合成的生长激素和阻止内源激素作用的一些化合物。植物生长调节剂可单独使用或与其他成分混用。生长调节剂可引起、加速或抑制植物体内各种生理和生化进程，从而延缓切花的衰老过程。例如：细胞分裂素可降低切花对乙烯的敏感性，抑制乙烯产生，从而延长切花寿命；脱落酸可控制许多植物叶片气孔的开闭。

● 马来酰肼、比久

通用名	马来酰肼	比久
英文名	maleic hydrazide	succinic acid 2,2-dimethylhydrazide
化学名	1,2-二氢-3,6-哒嗪二酮	N-二甲氨基琥珀酰胺
分子式	$C_4H_4N_2O_2$	$C_6H_{12}N_2O_3$
结构式		
相对分子质量	112.09	159.16
外观	纯品是无色晶体	纯品为带有微臭的白色结晶
熔点	296~298℃	158~162℃
溶解性	难溶于水,溶于有机溶剂,易溶于二乙醇胺或三乙醇胺	可溶于水、甲醇、丙酮,不溶于低级脂肪烃
相对密度	1.6	—
应用性能	本品可通过叶面角质层进入植株,降低光合作用,渗透压和蒸发作用,能强烈的抑制芽的生长	本品对双子叶植物敏感,具有良好的内吸、传导性能,能控制植物新枝徒长,调节营养分配,使作物健壮,减少病害,促进花芽分化。用于菊花等多种花卉,可使植株矮化,花盘增大,明显延长花期,使花色艳丽,利于观赏
安全性	急性毒性,LD_{50} 为 1400mg/kg(大鼠经口)无专用解毒药,若误服,需作催吐处理,进行对症治疗。在酸性、碱性和中性水溶液中均稳定,在硬水中析出沉淀。但对氧化剂不稳定,遇强酸时可分解放出氮。对铁器有轻微腐蚀性。燃烧产生有毒氮氧化物气体	在室温下放置一年以上或在50℃放置5个月以上未见对其化学稳定性有任何影响。遇酸易分解,遇碱分解缓慢
用量	0.05%~0.1%	$(10 \sim 50) \times 10^{-6}$
生产方法	(1)可由硫酸肼与顺丁烯二酸(或酸酐)作用而成 (2)由顺丁烯二酸酐与水合肼反应制得	以丁二酸为原料,先脱水制得丁二酸酐,再与偏二甲肼在乙腈中缩合而得

参 考 文 献

[1] 周学良等. 橡塑助剂. 北京：化学工业出版社，2002.

[2] 冯亚青. 助剂化学及工艺学. 北京：化学工业出版社，2009.

[3] 李宗石. 表面活性剂合成与工艺. 北京：中国轻工业出版社，1995.

[4] 刘程. 表面活性剂应用手册. 北京：化学工业出版社，1994.

[5] 廖文胜. 洗涤剂原料及配方精选. 北京：化学工业出版社，2006.

[6] 李东光. 洗涤剂原料手册. 北京：化学工业出版社，2005.

[7] 周学良等. 精细化工助剂. 北京：化学工业出版社，2002.

[8] 徐传君. 蔗糖脂肪酸酯文献综述. 青海化工，1988，(1)：45-50.

[9] 曹闽生. 蔗糖脂肪酸酯的合成. 青海化工，1988，(1)：1-7.

[10] 李建成. 单硬脂酸甘油酯的制备和应用. 杭州食品科技，1991，(3)：31-33.

[11] 路亦景，陶牧民. 高浓度甘油单硬脂酸酯的合成. 日用化学工业，1988，(2)：1-4.

[12] 林春绵，徐明仙. 精细化工产品手册：食品添加剂. 北京：化学工业出版社；2004，10：126-148.

[13] 李友森，张明善. 轻化工业助剂实用手册：塑料、皮革、日用化工卷. 北京：化学工业出版社；2005，9：424.

[14] 李友森. 轻化工业助剂实用手册：造纸、食品、印染工业卷. 北京：化学工业出版社。2002，7：174-180.

[15] 王延吉. 化工产品手册：有机化工原料. 北京：化学工业出版社，2004，1：407-408.

[16] 李广宇，李子东等. 胶黏剂原材料手册. 北京：国防工业出版社，2004，8：609-623.

[17] 李子东，李广宇等. 胶黏剂助剂. 北京：化学工业出版社，2009，6：403-426.

[18] 闫鹏飞，郝文辉. 精细化学品化学. 北京：化学工业出版社，2004，7：234-236.

[19] 韩长日，宋小平. 橡胶添加剂生产与应用技术. 北京：中国石化出版社，2007，8：313-350.

[20] 安秋凤，黄良仙. 橡胶加工助剂. 北京：化学工业出版社，2004，9：238-287.

[21] 张先亮，陈新兰等. 精细化学品化学. 武汉：武汉大学出版社，2008，2：51-125.

[22] 李东光. 实用新型燃料配方手册. 第2版. 北京：化学工业出版社，2012.

[23] 李东光. 塑料助剂配方与制备200例. 北京：化学工业出版社，2012.

[24] 李东光. 汽车化学品配方与制作. 北京：化学工业出版社，2011.

[25] 李东光. 实用燃油添加剂配方手册. 北京：化学工业出版社，2012.

[26] 李东光. 涂料配方与生产（一）. 北京：化学工业出版社，2010.

[27] 李东光. 涂料配方与生产（四）. 北京：化学工业出版社，2011.

[28] 李东光. 涂料配方与生产（五）. 北京：化学工业出版社，2011.

[29] 李东光. 胶黏剂配方与生产（一）. 北京：化学工业出版社，2011.

[30] 李东光. 胶黏剂配方与生产（二）. 北京：化学工业出版社，2012.

[31] 李东光. 150种植物增产剂配方与制作. 北京：化学工业出版社，2011.

[32] 李东光 . 150 种农用复合肥配方与制作 . 北京：化学工业出版社，2010.

[33] 李东光 . 150 种保鲜剂配方与制作 . 北京：化学工业出版社，2011.

[34] 李东光 . 150 种卫生消杀灭产品配方与制作 . 北京：化学工业出版社，2011.

[35] 李东光 . 150 种生物柴油配方与制作 . 北京：化学工业出版社，2012.

[36] 李东光 . 150 种农副加工产品配方与制作 . 北京：化学工业出版社，2010.

[37] 李东光 . 1000 种小化工产品配方与制作 . 北京：化学工业出版社，2012.

[38] 李东光等 . 胶黏剂配方与生产 . 北京：化学工业出版社，2012.

[39] 李东光等 . 工业水处理阻垢剂配方与制备 200 例 . 北京：化学工业出版社，2012.

[40] 李东光等 . 塑料助剂配方与制备 200 例 . 北京：化学工业出版社，2012.

[41] 化学工业出版社组织编写 . 中国化工产品大全（上、中、下）. 第 4 版 . 北京：化学工业出版社，2011.

[42] 金养智 . 光引发剂的进展 . 影像技术，2011，3，8-18

[43] 刘建平等 . 水溶性偶氮引发剂的合成与应用进展 . 化学试剂，2011，33（4），317-320

[44] 肖卫东等 . 聚合物材料用化学助剂 . 北京：化学工业出版社，2003.

[45] 刘程等 . 食品添加剂实用大全 . 北京：北京工业大学出版社，2004.

[46] 中国化工学会橡胶专业委员会 . 橡胶助剂手册 . 北京：化学工业出版社，2002.

[47] 刘立新等 . 交联剂在涂料中的应用 . 精细石油化工进展，2008，9（7），32-36.

[48] 山下晋三等 . 交联剂手册 . 北京：化学工业出版社，1990.

[49] 崔淑玲等 . 纤维交联剂及其应用 . 印染助剂，2004（13）：38-43.

[50] 张天胜等 . 缓蚀剂 . 北京：化学工业出版社，2008.

[51] 裘炳毅 . 化妆品化学与工艺技术大全 . 北京：中国轻工业出版社，2006.

[52] 沈一丁 . 精细化工原材料及中间体手册：造纸化学品 . 北京：化学工业出版社，2004.

[53] 朱洪法 . 精细化工常用原材料手册 . 北京：金盾出版社，2003.

[54] 陈科峰，马小红 . 1,1,1,2-四氟乙烷的发展情况 . 有机氟工业，2005（3）：16-20.

索　引

其 他